Ali Farschtschi

Elektromaschinen in Theorie und Praxis

Prof. Dr.-Ing. Ali Farschtschi

Elektromaschinen
in Theorie und Praxis

Aufbau, Wirkungsweisen, Anwendungen, Auswahl- und Auslegungskriterien

3., überarbeitete Auflage

VDE VERLAG GMBH

Titelbild: WEG, einer der weltweit größten Hersteller von Elektromotoren, verwendet die Finite-Elemente-Software ANSYS Multiphysics, um elektromagnetische Felder und Strukturverhalten von Bauteilen hinsichtlich deren Mechanik, Thermik oder Strömung (CFD) zu simulieren. Die Elektromotorenserie W50 ist das Ergebnis eines optimierten Designs und zeichnet sich durch Energieeffizienz, geringes Betriebsgeräusch und lange Lagerlebensdauer aus. WEG Equipamentos Elétricos S. A., Jaraguá do Sul, Santa Catarina/Brasilien: www.weg.net

Die zusätzlichen Erläuterungen geben die Auffassung des Autors wieder. Maßgebend für das Anwenden der Normen sind deren Fassungen mit dem neuesten Ausgabedatum, die bei der VDE VERLAG GMBH, Bismarckstr. 33, 10625 Berlin und der Beuth Verlag GmbH, Burggrafenstr. 6, 10787 Berlin erhältlich sind.

Bibliografische Information der Deutschen Nationalbibliothek
Die Deutsche Nationalbibliothek verzeichnet diese Publikation in der Deutschen Nationalbibliografie; detaillierte bibliografische Daten sind im Internet über http://dnb.dnb.de abrufbar.

ISBN 978-3-8007-4005-5 (Buch)
ISBN 978-3-8007-4006-2 (E-Book)

Druck: CPI Books GmbH, Ulm
Printed in Germany 2016-01

Vorwort zur dritten Auflage

Für die komplett überarbeitete und zum Teil erweiterte dritte Auflage wurden das gesamte Werk überprüft sowie entsprechende Korrekturen und Ergänzungen angebracht.

Unter anderem wurde der Abschnitt über Permanentmagnete, speziell Seltene Erden, aktualisiert. Die Anwendung der Seltenen Erden und Schweren Seltenen Erden hat in den letzten Jahren in vielen technischen Produkten drastisch zugenommen. Diese Metalle werden auch zunehmend in Elektrische Antriebstechnik bei permanentmagneterregten Gleichstrom- (u. a. bei Elektronik- und Schrittmotoren) und Synchronmotoren eingesetzt.

Ein weiterer Unterabschnitt wurde den doppelt gespeisten Drehstrom-Asynchron-Generatoren gewidmet. Diese weisen Vorteile gegenüber den konventionellen Drehstrom-Synchron-Generatoren auf und werden z. B. zunehmend bei den Windkraftanlagen eingesetzt. Diese Vorteile beruhen einmal auf der kostengünstigeren Asynchronmaschine gegenüber der Synchronmaschine und zum anderen auf den kleineren und damit günstigeren Umrichterkosten.

Im Bereich Geräuschentwicklung, speziell Geräuscherfassung, hat sich die akustische Kamera als sehr nutzvoll bewährt. Diese wird neben der thermischen Kamera, die zur Darstellung der Temperaturverteilung in Maschinen dient, zur Aufzeichnung bzw. Visualisierung des akustischen Verhaltens benutzt. Damit ist es auch möglich, die lauten und leisen Stellen zu identifizieren und die sogenannten Hotspots zu lokalisieren.

Dem VDE VERLAG und Herrn Dipl.-Ing. Michael Kreienberg vom Lektorat des Verlags danke ich für das Eingehen auf meine Wünsche und die stets verständnisvolle Zusammenarbeit.
Mein Dank gilt auch meiner lieben Frau Käthe Jans, die mit viel Geduld und großer Unterstützung die Entstehung der Neuauflage mitgetragen hat.

Möge auch diese Auflage eine gute Aufnahme finden. Für Anregungen und aufbauende Kritik bin ich weiterhin sehr dankbar.

Rotenburg im November 2015 Ali Farschtschi

Vorwort zur zweiten Auflage

Für die komplett überarbeitete und erweiterte zweite Auflage wurden das gesamte Werk überprüft und entsprechende Korrekturen angebracht.

Außerdem habe ich den aktuellen Stand meiner Seminare in den Inhalt des Buchs integriert. Diese neuen Inhalte haben insbesondere die Erwärmung, Kühlung und Geräuschentwicklung elektrischer Maschinen und Antriebe zum Thema. Wegen der zunehmenden Bedeutung der Umweltaspekte und der steigenden Energiekosten für die Herstellung von Maschinen mit geringerem Energieverbrauch werden diese Themen immer wichtiger.

Ein weiteres Thema betrifft die permanentmagneterregten Synchronmotoren. Sie sind nicht nur als Servomotor interessant, sondern bieten wegen des kleineren Bauvolumens, ihren geringeren Verlusten und ihren höheren Beschleunigungen auch Vorteile bis hin zum mittleren und großen Leistungsbereich und verdrängen zunehmend Asynchronmotoren aus ihren angestammten Bereichen. Ferner ist ein deutlich besseres Temperatur- und Geräuschverhalten erreichbar.

Dem VDE VERLAG und Herrn Dipl.-Ing. Roland Werner vom Lektorat des Verlags danke ich für das Eingehen auf meine Wünsche und die stets verständnisvolle Zusammenarbeit.

Möge auch diese Auflage eine gute Aufnahme finden. Für Anregungen und aufbauende Kritik bin ich weiterhin sehr dankbar.

Hamburg, im Dezember 2006 — Ali Farschtschi

Vorwort

Dieses Buch will eine Gesamtübersicht über elektrische Maschinen und Antriebe vermitteln. Mit der Darstellung der notwendigen Grundlagen der Elektrotechnik, des elektromagnetischen Felds, der elektrischen Messtechnik und der Leistungselektronik kann der Leser seinen Wissensstand ohne fremde Hilfe erweitern. Das Buch versucht, seinem Titel durch einfache, konzentrierte und praxisorientierte Darstellung der Zusammenhänge gerecht zu werden. Im Sinne von Studierenden sind deshalb über 60 große Aufgaben und ein Fragenkatalog zur Selbstkontrolle beigefügt. Ein umfangreicher Lösungsteil wird im Kapitel 15 gegeben. Auch bei der Wahl der Aufgaben steht der Praxisbezug im Vordergrund. Langwierige Abhandlungen sind nach Möglichkeit vermieden worden. Wo immer es ging, sind die neuesten Maschinen aus aktuellen Siemens-Katalogen den Rechenbeispielen zugrunde gelegt worden.

Die Botschaft des Buchs ist auch die Vertiefung elektrotechnischen Grundlagenwissens am Beispiel der elektrischen Maschinen und Antriebe. Durch die Verwendung zahlreicher Bilder, Tabellen und Diagramme werden die Grundzusammenhänge, Wirkungsweisen, Eckwerte, Berechnungsabläufe und Unterschiede (Vor- und Nachteile) hervorgehoben. Damit spricht das Buch nicht nur die Elektrotechniker und Maschinenbauer an, sondern auch die Studierenden und Ingenieure anderer Ingenieurzweige, wie z. B. Automatisierungstechniker, Wirtschaftsingenieure, Chemieingenieure und Fahrzeugtechniker.

Besondere Aufmerksamkeit wurde auf die aktuellen, nicht klassischen Gebiete wie Drehzahlveränderung der Elektromotoren, stromrichtergespeiste Drehstromasynchronmaschinen, Kraftfahrzeuggeneratoren, Schrittmotoren, Elektronikmotoren, Linearmotoren, Zusammenwirken von Motor und Arbeitsmaschine, Auswahl eines geeigneten Motors, Geräusche, Erwärmung, Kühlung (Umweltaspekte) sowie auf das dynamische Verhalten und die Simulation elektrischer Maschinen gelegt.

Bei der Simulation werden numerische und analytische Methoden zur Bestimmung der Maschinengrößen und deren Optimierung in Flussdiagrammen behandelt, die die kommerziellen und die vom Verfasser erstellten Programmpakete widerspiegeln. Diese Simulationsmethoden mit entsprechenden leistungsfähigen Softwaresystemen sind heute bei Entwicklungs- und Vertriebsabteilungen der Industrie ein unverzichtbares Hilfsmittel.

Im Sinne der Aktualisierung der Begriffe sind nach DIN 40200 anstatt der Nennwerte die Bemessungswerte eingeführt. Abweichend von IEC 60027-1 und in Anlehnung an die nationale und internationale Praxis wurden jedoch die bewährten Indizes beibehalten. Es werden also die Bemessungsspannung mit U_n, der Bemessungsstrom mit I_n und die Bemessungsfrequenz mit f_n bezeichnet. Ansonsten ist versucht worden, die allgemeinen Richtlinien und Bestimmungen für elektrische Maschinen entsprechend den einschlägigen Normen und Vorschriften von DIN VDE (IEC bzw. EN) einzuhalten.

Hinsichtlich der Entstehung dieses Buchs möchte ich anmerken, dass es insbesondere auf den Erfahrungen und der Zusammenarbeit des Verfassers an und mit verschiedenen Hochschulen und seiner industriellen Tätigkeit mit dem Schwerpunkt Elektrische Antriebstechnik basiert. In diesem Zusammenhang ist besonders Herrn Prof. Heinz Jordan und Herrn Prof. Herbert Weh zu danken, ohne deren solide und hervorragende Wissensvermittlung die Entstehung dieses Werks nicht möglich gewesen wäre.

Mein Dank gilt auch meiner Familie, die mit viel Geduld und großem Verständnis über mehrere Jahre die Entstehung des Buchs mitgetragen hat. Hervorheben und danken möchte ich hier besonders meinem Sohn Dr. rer. nat. Yousef Farschtschi, für seine tatkräftige Unterstützung.

Mein besonderer Dank gilt Herrn Dipl.-Ing. Roland Werner vom Lektorat der VDE VERLAG GmbH für die konstruktive und intensive Zusammenarbeit und die Korrekturvorschläge.

Der Robert Bosch GmbH, insbesondere Herrn Dipl.-Ing. Hans-Joachim Lutz, danke ich für zahlreiche Kontakte, den Informationsaustausch sowie die Bereitstellung von Informationsmaterial und des Titelbilds. Ebenfalls danke ich verschiedenen Bereichen der Siemens AG, insbesondere Frau Dipl. -Betriebsw. Sabine Stengel, Herrn Dipl.-Ing. Siegfried Becker-Ullmann und Herrn Friedrich Birner, die mich bei der Aktualisierung und Präzisierung der Eckwerte sowie mit zahlreichem Informationsmaterial unterstützt haben. Herrn Dipl.-Ing. Bodo Saß danke ich für die Manuskriptdurchsicht und zahlreiche Verbesserungsvorschläge.

Ich wünsche mir, dass das Werk den Studierenden und Ingenieuren auf dem Gebiet elektrische Maschinen und Antriebe eine gute Hilfestellung bietet. Kritik und Verbesserungsvorschläge aus dem Leserkreis begrüße ich sehr.

Hamburg, im Mai 2001 Ali Farschtschi

Inhalt

12 Ausgewählte Kapitel der elektrischen Antriebstechnik (Zusammenwirken von Motor und Arbeitsmaschine) 491

Formelzeichen

A Fläche, Querschnitt, Strombelag, Vektorpotential
a Abstand, Zahl der parallelen Zweige oder Leiter
B magnetische Induktion (Flussdichte)
b Breite
C elektrische Kapazität, Wärmekapazität, Konstante
c Konstante, spezifische Wärmekapazität, Schallgeschwindigkeit
D Durchmesser, elektrische Verschiebung
d Durchmesser, Dicke
E elektrische Feldstärke
e = 2,718 Basis der natürlichen Logarithmen
F Kraft, F_G Gewichtskraft
f Frequenz, Kraftdichte
G elektrischer Leitwert, G_m magnetischer Leitwert, Gleitmodul
g Erdbeschleunigung
H magnetische Feldstärke
h Höhe, Tiefe
I Stromstärke; I_n Bemessungsstrom; I_w Wirkstrom; I_b Blindstrom; I_m bzw. I_μ Magnetisierungsstrom; I_1, I_s Primär- bzw. Ständerstrom; I_2, I_r Sekundär- bzw. Läuferstrom; I bzw. I_g Gleichstrom; I_k Kurzschlussstrom; I_{kd} Dauerkurzschlussstrom; I_{ks} Stoßkurzschlussstrom; I_0 Leerlaufstrom; I Schallintensität
$\underline{I}$ komplexer Strom
i Augenblickswert des Stroms; i_0 relativer Leerlaufstrom
J magnetische Polarisation, Massenträgheitsmoment
j Einheit der imaginären Zahlen, Einheitsvektor
K Konstante, K_s Emissionsgrad, K_{s0} Strahlungskonstante
k_1 Fremdgeräuschkorrektur
k_2 Korrektur für Raumrückwirkung
k_c Carter-Faktor
k_s Sättigungsfaktor
k Konstante, Kopplungsfaktor, Faktor
L Selbstinduktivität, Lebensdauer, Schalldruckpegel, $\overline{L}$ mittlerer Schalldruck-

pegel, L_p Schallleistungspegel, L_I Schallintensitätspegel

l Länge

M Gegeninduktivität, Drehmoment

m Strangzahl, Masse

N Nutenzahl

n Drehzahl; n_d oder n_0 synchrone Drehzahl, Drehfeld- bzw. Leerlaufdrehzahl; n_r Läuferstromdrehzahl; n_n Bemessungsdrehzahl

P Leistung, Wirkleistung; P_t Augenblickswert; P_v Verlustleistung; P_1, P_{auf} Primärleistung bzw. aufgenommene Leistung; P_2, P_{ab} Sekundärleistung bzw. abgegebene Leistung; P_δ Drehfeld- bzw. Luftspaltleistung; P_n Bemessungsleistung; Schallleistung

p Polpaarzahl, Leistungsdichte, Druck, Schalldruck

Q Blindleistung, elektrische Ladung, Querschnitt

q Nutenzahl pro Pol und Strang, Querschnitt, Wärmestromdichte

R Wirkwiderstand; $R_=$ Gleichstromwiderstand; $R_\sim$ Wechselstromwiderstand; R_θ Widerstand bei der Temperatur θ

r Radius

S Scheinleistung, Stromdichte, Poynting-Vektor

s Schlupf, Weglänge, Nutschlitzbreite

T Zeitkonstante, Periodendauer, absolute Temperatur, Nachhallzeit

t Zeit, Zeitpunkt

U elektrische Spannung (Effektivwert); U_i induzierte bzw. Quellenspannung; U_n Bemessungsspannung; U_1, U_s Primär- bzw. Ständerspannung; U_2, U_r Sekundär- bzw. Läuferspannung; U bzw. U_g Gleichspannung; U_k Kurzschlussspannung; U_r ohmscher Spannungsfall; U_x induktiver Spannungsfall; U_p Polradspannung; U_h Hauptfeldspannung, U_σ Streuspannung

$\underline{U}$ komplexe Spannung

u Augenblickswert der Spannung; u_k relative Kurzschlussspannung; u_r relativer ohmscher Spannungsfall; u_x relativer induktiver Spannungsfall

$ü$ Übersetzungsverhältnis

V Volumen, magnetische Spannung, $\dot{V}$ Volumenstrom (Luftdurchsatzmenge)

v Geschwindigkeit

W Energie; Arbeit, Spulenweite; W_e elektrische Energie; W_m magnetische Energie; W_L induktive Energie; W_C kapazitive Energie; W_J Joule'sche Wärme

w Windungszahl; Welligkeit

X Blindwiderstand; X_C kapazitiver Widerstand; X_L induktiver Widerstand; Auslenkung

x Variable, Wachstumsfaktor

Y Scheinleitwert

$\underline{Y}$ komplexer Leitwert

Z Scheinwiderstand

$\underline{Z}$ komplexer Widerstand

z Anzahl, Schrittzahl

α Winkel, Wärmeübergangszahl, Temperaturbeiwert

β Winkel, Spulenweite

δ Luftspaltdicke, Eindringtiefe

Φ magnetischer Fluss

φ Phasenverschiebung zwischen Spannung und Strom, Winkel, Skalarpotential

Ψ Flussverkettung

ε Permittivität; ε_r relative Permittivität; ε_0 elektrische Feldkonstante, Materialkonstante; ε_A Faktor

η Wirkungsgrad, Materialkonstante

Θ Durchflutung, Massenträgheitsmoment

θ Temperatur

ϑ Lastwinkel, Temperatur

κ elektrische Leitfähigkeit

λ Wärmeleitfähigkeit, Ordnungszahl, Eigenwert

μ Permeabilität; μ_r relative Permeabilität; μ_0 magnetische Feldkonstante

ν Ordnungszahl, Harmonische

ρ spezifischer Widerstand, spezifisches Gewicht

ρc spezifische Schallimpedanz

σ Streuziffer, Zugspannung, Materialkonstante, Spannungs-Tensor

τ Teilung (τ_P Polteilung bzw. τ_N Nutteilung), thermische Zeitkonstante, Drehschub

ξ Wicklungsfaktor; ξ_z Zonenfaktor; ξ_s Sehnungsfaktor, Variable

ω Winkelgeschwindigkeit; ω_0 oder ω_d synchrone, Leerlauf- bzw. Drehfeldwinkelgeschwindigkeit; ω_{mech} mechanische Winkelgeschwindigkeit; ω_r Winkelgeschwindigkeit der Läuferströme; Kreisfrequenz

Indizes

a Anker, Anoden, Antrieb, Ausgleichswert, Anfangswert, Außen, Strang a (1)

A Anker, Antrieb, Anlaufwert, Fläche, Absolutwert

B Basis, Belastung, Bremse, Bürste

b Strang b (2), Blindwert
C Kollektor
c Strang c (3)
Cu von Kupfer
D Dreieck, Doppelschluss, Drain; Diode
d Dioden, Drehfeld, Dreieck
E Emitter, Erregung
e Ersatz, Endwert
elek elektrisch
eff Effektivwert
Fe Eisen
G Generator, Gate, Gewichtskraft
H Hysterese
g Gitter, Gleichstrom, Gleichspannung
h Hauptanteil
i Innen
K Katode, Kurzschluss, Kompensationswicklung
k Kurzschluss, Kippwert
L Last, Luft
M Motor
m magnetisch, Magnet, Moment, Mittelwert
N Nebenschluss
n Bemessungswert (Nennwert), Nut
OS Oberspannungsseite
q Blindwert
R Reihenschluss, Reibung
r Resultierende, Reibung, Rotor
S Strangwert, Source
s Spule, Ständer
st Strangwert, Stillstand- bzw. Anlaufwert, Steuer
u, U Strang U, Spannung
US Unterspannungsseite
v, V Strang V, Verlustwert, verketteter Wert, bei R Vorwiderstand (R_v)
w, W Strang W, bei M Widerstandsmoment (M_w), Wendepol
Z Z-Diode
z Zickzackschaltung, Zusatz (Verluste)
zr Zahn–Rotor
zs Zahn–Ständer
Y Stern
y Stern
Δ Dreieck, Differenzwert

μ	Reibungszahl der Bürsten, Oberschwingung
ν	Oberschwingung
σ	Streuanteil
'	wirksamer Wert, umgerechneter Wert (z. B. bezogen auf die Primärwicklung), Rückzone
^	Scheitelwert
0	Leerlauf
1	Primärseite (Ständer)
2	Sekundärseite (Läufer)
$\hat{=}$	entspricht
~	proportional

Fettgedruckte Buchstaben sind Vektoren, wie $\boldsymbol{B}$, $\boldsymbol{H}$, $\boldsymbol{E}$, $\boldsymbol{D}$, $\boldsymbol{A}$

Buchstaben mit Querstrich oben sind Matrizen, wie $\overline{a}, \overline{b}, \overline{c}, \overline{x}, \overline{y}, \overline{z}$

Buchstaben mit Querstrich unten sind komplexe Größen, wie $\underline{U}$, $\underline{I}$, $\underline{Z}$, $\underline{Y}$, $\underline{S}$

0 Einführung

0.1 Geschichtliche Entwicklung

Mit den grundlegenden physikalischen Entwicklungen des 19. Jahrhunderts wurde der Weg zur Herstellung der ersten Modelle auf dem Gebiet der elektrischen Maschinen frei. Die wichtigsten Etappen der geschichtlichen Entwicklung elektrischer Maschinen können wie folgt angegeben werden:

1820: **Oersted** baut eines der ersten Modelle der Gleichstrommaschinen. Auf eine Magnetnadel in der Nähe eines stromdurchflossenen Leiters wurden Kräfte ausgeübt. Es war erforderlich, die Stromrichtung in der Spule bei jeder halben Umdrehung zu wenden. Dies wurde mithilfe von unterteilten Kontakten (Kommutator) realisiert.

1824: **Arago** baut eines der ersten Modelle der Wechselstrommaschinen. Er stellte fest, dass eine Magnetnadel zu rotieren begann, sobald sich eine darunterliegende Kupferscheibe drehte. Damit war das Prinzip der Induktionsmaschine gefunden.

1831: **Faraday** gibt das Induktionsgesetz bekannt. Damit war die Wirkungsweise des Arago'schen Modells verdeutlicht worden (induzierte Ströme in der Scheibe bilden mit dem Magnetfeld ein Drehmoment).

1885: **Ferraris** hat einen Vorläufer der heutigen Ausführungen von Asynchronmaschinen, basierend auf dem Arago'schen Modell, gebaut. Die rotierenden Magnete wurden durch Spulen ersetzt, die von Wechselstrom durchflossen wurden. Ferraris war jedoch der Meinung, dass dieser Motortyp prinzipiell keinen höheren Wirkungsgrad als 50 % erreichen könne.

1888: **Dolivo-Dobrowolsky** baut einen Drehstromasynchronmotor mit einem Wirkungsgrad von 80 %.

Trotz der etwa 180-jährigen Geschichte der elektrischen Maschinen kann nicht von einer innovationslosen Technologie gesprochen werden:

- Automatisierungs-, Positionierungs-, Steuerungs- und Regelungstechnik stellen immer neue An- und Herausforderungen

- Umweltaspekte erfordern eine ständige Optimierung bezüglich Geräusch, Abwärme und Emission
- Globalisierung erfordert eine ständige Kostenreduzierung; eine schlanke Fertigung zur Produktion kompakterer Maschinen wird angestrebt

Somit hat sich das Gewicht mancher Normmotoren von 1900 bis heute um mehr als 80 reduziert.

0.2 Leistungsklassen

Die elektrischen Maschinen werden für den breitbandigen Leistungsbereich von mW bis zu einigen GW und für Spannungen bis 27 kV und Drehzahlen bis 100 000 min^{-1} gebaut. Die Angaben der Hersteller, die auf dem Leistungsschild angebracht sind, werden Bemessungswerte[1)] genannt. Die Ausführungen sind von den Kleinst- bis zu den Größtmaschinen üblicherweise in folgende Leistungsklassen grob eingeteilt:

Kleinstmaschinen	1	mW	bis	100	W
Kleinmaschinen	10	W	bis	10	kW
Mittelmaschinen	10	kW	bis	1	MW
Großmaschinen	1	MW	bis	100	MW
Größtmaschinen	100	MW	bis	2	GW

Sonderausführungen sind Mikromaschinen in der Nanotechnologie mit Durchmessern im Fünfhundertstel-mm-Bereich und Supergrößtmaschinen mit Leistungen von einigen GW. Die Mikromaschinen werden in der Feinwerktechnik und in der Medizin eingesetzt, z. B. bei Epithesen bzw. Implantaten für Gesichtschirurgie zur Herstellung von künstlichen Ohren und Augen oder zur Behandlung von Arterienverkalkung. Die Supergrößtmaschinen finden meistens Anwendung als Turbogenerator zur Energiegewinnung in Kraftwerken.

0.3 Anwendungsgebiete

Die elektrischen Maschinen dienen zur Energieumwandlung und Energieumformung. Generatoren erzeugen elektrische Energie aus mechanischer Energie. Motoren wandeln elektrische Energie in mechanische Energie um. Die elektromechanische Energieumwandlung ist reversibel. Sie geschieht hauptsächlich mithilfe

[1)] Nach DIN 40200 werden im Sinne der Aktualisierung der Begriffe anstelle der Nennwerte die Bemessungswerte eingeführt.

magnetischer Felder, weil deren Energiedichten um fast fünf Zehnerpotenzen höher sind als die der elektrischen Felder. Die Energieumformung geschieht prinzipiell mithilfe von Transformatoren und Umformern. **Tabelle 0.1** gibt die grundsätzlichen Formen der Energieumwandlung und -umformung an.

Art	von	in	Objekt
Umwandlung	mechanisch elektrisch	elektrisch mechanisch	Generator Motor
Umformung	Gleichstrom Gleichstrom Wechselstrom Wechselstrom	Gleichstrom Wechselstrom Gleichstrom Wechselstrom	Gleichstromsteller Wechselrichter Gleichrichter Umrichter, Transformator

Tabelle 0.1 Grundsätzliche Formen der Energieumwandlung und -umformung

Das Haupteinsatzgebiet der elektrischen Maschinen ist zwar die elektrische Energieversorgung, doch sind sie aus der gesamten Volkswirtschaft und dem allgemeinen täglichen Leben nicht mehr wegzudenken.

0.3.1 Elektrische Energieversorgung

Elektrische Energie wird in Transformatoren, rotierenden Umformern und statischen Umrichtern hinsichtlich Spannung, Strom und Frequenz umgeformt (Energieumformung). Die elektrische Energie, die in Kraftwerken erzeugt wird, muss über lange Strecken mithilfe von Übertragungsnetzen an die Verbraucher gelangen. In Kraftwerken werden deshalb die hohen Spannungen (z. B. 21 kV bzw. 27 kV) mithilfe von Hochsetztransformatoren nochmals hochgesetzt (z. B. auf 220 kV bzw. 400 kV). Dadurch sind kleine Ströme und somit kleine Spannungsfälle in Übertragungsnetzen gewährleistet. Direkt an den Verteilerstationen (Umspannwerke) werden mithilfe von Tiefsetztransformatoren die heruntergesetzten Spannungen von z. B. 110 kV bzw. 20 kV in normale Verbraucherspannungen von 230 V, 400 V bzw. 6 kV (z. B. für Motoren im Schwermaschinenbau) umgewandelt. Mithilfe der Umrichter können noch zusätzlich der Netzstrom bzw. die Netzspannung und die Netzfrequenz an die Erfordernisse des jeweiligen Antriebs angepasst werden (s. **Bild 0.1**). Die elektrischen Maschinen sind also das zentrale Element der elektrischen Energieversorgung und der Antriebstechnik.

Die Hauptaufgaben sind:

- sichere, wirtschaftliche und umweltfreundliche Erzeugung elektrischer Energie
- verlustarme Umformung für Übertragung und Verteilung
- nutzungsgerechte Anwendung in der Antriebstechnik

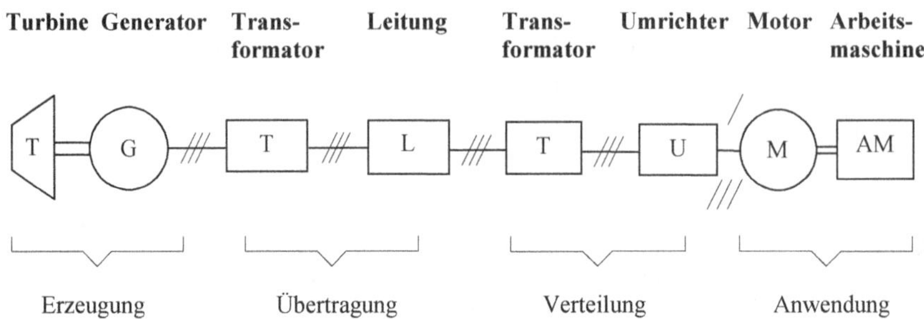

Bild 0.1 Schema der Energieumwandlung und -umformung

0.3.2 Volkswirtschaftliche Aspekte

Dem volkswirtschaftlichen Einsatz der elektrischen Maschine als Antriebsmotor kommt neben der Anwendung als Generator in Kraftwerken und im Inselbetrieb sowie als Transformator und Umformer in Netzen und Anlagen immer mehr Bedeutung zu. In den Industrieländern werden derzeit rund 69 % der gesamten elektrischen Energie in mechanische Energie umgewandelt. Dabei sind etwa 30 % der Elektromotoren bezüglich ihrer Drehzahl bzw. ihres Drehmoments regelbar.

Die ständig expandierende Automatisierungstechnik – heute Motor der Volkswirtschaft – basiert auf der Antriebstechnik und Leistungselektronik. Die rein mechanische Automatisierung verliert zusehends an Bedeutung. Der Elektromotor ist zum Muskel geworden, die integrierte Schaltung zum Gehirn. **Tabelle 0.2** enthält einige typische Einsatzgebiete im volkswirtschaftlichen Bereich. **Tabelle 0.3** stellt die Bedeutung der Elektromotoren im Haushalt dar.

Die hohen Anforderungen an Elektromotoren sind vielfältig und müssen bei der Auswahl bzw. Auslegung berücksichtigt werden. Der Anwender sollte vor allem auf folgende Gesichtspunkte achten:

- Funktion (Strom, Spannung, Leistung, Leistungsfaktor, Drehmoment, Drehzahl, Dynamik, Wirkungsgrad, Volumen, Gewicht usw.)
- Kosten (Maschine, Leistungselektronik, Regelung, Sensoren und Messwertumformung)

Einsatzgebiet	Beispiele
Transportsysteme	Elektrische Bahnen, Schiffe, Kfz-Technik, Luft- und Raumfahrttechnik
Energiewirtschaft	Pumpen, Gebläse, Fördereinrichtungen
Bergbau	Förderanlagen, Schienenfahrzeuge, Pumpen, Gebläse
Metallurgie	Walzstraßen, Gebläse, Fördereinrichtungen
Chemische Industrie	Kompressoren, Pumpen, Mischanlagen, Fördereinrichtungen, Gebläse
Baumaterialindustrie	Drehrohröfen, Brechwerke, Fördereinrichtungen
Schwermaschinenbau, Werkzeugbau und allgem. Maschinenbau	Werkzeugmaschinen, Industrieroboter, Förder- und Verkettungseinrichtungen
Leichtindustrie	Textilmaschinen, polygrafische Maschinen, Papiermaschinen, Fördereinrichtungen, Kleinroboter
Lebensmittelindustrie	Pumpen, Gebläse, Fördereinrichtungen, Rührwerke
Medizin- und Labor-technik	Dosierpumpen
Landwirtschaft	Gebläse, Pumpen, Mischanlagen, Fördereinrichtungen, Erntemaschinen
Büro- und Datentechnik	Schreibmaschine, Plotter, Drucker, Kopiermaschine, Faxgerät, Fernschreiber, Disk- und CD-Laufwerk, Lochstreifenleser, Bandgerät
Haushalt und Freizeit	Pumpen, Kälteaggregate, Gebläse, Haus- und Küchengeräte, Tonbandgeräte, Plattenspieler, Videogeräte, Geräte der Heimwerktechnik, Fahrzeuge, Spielzeuge, Foto- und Videotechnik, Uhren

Tabelle 0.2 Beispiele für den volkswirtschaftlichen Einsatz von Elektromotoren

Einsatzbereich	Beispiele
Heizungsraum	Öl- bzw. Gasbrenner, Pumpen
Waschraum	Wasch- und Mangelmaschine, Wäschetrockner
Hobbywerkstatt	Bohrer, Säge, . . .
Küche	Geschirrspülmaschine, Getreide- und Kaffeemühle, Mixer, Küchenmaschine, Kühl- und Gefrierschrank, Elektroherd, Lüfter
Arbeitszimmer	PC, Drucker, Kopierer, Faxgerät, Schreibmaschine
Hobbyraum	Foto- und Videotechnik, Spielzeug
Wohnzimmer	Videogerät, CD-Player, Plattenspieler, Tonbandgerät, Anrufbeantworter
Terrasse	Markisen
Fenster	Rollläden
Garten	Pumpen, Rasenmäher, Gartengeräte
Garage	Garagentore

Tabelle 0.3 Beispiele für die Anwendung von Elektromotoren im Haushalt

- Umwelt (Geräusche, Abwärme, Emission, reparierbar bzw. recycelbar)
- Verfügbarkeit (Vermeidung von Störungen, Wartungen und Diagnosen)
- Kompaktheit (optisch ansprechend, neue Werkstoffe höherer Leistungsdichte, Toleranzeinengung, Verbesserung der Formgebung, Optimierung der Herstellungs- und Bearbeitungsverfahren)
- Stabilität (der Betriebspunkt von Motor und Arbeitsmaschine muss stabil sein)

In verschiedenen Abschnitten dieses Buchs werden diese Auswahlkriterien näher erläutert.

1 Allgemeine Grundlagen

1.1 Größen und Einheiten

Seit 1960 ersetzen die SI-Einheiten das frühere MKSA (Giorgi)-System. Sie sind durch die sieben unabhängigen Basiseinheiten gegeben (**Tabelle 1.1**).

Name	Zeichen	Größe
Meter	m	Länge
Kilogramm	kg	Masse
Sekunde	s	Zeit
Ampere	A	Stromstärke
Kelvin	K	Temperatur
Candela	cd	Lichtstärke
Mol	mol	Stoffmenge

Tabelle 1.1 SI-Basiseinheiten

Vorsatz	Zeichen	Zehnerpotenz	Bedeutung
Atto	a	10^{-18}	trillionstel
Femto	f	10^{-15}	billiardstel
Piko	p	10^{-12}	billionstel
Nano	n	10^{-9}	milliardstel
Mikro	µ	10^{-6}	millionstel
Milli	m	10^{-3}	tausendstel
Zenti	c	10^{-2}	hundertstel
Dezi	d	10^{-1}	zehntel
Deka	da	10^{1}	Zehn
Hekto	h	10^{2}	Hundert
Kilo	k	10^{3}	Tausend, Tsd.
Mega	M	10^{6}	Million, Mio.
Giga	G	10^{9}	Milliarde, Mrd.[1)]
Tera	T	10^{12}	Billion, Bio. [1)]
Peta	P	10^{15}	Billiarde[1)]
Exa	E	10^{18}	Trillion[1)]

Tabelle 1.2 Dezimale Teile und vielfache Einheiten

[1)] In den USA: 10^{9} = 1 Billion, 10^{12} = 1 Trillion, 10^{15} = Quadrillion, 10^{18} = Quintrillion

Physikalische Größe	**Zeichen**	**Internationale Einheit**	**Andere Einheiten**
Länge	l	m	1 cm = 10^{-2} m
Masse	m	kg	
Zeit	t	s	
Stromstärke	I	A (Ampere)	
Temperatur	T ϑ $\vartheta = (T - 273{,}15\ \mathrm{K})$	K (Kelvin) °C (Celsius) °C	Übertemperatur absolute Temperatur
Temperaturdifferenz	ΔT $\Delta\vartheta$	K °C	
Frequenz	f	1 Hz = 1/s	
Kraft	F	1 N = 1 kgm/s^2	1 kp = 9,807 N
Leistung	P	1 W = 1 Nm/s	1 kpm/s = 9,807 W 1 PS = 75 kpm/s = 735,5 W
Energie	W	1 Ws = 1 Nm = 1 J	1 kpm = 9,807 Ws 1 kWh = $3{,}6 \cdot 10^6$ Ws 1 eV (Elektronenvolt) = 1,602 J 1 kg SKE (Steinkohleneinheit) = $29{,}3 \cdot 10^6$ J 1 TWa (Terawattjahr) = $8{,}76 \cdot 10^{12}$ kWh = $1{,}0565 \cdot 10^9$ t SKE
Wärmemenge	Q	1 kcal = $4{,}1868 \cdot 10^3$ Ws	
Drehmoment	M	Nm	
Trägheitsmoment	Θ bzw. J	Nms^2	kgm^2
Spannung	U	V (Volt)	1 V = 1 W/A = 1 kgm^2/(s^{3}A)
Widerstand	R	Ω (Ohm)	1 Ω = 1 V/A
Leitwert	G	S (Siemens)	1 S = 1 A/V = 1/Ω
Induktivität	L	H (Henry)	1 H = 1 Vs/A
Kapazität	C	F (Farad)	1 F = 1 As/V
magnetischer Fluss	Φ	1 Vs = 1 Wb (Weber)	1 M (Maxwell) = 10^{-8} Vs
Induktion (Flussdichte)	B	1 Vs/m^2 = 1 T (Tesla)	1 G (Gauß) = 10^{-4} T = 10^{-8} Vs/cm^2
magnetische Feldstärke	H	A/m	1 Oe (Oersted) = 80 A/m
magnetische Feldkonstante	μ_0	$0{,}4 \cdot \pi \cdot 10^{-6}$ Vs/(Am)	1,256 Gcm/A
elektrische Feldkonstante	ε_0	$8{,}8542 \cdot 10^{-12}$ As/(Vm)	

Tabelle 1.3 Basiseinheiten und andere geläufige Einheiten der elektrischen Energietechnik

Die Einheiten sind kohärent (gleichwertig), wenn in deren Umrechnungsgleichungen die Zahl 1 vorkommt, wie z. B.:

$$1\ \mathrm{VAs} = 1\ \mathrm{J} = 1\ \mathrm{Ws} = 1\ \mathrm{Nm} = 1\ \mathrm{kgm^2/s^2}$$

Dezimale Teile und Vielfache der SI-Einheiten werden durch Vorsätze vor dem Zeichen der Einheiten gekennzeichnet (**Tabelle 1.2**). In der **Tabelle 1.3** sind die Basiseinheiten und andere Einheiten, die bei den elektrischen Maschinen bzw. in der Energietechnik von Bedeutung sind, mit deren Bezeichnung wiedergegeben.

1.2 Zählpfeilsysteme

Während die Richtung einer physikalischen Größe durch physikalische Zusammenhänge bestimmt wird (z. B. bestimmt die Bewegungsrichtung der positiven Ladungsträger die positive Stromrichtung, und die Richtung eines Punkts höheren Potentials zu einem mit niedrigerem Potential bestimmt die positive Spannungsrichtung), können die Zählpfeile dieser Größen willkürlich gewählt werden. Ein Minuszeichen im Ergebnis bedeutet lediglich, dass die physikalische Größe dem angenommenen Zählsinn entgegengerichtet ist.
Bei der Festlegung positiver Richtungen für Spannung, Strom und Leistung gibt es prinzipiell zwei Möglichkeiten: Verbraucher- und Erzeugerzählpfeilsystem (**Bild 1.1**).
Mithilfe des Poynting'schen Vektors ***S*** wird die Leistungsdichte im elektromagnetischen Feld definiert (**Bild 1.2**, mit *E*: elektrische Feldstärke, *H*: magnetische Feldstärke). Zweckmäßig ist eine Festlegung der positiven Richtungen von Strom und Spannung entsprechend dem Energiefluss (**Bild 1.3**).

Bild 1.1 Zählpfeilsysteme
a) Verbraucherzählpfeilsystem (VZS), Spannungs- und Strompfeil entgegengerichtet, Leistung wird aufgenommen
b) Erzeugerzählpfeilsystem (EZS), Spannungs- und Strompfeil gleichgerichtet, Leistung wird abgegeben

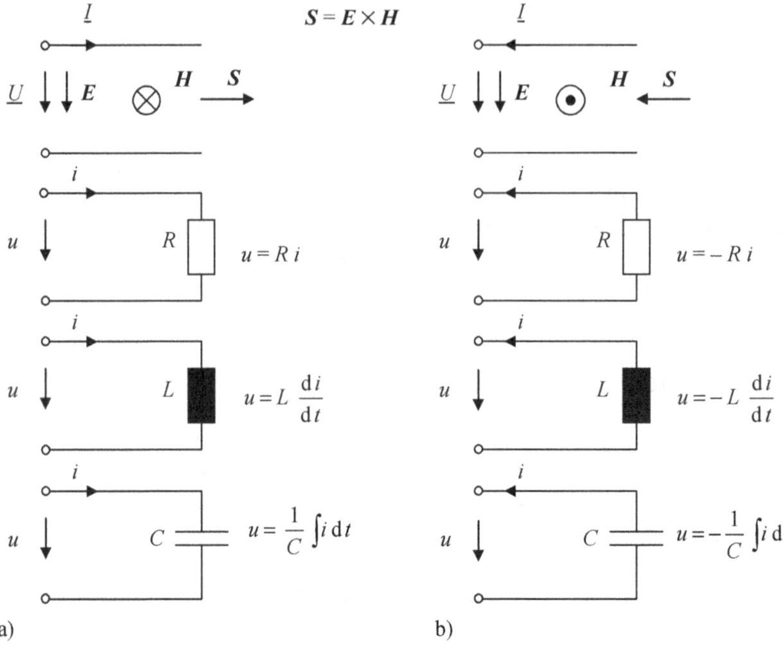

Bild 1.2 Verbraucher- und Erzeugerzählpfeilsystem mit Poyntingvektor
a) Spannungsfälle
b) Spannungserzeugung

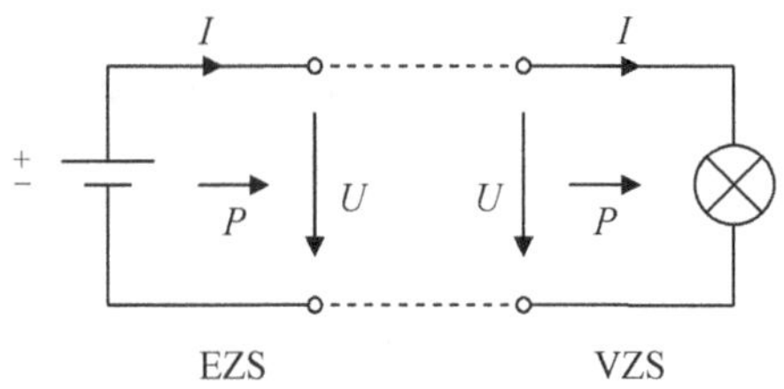

Bild 1.3 Beispiel für zweckmäßige Zählpfeilrichtungen im Stromkreis

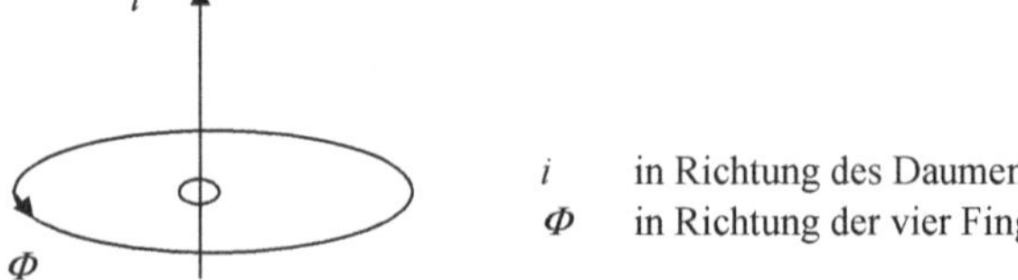

i in Richtung des Daumens
Φ in Richtung der vier Finger

Bild 1.4 Rechte-Hand-Regel

Für den magnetischen Fluss infolge des stromdurchflossenen Leiters wird die Rechtsschraubenregel (Korkenzieherregel) bzw. die Rechte-Hand-Regel gemäß **Bild 1.4** vereinbart. Entsprechend fließt im runden Leiter der Strom in Richtung der vier Finger, und der Daumen zeigt die Richtung der Feldlinien an. Für die Lorentzkraft (Abschnitt 1.8.4) gilt die Drei-Finger-Regel (**Bild 1.5**).

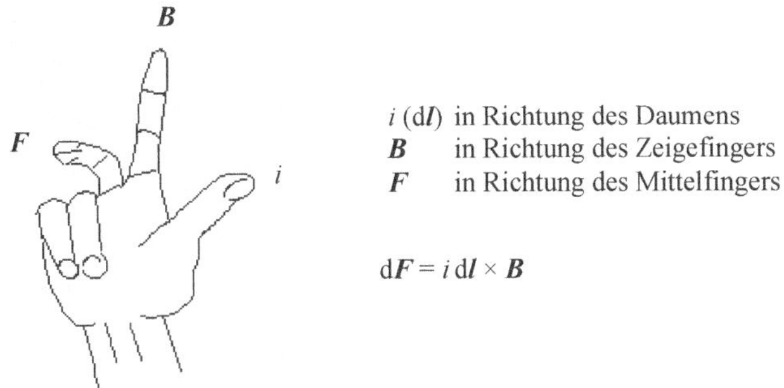

Bild 1.5 Drei-Finger-Regel zur Bestimmung der Kraftrichtung

1.3 Einführung in die Wechselstromtechnik [5 bis 18]

Zeitlich sinusförmige periodische Wechselspannungen und -ströme werden in der Elektrotechnik wie folgt durch Scheitelwerte und die Kreisfrequenz ω dargestellt (hier ist $\omega = 2\,\pi f$ mit $f = 1/T$ die Frequenz und T Periodendauer der Wechselgröße):

$$u(t) = \hat{U}\cos(\omega t) \quad \text{bzw.} \quad i(t) = \hat{I}\cos(\omega t - \varphi) \tag{1.1}$$

Die Effektivwerte errechnen sich bei Sinusform aus den Scheitelwerten:

$$U = \frac{\hat{U}}{\sqrt{2}} \quad \text{bzw.} \quad I = \frac{\hat{I}}{\sqrt{2}} \tag{1.2}$$

Für den Effektivwert bzw. quadratischen Mittelwert gilt:

$$U = \sqrt{\frac{1}{T}\int_0^T u(t)^2\,\mathrm{d}t} \quad \text{bzw.} \quad I = \sqrt{\frac{1}{T}\int_0^T i(t)^2\,\mathrm{d}t} \tag{1.3}$$

Für den Gleichwert bzw. arithmetischen Mittelwert des Stroms gilt:

$$\bar{i} = \frac{1}{T} \int_0^T i \, \mathrm{d}t \tag{1.4}$$

Dieser Wert ist vor allem für die Mischgrößen interessant, sonst ist er null. Für den Gleichrichtwert bzw. Mittelwert des Stroms (Gleichstrommittelwert) gilt:

$$|\bar{i}| = I_g = \frac{1}{T} \int_0^T |i| \, \mathrm{d}t \tag{1.5}$$

Dieser Wert ist vor allem für die Gleichrichterschaltungen von Interesse. Der Formfaktor F, der ein Maß für die Welligkeit ist, ergibt sich als Quotient von Effektiv- und Gleichrichtwert (s. Abschnitt 7.4.2):

$$F = \frac{I}{|\bar{i}|} \tag{1.6}$$

Die Zeigerdarstellung und die komplexe Schreibweise werden oft für die sinusförmigen Wechselgrößen bevorzugt verwendet (wegen beträchtlicher Vereinfachung, insbesondere bei umfangreicheren Schaltungen) (**Bild 1.6b**). In Exponential- und Komponentendarstellung lauten diese:

$$\underline{U} = U\,\mathrm{e}^{\mathrm{j}\omega t}\,\mathrm{e}^{\mathrm{j}\varphi_u} = \mathrm{Re}\{\underline{U}\} + \mathrm{j}\,\mathrm{Im}\{\underline{U}\} \quad \text{mit } u(t) = \sqrt{2}\,\mathrm{Re}\{\underline{U}\}$$

$$\underline{I} = I\,\mathrm{e}^{\mathrm{j}\omega t}\,\mathrm{e}^{\mathrm{j}\varphi_i} = \mathrm{Re}\{\underline{I}\} + \mathrm{j}\,\mathrm{Im}\{\underline{I}\} \quad \text{mit } i(t) = \sqrt{2}\,\mathrm{Re}\{\underline{I}\}$$

Der Phasenwinkel $\varphi = \varphi_u - \varphi_i$ ist von $\underline{I}$ zu $\underline{U}$ gerichtet (+ gegen den Uhrzeigersinn, – im Uhrzeigersinn). In der komplexen Ebene wird der Phasenwinkel von der positiven reellen Achse zum Zeiger gezählt (+ gegen den Uhrzeigersinn, – im Uhrzeigersinn). Die Zeiger müssen wie Vektoren behandelt werden (geometrische Addition und Subtraktion). Sie werden deshalb durch die Unterstreichung des Formelzeichens mit $\underline{U}$ bzw. $\underline{I}$ gekennzeichnet. Der Faktor $\mathrm{e}^{\mathrm{j}\omega t}$ bedeutet, dass der Zeiger mit der Winkelgeschwindigkeit ω gegen den Uhrzeigersinn rotiert. Der Drehpfeil wird weggelassen. Für die komplexe Ebene gilt dann:

$$\underline{U} = U\,\mathrm{e}^{\mathrm{j}\varphi_u} \quad \text{bzw.} \quad \underline{I} = I\,\mathrm{e}^{\mathrm{j}\varphi_i} \tag{1.7}$$

Das ohmsche Gesetz beschreibt ganz allgemein den proportionalen Zusammenhang zwischen der Spannung $\underline{U}$ als Ursache und dem Strom $\underline{I}$ als Wirkung:

$$\underline{U} = \underline{Z}\,\underline{I} \tag{1.8}$$

Entsprechend wird der „komplexe Widerstand" definiert:

$$\underline{Z} = \frac{\underline{U}}{\underline{I}} = R + \mathrm{j}\,X = Z\,\mathrm{e}^{j\varphi} \qquad Z = \sqrt{R^2 + X^2}; \;\; \tan\varphi = \frac{X}{R} \tag{1.9}$$

Z wird als Scheinwiderstand bezeichnet. In der Energietechnik werden, abweichend von der mathematischen Darstellung, zweckmäßigerweise die reelle Achse als Ordinate und die negative imaginäre Achse als Abszisse aufgefasst. Da die Spannung auf die reelle Achse gelegt wird, entfällt der Phasenwinkel der Spannung. Dadurch können die Ortskurven im ersten und vierten Quadranten dargestellt werden. So gilt für den Strom (**Bild 1.6a**):

$$\underline{I} = \frac{\underline{U}}{\underline{Z}} = \frac{U}{Z}\,\mathrm{e}^{-\mathrm{j}\varphi}\;\mathrm{e}^{-\mathrm{j}\omega t}$$

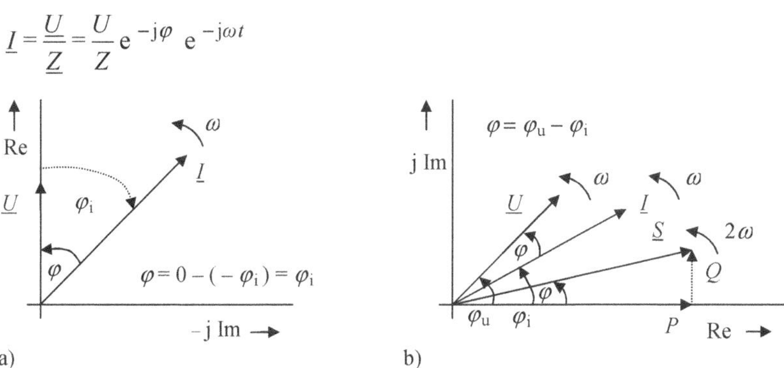

Bild 1.6 Strom, Spannung und Leistung in komplexer Ebene
a) Festlegung für Energietechnik b) Allgemeine Darstellung

Bild 1.6b gibt die allgemeine Darstellung von Strom, Spannung und die Leistungen mit ihren Phasenwinkeln in der komplexen Ebene wieder.

Zur Berechnung der komplexen Größen ist vor allem die Beachtung folgender Rechenregeln hilfreich:

- Addition und Subtraktion erfolgt zweckmäßigerweise in Komponentenform
- Multiplikation und Division erfolgt zweckmäßigerweise in Exponentialform
- Multiplikation einer Größe mit der konjugiert komplexen Größe ist gleich dem Betrag zum Quadrat
- Komplexe Nenner von Brüchen werden reell gemacht, indem Zähler und Nenner mit dem konjugiert komplexen Nenner multipliziert werden
- Differentiation und Integration einer komplexen Größe $\underline{z} = z\,\mathrm{e}^{\mathrm{j}(\omega t + \varphi)}$ lauten (**Bild 1.7**):

  $$\frac{\mathrm{d}\underline{z}}{\mathrm{d}t} = \frac{\mathrm{d}[\,z\,\mathrm{e}^{\mathrm{j}(\omega t + \varphi)}\,]}{\mathrm{d}t} = \mathrm{j}\,\omega\, z\,\mathrm{e}^{\mathrm{j}(\omega \mathrm{t} + \varphi)} = \mathrm{j}\,\omega\underline{z} \qquad \text{und}$$

$$\int \underline{z}\,\mathrm{d}t = \int z\,\mathrm{e}^{\,\mathrm{j}(\omega t+\varphi)}\mathrm{d}t = \frac{z}{\mathrm{j}\omega}\mathrm{e}^{\,\mathrm{j}(\omega t+\varphi)} = \frac{\underline{z}}{\mathrm{j}\omega}$$

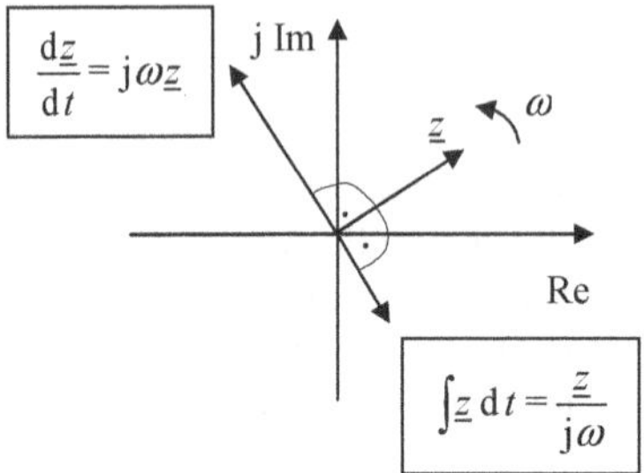

Bild 1.7 Differentiation und Integration einer komplexen Größe

Die komplexe Leistung ist das Produkt aus dem komplexen Effektivwert der Spannung und dem konjugiert komplexen Effektivwert (gekennzeichnet durch *) des Stroms (bzw. umgekehrt):

$$\underline{S} = \underline{U}\,\underline{I}^{*} = U\,I\,\mathrm{e}^{\mathrm{j}(\varphi_{\mathrm{u}}-\varphi_{\mathrm{i}})} = U\,I\,\mathrm{e}^{\mathrm{j}\varphi} = P + \mathrm{j}Q \,(\text{mit } \underline{I}^{*} = I\,\mathrm{e}^{-\mathrm{j}\varphi_{\mathrm{i}}}) \text{ bzw.}$$

$$\underline{S} = \underline{U}\,\underline{I}^{*} = U\,I\,\mathrm{e}^{\mathrm{j}(\omega t+\varphi_{\mathrm{u}})}\mathrm{e}^{\mathrm{j}(\omega t-\varphi_{\mathrm{i}})} = U\,I\,\mathrm{e}^{\mathrm{j}2\omega t}\mathrm{e}^{\mathrm{j}\varphi} \qquad (1.10)$$

$\mathrm{e}^{\,\mathrm{j}2\omega t}$ heißt, dass der Zeiger $\underline{S}$ mit der doppelten Winkelgeschwindigkeit rotiert, also die doppelte Frequenz des zugehörigen Stroms bzw. der Spannung besitzt (Bild 1.6b). Die Scheinleistung S (in VA) gibt die scheinbar größte umsetzbare Leistung an, die wegen der in Wechselstromkreisen vorhandenen Phasenverschiebung nicht erreicht werden kann. Sie ist also eine reine Rechengröße ohne jede physikalische Bedeutung.

Die Wirkleistung

$$P = U\,I\cos\varphi \quad \text{in W} \qquad (1.11)$$

ist die im Verbraucher umgesetzte Leistung, die z. B. in Wärme und mechanische Leistung umgewandelt wird.

Die Blindleistung

$$Q = U\,I\sin\varphi \quad \text{in var} \qquad (1.12)$$

pendelt zwischen Verbraucher und Netz hin und her. Dies zeigt sich durch einen ständigen Auf- und Abbau des elektrischen und magnetischen Feldes in Kondensatoren und Spulen des Verbrauchers und kann keine bleibende Veränderung im Verbraucher

Bauelement	Ohm'scher Widerstand	Induktivität	Kapazität	komplexer Widerstand (allgemein)
Zeit-bereich Schalt-zeichen	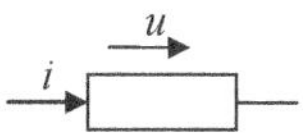 u, i, R	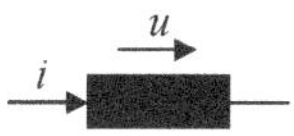 u, i, L	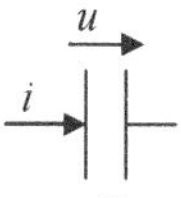 u, i, C	
physikalische Kenngröße	Strom i	magnetischer Fluss Φ	elektrische Ladung Q	
physikalische Gleichung	$u = R\,i$	$u = -w\dfrac{\mathrm{d}\Phi}{\mathrm{d}t}$	$i = \dfrac{\mathrm{d}Q}{\mathrm{d}t}$ $(Q = C\,u)$	
Grundgesetz	$u = R\,i$	$u = L\dfrac{\mathrm{d}i}{\mathrm{d}t}$	$u = \dfrac{1}{C}\int i\,\mathrm{d}t$	
Frequenz-bereich Schalt-zeichen	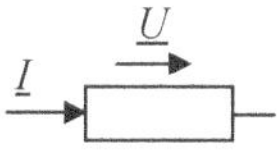 $\underline{U}$, $\underline{I}$, R	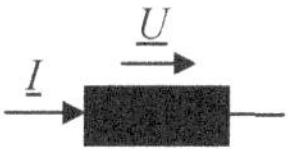 $\underline{U}$, $\underline{I}$, $\mathrm{j}\omega L$	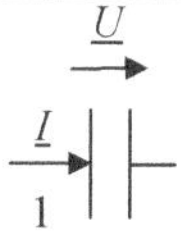 $\underline{U}$, $\underline{I}$, $\dfrac{1}{\mathrm{j}\omega C}$	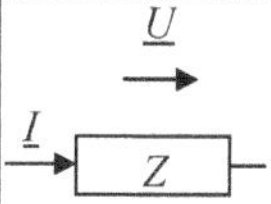 $\underline{U}$, $\underline{I}$, $\underline{Z}$, $\underline{Z}$
Grundgesetz	$\underline{U} = R\,\underline{I}$	$\underline{U} = \mathrm{j}\omega L\,\underline{I}$	$\underline{U} = -\mathrm{j}\dfrac{1}{\omega C}\underline{I}$	$\underline{U} = \underline{Z}\,\underline{I}$
Zeigerbild	 $\underline{U}$, $\underline{I}$ $\varphi = 0$	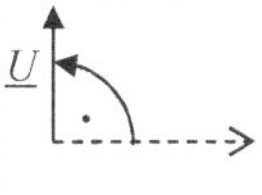 $\underline{U}$, $\underline{I}$ $\varphi = \pi/2$	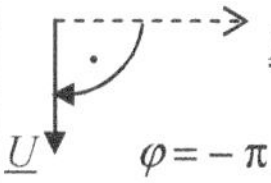 $\underline{I}$, $\underline{U}$ $\varphi = -\pi/2$	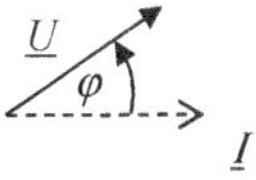 $\underline{U}$, φ, $\underline{I}$ $(90° \geq \varphi \geq -90°)$
komplexer Widerstand $\underline{Z}$ in Ω	$\underline{Z} = R$ R Wirkwiderstand	$\underline{Z} = \mathrm{j}\omega L = \mathrm{j}X_\mathrm{L}$ X_L Blindwiderstand	$\underline{Z} = \dfrac{1}{\mathrm{j}\omega C} = -\mathrm{j}X_\mathrm{C}$ X_C Blindwiderstand	$\underline{Z} = R + \mathrm{j}X = Z\,\mathrm{e}^{\mathrm{j}\varphi}$ Z Scheinwiderstand
Frequenzabhängigkeit	R, ω	X_L, ω	X_C, ω	
komplexer Leitwert $\underline{Y}$ in S	$\underline{Y} = \dfrac{1}{R} = G$ G Wirkleitwert	$\underline{Y} = -\mathrm{j}\dfrac{1}{\omega L} = -\mathrm{j}B_\mathrm{L}$ B_L Blindleitwert	$\underline{Y} = \mathrm{j}\omega C = \mathrm{j}B_\mathrm{C}$ B_C Blindleitwert	$\underline{Y} = \dfrac{1}{\underline{Z}} = G + \mathrm{j}B$ $= Y\mathrm{e}^{\mathrm{j}\varphi}$ Y Scheinleitwert

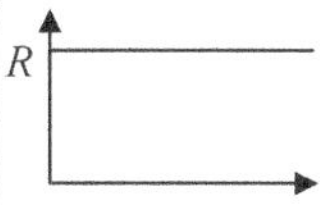

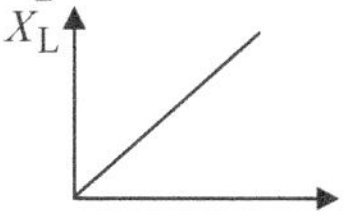

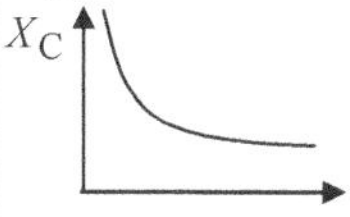

Tabelle 1.4 Zusammenfassende Darstellung der Zusammenhänge beim Wechselstrom

Schaltelement	**Ohm'scher Widerstand**	**Induktivität**	**Kapazität**	**Komplexer Widerstand (allgemein)**
Wirkleistung in W	$P = U\,I$	$P = 0$	$P = 0$	$P = U\,I \cos\varphi$
Blindleistung in var	$Q = 0$	$Q = U\,I$	$Q = -\,U\,I$	$Q = U\,I \sin\varphi$
Scheinleistung in VA	$S = U\,I$	$S = U\,I$	$S = U\,I$	$S = U\,I = \sqrt{P^2 + Q^2}$
Leistungsfaktor	$\cos\varphi = 1$	$\cos\varphi = 0$	$\cos\varphi = 0$	$\cos\varphi = \frac{P}{S}$
Wirkarbeit (Energie) in Wh	$W = U\,I\,t$	$W = 0$	$W = 0$	$W = P\,t$
Blindarbeit in varh	$W_q = 0$	$W_q = U\,I\,t$	$W_q = -\,U\,I\,t$	$W_q = Q\,t$
Arbeit (allgemein)	$W = \int_0^t u\,i\,\mathrm{d}t$	$W = \frac{1}{2} L\,i^2$	$W = \frac{1}{2} C\,u^2$	$W = \int_0^t u\,i\,\mathrm{d}t$

Tabelle 1.4 (Fortsetzung)

verursachen. Basierend auf diesen drei verschiedenen Leistungsarten sind sinngemäß unterschiedliche Einheiten festgelegt worden.

Der Leistungsfaktor $\cos\varphi$ gibt an, welcher Anteil der Scheinleistung als Wirkleistung dauerhaft in eine andere Energieform umgewandelt wird. Um die Belastung von Energienetz und Kraftwerken durch unnötig hohe Blindströme zu vermeiden, wird für größere Verbraucher ein Leistungsfaktor $\cos\varphi \geq 0{,}9$ gesetzlich vorgeschrieben. Die Energieversorgungsunternehmen stellen die Blindarbeit dann in Rechnung, wenn sie 50 % der Wirkarbeit übersteigt. Sonst ist eine Blindleistungskompensation erforderlich. Generell ist diesbezüglich eine längere Leerlaufzeit und ein Teillastbetrieb von Motoren und Transformatoren möglichst zu vermeiden.

Die Zusammenhänge der Kenngrößen der Wechselstromtechnik sind in der

Tabelle 1.4 dargestellt (beim ohmschen Widerstand sind $\underline{I}$ und $\underline{U}$ in Phase, im induktiven Widerstand folgt der Strom $\underline{I}$ der Spannung $\underline{U}$ mit 90° Verzögerung nach, im kapazitiven Widerstand eilt der Strom $\underline{I}$ der Spannung $\underline{U}$ um 90° vor). Eine zusammenfassende Darstellung der Kennlinien von Strom-, Spannungs-, Leistungs- und Energieverlauf beim Wechselstrom zeigt **Tabelle 1.5**.

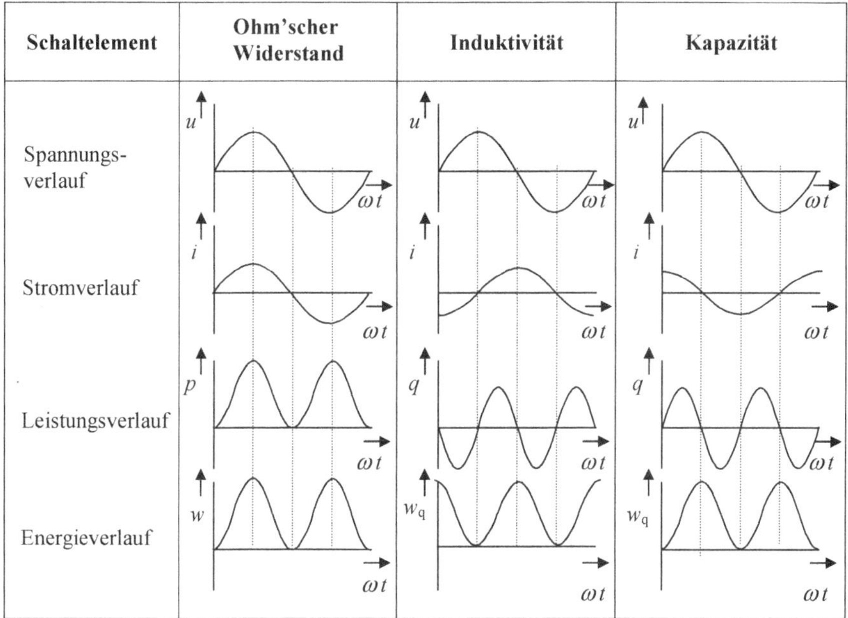

Tabelle 1.5 Zusammenfassende Darstellung der Zusammenhänge beim Wechselstrom, Kennlinien

1.4 Drehstrom

1.4.1 Grundlagen

In der Energietechnik wird das dreisträngige Stromsystem „Drehstrom" verwendet. Die Effektivwerte und Frequenzen der Spannungen und Ströme der drei Leiter sind gleich (symmetrisches System), jedoch um $2\pi/3$ (120°) phasenverschoben (**Bild 1.8**). Die Bezeichnung Drehstrom ist deshalb zweckmäßig, weil er in elektrischen Maschinen ein umlaufendes Magnetfeld (Drehfeld) erzeugt (s. Abschnitt 4.2).

Die Vorteile des Drehstroms gegenüber Wechselstrom können wie folgt zusammengefasst werden (s. auch Abschnitt 10.1.1):

- wirtschaftlichere Energieversorgung, die durch gleichmäßigeren Energiefluss erreicht wird
- einfachere Erzeugung magnetischer Drehfelder, die den Aufbau besonders einfacher, robuster, wartungsarmer und preiswerter Elektromotoren ermöglicht (s. Abschnitte 4.1 und 10.2.3.1)
- Einsparung von Leitungen bzw. Leitungsmaterial, denn anstelle von sechs Leitungen werden nur drei oder vier Leitungen benötigt
- Bereitstellung verschiedener Spannungsebenen, wie z. B. 230 V und 400 V
- einfachere Erzeugung von Gleichspannungen mit geringerer Welligkeit und höherem Wirkungsgrad (s. Abschnitt 7.4.2)

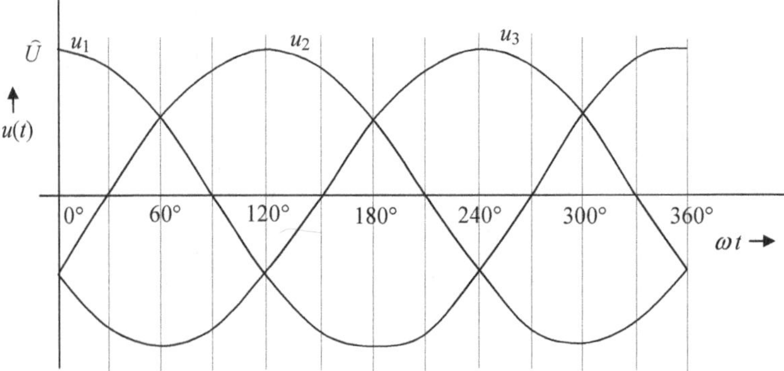

Bild 1.8 Zeitliche Abhängigkeit der Spannungen der drei Leiter bei Drehstrom

Die mathematischen Formulierungen der zeitlichen Abhängigkeit von dreiphasigen Spannungen nach Bild 1.8 lauten:

$$
\begin{aligned}
u_1(t) &= \sqrt{2}\,U \cos \omega t \\
u_2(t) &= \sqrt{2}\,U \cos (\omega t - \frac{2\pi}{3}) \\
u_3(t) &= \sqrt{2}\,U \cos (\omega t + \frac{2\pi}{3})
\end{aligned}
\qquad (1.13)
$$

Die komplexen Formulierungen dieser drei Spannungen (bzw. Ströme) in Exponentialdarstellung lauten:

$$\underline{U}_1 = U\,\mathrm{e}^{\,\mathrm{j}\omega t}$$

$$\underline{U}_2 = \underline{U}_1\,\mathrm{e}^{-\mathrm{j}\frac{2\pi}{3}} \qquad (1.14)$$

$$\underline{U}_3 = \underline{U}_1\,\mathrm{e}^{+\mathrm{j}\frac{2\pi}{3}}$$

Die Zeigerdiagramme der Strangspannungen bzw. Strangströme (s. Abschnitt 1.4.2) sind im **Bild 1.9** dargestellt. Aus den Bildern 1.8 und 1.9 und entsprechenden Gleichungen geht hervor, dass die Summe der Spannungen bei symmetrischem System zu einem beliebigen Zeitpunkt stets null ist:

$$u_1 + u_2 + u_3 = 0 \qquad (1.15)$$

bzw.

$$\underline{U}_1 + \underline{U}_2 + \underline{U}_3 = 0 \qquad (1.16)$$

Entsprechend **Bild 1.11** gilt dann (I_{N}: Neutralleiterstrom im Neutralleiter N):

$$\underline{I}_{\mathrm{N}} = \underline{I}_1 + \underline{I}_2 + \underline{I}_3 = \frac{1}{\underline{Z}}(\underline{U}_1 + \underline{U}_2 + \underline{U}_3) \qquad (1.17)$$

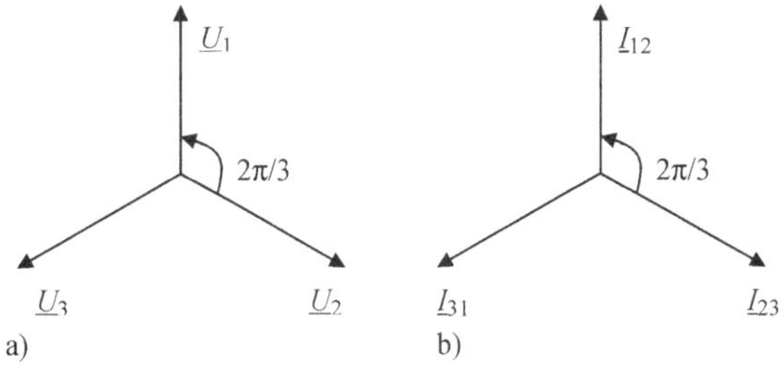

Bild 1.9 Zeigerdiagramme der Strangspannungen und Strangströme
a) Strangspannungen b) Strangströme

1.4.2 Schaltungen bei Drehstrom

Die drei Stränge der Drehstromverbraucher bzw. Drehstromgeneratoren können in Stern- bzw. Dreieckform zusammengeschaltet werden (**Bild 1.10**). Durch diese Zusammenschaltung oder Verkettung kommt man mit weniger als sechs Leitern aus, was zu beträchtlichen Materialeinsparungen führt. Die Anfänge werden jeweils mit U1, V1 und W1 und die Enden mit U2, V2 und W2 bezeichnet (im Bild 1.10 wegen der Übersichtlichkeit weggelassen, s. z. B. Abschnitte 2.6.2, 5.1.3 und 8.1.1).

Dabei ist zwischen Strang- bzw. Leiterwerten zu unterscheiden (Bild 1.10). Die Strangwerte (früher Phasenwerte genannt) werden mit dem Index „S" gekennzeichnet. Die Leiterwerte (auch verkettete Werte genannt) werden mit dem Index „L" gekennzeichnet. Zur Erstellung eines Zeigerdiagramms und der Zusammenhänge zwischen Strang- und Leiterwerten müssen die Stern- und Dreieckschaltungen hinsichtlich der Spannungen bzw. Ströme aller drei Stränge betrachtet werden (Bild 1.11).

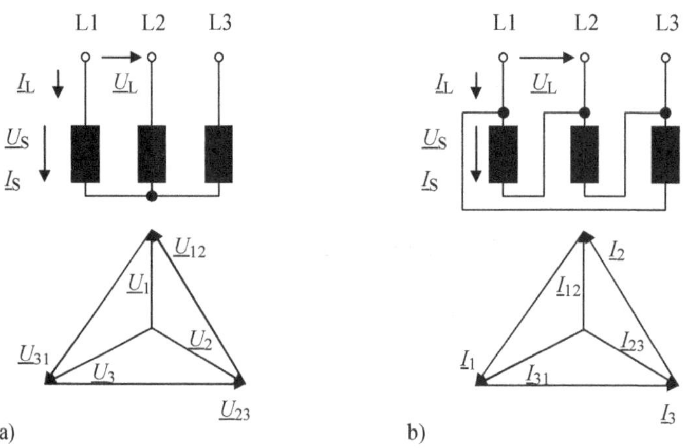

Bild 1.10 Stern- und Dreieckschaltung mit Zeigerdiagrammen
a) Sternschaltung b) Dreieckschaltung

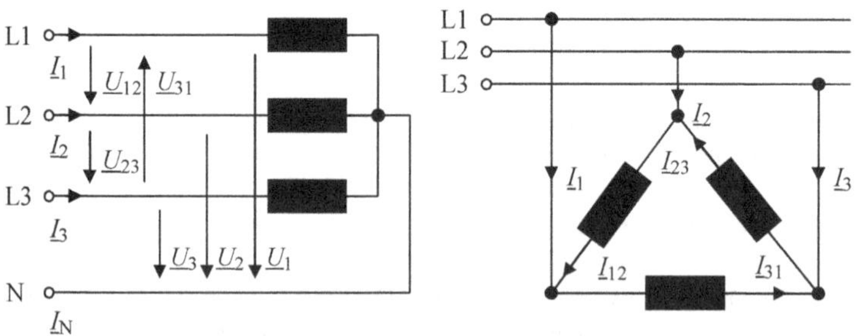

Bild 1.11 Stern- und Dreieckschaltung mit allen Spannungen bzw. Strömen

Bild 1.11 verdeutlicht, dass die Sternschaltung die Benutzung eines Neutralleiters (N) ermöglicht. Dieser Leiter stellt gewissermaßen den gemeinsamen Rückleiter dar (zwei weitere Rückleiter können eingespart werden). Die Maschengleichungen für die Stern- bzw. die Knotengleichungen für die Dreieckschaltung lauten:

Sternschaltung	Dreieckschaltung
$\underline{U}_1 + \underline{U}_{31} - \underline{U}_3 = 0$	$\underline{I}_{12} + \underline{I}_1 - \underline{I}_{31} = 0$
$\underline{U}_2 + \underline{U}_{12} - \underline{U}_1 = 0$	$\underline{I}_{23} + \underline{I}_2 - \underline{I}_{12} = 0$
$\underline{U}_3 + \underline{U}_{23} - \underline{U}_2 = 0$	$\underline{I}_{31} + \underline{I}_3 - \underline{I}_{23} = 0$

Daraus ergeben sich die Zeigerdiagramme der Spannungen bzw. Ströme (Bild 1.10). Aus dem Zeigerdiagramm ergeben sich die Beziehungen zwischen den Strang- und Leiterwerten:

$$\sin 60° = \frac{\sqrt{3}}{2} = \frac{U_\mathrm{L}}{2} \frac{1}{U_\mathrm{S}}$$

$$\Rightarrow U_\mathrm{L} = \sqrt{3}\, U_\mathrm{S} \qquad \text{bzw.} \qquad I_\mathrm{L} = \sqrt{3}\, I_\mathrm{S} \tag{1.18}$$

Zusammenfassung

Sternschaltung	Dreieckschaltung
Stranggrößen	
$U_\mathrm{S}, I_\mathrm{S}$	$U_\mathrm{S}, I_\mathrm{S}$
$\Sigma I_\mathrm{S} = 0$	$\Sigma U_\mathrm{S} = 0$
Leitergrößen	
$U_\mathrm{L} = \sqrt{3}\, U_\mathrm{S}$	$I_\mathrm{L} = \sqrt{3}\, I_\mathrm{S}$
$I_\mathrm{L} = I_\mathrm{S}$	$U_\mathrm{L} = U_\mathrm{S}$

Für die Scheinleistung gilt:

$$S = 3\, U_\mathrm{S}\, I_\mathrm{S} = 3 \frac{U_\mathrm{L}}{\sqrt{3}} I_\mathrm{L} \qquad S = 3\, U_\mathrm{S}\, I_\mathrm{S} = 3\, U_\mathrm{L} \frac{I_\mathrm{L}}{\sqrt{3}}$$

Für beide Schaltungen gilt also:

$$S = 3\, U_\mathrm{S}\, I_\mathrm{S} = \sqrt{3}\, U_\mathrm{L}\, I_\mathrm{L} \tag{1.19}$$

Größe	Sternschaltung	Dreieckschaltung	Größen-verhältnis
Leiterspannung	U	U	1 : 1
Strangspannung	$U_S = \frac{U}{\sqrt{3}}$	$U_S = U$	$1 : \sqrt{3}$
Strangstrom	$I_S = \frac{U_S}{Z} = \frac{U}{\sqrt{3}\,Z}$	$I_S = \frac{U_S}{Z} = \frac{U}{Z}$	$1 : \sqrt{3}$
Leiterstrom	$I = I_S = \frac{U}{\sqrt{3}\,Z}$	$I = \sqrt{3}\,I_S = \sqrt{3}\,\frac{U}{Z}$	1 : 3
Scheinwiderstand	$Z_Y = \frac{U_S}{I_S} = \frac{U}{\sqrt{3}\,I}$	$Z_\Delta = \frac{U_S}{I_S} = \frac{U}{I}\sqrt{3}$	1 : 3
Wirkleistung	$P_Y = \frac{U^2}{Z}\cos\varphi$	$P_\Delta = 3\frac{U^2}{Z}\cos\varphi$	1 : 3
Blindleistung	$Q_Y = \frac{U^2}{Z}\sin\varphi$	$Q_\Delta = 3\frac{U^2}{Z}\sin\varphi$	1 : 3
Scheinleistung	$S_Y = \frac{U^2}{Z}$	$S_\Delta = 3\frac{U^2}{Z}$	1 : 3
Drehmoment (ASM)	$M_Y \sim \left(\frac{U}{\sqrt{3}}\right)^2$	$M_\Delta \sim U^2$	1 : 3

Tabelle 1.6 Zusammenfassende Darstellung beim symmetrischen Dreileitersystem

Für die Wirk- und Blindleistung gilt entsprechend

$$P = 3\,U_S\,I_S\cos\varphi = \sqrt{3}\,U_L\,I_L\cos\varphi$$

$$Q = 3\,U_S\,I_S\sin\varphi = \sqrt{3}\,U_L\,I_L\sin\varphi \tag{1.20}$$

Der Index „L“ wird i. A. weggelassen; Leistungsschildangaben (s. Abschnitt 12.10) sind immer Leitergrößen! Die zusammenfassende Darstellung beim symmetrischen Dreileitersystem mit Größenverhältnissen ist in der **Tabelle 1.6** wiedergegeben (zu Drehmoment s. Abschnitt 5.1.9.1.2.4). Zusätzlich ist ein sogenannter „Schutzleiter PE“ (grün-gelber Leiter) vorgeschrieben, der für den Schutz gegen gefährliche Körperströme erforderlich ist. Ein PEN-Leiter ist ein geerdeter Leiter, der zugleich die Aufgabe des Schutzleiters und des Neutralleiters erfüllt.

1.4.3 Unsymmetrische Belastung

Ein unsymmetrischer Betrieb tritt z. B auf durch:

- Speisung mit unsymmetrischen Spannungen
- einsträngige Belastung und angeschlossenen Neutralleiter
- gemischte einsträngige und dreisträngige Belastung

Unsymmetrien sind im praktischen Betrieb des Drehstromnetzes unvermeidbar. Dies liegt daran, dass die dreisträngigen Verbraucher öfter unsymmetrisch sind, dass einsträngige Verbraucher zugeschaltet werden oder eine Störung des Betriebs, beispielsweise Kurzschluss oder Erdschluss, eintritt. In der Praxis sind meistens die Auswirkungen der unsymmetrischen Belastung im Dreileiter- und Vierleiternetz von Interesse. Zur weiteren Untersuchung wird nach wie vor eine symmetrische Speisung vorausgesetzt.

1.4.3.1 Dreileiternetz

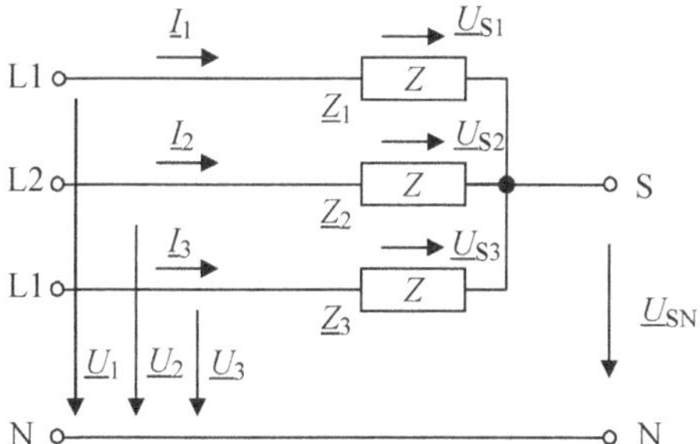

Bild 1.12 Unsymmetrische Belastung in Sternschaltung am Dreileiternetz

Bei einer Dreieckschaltung ist die Summe der Leiterströme nicht mehr gleich null. Durch die Ungleichheit der Verbraucher sind die Strang- bzw. Leiterströme der drei Leiter ungleich:

$$\underline{I}_{S1} = \frac{\underline{U}}{\underline{Z}_1} \qquad \underline{I}_{S2} = \frac{\underline{U}}{\underline{Z}_2} \qquad \underline{I}_{S3} = \frac{\underline{U}}{\underline{Z}_3}$$

Bei einer Sternschaltung ist der Sternpunkt nicht mit dem Neutralleiter verbunden (**Bild 1.12**). Aus dem Knotenpunktsatz folgt für den Sternpunkt S:

$$\underline{I}_1 + \underline{I}_2 + \underline{I}_3 = 0$$

Da die drei Leitwerte ungleich sind, ist die Sternpunktspannung $\underline{U}_{SN}$ ungleich null. Der Knotenpunktsatz kann durch die Strangleitwerte $\underline{Y}_1$, $\underline{Y}_2$, $\underline{Y}_3$ und die Strangspannungen ausgedrückt werden:

$$\underline{Y}_1\,\underline{U}_{S1}+\underline{Y}_2\,\underline{U}_{S2}+\underline{Y}_3\,\underline{U}_{S3}=0$$

Die drei Strangspannungen $\underline{U}_{S1}$, $\underline{U}_{S2}$, $\underline{U}_{S3}$ sind im Gegensatz zu den Spannungen $\underline{U}_1$, $\underline{U}_2$, $\underline{U}_3$ unsymmetrisch. Durch die Anwendung des Maschensatzes auf Bild 1.12 ergibt sich:

$$\underline{Y}_1(\underline{U}_1-\underline{U}_{SN})+\underline{Y}_2(\underline{U}_2-\underline{U}_{SN})+\underline{Y}_3(\underline{U}_3-\underline{U}_{SN})=0$$

Die Sternpunktspannung $\underline{U}_{SN}$ kann dann daraus ermittelt werden:

$$\underline{U}_{SN}=\frac{\underline{Y}_1\,\underline{U}_1+\underline{Y}_2\,\underline{U}_2+\underline{Y}_3\,\underline{U}_3}{\underline{Y}_1+\underline{Y}_2+\underline{Y}_3}=\frac{\underline{I}_N}{\underline{Y}}$$

$\underline{I}_N$ ist hier der Strom, der bei angeschlossenem Neutralleiter fließen würde.

1.4.3.2 Vierleiternetz

Das am meisten verwendete Drehstromnetz ist ein Vierleiternetz. Die gleichzeitige Versorgung von dreisträngigen und einsträngigen Verbrauchern kann zur unsymmetrischen Belastung führen. Das Vierleiternetz gemäß **Bild 1.13a** ist z. B. einsträngig mit den Verbrauchern *R*, *L*, *C*, $\underline{Z}$ und dreisträngig mit einem Drehstrommotor belastet und weist somit eine unsymmetrische Belastung auf.

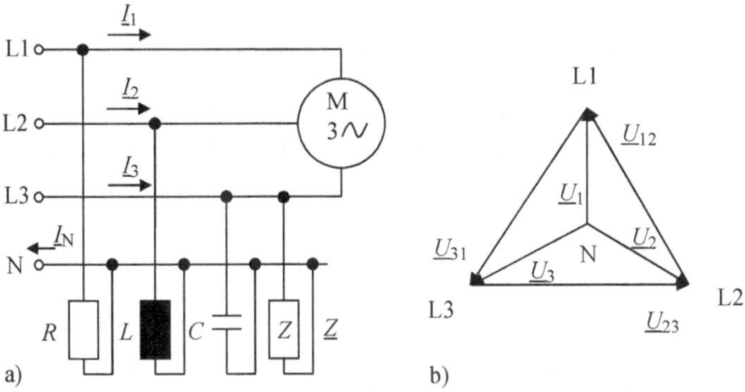

Bild 1.13 a) Vierleiternetz mit beliebigen Wechselstromlasten und Drehstrommotor
b) zugehöriges Spannungszeigerdiagramm

Das Vierleitersystem liefert sechs Spannungen: Leiterspannungen $\underline{U}_{12}$, $\underline{U}_{23}$, $\underline{U}_{31}$ und drei Sternspannungen $\underline{U}_1$, $\underline{U}_2$, $\underline{U}_3$ (**Bild 1.13b**). Bei einer Leiterspannung von 400 V beträgt die Sternspannung etwa 230 V. Der Neutralleiterstrom ergibt sich aus der geometrischen Summe der Strangströme:

$$\underline{I}_N = \underline{I}_1 + \underline{I}_2 + \underline{I}_3 = \frac{\underline{U}_1}{\underline{Z}_1} + \frac{\underline{U}_2}{\underline{Z}_2} + \frac{\underline{U}_3}{\underline{Z}_3}$$

Dabei sind die Phasenverschiebungen nach Bild 1.13b zu berücksichtigen.

1.4.4 Symmetrische Komponenten

Ein übliches Verfahren zur Untersuchung der unsymmetrischen Belastung ist die Methode der symmetrischen Komponenten. Hierbei werden ein unsymmetrisches Dreileitersystem in drei symmetrische Systeme (Mit-, Gegen-, Nullsystem) zerlegt, die Schaltung für diese drei Systeme durchgerechnet und die Ergebnisse überlagert (Linearität). Hierzu wird der komplexe Zeiger $\underline{a}$ benötigt:

$$\underline{a} = e^{j2\pi/3} \qquad \underline{a}^2 = e^{j4\pi/3} = e^{-j2\pi/3} \qquad 1 + \underline{a} + \underline{a}^2 = 0$$

$\underline{a}$ bzw. $\underline{a}^2$ bedeuten hier eine Phasenverschiebung um $\omega t = 2\pi/3$ bzw. $4\pi/3$.
Das vorliegende unsymmetrische Stromsystem soll in drei symmetrische Stromsysteme zerlegt werden (**Bild 1.14**).

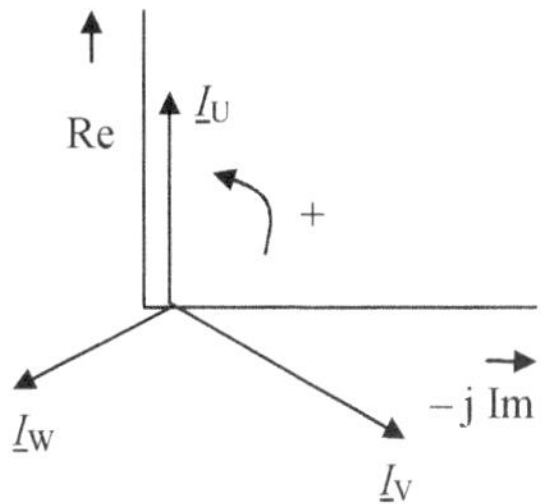

Bild 1.14 Unsymmetrisches Stromsystem

Jeder Einzelstrom wird durch drei Komponenten dargestellt:

$$\underline{I}_u = \underline{I}_{mu} + \underline{I}_{gu} + \underline{I}_{ou}$$
$$\underline{I}_v = \underline{I}_{mv} + \underline{I}_{gv} + \underline{I}_{ov}$$
$$\underline{I}_w = \underline{I}_{mw} + \underline{I}_{gw} + \underline{I}_{ow}$$

Durch Einsetzen der Definitionen nach **Bild 1.15** ergibt sich:

$$\begin{pmatrix} \underline{I}_u \\ \underline{I}_v \\ \underline{I}_w \end{pmatrix} = \begin{pmatrix} 1 & 1 & 1 \\ \underline{a}^2 & \underline{a} & 1 \\ \underline{a} & \underline{a}^2 & 1 \end{pmatrix} \cdot \begin{pmatrix} \underline{I}_m \\ \underline{I}_g \\ \underline{I}_0 \end{pmatrix}$$

Durch Auflösen erhält man die Zerlegungsvorschrift:

$$\begin{pmatrix} \underline{I}_m \\ \underline{I}_g \\ \underline{I}_0 \end{pmatrix} = \frac{1}{3} \begin{pmatrix} 1 & \underline{a} & \underline{a}^2 \\ 1 & \underline{a}^2 & \underline{a} \\ 1 & 1 & 1 \end{pmatrix} \cdot \begin{pmatrix} \underline{I}_u \\ \underline{I}_v \\ \underline{I}_w \end{pmatrix}$$

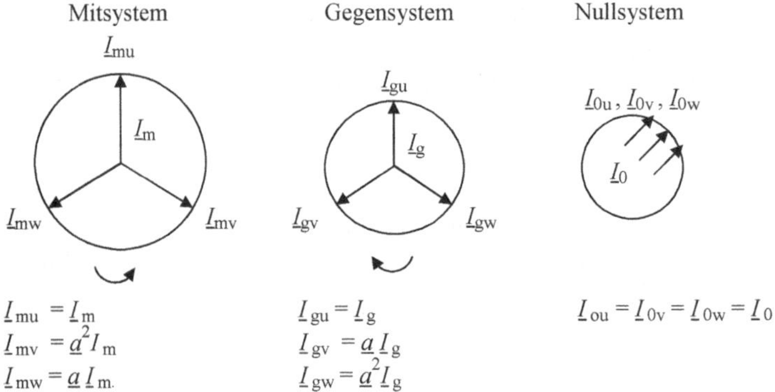

$\underline{I}_{mu} = \underline{I}_m$
$\underline{I}_{mv} = \underline{a}^2 \underline{I}_m$
$\underline{I}_{mw} = \underline{a}\, \underline{I}_m$.

$\underline{I}_{gu} = \underline{I}_g$
$\underline{I}_{gv} = \underline{a}\, \underline{I}_g$
$\underline{I}_{gw} = \underline{a}^2 \underline{I}_g$

$\underline{I}_{0u} = \underline{I}_{0v} = \underline{I}_{0w} = \underline{I}_0$

Bild 1.15 Symmetrische Komponenten

Nun lassen sich die Spannungsgleichungen und entsprechende Schaltbilder für die drei Systeme aufstellen (**Bild 1.16**).

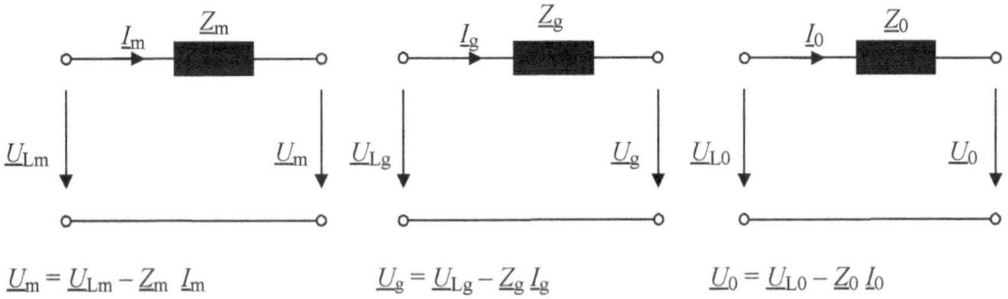

$\underline{U}_m = \underline{U}_{Lm} - \underline{Z}_m\, \underline{I}_m$ $\quad$ $\underline{U}_g = \underline{U}_{Lg} - \underline{Z}_g\, \underline{I}_g$ $\quad$ $\underline{U}_0 = \underline{U}_{L0} - \underline{Z}_0\, \underline{I}_0$

Bild 1.16 Symmetrische Komponenten

Im Normalfall erfolgt die Speisung durch ein symmetrisches Drehstromnetz. Hier gilt:

$\underline{U}_{\mathrm{Lm}} = \underline{U}_{\mathrm{L}} \qquad \underline{U}_{\mathrm{Lg}} = 0 \qquad \underline{U}_{\mathrm{L0}} = 0$

Nach der Berechnung der Mit-, Gegen- und Nullspannungen erfolgt die Rücktransformation. Die gesuchten Größen der Strangspannungen ergeben sich dann aus:

$$\begin{pmatrix} \underline{U}_{\mathrm{u}} \\ \underline{U}_{\mathrm{v}} \\ \underline{U}_{\mathrm{w}} \end{pmatrix} = \begin{pmatrix} 1 & 1 & 1 \\ \underline{a}^2 & \underline{a} & 1 \\ \underline{a} & \underline{a}^2 & 1 \end{pmatrix} \cdot \begin{pmatrix} \underline{U}_{\mathrm{m}} \\ \underline{U}_{\mathrm{g}} \\ \underline{U}_{0} \end{pmatrix}$$

In analoger Weise verfährt man, wenn ein unsymmetrisches Spannungssystem gegeben ist und die Strangströme zu berechnen sind.

1.5 Aufgaben zum Wechsel- und Drehstrom

Aufgabe 1
In der folgenden Schaltung (**Bild 1.17**) sollen die Induktivität L und die Kapazität C so bemessen werden, dass bei der Netzspannung $U = 230$ V und $f = 50$ Hz der Strom I_{R} mit dem Effektivwert von 2 A unabhängig von R bleibt!

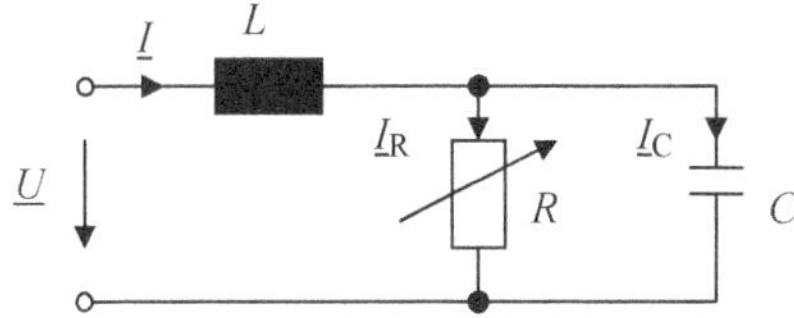

Bild 1.17 Einfache Wechselstromschaltung

Hinweis: Anwendung der Kirchhoff'schen Regeln in komplexer Schreibweise! Bestimmung von $\underline{I}_{\mathrm{R}}$ in Abhängigkeit von $\underline{U}$, R, L, C und ω!

Aufgabe 2
Von folgender Schaltung (**Bild 1.18**) sind der Wirkwiderstand und die Blindwiderstände bekannt. Die gesamte Schaltung nimmt eine Wirkleistung von $P = 50$ W auf.

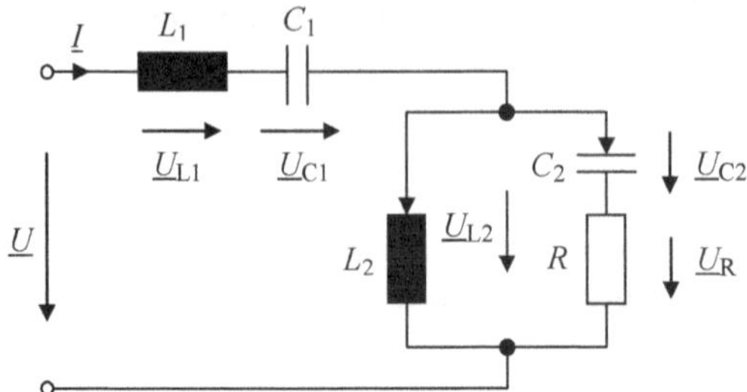

Bild 1.18 Wechselstromschaltung mit mehreren Bauelementen

Angaben: $R = 2\,\Omega \quad \omega L_1 = 2{,}5\,\Omega \quad \omega L_2 = 2\,\Omega \quad \dfrac{1}{\omega C_1} = 2\,\Omega \quad \dfrac{1}{\omega C_2} = 2{,}5\,\Omega$

1) Durch die quantitative Erstellung des Zeigerdiagramms sind alle Teilspannungen und -ströme zu berechnen ($m_i = 1$ A/cm und $m_u = 2$ V/cm)!
2) Bestimmen Sie U, I, Leistungsfaktor $\cos\varphi$ sowie Scheinwiderstand Z der Anordnung! Wie groß sind die gesamte Schein- und Blindleistung?
3) Ermitteln Sie den komplexen Widerstand $\underline{Z}$ mithilfe des Zeigerdiagramms!
4) Berechnen Sie $\underline{Z}$ zum Vergleich über die komplexe Rechnung!
5) Weist die Schaltung ohmsches, induktives oder kapazitives Verhalten auf?

Aufgabe 3

Bestimmen Sie die Resonanzfrequenzen der folgenden Schaltung (**Bild 1.19**) in kHz!

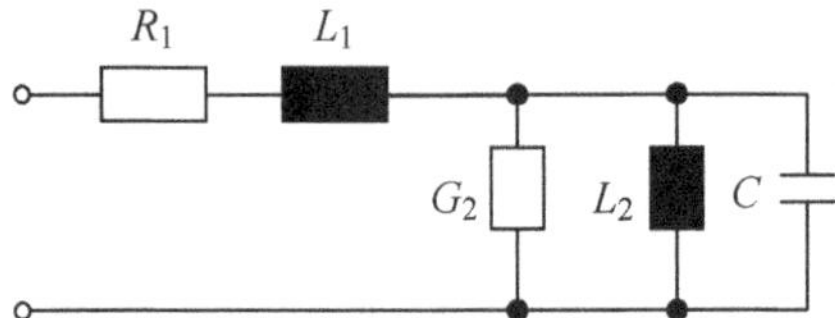

Bild 1.19 Wechselstromschaltung mit mehreren Bauelementen

Angaben: $R_1 = 40\,\Omega \quad G_2 = 10$ mS $\quad L_1 = 1$ mH $\quad L_2 = 200$ mH $\quad C = 0{,}2\,\mu$F

Aufgabe 4

Die folgende Wechselstromschaltung (**Bild 1.20**) mit:

$\omega C_1 = 0{,}05$ S $\quad R_1 = 25\,\Omega \quad \omega L = 20\,\Omega \quad \omega C_2 = 0{,}02$ S $\quad R_2 = 4\,\Omega$

ist an ein Wechselspannungsnetz von $U = 230$ V, $f = 50$ Hz angeschlossen.

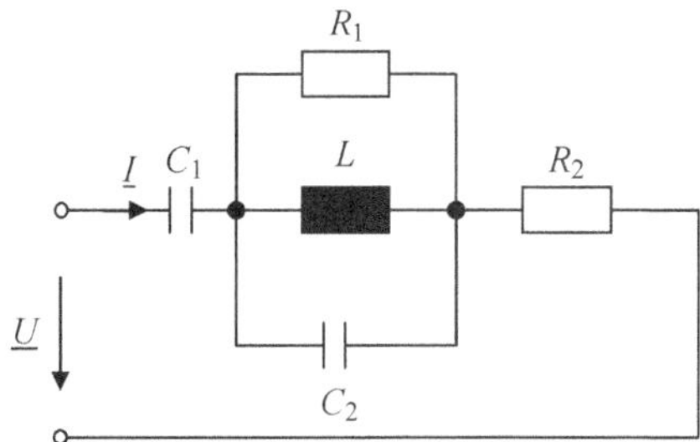

Bild 1.20 Wechselstromschaltung mit mehreren Bauelementen

1) Sämtliche auftretenden Teilspannungen und -ströme sind zu kennzeichnen und mithilfe des Zeigerdiagramms zu ermitteln!
   Hinweis: Das Zeigerbild ist quantitativ zu zeichnen! Als Maßstäbe sind $m_u = 20$ V/cm und $m_i = 2$A/cm zu wählen!
2) Bestimmen Sie die Schein-, Wirk- und Blindleistung der Schaltung!
3) Berechnen Sie mithilfe der komplexen Rechnung den Strom I und den Phasenwinkel (zwischen $\underline{U}$ und $\underline{I}$)! Ist die Schaltung überwiegend induktiv bzw. kapazitiv oder ohmsch? Begründen Sie Ihre Aussage!

Aufgabe 5

Ein in Dreieckschaltung befindlicher Durchlauferhitzer nimmt am 400-V-Netz bei $\cos\varphi = 0{,}95$ die Leistung von 15 kW auf.

1) Berechnen Sie den Leiterstrom!
2) Bestimmen Sie den Scheinwiderstand Z eines Strangs!
3) Wie groß sind der Strangwiderstand R und die Stranginduktivität L bei $f = 50$ Hz?
4) Welche Leistung würde der Durchlauferhitzer in Sternschaltung aufnehmen?

Aufgabe 6

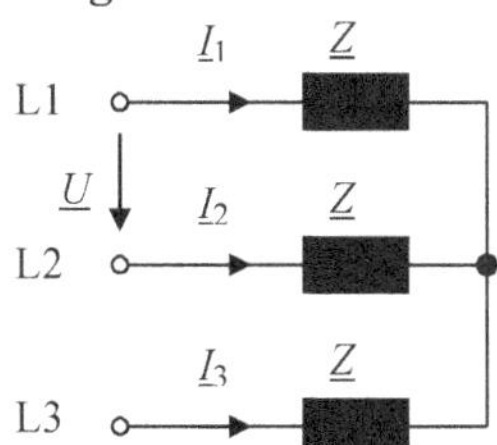

Bild 1.21 Einfache Drehstromschaltung

Ein symmetrischer Verbraucher in Sternschaltung nimmt aus einem symmetrischen Drehstromnetz die Ströme $I_1 = I_2 = I_3 = I_Y$ auf (**Bild 1.21**).

1) Wie groß sind, ausgedrückt durch I_Y, die Ströme I_2 und I_3 bei Ausfall des Strangs 1?
2) Die Widerstände Z sind am selben Netz im Dreieck geschaltet. Wie groß wären jetzt, ausgedrückt durch I_Y, die Leiterströme und die Strangströme?

Aufgabe 7

Drei gleiche, in Stern geschaltete Widerstände liegen am Netz ($U = 400$ V, $f = 50$ Hz) und nehmen eine Leistung von insgesamt 3 kW auf (S1 geschlossen; **Bild 1.22**).

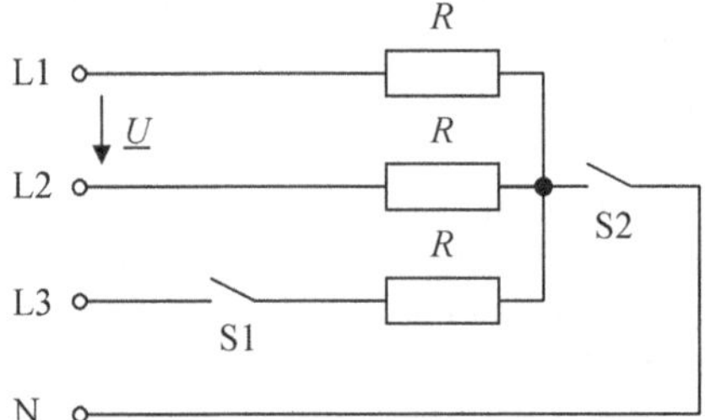

Bild 1.22 Einfache Drehstromschaltung

Der Strang 3 wird nun abgetrennt (S1 geöffnet).
Welche Leistung gibt das Netz dann ab, wenn

1) der Neutralleiter N nicht angeschlossen ist (S2 offen)?
2) der Neutralleiter N angeschlossen ist (S2 geschlossen)?

Aufgabe 8

Ein Drehstrommotor wird über das Drehstromnetz $U = 400/230$ V, $f = 50$ Hz gespeist. Die drei Stränge des Motors sind in Stern geschaltet. Der ohmsche Widerstand und die Induktivität jedes Wicklungsstrangs betragen:

$R_S = 1{,}5\ \Omega$ und $L_S = 15$ mH

1) Bestimmen Sie den komplexen Widerstand $\underline{Z}$ eines Wicklungsstrangs in der Komponenten- und Exponentialform!
2) Bestimmen Sie die Effektivwerte des Strangstroms, den ohmschen Spannungsfall $\underline{U}_R$ und den induktiven Spannungsfall $\underline{U}_L$!

3) Das qualitative Zeigerdiagramm eines Motorstrangs ist zu erstellen!
4) Bestimmen Sie die aufgenommene Schein-, Wirk- und Blindleistung des Motors!

Aufgabe 9

Die Wirtschaftlichkeit eines Elektroofens mit der Leistung 10 kW ($\cos \varphi = 0{,}98$) ist für Wechselspannung (230 V) und Drehspannung (400 V) zu untersuchen. Hierzu soll folgende Vergleichsuntersuchung durchgeführt werden:

1) Bestimmen Sie jeweils die Leiterströme!
2) Wie groß ist jeweils der Materialeinsatz für die Anschlusskabel bei gleicher Verlustleistung?
3) Ist mit Mehraufwand bei Drehstromanschluss zu rechnen? Wenn ja, mit welchem?

Aufgabe 10

Von einem Drehstrommotor sind folgende Leistungsschildangaben bekannt:

$U_n = 400$ V (Δ) $f = 50$ Hz $P_n = 5{,}5$ kW $\eta_n = 86{,}5$ % $\cos \varphi_n = 0{,}87$

Durch die unsymmetrische Belastung soll der Bemessungsstrom unverändert bleiben.

1) Bestimmen Sie den Bemessungsstrangstrom!
2) Wie groß ist der Bemessungsleiterstrom?
3) Ist die Sicherheit der Anlage im Bemessungspunkt mit 25-A-Sicherungen in den Zuleitungen gewährleistet?
4) Welche Bemessungsleistung nimmt der Motor auf, wenn ein Strang unterbrochen ist?
5) Welche Bemessungsleistung nimmt der Motor auf, wenn alle drei Stränge korrekt angeschlossen sind, jedoch eine Zuleitung durch Auslösen einer Sicherung unterbrochen ist?
6) Zu berechnen ist der Körperstrom, der infolge eines Isolationsfehlers einer Leitung durch Berührung entsteht:
   6.1) Wenn die Person auf einer geerdeten Metallplatte steht! Der Widerstand des menschlichen Körpers zwischen einer Hand und beiden Füßen soll mit 1 kΩ (ohne Schuhe) bzw. 4 kΩ (mit Schuhen) angenommen werden. Wie bedrohlich ist die Situation?
   6.2) Bestimmen Sie den Körperstrom unter der Annahme, dass zwischen Metallplatte und den Füßen eine isolierende Kunststofffolie (Dicke $d = 1$ mm, $\varepsilon_r = 6$) liegt! Die Fläche der Fußsohlen soll mit 45 cm^2 angenommen werden.

Aufgabe 11

Ein Drehstrom-Vierleiternetz 400/230 V, 50 Hz, versorgt die vier einsträngigen Verbraucher nach **Bild 1.23**.

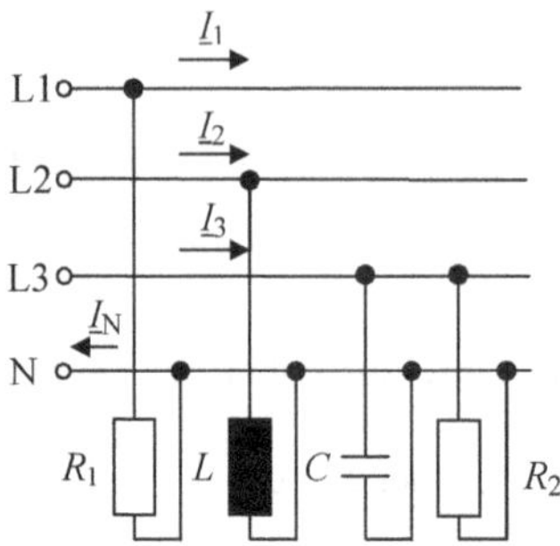

Bild 1.23 Beispiel eines Drehstrom-Vierleiternetzes

Von den vier Verbrauchern sind folgende Angaben bekannt:

Verbraucher 1: $P_1 = 20$ kW $\quad \cos \varphi_1 = 1$

Verbraucher 2: $S_2 = 18$ kVA $\quad \cos \varphi_2 = 0{,}8$ induktiv

Verbraucher 3: Kapazität $C = 300$ µF

Verbraucher 4: $P_4 = 15$ kW $\quad \cos \varphi_4 = 1$ $\quad$ parallel zu Verbraucher 3

1) Die Verbraucherstrangströme sowie der Neutralleiterstrom $\underline{I}_N$ sind in Betrag und Phase zu bestimmen!
2) Ein quantitatives Zeigerdiagramm der Ströme und Spannungen für die Stranggrößen ist zu erstellen ($m_u = 100$ V/cm, $m_i = 20$ A/cm)!
   Bestimmen Sie $\underline{I}_N$ aus dem Zeigerdiagramm und vergleichen Sie es mit 1) der Aufgabe!

Aufgabe 12

Von einem Drehstrommotor sind folgende Leistungsschildangaben bekannt:

$P_n = 4$ kW $\quad U_n = 400$ V (Δ) $\quad n_n = 1\,415$ min^{-1} $\quad \eta_n = 84$ % $\quad \cos \varphi_n = 0{,}85$

1) Ermitteln Sie den Leiter- und Strangstrom des Motors im Bemessungspunkt! Wie groß ist die Bemessungsstrangspannung? Stellen Sie das Zeigerdiagramm für einen Motorstrang dar (qualitative Darstellung)! Begründen Sie Ihre Skizze!

2) Berechnen Sie die Blind- und Scheinleistung sowie die gesamte Verlustleistung und das Drehmoment im Bemessungspunkt!
3) Berechnen Sie die monatlichen Stromkosten des Motors für den Bemessungspunkt bei den Tarifen 0,1 Euro/kWh und 0,025 Euro/kvarh (1 Monat = 30 Tage)!
4) Welche im Dreieck geschalteten Kondensatoren muss man dem Motor parallel schalten, wenn eine Leistungsfaktorverbesserung auf $\cos\varphi_\mathrm{k}$ = 0,97 erreicht werden soll?

Aufgabe 13

Von einem Wechselstrommotor sind folgende Daten bekannt:

U_n = 230 V f = 50 Hz M_n = 7,4 kW n_n = 2 850 min^{-1} η_n = 80 % $\cos\varphi_\mathrm{n}$ = 0,85

1) Bestimmen Sie die aufgenommene Wirkleistung P, die Blindleistung Q, die Scheinleistung S und den Strom I für den Bemessungspunkt!
2) Zur Kompensation der gesamten Blindleistung wird ein Kondensator parallel zu den Motorklemmen geschaltet. Bestimmen Sie die Kapazität des Kondensators!
3) Warum darf der Kondensator nicht in Reihe zum Motor geschaltet werden?
4) Erklären Sie den grundlegenden Unterschied zwischen dem Leistungsfaktor $\cos\varphi$ und Wirkungsgrad η!

1.6 Kennlinien

Allgemein lässt sich das Betriebsverhalten der rotierenden elektrischen Maschinen in Neben- und Reihenschlussverhalten aufteilen. Diese Aufteilung gilt sowohl für den motorischen als auch für den generatorischen Betriebszustand (**Bild 1.24**).

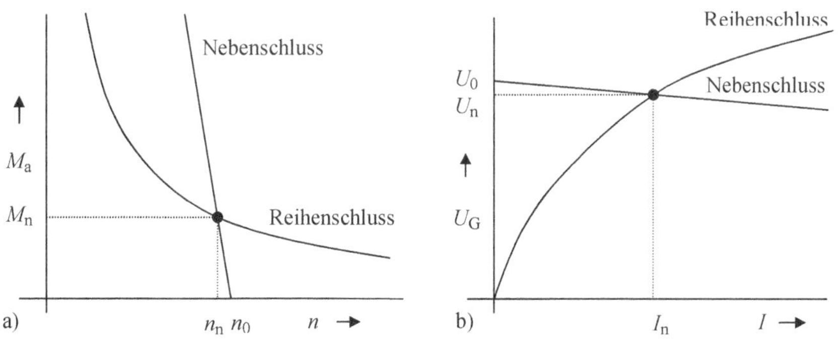

Bild 1.24 Betriebsarten rotierender elektrischer Maschinen
a) motorisch (Motoren), $M_\mathrm{a} = f(n)$ b) generatorisch (Generatoren), $U_\mathrm{G} = f(I)$

Nebenschlussverhalten

$n \approx$ konst.: nur geringer Drehzahlverlust

$U \approx$ konst.: nur geringer Spannungsverlust

Reihenschlussverhalten

$M \sim 1/n$: große Drehzahländerung

$U \sim \Phi \sim I$: große Spannungsänderung

In weiteren Abschnitten dieses Buchs wird u. a. die Zusammengehörigkeit der verschiedenen Maschinen zu diesen zwei Gruppen näher untersucht. Während die Motoren mit Nebenschlussverhalten für Antriebe mit beinah gleichbleibender Drehzahl geeignet sind (z. B. Werkzeugmaschinen, Kompressoren, Pumpen, Lüfter etc.), sind die Motoren mit Reihenschlussverhalten für Antriebe mit schwerem Anlauf von Interesse (z. B. Gabelstapler, Hebezeuge, Fahrzeuge etc.).

Belastung von Motoren bzw. Generatoren

Einige Beispiele für die Widerstandsmomente und Belastungsspannungen sind in **Bild 1.25** angegeben.

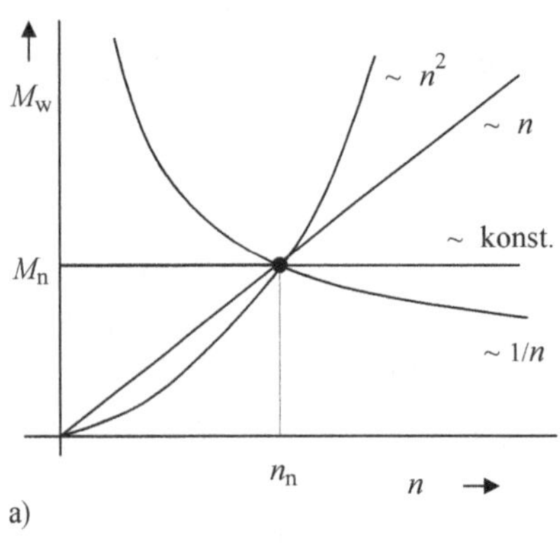

U_B
U_n
~ I
~ konst.
I_n
I →
b)

Bild 1.25 Beispiele für mechanische und elektrische Belastung

a) Mechanische Belastung: $M_W = f(n)$

- M_W = konst.: Reibung, Gravitation; Krane, Fördermaschinen, Aufzüge
- $M_W \sim n$: elektrische Bremsen; Glätten, Glänzen von Geweben, Papier
- $M_W \sim n^2$: Lüfter, Pumpen
- $M_W \sim 1/n$: Wickel-, Schälmaschinen, Umroller, Haspeln

b) Elektrische Belastung: $U_B = f(I)$

- $U_B = U_n$ = konst.: starres Netz
- $U_B = R\,I$: Belastungswiderstand

1.7 Stabilität

Stabilitätsbedingung

Erste Erklärung: Eine stationäre Drehzahländerung um den Arbeitspunkt muss ausgeschlossen sein (Motoren)! Eine stationäre Stromänderung um den Arbeitspunkt muss ausgeschlossen sein (Generatoren)! **Bild 1.26** gibt Beispiele für die stabilen und instabilen Betriebspunkte an. Für weitere Einzelheiten wird auf Abschnitt 12.4 verwiesen.

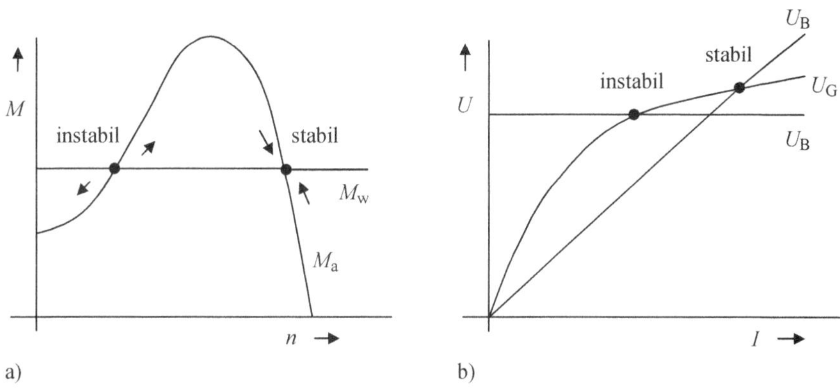

Bild 1.26 Stabilität des Betriebspunkts
a) stabiler Motorbetrieb b) stabiler Generatorbetrieb

Zweite Erklärung:

Für den Motor muss gelten:

$$\frac{\mathrm{d}M_\mathrm{w}}{\mathrm{d}n} > \frac{\mathrm{d}M_\mathrm{a}}{\mathrm{d}n}$$

Das Widerstandsmoment muss mit zunehmender Drehzahl stärker ansteigen als das Motormoment!

Für den Generator muss gelten:

$$\frac{\mathrm{d}U_\mathrm{B}}{\mathrm{d}I} > \frac{\mathrm{d}U_\mathrm{G}}{\mathrm{d}I}$$

Die Spannung an der Belastung muss mit steigendem Strom stärker zunehmen als die Generatorspannung!

1.8 Grundgesetze

J. C. Maxwell hat mithilfe der experimentellen Untersuchungsergebnisse von M. Faraday im Jahre 1873 alle elektromagnetischen Erscheinungen in vier Grundgesetzen (den Maxwell'schen Gleichungen) und drei Materialgleichungen ausgedrückt. Trotz der Vielfalt, mit der z. B. die elektrischen Maschinen ausgeführt werden, lässt sich ihre Wirkungsweise durch die Anwendung dieser Grundgesetze und der sogenannten Materialgleichungen beschreiben. Zur Erklärung des Betriebsverhaltens der elektrischen Maschinen benötigt man insbesondere die ersten drei Maxwell'schen Gleichungen (das Durchflutungsgesetz, das Induktionsgesetz und das Gesetz über die Geschlossenheit der magnetischen Feldlinien) sowie die abgeleiteten Kraftwirkungsgesetze [31 bis 38].

1.8.1 Durchflutungsgesetz (1. Maxwell'sche Gleichung) und magnetische Feldstärke

Zur Beschreibung der Funktionsweise und des Betriebsverhaltens von elektrischen Maschinen ist das magnetische Feld von besonderer Bedeutung. Die Wirkung eines Magnetfelds kann z. B. durch einen Kompass aufgezeigt werden. Eine Magnetnadel (Kompass) richtet sich in die geografische Nord-Süd-Richtung aus und zieht beispielsweise wie ein Hufeisenmagnet Eisenteile an. Ein magnetisches Feld stellt man mithilfe von Feldlinien in Feldbildern dar.

Zur Erzeugung von Kräften bzw. Drehmomenten und elektrischen Spannungen in elektrischen Maschinen, Elektromagneten usw. benötigt man starke Magnetfelder – meist in Luft –, die etwa 50 000-mal stärker als das Magnetfeld der Erde sind. Das magnetische Feld wird von den in Wicklungen fließenden elektrischen Strömen hervorgerufen.

Zur Erhöhung der Wirkung, d. h. zur Erzeugung starker Magnetfelder, gibt es prinzipiell zwei Möglichkeiten:

- es werden mehrere Windungen neben- und übereinander gelegt (Windungszahl w)
- Wicklungen werden auf geschlossene Eisenteile gewickelt

Durch Änderung des erregenden Stroms lässt sich das Feld verändern. Dies kann z. B. zur Drehzahländerung von Gleichstrommotoren genutzt werden.

Durch die magnetische Feldstärke $\boldsymbol{H}$ wird das magnetische Feld (nach Absolutwert und Richtung) in jedem Punkt des Raums bestimmt. Ein stromdurchflossener Leiter erzeugt ein magnetisches Feld mit kreisförmigen Feldlinien, wobei der Leiter im Mittelpunkt dieser konzentrischen Kreise liegt (**Bild 1.27**). Die Richtung des Felds wird durch die Ausrichtung der Magnetnadel festgelegt: vom Nord- zum Südpol. Der Zählpfeil für den Strom und das Feld ist in Bild 1.27 (und Bild 1.4) dargestellt. Der experimentelle Nachweis erfolgt durch Eisenfeilspäne.

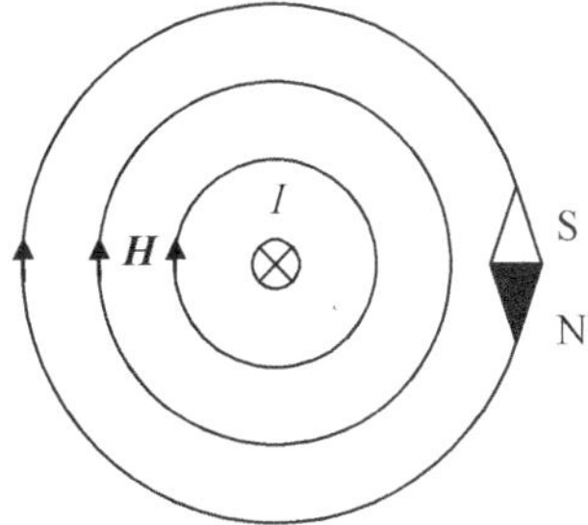

Bild 1.27 Kreisförmiges Feld des Linienleiters

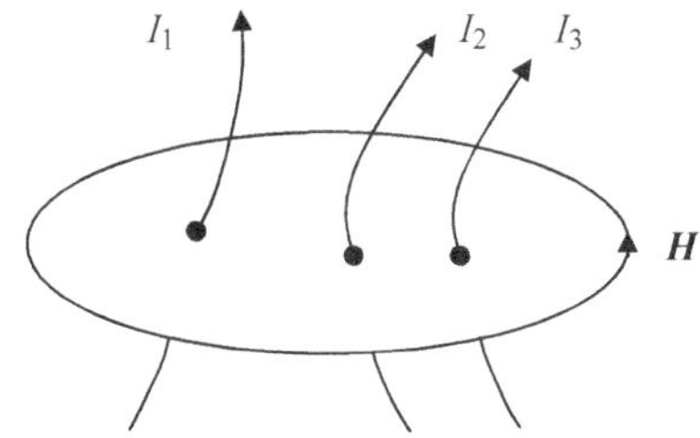

Bild 1.28 Magnetische Wirkung mehrerer Ströme

Die Beziehung zwischen Strom und magnetischem Feld ist durch das Durchflutungsgesetz gegeben: Das Linienintegral der magnetischen Feldstärke längs einer geschlossenen Kurve ist gleich der umfassten Durchflutung (Bild 1.27 und **Bild 1.28**):

$$\oint_l \boldsymbol{H}\,\mathrm{d}\boldsymbol{s} = \int_A \boldsymbol{S}\,\mathrm{d}\boldsymbol{A} = \Theta \qquad \text{bzw.} \quad \mathrm{rot}\,\boldsymbol{H} = \boldsymbol{S} \tag{1.21}$$

Rotation „rot" eines Vektors ist ein Begriff aus der Vektoranalysis und sagt aus, ob die Feldgröße Wirbel besitzt.
Richtungsregel: Die Durchflutung und der Umlaufsinn des Linienintegrals sind einer Rechtsschraube zugeordnet.
Messungen in verschiedenen Punkten ergeben, dass H proportional zum Leiterstrom I und umgekehrt proportional zum Abstand r der Punkte von der Leiterachse ist: $H = c\ I/r$. Mit $c = 1/(2\pi)$ und der Länge einer Feldlinie $l = 2\ \pi\ r$ mit dem Radius r folgt $H\ l = I$. Die Einheit von H ist A/m.
Wenn mehrere (ν) Leiter das Magnetfeld verursachen (Bild 1.28), dann gilt:

$$\Theta = \sum_{\nu} I_{\nu} \tag{1.22}$$

Die Zusammensetzung mehrerer magnetischer Felder zu einem resultierenden Feld erfolgt für die Vektoren $\boldsymbol{B}$ und $\boldsymbol{H}$ an jedem Punkt nach den Gesetzen der Vektorrechnung, also geometrisch, wie z. B. bei Kräften in der Mechanik. In vielen Fällen kann das Feld als quasihomogen angesehen bzw. die Integration entlang eines Weges mit konstantem Feld durchgeführt werden. In beiden Fällen ist es möglich die Integration durch die Summen von Produkten vereinfacht darzustellen:

$$\sum_{\nu} V_{\nu} = \Theta \tag{1.23}$$

Hier wird

$$V_\nu = H_\nu \, l_\nu \tag{1.24}$$

in Analogie zum elektrischen Feld als magnetischer Spannungsfall bezeichnet. Ähnlich wie die elektrische Spannung tritt auch die magnetische Spannung in zwei Formen – der Durchflutung $\Theta = w\,i$ (aktiv) und dem magnetischen Spannungsfall (passiv) – auf. In analoger Weise können die Ersatzschaltbilder der magnetischen Kreise erstellt werden. Bei den elektrischen Maschinen werden in einer Wicklung w Windungen von gleich großen Strömen i durchflossen. Hier kann meistens für analytische Berechnungen die magnetische Spannung im Eisen vernachlässigt und ihre Wirkung durch einen fiktiven Luftspalt ersetzt werden.

Zur Berücksichtigung der magnetischen Spannungsfälle im Eisen wird der magnetische Kreis in Teilstücke wie Ständerjoch, Ständerzahn, Läuferjoch, Läuferzahn und Luftspalt zerlegt, in denen das Feld quasihomogen angenommen werden kann. In **Bild 1.29** ist ein magnetischer Kreis, bestehend aus einem Elektromagneten inkl. Erregerspule mit dem Eisenkern (1), einem Anker (3) und zwei Luftspalten (2) bzw. (4), dargestellt. Die Spule mit w Windungen erzeugt eine Durchflutung von $\Theta = w\,i$. Das Durchflutungsgesetz (Gl. (1.23)) nimmt hier folgende Form an:

$$H_1\,l_1 + H_2\,l_2 + H_3\,l_3 + H_4\,l_4 = \Theta$$

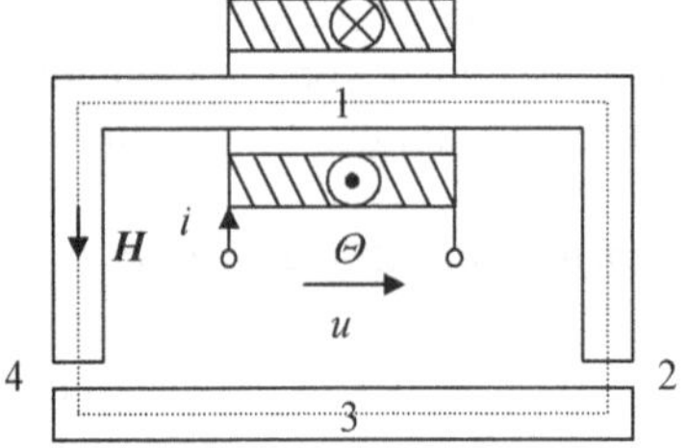

Bild 1.29 Einfacher Kreis mit Erregerspule und Anker (l_1 bis l_4 mittlere Feldlinienlängen)

Die Einheit der magnetischen Feldstärke ist A/m. In der Praxis wird H häufig in A/cm angegeben. Analog zum elektrischen Stromkreis gilt für einen geschlossenen Umlauf die Maschengleichung:

$$\sum_{\mu=1}^{m} V_\mu = \sum_{\nu=1}^{n} \Theta_\nu \tag{1.25}$$

In einem geschlossenen Umlauf ist die Summe aller magnetischen Spannungsfälle gleich den darin vorhandenen Durchflutungen (s. Gl. (1.21)).

1.8.2 Ohm'sches Gesetz des magnetischen Kreises, magnetischer Fluss Φ und Induktion B

Die Gesetzmäßigkeiten der magnetischen Kreise sind zu denen der elektrischen Stromkreise analog. Daher gilt auch das ohmsche Gesetz für magnetische Kreise (Hopkinson'sches Gesetz):

$$\Theta = R_\mathrm{m}\, \Phi \tag{1.26}$$

Φ ist der magnetische Fluss und R_m der magnetische Widerstand. Für ein homogenes Feld und einen linearen magnetischen Leiter gilt auch:

$$R_\mathrm{m} = \frac{l}{\mu\, A} \tag{1.27}$$

Hier sind μ die Permeabilität (magnetische Durchlässigkeit), l die Länge und A die Querschnittsfläche. Als magnetischer Widerstand R_m kann die Eigenschaft eines Körpers aufgefasst werden, sich dem Flussaufbau zu widersetzen. Man erkennt, dass das Durchflutungsgesetz unabhängig vom Material ist, durch das sich das Feld ausbreitet. Die Einführung einer zweiten magnetischen Feldgröße, die den Unterschied zwischen den Anordnungen von Luft und Eisen erfasst, ist also erforderlich. Diese Größe ist die magnetische Flussdichte B, die auch als Induktion bezeichnet wird:

$$\Phi = \int_A \boldsymbol{B}\, \mathrm{d}\boldsymbol{A} \tag{1.28}$$

Für ein homogenes Feld kann diese Formulierung – als Gauß'scher Integralsatz bekannt – in folgender vereinfachter Form geschrieben werden:

$$\Phi = B\, A$$

Das magnetische Feld ist quellenfrei:

$$\mathrm{div}\, \boldsymbol{B} = 0$$

Das heißt, die magnetischen Feldlinien sind stets geschlossen! Divergenz „div" eines Vektors ist ein Begriff aus der Vektoranalysis und sagt aus, ob die Feldgröße Quellen besitzt.

Die Einheit der magnetischen Flussdichte (Induktion) ist Tesla (T). Soweit anstelle von T noch die frühere Einheit Gauß (G) verwendet wird, gilt: 1 G = 10^{-4} T (1 T = 1 Vs/m^2). Die Einheit des magnetischen Flusses ist 1 Vs = 1 Wb (Weber). Der magnetische Kreis im Bild 1.29 ist unverzweigt. Bei verzweigten magnetischen Kreisen gilt entsprechend dem Knotenpunktsatz:

$$\sum_{\nu=1}^{n} \Phi_\nu = 0 \qquad (1.29)$$

An Flussverzweigungen ist die Summe aller ν Teilflüsse gleich null.

1.8.3 Magnetisierungskennlinie (Hystereseschleife), Weich- und Permanentmagnete

Für ein Elementarteilchen ν des magnetischen Kreises gilt:

$$V_\nu = R_{m\nu}\,\Phi_\nu; \qquad H_\nu\, l_\nu = \frac{l_\nu}{\mu_\nu\, A_\nu} B_\nu\, A_\nu;$$

$$B_\nu = \mu_\nu\, H_\nu$$

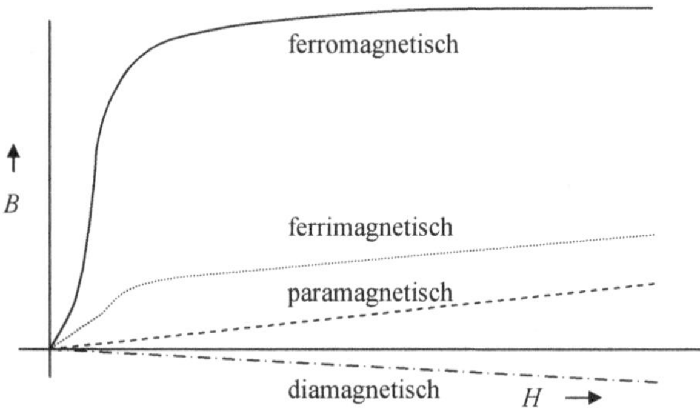

Bild 1.30 Induktion B in Abhängigkeit von der Feldstärke H bei ferro-, ferri-, para- und diamagnetischen Stoffen, Neukurven (qualitativ)

Diese Beziehung gilt auch für inhomogene Felder. Somit ist ganz allgemein der Zusammenhang zwischen magnetischer Feldstärke und magnetischer Induktion durch die Materialeigenschaften gegeben (Magnetisierungskurve genannt):

$$B = \mu H \qquad \mu = \mu_r \mu_0 \tag{1.30}$$

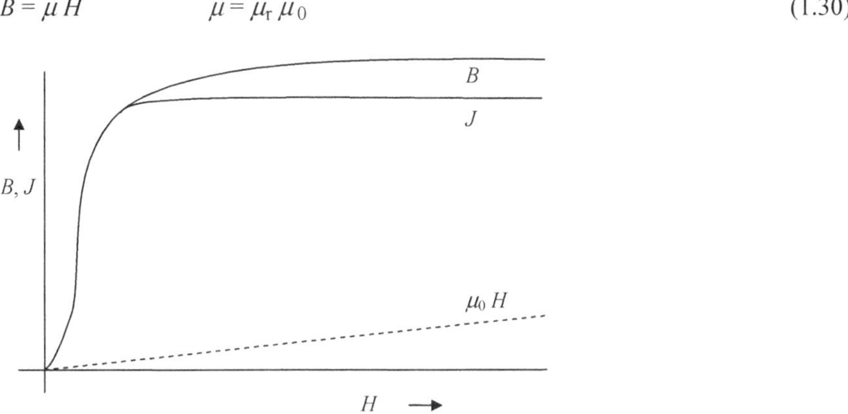

Bild 1.31 Polarisation *J* und Induktion *B* als Funktion der magnetischen Feldstärke *H*

μ_r ist die relative Permeabilität und $\mu_0 = 0{,}4\ \pi\ 10^{-6}$ Vs/(Am) die magnetische Feldkonstante. In der Luft und in nicht ferromagnetischen Werkstoffen ist $\mu_r \approx 1$. Für ferromagnetische Werkstoffe, wie Eisen, Nickel, Kobalt und bestimmte Legierungen, ist $\mu_r >> 1$, meist etwa 100 bis 20 000. Zu den ferromagnetischen Werkstoffen gehören auch Legierungen aus Platin und Chrom sowie die Heusler'schen Legierungen aus Kupfer, Mangan und Aluminium. Alle Stoffe sind magnetisierbar. Die Stärke ihrer Polarisation in einem Magnetfeld ist jedoch von der inneren Kristallstruktur und der chemischen Zusammensetzung abhängig. Man unterscheidet (**Bild 1.30**):

- dia- (z. B. Wismut, $\mu < \mu_0$)
- para- (z. B. Palladium,$\mu > \mu_0$)
- ferri- (z. B. Ferriten, μ deutlich größer als μ_0)
- ferromagnetische Stoffe (z. B. Eisen und seine Legierungen, $\mu >> \mu_0$)

Die Mehrzahl der festen, flüssigen und gasförmigen Stoffe sind dia- oder paramagnetisch und werden von einem Magneten schwach abgestoßen (dia-) oder schwach angezogen (paramagnetisch).

Da Ferromagnetismus sich nur in Verbindung mit Kristallgittern zeigt, sind Gase und Flüssigkeiten nie ferromagnetisch, wogegen Metalle wie Eisen, Nickel, Kobalt und ihre Legierungen ferromagnetische Eigenschaften zeigen. Die für elektrische

Maschinen und die Energietechnik wichtigen ferromagnetischen Werkstoffe werden entsprechend ihren Eigenschaften in weichmagnetische und hartmagnetische Werkstoffe eingeteilt. Weichmagnetische Werkstoffe sind durch ihre hohe Permeabilität und kleine Koerzitivfeldstärke (Koerzitivkraft) gekennzeichnet und somit leicht ummagnetisierbar. Bei den meisten Werkstoffen sind auch die Ummagnetisierungsverluste von Bedeutung. Sie sollen möglichst klein sein. Bei den hartmagnetischen Stoffen (Dauer- bzw. Permanentmagnete) sind die Koerzitivfeldstärke, die Remanenz und das Energieprodukt die wichtigsten Kenngrößen und müssen groß sein. Deswegen sind sie auch nur mit erheblichem Aufwand ummagnetisierbar. Magnetisch weiches Eisen, z. B. Elektroblech, verliert seinen Magnetismus nach Abschalten des Stroms durch die Erregerspule bis auf einen kleinen Rest (remanenter oder zurückbleibender Magnetismus) wieder. In magnetisch harten Werkstoffen bleibt dagegen der Magnetismus weitgehend erhalten.

Die Beziehung zwischen B und H in ferromagnetischen Stoffen ist nichtlinear (**Bilder 1.30 bis 1.33**). Ändert sich B mit zunehmender Feldstärke nur noch um den Betrag $\mu_0 H$, so ist die magnetische Sättigung des Werkstoffs, die nur von der chemischen Zusammensetzung und inneren Struktur bestimmt wird, erreicht. Als reiner Materialwert eines Werkstoffs kann die Polarisation J angegeben werden. Sie beträgt:

$$J = B - \mu_0 H \tag{1.31}$$

ist also um den Betrag $\mu_0 H$ kleiner als B (**Bild 1.31**). Bei der Betrachtung der Magnetisierungskurve wird dieser Unterschied jedoch erst mit Beginn der Sättigung spürbar, wobei J im Gegensatz zu B nicht mehr ansteigt, sondern parallel zur H-Achse verläuft.

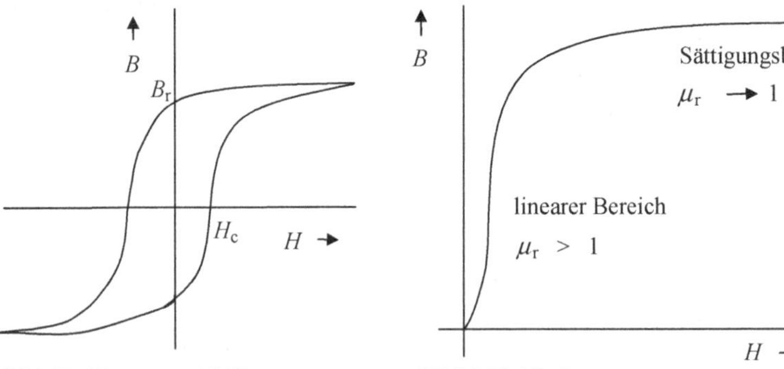

Bild 1.32 Hystereseschleife (Ummagnetisierungskennlinie)

Bild 1.33 Neukurve

Wenn z. B. die Spule auf dem Eisenkern in Bild 1.29 erstmals erregt wird, stellt die Abhängigkeit $B = f(H)$ gemäß **Bild 1.33** die jungfräuliche Kurve (Neukurve) dar. Mit Zunahme der Erregung wächst die Induktion zunächst ungefähr linear. Nach einer bestimmten Erregung (diese ist materialabhängig) wird die Induktion nicht mehr wachsen, es tritt die sogenannte Sättigung auf. Wenn nun die Erregung zurückgenommen wird, werden nicht die gleichen Induktionswerte erzielt (**Bild 1.32**). Bei der Erregung null bleibt eine Restinduktion (Remanenz B_r) übrig. In der negativen Stromrichtung findet die Entmagnetisierung statt. Um die Induktion verschwinden zu lassen, ist eine bestimmte Feldstärke (Erregung) notwendig, die als Koerzitivfeldstärke H_c (Koerzitivkraft) bezeichnet wird. Diese geschlossene Magnetisierungskurve heißt auch Hystereseschleife. Die Fläche der Hystereseschleife ist materialabhängig und bestimmt die sogenannten Ummagnetisierungs- bzw. die Hystereseverluste (bedingt von der durch Reibung der Molekularmagnete entstehenden Wärme).

Mit Ausnahme von Permanentmagnetwerkstoffen sollten, wie bereits erwähnt, bei den elektrischen Maschinen die Hystereseschleifen der weichmagnetischen Stoffe möglichst schmal und die Permeabilitätswerte möglichst groß sein.

Werkstoff	Curie-Temperatur in °C	Sättigungsinduktion in T	Koerzitivfeldstärke in A/m	Anfangspermeabilität	maximale Permeabilität	elektrische Leitfähigkeit in Sm/mm^2
Reinstes Eisen in Wasserstoff geglüht	770	1,5	4	25 000	250 000	10
siliziertes Eisen (kalt- und warmgewalzte Elektrobleche)	750	2	10 bis 100	500	35 000	2,5
Nickeleisen (80 % Ni, 16 % Fe, Rest Cu und Mo)	400	0,8	0,4	130 000	300 000	1,6
Kobalteisen mit 48 % Co	950	23,5	40	1200	20 000	3
Mangan-Zink-Ferrit	> 130	0,2	20	2000	3000	10^{-6}
Nickel-Zink-Ferrit	> 130	0,15	10	15	50	10^{-10}

Tabelle 1.7 Eckwerte einiger ferromagnetischer Werkstoffe

Das oft eingesetzte Dynamoblech enthält neben Eisen noch folgende wesentlichen Verunreinigungen: Kohlenstoff, Phosphor, Stickstoff und Silizium. Durch zusätzlichen Si-Zusatz bis zu 4 % werden die elektrische Leitfähigkeit und damit die Wirbelstromverluste reduziert. Eine Alternative zu Si ist z. B. der Zusatz von Al.

Die heute in elektrischen Maschinen eingesetzten weichmagnetischen Werkstoffe besitzen eine oder mehrere der folgenden Eigenschaften:

- hochpermeabel (mit großen μ_r-Werten)
- legiert (z. B. siliziert)
- schlussgeglüht
- isoliert (z. B. durch Oxidschicht bzw. Lack)
- kornorientiert (mit bevorzugter Magnetisierungsrichtung)

Durch Glühen werden die Verunreinigungen reduziert. Zu hohe Temperaturen, lange Glühzeiten und schnelle Abkühlung führen jedoch zu Sprödigkeit; die mechanische Festigkeit wird mangelhaft. Gewisse Eckwerte müssen also streng eingehalten werden. Bis etwa 650 °C findet die sogenannte mechanische Entspannung statt; mit Rekristallisation ist bei etwa 800 °C und mit Grobkornbildung (große μ_r-Werte) bei etwa 800 °C bis 1050 °C zu rechnen.

Einige Eckwerte wichtiger weichmagnetischer Werkstoffe sind in der **Tabelle 1.7** aufgeführt. Die hier aufgenommenen Ferrite können wegen ihres hohen Energieprodukts auch zu den Permanentmagnetwerkstoffen gezählt werden. Die angegebenen Werte der Anfangs- und der maximalen Permeabilität sind bezogen auf μ_0 zu verstehen. Nickeleisen ist wegen der hohen Permeabilität zur Abschirmung magnetischer Felder besonders gut geeignet. Kobalteisen wird insbesondere wegen der höchsten Sättigungsinduktion ausgewählt. Ferrite sind Verbindungen von Fe_2O_3 mit anderen Metalloxiden. Zu beachten ist, dass oberhalb der angegebenen Curie-Temperaturen die ferromagnetischen Eigenschaften verschwinden.

Kennlinien und Arbeitspunkte der Permanentmagnetwerkstoffe

Ein magnetischer Kreis mit einem Permanentmagneten ist in **Bild 1.34** dargestellt. Der vom Permanentmagneten (schraffierter Teil) ausgehende Fluss Φ durchsetzt über die Weicheisenteile (nicht schraffierte Teile) den Arbeitsluftspalt der Dicke δ. Unter der Voraussetzung, dass der gesamte Fluss des Permanentmagneten durch den Luftspalt hindurchgeht, also die Streuflüsse vernachlässigbar sind, gilt:

$$\Phi = A_m B_m = A B \qquad (1.32)$$

Hierbei sind B_m und B die Induktionen und A_m bzw. A die Querschnitte im

Permanentmagneten und im Luftspalt. Wenn die Durchflutung Θ wieder zu null geworden ist, ergibt die Anwendung des Durchflutungsgesetzes nach dem Aufmagnetisierungsvorgang:

$$\Theta = \oint \boldsymbol{H}\, \mathrm{d}\boldsymbol{s} = H_\mathrm{m}\, l_\mathrm{m} + H\, \delta = 0 \qquad (1.33)$$

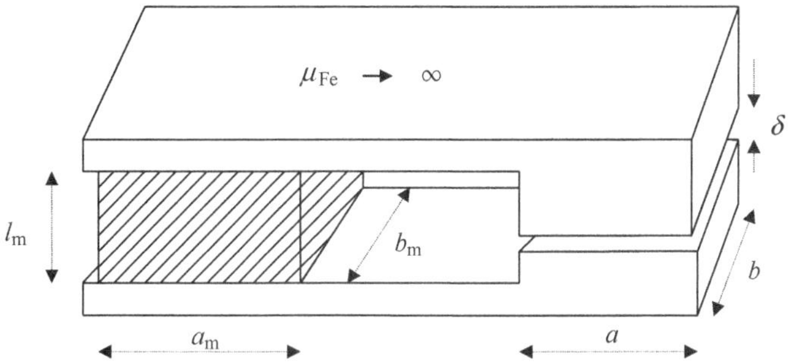

Bild 1.34 Ein magnetischer Kreis mit Permanentmagnet

H_m und H sind hier die magnetischen Feldstärken im Permanentmagneten und im Luftspalt. Dabei werden die magnetischen Spannungsfälle an den Weicheisenteilen vernachlässigt ($\mu_\mathrm{Fe} \rightarrow \infty$). Durch Zusammenfassung der Gln. (l.32) und (l.33) erhält man unter Einbeziehung von $B = \mu_0\, H$:

$$B_\mathrm{m} = -\frac{\mu_0\, H_\mathrm{m}\, l_\mathrm{m}}{\delta} \cdot \frac{A}{A_\mathrm{m}} \qquad (1.34)$$

Dabei gilt $A_\mathrm{m} = a_\mathrm{m}\, b_\mathrm{m}$ und $A = a\, b$. Die Gl. (1.34) mit den Kenngrößen B_m und H_m des Permanentmagnetmaterials legt die sogenannte Arbeitsgerade fest, die nur von den geometrischen Abmessungen des magnetischen Kreises und der Hysteresekurve des Permanentmagneten abhängt. Somit ergibt sich der Arbeitspunkt P als Schnittpunkt von Arbeitsgerade und Hysteresekurve, die im 2. Quadranten als Entmagnetisierungskurve bezeichnet wird (**Bild 1.35**). Mit dem Wert B_mp kann mittels Gl. (l.32) die Induktion B im Luftspalt errechnet werden. Wegen des vorhandenen Streuflusses ist der so ermittelte Luftspaltfluss nicht gleich dem gesamten Fluss des Permanentmagneten. Vergrößert man den Luftspalt von δ auf δ^*, verläuft die Arbeitsgerade mit geringerem Gefälle. Im Arbeitspunkt P* wird eine verminderte Induktion erreicht (Bild 1.35). Bei dem vorliegenden

Magnetmaterial führt die Vergrößerung auf δ^* zu einer bleibenden Minderung der magnetischen Induktion, da bei anschließender Verkleinerung des Luftspalts auf den Ausgangswert δ nur noch der Punkt P' mit der Induktion B'_{mp} erreicht wird.

Irreversible Flussänderungen können auch dann im magnetischen Kreis auftreten, wenn durch starke magnetische Gegenfelder abmagnetisiert wird. Bei unverändertem Luftspalt verschiebt sich in diesem Falle die Arbeitsgerade parallel um den Wert der Gegenfeldstärke nach links.

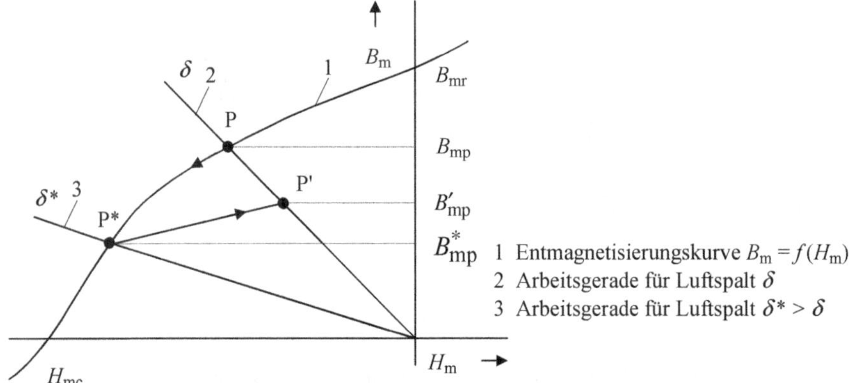

Bild 1.35 Arbeitspunkt des permanentmagnetischen Kreises

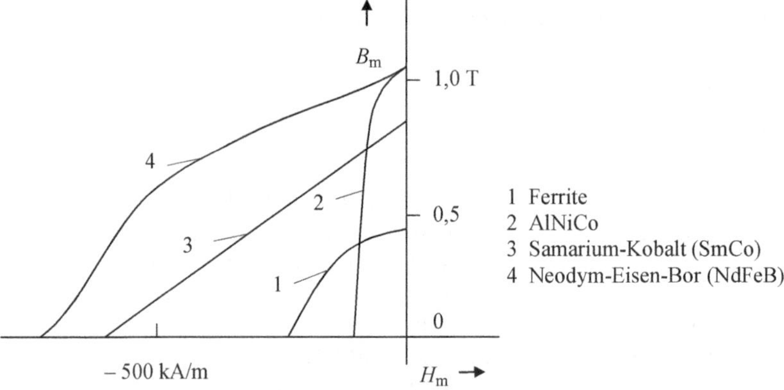

Bild 1.36 Entmagnetisierungskurven einiger Permanentmagnete

Zur Charakterisierung von Permanentmagnetmaterialien werden die beiden Kennwerte Remanenzinduktion B_{mr} und Koerzitivfeldstärke H_{mc} verwendet. **Bild 1.36** stellt die Entmagnetisierungskurven $B_m = f(H_m)$ einiger Permanentmagnetwerkstoffe dar. Unter den handelsüblichen Materialien erreichen die AlNiCo- (2) und die Neodym-Eisen-Bor-Werkstoffe (NdFeB) (4) die höchsten Remanenzinduktionen, während die höchsten Koerzitivfeldstärken von den Materialien (3) Samarium-Kobalt (SmCo) und (4), „Seltene-Erden-Magnete" genannt (sind elektrisch leitend), erzielt werden. Aus Kostengründen werden die Permanentmagnete der Gruppen (3) und (4) nur bei hochwertigen Motoren und kleineren Stückzahlen eingesetzt. Der Preis vom Neodymoxid ist seit 2009 von etwa 19 Dollar auf 80 Dollar pro kg gestiegen. Preiswerter sind dagegen Sintermagnete aus Ferriten (1), aber auch das AlNiCo-Material (2). Diese Stoffe sind Nichtleiter, bei tiefen Temperaturen (unter 0 °C) instabil (Entmagnetisierungsgefahr) und besitzen eine geringere Energiedichte (s. Tabelle 8.3, Abs. 8.4). Die Seltene-Erden-Magnete auf der Basis Neodym-Eisen-Bor mit ihren überlegenen magnetischen Werten neigen zur Korrosion und dürfen nur bei Temperaturen von maximal 150 °C eingesetzt werden. Im Inneren mancher Elektromotoren herrschen Temperaturen von mehr als 200 °C.

Um das Neodymoxid entmagnetisierungsfester und temperaturresistenter zu machen, wird es mit dem sogenannten „schwerem Seltene-Erden-Magneten" wie Dysprosium oder Terbium beschichtet. Dysprosium erhöht die Koerzivität und erweitert den nutzbaren Temperaturbereich in NdFeB-Magnete. In den 3-MW-Windturbinen stecken etwa 1,8 Tonnen Neodym-Eisen-Bor-Magnete. Ein Motor für ein Elektroauto enthält 2 kg Magnete, die etwa 600 g Seltene Erden enthalten. 6 bis 8 % des Gesamtgewichts, also bis zu 160 g, entfallen auf die schweren Seltenen Erden wie Dysprosium (Dy). Gerade diese schweren Varianten sind besonders knapp. Sie kommen im Unterschied zu Neodymoxid ausschließlich in China vor. 1 kg Dysprosium kostet heute ca. 630 Dollar, also etwa das Achtfache von Neodymoxid. Damit ist das Ziel zukünftiger Forschungen, den Dy-Anteil bei NdFeB-Anwendungen zu reduzieren bzw. auf null zu senken.

Anwendung magnetischer Werkstoffe

Kleinst- und Kleinmaschinen: Erregung mit Permanentmagneten (häufiger Seltene Erden). Anker- und Ständerbleche unlegierter oder schwachlegierter Stoffe mit bestimmtem Si-Gehalt, da eine möglichst hohe Sättigungsinduktion erwünscht ist und die Ummagnetisierungs- und Wirbelstromverluste nicht allzu groß sind. Übliche Blechdicken sind 0,5 mm.

Maschinen mittlerer Leistung: Ab einigen hundert Kilowatt gewinnen die Ummagnetisierungs- und Wirbelstromverluste zunehmend an Bedeutung. Sowohl für das Ständer- als auch für das Läuferblechpaket werden daher bei 50 Hz und 1 T Elektrobleche mit Verlustwerten von 2,0 W/kg bis 3,8 W/kg eingesetzt. Bei

Läufern von Synchronmaschinen mit ausgeprägten Polen und auch bei Vollpolläufern kommen Stahlbleche mit höchsten Festigkeiten zur Anwendung. Üblich sind Blechdicken von 0,5 mm. Die Pole von Gleichstrommaschinen sind 0,5 mm bis 1,5 mm dick, gelegentlich auch massiv.

Großmaschinen (z. B. Wasserkraftgeneratoren oder Turbogeneratoren): Die Ummagnetisierungs- und Wirbelstromverluste spielen hier eine bedeutende Rolle. Für das Ständerblechpaket werden daher in der Regel bei 50 Hz und 1 T hochsilizierte Elektrobleche mit Verlustwerten von 1 W/kg bis 1,35 W/kg eingesetzt. Die damit verbundene schlechtere Magnetisierbarkeit ist wegen des meist großen Luftspalts ohne Bedeutung. Üblich sind Blechdicken von 0,5 mm.

Transformatoren: Bei der Auswahl von Transformatorblechen ist, ähnlich wie bei den rotierenden elektrischen Maschinen, die Anwendung der Werkstoffe leistungsabhängig. Bei Transformatoren großer und größter Leistung werden jedoch vorwiegend kornorientierte Bleche eingesetzt, deren Vorteile hier voll zur Geltung kommen. Übliche Blechdicken bei den Schwachstromtransformatoren sind 0,2 mm, bei den Starkstromtransformatoren sind es 0,3 mm bis 0,35 mm. Kornorientierte Bleche mit ihrer ausgeprägten magnetischen Vorzugsrichtung (in Walzrichtung magnetisiert) werden bei Transformatoren bevorzugt eingesetzt, ergeben aber bei rotierenden elektrischen Maschinen wegen der wechselnden Magnetisierungsrichtung im Allgemeinen keinen Vorteil.

Bild 1.37 enthält Magnetisierungskennlinien einiger Eisenlegierungen.

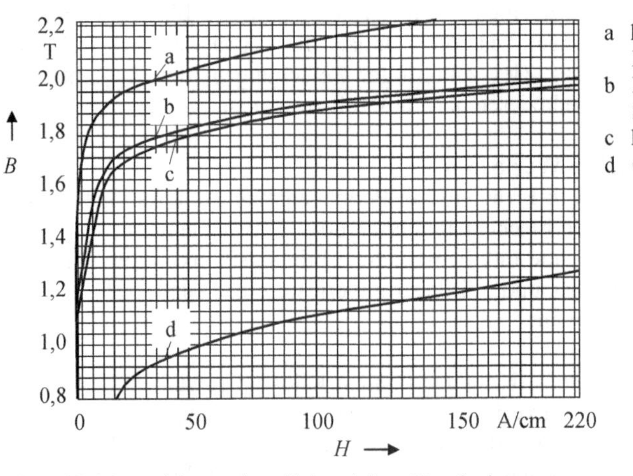

Bild 1.37 Magnetisierungskennlinien einiger Eisenlegierungen

Schaltgeräte: Es werden meist Bleche mit mittlerem Si-Gehalt eingesetzt. Bei der Anwendung ist neben den geforderten magnetischen Eigenschaften wie niedrige Koerzitivkraft auch eine gewisse mechanische Festigkeit von Bedeutung, da die Magnetkerne über längere Zeit mechanischen Beanspruchungen ausgesetzt sind.

1.8.4 Energie und Kraft im magnetischen Feld

Magnetische Energie

Die magnetische Energie des Volumens V mit den Feldgrößen $\boldsymbol{H}$ und $\boldsymbol{B}$ ist:

$$W_\mathrm{m} = \frac{1}{2} \int_V \boldsymbol{B}\,\boldsymbol{H}\,\mathrm{d}V \qquad (1.35)$$

Es muss also über das gesamte Volumen integriert werden. In einem homogenen magnetischen Feld mit konstantem B und H gilt:

$$W_\mathrm{m} = \frac{1}{2} B\,H\,V \qquad (1.36)$$

Kraftwirkung an den Grenzflächen Eisen–Luft (Normalkraft)

Das magnetische Feld zwischen den Polen im **Bild 1.38** wird homogen angenommen. Der Luftspalt ist so klein, dass die Streuung vernachlässigt werden kann. Somit erhält man für die magnetische Energie des Luftspaltvolumens:

$$W_\mathrm{m} = \frac{1}{2} B\,H\,V = \frac{1}{2}\frac{B^2\,V}{\mu_0} \qquad (1.37)$$

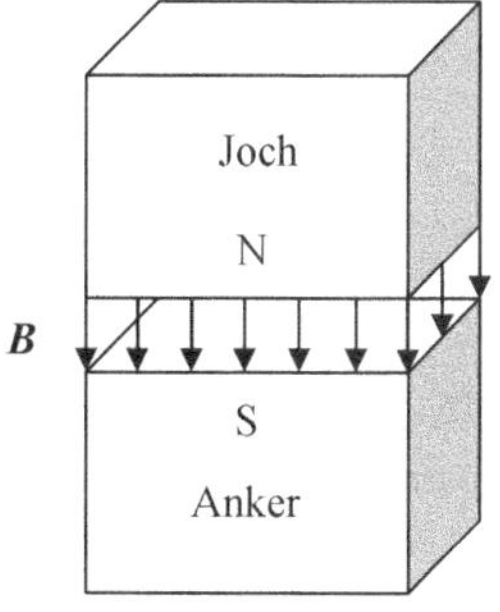

Bild 1.38 Kraft an der Grenzfläche Eisen–Luft

Wenn nun der bewegliche Anker (im Bild 1.38 der untere Pol) gegenüber dem feststehenden Joch (im Bild 1.38 der obere Pol) um dx bewegt wird, so ändert sich bei konstanter Induktion das Volumen um $\mathrm{d}V = A\,\mathrm{d}x$ und infolgedessen die magnetische Energie um $\mathrm{d}W_\mathrm{m}$. Dafür muss von außen die mechanische Energie $\mathrm{d}W_\mathrm{mech} = F\,\mathrm{d}x = \mathrm{d}W_\mathrm{m}$ aufgebracht werden. Es gilt:

$$\mathrm{d}W_\mathrm{m} = \frac{B^2 A}{2\mu_0}\,\mathrm{d}x$$

Für die Kraft folgt dann:

$$F = \frac{B^2 A}{2\,\mu_0} \qquad (1.38)$$

Dies ist die Normalkraft, die an den Grenzflächen infolge der Permeabilitätsänderung zustande kommt. Die Kraftdichte bzw. die Maxwell'sche Zugspannung an der Eisenoberfläche ist dann:

$$f = \frac{B^2}{2\,\mu_0} \qquad (1.39)$$

Anwendungsgebiete: Elektromagnete, magnetische Aufspannplatten, Bremslüftmagnete, elektromagnetische Kupplungen, Schaltschütze, Relais usw.

Kraftwirkung auf stromdurchflossene Leiter im äußeren magnetischen Feld (Tangentialkraft)

Auf einen stromdurchflossenen Leiter im äußeren Magnetfeld B wirkt eine Kraft (Lorentz-Kraft) nach der Rechten-Hand-Regel (**Bild 1.39**):

$$F = B\,l\,I \qquad (1.40)$$

Hier sind l die Leiterlänge und I der Leiterstrom (bei den rotierenden elektrischen Maschinen ist l die aktive Eisenlänge). Diese Beziehung gilt dann, wenn der Leiter senkrecht auf dem magnetischen Feld steht (**Bild 1.39a**). Stehen der Leiter und das magnetische Feld jedoch in einem Winkel α ungleich 90° zueinander, so ist die Lorentz-Kraft aus folgender Beziehung zu ermitteln:

$$F = B\,l\,I \sin\alpha \qquad (1.41)$$

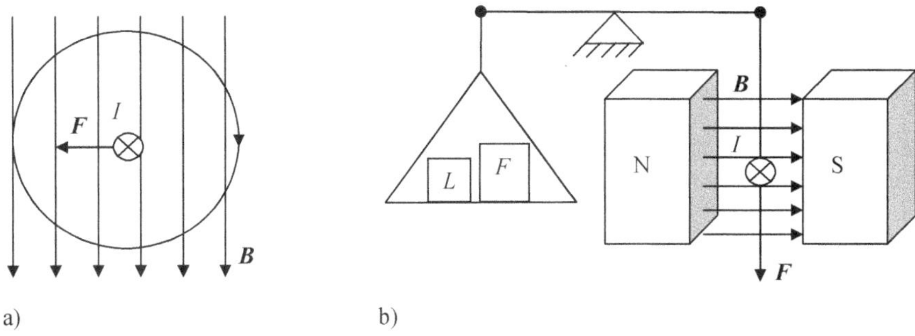

Bild 1.39 Kraftwirkung auf stromdurchflossenen Leiter im äußeren Magnetfeld
a) Kraftrichtung und Zählpfeile (s. auch Abschnitt 1.2) b) Prinzip der Stromwaage

Diese Art der Kraftbildung lässt sich einfach durch den Versuch mit der Stromwaage bestätigen (**Bild 1.39b**). Durch das Gewichtsstück L wird das Leitergewicht ausgeglichen. Fließt im Leiter ein Strom, so kann eine zum Leiter und zum Magnetfeld senkrechte Kraft F festgestellt werden, die betragsmäßig gleich der Gewichtskraft des Gewichtsstücks F ist. Der Leiter, der dem Magnetfeld ausgesetzt wird, besitzt die Länge l. Der proportionale Zusammenhang $F \sim I$, $F \sim l$ und $F \sim B$ kann bestätigt werden.

Im **Bild 1.40** ist die Wirkung zweier magnetischer Felder erkennbar. Diese kann z. B. durch ein homogenes Feld B und das Feld eines stromdurchflossenen Leiters nach Bild 1.39a verursacht werden. Der stromdurchflossene Leiter wird aus dem Magnetfeld herausgedrängt (elektrodynamische Kraftwirkung).

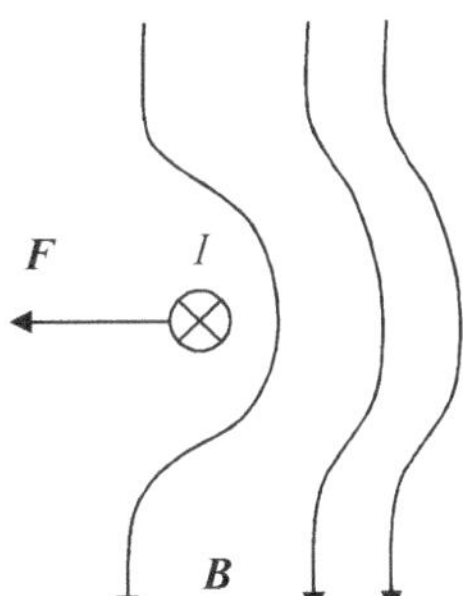

Bild 1.40 Wirkung zweier magnetischer Felder

Für die Kraftdichte in magnetischen Feldern gilt folgende allgemeine Formulierung

$$f_m = S \times B - \frac{1}{2} H^2 \,\mathrm{grad}\mu + \frac{1}{2}\,\mathrm{grad}(H^2 \delta \frac{\partial \mu}{\partial \delta}) \tag{1.42}$$

mit S als Stromdichte und δ als die Dichte des Materials. Zum Begriff Gradient „grad“ siehe Abschnitt 14.2.1.

1.8.5 Induktionsgesetz (2. Maxwell’sche Gleichung)

$$\oint E \,\mathrm{d}s = -w \frac{\mathrm{d}\Phi}{\mathrm{d}t} \qquad (\mathrm{rot}\, E = -\frac{\partial B}{\partial t}) \tag{1.43}$$

Das Linienintegral der elektrischen Feldstärke längs einer geschlossenen Kurve – die elektrische Spannung – ist gleich der zeitlichen Änderung der magnetischen Flussverkettung. Bei elektrischen Maschinen werden mehrere Wicklungen beliebiger Windungszahl w vom magnetischen Fluss Φ durchsetzt.

Erläuterung

Der magnetische Fluss Φ durchsetzt die Leiterschleife (w = 1) mit dem ohmschen Widerstand (Wicklungswiderstand) R_i (**Bild 1.41**). Bei einer Flussänderung wird ein Strom i induziert, der aus der folgenden Beziehung ermittelt werden kann:

$$R_i\, i = -\frac{\mathrm{d}\Phi}{\mathrm{d}t} \tag{1.44}$$

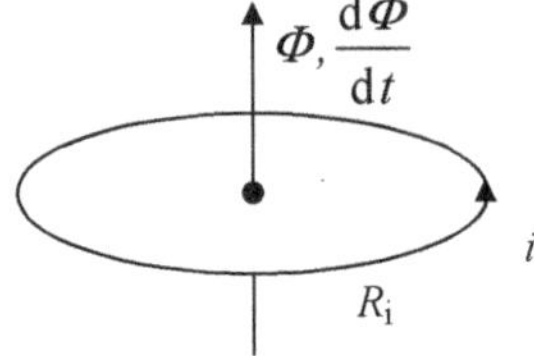

Bild 1.41 Erklärung des Induktionsgesetzes

Das Vorzeichen und die Richtungen können nach den Bildern 1.4 und 1.41 sowie mit der Lenz’schen Regel bestimmt werden.

Versuch

Wenn der Fluss Φ zeitlich konstant ist, sind u = 0 und i = 0. Ändert sich aber der Fluss zeitlich (z. B. durch einen Elektromagneten), d. h., solange er größer

($\mathrm{d}\Phi/\mathrm{d}t > 0$) oder kleiner ($\mathrm{d}\Phi/\mathrm{d}t < 0$) wird, tritt an den Klemmen eine Spannung u auf, und es fließt durch den geschlossenen Stromkreis ein Strom i. u und i sind in Betrag und Richtung durch den eingeschalteten Strom- und Spannungsmesser nachweisbar (**Bild 1.42**).

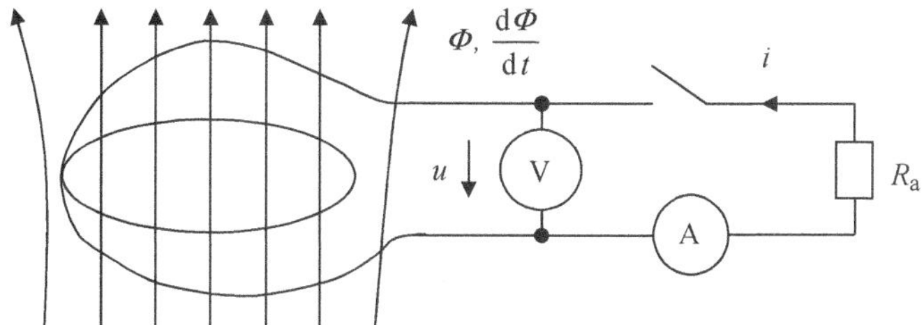

Bild 1.42 Zur Entstehung der induzierten Spannung und des induzierten Stroms

Lenz'sche Regel

Die Spule in einem Magnetfeld magnetisiert sich so, dass das ursprüngliche Magnetfeld entgegengesetzt wirkt (eine Wirkung wirkt ihrer Ursache entgegen). Solange der Fluss ansteigt ($\mathrm{d}\Phi/\mathrm{dt} > 0$), wenn z. B. Φ im Bild 1.42 von unten nach oben größer wird, ist auch der Strom $i > 0$ (angegebener Stromzählpfeil in Bild 1.42). Dieser Strom selbst erzeugt in der Leiterschleife nach der Linken-Hand-Regel einen Fluss, der von oben nach unten gerichtet ist, dem auslösenden Fluss also entgegenwirkt. Umgekehrt stellt sich bei abnehmendem Fluss ($\mathrm{d}\Phi/\mathrm{d}t < 0$) auch ein Strom $i < 0$ ein, der entgegen dem Stromzählpfeil fließt, sodass der von ihm erzeugte Fluss wiederum der ihn auslösenden Flussänderung entgegenwirkt. So treten bei einem Generator entsprechend der Lenz'schen Regel Lorentz-Kräfte auf, die die Drehbewegung hemmen. Zur Überwindung dieser Ankerrückwirkung muss dem Generator ständig mechanische Energie zugeführt werden, die abzüglich der Verluste als elektrische Energie an den Klemmen wieder abgegeben wird.

Leiterschleife im Maschinenmodell

Für die Leiterschleife als Bestandteil eines magnetischen Kreises im Verbraucherzählpfeilsystem gilt nach **Bild 1.43** die Erweiterung der Gl. (1.44):

$$R_\mathrm{i}\, i - u = -\frac{\mathrm{d}\Phi}{\mathrm{d}t}$$

oder:

$$u = R_\mathrm{i}\, i + \frac{\mathrm{d}\Phi}{\mathrm{d}t} \tag{1.45}$$

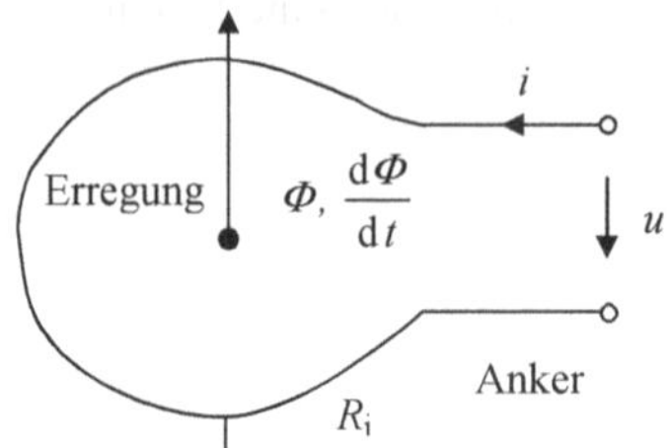

Bild 1.43 Leiterschleife im Maschinenmodell

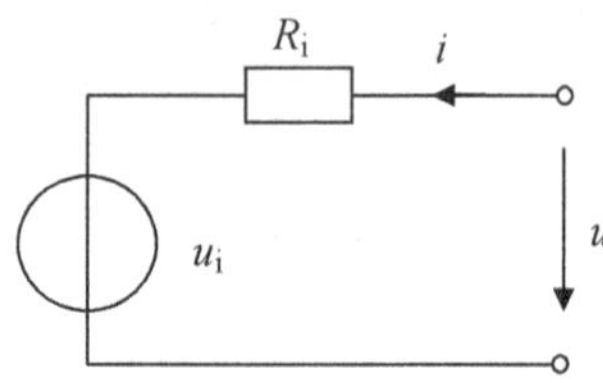

Bild 1.44 Ersatzschaltbild

Gl. (1.45) besagt, dass sich die Spulenspannung u (Klemmenspannung genannt) aus dem Spannungsfall $R_i\, i$ und der induzierten Spannung $u_i = \mathrm{d}\Phi/\mathrm{d}t$ (Quellenspannung genannt) zusammensetzt (Zählpfeilrichtungen siehe Bild 1.42). Wenn alle Windungen w denselben Fluss führen, ist die induzierte Spannung gleich:

$$u_i = w\frac{\mathrm{d}\Phi}{\mathrm{d}t} \tag{1.46}$$

In **Bild 1.44** ist das zugehörige Ersatzschaltbild im VZS mit dem Innenwiderstand R_i und der induzierten Spannung wiedergegeben. Die zweite Kirchhoff'sche Gleichung kann für diesen Kreis wie folgt geschrieben werden:

$$u = u_i + R_i\, i \tag{1.47}$$

Allgemeine Deutung

Die induzierte Spannung $u_i = w\, \mathrm{d}\Phi/\mathrm{d}t$ kann wie folgt interpretiert werden:

$$u_i = w\frac{\mathrm{d}\Phi}{\mathrm{d}t} = w\frac{\mathrm{d}(B\,A)}{\mathrm{d}t} = w\,A\frac{\mathrm{d}B}{\mathrm{d}t} + w\,B\frac{\mathrm{d}A}{\mathrm{d}t} =$$

$$= w\,A\frac{\mathrm{d}B}{\mathrm{d}t} + w\,B\,l\frac{\mathrm{d}x}{\mathrm{d}t} =$$

$$= w\,A\frac{\mathrm{d}B}{\mathrm{d}t} + w\,B\,l\,v \tag{1.48}$$

Die induzierte Spannung in einer Spule kann somit in drei Formen erzeugt werden:

I. Die von der Spule umfasste Fläche wird von einer zeitlich veränderlichen magnetischen Induktion durchsetzt (transformatorische Spannungserzeugung):

$$u_i = w\,A\frac{\mathrm{d}B}{\mathrm{d}t}$$

II. Durch Bewegung der Spule in einem konstanten magnetischen Feld (rotatorische Spannungserzeugung):

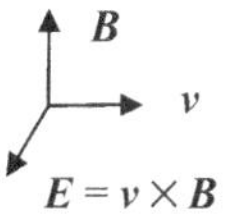

$\boldsymbol{B}$

v

$\boldsymbol{E} = \boldsymbol{v} \times \boldsymbol{B}$

$u_\mathrm{i} = w\, B\, l\, v$

oder in allgemeiner Form:

$u_\mathrm{i} = (\, \boldsymbol{v} \times \boldsymbol{B}\,)\, \boldsymbol{l} = \boldsymbol{E}\, \boldsymbol{l}$

Da eine elektrische Spannung nur auftreten kann, wenn ein elektrisches Feld vorliegt, folgt hieraus, dass gleichzeitig mit jedem sich ändernden Magnetfeld ein elektrisches Feld vorhanden sein muss!

III. Durch gleichzeitiges Auftreten der Vorgänge I und II.
Bei rotierenden elektrischen Maschinen können die induzierten Spannungen in den Spulenwindungen nicht nur durch die Drehung der Spulen in einem ruhenden Magnetfeld hervorgerufen werden, sondern auch durch die Drehung des Magnetfelds bei ruhenden Spulen.

Ergänzung
Bei den rotierenden elektrischen Maschinen werden nicht alle Spulen gleichzeitig vom selben Fluss durchsetzt. Der Wicklungsfaktor ξ, der sich aus dem Zonenfaktor ξ_Z und eventuell aus dem Sehnungsfaktor ξ_S multiplikativ zusammensetzt, berücksichtigt diesen Sachverhalt (s. Abschnitt 4.3):

$$\xi = \xi_\mathrm{Z}\, \xi_\mathrm{S} \tag{1.49}$$

Bei der Ermittlung der induzierten Spannung muss anstatt der tatsächlichen Windungszahl w eine magnetisch wirksame Windungszahl w' eingeführt werden:

$$w' = w\, \xi \tag{1.50}$$

Beispiel: Nimmt der magnetische Fluss in einer Spule mit 100 Windungen in 2 s gleichmäßig von 5,4 Vs auf 10 Vs zu, dann beträgt in jeder Windung die Flussänderung $\mathrm{d}\Phi$ = 4,6 Vs und die zeitliche Flussänderung $\mathrm{d}\Phi/\mathrm{d}t$ = 4,6 Vs/2 s =

2,3 V. Somit ist während der Flussänderung die Spannung an der Spule $u_i = w\,d\Phi/dt = 100 \cdot 2{,}3\ V = 230\ V$.

1.8.6 Selbstinduktion und Selbstinduktivität

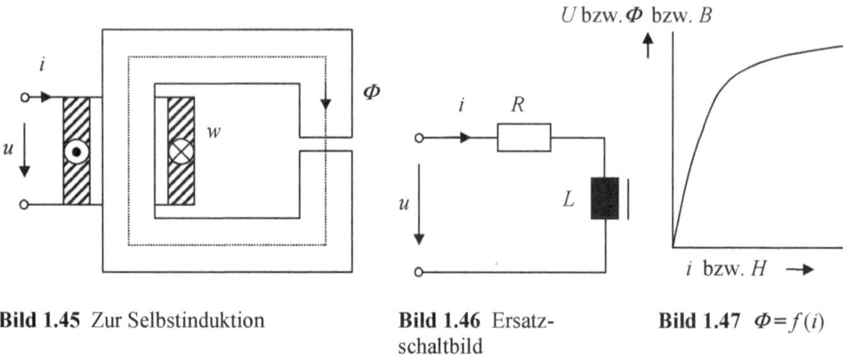

Bild 1.45 Zur Selbstinduktion

Bild 1.46 Ersatzschaltbild

Bild 1.47 $\Phi = f(i)$

Auf einen Eisenkern nach **Bild 1.45** ist eine Zylinderspule gewickelt. Die Durchflutungsrichtung soll von links nach rechts sein. Die Abhängigkeit des magnetischen Flusses vom Strom *i* ist nichtlinear (**Bild 1.47**). Mithilfe des magnetischen Leitwerts und des ohmschen Gesetzes des Magnetismus ergibt sich:

$$G_m = 1/R_m \tag{1.51}$$

$$\Phi = G_m\, w\, i \tag{1.52}$$

Wenn sich die angelegte Spannung zeitlich verändert, ist der entstehende magnetische Fluss auch zeitlich veränderlich. Nach dem Induktionsgesetz wird dann infolge der Flussänderung eine innere Spannung in der Spule induziert. Diese Spannung, die wegen der Selbstinduktion entsteht, bremst durch ihr Auftreten den Stromanstieg, wie es die Lenz'sche Regel verlangt, und beträgt:

$$u_i = w\frac{d\Phi}{dt}$$

Demnach kann sich der Strom einer Schaltung wegen der auftretenden induktiven Spannungen nicht sprungartig ändern. Diese Spannung kann wie folgt umgestellt werden:

$$u_i = w \frac{\mathrm{d}\Phi}{\mathrm{d}i} \frac{\mathrm{d}i}{\mathrm{d}t} = L \frac{\mathrm{d}i}{\mathrm{d}t} \tag{1.53}$$

Hier wird

$$L = w \frac{\mathrm{d}\Phi}{\mathrm{d}i} \tag{1.54}$$

als Selbstinduktivität bezeichnet. Die Einheit von L ist Vs/A = H. In einem linearen magnetischen Kreis, d. h. bei konstanter Permeabilität, ergibt sich mit der Gl. (1.52):

$$L = w^2 G_m \tag{1.55}$$

In einem nichtlinearen magnetischen Kreis ist die Selbstinduktivität stromabhängig und muss für jeden Stromwert aus der Magnetisierungskennlinie ermittelt werden. Nur bei geringer Stromänderung kann L als konstant angenommen werden. Die Abhängigkeit von $L = f(i)$ kann bei elektrischen Maschinen durch einen Luftspalt im magnetischen Kreis reduziert werden (der Luftspalt bestimmt den Hauptanteil des magnetischen Widerstands). Diese Abhängigkeit wird u. a. in induktiven Gebern ausgenutzt (z. B. zur Füllhöhenmessung). *Die elektrische Energie wird in Form von magnetischer Energie in der Induktivität L gespeichert (analog zur Kapazität C als Speicher elektrischer Energie)!* Die magnetische Energie kann durch die Induktivität L ausgedrückt werden. Diese nimmt in der Zeit $\mathrm{d}t$ die elektrische Energie $W = \int u\, i\, \mathrm{d}t$ auf. Nach dem Energieprinzip muss in derselben Zeit die magnetische Energie in der Spule um den gleichen Betrag W_m zunehmen ($W_m = W$):

$$W_m = \int u\, i\, \mathrm{d}t = \int L \frac{\mathrm{d}i}{\mathrm{d}t} i\, \mathrm{d}t = \int L\, i\, \mathrm{d}i$$

Die Integration führt im Falle einer stromunabhängigen Induktivität, wie z. B. bei einer Luftspule, zu:

$$W_m = \int L\, i\, \mathrm{d}i = \frac{1}{2} L\, i^2 \tag{1.56}$$

Das dazugehörige Ersatzschaltbild des zugrunde gelegten magnetischen Kreises

(Bild 1.45) ist unter Berücksichtigung des Wicklungswiderstands R in **Bild 1.46** wiedergegeben.

1.8.7 Gegeninduktion und Gegeninduktivität

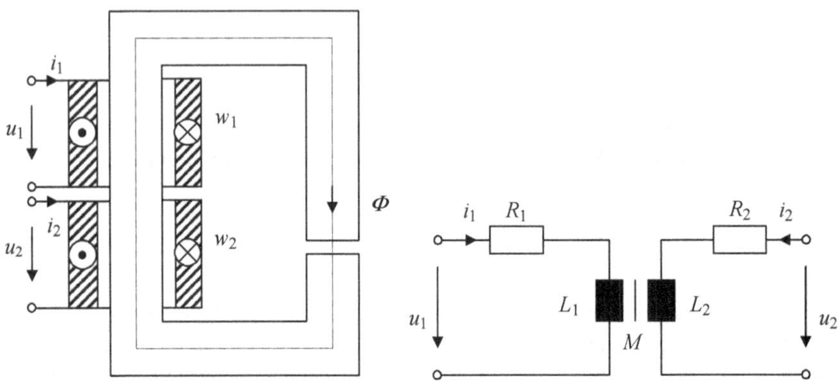

Bild 1.48 Zur Gegeninduktion

Bild 1.49 Vereinfachte Schaltung

Auf dem Eisenkern (**Bild 1.48**) sind nun zwei Spulen mit den Windungszahlen w_1 und w_2 angebracht. Wenn nur die Spule 1 stromführend ist, bildet sich der Fluss:

$$\Phi = G_m \, w_1 \, i_1 \tag{1.57}$$

Wenn der Strom sich zeitlich ändert, wird eine Selbstinduktionsspannung

$$u_{i1} = w_1 \frac{d\Phi}{dt} = L_1 \frac{di_1}{dt} \tag{1.58}$$

in der Spule 1 und eine Gegeninduktionsspannung

$$u_{i2} = w_2 \frac{d\Phi}{dt} = w_2 \, w_1 \, G_m \frac{di_1}{dt} = M \frac{di_1}{dt} \tag{1.59}$$

in der Spule 2 induziert. Der Faktor

$$M = w_1 \, w_2 \, G_m \tag{1.60}$$

wird als Gegeninduktivität bezeichnet. Ein ähnlicher Fall tritt auf, wenn Spule 1 stromlos und Spule 2 stromführend ist. Die Berücksichtigung der Wicklungswiderstände, Selbstinduktivitäten und der Gegeninduktivität liefert die vereinfachte Schaltung nach **Bild 1.49**. Die Spannungsgleichungen der Primär- und Sekundärseite können entsprechend abgeleitet werden und ergeben:

$$u_1 = R_1 \ i_1 + L_1 \frac{\mathrm{d}i_1}{\mathrm{d}t} + M \frac{\mathrm{d}i_2}{\mathrm{d}t}$$

$$u_2 = R_2 \ i_2 + L_2 \frac{\mathrm{d}i_2}{\mathrm{d}t} + M \frac{\mathrm{d}i_1}{\mathrm{d}t} \tag{1.61}$$

1.8.8 Induzierte Spannung in einer rotierenden Spule im äußeren Magnetfeld

Die induzierte Spannung in einer bewegten Spule im äußeren Magnetfeld wurde bereits behandelt. Zum besseren Verständnis für rotierende elektrische Maschinen wird die folgende Betrachtung vorgenommen. In **Bild 1.50** ist die Induktion in Abhängigkeit des Orts (Maschinenumfang) dargestellt. Zur Vereinfachung wurde zunächst die rotatorische Bewegung durch eine lineare ersetzt. Wenn sich eine Spule mit der Spulenweite *W* in einem magnetischen Feld bewegt, so wird nach dem Induktionsgesetz in ihm eine Spannung induziert.

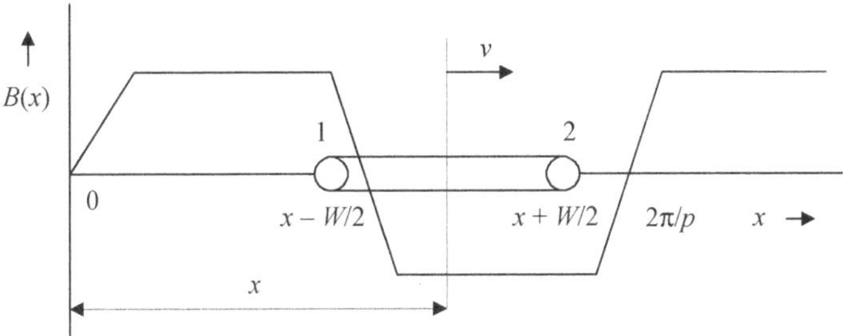

Bild 1.50 Induzierte Spannung in einer rotierenden Spule im äußeren Magnetfeld

Der Fluss, der die Spule durchsetzt, ist gleich:

$$\Phi = l \int_{x-\frac{W}{2}}^{x+\frac{W}{2}} B(\xi)\,\mathrm{d}\xi \tag{1.62}$$

Hier beschreibt x die Lage der Spulenachse. Wenn sich die Spule mit der Geschwindigkeit v bewegt, wird folgende Spannung induziert:

$$u_\mathrm{i} = w\,\frac{\mathrm{d}\Phi}{\mathrm{d}t} = w\,v\,\frac{\mathrm{d}\Phi}{\mathrm{d}x}$$

$$= w\,l\,v\,\frac{\mathrm{d}\left(\displaystyle\int_{x-\frac{W}{2}}^{x+\frac{W}{2}} B(\xi)\,\mathrm{d}\xi\right)}{\mathrm{d}x} \tag{1.63}$$

Durch Integration folgt:

$$u_\mathrm{i} = w\,l\,v\,[B(x + W/2) - B(x - W/2)] \tag{1.64}$$

Die induzierte Spannung ist also proportional der Differenz der Induktionswerte in den Punkten 1 und 2 sowie der Windungszahl w, der Leiterlänge l und der Leitergeschwindigkeit v.

Rotatorische Spannungserzeugung

Die **Bilder 1.51a** und **b** geben an, wie rotatorisch in einer Spule eine Wechselspannung erzeugt wird. Zum Zeitpunkt $t = 0$ tritt der maximale Fluss durch die Spule. Wird diese mit konstanter Winkelgeschwindigkeit ω gedreht, sodass sie nach einer Zeit t den Winkel $\alpha = \omega t$ mit der Ausgangslage bildet, so werden nach den Bildern 1.51a und b der magnetische Fluss durch die Spule und die Klemmenspannung durch folgende Gleichungen beschrieben:

$$\Phi(t) = -\,\Phi_\mathrm{max}\cos\alpha = -\,\Phi_\mathrm{max}\cos\omega t$$

$$u(t) = w\,\frac{\mathrm{d}\Phi}{\mathrm{d}t} = -\,w\,\Phi_\mathrm{max}\,\frac{\mathrm{d}(\cos\omega t)}{\mathrm{d}t} = \omega\,w\,\Phi_\mathrm{max}\sin\omega t$$

Damit kann für die Wechselspannung geschrieben werden:

$$u(t) = \hat{U}\sin\omega t \tag{1.65}$$

mit der Amplitude

$$\hat{U} = \omega\,w\,\Phi_\mathrm{max} \tag{1.66}$$

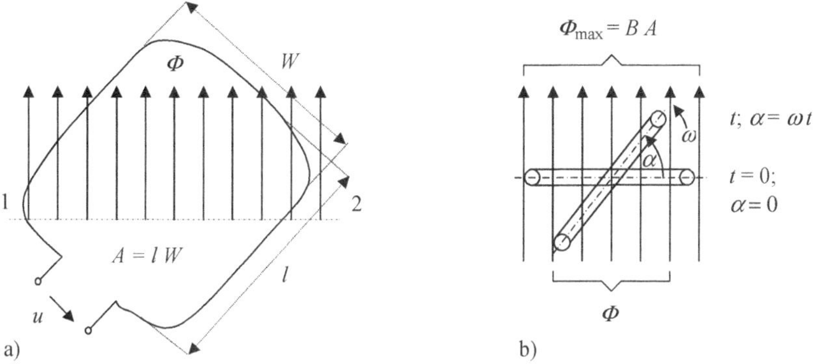

Bild 1.51 Rotatorische Spannungserzeugung

Bemerkungen

- Gleichstrommaschinen (gewöhnlich Außenpolprinzip): stehendes Magnetfeld, Spule (Anker) rotiert! Synchronmaschinen (gewöhnlich Innenpolprinzip): Drehfeld, Spule (Anker) steht!
- Entsprechend kann durch die drei Spulen, die räumlich um 120° versetzt sind, eine Drehspannung (Dreileiterspannung) erzeugt werden.

1.8.9 Aufgaben zum magnetischen Kreis

Aufgabe 1

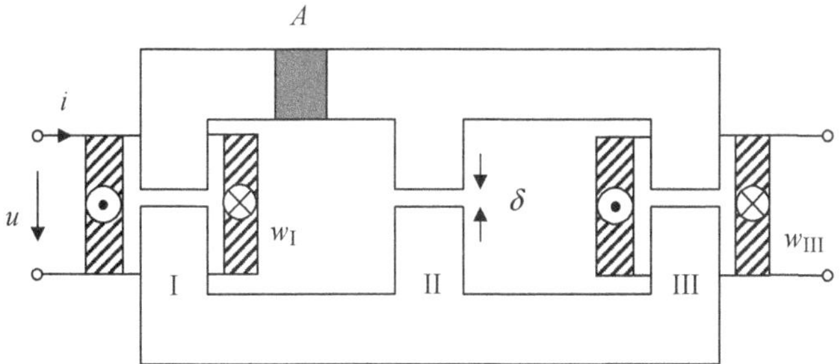

Bild 1.52 Symmetrisch aufgebauter zweisträngiger dreischenkliger magnetischer Kreis mit $\mu_{Fe} \rightarrow \infty$

Von einem zweisträngigen dreischenkligen Eisenkern sind die Querschnittsfläche A und die Luftspaltdicke δ bekannt (**Bild 1.52**). Der Luftspalt δ und die Querschnittsfläche A sind in allen drei Schenkeln und im Joch gleich. Die Permeabilität des Eisens kann sehr groß angenommen ($\mu_{Fe} \rightarrow \infty$) und die Feldstreuung vernachlässigt werden. Auf dem Schenkel I ist eine Wicklung mit w_I Windungen untergebracht. Diese Wicklung ist an einem Wechselstromnetz (U und f bekannt) angeschlossen. Auf den Schenkel III ist eine offene Wicklung mit w_{III} Windungen gewickelt. Die Wicklungswiderstände sollen vernachlässigbar klein sein.
Angaben: $U = 230$ V; $f = 50$ Hz; $A = 1$ cm^2; $\delta = 1$ mm; $w_I = w_{III} = 10\,000$

1) Wie groß ist der Maximalwert des Flusses Φ_I im Schenkel I?
2) Wie groß ist der Maximalwert der Induktion B_I im Schenkel I?
3) Wie groß ist der Maximalwert des Flusses Φ_{II} im Schenkel II und Φ_{III} im Schenkel III?
4) Wie groß ist der Maximalwert der magnetischen Feldstärke H in den drei Luftspalten?
5) Wie groß ist der Maximalwert des Stroms i in der Spule I?
6) Wie groß ist die Selbstinduktivität L_I in der Spule I?
7) Wie groß ist die Gegeninduktivität $M_{I,III}$ der Wicklungen I und III?

Aufgabe 2

Von einem magnetischen Kreis sind die Abmessungen sowie die Magnetisierungskennlinie des ferromagnetischen Materials bekannt (**Bild 1.53**). Gesucht ist der Erregerstrom in der Erregerwicklung unter der Bedingung, dass die Induktion im rechten Schenkel 1 T ist!

Abmessungen: $l_{jl} = 15$ cm $A_j = A_{sl} = A_{sr} = 1{,}5$ cm^2 $A_{sm} = 2$ cm^2
$l_{jr} = 5$ cm
$l_s = 10$ cm
$\delta = 0{,}05$ cm
Windungszahl: $w = 100$

Magnetisierungskennlinie:

H in A/cm	0	2	5	10	20	40	100	160	200
B in T	0	0,8	1,15	1,35	1,5	1,62	1,8	1,9	1,95

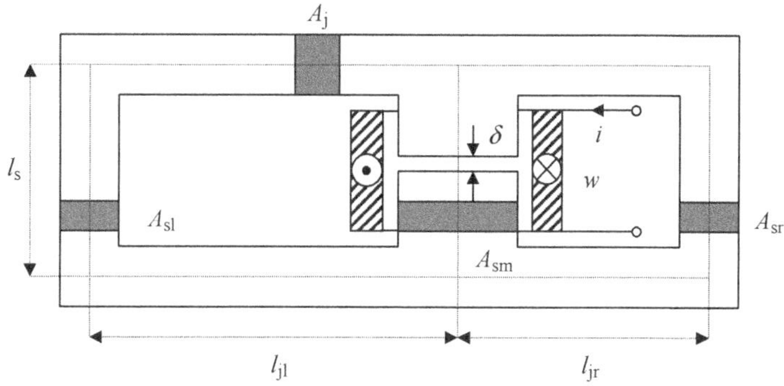

Bild 1.53 Unsymmetrisch aufgebauter magnetischer Kreis mit begrenzter Permeabilität

Aufgabe 3

Der elektrische Widerstand R der Erde nach **Bild 1.54c** sowie R in den **Bildern 1.54a** und **b** sind zu berechnen! Dabei sind die erforderlichen Abmessungen (alle in cm) sowie elektrische Leitfähigkeiten aus dem Bild 1.54 zu entnehmen (gleiche Werte für r_1 und r_2 in den Bildern 1.54a und b).

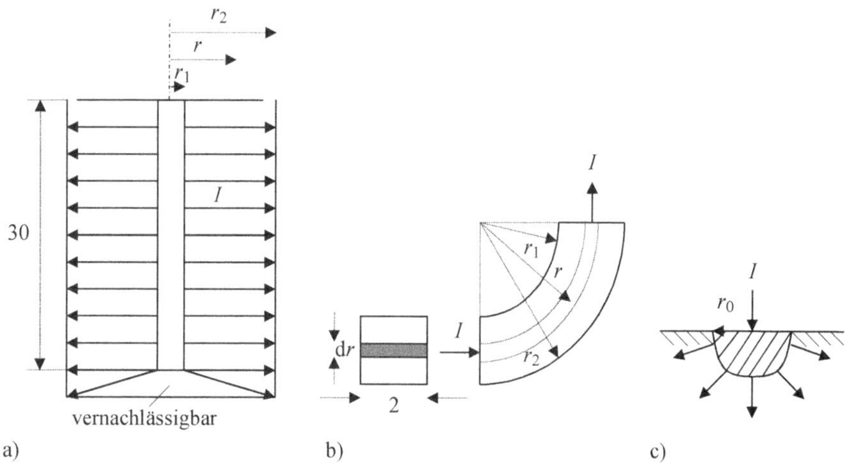

Bild 1.54 Zur Berechnung des ohmschen Widerstands untypische Materialformen

a) Behälter mit einer Flüssigkeit der Leitfähigkeit $\kappa = 10^6\ \Omega^{-1}\text{m}^{-1}$

b) Viertelkreis mit Dicke 2 cm und r_1 = 10 cm, r_2 = 14 cm, $\kappa = 56 \cdot 10^6\ \Omega^{-1}\text{m}^{-1}$

c) Metallhalbkugel als Erder mit r_0 = 2 cm, $\kappa_{\text{Erde}} = 10^{-2}\ \Omega^{-1}\text{m}^{-1}$, Erde homogen und isotrop

Aufgabe 4

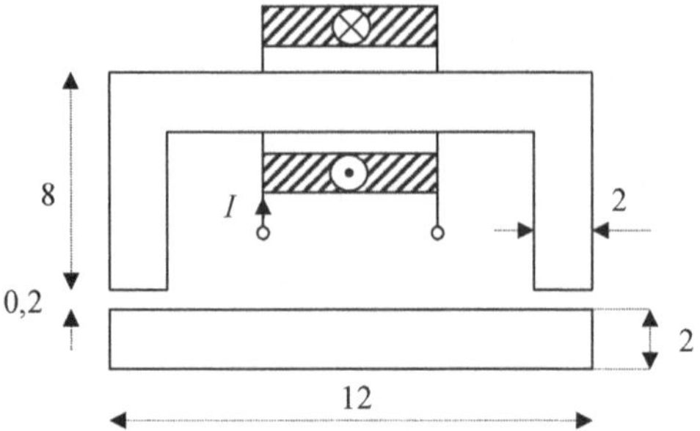

Bild 1.55 Elektromagnet mit Anker (Maße in cm)

In 2 mm Entfernung vom dargestellten Elektromagneten (**Bild 1.55**) liegt ein Anker mit der Gewichtskraft F_G = 78,4 N. Der quadratische Eisenquerschnitt ist überall gleich. Die Dicke beträgt 2 cm. Die relative Permeabilität μ_r kann hier als konstant angenommen werden:

μ_r = konst. = 4 200

1) Bestimmen Sie die Windungszahl w der Spule, damit der Anker bei einem Strom I = 1 A gerade vom Elektromagneten angezogen wird! Die Luftspaltstreuung ist zu vernachlässigen!
2) Bestimmen Sie die Induktivität der Spule allgemein, und berechnen Sie deren Wert unter der Annahme μ_{rEisen} relativ groß für δ = 2 mm!
3) Durch die Spule wird ein Wechselstrom von 50 Hz geschickt. Wie groß ist der Scheinwiderstand der Spule (δ = 2 mm), wenn pro Windung 8 cm Kupferdraht ($\rho = 17{,}5 \cdot 10^{-7}\ \Omega$ cm) mit einem Durchmesser von 0,5 mm benötigt wird?

Aufgabe 5

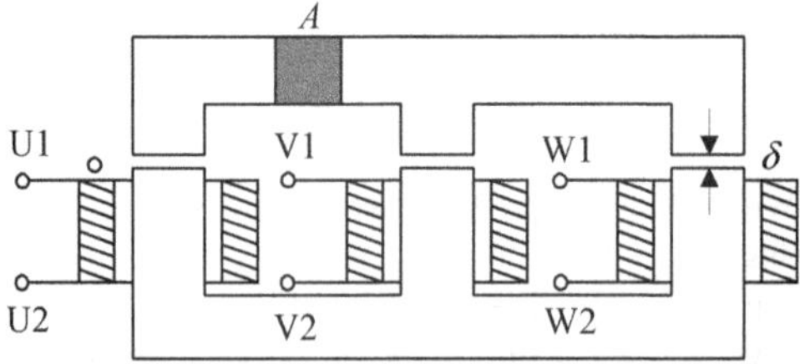

Bild 1.56 Drehstromdrosselspule

Die Drehstromdrosselspule in **Bild 1.56** besitzt folgende Daten:
Luftspaltdicke: $\delta = 0{,}1$ cm; Eisenquerschnitt: $A = 100\ \text{cm}^2$; Netzfrequenz: $f = 50$ Hz; Permeabilität des Eisens: $\mu_{\text{Fe}} \rightarrow \infty$; ohmscher Widerstand der Wicklungen: $R = 0$.
Es tritt keine Streuung auf – insbesondere keine Feldaufweitung im Luftspalt. Die Strangwicklungen sind *symmetrisch* aufgebaut.

An U1–U2 wird eine Wechselspannung von 230 V angeschlossen (Wicklungen V1–V2 und W1–W2 geöffnet).

1) Wie groß ist die Windungszahl pro Strang, damit in dem Schenkel der durchfluteten Drosselspule eine maximale Induktion von $B = 1$ T auftritt?
2) Wie groß ist die Wechselstrominduktivität L eines Strangs?
3) Wie groß ist der Effektivwert des Stroms in Wicklung I?

Aufgabe 6

Das magnetische Wechselfeld $B(x, y, t)$ durchsetzt die viereckige Spule in k-Richtung (**Bild 1.57**). Das örtlich veränderliche magnetische Wechselfeld weist eine lineare Abhängigkeit in x-Richtung auf:

$$B(x, y, t) = \frac{B_0\, x}{\tau} \cos \omega t$$

Gegeben sind außerdem:

Induktion	$B_0 = 1$ T
Windungszahl der Spule	$w = 100$
Kreisfrequenz des Felds	$\omega = 2\pi \cdot 1000$ Hz
Abmessungen der Spule	$\tau = l = 10$ cm

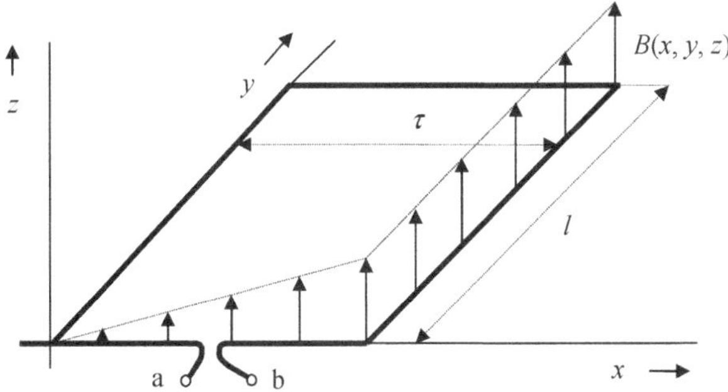

Bild 1.57 Nicht homogenes magnetisches Wechselfeld

1) Berechnen Sie den magnetischen Fluss $\Phi(t)$ durch die Spule!
2) Wie groß ist der Maximalwert des Flusses?
3) Berechnen Sie die induzierte Spannung $u(t)$ zwischen den Punkten a und b!
4) Wie groß ist der Scheitelwert der induzierten Spannung?

Aufgabe 7

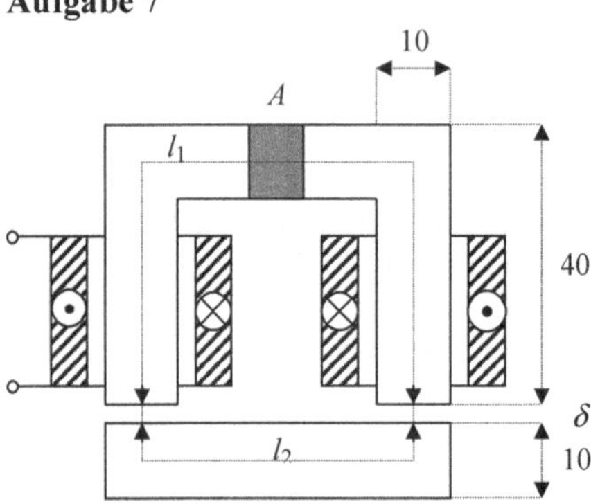

Bild 1.58 Magnetischer Kreis eines Relais

Gegeben ist der magnetische Kreis eines Relais nach **Bild 1.58** (alle Angaben in mm). Beim Schließen des Relais beträgt die Luftspaltdicke $\delta = 0,1$ mm. Jede der Spulen besitzt $w = 400$ Windungen. Der quadratische Eisenquerschnitt ist überall gleich. Die Feldstreuung kann vernachlässigt und die relative Permeabilität $\mu_r =$ 4 200 als konstant angenommen werden.

1) Wie groß muss der Spulenstrom I gewählt werden, damit die magnetische Induktion $B = 1,3$ T beträgt?
2) Bestimmen Sie die magnetische Energie im Eisen und im Luftspalt!
3) Welche Kraft wird auf den Anker ausgeübt?

Aufgabe 8

Gegeben ist der magnetische Kreis eines symmetrisch aufgebauten zylindrischen Schaltschützes (**Bild 1.59**).

Zu bestimmen sind die Durchmesser d_1 und d_2 unter der Annahme, dass die Zugkraft 1,5 kN, die Induktion im Eisenkern überall gleich 0,5 T und $d_3 = 40$ cm betragen! Die Feldstreuung kann vernachlässigt werden.

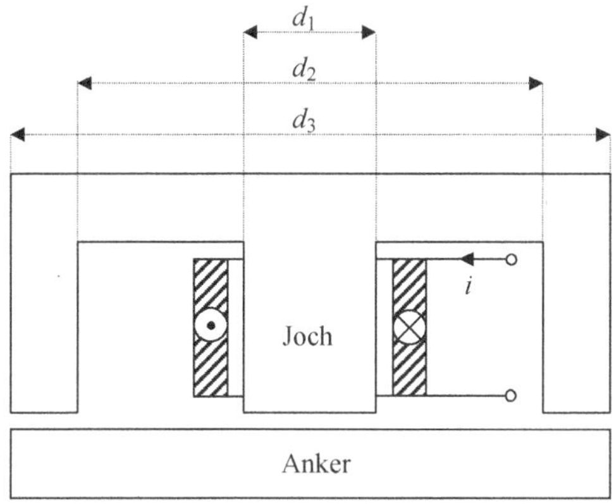

Bild 1.59 Magnetischer Kreis eines Schaltschützes

Aufgabe 9

Der magnetische Kreis eines Zugmagneten ist in **Bild 1.60** dargestellt. Der Eisenquerschnitt hat überall den Wert $A = 25\ \text{cm}^2$. Auf den zwei Schenkeln sind zwei **in Reihe geschaltete** Wicklungen mit je 1000 Windungen gewickelt, in denen der Erregerstrom I_E fließt. Die Feldstreuung, der ohmsche Widerstand der Wicklungen sowie die Eisenverluste sind vernachlässigbar. Die magnetische Feldkonstante ist mit $\mu_0 = 1{,}256 \cdot 10^{-4}$ Tcm/A anzunehmen! Die Luftspaltdicke beträgt bei schwacher Anziehung des Ankers $\delta = 0{,}5$ cm und bei starker Anziehung $\delta = 0{,}01$ cm. Die Magnetisierungskennlinie des ferromagnetischen Werkstoffs ist gegeben:

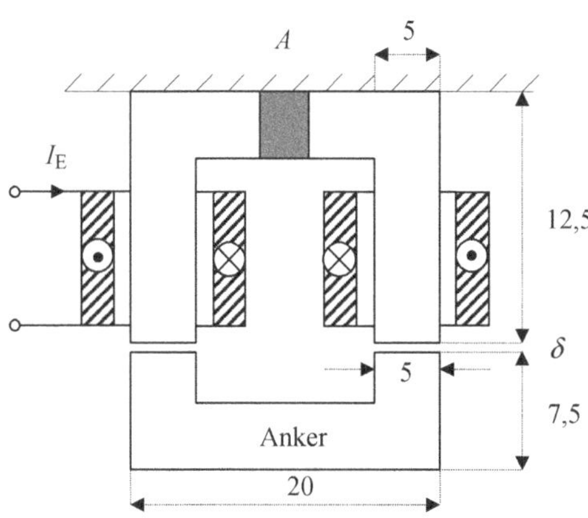

Bild 1.60 Magnetischer Kreis eines Zugmagneten (Maße in cm)

H_{Fe} in A/cm	0	0,5	1	5	10
B_{Fe} in T	0	0,35	0,55	1,18	1,36

1) Bestimmen Sie die Abhängigkeit $I_E = f(B_{Fe}, H_{Fe})$!
2) Ergänzen Sie die folgenden Tabellen:

2.1) δ= 0,5 cm:

H_{Fe} in A/cm	B_{Fe} in T	I_E in A
0,5		
1		
5		
10		

2.2) δ= 0,01 cm:

H_{Fe} in A/cm	B_{Fe} in T	I_E in A
0,5		
1		
5		
10		

3) Für welchen Erregerstrom wird der Anker mit dem Gewicht $F_G = 245$ N schwach (δ= 0,5 cm) bzw. stark (δ= 0,01 cm) angezogen?

Aufgabe 10

Der abgebildete Gleichstrommotor besitzt eine Permanentmagneterregung (**Bild 1.61**). Die Magnetisierungskennlinie $B_M = f(H_M)$ des Permanentmagneten ist gegeben (**Bild 1.62**). Die Feldstreuung ist vernachlässigbar. Die Permeabilität des Weicheisenmaterials kann als sehr groß angenommen werden!

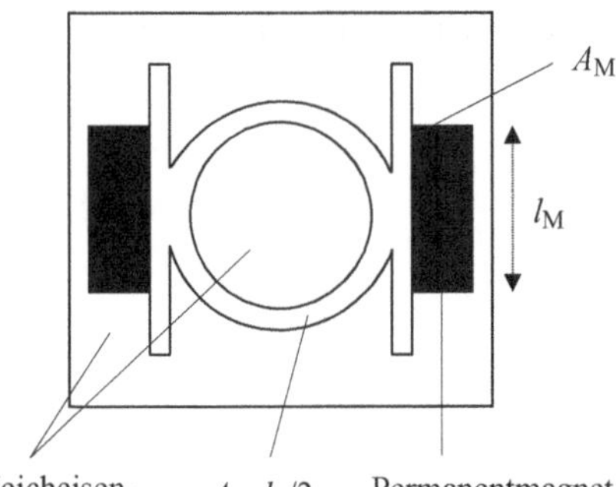

Bild 1.61 Gleichstrommotor mit Permanentmagneterregung

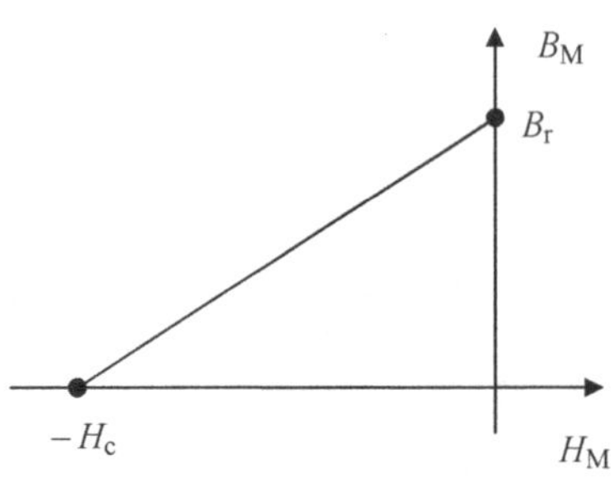

Bild 1.62 $B_M = f(H_M)$-Kurve des Permanentmagneten

1) Ermitteln Sie die Luftspaltinduktion B_L als Funktion von B_r, l_M und l_L ($B_L/B_r = f(l_L/l_M)$)!

Hinweis: Anwendung von Durchflutungsgesetz und Gauß'schem Satz (Maschen- und Knoten-Gleichungen des Magnetismus)! Aufstellung der Geradengleichung des Magneten!

2) Die Länge l_M des Permanentmagneten soll so verändert werden, dass dessen Volumen V_M unverändert bleibt! Dabei sollen l_L und A_L ebenfalls unverändert bleiben! Für welche l_M wird B_L maximal? Wie groß ist B_{Lmax}?
   Hinweis: Zur Vereinfachung sollen folgende Substitutionen durchgeführt werden: $B_L/B_r = y$; $l_M/l_L = x$; $V_L/V_M = a$; $B_r/(\mu_0 H_c) = b$ (V_L: Luftspaltvolumen)!
3) In **Bild 1.63** sind $B_M = f\ (H_M)$-Kennlinien von drei infrage kommenden Permanentmagneten dargestellt. Mit welchen der drei Materialien lässt sich die maximale Luftspaltinduktion B_{Lmax} erreichen (beachten Sie Teil 2 der Aufgabe)! Begründen Sie Ihre Antwort!

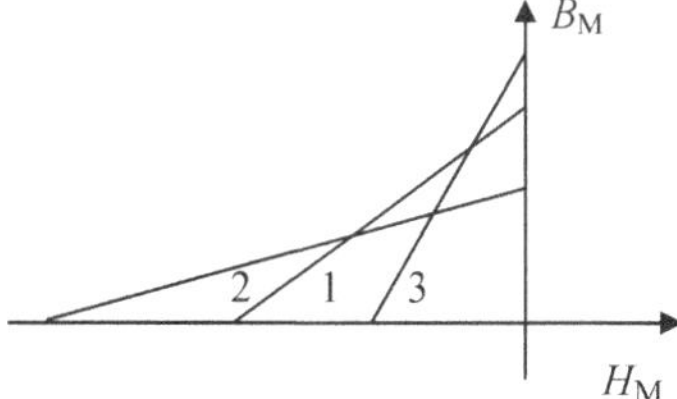

Bild 1.63 Mögliche $B_M = f(H_M)$-Kurven des Permanentmagneten

2 Transformatoren

2.1 Einleitung

Der Transformator wird mit unterschiedlichen Anwendungen in Haushalt, Büro und Industrie eingesetzt. Seine weitaus wichtigste Bedeutung hat er jedoch in der Energieübertragung. Der Leistungsbereich der Kraftwerksgeneratoren liegt heute bei einigen MVA bis GVA, bei Spannungen bis 27 kV. Diese großen Leistungen mit hohen Strömen unmittelbar an den Verbraucher zu übertragen, ist wegen hoher Verluste, die auf dem Übertragungsweg anfallen, nicht sinnvoll. Aus diesem Grund werden in Kraftwerken mit Hochspannungstransformatoren die Spannungen noch weiter hochgesetzt. In der Nähe der Verbraucher, nämlich in den Verteilungsposten, werden die Spannungen dann auf Verbraucherspannungen heruntergesetzt. Auf diese Weise werden große Übertragungsverluste infolge hoher Ströme vermieden. Hierbei ist der Einsatz von Drehstromtransformatoren wegen höherer Leistungen und vergleichbar geringerem Materialaufwand unabdingbar. Die Transformatoren der Energieversorgung werden derzeit im Leistungsbereich von 100 MVA bis 850 MVA für Bemessungsspannungen[1)] von 21 kV bzw. 27 kV bis 400 kV gefertigt. Die Transformatoren der übergeordneten Umspannwerke liegen im Leistungsbereich 300 MVA bis 350 MVA bei Bemessungsspannungen (U_n) von 400 kV bis 110 kV und die der untergeordneten Umspannwerke im Leistungsbereich 31,5 MVA bis 63 MVA bei Bemessungsspannungen von 110 kV bis 20 kV. Die Transformatoren der Verteilungsposten im Leistungsbereich 0,5 MVA bis 2,5 MVA liegen bei U_n von 20 kV bis 400 V (Verbraucherspannung).

2.2 Funktionsweise und Aufbau

Der Transformator, auch Wandler genannt, ist eine ruhende elektrische Maschine, die eine Wechsel- bzw. Drehspannung (dreisträngige Spannung) von bestimmter Frequenz in eine andere Wechsel- bzw. Drehspannung umwandelt, ohne dabei die Frequenz zu ändern. Die Spannungsumwandlung geschieht durch die magnetische Kopplung der Primär- und Sekundärwicklung, ohne deren elektrische Verbindung

---

1) In diesem Buch wird statt des Begriffs „Nennwert" der Begriff „Bemessungswert" verwendet! Im Englischen wie im Deutschen setzt sich immer mehr der Begriff „rated value" durch.

mithilfe eines geschlossenen Eisenkreises [90 bis 112]. Der einsträngige Transformator (Wechselstromtransformator) hat zwei Wicklungen, die auf den geschlossenen Eisenkern aufgebracht sind. Der Eisenkern besteht aus einem hochpermeablen, legierten, isolierten und dünnen Eisenblech (oft 0,35 mm dick). Die Isolierung besteht heute aus einer Lack- oder Oxidschicht und in seltenen Fällen aus Papier oder Glasfaser. Bei dem häufig eingesetzten kaltverformten Eisenblech wird meistens die Oxidschichtisolation verwendet. Überwiegende Anwendung finden bei den Transformatoren die kornorientierten Bleche, die unterschiedliche magnetische Leitwerte in Längs- und Querrichtung haben.
Transformatoren werden je nach Form von Eisenkern und Wicklung sowie Kühlung, Isolierung und Schutz in entsprechende Bauformen unterteilt.

2.2.1 Unterteilung nach der Form des Eisenkerns

Nach der Form des Eisenkerns werden die Transformatoren in drei Bauformen unterteilt:
Kerntransformator, Manteltransformator und Turmtransformator.

Diese Unterteilung gilt für die einsträngigen und die dreisträngigen Transformatoren (**Bilder 2.1** und **2.2**). Die dreisträngigen Transformatoren werden auch Drehstromtransformatoren genannt.

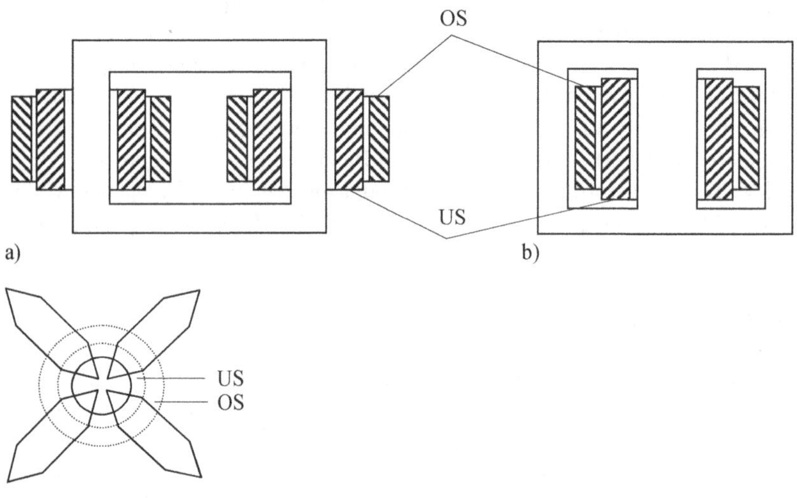

Bild 2.1 Wechselstromtransformatoren
a) Kerntransformator b) Manteltransformator c) Turmtransformator

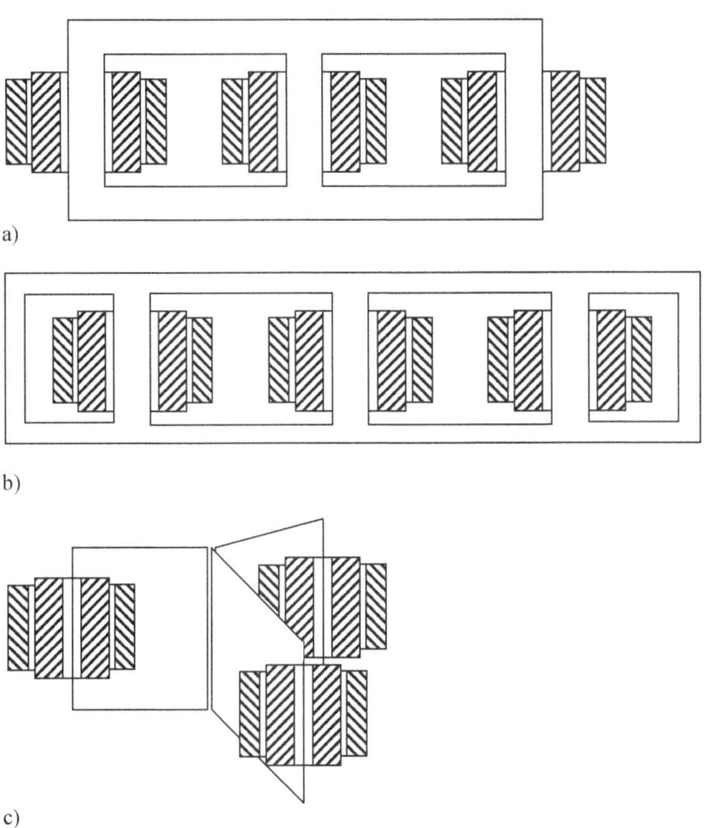

Bild 2.2 Drehstromtransformatoren
a) Kerntransformator
b) Manteltransformator
c) Turmtransformator

Bei den einsträngigen Manteltransformatoren teilt sich der Fluss zu gleichen Hälften in den äußeren Schenkeln auf. Der Eisenquerschnitt der äußeren Schenkel kann deswegen halb so groß gewählt werden, wodurch der Transformator kleiner (niedrige Bauhöhe) und kostengünstiger wird (**Bild 2.1b**). Der Kerntransformator zeichnet sich durch seine geringe Streuung aus. Mit der Aufteilung der Wicklungen auf zwei Schenkel wird auch die mittlere Kupferlänge kleiner. Die äußeren Schenkel des Fünfschenkelmanteltransformators führen nur das 0,577-Fache des magnetischen Flusses und werden entsprechend mit einem kleineren Querschnitt ausgelegt. Die Joch- und Schenkelbleche werden getrennt gestanzt und anschließend, wie in **Bild 2.3** gezeigt, zusammengeführt.

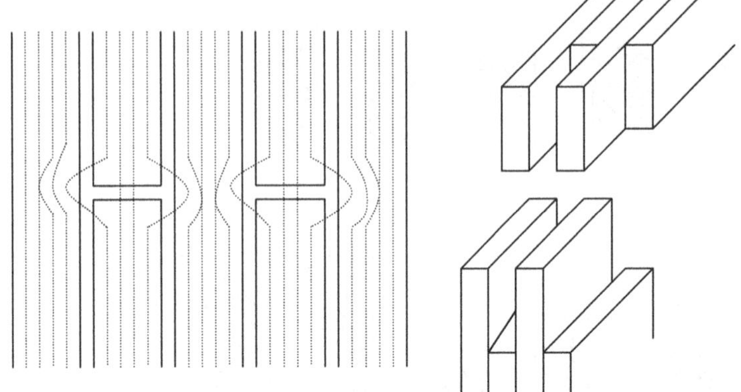

Bild 2.3 Zusammenführung der Transformatorlamellen nach Richter

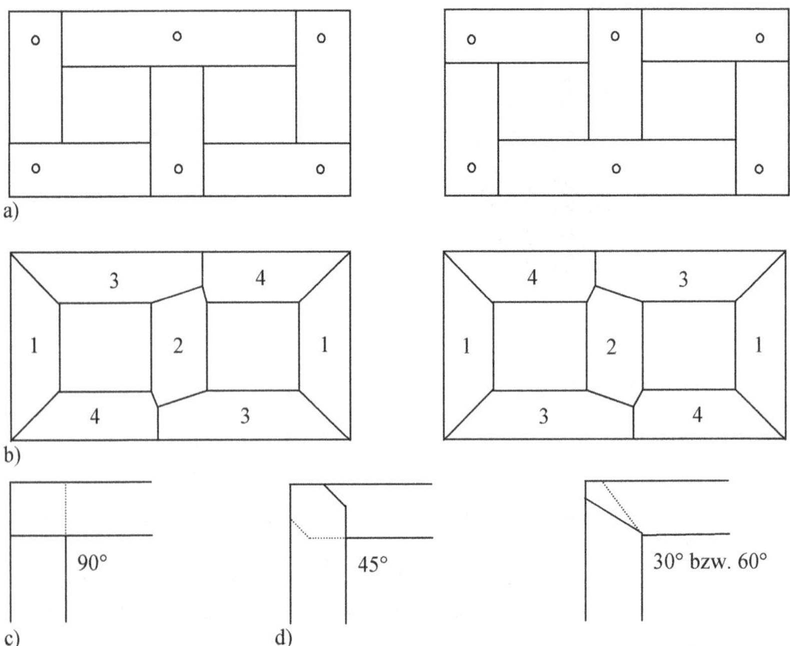

Bild 2.4 Lagenanordnung bei warm- bzw. kaltgewalzten Blechen
a) warmgewalztes Blech, 90°-Schnitt (links 1. Lage, rechts 2. Lage)
b) kaltgewalztes Blech, 30°- bzw. 60°-Schnitt (links 1. Lage, rechts 2. Lage)
c) warmgewalzt, 90°-Schnitt
d) kaltgewalzt, 45°- und 30°- bzw. 60°-Schnitt

Somit erhöht sich die Materialausnutzung (weniger Abfälle), und die Montage wird einfacher. Die Ausführung der Bleche von Joch und Schenkel wird vorzugsweise nach dem Richter-Prinzip durchgeführt (Bild 2.3), wodurch der magnetische Fluss bei den Unterbrechungen im Eisen besser geleitet wird. Dies ermöglichen die Nachbarlamellen. Dadurch reduzieren sich auch die magnetischen Widerstände. Bei den warmgewalzten Blechen (ohne Vorzugsrichtung) werden 90°-Segmente eingesetzt. Bei den kaltverformten Blechen werden mit Rücksicht auf die magnetische Vorzugsrichtung üblicherweise 30°- und 60°- bzw. 45°-Segmente verwendet (s. **Bild 2.4**).

2.2.2 Unterteilung nach der Form der Wicklungen

Die Wicklungen von Transformatoren haben normalerweise eine koaxialzylindrische Form (Bilder 2.1, 2.2 und **Bild 2.5**). Die Wicklungen der Unterspannungsseite (US) werden aus Isolationsgründen innen und die der Oberspannungsseite (OS) außen untergebracht (Isolierung der US). Um die Streuung zu reduzieren, werden die Wicklungen bei den Wechselstromkerntransformatoren auf zwei Schenkel aufgeteilt (Bild 2.1a).

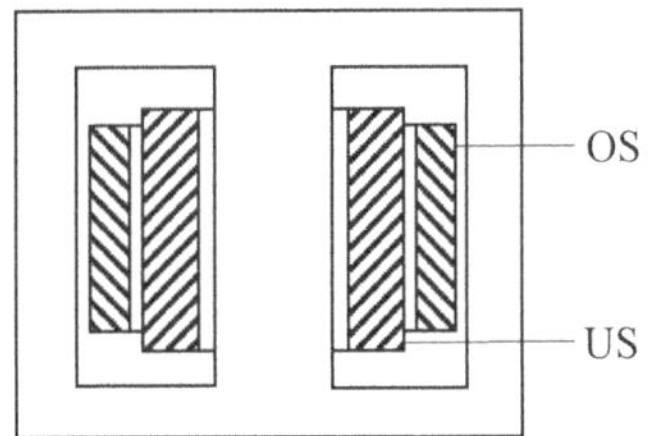

Bild 2.5 Zylindrische Wicklung

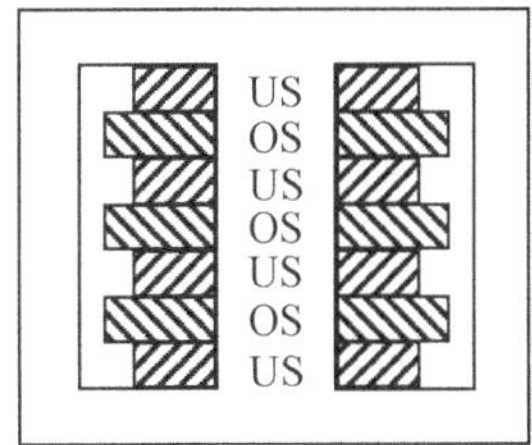

Bild 2.6 Scheibenwicklung

Bei der Scheibenwicklung werden die Wicklungen der US und OS scheibenweise aufeinander gewickelt (**Bild 2.6**). Von Vorteil ist die Reduzierung der Streuung, nachteilig sind die höheren Kosten. Bild 2.6 zeigt außerdem, dass bei dieser Ausführung eine Unterbringung der Teilwicklung von US am Eisen anliegend empfehlenswert ist (damit ein eventueller Durchschlag bzw. die Entladung zwischen der OS und dem Transformatoreisen vermieden wird).

2.2.3 Unterteilung nach der Kühlung, der Isolierung und des Schutzes

Je nachdem, ob die Aktivteile des Transformators von Luft, Flüssigkeit oder Gasen umgeben sind, wird eine entsprechende Unterteilung gemacht: luftgekühlter, flüssigkeitsgekühlter und gasgekühlter Transformator.

Transformatoren kleinerer Leistungen (Wechselstromtransformatoren) sind normalerweise luftgekühlte Ausführungen, da hier an Kühlung, Isolierung und Schutz keine hohen Anforderungen gestellt werden. Die meisten flüssigkeitsgekühlten Transformatoren sind Öltransformatoren (**Bild 2.7**), die in der mittleren und oberen Leistungsklasse angewendet werden. Die Aktivteile des Transformators befinden sich hier in einem Ölkessel. Die Durchschlagfestigkeit des Öls ist das Drei- bis Sechsfache von Luft (guter Isolator). Öl ist außerdem ein guter Korrosionsschutz und Schutz gegen äußere Einflüsse. Die Kühlungseigenschaften des Öls sind im Vergleich zu Luft wegen höherer Wärmeleitfähigkeit, Wärmekapazität und spezifischer Dichte wesentlich besser. Beim Öltransformator wird auch die Verlustwärme an die umgebende Luft übertragen. Aufgabe des Öls ist das Ableiten der Wärme von den Aktivteilen zur Kesselwand und zwar so, dass ein Temperaturabfall entsteht: Die Kesselwand überträgt die Wärme zur umgebenden Luft. Bei kurzzeitigen Belastungen ist Öl besonders wirksam.

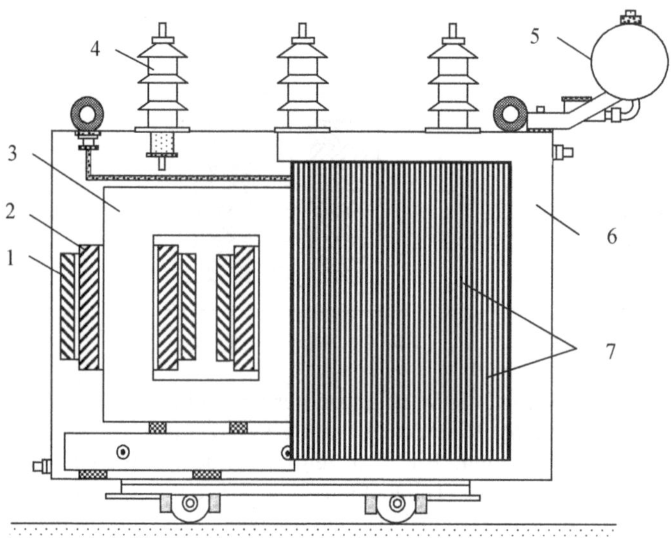

1 Oberspannungswicklung (OS) 2 Unterspannungswicklung (US) 3 Eisenkern
4 Anschlüsse 5 Ölausdehnungsgefäß 6 Ölkessel 7 Kühlrippen

Bild 2.7 Schnittbild eines Drehstromöltransformators (Kerntyp)

Da die Kühlung mit zunehmender Größe schwieriger wird (s. Abschnitt 12.6.1), wird die Kesselform je nach Leistung unterschiedlich gestaltet. Bis zu Leistungen von 30 kVA ist ein Kessel mit glatter Wand ausreichend. Für Leistungen bis einige MVA wird auch eine Oberflächenkühlung mit zusätzlichen Kühlrippen genutzt. Für größere Leistungen werden Kessel mit glatten Wänden und zusätzlich flüssigkeitsgekühlte Rohre eingesetzt. Bei noch größeren Leistungen werden zur Abkühlung des Kessels Ventilatoren verwendet (Fremdbelüftung bzw. Fremdkühlung). Für eine stärkere Kühlung kann überdies eine Ölpumpe eingesetzt oder eine zusätzliche Wasserkühlung vorgenommen werden. In diesem Fall fließt das Öl in Rohren, die durch Wasser abgekühlt werden. Der Kessel muss ständig mit Öl gefüllt sein. Wegen der Ölausdehnung infolge einer Temperaturerhöhung wird zusätzlich ein Ölausdehnungsgefäß benötigt, das durch Verbindungsrohre am Kessel montiert ist (Bild 2.7). Die Berührungsoberfläche des Öls mit Luft im Kessel muss so klein wie möglich sein, damit das Öl sich nur wenig mit Luftfeuchtigkeit und Sauerstoff vermischt. Dadurch kann auf Dauer eine bessere Ölqualität erreicht werden. In den USA haben die meisten Öltransformatoren kein Ölausdehnungsgefäß, sondern der obere Teil des Kessels wird mit Stickstoff ausgefüllt, der eine frühzeitige Alterung des Öls vermeidet.

Gelegentlich wurden anstatt Öl andere Flüssigkeiten wie z. B. Askarele (Wasserstoff-Kohlenstoff-Chlorid; Clophen) oder PCB (polychlorierte Biphenyle) eingesetzt (wegen deren niedriger elektrischer Leitfähigkeit und wegen geringer Feuergefahr, z. B. in der Rüstungsindustrie). Heutzutage sind diese Stoffe jedoch als giftig und umweltgefährdend eingestuft, da bei deren Verbrennung Dioxine entstehen können. Die Beseitigung aller PCB-Bestände ist europaweit bis zum Jahr 2010 vorgesehen. Diese gilt auch für die Kondensatoren mit PCB-haltigem Dielektrikum.

Schwefelhexafluorid (SF_6) mit einer Durchschlagfestigkeit bis 180 kV/cm ist eine gute Alternative zu Luft und Öl. Solche Transformatoren sind vom Bauvolumen her kleiner, aber auch teurer. SF_6 wird häufig in Leistungsschaltern eingesetzt.

2.3 Magnetisierungsstrom und Oberschwingungsverhalten

Unter Magnetisierungsstrom versteht man bei elektrischen Maschinen den Strom, der benötigt wird, um den erforderlichen magnetischen Fluss im Eisen zu erzeugen. Dieser Strom ist eine definierte Größe und kann von der Primärseite, der Sekundärseite oder von beiden Seiten stammen.

Im Leerlauf kann das Durchflutungsgesetz wie folgt geschrieben werden:

$$\sum_{v} H_v l_v = \Theta_\mu = i_\mu w_1$$

(mit Θ_μ Magnetisierungsdurchflutung). Somit ist der zur Magnetisierung des Eisens erforderliche Magnetisierungsstrom gleich:

$$i_\mu = \frac{\sum_v H_v\, l_v}{w_1}$$

Eine sinusförmige Spannung U_1 würde in einer Spule einen sinusförmigen magnetischen Fluss Φ und damit eine sinusförmige Induktion B verursachen. Da aber, wie in Abschnitt 1.8.3 betont, der Zusammenhang zwischen B und H im Eisen nicht linear ist, ist die magnetische Feldstärke und infolgedessen der Magnetisierungsstrom nicht sinusförmig. Der zeitliche Verlauf des Magnetisierungsstroms i_μ kann aus dem Verlauf der magnetischen Induktion $B = f(t)$ und der Magnetisierungskennlinie abgeleitet werden (**Bild 2.8**).

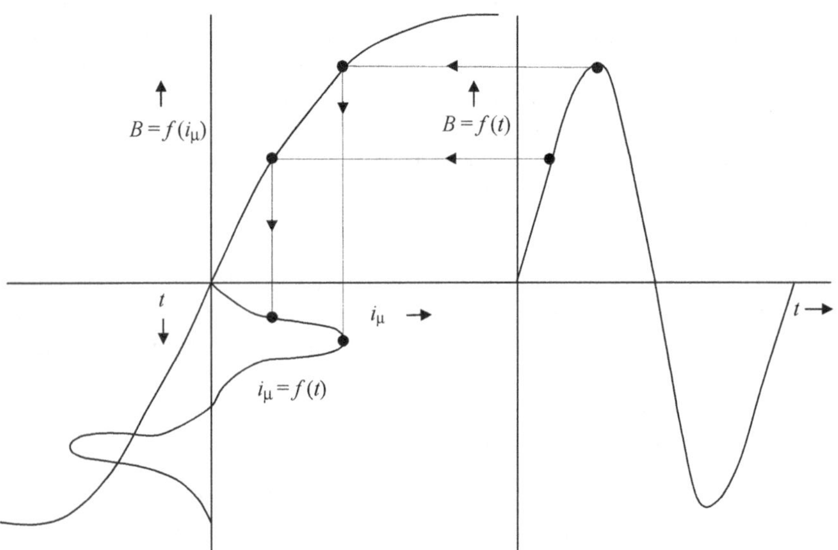

Bild 2.8 Der Magnetisierungsstrom für eine zeitlich sinusförmige Induktion B

Bild 2.8 zeigt, dass der Maximalwert des Stroms i_μ bei Eisensättigung auftritt. Nach Fourier kann i_μ in Grund- und Oberschwingungen (mit der vielfachen Kreisfrequenz der Grundschwingung) zerlegt werden. Daraus geht hervor, dass die

3. und 5. Oberschwingung stärker auftreten. Ein zeitlich sinusförmiger magnetischer Fluss im Eisenkern ist nur mit einem Magnetisierungsstrom möglich, der alle soeben erwähnten Oberschwingungen enthält. Es scheint plausibler, sich zunächst einen Generator mit sinusförmiger Spannung vorzustellen. Die Spannung hat dann einen sinusförmigen Magnetisierungsstrom zur Folge (die Grundschwingung des Magnetisierungsstroms). Hierdurch kann dann der magnetische Fluss nicht mehr sinusförmig sein. Jetzt enthält er die ungeradzahligen Oberschwingungen, von denen die 3. am stärksten ist.

2.4 Betriebsverhalten, Ersatzschaltbild und Zeigerdiagramm

Der Beschreibung des Betriebsverhaltens legen wir das klassische Modell zugrunde (**Bild 2.9**). Die Primärwicklung mit w_1 Windungen ist an eine Wechselspannung $\underline{U}_1$ angeschlossen. Bei $\underline{I}_2 = 0$ wird der magnetische Fluss $\underline{\Phi}_1$ durch die Durchflutung $\underline{\Theta} = w_1\ \underline{I}_1$ erzeugt. Dieser Fluss setzt sich zusammen aus dem Hauptfluss $\underline{\Phi}_{1\mathrm{h}}$ im Eisenkern und dem Streufluss $\underline{\Phi}_{1\sigma}$, der nur mit der ersten Wicklung gekoppelt ist. Ebenso ergibt sich der Streufluss $\underline{\Phi}_{2\sigma}$ für die zweite Wicklung (Bild 2.9).

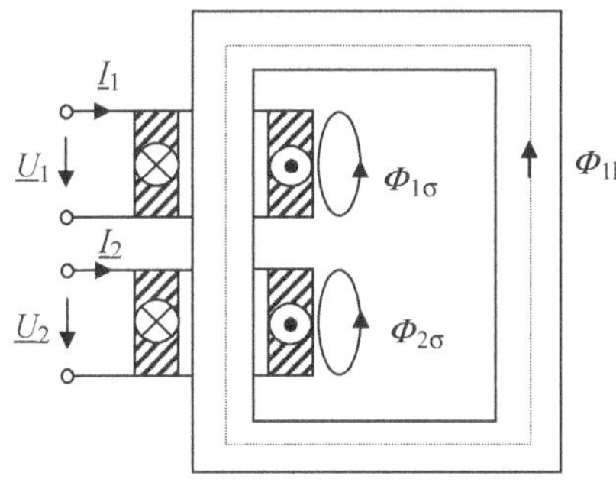

Bild 2.9 Klassisches Modell

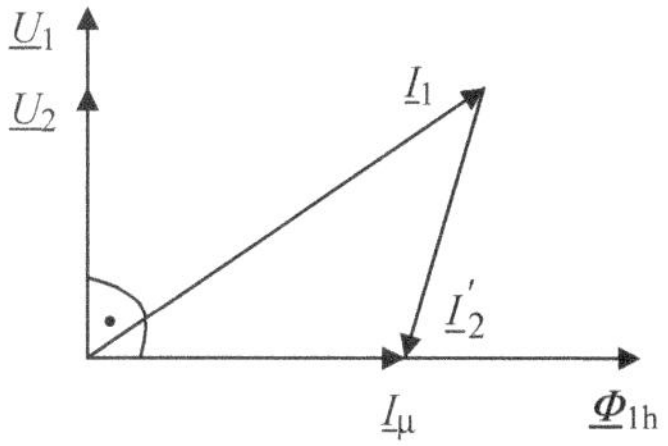

Bild 2.10 Zeigerdiagramm bei Belastung

2.4.1 Idealer Transformator

Zur Vereinfachung werden zunächst die Streuflüsse, die ohmschen Widerstände der Wicklungen (Kupferverluste) sowie die Eisenverluste vernachlässigt (idealer Transformator). Außerdem betrachten wir das Betriebsverhalten zunächst im Leerlauf und dann während der Belastung.

Leerlauf
Nach dem Induktionsgesetz wird in der Primärwicklung eine Spannung induziert, die gleich der Klemmenspannung ist. Die Spannungsgleichung (s. Abschnitt 1.8.5)

$$u(t) = R\ i + w\frac{\mathrm{d}\Phi}{\mathrm{d}t}$$

kann in komplexer Schreibweise und wegen $R = 0$ wie folgt geschrieben werden:

$$\underline{U}_1 = \mathrm{j}\omega w_1\ \underline{\Phi}_{1\mathrm{h}} \qquad (2.1)$$

bzw.

$$U_1 = 4{,}44\, f\, w_1 \Phi_{1\mathrm{hmax}}$$

Die Sekundärseite wird vom selben Fluss durchsetzt. Hier wird die Spannung $\underline{U}_2$ induziert:

$$\underline{U}_2 = \mathrm{j}\omega w_2\ \underline{\Phi}_{1\mathrm{h}} \qquad (2.2)$$

Für das Verhältnis der zwei Spannungen gilt:

$$U_1/U_2 = w_1/w_2 = \ddot{u} \qquad (2.3)$$

$\ddot{u}$ wird als Übersetzungsverhältnis bezeichnet. Nach den oben eingeführten Vereinfachungen ist der Primärstrom im Leerlauf gleich dem Magnetisierungsstrom $\underline{I}_\mu$. Zwischen $\underline{\Phi}_{1\mathrm{h}}$ und $\underline{I}_\mu$ gilt folgende Beziehung:

$$w_1\ \underline{\Phi}_{1\mathrm{h}} = L_{1\mathrm{h}}\ \underline{I}_\mu \qquad (2.4)$$

Somit kann Gl. (2.1) in folgender Form geschrieben werden:

$$\underline{U}_1 = \mathrm{j}\omega L_{1\mathrm{h}}\ \underline{I}_\mu \qquad (2.5)$$

bzw.

$$\underline{U}_1 = \mathrm{j}X_{1\mathrm{h}}\ \underline{I}_\mu \qquad (2.6)$$

$L_{1\mathrm{h}}$ bzw. $X_{1\mathrm{h}}$ sind die Hauptinduktivität bzw. die Hauptreaktanz (Hauptblindwiderstand) der Primärwicklung.

Belastung
Die Phasenlage der Spannungen und Ströme ist in **Bild 2.10** durch das Zeigerdiagramm für den Belastungsfall wiedergegeben. Wenn man an den Sekundärklemmen den Lastwiderstand R_b anschließt, so würde in deren Wicklungen der Strom

$$\underline{I}_2 = -\,\underline{U}_2/R_b \tag{2.7}$$

fließen. Das negative Vorzeichen ergibt sich aus dem gewählten Zählpfeil für $\underline{I}_2$ in der Schaltung. Nach dem Durchflutungsgesetz ist die Summe der Durchflutungen für den Fluss $\underline{\Phi}_{1h}$ verantwortlich. Da aber $\underline{\Phi}_{1h}$ wegen der starren Spannung $\underline{U}_1$ lastunabhängig ist, muss auch die Magnetisierungsdurchflutung unabhängig vom Strom $\underline{I}_2$ sein:

$$\underline{\Theta}_\mu = \underline{\Theta}_1 + \underline{\Theta}_2 \tag{2.8}$$

bzw.

$$w_1\,\underline{I}_\mu = w_1\,\underline{I}_1 + w_2\,\underline{I}_2 \tag{2.9}$$

Die Primärseite zieht so viel Strom I_1 aus dem Netz, dass sie den Sekundärstrom (Laststrom) I_2 und den konstanten Magnetisierungsstrom I_μ bereitstellen kann. Wenn sich die Last verändert, passt sich die Primärseite entsprechend an und stellt den konstanten Magnetisierungsstrom zur Verfügung (Bild 2.10). Die Drehstromtransformatoren der Energietechnik besitzen einen Magnetisierungsstrom von 0,5 % bis 2 % des Bemessungsstroms. Mit guter Näherung gilt also:

$$0 \approx w_1\,\underline{I}_1 + w_2\,\underline{I}_2 \tag{2.10}$$

Für die Absolutwerte der Ströme gilt dann:

$$I_1/I_2 \approx w_2/w_1 = 1/ü \tag{2.11}$$

Deshalb gilt hier: $U_1\,I_1 = U_2\,I_2$

Beim idealen Transformator ist also in jedem Augenblick die auf der Primärseite aufgenommene Leistung gleich der sekundärseitig abgegebenen Leistung.

Eingangswiderstand
Unter dem Eingangswiderstand eines Transformators versteht man das Produkt aus dem sekundären Lastwiderstand R_b und dem Quadrat des Übersetzungsverhältnisses $ü$

$$R_e = \frac{U_1}{I_1} = \frac{ü\,U_2}{\frac{I_2}{ü}} = ü^2\,\frac{U_2}{I_2} = ü^2\,R_b$$

2.4.2 Technischer Transformator (Berücksichtigung von Streuung, Kupfer- und Eisenverlusten)

Der magnetische Fluss des Transformators breitet sich auch teilweise in der Luft aus. Im Gegensatz zum Hauptfluss, der die beiden Wicklungen verkettet, bilden sich auch Felder, die nur mit Teilen einer oder beider Wicklungen verkettet sind. Eine derartige unvollständige magnetische Verkettung elektrischer Kreise bezeichnet man als induktive Streuung (**Bild 2.11**).

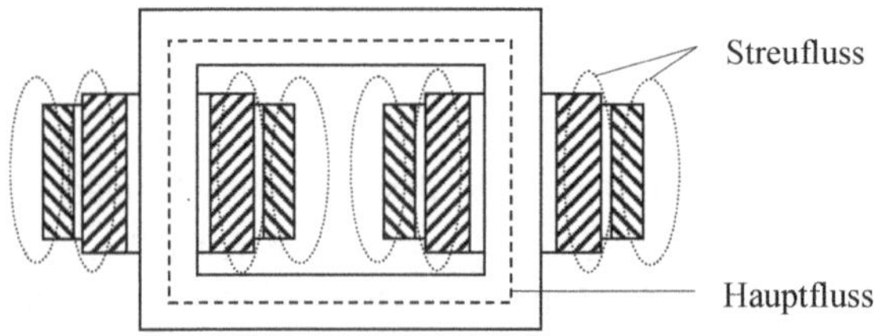

Bild 2.11 Schematische Darstellung von Haupt- (grob gestrichelt) und Streufluss (fein gestrichelt)

Durch die Streuung ist stets:

$$L_1\,L_2 > M^2$$

Lediglich für den streuungslosen Transformator gilt:

$$L_1\,L_2 = L_{1h}^*\,L_{2h}^* = M^{*2}$$

(* steht für „ohne Streuung und Verluste“).
Ein Maß für die Kopplung zweier willkürlich aufgebauter Spulen ist daher der sogenannte Kopplungsfaktor

$$k = \sqrt{\frac{M^2}{L_1\, L_2}} < 1$$

der stets kleiner als 1 ist. Während bei Transformatoren und Elektromotoren ein Kopplungsfaktor nahe 1 wünschenswert ist, ist in der Nachrichtentechnik ein Kopplungsfaktor nahe 0 erstrebenswert. Je größer die Streuflüsse werden, desto mehr weicht k von 1 ab, sodass die Größe

$$\sigma = 1 - k^2$$

ein Maß für die Streuung darstellt. Der Faktor:

$$\sigma = 1 - \frac{M^2}{L_1\, L_2} \tag{2.12}$$

wird als Blondel'scher Streukoeffizient bezeichnet.

Die vereinfachte Schaltung nach Bild 1.49 entspricht dem Transformatormodell in Bild 2.9. Die Wicklungen besitzen die Selbstinduktivitäten L_1 und L_2 und sind durch die Gegeninduktivität M magnetisch gekoppelt (s. Abschnitt 1.8.7). Ähnlich wie bei der Unterteilung des Flusses in Haupt- und Streufluss kann auch die Selbstinduktivität in Haupt- und Streuinduktivität aufgeteilt werden. Demzufolge ergeben sich L_{1h} und L_{2h} sowie $L_{1\sigma}$ und $L_{2\sigma}$ für die Primär- und Sekundärseite:

$$L_1 = L_{1\sigma} + L_{1h} \qquad\qquad L_2 = L_{2\sigma} + L_{2h} \tag{2.13}$$

Wie bereits ermittelt, ist die Selbstinduktivität einer Wicklung proportional zum Quadrat (w^2) der Windungszahl und die Gegeninduktivität zweier Wicklungen proportional zum Produkt $w_1\ w_2$. Da für L_{1h}, L_{2h} und M derselbe Fluss und derselbe magnetische Kreis maßgebend sind, folgt:

$$L_{1h}/L_{2h} = (\,w_1/w_2\,)^2 \qquad L_{1h}/M = w_1/w_2 \qquad L_{2h}/M = w_2/w_1 \tag{2.14}$$

Mithilfe der Gln. (2.13) und der vereinfachten Schaltung nach Bild 1.49 können die Spannungsgleichungen – siehe Gln. (1.61) – in komplexer Schreibweise geschrieben werden:

$$\underline{U}_1 = R_1\,\underline{I}_1 + \mathrm{j}\,X_{1\sigma}\,\underline{I}_1 + \mathrm{j}\,(\,X_{1\mathrm{h}}\,\underline{I}_1 + X\,\underline{I}_2\,) \tag{2.15a}$$

$$\underline{U}_2 = R_2\,\underline{I}_2 + \mathrm{j}\,X_{2\sigma}\,\underline{I}_2 + \mathrm{j}\,(\,X_{2\mathrm{h}}\,\underline{I}_2 + X\,\underline{I}_1\,) \tag{2.15b}$$

Hier sind:

$$\begin{aligned} &X_{1\sigma} = \omega L_{1\sigma} \qquad X_{2\sigma} = \omega L_{2\sigma} \\ &X = \omega M \\ &X_{1\mathrm{h}} = \omega L_{1\mathrm{h}} \qquad X_{2\mathrm{h}} = \omega L_{2\mathrm{h}} \end{aligned} \tag{2.16}$$

die Blindwiderstände (Reaktanzen) entsprechend den Induktivitäten und der Gegeninduktivität.

Um die Wirkung einer elektrischen Maschine in einem elektrischen Netz zu beschreiben, ist es vorteilhaft, die magnetische Kopplung der Primär- und Sekundärseite durch eine äquivalente galvanische Verbindung zu ersetzen (Ersatzschaltbild, ESB). Außerdem kann man das Verhalten der Maschine aus dem ESB besonders leicht ablesen. Um dies realisieren zu können, wird eine mathematische Umformung (Transformation) vorgenommen. Dabei werden die Spannung, der Strom sowie die Widerstände der Sekundärseite mit dem Übersetzungsverhältnis *ü* auf die Primärseite umgerechnet. Die bezogenen Werte der Sekundärseite werden im Folgenden mit einem Hochstrich „ ′ “ versehen. So ist die auf die Primärwicklung bezogene Sekundärspannung U_2' gleich:

$$U_2' = \frac{w_1}{w_2} U_2 \tag{2.17}$$

Der auf die Primärwicklung bezogene Sekundärstrom I_2' muss die Durchflutung dieser Wicklung wiedergeben:

$$w_1\, I_2' = w_2\, I_2$$

bzw.

$$I_2' = \frac{w_2}{w_1} I_2 \tag{2.18}$$

Außerdem dürfen sich dadurch die ohmschen Verluste sowie die Blindleistung der Sekundärseite nicht verändern:

$$R_2' I_2'^2 = R_2 I_2^2 \qquad X_{2\sigma}' I_2'^2 = X_{2\sigma} I_2^2$$

d. h.

$$R_2' = R_2 (w_1/w_2)^2 \quad X_{2\sigma}' = X_{2\sigma} (w_1/w_2)^2 \tag{2.19}$$

Die erste Spannungsgleichung Gl. (2.15a) lässt sich mithilfe der Gl. (2.14) in folgende Form bringen:

$$\underline{U}_1 = (R_1 + \mathrm{j}\, X_{1\sigma})\, \underline{I}_1 + \mathrm{j}\, X_{1\mathrm{h}} (\underline{I}_1 + \underline{I}_2') \tag{2.20a}$$

Nach der Multiplikation der zweiten Spannungsgleichung Gl. (2.15b) mit w_1/w_2 ergibt sich:

$$\underline{U}_2\, w_1/w_2 = R_2\, \underline{I}_2\, w_1/w_2 + \mathrm{j}\, X_{2\sigma}\, \underline{I}_2\, w_1/w_2 + \mathrm{j}\, (X_{2\mathrm{h}}\, \underline{I}_2\, w_1/w_2 + X\, \underline{I}_1\, w_1/w_2)$$

Mit den Gln. (2.14), (2.18) und (2.19) folgt:

$$\underline{U}_2' = (R_2' + \mathrm{j}\, X_{2\sigma}')\, \underline{I}_2' + \mathrm{j}\, X_{1\mathrm{h}} (\underline{I}_2' + \underline{I}_1) \tag{2.20b}$$

Die Division der Durchflutungsgleichung Gl. (2.9) durch w_1 ergibt:

$$\underline{I}_\mu = \underline{I}_1 + \underline{I}_2' \tag{2.21}$$

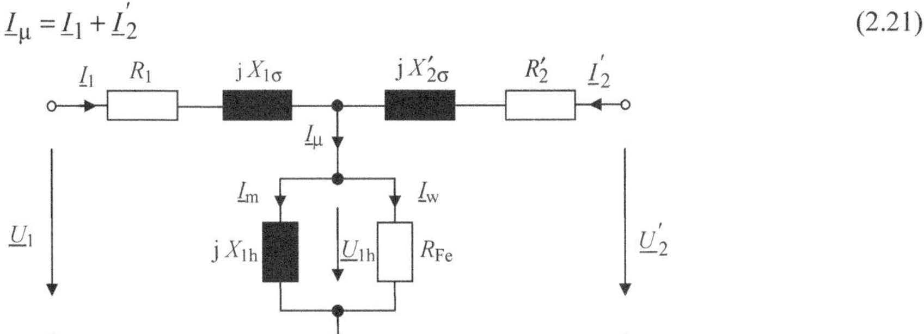

Bild 2.12 Ersatzschaltbild des Transformators

Mithilfe der Spannungsgleichungen Gln. (2.20a, b) und der Durchflutungsgleichung Gl. (2.21) lassen sich das Ersatzschaltbild (**Bild 2.12**) sowie das

Zeigerdiagramm (**Bild 2.13**) aufstellen. Das Zeigerdiagramm ist in der Reihenfolge der angegebenen Zahlen 1 bis 10 mithilfe des Leerlaufversuchs dargestellt (s. auch Bild 2.14 und Bild 2.15). Aus dem Leerlaufversuch kann über die Hauptfeldspannung U_{1h} (Leerlaufspannung) der Magnetisierungsstrom bestimmt werden. Durch das Zeigerdiagramm können z. B., ausgehend von bekannten Primärangaben (U_1, I_1, φ_1) und Transformatorwiderständen, die Sekundärgrößen (U_2', I_2', φ_2) ermittelt werden (Bild 2.13). Es stellt sich heraus, dass die Eisenverluste durch einen ohmschen Widerstand (bzw. Eisenverlustwiderstand R_{Fe} im Bild 2.12, parallel zu $\mathrm{j}\,X_{1h}$) berücksichtigt werden können.

Die Spannung

$$\underline{U}_{1h} = \mathrm{j}\,X_{1h}\,\underline{I}_{\mu} \tag{2.22}$$

wird als Hauptfeldspannung bezeichnet.

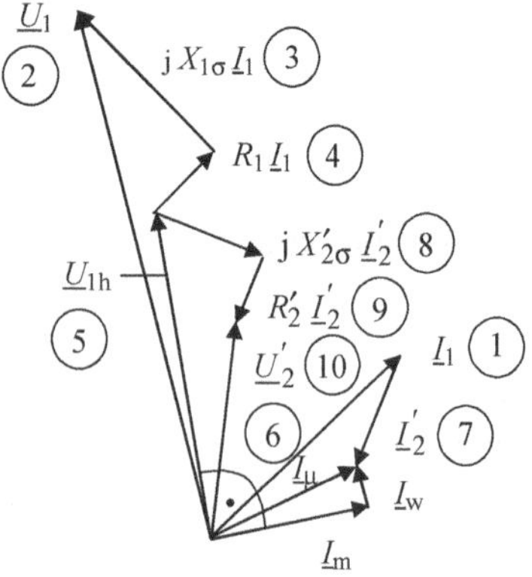

Bild 2.13 Zeigerdiagramm des Transformators

Mithilfe der Umrechnungen der Angaben der Sekundärseite auf die Windungszahlen der Primärseite wurde von einer Zweierwicklung ohne galvanische Verbindung ein gemeinsames elektrisches Netz erstellt. Bei den Betrachtungen der Drehstromtransformatoren wird in der Praxis Symmetrie vorausgesetzt. So kann, ähnlich wie bei allen Drehstrommaschinen, die Untersuchung auf einen Strang beschränkt werden. Der Einfluss der unsymmetrischen Betriebsbedingungen auf das Betriebsverhalten des Drehstromtransformators wird hier nicht untersucht.

2.5 Spezielle Betriebszustände

2.5.1 Leerlauf

Große Transformatoren, die in der Energieversorgung eingesetzt werden, bleiben meist auch dann in Betrieb, wenn sie nicht oder nur wenig belastet werden. Daher tritt der Betrieb des Transformators im Leerlauf häufig auf, weshalb es wichtig ist, den Leerlaufstrom und die Leerlaufverluste zu kennen. Die Verluste sind außerdem zur Bestimmung des Wirkungsgrads von besonderem Interesse.

Leerlauf bedeutet $I_2 = 0$, und damit ist $I_1 = I_0 = I_\mu$. Der Index 0 weist auf Leerlauf hin. In den meisten Fällen können R_1 und $X_{1\sigma}$ gegenüber X_{1h} vernachlässigt werden. Für das Ersatzschaltbild ergibt sich die vereinfachte Form nach **Bild 2.14**. Das Zeigerdiagramm im Leerlauf ist in **Bild 2.15** wiedergegeben. Für den wirklichen Magnetisierungsstrom folgt aus Bild 2.14:

$$\underline{I}_m = -\mathrm{j}\, \underline{U}_0 / X_{1h} \tag{2.23}$$

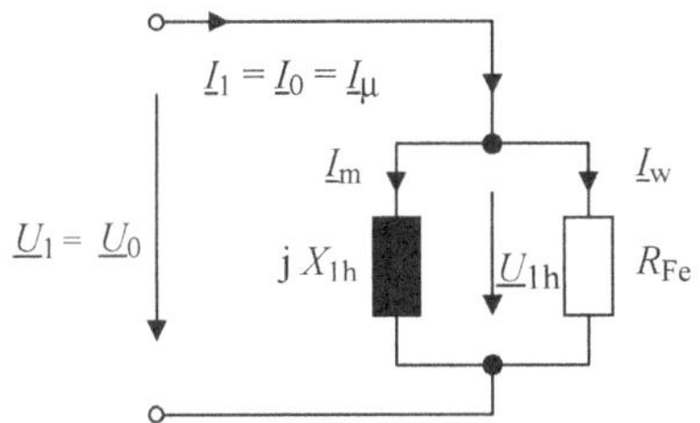

Bild 2.14 ESB des Transformators im Leerlauf

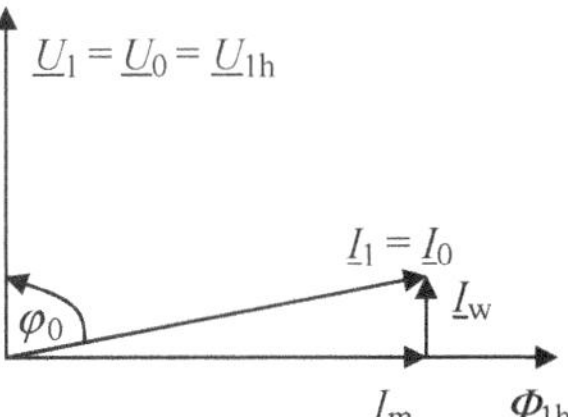

Bild 2.15 Zeigerdiagramm im Leerlauf

Dieser Strom ist also ein reiner Blindstrom. Er wird auch als Leerlaufmagnetisierungsstrom bezeichnet. Seine Größe wird wegen $X_{1h} \approx X_{1h}^*$ praktisch von den Abmessungen und der Eisensättigung bestimmt. Hat der Eisenkreis keinen Luftspalt, so beträgt der Magnetisierungsstrom I_μ wie erwähnt etwa 0,5 % bis 2 % des Bemessungsstroms I_n, wobei die kleineren Werte für größere Bemessungsleistungen gelten. Das heißt, größere Transformatoren besitzen relativ geringere Eisenverluste. Die Wirkkomponente I_w beträgt ungefähr 10 % des Magnetisierungsstroms. Der Leerlaufstrom

$$I_0 = \sqrt{I_m^2 + I_w^2} \tag{2.24}$$

kann oft gleich dem Leerlaufmagnetisierungsstrom gesetzt werden: $I_0 \approx I_m$. Der Einfluss der Leerlaufverluste auf die Ströme darf daher vernachlässigt werden. Der bezogene Wert $i_0 = I_0/I_n$ wird als relativer Leerlaufstrom bezeichnet.

Leerlaufverluste
Die Wicklungsverluste sind infolge der geringen Leerlaufströme vernachlässigbar klein. Auch die Zusatzverluste der Oberschwingungen sind gering. *Demzufolge bestehen die Leerlaufverluste nur aus den Verlusten im Eisen (Eisenverluste).* Für den Wechselstromtransformator gilt dann:

$$P_0 = P_{Fe} = U_0 I_0 \cos \varphi_0 \tag{2.25}$$

Für Drehstromtransformatoren muss noch der Faktor 3 bzw. $\sqrt{3}$ berücksichtigt werden (je nachdem, ob mit den Strang- bzw. Leiterwerten gerechnet wird).

Bemerkung
Bei rotierenden elektrischen Maschinen sind im Gegensatz zum Transformator die Kupfer- und Zusatzverluste im Leerlauf nicht immer vernachlässigbar. Wegen des stets vorhandenen Luftspalts haben rotierende Maschinen nämlich einen wesentlich größeren Magnetisierungsstrom. Mit Rücksicht auf die Eisensättigung darf die große Leerlaufspannung die Bemessungsspannung nicht überschreiten:

$U_0 \leq U_n$!

Die Leerlaufverluste P_0 müssen vom Netz zur Verfügung gestellt werden. Sie haben die Wirkkomponente des Stroms I_w zur Folge, die wegen der Vernachlässigung der Eisenverluste bei der Aufstellung der Spannungsgleichung nicht in der obigen Rechnung enthalten ist. Für den Wechselstromtransformator ist dieser Strom:

$I_w = P_0/U_0$

Leerlaufversuch
Durch Messung der Spannung, des Stroms und der Leistung beim Leerlauf des Transformators lassen sich die Komponenten des Leerlaufstroms und damit R_{Fe} und die Hauptinduktivität L_{1h} sowie die Leerlaufverluste als Funktion der Spannung U_1 bestimmen. Der Leerlaufversuch sollte wegen kleinerer Spannungen auf

der US durchgeführt werden (OS offen). **Bild 2.16** zeigt eine hierfür geeignete Schaltung.

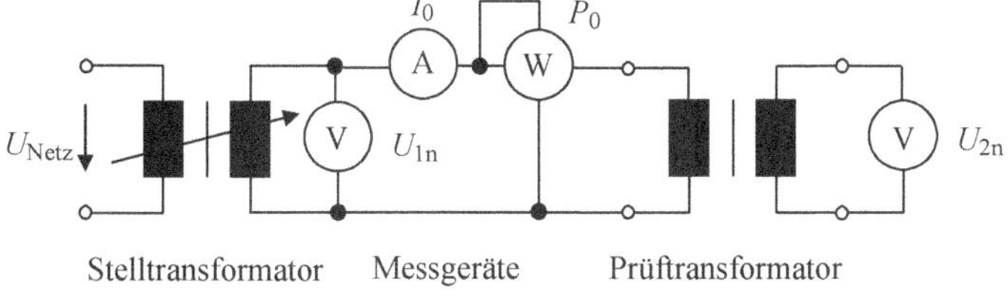

Bild 2.16 Schaltung des Leerlaufversuchs

Die Primärstrom- und die Leistung-Klemmenspannung-Abhängigkeit sind in **Bild 2.17** dargestellt. Wegen des proportionalen Zusammenhangs $I \sim H$ und $U \sim B$ stellt die I_0-U_1-Abhängigkeit die achsenvertauschte Magnetisierungskennlinie des Transformatoreisens dar. Durch eine geeignete Schaltung mithilfe von einem Strom- und einem Spannungswandler (U und I müssen für die Darstellung heruntergesetzt werden) lässt sich die Hystereseschleife durch eine U- und I-Erfassung an einem Oszilloskop sichtbar machen. Im Leerlaufversuch können also Informationen über das Transformatoreisen gewonnen werden. (Die Messwerte im Bild 2.17 beziehen sich auf einen Wechselstromtransformator mit U_{1n} = 230 V, U_{2n} = 95 V, I_{1n} = 3 A, I_{2n} = 7,2 A und P_n = 750 W.) Auch das Oberschwingungsverhalten des Transformators (nicht sinusförmiger I-Verlauf trotz sinusförmige Speisespannung U; s. Abschnitt 2.3) lässt sich darstellen. Die parabolische P_0-U_1-Abhängigkeit (Bild 2.17) ist durch den quadratischen Zusammenhang der Eisenverluste von der Klemmenspannung begründet ($P_0 \sim I_0\ U_1$; s. Abschnitt 2.10.1.2).

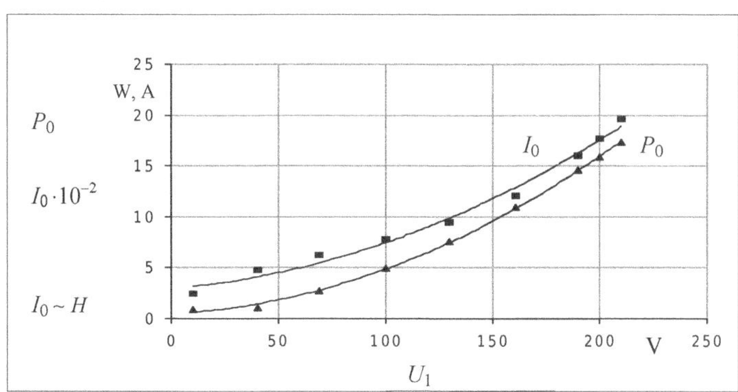

Bild 2.17 Leerlaufkennlinien

2.5.2 Vereinfachtes Ersatzschaltbild und Kurzschluss (Dauer- und Stoßkurzschluss)

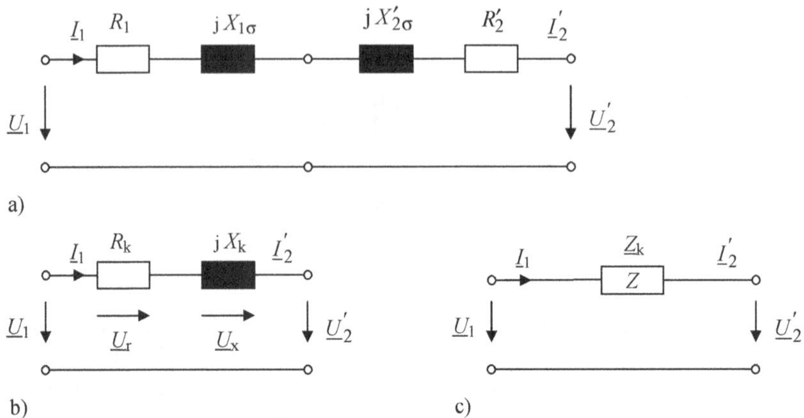

Bild 2.18 Ersatzschaltbild im Bemessungspunkt

Im Bemessungspunkt kann der Magnetisierungsstrom im Vergleich zum Primärstrom vernachlässigt werden. Im Ersatzschaltbild nach Bild 2.12 heißt es, dass X_{1h} sehr groß ist. Damit ergibt sich das Ersatzschaltbild nach **Bild 2.18a**. Die Wirk- und Streublindwiderstände können zusammengefasst werden (**Bild 2.18b**). Der wirksame innere Scheinwiderstand (Impedanz) kann als Z_k bezeichnet werden (**Bild 2.18c**). Der Transformator hat wie erwartet den Charakter einer Drosselspule. Die Spannungsgleichung nimmt folgende vereinfachte Form an:

$$\underline{U}_1 = \underline{Z}_k\, \underline{I}_1 + \underline{U}'_2 \tag{2.26}$$

mit:

$$\underline{Z}_k = (R_1 + R'_2) + \mathrm{j}(X_{1\sigma} + X'_{2\sigma}) \tag{2.27}$$

Beim sekundärseitigen Kurzschluss gilt folgende Gleichung:

$$\underline{U}_1 = \underline{Z}_k\, \underline{I}_k \tag{2.28}$$

Z_k wird daher Kurzschlussscheinwiderstand (Kurzschlussimpedanz) genannt. Die Spannung, bei der im Kurzschluss der Bemessungsstrom fließt, wird Kurzschlussspannung genannt:

$$U_{1k} = Z_k I_{1n} \tag{2.29}$$

Der bezogene Wert

$$u_k = \frac{U_{1k}}{U_{1n}} = \frac{Z_k I_{1n}}{U_{1n}} \tag{2.30}$$

wird als relative (bezogene) Kurzschlussspannung bezeichnet. Für die kleinen Transformatoren ist $u_k \approx$ 4 % bis 6 % und für die großen ist $u_k \approx$ 10 % bis 16 %. Je nach den Kurzschlusswiderständen (Bilder 2.18a und b)

$$R_k = R_1 + R_2' \qquad X_k = X_{1\sigma} + X_{2\sigma}'$$

kann der Begriff des relativen Kurzschlussstroms erweitert und das Zeigerdiagramm des Transformators im Kurzschlussfall (Kapp'sches Dreieck) nach **Bild 2.19** erstellt werden (sekundärseitiger Kurzschluss in den Bildern 2.18b und c):

$$u_r = \frac{U_r}{U_{1n}} = \frac{R_k I_{1n}}{U_{1n}}$$ relativer ohmscher Spannungsfall

$$u_x = \frac{U_x}{U_{1n}} = \frac{X_k I_{1n}}{U_{1n}}$$ relativer Streuspannungsfall

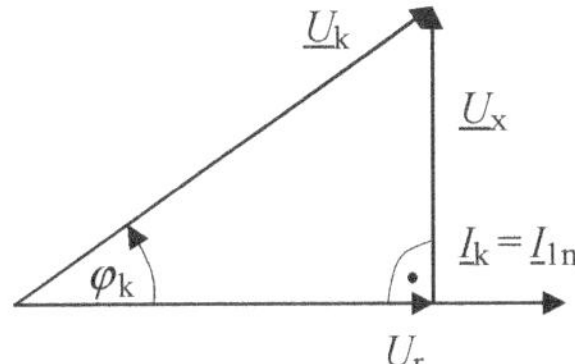

Bild 2.19 Zeigerdiagramm im Kurzschlussfall (Kapp'sches Dreieck)

In der Praxis kann $R_1 \approx R_2'$ und $X_{1\sigma} \approx X_{2\sigma}'$ angenommen werden. Damit können aus der Kurzschlussmessung die ohmschen und die Streublindwiderstände der Primär- und Sekundärseite bestimmt werden.

Direkt nach dem Anschluss am bzw. Trennung der elektrischen Maschinen vom Netz und z. B. bei Blitzeinschlägen tritt ein Ausgleichsvorgang auf. Der Stoßkurzschluss tritt sofort nach der Zustandsänderung auf. Die großen Ströme nehmen allmählich ab. Erst dann tritt der sogenannte Dauerkurzschluss auf. Zur Dimensionierung der Wicklungen ist sinngemäß der Stoßkurzschluss maßgebend (**Bild 2.20**). Der große Kurzschlussstrom darf den Bemessungsstrom nicht überschreiten (sonst Wicklungsschaden):

$I_k \leq I_n$!

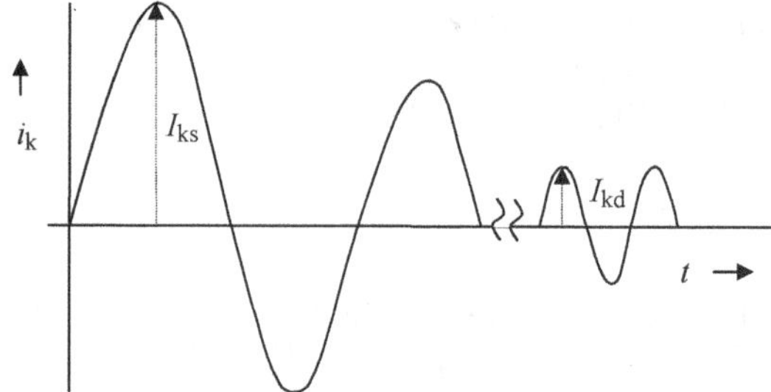

Bild 2.20 Stoß- und Dauerkurzschlussstrom

In Bild 2.20 sind der Dauer- und der Stoßkurzschlussstrom (I_{kd} und I_{ks}) gekennzeichnet. Nach DIN VDE gilt:

$$I_{kd} = \frac{I_n \; 100\,\%}{u_k} \tag{2.31}$$

und

$$I_{ks} \leq 2\sqrt{2}\; I_{kd} \tag{2.32}$$

Der Dauerkurzschlussstrom I_{kd} kann das 10- bis 25-Fache des Bemessungsstroms betragen, da I_{kd} bei $U_n > U_k$ festgelegt ist.

Kurzschlussverluste

Die Eisenverluste sind im Kurzschlussfall vernachlässigbar klein. *Demzufolge bestehen die Kurzschlussverluste nur aus den Verlusten der Wicklungen (Kupferverluste).* Für den Wechselstromtransformator gilt dann:

$$P_k = P_{Cu} = U_k \, I_k \cos \varphi_k \tag{2.33}$$

Für die Drehstromtransformatoren muss noch der Faktor 3 bzw. $\sqrt{3}$ berücksichtigt werden (je nachdem, ob mit den Strang- bzw. Leiterwerten gerechnet wird).

Kurzschlussversuch

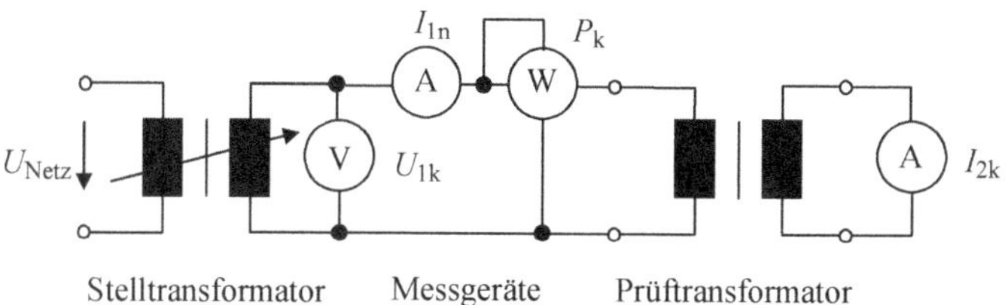

Bild 2.21 Schaltung des Kurzschlussversuchs

Im Dauerkurzschluss lassen sich u_k, R_k und X_k experimentell ermitteln. Infolge zusätzlicher, vom Quadrat des Stroms abhängiger Verluste ist der gemessene Kurzschlusswiderstand R_k größer als der Wert, den man aufgrund des ohmschen Widerstands der Wicklungen errechnet (Temperaturabhängigkeit). **Bild 2.21** zeigt eine hierfür geeignete Schaltung.

Nach Gl. (2.28) sowie nach der Leistungsbeziehung ist der Kurzschlussstrom I_k von der Netzspannung linear abhängig, und die Kurzschlussleistung ist der Netzspannung quadratisch proportional (**Bild 2.22**, Transformator, Abschnitt 2.5.1). Der Kurzschlussversuch sollte wegen kleinerer Ströme auf der OS durchgeführt werden (US kurzgeschlossen).

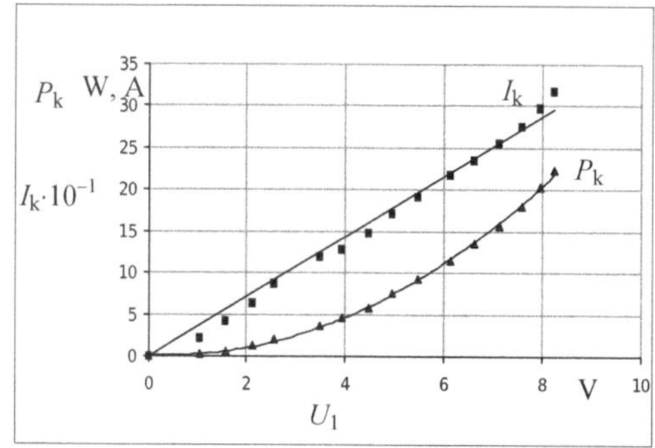

Bild 2.22 Kurzschlusskennlinien

Wichtige Bemerkung

Beim Kurzschluss ist der Strom groß. Er darf normalerweise den Bemessungswert I_n nicht überschreiten! Die Kurzschlussverluste bei beliebiger Last I berechnen sich aus den Bemessungsangaben:

$$P_k = P_{kn}\left(\frac{I}{I_n}\right)^2 \tag{2.34a}$$

Im Leerlauf ist die Spannung groß. Sie darf normalerweise den Bemessungswert U_n nicht überschreiten! Die Leerlaufverluste bei beliebiger Spannung U berechnen sich aus den Bemessungsangaben:

$$P_0 = P_{0n}\left(\frac{U}{U_n}\right)^2 \tag{2.34b}$$

2.5.3 Betrieb im Bemessungspunkt

2.5.3.1 Änderungen der Sekundärspannung bei Belastung

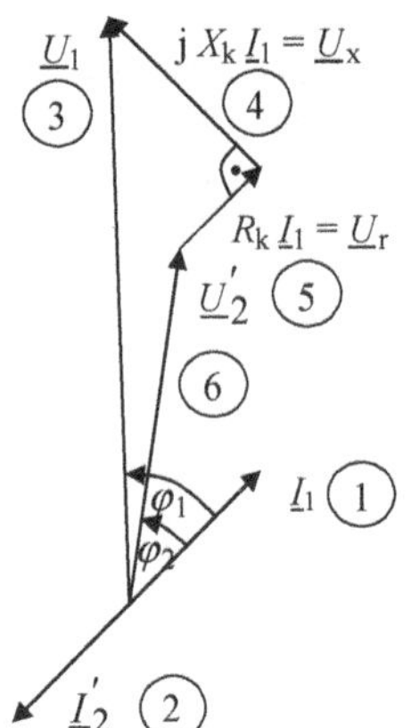

Bild 2.23 Vereinfachtes Zeigerdiagramm

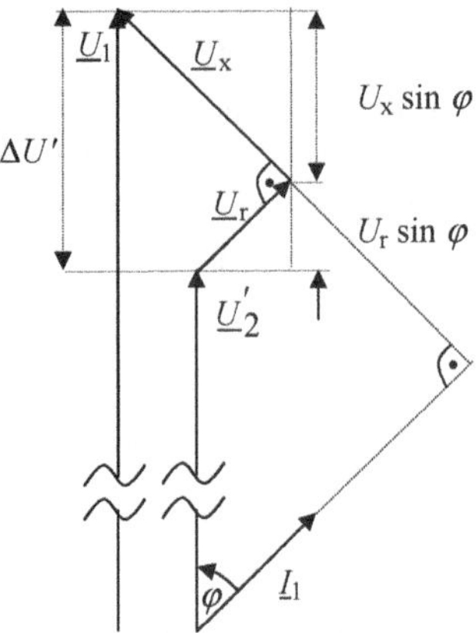

Bild 2.24 Zeigerdiagramm bei $\varphi_1 \approx \varphi_2 = \varphi$

Mit $U_1 = U_{1n}$ = konst. sind im Leerlauf $I_2 = 0$ und $U_2 = U_{2n}$. Bei Belastung sind $I_2 \neq 0$ und $U_2 = U_{2n} - \Delta U$ (die Sekundärspannung geht mit der Belastung zurück). So kann die prozentuale Spannungsänderung festgelegt werden:

$$u_v = 100\frac{U_{2n} - U_2}{U_{2n}}\,\% = 100\frac{\Delta U}{U_{2n}}\,\% \tag{2.35}$$

Zur praktischen Handhabung der prozentualen Spannungsänderung wird das Zeigerdiagramm herangezogen. **Bild 2.23** zeigt das Zeigerdiagramm für das vereinfachte Ersatzschaltbild. Die Spannungsfälle $R_k\ I_1$ und $X_k\ I_1$ sind hier im Vergleich zu den Spannungen U_1 und U_2' sehr groß dargestellt. Da diese Spannungsfälle in der Praxis nur einige Prozente der Bemessungsspannung betragen, ist $\varphi_1 \approx \varphi_2 = \varphi$, und es ergibt sich das Zeigerdiagramm nach **Bild 2.24**. Der Spannungsfall:

$$\Delta U' = U_{1n} - U_2' \tag{2.36}$$

ist dann gleich

$$\Delta U' = U_r \cos\varphi + U_x \sin\varphi = I_2'\ R_k \cos\varphi + I_2'\ X_k \sin\varphi \tag{2.37}$$

Die Erweiterung mit

$$\frac{I_{2n}'}{I_{2n}'} \frac{U_k}{U_k}$$

ergibt

$$\begin{aligned} \Delta U' &= \frac{I_{2n}'\ R_k}{U_k} U_k \frac{I_2'}{I_{2n}'} \cos\varphi + \frac{I_{2n}'\ X_k}{U_k} U_k \frac{I_2'}{I_{2n}'} \sin\varphi \\ &= U_k \frac{I_2'}{I_{2n}'} (\cos\varphi \cos\varphi_k + \sin\varphi \sin\varphi_k) \end{aligned}$$

Durch eine weitere Erweiterung von beiden Seiten mit 100 %/U_{1n} und mit

$$\frac{U_k}{U_{1n}} = u_k \qquad \frac{\Delta U'}{U_{1n}} = \frac{\Delta U}{U_{2n}} = \Delta u \qquad \frac{I_2'}{I_{2n}'} = \frac{I_2}{I_{2n}}$$

erhält man:

$$u_v = u_k \frac{I_2}{I_{2n}} (\cos\varphi_k \cos\varphi + \sin\varphi_k \sin\varphi) \tag{2.38}$$

Beispielsweise sind bei reiner Wirklast:

$$\cos\varphi = 1; \ \sin\varphi = 0 \quad \Rightarrow \quad u_v = u_k \frac{I_2}{I_{2n}} \cos\varphi_k \tag{2.38a}$$

bei rein induktiver Belastung:

$$\cos\varphi = 0;\ \sin\varphi = 1 \Rightarrow u_v = u_k \frac{I_2}{I_{2n}} \sin\varphi_k \tag{2.38b}$$

und bei rein kapazitiver Belastung:

$$\cos\varphi = 0;\ \sin\varphi = -1 \Rightarrow u_v = -u_k \frac{I_2}{I_{2n}} \sin\varphi_k \tag{2.38c}$$

Der maximale Spannungsfall gilt für eine Last mit dem Phasenwinkel $\varphi = \varphi_k$ ($\underline{U}_2' = 0$). Der Leistungsfaktor ist dann gleich

$$\cos\varphi_k = R_k/Z_k \tag{2.39}$$

und infolgedessen ist der Spannungsfall gleich

$$\Delta u \approx u_k \cos\varphi_k \cos\varphi_k + u_k \sin\varphi_k \sin\varphi_k = u_k \tag{2.40}$$

Bemerkung: Bei geringer Belastung (weniger als Bemessungslast) kann jedoch die Sekundärspannung des Transformators höher als erwartet sein!

2.5.3.2 Grafische Darstellung (rein ohmsche, induktive und kapazitive Last, Kapp'sches Dreieck)

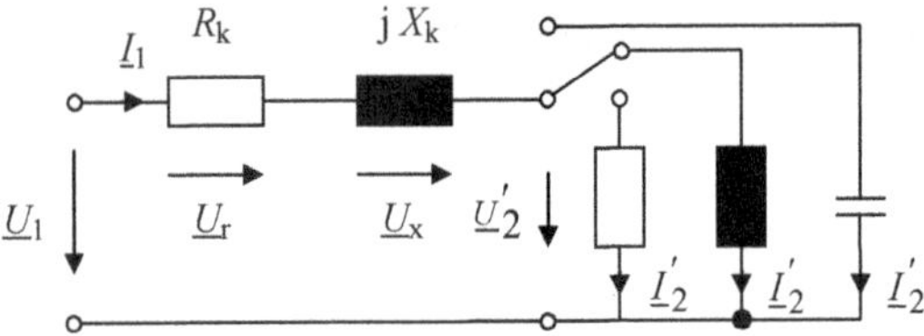

Bild 2.25 Bemessungslast mit rein ohmschen, induktiven und kapazitiven Verbrauchern

Das vereinfachte Ersatzschaltbild des Transformators im Bemessungspunkt mit rein ohmscher, induktiver und kapazitiver Last zeigt **Bild 2.25**. Die zugehörigen vereinfachten Zeigerdiagramme für reine Wirklast, reine induktive Last und reine kapazitive Last mit dem Kapp'schen Dreieck sind in den **Bildern 2.26a, b** und **c** dargestellt. Unabhängig vom Übersetzungsverhältnis $\ddot{u}$ ist U_2' bei rein kapazitiver

Last größer als die Leerlaufspannung $\underline{U}'_{20} = \underline{U}_1$ (Blindstromkompensation) und bei rein induktiver sowie ohmscher Last kleiner als $\underline{U}'_{20}$.

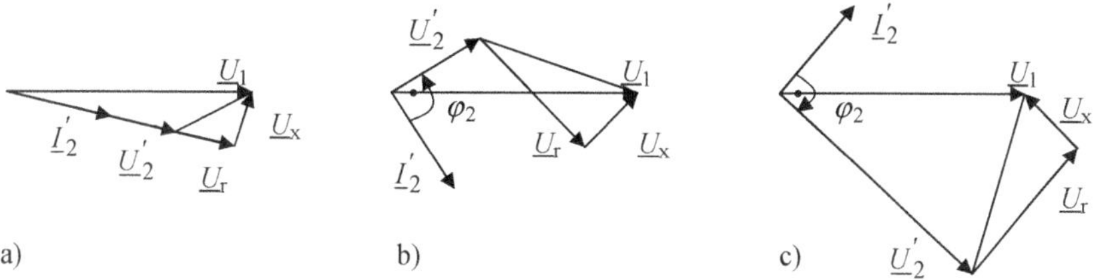

Bild 2.26 Zeigerdiagramme im Bemessungspunkt für verschiedene Verbraucher
a) reine Wirklast b) reine induktive Last c) reine kapazitive Last

2.6 Parallelschaltung von Transformatoren

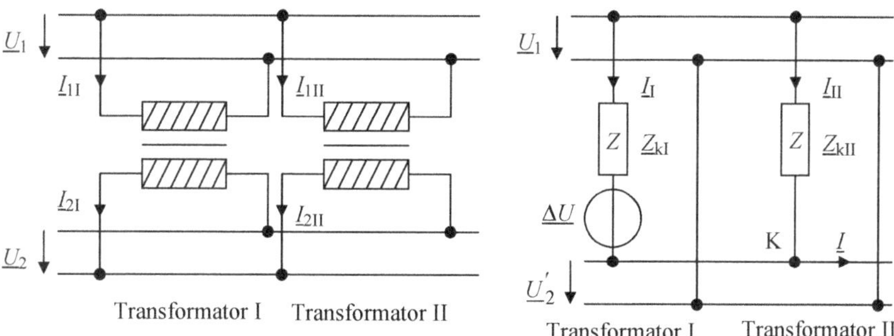

Bild 2.27 Parallelschaltung der Transformatoren

Bild 2.28 Vereinfachtes Ersatzschaltbild

Zur Erweiterung bestehender Netze und zur Aufteilung der Last werden parallel geschaltete Transformatoren eingesetzt. Bei der Stromversorgung von Betrieben wird häufig die Parallelschaltung von zwei oder mehreren Transformatoren an Sammelschienen verwendet. Ein zusätzlicher Vorteil ist, dass im Störungsfall die Einbußen gering sind. Dabei werden die Primär- und Sekundärseiten jeweils auf gemeinsame Primär- und Sekundärnetze parallel geschaltet (**Bild 2.27**). Damit die parallel geschalteten Transformatoren einwandfrei funktionieren, müssen folgende Bedingungen erfüllt sein:

1. $\ddot{u}_{\mathrm{I}} = \ddot{u}_{\mathrm{II}}$

Die Übersetzungsverhältnisse der Transformatoren müssen gleich sein, da anderenfalls sogar im Leerlauf ein beachtlicher Ausgleichsstrom fließen kann (einer der

Transformatoren wird zusätzlich belastet). In der Praxis sind jedoch Abweichungen bis ± 0,5 % zulässig!

2. $u_{kI} = u_{kII}$
Die relativen Kurzschlussspannungen müssen gleich sein, da sich anderenfalls die Leistung ungleichmäßig zwischen den Transformatoren verteilen würde. In der Praxis sind Abweichungen bis ± 10 % zulässig!

3. Gleiche Kennzahl
Bei den Drehstromtransformatoren können nur Schaltgruppen gleicher Kennzahl parallel geschaltet werden (s. Abschnitt 2.7). Anderenfalls könnte auf der Unterspannungsseite eine Phasenverschiebung zwischen den sekundären Spannungen auftreten, die gefährliche Ausgleichsströme zur Folge hätte.

2.6.1 Ungleichheit der Übersetzungsverhältnisse

Bild 2.28 zeigt das vereinfachte Ersatzschaltbild der parallel geschalteten Transformatoren (s. Bild 2.18c). Wegen der Ungleichheit der Übersetzungsverhältnisse ergibt sich eine Differenzspannung zwischen den Sekundärspannungen:

$$\Delta\underline{U} = \underline{U}'_{2II} - \underline{U}'_{2I} \tag{2.41}$$

Diese Differenzspannung ist als eine Spannungsquelle im Bild 2.28 dargestellt. Für den Punkt K in Bild 2.28 gilt:

$$\underline{I} = \underline{I}_I + \underline{I}_{II} \tag{2.42}$$

Im Leerlauf ist $I = 0$ und folglich:

$$\underline{I}_I = -\underline{I}_{II} \tag{2.43}$$

Die Spannungsgleichungen der beiden Transformatoren können wie folgt geschrieben werden:

$$\underline{U}_{1I} = \underline{Z}_{kI}\,\underline{I}_I + \underline{U}'_{2I} \qquad \underline{U}_{1II} = \underline{Z}_{kII}\,\underline{I}_{II} + \underline{U}'_{2II} \tag{2.44}$$

Mit Rücksicht auf $\underline{U}_{1I} = \underline{U}_{1II}$ und mit den Gln. (2.41) und (2.43) sowie Gl. (2.44) ergibt sich für den Ausgleichsstrom $\underline{I}_a = \underline{I}_I$:

$$\underline{I}_a = \Delta\underline{U}/(\underline{Z}_{kI} + \underline{Z}_{kII}) \tag{2.45}$$

Es kann mit guter Näherung angenommen werden, dass die Innenwiderstände der Transformatoren in Betrag und Phase gleich sind. So können die Absolutwerte addiert werden. Folglich nimmt Gl. (2.45) folgende Form an:

$$I_a = \Delta U / (Z_{kI} + Z_{kII}) \tag{2.46}$$

Diese Gleichung kann allgemeiner formuliert werden. Dazu wird der Ausgleichsstrom auf den Bemessungsstrom bezogen und die relative Kurzschlussspannung eingeführt (Gl. (2.30)). Mit

$$U_n = U_{In} = U_{IIn} \qquad P_{In} = U_n \, I_{In} \qquad P_{IIn} = U_n \, I_{IIn} \tag{2.47}$$

bekommt der relative Ausgleichsstrom folgende Form:

$$\frac{I_a}{I_{In}} = \frac{\dfrac{\Delta U}{U_n}}{u_{kI} + u_{kII} \dfrac{P_{In}}{P_{IIn}}} \tag{2.48}$$

2.6.2 Ungleichheit der relativen Kurzschlussspannungen

Bei den parallel geschalteten Transformatoren verhalten sich die Leistungen wie die Ströme:

$$\frac{P_I}{P_{II}} = \frac{U_n \, I_I}{U_n \, I_{II}} = \frac{I_I}{I_{II}} \tag{2.49}$$

Aus den Gln. (2.44) folgt:

$$\frac{P_I}{P_{II}} = \frac{Z_{kI}}{Z_{kII}} \tag{2.50}$$

Diese Gleichung gilt unter der Annahme, dass der Phasenwinkel der Sekundärspannungen sowie der der inneren Widerstände gleich sind. Bezieht man die Leistungen auf die Bemessungsleistung, so ergibt sich folgende Form für Gl. (2.50):

$$\frac{\dfrac{P_I}{P_{In}}}{\dfrac{P_{II}}{P_{IIn}}} = \frac{u_{kII}}{u_{kI}} \tag{2.51}$$

Die Last würde sich also mit dem Kehrwert des Verhältnisses der relativen Kurzschlussspannungen auf die Transformatoren verteilen.

2.7 Schaltungen und Schaltgruppen der Drehstromtransformatoren

Die Ober- und Unterspannungswicklungen eines Drehstromtransformators können im Stern oder Dreieck geschaltet werden. Auf der Unterspannungsseite wird aber noch eine dritte Schaltungsart verwendet, die Zickzackschaltung. Dafür werden die Wicklungen in zwei gleiche Hälften geteilt und eine Hälfte eines Strangs gegen die zweite Hälfte des nächsten Strangs geschaltet. Aus dem **Bild 2.29** lässt sich leicht das Zeigerbild der Spannungen bei der Zickzackschaltung ableiten.

Einige wichtige Schaltungen und Schaltgruppen der Drehstromtransformatoren und die Anschlussbezeichnungen sind in der **Tabelle 2.1** zusammengestellt . Dabei bedeuten:

große Buchstaben bzw. 1	Schaltungsart der Oberspannungsseite
kleine Buchstaben bzw. 2	Schaltungsart der Unterspannungsseite
Y, y	Sternschaltung
D, d (bzw. Δ)	Dreieckschaltung
z	Zickzackschaltung.

Kennzahl: Die Kennzahl gibt an, um welches Vielfache von 30° die Unterspannung gegenüber der Oberspannung gleicher Klemmenbezeichnung nacheilt (Zählpfeile im gleichen Sinn vorausgesetzt).

Merkregel: Uhr

- Oberspannung: 12 Uhr
- Unterspannung: Kennzahl

Die Transformatoren der Schaltgruppen mit den Kennzahlen 5 und 11 bzw. 0 und 6 können jedoch nach entsprechender Kreuzung der äußeren Verbindungen parallel geschaltet werden (Tabelle 2.1).

Im Folgenden werden die wesentlichen Vor- und Nachteile verschiedener Schaltungen erörtert.

Sternschaltung

Der Vorteil dieser Schaltung ist, dass $U_{\text{Strang}} = \dfrac{U_{\text{Leiter}}}{\sqrt{3}}$ ist.

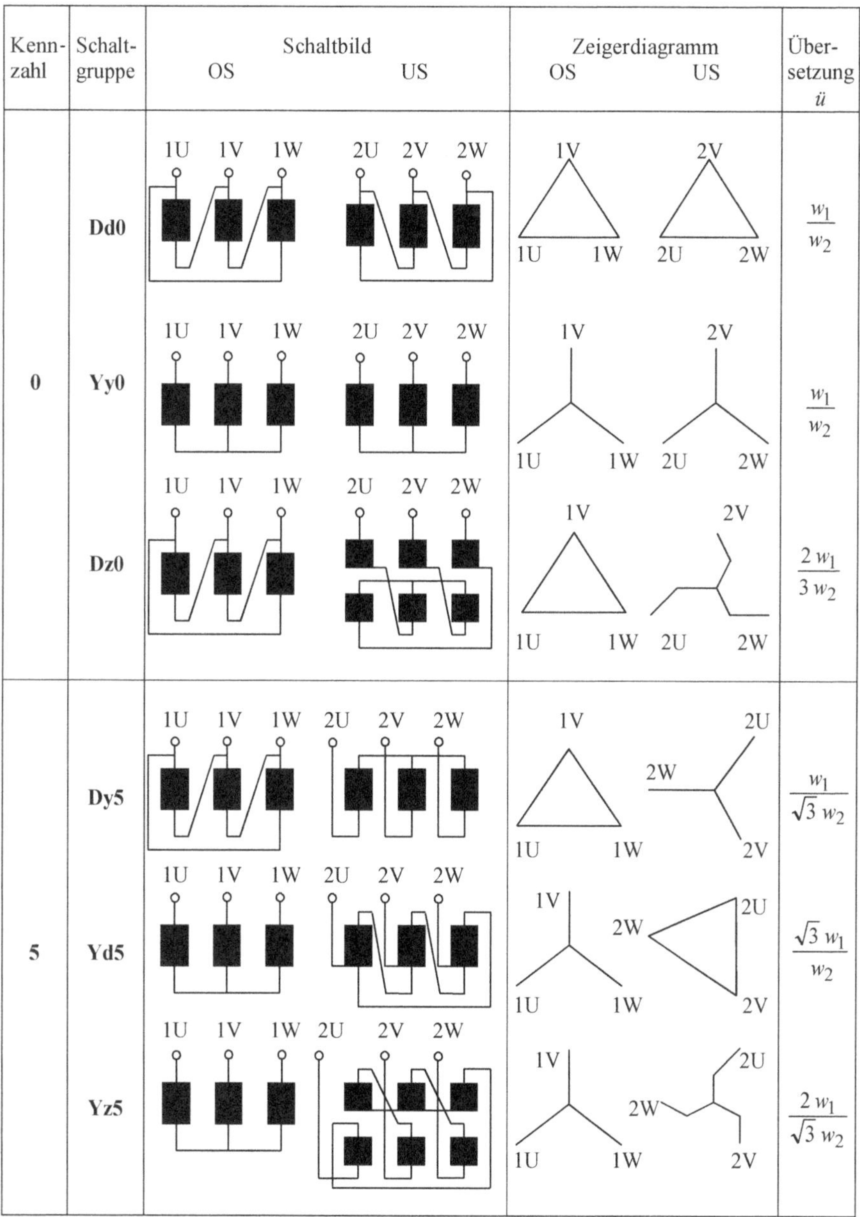

Kennzahl	Schaltgruppe	Schaltbild OS / US	Zeigerdiagramm OS / US	Übersetzung $ü$
0	**Dd0**			$\frac{w_1}{w_2}$
	Yy0			$\frac{w_1}{w_2}$
	Dz0			$\frac{2\,w_1}{3\,w_2}$
5	**Dy5**			$\frac{w_1}{\sqrt{3}\,w_2}$
	Yd5			$\frac{\sqrt{3}\,w_1}{w_2}$
	Yz5			$\frac{2\,w_1}{\sqrt{3}\,w_2}$

Tabelle 2.1 Gebräuchliche Schaltungen und Schaltgruppen von Drehstromtransformatoren

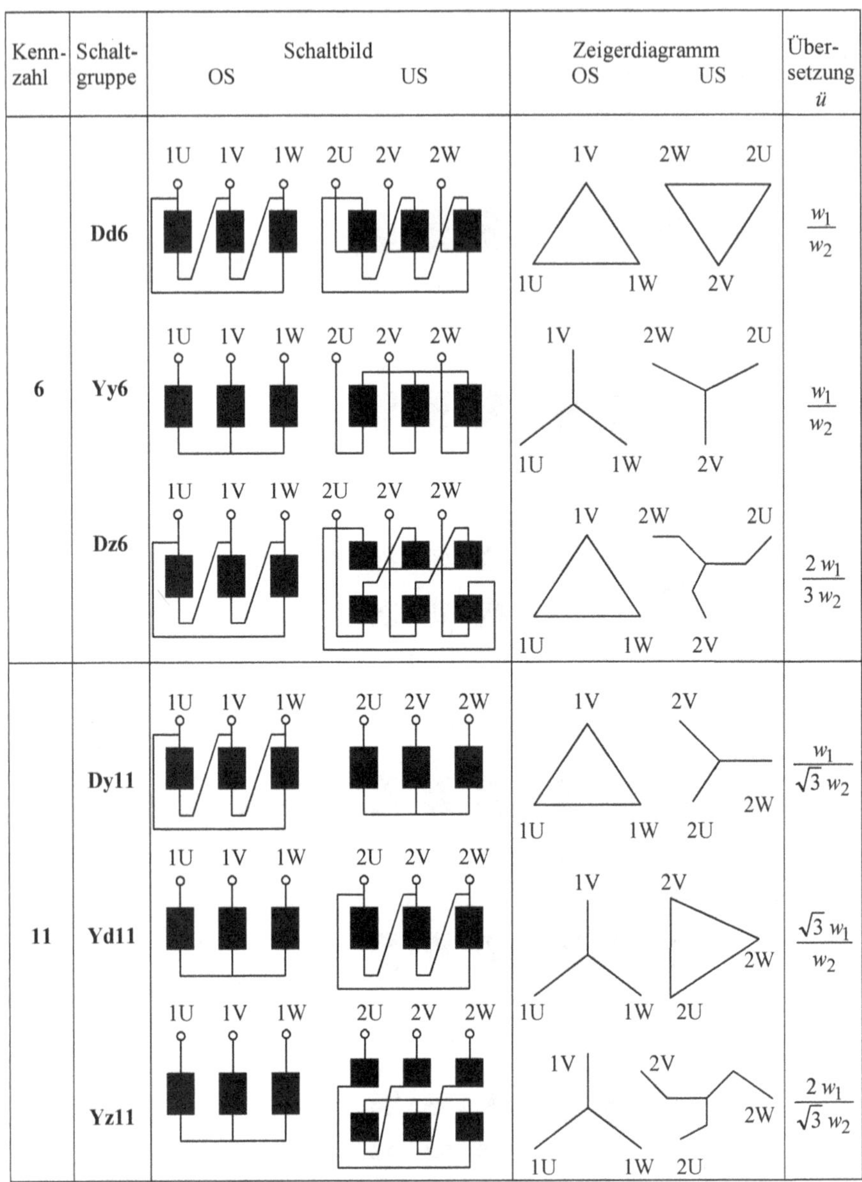

Kenn-zahl	Schalt-gruppe	Schaltbild OS US	Zeigerdiagramm OS US	Über-setzung $ü$
6	**Dd6**	1U 1V 1W 2U 2V 2W	1V 2W 2U 1U 1W 2V	$\frac{w_1}{w_2}$
	Yy6	1U 1V 1W 2U 2V 2W	1V 2W 2U 1U 1W 2V	$\frac{w_1}{w_2}$
	Dz6	1U 1V 1W 2U 2V 2W	1V 2W 2U 1U 1W 2V	$\frac{2\,w_1}{3\,w_2}$
11	**Dy11**	1U 1V 1W 2U 2V 2W	1V 2V 2W 1U 1W 2U	$\frac{w_1}{\sqrt{3}\,w_2}$
	Yd11	1U 1V 1W 2U 2V 2W	1V 2V 2W 1U 1W 2U	$\frac{\sqrt{3}\,w_1}{w_2}$
	Yz11	1U 1V 1W 2U 2V 2W	1V 2V 2W 1U 1W 2U	$\frac{2\,w_1}{\sqrt{3}\,w_2}$

Tabelle 2.1 (Fortsetzung)

Somit sind weniger Windungen und Isolation im Vergleich zur Dreieckschaltung erforderlich. Deswegen wird die Sternschaltung bei hohen Spannungen eingesetzt.

Dreieckschaltung
Bei dieser Schaltung wird die Wirkung des Nullsystems kompensiert. Wenn die Primärseite im Dreieck geschaltet ist, kann die in Stern geschaltete Sekundärseite einsträngig belastet werden.

Zickzackschaltung
Bei der Zickzackschaltung wird, wie erwähnt, jeder Strang der Unterspannungsseite in zwei gleiche Hälften geteilt und die erste Hälfte eines Strangs gegen die zweite Hälfte des nächsten Strangs geschaltet (s. Bild 2.29). Zur Erklärung der Verhältnisse bei der Zickzackschaltung (auf der US, **Bild 2.29c**) wurde eine Sternschaltung (auf der US, **Bild 2.29b**) zu Hilfe genommen. Für die OS wurde von einer Dreieckschaltung ausgegangen (**Bild 2.29a**). Mithilfe der Bildteile a und b kann das Spannungszeigerbild c konstruiert werden. Die Strangwerte der Spannungen sind im Zeigerdiagramm eingetragen. Mit der Zickzackschaltung kann der Transformator einsträngig bzw. unsymmetrisch betrieben werden. Im Vergleich zur Sternschaltung sind hier bei gleichem Strom für bestimmte Spannungen um den Faktor $2/\sqrt{3}=1{,}155$ höhere Windungszahlen erforderlich. Der Kupferbedarf und somit die Kupferverluste würden um 15,5 % steigen.

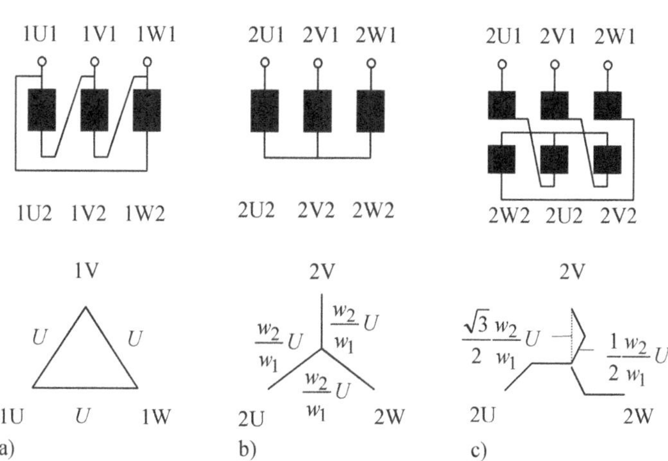

Bild 2.29 Zur Erklärung der Zickzackschaltung

Aus Bild 2.29 geht außerdem die Klemmenbezeichnung des Drehstromtransformators hervor. In Tabelle 2.1 ist die vereinfachte Darstellung der Klemmenbezeichnung gewählt.

2.8 Spartransformator

Versieht man eine Spule mit einem Schleifkontakt (**Bild 2.30a**), so kann man mit ihr eine Spannung U_1 teilen (Spannungsteiler bzw. Potentiometer). Bei Vernachlässigung der ohmschen Widerstände und Streuung gilt dann:

$$U_1/U_2 = w_1/w_2 \tag{2.52}$$

Diese Spule wirkt also als Transformator.

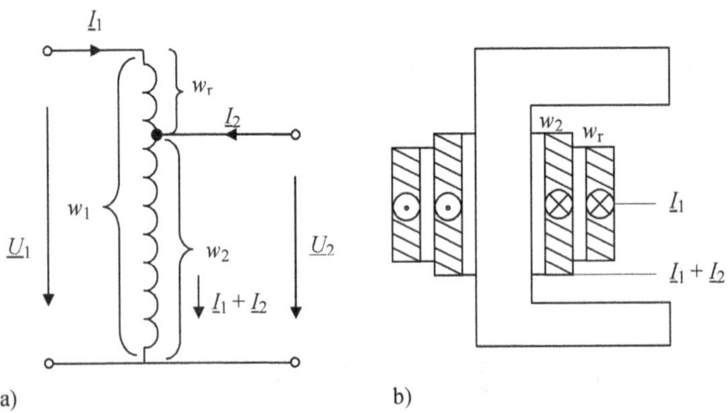

Bild 2.30 Spartransformator
a) Schaltbild
b) Anordnung der Wicklungen für ein festes Übersetzungsverhältnis

Eine derartige Anordnung, bei der Teile der Wicklungen gleichzeitig zur Primär- *und* Sekundärseite gehören, bezeichnet man als Spartransformator. Der große Teil der Leistung wird direkt und nur ein Bruchteil durch die magnetische Kopplung übertragen (deswegen: Spartransformator). Der Spareffekt wird bei Übersetzungen in der Nähe von 1 größer. Zur besseren Flussführung sowie zur effektiveren magnetischen Kopplung wird die praktische Ausführung des Spartransformators nach **Bild 2.30b** vorgenommen (mit Eisenkern). Die sogenannte Reihenwicklung mit der Windungszahl:

$$w_r = w_1 - w_2 \tag{2.53}$$

wird vom Strom $\underline{I}_1$ durchflossen, während die zweite Wicklung mit der Windungszahl w_2 – die sogenannte Parallelwicklung – den Strom $\underline{I}_1 + \underline{I}_2$ führt. Der Magnetisierungsstrom muss auch hier im Bemessungspunkt gegenüber dem Primär- und Sekundärstrom sehr klein sein. Die resultierende Durchflutung beider Wicklungen ist also näherungsweise null. Nach Bild 2.30a bedeutet das:

$$\underline{I}_1\, w_r + (\, \underline{I}_1 + \underline{I}_2\,)\, w_2 \approx 0$$

Mithilfe von Gl. (2.53) folgt hieraus:

$$I_1 = -\, I_2 \,\frac{w_2}{w_1} \tag{2.54}$$

Diese Gleichung bestätigt, dass das oben behandelte Objekt ein Transformator ist. Speist man diesen Transformator von der Sekundärseite aus, so kann man mit ihm auch die Spannung hochtransformieren. Den Spartransformator zum Hoch- bzw. Niedertransformieren zeigt **Bild 2.31**.

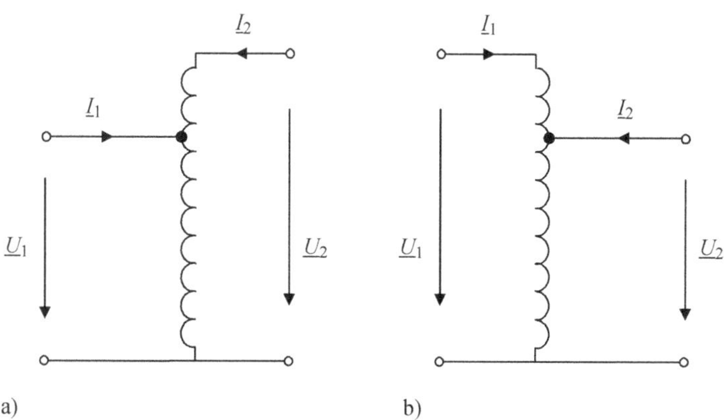

Bild 2.31 Spartransformator zum Hochsetzen und Tiefsetzen der Spannung
a) Hochsetzen
b) Tiefsetzen

Eine Schwachstelle des Spartransformators ist die galvanische Verbindung der Primär- und Sekundärseite. Jede Störung auf einer Seite würde sich auf die andere

Seite übertragen (z. B. Blitzeinschläge). Die Wicklungen müssen einer guten Isolationsklasse entsprechen, da auf der Unterspannungsseite $I_1 + I_2$ fließt. Eine weitere Schwachstelle des Spartransformators tritt bei Übersetzungen nahe 1 auf. Wenn die Kurzschlussimpedanz nicht genügend groß ist, muss beim Kurzschluss eine Schutzspule eingesetzt werden. Die Verluste sind hier kleiner als beim normalen Transformator, da die Induktion und damit die Bemessungsspannung kleiner sind. Abgesehen von der Materialersparnis ist, wenn die Netzspannung nur wenig hoch- bzw. tiefgesetzt werden muss, der Einsatz eines Spartransformators sinnvoll. Der Spartransformator wird zum stufenweisen Anlassen von Motoren (die Spannung wird allmählich bis zur Netzspannung erhöht) als Netzkupplungstransformator oder zum Ausgleich der Spannungsschwankungen eingesetzt.

2.9 Stromtransformator

Wie bereits betont, kommt der Transformator in unterschiedlichen Anwendungsgebieten zum Einsatz. Demzufolge wird er auch unterschiedlich benannt. In der Energietechnik wird er als Umspanner, in der Nachrichtentechnik als Übertrager und in der Messtechnik als Stromtransformator bzw. Stromwandler bezeichnet. Die letztere Anwendung soll in diesem Abschnitt näher behandelt werden. Das Verhalten der Transformatoren wurde bisher stets für den Fall untersucht, dass die Primärspannung gegeben ist. Unter dieser Bedingung arbeiten die Leistungstransformatoren und die sogenannten Spannungswandler, also die Transformatoren der Energietechnik. Die Spannungswandler haben zum Beispiel die Aufgabe, Spannungen auf eine für Messzwecke geeignete Größe zu transformieren und gleichzeitig die Messkreise elektrisch von Hochspannungsnetzen zu trennen. Im Gegensatz zu den Spannungstransformatoren sind unter Stromtransformatoren bzw. Stromwandlern jene zu verstehen, die mit einem gegebenen Primärstrom gespeist werden. Die Spannung an der Primärwicklung hängt dann von der Impedanz des Transformators ab. Sie wird besonders klein, wenn die Sekundärseite kurzgeschlossen wird. Überdies ist der Eisenkern des Stromwandlers aus besonders gutem Weicheisen, sodass die Eisenverluste vernachlässigbar sind (**Bild 2.32**).

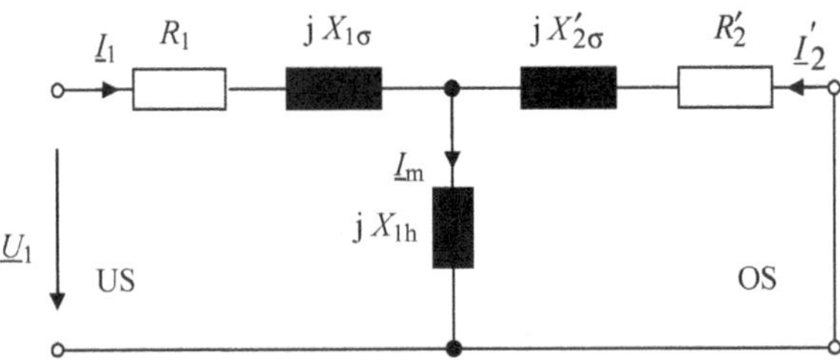

Bild 2.32 Ersatzschaltbild des Stromtransformators

Im Folgenden wird auf einige Gesichtspunkte beim Einsatz des Stromwandlers aufmerksam gemacht. Mithilfe des Bildes 2.32 folgt:

$$\underline{I}_1 = -\underline{I}_2' + \underline{I}_\mathrm{m} \tag{2.55}$$

Aus der Parallelschaltung des Hauptblindwiderstands j $X_{1\mathrm{h}}$ mit dem sekundären Scheinwiderstand j $X_{2\sigma}' + R_2'$ folgt ferner:

$$\underline{I}_\mathrm{m} = -\underline{I}_2' \frac{\mathrm{j}\,X_{2\sigma}' + R_2'}{\mathrm{j}\,X_{1\mathrm{h}}} \tag{2.56}$$

Durch Einsetzen in Gl. (2.55) ergibt sich:

$$\underline{I}_1 = -\underline{I}_2' \left(1 + \frac{\mathrm{j}\,X_{2\sigma}' + R_2'}{\mathrm{j}\,X_{1\mathrm{h}}} \right) \tag{2.57}$$

Sorgt man bei der Entwicklung dafür, dass $|\,\mathrm{j}\,X_{1\mathrm{h}}\,| >> |\,(\mathrm{j}\,X_{2\sigma}' + R_2')\,|$ ist (besonders gutes Weicheisenmaterial), so gilt:

$$I_1 \approx -I_2' = -I_2 \frac{w_2}{w_1} \tag{2.58}$$

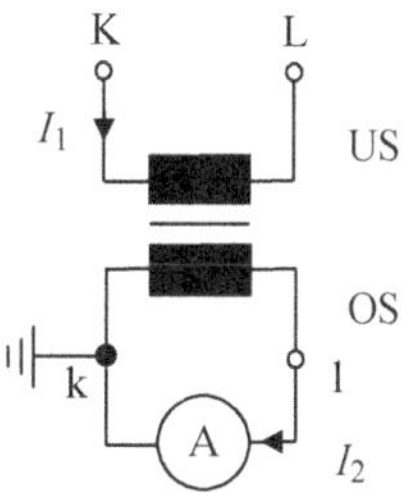

Bild 2.33 Schaltung eines Stromwandlers

Da der kurzgeschlossene Stromtransformator den primären Strom in einem festen Verhältnis auf die Sekundärseite übersetzt und ferner wegen seiner kleinen Impedanz nur eine kleine Primärspannung aufnimmt, ist er zur Umwandlung großer Ströme für Messzwecke gut geeignet (Amperemeter auf der Oberspannungsseite, **Bild 2.33**). Wichtig ist hierbei, dass der Innenwiderstand des in der OS liegenden Amperemeters klein ist, da sonst der Sekundärwiderstand nicht mehr gegenüber dem Hauptwiderstand vernachlässigt werden kann. Der Innenwiderstand beeinflusst damit nach Gl. (2.57) das Übersetzungsverhältnis und den Phasenwinkel zwischen den Strömen (Wandler würde nicht korrekt übersetzen).

Öffnet man den Sekundärkreis ($\underline{I}_2' = 0$), so wird $\underline{I}_1 = \underline{I}_m$. Der gesamte Primärstrom (der große Strom der US) wirkt jetzt als Magnetisierungsstrom. Hierdurch erreicht der Fluss im Eisen sehr hohe Werte, wodurch vor allem an den Klemmen der Sekundärwicklung ($w_2 > w_1$) hohe Spannungen auftreten können. Der Stromwandler kann hierbei beschädigt werden: Eisenbrand, Veränderungen der magnetischen Eigenschaften des Kerns. Die Sekundärklemmen eines Stromwandlers sollten daher im Betrieb besser nicht geöffnet werden.

2.10 Verluste in elektrischen Maschinen

Infolge der unvermeidlichen Stromwärmeverluste in den Wicklungen, der Eisenverluste durch Wirbelströme und Hysterese im magnetischen Kreis, der Lüfter- und Lagerreibungsverluste und der Verluste in eventuell vorgeschalteten Gleichrichterdioden und Reglern erwärmen sich die Bauteile einer elektrischen Maschine. Ein Teil der Wärme wird durch Wärmeleitung, -strahlung und -konvektion nach außen abgeführt. Die restliche Wärmemenge führt zu erhöhten Temperaturen an den Bauteilen, zum Beispiel an der Wicklung, an den Gleichrichtern oder an den Kugellagern. Wenn diese Temperaturen bestimmte Grenzwerte überschreiten, sinkt die Lebensdauer der Bauteile und damit der ganzen Maschine stark ab, auch wenn es sich nur um geringe Überschreitungen handelt. Die Lebensdauer einer Isolation der Klasse A kann zum Beispiel schon bei Überschreitung der zulässigen Grenztemperatur um 8 °C um die Hälfte reduziert werden. Der Bestimmung der Verluste und der Temperaturverteilung in einer elektrischen Maschine kommt daher große Bedeutung zu.

Die meisten Verluste in rotierenden elektrischen Maschinen sind zusätzlich drehzahlabhängig. Es ist auch sinnvoll, zwischen stromabhängigen und -unabhängigen Verlustarten zu unterscheiden. Die stromabhängigen Verlustarten sind normalerweise die Kupfer-, Bürstenübergangs-, Gleichrichter- und Eisenverluste. Zu den stromunabhängigen Verlustarten zählen die Bürstenreibungs-, Lüfter- und Kugellagerverluste. Die Bestimmung der Verluste ist auch zur Ermittlung des Wirkungsgrads erforderlich. Die weitaus größeren Verluste sind die Eisen- und Kupferverluste, die im Folgenden näher untersucht werden.

2.10.1 Eisenverluste

Die Eisenverluste in elektrischen Maschinen bestehen aus den sogenannten Wirbelstrom- und Hystereseverlusten. Hystereseverluste werden auch Ummagnetisierungsverluste genannt.

2.10.1.1 Wirbelstromverluste

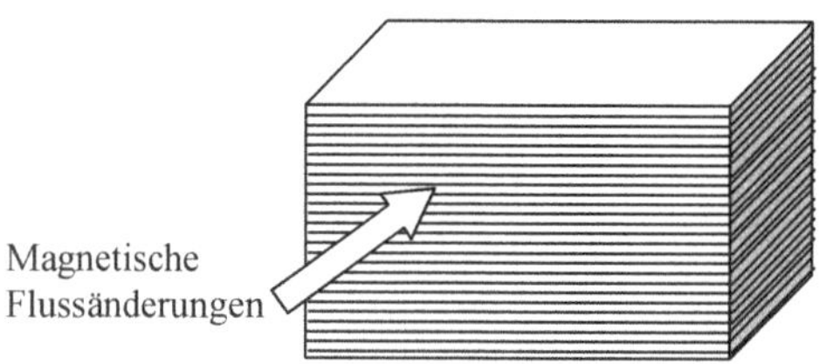

Bild 2.34 Magnetische Flussänderungen im Blechpaket

Die Wirbelstromverluste entstehen durch Flussänderungen, z. B. durch die Wechselströme, die zeitlich veränderliche magnetische Flüsse im Eisen hervorrufen (also im ruhenden Leiter), aber auch durch die Leiterbewegungen im zeitlich konstanten Magnetfeld. Um diese Verluste zu begrenzen, werden die Transformatoren und Elektromotoren aus dünnen Blechen aufgebaut, deren Ebenen nach **Bild 2.34** parallel zur magnetischen Induktion verlaufen.

Die Entstehung der Wirbelströme und Wirbelfelder sowie der Strom- bzw. Flussverdrängungen im elektrischen bzw. magnetischen Leiter ist schematisch in **Bild 2.35a** und **Bild 35b** dargestellt. Daraus geht hervor, dass bei zunehmend hochfrequenten Strömen und Flüssen mit einer Strom- bzw. Flussverdrängung im Leiter gerechnet werden muss. Da sich der Gesamtstrom bzw. Gesamtfluss überwiegend an der Oberfläche des Leiters konzentriert, wird diese Erscheinung auch als Skin- bzw. Hauteffekt bezeichnet. Darin ist auch hier eine deutliche Analogie der Zusammenhänge zwischen dem elektrischen und dem magnetischen Leiter erkennbar. Die Tiefe im Leiter, in der die Stromdichte bzw. die Flussdichte auf den 1/e-ten Teil (≈ 37 %) ihres Oberflächenwerts abgesunken ist, bezeichnet man als Eindringtiefe δ. Sie ist bei sinusförmiger Zeitabhängigkeit der Feldgrößen für ebene Metallschichten exakt und für kreiszylindrische Leiter mit sehr guter Näherung aus der Beziehung

$$\delta = \frac{1}{\sqrt{\pi f \kappa \mu}} \tag{2.59}$$

bestimmbar.

Die Eindringtiefe sinkt demzufolge mit wachsender Frequenz f, Leitfähigkeit κ und Permeabilität μ ab. Aus dieser Tatsache und den Bildern 2.35a und b geht weiter hervor, dass der elektrische Widerstand des Leiters durch Querschnittseinschränkung immer mehr zunimmt. Deswegen ist der Widerstand eines Leiters bei sonst gleichen Bedingungen bei Wechselstrom größer als bei Gleichstrom (das Leiterinnere wird bei wachsender Frequenz immer mehr stromlos):

$R_{\sim} > R_{=}$!

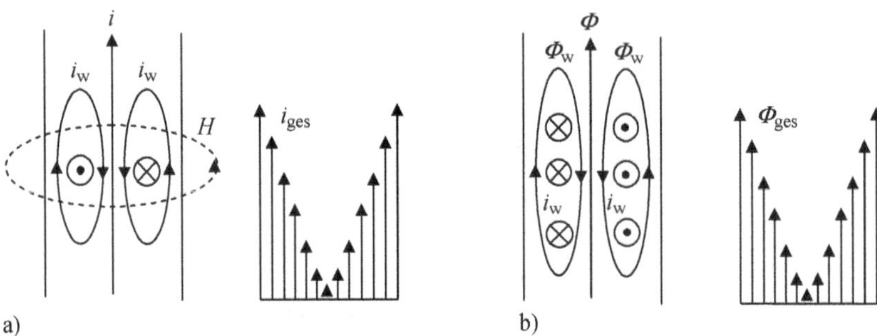

Bild 2.35 Strom- bzw. Flussverdrängung
a) Elektrischer Leiter b) Magnetischer Leiter

Entscheidend für die Ausprägung des Skineffekts bzw. jeder Feldverdrängung ist außerdem das Verhältnis von Leiterradius zu Eindringtiefe. Daraus geht hervor, dass die Stromverdrängung bei dicken Leitern schon bei wesentlich geringeren Frequenzen auftritt als bei dünnen Leitern.

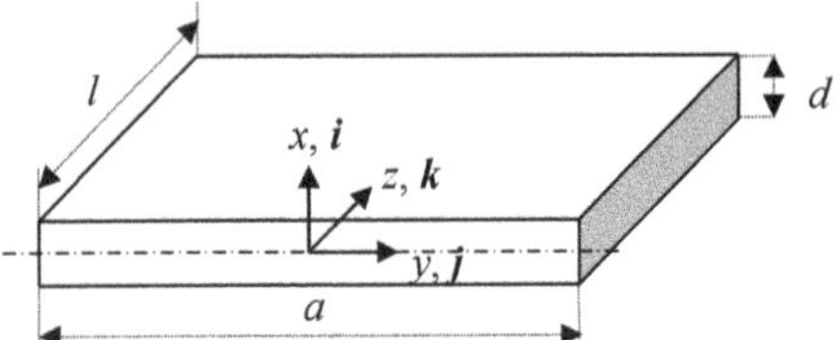

Bild 2.36 Eisenblech mit Abmessungen im kartesischen Koordinatensystem mit den Einheitsvektoren ***i***, ***j*** und ***k***

Bei den üblichen Blechdicken und bei Frequenzen von 50 Hz bzw. 60 Hz sind die Wirbelströme so klein, dass man ihre Rückwirkung auf das ursprüngliche magnetische Feld vernachlässigen kann. Die Wirbelströme umschließen den magnetischen Fluss in jedem Blech. Da die Breite a der Bleche stets sehr groß gegenüber ihrer Dicke d ist, verläuft die Stromdichte $\boldsymbol{S}$ praktisch parallel zur Blechebene. Zur Berechnung der Wirbelströme in einem Blech führen wir das in **Bild 2.36** dargestellte kartesische Koordinatensystem und die Einheitsvektoren $\boldsymbol{i}$, $\boldsymbol{j}$ und $\boldsymbol{k}$ in x- bzw. y- und z-Richtung ein.

Zur Vereinfachung werden folgende Annahmen getroffen:

- Die Rückwirkung der Wirbelströme auf das magnetische Feld wird vernachlässigt
- Die Stromdichte besitz nur eine Komponente in y-Richtung (die Ausdehnung der Wirbelströme in x- und z-Richtung ist bei dünnen Eisenblechen vernachlässigbar klein)

Die Induktion $\boldsymbol{B}$ verläuft parallel zu den Blechen:

$$\boldsymbol{B} = B_z\,\boldsymbol{k}$$

Aufgrund der ersten Vereinfachung ist B_z unabhängig von den Koordinaten und allein eine Funktion der Zeit t. Hieraus folgt der Ansatz:

$$B_z = \hat{B}\cos\omega t \tag{2.60}$$

Wegen der zweiten Vereinfachung gilt für die Stromdichte:

$$\boldsymbol{S} = S_y\,\boldsymbol{j}$$

Die y-Komponente der Stromdichte ist dabei eine Funktion der Koordinate x und der Zeit t:

$$S_y = f(x, t)$$

Durch die Anwendung des Induktionsgesetzes ($w = 1$):

$$\oint \boldsymbol{E}\,\mathrm{d}\boldsymbol{l} = -\frac{\mathrm{d}\Phi}{\mathrm{d}t}$$

auf das in **Bild 2.37** dargestellte Blechelement und unter Berücksichtigung des ohmschen Gesetzes:

$$\boldsymbol{S} = \kappa\boldsymbol{E}$$

erhalten wir die Umlaufspannung zu:

$$\oint \boldsymbol{E}\,\mathrm{d}\boldsymbol{l} = \frac{\mathrm{d}S_y}{\kappa\,\mathrm{d}x}(y_2 - y_1)\,\mathrm{d}x$$

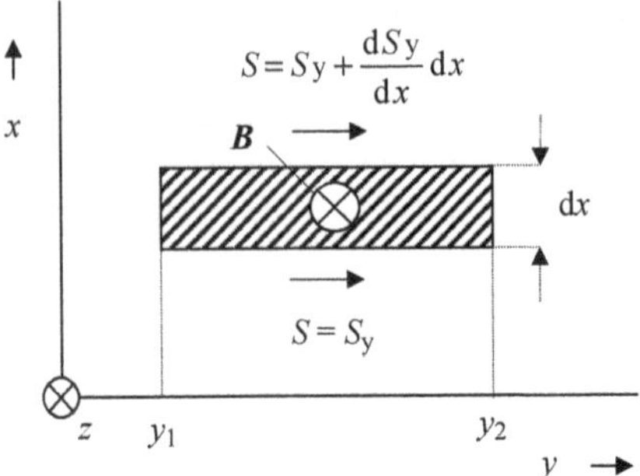

Bild 2.37 Wirbelstromdichte ***S*** in einem Blechelement

Die in dem Element auftretende Flussänderung ist gleich:

$$-\frac{\mathrm{d}\Phi}{\mathrm{d}t} = -(y_2 - y_1)\,\mathrm{d}x\frac{\mathrm{d}B_z}{\mathrm{d}t} = (y_2 - y_1)\,\mathrm{d}x\,\omega\,\hat{B}\sin\omega t$$

Damit ergibt sich

$$\frac{\mathrm{d}S_y}{\mathrm{d}x} = \kappa\,\omega\,\hat{B}\,sin\,\omega t$$

und nach Integration:

$$S_y = \kappa\,x\,\omega\,\hat{B}\sin\omega t + K$$

Da die Wirbelströme nirgends aus dem Blech heraustreten und auch nirgends eintreten, sind sie für beliebige Blechquerschnitte in der Summe null. Das bedeutet, dass die Integrationskonstante $K = 0$ ist. Für die Stromdichte ergibt sich dann:

$$S_y = \kappa\,x\,\omega\,\hat{B}\sin\omega t \qquad (2.61)$$

Aus Gl. (2.61) geht hervor, dass die Stromdichte von der Blechmitte aus zu den Rändern linear zunimmt. Der Augenblickswert der Wirbelstromverlustleistung P_t für ein Blech ergibt sich durch die Integration über das Volumen V:

$$P_t = \iiint_V \boldsymbol{E}\,\boldsymbol{S}\,\mathrm{d}V$$

Mit dem Volumenelement $\mathrm{d}V = l\,a\,\mathrm{d}x$ und dem ohmschen Gesetz ergibt sich:

$$P_t = \frac{l\,a}{\kappa} \int_{-\frac{d}{2}}^{+\frac{d}{2}} S_y{}^2\,\mathrm{d}x$$

Die Integration liefert:

$$P_t = \frac{1}{24}\kappa\,l\,a\,d^3\,\omega^2\hat{B}^2\,(1-\cos 2\omega t)$$

Der zeitliche Mittelwert der Wirbelstromverluste lautet:

$$P_W = \frac{1}{24}\kappa\,V\,d^2\,\omega^2\hat{B}^2 \qquad (2.62)$$

Dabei sind $V = l\;a\;d$ das Volumen des Blechs und P_W die Wirbelstromverlustleistung, die im Blech in Wärme umgesetzt wird. Zur Reduzierung der Wirbelstromverluste muss also vor allem:

- die Blechdicke d möglichst klein sein (bei einem Eisenquerschnitt bestehend aus n Lamellen reduzieren sich die Wirbelströme auf das annähernd $1/n$-Fachen des ursprünglichen Werts)
- die elektrische Leitfähigkeit des Eisens κ möglichst gering sein. Dies wird durch besondere Legierungen wie z. B. mit Silizium und Aluminium erreicht
- die Wirbelstrombahnen durchtrennt werden, z. B. durch Rillen auf der Klauenoberfläche des Kfz-Generators in Umfangsrichtung [81]

Für praktische Zwecke dient die Beziehung von Richter:

$$p_W = \frac{P_W}{\rho V} = \sigma\left(\frac{f}{100\,Hz}\right)^2\left(\frac{\hat{B}}{1\,T}\right)^2 \qquad (2.63)$$

Hierin sind:

p_W spezifische Wirbelstromverluste je Gewichtseinheit (in W/kg)
V Eisenvolumen
ρ spezifisches Gewicht des Eisens
σ Materialkonstante (in W/kg)
f Frequenz (in Hz)
$\hat{B}$ Scheitelwert der Induktion (in T)

Bei dickeren Blechen oder hohen Frequenzen ist die Rückwirkung auf das ursprüngliche Feld zu berücksichtigen. Wie aus Bild 2.35b hervorgeht, wird hierdurch das Feld in der Mitte der Bleche vermindert und am Rande verstärkt (Flussverdrängung). Ein Kern aus massivem Eisen wäre daher – abgesehen von den hohen Verlusten – auch deshalb nicht zweckmäßig, weil nur ein kleiner Teil des Querschnitts zur Leitung des Flusses ausgenutzt werden würde.

Ausnutzung der Wirbelströme

Mit dem Auftreten von Wirbelströmen ist eine Umwandlung von mechanischer bzw. elektrischer Energie in Wärme verbunden. Diese ist nicht immer unerwünscht und wird vielseitig ausgenutzt. Eine Wirbelstrombremse besteht z. B. aus einem metallischen Körper, der im Magnetfeld eines Dauermagneten oder Elektromagneten bewegt wird. Die Wirbelströme treiben ein Magnetfeld an, das dem Hauptfeld entgegenwirkt. Beispiele hierfür sind: Bremswirkung bei der Bahn, Bremsscheibe im Luftspalt des Dauermagneten eines elektrischen Zählers, Dämpferscheibe des beweglichen Messwerks im Luftspalt des Dauermagneten eines elektrischen Messinstruments.

2.10.1.2 Hystereseverluste

Die Fläche der Hystereseschleife (Bild 1.32, Abschnitt 1.8.3) ist ein Maß für die Hystereseverluste. Während einer Periode der Ummagnetisierung entstehen im Volumenelement dV die Hystereseverluste:

$$P_H = \int_V \boldsymbol{B}\,\boldsymbol{H}\,\mathrm{d}V$$

Die Hystereseverluste P_H entstehen durch die Reibung der Molekularmagnete und sind der Frequenz f der Ummagnetisierung proportional. Zwischen der Fläche der Hystereseschleife und der Amplitude der Induktion B besteht kein einfacher Zusammenhang. Von **Steinmetz** wurde folgende experimentell ermittelte Formel angegeben:

$$P_H = \eta\, f\, \hat{B}^{1,6} \qquad (2.64)$$

Dabei ist η die Materialkonstante. Bei den derzeit verwendeten Blechen ist η streng genommen keine Konstante. Nach **Richter** können die Hystereseverluste je Gewichtseinheit (p_H) näherungsweise wie folgt ermittelt werden:

$$p_\mathrm{H} = \frac{P_\mathrm{H}}{\rho V} = \frac{\varepsilon f}{100\,\mathrm{Hz}} \left(\frac{\hat{B}}{1\,\mathrm{T}} \right)^2 \tag{2.65}$$

ε (in W/kg) ist die Materialkonstante. Die Genauigkeit von Gl. (2.65) ist für Induktionen zwischen $1{,}6\ \mathrm{T} \geq B \geq 1\ \mathrm{T}$ gewährleistet.

Da das magnetische Feld und damit die magnetische Induktion allein von der anliegenden Spannung abhängig und lastunabhängig ist, sind die Eisenverluste auch zum Quadrat der Spannung proportional. Es gilt:

$$P_\mathrm{Fe} = P_\mathrm{Fen} \left(\frac{U}{U_\mathrm{n}} \right)^2$$

(s. Abschnitt 2.5.2, Gl. (2.34b))

2.10.2 Kupferverluste

Die stromabhängigen Verluste des Transformators können im Kurzschlussversuch gemessen werden. Für den Wechselstromtransformator gilt:

$$P_\mathrm{Cu} = I_1^2\, R_\mathrm{k} \approx I_1^2\, R_1 + I_2^2\, R_2$$

Der größte Anteil dieser Verluste kann durch den mit Gleichstrom messbaren Widerstand:

$$R_= = \frac{l}{\kappa q}$$

bestimmt werden; hier sind:

l Wicklungslänge (einschließlich Schaltverbindungen)
q Wicklungsquerschnitt
κ elektrische Leitfähigkeit des Wicklungsmaterials

Somit sind die sogenannten Gleichstromkupferverluste:

$$P_{Cu} = I_1^2 \frac{l_1}{q_1\,\kappa} + I_2^2 \frac{l_2}{q_2\,\kappa}$$

Ersetzen wir hierin die Ströme durch die Effektivwerte der Stromdichten

$$S_1 = I_1/q_1 \qquad S_2 = I_2/q_2$$

so wird

$$P_{Cu} = (S_1^2\, l_1\, q_1 + S_2^2\, l_2\, q_2)\,/\,\kappa$$

In den meisten Fällen wählt man die Stromdichten S_1 und S_2 ungefähr gleich groß. Mit

$$S_1 = S_2 = S$$

werden die Kupferverluste zu:

$$P_{Cu} = V\,S^2/\kappa \tag{2.66}$$

Dabei ist $V = l_1\; q_1 + l_2\; q_2$ das gesamte Kupfervolumen (beide Wicklungen). Daraus folgt auch, dass die Kupferverluste quadratisch lastabhängig sind. Allgemein gilt:

$$P_{Cu} = P_{Cun}\left(\frac{I}{I_n}\right)^2$$

(s. Abschnitt 2.5.2, Gl. (2.34a)).

Wie die Induktion B im Eisen die magnetische Ausnutzung bestimmt, so ist die Stromdichte S ein Maß für die elektrische Ausnutzung. Mit steigender magnetischer Ausnutzung wachsen die Eisenverluste, mit steigender elektrischer Ausnutzung die Kupferverluste.
Infolge der Stromverdrängungserscheinungen entstehen im Kupfer höhere Verluste. Darüber hinaus verursachen stromabhängige Streuflüsse weitere Zusatzverluste in Konstruktionsteilen. Daher ist, wie bereits betont:

$$P_{Cu\sim} > P_{Cu=}$$

Die elektrische Leitfähigkeit nimmt mit steigender Temperatur ab. Daher sind die Kupferverluste für die Betriebstemperatur (ca. 80 °C) zu bestimmen (s. Abschnitt 6.6, $R_2 = R_1\ (1 + \alpha \Delta \vartheta)$). Erwähnt sei ferner, dass im Gegensatz zu den Kupferverlusten die Zusatzverluste mit wachsender Temperatur kleiner werden. Dies ist der Grund dafür, weshalb das sogenannte Warmgeräusch bei den elektrischen Maschinen kleiner als das Kaltgeräusch ist (erhöhte Temperatur heißt erhöhter Widerstand, Reduzierung der Erregerdurchflutung und damit Reduzierung von Induktion und Kraftanregungen).

2.10.3 Bürstenübergangsverluste

Die Bürstenübergangsverluste gehören auch zu den Stromwärmeverlusten. Mit ΔU_B Bürstenübergangsspannung eines Bürstenpaars gilt:

$$P_B = \Delta U_B\, I \tag{2.67}$$

Für die Bürstenüberspannungswerte gelten folgende Anhaltswerte:

- 0,2 bis 0,6 V für Metallgrafit- und Metallkohlebürsten,
- 1 bis 2 V für Kohle- und Grafitbürsten.

2.10.4 Erreger- und Gleichrichterverluste

Mit folgenden Erregerverlusten sind bei der Gleichstrom- und Synchronmaschinen zurechnen:

$$P_E = R_E I_E^2 \tag{2.68}$$

Die Gleichrichterverluste (Diodenverluste) werden wie folgt berechnet:

$$P_D = U\, I_D \tag{2.69}$$

Hier sind:
U Diodenspannung in betriebswarmem Zustand
I_D Diodenstrom

2.10.5 Lagerreibungs-, Luft-, Bürstenreibungs- und Lüfterverluste

Die Reibungsverluste setzen sich aus Lagerreibungs-, Luft-, Bürstenreibungs- und Lüfterverluste zusammen. Die Lagerreibungsverluste sind nur bedingt in Formeln fassbar; deshalb spielen – formbedingt – Erfahrungs- bzw. Messwerte eine große Rolle (s. Angaben der Hersteller). Diese Verluste sind drehzahlabhängig (**Bild 2.38**). Zur Bestimmung der Luft- und Bürstenreibungsverluste kann folgende Näherungsformel benutzt werden:

$$P_{RLB} = k\,D\,l\,v^2 + \mu\,p\,A\,v \tag{2.70}$$

Hierin sind:

k Beiwert für Luftreibung ($\approx 10\ \mathrm{Ws^2/m^4}$)
D Rotordurchmesser
l Rotorlänge
v Rotorumfangsgeschwindigkeit ($= D\,\pi\ n/60$)
μ Reibungszahl der Bürsten ($\approx 0{,}2$)
p Bürstendruck
A Bürstenauflagefläche

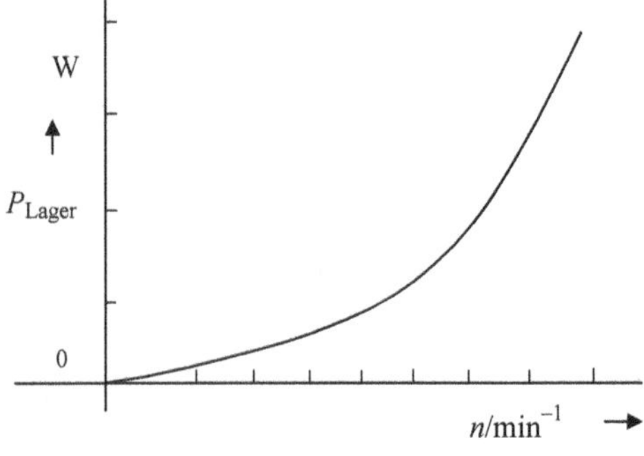

Bild 2.38 Lagerverluste in Abhängigkeit der Drehzahl

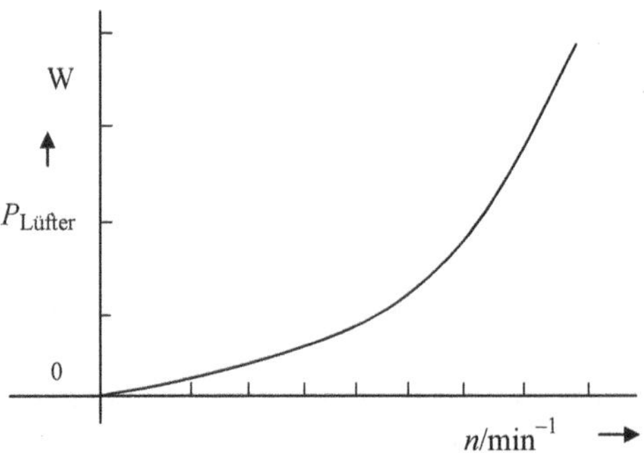

Bild 2.39 Lüfterverluste in Abhängigkeit der Drehzahl

Auch die Lüfterverluste sind nur bedingt in Formeln fassbar; deshalb spielen – konstruktionsbedingt – Erfahrungs- bzw. Messwerte eine große Rolle. Diese Verluste sind auch drehzahlabhängig (**Bild 2.39**).

2.10.6 Zusatzverluste

Als Zusatzverluste werden unter anderem die lastabhängigen Verluste – die in inaktiven Metallteilen und stromführenden Leitern entstehen – verstanden. Meist werden die Verluste der Oberschwingungen auch zu den Zusatzverlusten gezählt. Die Erfassung dieser Verluste ist schwierig, sie werden je nach Maschinenart mit 0,5 % bis 1 % der Bemessungsleistung berücksichtigt und sind quadratisch von Strom abhängig:

$$P_{\mathrm{Z}} = (0{,}5\ldots 1)\cdot 10^{-2}\cdot P_{\mathrm{n}}\left(\frac{I}{I_{\mathrm{n}}}\right)^2 \tag{2.71}$$

Die etwaigen Verluste eines asynchronen Normmotors (s. Abschnitt 5.1.1) betragen: Ständerkupferverluste 31 %, Läuferkupferverluste 20 %, Eisenverluste 23 %, Reibungsverluste 13 % und Zusatzverluste 13 % (**Bild 2.40**). Das Bild 10.27 (Abschnitt 10.2.2) zeigt die Verlustaufteilung bei einer Lichtmaschine.

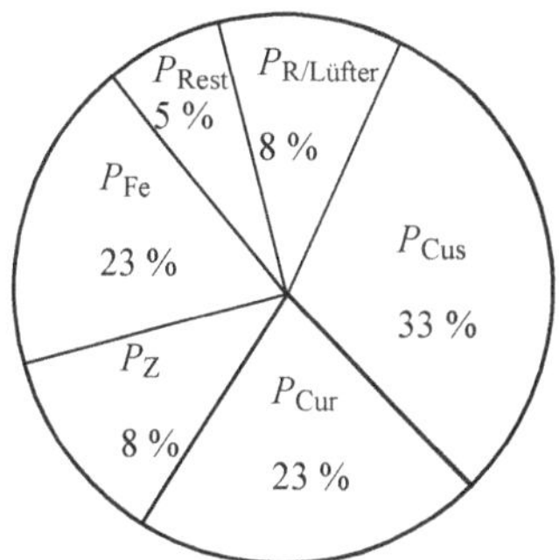

Bild 2.40 Verlustleistungsaufteilung eines Normmotors (45-kW-Asynchronmotor, $2p = 4$)

2.11 Wirkungsgrad

Als Wirkungsgrad η wird das Verhältnis der abgegebenen Leistung P_2 zur aufgenommenen Leistung P_1 bezeichnet:

$$\eta = \frac{P_2}{P_1}$$

Die beiden Leistungen unterscheiden sich durch die Verluste, sodass

$$\eta = \frac{P_1 - P_{\text{Fe}} - P_{\text{Cu}}}{P_1} = 1 - \frac{P_{\text{Fe}} + P_{\text{Cu}}}{P_1} \tag{2.72}$$

ist. Damit kann der Einfluss der Laständerung auf den Wirkungsgrad des Transformators untersucht werden. Während die Eisenverluste nur sehr gering lastabhängig sind

$$P_{\text{Fe}} \simeq \text{konst.}$$

wachsen die Kupferverluste quadratisch mit dem Strom an:

$$P_{\text{Cu}} = P_{\text{Cun}} \left(\frac{I_1}{I_{\text{n}}} \right)^2$$

Die primäre Wirkleistung beträgt beim Wechselstromtransformator ferner:

$$P_1 = U_1 \, I_1 \cos \varphi_1$$

Damit kann geschrieben werden:

$$\eta = 1 - \frac{P_{\text{Fe}} + P_{\text{Cun}} \, (I_1 / I_{\text{n}})^2}{U_1 \, I_1 \cos \varphi_1}$$

Von besonderem Interesse ist die Frage, bei welcher Belastung der maximale Wirkungsgrad auftritt. Hierzu muss die erste Ableitung der η-Funktion gleich null gesetzt werden:

$$\frac{\mathrm{d}\eta}{\mathrm{d}I_1} = 0$$

Man errechnet:

$$I_1 = I_{\text{n}} \sqrt{\frac{P_{\text{Fe}}}{P_{\text{Cun}}}} \tag{2.73}$$

Quadrieren führt zu:

$$P_{\mathrm{Fe}} = P_{\mathrm{Cun}}\,(I_1/I_n)^2 = P_{\mathrm{Cu}}$$

Der höchste Wirkungsgrad tritt bei der Belastung auf, bei der die Kupferverluste gleich denen des Eisens sind! Bei Netztransformatoren, die bei wechselnder Belastung ständig an Spannung liegen, sind die Eisenverluste besonders hoch. Diese Transformatoren werden daher so ausgelegt, dass $P_{\mathrm{Fe}} = P_{\mathrm{Cu}}$ mit guter Näherung erfüllt ist. Da die Transformatoren im Allgemeinen mit stark schwankender Belastung betrieben werden (bedingt durch Jahreszeit bzw. Auftragslage), ist in der Praxis der sogenannte Jahreswirkungsgrad maßgebend:

$$\eta_{\mathrm{Jahr}} = \frac{\int P_2\,\mathrm{d}t}{\int P_1\,\mathrm{d}t} = 1 - \frac{\int (P_{\mathrm{Fe}} + P_{\mathrm{Cu}})\,\mathrm{d}t}{\int P_1\,\mathrm{d}t} \tag{2.74}$$

2.12 Life-Cycle-Costs elektrischer Antriebe

Der Kaufpreis ist nur ein Bruchteil der Gesamt-Lebensdauerkosten. Weitere Faktoren sind: Zuverlässigkeit, Wartung und Energieverbrauch (Wirkungsgrad)! Kosten steigen linear mit der Leistung. η ist lastabhängig. Es gibt ein η_{max}.

Die elektrischen Maschinen stehen im Blickfeld der Wirkungsgradverbesserung, da sie den Löwenanteil der Energie in mechanische Energie umwandeln sollen (**Bild 2.41**).

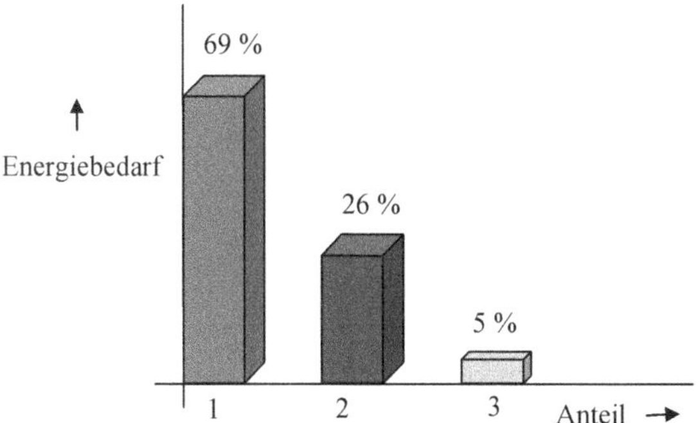

Bild 2.41 Industrieller Energiebedarf in Deutschland 1999
1 mechanische Energie 2 Wärme 3 Beleuchtung

Durch konsequente Optimierung der Elektromotoren (elektrischen Maschinen) könnte nach aktuellen Erhebungen des ZVEI ein Energieeinsparpotenzial von etwa 20 TWh realisiert werden, was der Kapazität von etwa acht fossilen Kraftwerkblöcken p. a. entspricht. Der CO_2-Ausstoß könnte somit um bis zu 11 Millionen Tonnen reduziert werden. Die durchschnittlichen Lebenszykluskosten von Standard-Motoren sind im **Bild 2.42** dargestellt. Hierbei wird von einer Lebensdauer von zehn Jahren ausgegangen.

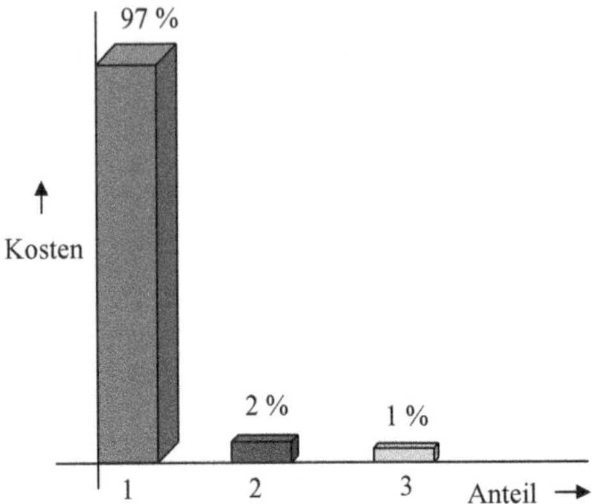

Bild 2.42 Durchschnittliche Lebenszykluskosten von Standard-Motoren
1 Energie 2 Installation und Service 3 Kaufpreis

Die Energiepreise waren noch nie höher als jetzt. Der Energiesparmotor ist deshalb eine lohnende Investition. Langfristig wird neben einem höheren Nutzen für die Umwelt auch die Minimierung der Betriebskosten erzielt.
Die Asynchronmotoren gehören wegen ihrer hervorragenden Eigenschaften zu den meistverkauften Ausführungen der Elektromotoren (**Tabelle 2.2**).

Leistungsbereich in kW	Verkaufte Stückzahlen
< 0,75	1 444 000
0,75 – 7,5	2 352 000
7,5 – 75	268 000
75 – 375	29 000

Tabelle 2.2 Leistungsbereich und Stückzahlen der 1999 verkauften Drehstromasynchronmotoren in Deutschland (ZVEI)

Die Energieeinsparmöglichkeiten bei der Benutzung und Auslegung der elektrischen Maschinen können in folgenden Punkten zusammengefasst werden:

- durch Drehzahlregelung mittels Frequenzumrichter
- Einsatz von Simulationsmethoden zur Leistungs- und Wirkungsgradsteigerung, Temperatur- und Geräuschreduzierung sowie Gewichtsabsenkung
- Einsatz von Materialien höherer Leistungsdichte und leistungsfähigerer Elektronikbauteile
- Reduzierung der Betriebstemperaturen (Herabsenkung der Verluste)
- bessere und intensivere Kühlung
- Einsatz leistungsfähigerer Werkzeugmaschinen bei der Fertigung
- schlanke Fertigung

Die Wirkungsgradverbesserung bedeutet aber auch einen höheren Kaufpreis. Dieser zahlt sich jedoch aus. Folgende Beispiele sollen es verdeutlichen:

Beispiel 1
Die Energiekosten eines zweipoligen Drehstromstandardmotors 90 kW / 2975 min^{-1} / 94,7 % ist zu untersuchen und im Verhältnis zum Kaufpreis zu setzen. Der Anschaffungspreis des Motors soll etwa 3 500 Euro betragen.

Die aufgenommene Leistung ergibt sich zu 95,04 kW. Bei einem Stromtarif von 0,1 Euro/kWh entstehen folgende Energiekosten für den Wirkarbeitsanteil:

Betriebsdauer in h	**Wirkenergiekosten in Euro**
1 000	9504
3 000	2 8512
8 760 (1 Jahr)	83 255
10 000	95 040
43 800 (5 Jahre)	416 275

Im Dauerbetrieb gilt:
Motorpreis = Energiekosten innerhalb von 16 Tagen.

Beispiel 2
Der Energiekostenvergleich eines vergleichbaren Motors aus der Neuentwicklung 15 kW / 1460 min^{-1} ergibt:

	Standardmotor	**Neukonzept**	**Differenz**
η in %	90	92	2
P_{auf} in kW	16,66	16,30	0,36
P_v in kW	1,66	1,3	0,36 d. h. 22 % geringere Verluste

Bei einem Stromtarif von 0,1 Euro/kWh entstehen folgende Mehrbetriebskosten für den Wirkarbeitsanteil des Standardmotors im Vergleich zum Neukonzept:

Betriebsdauer in h	**Mehrkosten in Euro**
1 000	36
3 000	108
8 760 (1 Jahr)	315
10 000	360
43 800 (5 Jahre)	1 577

Bei der Entwicklung und Auslegung der elektrischen Antriebe kommen meistens zwei Konzepte infrage (s. Abschnitte 12.6 und 12.9):

- die Steuerung mit optimiertem Wirkungsgrad (thermisch dominant)
- die Steuerung mit minimierter Drehmomentwelligkeit (akustisch dominant)

Betrachtet man den Wirkungsgrad bzw. die Drehmomentwelligkeit des Antriebs in seinem gesamten Betriebsbereich, so ergeben sich je nach gewählter Steuerungsstrategie gewisse Muschelkurven [80 bis 83]. Dort kennzeichnen die durchgezogenen Kurven die Grenze des thermisch (akustisch) zulässigen Betriebs, in dem die Maschine dauerhaft gefahren werden kann.

2.13 Aufgaben zu Transformatoren

Aufgabe 1

Von einem Wechselstromöltransformator sind folgende Angaben bekannt:

Bemessungsspannung (OS)	U_{1n}	= 15 kV
Bemessungsspannung (US)	U_{2n}	= 600 V
Bemessungsscheinleistung	S_n	= 2100 kVA
Bemessungsfrequenz	f_n	= 16 2/3 Hz

Leerlaufversuch (bei 600 V): $P_0 = 5$ kW $I_{20} = 84$ A

Kurzschlussversuch (Oberspannungsseite): $P_k = 25$ kW $I_{1k} = 140$ A

1) Wie groß sind die Bemessungsströme auf der Ober- und Unterspannungsseite?
2) Die Oberspannungsseite wird an ein 15-kV-Netz angeschlossen. Wie groß sind der Strom und die aufgenommene Leistung (der Transformator befindet sich im Leerlauf)?
3) An der Unterspannungsseite wird eine ohmsche Last von 0,155 Ω angeschlossen. Der Strom ist jetzt das 1,1-Fache des Bemessungsstroms. Wie groß sind die aufgenommene Leistung und der Wirkungsgrad auf der Oberspannungsseite?

Aufgabe 2

Einige Kenndaten des Leistungsschilds sowie Ergebnisse des Leerlauf- und Kurzschlussversuchs eines Drehstromtransformators sind bekannt. Die Oberspannungsseite ist im Stern (Y) und die Unterspannungsseite im Dreieck (Δ) geschaltet. Bestimmen Sie das Übersetzungsverhältnis $ü$ des Transformators! Berechnen Sie die Elemente des Ersatzschaltbilds (Leerlauf, Kurzschluss)! Bestimmen Sie φ_0 (Leerlauf) und φ_k (Kurzschluss), und stellen Sie das Zeigerdiagramm für Leerlauf und Kurzschluss dar (qualitative Darstellung)!

Kenndaten des Transformators:

Bemessungsspannung (OS)	U_{1n}	= 10 kV
Bemessungsspannung (US)	U_{2n}	= 400 V
Bemessungsscheinleistung	S_n	= 800 kVA
relative Kurzschlussspannung	u_k	= 6 %

Leerlaufversuch auf der Unterspannungsseite (2):

$U_{20} = 400$ V (Δ) $I_{20} = 18{,}25$ A $P_0 = 4$ kW

Kurzschlussversuch auf der Oberspannungsseite (1):
$U_{1k} = 600$ V (Y) $I_{1k} = I_{1n}$ $P_k = 12$ kW

Aufgabe 3
Ein Drehstromtransformator besitzt folgende Kenndaten:

Bemessungsscheinleistung	S_n	= 400 kVA
Bemessungsspannung (OS)	U_{1n}	= 20 kV (Y)
Bemessungsspannung (US)	U_{2n}	= 0,525 kV (y)
Leerlaufverluste	P_0	= 1000 W
Kurzschlussverluste	P_k	= 6 800 W
relative Kurzschlussspannung	u_k	= 6 %
relativer Leerlaufstrom	i_0	= 1,8 %

1) Berechnen Sie den Leerlaufstrom auf der Unterspannungsseite (I_{20})! Zerlegen Sie diesen Strom in seine Komponenten!
2) Berechnen Sie die Kurzschlussspannung der Primärseite (U_{1k}) und ihre Komponenten U_r und U_x sowie den relativen ohmschen Spannungsfall u_r und den Streuspannungsfall u_x!
3) Wie groß ist der Dauerkurzschlussstrom auf der Primärseite, wenn sich die Unterspannungsseite im Kurzschluss befindet (die Spannung der Primärseite ist gleich der Bemessungsspannung)?
4) Berechnen Sie den Wirkungsgrad im Bemessungspunkt bei $\cos \varphi_2 = 0{,}8$!

Aufgabe 4
Ein Drehstromtransformator besitzt folgende Daten:

$U_{1n} = 10$ kV (Y) $U_{2n} = 1$ kV (y) $S_n = 1{,}73$ MVA

Kurzschlussversuch auf der OS ergibt:
$P_k = 30$ kW $I_{1k} = 100$ A $U_{1k} = 1{,}2$ kV

Leerlaufversuch auf der US ergibt:
$P_0 = 6$ kW $U_{20} = 1$ kV $I_{20} = 10$ A

1) Wie groß sind die Bemessungsströme auf der Ober- und Unterspannungsseite?
2) Wie groß ist die relative Kurzschlussspannung?
3) Nun wird der Kurzschlussversuch auf der Unterspannungsseite durchgeführt.

An welche Spannung muss der Transformator angelegt werden, damit der Kurzschlussstrom gleich dem Bemessungsstrom wird? Wie groß sind dann bei diesem Versuch die Kupferverluste?

4) Wie groß sind die Verluste und der Leerlaufstrom im Leerlaufversuch auf der Unterspannungsseite, wenn nur 50 % Bemessungsspannung eingestellt wird?
5) Berechnen Sie den Wirkungsgrad bei 1,1-facher Bemessungslast und $\cos \varphi_1 = 0{,}9$!

Aufgabe 5

Ein Drehstromtransformator besitzt folgende Leistungsschildangaben:

$S_n = 500$ kVA $U_{1n} = 5$ kV (Δ) $U_{2n} = 0{,}4$ kV (y) $f_n = 50$ Hz

Im Kurzschlussversuch bei $0{,}9\ I_{1n}$ wurden $U_{1k} = 300$ V und $\cos \varphi_k = 0{,}5$ gemessen. Die Eisenverluste bei Bemessungsspannung sind 1,5-fache Kupferverluste bei $0{,}9\ I_n$. Zur Berechnung braucht die prozentuale Spannungsänderung bei Belastung nicht berücksichtigt zu werden!

1) Wie groß sind die Bemessungsströme auf der Ober- bzw. Unterspannungsseite?
2) Wie groß sind die Bemessungsstrangströme und Bemessungsstrangspannungen der beiden Seiten?
3) Bestimmen Sie das Übersetzungsverhältnis! Wie groß ist die relative Kurzschlussspannung?
4) Wie groß sind die gesamten Verluste im Bemessungspunkt? Bestimmen Sie den Bemessungswirkungsgrad bei $\cos \varphi_1 = 0{,}9$!
5) Es steht ein zweiter Transformator mit gleicher Kennzahl zur Verfügung, jedoch mit folgenden Leistungsschildangaben:

   $S_n = 450$ kVA $U_{1n} = 5$ kV (Y) $U_{2n} = 0{,}133$ kV (Δ) $f_n = 50$ Hz $u_k = 5{,}5$ %

   Ist ein einwandfreier Parallelbetrieb der beiden Transformatoren gewährleistet? Begründen Sie Ihre Antwort!

Aufgabe 6

Von einem ölgekühlten Drehstromtransformator in Yy0-Schaltung sind folgende Leistungsschildangaben bekannt:

$S_n = 600$ kVA $f_n = 50$ Hz $U_{1n} = 10$ kV $U_{2n} = 500$ V

Leerlaufversuch auf US:

$P_0 = 600$ W $\quad U_{20} = 380$ V $\quad I_{20} = 10$ A

Kurzschlussversuch auf OS:

$P_k = 10$ kW $\quad U_{1k} = 320$ V $\quad I_{1k} = 30$ A

1) Bestimmen Sie das Übersetzungsverhältnis!
2) Bestimmen Sie die Bemessungsströme der Ober- und Unterspannungsseite!
3) Bestimmen Sie die Eisen- und Kupferverluste für den Bemessungspunkt!
4) Berechnen Sie die Leistungsfaktoren für Leerlauf und Kurzschluss!
5) Bestimmen Sie die relative Kurzschlussspannung und den relativen Leerlaufstrom!
6) Die Oberspannungsseite liegt an der Bemessungsspannung 10 kV, auf der Unterspannungsseite stehen jedoch eine Spannung von 485 V bei $I_{2n} = 692{,}8$ A und eine Wirkleistung von $P_2 = 530$ kW zur Verfügung. Wie ist die Reduzierung der Bemessungsspannung der Unterspannungsseite um diese 3 % (von $U_{2n} = 500$ V auf 485 V) zu erklären? Wie groß sind in diesem Fall die Leistungsfaktoren der Sekundär- und Primärseite sowie der Wirkungsgrad des Transformators?
7) Bestimmen Sie R_k und X_k im Kurzschluss!

Aufgabe 7

Von einem Wechselstromtransformator sind folgende Angaben bekannt:

$w_1 = 50$: Windungszahl der Primärspule; $w_2 = 30$: Windungszahl der Sekundärspule; $R_m = 60$ kA/(Vs): magnetischer Widerstand des Kreises; $i_1(t)$: Stromverlauf der Primärspule nach **Bild 2.43**. Die Feldstreuung sowie die ohmschen Widerstände der Wicklungen können vernachlässigt werden!

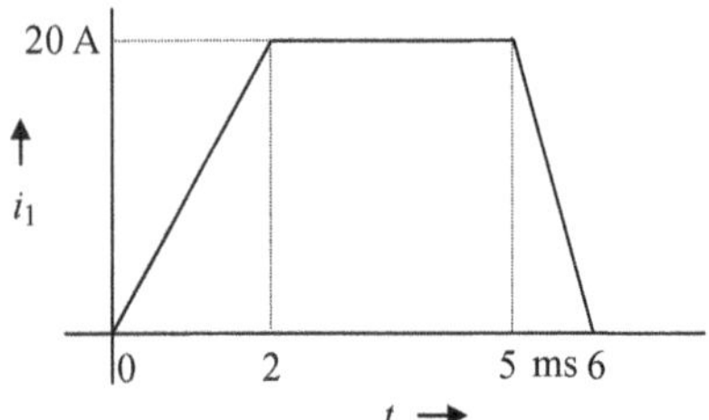

Bild 2.43 Strom-Zeit-Abhängigkeit der Primärspule

1) Bestimmen Sie für den angegebenen Stromverlauf $i_1(t)$ den Flussverlauf $\Phi(t)$ im Eisenkern, den Primärspannungsverlauf $u_1(t)$ und den Sekundärspannungsverlauf $u_2(t)$!
2) Stellen Sie diese Zeitverläufe quantitativ in einem Diagramm dar!
3) Wie groß ist die Gegeninduktivität M?

Aufgabe 8

Von einem ölgekühlten Drehstrom-Kerntransformator in Yy0-Schaltung sind folgende Leistungsschildangaben bekannt:

$S_n = 30$ MVA $\quad f_n = 50$ Hz $\quad U_{1n} = 30$ kV $\quad U_{2n} = 10$ kV

Sonstige Angaben sind: $w_1 = 288$; $w_2 = 96$ (Windungszahlen je Strang);
$A = 2269\ \text{cm}^2$ (effektiver Kernquerschnitt).

Leerlaufversuch bei $U_{20} = U_{2n}$:
$P_0 = 50{,}6$ kW $\quad I_{20} = 10{,}4$ A

Kurzschlussversuch bei $I_{1k} = I_{1n}$:
$P_k = 152$ kW $\quad U_{1k} = 2{,}7$ kV

1) Wie groß sind die Bemessungsströme?
2) Geben Sie die bezogene Kurzschlussspannung u_k und den Leistungsfaktor bei Kurzschluss an! Wie groß sind der ohmsche und induktive Spannungsfall U_r und U_x (Kapp'sches Dreieck, Leiterwerte)?
3) Geben Sie den bezogenen Leerlaufstrom i_0 an!
4) Berechnen Sie den Wirkungsgrad bei $\cos\varphi_2 = 1$ und I_n, $3\,I_n/4$ und $I_n/2$, wenn U_2 sich nicht verändert!
5) Bei welcher Belastung erreicht der Wirkungsgrad ein Maximum ($\cos\varphi_2 = 1$)? Wie groß ist η_{max}?
6) Wie groß ist die maximale Kerninduktion bei der Belastung im Bemessungspunkt?

3 Gleichstrommaschinen

3.1 Einleitung

Die ersten Modelle der Gleichstrommaschinen wurden, wie erwähnt, 1820 von Oersted gebaut, die ersten industriellen Gleichstrommaschinen wurden jedoch erst 1860 von A. Pacinotti hergestellt. Trotz des um 1890 beginnenden Vordringens der Drehstrommaschinen haben die Gleichstrommaschinen ihre Bedeutung in wichtigen Anwendungsgebieten behalten. Der Einsatz von modernen Werkzeugen in der Fertigung sowie numerische Verfahren bei der Entwicklung ermöglichen die Herstellung neuer Baureihen mit erhöhten Leistungen, verbesserten Kommutierungen, verlängerten Bürstenstandzeiten, erhöhten thermischen Reserven und verminderten Geräuschwerten [90 bis 112].

Die Gleichstrommotoren werden unter anderem eingesetzt in der Elektrochemie, in Fahrzeugen, Hebezeugen, Walzstraßen, in der Kfz-Technik, in Handhabungsgeräten, Robotern, Werkzeugmaschinen, der Medizin- und Labortechnik (Dosierpumpen), in der Unterhaltungselektronik, in batteriebetriebenen Geräten etc. Die Hauptanwendungsgebiete sind also dort, wo ein Netzanschluss nicht ohne Weiteres möglich ist und bei den drehzahlregelbaren Antrieben. Sie werden heute für Spannungen bis 1,2 kV, Leistungen bis 3 MW und Drehzahlen bis 10 000 min^{-1} gebaut. Bei der Vorzugsreihe bis 500 kW sind Ankerspannungen von 420 V, 470 V, 520 V oder 600 V und eine Erregerspannung von 310 V üblich. Im Leistungsbereich bis 3 MW sind auch Ankerspannungen von 150 V bis 810 V (insbesondere 750 V) und Erregerspannungen von 110 V, 180 V, 220 V und 310 V geläufig.

Die Gleichstrommaschinen gehören zur Klasse der selbstgeführten bzw. Kommutatormaschinen. Früher gab es Kommutatormaschinen bzw. Stromwendermaschinen für Gleich- *und* Wechselstrom. Die Wechselstromausführungen haben jedoch ihre Bedeutung allmählich verloren und werden nur noch in kleinen Stückzahlen hergestellt. Der bürstenlose Gleichstrommotor (Elektronikmotor bzw. EC- oder Electronic Commutated-Motor) erfüllt die meisten Anforderungen der heutigen Automatisierungs- und Positionierungstechnik (s. Abschnitte 10.3.2 bzw. 10.2.3). Seine besonderen Merkmale sind einfache Drehzahlverstellung und -regelung und großer Drehzahlverstellbereich.

Die wesentlichen Vorteile der Gleichstrommaschinen gegenüber den Wechsel- und Drehstrommotoren sind:

- einfache und kostengünstige Drehzahlverstellung
- großer Drehzahlverstellbereich
- einsetzbar, wo Wechsel- bzw. Drehstrom nicht zur Verfügung steht (z. B. Fahrzeug)
- in der Regel keine Einschränkung bezüglich Drehmoment und Drehzahl (keine Kippwerte)
- Gleichstromenergiespeicherung gut möglich (Batterien und Akkumulatoren)
- selbstgeführter Motor, geeignet für Automatisierungs- und Positionierungssysteme (geschlossener Regelkreis, s. Abschnitt 10.2.3)

Während der Einsatz von Gleichstrommotoren in klassischen Gebieten abnimmt, wird deren Anwendung in Spezialgebieten zunehmend wichtiger. So sind die NASA-Marsfahrzeuge „Spirit" und „Opportunity" mit je 39 solcher Motoren ausgerüstet. Die Motoren sind teilweise mit eisenlosen Wicklungen ausgestattet. Der kleinste Motor misst 6 mm im Durchmesser und leistet 1,2 W. Der zehnmal größere 60-mm-EC-Motor bringt es auf 400 W. Der neue Nasa-Rover „Curiosity" gewinnt seine Energie aus Atomkraft. Bei manchmal tiefstehender Sonne hatten Opportunity und Spirit Probleme um genügend Energie zu kriegen. Weitere Einsatzgebiete sind in Spezial-Kameras (die beeindruckenden Aufnahmen des 45-minütigen Films „Sacred Plant", aus dem Jahr 2004 wurden mit solchen Kameras aufgenommen) und Robotik mit Feingefühl (z. B. mehrere Motoren sorgen für komplexe feinfühlige und griffsichere Bewegungen der Roboterhand).

3.2 Aufbau

Bild 3.1 zeigt den prinzipiellen Aufbau einer Gleichstrommaschine. Die Hauptbestandteile heißen üblicherweise wie bei allen anderen rotierenden elektrischen Maschinen Primärseite bzw. Ständer (Stator) und Sekundärseite bzw. Läufer (Rotor). Das Ständerpaket besteht normalerweise aus dünnen Dynamo-Blechsorten (in der Regel 0,5 mm bis 1 mm Dicke). Gelegentlich wird immer noch massives Eisen verwendet, das entweder gegossen oder geformt und dann geschweißt wird. Auf den feststehenden Polen sind die Erregerwicklungen untergebracht. Eine mögliche Erregerdurchflutungsrichtung ist in Bild 3.2 angegeben. Für den Läufer (oft Anker) muss mit Rücksicht auf das entstehende Wechselfeld geblechtes ferromagnetisches Eisen mit der üblichen Dicke von 0,5 mm eingesetzt werden. Läuferwicklungen (oft Ankerwicklungen) sind in den Nuten untergebracht (Bild 3.1). Die Bürsten bestehen entweder aus einem kupferhaltigen Material (Spannungsfall $\approx$ 0,3 V bis 0,5 V) oder aus einem grafithaltigen Material (Spannungsfall $\approx$ 1 V).

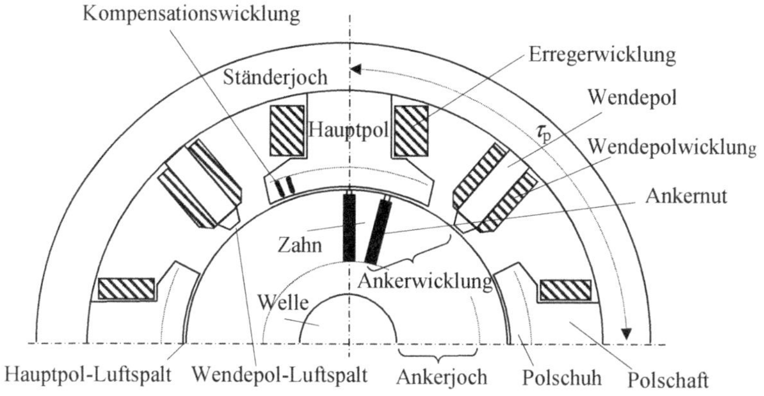

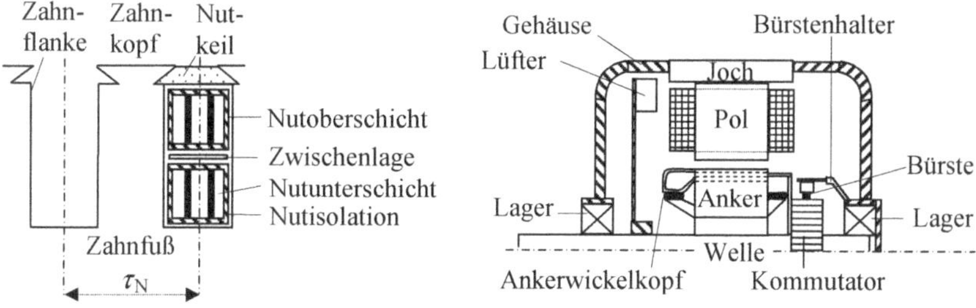

Bild 3.1 Prinzipieller Aufbau einer Gleichstrommaschine

3.3 Magnetischer Kreis (Entstehung des magnetischen Felds und der Pole)

Der Anker in rotierenden elektrischen Maschinen ist dort, wo Spannungen bzw. Ströme induziert werden, und kann ein Läufer oder ein Ständer sein. Bei den Gleichstrommaschinen ist normalerweise ein Läufer der „Anker". Im Ständer befinden sich die Pole (Außenpolprinzip). Es gibt jedoch Gleichstrommaschinen mit Innenpolausführung, bei denen der Anker der Ständer ist (z. B. EC-Motor).

Die Polpaarzahl wird mit p und die Polzahl mit $2p$ bezeichnet. Die Maschine von Bild 3.1 und **Bild 3.2** besitzt zwei Polpaare, sie ist also vierpolig. Der Abstand zweier Nachbarpole (Polmitte zur Polmitte) wird als Polteilung bezeichnet:

$$\tau_p = \frac{\pi D}{2p} \tag{3.1}$$

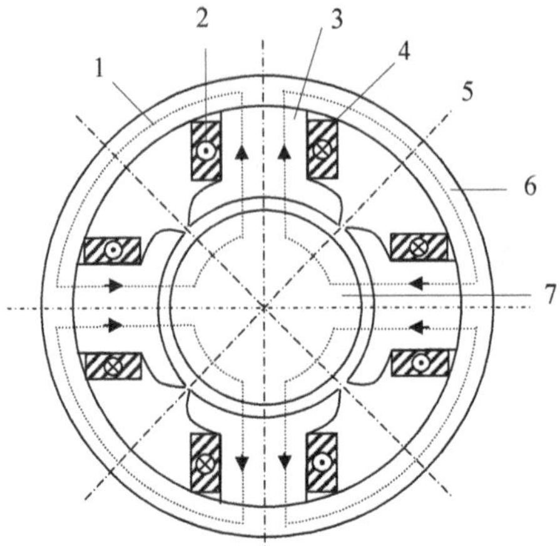

Bild 3.2 Feldaufbau einer vierpoligen Maschine

Der Abstand zweier Nachbarzähne (von Zahnmitte zu Zahnmitte) wird als Nutteilung bezeichnet. Bei einem Anker mit N Nuten und einem Ankerdurchmesser D ist die Nutteilung:

$$\tau_{\mathrm{N}} = \frac{\pi D}{N} \tag{3.2}$$

Wegen des kleinen Luftspalts kann bei grober Betrachtung der Ankerdurchmesser gleich dem Bohrungsdurchmesser angenommen werden. Durch die Speisung der Erregerwicklung mit Gleichspannung wird die erforderliche Erregerdurchflutung bereitgestellt. Diese erzeugt ein ruhendes Magnetfeld. Die Feldlinien umschließen die Durchflutung (nach der Rechte-Hand-Regel) und bilden abwechselnd Nord- und Südpole. Die magnetischen Feldlinien sind stets vom Nord- zum Südpol gerichtet (**Bild 3.3**).

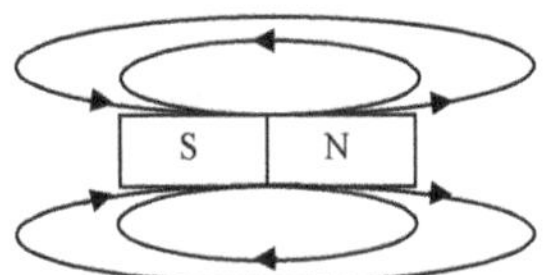

Bild 3.3 Richtung des Magnetfelds

Bild 3.4 zeigt eine abgewickelte Maschine innerhalb einer Polteilung mit dem zugehörigen magnetischen Fluss. Der prinzipielle Verlauf der Radialkomponente der magnetischen Induktion in Abhängigkeit der Umfangskoordinate x (auch Feldkurve genannt) ist ebenfalls in Bild 3.4 aufgezeigt. Die Nord- und Südpole werden so festgelegt, dass das Feld vom Nord- zum Südpol hin ausgerichtet ist (Bild 3.3). Weiterhin ist ersichtlich, dass innerhalb der Maschine ein *Wechselfeld* entsteht. Dabei sind B_L der Maximalwert der Luftspaltinduktion und B_{Em} dessen Mittelwert in einer Polteilung:

$$B_{Em} = \frac{1}{\tau_p} \int_0^{\tau_p} B(x)\,dx \tag{3.3}$$

Der Fluss unter einer Polteilung ist

$$\Phi = l \int_0^{\tau_p} B(x)\,dx \tag{3.4}$$

und damit

$$\Phi = B_{Em}\, l\, \tau_p \tag{3.5}$$

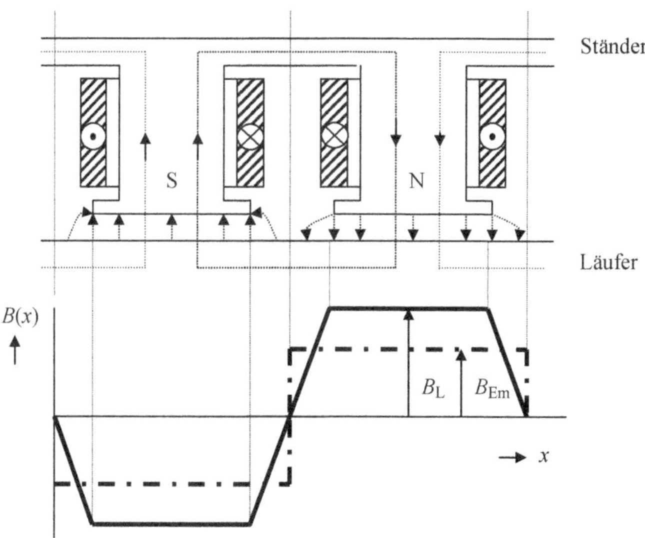

Bild 3.4 Induktionsverteilung in kartesischen Koordinaten

In Gl. (3.5) ist l die Maschinenlänge (aktive Eisenlänge). Nach dem Durchflutungsgesetz ist die Luftspaltinduktion vom Erregerstrom abhängig. Für den magnetischen Kreis gilt

$$2\Theta_E = V_{Fe} + V_L \tag{3.6}$$

mit:

$$\Theta_E = w_E I_E \tag{3.7}$$

Hier ist w_E die Erregerwindungszahl der Pole, I_E der Erregerstrom, V_{Fe} der magnetische Spannungsfall im Eisen und V_L der magnetische Spannungsfall in der Luft. Beim nutenlosen Anker ist der magnetische Spannungsfall im Hauptluftspalt:

$$V_L = 2\, B_L\, \delta \,/\, \mu_0 \tag{3.8}$$

V_{Fe} ist im Vergleich zum V_L klein. Bei den Gleichstrommaschinen kann aber V_{Fe} im Vergleich zum V_L in der Regel nicht vernachlässigt werden. In **Bild 3.5** sind die magnetischen Spannungsfälle in Luftspalt und Eisen in Abhängigkeit von der Erregerdurchflutung Θ_E dargestellt. Während der magnetische Spannungsfall im Luftspalt sich linear mit der Durchflutung ändert, ist der magnetische Spannungsfall im Eisen wegen der Eisensättigung nicht linear. Die maximale magnetische Belastbarkeit eines Eisenmaterials wird weiter nach einer bestimmten Erregung erreicht.

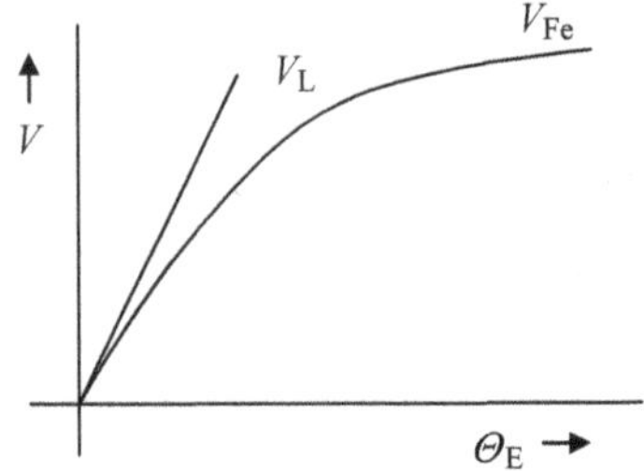

Bild 3.5 Magnetische Spannungsfälle in Luftspalt und Eisen in Abhängigkeit von Θ_E

In rotierenden elektrischen Maschinen muss mit einem verminderten magnetischen Feld gerechnet werden. Dies ist auf den Carter'schen Faktor und den Sättigungsfaktor zurückzuführen. Für einen Anker mit Nuten muss noch der Carter'sche Faktor berücksichtigt werden. Damit wird die Luftspaltvergrößerung infolge der Nutöffnungen berücksichtigt. Der Cartersche Faktor k_c wird wie folgt berechnet:

$$k_\mathrm{c} = \frac{\tau_\mathrm{N}}{\tau_\mathrm{N} - \gamma\,\delta} \quad \text{mit} \quad \gamma = \frac{\left(\frac{s}{\delta}\right)^2}{5 + \frac{s}{\delta}} \tag{3.9}$$

s steht hierbei für die Nutschlitzbreite und δ für die geometrische Luftspaltdicke unter den Polschuhen. Bei rotierenden elektrischen Maschinen, deren Ständer auch genutet sind, gilt Entsprechendes. Dann ergibt sich der Carter'sche Faktor zu:

$$k_\mathrm{c} = k_\mathrm{cr}\,k_\mathrm{cs} \tag{3.10}$$

mit k_cr als Carter'scher Faktor der Rotornuten und k_cs als Carter'scher Faktor der Ständernuten. Wegen der Eisensättigung tritt eine weitere Feldschwächung auf. Diese wird in Form einer Luftspaltvergrößerung durch den Eisensättigungsfaktor k_s berücksichtigt:

$$k_\mathrm{s} = \frac{V_\mathrm{L} + V_\mathrm{zr} + V_\mathrm{zs}}{V_\mathrm{L}} \tag{3.11}$$

V_zr und V_zs sind die magnetischen Spannungsfälle im Rotor- bzw. Ständerzahn. Somit ergibt sich für den magnetisch wirksamen Luftspalt δ'':

$$\delta'' = k_\mathrm{c}\,k_\mathrm{s}\,\delta \tag{3.12}$$

3.4 Wicklungsarten des Ankers (Schleifen- und Wellenwicklung)

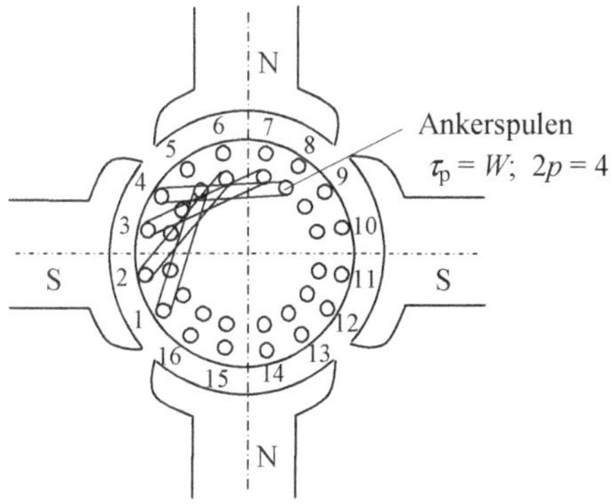

Bild 3.6 Schematische Darstellung der Schleifenwicklung

Aus Bild 3.1 geht hervor, dass die Ankerwicklungen in zwei Schichten der Nuten untergebracht sind. **Bild 3.6** zeigt eine vierpolige Maschine mit 16 Nuten. Die linke Seite der Spule 1 liegt in der Oberschicht der Nut 1 und die rechte Seite in der Unterschicht der Nut 5. Außerhalb des Blechpakets (im Stirnraum) befinden sich die sogenannten Wickelköpfe. Die Maschine in Bild 3.6 besitzt 16 Spulen. Die Spulenweiten sind gleich der Polteilung ($W = \tau_p$). **Bild 3.7** zeigt die Verbindungen der Spulen und damit die Entstehung der Wicklungen.

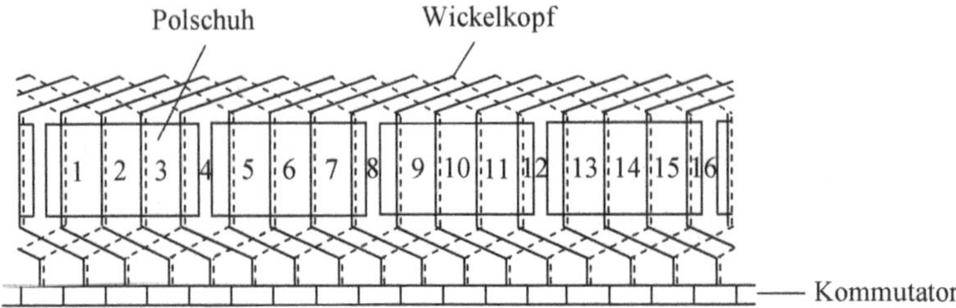

Bild 3.7 Komplettes Wickelschema einer Schleifenwicklung

Die Ankerwicklungen werden in Schleifen- bzw. Wellenform ausgeführt. Dabei sind ungekreuzte und gekreuzte Varianten üblich (**Bild 3.8** und **Bild 3.9**).

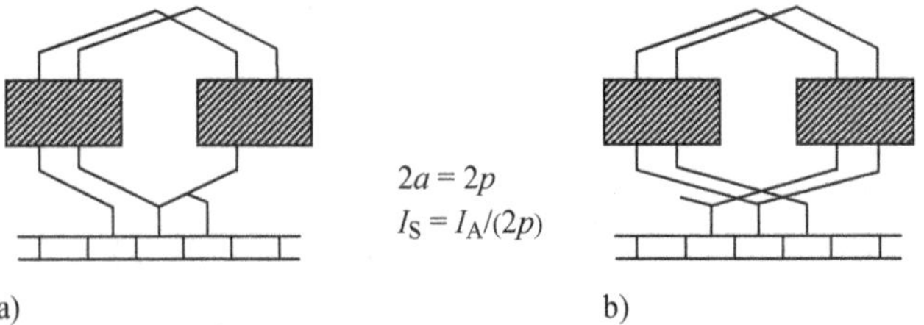

Bild 3.8 Schleifenwicklung
a) ungekreuzt b) gekreuzt

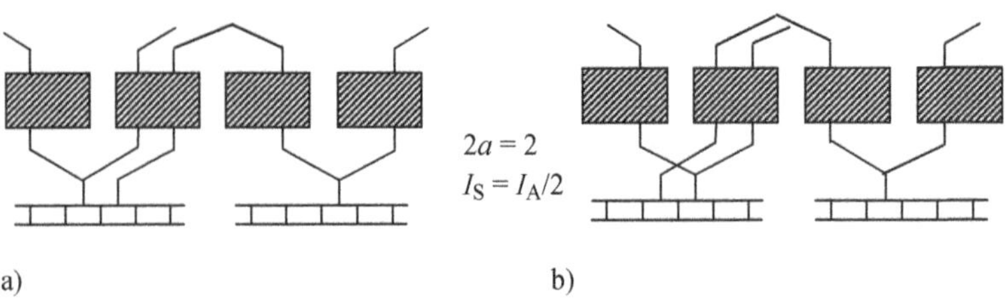

Bild 3.9 Wellenwicklung
a) ungekreuzt b) gekreuzt

Anhand des vollständigen Wickelschemas lässt sich feststellen, dass die Schleifenwicklung $2a = 2p$ parallele Zweige besitzt. Demnach gibt es so viele parallele Zweige wie Pole. Die Plusbürsten müssen miteinander elektrisch verbunden werden, desgleichen die Minusbürsten. Da die Schleifenwicklung eine große Anzahl paralleler Zweige erhalten kann, nennt man sie auch Parallelwicklung. Sie ist daher für große Ströme geeignet und wird vor allem bei großen Maschinen verwendet ($I_S = I_A/(2p)$). Demgegenüber beträgt die Anzahl der parallelen Zweige einer Wellenwicklung unabhängig von der Polpaarzahl stets $2a = 2$ (demzufolge ist $I_S = I_A/2$). Bei der Wellenwicklung sind grundsätzlich zwei Bürsten ausreichend. Die Wellenwicklung enthält in jedem ihrer beiden Wicklungszweige eine große Anzahl in Reihe geschalteter Spulen. Sie heißt daher auch Reihenwicklung und wird vor allem für Maschinen verwendet, die eine im Verhältnis zu ihrer Spannung kleine Leistung haben.

3.5 Induzierte Spannung im Anker (Quellenspannung) und Kommutation (Stromwendung)

Die induzierte Spannung in einer Spule mit konstanter Geschwindigkeit wurde in Abschnitt 1.8.8 wie folgt berechnet:

$$u_i = w\, l\, v\, [B(x + W/2) - B(x - W/2)]$$

Unter den Polschuhen gilt wegen $W = \tau_p$ (Bild 3.6):

$$B(x - W/2) = -B(x + W/2) \qquad (3.13)$$

Somit kann die induzierte Spannung wie folgt geschrieben werden:

$$u_i = 2\, w\, l\, v\, B(x + W/2)$$

u_i ist durch die Abhängigkeit zur Ankerposition eine zeitlich veränderliche Spannung. Die zeitliche Änderung der Spannung $u_i(t)$ ist proportional der örtlichen Änderung der Induktion $B(x)$. Mit $x = x(t) = v\, t$ verwandelt sich diese Gleichung in:

$$u_i(t) = 2\, w\, l\, v\, B(vt + W/2) \qquad (3.14)$$

Mithilfe dieser Gleichung kann die induzierte Spannung der Spulen in den Bildern 3.6 bzw. 3.7 berechnet werden. Zum angegebenen Zeitpunkt des Bildes 3.6 werden in den Spulen, deren Oberschichten in den Nuten 1, 2, 3 und 4 liegen, Spannungen mit gleichen Beträgen und Vorzeichen induziert. In den Spulen 5, 6, 7 und 8 sind die Spannungen bis auf die Vorzeichen gleich. In den anderen Polpaaren mit den Spulen 9, 10, 11, 12 und 13, 14, 15, 16 wiederholt sich der Vorgang.

Zur Umwandlung der Wechselspannung in eine Gleichspannung (Stromwendung) wird in der Regel ein mechanischer Gleichrichter, der sogenannte Kommutator, eingesetzt. Die oben gezeigten Spulen sind für einen Dauerbetrieb noch nicht geeignet, weil das Drehmoment des Motors innerhalb einer Umdrehung zweimal seine Richtung ändert und der Generator eine Wechselspannung liefern würde. Der Kommutator besteht im Prinzip aus Kupfersegmenten oder Lamellen, auf denen die Kohlebürsten schleifen (Bilder 3.7 bis 3.9). In der Spule fließt ein Wechselstrom, im Netz dagegen ein pulsierender Gleichstrom. Der Kommutator arbeitet demnach als mechanischer Gleichrichter, der den Wechselstrom in einen Gleichstrom umformt. Der Richtungswechsel eines Spulenstroms erfolgt, wenn die entsprechenden Lamellen, an denen diese Spule angeschlossen ist, an den Bürsten vorbeilaufen (Bild 3.12). Der zeitlich abhängige Stromverlauf in dieser Spule ist in **Bild 3.10** dargestellt.

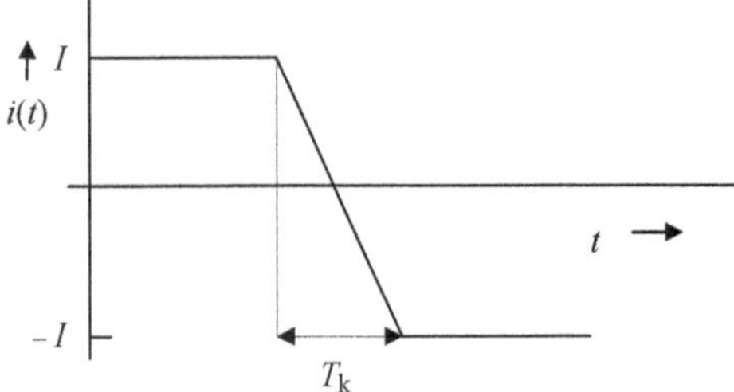

Bild 3.10 Stromverlauf während der Stromwendung

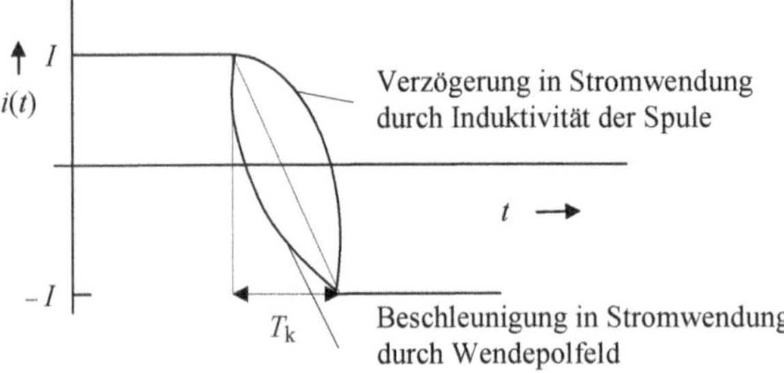

Bild 3.11 Verzögerung und Beschleunigung der Stromwendung

Bewegt sich der Kommutator mit der Geschwindigkeit v_k relativ zu den Bürsten und ist die Breite einer Bürste b, so beträgt die Kommutierungszeit:

$$T_k = \frac{b}{v_k} \tag{3.15}$$

Diese Zeit liegt in der Größenordnung von 1 ms bis 10 ms. Bei dem in Bild 3.10 gezeigten Stromverlauf wird der einfache Fall der linearen Kommutierung angenommen, nach dem für den Übergang des Stroms vom Segment 1 auf das Segment 2 (Bild 3.12) nur die Übergangswiderstände zwischen den Segmenten und der Bürste maßgebend sind. Die geradlinige Stromwendung findet nur statt, wenn in der kurzgeschlossenen Spule keine Spannung induziert wird und die Spule widerstandslos ist. Dies ist in Wirklichkeit jedoch nicht der Fall. Durch die Selbstinduktion der Spule wird die sogenannte Stromwendespannung induziert, die eine verzögerte Stromwendung zur Folge hat, wie in **Bild 3.11** dargestellt.

Da es sich hier praktisch um das Abschalten eines Stromkreises mit Widerstand und Induktivität handelt, kann ein Abschaltfunken an der ablaufenden Bürstenkante auftreten. Außerdem ergibt sich eine ungünstige Stromdichteverteilung in der Auflagefläche der Bürste. Um das zu vermeiden, wird die Wendepolwicklung (s. Abschnitt 3.12) so ausgelegt, dass sie nicht nur das Ankerfeld aufhebt, sondern auch das dem Ankerfeld entgegengerichtete Wendefeld in der neutralen Zone erregt. Dadurch wird rotatorisch eine Spannung in der kurzgeschlossenen Spule induziert, die der Stromwendespannung entgegengerichtet ist und bei geeigneter Bemessung zu der angestrebten, leicht beschleunigten Kommutierung führt.

Die mittlere induzierte Spannung, die zeitlich konstant ist, kann nach Gl. (3.14) ermittelt werden:

$$U_i = 2\, w_a\, l\, v\, B_{Em} \tag{3.16}$$

w_a ist die Anzahl der in Reihe geschalteten Wicklungen zwischen zwei Kohlebürsten, B_{Em} die mittlere Induktion (Gl. (3.4)). Wird die Geschwindigkeit v durch die Winkelgeschwindigkeit ω ersetzt, $v = D\, \omega/2$, mit dem Läuferdurchmesser D ($\approx$ Bohrungsdurchmesser), so ergibt sich mit den Gln. (3.1) und (3.5) für die induzierte Spannung:

$$U_i = c_u\, \omega\, \Phi \tag{3.17}$$

Der Wert

$$c_u = 2p\, w_a/\pi \tag{3.18}$$

ist für eine Maschine konstant und wird daher als Maschinenkonstante bezeichnet.

Einzelheiten des Kommutierungsvorgangs

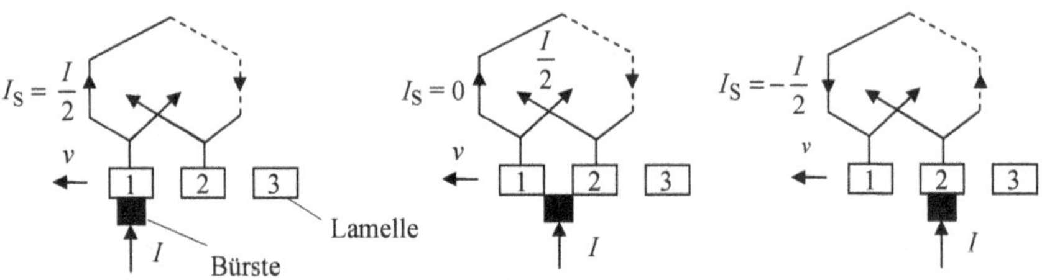

Bild 3.12 Verschiedene Kommutierungszeitpunkte

Durch den Kommutator wird der zu- oder abgeführte Gleichstrom in den Ankerleitern ständig so umgepolt, dass sich eine räumlich konstante Ankerdurchflutung ergibt, die senkrecht zum Erregerfeld steht. Der Richtungswechsel eines Spulenstroms erfolgt, wenn die entsprechenden Lamellen, an denen diese Spule angeschlossen ist, an den Bürsten vorbeilaufen (die Bürsten befinden sich stets in der neutralen Zone) (**Bild 3.12**).

I. Generatorbetrieb

Wenn die Maschine mit einer Winkelgeschwindigkeit ω angetrieben wird, wird in einer Läuferspule eine Wechselspannung induziert, deren Zeitverlauf der Induktionsverteilung im Luftspalt entspricht. Diese Wechselspannung wird durch einen Kommutator gleichgerichtet (**Bild 3.13**).

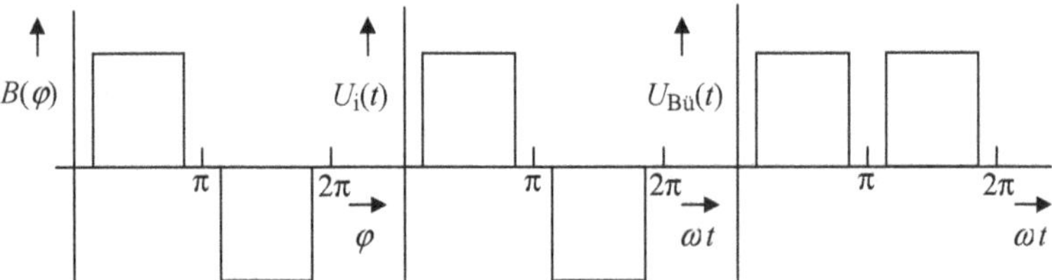

Bild 3.13 Feldform und Spannungsverläufe

Dieser Kommutator besteht, wie in **Bild 3.14** skizziert, in der einfachsten Ausführung aus zwei Kupfersegmenten. Dadurch wird, sobald die Polarität und damit das Vorzeichen der induzierten Spannung wechselt, die Spule umgepolt. Daher kann an den Bürsten eine pulsierende Gleichspannung entnommen werden nach:

$$U_{\mathrm{i}} = (\boldsymbol{v} \times \boldsymbol{B})\, \boldsymbol{l}$$

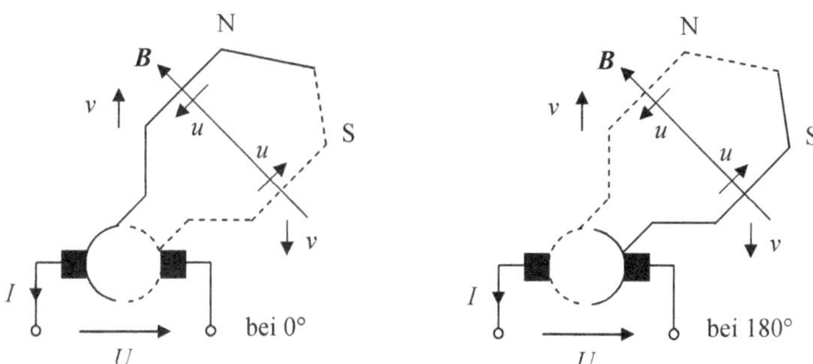

Bild 3.14 Kommutierungszeitpunkte bei zwei Kupferlamellen für den Generatorbetrieb

Durch die Hintereinanderschaltung mehrerer gleichmäßig am Ankerumfang verteilter Spulen erhält man eine größere Gleichspannung mit geringer Restwelligkeit (**Bild 3.15**).

Bild 3.15 Gleichspannung mit geringer Restwelligkeit

II. Motorbetrieb

Durch den Kommutator wird der Gleichstrom in einer Läuferspule ständig so umgepolt, dass ein pulsierendes Gleichmoment gebildet wird nach

$$\boldsymbol{F} = I\,(\boldsymbol{l} \times \boldsymbol{B}) \qquad \boldsymbol{M} = \frac{D}{2}\,\boldsymbol{F}$$

(**Bild 3.16** und **Bild 3.17**). Durch die Hintereinanderschaltung mehrerer gleichmäßig am Ankerumfang verteilter Spulen erhält man ein größeres Drehmoment mit geringer Restwelligkeit (**Bild 3.18**).

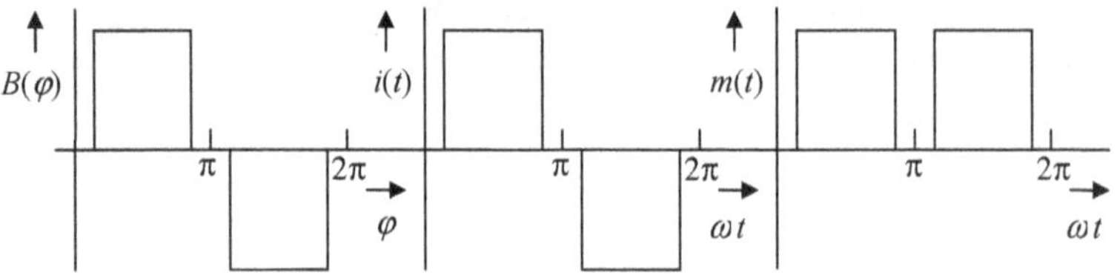

Bild 3.16 Feldform, Strom- und Drehmomentverlauf

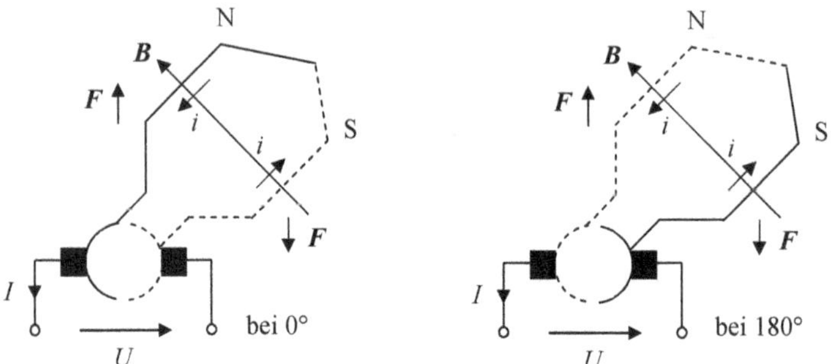

Bild 3.17 Kommutierungszeitpunkte bei zwei Kupferlamellen für den Motorbetrieb

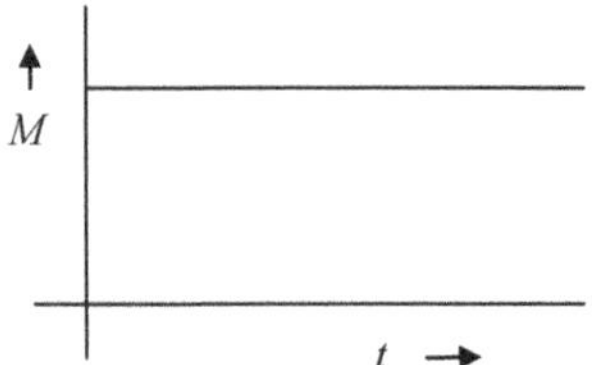

Bild 3.18 Gleichmoment mit geringer Restwelligkeit

3.6 Strombelag

Für eine vierpolige Wicklung beträgt der Wicklungsstrom I_S ein Viertel des Ankerstroms I_A (bei einer Schleifenwicklung). Die Anzahl der parallelen Zweige ist hier $2a = 4$. Aus **Bild 3.19** geht hervor, dass die Spulenströme in der Ober- und Unterschicht einer Nut gleiche Richtungen besitzen. Wenn jede Nut z_n Leiter hat, ist die Durchflutung einer Nut gleich:

$$\Theta_n = z_n I_S \tag{3.19}$$

Die Stromverteilung am Umfang einer rotierenden elektrischen Maschine ist wegen vorhandener Nuten und Pole diskret. Bei analytischen Betrachtungen ist es deswegen sinnvoll, die Ströme auf eine Länge zu beziehen (normalerweise τ_N). Der Strom bzw. die Durchflutung pro Längeneinheit wird als Strombelag A bezeichnet. Der Ankerstrombelag A_A der Gleichstrommaschine ist dann:

$$A_A = \Theta_n / \tau_N \tag{3.20}$$

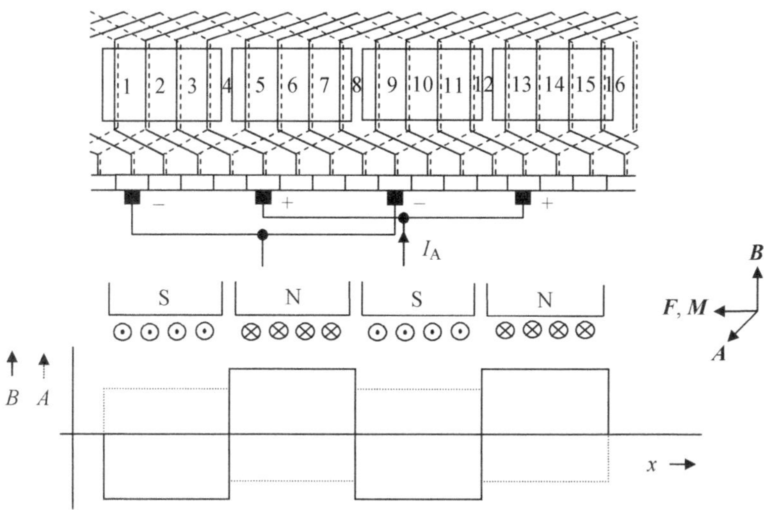

Bild 3.19 Vierpolige Maschine (Ankerwicklungen, Bürsten, Induktions- und Ankerstrombelag)

Die Einheit des Strombelags ist A/m. Da die Nutenströme hier gleich sind, ist der Ankerstrombelag im Maschinenumfang konstant (Bild 3.19 und **Bild 3.20**). Es findet lediglich ein Vorzeichenwechsel zwischen den unterschiedlichen Polteilungen statt.

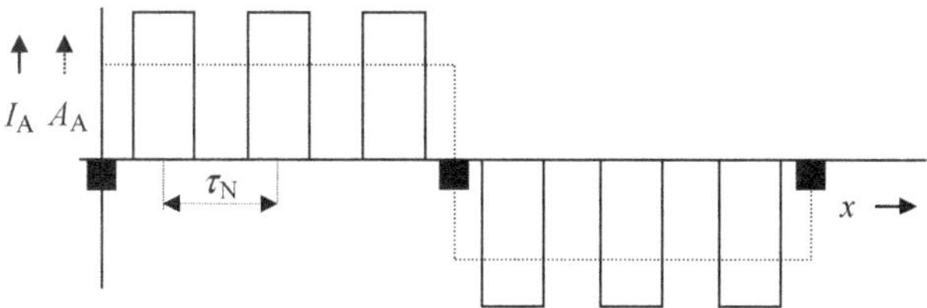

Bild 3.20 Strombelag

3.7 Vereinfachte Schaltung, Drehmoment, Wirkungsweise und Ersatzschaltbild

Aus den bisher dargelegten physikalischen Zusammenhängen lassen sich die vereinfachte Schaltung (**Bild 3.21**) und das Ersatzschaltbild (**Bild 3.22a**) einer Gleichstrommaschine im Verbraucherzählpfeilsystem angeben (in Bild 3.21 eine zweipolige Maschine). Der Anker ist symbolisch durch einen Kreis mit zwei Kohlebürsten dargestellt. Der ohmsche Widerstand der Ankerwicklung ist mit R_A und ihre Selbstinduktivität mit L_A bezeichnet. Der Erregerstrom I_E in der Erregerwicklung mit dem ohmschen Widerstand R_E und der Selbstinduktivität L_E erzeugt den magnetischen Fluss Φ. Die Achse der Feldwicklung steht senkrecht auf der Achse der Ankerwicklung, deren Lage durch die Bürsten bestimmt wird. Infolge der Rotation des Ankers wird über den Fluss Φ die Spannung U_i induziert. Die Drehrichtung des Ankers ist aus Bild 3.21 und **Bild 3.22b** zu entnehmen.

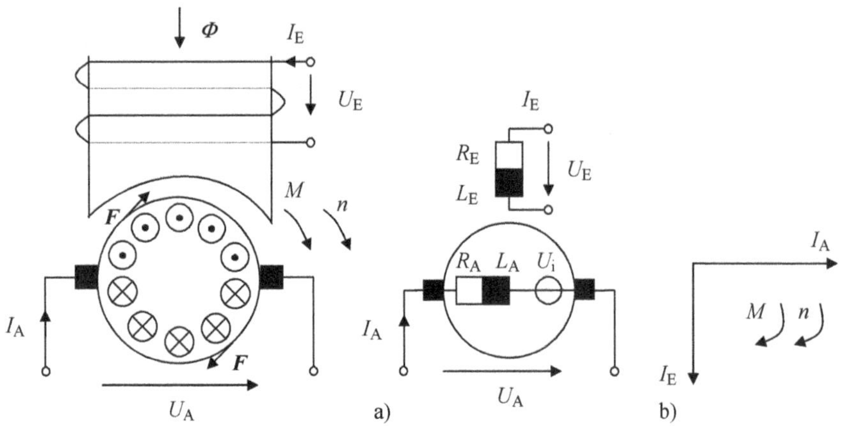

Bild 3.21 Vereinfachte Schaltung

Bild 3.22 Ersatzschaltbild und Drehrichtung
a) Ersatzschaltbild b) Drehrichtung

Wie in Abschnitt 1.8.4 ausgeführt, gilt für die Kraftwirkung auf einen stromdurchflossenen Leiter im äußeren Magnetfeld die sogenannte Lorentz-Kraft:

$$F = B\,l\,I$$

Für die resultierende Kraft auf den Rotorumfang kann mithilfe der bisher eingeführten Symbole Folgendes geschrieben werden:

$$F_{res} = B_{Em}\, l\, N_A\, z_n\, I_S \tag{3.21}$$

Mithilfe der Gln. (3.19) und (3.20) folgt:

$$F_{res} = B_{Em}\, A_A\, \pi\, D\, l \tag{3.22}$$

Die Kraft pro Flächeneinheit des Ankers wird als Kraftdichte bezeichnet:

$$f = B_{Em}\, A_A \tag{3.23}$$

Die Kraftdichte ist eine spezielle Größe, da damit die elektromagnetische Ausnutzung der Maschine festgelegt wird. Das Drehmoment ergibt sich aus der resultierenden Kraft (Gl. (3.21)):

$$M = \frac{D}{2} F_{res} = \frac{D}{2} B_{Em}\, l\, N_A\, z_n\, I_S \tag{3.24}$$

Mit den Gln. (3.1) und (3.5) kann für die Gl. (3.24) geschrieben werden:

$$M = c_m\, \Phi\, I_A \tag{3.25}$$

Darin ist c_m wiederum eine Maschinenkonstante. Die Maschinenkonstanten c_u und c_m können oft annähernd gleich angenommen werden. In Anlehnung an Abschnitt 1.8.7 können die Spannungsgleichungen der Gleichstrommaschine für den instationären Fall wie folgt geschrieben werden:

$$u_E(t) = R_E\, i_E + L_E \frac{\mathrm{d}i_E}{\mathrm{d}t} + M \frac{\mathrm{d}i_A}{\mathrm{d}t} \qquad \text{Erregerkreis}$$

$$u_A(t) = R_A\, i_A + L_A \frac{\mathrm{d}i_A}{\mathrm{d}t} + M \frac{\mathrm{d}i_E}{\mathrm{d}t} \qquad \text{Ankerkreis}$$

Für den stationären Zustand gilt (mit U_E als Erregerspannung):

$$U_E = R_E\, I_E \qquad \text{Erregerkreis} \tag{3.26}$$

$$U_A = R_A\, I_A + U_i \qquad \text{Ankerkreis} \tag{3.27}$$

Wegen des Spannungsfalls im Anker ist bei Motoren die Ankerspannung U_A größer als U_i und in Generatoren U_i größer als U_A (**Bild 3.23**). Die Ankerspannungsgleichung (Gl. (3.27)) kann dann allgemeiner formuliert werden:

$$U_A = U_i \pm R_A I_A$$

„+" gilt für den Motorbetrieb und „–" für den Generatorbetrieb.

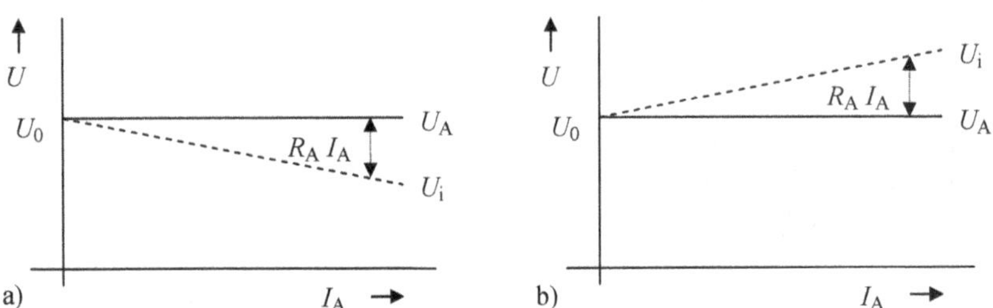

Bild 3.23 Klemmenspannung, induzierte Spannung und Ankerspannungsfall in Abhängigkeit des Ankerstroms
a) Motorbetrieb b) Generatorbetrieb

Im Motorbetrieb wird der Anker mit Gleichstrom gespeist, und durch die Gleichstromerregung wird ein magnetischer Fluss erzeugt. Auf den stromdurchflossenen Leiter im äußeren magnetischen Feld wirkt ein Drehmoment (Lorentz-Kraft). Im Generatorbetrieb wird der Läufer durch eine Kraftmaschine zum Rotieren gebracht. Außerdem wird die Erregerwicklung zur Erzeugung des magnetischen Flusses angeregt. Der magnetische Fluss induziert in der Ankerwicklung eine Spannung bzw. einen Strom.

3.8 Energiebilanz (Sankey-Diagramm)

Bild 3.24 zeigt die Energiebilanz für den Motorbetrieb. Die zugeführte Leistung des Motors bzw. die aus dem Netz entnommene Leistung wird mit P_{elek} bezeichnet. P_A ist die Ankerleistung. Die wesentlichen Verlustleistungen sind: die Erregerkupferverluste P_E, die Ankerkupferverluste P_{Cu}, die Ankereisenverluste P_{Fe} und die Ankerreibungsverluste P_R. Die abgegebene mechanische Leistung wird mit P_{mech} bezeichnet.

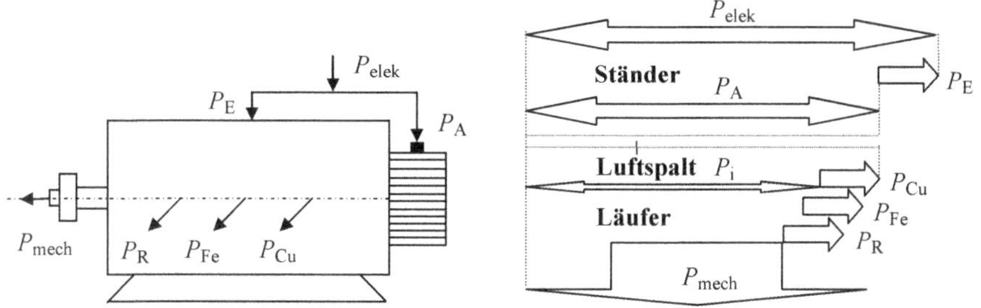

Bild 3.24 Zwei Darstellungen der Energiebilanz (Sankey-Diagramm) eines Motorbetriebs

3.9 Leistungsbeziehungen (innere und äußere Leistung)

Die Funktionsweise der Gleichstrommaschine im stationären Zustand kann anhand der drei bisher abgeleiteten Gleichungen beschrieben werden:

$$U_A = U_i + R_A I_A \tag{3.28}$$

$$U_i = c\,\Phi\,\omega \tag{3.29}$$

$$M = c\,\Phi\,I_A \tag{3.30}$$

Nach der Multiplikation der Gl. (3.28) mit I_A ergibt sich die Ankerleistung:

$$P_A = U_A\, I_A = U_i\, I_A + R_A I_A^2 \tag{3.31}$$

Aus der Energiebilanz (Bild 3.24) folgt ferner:

$$P_A = P_{mech} + P_{Fe} + P_R + P_{Cu} \tag{3.32}$$

Nach dem Vergleich der zwei gewonnenen Gleichungen und unter Berücksichtigung von

$$P_{Cu} = R_A\, I_A^2$$

folgt:

$$P_i = U_i\, I_A = P_{mech} + P_{Fe} + P_R \tag{3.33}$$

P_i wird als innere Leistung bezeichnet. Durch Einsetzen der Gl. (3.29) in Gl. (3.33) folgt:

$$P_i = c\,\Phi\,\omega I_A = \omega M_i \tag{3.34}$$

Das Produkt aus der Winkelgeschwindigkeit ω des Läufers und dem inneren Drehmoment M_i ist gleich der inneren Leistung. Das an der Motorwelle übertragene Drehmoment M_{mech} (im Bemessungspunkt: M_n) auf der Welle ist nur dann gleich M_i, wenn die Eisen- und Reibungsverluste vernachlässigbar sind. In diesem Fall ist:

$$P_i = P_{mech}$$

Aus der Energiebilanz ergibt sich ferner:

$$P_i = P_{elek} - P_{Cu} - P_E - P_B$$

(mit P_B: Bürstenübergangsverluste, falls diese Verluste zu berücksichtigen sind) Für die Drehmomente M_i und M_n folgt mit der Bemessungsdrehzahl n_n:

$$M_i = \frac{P_i}{2\pi n_n} \quad \text{bzw.} \quad M_n = \frac{P_{mech}}{2\pi n_n}$$

3.10 Gleichstrommotoren

Je nach Ausführung der Erregerwicklung unterscheidet man vier prinzipielle Typen: Fremderregte Maschine, Nebenschlussmaschine, Reihenschlussmaschine und Doppelschlussmaschine.

3.10.1 Besonderheiten, Betriebskennlinie, spezielle Anwendungen und Drehzahlverstellung

3.10.1.1 Fremderregter Motor und Nebenschlussmotor

Besonderheiten

Bild 3.25 und **Bild 3.26** zeigen die Ersatzschaltbilder der fremderregten Ausführung und der Gleichstrom-Nebenschlussmaschine. Bei der Nebenschlussmaschine (Bild 3.26) ist die Erregerspannung U_E gleich der Ankerspannung U_A.

Bei der fremderregten Ausführung (Bild 3.25) können jedoch diese zwei Gleichspannungen unterschiedlich sein. Beim fremderregten Motor kann bei veränderlicher Ankerspannung ein konstanter Erregerstrom aufrechterhalten werden. Änderungen bezüglich des Drehzahlverhaltens dieser zwei Ausführungen ergeben sich nur beim Variieren der Ankerspannung. Ansonsten haben beide Ausführungen ein ähnliches Betriebsverhalten.

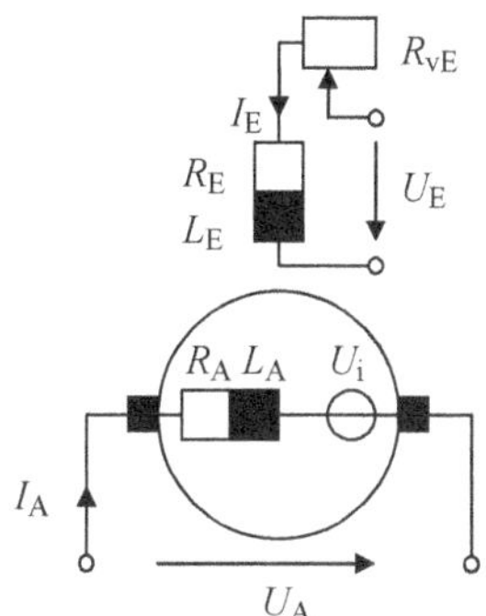

Bild 3.25 Fremderregter Motor

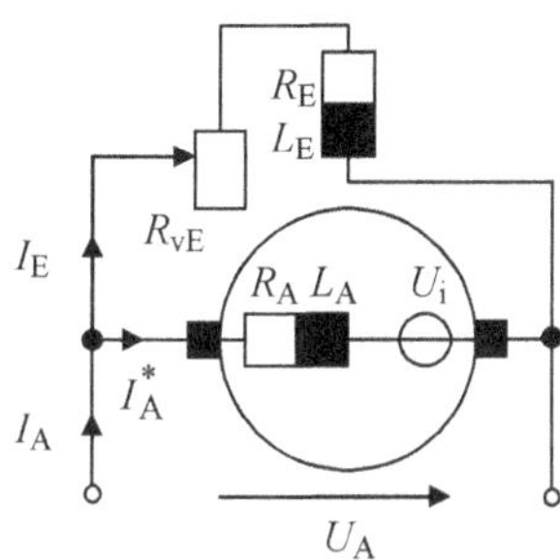

Bild 3.26 Nebenschlussmotor

Betriebskennlinie ($n = f(M)$-Kennlinie)

Bei der leerlaufenden Maschine und unter Vernachlässigung der Eisen- und Reibungsverluste ist $M = 0$ und damit $I_A = 0$. In Gl. (3.28) wird U_A dann zu U_i, und mithilfe der Gl. (3.29) kann die Leerlaufwinkelgeschwindigkeit für die Bemessungsspannung und den Bemessungsfluss ermittelt werden:

$$\omega_{0n} = \frac{U_{An}}{c\,\Phi_n} \tag{3.35}$$

ω_{0n} ist also die Leerlaufwinkelgeschwindigkeit bei Bemessungsbedingungen. Im Betriebsfall mit Bemessungsspannung und Bemessungserregerstrom sind $U_A = U_{An}$ und $\Phi = \Phi_n$. Zur Bestimmung der $n = f(M)$-Kennlinie werden die Gln. (3.29) und (3.30) in Gl. (3.28) eingesetzt. Aus der Spannungsgleichung

$$U_A = c\,\Phi\,\omega + \frac{R_A\,M}{c\,\Phi}$$

lässt sich die Winkelgeschwindigkeit des Rotors bestimmen:

$$\omega = \frac{U_A}{c\,\Phi} - \frac{R_A}{(c\,\Phi)^2}\,M \tag{3.36}$$

Durch Division der Gl. (3.36) durch ω_{0n} und unter Berücksichtigung von

$$M_n = c\, \Phi_n\, I_{An} \tag{3.37}$$

ergibt sich die normierte Darstellung (mit n_{0n} als Leerlaufdrehzahl bei Bemessungsbedingungen):

$$\frac{n}{n_{0n}} = \frac{\omega}{\omega_{0n}} = \frac{U_A}{U_{An}}\frac{\Phi_n}{\Phi} - \frac{R_A\, I_{An}}{U_{An}}\left(\frac{\Phi_n}{\Phi}\right)^2 \frac{M}{M_n} \tag{3.38}$$

In Gl. (3.38) ist n die Abhängige und M die Veränderliche, während U_A, Φ und R_A die Parameter sind. In **Bild 3.27** ist die Drehzahl-Drehmoment-Kennlinie (Gl. (3.38)) für Bemessungsspannung und Bemessungserregung ohne Ankervorwiderstand gezeigt (natürliche Kennlinie). Diese hat einen linearen Verlauf. Die Steigung der Kennlinie wird vor allem durch den Ankerwiderstand bestimmt. Die relative Drehzahlabsenkung ist gleich der relativen Spannungsabsenkung:

$$\varepsilon_A = \frac{R_A\, I_{An}}{U_{An}} \tag{3.39}$$

Dieser Faktor schwankt je nach Maschinenabmessung zwischen 0,01 und 0,1.

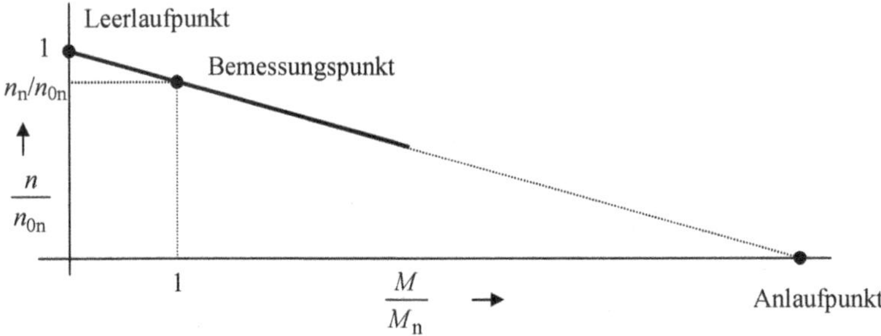

Bild 3.27 Betriebskennlinie des fremderregten Gleichstrommotors und Nebenschlussmotors

Nebenschlussverhalten: Der Drehzahlverlust (bzw. Spannungsverlust) unter Last ist gering! Stetiger Übergang von Motor- auf Generatorbetrieb ist ohne Weiteres möglich!

Wenn die Erregung im Betrieb abgeschaltet wird ($\Phi = 0$), so kann die Drehzahl unzulässig hohe Werte annehmen. Im Leerlauf kann dies u. U. kritisch werden

(s. Gl. (3.35)). Beim Abschalten der Maschine soll also, wenn möglich, der Erregerkreis zuletzt abgeschaltet werden. Entsprechend soll beim Einschalten erst der Erregerkreis eingespeist werden.

Spezielle Anwendungen
Werkzeugmaschinen, Pumpen, Gebläse, Kompressoren, landwirtschaftliche Maschinen und weiterhin alle Maschinen, die eine gleich bleibende Drehzahl erfordern.

Drehzahlverstellung
Mithilfe der Gl. (3.38) und dem **Bild 3.28** kann die Drehzahlverstellung des Gleichstromnebenschlussmotors wie folgt ausdiskutiert werden:

I. Ankerspannungsänderung
Eine Steigerung der Spannung über die Bemessungsspannung hinaus ist nicht zulässig. Deshalb kann hier die Drehzahl im Bereich $0 \leq n/n_{0\mathrm{n}} \leq 1$ liegen:

$$\frac{n}{n_{0\mathrm{n}}} = \frac{U_\mathrm{A}}{U_\mathrm{An}} \leq 1 \quad \text{für} \quad \Phi = \Phi_\mathrm{n}$$

Die Drehmomentkennlinie für eine variable Ankerspannung verläuft *parallel* zur Kennlinie mit $U_\mathrm{A} = U_\mathrm{An}$ (Bild 3.28). Da die Leistung proportional zur Spannung ist, arbeitet die Maschine in diesem Bereich mit einer geringen Leistung. Eine Herabsetzung der Ankerspannung wird unter anderem durch gesteuerte bzw. nichtgesteuerte Gleichrichterschaltungen bzw. Gleichstromsteller erzielt.

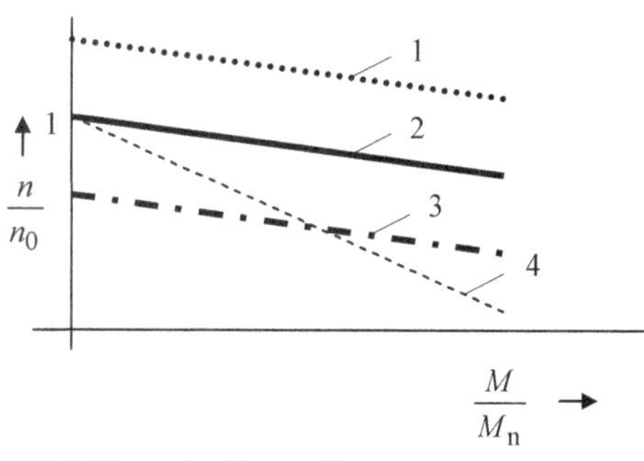

1 Drehzahlerhöhung durch Feldschwächung
2 Natürliche Kennlinie
3 Drehzahlherabsetzung durch Ankerspannungsreduzierung
4 Drehzahlherabsetzung durch Ankervorwiderstandsänderung

Bild 3.28 Drehzahlverstellmöglichkeiten

II. Flussänderung (Erregerstromänderung)
Da die Steigerung von $\Phi > \Phi_\mathrm{n}$ nicht zulässig ist (Eisensättigung), käme hier nur

eine Feldschwächung (Erregerstromabsenkung) bzw. eine Drehzahlerhöhung infrage (Bild 3.28):

$$\frac{n}{n_{0n}} = \frac{\Phi_A}{\Phi_{An}} \geq 1 \quad \text{für} \quad U_A = U_{An}$$

Die Erregerstromabsenkung kann durch einen Vorwiderstand R_{vE} im Erregerkreis (meist elektronisch gesteuert) realisiert werden (Bilder 3.25 und 3.26). Es sei angemerkt, dass in diesem Falle nach Gl. (3.30) bei konstantem M der Strom steigen würde. Deswegen wäre die Drehzahlabsenkung größer, und die Kennlinien würden nicht mehr parallel verlaufen. Dieses Ergebnis kann auch aus der Gl. (3.38) abgeleitet werden. Im Dauerbetrieb darf der Ankerstrom einen bestimmten Wert nicht übersteigen, weswegen im Falle einer Feldschwächung ein Drehmomentverlust in Kauf genommen wird.

III. Ankervorwiderstandsänderung

Durch die Schaltung von Vorwiderständen im Ankerkreis lässt sich auch die Drehzahl des Gleichstrommotors verstellen (Bild 3.28 und Bild 3.37). Hier ist jedoch mit zusätzlichen Verlusten zu rechnen. Dieses Verfahren wird auch beim Anlassen eines Motors eingesetzt (s. Abschnitt 3.10.2, Bilder 3.36 bis 3.40). Im Dauerbetrieb sollte die Drehzahlverstellung mittels eines Anlasswiderstands vermieden werden, da der Motor für die dabei entstehenden Verluste nicht dimensioniert ist. Dieses Verfahren findet nur bei kleinen Motoren Verwendung, da sich der Wirkungsgrad verschlechtert und die Lastabhängigkeit der Drehzahl vergrößert.

Die **Bilder 3.29a** bis **c** geben die Drehzahl-, Ankerstrom- und Wirkungsgrad-Drehmoment-Abhängigkeit eines 3,3-kW-Motors mit Fremderregung an (U_n = 220 V; P_n = 3,3 kW; n_n = 1500 min^{-1}; I_n = 17 A; U_{En} = 220 V; I_{En} = 0,6 A). Zusätzlich zur natürlichen Kennlinie (Versuch a mit Bemessungsangaben) sind die Betriebskennlinien bei verminderter Ankerspannung U_A = 0,7 U_n (Versuch b), bei vermindertem Erregerstrom I_E = 0,85 I_{En} (Versuch c) und mit einem Ankervorwiderstand (bei Ankerbemessungsstrom und n = 0,8 n_n; Versuch d) angegeben. Die Verläufe bestätigen die Darstellung in Bild 3.28 und einige andere grundlegende Zusammenhänge. Der schlechteste Wirkungsgrad zeigte sich im Versuch mit Ankervorwiderstand (wegen zusätzlicher Verluste des Vorwiderstands).

Eine Temperaturmessung an der Erregerwicklung durch die Messung des Widerstands im Kalt- und Warmzustand ergibt, dass die Wicklungstemperatur um etwa 50 °C steigt (bei einer Betriebsdauer von etwa 20 min).

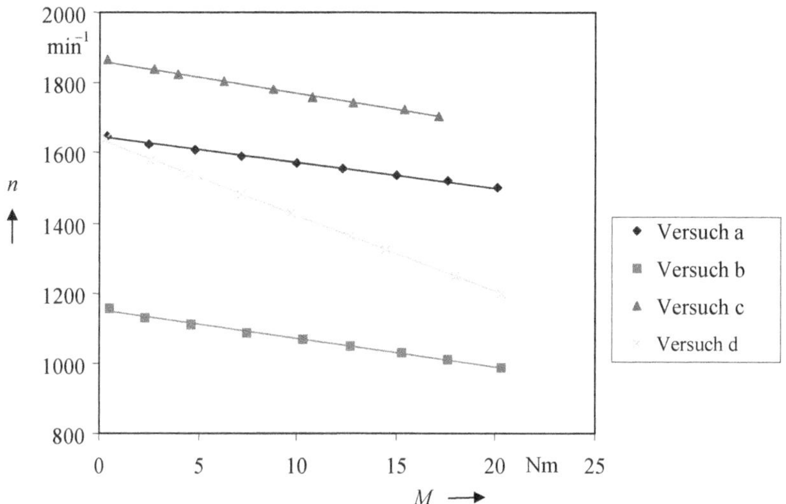

Bild 3.29a Drehzahl-Drehmoment-Verhalten eines 3,3-kW-Motors bei Ankerspannungs-, Erregerstrom- und Ankervorwiderstandsänderung

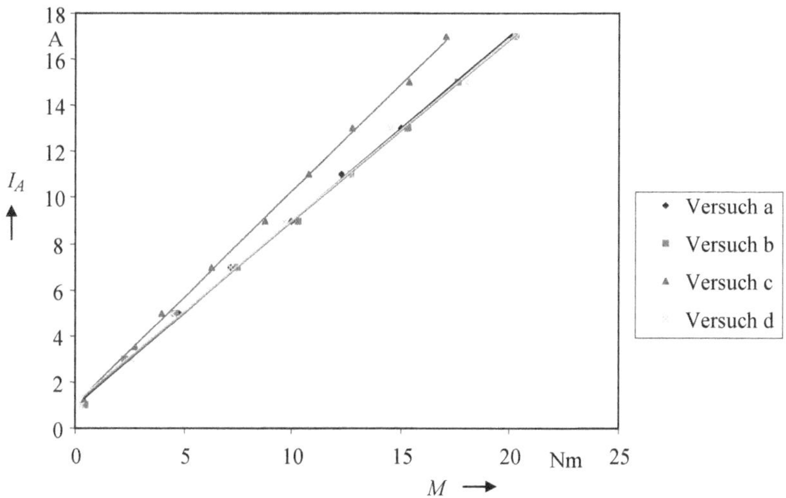

Bild 3.29b Ankerstrom-Drehmoment-Verhalten eines 3,3-kW-Motors bei Ankerspannungs-, Erregerstrom- und Ankervorwiderstandsänderung

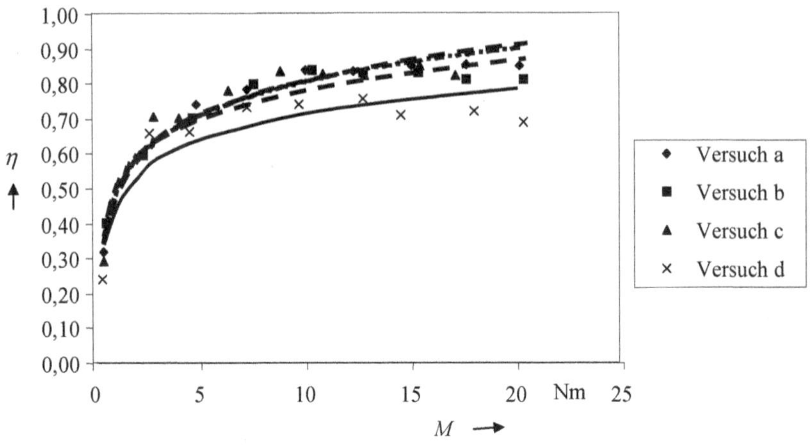

Bild 3.29c Wirkungsgrad-Drehmoment-Verhalten eines 3,3-kW-Motors bei Ankerspannungs-, Erregerstrom- und Ankervorwiderstandsänderung

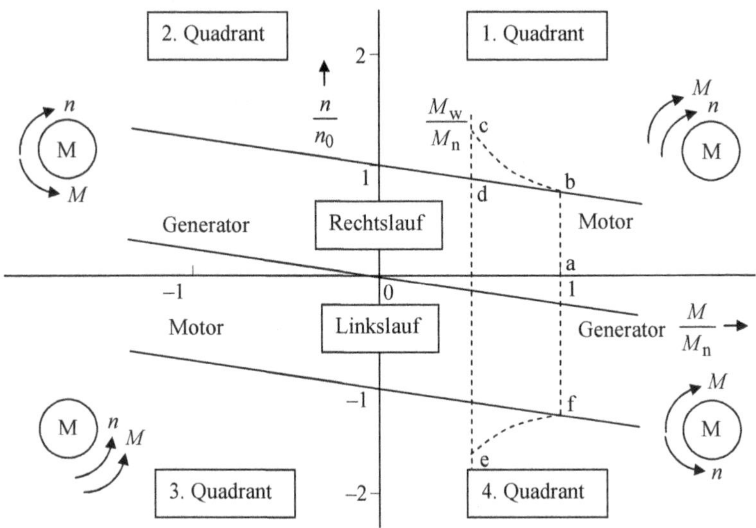

Bild 3.30 Vierquadrantenbetrieb der fremderregten Gleichstrommaschine

Für einige Einsatzgebiete, wie z. B. umkehrbare Walzwerkanlagen, Hubwerke und Werkzeugmaschinen, ist der Betrieb in allen vier Quadranten des $n = f(M)$-

Kennlinienfelds erforderlich (Vierquadrantenbetrieb). Hierzu dient eine Schaltung (Umkehrstromrichter), die einen Wechsel in der Drehmoment- und Drehzahlrichtung ermöglicht. Dabei werden der Anker- bzw. der Erregerkreis jeweils mithilfe eines einzigen Stromrichters umgepolt (eine sehr wirtschaftliche Schaltung!). So arbeitet z. B. die Maschine im Rechtslauf im 1. Quadranten als Motor, während sie im 2. Quadranten generatorisch bremst (Nutzbremse, d. h., elektrische Energie wird zum Teil wieder in das Netz zurückgeführt). Und im Linkslauf arbeitet die Maschine im 3. Quadranten als Motor, während sie im 4. Quadranten generatorisch bremst.

Der Vierquadrantenbetrieb eines Hubwerks ist in **Bild 3.30** dargestellt. Ausgehend vom Stillstand (Punkt a) wird die Last mit dem Beschleunigungsmoment M_b bis zur Bemessungsdrehzahl beschleunigt (Punkt b). Dies geschieht bei konstantem Erregerstrom durch Ankerspannungsregelung bis zur Bemessungsspannung. Eine Drehzahlerhöhung bis zum Punkt c kann durch Feldschwächung erzielt werden. Beim Absenken der Last kann die Maschine im 4. Quadranten durch den eingestellten Erregerstrom generatorisch gebremst werden (Punkt e).

3.10.1.2 Reihenschlussmotor

Bei diesem Motor ist die Ankerwicklung mit der Erregerwicklung in Reihe geschaltet. Die beiden Kreise haben also eine gemeinsame Spannungsquelle. Da durch die Erregerwicklung auch der Ankerstrom fließt, muss der Drahtdurchmesser entsprechend ausgeführt sein (gleichwertige Wicklungen). Mithilfe des Ersatzschaltbilds (**Bild 3.31**) kann für die Spannungsgleichung eines Reihenschlussmotors im stationären Zustand geschrieben werden:

$$U_A = U_i + (R_A + R_E)\, I_A \tag{3.40}$$

Da der Erregerfluss vom Ankerstrom abhängig ist, gelten für die induzierte Spannung und das Drehmoment:

$$U_i = c\, \omega\, \Phi(I_A) \tag{3.41}$$

$$M = c\, \Phi(I_A)\, I_A \tag{3.42}$$

Da die Abhängigkeit $\Phi(I_A)$ nicht linear ist, kann die Drehmoment-Drehzahl-Kennlinie nur punktiert dargestellt werden. Dabei kann mit guter Näherung nach **Bild 3.32** angenommen werden:

$$\Phi(I_A) = c_E\, I_A \tag{3.43}$$

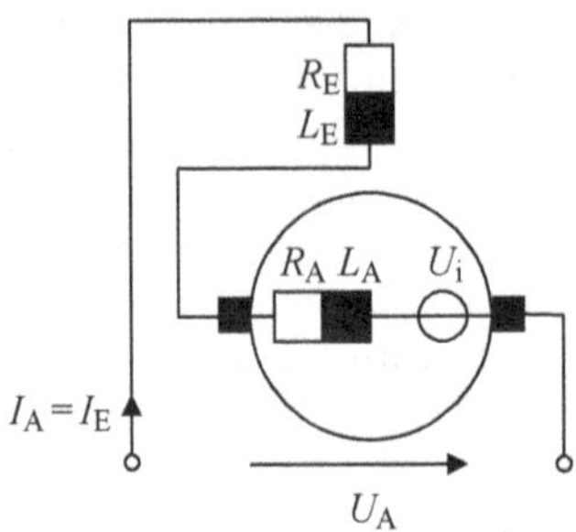

Bild 3.31 Ersatzschaltbild des Reihenschlussmotors

So ergibt sich mit Rücksicht auf $c' = c\, c_E$:

$$U_i = c'\omega I_A \tag{3.44}$$

$$M = c' I_A^2 \tag{3.45}$$

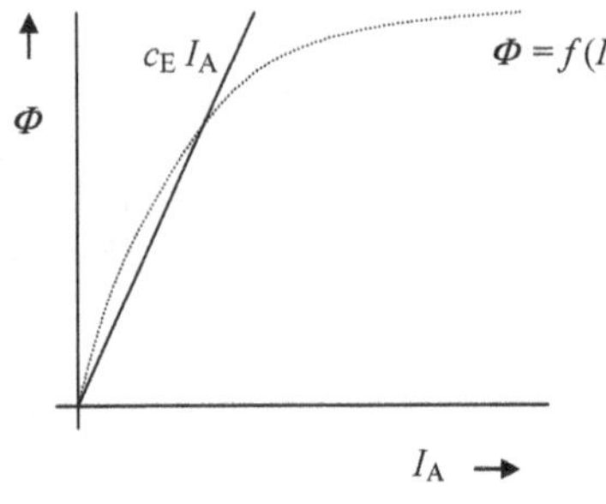

Bild 3.32 $\Phi = f(I_A)$-Abhängigkeit

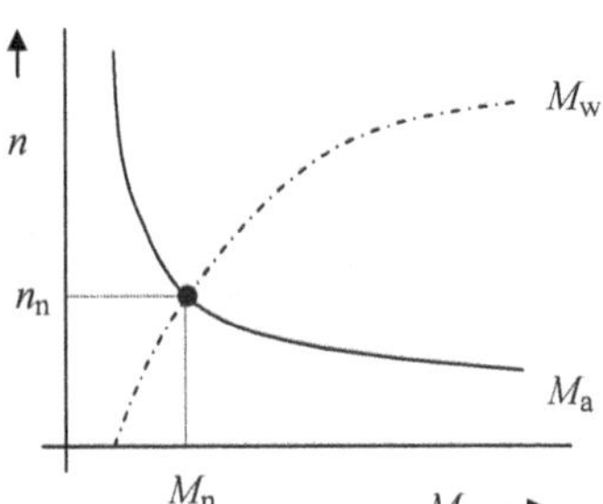

Bild 3.33 Betriebskennlinie mit Belastung

Somit ist es möglich, den Reihenschlussmotor auch mit einer Wechselspannung zu speisen. Diese Ausführungen werden daher „Universalmotoren" genannt. In diesem Fall muss das Ständereisen mit Rücksicht auf mögliche Wirbelstromverluste aus einem Blech hergestellt werden, dessen Dicke zweckmäßigerweise 0,5 mm beträgt. Aus der Spannungsgleichung

$$U_i = U_A - (R_A + R_E)\, I_A$$

und unter Berücksichtigung der Gln. (3.44) und (3.45) folgt:

$$n = \frac{1}{2\pi}\left(\frac{U_A}{\sqrt{c' M}} - \frac{R_A + R_E}{c'}\right) \tag{3.46}$$

Bild 3.33 zeigt die Drehmoment-Drehzahl-Kennlinie. Bei geringen Drehzahlen gibt es ein großes Drehmoment, das für Arbeitsmaschinen mit schwerem Anlauf besonders gut geeignet ist. Mit zunehmender Drehzahl nimmt das Drehmoment ab. Solch eine Kennlinie ist auch für Elektrofahrzeuge gut geeignet. Wegen fehlender Möglichkeit der generatorischen Bremsung und relativ schlechtem Wirkungsgrad haben sich jedoch bei den Elektrofahrzeugen die permanentmagneterregten Synchronmotoren durchgesetzt.

Ein Reihenschlussmotor darf nicht ohne Weiteres in Systemen eingesetzt werden, die mit Riemen bestückt sind, da im Falle der Lastunterbrechung die Drehzahl unzulässig hohe Werte annehmen kann (Strom- bzw. Drehzahlüberwachung erforderlich).

Spezielle Anwendungen
Hebezeuge, Fahrzeuge, Drehscheiben, Schiebebühnen, Kreiselpumpen, Ventilatoren, Rollgänge und Antriebe mit schwerem Anlauf.

3.10.1.3 Doppelschlussmotor

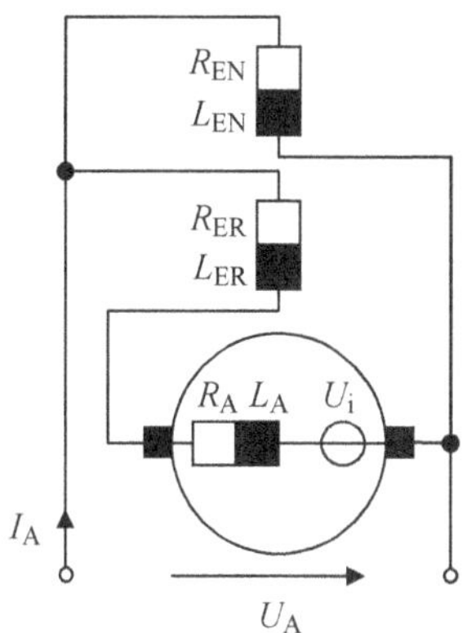

Bild 3.34 Ersatzschaltbild einer Doppelschlussmaschine

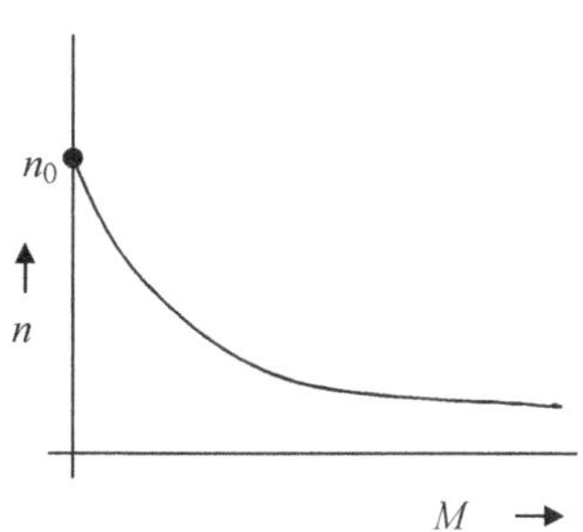

Bild 3.35 Betriebskennlinie

Auf den Hauptpolen ist außer der Nebenschlusswicklung (bzw. fremderregter Wicklung) noch eine Reihenschlusswicklung untergebracht (**Bild 3.34**). Die Reihenschlusswicklung führt den Ankerstrom und erzeugt eine Durchflutung, die im Gegensatz zur Nebenschlussdurchflutung (bzw. fremderregter Durchflutung) stark lastabhängig ist.

	Fremderregter Motor	**Nebenschluss-motor**	**Reihenschluss-motor**	**Doppelschluss-motor**
Ersatz-schaltbild	I_E, R_E, L_E, R_A L_A U_i, I_A, U_A	R_E, L_E, I_E, I_A^*, R_A L_A U_i, I_A, U_A	R_E, L_E, R_A L_A U_i, $I_A = I_E$, U_A	I_E, R_{EF}, L_{EF}, R_{ER}, L_{ER}, R_A L_A U_i, I_A, U_A
Betriebs-kennlinie	n_0, n ↑, M →	n_0, n ↑, M →	n ↑, M →	n_0, n ↑, M →
Besonder-heiten	• **Nebenschlussverhalten** (auch für ASM und SM) • **Leerlaufdrehzahl** vorhanden • **Übergang Motor–Generator** möglich		• **Reihenschlussverhalten** • **keine Leerlauf-drehzahl** • **Übergang Motor–Generator** schwer möglich	 **Leerlaufdrehzahl** vorhanden möglich
Anwen-dung	**für Antriebe mit gleichbleibender Drehzahl**		**für Antriebe mit schwerem Anlauf**	

Tabelle 3.1 Zusammenfassende Darstellung der Kenngrößen von Gleichstrommotoren

Normalerweise sind die beiden Wicklungen so geschaltet, dass die magnetischen Induktionen ihrer Felder dieselbe Richtung haben. Je nachdem, welche Wicklung man stärker ausbildet, besitzt die Maschine mehr den Charakter einer Nebenschluss- oder den einer Reihenschlussmaschine. In **Bild 3.35** ist die Drehzahl-Drehmoment-Kennlinie eines Doppelschlussmotors dargestellt. Im Gegensatz zum Reihenschlussmotor tritt hier eine Leerlaufdrehzahl n_0 auf. Sie wird allein durch den Fluss der Nebenschlusswicklung (fremderregte Wicklung) bestimmt. Die Doppelschlussmaschine kann daher stetig vom Motor- in den Generatorbetrieb übergehen.

Spezielle Anwendungen
Antrieb von Eimerbaggern, Aufzügen, Walzenzugmaschinen, bei Schwungradantrieben von Pressen, Stanzen, Scheren, Schmiedemaschinen, Antriebe mit schwerem Anlauf.
Eine zusammenfassende Darstellung der Kenngrößen der Gleichstrommotoren ist in der **Tabelle 3.1** wiedergegeben. Die hier ausgeführte Doppelschlussmaschine ist eine mit Fremderregung. Bild 3.34 zeigt das Ersatzschaltbild einer Doppelschlussmaschine mit Nebenschlusswicklung.

3.10.2 Anlassen des Motors mithilfe der Ankervorwiderstände

Beim Anlassen (Kurzschluss) ist die induzierte Spannung noch gleich null, da die Drehzahl null ist. Für den Anlaufstrom gilt dann:

$$n = 0 \quad \rightarrow \quad U_i = 0 \quad \rightarrow \quad U_A = R_A I_A \quad \rightarrow \quad I_{AA} = U_A / R_A$$

Wie aus der vereinfachten Spannungsgleichung hervorgeht, würden in diesem Zustand – wegen des zu geringen Ankerwiderstands – unzulässig hohe Ankerströme fließen (Kurzschlussstrom). Der Ankeranlaufstrom I_{AA} ist normalerweise etwa das Acht- bis Zehnfache des Bemessungsstroms.

Zur Begrenzung des Anlaufstroms (der Anlaufverluste) kann im Ankerkreis der Ankervorwiderstand R_{vA} eingesetzt werden. Eine geeignete Regelelektronik schaltet die Überbrückung der Ankervorwiderstände ein. Die Anzahl der benötigten Schaltstufen lässt sich grafisch bestimmen (vier Stufen in **Bild 3.37**). Normalerweise ist der Bemessungsstrom der maximal zugelassene Strom. In diesem Falle gilt dann:

$$R_{vA} = \frac{U_A}{I_{An}} - R_A \tag{3.47}$$

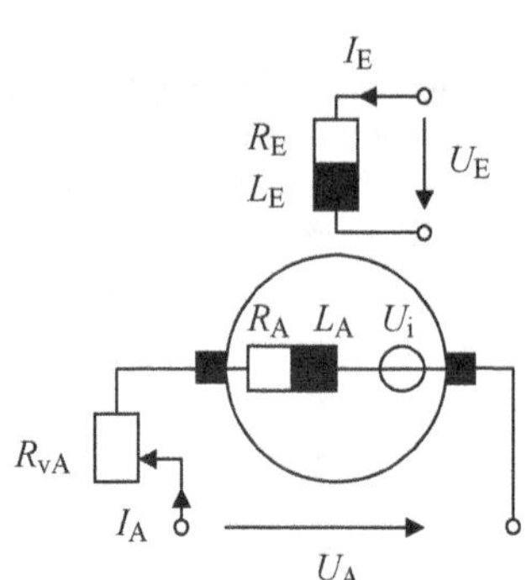

Bild 3.36 Anlassen mit Ankervorwiderstand

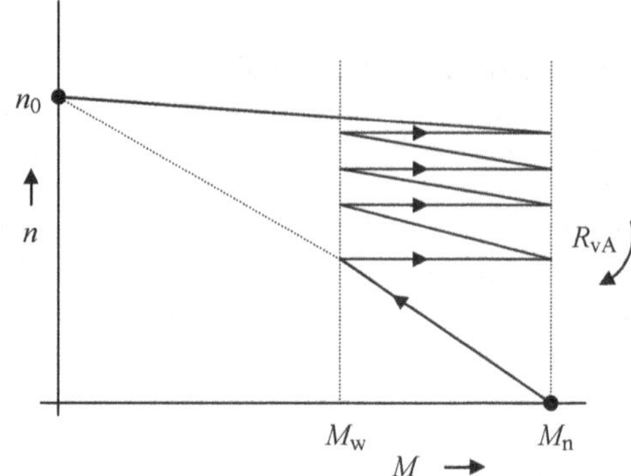

Bild 3.37 Anlassverhalten des fremderregten Motors

Bild 3.36 zeigt einen fremderregten Motor mit Anlasswiderstand. Bild 3.37 stellt den entsprechenden Anlaufvorgang dar. Ist der Motor an die Arbeitsmaschine gekoppelt, so wird er bis zum Schnittpunkt der beiden Kennlinien hochlaufen. Dabei nimmt die induzierte Spannung stetig zu, sodass der Ankerstrom und das im Motor entwickelte Drehmoment kleiner werden. Durch Abschalten eines Teils des Vorwiderstands werden Ankerstrom und Motormoment wieder vergrößert, sodass erneut ein Beschleunigungsmoment zur Verfügung steht. Die folgenden, nach oben oder nach unten zeigenden Pfeile sollen den Anstieg bzw. Abstieg der Motorgrößen während des Anlaufs deutlich machen:

$\uparrow\ U_i = c\,\Phi\,\omega\ \uparrow$

$U_A = U_i\uparrow + R_A\,I_A\downarrow$

$\downarrow\ M = c\,\Phi\,I_A\downarrow$

$R_A + R_{vA}\downarrow\ \rightarrow I_A\uparrow$

$I_A\uparrow\ \rightarrow M\uparrow$ (hier keine Drehzahländerung möglich, da die mechanischen Zeitkonstanten viel größer sind als die elektrischen!)

Da sich der Anlaufvorgang normalerweise in einem kurzen Zeitraum abspielt, kann dabei durchaus der Bemessungsstrom überschritten werden. **Bild 3.38** gibt den Anlaufvorgang mit einem zweistufigen Anlasswiderstand bei einem Anlaufstrom gleich dem zweifachen Bemessungsstrom an. **Bild 3.39** zeigt das Ersatzschaltbild eines Reihenschlussmotors mit einem Anlasswiderstand. In **Bild 3.40** sind die

Kennlinien des Motors und eine Widerstandskennlinie M_w (z. B. Fahrzeug) aufgezeichnet. Durch das stufenweise Abschalten des Vorwiderstands wird die natürliche Kennlinie des Motors erreicht. Entsprechend dieser Kennlinie steigt die Drehzahl des Motors bis zum Schnittpunkt der Last- und Motorkennlinie an.

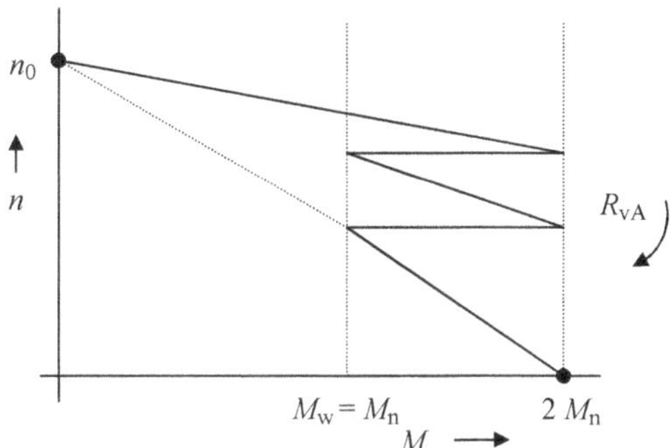

Bild 3.38 Anlassverhalten eines zweistufigen Anlasswiderstands bei $I_{AA} = 2\ I_n$

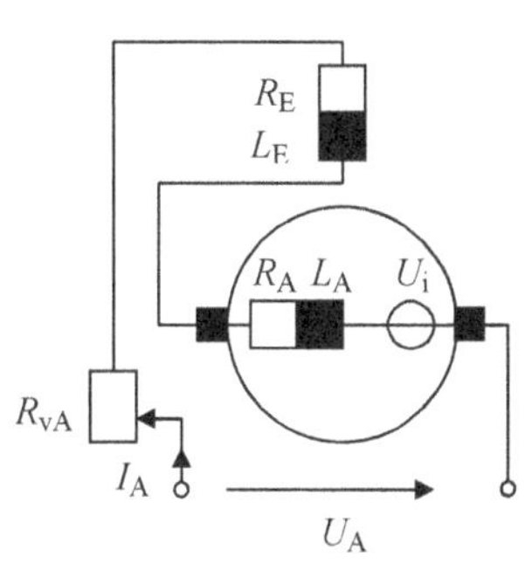

Bild 3.39 Reihenschlussmotor mit Vorwiderstand

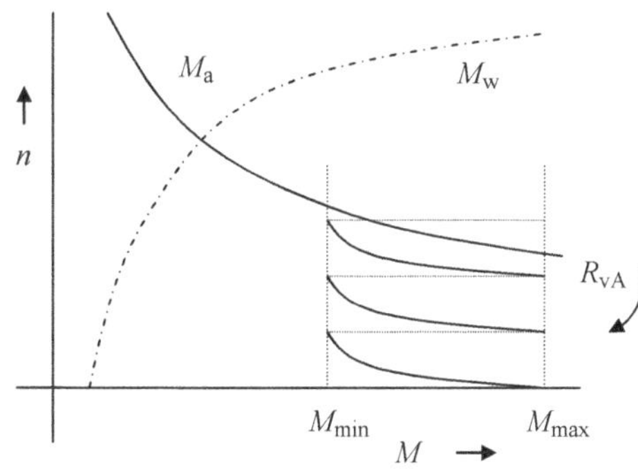

Bild 3.40 Anlassverhalten des Reihenschlussmotors

3.11 Gleichstromgeneratoren

3.11.1 Fremderregter Generator

Der Generator wird von einer Kraftmaschine oder einem Elektromotor angetrieben. Es wird hier vorausgesetzt, dass die Drehzahl des Generators unabhängig von der Belastung ist. **Bild 3.41** stellt das Ersatzschaltbild eines fremderregten Generators im Verbraucherzählpfeilsystem dar. Im Leerlauf ist der Ankerstrom gleich null. Aus den Gln. (3.28) und (3.29) folgt für die Ankerspannung im Leerlauf:

$$U_A = U_0 = c\, \Phi\, \omega \tag{3.48}$$

Strenggenommen ist Φ eine nicht lineare Funktion des Feldstroms I_E. Die Funktion $U_A = f\,(I_E)$ nennt man die Leerlauf- bzw. die innere Kennlinie. Durch die Hysterese des Eisens erhält man für einen zunehmenden Erregerstrom eine niedrigere Spannung als für einen abnehmenden Erregerstrom (**Bild 3.42**). Normalerweise rechnet man mit einer mittleren Kennlinie. Wird an den Klemmen des Generators ein Belastungswiderstand R_B angeschlossen, so fließt in diesem der Strom:

$$I_B = U_A/R_B \tag{3.49}$$

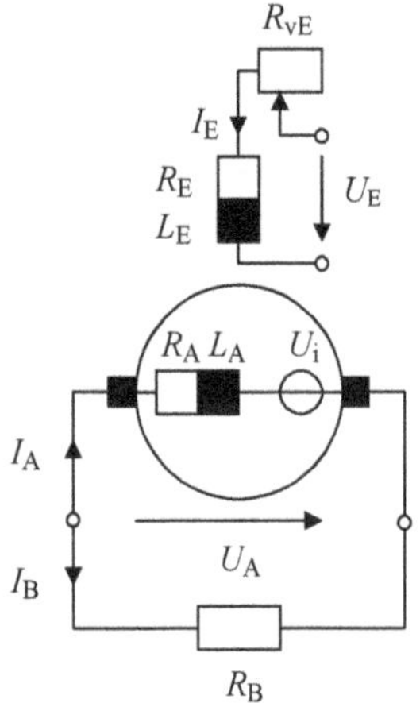

Bild 3.41 Fremderregter Generator

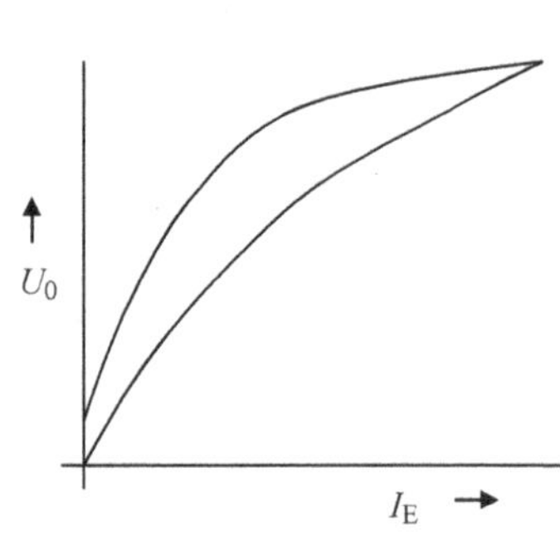

Bild 3.42 Leerlaufkennlinie

Aus dem Bild 3.41 ergibt sich:

$$I_A = -U_A/R_B \tag{3.50}$$

Der Ankerstrom ist negativ, da das Zählpfeilsystem im Ersatzschaltbild im Verbraucherzählpfeilsystem dargestellt ist. In der Spannungsgleichung (äußere Kennlinie)

$$U_A = U_i + R_A\,I_A$$

ist die induzierte Spannung gleich der Leerlaufspannung, wenn die Drehzahl der Kraftmaschine konstant gehalten wird und Φ unabhängig von der Belastung ist. Die Ankerspannung nimmt infolge des Spannungsfalls am inneren Widerstand mit zunehmendem Strom ab (**Bild 3.43**). Wird die Spannungsgleichung auf die Leerlaufnennspannung

$$U_{0n} = c\,\Phi_n\,\omega_n \tag{3.51}$$

bezogen, so erhält man:

$$\frac{U_A}{U_{0n}} = \frac{\Phi}{\Phi_n}\,\frac{\omega}{\omega_n} + \frac{R_A\,I_{An}}{U_{0n}}\,\frac{I_A}{I_{An}} \tag{3.52}$$

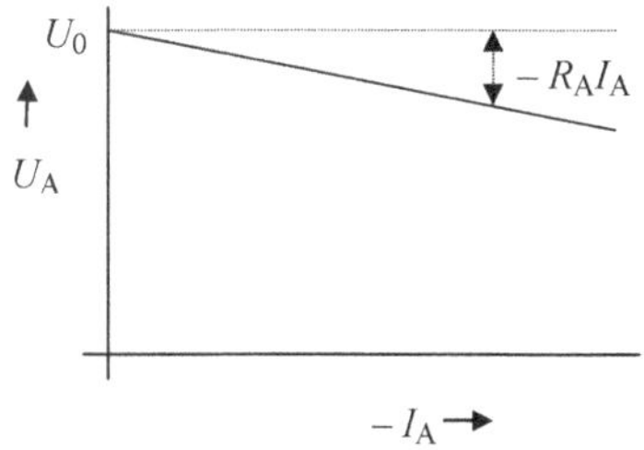

Bild 3.43 U_A-I_A-Kennlinie

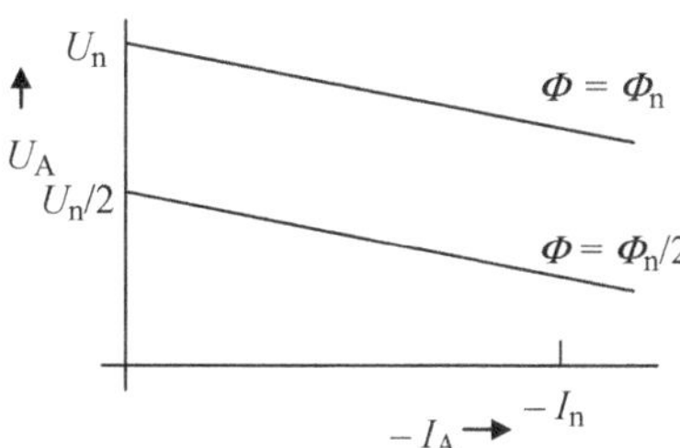

Bild 3.44 Einfluss von Φ auf U_A

In Gl. (3.5) ist I_A/I_{An} die Variable, während Φ/Φ_n und ω/ω_n Parameter sind. Der relative Spannungsfall ε_A (Gl. (3.39)) nimmt wie bei Motoren Werte zwischen 0,01 bis 0,1 an. Φ/Φ_n ist vom eingestellten Erregerstrom abhängig. ω/ω_n wird von der Antriebsmaschine bestimmt. Durch Änderung des Erregerstroms kann Φ/Φ_n beeinflusst und damit die Klemmenspannung verstellt werden (**Bild 3.44**).

Allerdings ist eine Verstellung der Spannung über ihren Bemessungswert hinaus in der Regel nicht möglich, da sich infolge der Sättigung der Fluss nicht beliebig vergrößern lässt. Da die Generatordrehzahl mit dem Drehzahlregler an der Kraftmaschine konstant gehalten wird, kann üblicherweise die Änderung der Spannung U_i nur durch Änderung des Betrags des Magnetfelds bewirkt werden.

3.11.2 Selbsterregter Generator

Beim selbsterregten Generator ist die Erregerspannung U_E gleich der Ankerspannung U_A, da die Erregerwicklung parallel an die Ankerwicklung angeschlossen ist (**Bild 3.45** mit Erregervorwiderstand R_{vE}).

Bei ferromagnetischen Blechen muss eine bestimmte Remanenzinduktion vorhanden sein. Die Erregerwicklung wird so ausgelegt, dass der Erregerfluss den Remanenzfluss verstärkt. Nur so lassen sich die Klemmenspannung und der Erregerstrom steigern. Diese Steigerung hält bis $U = R_{Eg}\, I_E$ an und löst somit die Selbsterregung aus. Wenn Erreger- und Remanenzfluss gegensinnig wirken, wird die Erregerschaltung als „Selbstmordschaltung" bezeichnet (da die Remanenzwirkung vernichtet wird). Im Leerlauf ist $I_B = 0$. Für den Anker- und Erregerstromkreis gilt:

$$U_i + R_A\, I_A - (\, R_E + R_{vE}\,)\, I_E = 0 \tag{3.53}$$

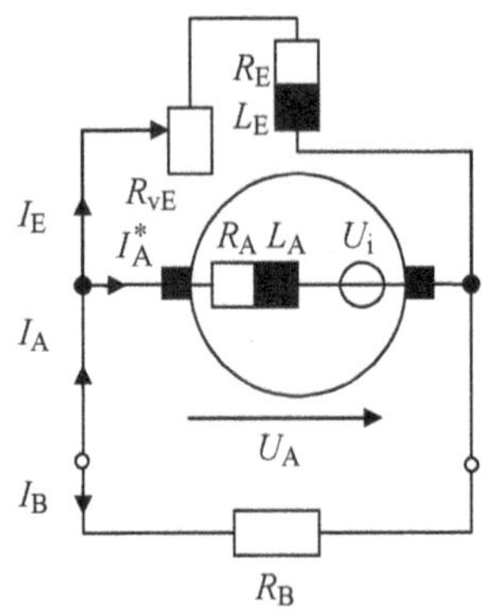

Bild 3.45 Selbsterregter Generator

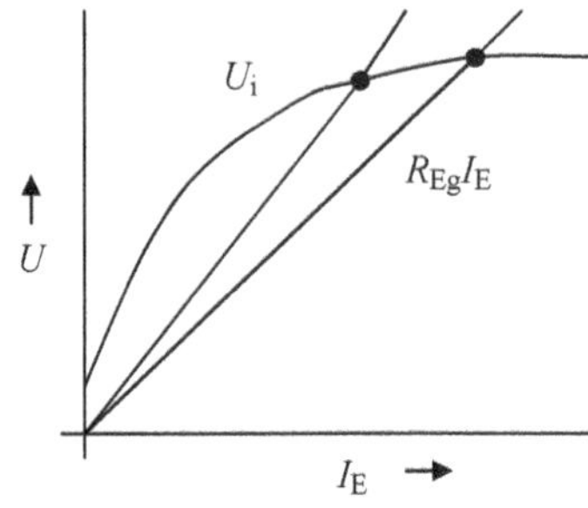

Bild 3.46 Leerlaufkennlinie mit Widerstandsgeraden

Aus dem Ersatzschaltbild 3.45 folgt dann $I_A = - I_E$, sodass die Gl. (3.53) übergeht in:

$$U_i = (R_A + R_E + R_{vE})\, I_E \approx R_{Eg}\, I_E \qquad (3.54)$$

Normalerweise ist:

$$R_A << R_{Eg} \triangleq R_E + R_{vE} \qquad (3.55)$$

$U_i = f\,(I_E)$ ist eine nicht lineare Funktion (**Bild 3.46**). Der Schnittpunkt der Kennlinie $U_i = f\,(I_E)$ und der Geraden $R_{Eg}\, I_E$ bestimmt die Spannung $U_A = U_i$. Die Spannungshöhe kann mithilfe des Vorwiderstands R_{vE} eingestellt werden (mit zunehmendem Widerstand nimmt die Spannung ab, Bild 3.46). Die Selbsterregung ist nur dann möglich, wenn die Maschine eine ausreichende Remanenzspannung hat, da sich anderenfalls kein Schnittpunkt der beiden Kurven in Bild 3.46 ergeben würde. Ist an den Klemmen des Generators der Belastungswiderstand R_B angeschlossen, so fließt der Belastungsstrom $I_B = U_A/R_B$. Für den Ankerstrom gilt dann:

$$- I_A = I_B + I_E \qquad (3.56)$$

Meistens ist $I_E << I_B$ und kann daher in den Berechnungen vernachlässigt werden.

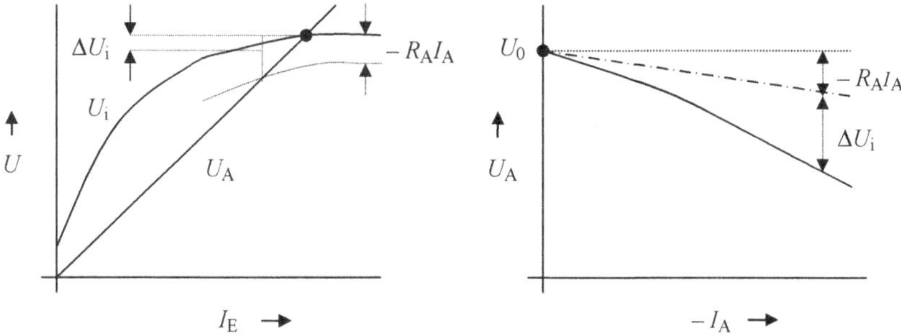

Bild 3.47 Bestimmung von $R_A\, I_A$ mit Hilfe der Leerlaufkennlinie

Bild 3.48 U_A-I_A-Kennlinie

Die Ankerspannung-Ankerstrom-Abhängigkeit kann aus der Ankerspannungsgleichung und der Leerlaufkennlinie abgeleitet werden. Zu beachten ist, dass U_i von der Belastung abhängig ist (da mit abnehmender Ankerspannung U_A der

Erregerstrom I_E kleiner wird). Die Leerlaufspannung vermindert sich daher um den Spannungsfall R_A I_A und ΔU_i (**Bild 3.48**). Die Bestimmung der Kennlinie geht aus **Bild 3.47** hervor. Zieht man von der Leerlaufkennlinie $U_i = f(I_E)$ für einen bestimmten Ankerstrom den Spannungsfall R_A I_A ab, so ergibt sich als Schnittpunkt dieser Kurve mit der Geraden R_{Eg} I_E die Klemmenspannung U_A. Die zu dieser Spannung U_A und dem Erregerstrom I_E gehörende induzierte Spannung ergibt sich aus der Kennlinie U_i.

3.12 Ankerrückwirkung, Wendepol und Kompensationswicklung

In Abschnitt 3.2 wurde die Feldverteilung im Leerlauf untersucht (Bild 3.4). Bei Belastung wird durch die zusätzliche Ankerdurchflutung das in **Bild 3.49c** gezeigte Ankerfeld erregt. Die Linearität dieser Kurvc lässt sich mithilfe des Durchflutungsgesetzes nachweisen (Abschnitt 4.2.1.2). Die Überlagerung der beiden Feldkurven ergibt den in **Bild 3.49d** dargestellten Verlauf. Bemerkenswert ist, dass der Feldaufbau bei den Synchronmaschinen (s. Abschnitt 8.1.2) identisch zu dem der Gleichstrommaschinen ist (**Bild 3.49**).

Der Einfluss des Ankerfelds auf das Hauptfeld, die sogenannte Ankerrückwirkung, hat folgende negative Auswirkungen:

- Das Magnetfeld ist in der neutralen Zone nicht mehr null. Dadurch erfolgt die Stromwendung nicht mehr in einer feldfreien Zone, sodass durch das Feld in der bei Stromwendung kurzgeschlossenen Spule eine Spannung induziert wird. Ein einwandfreier Betrieb ist in der Regel nicht mehr möglich (Funkenbildung wird begünstigt).
- Die Sättigung des Eisens fällt durch die Ankerrückwirkung stärker ins Gewicht. Dies hat eine zunehmende Flussverminderung (Feldschwächung) zur Folge, die mit Zunahme der Ankerrückwirkung zunimmt. Beim Generator nimmt dadurch die Spannung mit zunehmendem Ankerstrom ab, während beim Motor die Drehzahl ansteigt. Dies führt zur Nichtlinearität der Betriebskennlinie.
- In der Maschine herrscht im Leerlauf ein gleichmäßiges Feld. Mit zunehmender Belastung (Steigerung des Drehmoments) nehmen ebenfalls der Ankerstrom und damit das Ankerfeld zu. Die auftretende Feldverzerrung wird größer, was sich besonders bei großen Maschinen (> 100 kW) nachteilig auswirkt. Die Lamellenspannung (auch Segmentspannung genannt) sollte deshalb erfahrungsgemäß nicht größer sein als etwa 25 V (für große Maschinen), aber keinesfalls größer als etwa 50 V (für kleine Maschinen), um eventuelle Bürstenfeuer zu vermeiden. Die Lamellenspannung ist die Spannung, die zwischen benachbarten Kommutatorlamellen auftritt.

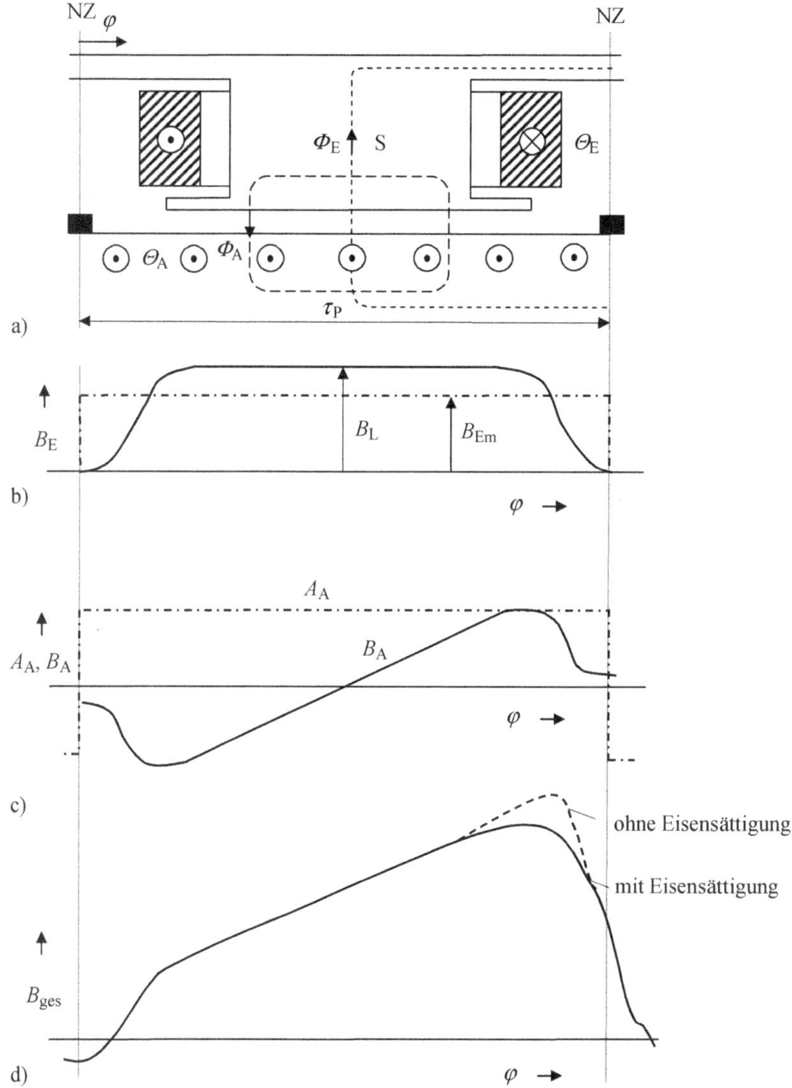

Bild 3.49 Feldaufbau bei Gleichstrom- und Synchronmaschinen (NZ: neutrale Zone)
a) eine Polteilung mit Erreger- und Ankerdurchflutung sowie entsprechende Magnetfelder
b) Erregerfeld
c) Ankerstrombelag und Ankerfeld
d) Induktionsverlauf bei Belastung

Durch die Feldverzerrung unter den Polen ist es deshalb notwendig, die mittlere Lamellenspannung

$$\varepsilon_{\mathrm{m}} = \frac{U_{\mathrm{A}}}{\frac{k}{2p}} \tag{3.57}$$

auf maximal 16 V zu beschränken. In Gl. (3.57) ist k die Zahl der Kommutatorlamellen zwischen den benachbarten Bürsten.

Bei den Maschinen ohne Wendepol (Hilfspol) lässt sich gelegentlich durch Versetzen der Kohlebürsten die Ankerrückwirkung in der neutralen Zone zum größten Teil kompensieren. Üblicherweise werden zur Kompensation des Ankerfelds in den Pollücken (neutrale Zonen) die sogenannten Wendepole angebracht (ab etwa 1 kW). Die Wicklung des Wendepols wird vom Ankerstrom durchflossen und erregt eine der Ankerdurchflutung proportionale, aber *entgegengesetzt gerichtete Durchflutung.* Durch die Wendepolwicklung wird zwar das Ankerfeld in der neutralen Zone kompensiert und die Stromwendung verbessert, jedoch wird die Feldverzerrung unter den Hauptpolen nicht aufgehoben. Um auch dieses zu erreichen, werden in den Hauptpolen Leiter untergebracht, die ebenfalls vom Ankerstrom, aber mit entgegengesetztem Vorzeichen durchflossen werden (ab etwa 50 kW bis 100 kW). Hat eine Maschine eine solche Kompensationswicklung, kann die mittlere Lamellenspannung auf etwa 25 V erhöht werden, was die Bedeutung der Kompensationswicklung deutlich macht. **Bild 3.50** zeigt eine komplette vierpolige Gleichstrommaschine mit Wendepol- und Kompensationswicklung (siehe auch Bild 3.1).

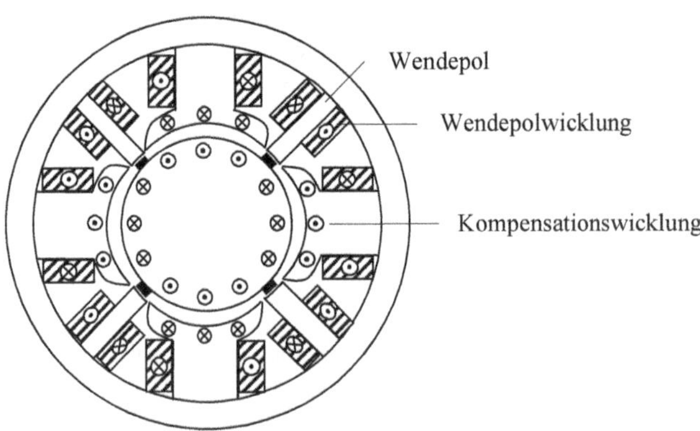

Bild 3.50 Gleichstrommaschine mit Wendepol- und Kompensationswicklung

In **Bild 3.51** ist das vollständige Ersatzschaltbild einer fremderregten Gleichstrommaschine mit Wendepol- und Kompensationswicklung dargestellt. Die beiden Zusatzwicklungen werden vom Ankerstrom durchflossen. Sie haben dieselbe Wicklungsachse wie die Ankerwicklung, ihre Durchflutung ist jedoch der Ankerdurchflutung entgegengesetzt gerichtet.

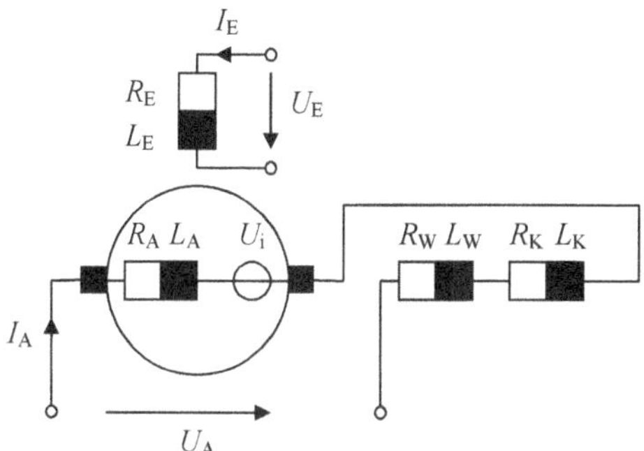

Bild 3.51 Ersatzschaltbild der fremderregten Gleichstrommaschine mit Wendepol- und Kompensationswicklung

Durch eine zusätzliche Wicklung auf den Hauptpolen, die mit der Ankerwicklung in Reihe geschaltet wird, kann ein ähnlicher Effekt wie der von der Kompensationswicklung erzielt werden. Diese sogenannte Hilfsreihenwicklung bzw. Kompoundwicklung verstärkt bei Belastung das Erregerfeld, womit die Feldschwächung durch die Ankerrückwirkung ausgeglichen wird. Die Hilfsreihenwicklung wird üblicherweise bei Maschinen kleiner und mittlerer Leistung anstelle der Kompensationswicklung eingesetzt (wegen geringerer Kosten).

3.13 Kennzeichen der Anschlüsse

Wicklung	neue Bezeichnung		alte Bezeichnung	
Ankerwicklung	A1	A2	A	B
Wendepolwicklung	B1	B2	GW	HW
Kompensationswicklung	C1	C2	GK	HK
Reihenschlusswicklung	D1	D2	E	F
Nebenschlusswicklung	E1	E2	C	D
Fremderregte Feldwicklung	F1	F2	I	K

Tabelle 3.2 Anschlusskennzeichnung

Die Anschlüsse (Klemmenbezeichnung) von Gleichstrommaschinen sind nach **Tabelle 3.2** gekennzeichnet.

3.14 Ergänzungen

- Bei Leerlauf eines fremderregten bzw. eines Nebenschlussmotors und unter Vernachlässigung von P_R und P_{Fe} ist $M = 0$. Für eine konstante Erregung gilt dann:

$$\frac{U_i}{U_A} = \frac{n}{n_0} \tag{3.58}$$

- Der Wirkungsgrad des Motors ist:

$$\eta_{Mot} = \frac{P_{mech}}{P_{elek}} \tag{3.59}$$

Man unterscheidet den Anker- und den Gesamtwirkungsgrad. Es ergeben sich für den fremderregten Motor und den Nebenschlussmotor folgende Zusammenhänge:

Fremderregter Motor

$$\eta_{ges} = \frac{P_{mech}}{U_A\, I_A + U_E\, I_E}$$

$$\eta_{Anker} = \frac{P_{mech}}{U_A\, I_A}$$

Nebenschlussmotor

$$\eta_{ges} = \frac{P_{mech}}{U_A\, I_A}$$

$$\eta_{Anker} = \frac{P_{mech}}{U_A\, I_A^*}$$

(I_A^* ist der reine Ankerstrom, s. Bild 3.26)

Bei Vernachlässigung von P_R, P_{Fe} und P_E ergibt sich für den fremderregten bzw. Nebenschlussmotor:

$$\eta_{Anker} = \frac{U_i\, I_A^*}{U_A\, I_A^*} = \frac{n}{n_0} \tag{3.60}$$

- Die Drehmoment-Drehzahl-Abhängigkeit eines fremderregten bzw. Nebenschlussmotors ergibt sich außerdem unter Vernachlässigung von P_R und P_{Fe} aus:

$$M = M_A \left(1 - \frac{n}{n_0}\right) \tag{3.61}$$

(mit $M_A = c\,\Phi\,I_{AA}$ als Anlaufmoment des Motors).

- In aller Regel sind die Leistung P in kW, die Drehzahl n in min^{-1} und das Drehmoment M in Nm anzugeben. Dann gilt folgende Zahlenwertgleichung:

$$M = 9550 \cdot \frac{P}{n} \tag{3.62}$$

- Zur Berechnung der Anlaufzeiten wird die Bewegungsgleichung verwendet (s. Kapitel 12, Abschnitt 12.1, M_a ist das Motormoment, M_w das Widerstandsmoment der Arbeitsmaschine und $\Theta\,\mathrm{d}\omega/\mathrm{d}t$ das Beschleunigungsmoment):

$$M_a - M_w = \Theta \frac{\mathrm{d}\omega}{\mathrm{d}t} \tag{3.63}$$

Die Anlaufzeit errechnet sich dann aus:

$$t = 2\,\pi\,\Theta \int_{n_1}^{n_2} \frac{\mathrm{d}n}{M_a(n) - M_w(n)} \tag{3.64}$$

3.15 Aufgaben zu Gleichstrommaschinen

Aufgabe 1

Ein Elektrofahrzeug wird durch einen Gleichstrom-Reihenschlussmotor angetrieben. Die Bemessungsdaten des Motors sind bekannt:

$P_n = 38$ kW $\quad U_n = 420$ V $\quad I_n = 100$ A $\quad n_n = 3\,220$ min^{-1}

Die Eisensättigung und die Eisen-, Reibungs- und Zusatzverluste (z. B. in Kohlebürsten) können vernachlässigt werden. Die $\Phi = f\,(I_A)$-Abhängigkeit kann linear angenommen werden.

1) Wie groß ist der gesamte Motorwiderstand?
2) Zum Anlassen des Motors wird ein Vorwiderstand in den Ankerkreis geschaltet, sodass der Anlaufstrom den dreifachen Bemessungsstrom nicht überschreitet. Wie groß muss nun der Widerstand sein? Welche maximale Leistung wird in diesem Widerstand umgesetzt?
3) Wie groß sind der Ankerstrom und das Drehmoment auf einer ebenen Strecke ohne Anlasswiderstand, wenn hier die Drehzahl des Motors 4 000 min^{-1} ist?
4) Welche Steigung kann das Elektrofahrzeug ohne Anlasswiderstand auf einer Strecke überwinden, wenn der Strom den zweifachen Bemessungsstrom nicht überschreiten soll? Berechnen Sie die Fahrzeuggeschwindigkeit auf dieser Strecke! Das Gewicht des Elektrofahrzeugs beträgt $F_G = 40$ kN und seine Geschwindigkeit auf der ebenen Strecke 14 m/s.

Aufgabe 2
Ein fremderregter Gleichstrommotor treibt eine Arbeitsmaschine an. Das Drehmoment der Arbeitsmaschine ist drehzahlunabhängig und gleich dem Motorbemessungsmoment. Der Motor besitzt folgende Leistungsschildangaben:

$P_n = 6$ kW $\quad U_n = 420$ V $\quad I_n = 17{,}3$ A $\quad n_0 = 2\,906{,}4\ \text{min}^{-1}$ $\quad I_E = 2$ A

Die Eisen-, Reibungs- und Zusatzverluste können vernachlässigt werden.

1) Wie groß ist der Ankerwiderstand?
2) Wie groß ist die Bemessungsdrehzahl?
3) Welcher Erregerstrom wird benötigt, damit das System mit einer Drehzahl von $n = 2\,906{,}4\ \text{min}^{-1}$ arbeitet?
4) Berechnen Sie in diesem Fall die abgegebene Leistung, den Ankerstrom und die Leerlaufdrehzahl!

Aufgabe 3
Von einem fremderregten Gleichstrommotor sind folgende Daten bekannt:

$U_n = 420$ V $\quad P_n = 12$ kW $\quad I_n = 33{,}3$ A $\quad n_n = 3\,300\ \text{min}^{-1}$ $\quad \Theta_{\text{Rotor}} = 0{,}032\ \text{Nms}^2$

Die Eisen-, Reibungs- und Zusatzverluste können vernachlässigt werden.

1) Wie groß ist der Ankerwiderstand?
2) Wie groß ist die Leerlaufdrehzahl?
3) Der Motor muss im Bremsbetrieb mit seinem Bemessungsmoment und halber Bemessungsdrehzahl arbeiten. Berechnen Sie die erforderliche Leistung und den Ankervorwiderstand, wenn die induzierte Spannung unverändert bleibt!

4) Wie groß ist das Anlaufmoment mit und ohne Ankervorwiderstand (der magnetische Fluss bleibt unverändert)?
5) Bestimmen Sie die Anlaufzeit des leerlaufenden Motors aus dem Stand (mit Ankervorwiderstand) bis Bemessungsdrehzahl!

   Hinweis: $\int \mathrm{d}x/(ax + b) = \ln(ax + b)/a$
6) Der Motor soll im selben Netz jetzt als Generator eingesetzt werden. Wie groß sind die Spannung, die Drehzahl und die aufgenommene Leistung des Generators im Bemessungspunkt (Erregung soll konstant bleiben)?

Aufgabe 4
Folgende Daten eines Gleichstrom-Nebenschlussmotors sind bekannt:

$U_\mathrm{n} = 470\ \mathrm{V}$ $I_\mathrm{n} = 91\ \mathrm{A}$ $P_\mathrm{n} = 39\ \mathrm{kW}$ $n_\mathrm{n} = 3\,250\ \mathrm{min}^{-1}$ $I_\mathrm{En} = 3\ \mathrm{A}$
$\Theta_\mathrm{Rotor} = 0{,}14\ \mathrm{Nms}^2$

Alle Verluste bis auf die ohmschen Verluste können vernachlässigt werden.

1) Wie groß ist der Ankerwiderstand?
2) Wie groß ist der Motorwirkungsgrad im Bemessungspunkt?
3) Wie groß ist die Leerlaufdrehzahl?
4) Der Motor wird durch einen Anlasswiderstand angeworfen (Anlasswiderstand vor Anker- und Erregerwicklung geschaltet). Der zulässige Maximalwert des Anlaufstroms ist $I_\mathrm{max} = 1{,}5\ I_\mathrm{n}$. Wie groß muss der Vorwiderstand gewählt werden? Skizzieren Sie das Anlaufverhalten des Motors bei einem minimalen Strom von $I_\mathrm{min} = 0{,}5\ I_\mathrm{n}$!
5) Berechnen Sie den Anlaufstrom (der aus dem Netz bezogene Strom und der reine Ankerstrom) sowie das Anlaufmoment (der magnetische Fluss soll unverändert bleiben) für den Fall, dass der Vorwiderstand eingeschaltet ist!
6) Bestimmen Sie die Anlaufzeit des leerlaufenden Motors aus dem Stand (mit Ankervorwiderstand) bis Bemessungsdrehzahl!

Aufgabe 5
Von einem fremderregten Gleichstrommotor sind folgende Leistungsschildangaben bekannt:

$U_\mathrm{n} = 470\ \mathrm{V}$ $n_\mathrm{n} = 2\,300\ \mathrm{min}^{-1}$ $M_\mathrm{n} = 750\ \mathrm{Nm}$ $n_0 = 2\,473\ \mathrm{min}^{-1}$

Außer den Stromwärmeverlusten in der Ankerwicklung sind alle weiteren Verluste vernachlässigbar, desgleichen die Ankerrückwirkung.

1) Wie groß sind im Bemessungspunkt die abgegebene Leistung, die induzierte Spannung, der Ankerstrom und der Wirkungsgrad? Bestimmen Sie den Ankerwiderstand!
2) Berechnen Sie das Anlaufmoment M_A mithilfe von M_n, n_n und n_0! Zeichnen Sie die Drehmoment-Drehzahl-Kennlinie auf ein Blatt im Format DIN A4! Achtung: 1000 Nm $\triangleq$ 2,5 cm (y-Achse), 100 $\text{min}^{-1} \triangleq$ 0,5 cm (x-Achse), Koordinatenursprung 1 cm vom unteren und 0 cm vom linken Rand!

Der Motor soll mit einer Arbeitsmaschine mit linearer Widerstandsmomenten-Charakteristik gekoppelt werden. Zwei Punkte dieser Kennlinie wurden gemessen:

$M_w\,(n = 0\ \text{min}^{-1}) = 2$ kNm $\qquad M_w\,(n = 1\,600\ \text{min}^{-1}) = 1{,}4$ kNm

3) Von dem sich einstellenden Arbeitspunkt sind Drehzahl, Drehmoment und Ankerstrom anzugeben!
4) Geben Sie den Wirkungsgrad im Arbeitspunkt an!
5) Wie viele Widerstandsstufen sind im Anlasser einzubauen, damit $I_{max} = 8\ I_n/3$ nicht überschritten und $M_{min} = 600$ Nm nicht unterschritten werden (Lösung grafisch in Kennlinienblatt)?

Aufgabe 6
Folgende Bemessungsdaten eines fremderregten Gleichstrommotors sind bekannt:

$P_n = 120$ kW $\qquad U_n = 520$ V $\qquad n_n = 2\,240\ \text{min}^{-1}$

Die Eisen-, Reibungs- sowie die Bürstenverluste können vernachlässigt werden. Zum Anlassen wird ein Vorwiderstand im neunfacher Größe des R_A in den Ankerkreis geschaltet, sodass das Anlaufmoment gleich Bemessungsmoment wird (maximal zulässiger Strom ist also Bemessungsstrom).

1) Wie groß ist das Bemessungsmoment?
2) Skizzieren Sie die Kennlinie $n = f\,(M)$ vom Anlauf- bis zum Bemessungspunkt (begründen Sie Ihre Skizze)!
3) Wie groß sind der Ankerbemessungsstrom I_n, der Ankerwiderstand R_A sowie die Leerlaufdrehzahl n_0?
4) Wie groß ist das Anlaufmoment M_A ohne Anlasswiderstand?
5) In welcher Zeit wird der belastete Motor (ohne Anlasswiderstand) aus dem Anlauf heraus seine Bemessungsdrehzahl erreichen, wenn das Widerstandsmoment der Arbeitsmaschine unabhängig von der Drehzahl $M_w = 98\ \%$ von M_n und $\Theta_{ges} = 6{,}0\ \text{Nms}^2$ betragen?

Aufgabe 7
Von einem Gleichstrom-Nebenschlussmotor sind folgende Angaben bekannt:

$P_n = 8$ kW $\quad U_n = 250$ V $\quad I_n = 40{,}5$ A $\quad n_n = 1\,500$ min^{-1} $\quad R_A = 0{,}4\ \Omega$
$P_E = 120$ W (Erregerleistung)
$P_B = 50$ W (Bürstenübergangsverluste)

1) Wie groß sind der Anker- und der Gesamtwirkungsgrad im Bemessungspunkt?
2) Wie groß ist der reine Ankerbemessungsstrom? Wie groß sind die Läuferkupferverluste im Bemessungspunkt? Berechnen Sie die innere Leistung P_i im Bemessungspunkt! Bestimmen Sie die Eisen- und die Reibungsverluste im Bemessungspunkt!
3) Wie groß ist die induzierte Spannung im Bemessungspunkt?
4) Berechnen Sie das innere Drehmoment im Bemessungspunkt! Welches Bemessungsmoment steht an der Welle zur Verfügung?
5) Bestimmen Sie die Leerlaufdrehzahl (ohne Berücksichtigung von Eisen- und Reibungsverlusten) und das Anlaufmoment. Der Anlaufstrom ist das Zehnfache des Bemessungsstroms!
6) Wie lange dauert es, bis der belastete Motor vom Anlauf die Bemessungsdrehzahl erreicht, wenn das Widerstandsmoment der Arbeitsmaschine unabhängig von der Drehzahl, M_w = 65 % von M_n und $\Theta_{res} = 0{,}046$ Nms^2 betragen? Achtung: Bei dieser Aufgabenstellung kann für die Drehmoment-Drehzahl-Abhängigkeit des Motors die Beziehung: $M(n) = M_A\,(1 - n/n_0)$ eingesetzt werden!

Aufgabe 8
In einer S-Bahn arbeiten zwei Gleichstrom-Reihenschlussmotoren gleichen Typs auf einer gemeinsamen Welle. Die beiden Motoren können allein, in Serie oder parallel angetrieben werden. Die Leistungsschildangaben der Motoren lauten:

$P_n = 31{,}5$ kW $\quad U_n = 420$ V $\quad n_n = 995$ min^{-1}

Der Anker- und Erregerwicklungswiderstand sind ebenfalls bekannt und betragen jeweils 0,4 Ω. Die Abhängigkeit $\Phi = f(I_A)$ kann linear angenommen werden.

1) Wie groß ist das Bemessungsmoment eines Motors?
2) Wie groß sind der Strom, die induzierte Spannung und der Wirkungsgrad eines Motors im Bemessungspunkt? Bestimmen Sie die Maschinenkonstante c'! Welches der zwei Ergebnisse ist richtig? Begründen Sie kurz Ihre Feststellung!

3) Geben Sie die Prinzipschaltpläne für alle drei Möglichkeiten (ein Motor, zwei Motoren in Serie bzw. parallel) an!
4) Geben Sie die Ankerspannungsgleichung für die Serien- bzw. Parallelschaltung an!
5) Bei welcher Schaltung ist das Anlaufmoment am größten? Begründen Sie kurz Ihre Aussage!
6) Bestimmen Sie das Anlaufmoment für alle drei Schaltungen!
7) Stellen Sie die Betriebskennlinien $n = f(M)$ für die drei Schaltungen in einem Diagramm qualitativ dar!
8) Welche Drehzahlen lassen sich bei einem konstanten Widerstandsmoment in den drei Fällen einstellen? Achtung: qualitative Antwort (groß, mittel oder klein)!

Aufgabe 9

Von einem fremderregten Gleichstrommotor sind folgende Leistungsschildangaben bekannt:

$U_n = 420$ V $P_n = 12{,}7$ kW $I_n = 36{,}3$ A $n_n = 1\,470$ min^{-1} $U_{En} = 310$ V $I_{En} = 5$ A

Im Leerlauf bei einer Leerlaufdrehzahl von 1 760 min^{-1} wird ein Ankerstrom von 2 A gemessen.

1) Bestimmen Sie die aufgenommene elektrische Leistung im Bemessungspunkt!
2) Wie groß sind die Bemessungsverluste und der Bemessungswirkungsgrad im Ankerkreis?
3) Berechnen Sie die Erregerverluste, die Gesamtverluste und den Gesamtwirkungsgrad im Bemessungspunkt!
4) Bestimmen Sie das Bemessungsmoment!
5) Stellen Sie die Betriebskennlinien $I_A = f(M)$, $n = f(M)$ und $\eta = f(M)$ quantitativ in einem Koordinatensystem dar (η: Wirkungsgrad im Anker)!

Aufgabe 10

Ein Gleichstrom-Nebenschlussmotor hat folgende Daten:

$U_n = 520$ V $I_n = 176$ A $P_n = 82{,}5$ kW $n_0 = 1\,700$ min^{-1} $I_{En} = 6$ A

Die Eisen-, Reibungs- sowie Bürstenverluste und die Ankerrückwirkung können vernachlässigt werden.

1) Wie groß ist die Drehzahl bei einer Last von $M = 0{,}7\ M_n$, einer Erregung von $\Phi = 0{,}9\Phi_n$ und der Bemessungsspannung ($I_A = I_{An}$)
2) Wie groß ist die Drehzahl bei einer Last von $M = 0{,}7\ M_n$ und einer Spannung von $U = 0{,}5\ U_n$ (der magnetische Fluss soll gleich dem Bemessungsfluss sein)?
3) Wie groß muss der Vorwiderstand im Ankerkreis gewählt werden, damit der Anlaufstrom den Wert 1,5 I_n nicht überschreitet ($U = U_n$)?
4) Wie groß ist die Drehzahl bei einer Last von $M = 0{,}7\ M_n$ mit Ankervorwiderstand ($\Phi = \Phi_n$, $U = U_n$)?
5) Berechnen Sie den Motorwirkungsgrad für alle drei Fälle (die Erregerverluste können vernachlässigt werden)!

Aufgabe 11

Von einem Gleichstrom-Nebenschlussmotor sind folgende Leistungsschildangaben bekannt:

$U_n = 420$ V $\quad I_n = 181$ A $\quad n_n = 970\ \text{min}^{-1}$ $\quad I_{En} = 0{,}025\ I_n$ $\quad n_0 = 1085\ \text{min}^{-1}$

Die Eisen-, Reibungs- und Zusatzverluste können vernachlässigt werden.

1) Bestimmen Sie den Erreger- und Ankerwicklungswiderstand! Wie groß sind die Erreger- und Ankerwicklungsverluste, die abgegebene Leistung, das Drehmoment und der Wirkungsgrad im Bemessungspunkt?
2) Der Motor wird in einem Kran als Hubmotor verwendet. Der Wirkungsgrad der Hubwinde (einschließlich Getriebe und Seilumlenkrollen) beträgt gleichbleibend 89 %. Das Hubwerk hebt bei Bemessungsspannung des Motors eine Last von 60 kN mit einer Geschwindigkeit von 1 m/s. Welche Leistung gibt der Motor ab? Welchen Strom entnimmt er dem Netz? Bei welcher Drehzahl gibt er diese Leistung ab? Wie groß ist dabei der Wirkungsgrad?
3) Bestimmen Sie die Anlaufzeit des belasteten Motors aus dem Stand bis zur Bemessungsdrehzahl, wenn das Widerstandsmoment der Arbeitsmaschine unabhängig von der Drehzahl $M_w = 0{,}98\ M_n$ und das gesamte Massenträgheitsmoment des Antriebssystems $\Theta_{ges} = 7\ \text{Nms}^2$ betragen!

4 Grundlagen der Wechsel- bzw. Drehstrommaschinen

4.1 Einleitung

Die Grundausführungen sind asynchrone bzw. synchrone Bauweisen, die am weitesten verbreiteten Ausführungen sind einsträngige Wechselstrommaschinen und dreisträngige Drehstrommaschinen [90 bis 112].

4.1.1 Vergleich mit Gleichstrommaschinen

Vorteile von Drehstromasynchronmaschinen:

- einfache Bauart, sehr kompakt
- geringeres Geräusch
- wartungsfrei
- lange Lebensdauer
- wirtschaftlich
- Wechsel- bzw. Drehstromnetz steht fast überall zur Verfügung
- ohne Kollektor, Mehrzahl ohne Bürsten

Nachteile von Drehstromasynchronmaschinen:

- Drehzahl wird durch Netzfrequenz und Polpaarzahl der Maschine festgesetzt ($n \sim f/p$)
- Drehzahlregelung aufwendiger
- Läuferverluste beachtlich
- Blindleistungsbedarf (Blindleistung muss direkt vom Netz zur Verfügung gestellt werden)
- Drehmoment quadratisch von Netzspannung abhängig ($M \sim U^2$)

Im Gegensatz zu Asynchronmaschinen (ASM) sind bei Synchronmaschinen (SM) in der Regel die Läuferverluste geringer und das Drehmoment der Netzspannung proportional. Im übererregten Zustand können die Synchronmaschinen als Blindleistungslieferant zur Blindleistungskompensation eingesetzt werden.

4.1.2 Vergleich von Wechselstrom- mit Drehstrommaschinen

Nachteile einsträngiger Maschinen gegenüber dreisträngigen:

- kein bzw. kleines Anlaufmoment (bedingt durch pulsierendes bzw. elliptisches Wechselfeld, s. Abschnitt 10.1.1)
- etwa 30 % bis 50 % weniger Leistung gegenüber dreisträngigen Maschinen gleicher Baugröße
- infolge der Unsymmetrie höherer Oberschwingungsgehalt und demzufolge mehr Geräusch und größere Zusatzverluste (ausgeprägtes Sattelmoment infolge der dritten Oberschwingung)

4.1.3 Hauptunterteilung rotierender elektrischer Maschinen

4.1.3.1 Unterteilung nach Strangzahl

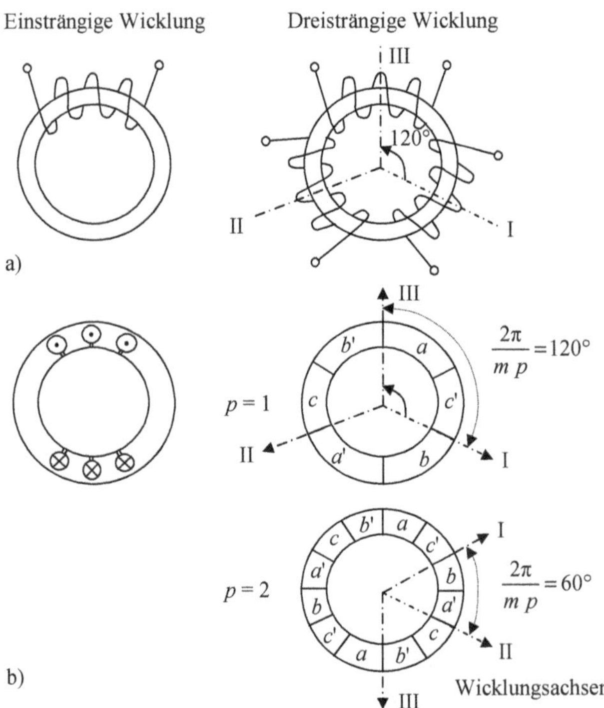

Bild 4.1 Schematische Darstellungen von ein- bzw. dreisträngigen Ständerwicklungen in zwei- und vierpoliger Ausführung
a) Ringwicklung b) Nutenwicklung

Bild 4.1a zeigt die unübliche, jedoch anschauliche Ringwicklung für einsträngige und dreisträngige Wicklung. Die übliche Ausführung ist die sogenannte Nutenwicklung (**Bild 4.1b**). Bei mehrsträngigen Maschinen empfiehlt es sich, die Zonendarstellung anzuwenden (Bild 4.1b rechts). Demnach werden jedem Strang zwei Zonen für Hin- und Rückleiter zugeordnet (für mehrpolige Maschinen ist die Zonenzahl entsprechend höher). Die Rückzonen sind hier mit gestrichenen Buchstaben gekennzeichnet (z. B. a', b', c'). Bild 4.1 zeigt außerdem, dass die Achsen der Wicklungen um $2\pi/(mp)$ phasenverschoben sind (m: Strangzahl, p: Polpaarzahl).

4.1.3.2 Unterteilung nach Außen- bzw. Innenpol

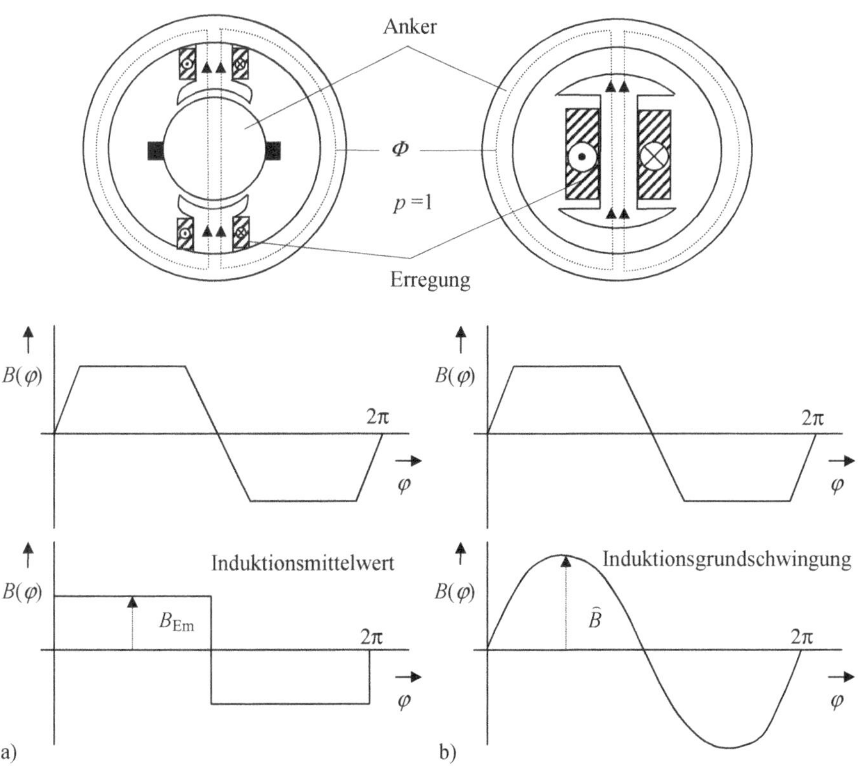

Bild 4.2 Außen- und Innenpolmaschine mit Magnetfeld und Induktionsverteilung
a) Außenpol, stehendes Feld, z. B. gewöhnliche Gleichstrommaschine
b) Innenpol, Drehfeld, z. B. gewöhnliche Synchronmaschine

Bei den Gleichstrommaschinen wird üblicherweise durch eine feststehende Ständerwicklung (auch Erreger- bzw. Feldwicklung genannt) ein stehendes Feld erzeugt (Außenpolmaschinen, **Bild 4.2a**). Bei den Synchronmaschinen wird üblicherweise durch eine rotierende Polrad- bzw. Läuferwicklung ein Drehfeld erzeugt (Innenpolmaschinen, **Bild 4.2b**).

Die periodische Induktionsverteilung kann nach Fourier in eine Grundschwingung mit der Periodenlänge 2π und eine Summe von Oberschwingungen zerlegt werden. Bei der klassischen Behandlung wird der Einfluss von Oberschwingungen vernachlässigt und nur die sinusförmige Grundschwingung betrachtet (Bild 4.2b). Die Oberschwingungen führen zu einer Reihe parasitärer Erscheinungen wie zusätzliche Geräuschbildung, Zusatzverlusten und Exzentrizität – deren Einflüsse später untersucht werden (z. B. in Abschnitt 9.3.2.2). Bei der Gleichstrommaschine wurde zweckmäßigerweise die klassische Betrachtung auf die Berücksichtigung des Feldmittelwerts unter einer Polteilung (B_{Em}) konzentriert (Bild 4.2a, s. auch Abschnitt 3.2).

4.2 Drehfeld

4.2.1 Entstehung und Beschreibung

4.2.1.1 Drehfeld durch rotierendes Polrad (für Synchronmaschinen)

Durch die Erregerdurchflutung wird im Luftspalt ein magnetisches Feld erzeugt. Die Feldlinien einer zweipoligen und einer vierpoligen Maschine sind in **Bild 4.3** dargestellt und die zugehörigen Normalkomponenten der magnetischen Induktionen in Abhängigkeit der Maschinenumfänge in **Bild 4.4**.

Für die Grundschwingung kann folgende mathematische Form angegeben werden:

$$B(\varphi) = \hat{B} \cos p\,\varphi \qquad (4.1)$$

$\hat{B}$ ist die Amplitude der Luftspaltinduktion (Bild 4.4). Durch eine höhere Polpaarzahl werden die Periodendauern kürzer. Bei der Beschreibung des Drehfelds muss die Zeit mit berücksichtigt werden. Wenn nun das Polrad um den Winkel α ausgelenkt ist (**Bild 4.5**), wird die obige Gleichung folgende Form annehmen:

$$B(\varphi, \alpha) = \hat{B} \cos p(\varphi - \alpha) \qquad (4.2)$$

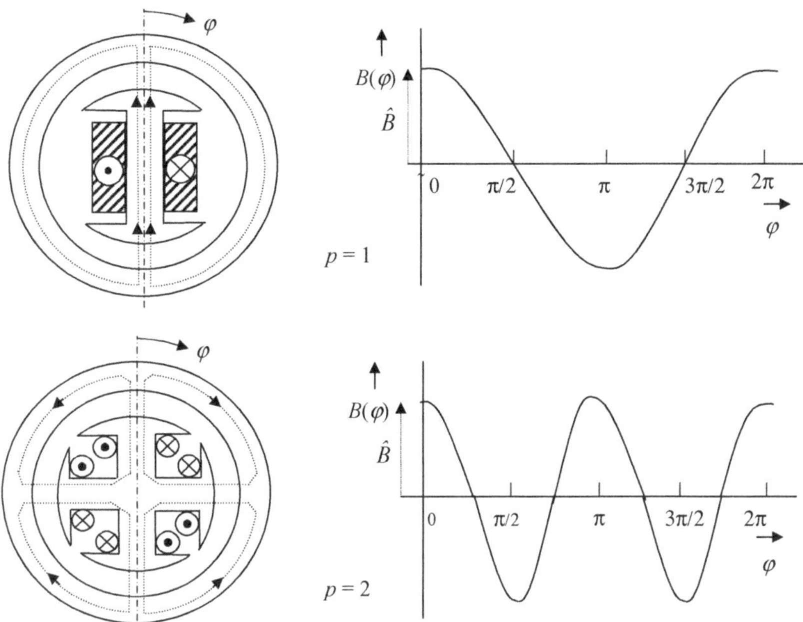

Bild 4.3 Entstehung des Drehfelds durch rotierendes Polrad

Bild 4.4 Induktionsverläufe der zwei- und vierpoligen Maschine

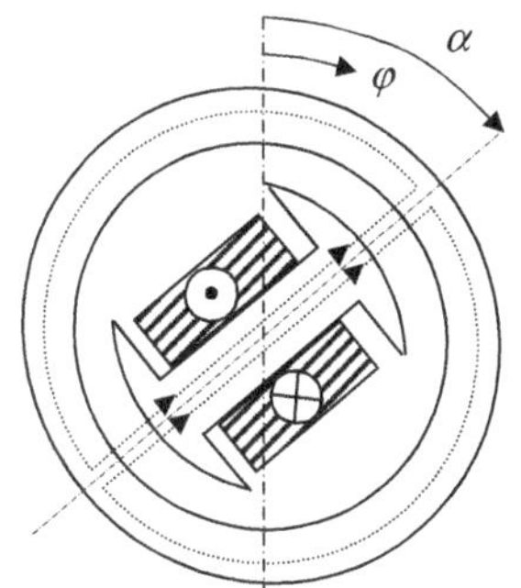

Bild 4.5 Zeitabhängigkeit des Drehfelds

Wenn sich das Polrad mit konstanter Winkelgeschwindigkeit

$$\omega_{\mathrm{d}} = \frac{\mathrm{d}\alpha}{\mathrm{d}t} \tag{4.3}$$

dreht, ergibt sich ein Feld, das sich relativ zum Ständer bewegt (Drehfeld). Die Induktionsgleichung würde dann folgende Form annehmen:

$$B(\varphi,t) = \hat{B}\cos(p\varphi - p\,\omega_{\mathrm{d}}\,t) \tag{4.4}$$

4.2.1.2 Drehfeld durch dreisträngige symmetrische Wicklung (für Asynchronmaschinen)

In **Bild 4.6** ist der Zonenplan einer dreisträngigen symmetrischen zweipoligen Wicklung dargestellt. Die Durchflutungsrichtungen sind zunächst angenommene Richtungen, deren Richtigkeit festgestellt werden soll. Die Wicklung soll durch ein dreisträngiges symmetrisches Spannungssystem der Kreisfrequenz $\omega = 2\pi f$ gespeist werden. Die Ströme haben eine zeitliche Abhängigkeit nach **Bild 4.7** und dieselbe Frequenz und denselben Scheitelwert, sind jedoch um $2\pi/3$ gegeneinander phasenverschoben.

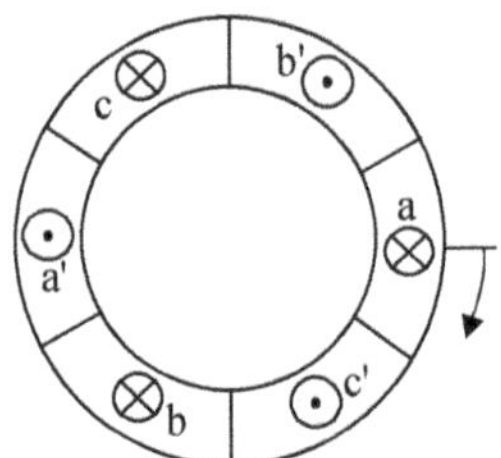

Bild 4.6 Angenommene Durchflutungsrichtung einer dreisträngigen zweipoligen Wicklung

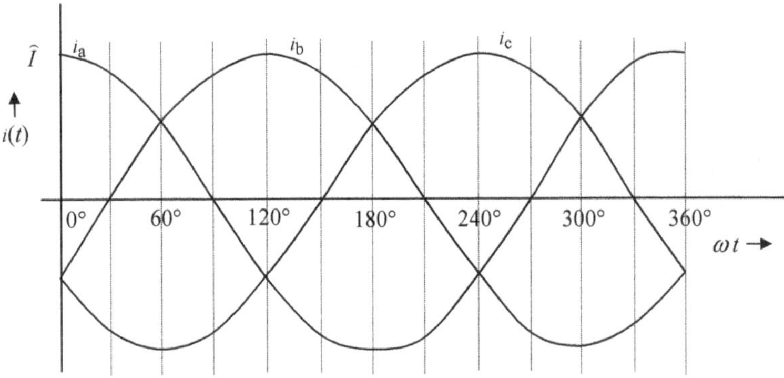

Bild 4.7 Drehstrom (zeitliche Abhängigkeit der Strangströme)

Die Durchflutung jeder Nut entspricht einem bestimmten Strombelag (s. Abschnitt 3.6). Ähnlich wie die Durchflutung ist auch der Strombelag zeitabhängig.

In **Bild 4.8** sind die Strombelags- und Induktionsverteilungen für drei unterschiedliche Zeitpunkte dargestellt. Dabei ist der Zonenplan in Bild 4.6 zugrunde gelegt. Der Stromwert zu einem bestimmten Zeitpunkt ist gleich der Projektion des Zeigers auf die Zeitachse. Zum Zeitpunkt $t = 0$ ist $I_a = I$ und $I_b = I_c = -I/2$ (Bilder 4.7 und 4.8). Die Stromwerte für die Zeitpunkte $t = \pi/(6\omega)$ und $t = \pi/(3\omega)$ können ebenfalls den Bildern 4.7 und 4.8 entnommen werden. Entsprechendes gilt auch für die Strombeläge.

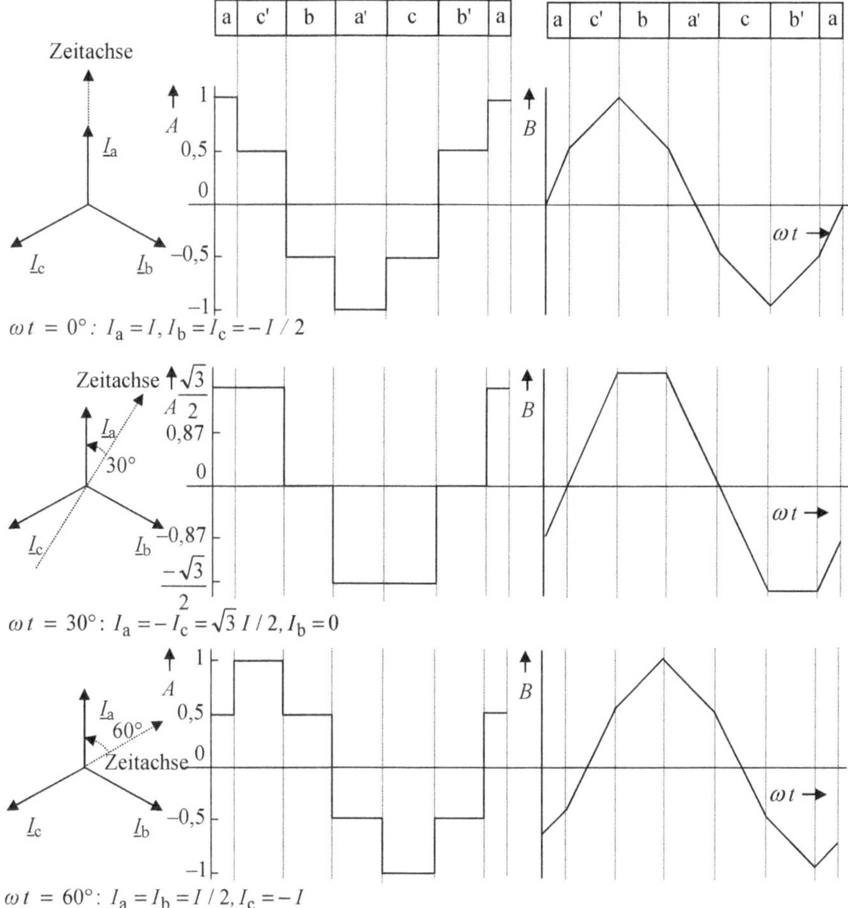

Bild 4.8 Drehstrombelag und Drehfeld, hervorgerufen durch eine symmetrische dreisträngige Wicklung

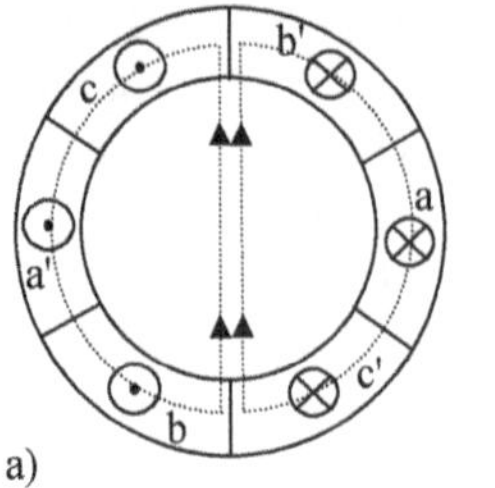

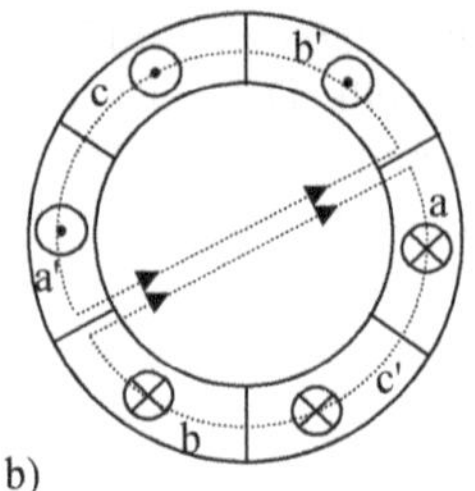

Bild 4.9 Wirkliche Durchflutungsrichtung und resultierendes Feld für zwei Zeitpunkte ($p = 1$)
a) $t = 0$
b) $t = \pi/(3\omega)$

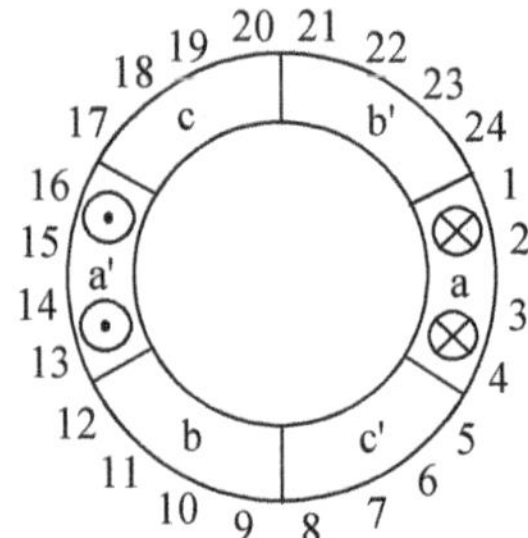

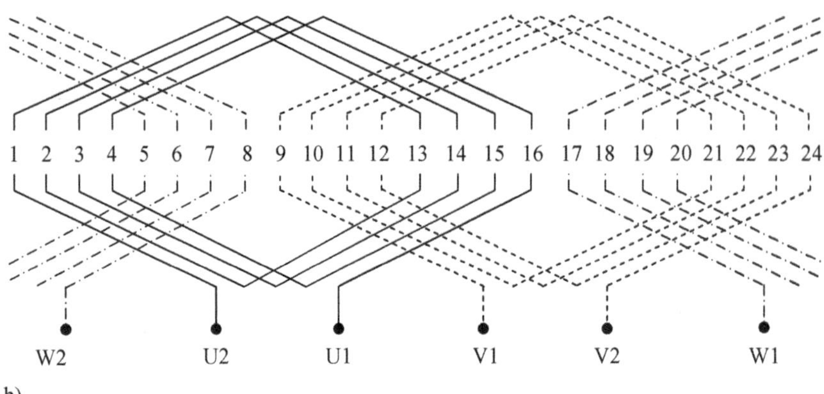

Bild 4.10 Einschichtschleifenwicklung ($p = 1$)
a) Ständer mit Nuten
b) Wickelschema

Bei der Beschreibung des Drehfelds wird gezeigt, dass das Feld, das durch einen Strom hervorgerufen wird, in integraler Weise mit ihm in Zusammenhang steht. So kann die Induktionsverteilung aus der Stromverteilung abgeleitet werden. Hieraus geht hervor, dass der Strom und das Feld im Maschinenumfang Drehschwingungen sind (Bild 4.8). Die wirkliche Durchflutungsrichtung und das resultierende Feld sind in **Bild 4.9** für die Zeitpunkte $t = 0$ und $t = \pi/(3\omega)$ wiedergegeben. Zum Zeitpunkt $t = \pi/(3\omega)$ sind die Feldlinien örtlich um $\pi/3$ gedreht (**Bild 4.9b**).

Die Drehstromwicklungen sind normalerweise ähnlich wie bei den Ankerwicklungen der Gleichstrommaschinen in Nuten untergebracht. Die **Bilder 4.10a** und **4.10b** zeigen das grundsätzliche Wickelschema einer zweipoligen Einschichtschleifenwicklung.

Beschreibung des Drehstroms

Die mathematische Form des Drehstrombelags und des Drehfelds kann wie folgt abgeleitet werden. In jedem Strang bildet sich ein Wechselstrombelag. Bei der klassischen Behandlung beschränkt man sich auf die Berücksichtigung der Grundschwingung. Für den Strang a gilt dann die Wellengleichung:

$$A_\mathrm{a}(\varphi, t) = -\hat{A} \sin p\varphi \cos \omega t \tag{4.5a}$$

Hier sind ω die Kreisfrequenz und $\hat{A}$ der Scheitelwert des Wechselstrombelags. Für die beiden anderen Stränge sind die räumlichen Phasenverschiebungen der Wicklungsachsen und die zeitlichen Phasenverschiebungen der Wicklungsströme zu berücksichtigen:

$$A_\mathrm{b}(\varphi, t) = -\hat{A}[\sin(p\varphi - \frac{2\pi}{3}) \cos(\omega t - \frac{2\pi}{3})] \tag{4.5b}$$

$$A_\mathrm{c}(\varphi, t) = -\hat{A}[\sin(p\varphi + \frac{2\pi}{3}) \cos(\omega t + \frac{2\pi}{3})] \tag{4.5c}$$

Mithilfe der trigonometrischen Additionstheoreme können die drei Wechselstrombelagsgleichungen umgeschrieben werden:

$$A_\mathrm{a}(\varphi, t) = -\frac{1}{2}\hat{A}[\sin(p\varphi - \omega t) + \sin(p\varphi + \omega t)] \tag{4.6a}$$

$$A_\mathrm{b}(\varphi, t) = -\frac{1}{2}\hat{A}[\sin(p\varphi - \omega t) + \sin(p\varphi + \omega t - \frac{4\pi}{3})] \tag{4.6b}$$

$$A_\mathrm{c}(\varphi, t) = -\frac{1}{2}\hat{A}[\sin(p\varphi - \omega t) + \sin(p\varphi + \omega t + \frac{4\pi}{3})] \tag{4.6c}$$

Somit kann jeder Wechselstrombelag in zwei Drehschwingungen mit entgegengesetzten Richtungen zerlegt werden (mit- und gegenlaufende Schwingungen). Die Addition dieser Schwingungen

$$A(\varphi, t) = A_a(\varphi, t) + A_b(\varphi, t) + A_c(\varphi, t) \tag{4.7}$$

ergibt den Drehstrombelag:

$$A(\varphi,\ t) = \frac{3}{2}\,\hat{A}\sin(\omega t - p\,\varphi) \tag{4.8}$$

Der Scheitelwert des mitlaufenden Drehstrombelags ist um das 1,5-Fache größer als der des Wechselstrombelags. Die Addition der gegenlaufenden Schwingungen ergibt null. Die Winkelgeschwindigkeit des Drehstrombelags ω_d ergibt sich aus:

$$\omega t - p\,\varphi = \text{konst.} \tag{4.9}$$

mit:

$$\frac{d\varphi}{dt} = \omega_d = \frac{\omega}{p} \tag{4.10}$$

Die Ständerstromdrehzahl (auch Drehfeld- oder Leerlaufdrehzahl bzw. synchrone Drehzahl genannt) ist dann gleich:

$$n_d = \frac{f}{p} \tag{4.11}$$

Für eine Netzfrequenz von 50 Hz ergeben sich die Drehfelddrehzahlen nach **Tabelle 4.1**.

p	1	2	3	4	5	6	12	24
$2p$	2	4	6	8	10	12	24	48
n_d **in** min^{-1}	3 000	1 500	1 000	750	600	500	250	125

Tabelle 4.1 Übliche Drehfelddrehzahlen von Drehstrommaschinen

Beschreibung des Drehfelds durch Drehstrom

Mithilfe des Durchflutungsgesetzes kann die Grundschwingung des Drehfelds über den Drehstrombelag des Ständers ermittelt werden:

$$\oint \boldsymbol{H}\, \mathrm{d}\boldsymbol{l} = \Theta$$

Der Integrationsweg nach **Bild 4.11** beinhaltet die Ständerdurchflutung:

$$\mathrm{d}\Theta = A(x, t)\, \mathrm{d}x \tag{4.12}$$

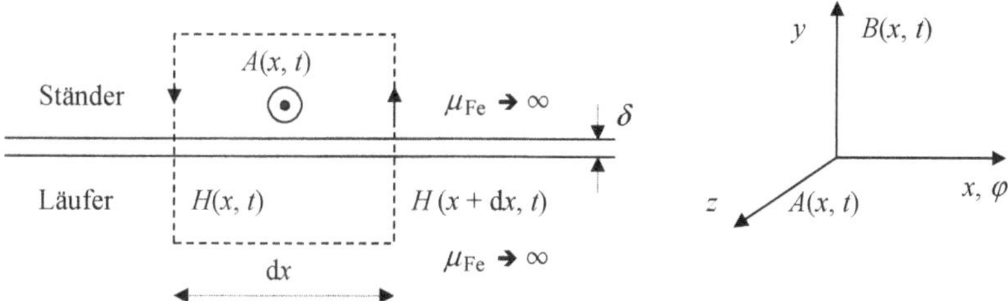

Bild 4.11 Zur eindimensionalen Beschreibung des Drehfelds

Die Durchführung der Integration für die Normalkomponente der magnetischen Induktion B_y ($B_x = B_z \approx 0$) unter Berücksichtigung des vorgegebenen Koordinatensystems (Bild 4.11) und Vernachlässigung der magnetischen Spannungsfälle im Eisen ($\mu_{Fe} \rightarrow \infty$) ergibt sich zu:

$$[-H(x, t) + H(x + \mathrm{d}x, t)]\, \delta = \mathrm{d}\Theta = A(x, t)\, \mathrm{d}x \tag{4.13}$$

Die Taylor-Reihenentwicklung für $H(x + \mathrm{d}x, t)$ ergibt:

$$H(x + \mathrm{d}x, t) = H(x, \mathrm{t}) + \frac{\mathrm{d}H(x,t)}{\mathrm{d}x \cdot 1!}\mathrm{d}x + \frac{\mathrm{d}^2 H(x,t)}{\mathrm{d}x^2 \cdot 2!}\mathrm{d}x^2 + \ldots \tag{4.14}$$

Bei der Taylor-Reihe können die Terme ab zweiter Ordnung vernachlässigt werden. Nach einer einfachen Umrechnung ergibt sich für die Gl. (4.13):

$$H(x,t) = \frac{1}{\delta}\int A_{\mathrm{s}}(x,t)\,\mathrm{d}x + c(t) \tag{4.15}$$

Für die Induktionsverteilung im Luftspalt ergibt sich:

$$B(x,t) = \frac{\mu_0}{\delta} \int A_s(x,t)\,\mathrm{d}x + c(t) \tag{4.16}$$

Mit $\tau_p = \pi D/(2p)$, $\mathrm{d}x = R\,\mathrm{d}\varphi$ und Gl. (4.8) folgt:

$$B(\varphi,t) = \frac{3}{2\pi\delta}\mu_0\,\tau_p\,\hat{A}\cos(\omega t - p\varphi) + c'(t) \tag{4.17}$$

Die Integrationskonstante kann aus der Bedingung, dass sich kein Gleichfluss bildet, ermittelt werden:

$$\int_0^{2\pi} B(\varphi,t)\,\mathrm{d}\varphi = 0 \tag{4.18}$$

Die Integration der Gl. (4.18) um den ganzen Umfang führt zu

$c' = c = 0$

und

$$B(\varphi,t) = \hat{B}\cos(\omega t - p\varphi) \tag{4.19}$$

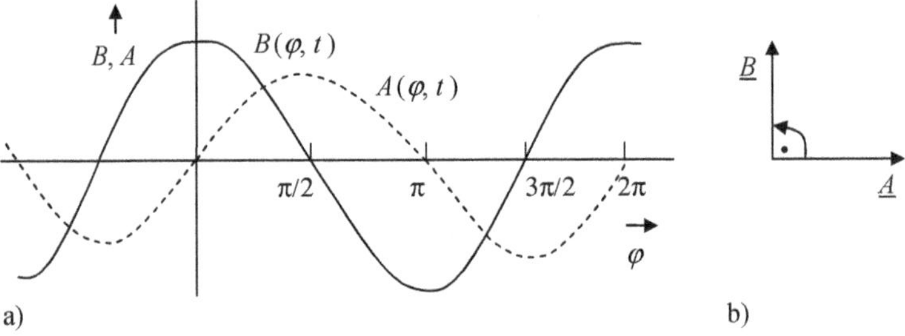

Bild 4.12 90°-Phasenverschiebung von Induktion und hervorrufendem Strombelag

In Gl. (4.19) beträgt die Induktionsamplitude:

$$\hat{B} = \frac{3\,\mu_0\,\tau_p\,\hat{A}}{2\,\pi\,\delta} \tag{4.20}$$

Es ist zu beachten, dass in Gl. (4.20) der magnetisch wirksame Luftspalt δ'' mit $\delta'' = \delta\ k_s\,k_c$ (s. Abschnitt 3.3) einzusetzen ist. In **Bild 4.12a** sind die Induktions- und Strombelagsschwingungen für den Zeitpunkt $t = 0$ dargestellt. Die 90°-Phasenlage dieser Drehschwingungen geht aus Bild 4.12a und **Bild 4.12b** hervor.

Zusammenfassung: Durch eine dreisträngige symmetrische Wicklung, die auch symmetrisch gespeist wird, wird ein Drehfeld im Luftspalt der Maschine erzeugt. Der Scheitelwert der Drehinduktionsschwingung beträgt das 1,5-Fache desjenigen des Wechselfelds eines Strangs. Die Kreisfrequenz des Drehfelds ist $\omega_d = \omega/p$ und deren Drehzahl $n_d = f/p$, wobei f die Netzfrequenz und p die Polpaarzahl sind.

4.2.2 Induzierte Spannung des Drehfelds

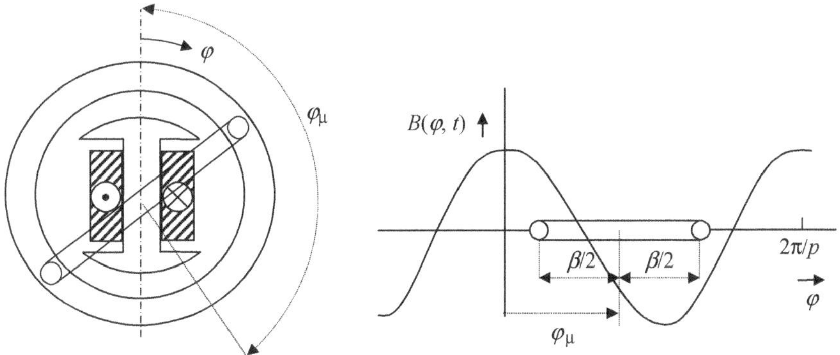

Bild 4.13 Zur Entstehung der dreisträngigen Spannung

Bild 4.14 Ruhende Leiterschleife im Drehfeld

Hier wird gezeigt, wie in einer symmetrischen dreisträngigen Wicklung, deren Wicklungsachsen um 120° räumlich phasenverschoben sind, Spannungen mit einer Phasenverschiebung von 120° induziert werden (s. Abschnitt 1.8.8). In der Ständerspule der Maschine nach **Bild 4.13** wird durch das Magnetfeld des rotierenden Polrads eine Spannung induziert. In **Bild 4.14** ist das Drehfeld (Gln. (4.4) bzw. (4.19)) in kartesischen Koordinaten mit einer Spule dargestellt, wobei φ_μ der räumliche Phasenwinkel der Spulenachse zum angenommenen Bezugspunkt ist.

Die Spulenbreite ist $\beta = \pi/p$ und die Polpaarzahl $p = 1$ (Bild 4.13). Der Fluss durch die Spule kann wie folgt ermittelt werden:

$$\Phi(t) = \frac{l\,D}{2} \int\limits_{\mu-\beta/2}^{\mu+\beta/2} B(\varphi, t)\,\mathrm{d}\varphi \tag{4.21}$$

Mithilfe von Gl. (4.4) folgt:

$$\Phi(t) = \frac{l\,D\,\hat{B}}{p} \cos(\,p\,\varphi_{\mu} - p\,\omega_{\mathrm{d}}\,t\,) \tag{4.22}$$

Der Scheitelwert des Flusses kann aus der Gl. (4.22) entnommen werden. Unter Einführung der Polteilung ergibt sich:

$$\hat{\Phi} = \frac{2\,\hat{B}\,l\,\tau_{\mathrm{p}}}{\pi} \tag{4.23}$$

Mithilfe des Induktionsgesetzes folgt für die induzierte Spannung:

$$u_{\mathrm{i}}(t) = \omega\,\hat{\Phi}\sin(\,p\,\varphi_{\mu} - \omega\,t\,) \tag{4.24}$$

Hier ist $\omega = p\;\omega_{\mathrm{d}}$ die Kreisfrequenz der induzierten Spannung. Im Ständer der Drehfeldmaschinen sind mehrere Spulen in den Nuten untergebracht, die räumlich um Vielfache von $2\pi/(3p)$ gegeneinander phasenverschoben sind. So ergeben sich z. B. für eine dreisträngige Maschine folgende Spannungen:

$$\begin{aligned}
&\text{I.} \quad \varphi_{\mu} = 0 && u_{\mathrm{iI}}(t) = -\,\omega\,\hat{\Phi}\sin\omega\,t \\
&\text{II.} \quad \varphi_{\mu} = \frac{2\pi}{3\,p} && u_{\mathrm{iII}}(t) = -\,\omega\,\hat{\Phi}\sin(\omega t - \frac{2\pi}{3}) \\
&\text{III.} \quad \varphi_{\mu} = \frac{4\pi}{3\,p} && u_{\mathrm{iIII}}(t) = -\,\omega\,\hat{\Phi}\sin(\omega t - \frac{4\pi}{3})
\end{aligned} \tag{4.25}$$

Durch die räumliche Verteilung der Spulen werden Spannungen induziert, die zeitlich um $2\pi/3$ gegeneinander phasenverschoben sind.

4.3 Wicklungsfaktor (Zonen- und Sehnungsfaktor)

Für die Drehstromwicklungen gibt es Ein- bzw. Zweischicht-Ausführungen. Die Wicklungsart gibt es in Wellen- bzw. Schleifenform (s. auch Bilder 3.8 und 3.9). **Bild 4.15** und **Bild 4.16** zeigen einen Strang einer Zweischichtwicklung der Polteilung τ_p. Die Leiter sind in oberen (O) und unteren (U) Nuthälften untergebracht. Die Seiten der Spulen werden in unterschiedlichen Nuthälften angelegt. Aufgrund dessen ist es möglich, die Spulenweiten kleiner als die Nutteilung zu wählen, um somit eine sogenannte gesehnte Wicklung zu realisieren. Die zwei Hälften der Wicklung werden also versetzt angeordnet (Bild 4.16). Wie aus den Bildern 4.15 und 4.16 hervorgeht, befinden sich innerhalb eines Polpaars sechs Zonen. Zur Vereinfachung der Betrachtung wird die Durchflutung einer Zone als gleichmäßig angenommen, was wegen der hohen Nutenzahl in einer Zone zulässig ist. Auf diese Weise kann der Strombelag eingeführt werden.

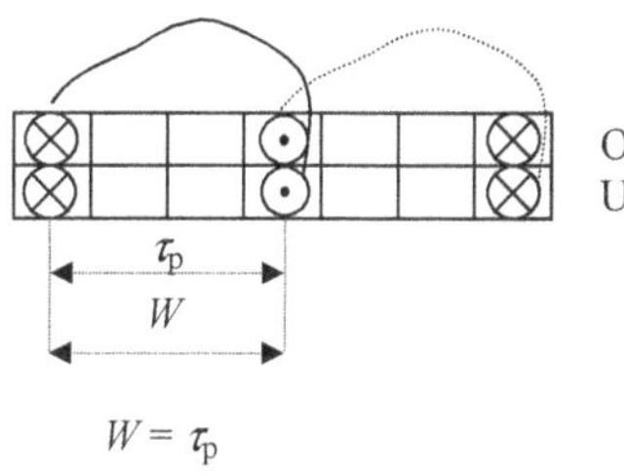

Bild 4.15 Zweischichtwicklung

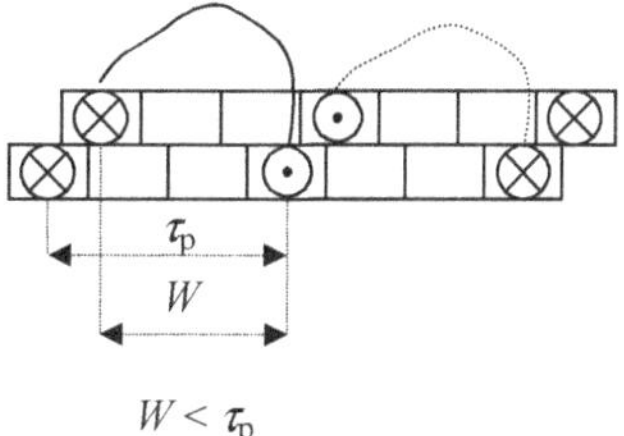

Bild 4.16 Zweischichtwicklung mit Sehnung

Die Durchflutungsverteilung ist wie in Bild 4.8 eine Treppenfunktion. Die Verteilung der Leiter in q Nuten einer Zone mit der Sehnung führen dazu, dass sich der Fluss und die induzierte Spannung eines Strangs reduzieren. Für den Effektivwert der Spannung in einem Strang mit w_e wirksamen Windungen gilt:

$$U_\text{i} = \frac{w_\text{e}}{\sqrt{2}} \left(\frac{\text{d}\Phi}{\text{d}t} \right)_\text{max}$$

Mit der sinusförmigen Induktion

$$B(\varphi, t) = \hat{B} \sin\left(\omega t - \frac{\pi x}{\tau_\text{p}} \right)$$

folgt für den Maximalwert des Flusses:

$$\left(\frac{\mathrm{d}\Phi}{\mathrm{d}t}\right)_{\max} = \omega l \int\limits_{-\tau_p/2}^{\tau_p/2} B(x)\,\mathrm{d}x = \frac{\omega 2 \tau_p l \hat{B}}{\pi}$$

Hierin ist l die aktive Eisenlänge. Somit folgt für den Effektivwert der induzierten Spannung

$$U_i = \frac{\omega w_e 2 \tau_p l \hat{B}}{\sqrt{2}\,\pi}$$

Bei der Unterteilung der Spulen in q Einzelspulen mit den Windungszahlen w_N errechnet sich die Spannung jeder Einzelspule entsprechend. Die induzierten Spannungen der Spulen sind um den Winkel $\alpha = \alpha_w / q$ zeitlich phasenverschoben. Dies ist darauf zurückzuführen, dass die maximale Induktion zeitlich versetzt die Spulen durchsetzt. Nach **Bild 4.17** ergibt sich die gesamte induzierte Spannung aus der vektoriellen Addition der Spannungen (im Bild 4.17 ist $q = 3$).

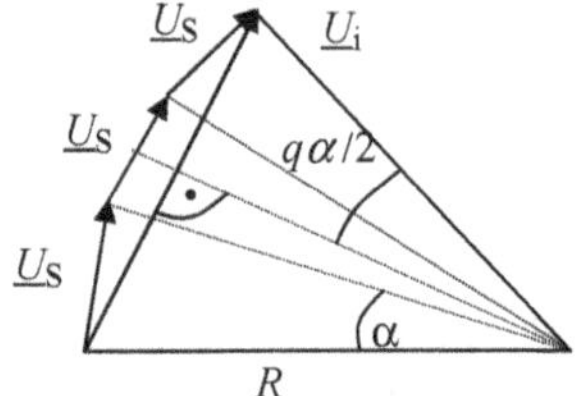

Bild 4.17 Zur Erklärung des Zonenfaktors

Es ergibt sich:

$$\sin\left(\frac{q\,\alpha}{2}\right) = \frac{U_i}{2R} \Rightarrow U_i = 2R\sin\left(\frac{q\,\alpha}{2}\right)$$

$$\sin\left(\frac{\alpha}{2}\right) = \frac{U_S}{2R} \Rightarrow R = \frac{U_s}{2\sin\left(\frac{\alpha}{2}\right)}$$

$$U_i = q U_S \frac{\sin\left(\frac{q\,\alpha}{2}\right)}{q\sin\left(\frac{\alpha}{2}\right)} \tag{4.26}$$

Hier sind $q\,U_S$ die algebraische Summe der induzierten Spannungen und

$$\xi_z = \frac{\sin\left(\frac{q\,\alpha}{2}\right)}{q\sin\left(\frac{\alpha}{2}\right)} \tag{4.27}$$

der sogenannte Zonenfaktor. Für $q \rightarrow \infty$ muss $\alpha/2 \rightarrow 0$ streben. In diesem Fall ergibt sich:

$$\xi_z = \frac{\sin\left(\frac{q\,\alpha}{2}\right)}{\frac{q\,\alpha}{2}}$$

Durch die Sehnung verkleinert sich das Flussmaximum:

$$\left(\frac{\mathrm{d}\Phi}{\mathrm{d}t}\right)_{\max} = \omega\, l \int\limits_{-W/2}^{W/2} B(x)\,\mathrm{d}x = \frac{\omega\, 2\,\tau_p\, l\,\hat{B}}{\pi} \sin\frac{W\,\pi}{2\,\tau_p}$$

Der Faktor

$$\xi_s = \sin\frac{W\,\pi}{2\,\tau_p} \tag{4.28}$$

wird als Sehnungsfaktor bezeichnet. So kann also für die effektive Windungszahl geschrieben werden:

$$w_e = w_s\,\xi_z\,\xi_s \tag{4.29}$$

w_s ist die Windungszahl eines Strangs, und $\xi = \xi_z\,\xi_s$ ist der Wicklungsfaktor.

Die Anzahl der Nuten pro Pol und Strang kann ganzzahlig oder bruchzahlig gewählt werden; man spricht dann von einer Ganzlochwicklung oder Bruchlochwicklung. In der praktischen Ausführung werden den einzelnen Spulengruppen eines Strangs der Bruchlochwicklung unterschiedliche Windungszahlen zugeordnet. Es zeigt sich, dass damit der Einfluss der Oberschwingungen erheblich reduziert werden kann und infolgedessen besseres Betriebsverhalten erreicht wird (s. auch Abschnitt 12.9.4).

Der Begriff „Wicklungsfaktor“ lässt sich auf die Berücksichtigung der Oberschwingungen (s. Abschnitt 9.3.2.2.2) ausweiten. Somit kann der Zonen- sowie der Sehnungsfaktor der ν-ten Oberschwingung eingeführt werden:

$$\xi_{\mathrm{z}\nu} = \frac{\sin\left(\frac{\nu q \alpha}{2}\right)}{q \sin\left(\frac{\nu \alpha}{2}\right)} \tag{4.30}$$

$$\xi_{\mathrm{s}\nu} = \sin \frac{\nu W \pi}{2 \tau_{\mathrm{p}}} \tag{4.31}$$

Es zeigt sich, dass die sogenannten Nutungsoberschwingungen (Nutharmonische), also diejenigen Oberschwingungen, die gleiche Wicklungsfaktoren wie die Grundschwingung besitzen, in ihrer Einflussnahme besonders stark sind. Demnach erfüllen diese Nutharmonischen die Gleichung

$$\nu = \frac{k N}{p} \pm 1 \tag{4.32}$$

mit der Nutzahl N und $k = 1, 2, 3, \ldots$

5 Asynchronmaschinen

5.1 Qualitative Betrachtung

5.1.1 Einleitung

Die Asynchronmotoren werden wegen ihrer hervorragenden Eigenschaften in vielen Antrieben bevorzugt eingesetzt. Fast 90 % aller Elektromotoren sind asynchroner Bauart, weswegen sie in sehr großen Stückzahlen hergestellt werden.

Folgende Leistungsklassen sind üblich:

- 0,1 W bis 0,5 kW Einsträngige Ausführungen (ASM) für 230-V-Netz
- 0,5 kW bis 1 MW Dreisträngige Ausführungen (DASM) für 400-V-, 500-V- und 690-V-Netz
- 200 kW bis 15 MW Dreisträngige Ausführungen (DASM) für 400-V, 500-V-, 690-V-, 3 000-V- und 6 000-V-Netz

Die dreisträngigen Ausführungen der Starkstromtechnik, auch Drehstromasynchronmaschinen genannt, haben eine Leistung von ≥ 200 kW. Sie werden bis zu Leistungen von 30 MW gebaut. Vorzugsweise werden aber bei größeren Leistungen Drehstromsynchronmotoren eingesetzt. Dies hat mehrere Gründe:

- Asynchronmotoren reagieren leichter auf die Schwankungen der Netzspannung. Während das Drehmoment der Asynchronmaschinen quadratisch von der Netzspannung abhängt, ist das Drehmoment der Synchronmaschinen linear von der Netzspannung abhängig ($M_{SM} \sim U$, aber $M_{ASM} \sim U^2$)
- die Belastbarkeit von Drehstromsynchronmotoren ist höher
- die Synchronmaschinen können in übererregtem Zustand zur Verbesserung des Leistungsfaktors eingesetzt werden

Einige **spezielle Einsatzgebiete** sind:
Öl- und Gasbrenner, Pumpen, Geschirrspül-, Wasch- und Bügelmaschinen, Wäschetrockner, Getreide- und Kaffeemühlen, Kühl- und Gefrierschränke, Markisen, Filmprojektoren, Lüfter, Garagentore, Schreibmaschinen, Kopierer, Automaten, Betonmischer, Kreissägen, Chemie- und Metallindustrie.

Die Ausführungen der Asynchronmaschinen sind Käfigläufer und Schleifringläufer (Abschnitt 5.1.2) [90 bis 112]. Die geläufigsten Baugrößen von Käfigläufermotoren können aus **Tabelle 5.1** entnommen werden. **Tabelle 5.2** und **Tabelle 5.3** (mit freundlicher Genehmigung der Siemens AG) zeigen einige Bemessungswerte und andere charakteristische Größen der häufig eingesetzten zwei- bzw. vierpoligen Käfigläufernormmotoren der Schutzart IP55 (s. Abschnitt 12.10) und Wärmeklasse F (s. Abschnitt 12.6.2) für 50-Hz-Netzbetrieb. Dabei sind M_A das Anlaufmoment, I_A der Anlaufstrom und M_k das Kippmoment (s. Abschnitt 5.1.6). Zu höherpoligen Käfigläufermotoren, polumschaltbaren Varianten, Ausführungen für 60-Hz-Netz etc. wird auf Angaben der Hersteller verwiesen. Die Ausführungen von 0,09 kW bis 45 kW sind hier mit Aluminiumgehäuse und die von 55 kW bis 1 000 kW mit Graugussgehäuse ausgestattet. Anzumerken ist, dass die Ausführungen von 1,5 kW bis 45 kW ebenfalls mit Graugussgehäuse angeboten werden, die nicht in diesen Tabellen aufgeführt sind (s. die Angaben der Hersteller).

In der Tabelle 5.1 sind außerdem die wichtigsten äußeren Abmessungen wiedergegeben, wie die Achshöhe h und die Abstände der Befestigungsschrauben a, b für die Käfigläufer-Normmotoren, weil diese Angaben insbesondere für die Montage von Bedeutung sind. Zu bemerken ist, dass die Ausführungen ab der Baugröße 180 eventuell mit jeweils zwei Befestigungslöchern längs einer Seite zu liefern sind.

Die allgemeinen Bestimmungen für rotierende elektrische Maschinen entsprechen den einschlägigen Normen von DIN EN 60034-1 (IEC 60034-1 bzw.VDE 0530-1).

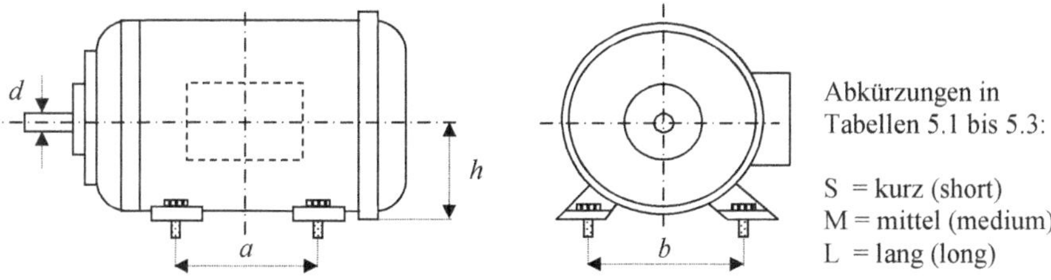

Beispiel eines Drehstrommotors der Bauform B3, Baugröße 200L, Leistung 30 kW bei 1 500 min^{-1} nach DIN EN 50347 (Kurzbezeichnung: B3 – 200L × 30 × 1500).

Baugröße (h)	**Leistung in kW bei 50 Hz**				**äußere Abmessungen in mm**		
	$n_d = 3\,000$ min^{-1} $2p = 2$	$n_d = 1\,500$ min^{-1} $2p = 4$	$n_d = 1\,000$ min^{-1} $2p = 6$	$n_d = 750$ min^{-1} $2p = 8$	a	b	h
56 M	0,09 + 0,12	0,06 + 0,09	-	-	71	90	56
63 M	0,18 + 0,25	0,12 + 0,18	0,09	-	80	100	63
71 M	0,37 + 0,55	0,25 + 0,37	0,18 + 0,25	0,09 + 0,12	90	112	71
80 M	0,75 + 1,10	0,55 + 0,75	0,37 + 0,55	0,18 + 0,25	100	125	80
90 S	1,5	1,1	0,75	0,37	100	140	90
90 L	2,2	1,5	1,10	0,55	100	140	90
100 L	3,0	2,20 + 3,00	1,5	0,75 + 1,10	140	160	100
112 M	4,0	4,0	2,2	1,5	140	190	112
132 S	5,50 + 7,50	5,5	3,0	2,2	140	216	132
132 M	-	7,5	4,00 + 5,50	3,0	178	216	132
160 M	11,0 + 15,0	11,0	7,5	4,00 + 5,50	210	254	160
160 L	18,5	15,0	11,0	7,5	254	254	160
180 M	22,0	18,5	-	-	241	279	180
180 L	-	22,0	15,0	11,0	279	279	180
200 L	30,0 + 37,0	30,0	18,5 + 22,0	15,0	305	318	200
225 S	-	37,0	-	18,5	286	356	225
225 M	45,0	45,0	30,0	22,0	386	356	225
250 M	55,0	55,0	37,0	30,0	349	406	250
280 S	75,0	75,0	45,0	37,0	368	457	280
280 M	90,0	90,0	55,0	45,0	368	457	280
315 S	110,0	110,0	75,0	55,0	406	508	315
315 M	132,0	132,0	90,0	75,0	406	508	315
315 L	160 + 200	160 + 200	110 + 132 + 160	90 + 110 +132	508	508	315
315	250 + 315	250 + 315	200 + 250	160 + 200	630	560	315
355 M	355 + 400 + 500	355 + 400 + 500	315 + 400	250 + 315	800	630	355

Tabelle 5.1 Die wichtigsten Baugrößen von Drehstromasynchronmaschinen mit Käfigläufer

Bau-größe	P_n	n_n	η_n	$\cos\varphi_n$	I_n	M_n	M_A	I_A	M_k	Θ	F_G
		Bemessungswerte					als Vielfaches des Bemessungswerts:				
	kW	min^{-1}	%		A	Nm	M_n	I_n	M_n	kgm^2	kg
56 M	**0,09**	2 830	63	0,81	0,26	0,30	2,0	3,7	2,3	0,000 15	3,0
56 M	**0,12**	2 800	65	0,83	0,32	0,41	2,1	3,7	2,4	0,000 15	3,0
63 M	**0,18**	2 820	63	0,82	0,51	0,61	2,0	3,7	2,2	0,000 18	3,5
63 M	**0,25**	2 830	65	0,82	0,68	0,84	2,0	4,0	2,2	0,000 23	4,1
71 M	**0,37**	2 740	66	0,82	1,00	1,3	2,3	3,5	2,3	0,000 35	5,0
71 M	**0,55**	2 800	71	0,82	1,36	1,9	2,5	4,3	2,6	0,000 45	6,6
80 M	**0,75**	2 855	73	0,86	1,73	2,5	2,3	5,6	2,4	0,000 85	8,2
80 M	**1,1**	2 845	77	0,87	2,40	3,7	2,6	6,1	2,7	0,001 1	9,9
90 S	**1,5**	2 860	79	0,85	3,25	5,0	2,4	5,5	2,7	0,001 5	12,9
90 L	**2,2**	2 880	82	0,85	4,55	7,3	2,8	6,3	3,1	0,002 0	15,7
100 L	**3**	2 890	84	0,85	6,1	9,9	2,8	6,8	3,0	0,003 8	22
112 M	**4**	2 905	86	0,86	7,8	13	2,6	7,2	2,9	0,005 5	29
132 S	**5,5**	2 925	86,5	0,89	10,3	18	2,0	5,9	2,8	0,016	41
132 S	**7,5**	2 930	88	0,89	13,8	24	2,3	6,9	3,0	0,021	49
160 M	**11**	2 940	89,5	0,88	20,0	36	2,1	6,5	2,9	0,034	69
160 M	**15**	2 940	90	0,90	26,5	49	2,2	6,6	3,0	0,040	80
160 L	**18,5**	2 940	91	0,91	32,5	60	2,4	7,0	3,1	0,052	93
180 M	**22**	2 940	91,7	0,88	39[1)]	71	2,5	6,9	3,2	0,077	115
200 L	**30**	2 945	92,3	0,89	53	97	2,4	7,2	2,8	0,14	165
200 L	**37**	2 945	92,8	0,89	65[1)]	120	2,4	7,7	2,8	0,16	188
225 M	**45**	2 960	93,6	0,89	78[1)]	145	2,8	7,7	3,4	0,20	217
250 M	**55**	2 965	93,5	0,91	93	177	2,1	6,9	2,8	0,45	415
280 S	**75**	2 975	94,3	0,90	128	241	1,9	7,0	2,7	0,79	570
280 M	**90**	2 975	94,7	0,91	150[1)]	289	2,0	7,0	2,7	0,92	610
315 S	**110**	2 980	94,8	0,90	186	353	1,8	7,0	2,8	1,3	790
315 M	**132**	2 980	95,1	0,90	225[1)]	423	1,9	7,0	2,8	1,5	850
315 L	**160**	2 980	95,5	0,91	265	513	1,8	7,0	2,8	1,8	990
315 L	**200**	2 980	96	0,92	325	641	1,9	7,0	2,8	2,3	1 100
315	**250**	2 979	96,2	0,90	415	801	1,8	7,0	2,8	2,7	1 300
315	**315**	2 979	96,6	0,91	520[2)]	1 010	1,8	7,0	2,8	3,3	1 500
355	**355**	2 980	96,6	0,90	590[2)3)]	1 140	1,7	6,5	2,5	4,8	1 900
355	**400**	2 980	96,7	0,91	660[2)3)]	1 280	1,7	6,5	2,5	5,3	2 000
355	**500**	2 982	97,1	0,91	820[2)]	1 600	1,8	6,5	2,6	6,4	2 200
400	**560**	2 985	97,1	0,91	910[2)]	1 790	1,6	7,0	2,8	8,6	2 800
400	**630**	2 985	97,1	0,91	1020[2)3)]	2 020	1,6	7,0	2,8	9,6	3 000
400	**710**	2 985	97,3	0,91	670[3)]	2 270	1,7	7,0	2,8	11	3 200
450	**800**	2 986	97,2	0,91	760[3)]	2 560	0,9	7,0	3,0	19	4 000
450	**1000**	2 986	97,4	0,93	920[3)4)]	3 200	0,9	7,0	2,7	23	4 400

Tabelle 5.2 Bemessungswerte und andere charakteristische Größen der **zweipoligen** Käfigläufernormmotoren der Schutzart IP55 und Wärmeklasse F für 400-V-, 50-Hz-Netzbetrieb.

Bei Anschluss an: 1) 230 V, 2) 400 V, 3) 500 V, 4) 690 V sind parallele Zuleitungen erforderlich

Baugröße	P_n	Bemessungswerte n_n	η_n	$\cos\varphi_n$	I_n	M_n	M_A als Vielfaches des Bemessungswerts:	I_A	M_k	Θ	F_G
	kW	min^{-1}	%		A	Nm	M_n	I_n	M_n	kgm^2	kg
56 M	**0,06**	1 350	56	0,77	0,20	0,42	1,9	2,6	1,9	0,000 27	3,0
56 M	**0,09**	1 350	58	0,77	0,29	0,63	1,9	2,6	1,9	0,000 27	3,0
63 M	**0,12**	1 350	55	0,75	0,42	0,84	1,9	2,8	2,0	0,000 3	3,5
63 M	**0,18**	1 350	60	0,77	0,56	1,3	1,9	3,0	1,9	0,000 4	4,1
71 M	**0,25**	1 350	60	0,79	0,76	1,8	1,9	3,0	1,9	0,000 6	4,8
71 M	**0,37**	1 370	65	0,80	1,03	2,5	1,9	3,3	2,1	0,000 8	6,0
80 M	**0,55**	1 395	67	0,82	1,45	3,7	2,2	3,9	2,2	0,001 5	8,0
80 M	**0,75**	1 395	72	0,81	1,86	5,1	2,3	4,2	2,3	0,001 8	9,4
90 S	**1,1**	1 415	77	0,81	2,55	7,4	2,3	4,6	2,4	0,002 8	12,3
90 L	**1,5**	1 420	79	0,81	3,4	10	2,4	5,3	2,6	0,003 5	15,6
100 L	**2,2**	1 420	82	0,82	4,7	15	2,5	5,6	2,8	0,004 8	22
100 L	**3**	1 420	83	0,82	6,4	20	2,7	5,6	3,0	0,005 8	25
112 M	**4**	1 440	85	0,83	8,2	27	2,7	6,0	3,0	0,011	31
132 S	**5,5**	1 455	86	0,81	11,4	36	2,5	6,3	3,1	0,018	43
132 M	**7,5**	1 455	87	0,82	15,2	49	2,7	6,7	3,2	0,024	49
160 M	**11**	1 460	88,5	0,84	21,5	72	2,2	6,2	2,7	0,040	68
160 L	**15**	1 460	90	0,84	28,5	98	2,6	6,5	3,0	0,052	93
180 M	**18,5**	1 460	90,5	0,83	35[1)]	121	2,3	7,5	3,0	0,13	112
180 L	**22**	1 460	91,2	0,84	41[1)]	144	2,3	7,5	3,0	0,15	126
200 L	**30**	1 465	91,8	0,86	55	196	2,6	7,0	3,2	0,24	170
225 S	**37**	1 470	92,9	0,87	66[1)]	241	2,8	7,0	3,2	0,32	215
225 M	**45**	1 470	93,4	0,87	80[1)]	293	2,8	7,7	3,3	0,36	235
250 M	**55**	1 480	93,8	0,87	97	355	2,6	6,7	2,5	0,79	435
280 S	**75**	1 485	94,3	0,86	134	482	2,5	6,7	2,7	1,4	610
280 M	**90**	1 485	94,6	0,86	160[1)]	579	2,5	6,8	2,8	1,6	660
315 S	**110**	1 486	94,8	0,86	194	707	2,5	6,7	2,7	2,2	830
315 M	**132**	1 486	95,5	0,86	232[1)]	848	2,7	7,2	3,0	2,7	910
315 L	**160**	1 486	95,8	0,87	275	1 030	2,6	7,0	2,6	3,2	1 060
315 L	**200**	1 488	96,2	0,87	345	1 280	2,7	7,0	2,7	4,2	1 200
315	**250**	1 488	96,0	0,88	425	1 600	1,9	6,5	2,8	3,6	1 300
315	**315**	1 488	96,3	0,88	540[2)]	2 020	2,0	6,8	2,8	4,4	1 500
355	**355**	1 488	96,3	0,87	610[2)3)]	2 280	2,1	6,5	2,6	6,1	1 900
355	**400**	1 488	96,4	0,87	690[2)3)]	2 570	2,1	6,5	2,6	6,8	2 000
355	**500**	1 488	96,8	0,88	850[2)]	3 210	2,1	6,5	2,4	8,5	2 200
400	**560**	1 492	96,8	0,88	950[2)]	3 580	1,9	6,5	2,7	13	2 800
400	**630**	1 492	97,0	0,88	1060[2)3)]	4 030	1,9	6,8	2,7	14	3 000
400	**710**	1 492	97,0	0,89	690[3)]	4 540	1,9	6,8	2,7	16	3 200
450	**800**	1 492	97,0	0,88	780[3)]	5 120	1,6	7,0	2,6	23	4 000
450	**1000**	1 492	97,1	0,89	970[3)4)]	6 400	1,7	7,0	2,6	28	4 400

Tabelle 5.3 Bemessungswerte und andere charakteristische Größen der **vierpoligen** Käfigläufernormmotoren der Schutzart IP55 und Wärmeklasse F für 400-V-, 50-Hz-Netzbetrieb.

Bei Anschluss an: 1) 230 V, 2) 400 V, 3) 500 V, 4) 690 V sind parallele Zuleitungen erforderlich

5.1.2 Aufbau

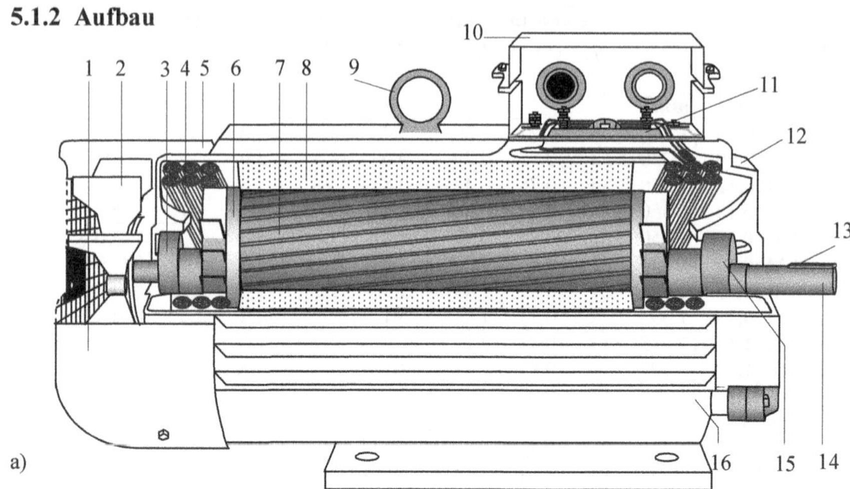

1 Schutzdeckel 2 Lüfter 3 B-Lager 4 Ständerwicklung 5 B-Lagerschild 6 Kurzschlussring 7 Läufereisen 8 Ständereisen 9 Ringschraube 10 Klemmenkasten 11 Klemmenbrett 12 A-Lagerschild 13 Passfeder 14 Läuferwelle 15 A-Lager 16 Maschinengehäuse

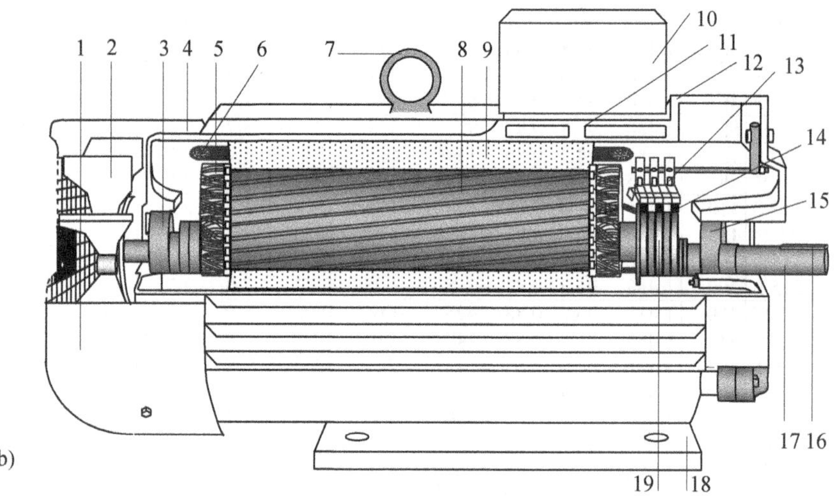

1 Schutzdeckel 2 Lüfter 3 B-Lager 4 B-Lagerschild 5 Läuferwicklung 6 Ständerwicklung 7 Ringschraube 8 Läufereisen 9 Ständereisen 10 Klemmenkasten 11 Klemmenbrett 12 A-Lagerschild 13 Bürstenhalter 14 Kohlebürsten 15 A-Lager 16 Passfeder 17 Läuferwelle 18 Maschinengehäuse 19 Schleifringkörper

Bild 5.1 Aufbau einer Asynchronmaschine
a) Käfigläufer b) Schleifringläufer

Die Ständer und Läufer sowie Einzelteile sind in **Bild 5.1** und **Bild 5.2** dargestellt.

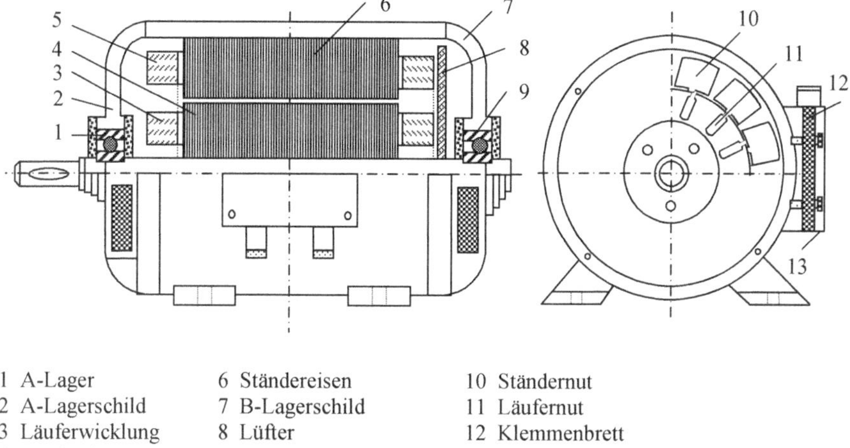

1 A-Lager
2 A-Lagerschild
3 Läuferwicklung
4 Läufereisen
5 Ständerwicklung
6 Ständereisen
7 B-Lagerschild
8 Lüfter
9 B-Lager
10 Ständernut
11 Läufernut
12 Klemmenbrett
13 Klemmenkasten

Bild 5.2 Prinzipieller Aufbau einer Asynchronmaschine mit Kurzschlussläufer

Die Ständer und Läufer sind zur Vermeidung von Wirbelströmen aus ferromagnetischen Blechen zusammengesetzt. Der Ständer trägt in den Nuten eine symmetrische Drehstromwicklung, die ein umlaufendes Drehfeld erzeugt.

Beim Schleifringläufer (SL-ASM) ist in den Nuten des Läufers ebenfalls eine symmetrische Drehstromwicklung untergebracht. Die Enden der drei Wicklungen sind miteinander verbunden. Ihre Anfänge werden zu drei auf den Wellen angebrachten Schleifringen geführt. An den Schleifringen können über Bürsten im Läuferkreis Vorwiderstände angeschlossen werden (**Bild 5.3a**).

Beim Käfigläufer (KL-ASM) sind in den Nuten des Läufers massive Aluminiumstäbe untergebracht, die an den Enden über die entsprechenden Kurzschlussringe miteinander verbunden sind. Bei kleinen Maschinen werden diese Läuferkäfige (**Bild 5.3b1**)) im Spritzgussverfahren hergestellt. Ab etwa 200 kW bestehen die Stäbe meistens aus Kupfer oder Leitbronzen (**Bild 5.3b2**)). **Bild 5.3c** zeigt die Ständer- und Läuferbleche von zwei geläufigen Ausführungen der Asynchronmotoren.

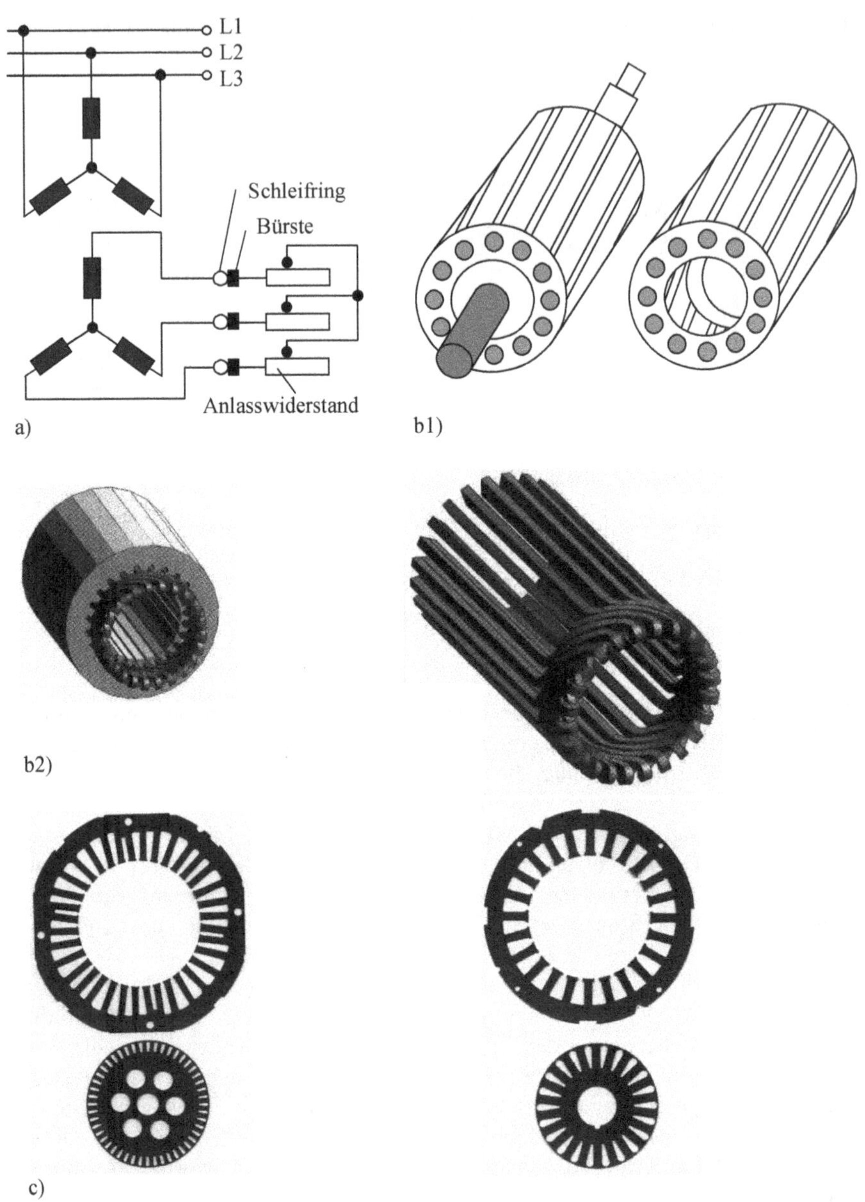

Bild 5.3 Aufbau der Asynchronmaschine mit Unterarten und Blechformen
a) Schleifringläufer b1) und b2) Käfigläufer c) Beispiele für Blechformen

5.1.3 Anschlussbezeichnungen und Verschaltung der Klemmen bei Drehstrom- und Wechselstrommaschinen

Die sechs Anschlusspunkte der drei Ständerstränge (Primärwicklungen) sind am Anschlusskasten von Drehstrommaschinen in der Reihenfolge U1, V1, W1, W2, U2, V2 angeordnet. Für Stern- bzw. Dreieckschaltung werden die Anschlüsse nach **Bild 5.4a** bzw. **Bild 5.4b** verschaltet. Die neuen und die alten Bezeichnungen der Leiter bzw. Klemmen des Ständers sind in **Bild 5.4c** dargestellt. Die neuen und die alten Anschlussbezeichnungen der Läuferstränge (Sekundärwicklungen) sind in **Bild 5.4d** angegeben.

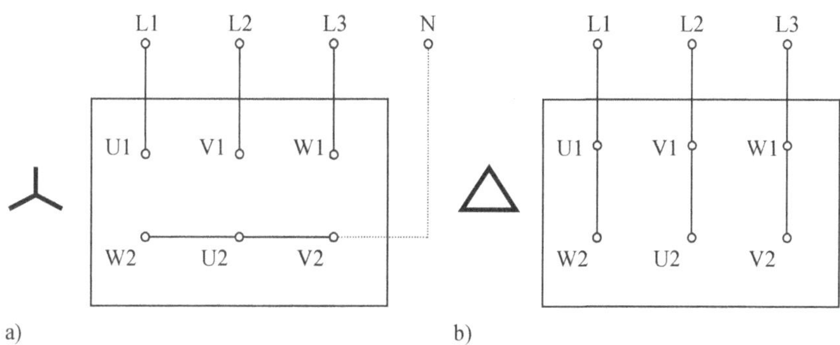

neu	L1	L2	L3	N	U1	U2	V1	V2	W1	W2
alt	R	S	T	Mp	U	x	V	y	W	z

c)

neu	K1	K2	L1	L2	M1	M2	Sternpunkt Q
alt	u	x	v	y	w	z	Sternpunkt Mp

d)

Bild 5.4 Anordnungen der Anschlüsse am Anschlusskasten bei Drehstrommaschinen
a) waagrechte Verbindung **W2 – U2 – V2** bei einer Sternschaltung
b) senkrechte Verbindungen **U1 – W2**, **V1 – U2** und **W1 – V2** bei einer Dreieckschaltung
c) neue und alte Leiter- und Anschlussbezeichnungen (Ständer)
d) neue und alte Anschlussbezeichnungen (Läufer)

Die Anschlüsse der Läuferwicklung der Drehstromsynchronmaschinen mit Gleichstromerregung werden mit **F1** und **F2** bezeichnet (Bild 8.3). Die Anschlüsse der Hauptwicklung der einsträngigen Wechselstrommaschinen werden mit **U1** und **U2** und die der Hilfswicklung mit **Z1** und **Z2** bezeichnet (Bild 10.12).

5.1.4 Funktionsweise und Betriebsverhalten (Schlupf, Drehzahlen, Frequenzen, Spannungen und Drehmoment)

Die Funktionsweise der Induktions- bzw. Asynchronmaschine kann durch das Induktionsprinzip und durch das Prinzip ihres asynchronen Verhaltens erklärt werden. Der Ständer erzeugt ein Drehfeld, das transformatorisch einen Strom im kurzgeschlossenen Läufer induziert. Dieser Strom kann jedoch nur dann induziert werden, wenn Läufer und Drehfeld mit unterschiedlicher Geschwindigkeit rotieren. Auf den stromdurchflossenen Leiter des Läufers im äußeren Ständerfeld wirken Kräfte.

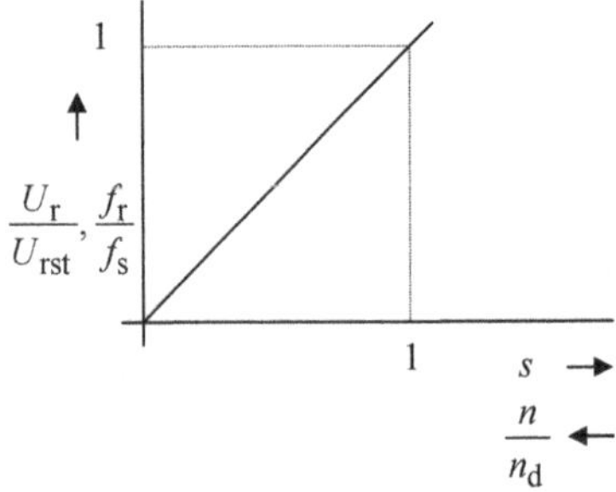

Bild 5.5 Bezogene Rotorspannung und Rotorfrequenz als Funktion der Drehzahl

Wird die Ständerwicklung des in Bild 5.3a dargestellten Schleifringläufers an das symmetrische Drehspannungssystem mit der Frequenz f_s (Ständerfrequenz) angeschlossen, so wird von der symmetrischen Drehstromwicklung ein Drehfeld erzeugt, das mit der synchronen Drehzahl $n_d = f_{s/p}$ rotiert. In der nicht geschlossenen Läuferwicklung, die dieselbe Polzahl wie der Ständer hat, wird im Stillstand die Spannung U_{rst} mit der Läuferfrequenz $f_r = f_s$ induziert (wie ein Transformator, wobei Primär- und Sekundärwicklung jeweils auf separaten Eisenkernen angebracht sind; ein Drehtransformator). Die Differenzdrehzahl $n_d - n$ ergibt sich aus der Subtraktion der Läuferdrehzahl n von der Drehfelddrehzahl n_d. Die auf die synchrone Drehzahl bezogene Drehzahldifferenz

$$s = \frac{n_d - n}{n_d} = 1 - \frac{n}{n_d} \tag{5.1}$$

bezeichnet man als Schlupf (Anlauf: $s = 1$, Leerlauf: $s = 0$). Mit zunehmender Drehzahl (abnehmender Schlupf) wird die Anzahl der Überholungen des Drehfelds gegenüber dem Rotor und damit der Rotorfrequenz kleiner, sodass gilt:

$$f_r = s\,f_s \tag{5.2}$$

Wenn Läufer und Drehfeld synchron laufen, sind $f_r = 0$ und $U_r = 0$ (**Bild 5.5**). Bei kurzgeschlossenen Schleifringen wie in Bild 5.3a fließen aufgrund der induzierten Spannung U_r in der symmetrischen Drehstromwicklung des Läufers Ströme, die einen Drehstrombelag bilden, der relativ zum Läufer mit der Drehzahl

$$n_r = \frac{f_r}{p} \tag{5.3}$$

umläuft (n_r ist also die Läuferstromdrehzahl). Für die induzierte Spannung U_r im Läufer gilt dann:

$$U_r = s\,U_{rst} \tag{5.4}$$

U_{rst} ist die induzierte Spannung des Läufers im Stillstand. Die Gl. (5.4) kann mithilfe der Gl. (2.1), Abschnitt 2.4, abgeleitet werden. Die Drehzahl des Läuferstroms relativ zum Ständer ist gleich der Summe der Läuferdrehzahl n und der Läuferstromdrehzahl n_r relativ zum Läufer:

$$n_r + n = n_d \tag{5.5}$$

(aus $n_d = f_s/p$, $n_r = f_r/p$, $f_r = s\,f_s$ und $s = 1 - n/n_d$)

Induktions- und Läuferstrombelagsschwingungen laufen synchron (Läuferstrombelag mit der Drehzahl n_r und Läufer mit der Drehzahl n ergeben die Drehfelddrehzahl n_d). Entsprechend den Überlegungen bei der Gleichstrommaschine bilden die vom Ständer erregte Induktion und der Läuferstrombelag ein Drehmoment. Auf den Läufer wird pro Flächeneinheit die Kraft $A_r\,B_s$ ausgeübt. Für A_r und B_s sind die Drehschwingungen

$$B_s(\varphi, t) = \hat{B}_s \cos(\omega t - p\varphi) \tag{5.6}$$

und

$$A_r(\varphi, t) = \hat{A}_r \cos(\omega t - p\varphi - \alpha) \tag{5.7}$$

einzusetzen.

Die gesamte, auf den Läufer ausgeübte mittlere Kraft ist dann:

$$F_{\text{ges}} = \frac{l\,\pi\,D\,\hat{A}_{\text{r}}\,\hat{B}_{\text{s}}}{2\,\pi} \int_0^{2\pi} \cos(\omega t - p\,\varphi - \alpha)\cos(\omega t - p\,\varphi)\,\mathrm{d}\varphi$$

$$F_{\text{ges}} = \frac{l\,\pi\,D\,\hat{A}_{\text{r}}\,\hat{B}_{\text{s}}}{2}\cos\alpha$$

bzw.

$$M = F_{\text{ges}}\,\frac{D}{2} = c\,\hat{A}_{\text{r}}\,\hat{B}_{\text{s}}\cos\alpha \qquad (5.8)$$

Der Asynchronmotor entwickelt also ein zeitlich konstantes Drehmoment, das der Drehfeldinduktionsamplitude $\hat{B}_{\text{s}}$, der Läuferstrombelagsamplitude $\hat{A}_{\text{r}}$ und dem Cosinus des Phasenwinkels α zwischen den beiden Drehschwingungen proportional ist. Dabei ist c eine von den Daten der Maschine abhängige Proportionalitätskonstante (s. Gln. (3.17) und (3.25)). Die Wicklungen des Käfigläufers bestehen aus gleichmäßig am Umfang verteilten Stäben, die durch Kurzschlussringe miteinander verbunden sind. In Bild 5.6b ist der abgewickelte Kurzschlussläufer dargestellt. Der Rotor passt sich an die Polpaare des Ständers an (**Bild 5.6a** und **Bild 5.6b**). Infolge der Relativbewegung wird in jedem Stab eine Spannung induziert, die der Größe der Induktion an dieser Stelle proportional ist. Damit ergibt sich die in Bild 5.6a räumliche sinusförmige Strombelagsverteilung $A_{\text{r}}(\varphi, t)$. Der Strom in jedem Stab ändert sich zeitlich sinusförmig mit der Frequenz f_{r}.

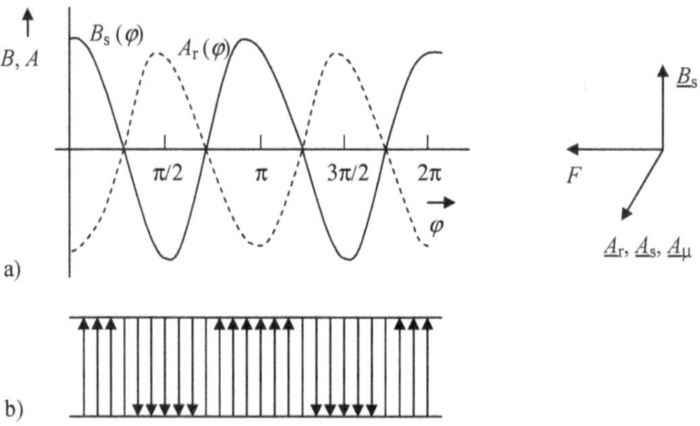

Bild 5.6 Phasenlagen von Läuferstrombelag und Induktion

5.1.5 Zeigerdiagramm der Induktion und des Strombelags

Zur Beschreibung des Maschinenzustands und zur Erklärung der Rolle des Phasenwinkels α wird das Ersatzschaltbild zugrunde gelegt. In Anlehnung an die Verwandtschaft zum Transformator kann das Ersatzschaltbild nach **Bild 5.7c** aufgestellt werden. **Bild 5.7a** und **Bild 5.7b** geben das vereinfachte Ersatzschaltbild der Asynchronmaschine wieder (a im Leerlauf bzw. b bei kleinem Schlupf) .

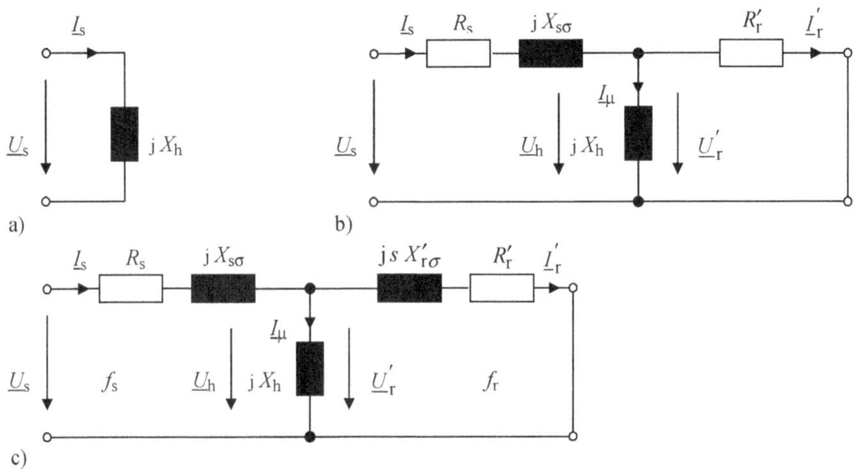

Bild 5.7 Ersatzschaltbilder der Asynchronmaschine
a) im Leerlauf b) bei kleinem Schlupf (Bemessungspunkt) c) bei großem Schlupf (allgemein)

Bei synchroner Drehzahl ($s = 0$) ist der vom Ständer aufgenommene Strom der zur Erregung des Luftspaltfelds erforderliche Magnetisierungsstrom. Wie in Abschnitt 4.2 gezeigt wurde, besteht zwischen dem Magnetisierungsstrombelag und der zugehörigen Induktionsschwingung die in **Bild 5.8a** dargestellte räumliche Phasen-

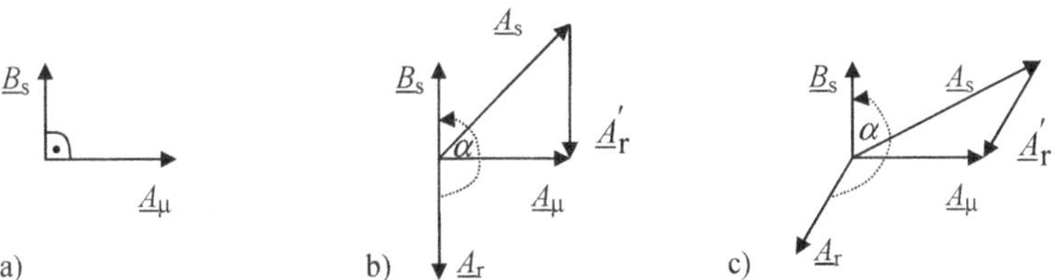

Bild 5.8 Zeigerdiagramme der Asynchronmaschine
a) im Leerlauf b) bei kleinem Schlupf (Bemessungspunkt) c) bei großem Schlupf (allgemein)

beziehung. Bei kleinem Schlupf ist der Läuferstrombelag bei dem hier gewählten Zählpfeilsystem in Gegenphase zur Induktionsschwingung (**Bilder 5.6a, 5.7b** und **5.8b**). Generell gilt auch hier, ähnlich wie beim Transformator, der Hauptsatz: *Induktion und Magnetisierungsstrom sind unabhängig vom Läuferstrom*! Wie beim Transformator wird daher auch bei Belastung vom Ständer ein größerer Strom aufgenommen, sodass die Summe von Ständer- und Läuferstrombelag gleich dem unveränderlichen Magnetisierungsstrombelag ist (**Bilder 5.8b** und **5.8c**). Wird der Asynchronmotor mit einem größeren Schlupf betrieben, so tritt infolge der Läuferstreuinduktivität eine zeitliche Phasenverschiebung zwischen der in einem Stab induzierten Spannung und dem Stabstrom auf, die eine räumliche Phasenverschiebung $\alpha > \pi$ zwischen Induktions- und Strombelagsschwingung zur Folge hat (**Bilder 5.7c** und **5.8c**). Während im Bereich $0 \leq s \leq s_n$ das Moment dem Schlupf proportional ist, nimmt es für $s > s_n$ nicht unbegrenzt zu (s. Kloss'sche Formel, Abschnitt 5.1.6). Die Phasenverschiebung $\pi \leq \alpha \leq 3\pi/2$ bestimmt also den Maschinenzustand.

5.1.6 Betriebskennlinie (Drehmoment-Schlupf-Abhängigkeit, Kloss'sche Formel)

Wie bereits betont, erfolgt die Leistungsübertragung vom Ständer auf den Läufer wie beim Transformator durch die induktive Kopplung der Wicklungen. Man nennt daher die Asynchronmaschine auch Induktionsmaschine. Aufgrund dieser Tatsache wurde das Ersatzschaltbild eines Strangs vom Transformator abgeleitet (Bild 5.7). R_{Fe} (s. Abschnitt 2.4.2) wurde weggelassen, da er bei dieser Betrachtung zunächst vernachlässigt wird. Die Ständerwicklung liegt an der Ständerspannung $\underline{U}_s$ mit der Frequenz f_s. R_s ist der ohmsche Widerstand; $X_{s\sigma}$ ist der Streublindwiderstand der Ständerwicklung. Im Rotor haben Spannung und Strom die Frequenz $f_r = s\, f_s$. Der Streublindwiderstand der Rotorwicklung hat daher den Wert:

$$\omega_r L'_{r\sigma} = s\,\omega_s L'_{r\sigma} = s\,X'_{r\sigma} \tag{5.9}$$

R'_r ist der bezogene Rotorwiderstand. Eventuell vorhandene Vorwiderstände sollen in diesem Wert enthalten sein. Alle Läufergrößen sind auf die Ständerwindungszahl umzurechnen. $\underline{U}_h$ bzw. $\underline{U}'_r$ sind die vom Drehfeld induzierten Spannungen. Wird im Ständer der Spannungsfall an R_s und $X_{s\sigma}$ vernachlässigt, so ist:

$$\underline{U}_s = \underline{U}_h = \underline{U}'_r = s\,\underline{U}'_{rst} \tag{5.10}$$

Für den Läuferstrom gilt dann nach **Bild 5.9**:

$$\underline{I}'_{\mathrm{r}} = \frac{s\,\underline{U}'_{\mathrm{rst}}}{R'_{\mathrm{r}} + \mathrm{j}\,s\,X'_{\mathrm{r}\sigma}} \tag{5.11}$$

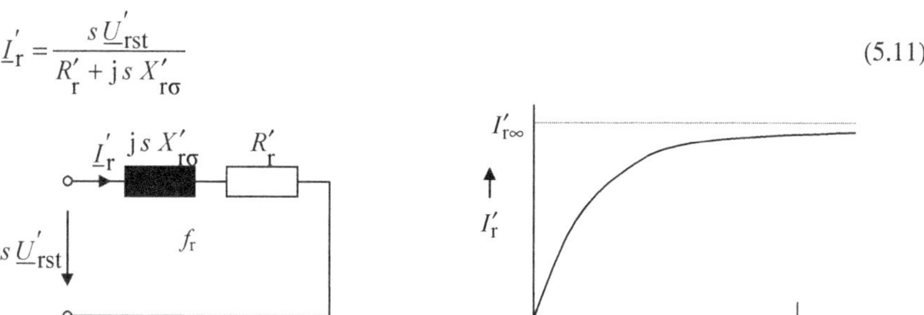

Bild 5.9 Vereinfachtes Ersatzschaltbild der Asynchronmaschine

Bild 5.10 Rotorstrom-Schlupf-Abhängigkeit

Der Betrag des Läuferstroms

$$I'_{\mathrm{r}} = \frac{s\,U'_{\mathrm{rst}}}{\sqrt{R'^2_{\mathrm{r}} + (s\,X'_{\mathrm{r}\sigma})^2}} \tag{5.12}$$

mit dem Maximalwert (bei $s = \pm\infty$)

$$I'_{\mathrm{r}\infty} = \frac{U'_{\mathrm{rst}}}{X'_{\mathrm{r}\sigma}} \tag{5.13}$$

ist in **Bild 5.10** aufgezeichnet. Bei kleinem Schlupf nimmt der Strom linear mit s zu, während er für großen Schlupf dem Maximalwert zustrebt. Wie in Abschnitt 5.1.4 gezeigt wurde, gilt für die Kraft bzw. das Drehmoment die Beziehung:

$$M = c\,\hat{B}_{\mathrm{s}}\,\hat{A}_{\mathrm{r}}\,\cos\alpha \tag{5.14}$$

Da Strombelags- und Induktionsschwingung mit der Winkelgeschwindigkeit $\omega_{\mathrm{d}} = 2\,\pi\,n_{\mathrm{d}}$ umlaufen, kann mit dem Drehmoment M die Leistung

$$P_{\delta} = \omega_{\mathrm{d}}\,M = \omega_{\mathrm{d}}\,c\,\hat{B}_{\mathrm{s}}\,\hat{A}_{\mathrm{r}}\,\cos\alpha \tag{5.15}$$

definiert werden, die als Luftspalt- oder Drehfeldleistung bezeichnet wird. Sie ist die vom Ständer auf den Läufer übertragene Leistung.

Für die einzelnen Faktoren in Gl. (5.15) lassen sich folgende Aussagen treffen. Die Induktion B_s ist zur Hauptfeldspannung U_h proportional, sodass mit Gl. (5.10) gilt:

$$\omega_d \hat{B}_s \sim U'_{rst} \tag{5.16}$$

Der Läuferstrombelag ist dem Läuferstrom proportional:

$$\hat{A}_r \sim I'_r \tag{5.17}$$

Die durch den Faktor cos α angegebene räumliche Phasenverschiebung zwischen den beiden Schwingungen B_s (φ, t) und A_r (φ, t) ist proportional zur zeitlichen Phasenverschiebung zwischen Läuferspannung und Läuferstrom. In komplexer Schreibweise lässt sich daher für die Drehfeldleistung folgende Gleichung für eine m-strängige Maschine formulieren:

$$P_\delta = m\,\mathrm{Re}\left\{\underline{U}'^{*}_{rst} \cdot \underline{I}'_r\right\}$$

Mit Gl. (5.11) geht diese Gleichung über in:

$$P_\delta = m\,\mathrm{Re}\left\{\frac{s\,U'^2_{rst}}{R'_r + \mathrm{j}\,s\,X'_{r\sigma}}\right\}$$

Durch Erweiterung mit dem konjugiert komplexen Wert des Nenners kann der Realteil wie folgt errechnet werden:

$$P_\delta = \frac{m\,R'_r\,s^2\,U'^2_{rst}}{s\left\{R'^2_r + (s\,X'_{r\sigma})^2\right\}} \tag{5.18}$$

Mit Gl. (5.12) folgt:

$$P_\delta = \frac{m R'_r I'^2_r}{s} = \frac{P_{vr}}{s} \tag{5.19}$$

Gl. (5.19) gibt die Abhängigkeit der ohmschen Läuferverluste P_{vr} in der Luftspaltleistung an. Der Maximal- bzw. Minimalwert der Luftspaltleistung (Kippleistung genannt) ergibt sich aus Gl. (5.18) durch Bildung der ersten Ableitung:

$$P_{\delta\,\mathrm{k}} = \frac{\pm\, m\, U'^2_{\mathrm{rst}}}{2\, X'_{\mathrm{r}\sigma}} \tag{5.20}$$

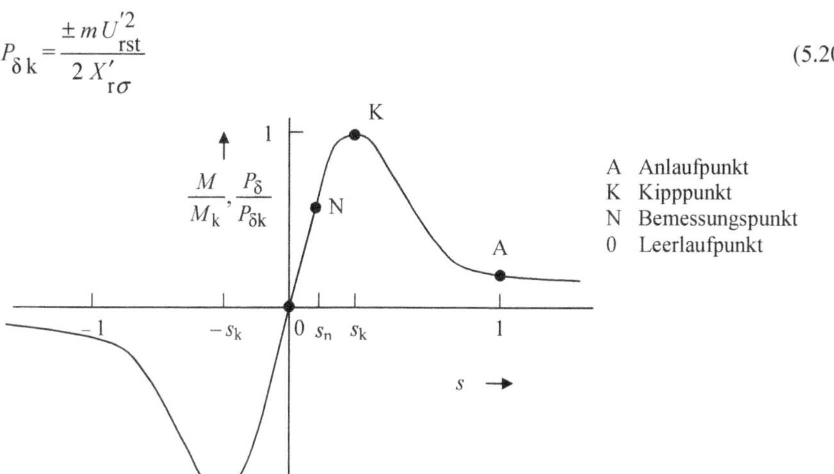

Bild 5.11 Betriebskennlinie der Asynchronmaschine

Diese Leistung tritt bei dem Schlupf s_k (Kippschlupf genannt) auf:

$$s_{\mathrm{k}} = \frac{\pm\, R'_{\mathrm{r}}}{X'_{\mathrm{r}\sigma}} \tag{5.21}$$

Bezieht man P_δ auf $P_{\delta k}$, so erhält man mit den Gln. (5.18) und (5.20) sowie (5.21) die Kloss'sche Formel:

$$\frac{P_\delta}{P_{\delta\,\mathrm{k}}} = \frac{M}{M_{\mathrm{k}}} = \frac{2}{\dfrac{s}{s_{\mathrm{k}}} + \dfrac{s_{\mathrm{k}}}{s}} \tag{5.22}$$

Diese Funktion ist in **Bild 5.11** dargestellt. Für kleinen Schlupf ($s << s_k$) nimmt die Drehfeldleistung linear mit dem Schlupf zu, bei großem Schlupf ($s >> s_k$) mit $1/s$ ab. Da $P_\delta \sim M$ ist, haben P_δ / $P_{\delta k}$ und M/M_k den gleichen Verlauf (M_k: Kippmoment). Anzumerken ist, dass die $P_{\delta k}$- bzw. M_k-Werte für den Motor- bzw. Generatorbetrieb bei nicht vernachlässigbaren Ständerkupfer- und Eisenverlusten ungleich sind (im Gegensatz zu Gl. (5.20) ist dann $M_{kGen} > M_{kMot}$, s. Abschnitt 5.2.2). Der Bemessungsschlupf s_n liegt zwischen 0,01 und 0,05 (bei kleinen

Maschinen zwischen 0,1 und 0,15). Der Arbeitspunkt liegt auf dem linearen Teil der Kennlinie. Im Bereich $0 \leq s \leq s_n$ nimmt der Läuferstrombelag linear mit dem Schlupf zu und ist mit der Induktionsschwingung in Phase ($\cos \alpha \approx 1$; Bilder 5.7b und 5.8b). Der Ständerstreublindwiderstand $X_{s\sigma}$ hat meistens ungefähr dieselbe Größenordnung wie der Läuferstreublindwiderstand $X'_{r\sigma}$. Eine Berechnung des vollständigen Ersatzschaltbilds zeigt, dass die oben aufgestellten Gleichungen erhalten bleiben. Es muss jedoch $X'_{r\sigma}$ durch $X_\sigma = X'_{r\sigma} + X_{s\sigma}$ ersetzt werden. Allgemein gilt also:

$$P_{\delta k} = \frac{m\,U'^2_{rst}}{2\,X_\sigma} \tag{5.23}$$

$$s_k = \frac{R'_r}{X_\sigma} \tag{5.24}$$

Ist auch der ohmsche Widerstand des Ständers R_s zu berücksichtigen, berechnet sich das Drehmoment aus folgender Gleichung:

$$\frac{M}{M_k} = \frac{2\left(1 + \frac{R_s\, s_k}{R'_r}\right)}{\frac{s_k}{s} + \frac{s}{s_k} + \frac{2\,R_s\, s_k}{R'_r}} \tag{5.25}$$

Der Kippschlupf liegt je nach Maschinengröße zwischen den Werten 0,1 und 0,3 (bei kleinen Maschinen zwischen dem Drei- bis Fünffachen des Bemessungsschlupfs). Das Verhältnis M_k/M_n (Überlastfaktor) bewegt sich zwischen 1,6 und 3,0 und ist von der Ausführung des Läufers abhängig.

5.1.7 Energiebilanz (Sankey-Diagramm), Betriebszustände, ausgedrückt durch Luftspalt-, Läuferverlust- und mechanische Leistung

Die Energiebilanz für den Motorbetrieb ist in **Bild 5.12a** und **Bild 5.12b** dargestellt. Dem Ständer des Asynchronmotors wird die elektrische Leistung P_{elek} zugeführt. Hier entstehen die Ständerverluste $P_{vStänder}$, die sich aus den Kupfer-, Eisen- und Zusatzverlusten zusammensetzen:

$$P_{vStänder} = P_{Cus} + P_{Fes} + P_{Zs} \tag{5.26}$$

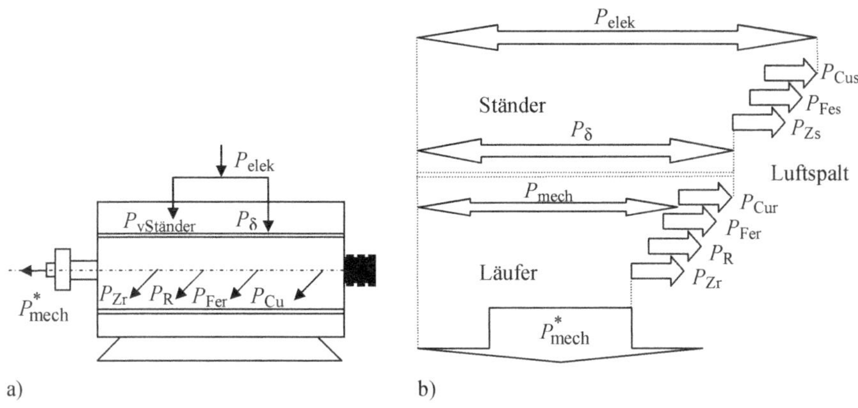

Bild 5.12 Energiebilanz eines Asynchronmotors

Die vom Ständer auf den Läufer vom Drehfeld übertragene Leistung

$$P_\delta = P_{elek} - P_{vStänder} \tag{5.27}$$

teilt sich in die Läuferwicklungsverluste (ohmsche Läuferverluste) P_{vr} (P_{Cur} im Bild 5.12) und in die mechanische Leistung P_{mech} auf:

$$P_\delta = P_{vr} + P_{mech} \tag{5.28}$$

wobei:

$$P_{mech} = P^*_{mech} + P_R + P_{Fer} + P_{Zr} \tag{5.29}$$

P^*_{mech} ist die nutzbare mechanische Leistung an der Welle. Die ohmschen Läuferverluste P_{vr} enthalten die Stromwärmeverluste der Läuferwicklung und die Verluste der eventuell vorhandenen Vorwiderstände. Im Bemessungspunkt sind die Eisenverluste im Läufer wegen der kleinen Frequenz zu vernachlässigen. Die mechanische Leistung enthält neben der an der Kupplung abgegebenen Leistung noch die Reibungs- und Zusatzverluste. Aus dem Zusammenhang zwischen Leistung und Drehmoment erhält man für die mechanische Leistung

$$P_{mech} = \omega\, M_i \tag{5.30}$$

(M_i: inneres Moment, s. Abschnitt 3.9) und für die Drehfeldleistung:

$$P_\delta = \omega_d \, M_i \tag{5.31}$$

Hieraus folgt:

$$P_{mech} = \frac{\omega}{\omega_d} P_\delta = (1 - s)\, P_\delta \tag{5.32}$$

Für die ohmschen Läuferverluste folgt daraus mit Gl. (5.28):

$$P_{vr} = s\, P_\delta \tag{5.33}$$

Diese Beziehung lässt sich auch aus der Gl. (5.19) ablesen. **Bild 5.13** gibt den Verlauf der Leistungen P_δ, P_{mech} und P_{vr} in Abhängigkeit vom Schlupf wieder.

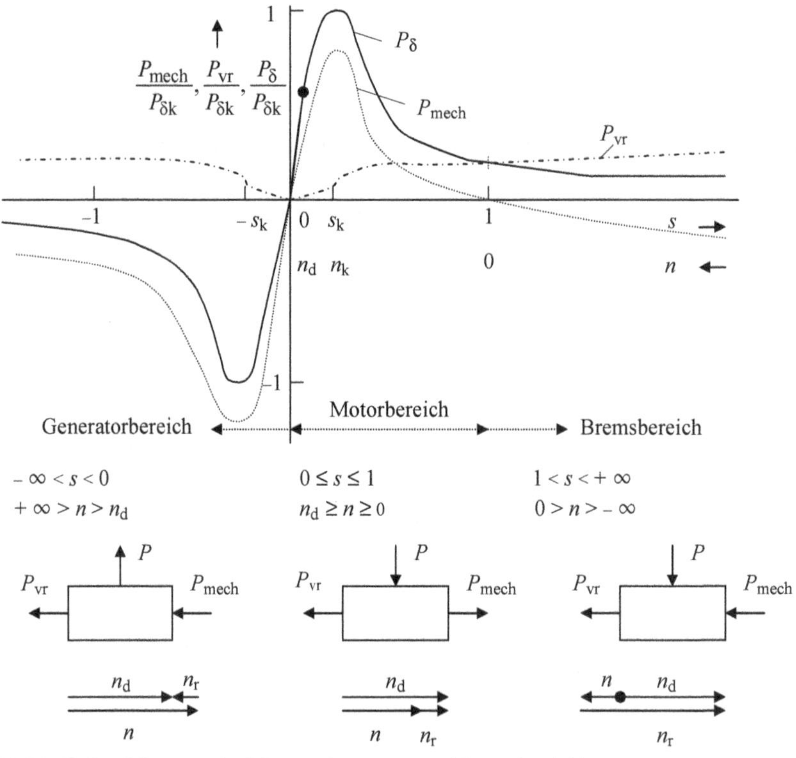

Bild 5.13 Betriebszustände (Motor-, Generator- und Bremsbetrieb)

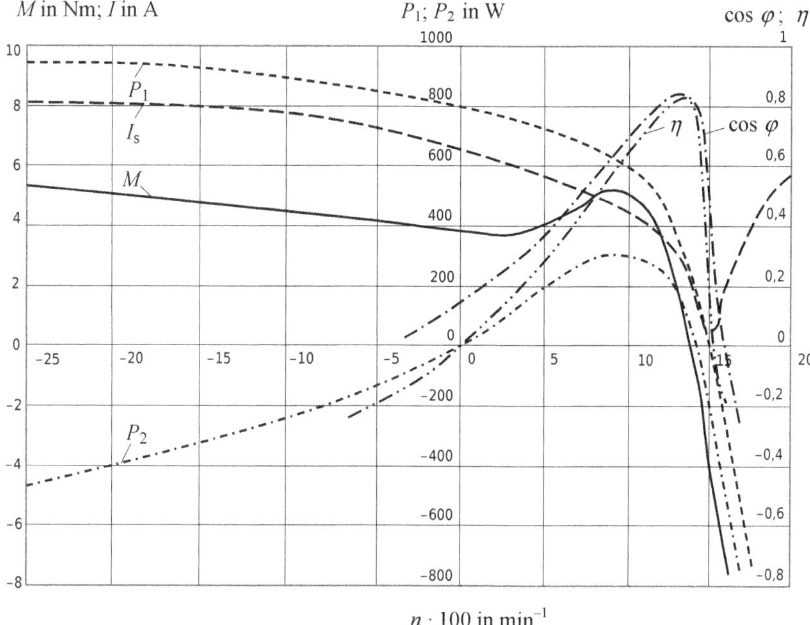

Bild 5.14 Maschinenkenngrößen als Funktion des Drehmoments einer 3-kW-Drehstrom-asynchronmaschine bei $U = U_n/4$

Entsprechend den Richtungen der Leistungen P_δ und P_{mech} unterscheidet man die drei Betriebsbereiche:

- Motor: $0 \leq s \leq 1$ $\quad P_\delta > 0;\ P_{mech} > 0$

  Es wird elektrische Leistung (P_δ) zugeführt und an der Welle mechanische Leistung abgegeben.

- Generator: $-\infty < s < 0$ $\quad P_\delta < 0;\ P_{mech} < 0$

  Die Maschine wird in Richtung des Drehfelds mit übersynchroner Drehzahl angetrieben. Während ihr mechanische Leistung zugeführt wird, gibt sie elektrische Leistung ans Netz ab.

- Bremse: $1 < s < \infty$ $\quad P_\delta > 0;\ P_{mech} < 0$

  Die Maschine wird entgegen der Richtung des Drehfelds angetrieben. Es wird ihr elektrische und mechanische Leistung zugeführt. Die Summe dieser Leistungen ist die Läuferverlustleistung P_{vr}

Bild 5.14 stellt einige Maschinenkenngrößen einer 3-kW-Drehstromasynchronmaschine bei $U = U_n/4$ als Funktion der Drehzahl dar (U_n = 400 V (Δ); f_n = 50 Hz;

$P_n = 3$ kW; $n_n = 1\,410$ min^{-1}; cos $\varphi_n = 0{,}83$; $I_n = 7$ A). Um die Maschine in einem größeren Drehzahlbereich (Motor-, Generator- und Bremsbetrieb) zu untersuchen, wird mit verminderter Spannung gearbeitet ($U = U_n/4$). Diese Maßnahme wurde hier zur Strombegrenzung und aus thermischen Gründen vorgenommen. Der Ständerstrom I_s sinkt bei der Entlastung nicht linear ab. Auch im Leerlauf ist mit einem Ständerstrom zu rechnen (wenn auch deutlich kleiner). Dies ist auf den erforderlichen Magnetisierungsstrom sowie auf Eisen- und Reibungsverluste zurückzuführen. Der Wirkungsgrad η ist bei Teillast noch gut, er erreicht seinen Maximalwert im Bemessungsbereich. Fast ähnliches Verhalten zeigt der Leistungsfaktor cos φ. Bei größeren Leistungen besitzen die Maschinen noch bessere Eigenschaften. Wegen hoher Überlastbarkeit sollte die Maschine nicht zu reichlich bemessen werden (zu teuer).

5.1.8 Asynchrongenerator

Beim Einsatz der Asynchronmaschine als Generator können drei Fälle auftreten:

Fall I. Die Asynchronmaschine ist an ein Drehstromnetz angeschlossen (sie wurde z. B. als Motor eingesetzt). So bleibt die Felderregung erhalten. Wenn die Rotordrehzahl durch einen Antrieb übersynchron wird, liefert die Ständerwicklung elektrische Energie ans Netz zurück.

Fall II. Die Asynchronmaschine ist nicht an ein Drehstromnetz angeschlossen (Inselbetrieb). In diesem Falle werden Kondensatoren benötigt (**Bild 5.15**). Der Antrieb treibt die Maschine mit übersynchroner Drehzahl an. Dadurch wird eine kleine Spannung durch die Remanenz des ferromagnetischen Stoffs im Ständer induziert. Die Kondensatoren, die normalerweise im Dreieck geschaltet sind (Bild 5.15), bilden eine Phasenverschiebung von 90° zwischen dieser Spannung und dem daraus entstehenden Strom. So führt die Flussänderung $U_i = -L\,\mathrm{d}i/\mathrm{d}t = -w\,\mathrm{d}\Phi/\mathrm{d}t$ zu einer allmählich wachsenden Selbsterregung (Schnittstelle der Leerlaufkennlinie und der Kondensatorgeraden). Die Selbsterregung des Asynchrongenerators kann auch durch kurzzeitige Anlegung der Ständerwicklung an eine Spannung realisiert werden.

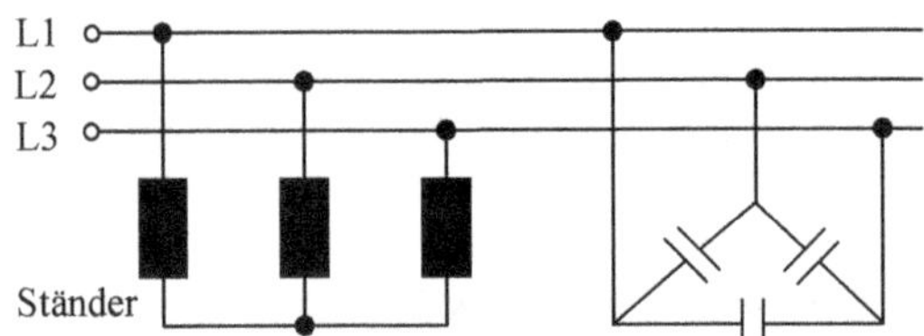

Bild 5.15 Asynchrongenerator im Inselbetrieb

Wenn der Generator durch einen Verbraucher belastet wird, so kann die 90°-Phasenverschiebung zwischen Spannung und Strom beeinträchtigt werden, was zu einem starken Spannungsverlust des Generators führen kann. Die Spannungsstabilisierung kann durch stufenweise veränderbare Kondensatoren abgefangen werden (zusätzlicher Aufwand und höhere Kosten). Außerdem ist auch die Frequenz des Asynchrongenerators von der Antriebsdrehzahl abhängig.
Der Asynchrongenerator findet selten Anwendung. Dies ist unter anderem auf seinen Blindleistungsbedarf zurückzuführen (Verschlechterung des Leistungsfaktors des Netzes). Bei der Erzeugung von elektrischer Energie aus Windenergie findet **Fall I** Anwendung (Leistungen bis 1,6 MW). Wenn die Windenergie ausreichend ist, werden die angetriebenen Asynchrongeneratoren ans Netz genommen. Die Asynchronmaschine als Generator im Inselbetrieb (**Fall II**) wird z. B. als Notstromaggregat oder als Generator für Kleinverbraucher eingesetzt.

Fall III. Doppelt gespeiste Drehstromasynchrongenerator
Dieses Konzept setzt sich zunehmend gegen Drehstromsynchrongeneratoren (ob permanentmagneterregt oder mit elektrischer Erregung) durch. Die Vorteile sind bessere Wirkungsgradwerte und niedrigere Kosten.

Beim Drehstromsynchrongenerator wird die gesamte vom Generator abgegebene Energie umgerichtet. Die Stromrichterkomponenten sind daher für die Gesamtleistung der Anlage zu bemessen. Außer dem hohen Investitionsaufwand für die Stromrichterausrüstung ist der verminderte Wirkungsgrad dieser Topologie von Nachteil.

Bei doppelt gespeistem Drehstromasynchrongenerator bestehen zwischen Generator und Netz zwei Strompfade: von der Ständerwicklung direkt und von der Rotorwicklung über einen Stromrichter ans Netz (**Bild 5.16**). Um möglichst kleine Stromrichter-Bemessungsleistungen bei gleichzeitig großem Drehzahlbereich zu erhalten, kann der Asynchrongenerator oberhalb und unterhalb der Synchrondrehzahl betrieben werden. Für Stromrichter folgt hieraus die Notwendigkeit eines möglichen Energietransports in beiden Richtungen. Neben der Wirkleistungseinspeisung kann mit diesem Konzept auch zur teilweisen Kompensation der im Netz vorhandenen Blindleistung beigetragen werden.

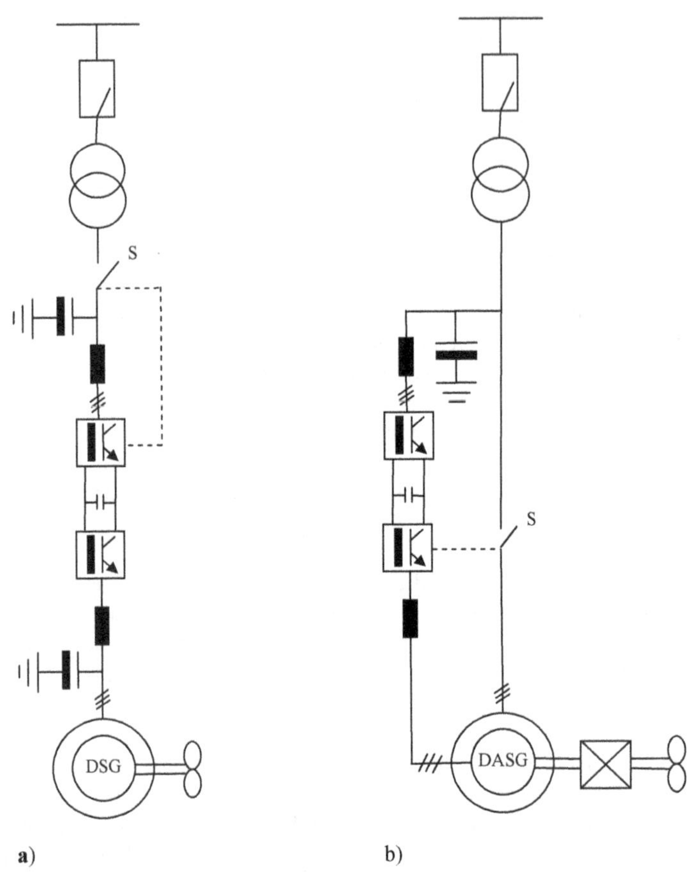

Bild 5.16 Doppelt gespeiste Drehstromasynchrongenerator im Vergleich zum Drehstromsynchrongenerator (vollgespeist)
a) Drehstromsynchrongenerator b) Drehstromasynchrongenerator

5.1.9 Anlass- und Bremsverfahren

Der Anlaufstrom des Drehstromasynchronmotors kann das Vier- bis Achtfache seines Bemessungsstroms betragen. Die Maschine benötigt also nur kurzzeitig und vorübergehend (während des Anlaufs) große Netzleistungen. Auch wenn Asynchronmotoren eine Zeit lang leer oder nicht mit voller Last betrieben werden, würde der benötigte Blindstrom den Leistungsfaktor des Netzes verschlechtern. Um diesen Nachteilen vorzubeugen und außerdem die Motoren vor zu hohen Anlaufströmen zu schützen, sind besondere Anlassverfahren vorgesehen. Gelegentlich entspricht das Anlaufmoment des Drehstromasynchronmotors auch nicht den Bedingungen des Antriebs. Während einige Antriebe möglichst große Anlaufmomente erfordern (z. B. Hebezeuge und Gabelstapler), sind bei einigen anderen Antrieben kleine Anlaufmomente und keine stoßförmigen Beschleunigungen zugelassen (z. B. Textil- und Druckmaschinen).
Bei vielen Antrieben, wie z. B. bei den Hebe- und Förderanlagen, bei denen ein Überfahren von Endstellungen zu verhindern ist, muss das Bremsen so erfolgen, dass eine Stillsetzung in einer bestimmten Zeit und innerhalb eines gegebenen Wegs stattfindet. Eine kurze Stillsetzzeit wird z. B. bei Umkehrwalzantrieben und Zentrifugen vorausgesetzt, sodass die Stillsetzung von Asynchronmotoren auch besondere Bremsverfahren erfordert. Beim Einsatz ist zu beachten: Die Hochlaufzeit (Anlaufzeit) des Antriebssystems darf in der Regel etwa 10 s nicht überschreiten. Da das Massenträgheitsmoment des Motors etwa 10 % des Antriebssystems beträgt, darf die Leerhochlaufzeit des Motors etwa 1 s nicht überschreiten. Das Drehmoment des Motors soll mit Rücksicht auf Spannungsschwankungen des Netzes etwa 20 % größer als das der Arbeitsmaschine gewählt werden. Die dynamischen Momente im instationären Betrieb (s. Kapitel 13) dürfen etwa das zweifache Kippmoment nicht überschreiten.

5.1.9.1 Anlassverfahren

5.1.9.1.1 Läuferanlasser

5.1.9.1.1.1 Schleifringläufer

Die Betriebskennlinien mit variablen Läufervorwiderständen sind in **Bild 5.17a** und **Bild 5.17b** dargestellt (s. die Schaltung nach Bild 5.3a). Aus ihnen kann Folgendes abgeleitet werden:

- Ähnlich wie bei Gleichstrommotoren schaltet eine Regelelektronik allmählich die Überbrückung der Vorwiderstände ein (entsprechend sehen die Kennlinienverläufe aus)
- Nebenschlussverhalten: Mit wachsendem Vorwiderstand sinkt die Drehzahl,

jedoch ist die Drehzahlabsenkung unter Last gering. Die Asynchronmaschine ist also eine Wechselstrom-Nebenschlussmaschine

- Durch Erhöhung des Vorwiderstands im Läuferkreis werden größere Anlaufmomente erzielt. Das Kippmoment (s. Gl. (5.23))

$$M_\mathrm{k} \sim \frac{m\,U^2}{4\,X_\sigma\,\pi\,n_\mathrm{d}} \tag{5.34}$$

ist unabhängig vom Läuferwiderstand und würde sich bei einer Widerstandsänderung nicht ändern. Der Kippschlupf $s_\mathrm{k} \sim R_\mathrm{r}/X_\sigma$ (s. Gl. (5.24)) ändert sich jedoch mit dem Läufervorwiderstand. Der erforderliche Vorwiderstand R_vr zum Erreichen des Schlupfs s^* kann dann wie folgt berechnet werden:

$$\frac{R_\mathrm{r}}{s} = \frac{R_\mathrm{r} + R_\mathrm{vr}}{s^*} \tag{5.35}$$

- Für den idealen Wirkungsgrad (Ständerverluste vernachlässigt) gilt:

$$\eta = \frac{P_\mathrm{mech}}{P_\delta} = 1 - s \tag{5.36}$$

Dieses Verfahren sollte also nur kurzzeitig und bei kleinen Leistungen eingesetzt werden

- Zum Zwecke der Drehzahlregelung kann diese Methode kombiniert werden mit der Klemmenspannungsänderung (**Bild 5.18**)

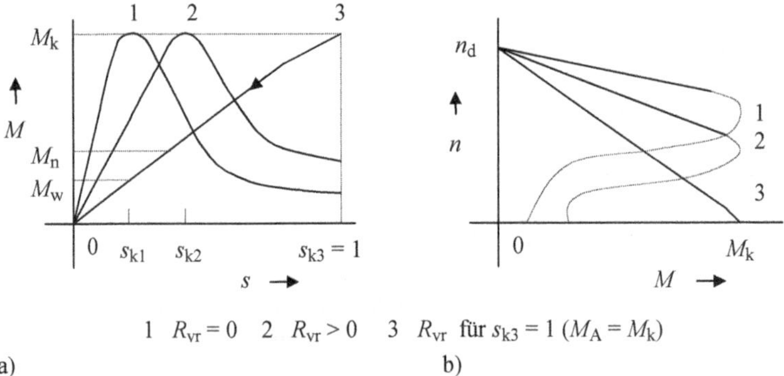

Bild 5.17 Zusatzwiderstände im Läuferkreis

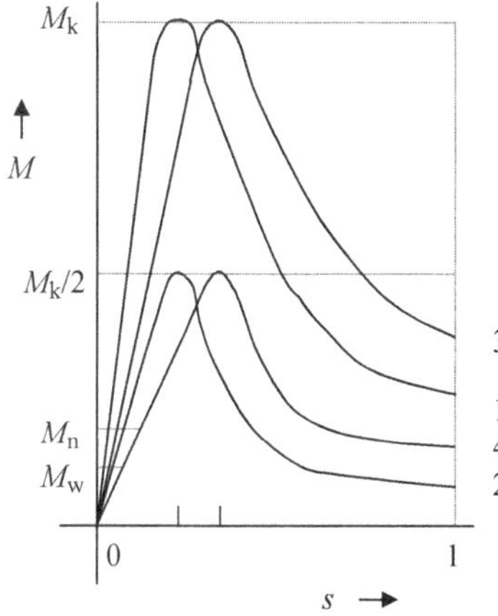

Bild 5.18 Einfluss von Klemmenspannung und Läufervorwiderstand

5.1.9.1.1.2 Käfigläufer

Das Vorschalten von Vorwiderständen im Läuferkreis des Käfigläufers ist nicht möglich. Durch die Wahl geeigneter Läufernutformen kann jedoch das Anlaufverhalten beeinflusst werden. Einige Nutformen zur Erzielung eines größeren Anlaufmoments sind in **Bild 5.19** dargestellt. Es können folgende Merkmale festgestellt werden:

- Die Erhöhung des Anlaufmoments kann durch Ausnutzung des Stromverdrängungseffekts (s. Abschnitt 2.10.1.1, Bild 2.34a) bei besonderen Läufernutformen realisiert werden. Deswegen wird der Motor auch Stromverdrängungsläufer genannt.
- Die Stromverdrängung ist stark frequenzabhängig. Je hochfrequenter die Läuferströme sind, desto stärker treten die Stromverdrängungseinflüsse in Erscheinung. Wegen $f_r = s\,f_s$ sind die Läuferfrequenzen im Anlaufbereich groß.
- Eine Vergrößerung der Stromverdrängung bei verschiedenen Läufernutformen (Bild 5.18) verursacht größere Läuferwiderstände.
- Je nach Nuttiefe und Form beträgt der Läuferwiderstand im Anlauf das Zwei- bis Dreifache seines Werts im Bemessungspunkt.
- Da im Anlauf $P_\delta = P_{vr}$ ist ($s = 1$, $P_{vr} = s\ P_\delta$), wird P_δ beim Stromverdrängungsläufer durch die Erhöhung des Widerstands hochgesetzt. Wegen $M \sim P$ steigt das Anlaufmoment.
- M_k-Werte sinken mit zunehmender Stromverdrängung, da $M_k \sim 1/X_\sigma$ ist (Nutformen der Stromverdrängungsläufer weisen mehr Streuung auf).

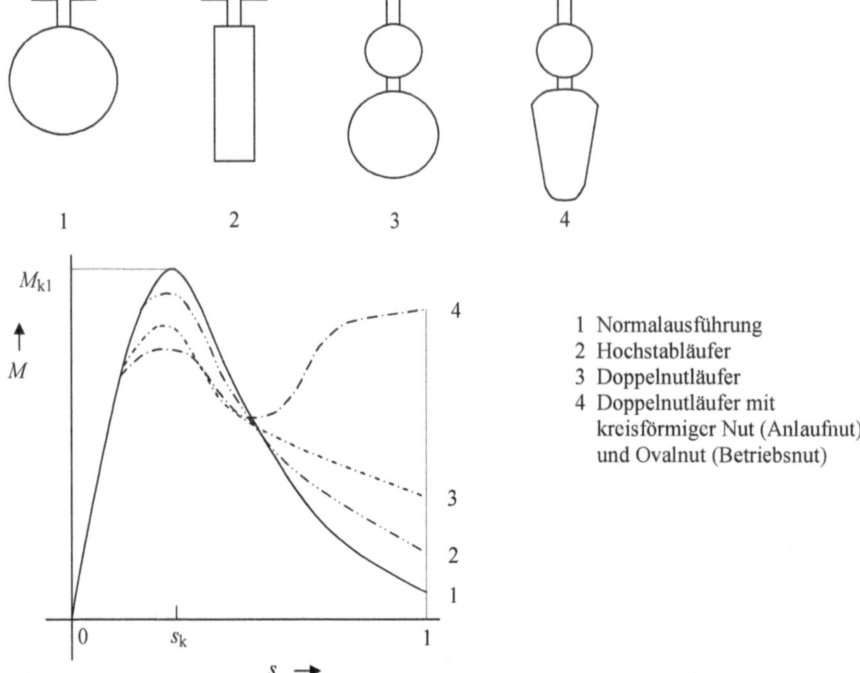

Bild 5.19 Einige Nutformen und Betriebskennlinien der Käfigläufermotoren

5.1.9.1.2 Ständeranlasser

Diese Verfahren basieren auf der Herabsetzung der Klemmenspannung beim Anlauf und damit auch des Anlaufmoments bzw. Anlaufstroms. Die Herabsetzung der Klemmenspannung während der Anlaufzeit und deren Steigerung auf volle Klemmenspannung kann auf verschiedene Weise erreicht werden.

5.1.9.1.2.1 Anlasstransformatoren

Große Motoren werden im Allgemeinen über Drehstrom-Transformatoren in Sparschaltung bzw. Stelltransformatoren angelassen. Der Motor läuft mit der Teilspannung hoch, und nach dem Erreichen der Betriebsdrehzahl wird auf die Netzspannung umgeschaltet (**Bild 5.20**). Der Anlaufstrom geht proportional zur Motorspannung zurück. Damit sinkt auch das Drehmoment.

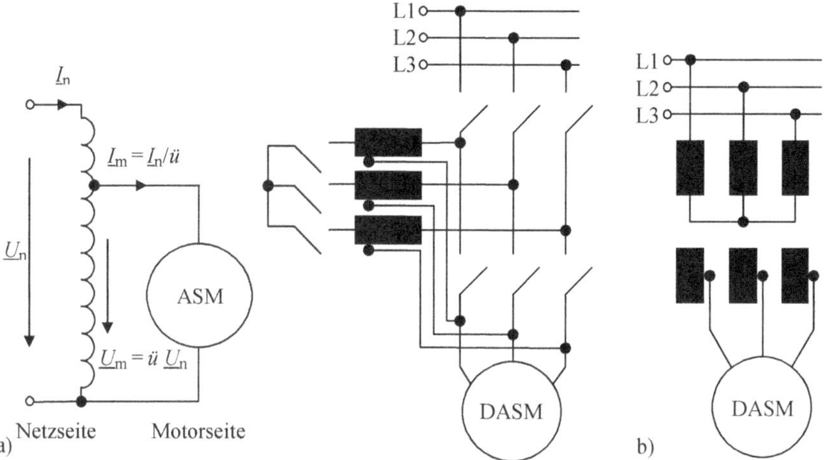

Bild 5.20 Anlassen mit Stell- und Spartransformator
a) mit Spartransformator (links einsträngiger Motor, rechts dreisträngiger Motor)
b) mit Stelltransformator

5.1.9.1.2.2 Unsymmetrische Speisung der Ständerwicklung (Kusa-Schaltung)

Schaltet man einen ohmschen bzw. induktiven Widerstand vor einen Ständerstrang (**Bild 5.21**), so fällt an ihm ein vom Strom abhängiger Teil der Netzspannung ab. Nach dem Anlauf (also im Betrieb) wird der Widerstand bzw. die Spule kurzgeschlossen. Dies findet vor allem in Drahtziehwerken, Textil- und Druckmaschinen Anwendung. Hierbei gehen die Ströme linear und die Drehmomente quadratisch mit der Motorspannung zurück. Dieser sogenannte Sanftanlauf wird auch Kusa-Schaltung genannt (Bild 5.21).

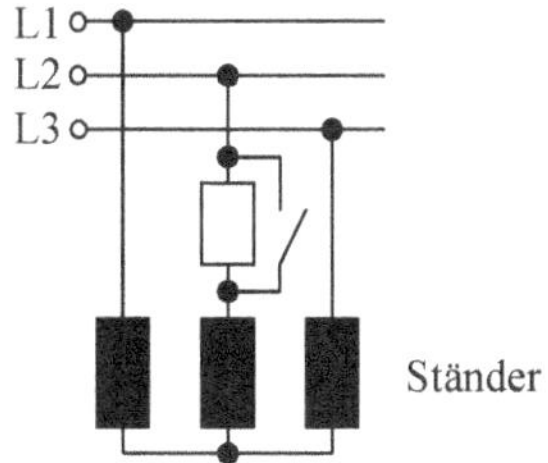

Bild 5.21 Kusa-Schaltung

Durch die unsymmetrische Speisung werden die Drehmomente im Vergleich zum symmetrischen Fall kleiner. Da der Anlauf wegen kleiner Anzugsmomente länger dauert (**Bild 5.22**) und die Anlaufströme nur gering zurückgehen, wird der Motor erhöhten thermischen Belastungen ausgesetzt. Bei der Auslegung bzw. Auswahl muss darauf entsprechend geachtet werden.

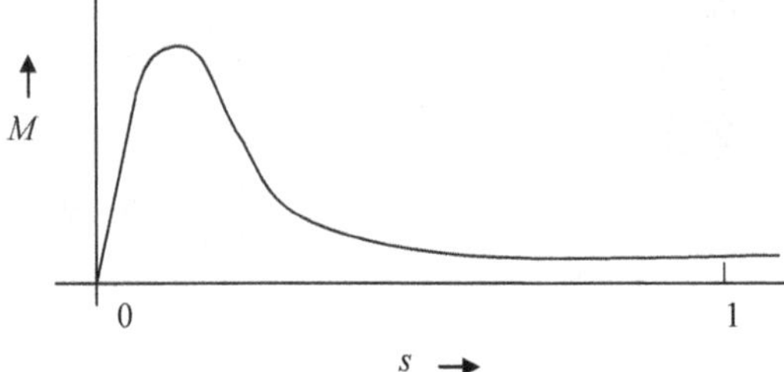

Bild 5.22 Anlaufverhalten bei einer Kusa-Schaltung

5.1.9.1.2.3 Anlassen mit veränderbarer Frequenz (Umrichtergespeiste Drehstromasynchronmaschinen)

Die Ständerfrequenz kann durch einen Umrichter kontinuierlich gesteigert werden. Die Drehzahl nimmt proportional zur Frequenz kontinuierlich zu, sodass ein Sanftanlauf ermöglicht wird. Zur Frequenz-, Spannungs- bzw. Stromänderung bieten sich grundsätzlich drei Umrichterarten an (**Bild 5.23**):

a) *I*-Umrichter (Umrichter mit variablem Zwischenkreisstrom)
b) *U*-Umrichter (Umrichter mit variabler Zwischenkreisspannung bzw. solche mit konstanter Zwischenkreisspannung (Phasenanschnittsteuerung oder Pulsumrichter))
c) Direkt-Umrichter (Umrichter ohne Zwischenkreis)

Folgerung ist, dass aus den sinusförmigen Netzspannungen bzw. Strömen blockförmige Verläufe entstehen. Dies führt zu höheren Drehmomentoberschwingungen und damit zu höheren Zusatzverlusten, Geräuschbildung und Schwingungsanregung. Zusätzliche Maßnahmen zur Reduzierung der Schwingungen und Verluste sind erforderlich.

„PSR" steht für Pulsstromrichter und „WSR" für Wechselstromrichter (s. Abschnitt 9.3.2.2). Der Gleichstromzwischenkreis bei *I*- bzw. *U*-Umrichter sorgt dafür, dass ein konstantes Drehmoment gewährleistet sein kann. Außerdem ist dadurch der Antrieb vom Netz entkoppelt.

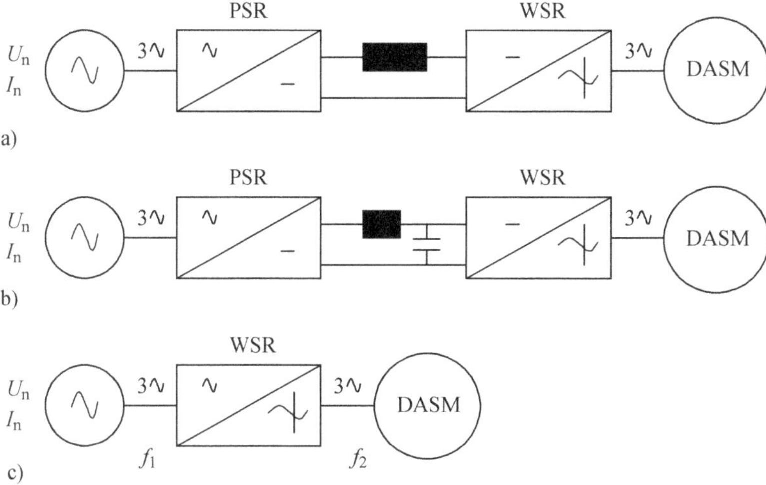

Bild 5.23 Umrichterarten
a) *I*-Umrichter
b) *U*-Umrichter
c) Direkt-Umrichter

Durch eine kontinuierliche Steuerung von Frequenz und Spannung bzw. Strom lassen sich bezüglich der Arbeitspunkte des umrichtergespeisten Drehstromasynchronmotors zwei Bereiche erkennen (**Bild 5.24**): den ersten Bereich mit gleichbleibendem Motormoment zwischen Stillstand und Motorbemessungsfrequenz (-drehzahl) und den zweiten mit proportional zur Drehzahlerhöhung fallendem Motormoment. Im Bereich M = konst. wird die Ausgangsspannung des Umrichters proportional zur Frequenz verstellt. Das Ständerdrehfeld und damit der magnetische Fluss behalten ihren Bemessungswert bei ($M \sim \Phi I$; $\Phi \sim U/f$).

Eine Frequenz-Spannungs-Änderung bewirkt eine Parallelverschiebung der Momentenkennlinien auf der Frequenz-Drehzahl-Achse. Das entstehende Drehzahl-Drehmoment-Kennlinienfeld (Bild 5.24) entspricht weitgehend dem $n = f(M)$-Kennlinienfeld eines Gleichstromnebenschlussmotors (s. Bild 3.28). Durch die Erhöhung der Frequenz über die Motornennfrequenz hinaus kann die zugehörige Motorspannung nicht mehr linear weiter erhöht werden, da die Bemessungsausgangsspannung des Umrichters bei Bemessungsfrequenz erreicht ist. Dies hat eine Feldschwächung zur Folge, sodass der Fluss und folglich auch das Motormoment abnehmen. Die Bemessungsabgabeleistung des Motors bleibt jedoch in diesem Bereich annähernd konstant (im Bereich $P = M\!\downarrow \cdot \omega\!\uparrow\ \approx$ konst).

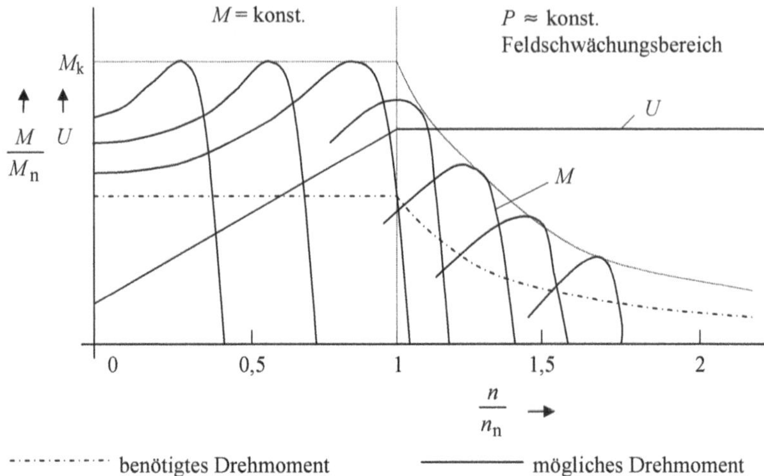

Bild 5.24 Drehmomentverlauf beim umrichtergespeisten Drehstromasynchronmotor

5.1.9.1.2.4 Stern-Dreieck-Anlauf

Der Stern-Dreieck-Anlauf (Y-Δ-Umschaltung) ist das bekannteste und am weitesten verbreitete Anlassverfahren für Drehstromasynchronmotoren kleinerer und mittlerer Leistungsklassen.

Zur Reduzierung der Anlaufströme werden beim Anlassen die Ständerwicklungsstränge im Stern (kleinere Spannung) geschaltet. Wenn der Motor hochgelaufen ist, wird die Ständerwicklung auf Dreieck umgeschaltet (**Bild 5.25a** und **Bild 5.25b**). Zu beachten ist, dass das Drehmoment in Sternschaltung proportional zu U^2 kleiner wird. Hierbei sind:

U Klemmenspannung
Z Scheinwiderstand eines Strangs
I_Y, I_Δ entnommene Ströme aus dem Netz

Aus Bild 5.24b gehen hervor:

$$\frac{I_Y}{I_\Delta} = \frac{\frac{\frac{U}{\sqrt{3}}}{Z}}{\sqrt{3}\frac{U}{Z}} = \frac{1}{3} \tag{5.37}$$

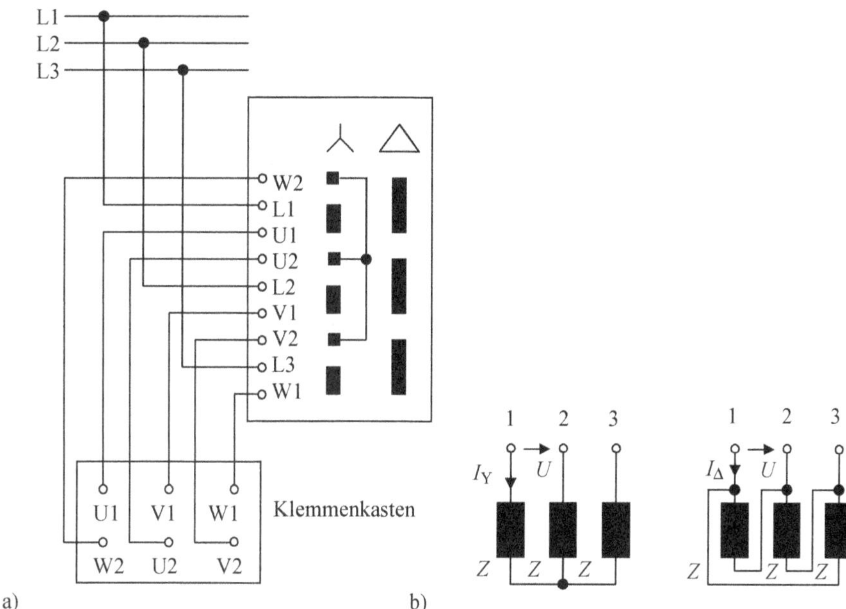

Bild 5.25 Stern-Dreieck-Schaltung
a) Schaltung b) Erklärung

und

$$\frac{M_Y}{M_\Delta} = \frac{\left(\frac{U}{\sqrt{3}}\right)^2}{U^2} = \frac{1}{3} \tag{5.38}$$

Bei der Sternschaltung wird also der Strom, gleichzeitig aber auch das Drehmoment, um ein Drittel kleiner (**Bild 5.26**). Der Motor wird unter Last oder ohne Last angelassen. Zum Anlassen unter Last müssen folgende Bedingungen erfüllt sein:

- $M_Y > M_w$, sonst größeren Motor auswählen!
- Der Bemessungsbereich des Motors muss in Sternschaltung erreicht werden, da sonst die Ströme infolge der Umschaltung (Stromstöße) größer werden können als der Anlaufstrom in der Dreieckschaltung. Der Motor in Bild 5.26 ist also für einen Y-Δ-Anlauf unter Last für die Arbeitsmaschine mit der Kennlinie M_{w2} nicht geeignet, für M_{w1} geeignet.

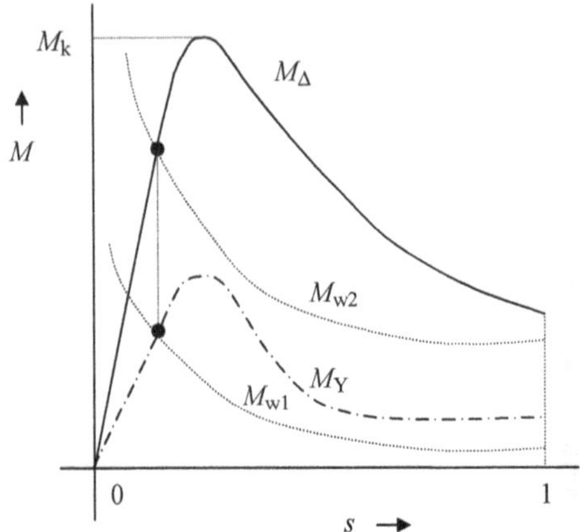

Bild 5.26 Betriebskennlinien bei Stern-Dreieck-Schaltung

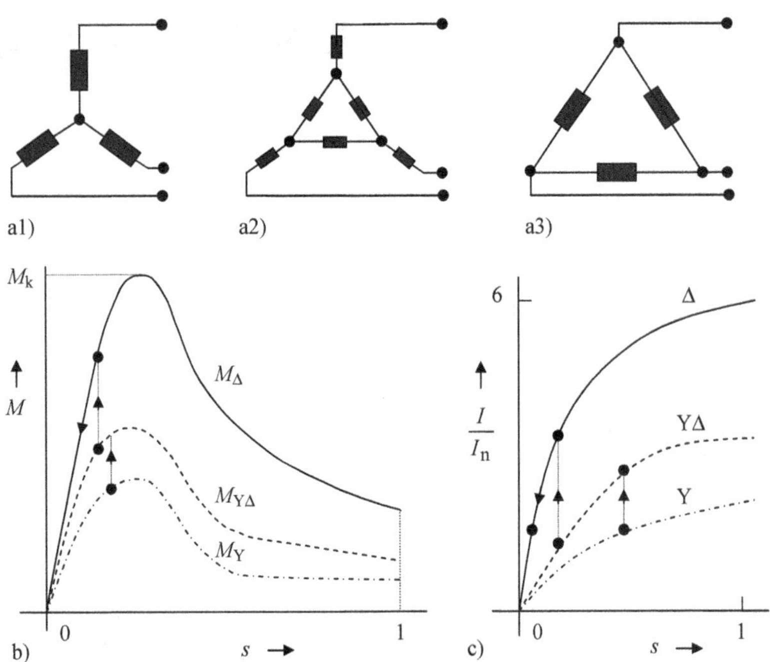

Bild 5.27 Mehrstufige Stern-Dreieck-Schaltung
a1) Sternschaltung $I_A = 0{,}3\ I_\Delta$ a2) gemischte Schaltung $I_A = 0{,}57\ I_\Delta$
a3) Dreieckschaltung $I_A = I_\Delta$ b) Betriebskennlinien c) Stromverläufe

Das Leeranlassen wird durch eine elektromagnetische oder eine Fliehkraft-Kupplung ermöglicht. Die Kupplung rückt unter Last ein und nimmt die Last mit (Zusatzkosten).

Um die Stromstöße während der Umschaltung zu reduzieren und um mehr Anlaufmoment zur Verfügung zu stellen, wird die sogenannte „verstärkte" bzw. „mehrstufige" Y-Δ-Schaltung eingesetzt (s. z. B. **Bild 5.27**).

5.1.9.2 Bremsverfahren

Wie bereits erwähnt, ist es erforderlich, dass die Bremswirkung in einer festgelegten Position und innerhalb einer festgelegten Zeit eintritt. Im Folgenden werden die wichtigsten Bremsverfahren beim Drehstromasynchronmotor erläutert.

5.1.9.2.1 Gegenstrombremse

Wenn im Betrieb zwei Netzanschlüsse der Maschine vertauscht werden (z. B. mithilfe einer Steuerung), ändert sich die Drehfeldrichtung, und die Maschine bremst. Der Schlupf springt spontan von s auf $s = 1 + n/n_d \approx 2$, d. h. auf nahezu 200 %. Die Richtung des Drehmoments kehrt sich um, wodurch die Maschine und mit ihr die gekuppelten Drehmassen abgebremst werden (**Bild 5.28**).

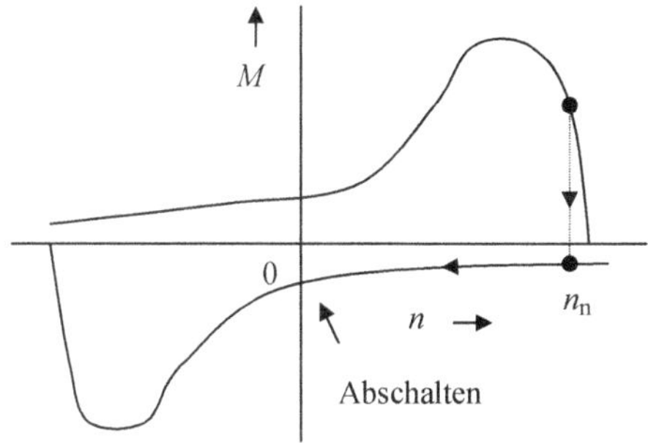

Bild 5.28 Drehmoment-Drehzahl-Verhalten bei Gegenstrombremse

Die Drehzahl des Motors wird durch einen **Drehzahlwächter** (drehzahlabhängigen Schalter) überwacht. Im Stillstand wird der Motor vom Netz abgetrennt (sonst würde er in entgegengesetzter Richtung wieder hochlaufen). Dieses Bremsverfahren ist mit großen Stromstößen und hohen thermischen Beanspruchungen verbunden.

Andere Bremsverfahren

Nach

$$n = \frac{f}{p}(1-s)$$

gibt es prinzipiell drei Möglichkeiten, die Drehzahl des Motors zu drosseln bzw. ihn stillzusetzen:

- Erhöhung des Schlupfs
- Reduzierung der Speisefrequenz
- Polpaarzahländerung (Erhöhung)

5.1.9.2.2 Erhöhung des Schlupfs

Siehe die bereits behandelten Anlassverfahren von Schleifringläufern (Abschnitt 5.1.9.1.1.1) und das generatorische Bremsen (Abschnitte 5.1.7 und 10.2.2)!

5.1.9.2.3 Reduzierung der Frequenz

5.1.9.2.3.1 Gleichstrombremsung

Trennt man die Ständerwicklung des Drehstromasynchronmotors vom Drehstromnetz ab und speist ihn mit Gleichstrom (**Bild 5.29c**), so entsteht im Motor ein stillstehendes magnetisches Feld. In der kurzgeschlossenen oder über Läuferwiderstände geschlossenen Läuferwicklung werden Ströme induziert, die eine stoßarme, kräftige Bremsung bis nahe zum Stillstand bewirken.

Die Gleichstrombremsung bietet durch Veränderung des Erregerstroms die Möglichkeit, das Bremsmoment und die Bremszeit einstellen zu können. Die Möglichkeiten zur Speisung einer Ständerwicklung mit Gleichspannung sind in **Bild 5.29a** dargestellt. Bei den Schaltungen III und VI werden alle Stränge der Ständerwicklung gleich belastet. Die Umschaltung von Motor- auf Bremsbetrieb erfordert aber je nach Klemmenausführung einen eventuellen Mehraufwand.

Die Steuerung des Bremsmoments M_B kann wie erwähnt entweder bei festem Läuferwiderstand durch Änderung der Gleichstromleistung (Spannungsänderung) oder aber bei gleich bleibender Spannung durch Veränderung der Läuferwiderstände erfolgen (**Bild 5.29b** und **Bild 5.29d**).

Die Bremswirkung endet bei Stillstand des Läufers. Der Motor kann nicht im entgegengesetzten Drehsinn hochlaufen, und ein Drehzahlwächter ist nicht erforderlich.

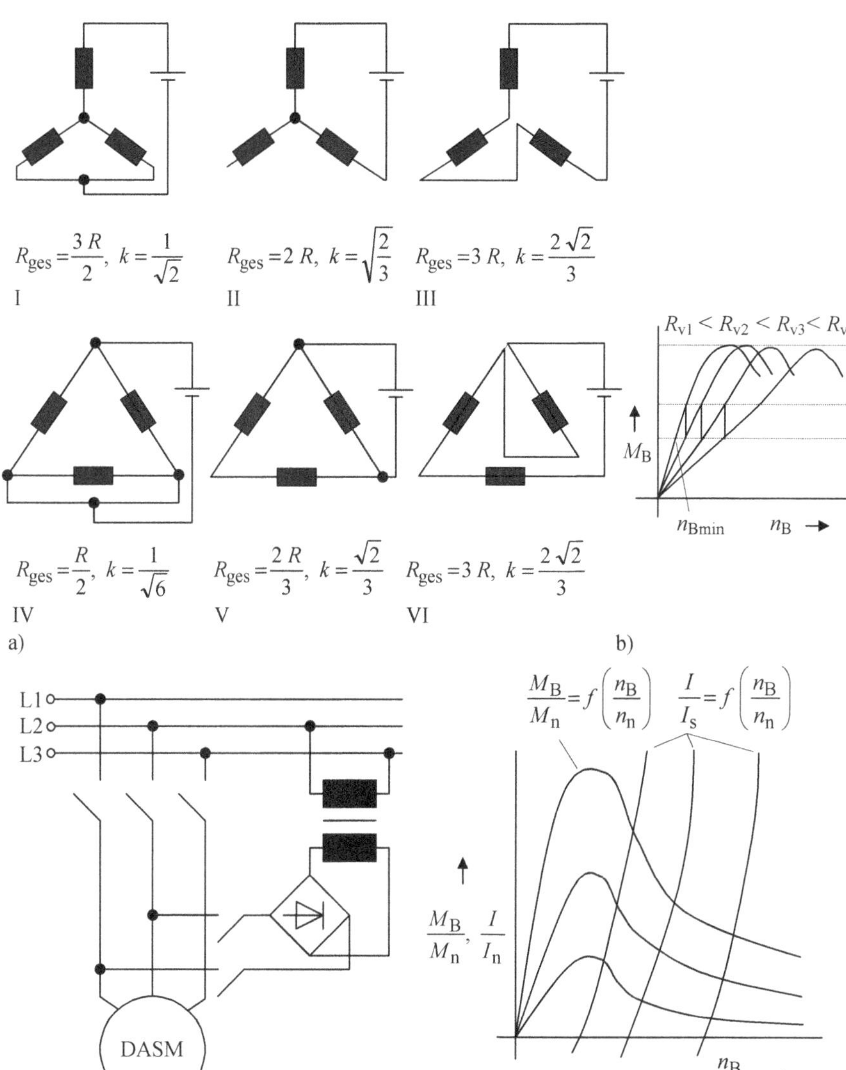

Bild 5.29 Gleichstrombremsung
a) Speisung der Ständerwicklung mit Gleichstrom
b) Einfluss der Läufervorwiderstände
c) Speisung eines Drehstromasynchronmotors mit Gleichstrom
d) Einfluss der Gleichstromleistung

Dabei beträgt die benötigte Gleichspannung

$$U = 1{,}3\, I\, R_{\text{ges}} \tag{5.39}$$

mit dem benötigten Gleichstrom

$$I = (2\,...\,2{,}5)\, I_{\text{n}} \tag{5.40}$$

und dem Bremsmoment:

$$M_{\text{B}} = M \left(\frac{k\, I}{I_{\text{s}}} \right)^2 \tag{5.41}$$

Die Vorteile der Gleichstrombremsung sind:

- geringe Erregerleistung
- einfache Schaltung
- gute Steuerbarkeit der Drehzahl

Den Einfluss der Gleichstromleistung auf die Bremszeit zeigt **Bild 5.30**. Während der Motor bei einer Gleichstromleistung von 160 W in etwa 4 s gebremst wird, kommt er bei 1 500 W in etwa 0,4 s zum Stehen.

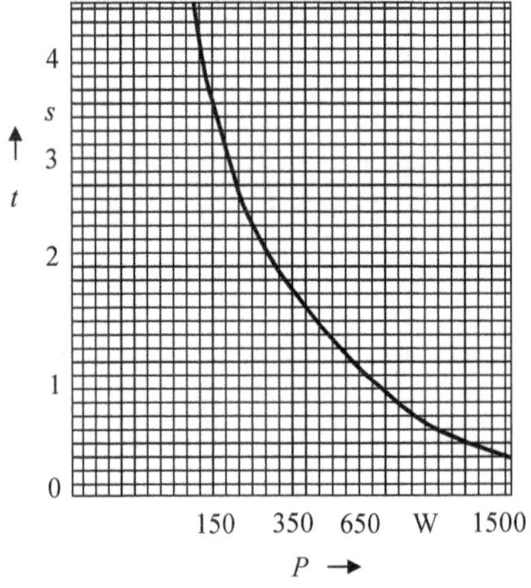

Bild 5.30 Bremszeit eines leerlaufenden Käfigläufermotors für 7,5 kW in Abhängigkeit der Gleichstromleistung

5.1.9.2.3.2 Bremsung mit niederfrequentem Wechselstrom

Die Niederfrequenzbremsung eines Drehstrommotors ist eine Weiterentwicklung der Gleichstrombremsung und arbeitet wie folgt: Der Motor wird vom 50-Hz-Netz abgeschaltet und an einen Niederfrequenzgenerator mit z. B 5 Hz gelegt (der große Teil des Läufervorwiderstands bei Schleifringläufer ist dabei eingeschaltet). Der Motor hat im Augenblick dieser Umschaltung eine Drehfelddrehzahl von $n_{\mathrm{d}} = f/p$ (50 Hz), die hinsichtlich der Niederfrequenz von 5 Hz stark übersynchron ist. Er bremst durch ein Moment, das proportional dem Quadrat der Niederfrequenzspannung ist.

5.1.9.2.4 Polpaarzahländerung

Dieses Verfahren ist meist im Zusammenhang mit der Drehzahlverstellung des Drehstromasynchronmotors interessant (Abschnitt 9.2, polumschaltbare Motoren).

Realisierungsmöglichkeit:

- durch zwei galvanisch getrennte Wicklungen (bessere thermische Ausnutzung, aber kostenintensiver)
- durch eine Wicklung und durch die Unterbringung von Schaltern, wie z. B. Dahlander-Schaltung (höhere thermische Beanspruchung, jedoch kostengünstiger)
- Kombination der ersten beiden Möglichkeiten
- Kaskadenschaltung von Drehstromasynchronmaschinen

5.2 Quantitative Betrachtung (Ständerstromortskurve bzw. Ossana-Heyland-Kreis)

In diesem Abschnitt wird die Ständerstromortskurve der Drehstromasynchronmaschine behandelt. Die Ständerstromortskurve wurde hauptsächlich von Ossana und Heyland entwickelt und ist deswegen auch nach ihnen benannt worden.

Mithilfe der Stromortskurve ist es möglich, einfache Aussagen über die Leistungsaufteilung und das Drehmoment in Abhängigkeit der Drehzahl bei konstanter Spannung in unterschiedlichen Betriebszuständen (Motor-, Generator- und Bremsbetrieb) zu machen. Ausgehend von den Spannungsgleichungen eines Strangs gelangt man zu dem Ersatzschaltbild der Drehstromasynchronmaschine.

Die Spannungsgleichungen (und das Ersatzschaltbild) unterscheiden sich von denen des Transformators darin, dass der Sekundärkreis (Läufer) üblicherweise kurzgeschlossen ist ($U_{\mathrm{r}} = 0$) und dass der Läuferkreis nicht dieselbe Frequenz aufweist wie der Ständerkreis ($f_r = s\,f_s$). Wenn man, wie bei allen anderen elektrischen Maschinen üblich, den Strom und die Widerstände der Sekundärseite auf die Primärseite (Ständer) bezieht, kann die magnetische Kopplung des Zweiersystems durch eine galvanische ersetzt werden. Diese künstlich erzeugte galvanische Kopplung führt zum Ersatzschaltbild und gibt in guter Näherung mathematisch-physikalisch die Gegebenheiten der Maschine wieder. Die Stromortskurve der Drehstromasynchronmaschine kann dann mithilfe des Ersatzschaltbilds ermittelt und aufgestellt werden. Aus Analogiegründen zum Transformator wird darauf jedoch weiter nicht eingegangen. Das Ersatzschaltbild in Bild 5.7c aus Abschnitt 5.1.2.3 wird zugrunde gelegt und kann hier geringfügig umgestellt werden (**Bild 5.31**). Die Streublindwiderstände von Ständer und Läufer können zusammengefasst im Läuferkreis berücksichtigt werden. Das X_h entspricht X_s, und der Schlupf s kann dem Läuferwiderstand als Kehrwert zugeordnet werden.

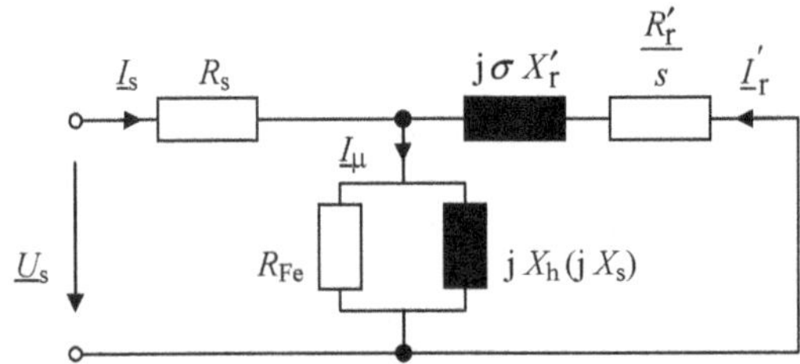

Bild 5.31 Ersatzschaltbild der Asynchronmaschine

5.2.1 Ohne Berücksichtigung von Ständerkupfer-, Eisen- und Zusatzverlusten

Unter der Vernachlässigung der Ständerkupferverluste P_{Cus}, der Eisenverluste P_{Fe} sowie der Zusatzverluste gilt das vereinfachte Ersatzschaltbild (**Bild 5.32**).

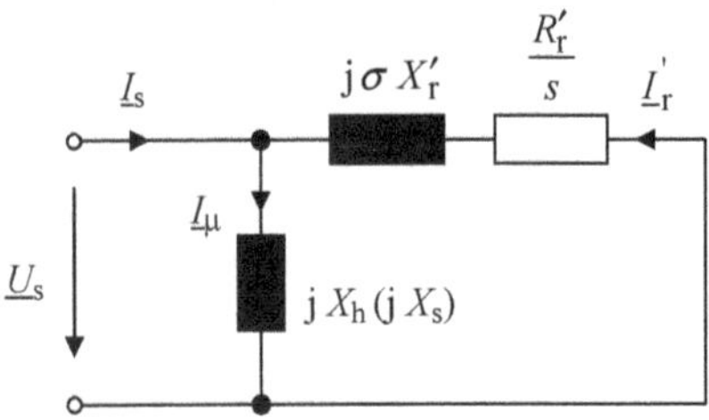

Bild 5.32 Vereinfachtes Ersatzschaltbild der Asynchronmaschine

Hieraus folgt für die Ständer(Netz- bzw. Klemmen-)spannung

$$\underline{U}_\text{s} = \underline{I}_\text{s}\,\underline{Z} = \underline{I}_\text{s}\,\frac{(R_\text{r}'/s + \text{j}\,\sigma\,X_\text{r}')\,\text{j}\,X_\text{s}}{R_\text{r}'/s + \text{j}\,\sigma\,X_\text{r}' + \text{j}\,X_\text{s}}$$

Für den Ständer(Primär-)strom $\underline{I}_\text{s}$ folgt dann:

$$\underline{I}_\text{s} = \frac{\underline{U}_\text{s}}{\text{j}\,X_\text{s}}\,\frac{R_\text{r}'/s + \text{j}\,(X_\text{s} + \sigma\,X_\text{r}')}{R_\text{r}'/s + \text{j}\,\sigma\,X_\text{r}'} \tag{5.42}$$

Der Ständerstrom $\underline{I}_\text{s}$ ist eine Funktion der Maschinen-Widerstände, der Ständerspannung und der Drehzahl (Schlupf). In allgemeiner Schreibweise gilt:

$$\underline{I}_\text{s} = \frac{\underline{a} + s\,\underline{b}}{\underline{c} + s\,\underline{d}} \tag{5.43}$$

Diese Gleichung beschreibt einen Kreis in der Gauß'schen Ebene mit s als reeller Variable, $\underline{U}_\text{s}$ als komplexer Konstante und $\underline{I}_\text{s}$ als komplexer Abhängigen. Die eventuell auftretende Stromverdrängung in den Nuten ist hier vernachlässigt worden.

5.2.1.1 Ermittlung wichtiger Punkte des Kreises

($\underline{U}_\text{s}$ wird als Bezugsgröße auf die reelle Achse gelegt)

- Leerlauf ($s = 0$):

$$\underline{I}_\text{s}(0) = \frac{U_\text{s}}{\text{j}\,X_\text{s}} = -\,\text{j}\,I_0$$

Reiner Blindstrom, Minimalwert!

- idealer Kurzschluss ($s = \pm\infty$)
  (Läuferwiderstand ohne Wirkung):

$$\underline{I}_\text{s}(\pm\infty) = \frac{U_\text{s}}{\text{j}X_\text{s}}\,\frac{X_\text{s} + \sigma\,X_\text{r}'}{\sigma\,X_\text{r}'} = -\,\frac{\text{j}\,I_0}{\sigma}$$

Reiner Blindstrom, Maximalwert!

Bemerkung: Mithilfe des Blondel'schen Streukoeffizienten σ (Gl. (2.12), Abschnitt 2.4.2) lässt sich zeigen, dass

$\dfrac{X_\text{s} + \sigma\,X_\text{r}'}{\sigma\,X_\text{r}'}$ gleich $\dfrac{1}{\sigma}$ ist.

Kleinste und größte Stromwerte befinden sich auf der imaginären Achse. Daraus folgt, dass auch der Kreismittelpunkt auf der imaginären Achse liegt (**Bild 5.33**). Jedem Punkt des Kreises entspricht die Eingangsleistung und damit das Drehmoment (der Kipppunkt mit dem Drehmoment M_k lässt sich ebenfalls mithilfe von Kreiskonstruktion ermitteln, s. Bild 5.32).

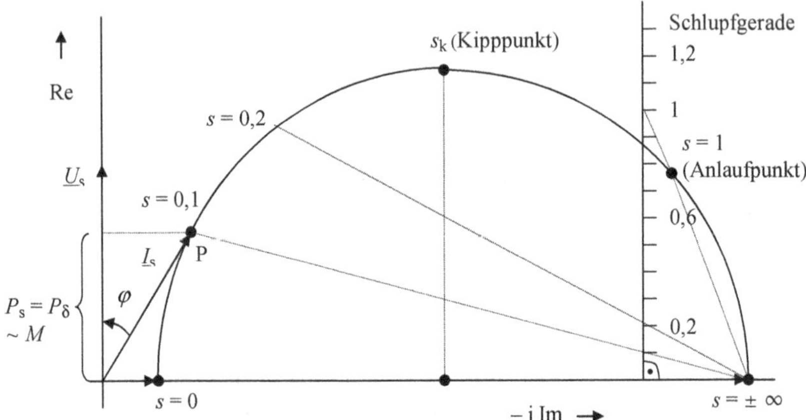

Bild 5.33 Kreisdiagramm mit Schlupfgeraden

Wenn zusätzlich zu $s = 0$ und $s = \pm\infty$ der Schlupf eines dritten Punkts P (z. B. $s = 0,1$ im Bild 5.32) bekannt ist, kann eine Schlupfgerade mit linearem Maßstab gezeichnet werden. Dazu verbindet man den Punkt P mit $s = \pm\infty$. Jeder Punkt auf dieser Geraden entspricht einem Schlupfwert s ($s = 0,1$ im Bild 5.33). Das Lot von jedem beliebigen Punkt dieser Geraden auf die imaginäre Achse stellt die Schlupfgerade dar und kann linear skaliert werden. Somit kann der Schlupfwert bzw. die Drehzahl jedes Betriebspunkts bestimmt und daraus z. B. die Drehmoment-Schlupf-Kennlinie abgeleitet werden. Zweckmäßiges Skalieren: Der Abstand zwischen 0 und 1 sollte ein Vielfaches von 10 sein, am besten 10 cm. Zur Konstruktion der Schlupfgeraden müssen also die Schlupfwerte von mindestens drei Punkten auf dem Kreis bekannt sein (meistens sind es die Punkte P_0 ($s = 0$), P_A ($s = 1$) und P_∞ ($s = \pm\infty$)).

5.2.1.2 Leistungsaufteilung

Die Leistungsaufteilung in einem beliebigen Punkt P kann mithilfe der Punkte: Leerlauf, Anlauf und idealer Kurzschluss grafisch ermittelt werden. Dazu legen wir **Bild 5.34** zugrunde, wobei die Schlupfgerade durch den Punkt $s = 1$ an-

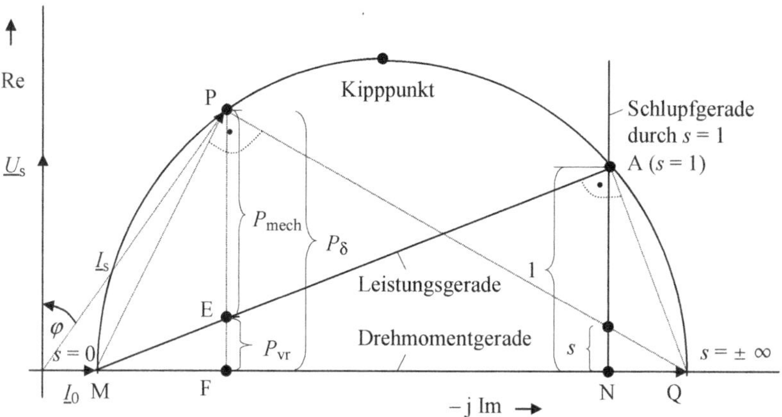

Bild 5.34 Leistungsaufteilung

genommen wurde. Außerdem ist das Lot von Punkt P auf der imaginären Achse eingezeichnet. Mithilfe der geometrischen Verhältnisse der vorhandenen rechtwinkligen Dreiecke ergibt sich:

$$\text{Dreieck PMQ:}\quad \overline{\mathrm{PF}}^2 = \overline{\mathrm{MF}}\ \overline{\mathrm{FQ}} \tag{5.44}$$

$$\text{Dreieck AMN:}\quad \frac{\overline{\mathrm{EF}}}{\overline{\mathrm{MF}}} = \frac{1}{\overline{\mathrm{MN}}} \quad \Rightarrow \quad \overline{\mathrm{MN}} = \frac{\overline{\mathrm{MF}}}{\overline{\mathrm{EF}}} \tag{5.45}$$

$$\text{Dreieck AMQ:}\quad \overline{\mathrm{MN}}\ \overline{\mathrm{NQ}} = 1 \tag{5.46}$$

$$\text{Dreieck PFQ:}\quad \frac{s}{\overline{\mathrm{NQ}}} = \frac{\overline{\mathrm{PF}}}{\overline{\mathrm{FQ}}} \tag{5.47}$$

$$\text{Gl. (5.46) in Gl. (5.47)} \quad \Rightarrow \quad s\,\overline{\mathrm{MN}} = \frac{\overline{\mathrm{PF}}}{\overline{\mathrm{FQ}}}$$

$$\text{mit Gl. (5.45)} \quad \Rightarrow \quad \frac{s\,\overline{\mathrm{MF}}}{\overline{\mathrm{EF}}} = \frac{\overline{\mathrm{PF}}}{\overline{\mathrm{FQ}}}$$

$$\text{mit Gl. (5.44)} \quad \Rightarrow \quad \frac{s}{\overline{\mathrm{EF}}} = \frac{\overline{\mathrm{PF}}}{\overline{\mathrm{MF}}\,\overline{\mathrm{FQ}}} = \frac{1}{\overline{\mathrm{PF}}} \quad \Rightarrow \quad \boldsymbol{EF = s\,PF}$$

Da die Strecke $\overline{\mathrm{PF}}$ proportional der Luftspaltleistung P_δ ist, folgt:

$$\overline{\mathrm{EF}} \mathrel{\hat{=}} s\,\overline{\mathrm{PF}} \mathrel{\hat{=}} s\,P_\delta = P_{vr} \qquad \text{Läuferkupferverluste} \tag{5.48}$$

$$\overline{\mathrm{PE}} \mathrel{\hat{=}} P_{mech} \qquad \text{mechanische Leistung} \tag{5.49}$$

da hier $P_{mech} = P_{\delta} - P_{vr}$ sein muss.

Die Strecken $\overline{MA}$ und $\overline{MQ}$ werden die Leistungsgerade bzw. die Drehmomentgerade genannt.

5.2.2 Kreisdiagramm mit Berücksichtigung von Ständerkupfer- und Eisenverluste

5.2.2.1 Konstruktion des Kreisdiagramms

Zur Darstellung des Kreisdiagramms benötigen wir Informationen über drei Punkte des Kreises. Zwei charakteristische Punkte des Kreises sind Leerlauf- und Anlaufpunkt. Angaben über diese Punkte lassen sich mithilfe von Leerlauf- und Anlaufversuch bestimmen:

- Leerlaufversuch: $P_0, I_0, U_s \rightarrow \varphi_0$
- Anlaufversuch (Kurzschluss): $P_A, I_A, U_s \rightarrow \varphi_A$

Die Mittelsenkrechte auf $\overline{P_0P_A}$ und die Horizontale durch den Halbierungspunkt der Vertikalen $\overline{P_0P^*}$ ergeben in ihrem Schnittpunkt den Kreismittelpunkt M (**Bild 5.35**). Bei größeren Maschinen genügt es, den Mittelpunkt M' auf der Horizontalen durch P_0 anzunehmen (da dann $\varphi_0 \approx \varphi_A$ ist). Im Allgemeinen lässt sich das Diagramm mittels drei Punkten des Kreises konstruieren. Der Leerlaufstrom besitzt hier auch eine Wirkkomponente, die die Eisenverluste bestimmt.

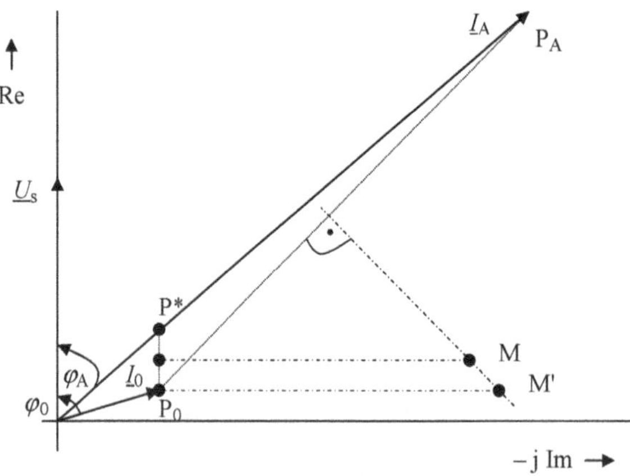

Bild 5.35 Konstruktion des Kreises mittels Leerlauf- und Anlaufpunkt

5.2.2.2 Bestimmung der Kippmomente

Das Lot des Kreismittelpunkts auf die Drehmomentlinie $\overline{P_0P_\infty}$ schneidet den Kreis in zwei Punkten. Die Parallelen von diesen Punkten zur reellen Achse bestimmen die Kippmomente. Die beiden Kippmomente im Motor- und Generatorbetrieb liegen auf einem Durchmesser (**Bild 5.36**). Das Generatorkippmoment ist größer als das Motorkippmoment. Die beiden Kippschlüpfe sind jedoch zahlenmäßig gleich.

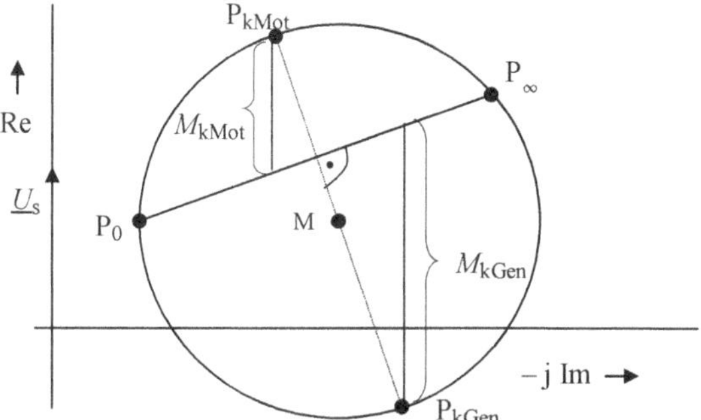

Bild 5.36 Bestimmung der Kippmomente durch das Kreisdiagramm

5.2.2.3 Bestimmung der Schlupfgeraden

Man wählt einen beliebigen Bezugspunkt B. Dann ist die Schlupfgerade parallel zu der Sehne $\overline{BP_\infty}$ im beliebigen, von null verschiedenen Abstand zu ziehen (s. Abschnitt 5.2.1.1). Die Sehnen $\overline{BP_0}$ und $\overline{BP_A}$ bestimmen auf der Schlupfgeraden die Punkte $s = 0$ und $s = 1$ und damit den Maßstab (**Bild 5.37**).

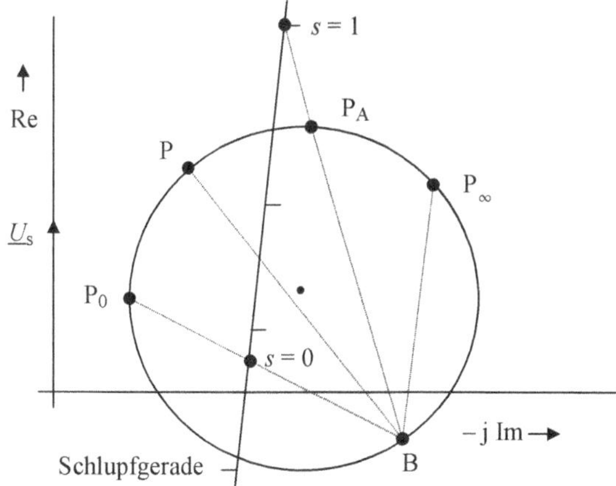

Bild 5.37 Konstruktion der Schlupfgeraden

Fällt B mit P_∞ zusammen, so ist die Schlupfgerade parallel zur Tangente an den Kreis im Punkt P_∞ zu ziehen. Die Gerade BP_∞ selbst kann als Schlupfgerade nicht verwendet werden, weil die endlichen Skalenwerte im Punkt B zusammenschrumpfen. Allgemein gilt also, dass mit drei beliebigen Schlupfwerten auf dem Kreis die Schlupfgerade darstellbar ist.

5.2.2.4 Zusammenfassung und Ergänzung

In **Bild 5.38** ist das Kreisdiagramm mit Leistungsaufteilung unter Berücksichtigung der Eisen- und Kupferverluste von Ständer und Läufer dargestellt. Folgende Punkte können festgehalten werden:

- M_k wird insbesondere durch den Kreisdurchmesser bestimmt
- In Maschinen kleinerer Leistung kann R_s (ohmscher Widerstand der Ständerwicklung) nicht vernachlässigt werden; hier gilt $M_{kMot} < M_{kGen}$
- In Drehstromasynchronmaschinen mit mittlerer oder größerer Leistung kann R_s vernachlässigt werden; hier gilt $M_{kMot} = M_{kGen}$
- Mit der Steigerung der Zusatzwiderstände im Läuferkreis vom Schleifringläufer wandert der Arbeitspunkt auf dem Kreis links herum, das Anlaufmoment kann gleich dem Kippmoment gesetzt und damit der Anlaufstrom reduziert werden
- Um den Motor mit den Bemessungswerten (I_n, M_n) anlaufen zu lassen, muss der Bemessungspunkt auf Punkt $s = 1$ gelegt werden
- Mit Rücksicht auf die Überlastbarkeit M_k/M_n (etwa 1,6 bis 3) ergibt sich für den Kreis eine Mindestgröße
- Der Leistungsfaktor ist dann maximal, wenn der zugehörige Strom den Kreis tangiert (φ klein, cos φ groß)
- Für einen besseren Leistungsfaktor müssen der Leerlaufstrom (proportional zu den Eisenverlusten) möglichst klein und der Kreisdurchmesser möglichst groß sein (kleine Streuung)
- Die Reibungsverluste müssen im Motorbetrieb noch von der mechanischen Leistung subtrahiert und im Generatorbetrieb hinzuaddiert werden
- Wenn sich die Wirk- und Blindwiderstände der Asynchronmaschine in Abhängigkeit der Drehzahl stark verändern, weicht die Stromortskurve von der Kreisform ab
- Mithilfe der Beziehung $\underline{I}_\mu = \underline{I}_s + \underline{I}_r'$ kann auch der Läuferstrom aus der Ständerstromortskurve für beliebige Betriebspunkte ermittelt werden (Bild 5.38). Entsprechend Gl. (2.18), Abschnitt 2.4.2, gilt hier: $I_r = \ddot{u}\, I_r'$, mit $\ddot{u}$ als Übersetzungsverhältnis der Maschine.

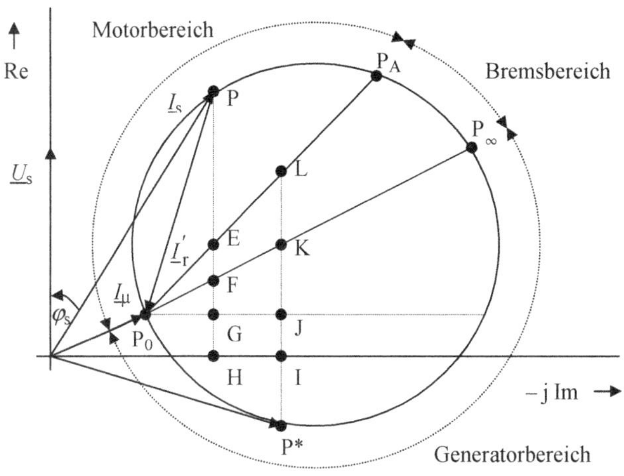

Motorbetrieb		**Generatorbetrieb**	
$\overline{PE}$:	P_{mech}	$\overline{LK}$:	P_{vr}
$\overline{EF}$:	P_{vr}	$\overline{KJ}$:	P_{Cus}
$\overline{FG}$:	P_{Cus}	$\overline{JI}$:	P_{Fe}
$\overline{GH}$:	P_{Fe}	$\overline{IP^*}$:	P_{elek}
$\overline{PH}$:	P_{elek}	$\overline{LP^*}$:	P_{mech}

Bild 5.38 Vollständiges Kreisdiagramm für Motor-, Generator- und Bremsbetrieb

5.2.2.5 Mögliche Ursachen für die Veränderung der Stromortskurve

Folgende Ursachen können zu Abweichungen vom kreisförmigen Stromdiagramm führen:

- Änderung der Widerstände infolge der Temperatur
- Änderung von X_h infolge der Eisensättigung
- Einfluss von Feldoberschwingungen
- Zunahme von R_s, R_r und Abnahme von $X_{s\sigma}$, $X_{r\sigma}$ infolge der Stromverdrängung in den Nuten (**Bild 5.39**)

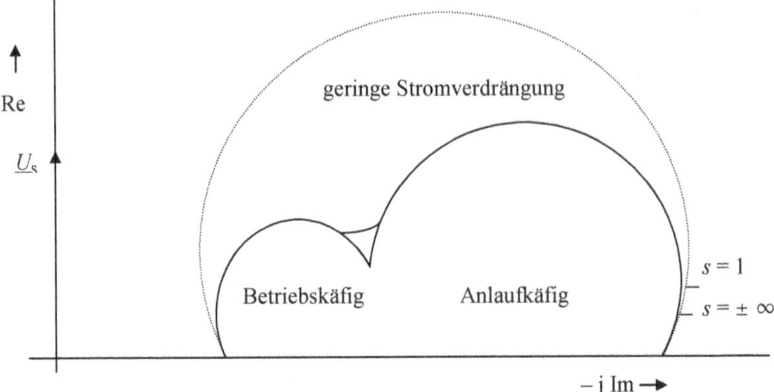

Bild 5.39 Stromortskurve beim Stromverdrängungsläufer (z. B. hochausgenutzter Doppelnutläufer)

5.3 Aufgaben zu Asynchronmaschinen

Aufgabe 1

Ein sechspoliger Drehstromasynchronmotor (p = 3) mit Käfigläufer hat folgende Bemessungs- und Anlaufwerte:

f_n = 50 Hz U_n = 400 V (Y) I_n = 31,5 A;
P_n = 16,7 kW aus dem Netz bezogene Leistung im Bemessungspunkt!
I_A/I_n = 5,2 Anlaufstrom zu Bemessungsstrom
M_A/M_n = 2,0 Anlaufmoment zu Bemessungsmoment

Die Ständerkupfer-, Reibungs- und Eisenverluste können vernachlässigt werden. Die Eisensättigung, die Stromverdrängung sowie die Temperaturabhängigkeit der Wicklungswiderstände können ebenfalls vernachlässigt werden.

1) Zeichnen Sie das Kreisdiagramm und die Schlupfgerade!
   Der empfohlene Strommaßstab ist m_i = 10 A/cm. Das Diagramm ist auf ein DIN-A4-Blatt (besser Millimeterpapier) im Querformat so zu zeichnen, dass sich der Koordinatenursprung in der Mitte des Papiers und 3 cm vom linken Rand entfernt befindet!
2) Wie groß sind im Bemessungspunkt:
   Leistungsfaktor, Schlupf, Drehzahl, mechanische Leistung und Läuferkupferverluste? Bestimmen Sie den Überlastfaktor M_k/M_n sowie den Kippschlupf der Maschine!

3) Der Rotor wird durch einen anderen Rotor gleicher Abmessung ersetzt (Streuung bleibt gleich). Anstatt des Kupferkäfigs wird ein Rotor mit Aluminiumkäfig eingesetzt (κ_{Al} = 35 Sm/mm^2; κ_{Cu} = 56 Sm/mm^2).
   I. Wie groß sind jetzt Kippschlupf und Bemessungsschlupf bei unverändertem Rotorstrom?
   II. Um wie viele Prozentpunkte würde sich die Rotortemperatur im Bemessungspunkt im Vergleich zum Kupferkäfigläufer ändern (höhere oder niedrigere Werte)? Hier können gleiche Wärmeübergangszahlen für Kupfer und Aluminium angenommen werden!
   III. Wie groß muss die eingestellte Spannung sein (größer bzw. kleiner), damit der Rotor mit Aluminiumkäfig dieselbe Bemessungsdrehzahl aufweist wie der Kupferkäfigläufer?

Aufgabe 2

Einige Kenndaten eines Drehstromasynchronmotors mit Schleifringläufer sind bekannt:

P_n = 15 kW U_n = 400 V (Y) $\cos \varphi_n$ = 0,84 n_n = 1 460 min^{-1} f_n = 50 Hz
M_k/M_n = 3

Die Ständerkupfer-, Reibungs- und Eisenverluste sowie die Stromverdrängung können vernachlässigt werden.

Der Motor ist mittels eines Getriebes mit dem Übersetzungsverhältnis $ü = n_{Mot}/n_w$ = 100 an eine Arbeitsmaschine gekoppelt. Die Arbeitsmaschine kann durch ein Seil eine Last mit dem Gewicht F_G = 26,112 kN nach oben oder unten fördern. Das Seil ist auf einen Zylinder mit dem Radius r = 500 mm gewickelt (**Bild 5.40**).

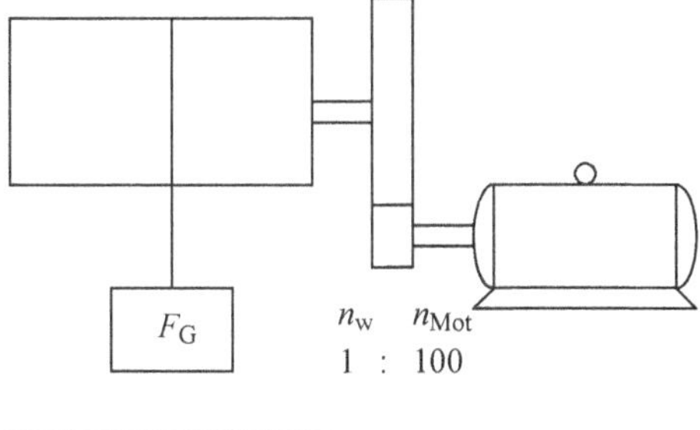

Bild 5.40 Förderanlage mit Motor und Getriebe

1) Zeichnen Sie das Kreisdiagramm und die Schlupfgerade!

   Der empfohlene Strommaßstab ist $m_i = 7{,}4$ A/cm. Die Stromortskurve ist auf ein DIN-A4-Blatt im Querformat so zu zeichnen, dass sich der Koordinatenursprung in der Mitte des Papiers und 2 cm vom linken Rand entfernt befindet.
2) Wie groß sind Bemessungsstrom, Kippschlupf, Leerlaufstrom und Anlaufmoment?
3) Wie groß ist das Lastmoment:
   3.1) an der Welle der Arbeitsmaschine?
   3.2) an der Welle des Motors?
4) Nun muss die Maschine ohne Anlasswiderstand die Last hochziehen. Was wird hierbei passieren?
5) Für welches Verhältnis Anlaufwiderstand zu Läuferwiderstand R_{vr}/R_r ist das Anlaufmoment gleich dem Kippmoment? Bestimmen Sie die zwei möglichen Arbeitspunkte im Kreisdiagramm! Welcher dieser Betriebspunkte ist stabil? Begründen Sie Ihre Aussage! Wie groß ist der Schlupf im Arbeitspunkt, wenn die Last durch Einsatz der Vorwiderstände des Läuferkreises hochgezogen wird?
6) Die Maschine soll ohne Vorwiderstand die Last aus dem Stillstand herablassen. Die Drehrichtung kehrt sich um! Die möglichen Punkte sind auf dem Kreisdiagramm zu markieren! Wie groß sind Schlupf und Drehzahl im Falle der Lastabsenkung für den stationären Betriebspunkt?

Aufgabe 3

Ein Drehstromasynchronmotor mit Käfigläufer hat folgende Bemessungsdaten:

$U_n = 6\,000$ V (Y) $\quad P_n = 1\,700$ kW $\quad I_n = 200$ A $\quad n_n = 1\,470$ min^{-1} $\quad f_n = 50$ Hz

Die Stromverdrängung, Eisensättigung und alle Verluste bis auf die ohmschen Läuferverluste können vernachlässigt werden. Der Leerlaufstrom I_0 ist gleich $0{,}3\,I_n$.

1) Wie groß sind der Schlupf und die Luftspaltleistung im Bemessungspunkt?
2) Wie groß ist das Kippmoment, wenn die Kippdrehzahl $n_k = 1\,387{,}5$ min^{-1} ist?
3) Wie groß ist das Anlaufmoment? Wie groß ist das Drehmoment für $s = 2$?
4) Wie groß ist der Blondel'sche Streukoeffizient, wenn der ideale Kurzschlussstrom $I_{k_\infty} = 677{,}5$ A beträgt?
5) Der ideale Kurzschlussstrom I_{k_∞} soll auf $2{,}5\,I_n$ begrenzt werden! Zu diesem Zweck kann eine Drosselspule ohne ohmschen Widerstand in jedem Ständerstrang in Reihe geschaltet werden. Wie groß ist die Selbstinduktivität der Drosselspule?

Aufgabe 4
Folgende Bemessungsdaten eines Drehstromasynchronmotors mit Käfigläufer sind bekannt:

$P_n = 11$ kW $U_n = 400$ V (Δ) $I_n = 21{,}5$ A $n_n = 1\,460$ min^{-1} $\cos\varphi_n = 0{,}84$
$f_n = 50$ Hz $\Theta_{ges} = 2$ Nms^2

Die Reibungs-, Zusatz- und Eisenverluste sind zu vernachlässigen!
Die ohmschen Ständerverluste können jedoch nicht vernachlässigt werden.

1) Berechnen Sie den Wirkungsgrad und die ohmschen Läuferverluste im Bemessungspunkt!

Die Messwerte der Drehmoment-Drehzahl-Kennlinie, die Ständerstrom-Drehzahl-Kennlinie und die Widerstandsmoment-Drehzahl-Kennlinie der Arbeitsmaschine sind im **Bild 5.41** dargestellt.

2) Bestimmen Sie für den stationären Betriebspunkt des Antriebssystems die Drehzahl, das Drehmoment, die ohmschen Läuferverluste und den Ständerstrom!
3) Ist dieser stationäre Betriebspunkt im Hinblick auf entstehende Wärme im Dauerbetrieb zulässig? (Begründen Sie Ihre Aussage!)
4) Bestimmen Sie die Anlaufzeit des belasteten Motors vom Stillstand bis zum stationären Betriebspunkt!
   Hinweis: Die Aufgabe soll sinngemäß nach der Differenzenmethode berechnet werden (s. Abschnitt 12.5.2.2)! Dazu ist der Drehzahlbereich vom Anlaufpunkt bis zum Betriebspunkt in Bild 5.40 in zwölf gleiche Teilbereiche zu teilen!

Um den Anlaufstrom zu reduzieren, wird der Motor in Sternschaltung angelassen!

5) Wie groß sind in diesem Fall der Anlaufstrom und das Anlaufmoment im Vergleich zur Δ-Schaltung?
6) Welche Drehzahl würde der Motor unter Last in Sternschaltung erreichen? Wie groß sind die ohmschen Läuferverluste im Vergleich zum Bemessungspunkt?
7) Ist diese Schaltung im Dauerbetrieb zulässig? (Begründen Sie Ihre Aussage!)

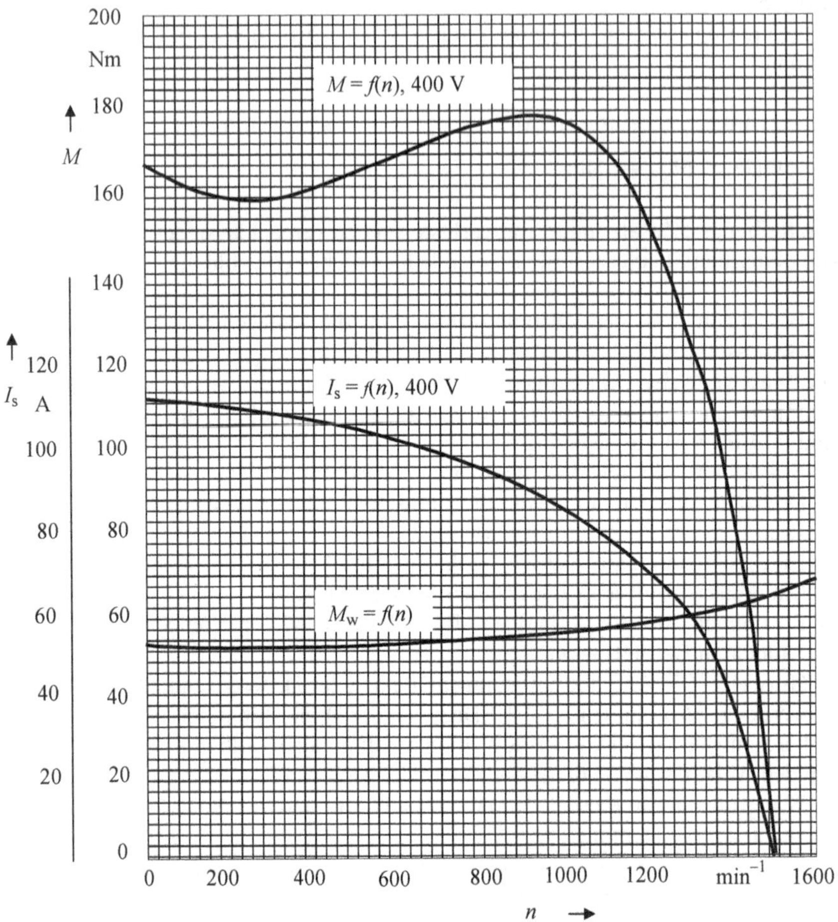

Bild 5.41 Drehmoment-Drehzahl- und Ständerstrom-Drehzahl-Kennlinien mit $M_w = f(n)$

Aufgabe 5

Von einer großen Drehstromasynchronmaschine mit Käfigläufer sind folgende Daten bekannt:

$U_n = 6\,000$ V (Y) $I_n = 200$ A $f_n = 50$ Hz $n_n = 1\,470$ min^{-1} $P_n = 1\,700$ kW
$I_0 = 0{,}3\,I_n$ $\Theta_{Rotor} = 40$ Nms^2

Außer den Stromwärmeverlusten in der Läuferwicklung sind alle Verluste vernachlässigbar, desgleichen die Eisensättigung und die Stromverdrängung.

1) Bestimmen Sie die synchrone Drehzahl, die Polzahl, den Bemessungsschlupf, die Bemessungsluftspaltleistung, die Läuferkupferverluste im Bemessungspunkt und das Bemessungsmoment!
2) Zeichnen Sie das Kreisdiagramm (mithilfe des Bemessungsmoments) und die Schlupfgerade für den Motor-, Generator- und Bremsbetrieb, mit stichwortartiger Erklärung der Zeichnung! **Achtung:** DIN-A4-Querformat, Koordinatenursprung 1 cm vom linken und 5 cm vom unteren Rand, $m_\mathrm{i} = 25$ A/cm! Unterer Teil des Kreises befindet sich außerhalb des Papiers!
3) Ermitteln Sie mithilfe des Kreisdiagramms: die Kippdrehzahl, das Kippmoment, das Anlaufmoment und die zugehörige Drehzahl sowie die aufgenommene Wirkleistung, die auftretenden Läuferwärmeverluste im Bemessungspunkt und das Drehmoment bei der Drehzahl 1 350 min^{-1}!
4) Konstruieren Sie die Betriebskennlinie $M = f(s)$ und den Ständerstrom-Schlupf-Verlauf $I_\mathrm{S} = f(s)$ auf zwei separaten Arbeitsblättern für folgende Schlupfwerte:

   s = – 0,4 – 0,1 – s_k 0 s_k 0,1 1 1,3

   Bereiten Sie dazu vorher die folgende Tabelle vor:

s	– 0,4	– 0,1	– s_k	0	s_k	0,1	1	1,3
***M* in cm**								
***M* in kNm**								
I_s in cm								
I_s in A								

   Hinweis für $M = f(s)$-Kennlinie: DIN-A4-Hochformat, Koordinatenursprung 5 cm vom linken und 14 cm vom unteren Rand ($s = 1 \triangleq 10$ cm)!

   Hinweis für $I_\mathrm{S} = f(s)$-Kennlinie: DIN-A4-Hochformat, Koordinatenursprung 5 cm vom linken und 1 cm vom unteren Rand ($s = 1 \triangleq 10$ cm)!
5) Der ideale Kurzschlussstrom I_∞ soll auf 2 I_n begrenzt werden. Dazu wird in jedem Strang des Ständers eine Drosselspule (ohne ohmschen Widerstand) in Reihe geschaltet. Wie groß ist die Induktivität der Drosselspule?
6) Nach welcher Zeit wird der aus dem Stillstand leer hochlaufende Motor seine Bemessungsdrehzahl erreichen? (**Achtung:** geschlossene Lösung, s. Abschnitt 12.5.2.1!)

Aufgabe 6
Zwei Drehstromasynchronmaschinen sind miteinander mechanisch gekoppelt (**Bild 5.42**).

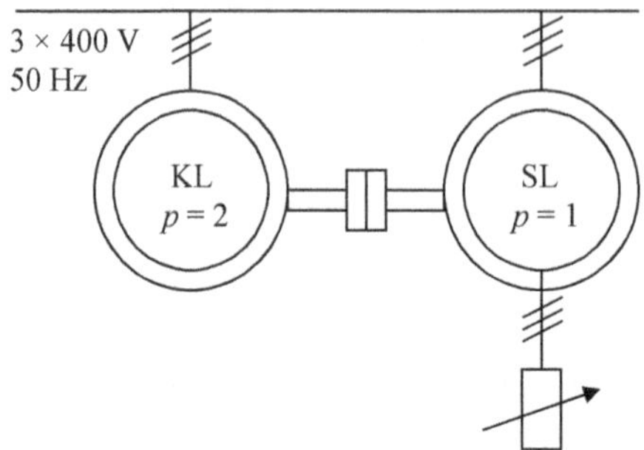

Bild 5.42 Mechanische Kopplung zweier Asynchronmaschinen

Der Käfigläufer (KL) besitzt vier und der Schleifringläufer (SL) zwei Pole. Bei diesen Maschinen können außer den Stromwärmeverlusten in der Läuferwicklung alle anderen Verluste vernachlässigt werden, desgleichen die Eisensättigung und die Stromverdrängung. Bei U = 400 V (Y), 50-Hz-Netz sind zwei Versuche beim KL durchgeführt und folgende Messwerte erzielt worden:

Messwerte	1. Messpunkt	2. Messpunkt
Ständerstrom	38 A	19 A
P_{elek}	19,8 kW	– 9,2 kW
n	1 470 min^{-1}	nicht gemessen

1) Zeichnen Sie das Kreisdiagramm und die Schlupfgerade der Käfigläufermaschine für den Motor-, Generator- und Bremsbetrieb, mit stichwortartiger Erklärung der Zeichnung!
   Achtung: DIN-A4-Hochformat, Koordinatenursprung 0 cm vom linken und 14 cm vom unteren Rand, m_i = 4,7 A/cm!
2) Wie groß sind die Drehzahl und der Leistungsfaktor im Messpunkt 2?
3) Bestimmen Sie das Anlaufmoment und den Anlaufstrom sowie den Leistungsfaktor des Käfigläufers im Anlaufpunkt!

Im gekoppelten Zustand arbeitet die Käfigläufermaschine als Generator und die

Schleifringläufermaschine als Motor. Die mechanische Leistung der Schleifringläufermaschine beträgt jetzt $P_{\text{mech}} = 18{,}5$ kW.

4) Wie groß sind Schlupf und Drehzahl der Käfigläufermaschine?
5) Wie groß sind die Verlust-, Drehfeld- und die aufgenommene Wirkleistung, die Blindleistung sowie die Scheinleistung der Käfigläufermaschine?
6) Wie groß sind der Schlupf, die Verlust-, Drehfeld- und die aufgenommene Wirkleistung der Schleifringläufermaschine?

Bestimmung der Anlaufzeit des Käfigläufers als Motor:

7) Berechnen Sie die Anlaufzeit des Käfigläufermotors von 0 min^{-1} bis 1 470 min^{-1} unter der Voraussetzung, dass das Gegenmoment des Schleifringläufers vernachlässigt und $\Theta_{\text{ges}} = 0{,}26\ \text{Nms}^2$ angenommen werden kann (**Hinweis:** geschlossene Lösung)!

Aufgabe 7

Für den Antrieb eines Laborprüfstands ist ein Drehstromasynchronmotor mit Käfigläufer vorgesehen. Der umrichtergespeiste Motor kann mit variabler Frequenz und Spannung gespeist werden. Die Leistungsschildangaben betragen:

$U_{\text{n}} = 400$ V (Δ) $I_{\text{n}} = 21$ A $\cos\varphi_{\text{n}} = 0{,}87$ $n_{\text{n}} = 2\,920\ \text{min}^{-1}$ $f_{\text{n}} = 50$ Hz

Folgende Messergebnisse aus dem Leerlauf-, dem Kurzschlussversuch (Anlauf) sowie der ohmsche Widerstand der Ständerwicklung liegen vor:

$I_0\ (s = 0) = 9$ A $\cos\varphi_0 = 0{,}3$

$I_{\text{A}}\ (s = 1) = 130{,}2$ A $\cos\varphi_{\text{A}} = 0{,}4$

$R_{\text{sStrang}} = 0{,}6\ \Omega$

Die Eisensättigung, die Stromverdrängung und die Temperaturabhängigkeit der Wicklungswiderstände können vernachlässigt werden.

1) Zeichnen Sie das Kreisdiagramm für den Motor-, Generator- und Bremsbetrieb! **Hinweis:** DIN-A4-Querformat, Koordinatenursprung 2 cm vom linken und 9 cm vom unteren Rand entfernt, $m_{\text{i}} = 4$ A/cm.
2) Bestimmen Sie den Punkt P_∞ auf der Ständerstromortskurve mittels der Verlustaufteilung im Stillstand! Konstruieren Sie die Schlupfgerade!
3) Bestimmen Sie mithilfe des Kreisdiagramms und der Schlupfgeraden M_{kMot}, M_{kGen}, die Kippdrehzahlen für den Motor- und Generatorbetrieb, die mechanische Leistung im Bemessungspunkt, das Bemessungsmoment, das Anlaufmoment, die zugehörige Drehzahl sowie die auftretenden Läufer-, Ständerkupferverluste, Eisenverluste, die aufgenommene Wirkleistung und das Drehmoment bei einer Drehzahl von 2 700 min^{-1}!

4) Bestimmen Sie die Läuferkippfrequenz f_{rk}!
5) Bestimmen Sie die Ständerfrequenz f_s^* für eine ideelle Leerlaufdrehzahl von $n_0^* = 7\,500\ \text{min}^{-1}$ sowie die zugehörige Klemmenspannung!
   Annahme: Der magnetische Fluss bleibt unverändert gleich dem Bemessungsfluss und $U_s = U_i$.
6) Ermitteln Sie den sich einstellenden Schlupf s^* im Betrieb gemäß Frage 5, wenn die Maschine mit ihrem Bemessungsmoment M_n belastet wird. Wie groß sind jetzt die Drehzahl n^* und die abgegebene Leistung P^*?
7) Welchen Wert erreicht das Drehmoment beim Schlupf s^*, wenn zwar mit der zur Leerlaufdrehzahl n_0^* gehörenden Frequenz f_s^* gespeist wird, die Spannung jedoch mit $U_s = U_n = 400$ V (Δ) beibehalten wird?
8) Bei Speisung mit $f_s = f_n = 50$ Hz und $U_s = U_n = 400$ V (Δ) wird der Motor nach dem Ausfall einer Zuleitung einsträngig weiterbetrieben. Wie groß ist in diesem Fall der Strom bei gleicher Leistung (Bemessungsleistung)?

Aufgabe 8

Eine Drehstromasynchronmaschine mit Käfigläufer und unbekannten Daten wurde im Labor zur Bestimmung der Leistungsdaten nachgemessen. Die Maschine ist am Klemmenbrett in Stern (Y) geschaltet.

Folgende Messungen wurden durchgeführt:

- Leerlaufmessung
  Hierbei wurden an einem spannungsvariablen Netz bei $f = f_n = 50$ Hz die angelegte Spannung U_s, der Leerlaufstrom I_0 und die aufgenommene Wirkleistung P_0 gemessen. Die Abhängigkeit $U_s = f\,(I_0)$ ist im **Bild 5.43** dargestellt. Die Leerlaufdrehzahl beträgt $n_0 = 1\,497\ \text{min}^{-1}$. Der Leerlaufleistungsfaktor cos φ_0 ist von $I_0 = 4$ A bis $I_0 = 10$ A etwa 0,1
- Kurzschlussmessung (Anlauf)
  $I_A = 90$ A cos $\varphi_A = 0{,}38$
- Widerstandsmessung der Ständerwicklung
  $R_{sStrang} = 0{,}4\ \Omega$ (im betriebswarmen Zustand)

Die Eisensättigung, Stromverdrängung und Temperaturabhängigkeit der Wicklungswiderstände können vernachlässigt werden.

1) Geben Sie die Drehfelddrehzahl n_d, die Polpaarzahl p, die Bemessungsspannung U_n und den zugehörigen Leerlaufstrom I_0 an!

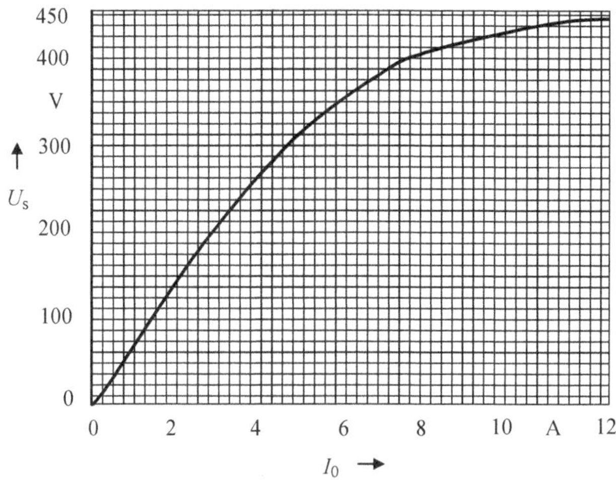

Bild 5.43 Ständerspannung-Leerlaufstrom-Abhängigkeit

2) Zeichnen Sie das Kreisdiagramm (für die Bemessungsspannung) für den Motor-, Generator- und Bremsbetrieb!
   Hinweis: DIN-A4-Querformat, Koordinatenursprung 2 cm vom linken und 8 cm vom unteren Rand entfernt, $m_i = 5$ A/cm.
3) Ermitteln Sie mittels der Verlustaufteilung im Stillstand den Punkt P_∞! Konstruieren Sie die Schlupfgerade!
4) Wie groß ist der Bemessungsstrom I_n, der Leistungsfaktor cos φ_n sowie der Bemessungswirkungsgrad η_n, wenn davon ausgegangen wird, dass die Maschine einen Bemessungsschlupf von $s_n = 0{,}04$ hat?
5) Wie groß sind die mechanische Bemessungsleistung P_n, die Bemessungsdrehzahl n_n und das Bemessungsmoment M_n?
6) Bestimmen Sie die Kupferverluste von Ständer und Läufer im Bemessungspunkt! Wie groß sind die Eisenverluste?
7) Der laufende Motor wird nach dem Ausfall einer Strangzuleitung weiterhin mit dem Bemessungsdrehmoment belastet. Welcher Strom $I_{\text{s einsträngig}}$ fließt jetzt in der Ständerzuleitung, wenn der Läufer mit der Bemessungsdrehzahl rotieren soll?

Aufgabe 9

Von einem vierpoligen Drehstromasynchronmotor mit Käfigläufer sind folgende Daten bekannt:

$P_n = 22$ kW $\quad U_n = 400$ V (Δ) $\quad f_n = 50$ Hz $\quad U'_{rst} = 230$ V $\quad \Theta_{Rotor} = 1{,}5$ Nms^2

Die Ersatzschaltbildgrößen lauten:

$R_s = 0{,}14\ \Omega \quad R'_{rst} = 0{,}16\ \Omega \quad X_{s\sigma} = 0{,}45\ \Omega \quad X'_{r\sigma} = 0{,}4\ \Omega \quad X_h = 13\ \Omega$

1) Bestimmen Sie den Kippschlupf und das Kippmoment bei vernachlässigtem Ständerwiderstand!
2) Bestimmen Sie den Kippschlupf und das Kippmoment bei unvernachlässigtem Ständerwiderstand!
3) Berechnen Sie das Anlaufmoment ohne und mit Berücksichtigung des Ständerwiderstands!
4) Bestimmen Sie die Bemessungsluftspaltleistung und die Bemessungsdrehzahl, wenn die Kupferverluste des Rotors 900 W und die Eisen- und Reibungsverluste insgesamt 200 W betragen!
5) Berechnen Sie das innere Bemessungsmoment M_{in}, den Überlastfaktor M_k/M_{in} und das Verhältnis M_A/M_{in} (bei unvernachlässigtem Ständerwiderstand)! Wie groß ist das Bemessungsmoment M_n?
6) Nach welcher Zeit wird der aus dem Stillstand leer hochlaufende Motor seine Leerlaufdrehzahl bis zu einer Genauigkeit von 1 % erreichen (bei unvernachlässigtem Ständerwiderstand)?

Aufgabe 10
Von einem Drehstromasynchronmotor mit Käfigläufer sind folgende Angaben bekannt:

$U_n = 400$ V (Δ) $\quad P_n = 11$ kW $\quad f_n = 50$ Hz $\quad \cos\varphi_n = 0{,}85 \quad n_n = 1\,460$ min^{-1}
$M_k/M_n = 2{,}4 \quad \Theta_{Rotor} = 0{,}065$ Nms^2

Außer den Stromwärmeverlusten in der Läuferwicklung sind alle Verluste vernachlässigbar.

1) Schaltplan und Schaltung am Anschlusskasten sind für Y- und Δ-Schaltung zu entwerfen!
2) Bestimmen Sie die Synchrondrehzahl (Drehfelddrehzahl)! Wie viele Pole hat der Motor? Für den Bemessungspunkt sind zu ermitteln: Schlupf, Drehmoment und Wirkungsgrad!
3) Berechnen Sie die aus dem Netz bezogene Wirk-, Blind-, Scheinleistung und die ohmschen Läuferverluste für den Bemessungspunkt!

4) Berechnen Sie das Kippmoment, die Kippdrehzahl sowie das Anlaufmoment und die Anlaufdrehzahl! Das eventuell nicht infrage kommende Ergebnis herausstellen (mit kurzer Begründung)!
5) Wie groß sind jeweils für Y- und Δ-Schaltung die Strang- und Leiterwerte des Bemessungsstroms bzw. der Bemessungsspannung?
6) Der Motor ist im Jahresdurchschnitt täglich sechs Stunden im Betrieb. Berechnen Sie die jährlichen Stromkosten in Euro für den Bemessungspunkt (Jahr: 365 Tage; Tarife: 0,1 Euro/kWh und 0,025 Euro/kvarh)!
7) Nach welcher Zeit wird der aus dem Stillstand leer hochlaufende Motor seine Bemessungsdrehzahl erreichen?

Aufgabe 11

Von einem Drehstromasynchronmotor mit Käfigläufer sind folgende Leistungsschildangaben bekannt:

$P_n = 90$ kW $n_n = 580$ min^{-1} $U_n = 400$ V/230 V $I_n = 184$ A $\cos \varphi_n = 0{,}8$ induktiv $f_n = 50$ Hz

1) Schaltplan und Schaltung am Anschlusskasten sind für das übliche 400-V-Drehstromnetz zu entwerfen! Tragen Sie alle auftretenden Strang- und Leitergrößen ein und bestimmen Sie deren Werte für den Bemessungspunkt!
2) Berechnen Sie die aus dem Netz bezogene Wirk-, Blind- und Scheinleistung für den Bemessungspunkt!
3) Bestimmen Sie die synchrone Drehzahl! Wie viele Pole besitzt der Motor? Für den Bemessungspunkt sind zu ermitteln: Schlupf, Drehmoment, Gesamtverluste und Wirkungsgrad!
4) Der Motor ist jährlich 2 000 Stunden in Betrieb. Berechnen Sie die jährlichen Stromkosten für den Bemessungspunkt (Tarife: 0,1 Euro/kWh und 0,025 Euro/kvarh)!
5) Der Leistungsfaktor ist auf 0,9 induktiv zu verbessern. Bestimmen Sie die Kapazität der erforderlichen Kondensatoren für die Stern- und die Dreieckschaltung der Ständerwicklung!
6) Wo treten Ihrer Meinung nach (bei gleicher Leistung) größere Eisenverluste auf:
   6.1) im Ständer einer Asynchronmaschine oder im Ständer einer Gleichstrommaschine?
   6.2) im Läufer einer Asynchronmaschine oder im Läufer einer Gleichstrommaschine?

   Oder halten Sie die Verluste in beiden Fällen für etwa gleich groß? Begründen Sie kurz Ihre Antwort!

Aufgabe 12

Von einem sechspoligen Drehstromasynchronmotor mit Käfigläufer sind folgende Daten bekannt:

$U_n = 400$ V (Δ) $f_n = 50$ Hz $I_n = 50$ A $\cos \varphi_n = 0{,}866$ $M_A/M_n = 1{,}2$
$M_k/M_n = 3{,}6$ $\Theta_{Rotor} = 0{,}57$ Nms^2

Alle Verluste bis auf die ohmschen Läuferverluste können vernachlässigt werden.

1) Bestimmen Sie die synchrone Drehzahl, die Bemessungsstrangspannung, den Bemessungsstrangstrom, die Bemessungsluftspaltleistung, die Kippdrehzahl, die Bemessungsdrehzahl, die mechanische Leistung im Bemessungspunkt, das Bemessungsmoment, das Kippmoment, das Anlaufmoment und den Bemessungswirkungsgrad!
2) Wie groß ist die aufgenommene elektrische Leistung im Anlauf bei einem Anlaufstrom von 332 A und einem $\cos \varphi_A = 0{,}157$? Bestimmen Sie die zugehörige Blind- und Scheinleistung! Zu berechnen ist die Ständerspannung, bei der die Maschine ein Anlaufmoment von 85,95 Nm entwickelt!
3) Nach welcher Zeit wird der aus dem Stillstand leer hochlaufende Motor 99 % seiner Leerlaufdrehzahl erreicht haben?

6 Ausgewählte Kapitel der elektrischen Messtechnik

6.1 Einleitung

Im Folgenden werden Messverfahren und Messgeräte vorgestellt, die insbesondere für elektrische Maschinen von Bedeutung sind. Messfehler entstehen durch Einflüsse der Umgebung auf das Messgerät (Einflussgrößen sind z. B. Temperatur, Fremdfelder), durch eventuelle innere Störquellen im Messgerät (Rauschen, Nichtlinearität), durch Rückwirkung des Messgeräts auf das Messobjekt und durch Ableseungenauigkeit [9, 10].

Die Messverfahren sind nach DIN 1319-1, wie folgt eingeteilt:

- *Direkte Verfahren*: unmittelbarer Vergleich mit den Bezugswerten derselben Messgröße (z. B. Widerstandsmessbrücke)
- *Indirekte Verfahren*: Messgröße auf andersartige physikalische Größe zurückgeführt (z. B. Widerstandsbestimmung aus Strom- und Spannungsmessung)
- *Analoge Verfahren*: Die Ausgangsgröße des Messgeräts ist im Idealfall mindestens ein eindeutiges, punktweise stetiges Abbild der Messgröße.
- *Digitale Verfahren*: Die Ausgangsgröße des Messgeräts ist eine mit fest vorgegebenem kleinsten Schritt quantisierte, zahlenmäßige Angabe der Messgröße.

Einige Symbole zur Erkennung von Instrumenten und Zubehör sowie Schaltzeichen der elektrischen Maschinen sind nach DIN VDE in **Tabelle 6.1** zusammengestellt. Zum Teil beinhalten die Symbole Gebrauchsanweisungen. Nur durch eine sachgemäße, schonende Benutzung und Aufstellung der Messgeräte können eine hohe Genauigkeit und Lebensdauer gewährleistet werden [9, 10].

6.2 Strom- und Spannungsmessung

Ein Strommesser (Amperemeter) ist unmittelbar in den zu messenden Strompfad, ein Spannungsmesser (Voltmeter) unmittelbar an den Punkten, zwischen denen die Spannung gemessen werden soll, einzuschalten. Die Ablesung der Geräte soll mit Rücksicht auf die Messgenauigkeit möglichst im oberen Drittel der Skala liegen.

Symbol	Bedeutung
—	Gleichstrom (DC)
	pulsierender Gleichstrom
∼	Wechselstrom (AC)
$\overline{\sim}$	Mischstrom
	Drehstrom
	senkrechte Gebrauchslage
	waagrechte Gebrauchslage
60°	schräge Gebrauchslage, z. B. 60°
	Bimetallmesswerk
1,5	Güteklassezeichen in % (z. B. 0,1-; 0,2- und 0,5-Feinmessgräte, 1-; 1,5-; 2,5- und 5-Betriebsmessgräte)
	Drehspulenmesswerk mit Dauermagnet
	Universalmesswerk (Drehspulmesswerk mit Gleichrichter) (für — und ∼)
	Dreheisenmesswerk für ∼
	elektrodynamisches Messwerk (eisenlos) für — , ∼, $\overline{\sim}$
	elektrodynamisches Messwerk, eisengeschlossen (besitzt eine feststehende stromdurchflossene und eine bewegliche stromdurchflossene Spule)

Tabelle 6.1 Einige Symbole für Messinstrumente und Schaltzeichen

Symbol	Bedeutung
	Leiter
	Leitung mit drei Leitern
	leitende Verbindung
	Schließer
	Öffner
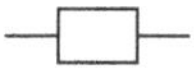	Widerstand
	Induktivität (Spule)
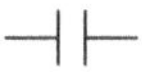	Kapazität (Kondensator)
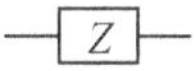 Z	Wechselstromwiderstand
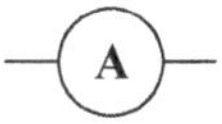 A	Messgerät (hier Amperemeter)
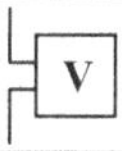 V	schreibendes Messgerät (hier Voltmeter)
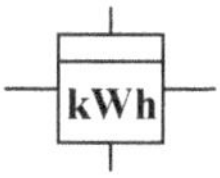 kWh	integrierendes Messgerät (hier Stromzähler)
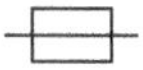	Sicherung
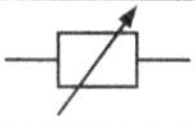	verstellbarer Widerstand
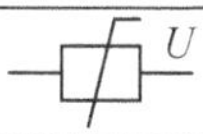 U	abhängiger Widerstand (hier spannungsabhängig, Varistor)
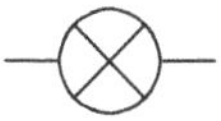	Glühlampe
	Diode
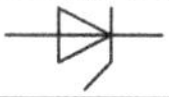	Z-Diode

Tabelle 6.1 (Fortsetzung)

Symbol	Bedeutung
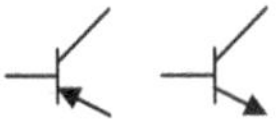	bipolarer Transistor (PNP, NPN)
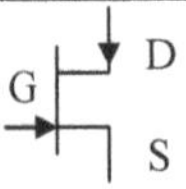 G D S	Feldeffekt-Transistor
	Thyristor
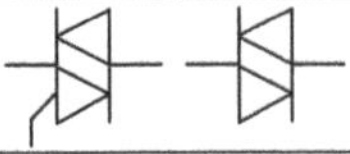	Triac, Diac
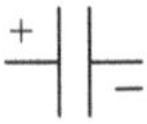 + −	Elektrolytkondensator
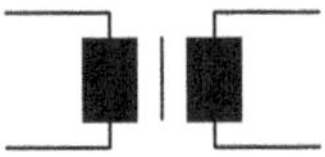 bzw. 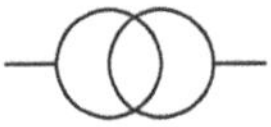	Transformator
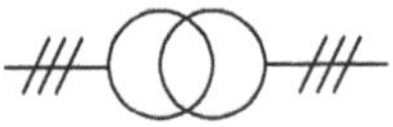	Drehstromtransformator
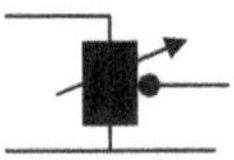	Spartransformator, verstellbar
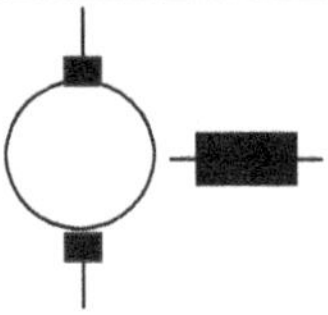 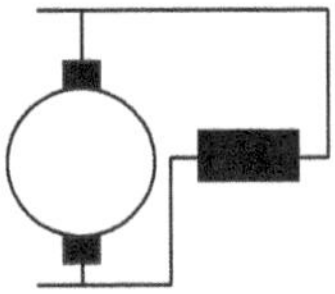	Gleichstrommaschinen 1) fremderregt 2) Nebenschluss

Tabelle 6.1 (Fortsetzung)

Symbol	Bedeutung
	Gleichstrommaschinen 3) Reihenschluss 4) Doppelschluss
	Asynchronmaschinen 1) Käfigläufer 2) Schleifringläufer
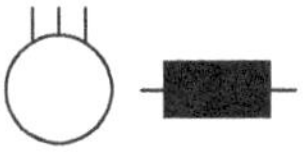	Synchronmaschine

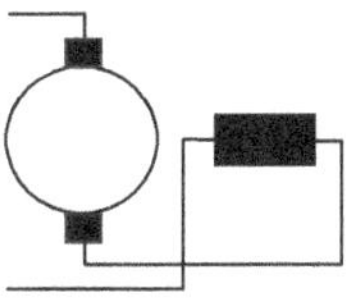

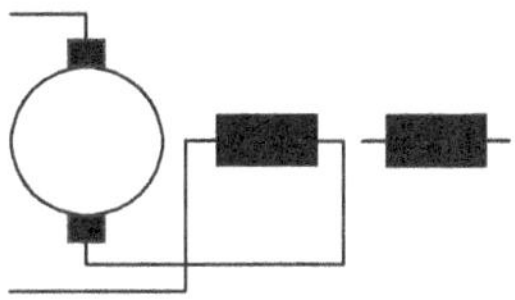

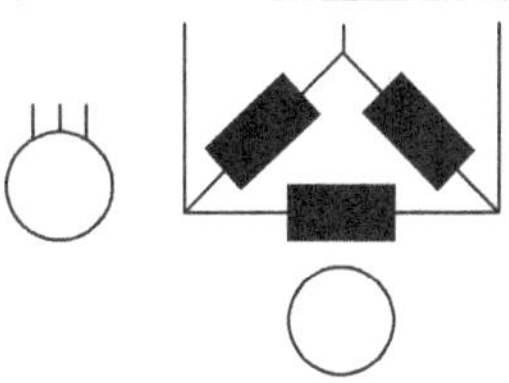

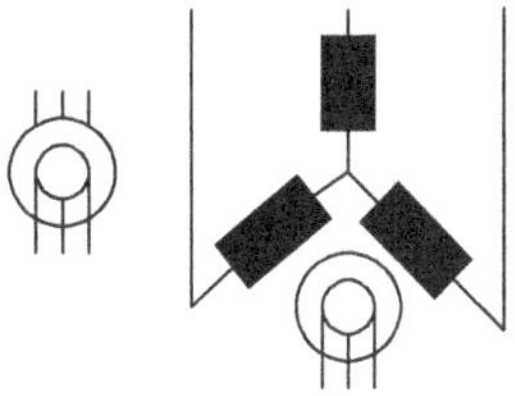

Tabelle 6.1 (Fortsetzung)

Der Spannungsfall an einem Strommesser und die Stromaufnahme eines Spannungsmessers dürfen bestimmte Werte nicht überschreiten. Diese Werte ergeben sich aus den geforderten Fehlergrenzen der Messung. Somit muss der Innenwiderstand eines Strommessers möglichst klein, der Innenwiderstand eines Spannungsmessers möglichst groß sein.

Um die Übersicht zu wahren, ist es grundsätzlich zweckmäßig, den Stromkreis zunächst mit dem erforderlichen Strommesser aufzubauen und anschließend die Potentialmessgeräte wie Voltmeter, Wattmeter, Oszilloskop oder X-Y-Schreiber anzubringen.

Bei Gleichstrom wird grundsätzlich ein Drehspulmessgerät verwendet, wobei die Polarität zu beachten ist. Für Wechselstrommessungen sind grundsätzlich Dreheiseninstrumente geeignet, weil diese kostengünstiger und robuster sind. Mithilfe der Multimeter können Gleich- bzw. Wechselgrößen (Strom, Spannung und Widerstand) analog oder digital gemessen werden. Zur Messung des Stroms wird seine magnetische Wirkung ausgenutzt. Der Aufbau und die Wirkungsweise dieser Messgeräte werden hier nicht behandelt.

6.2.1 Messbereichserweiterung

Die Messbereichserweiterung wird bei Strommessern durch Nebenwiderstände (R_1) und bei Spannungsmessern durch Vorwiderstände (R_2) realisiert. Dadurch wird der Klemmenwiderstand der Messeinrichtung beim Strommesser verkleinert, beim Spannungsmesser erhöht. Eine weitere Methode zur Messbereichserweiterung und gleichzeitiger Potentialtrennung wird durch den Einsatz von Wandlern erreicht.

6.2.1.1 Strommesser

Bild 6.1a zeigt ein Beispiel der Messbereichserweiterung eines Strommessers. Dabei ist der Vollausschlag 0,001 A, der gewünschte Messbereich aber 0,5 A. Der Messbereich muss also von 0,001 A auf 0,5 A erweitert werden. Es gilt die Spannungsgleichheit am Parallel- (Nebenschluss- bzw. Shunt-)widerstand und am Strommesser. Bei einem Innenwiderstand des Instruments von z. B. 200 Ω gilt:

$$0{,}499\ \text{A} \cdot R_1 = 0{,}001\ \text{A} \cdot 200\ \Omega$$

Daraus erhält man den erforderlichen Parallelwiderstand:

$$R_1 \approx 0{,}4\ \Omega$$

Allgemein gilt (nach **Bild 6.1a**):

$$R_1 = \frac{R_i}{\dfrac{I}{I_{mess}} - 1}, \quad \text{da} \quad \frac{I}{I_{mess}} = \frac{R_i\,(R_1 + R_i)}{R_1\,R_i} \tag{6.1}$$

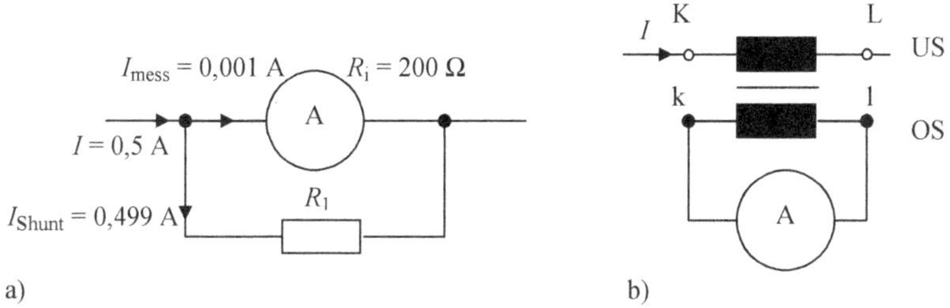

a) b)

Bild 6.1 Messbereichserweiterung eines Strommessers
a) mit Parallelwiderstand b) mit Stromwandler

Zur Messbereichserweiterung in der Wechselstrommesstechnik dienen die Messwandler (**Bild 6.1b**; s. Abschnitt 2.9). Der Strom wird auf der Oberspannungsseite (OS) gemessen. Der gesuchte Strom I auf der Unterspannungsseite wird über die Übersetzung des Wandlers ermittelt.

6.2.1.2 Spannungsmesser

Bild 6.2a zeigt ein Beispiel der Messbereichserweiterung eines Spannungsmessers. Dabei beträgt der Vollausschlag 0,5 V, der gewünschte Messbereich aber 50 V. Der Messbereich muss also von 0,5 V auf 50 V erweitert werden. Es fließt derselbe Strom durch den Reihenwiderstand wie durch den Spannungsmesser. Bei einem Innenwiderstand des Instruments von z. B. 200 Ω gilt:

$0{,}5\ \text{V}/200\ \Omega = 49{,}5\ \text{V}/R_2$

Daraus erhält man den erforderlichen Reihenwiderstand:

$R_2 = 19{,}8\ \text{k}\Omega$

Allgemein gilt (nach **Bild 6.2a**):

$$R_2 = R_i \left(\frac{U}{U_{mess}} - 1 \right), \text{da} \frac{U}{U_{mess}} = \frac{R_2 + R_i}{R_i} \tag{6.2}$$

Die Funktionsweise eines Spannungswandlers (**Bild 6.2b**) wurde bereits in Kapitel 2 behandelt. Die Spannung wird auf der Unterspannungsseite (US) gemessen. Die gesuchte Spannung U auf der Oberspannungsseite wird über die Übersetzung des Wandlers ermittelt.

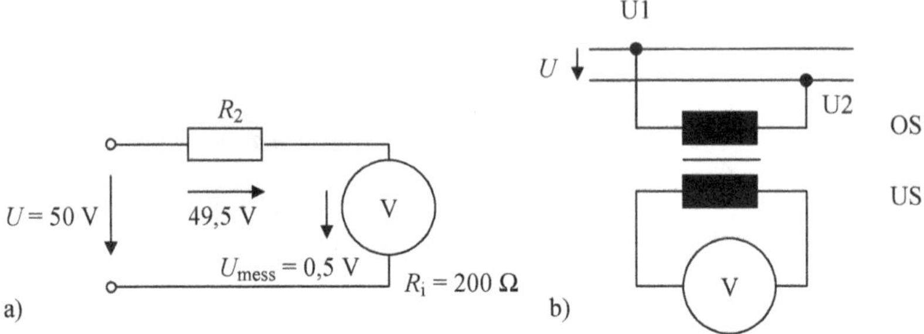

Bild 6.2 Messbereichserweiterung eines Spannungsmessers
a) mit Reihenwiderstand b) mit Spannungswandler

In der Wechselstrommesstechnik sollte eine Messbereichserweiterung durch Widerstände vermieden werden, da die Impedanz der Messspule vom Gleichstromwiderstand erheblich abweichen kann.

6.2.1.3 Leistungsmesser

Die Messbereichserweiterung eines Leistungsmessers kann durch Erweiterung des Strombereichs (Abschnitt 6.2.1.1) bzw. Spannungsbereichs (Abschnitt 6.2.1.2) sowie deren Kombination erreicht werden (**Bild 6.3**).

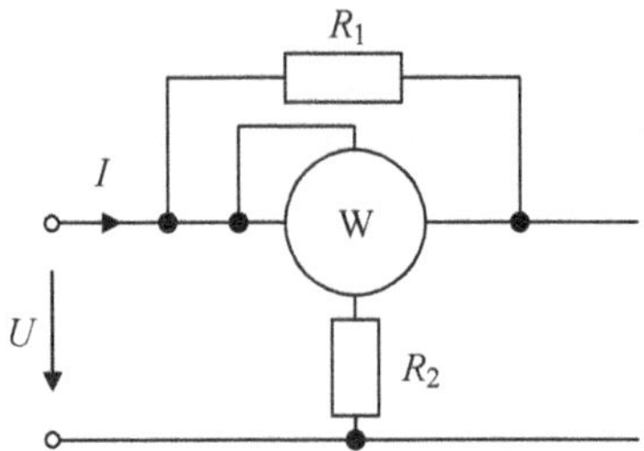

Bild 6.3 Messbereichserweiterung eines Leistungsmessers

6.2.2 Eigenverbrauch eines Messinstruments

Unter Eigenverbrauch versteht man die im Messgerät und in den eventuell vorhandenen Reihen- und Parallelwiderständen auftretende Leistung.

Für die Beispiele in den Bildern 6.2 und 6.3 kann der Eigenverbrauch wie folgt berechnet werden:
Strommesser = $(0{,}001\ \text{A} \cdot 200\ \Omega) \cdot 0{,}5\text{A} = 0{,}1\ \text{W}$
Spannungsmesser = $50\ \text{V} \cdot 0{,}5\ \text{V}/200\ \Omega = 0{,}125\ \text{W}$

Der Eigenverbrauch steigt quadratisch mit dem zu messenden Strom bzw. der Spannung an! Häufig ist der Eigenverbrauch der Messinstrumente gegenüber den im Stromkreis auftretenden Leistungen gering, sodass er unberücksichtigt bleiben kann.

6.2.3 Auswahl und Benutzung der Messinstrumente

Die Spannung und der Strom einer Glühlampe mit Bemessungswerten von 60 W und 230 V sollen gemessen werden:
Geeigneter Spannungsmesser: Messbereich 240 V bzw. 300 V
Geeigneter Strommesser: Messbereich 0,3 A bzw. 0,5 A
(da $I = P/U = 60\ \text{W}/230\ \text{V} = 0{,}26\ \text{A}$ ist)

Bei der Arbeit mit Instrumenten mit einstellbaren Messbereichen ist es empfehlenswert, zunächst den größten Messbereich zu wählen (grob messen) und dann den Messbereich feiner einzustellen. Kleinster Messfehler ist bei kleinstmöglichem Messbereich erreichbar.

6.3 Widerstandsmessung

6.3.1 Indirekte Methode (mithilfe der *U*- und *I*-Messung)

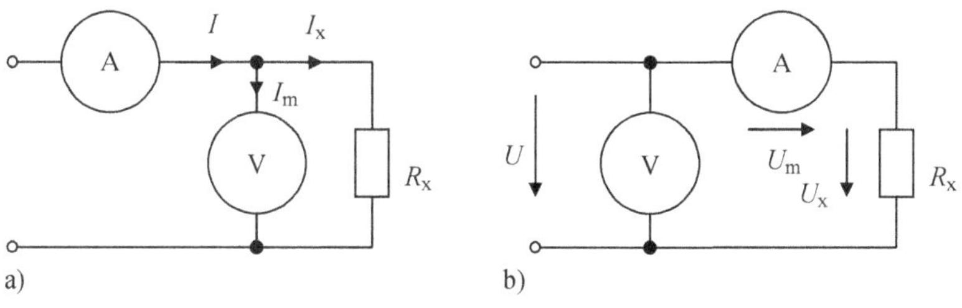

Bild 6.4 Indirekte Widerstandsmessung
a) spannungsrichtige Messung b) stromrichtige Messung

Aus dem ohmschen Gesetz lässt sich ein Widerstand R_x bestimmen, wenn der Strom durch diesen und die Spannung an diesem bekannt sind. In **Bild 6.4a** und **Bild 6.4b** sind zwei mögliche Schaltungen zur Messung der U- und I-Werte angegeben. Dabei beziehen sich der Indizes „x" auf den Prüfling und „m" auf das Messgerät. Es gelten die Aussagen nach **Tabelle 6.2**.

Spannungsrichtige Messung	**Stromrichtige Messung**
das Amperemeter misst auch den Strom I_m durch das Voltmeter	das Voltmeter misst auch die Spannung U_m über dem Strommesser
I ist zu groß! Dann ist R_x zu klein ($R_x = U/I$)	U ist zu groß! Dann ist R_x zu groß ($R_x = U/I$)
Fehler umso kleiner, je geringer I_m ist, d. h. je größer R_m	Fehler umso kleiner, je geringer U_m ist, d. h. je kleiner R_m
daher Spannungsmesser mit $R_m \rightarrow \infty$ angestrebt	daher Strommesser mit $R_m \rightarrow 0$ angestrebt
Fehler kleiner für $R_x << R_m$, da dann $I_m << I_x$	Fehler kleiner für $R_x >> R_m$, da dann $U_x >> U_m$
Schaltung ist insbesondere zur Messung kleiner Widerstände geeignet (Energietechnik)	Schaltung ist insbesondere zur Messung großer Widerstände geeignet (Nachrichtentechnik)

Tabelle 6.2 Vergleich von spannungsrichtiger und stromrichtiger Widerstandsmessung

Bei bekanntem Innenwiderstand des Messgeräts (R_m) lässt sich der Fehler bestimmen und entsprechend korrigieren.

6.3.2 Direkte Methode (mithilfe von Messbrücken)

Wegen der beschriebenen Schwierigkeiten bei der Widerstandsbestimmung aus Strom und Spannung wurden besondere Brückenschaltungen entwickelt. Hier werden die zwei bekanntesten Schaltungen behandelt. Die Ausführungen sind häufig in einem Messgerät integriert, d. h., es braucht nur der gesuchte Widerstand (Prüfling) angeschlossen zu werden, dessen Wert direkt abgelesen wird.

Wheatstone'sche Messbrücke

Die einfachste Form ist die Wheatstone'sche Messbrücke (Sir Charles Wheatstone, englischer Physiker 1802 bis 1875). Die Messung beruht auf dem Vergleich eines unbekannten Widerstands R_x (Prüfling) mit den bekannten Widerständen R_N, R_1 und R_2. Der Gleitkontakt wird so eingestellt, dass das Amperemeter (Galvanometer) keinen Ausschlag zeigt (Abgleich). Die Widerstände R_1, R_2 und R_N werden also zum Abgleich genutzt (**Bild 6.5**).

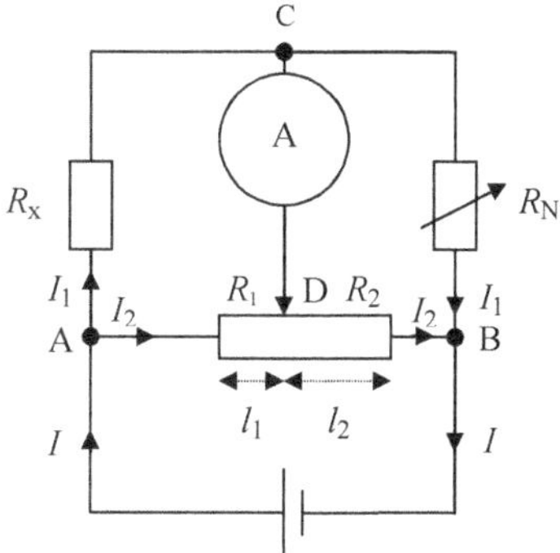

Bild 6.5 Wheatstone'sche Messbrücke

Die Spannung U_{CD} beträgt beim Abgleich null, sodass folgende Beziehungen gelten

$$I_1 R_x = I_2 R_1$$
$$I_1 R_N = I_2 R_2 \tag{6.3}$$

oder:

$$R_x = R_N \frac{R_1}{R_2} \tag{6.4}$$

R_1 und R_2 sind meist aus einem kalibrierten Draht hergestellt, sodass anstelle R_1/R_2 auch das Längenverhältnis l_1/l_2 eingesetzt werden kann:

$$R_x = R_N \frac{l_1}{l_2} = R_N \frac{l_1}{l_{ges} - l_1} \tag{6.5}$$

Die Widerstände der Anschlussleitungen sind im Messwert R_x enthalten. Die Genauigkeit der Messung hängt ab von der:

- Empfindlichkeit des Instruments
- Größe der Batteriespannung
- Gleitkontaktstellung
  (größte Genauigkeit in der Mitte des Schleifdrahts, bei $R_N = R_x$)

Wegen der auftretenden Übergangswiderstände an den Kontaktstellen eignet sich diese Brücke vorwiegend zur Bestimmung größerer Widerstände

$R_x \geq 0{,}1\ \Omega$ bis $10^6\ \Omega$

Thomson'sche Messbrücke
Für kleinere Widerstände

$R_x \geq 10^{-6}\ \Omega$ bis $1\ \Omega$

ist die Brückenschaltung nach Thomson geeignet (**Bild 6.6**) (Sir William Thomson, seit 1892 Baron Kelvin, britischer Physiker, 1824 bis 1907).

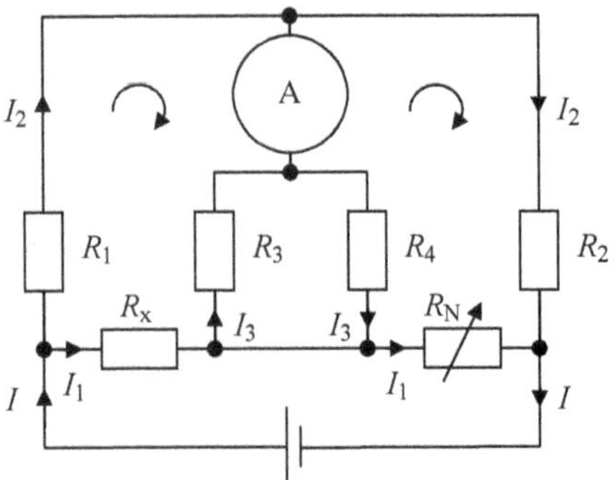

Bild 6.6 Thomson'sche Messbrücke

Beim Abgleich gilt:

$$I_2 R_1 - I_3 R_3 - I_1 R_x = 0, \quad I_2 R_2 - I_3 R_4 - I_1 R_N = 0 \tag{6.6}$$

Folglich ist:

$$\frac{R_x}{R_N} = \frac{R_1}{R_2} \cdot \frac{I_2 - I_3 R_3 / R_1}{I_2 - I_3 R_4 / R_2} \tag{6.7}$$

Bei $R_1 = R_3$ und $R_2 = R_4$ wird

$$R_x = R_N \frac{R_1}{R_2}$$

Hierzu siehe Gl. (6.4).

6.4 Messung von Leistung und Arbeit

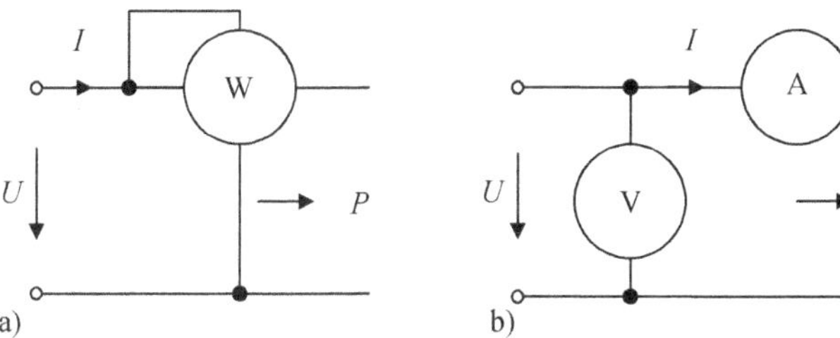

Bild 6.7 Leistungsmessung
a) direkte Methode
b) indirekte Methode

Zur Messung der elektrischen Leistung (Wirkleistung) können sowohl indirekte als auch direkte Methoden angewandt werden. Bei der indirekten Methode werden Spannung und Strom gemessen und anschließend multipliziert ($P = U\ I$, **Bild 6.7b**). Die Leistung wird jedoch oft direkt mithilfe eines Leistungsmessers (Wattmeter) gemessen (**Bild 6.7a**). Die Wirkungsweise eines Wattmeters ist der eines Motors ähnlich. Das Drehmoment, das auf eine in einem Magnetfeld beweglich angebrachte Spule wirkt, ist dem Strom durch die Spule und dem magnetischen Feld (verursacht durch eine zweite Spule) direkt proportional. Dementsprechend besteht jedes Wattmeter aus einer Strom- und einer Spannungsspule. Bei Drehstrom werden zur Leistungsmessung – je nachdem, ob man es mit symmetrischer bzw. unsymmetrischer Belastung zu tun hat und ob das System einen Neutralleiter hat oder nicht – unterschiedliche Methoden eingesetzt (**Bild 6.8**).

Wie aus dem **Bild 6.8a** hervorgeht, braucht man bei der symmetrischen Belastung nur ein Wattmeter. Günstig ist auch die Aron-Schaltung, die bei unsymmetrischer Belastung mit nur zwei Wattmetern auskommt (**Bild 6.8c**). In **Bild 6.8b** fehlt der Sternpunkt zum Anschluss des Spannungspfads des Wattmeters. Die drei Widerstände dienen der Erzeugung eines künstlichen Nullpunkts und sind meistens im Gerät (Wattmeter) integriert. Bei einer Schaltung mit Neutralleiter und beliebiger Belastung werden drei Wattmeter benötigt (**Bild 6.8d**).

Zur Messung der elektrischen Arbeit benutzt man meistens den Kilowattstundenzähler (**Bild 6.9**). Die Umrechnung der gesetzlichen Einheit kWh auf die SI-Einheit J lautet: $1\ \text{kWh} = 1\,000\ \text{W} \cdot 3\,600\ \text{s} = 3{,}6 \cdot 10^6\ \text{Ws} = 3{,}6\ \text{MJ}$.

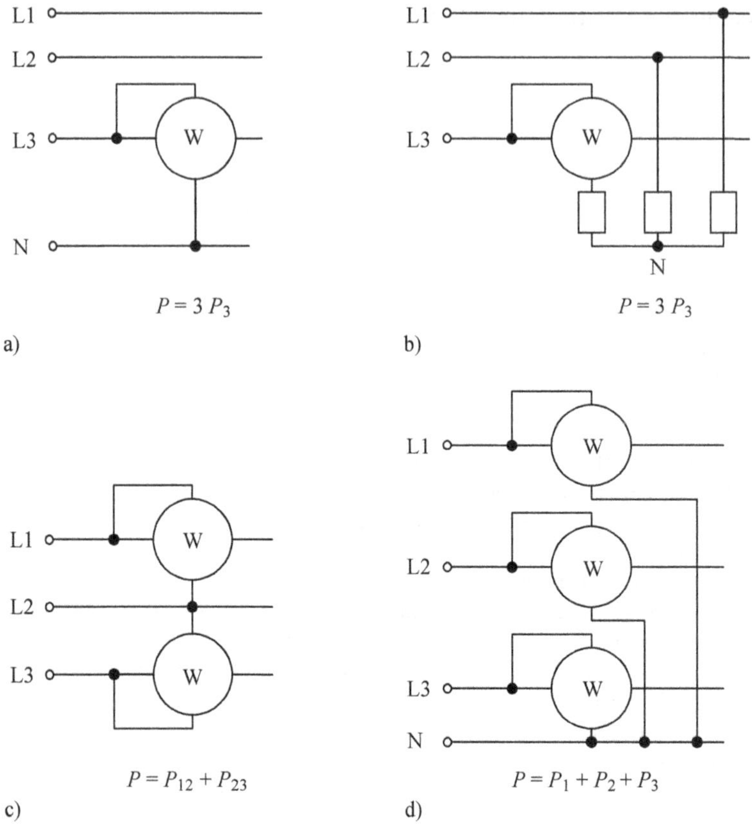

L1
L2
L3
N
W
$P = 3\,P_3$
a)
L1
L2
L3
W
N
$P = 3\,P_3$
b)
L1
L2
L3
W
W
$P = P_{12} + P_{23}$
c)
L1
L2
L3
N
W
W
W
$P = P_1 + P_2 + P_3$
d)

Bild 6.8 Leistungsmessung bei Drehstrom
a) mit Neutralleiter und symmetrischer Belastung
b) ohne Neutralleiter und mit symmetrischer Belastung
c) ohne Neutralleiter und mit beliebiger Belastung (Aron-Schaltung)
d) mit Neutralleiter und beliebiger Belastung

L1
N
kWh
$W = \int p(t)\,\mathrm{d}t$

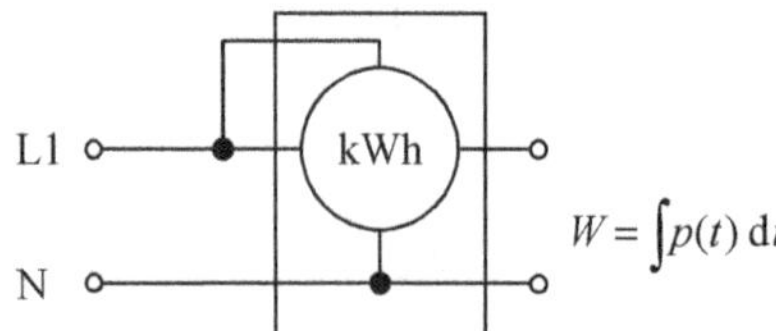

Bild 6.9 Messung elektrischer Arbeit

Solche Messungen werden zur Kostenermittlung in der elektrischen Energiewirtschaft sowohl in Kraftwerken als auch bei den Abnehmern durchgeführt. Die Innenschaltung eines Motorzählers entspricht der eines Leistungsmessers. Die Drehzahl der Zählerscheibe ist proportional zur elektrischen Leistung. Ein Zählwerk misst die Anzahl der Umdrehungen der Zählerscheibe, die der elektrischen Arbeit proportional ist. Mithilfe der auf dem Zählerschild angegebenen Zählerkonstanten, z. B. 96/kWh, kann die elektrische Arbeit bestimmt werden.

6.5 Induktivitäts- und Kapazitätsmessung

Induktivitäten und Kapazitäten sowie deren Verlustfaktoren (tan φ) werden durch eine Scheinwiderstandsmessung ermittelt. Angewendet werden im Prinzip alle bei der Widerstandsmessung beschriebenen Verfahren. Entsprechend wird die indirekte oder die direkte Methode eingesetzt (**Bild 6.10** bzw. **Bild 6.11**).

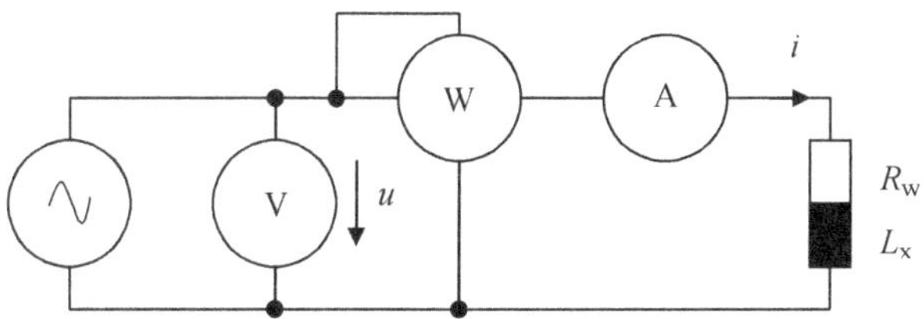

Bild 6.10 Scheinwiderstandsmessung bei Spulen mit Eisenkern (indirekte Methode)

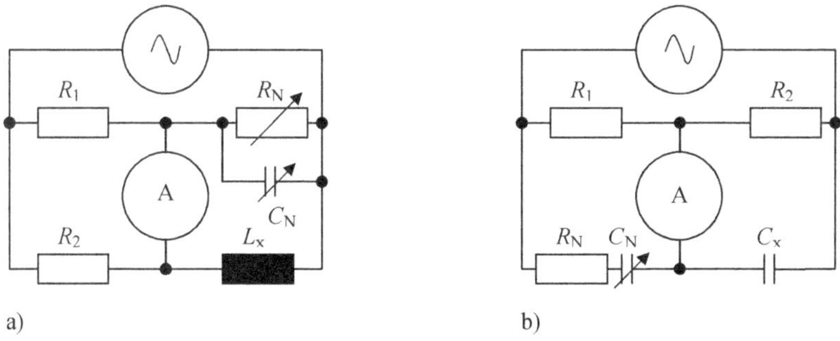

Bild 6.11 Wechselstrombrücken (direkte Methode)

Mit Gleichstrom wird der Wirkwiderstand und mit Wechselstrom der Scheinwiderstand gemessen. Daraus können dann die Induktivität bzw. die Kapazität sowie der

Verlustfaktor bestimmt werden. Bei Spulen mit Eisen ist wegen der auftretenden Eisenverluste eine Leistungsmessung durchzuführen. Nach Bild 6.10 misst der Leistungsmesser die Wirkleistung $P = I^2 R_w$. Somit kann der Widerstand R_w bestimmt werden. Durch die Spannungs- und Strommessung wird die Induktivität bestimmt:

$$L_x = \frac{\sqrt{\left(\frac{U}{I}\right)^2 - R_w{}^2}}{2\pi f} \tag{6.8}$$

Die Kreisfrequenz $\omega = 2\,\pi f$ soll stets innerhalb des Arbeitsbereichs der Spule liegen. Ausgehend von der Wheatstone'schen Messbrücke für Gleichstrom lassen sich die Scheinwiderstände bestimmen, wenn die Brücke mit Wechselstrom betrieben und das Nullinstrument für Wechselstrom geeignet ist. An der Stelle der ohmschen Widerstände in Bild 6.5 treten die Scheinwiderstände $\underline{Z}_1$, $\underline{Z}_2$, $\underline{Z}_x$ und $\underline{Z}_N$ auf. Die Abgleichbedingung lautet dann analog zur Gl. (6.4):

$$\underline{Z}_x = \underline{Z}_N \frac{\underline{Z}_1}{\underline{Z}_2} \tag{6.9}$$

Um diese komplexe Beziehung erfüllen zu können, müssen zwei Elemente der Brücke abgleichbar sein (Abgleich nach Betrag und Phase). Eine Vielzahl von Schaltungen ist möglich. Bild 6.11 zeigt zwei viel verwendete Brücken zur Induktivitäts- und Kapazitätsmessung. Bei bekannten Widerständen R_1 und R_2 und mit der veränderbaren verlustarmen Vergleichskapazität C_N sowie mit dem veränderbaren Verlustwiderstand R_N lassen sich die unbekannten Größen L_x, C_x und $\tan \varphi_x$ mithilfe nachfolgender Gleichungen bestimmen:

Nach **Bild 6.11a** gilt:

$L_x = C_N\, R_1\, R_2 \quad \tan \varphi_x = 1/(\omega C_N\, R_N)$

Nach **Bild 6.11b** gilt:

$C_x = C_N\, R_2/R_1 \quad \tan \varphi_x = \omega R_N\, C_N$

Die Messunsicherheit beträgt hier etwa ± 0,2 %.

6.6 Temperaturmessung

Auch die Verfahren zur Temperaturmessung in der Energietechnik können in eine direkte und indirekte Methode unterteilt werden. Bei der direkten Methode wird die Temperatur konventionell gemessen (mit Thermometer), die indirekte Methode beruht auf dem Seebeck-Effekt (thermoelektrischer Effekt) sowie auf der Temperaturabhängigkeit des Widerstands von Leitern und Halbleitern.

Durch den Einsatz einer Wärmekamera (Thermografie) können in manchen Fällen noch zusätzliche Informationen über die Temperaturverteilung gewonnen werden. Eine Wärmekamera ist ein bildgebendes Gerät, ähnlich einer herkömmlichen Kamera, das jedoch Infrarotstrahlung empfängt. Die aufgenommenen radiometrischen Infrarotbilder lassen sich speichern. Eine berührungslose Temperaturmessung ist gegeben. Die Schwachstellen der Maschinenteile sind im Betrieb schnell lokalisierbar. Durch eine regelmäßige Inspektion steigt die Anlagenverfügbarkeit. Erweiterte Anschlussmöglichkeiten für das Herunterladen und Dokumentieren sind möglich. Die thermische Empfindlichkeit der heute gefertigten gestellten Wärmekameras wird bis 0,1 °C angegeben. Bis zu 50 Bilder pro Sekunde sind möglich.

Die Thermolacke dienen auch zur räumlichen Abbildung der Temperaturverteilung. Ihre Färbung schlägt bei definierten Temperaturen um. So können Hotspots, also die Stellen mit den Temperaturmaxima, festgestellt werden. Die Temperatur wird z. B. entlang einer Linie auf dem Rotor aufgenommen. Eine Bohrung durch Gehäuse und Ständer bildet einen Sichtkanal. Der Durchmesser des Kanals beträgt etwa 4 mm. Durch diesen Sichtkanal nimmt die Wärmekamera die zeitliche Temperaturverteilung auf.

Thermometermethode
Bei dieser Methode wird die Lufttemperatur am Eintritt und am Austritt eines Elektromotors bzw. am Maschinengehäuse gemessen.

Thermoelementmethode
Thermoelemente bestehen aus zwei an einer Schweißstelle miteinander verbundenen Drähten unterschiedlichen Materials. Bei Erwärmung der Schweißstelle entsteht an den Enden der Drähte eine Thermospannung, die der Temperaturdifferenz proportional ist. Da auch an der Verbindungsstelle, an der ein Anzeigegerät in den Kreis geschaltet ist, eine Thermospannung entgegengesetzten Vorzeichens entsteht, wird stets die Differenztemperatur zwischen der Messstelle und der Vergleichsstelle gemessen. Die Vergleichsstelle ist deshalb auf konstanter Temperatur (meist 20 °C, 50 °C oder 60 °C) zu halten.

Die gebräuchlichsten Thermopaare sind Eisen–Konstantan, Kupfer–Konstantan und Nickel–Chrom–Nickel. Diese Methode ist überall und in allen Maschinenteilen anwendbar. Bei rotierenden Teilen wird diese Methode durch die sogenannte Telemetrie-Methode oder drahtlose Messwertübertragung mit miniaturisierter Elektronik ergänzt. Diese arbeitet mit Temperaturfühler (Sender- bzw. Empfänger-Sensoren), die die Temperaturerfassung der rotierenden Teile ermöglichen. Die Telemetriesensoren sind direkt anschließbar. Die Telemetrie-Methode ermöglicht auch die drahtlose Erfassung anderer physikalischer Größen. So sind außer Thermoelementsensoren auch DMS, piezoelektrische Aufnehmer, induktive Wegaufnehmer etc. üblich.

Widerstandsmethode

Die Übertemperatur von Wicklungen kann aus der Widerstandsänderung des Wicklungswiderstands gemessen werden; dieser nimmt mit der Temperatursteigerung linear zu ($R_\theta = R_{20}\ (1 + \alpha_{20}\ \Delta\theta_{20})$). Für Kupferwicklungen lässt sich folgender Zusammenhang ableiten:

$$R_2 = R_1 \frac{256\,°\mathrm{C} + \Delta\,\theta_2}{256\,°\mathrm{C} + \Delta\,\theta_1} \tag{6.10}$$

Darin sind:

θ_2 Temperatur der Wicklung am Ende der Prüfung in °C

θ_1 Temperatur der kalten Wicklung zu Beginn der Prüfung in °C

$\Delta\theta_1 = \theta_1 - \theta_{20}$

$\Delta\theta_2 = \theta_2 - \theta_{20}$

R_2 Widerstand der Wicklung am Ende der Prüfung (warm)

R_1 Widerstand der Wicklung am Anfang der Prüfung (kalt)

Die Zahl 256 in der Gl. (6.10) ist der Kehrwert des Temperaturkoeffizienten α_{20} für den Widerstand von Kupfer bei 20 °C. Für andere Metalle ist der entsprechende Wert einzusetzen.

Temperaturfühler

Hierbei wird die Widerstandsänderung bestimmter Werkstoffe ausgenutzt. Der Widerstandswert eines Temperaturfühlers aus Platin vergrößert sich z. B. von 100 Ω bei 0 °C auf etwa 138 Ω bei 100 °C. Der Widerstandswert ändert sich dabei nahezu linear mit der Temperatur. Temperaturfühler ermöglichen preiswerte Lösungen in allen denkbaren Anwendungsgebieten. Neben Metallen sind auch andere Werkstoffe, z. B. gesinterte Mischungen aus Metalloxiden und speziellen Beimischungen, für solche Temperaturmessungen geeignet.

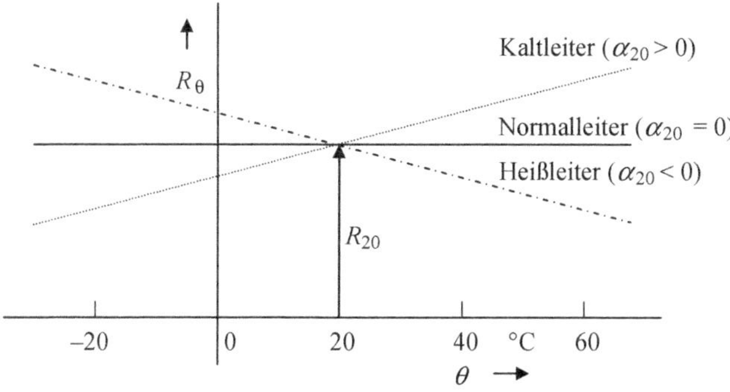

Bild 6.12 Temperaturabhängigkeit von Widerständen (logarithmisch)

Insbesondere unterscheidet man zwischen Kaltleiter (PTC-Thermistoren mit positivem Temperaturkoeffizienten) und Heißleiter (NTC-Thermistoren mit negativem Temperaturkoeffizienten). Das Wort Thermistor steht für „Thermal Sensitive Resistor". Die Normalwiderstände mit $\alpha_{20} \approx 0$ können nur mit speziellen Legierungen hergestellt werden. Die Widerstand-Temperatur-Abhängigkeit lässt sich im logarithmischen Maßstab linear darstellen. **Bild 6.12** verdeutlicht die entsprechenden prinzipiellen Unterschiede im Temperaturverhalten der Werkstoffe. Dabei ist vom gleich großen Widerstand R_{20} (bei 20 °C) ausgegangen worden.

6.7 Zeit- und Frequenzmessung

Zur genauen Zeitmessung werden Quarz- und Atomuhren eingesetzt. Bei Atomuhren verwendet man z. B. das Cäsium-Isotop Cs 133. Die Zeit wird durch ein definiertes Vielfaches von Eigenschwingungen des Isotops bestimmt. Eine andere Möglichkeit zur genauen Zeiterfassung ist die Zeitintervallmessung (**Bild 6.13**). Das Start- bzw. Stoppkommando wird durch ein UND-Gatter (logisches Verknüpfungsglied) mit einem Zähler verbunden, der die vorgegebenen Impulse aus einem Taktgeber auszählt.

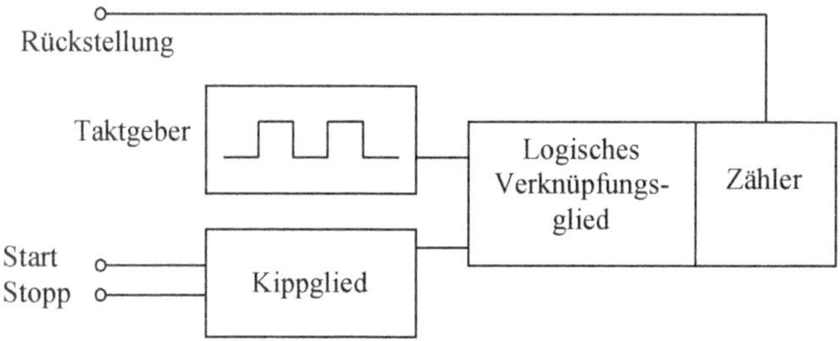

Bild 6.13 Zeitintervallmessung

Durch den Rückstellknopf kann der Zähler z. B. auf null gestellt werden. Das Kippglied dient zum Start oder zum Stopp.

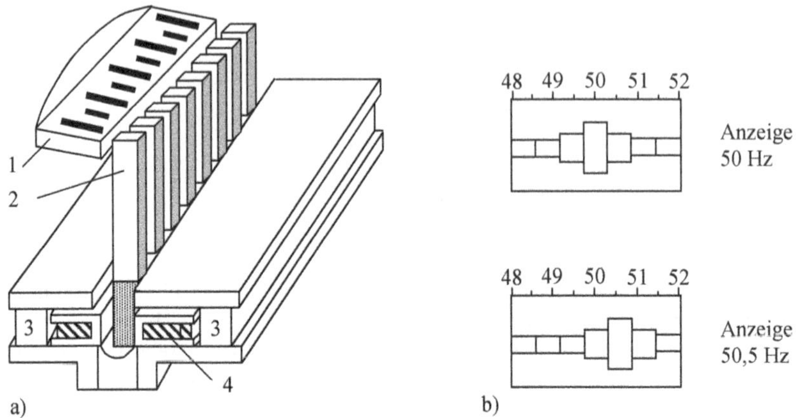

1 Skala 2 Stahlzungen 3 Permanentmagnete 4 Erregerspule

Bild 6.14 Zungenfrequenzmessgerät
a) Gerät b) Skalenbild

Das klassische Frequenzmessgerät in der Elektrotechnik ist der Zungenfrequenzmesser. Das Verfahren beruht auf der mechanischen Resonanz von Stahlzungen, deren Schwingungsweite umso größer ist, je näher die zu messende Frequenz bei der jeweiligen Resonanzfrequenz der einzelnen Zungen liegt (**Bild 6.14**). Dieses Verfahren dient hauptsächlich der Bestimmung von Netzfrequenzen in Energienetzen und Kraftwerksgeneratoren (s. Abschnitt 9.1.6). Stahlzungen, deren Eigenfrequenzen zwischen etwa 45 Hz bis 50 Hz liegen, werden durch das Magnetfeld einer Spule, die an das Wechselspannungsnetz angeschlossen wird, erregt. Diejenige Stahlzunge, deren Eigenfrequenz mit der des Spulenstroms übereinstimmt, schwingt infolge der Resonanzwirkung am stärksten. Benachbarte Stahlzungen schwingen meist etwas mit, sodass auch Zwischenwerte geschätzt werden können. Ein weiteres klassisches Gerät zur Frequenzmessung ist das Oszilloskop, auf dessen Funktionsweise hier nicht näher eingegangen wird. Durch die Ablesung der Periodendauer T kann die Frequenz $f = 1/T$ ermittelt werden. Mithilfe der meisten Multimeter kann auch die Frequenz gemessen werden.

6.8 Magnetfeldmessung

Magnetfeldmessungen beziehen sich auf die Kraftwirkung eines magnetischen

Felds, auf eine bewegte elektrische Ladung oder auf das Induktionsgesetz. Die Kraftwirkung verändert den elektrischen Widerstand mancher Stoffe, z. B. von Wismut. Der Widerstand hängt linear von der magnetischen Induktion ab. Ein solcher Umformer ist zur Messung der Induktion gut geeignet. Die geläufigsten Methoden zur Magnetfeldmessung arbeiten mithilfe von Hallsonden oder eingebauten Messspulen.

I. Hallgenerator

Der Hallgenerator ist wegen seiner kleinen geometrischen Abmessungen ein besonders geeigneter Messumformer (etwa so groß wie eine Eincentmünze). Nach **Bild 6.15** wird die durch die Kraftwirkung auf die Leitungselektronen auftretende Hallspannung U_H gemessen. Sie ist proportional zu dem Strom I und der Induktion B. Damit ist die Induktion B bei konstantem Strom I leicht zu ermitteln:

$$B = \frac{d}{R_H\, I} U_H \tag{6.11}$$

Darin sind d die Dicke der Hallplatte und R_H die Hallkonstante (für Indium-Arsenid gilt $R_H \approx 120\ \text{cm}^3\text{A}^{-1}\text{s}^{-1}$).

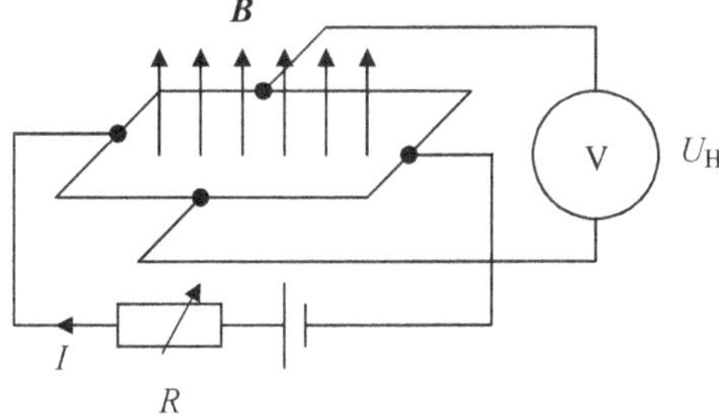

Bild 6.15 Prinzip der Magnetfeldmessung mit einer Hallsonde

Der veränderliche Widerstand und die Batteriespannung dienen dazu, die Linearität zwischen U_H und B zu gewährleisten.

II. Messspulen

Ausgehend vom Induktionsgesetz

$$u_i = -w \frac{d\Phi}{dt} = -w\, A \frac{dB}{dt} \tag{6.12}$$

lässt sich die Induktion durch Integration der in einer kleinen Messspule mit der Windungszahl w und der in der wirksamen Fläche A induzierten Spannung u_i bestimmen. Bei zeitlich konstanter Induktion muss die Messspule bewegt werden (Tauchspule, Messgenerator).

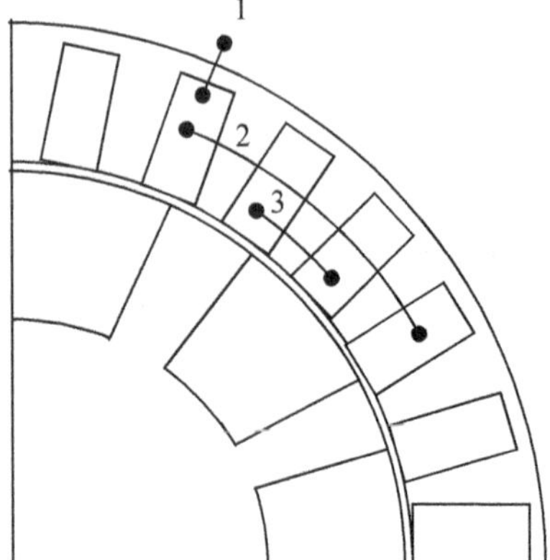

1 Jochfluss 2 Polteilungsfluss 3 Zahnfluss

Bild 6.16 Beispiel für die Anordnung der Messpulen

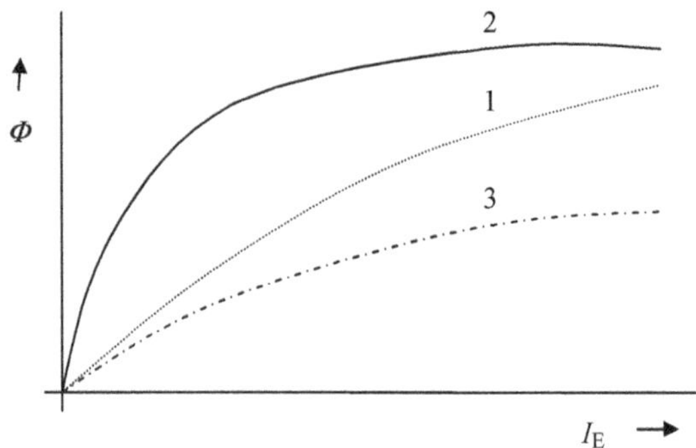

1 Jochfluss 2 Polteilungsfluss 3 Zahnfluss

Bild 6.17 Magnetischer Fluss in Abhängigkeit des Erregerstroms

Bild 6.16 zeigt die Anordnung einiger Spulen in einem Viertelausschnitt einer rotierenden Maschine. Die Flusswerte an den jeweiligen Stellen können für eine vorgegebene Erregung bestimmt werden. In **Bild 6.17** sind die Flusswerte in Abhängigkeit des Erregerstroms dargestellt. Wie in Abschnitt 2.4.2 behandelt, ist je nach Maschinengeometrie mit beachtlichen Streuflüssen zu rechnen. Außerhalb und innerhalb einer elektrischen Maschine bilden sich meistens beträchtliche magnetische Felder. In den überwiegenden Fällen sind große Teile dieses Felds der Streufluss und nur ein geringer Teil der Nutzfluss. Die äußeren Feldlinien können im erregten Zustand mittels Eisenfeilspänen festgestellt werden (auf ein um die Maschine herumgelegtes Papierstück werden Eisenfeilspäne gestreut, siehe z. B. Bild 10.25, Abschnitt 10.2.2).

6.9 Drehzahlmessung

An elektrischen Maschinen ist die Drehzahl eine häufig zu ermittelnde Messgröße. Es gibt eine Vielzahl von Verfahren, die sich in analoge und inkrementale einteilen lassen. Einige Verfahren arbeiten auch berührungslos und belasten daher das Messobjekt nicht oder lassen Messungen zu, auch wenn kein freies Wellenende zur Verfügung steht. Die geläufigsten Drehzahlerfassungsmethoden sind mithilfe eines Tachogenerators, eines Impulsverfahrens (optische Abtastung), induktiv oder mit dem Stroboskop (für Kleinantriebe) realisiert.

I. Tachogenerator

Funktionsweise

Durch die Dauermagneterregung liefert er eine drehzahlproportionale Spannung ($U_i = c\ \Phi\ n$). Analoge Anzeigeinstrumente zeigen die der Drehzahl proportionale Generatorspannung an. Die Generatoren dürfen durch das Messgerät nur gering belastet werden, um die Linearität zwischen Drehzahl und Generatorspannung zu gewährleisten. Der Messbereich der Tachogeneratoren reicht bis 10 000 min^{-1}, die Messunsicherheit ist etwa ± 1 %.

Aufbau

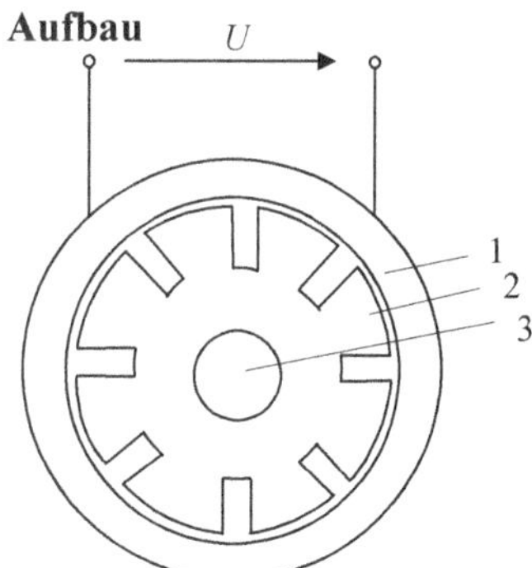

1 Ständereisen mit Wicklungen 2 Läufer aus Permanentmagnet 3 Welle

Bild 6.18 Prinzipieller Aufbau eines Tachogenerators

Der Tachogenerator (Drehzahlgeber) wird an das Messobjekt (Maschinenwelle) fest angekoppelt. Die Tachogeneratoren sind Drehzahlgeber in Form von Wechselspannungs-, Gleichspannungs- oder Unipolargeneratoren (**Bild 6.18**).

II. Impulsverfahren (optische Abtastung)

Funktionsweise

Die vom Empfänger aufgenommene Impulsfrequenz ist proportional zu der Drehzahl (**Bild 6.19a**). Durch optische Abtastung einer an die Welle einer Maschine angekoppelten Scheibe, die am Umfang anliegende Strichmarkierungen trägt (hochreflektierende Papierstreifen), erhält man eine Impulsfrequenz, die proportional zur Drehzahl ist (**Bild 6.19b**).

Aufbau

Die Bilder 6.19a und b zeigen zwei mögliche Ausführungen. Das Modell in Bild 6.19a besteht aus einer auf der Motorwelle angebrachten Scheibe mit Strichmarkierungen, einem Sender S (Leuchtdiode) und einem Empfänger E (Fototransistor). Bild 6.19b zeigt eine auf der Maschinenwelle angebrachte Markierung, die optisch oder elektromagnetisch abgetastet wird.

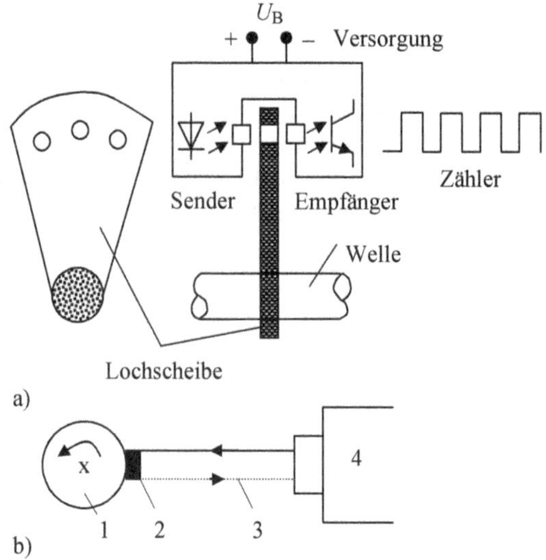

1 Welle 2 hochreflektierende Papierstreifen 3 infrarote Strahler
4 Handdrehzahlmesser mit digitaler Anzeige

Bild 6.19 Drehzahlmessung durch Impulsverfahren

III. Induktiv (Funktionsweise und Aufbau)

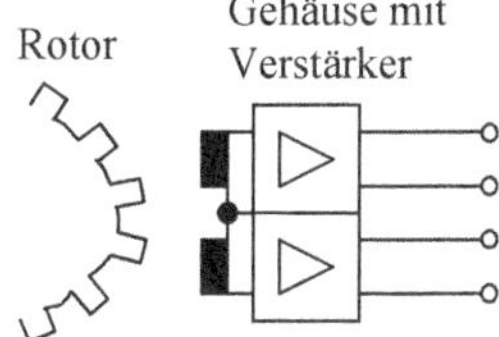

Bild 6.20 Induktive Drehzahlmessung

Bei der induktiven Messung sind am Rotor ein Zahnkranz und am Ständer induktive Messköpfe montiert, die sich exakt gegenüberliegen. Durch die Drehung des Rotors entstehen in den Messköpfen Spannungsimpulse, deren Frequenz der Drehzahl proportional ist. Die Drehrichtung der Welle wird über die gegeneinander versetzte Anordnung der Messköpfe erreicht. Es entsteht eine Phasenverschiebung von 90°, die für die Ermittlung der Drehrichtung verwendet wird. Die Impulsreihen werden in einem Vorverstärker in Rechteckspannungen umgeformt. Für die Weiterverarbeitung in der nachzuschaltenden Elektronik steht eine drehzahlproportionale Rechteckspannung zur Verfügung (**Bild 6.20**).

IV. Stroboskop

Funktionsweise

Blitzt man eine rotierende Welle oder Scheibe mit genau deren Drehzahlfrequenz f_d an, so erscheint eine auf dem rotierenden Teil angebrachte Marke immer an der gleichen Stelle, d. h., sie steht scheinbar still. Das Ergebnis ist allerdings nicht eindeutig, da die Marke auch dann stillsteht, wenn die Welle nur bei jeder x-ten Umdrehung angeblitzt wird. Für Stillstand gilt also die allgemeine Bedingung $f_d = x f_s$ (mit f_s als Blitzfrequenz).

Aufbau

Das Stroboskop besteht aus einem Lichtblitzgerät und einem Impulsgenerator mit einer in weiten Grenzen einstellbaren Frequenz f_s. Die richtige Drehzahl bei $x = 1$ erhält man bei kontinuierlich erhöhter Frequenz f_s dann, wenn die Marke zum letzten Mal stillsteht.

6.10 Drehmomentmessung

Die Drehmomentmessung ist die Voraussetzung für die Bestimmung der Abgabeleistung. Zwei übliche Methoden sind die Reaktionskraftmessung mittels einer Pendelmaschine bzw. die Messung der auftretenden elastischen Verformungen durch Drehmomentaufnehmer.

I. Pendelmaschine

Funktionsweise

Führt man das Gehäuse der Belastungseinheit drehbar aus, so kann das Drehmoment M nach $M = F\,l$ über die Reaktionskraft mit einer Kraftmessdose bestimmt werden (der Ständer der Pendelmaschine versucht sich in Gegenrichtung zur Läuferdrehung zu verdrehen). Auch durch die Wirkung einer Wirbelstrombremse lässt sich die Reaktionskraftmessung realisieren.

Aufbau

Die Pendelmaschine besteht aus einem Pendelgenerator (Gleich- bzw. Drehstromgenerator), einer Kraftmessdose, einem geeichten Hebelarm l und einer Anzeige (**Bild 6.21**).

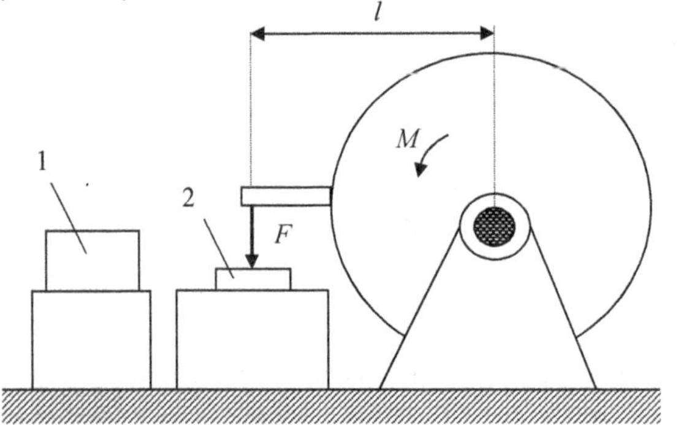

Bild 6.21 Pendelmaschine

II. Drehmomentaufnehmer

Funktionsweise

Das Messprinzip beruht auf der Messung der elastischen Verformung am Wellenstrang. Die bei einer torsionsbeanspruchten Welle auftretenden elastischen Verformungen (sind proportional zum Drehmoment) können mithilfe folgender physikalischer Prinzipien gemessen werden:

- hydraulisch
- pneumatisch
- optisch
- Umsetzung einer Verformung in Änderung von:
  - Kapazität
  - Induktivität
  - Widerstand
  - Permeabilität
  - Phasenlage

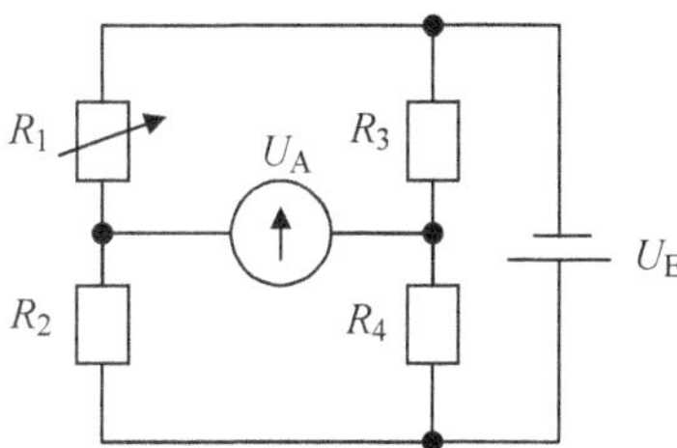

Bild 6.22 DMS in der Wheatstone'schen Brückenschaltung

Bei den heute gebräuchlichen Messmethoden wird die Verformung über Dehnungsmessstreifen (DMS), über Widerstandsmessung, gemessen. Diese werden auf dem Messkörper aufgebracht und zu einer Wheatstone'schen-Brücke (**Bild 6.22**) verschaltet (mit R_1 aktivem DMS, R_2 Kompensations-DMS, R_3 und R_4 Ergänzungswiderstände, U_A Ausgleichsspannung und U_E Erregerspannung). Damit können Drehmomente der Wellenachse gemessen werden. Quer- und Längskräfte sowie Biegemomente in zulässigen Grenzen, die vom Hersteller festgelegt werden, üben keinen Einfluss auf die Messgenauigkeit aus.

Drehmomentaufnehmer (Drehmomentmesswellen) erzeugen eine zum Drehmoment proportionale elektrische Spannung (Strom). Sie werden an den Wellenenden der Maschine, deren Drehmoment gemessen werden soll, angebracht. Drehmomentmesswellen bestehen aus einem rotierenden Messkörper (Rotor) und einem feststehenden Gehäuse (Ständer). Sie unterscheiden sich in ihrer Bauart durch die Signalübertragung und die Lagerung des Ständers. Auf die zwei Enden wird üblicherweise je eine Thomas-Kupplung aufgebracht, um die auftretenden Fluchtungsfehler auszugleichen. Es muss also darauf geachtet werden, dass der Aufnehmer (als Torsionsfeder wirkend) das Schwingungsverhalten der Anlage nicht wesentlich verändert. Der Messrotor schwebt frei im Ständer, der die kontaktlos übertragenen Signale des Rotors aufnimmt und über zwei Ausgänge per Koaxialkabel an die Auswerteeinheit weiterleitet.

Die Übertragung der Versorgungsspannung des Messsignals erfolgt über Schleifringsysteme oder über berührungslos arbeitende Systeme (**Bild 6.23**). Die Messwellen werden normalerweise in fest eingebauten Lagern geführt. Der Messkörper wird durch die mechanische Belastung elastisch verformt, die auftretenden Dehnungen werden mit Dehnungsmessstreifen erfasst.

Messbereiche: DMS-Drehmomentaufnehmer M = 10 Nm bis 50 000 Nm
induktiver Drehmomentaufnehmer $M = 10^{-3}$ Nm bis 10^5 Nm
Messunsicherheit: ± 0,2 % bis ± 1 %

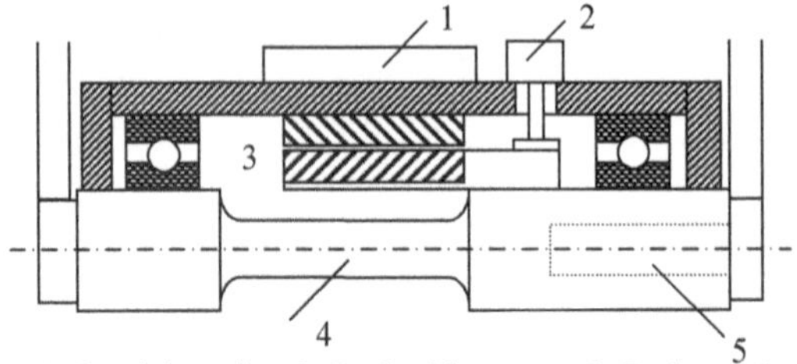

1 Außenelektronik, 2 Drehzahlmesser, 3 Drehtransformator, 4 Torsionswelle, 5 Innenelektronik

Bild 6.23 Drehmomentaufnehmer

Aufbau

Bild 6.23 zeigt die Auswertung des Torsionseffekts in dem verjüngten Wellenstück infolge des zu übertragenden Drehmoments. Die Bestandteile sind eine Torsionswelle mit z. B. verjüngtem Wellenstück (4), Außen- und Innenelektronik (1 und 5), Drehzahlmesser (2) und Drehtransformator (3) zur kontaktlosen Signalübertragung (sonst Bürsten und Schleifringe erforderlich). Es gibt die Ausführungen mit Lagern oder ohne Lager.

Wie erwähnt, werden bei einer äußeren Krafteinwirkung auf den Messkörper eine Verformung und damit eine Dehnung der Messkörperoberfläche erzeugt. Die Dehnungsmessstreifen, die auf die Oberfläche unter einem Winkel von 45° (**Bild 6.24**) geklebt sind, folgen dieser aufgezwungenen Dehnung und ändern ihren elektrischen Widerstand. Die Widerstandsänderung ist also das Maß der aufgetretenen Dehnung. Der DMS ist ein passiver Aufnehmer und benötigt deshalb eine elektrische Spannungsquelle. Er besteht aus dünnen elektrischen Leitern, die das Messgitter bilden (**Bild 6.25**). Dieses ist in einen dünnen Kunststoffträger gebettet und dadurch elektrisch gegen das Messobjekt isoliert und gegen Beschädigung geschützt. Die Kunststoffträger haben kleine Massen (10 mg bis 500 mg) und kleine Abmessungen und üben nur geringe Rückwirkungen auf das Messobjekt aus.

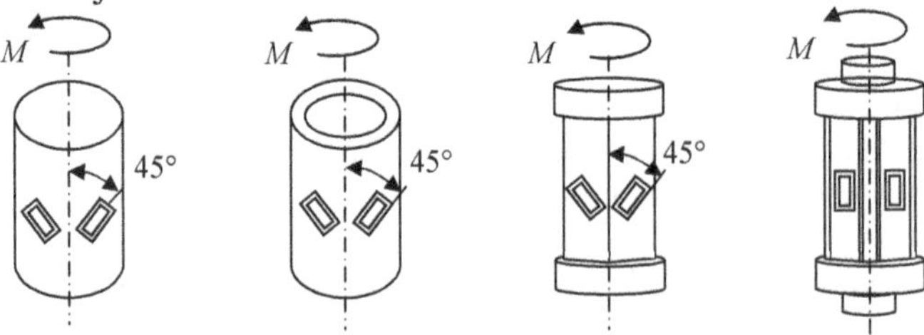

Bild 6.24 Messkörperformen

Bauformen der Messkörper

Messkörperausführungen sind meistens Voll-, Hohl- oder Vierkantwellen (Bild 6.24), in denen ein Drehmoment eine reine Torsionsspannung erzeugt. Wellen aus Vollmaterial werden bei sehr großen Drehmomenten eingesetzt. Das erforderliche Widerstandsmoment ist bei einem Einsatz von unter 50 Nm Drehmoment gegen Biegung zu klein, und die Welle würde zu biegeweich werden.

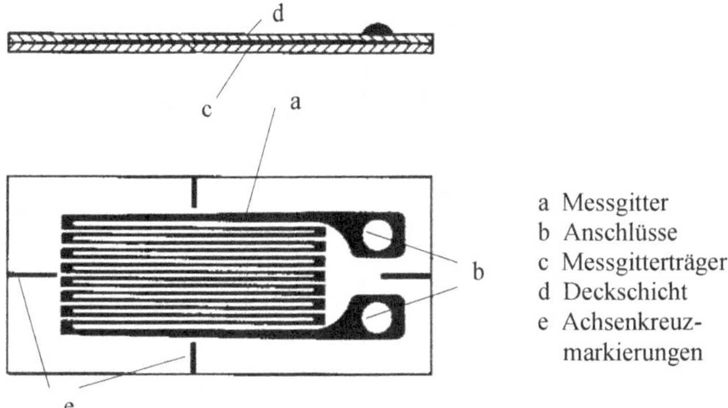

Bild 6.25 Aufbau eines DMS

Hohlwellen oder rohrförmige Wellen besitzen, bei gleicher tragender Querschnittsfläche, eine höhere Biegesteifigkeit. Sind die Dehnungszustände an den Wellenoberflächen gleich, ist zum Beispiel bei einem für 100 Nm konstruierten rohrförmigen Messkörper die Biegesteifigkeit um 50 % höher als bei der massiven Ausführung.

Bei einem aus Speichen oder aus einem Käfig geformten Messkörper erzeugt das eingeleitete Drehmoment eine Biegebeanspruchung. Durch einen kreuzförmig ausgebildeten Messkörper wird der Vorteil ausgenutzt, bei sehr kleinen Drehmomenten hohe Dehnungswerte bei großer Biegesteifigkeit zu erreichen.

Messsignalübertragung und Messsignalverarbeitung

Das Messsignal wird am Rotor erzeugt. Die eingesetzten DMS-Schaltungen sind passive Messsysteme und müssen mit einer Brückenspeisespannung von einigen Volt versorgt werden. Das Ausgangssignal liegt hier bei wenigen Millivolt. Wie bereits erwähnt, gibt es zwei Übertragungsmöglichkeiten:

- über Schleifringe
- berührungslose Übertragung

Die Signalübertragung mittels Schleifringen ist nur für kurzzeitigen Messbetrieb und bei Drehzahlen von maximal 6 000 min^{-1} sinnvoll. Der Vorteil eines solchen Systems liegt darin, eine Folgeelektronik verwenden zu können. Es gibt einfache Messverstärker – die für DMS-Messsysteme geeignet sind – für die Signalverarbeitung; der Wartungsaufwand ist jedoch wegen der Bürsten und Schleifringe höher. Bei der berührungslosen Signalübertragung sind spezielle elektronische Übertragungselemente und Transformatoren notwendig (Bild 6.23) und werden beim Langzeitbetrieb und bei hohen Drehzahlen eingesetzt.

6.11 Geräuschmessung

6.11.1 Einleitung

Geräusch ist neben Leistung und Temperatur eine Eigenschaft, nach der Elektromaschinen begutachtet und vermarktet werden – und das mittlerweile ein Umweltthema geworden ist. Die Entstehung und die Ursachen des Geräusches sowie die Maßnahmen zur Geräuschminderung sind im Abschnitt 12.9 behandelt. Die Geräuschmessung basiert auf einer Kraft- und Schwingungsmessung. In Folgenden wird daher zunächst die Kraft- und Schwingungsmessung untersucht.

6.11.2 Methoden zur Bestimmung von Kraft und Schwingungen

Zur Bestimmung von Kräften und daraus abgeleiteten Schwingungen können verschiedene Methoden benutzt werden:

- Die Kraft wird auf einen Biegebalken geleitet, dort wird dann die proportionale Durchbiegung mit DMS gemessen.

- Bei kapazitiven Gebern wird der Abstand von Kondensatorplatten und damit die Kapazität durch die Kraftwirkung geändert.

- Piezoelektrische Kraftaufnehmer werten die an den Kontaktflächen eines Einkristallquarzes bei mechanischer Beanspruchung auftretenden elektrischen Spannungen aus.

- Magnetoelastische Kraftaufnehmer nutzen die Änderung der magnetischen Leitfähigkeit einer Nickel-Eisen-Legierung in Abhängigkeit von Zug- und Druckspannungen aus. Die Induktivitätsänderung durch die Kraft wird von einer Messbrücke erfasst.

- Magnetoelastische Kraftaufnehmer, die transformatorisch wirken. Durch die mechanische Spannung verändert sich die Form des Magnetfelds, sodass in der Sekundärwicklung eine Spannung induziert wird, die proportional zur mechanischen Spannung ist.

6.11.2.1 Piezoelektrischer Kraftaufnehmer

Das Messprinzip basiert auf dem piezoelektrischen Effekt dielektrischer Werkstoffe, z. B. von Quarzkristallen. In einem solchen Material, das einer mechanischen Spannung ausgesetzt ist, werden elektrische Ladungen getrennt. Die Ladung kann an der Oberfläche abgeführt und zur Messung der Kraft genutzt werden (**Bild 6.26**).

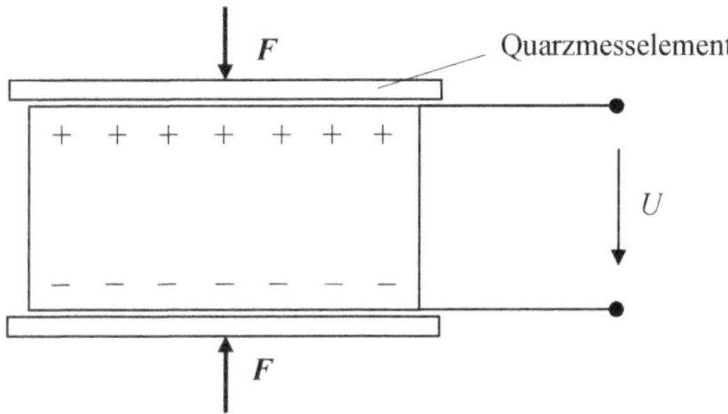

Bild 6.26 Prinzip des piezoelektrischen Kraftaufnehmers

Die erreichbare absolute Messabweichung des piezoelektrischen Kraftaufnehmers liegt bei etwa 1 %. Angeboten werden Messbereiche von etwa 50 N bis 1,2 MN. Der Temperaturbereich reicht von –200 °C bis +200 °C.

6.11.2.2 Schwingungsmessung mit Kondensatormikrofon

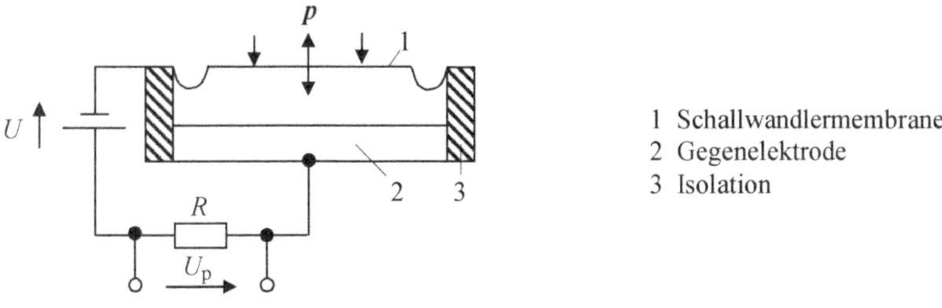

Bild 6.27 Prinzip der Schwingungsmessung mit Kondensatormikrofon

Die Luftdruckschwankungen führen zu Bewegungen der Schallwandlermembrane 1, ihr Abstand zur Gegenelektrode 2 und damit die Kapazität C der Anordnung ändern sich (**Bild 6.27**). Dies führt zu einer Ladungsänderung wegen $Q = C\,U$, was Lade- und Entladeströme über den Widerstand R bedeutet. Seine Spannung U_p ist damit proportional zum Schalldruck p und kann über eine nachgeschaltete Elektronik ausgewertet werden.

6.11.2.3 Schwingungsmessung mit induktivem magnetoelastischen Kraftaufnehmer

Ein Aufnehmer als Kraftmessdose ist in **Bild 6.28a** dargestellt. Der Aufnehmer besteht aus den Druckkörpern 1 und 2, die durch die beiden Halterungen 4 zusammengehalten werden. Die relative Permeabilität μ_r des Druckkörpermaterials ändert sich mit der mechanischen Belastung. Die Induktivität L der Spule 3 in der Nut des Druckkörpers ist von μ_r abhängig ($L = w^2\,G_m$). Damit kann die Kraft als Folge der Induktivitätsänderung gemessen werden. Die Brückenschaltung dient zur Bestimmung der Induktivitätsänderung ΔL (**Bild 6.28b**). Sie besteht aus zwei gleichen Widerständen R, der Spuleninduktivität $L = L_0 + \Delta L$ und einer Festinduktivität L_0. Die Brückenspannung U_A ergibt sich zu:

$$U_A = \frac{U}{4} \cdot \frac{\Delta L}{L_0 + \frac{\Delta L}{2}} \approx \frac{U}{4} \cdot \frac{\Delta L}{L_0} \tag{6.13}$$

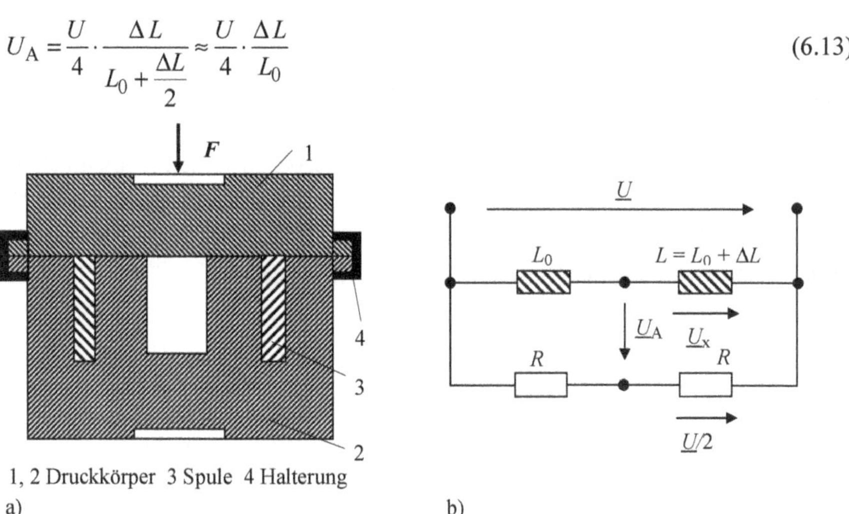

Bild 6.28 Prinzip der Schwingungs- bzw. Geräuschmessung mit magnetoelastischem Kraftaufnehmer
a) Kraftaufnehmer b) Messbrücke

Die Brückenspannung ist also der Induktivitätsänderung ΔL und somit der wirksamen Kraft proportional.

Magnetoelastische Messdosen werden für Kräfte zwischen 5 kN und einigen tausend Kilonewton hergestellt.

6.11.2.4 Schwingungsmessung mit transformatorischem magnetoelastischen Kraftaufnehmer

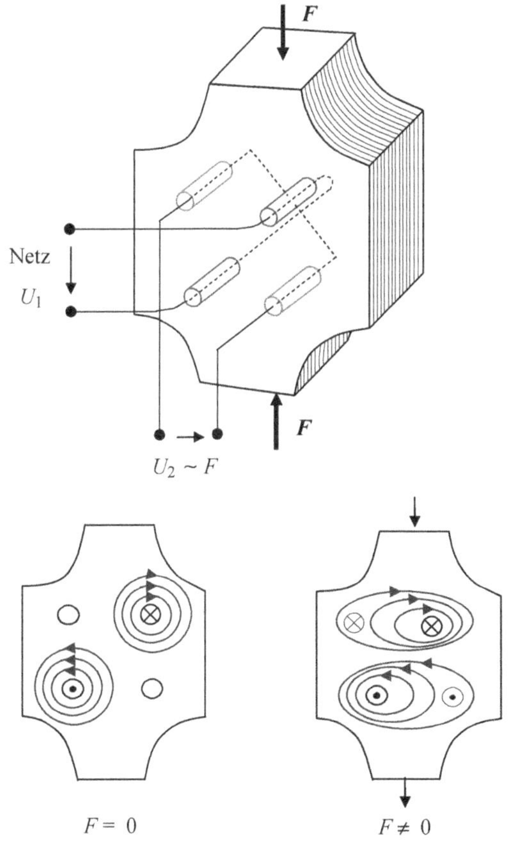

Bild 6.29 Prinzip des transformatorischen Kraftaufnehmers

Der Kraftaufnehmer entspricht einem Transformator, dessen Sekundärwicklung zur Primärwicklung gekreuzt ist (die Spulen laufen unter 45° durch das Blechpaket) (**Bild 6.29**).

Die Primärseite ist ans Netz angeschlossen. Ohne äußere Kraftwirkung ist die Sekundärspannung gleich null. Die Kraftwirkung verursacht eine anisotrope Änderung der Permeabilität des Eisenkerns. Dies bewirkt eine Verlagerung des magnetischen Flusses. Dieser Fluss verursacht eine Spannung auf der Sekundärseite, die der äußeren Kraft proportional ist.

6.11.3 Methoden der Geräuscherfassung

6.11.3.1 Schalldruckmessung

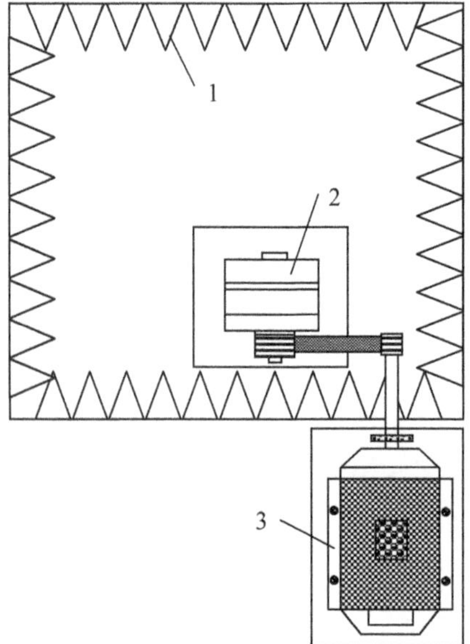

Bild 6.30 Geräuschmesszelle

1 Keile aus Steinwolle
2 Prüfling (hier ein Generator)
3 Antriebsmotor

Die Schalldruckmessung eignet sich für einen schalltoten Raum, Geräuschmesszelle genannt, aber auch zur Messung im Freien. Der Schall kann hier nicht reflektiert werden (Freifeld, Bild 12.31a, Kapitel 12).

Bild 6.30 zeigt eine Geräuschmesszelle. Der abgekapselte Raum soll einen Rauminhalt von $\geq 10\ m^3$ haben. Die Zelle sollte sinnvoll von Nachbargebäuden baulich abgetrennt sein. Zur weiteren Isolierung wird an der Decke, auf den Wänden und auf dem Boden Steinwolle in etwa 30 cm langen Keilen angebracht. Bei Generatoren muss selbstverständlich der Antriebsmotor außerhalb der Zelle installiert werden (Bild 6.30). Zur Geräuschaufnahme wird eine Anzahl von Mikrofonen um den Prüfling herum angeordnet.

Zur Erfassung des Gesamtgeräusches ist es zweckmäßig, radiale *und* axiale Mikrofone einzusetzen. Die **Bilder 6.31a** und **b** zeigen eine solche Anordnung mit vier radialen und zwei axialen Mikrofonen (der Mikrofonabstand vom Prüfling beträgt in der Regel 0,5 m).

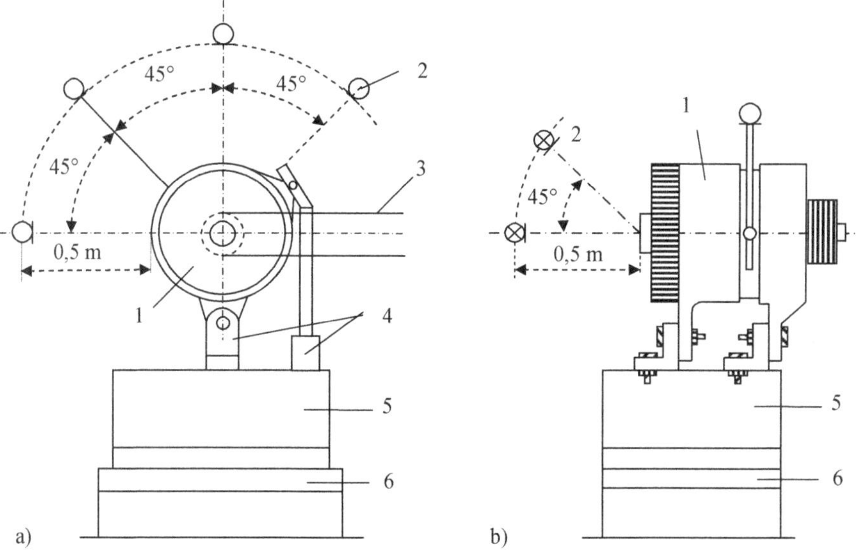

1 Prüfling 2 Mikrofone 3 Keilriemen 4 Spannvorrichtung 5 Spannbock
6 Schwingmetall

Bild 6.31 Anordnung des Prüflings und der Mikrofone
a) radiale Anordnung der Mikrofone b) axiale Anordnung der Mikrofone

Bild 6.32 zeigt das Messprinzip mit einer Spannungsversorgung und der Auswertung. Die Signale zu den Mikrofonen werden verstärkt, überlagert und über einen X-Y-Schreiber aufgenommen und ausgegeben. Der prinzipielle Geräuschverlauf in dB(A) über der Drehzahl ist in **Bild 6.33** für einen Kraftfahrzeuggenerator dargestellt. Das mechanische Geräusch für den unerregten Fall ist ein monoton wachsendes Geräusch, das den magnetischen und aerodynamischen Geräuschen überlagert ist.

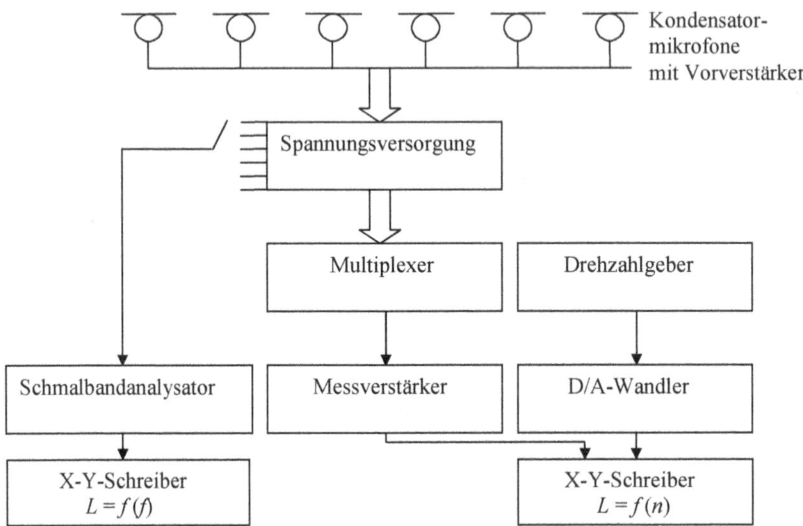

Bild 6.32 Messprinzip

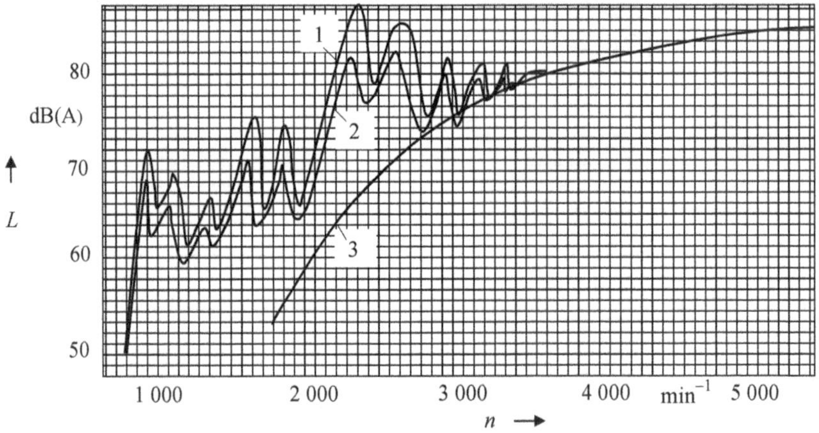

1 Kaltgeräusch 2 Warmgeräusch 3 mechanisches Geräusch

Bild 6.33 Prinzipieller Geräuschverlauf beim Kfz-Generator

Durch die Lage der Mikrofone und der Beschleunigungsaufnehmer sowie durch

Ingenieurgeschick können die Geräuschanteile zu einem großen Teil identifiziert werden. Dabei unterscheidet man zwischen Kalt- und Warmgeräusch. Im betriebswarmen Zustand nehmen die Wicklungswiderstände infolge der Temperaturerhöhung zu. Dadurch reduzieren sich der Erregerstrom, das magnetische Feld und die anregenden Kräfte. Die Folge ist, dass das magnetische Geräusch ebenso zurückgeht (Kaltgeräusch ist dominanter als Warmgeräusch).

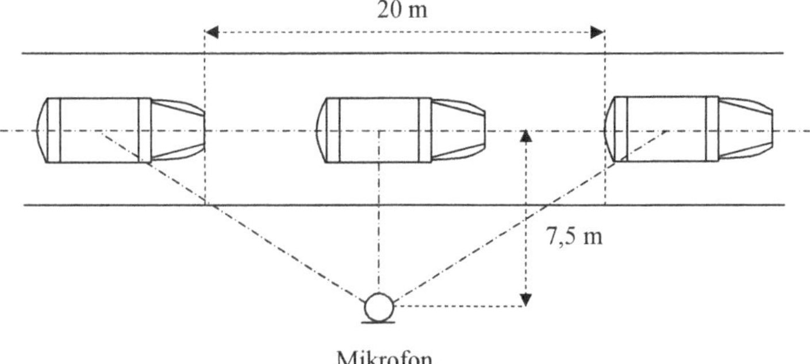

Bild 6.34 Ermittlung des Vorbeifahrtgeräuschs

Eine weitere Methode zur Geräuschbeurteilung in der Autoindustrie ist die Vorbeifahrtgeräuschmessung. Auf einer Teststrecke (**Bild 6.34**) wird das Geräusch durch ein bzw. zwei Mikrofone aufgenommen. In den letzten Jahren wird die Vorbeifahrtgeräuschmessung in Spezialhallen mithilfe von mehreren Mikrofonen realisiert. Die Anzahl der Mikrofone ist meistens 26 bzw. 50 (höhere Anzahl genauere Werte). Das Fahrzeug arbeitet im Stand. Die Mikrofone werden nacheinander geschaltet, sodass das Vorbeifahrtgeräusch simuliert wird. Aerodynamische und äußere Einflussgrößen sind nicht vorhanden. Es zählen nur die Motor- und Maschinengeräusche. Die Messung findet in einem schalltoten Raum statt. Der Schalldruck wird gemessen.

In den letzten Jahren wurden die gesetzgeberischen Forderungen zur Herabsetzung des Fahrgeräuschs von Pkws in mehreren Schritten verschärft. Die EG-Richtlinien beinhalten bezüglich der Schallabstrahlung von Maschinen strenge Grenzwerte. Die vorgeschriebenen Grenzwerte

- ab Okt. 1988 ≤ 74 dB (A)
- ab Mitte 1995 ≤ 74 dB (A)
- ab 2000 ≤ 71 dB (A)

unterstreichen die zunehmende Bedeutung der Geräuschminderung.

6.11.3.2 Schallintensitätsmessung

Die Schallintensitätsmessung eignet sich für ein diffuses Schallfeld, also in normalen Räumen. Hier wird der Schall so oft reflektiert, dass der Schalldruckpegel praktisch an jeder Stelle des Raums gleich ist (Bild 12.31b). Nur die einseitig gerichtete Schallintensitätsmessung liefert Informationen über den sich ausbreitenden Schall.

Wie erwähnt, ist Schallintensität das zeitlich gemittelte Produkt von Druck und Schnelle. Schalldruck kann mit einem einzigen Mikrofon gemessen werden (Abschnitt 12.9). Schallschnelle ist nach Euler der Druckgradient und kann mithilfe von zwei dicht nebeneinander montierten Mikrofonen bestimmt werden, die jeweils den Schalldruck messen:

$$\text{Schallschnelle} = \frac{\text{Differenz der Schalldrücke}}{\text{Abstand}} \tag{6.14}$$

Dies ist analog zum Newtonschen Gesetz:

$$\text{Beschleunigung} = \frac{\text{Kraft}}{\text{Masse}}$$

Durch Integration der Beschleunigung über die Zeit erhält man die Geschwindigkeit.

Mit einer Sonde, bestehend aus zwei Kondensatormikrofonen A und B, werden die unterschiedlichen Schalldrücke p_A und p_B erfasst (**Bild 6.35**).

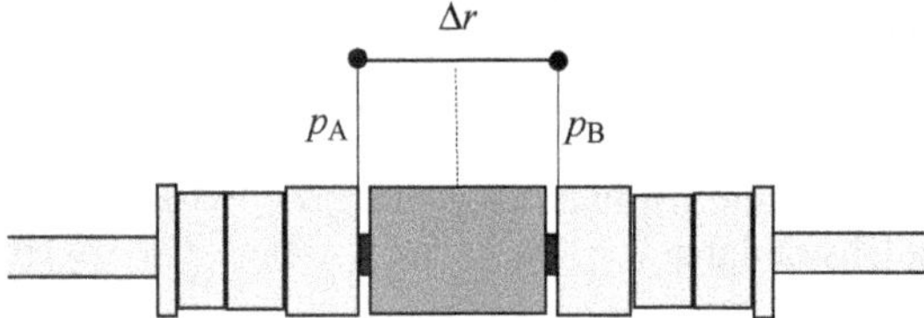

Bild 6.35 Sonde zur Messung der Schallintensität

Die Schallschnelle u lässt sich näherungsweise wie folgt darstellen:

$$u = -\frac{1}{\rho} \int \frac{p_A - p_B}{\Delta r} \,\mathrm{d}t \tag{6.15}$$

Hierin sind:
Δr Abstand der Messpunkte
p_A und p_B Schalldruck an den Mikrofonen A und B
ρ Dichte

Der mittlere Schalldruck ergibt sich aus:

$$p = \frac{p_A + p_B}{2} \tag{6.16}$$

Mithilfe von Schalldruck Gl. (6.16) und die Schallschnelle Gl. (6.15) sowie der Definitionsgleichung (12.99) (Kapitel 12) kann die Schallintensität I ermittelt werden:

$$I = \overline{p\,u} \tag{6.17}$$

Die Sonde misst nicht der Vektor der Schallintensität, sondern die Komponente in Richtung der Sondenachse. Der vollständige Intensitätsvektor entsteht aus den Komponenten für alle drei Raumrichtungen (**Bild 6.36**).

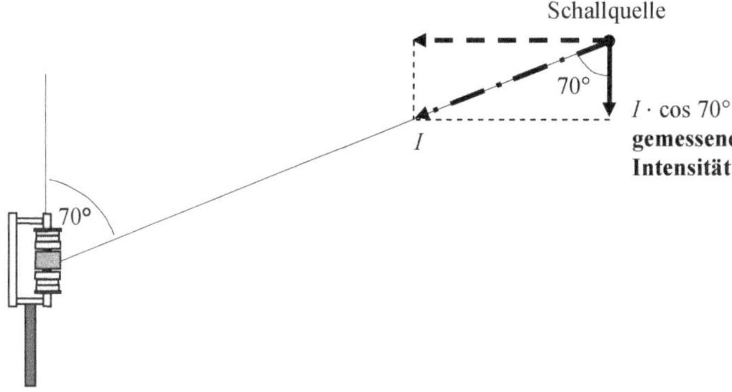

Bild 6.36 Richtungscharakteristik zur Erfassung der Schallintensität

Wenn der Schall mit einem Winkel von 90° auf die Sonde trifft, so wird keine Schallintensität in Richtung der Sondenachse gemessen, da die Mikrofone gleichzeitig von Schalldruckschwankungen getroffen werden. Das heißt, die Schallschnelle und damit auch die Schallintensität sind null. Stimmen die Schalleinfallsrichtung und die Sondenachse überein, so wird die volle Intensität gemessen. Für alle anderen Einfallswinkel α ergibt sich in Richtung der Sondenachse eine reduzierte Schallintensität von $I \cdot \cos \alpha$.

Beispiel 1 (mit freundlicher Unterstützung von Brüel & Kjaer)

Ein Rasenmäher emittiert eine Schallleistung von 0,01 W. Wie hoch sind Schallintensität, Schalldruck sowie Schallintensitäts- und Schalldruckpegel in 1,7 m Entfernung?

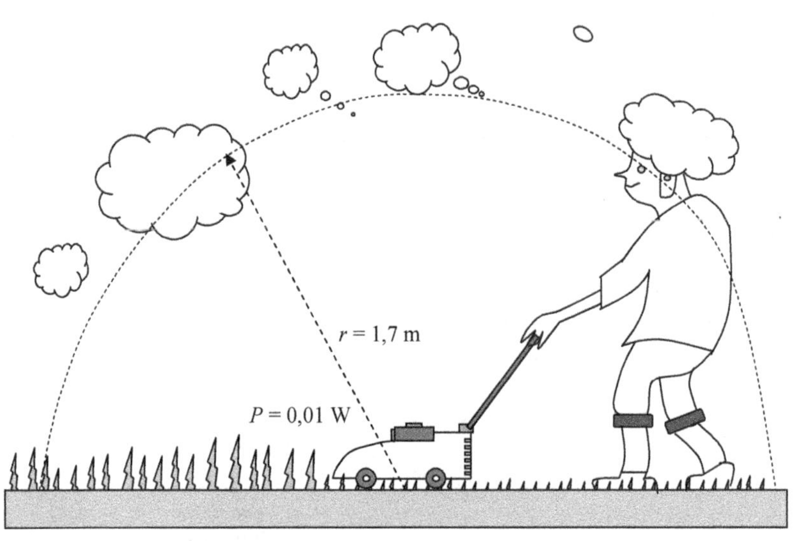

Lösung
Annahmen: Rasenmäher arbeitet im Freien, also können Freifeldbedingungen vorausgesetzt werden. Der Boden ist schallreflektierend.

Der Schall wird also halbkugelförmig über eine Fläche von $2\,\pi\,r^2$ abgestrahlt. Bei r = 1,7 m (Ohrhöhe) beträgt die Fläche etwa 18 m^2. Somit ergeben sich folgende Werte:

Schallleistung	**Schallintensität**	**Schalldruck**
$P = 0{,}01\ \mathrm{W}$	$I = \dfrac{P}{2\pi r^2} = \dfrac{0{,}01\ \mathrm{W}}{2\,\pi \cdot 1{,}7^2\ \mathrm{m}^2}$	$p = \sqrt{I \cdot \rho \cdot \mathrm{c}} = \sqrt{5{,}\overline{5} \cdot 10^{-4}\,\dfrac{\mathrm{W}}{\mathrm{m}^2} \cdot 415\,\dfrac{\mathrm{Ns}}{\mathrm{m}^3}}$
	$= 5{,}\overline{5} \cdot 10^{-4}\ \dfrac{\mathrm{W}}{\mathrm{m}^2}$	$= 0{,}48\,\dfrac{\mathrm{N}}{\mathrm{m}^2}$

Schallleistungs-pegel	**Schallintensitäts-pegel**	**Schalldruck-pegel**
$L_p = 10\ \lg \frac{P}{P_0}\ \text{dB}$	$L_I = 10\ \lg \frac{I}{I_0}\ \text{dB}$	$L = 20\ \lg \frac{p}{p_0}\ \text{dB}$
$= 10\ \lg \frac{0{,}01}{10^{-12}}\ \text{dB}$	$= 10\ \lg \frac{5{,}\overline{5} \cdot 10^{-4}}{10^{-12}}\ \text{dB}$	$= 20\ \lg \frac{0{,}48}{20 \cdot 10^{-6}}\ \text{dB}$
$= 100\ \text{dB}$	$= 87{,}4\ \text{dB}$	$= 87{,}6\ \text{dB}$

Aufgrund der Freifeldbedingungen gilt für den Schalldruckpegel derselbe Wert, nämlich etwa 87,4 dB.

Schallleistungsbestimmung aus Intensitätswerten

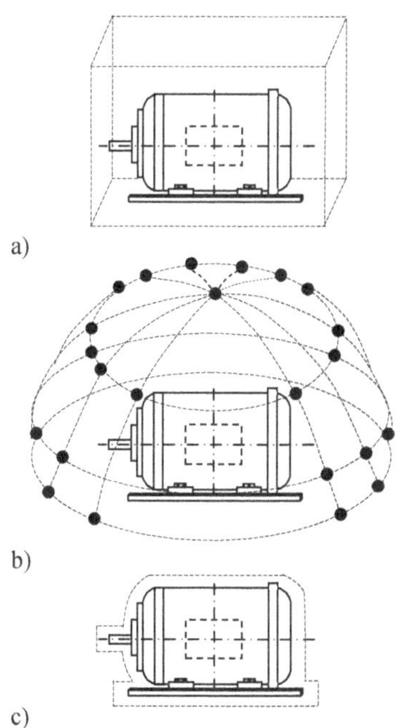

Bild 6.37 Einige Beispiele zur Messhüllflächenformen

Nach Gln. (12.92) und (12.102) sind Schallleistungsmessungen an jedem Objekt im Nahfeld bei Vorhandensein stationärer Fremdgeräusche möglich. Als Messfläche wird eine gedachte Hüllfläche um die Schallquelle, auf der die

Messpunkte liegen, angenommen. Die Form der Messfläche ist ohne Bedeutung, solange sich in ihr keine Fremdgeräuschquellen oder schallabsorbierenden Flächen befinden. Der Boden wird als schallreflektierend vorausgesetzt und ist daher nicht Teil der Messfläche.

Die Messflächen können beliebig gewählt werden:

- Quader (**Bild 6.37a**)
- Halbkugel (**Bild 6.37b**)
- konturgetreue Messfläche (**Bild 6.37c**)

Räumliche Mitteilung
Die Messung der Schallintensität erfolgt senkrecht zur Messfläche. Zwei Verfahren sind zur räumlichen Mitteilung möglich:

- kontinuierliches Überstreichen der Messflächen (Scanning-Verfahren)
- punktweise Messung

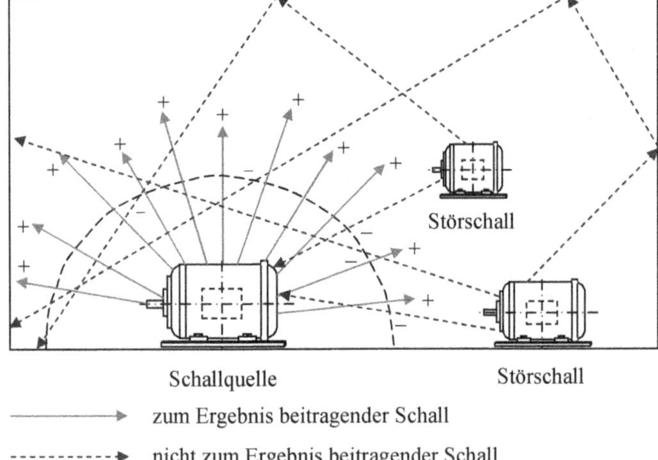

Bild 6.38 Direkte Messung der Schallleistung durch vorzeichenrichtige Integration

Die Abtastzeit sollte je nach Richtung und Teilfläche nicht unter 20 s liegen. Das Vorzeichen der Schallintensität lässt erkennen, ob Schall die Messfläche verlässt oder in sie eintritt. Fremdschall, der in eine Messfläche eindringt (negativ), verlässt diese wieder mit umgekehrtem Vorzeichen (positiv). Durch vorzeichenrichtige Mitteilung über die komplette Fläche heben sich somit alle Störschallanteile auf. Alle anderen auf der Messfläche erfassten Schallanteile bestimmen damit den gesuchten Schallleistungspegel (**Bild 6.38**).

Die Hintergrundgeräusche sind bei Schallintensitätsmessung kein Problem. Es gilt:

mittlere Schallintensität × Messfläche = Schallleistung

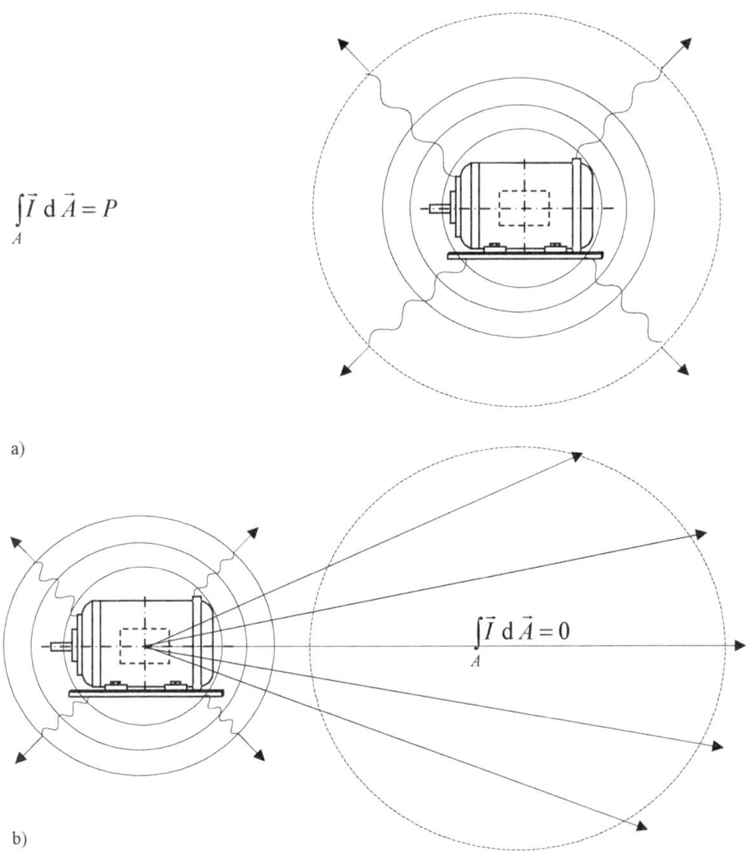

Bild 6.39 Hintergrundgeräusche spielen bei der Schallintensitätsmessung keine Rolle
a) Schallquelle innerhalb der Messfläche b) Schallquelle außerhalb der Messfläche

Nur wenn die Schallquelle innerhalb der Messfläche liegt, können Intensitätswerte ermittelt werden (**Bild 6.39 a**). Hier gilt nach Gl. (12.97) Abschnitt 12.9.1:

$$\int_A \vec{I}\,\mathrm{d}\vec{A} = P \tag{6.18}$$

Befindet sich die Schallquelle außerhalb der kugelförmigen Hüllfläche, so wird keinerlei Intensität gemessen (**Bild 6.39 b**). Hier gilt entsprechend:

$$\int_A \vec{I}\,\mathrm{d}\vec{A} = 0 \tag{6.19}$$

Denn die von außen in die Kugel eindringenden Schallwellen verlassen sie wieder in derselben Richtung an anderer Stelle. Dadurch heben sich bei der räumlichen Mitteilung die Intensitätswerte der eindringenden und der austretenden Schallwellen auf (s. auch Bild 6.38). Die Schallquellen außerhalb der Messfläche können also die Schallintensitätsmessung nicht beeinflussen.

In der Praxis ist es möglich, selbst bei Fremdgeräuschen, die 10 dB höher als der Pegel der zu messenden Schallquelle sind, die Schallleistung auf 1 dB genau zu bestimmen.

Die Messung mit der Schallintensitätssonde erfolgt in etwa 10 cm Abstand (Mindestabstand, DIN EN 296 14-2) zu den Umrissen des Objekts.

Messung von Teilschallquellen

Bei der Geräuschreduzierung komplexer Maschinen und Anlagen muss die Schallleistung der einzelnen Bauteile bestimmt werden. Dies ist bei der Schallintensitätsmessung kein Problem, da die Messfläche nur die betreffende Maschinenkomponente umschließt.

Alle anderen schallabstrahlenden Maschinenteile stellen dann die Hintergrundgeräusche dar. Es sind „laute“ und „leise“ Bezirke der abstrahlenden Maschine identifizierbar.
Je nach Detaillierungsgrad der Messwertermittlung (z. B. Anzahl der Teilmessflächen) erhält der Messingenieur auch gleich Aufschluss über evtl. Abstrahlschwerpunkte und somit Lärmminderungspotentiale.

Beispiel 2 (Kettensäge) (mit freundlicher Unterstützung von Brüel & Kjaer)

Die gemessenen Geräuschanteile einer Kettensäge nach der Methode der Schallintensitätsmessung sind im **Bild 6.40** dargestellt. Untersucht wurden nur die Bauteile, die im Verdacht standen, besonders stark Schall abzustrahlen.

Aus dem Diagramm geht hervor, dass in erster Linie die Rück- und die Unterseite, der Lufteinlass sowie das Schwert konstruktiv geändert werden müssen, damit eine signifikante Geräuschreduzierung erzielt wird.

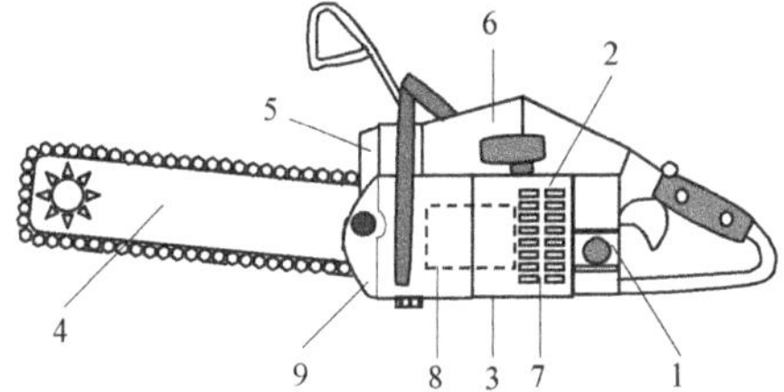

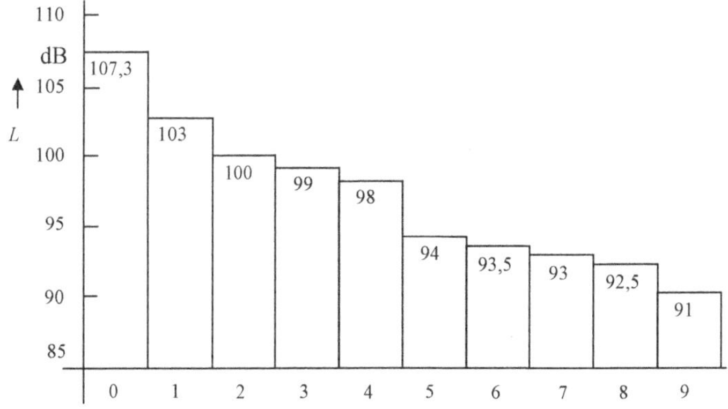

0 Gesamtschallleistung 1 Rückseite 2 Lufteinlass 3 Unterseite 4 Schwert 5 Schalldämpfer 6 Zylinder 7 Hinterteil des Ventilators 8 Vorderteil des Ventilators 9 Tank

Bild 6.40 Geräuschanalyse der Bauteile einer Kettensäge

Schallquellenortung

Zur Schallquellenortung wird die Sonde parallel zur Messfläche bewegt und dabei die Anzeige beobachtet. Ein plötzliches Umspringen der Richtungsanzeige von positiv nach negativ signalisiert, dass die Sonde gerade die Schallquelle passiert (**Bild 6.41**).

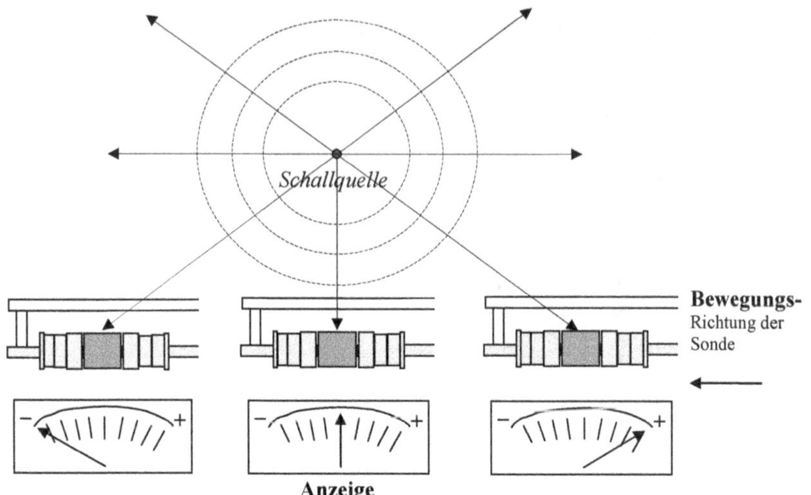

Bild 6.41 Schallquellenortung

Messausstattung

Ein System zur Schallintensitätsanalyse besteht aus einer **Sonde**, einem **Analysator** und einem **Kalibrator**.

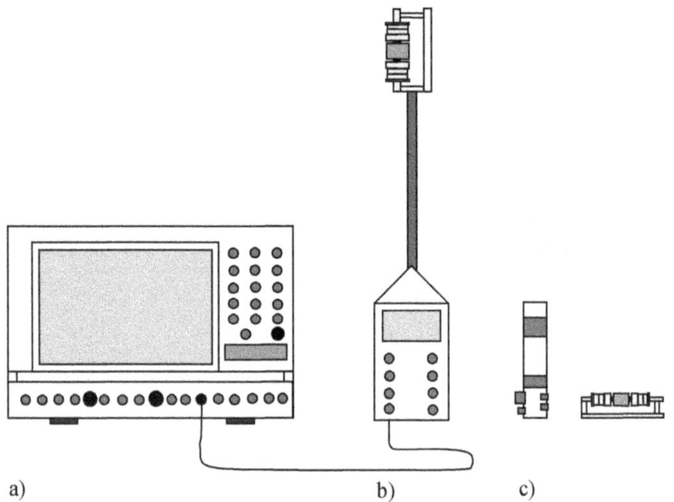

Bild 6.42 Messausstattung zur Schallintensitätsmessung
a) Analysator b) Sonde c) Kalibrator

Die mathematische Berechnung zur Bestimmung der Schallintensität wird vom Analysator durchgeführt (Ermittlung der Schallschnelle durch Integration und deren Auswertung). Der Kalibrator erzeugt einen kleinen bekannten Schall, um den Analysator zu kalibrieren und zu prüfen (**Bild 6.42**).

Schallintensitätssonde
Diese besteht aus zwei einander gegenüberliegenden Mikrofonen, die durch ein Distanzstück voneinander getrennt sind (Bild 6.35). Die Distanzstücke sind in drei verschiedenen Längen 6 mm, 12 mm und 50 mm üblich. Dadurch können Geräuschpegel mit unterschiedlichen Frequenzen gemessen werden. Es gilt:

- 50-mm-Distanzstück für bis zu 1,25 kHz
- 12-mm-Distanzstück für bis zu 5 kHz
- 6-mm-Distanzstück für bis zu 10 kHz

Die heutigen Schallintensitätsmesssysteme zeichnen sich durch folgende Merkmale aus:

- geringes Gewicht
- kleine Abmessungen
- angemessenes Preis-Leistungs-Verhältnis
- einfache Bedienbarkeit

Die Daten können anschließend an die Noise-Explorer-Software übertragen und von dort aus ausgedruckt oder z. B. auch mit Excel grafisch dargestellt werden.

Beispiel 3 (Geräuschmessung an einer Pumpeneinheit)
(mit freundlicher Unterstützung von Brüel & Kjaer)

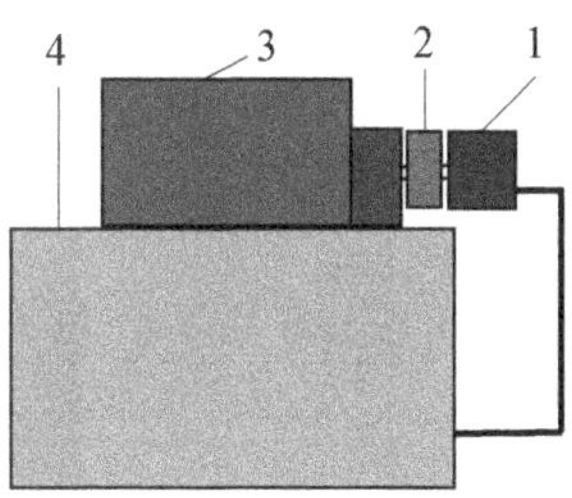

1 Pumpe 2 Kupplung 3 Motor 4 Ölbehälter

Bild 6.43 Pumpeneinheit

Die Geräuschprobleme können durch die Schallintensitätsmessung einfacher und schneller gelöst werden. Mithilfe der Schalldruckmessung der gesamten Einheit, bestehend aus Motor / Kupplung / Pumpe / Ölbehälter (**Bild 6.43**), im schalltoten Raum, ist ein relativ hoher Wert von **88,4 dB** festgestellt worden. Nach Entkoppeln der Pumpe ergab sich ein Pegel von 65 dB für den Elektromotor. Das Problem scheint die Pumpe zu sein.

Die Schalldruckmessung kann nicht unter Betriebsbedingungen ausgeführt werden. Durch die schalldichte Kapselung des Motors und andere Zusatzgeräte erhöht sich die Genauigkeit der Schalldruckmessung. Dies wäre nicht nur sehr aufwendig, sondern liefert auch nur bedingt brauchbare Ergebnisse, da improvisierte Kapselungen den Schall meist nur unzureichend dämmen, denn die manipulierten Temperaturwerte haben auch unerwünschte Nebenwirkungen.

Nur durch die Schallintensitätsmessung wird die Erfassung der Schallwerte der einzelnen Baugruppen eines Systems direkt vor Ort, also unter Betriebsbedingungen, ermöglicht.

Zur Schallintensitätsmessung müssen Hüllflächen für die einzelnen Baugruppen festgelegt werden. Zur genaueren Definition der Messpunkte wird ein Fadenmessgitter bzw. ein Gerüst zu Hilfe genommen.

Die Schallintensitätsmessung der Pumpeneinheit ergab, dass der Motor mit 86,7 dB mehr Schall abstrahlt als die Pumpe (83,5 dB).

Ursache der hohen Geräuschwerte des Motors ist, dass über die Kupplung Vibrationen von der Pumpe übertragen werden, die die großflächigen und damit besonders stark schallabstrahlenden Oberflächen des Motors und des Ölbehälters zum Schwingen anregen. ***Als geräuschreduzierende Maßnahme wurde der Ölbehälter separat aufgestellt und damit akustisch vom Motor entkoppelt (Sekundärmaßnahme).*** *Die Schallintensitätsmessungen bestätigen den Erfolg dieser Maßnahme.*

Lokalisierung der Schallübertragungswege in einem Gebäude

Der Schall kann auf verschiedene Wege in Gebäude eindringen und nicht nur durch Fenster und Wände:

- flankierende Bauteile
- Lüftungskanäle von Klimaanlagen
- ungeeignete Baumaterialien
- Ritzen in Türen und Fenster
- Flankenübertragung

Die Vor- und Nachteile der Schallintensitätsmessung sind in der **Tabelle 6.3** zusammengestellt.

Vorteile	**Nachteile**
Messaufwand geringer	Instrumente komplexer
Ersparnis an Vorbereitungskosten	Instrumentkosten höher
Geräuschortung möglich	evtl. Schulungskosten
Zeitaufwand geringer	Anzahl der Messungen höher
Geräuschmessung unter Betriebsbedingungen	Erstellung der Messhüllflächen

Tabelle 6.3 Vor- und Nachteile der Schallintensitätsmessung in Zusammenfassung

6.11.3.3 Schallintensitätsmessung mit Microflown-Schallschnelle-Sensor

Diese neuartige Methode der Schallintensitätsmessung gestattet eine präzisere Bewertung der akustischen Werte der Maschinen und Geräte oder Materialien.

Nachteile der Schallintensitätsmessung auf Basis von Differenzdruckmessung mittels zwei Mikrofonen:

- bei hohen Frequenzen sind sie nicht genau genug
- Messungen sind nur bis etwa 10 cm vor dem Messobjekt möglich

Die Schallintensitätsmessung mit Microflown-Schallschnelle-Sensoren überwindet diese Einschränkungen. Sie misst direkt die Teilchenbewegung in der Luft. Dazu werden zwei winzige Platindrähte (etwa 600 Atome dick) auf 200 °C erhitzt. Die Schallwelle in der Luft lässt die Luftmoleküle an diesen Drähten vorbeiströmen, was diese zeitlich versetzt abkühlt. Diese differentielle Abkühlung verändert den elektrischen Widerstand des Drahts, der sich durch entsprechende Umwandlung als elektrisches Signal darstellen lässt (direkte Messung der Teilchenbewegung in der Luft).

Die Vorteile der Schallmessung mit Microflown-Schallschnelle-Sensor sind:

- Messungen in Frequenzbereich 10 Hz bis 20 kHz sind gut möglich (Dynamikbereich: 30 dB bis 120 dB)

- Schall bis wenige Millimeter von der Oberfläche des Objekts messbar
- präzisere Aussagen über Geräuschabstrahlungsverhalten im Nahfeld an einzelnen Punkten zur Ortung von Schallquellen möglich
- bessere Beurteilung des Geräuschabstrahlungsverhaltens im Fernfeld durch vektorielle Darstellung der Schallintensität möglich
- Integration und Automatisierung der Schallintensitätsmessung mit z. B. ISMB Amtec Control (Amtec-Roboter) möglich
- Grafiken und Messergebnisse können direkt nach MS-Office (Word, Excel und Power Point) exportiert und für Berichte und Aufsätze vorbereitet werden

Der Sensor befindet sich in einem Gehäuse aus rostfreiem Stahl mit etwa 2 cm Durchmesser und 9 cm Länge. Die Größe des eigentlichen Sensors beträgt lediglich 5 mm x 5 mm x 5 mm.

Die **Microflown Ultimate Sound Probe bzw. die USP-Sonde** ist eine Kombination von drei Microflown-Partikelgeschwindigkeitssensoren mit einem Drucksensor (Kondensatormikrofon). Mit den Signalen dieser vier Sensoren lassen sich folgende akustische Größen ermitteln:

- 3D-Teilchengeschwindigkeit
- Schalldruck
- 3D-Schallintensität
- 3D-Schallenergie
- 3D-akustische Impedanz

Die eindimensionalen Intensitätsmesssonden erfasst nur den Betrag des Intensitätsvektors in Richtung der Messsondenachse. Um den Intensitätsvektor vollständig zu erfassen, ist die Intensität in mindestens drei orthogonalen Richtungen zu messen. Der **Vektorintensitätssensor** beinhaltet deshalb drei Intensitätsmikrofonpaare mit Distanzstücken von 25 mm bzw. 50 mm.

6.11.3.4 Akustische Kamera

Mithilfe der akustischen Kamera kann man den Lärm nicht nur hören, sondern auch sehen, also die Geräusche werden sichtbar gemacht. Die Markteinführung der akustischen Kamera war im Jahre 2003. Die Einsatzgebiete sind bisher: Automobil- und Flugzeugindustrie, bei den Haushaltsgeräteherstellern, Windkraftanlagen, Straßenbahnen etc.

Innerhalb von etwa 15 Minuten sind Ergebnisse zu erzielen. Eine Konfiguration von 30 bis 50 Mikrofonen (Mikrofonkarten) macht die Erfassung der Geräuschwerte möglich. So ist es möglich, einen exakten akustischen

„Fingerabdruck“ des Objekts zu erreichen, und zwar millimetergenau. Eine Software erfasst die Geräuschwerte und stellt sie grafisch in einem Farbspektrum dar (rote Stellen sind laut, blaue sind leise). Der Vorteil ist, dass mit relativ wenig Aufwand verhältnismäßig schnell Ergebnisse erzielt und die genauere Erfassung und Simulation unterstützt werden.

Beispielsweise können die Wind- und sonstigen Geräusche in der Karosserie bei Kraftfahrzeugen bzw. die Rad- und Schienengeräusche bei Straßenbahnen erfasst und ein Akustikdesign bzw. eine Geräuschoptimierung durchgeführt werden. Dabei stellte sich heraus, dass nicht nur die Motorgeräusche, sondern auch die Reifen- und Radgeräusche dominant sind. Also außer über eine Schallschutzhaube im Motorraum kann auch durch die Optimierung der Reifen und Schienen eine Geräuschminderung erzielt werden. Dabei wird, wie betont, nicht nur die Lokalisierung, Optimierung und Abstellung des Geräuschs angestrebt, sondern im Vordergrund stehen auch ein guter und angenehmer Klang.

6.11.3.5 Experimentelle Modalanalyse

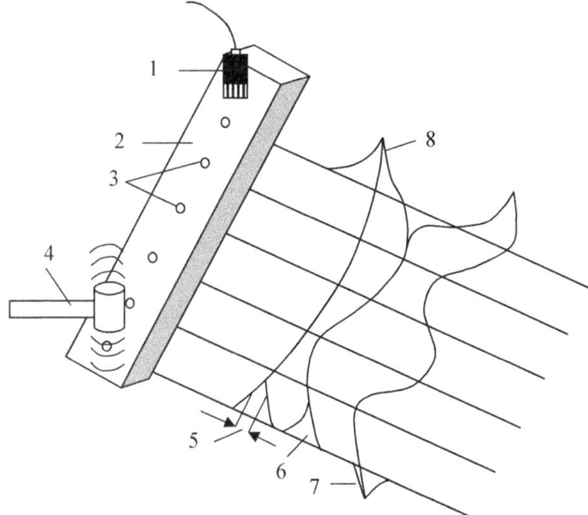

1 Beschleunigungsaufnehmer 2 Objekt 3 Messpunkte 4 Impulshammer 5 Dämpfung 6 Frequenzgangfunktion 7 Frequenz 8 Schwingungsamplitude bei Frequenz f_1

Eigenwerte ⟹ Resonanzfrequenz
Eigenvektoren ⟹ Schwingungsamplitude (Modalvektoren bzw. Mode shapes)

Bild 6.44 Experimentelle Modalanalyse

Die meisten praktischen Lärm- und Schwingungsprobleme entstehen durch Resonanzerscheinungen, bei denen Betriebskräfte eine oder mehrere Schwingungsmoden anregen. Die Schwingungsmoden, die innerhalb des Frequenzbereichs der dynamischen Betriebskräfte liegen, stellen immer potenzielle Probleme dar.

Die experimentelle Modalanalyse (**Bild 6.44**) dient vor allem der:

- Geräuschidentifikation
- Beschreibung und Erkennung der dynamischen Strukturverhältnisse
- Erstellung von Modellen (mithilfe der Modenform)
- Bestimmung von Modalfrequenzen
- Unterstützung der FE-Berechnungen (Einbindung der Modaldämpfung)

Das Objekt (im Bild 6.44 ein Stab) wird durch einen Impulshammer zur Schwingung angeregt. Mithilfe eines Beschleunigungsaufnehmers können dann in verschiedenen Messpunkten die Eigenwerte (Resonanzfrequenzen) und die Eigenvektoren (Schwingungsamplituden) ermittelt werden. Auch die Dämpfung einzelner Schwingungen kann so ermittelt, dadurch die FE-Berechnungen ergänzt und eine praxisnahe Geräuschsimulation ermöglicht werden. Ein Beschleunigungsaufnehmer, auch piezoelektrisches Element genannt, ist eine künstlich polarisierte ferroelektrische Keramik (s. Abschnitt 6.11.2.1). Eine Masse übt eine Kraft auf das piezoelektrische Element aus, wenn der Aufnehmer einer Schwingung und damit einer Beschleunigung ausgesetzt ist (wegen $F = m\ a$). Wird das Material mechanisch belastet (durch Zug, Druck oder Schub), erzeugt es auf seinen Polflächen eine elektrische Ladung, die den angreifenden Kräften proportional ist.

Die Vorteile des piezoelektrischen Kraftaufnehmers sind:

- kleine Abmessungen und Masse, dadurch nur geringerer Einfluss auf Masse, Dämpfung, Steilheit
- gute Linearität
- größerer Dynamikbereich (bis 120 dB)
- weiter Frequenzbereich

Die Modalparameter sämtlicher Moden innerhalb des in Betracht kommenden Frequenzbereichs machen die komplette Beschreibung der Strukturdynamik möglich. Hierzu dient das mathematische Modell. Dies ist das Resultat der Modalanalyse (**Bild 6.45**).

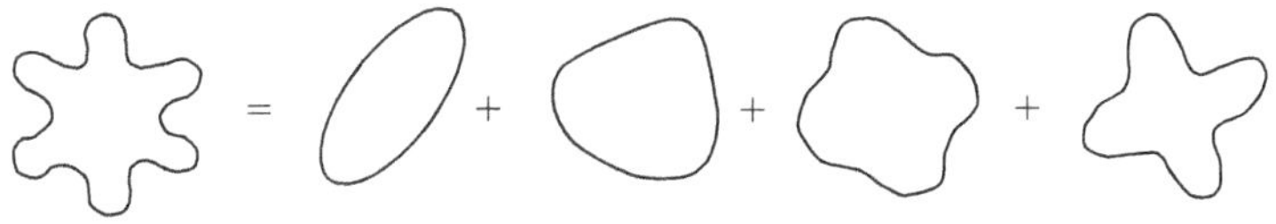

Bild 6.45 Modalformen

Die mathematischen Modelle sind aus mehreren Gründen erwünscht bzw. notwendig:

- Deutlichmachung der Strukturen unter dynamischer Belastung
- Ermittlung entsprechender Kurvenformen
- Bestimmung der Dämpfung
- Simulation oder Vorhersage der Strukturantwort auf angenommene externe Kräfte
- Simulieren veränderter dynamischer Eigenschaften aufgrund physikalischer Modifikationen
- Überprüfung von Modalfrequenzen

Die Modalanalyse kann sinnvollerweise mithilfe der Systemtheorie untersucht werden (**Bild 6.46**). Die Erregung ist dann das Eingangsspektrum $E\ (\omega)$ und die Antwort das Ausgangspektrum $A\ (\omega)$. Das Resultat ist die Übertragungsfunktion F (ω), die von Eigenmoden und Eigenfrequenzen des Systems bestimmt wird:

$$F(\omega)=\frac{A(\omega)}{E(\omega)} \tag{6.20}$$

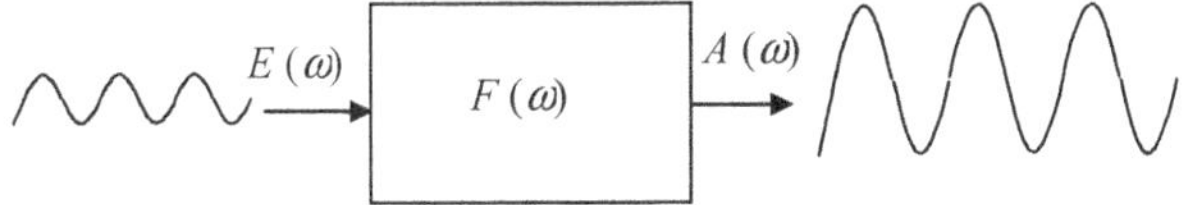

Bild 6.46 Übertragungsfunktion mit Eingangs- und Ausgangsspektrum

Die Eigenfrequenzen müssen ungleich der Betriebs-Drehzahl bzw. der Betriebsfrequenz sein, damit keine dynamische Verstärkung der Strukturantwort auftritt.

7 Ausgewählte Kapitel der Leistungselektronik

7.1 Einleitung

Die Schwerpunkte der Halbleitertechnik und der elektronischen Schaltungen liegen auf dem Gebiet der Nachrichtentechnik (Informations- und Unterhaltungselektronik), der elektrischen Messtechnik, der Regelungs- und Steuerungstechnik sowie der Energietechnik. Aber auch der stark innovative Bereich der elektronischen Schaltungen (Mikroprozessor- und Speichertechnik) ist hervorzuheben [23 bis 34].

Insbesondere bilden der Thyristor und die Diode die Hauptanwendungsgebiete in der Energietechnik. Der Thyristor hat in der Energietechnik dieselbe große Bedeutung wie der Transistor in der Nachrichtentechnik. Der Schwerpunkt dieser Betrachtung liegt auf der Leistungselektronik. Vor allem interessieren also die elektronischen Schaltungen, die in der Energietechnik und bei der Steuerung und Regelung von Elektromotoren angewendet werden. Von besonderer Bedeutung sind die Umrichterschaltungen, die eine Frequenz-, Spannungs- bzw. Stromänderung gegenüber dem Netz ermöglichen. Mit ihnen ist es z. B. möglich, die Drehzahl und das Drehmoment des Drehstromasynchronmotors über weite Grenzen zu verändern und an die Forderungen der Arbeitsmaschinen anzupassen (s. Abschnitte 5.1.9.1.2.3 und 9.3.2.2). Weiterhin sind z. B. die Gleichrichterschaltungen von Interesse, mit denen ein Gleichstrommotor aus dem Wechselstromnetz versorgt werden kann (s. Abschnitt 7.4.2). Zunächst werden jedoch die Grundlagen der Halbleitertechnik behandelt.

Die Hauptaufgabe des Thyristors in der Leistungselektronik besteht darin, elektrische Energie umzuformen. Die besonderen Vorteile sind:

- das Umformen kann mit geringem Energieverlust durchgeführt werden
- das Schalten hoher elektrischer Leistungen ohne Betätigung mechanischer Kontakte ist möglich
- Halbleiterschaltungen können als Verstärker benutzt werden (Nachrichtentechnik)
- Einsatz bei integrierten Schaltungen (Informations- und Unterhaltungselektronik)

Die elektronischen Bauelemente können in passive und aktive Elemente unterteilt werden. Die aktiven Bauelemente benötigen eine Hilfsenergie und können gezielt gesteuert werden. Hierzu gehören Transistor, Thyristor und die integrierten Schaltungen. Bei passiven Bauelementen wird durch die angelegte Spannung ein bestimmter Strom erzeugt (oder umgekehrt). Eine gezielte Steuerung ist nicht möglich. Zu dieser Gruppe gehören Widerstand, Spule, Kondensator und Diode.

Im Hinblick auf Qualität und Zuverlässigkeit werden u. a. folgende Anforderungen an die Bauelemente gestellt:

- Einhaltung von Sicherheitsvorschriften
- Belastbarkeit bezüglich U, I, f und P
- Temperaturbeständigkeit (von etwa – 40 °C bis 90 °C)
- Langzeitstabilität (standhaft gegen äußere Einflüsse wie Schwingungen, elektromagnetische Störungen, Feuchtigkeit, chemische und biologische Einflüsse)
- angemessene Lebensdauer
- richtige Größe und Masse

7.2 Grundlagen der Halbleiterbauelemente

Die wichtigsten Halbleitermaterialien sind Silizium (Si), Germanium (Ge) und Selen (Se). Sie gehören zur vierten Hauptgruppe des periodischen Systems und haben je vier Valenzelektronen, die sich in der äußersten Atomschale befinden. Sie ermöglichen die Bindung des Atoms an andere Atome und verändern ggf. die elektrische Leitfähigkeit. Von zunehmender Bedeutung sind die sogenannten Verbindungshalbleiter aus Elementen verschiedener Gruppen des Periodensystems, wie Indium-Arsenid (InAs) und Gallium-Arsenid (GaAs).

Ein Silizium- oder Germaniumkristall ist N-leitend, wenn in diesem Kristall Donatoren eingebaut sind (wenn der Kristall mit Donatoren dotiert ist). Der Donator (Spender) ist eine Störstelle, die in einem Halbleiter ein freies Elektron abgibt und damit die elektrische N-Leitfähigkeit erhöht. In der Technik werden zum N-Dotieren von Silizium oder Germanium die Elemente Phosphor, Arsen oder Antimon verwendet, deren Atome *fünf* Valenzelektronen haben.

Ein Silizium- oder Germaniumkristall ist P-leitend, wenn in diesem Kristall Akzeptoren eingebaut sind (wenn der Kristall mit Akzeptoren dotiert ist). Der Akzeptor (Empfänger) ist eine Störstelle, die in einem Halbleiter ein „Loch“ oder ein „Defektelektron“ abgibt und damit die elektrische P-Leitfähigkeit erhöht. In der Technik werden zum P-Dotieren von Silizium oder Germanium die Elemente Bor, Aluminium, Gallium oder Indium verwendet, deren Atome *drei* Valenzelektronen haben. Deshalb fehlt am Ort eines Akzeptors ein Elektron für die Bindung mit einem Silizium- oder Germanium-Nachbarn.

PN-Übergang (PN-Junction bzw. Junction)

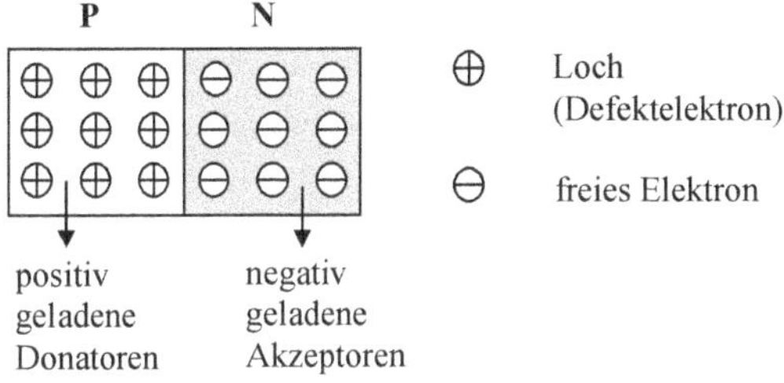

Bild 7.1 PN-Übergang

Der PN-Übergang (Verbindungsstelle bzw. Knotenpunkt) ist eine Siliziumscheibe, auf der N- und P-leitende Bereiche aneinandergrenzen (**Bild 7.1** und **Bild 7.2**). Die freien Elektronen und Löcher sind unter dem Einfluss der Kristalltemperatur in einer ständigen Wimmelbewegung, ähnlich den Molekülen eines Gases. Sie haben das Bestreben, sich im gesamten Kristall gleichmäßig zu verteilen (**Bild 7.2a**). Mit diesem *Wandern* oder *Diffundieren* der Ladungsträger ist das Fließen eines elektrischen Stroms verbunden, der Diffusionsstrom genannt wird. Dieser Sachverhalt erinnert sofort an einen geladenen Plattenkondensator (**Bild 7.2b**). Genau wie beim Kondensator ergeben die unkompensierten Ladungen beiderseits des PN-Übergangs eine elektrische Spannung, die Diffusionsspannung.

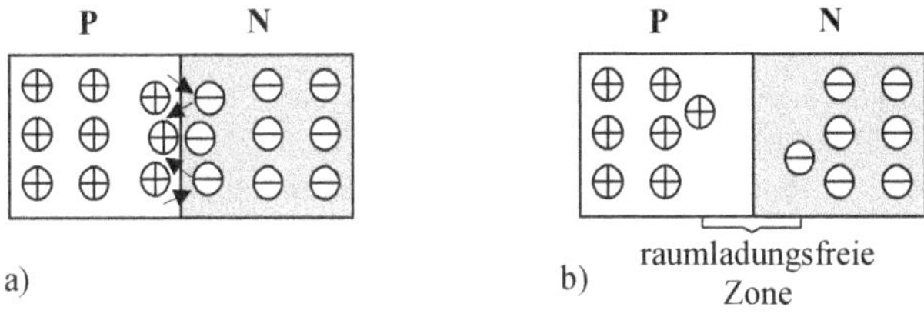

Bild 7.2 Diffusionsstrom

Belasteter PN-Übergang

Durchlassbelastung eines PN-Übergangs: Sobald die Höhe der äußeren Spannung mit der Diffusionsspannung vergleichbar wird (Germanium bei ca. 0,3 V, Silizium bei ca. 0,7 V), beginnt plötzlich der Strom sehr stark anzusteigen. Der zunächst hochohmige PN-Übergang wird also von beweglichen Ladungsträgern überschwemmt, wodurch sein Widerstand sehr stark abnimmt (**Bild 7.3**).

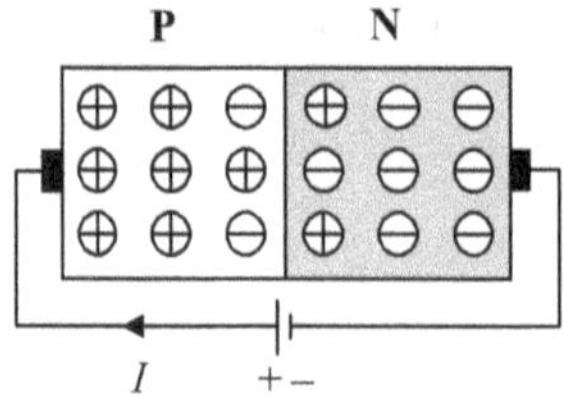

Bild 7.3 Durchlassbelastung

Sperrbelastung eines PN-Übergangs: Im P-leitenden Bereich werden die Löcher und im N-leitenden die freien Elektronen von der Mitte des PN-Übergangs weg nach außen getrieben. Die äußere Spannung „saugt" die freien Ladungsträger vom PN-Übergang ab. Dadurch wird der Bereich des PN-Übergangs noch weiter von freien Ladungsträgern entblößt, und die hochohmige Raumladungszone wird breiter (Ventileigenschaften) (**Bild 7.4**).

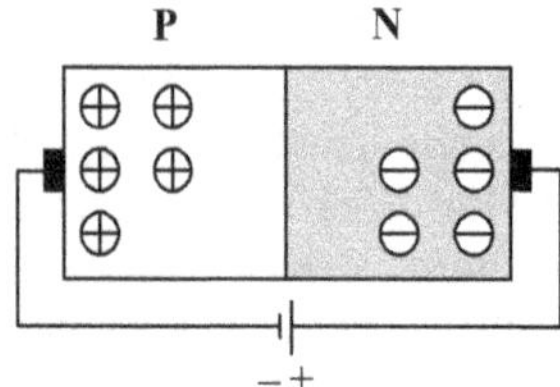

Bild 7.4 Sperrbelastung

In Sperrichtung fließt ein zwar kleiner, aber durchaus messbarer Sperrstrom über den PN-Übergang. Die Rekombinationszentren wirken also als „Sperrstromquelle" (**Bild 7.5**). Weil die Paar-Erzeugung sehr stark temperaturabhängig ist, würde der Sperrstrom mit steigender Temperatur sehr stark ansteigen.

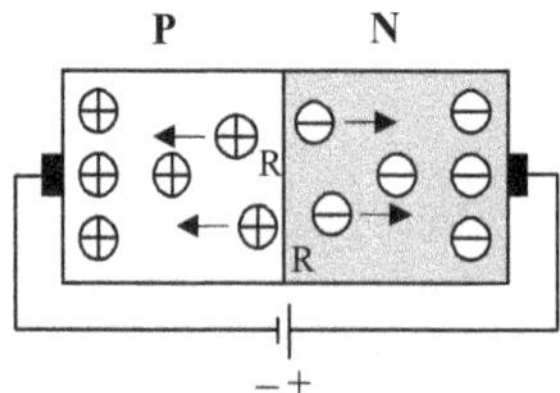

Bild 7.5 Sperrstrom mit Rekombinationszentrum R

PSN-Diode: Die Forderungen nach niedriger Durchlassspannung und hoher Sperrspannung sind beim gewöhnlichen PN-Übergang gegenläufig. Eine Lösung wurde mit der Entdeckung der PSN-Diode durch Hall und Dunlap gefunden. Sie machten den Vorschlag, den Kristall einer Diode in drei Zonen unterschiedlicher Leitfähigkeit zu unterteilen (**Bild 7.6**). Auf eine stark P-dotierte Zone folgt zunächst eine schwach dotierte Zone (N- bzw. P-dotiert) und auf diese wiederum eine stark N-dotierte Zone (S steht für schwach dotiert). Die sogenannte Schaltdiode hat eine ähnliche Wirkungsweise. Durch die schwache Dotierung besitzt sie kurze Einschalt- und Sperrverzögerungszeiten. Sie findet Anwendung beim Schalten und Begrenzen von Spannungen (0,7 V bei Si-Dioden) sowie beim Entkoppeln und in Logikschaltungen.

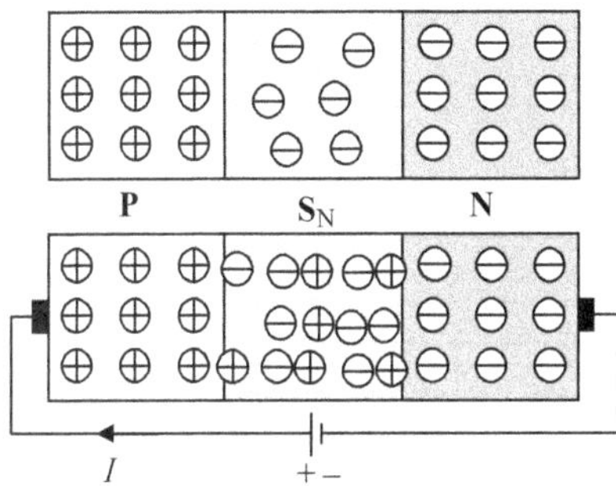

Bild 7.6 PSN-Diode

Leiter, Halbleiter und Nichtleiter

Die verschiedenen Bindungsverhältnisse der Kristalle machen die Unterschiede aus! Die Leiter (Metalle) sind immer leitend, die Halbleiter aber nur bei genügender Energiezufuhr. Der elektrische Strom fließt in Stromkreisen vorwiegend in Leitern (z. B. Kupfer, Aluminium). Mithilfe von Halbleitern (z. B. Silizium, Germanium, Indium) können hingegen Ventileigenschaften erzielt werden. Als Isolierstoffe dienen Nichtleiter (z. B. Lack, Gummi, Papier, Porzellan).

Leiter: Sie haben kristallinen Aufbau. Auch im nicht leitenden Zustand sind positiv geladene Ionen wie frei bewegliche Elektronen (ungefähr $10^{23}/cm^3$) bereits vorhanden. Die Ladungsträger werden nicht erzeugt.

Halbleiter: Mit steigender Temperatur (durch anliegende Spannung) werden immer mehr Atome ionisiert und damit Elektronen freigesetzt.

Nichtleiter: Sie sind fast vollständig aus neutralen Atomen aufgebaut und haben daher vergleichsweise wenig freie Elektronen.

7.3 Aufbau, Wirkungsweise und Anwendung der Bauelemente

7.3.1 Widerstände, Kondensatoren und Spulen

Der ohmsche Widerstand geeigneter Stoffe ist von Umgebungstemperatur, elektrischer Spannung, Licht und Magnetfeld abhängig. Je stärker dieser Einfluss ist, desto weniger linear ist die *I*-*U*-Abhängigkeit. Der Widerstand ist dann nichtlinear. Außerdem unterscheidet man Festwiderstände und einstellbare Widerstände (**Tabelle 7.1**).

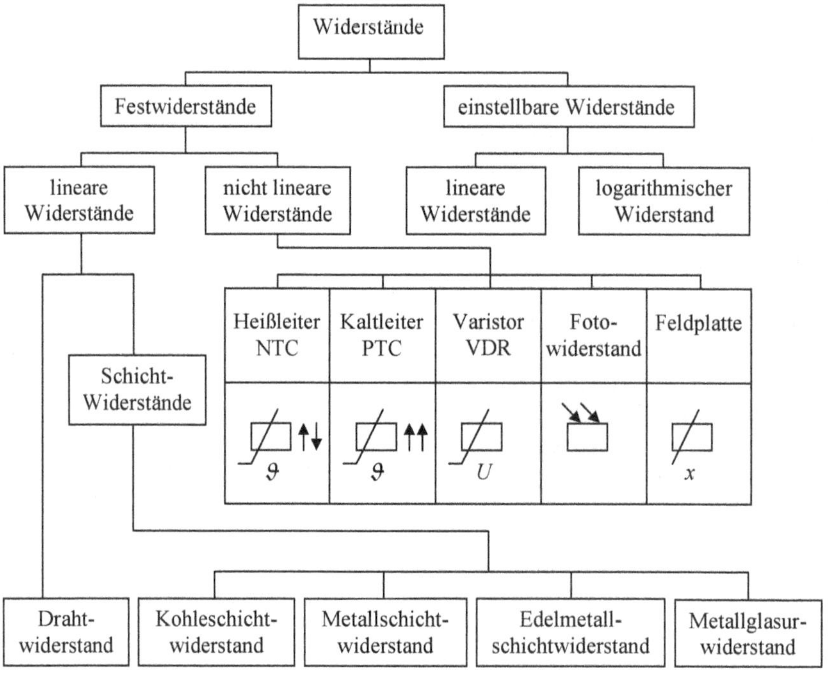

Tabelle 7.1 Widerstände

Lineare Widerstände sind ohmsche Widerstände mit linearer Strom-Spannung-Kennlinie. Die üblichen Werte liegen zwischen $10^{-2}\ \Omega$ bis $10^{9}\ \Omega$. Der normale

Widerstand ist ein Leiter aus einer Chrom-Nickel-Legierung, über Keramikrohr gewickelt und mit Schutzglasur versehen. Die gebräuchlichsten Bauformen sind die Draht- und die Schichtwiderstände. Die Kohleschichtwiderstände zeichnen sich durch geringe Beschaffungskosten aus, die Metallschichtwiderstände haben geringere Temperaturkoeffizienten und Toleranzen. Metallglasurwiderstände werden in integrierten Schaltungen benutzt.

Einstellbare Widerstände sind z. B. Potentiometer, Schiebewiderstände und elektronisch veränderbare Widerstände (z. B. Abschnitt 10.1, Bild 10.1). Der Widerstand kann in Abhängigkeit eines Drehwinkels logarithmisch (positiv oder negativ), aber auch linear abhängig sein. Die linearen Widerstände werden z. B. zur Diskant- und Beleuchtungsregelung eingesetzt. Die logarithmischen Widerstände finden Anwendung bei der Lautstärkeregelung. Weitere Verwendungsgebiete einstellbarer Widerstände sind: Steuerungen, Regelungen und Anlassen von Motoren (s. z. B. Abschnitt 3.10.2 bzw. 5.1.9.1.1.1).

Thermistoren sind temperaturabhängige Widerstände, die bei der Temperaturmessung eingesetzt werden (s. Abschnitt 6.6). Thermistoren können in Heißleiter (NTC für Negative Temperature Coefficient) und Kaltleiter (PTC für Positive Temperature Coefficient) unterteilt werden. Weitere Einzelheiten sind in Abschnitt 6.6 aufgeführt. Andere Einsatzgebiete für Heißleiter sind z. B. Temperaturfühler für Messzwecke und elektronische Schaltungen sowie die Begrenzung des Anlaufstroms bei Kleinmotoren. Sie werden auch angewendet als Temperaturfühler, z. B. in einem selbstregelnden Thermostaten (mit der Erwärmung ist eine Widerstandszunahme verbunden).

Varistoren bestehen meist aus Stoffen wie gesintertes Zinkoxid, deren Widerstand innerhalb weniger Mikrosekunden stark zurückgeht. Sie besitzen also eine I-U-Kennlinie wie eine Diode. Beim Stromanstieg ändert sich die Spannung nur wenig. Der Varistor kann deshalb als Schutz elektronischer Schaltungen gegen kurzzeitige Überspannungen benutzt werden und wird parallel zur gefährdeten Einheit geschaltet.

Fotowiderstände bestehen üblicherweise aus Silizium oder anderen Halbleitermischkristallen wie CdS und PbS. Durch Erhöhung der Lichteinstrahlung erhöht sich die Anzahl der freien Ladungsträger, was eine Verringerung des Widerstandswerts bewirkt. Während der sogenannte Dunkelwiderstand meist bei einigen MΩ liegt, ist der Hellwiderstand weniger als 1 kΩ. Fotowiderstände werden in Dämmerungsschaltern (Bewegungsmelder) und Lichtschranken eingesetzt.

Feldplatten sind Halbleitermischkristalle, deren Widerstand sich unter dem Einfluss eines äußeren Magnetfelds vergrößert. Die Widerstandszunahme kann durch den sogenannten Halleffekt erklärt werden (Abschnitt 6.8). Die geeigneten Hallsonden zur Magnetfeldmessung bei Elektromotoren und Generatoren bestehen aus InAs bzw. InSb. So kann z. B. auch die Lageänderung eines Dauermagneten gemessen werden (Wegmessung).

Kondensatoren gibt es mit festem und mit einstellbarem Kapazitätswert von etwa 10^{-12} F bis 10^{-2} F. Die geläufigen Ausführungen sind Plattenkondensator, Wickelkondensator, Rohrkondensator und Scheibenkondensator. Veränderbare bzw. einstellbare Kondensatoren sind meist Drehkondensatoren mit Luft als Dielektrikum. Durch Verdrehen eines Rotors lässt sich eine veränderbare Kapazität realisieren (die Fläche des Kondensators wird verändert). Die Kondensatoren der elektronischen Schaltungen sind meist miniaturisierte Ausführungen. Als Kondensator für kleine Kapazitätswerte kann auch die Kapazität eines PN-Übergangs dienen. In der Energietechnik dienen die Kondensatoren insbesondere zur Spannungsglättung (s. Abschnitt 7.4.2.3).

Spulen sind im Gegensatz zu Widerständen und Kondensatoren nicht genormt. Die technische Ausführung einer Spule hängt im Wesentlichen von der gewünschten Induktivität, dem Frequenzbereich und den zulässigen Verlusten ab. Im Hochfrequenzbereich werden vorwiegend die sogenannten Luftspulen ohne Eisenkern eingesetzt. Die großen Induktivitäten der Energietechnik sind Spulen mit Eisenkern. Die geläufigsten Ausführungen sind EI-, M-, UI- und Schalenkern (je nach Form des Eisenkerns). Durch die Veränderung der Lage des Eisenkerns in der Spule bzw. durch Gleiten eines Kontakts auf der Spule kann eine veränderbare Induktivität realisiert werden. Die meisten Spulen sind verlustbehaftet, was vom ohmschen Widerstand der Wicklung herrühren kann, aber auch Eisenverluste des Eisenkerns sein können. In der Energietechnik dienen die Spulen insbesondere zur Stromglättung (s. Abschnitt 7.4.2.3).

7.3.2 Transistoren

Es wird unterschieden zwischen bipolaren und unipolaren Transistoren. Die unipolaren Transistoren werden auch als Feldeffekttransistoren bezeichnet. Die spannungsgesteuerten Feldeffekttransistoren sind die neuere Ausführung mit größerem Marktanteil. Der Transistor besteht aus drei Halbleiterzonen unterschiedlicher Leitfähigkeit. Die drei Zonen werden beim Bipolartransistor Emitter (E), Basis (B) und Kollektor (C) und beim Unipolartransistor Drain (D), Gate (G) und Source (S) genannt. Dementsprechend besitzen sie drei Anschlüsse. Bei den bipolaren

Transistoren sind die unterschiedlich dotierten Zonen an deren Funktion beteiligt, weshalb sie bipolar genannt werden. Bei den unipolaren Transistoren ist nur eine Ladungsträgerart am Leitungsmechanismus beteiligt, d. h., der Strom durch den Transistor wird je nach gewünschter Ausführung entweder nur durch N-leitende oder nur durch P-leitende Halbleiterzonen geführt. Deshalb werden sie unipolare Transistoren genannt. Die unipolaren Transistoren zeichnen sich aus durch kleinere Bauweise, geringere Herstellungskosten, Wegfall von Steuerleistung und Unempfindlichkeit gegenüber Störspannungsspitzen.

Der Strom durch die Emitterzone eines Bipolartransistors, der sogenannte Emitterstrom I_E, teilt sich in der Basiszone in einen Basisstrom I_B und einen Kollektorstrom I_C auf:

$$I_E = I_B + I_C \tag{7.1}$$

Dabei ist der Basisstrom immer viel kleiner als der Kollektorstrom (etwa um den Faktor 100 bis 1 000). Transistoren gibt es z. B. in einem Leistungsbereich von U_{CE} = 6 V bis 1,2 kV und I_C = 10 mA bis 60 A. **Bild 7.7** zeigt die üblichen Bauformen. **Bild 7.8** gibt die Ströme im NPN-Transistor an.

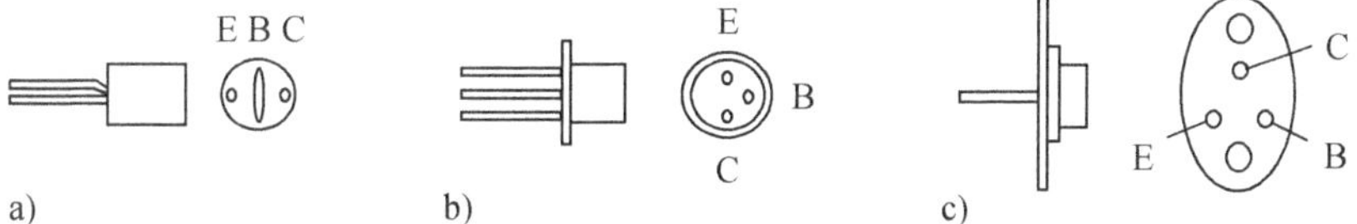

Bild 7.7 Ausführungen der Bipolartransistoren
a) Kunststoffmantel, U_{CE} = 12 V, I_C = 10 mA
b) Metallgehäuse, U_{CE} = 20 V, I_C = 0,5 A
c) Leistungstransistor, U_{CE} = 40 V, I_C = 5 A

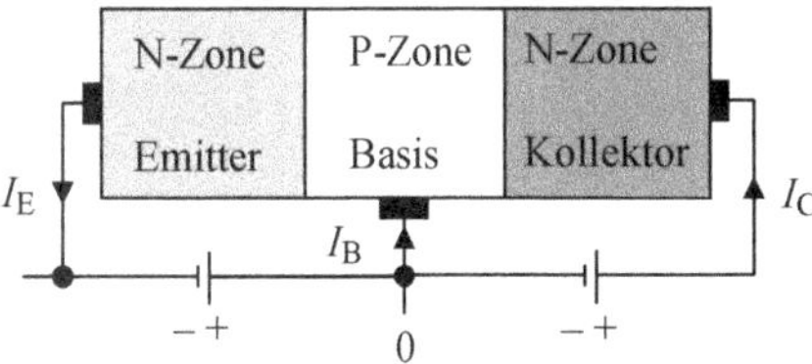

Bild 7.8 Ströme im NPN-Transistor

Transistor-Grundschaltungen: Der Transistor hat nur drei Pole. Da in einer Verstärkerschaltung zwei Pole für den Eingang und zwei für den Ausgang erforderlich sind, muss immer ein Pol des Transistors gemeinsam für Eingang und

Ausgang verwendet werden. Je nachdem, welcher Pol dazu verwendet wird, unterscheidet man beim Bipolartransistor zwischen Emitterschaltung (**Bild 7.9a**), Basisschaltung (**Bild 7.9b**) bzw. Kollektorschaltung (**Bild 7.9c**). Für die Verwendung als Schalter wird der Transistor meist in Emitterschaltung betrieben. Bei jenen Grundschaltungen, die nicht die Basis als gemeinsamen Pol benutzen, kann der Transistor durch die Basis gesteuert werden, also mit dem sehr kleinen Basisstrom. Man nennt das Verhältnis zwischen Kollektorstrom und Basisstrom die Stromverstärkung B:

$$B = I_C/I_B \tag{7.2}$$

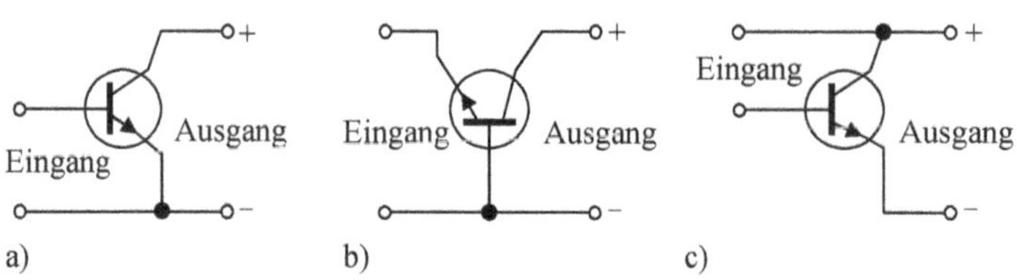

Bild 7.9 Transistor-Grundschaltungen
a) Emitterschaltung b) Basisschaltung c) Kollektorschaltung

Transistor eingeschaltet: Erhält der Transistor an der Basis ein ausreichend großes Steuersignal, so wird er stromdurchlässig. Er wird eingeschaltet (**Bild 7.10**).

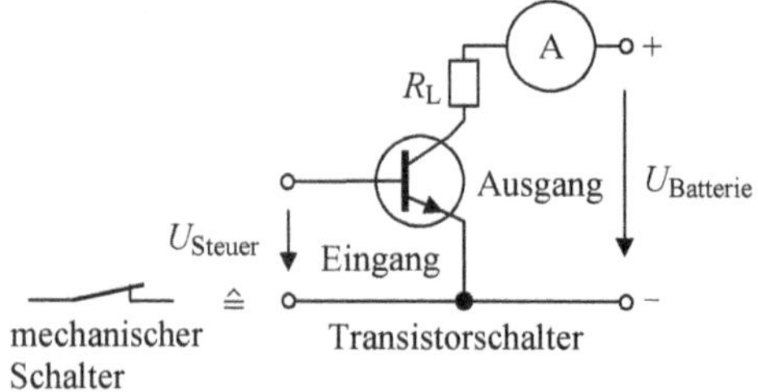

Bild 7.10 Transistor eingeschaltet

Der Transistor ist kein idealer Schalter, denn:

- im gesperrten Zustand fließt ein Reststrom (dies ist auf die immer vorhandenen Unregelmäßigkeiten im Kristallgefüge des Transistorsystems zurückzuführen)
- im eingeschalteten Zustand verbleibt eine Restspannung (Innenwiderstand ungleich null)
- die Restspannung tritt meist mit hohem Kollektorstrom auf, d. h., beachtliche Verlustleistungen sind zu erwarten ($P = U_C I_C$)

Auch im gesperrten Zustand tritt am Transistor eine Verlustleistung auf. Sie ist jedoch immer viel kleiner als die Verlustleistung im eingeschalteten Zustand, weshalb sie meist vernachlässigt werden kann (die Verlustleistung hat etwa die Größe der Betriebsspannung mal Reststrom). Deshalb ist eine Wärmeableitung erforderlich (Einsatz eines Kühlblechs). Der Wärmewiderstand ergibt sich als Verhältnis von Temperaturdifferenz zur Verlustleistung: $R_\theta = \Delta\vartheta/P$, ohmsches Gesetz der Wärmelehre (s. Abschnitt 13.6.4.2).

Ein- und Ausschalten

Das Ein- und Ausschalten eines Transistors geht nicht unendlich schnell vor sich. Während der Umschaltzeit ändern sich ständig die Werte für Strom und Spannung am Transistor. Dabei verändert sich während der Einschaltzeit der Strom von kleinen Werten zu großen und die Spannung von großen Werten zu kleinen; während der Ausschaltzeit ist es umgekehrt.

Einschaltvorgang: Die Einschaltzeit eines Transistors (t_E im **Bild 7.11**) kann durch eine Verstärkung des Steuersignals verkürzt werden (durch höheren Basisstrom).

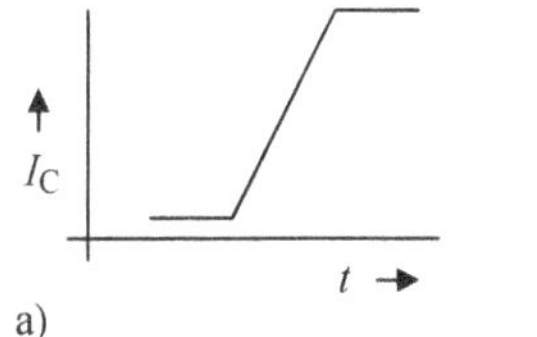

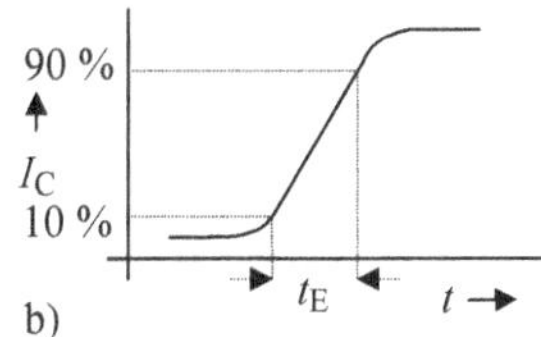

Bild 7.11 Einschalten des Transistors
a) ideal b) praktisch

Ausschaltvorgang: Die Ausschaltzeit setzt sich aus der Speicherzeit (t_S) und der Abfallzeit (t_A) zusammen (**Bild 7.12**). Die Speicherzeit wird nach Ende des Steuerimpulses berechnet. In der Speicherzeit fließt der Kollektorstrom mit voller Größe weiter. Die Abfallzeit wird ähnlich wie die Einschaltzeit zwischen 90 % und 10 % des maximalen Stroms gemessen.

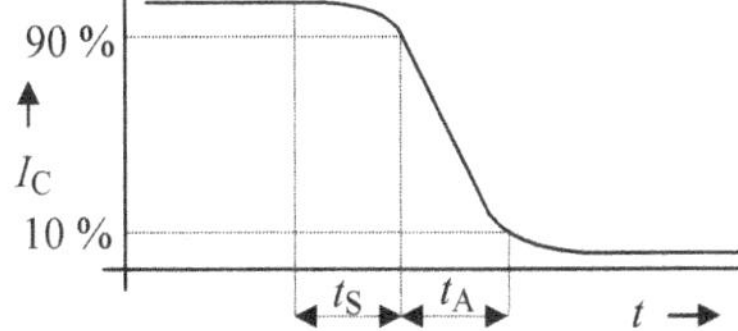

Bild 7.12 Ausschalten des Transistors

Bild 7.13 zeigt die Änderungen des Kollektorstroms während der Umschaltzeit. Das Produkt aus den jeweiligen Augenblickswerten von Strom und Spannung nennt man die Umschalt-Verlustleistung. Sie muss bei der Dimensionierung von Leistungsschaltern berücksichtigt werden. Das Tastverhältnis $r = t_E/\tau$ und die maximale Leistung bestimmen den Verlustleistungsmittelwert. Die Verlustleistungen des Transistors sind ebenfalls im Bild 7.13 dargestellt.

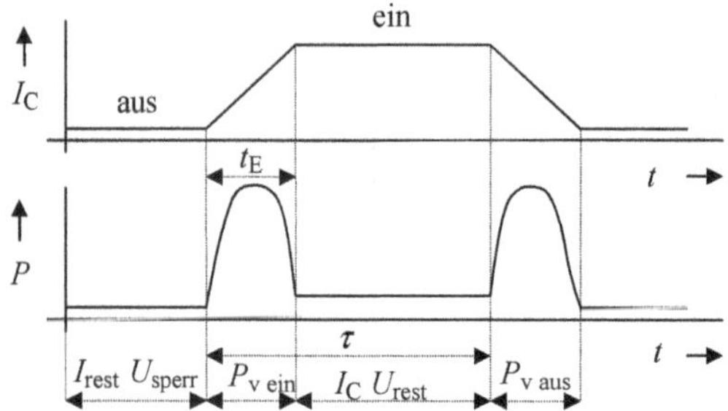

Bild 7.13 Kollektorstrom und Umschaltverluste des Transistors

Transistor als Niederfrequenzverstärker: Niederfrequenzverstärker haben die Aufgabe, ein meist sinusförmiges Steuersignal, das von einem Mikrofon, einem Tonkopf, einem Tonabnehmer oder einem Demodulator kommt, so weit zu verstärken, dass es über einen Lautsprecher hörbar wird (**Bild 7.14**).

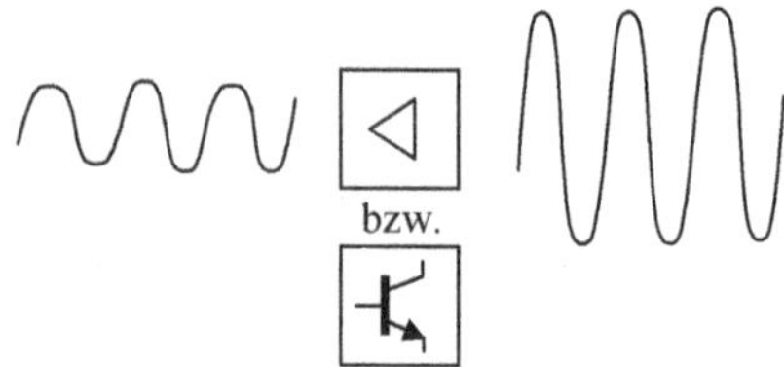

Bild 7.14 Aussteuerung eines Transistors von einem Arbeitspunkt

Grenzdaten: Der Transistor kann bis zu seinen Grenzdaten ohne Gefährdung betrieben werden. Ein geläufiger NPN-Silizium-Leistungstransistors hat beispielsweise folgende Grenzdaten:

$U_{CB} = 100$ V $U_{CE} = 60$ V $U_{EB} = 7$ V $I_C = 15$ A $\vartheta_S = 200$ °C (Sperrschicht)
$P = 100$ W

7.3.3 Diode (ungesteuertes elektrisches Ventil)

Bild 7.15 zeigt die Strom-Spannung-Kennlinie einer Diode (eines ungesteuerten elektrischen Ventils). In Durchlassrichtung fließt der Strom von der Anode zur Katode. Die Spannung U am Ventil setzt sich aus der Schleusenspannung U_{sch} und dem Spannungsfall am Durchlasswiderstand R_e zusammen. In negativer Richtung fließt nur ein kleiner Strom, der sogenannte Sperrstrom, so lange die Spannung unterhalb der Durchbruchspannung ist. Wird die Durchbruchspannung (Belastungsgrenze) überschritten, so werden wegen des starken elektrischen Feldes lawinenartig Ladungsträger freigesetzt, die den Sperrstrom unkontrolliert bis zur Zerstörung des PN-Übergangs ansteigen lassen. Man kann das Ventil als einen veränderlichen Widerstand auffassen: in Durchlassrichtung geht er gegen null, in Sperrrichtung gegen unendlich. Durch die Erwärmung des Kristalls wird der Halbleiter leitend. Gleichrichterdioden werden heute für Sperrspannungen von etwa 10 V bis 3 kV und für Durchlassströme von 10 mA bis 1 000 A gebaut. **Bild 7.16** gibt die geläufigsten Bauformen wieder.

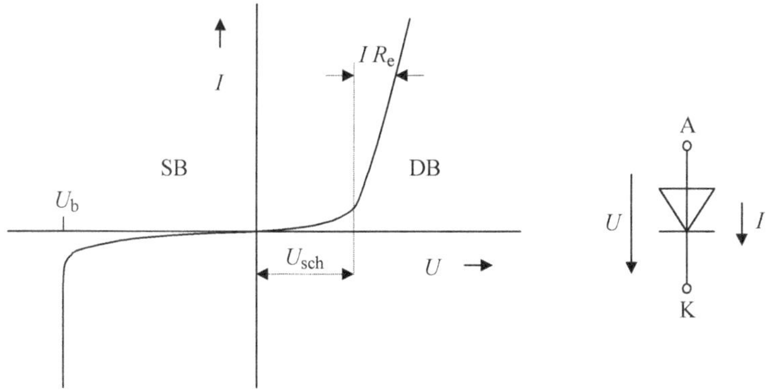

A: Anode K: Katode U_b: Durchbruchspannung, z. B. 1 000 V U_{sch}: Schleusenspannung, z. B. 0,7 V R_e: Durchlasswiderstand, z. B. 3 Ω DB: Durchlassbereich SB: Sperrbereich

Bild 7.15 *I-U*-Kennlinie und Schaltzeichen der Diode

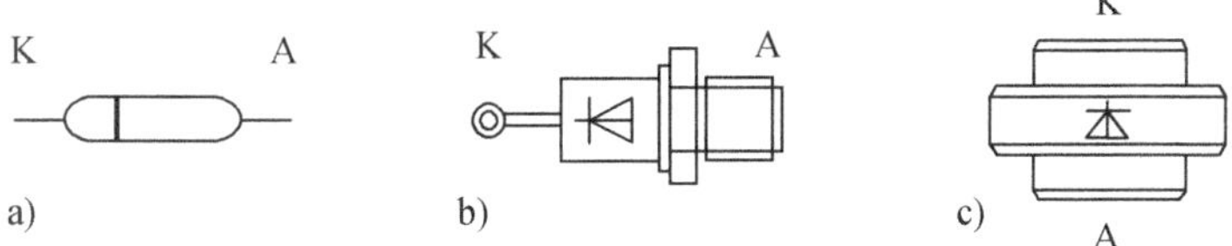

Bild 7.16 Ausführungen der Dioden
a) Drahtdiode b) Schraubdiode c) Scheibendiode

Zenerdioden (Z-Dioden) haben einen besonders starken Knick in der Sperrkennlinie. Der Betrieb auf der Sperrkennlinie ist kontrolliert zulässig. Eine bestimmte Durchbruchspannung lässt sich über den Dotierungsgrad einstellen. Nach Erreichen der Durchbruchspannung (Zenerspannung genannt) steigt der Sperrstrom bei kleinster Spannungserhöhung stark an, wobei sich eine steile Durchbruchkennlinie ergibt. Zenerdioden werden bei der Spannungsbegrenzung und der Stabilisierung einer geglätteten Gleichspannung angewendet.

Fotodioden sind Si-Dioden mit kleinflächigem PN-Übergang. Der PN-Übergang wird über eine Sammellinse in der Lichteintrittsöffnung von den Photonen des Lichts getroffen. Deren Energie reicht aus, um Elektronen aus dem Kristallverband herauszulösen und paarweise freie Elektronen und Löcher zu bilden, die die Leitfähigkeit des PN-Übergangs beeinflussen (Fotoeffekt). Fotodioden werden in Uhren, Taschenrechnern, Belichtungs- und Beleuchtungsstärkemessern verwendet. Solarzellen sind Fotodioden mit größeren Abmessungen.

7.3.4 Thyristor (steuerbares elektrisches Ventil)

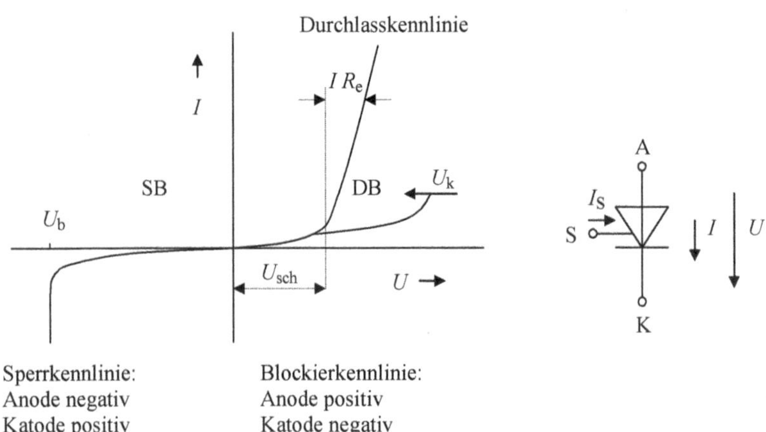

A: Anode K: Katode S: Steuerelektrode I_S: Steuerstrom $U_k = f(I_S)$: Kippspannung U_{sch}: Schleusenspannung

Bild 7.17 *I-U*-Kennlinie und Schaltzeichen des Thyristors

Der Thyristor verhält sich wie eine Diode. Sein Durchlassstrom ist jedoch steuerbar, weshalb er auch als steuerbare Halbleiterdiode bezeichnet wird. Ohne Steuerung würde er zunächst blockieren (**Bild 7.17** und **Bild 7.18**). Bild 7.17 zeigt die Strom-Spannung-Kennlinie eines Thyristors (gesteuertes Ventils). Sie wird insbesondere als elektrischer Schalter für Leistungen > 1 kW in Gleich-, Wechsel- und Umrichterschaltungen angewendet.

Der Thyristor besteht aus einem Halbleiterkristall, der aus vier Schichten unterschiedlicher Leitungsart aufgebaut ist (N-P-N-P-Übergang). **Bild 7.18a** zeigt den schematischen Aufbau eines Thyristors. Es wechseln sich jeweils zwei PN-Schichten ab, die unmittelbar übereinander liegen. Im **Bild 7.19** ist die untere P-Schicht an einer Elektrode (*Anode*) angeschlossen. Die obere oder äußere N-Schicht trägt ebenfalls einen Anschluss (*Katode*). Die unmittelbar darunter liegende obere P-Schicht hat einen seitlichen Anschluss: die *Steuerelektrode*. **Bild 7.18b** gibt den Aufbau einschließlich Zonenpolarität und die bereits erwähnten Schaltzeichen an.

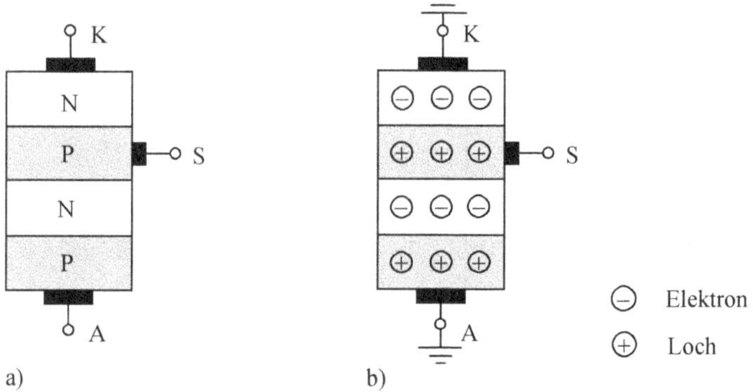

Bild 7.18 Innerer Aufbau des Thyristors

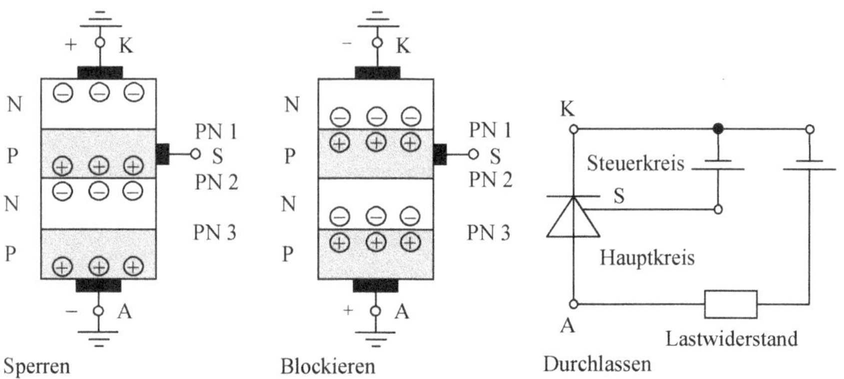

Bild 7.19 Sperren, Blockieren und Leiten des Thyristors

Sperren, Blockieren und Leiten (s. auch Bild 7.17)

Sperren: PN 1 und PN 3 sind an Ladungsträgern verarmt, d. h., diese Bereiche isolieren. PN 2 ist mit Ladungsträgern angereichert, d. h., dieser Bereich ist leitend.

Blockieren: PN 1 und PN 3 sind in Durchlassrichtung gepolt! PN 2 sperrt ($R_i >> R_L$).

Durchlassen: Die Umkehrung des Blockiervorgangs in den Durchlassvorgang wird durch Zünden ermöglicht. Die Steuerspannung zwischen Kathode Steuerelektrode regt PN 2 zum Leiten an (Bild 7.19).

Der Thyristor kann als aus zwei Transistoren zusammengesetzt betrachtet werden (**Bild 7.20**). Die Aussagen sind übertragbar.

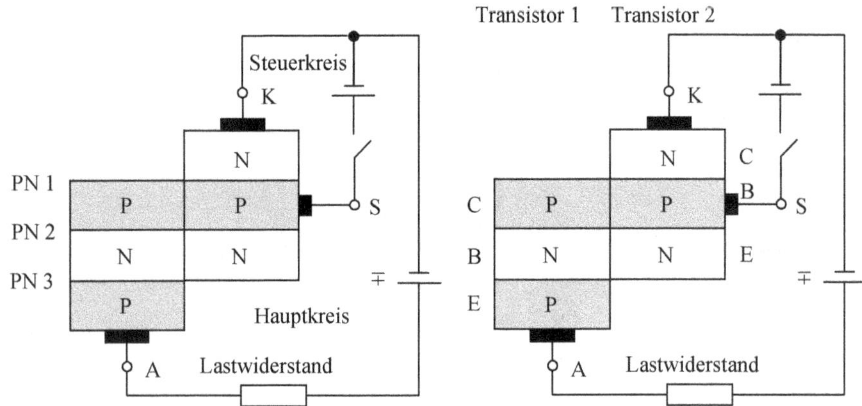

Bild 7.20 Transistor-Ersatzschaltbild des Thyristors

Zum Löschen des Thyristors gibt es zwei Möglichkeiten:

- Unterbrechen des Hauptstroms
- Umpolen der Spannung im Hauptstromkreis

7.4 Spezielle Anwendungen von Diode und Thyristor

7.4.1 Speisung des Gleichstrommotors durch das Wechselspannungsnetz

In Abschnitt 7.4.2 wird gezeigt, wie eine Gleichspannung aus einer Wechselspannung zu gewinnen ist. Damit besteht z. B. die Möglichkeit, die Gleichstrommotoren aus dem Wechselstromnetz zu speisen. Wie in Abschnitt 3.10.1 behandelt, ist die Drehzahl des Gleichstrommotors abhängig von der Ankerspannung U_A, vom Erregerstrom I_E und vom Ankervorwiderstand R_{vA}. Durch die Aussteuerung der Halbleiterbauelemente lassen sich diese Größen variieren. Somit bieten sich gleichzeitig elegante Möglichkeiten, die Drehzahl des Gleichstrommotors zu regeln.

7.4.2 Gleichrichterschaltungen

7.4.2.1 Mit Wechselstrom

In einer Gleichrichterschaltung wird mithilfe der Ventilwirkung von Halbleiterbauelementen aus einer Wechselspannung eine Gleichspannung erzeugt. Da die Gleichspannung aus Anteilen der Sinusspannung gebildet wird, ist es aufwendig, eine reine Gleichspannung, wie sie z. B. eine Batterie liefert, zu erzeugen. So ist der Gleichspannungsmittelwert U_g am Verbraucher, wie ihn ein Drehspulinstrument anzeigt, stets von einer nicht sinusförmigen Wechselspannung überlagert. Eine überlagerte Wechselspannung wird auch Brummspannung genannt. Diese Bezeichnung stammt aus der Rundfunktechnik: Ein Lautsprecher brummt, wenn er an eine pulsierende Gleichspannung angeschlossen wird.

Der Effektivwert U und die Grundfrequenz $f_ü$ hängen von der eingesetzten Gleichrichterschaltung ab. Der Gleichspannungsmittelwert (Gleichspannungsrichtwert) und der zugehörige Formfaktor F können nach Abschnitt 1.3 (Gln. (1.5) und (1.6)) für verschiedene Gleichrichterschaltungen ermittelt werden.

Dabei ist der Einsatz eines Trenntransformators erforderlich, um die Rückwirkung auf das Netz zu vermeiden (**Bilder 7.21** und **7.22**). Zusätzlich kann nach Bedarf ein Stelltransformator eingesetzt werden, damit die Möglichkeit zur Spannungsänderung gegeben ist. Für die nachstehenden Diagramme und Formeln sind jeweils zur Vereinfachung verlustfreie Bauelemente und rein ohmsche Last angenommen.

Einpuls-Mittelpunktschaltung (M1)

Bei der M1-Schaltung kann der Strom i_g nur bei positiver Halbschwingung der Wechselspannung u fließen und wenn die Diode in Durchlassrichtung arbeitet. Die Gleichspannung hat somit den Verlauf nach **Bild 7.21a** und lückt zwischen zwei Sinusbögen. Der Mittelwert U_g ist entsprechend gering und die Welligkeit groß. Es gilt:

$$U_g = \frac{\sqrt{2}\,U}{\pi} = 0{,}45\ U \qquad F = 2{,}22 \qquad f_ü = f \tag{7.3}$$

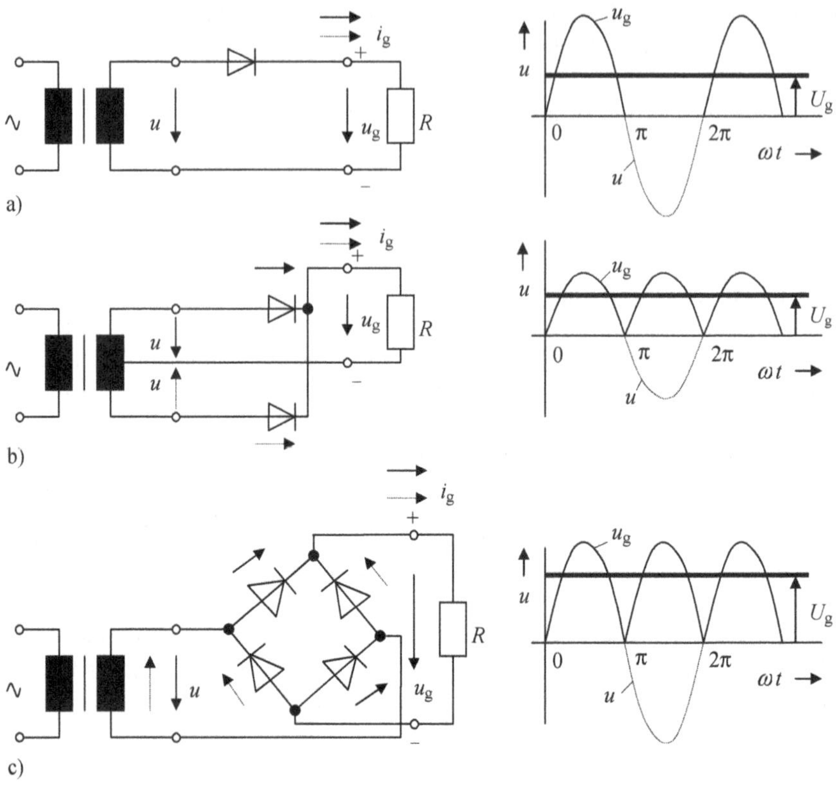

Bild 7.21 Aufbau und Spannungsverläufe der ungesteuerten Gleichrichterschaltungen für einen Wechselstromanschluss
a) Einpuls-Mittelpunktschaltung (M1)
b) Zweipuls-Mittelpunktschaltung (M2)
c) Zweipuls-Brückenschaltung (B2)

Zweipuls-Mittelpunktschaltung (M2)

Bild 7.21b zeigt einen Transformator mit Mittelanzapfung. Bei der positiven Halbschwingung der Sekundärspannung führt die obere Diode den Laststrom i_g und bei negativer die untere. Die Sekundärwicklung ist also jeweils nur zur Hälfte belastet. Die Gleichspannung besteht aus aneinandergereihten Sinusschwingungen der halben Amplitude. Es treten pro Periode zwei Halbschwingungen auf, weshalb die Schaltung als zweipulsig bezeichnet wird. Es gilt:

$$U_g = \frac{2\sqrt{2}\,U}{\pi} = 0{,}9\ U \qquad F = 1{,}11 \qquad f_ü = 2\,f \tag{7.4}$$

Zweipuls-Brückenschaltung (B2)

Um die Energie des Wechselstromnetzes voll auszunutzen, werden oft Brückenschaltungen eingesetzt (**Bild 7.21c**). So kann in jeder Halbschwingung die volle Sekundärwicklung des Transformators ausgenutzt werden. Es gilt:

$$U_g = \frac{2\sqrt{2}\,U}{\pi} = 0{,}9\ U \qquad F = 1{,}11 \qquad f_ü = 2\,f \tag{7.5}$$

7.4.2.2 Mit Drehstrom

Soll eine Gleichstromlast aus einem Drehstromnetz gespeist und gesteuert werden, so geschieht dies z. B. mit einer Dreipuls- oder Sechspuls-Schaltung. Bei der Steuerung großer Leistungen wird oft der höherpulsigen Schaltung der Vorzug gegeben. Die Gleichspannung aus dem Drehstrom hat eine geringere Welligkeit als die aus der Wechselstrombrücke. Für das Glätten der Gleichspannung ist deshalb ein geringerer Aufwand an Kondensatoren und Induktivitäten erforderlich (s. Abschnitt 7.4.2.3).

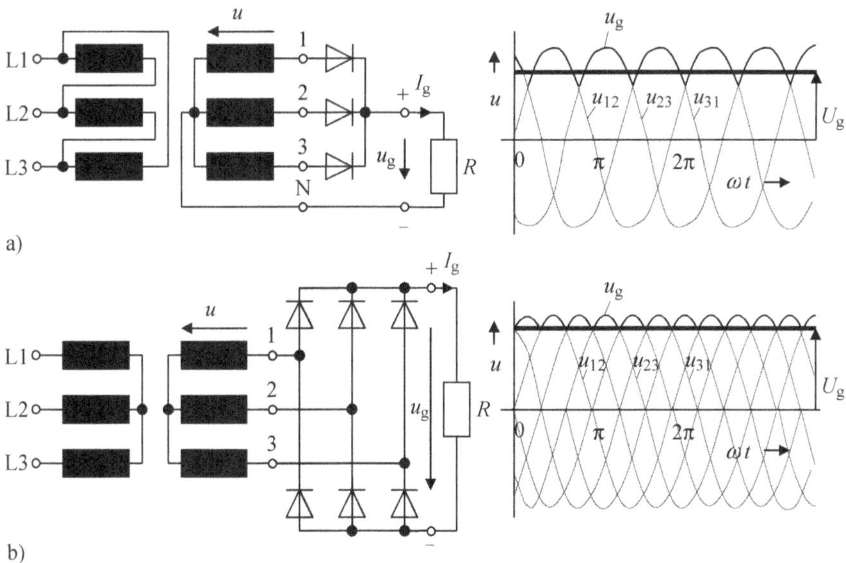

Bild 7.22 Aufbau und Spannungsverläufe der ungesteuerten Gleichrichterschaltungen für einen Drehstromanschluss

a) Dreipuls-Mittelpunktschaltung (M3)

b) Sechspuls-Brückenschaltung (B6)

Dreipuls-Mittelpunktschaltung (M3)

Die drei Sternspannungen u_{1n}, u_{2n} und u_{3n} werden nacheinander über die Dioden an die Last R gelegt (**Bild 7.22a**). Dabei ist immer die Wicklung mit den positiven Spannungswerten in Betrieb. Es gilt:

$$U_g = \frac{3\sqrt{6}\,U}{2\pi} = 1{,}17\ U \qquad F = 0{,}855 \qquad f_ü = 3\,f \tag{7.6}$$

Sechspuls-Brückenschaltung (B6)

Diese Schaltung wird auch Drehstrombrücke genannt. Der Laststrom fließt über zwei Wicklungsstränge, d. h., die Leiterspannung $U_L = \sqrt{3}\,U$ wird gleichgerichtet (**Bild 7.22b**). Es gilt:

$$U_g = \frac{3\sqrt{6}\,U}{\pi} = 2{,}34\ U \qquad F = 0{,}427 \qquad f_ü = 6\,f \tag{7.7}$$

7.4.2.3 Glättung

Eine Maßnahme, um aus einer pulsierenden Gleichspannung eine brauchbare Gleichspannung zu erzeugen, ist der Einsatz von Glättungskondensatoren (Spannungsglättung) (**Bild 7.23**).

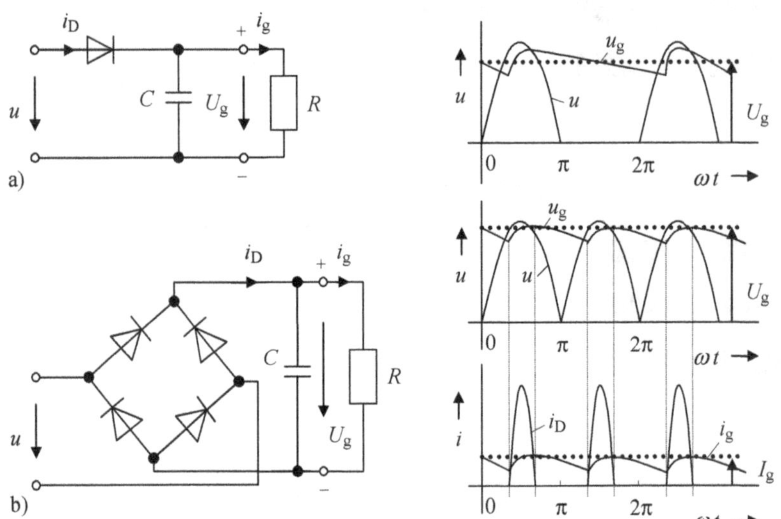

Bild 7.23 Spannungsglättung mit einem Kondensator
a) M1-Schaltung b) B2-Schaltung

Während der Durchlassphase wird der Kondensator praktisch bis auf den Spitzenwert der Wechselspannung aufgeladen. Ist der Kondensator groß genug, so sinkt an ihm die Spannung bis zur nächsten Durchlassphase, in der er wieder aufgeladen wird, nur wenig ab (Bild 7.23). Als Schaltgesetz an der Kapazität gilt deshalb, dass die Spannung nicht springen darf.

Die Speicherungseigenschaften der Kondensatoren werden u. a. bei der Versorgung der Gleichstrommotoren aus dem Wechselstromnetz genutzt, aber auch in Blitzlichtleuchten und zum Impulselektroschweißen, wenn sich die Spannung und damit das elektrische Feld im Kondensator zeitlich ändern. Die Kapazitäten der handelsüblichen Festkondensatoren liegen in der Größenordnung von 10^{-12} F bis 10^{-2} F. Wie bei den Widerständen gibt es auch veränderbare Kondensatoren (stetig bzw. stufenweise einstellbar).

In der Leistungselektronik würde bei großen Lastströmen zur Glättung eine unwirtschaftlich große Kapazität erforderlich werden. Zweckmäßig ist hier der zusätzliche Einsatz einer Glättungsdrosselspule L (Stromglättung). **Bild 7.24** zeigt dies am Beispiel einer Versorgung eines Gleichstromverbrauchers (z. B. eines Gleichstrommotors) aus einem Wechselspannungsnetz. Die Spule übernimmt durch ihren Blindwiderstand den Wechselanteil u_L in der Gleichrichterspannung u_g. Als Schaltgesetz an der Induktivität gilt deshalb, dass der Spulenstrom nicht springen darf. Oft führt die richtige Kombination von Drosselspule und Kondensator zum geringstmöglichen Wert der Welligkeit der Ausgangsspannung. Mithilfe sogenannter RC- und LC-Schaltungen lässt sich die Brummspannung weiter verringern. Diese Schaltungen wirken als Tiefpass, der den Gleichstrom passieren lässt und den höherfrequenten Wechselstromanteil abschwächt, weshalb sie Siebschaltungen genannt werden.

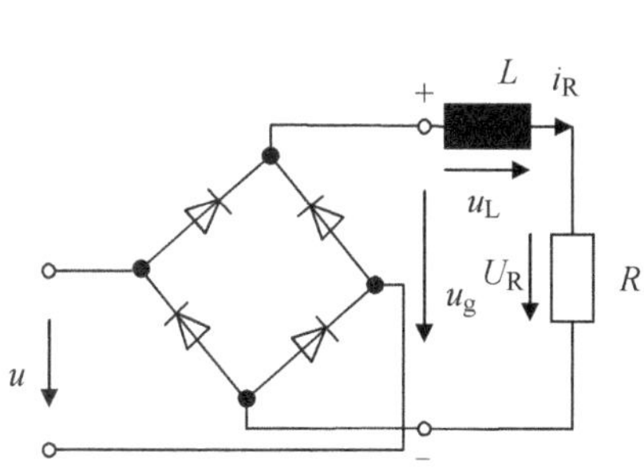

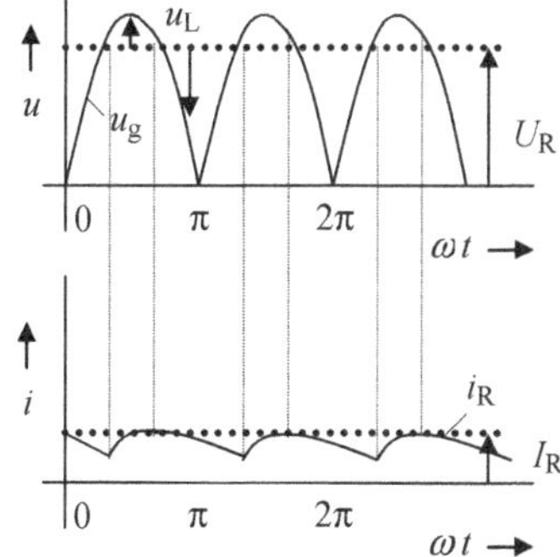

Bild 7.24 Stromglättung mit einer Induktivität L

7.4.2.4 Prinzipschaltung von Gleichrichterschaltungen (Stromrichter)

Die bisher durchgeführten Untersuchungen an Gleichrichterschaltungen lassen sich wie folgt zusammenfassen: Eine Gleichstromschaltung formt die Energie aus einem Wechsel- oder Drehstromnetz in Gleichstromenergie um. Das Umformen hoher elektrischer Leistungen ist gleichbedeutend mit dem Umformen hoher Spannungen und hoher Ströme. Da eine einzige Diode bzw. ein einziger Thyristor allein hohe Leistungen nicht steuern kann, werden Kombinationsschaltungen aus vielen Thyristoren angewendet (z. B. Reihenschaltungen zum Aufnehmen hoher Spannungen, Parallelschaltungen zum Aufteilen hoher Ströme und die bereits behandelten Gleichrichterschaltungen). Diese Schaltungseinheiten sind für das Prinzip des Stromrichters nicht so wichtig, sodass die Darstellung eines Blockschaltbilds (**Bild 7.25**) ausreichen soll.

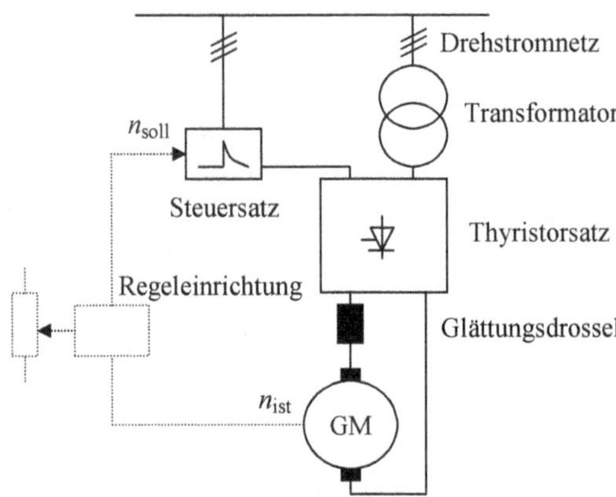

Bild 7.25 Prinzipschaltung einer Gleichrichterschaltung

Eine Last – in Bild 7.25 eine Gleichstrommaschine – erhält die Energie über den Thyristorsatz, der über einen Transformator mit dem Netz verbunden ist. Der Thyristorsatz wird mithilfe des Steuersatzes, der durch das Netz gespeist wird, gesteuert. Der Thyristorsatz ist also netzgeführt. Mit dieser Anordnung kann die Energiezufuhr nicht nur *gesteuert*, sondern auch *geregelt* werden, z. B. konstante Einhaltung einer bestimmten Drehzahl (dieser zusätzliche Schaltungsteil ist in Bild 7.25 punktiert dargestellt). Der Drehzahl-Istwert wird mit dem Drehzahl-Sollwert einer Regeleinrichtung, die bei einer Regelabweichung dann den Steuersatz beeinflusst, verglichen. Allgemeine Aufgabe eines Strom- bzw. Gleichrichters ist also die Umformung von Wechsel- oder Drehstromenergie in Gleichstromenergie.

7.4.3 Antiparallel- bzw. Zweiwegschaltung (Triac)

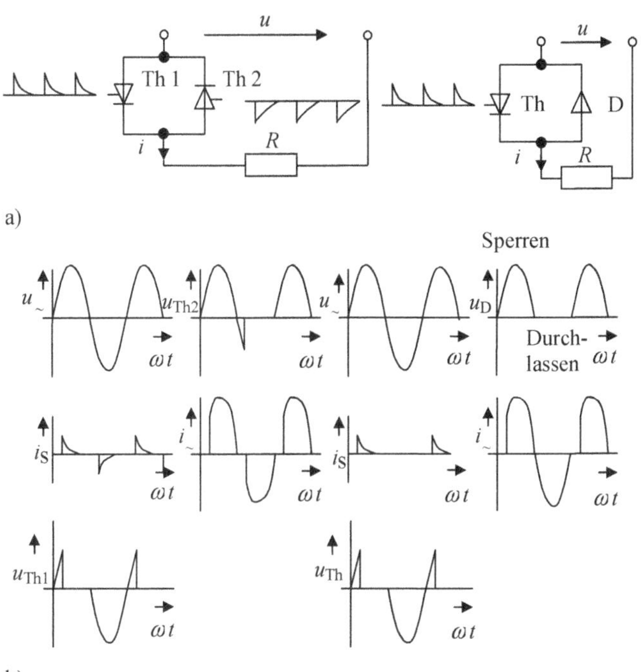

Bild 7.26 Antiparallel- bzw. Zweiwegschaltung
a) Schaltungen (links zwei Thyristoren (Triac), rechts Thyristor und Diode)
b) *u*- und *i*-Verläufe (links zwei Thyristoren (Triac), rechts Thyristor und Diode)

Um die Einschränkung der Anwendbarkeit eines normalen Thyristors bei höheren Leistungen zu umgehen, werden Zweiweg- bzw. Brückenschaltungen eingesetzt (**Bild 7.26a** und **b**). Die obige Brückenschaltung aus zwei Thyristoren wird auch Triac genannt.

Der Diac ist ein spannungssteuerbares Diodenpaar mit beiden Wirkungsrichtungen. Dabei muss die Spannung in jeder der beiden Richtungen den absoluten Kippspannungswert überschreiten. Dessen Schaltzeichen ist in Abschnitt 6.1, Tabelle 6.1, dargestellt.

7.4.4 Halbleiterbauelemente als Schalter

Transistor als Gleichstrom-Schalter

Die Möglichkeit, einen Transistor stetig zu steuern, bestimmt sein Anwendungsgebiet. Wegen dieser Eigenschaft eignet er sich besonders gut zum Steuern von Gleichströmen. Der Transistor ist deshalb auch ein optimaler Gleichstrom-Schalter (**Bild 7.27**).

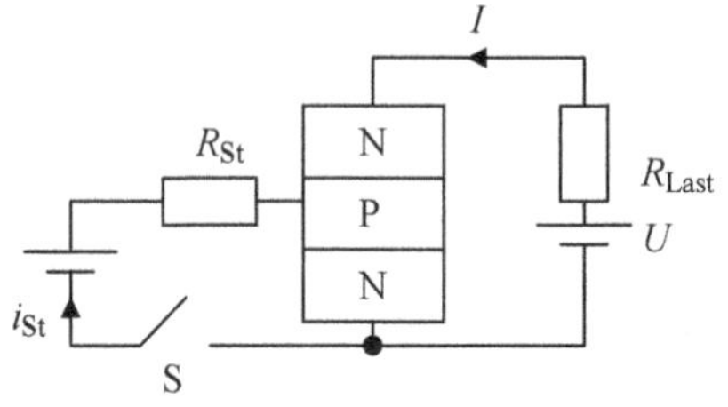

Transistor mit Haupt- und Steuerkreis

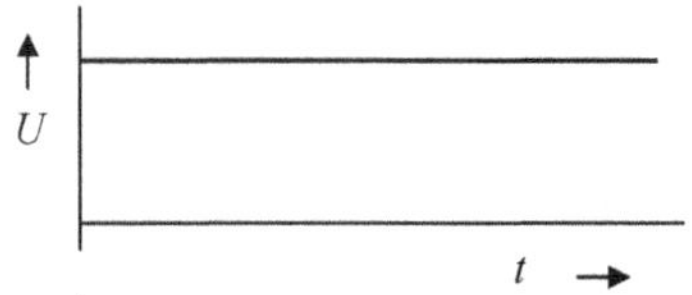

Gleichspannung im Hauptkreis des Transistors

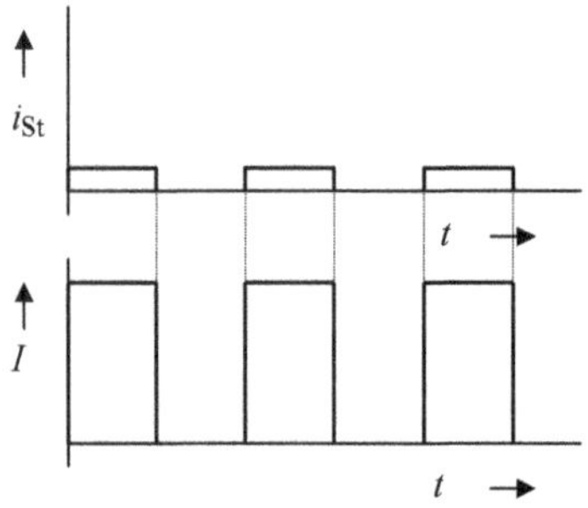

Steuerstrom, hervorgerufen durch Schließen und Öffnen des Schalters S im Steuerkreis in gleichen Zeitabständen

Verstärkter Hauptstrom, hervorgerufen durch die zeitliche Änderung des Steuerstroms

Bild 7.27 Transistor als Gleichstrom-Schalter

Thyristor als Wechselstrom-Schalter

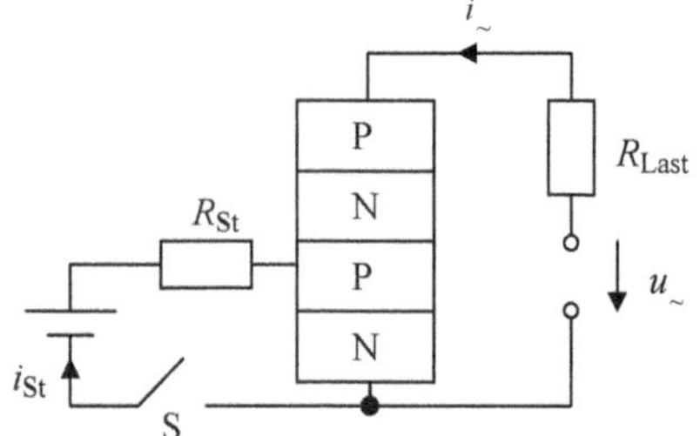

Thyristor mit Haupt- und Steuerkreis

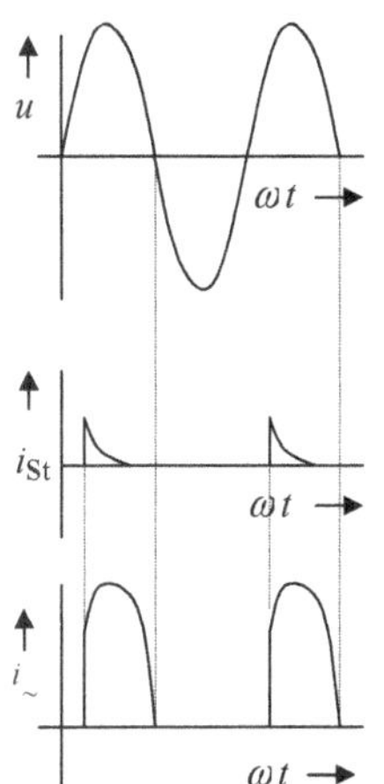

Wechselspannung im Hauptkreis des Thyristors

Steuerstrom, hervorgerufen durch Schließen und Öffnen des Schalters S im Steuerkreis in gleichen Zeitabständen

Verstärkter Hauptstrom, hervorgerufen durch die zeitliche Änderung des Steuerstroms. Der Durchlassstrom fließt vom Zeitpunkt des Zündimpulses an.

Bild 7.28 Thyristor als Wechselstrom-Schalter

Wie bereits betont, hat der Thyristor eine Impulssteuerung. Um den Durchlassstrom zu unterbrechen, muss der Thyristor in den stromlosen Zustand bzw. Sperrzustand überführt werden. Dies gelingt ohne zusätzlichen Schaltungsaufwand im Hauptkreis allein dadurch, dass an den Thyristor eine Wechselspannung gelegt wird. Betreiben wir den Thyristor z. B. am normalen Wechselstromnetz (50 Hz), so geschieht das Umpolen des Thyristors, das den Durchlassstrom unterbricht, 50 Mal in der Sekunde. Der Thyristor eignet sich deshalb besonders zum Steuern von Wechselströmen, weshalb er Wechselstrom-Schalter genannt wird (**Bild 7.28**).

7.4.5 Prinzipschaltung von Wechselrichtern

Der Wechselrichter formt die Gleichstromenergie. Beispielsweise wird die Spannung eines Akkumulators so umgeformt, dass Wechselstromlasten betrieben werden können. Eine mögliche Prinzipschaltung zeigt **Bild 7.29**. Hier liegt also die umgekehrte Aufgabe im Vergleich zu den Gleichrichtern vor. Da der Wechselrichter Frequenz und Höhe der Ausgangswechselspannung selbst bestimmt, wird er „selbstgeführt“ genannt.

An einer Batterie ist eine Transformatorwicklung mit Mittelanzapfung und daran zwei Thyristoren Th 1 und Th 2 angeschlossen. Ist Th 1 gezündet, fließt durch den einen Teil der Wicklung ein Strom, der im Verbraucher R_{Last} die Stromrichtung 1 erzeugt. Wird dann Th 2 gezündet, fließt durch den zweiten Wicklungsteil ein Strom, der im Verbraucher entgegengesetzt gerichtet ist

(Stromrichtung 2). Zur Entstehung der Wechselstromenergie muss allerdings dafür gesorgt werden, dass Th 1 von außen gelöscht wird, wenn Th 2 zündet, und umgekehrt. Wegen der Gleichspannungsversorgung des Thyristors tritt ein selbstständiges Löschen (wie bei Wechselspannungsversorgung) nicht auf. Deswegen wird zwischen Th 1 und Th 2 ein Kondensator *C* benötigt, der bei Stromdurchgang durch Th 1 aufgeladen wird. Wird Th 2 gezündet, entlädt sich *C* über beide Thyristoren. Der Entladestrom ist aber in Th 1 entgegengesetzt zum Durchlassstrom, sodass sich die Ströme in Th 1 aufheben. Der Durchlasszustand wird unterbrochen, und Th 1 blockiert wieder. Das Gleiche gilt für das Löschen von Th 2, wenn Th 1 wieder zündet. Durch das Öffnen und Schließen von Th 1 und Th 2, also durch die Impulsfolgen des Steuersatzes, kann die Frequenz der erzeugten Wechselspannung bestimmt werden. Der Übersichtlichkeit halber wurde der Steuersatz im Bild 7.29 nicht dargestellt. Ein sogenannter Wechselrichterbetrieb tritt bei der B6-Brückenschaltung je nach Aussteuerung der Gleichrichter auf. Dies bedeutet eine Umkehr der Energierichtung. In diesem Wechselrichterbetrieb gibt der Stromrichter die Bremsenergie des Antriebs ins Netz zurück.

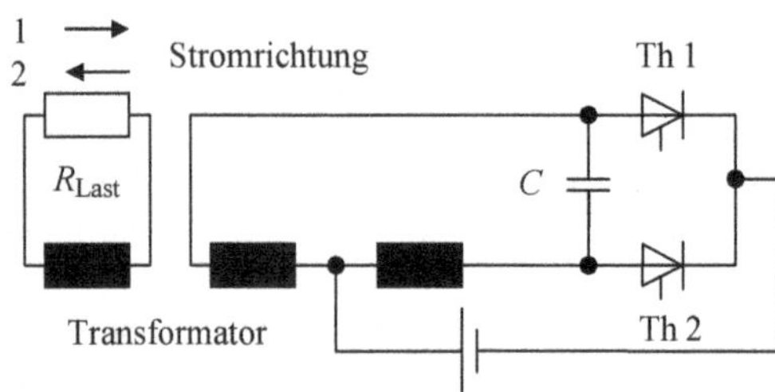

Bild 7.29 Prinzipschaltung des Wechselrichters

7.4.6 Prinzipschaltung von Gleichstromstellern

Der Gleichstromsteller ist ein Wandler der Gleichspannung. Eine *bestimmte Gleichspannung* wird dabei kontaktlos und verlustarm in eine *andere* durchaus *variable Gleichspannung* umgewandelt:

$$U_{=} \Rightarrow U_{=\text{variabel}}$$

Gleichzeitig kann beispielsweise auch durch Nutzbremsung die entstehende elektrische Energie in die Batterie zurückgespeist werden, was z. B. den Aktionsradius von Elektrofahrzeugen erhöhen kann. Der Thyristor wird hier zum Ein- und Ausschalten benutzt (**Bild 7.30a**). Wenn der Thyristor in

Durchlassrichtung geschaltet ist, liegt fast die volle Batteriespannung U_B an der Last (**Bild 7.30b**). Blockiert der Thyristor, liegt keine Spannung an der Last. Durch das Verhältnis „Durchlassen" zu „Blockieren" lässt sich der Mittelwert der Spannung U_L (Bild 7.30b) steuern.

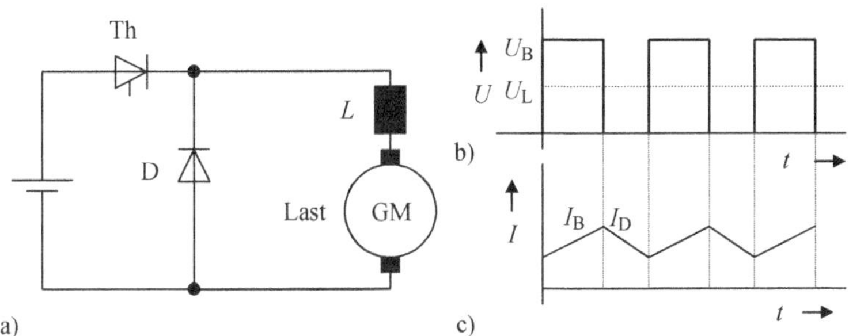

Bild 7.30 Prinzipschaltung des Gleichstromstellers

Eine besondere Löscheinrichtung sorgt auch hier wie beim Wechselrichter dafür, dass der Thyristor zur gewünschten Zeit blockiert. Beim Blockieren des Thyristors ($U_B = 0$) fließt der Strom der Gleichstrommaschine (hervorgerufen durch die gespeicherte magnetische Energie in der Drosselspule) über die Diode D weiter und klingt mit einer Zeitkonstanten ab, die von der Induktivität L abhängt. Gleichzeitig steigt beim durchlässigen Thyristor der Hauptstrom I mit der gleichen Zeitkonstanten an (**Bild 7.30c**). Die Freilaufdiode und die Induktivität L glätten den Hauptstrom und verhindern, dass der Strom I der Batteriespannung U_B abrupt folgt. Der Gleichstromsteller hat also die Aufgabe, eine feste Gleichspannung in eine steuerbare Gleichspannung umzuformen.

7.4.7 Umrichter

Umrichter in der Leistungselektronik sind Kombinationen von Stromrichtern (Gleichrichtern), Wechselrichtern und Gleichstromstellern. Damit wird es möglich, elektrische Energie mit gegebener *Amplitude*, *Frequenz* und *Strangzahl* umzuformen.

7.4.8 *I*-, *U*- und Direktumrichter

Hierzu wird auf die Abschnitte 5.1.9.1.2.3 und 9.3.2.2 verwiesen.

8 Synchronmaschinen

8.1 Qualitative Betrachtung

8.1.1 Besonderheiten, Anwendung und Aufbau

Die Synchronmaschinen haben den gleichen Ständer wie die Asynchronmaschinen. Er besteht auch bei dreisträngiger Ausführung aus einer Drehstromwicklung, die in den Ständernuten untergebracht ist. Diese beiden Maschinen unterscheiden sich nur im Aufbau des Rotors (bei Synchronmaschinen wegen hier vorhandener Magnetpole auch Polrad genannt). Das Polrad hat gewöhnlich eine Gleichstromwicklung (wird also mit Gleichstrom gespeist) oder wird durch Permanentmagnete erregt. Dabei hat sich bei den Synchrongeneratoren die bürstenlose Erregung mithilfe einer Hilfswicklung im Ständer über einen Spannungsregler durchgesetzt.

Die Synchronmaschinen gehören normalerweise zu den Innenpolmaschinen. Das Hauptfeld wird vom innen liegenden Polrad erzeugt. Die Luftspaltdicke δ ist normalerweise deutlich größer als bei der Drehstromasynchronmaschine. Bei großen Turbogeneratoren beträgt $\delta = 5$ mm bis 150 mm, während die Asynchronmaschinen eine Luftspaltdicke unter 1 mm aufweisen. Bei den elektrischen Maschinen ist man bestrebt, den Magnetisierungsbedarf und damit den Kupferbedarf zu begrenzen. Der Magnetisierungsbedarf (Kupferbedarf) nimmt mit zunehmender Luftspaltdicke zu. Bei den Asynchronmaschinen muss zusätzlich die Blindenergie aus dem Netz geliefert werden, was zur Verschlechterung des Leistungsfaktors führt. Dies kann bei den Synchronmaschinen vermieden werden, indem sie im übererregten Zustand betrieben werden. Die Maschine kann dann sogar als Blindleistungslieferant benutzt werden. Die Luftspaltdicke wird hier mit Rücksicht auf größere Überlastbarkeit relativ groß vorgesehen (mit X als Synchronreaktanz):

$$M_k \sim 1/X \quad \text{und} \quad X \sim 1/\delta \;\Rightarrow\; M_k \sim \delta$$

Wegen der Gleichstromerregung im Läufer sind hier meistens die Wirbelstromanteile geringer als bei den Asynchronmaschinen. Deshalb wurden früher Massivläufer gebaut oder dickere Blechstärken verwendet. Die neuesten Untersuchungen zeigen, dass infolge der periodischen Rotation des Läufers unter den Ständerzähnen die sogenannten Zahnpulsationsfelder entstehen, die beachtliche Wirbelströme bzw. Wirbelstromverluste bei den Synchronmaschinen verursachen.

Die Synchronmaschinen können in die zwei Hauptgruppen Vollpol- (VPSM) und Schenkelpol- (SPSM) bzw. Einzelpolmaschinen unterteilt werden (**Bild 8.1**) [90 bis 112]. Weitere wichtige Ausführungen sind Reluktanzmaschinen (Reaktanzmaschinen), Synchronmaschinen mit Dämpferwicklung sowie Schrittmotoren und Klauenpolmaschinen als Kfz-Generator. Die Vollpolmaschinen werden oft als Turbogeneratoren in Kraftwerken eingesetzt. Die üblichen Leistungen liegen bei etwa 10 MVA bis 2 100 MVA bei relativ hohen Drehzahlen von 3 000 min^{-1} (p = 1) bzw. 1 500 min^{-1} (p = 2) und Bemessungsspannungen von 6,3 kV bis 27 kV.

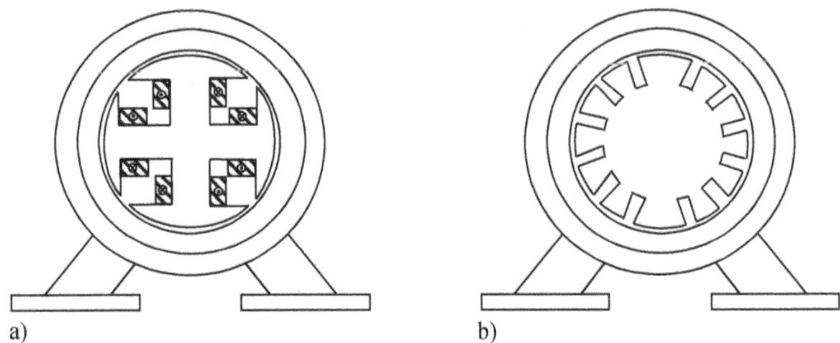

Bild 8.1 Prinzipieller Aufbau des Läufers
a) Schenkelpolmaschine (p = 2) b) Vollpolmaschine (p = 1)

Die zweipoligen Ausführungen erreichen bei 50 Hz Umfangsgeschwindigkeiten bis 700 km/h. Die gängigen Baureihen sind mit Leistungen von 400 MVA bis 1 000 MVA ausgelegt, bei einer Bemessungsspannung von 21 kV bis 27 kV. In Planung sind Turbogeneratoren bis 2 200 MVA. Bei den großen Turbogeneratoren wird zur Reduzierung der Stromverdrängung in den Nuten der sogenannte Roebel-Stab eingesetzt (**Bild 8.2**). Die Schenkelpolmaschinen werden dagegen für hohe Polpaarzahlen und kleinere Drehzahlen als Hydrogeneratoren in Wasserkraftwerken und als Notstromaggregat verwendet. Die üblichen Leistungen reichen bis etwa 840 MVA (z. B. in Three Gorges, China) bei einer Bemessungsspannung von 20 kV und Drehzahlen von 75 min^{-1} (p = 40, f = 50 Hz). Die maximale Leistung bei Motor-Generatoren für Pumpspeicherwerke liegt heute bei etwa 448 MVA (z. B. in Bath County, USA) bei einer Bemessungsspannung von 20,5 kV und Drehzahlen von 257,1 min^{-1} (p = 14, f = 60 Hz). Abgesehen von einigen Großprojekten bewegen sich bei den meisten aktuellen Neuanlagen die Generatorleistungen der Schenkelpolmaschinen in der Größenordnung bis etwa 300 MVA.

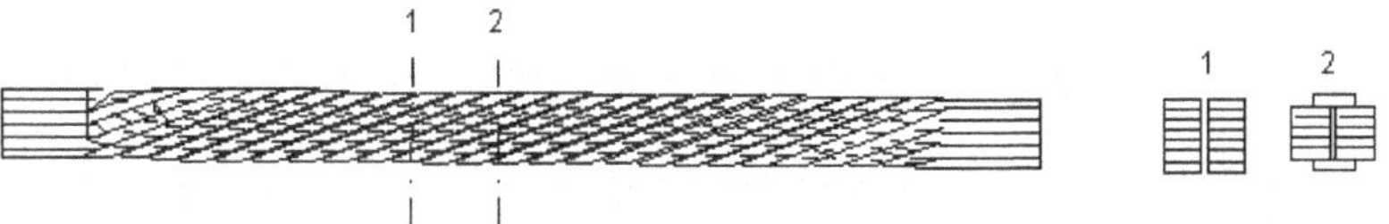

Bild 8.2 Roebel-Stab zur Verminderung der Wirbelstromverluste durch Stromverdrängung

Die Anwendungsmöglichkeiten der Synchronmotoren nehmen ständig zu. Diejenigen mit Frequenzumrichter finden bei drehzahlregelbaren Antrieben zunehmend Verwendung (z. B. als Servomotor und bei Hochofengebläsen, Zementmühlen, Walzgerüsten und Förderanlagen). Während der Synchronmotor mit der Dämpferwicklung mehr für den konventionellen Antrieb geeignet ist, finden der Reluktanzsowie der Schrittmotor in Büroausstattung, Kommunikations- und Automatisierungstechnik weite Verbreitung. Schrittmotoren sind Unterarten der Synchronmaschine, die im Bereich von Kleinst- und Kleinmaschinen immer häufiger verwendet werden. Die Grundtypen der Schrittmotoren sind: Reluktanzläufer, Permanentmagnetläufer und Hybridläufer. Wegen deren großer Bedeutung werden Schrittmotoren in Kapitel 10 (Abschnitt 10.2.3) zusammen mit anderen Kleinmaschinen separat behandelt. Spezielle Einsatzgebiete sind z. B. Uhren, Tonbandgeräte und die Feinwerktechnik. Die Bezeichnungen der Anschlüsse der klassischen Synchronmaschinen sind im **Bild 8.3** dargestellt.

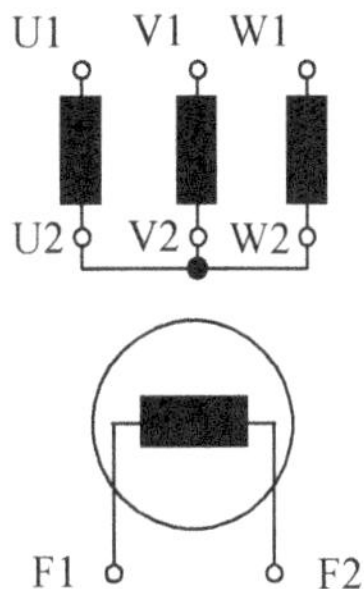

Bild 8.3 Bezeichnung der Anschlüsse bei Drehstromsynchronmaschinen

8.1.2 Betriebsverhalten am starren Netz

8.1.2.1 Leerlauf

Es wird zunächst das Verhalten einer leerlaufenden Synchronmaschine untersucht (Motor bzw. Generator ohne Belastung). Die Ständerwicklung (in Generatoren meistens die Ankerwicklung) ist an einem Drehstromnetz angeschlossen. Die Läuferwicklung wird mit dem Gleichstrom erregt. Folgende drei Fälle gibt es:

8.1.2.1.1 Drehfeld infolge des Ständerstroms

Wenn im Betrieb plötzlich die Erregung abgeschaltet wird (I_E bzw. $A_E = 0$), so wird das Drehfeld $B_s(\varphi, t)$ durch den Ständerdrehstrombelag $A_s(\varphi, t)$ erzeugt. Das Polrad rotiert mit gleicher Winkelgeschwindigkeit wie das Drehfeld $\omega_d = \omega/p$ (**Bilder 8.4a, b, c**).

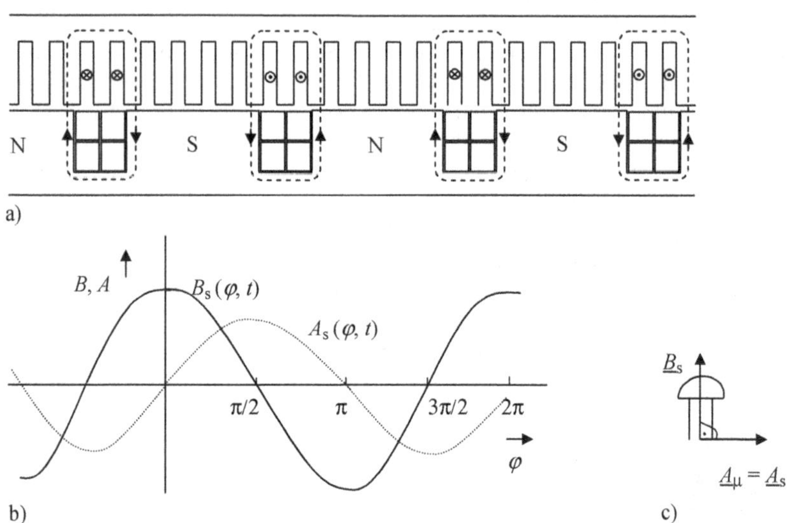

Bild 8.4 Drehfeld infolge des Ständerstroms

In Bild 8.4a ist die Ständerdurchflutung eines Strangs dargestellt. Die Feldlinien koppeln Läufer und Ständer und umschließen die Ständerdurchflutung. Bild 8.4b zeigt die Grundschwingung der Drehstrom- und der zugehörigen Induktionsschwingung in Abhängigkeit der Umfangskoordinate φ. Das dazugehörende Zeigerdiagramm und die Lage des Polrads zu diesen Schwingungen ist im Bild 8.4c dargestellt. Der Ständerstrom (bei Synchrongeneratoren der Ankerstrom) ist gleich dem Magnetisierungsstrom ($A_s = A_\mu$), wenn die Verluste vernachlässigbar klein sind.

8.1.2.1.2 Drehfeld infolge des Erregerstroms

Bei den Synchronmaschinen kann der Magnetisierungsstrom auch durch den Läufer zur Verfügung gestellt werden. In diesem Fall erzeugt der Erregerstrom I_E in der Feldwicklung (hier auch Läufer- bzw. Erregerwicklung genannt) den Strombelag $A_E = A_\mu$; es bildet sich ein Drehfeld aus, das mit der Polradwinkelgeschwindigkeit rotiert. Zu bemerken ist, dass wegen des Gleichstroms der Strombelag A_E relativ zum Läufer stillsteht. Der Ständerstrom ist in diesem Falle gleich null. Die induzierte Spannung infolge der Induktionsschwingung ist gleich der Spannung an den Ständerklemmen (Leerlauf). Die **Bilder 8.5a, b** zeigen die dazu gehörende Läuferdurchflutung und die Feldlinien sowie das Zeigerdiagramm (Fall ausreichender Erregung).

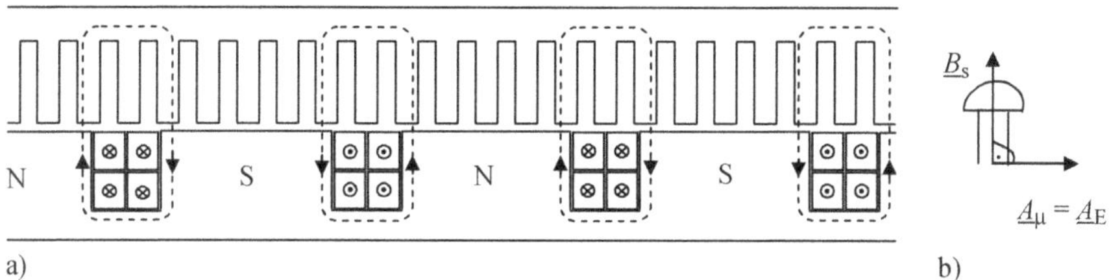

Bild 8.5 Drehfeld infolge des Erregerstroms

8.1.2.1.3 Drehfeld infolge von Ständer- und Erregerstrom

Wird nun der Erregerstrom reduziert, sodass $A_E < A_\mu$ ist, deckt der Ständerstrom das Defizit an Magnetisierungsstrom (**Bild 8.6a**). In Anlehnung an den gewählten Zählpfeil gilt dann:

$$\underline{A}_\mu = \underline{A}_E + \underline{A}_s \tag{8.1}$$

In diesem Fall ist die Maschine weniger als erforderlich erregt. Der Ständerstrombelag $\underline{A}_s$ bzw. der Ständerstrom $\underline{I}_s$ eilen $\underline{U}_s$ zeitlich um 90° nach (induktiv). Umgekehrt, wenn $A_E > A_\mu$ (**Bild 8.6b**), ist der Ständerstrombelag $\underline{A}_s$ gegenphasig zu $\underline{A}_E$. Dann eilt der Ständerstrombelag $\underline{A}_s$ bzw. der Ständerstrom $\underline{I}_s$ der Ständerspannung $\underline{U}_s$ zeitlich um 90° voraus (kapazitiv). In diesen Fall wird Blindstrom zum Netz zurückgeführt, und die Maschine befindet sich in übererregtem Zustand.

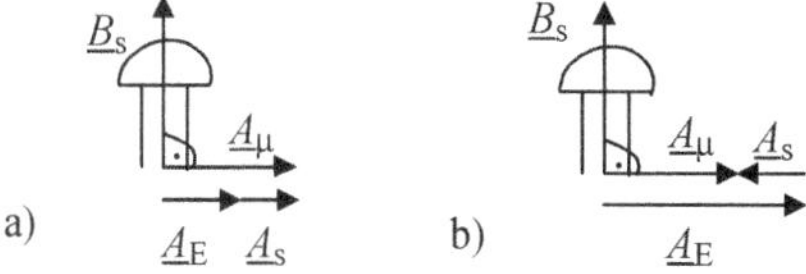

Bild 8.6 Drehfeld infolge von Ständer- und Erregerstrom

Dieser Vorgang kann wie folgt zusammengefasst werden: Die Luftspaltinduktion ist proportional zur magnetischen Energie, die in den Synchronmaschinen durch den Läufer oder Ständer bzw. durch beide aufgebracht wird. Im Falle $A_E > A_\mu$ gibt es einen überflüssigen Reststrom; Blindleistung wird ans Netz zurückgegeben (Übererregung). Im Falle $A_E < A_\mu$ muss das Defizit an magnetischer Energie durch das Netz gedeckt werden. Blindleistung wird aus dem Netz bezogen (Untererregung).
Fazit: Werden die Synchronmaschinen zur Deckung der Blindleistung von Transformatoren, Asynchronmotoren und anderen induktiven Verbrauchern eingesetzt, müssen sie in übererregtem Fall betrieben werden.

8.1.2.2 Lastfall

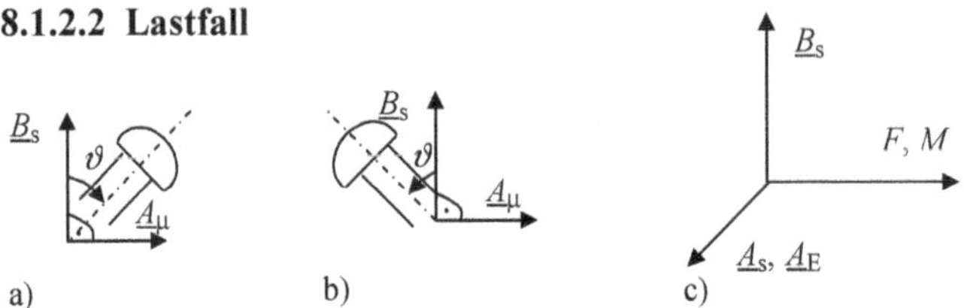

Bild 8.7 Belastete Synchronmaschine

Im Lastfall muss noch sinngemäß der sogenannte Last- bzw. Polradwinkel ϑ berücksichtigt werden. Der infolge der mechanischen Last bzw. der Kraftmaschine entstehende Lastwinkel verursacht das Nacheilen (Motorbetrieb, **Bild 8.7a**) bzw. das Voreilen (Generatorbetrieb, **Bild 8.7b**) des Polrads gegenüber der maximalen Induktion. Dieser Lastwinkel ist auch der Winkel zwischen Polradspannung U_p und Ständerspannung U_s (s. Abschnitt 8.2). Die Ständerspannung U_s wird auch als Primärspannung U_1 bezeichnet. Die Induktions-, Strombelags- und Kraftrichtung sind im **Bild 8.7c** dargestellt. Die Phasenlage des Ständerstroms und damit des Ständerstrombelags A_s zu B_s ist vom Läuferstrombelag A_E abhängig (**Bild 8.8**).

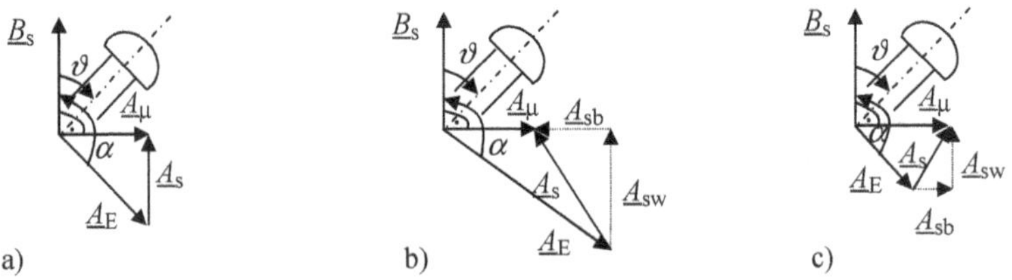

Bild 8.8 Zeigerdiagramm des Motorbetriebs im Lastfall
a) ausreichende Erregung (ohmsch) b) Übererregung (kapazitiv) c) Untererregung (induktiv)

In **Bild 8.8a** sind A_s und B_s in Phase. Aus dem Netz wird nur reine Wirkleistung bezogen. **Bild 8.8b** zeigt den übererregten Fall $A_E > A_\mu$, bei dem Blindleistung an das Netz zurückgegeben wird. A_E muss hier den Magnetisierungsstrombelag A_μ und A_{sb} die Blind- und A_{sw} die Wirkkomponente des Ständerstrombelags decken. **Bild 8.8c** zeigt den untererregten Fall $A_E < A_\mu$. Die Beteiligung des Ständers (hier Anker) zur Bereitstellung des Magnetisierungsbedarfs der Synchronmaschine wird auch als Ankerrückwirkung bezeichnet. Entsprechende Zeigerdiagramme des belasteten Synchrongenerators sind in **Bild 8.9** dargestellt.

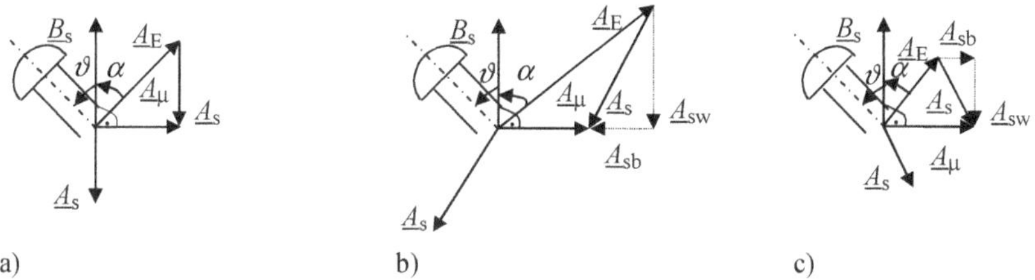

Bild 8.9 Zeigerdiagramm des Generatorbetriebs im Lastfall
a) ausreichende Erregung (ohmsch)
b) Übererregung (kapazitiv)
c) Untererregung (induktiv)

Das Drehmoment der Synchronmaschine kann ähnlich wie bei der Asynchronmaschine bestimmt werden (s. Gl. (5.8)):

$$M = -c\,\hat{B}_s\,\hat{A}_E \cos\alpha \tag{8.2}$$

Das negative Vorzeichen in Gl. (8.2) ergibt sich aufgrund der Festlegung der Zählpfeilrichtungen von Bild 8.7c.

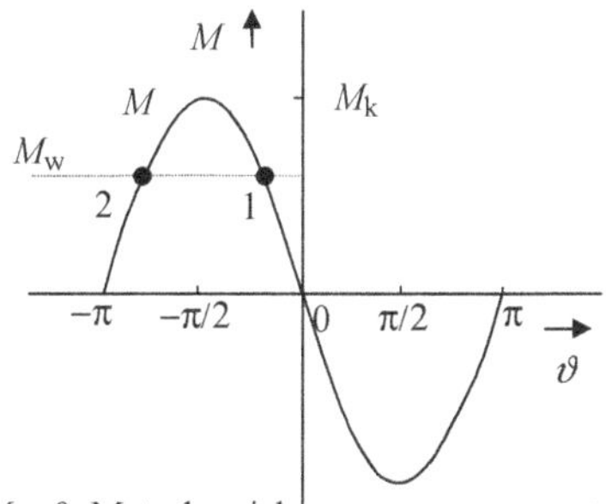

Bild 8.10 Drehmoment-Lastwinkel-Abhängigkeit

Zwischen dem Winkel α und dem Polradwinkel ϑ gilt nach Bild 8.8 folgende Beziehung für den Motorbetrieb:

$$\alpha = \frac{\pi}{2} + \vartheta \tag{8.3}$$

Somit ergibt sich für die Gl. (8.2)

$$M = c\,\hat{B}_s\,\hat{A}_E \sin\vartheta$$

bzw.

$$M = M_k \sin\vartheta \tag{8.4}$$

Das Produkt

$$M_k = c\,\hat{B}_s\,\hat{A}_E \tag{8.5}$$

ist der Maximalwert des Drehmoments für eine bestimmte Erregung (Kippmoment). Die Drehmoment-Lastwinkel-Kennlinie ist in **Bild 8.10** dargestellt. Auch ein Widerstandsmoment M_w ist hier eingetragen. Aus Bild 8.10 geht hervor, dass der Punkt 1 ein stabiler Arbeitspunkt ist. Für den Lastwinkel $-\pi/2 \leq \vartheta \leq \pi/2$ ist der Arbeitspunkt stabil. Für $|\vartheta| > \pi/2$ (außerhalb der Stabilitätsgrenze) geht die Maschine in den instabilen Betriebsbereich über, weil mit der zunehmenden Belastung das Drehmoment abnimmt *(Außer-Tritt-Fallen der Synchronmaschine)*!

Nach Gl. (8.4) wird beim voreilenden Polrad (gegenüber Induktion B_s) und bei $\vartheta > 0$ das Drehmoment negativ, und die Synchronmaschine befindet sich im Generatorbetrieb. Das zugehörige Raumzeigerdiagramm wurde in Bild 8.9 dargestellt. Bei der Schenkelpolsynchronmaschine bildet sich zusätzlich ein Reaktionsmoment, das von I_E unabhängig ist. Dieses Moment ist infolge der unterschiedlichen magnetischen Leitwerte der Hauptluftspalt in q- und d-Achse (Quer- und Längsachse). Das Reaktionsmoment beträgt etwa 30 % bis 40 % des Bemessungsmoments (s. Abschnitt 8.1.5).

Eine Synchronmaschine kann nur dann ein Drehmoment entwickeln, wenn $n = n_d$ ist (beim Schlupf $s = 0$)! Das heißt, B_s und A_E müssen synchron laufen (α = konstant). Sonst würde α zeitabhängig sein, und der Mittelwert des Drehmoments würde null ergeben. Die Drehmoment-Drehzahl-Kennlinie ist in **Bild 8.11** dargestellt. Zum Vergleich ist auch die Betriebskennlinie der Asynchronmaschine aufgetragen. Daraus geht hervor, dass der Synchronmotor normalerweise kein Anlaufmoment besitzt und durch Zusatzmaßnahmen angelassen werden muss (s. Abschnitt 8.1.4).

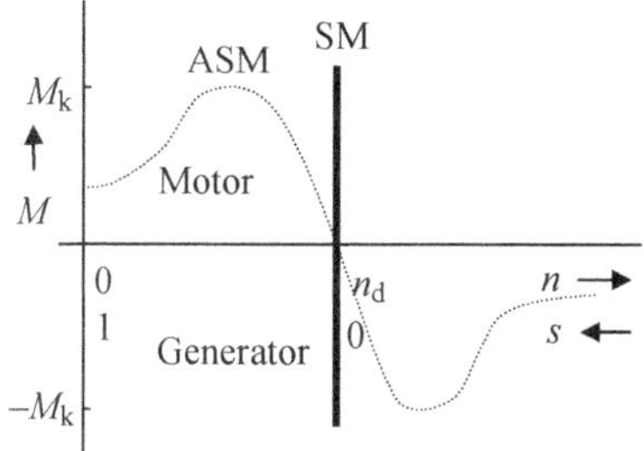

Bild 8.11 Drehmoment-Drehzahl-Kennlinie der Synchronmaschine im Vergleich zur Asynchronmaschine

8.1.3 Pendelungen der Synchronmaschine

Unter Pendelungen der Synchronmaschine werden ihre Drehzahländerungen, verstanden bezogen auf die synchrone Drehzahl. Diese Drehzahländerungen können nur einmal oder periodisch infolge der Drehmomentänderungen (elektrisch bedingt bzw. durch die Arbeitsmaschine verursacht) zustande kommen. Die elektrisch bedingten Drehmomentänderungen der Synchronmotoren entstehen in der Regel durch Schwankungen der Netzspannung. Die Pendelungen der Synchronmaschine führen zu Schwingungen, deren Amplituden im Resonanzfall unzulässig hohe Werte annehmen können. Für die Änderungen des Drehmoments und des Polradwinkels gilt folgende Differentialgleichung:

$$\Delta M_{\mathrm{w}} = \Delta M - \Theta \frac{\mathrm{d}^2 \vartheta}{\mathrm{d}t^2} \tag{8.6}$$

wobei:

ΔM_{w} Arbeitsmomentänderung
ΔM Pendelmoment der Maschine
Θ Massenträgheitsmoment
$\Delta \vartheta$ Polradwinkeländerung

Die Maschine entwickelt ein Rückstellmoment (zum stationären Zustand) und ist bestrebt, selbst die Pendelungen zu dämpfen. Es gilt:

$$\Delta M = M(\vartheta + \Delta\vartheta) - M(\vartheta) \tag{8.7}$$

Aus der Taylor-Reihenentwicklung folgt:

$$M(\vartheta + \Delta\vartheta) = M(\vartheta) + \frac{\Delta\vartheta}{1!}\frac{\mathrm{d}M(\vartheta)}{\mathrm{d}\vartheta} + \frac{\Delta\vartheta^2}{2!}\frac{\mathrm{d}^2 M(\vartheta)}{\mathrm{d}\vartheta^2} + \ldots \tag{8.8}$$

Mit der Vernachlässigung der Glieder höherer Ordnung ergibt sich für Gl. (8.7):

$$\Delta M = \Delta\vartheta \frac{\mathrm{d}M(\vartheta)}{\mathrm{d}\vartheta}$$

Mithilfe der Gl. (8.4) kann dann für Gl. (8.7) geschrieben werden:

$$\Delta M = M_\mathrm{R}\,\Delta\vartheta \tag{8.9}$$

mit dem Rückstellmoment:

$$M_\mathrm{R} = M_\mathrm{k} \cos\,\vartheta \tag{8.10}$$

Das Rückstellmoment ist dem Polradwinkel sowie dem Kippmoment proportional und damit vom Betriebsfall abhängig. Zu beachten ist, dass das Rückstellmoment mit zunehmendem Polradwinkel kleiner wird und für $\vartheta = \pi/2$ sein Vorzeichen ändert. Mithilfe der Gl. (8.9) kann für die Differentialgleichung (8.6) geschrieben werden:

$$\Delta M_\mathrm{w} = M_\mathrm{R}\,\Delta\vartheta - \Theta\frac{\mathrm{d}^2\Delta\vartheta}{\mathrm{d}t^2} \tag{8.11}$$

Mit $\Delta M_\mathrm{w} = 0$ folgt für die mechanische Eigenfrequenz der Synchronmaschine:

$$f = \frac{1}{2\pi}\sqrt{\frac{M_\mathrm{R}}{\Theta}} \tag{8.12}$$

Diese Frequenz beträgt normalerweise nur einige Hertz. In manchen Systemen kann die Trägheitsmasse der Synchronmaschinen durch zusätzliches Gewicht erhöht werden. Hiermit wird genügend Abstand zur elektrischen Erregerfrequenz hergestellt und damit die Resonanz vermieden.

8.1.4 Synchronmaschine mit Dämpferwicklung und asynchroner Anlauf

Zur Dämpfung der periodischen und nicht periodischen Schwingungen des Läufers von Schenkelpolsynchronmaschinen werden Ausführungen mit der sogenannten Dämpferkäfig- bzw. Dämpferwicklung eingesetzt. Der Läufer hat eine zusätzliche Käfigwicklung ähnlich einer Asynchronmaschine mit Käfigläufer und weist auch die gleichen Eigenschaften bei der Drehzahländerung auf.

Bei unveränderter Synchrondrehzahl würde keine Spannung in den Dämpferwicklungen induziert werden. In diesem Fall fließen auch keine Ströme. Eine Drehzahländerung bedeutet eine relative Bewegung des Läufers zum Drehfeld. Die induzierten Spannungen der Dämpferwicklung erzeugen Läuferströme, die mit dem Drehfeld ein Drehmoment bilden. Dieses Drehmoment dämpft die Drehzahländerungen. Die Dämpferstäbe sind in den Läuferpolschuhen untergebracht, wobei die Stirnseiten durch die zwei Kurzschlussringe kurzgeschlossen sind. Im stationären Zustand und mit synchroner Drehzahl wird keine Spannung in den Dämpferwicklungen induziert. Das heißt, der Käfig hat in diesem Fall keinen Einfluss auf den stationären Zustand. Aber im instationären Fall spielt er die Hauptrolle.

Die Dämpferwicklung hat folgende drei wichtige Eigenschaften:

- Die Pendelungen werden zum großen Teil gedämpft.
- Die Gegenfelder, die infolge einer unsymmetrischen Last erzeugt werden, werden zum großen Teil gedämpft. Ohne Dämpferwicklung würden die Gegenfelder in der Erregerwicklung Spannungen induzieren, die unzulässig große Werte annehmen können. In diesem Fall wird die Erregerwicklung durch die Dämpferwicklung geschützt.
- Die Dämpferwicklung ist für das Anlassen des Synchronmotors außerordentlich wichtig; deswegen wird sie auch Anlaufwicklung (Anlaufkäfig) genannt.

Der gewöhnliche Synchronmotor hat bekanntlich kein Anlaufmoment (Bild 8.11). Die Dämpferwicklung kann das notwendige Anlaufmoment erzeugen. In **Bild 8.12** sind zusätzlich zum resultierenden Moment (**Kurve a**) das Drehmoment der Dämpferwicklung (**Kurve b**) und das Drehmoment, verursacht durch die kurzgeschlossene Erregerwicklung (**Kurve c**), dargestellt. Das Drehmoment, hervorgerufen durch die Dämpferwicklung, und dessen Kippschlupf sind relativ zu den Werten der Erregerwicklung sehr groß. Daraus folgt, dass die Dämpferwicklung für den asynchronen Anlauf des Synchronmotors eine wichtige Rolle spielt. Die Erregerwicklung liefert nur für kleine Schlupfwerte einen bemerkenswerten Anteil. Bei dem Schlupf s = 0,5 kommt ein zusätzliches Drehmoment hinzu, das infolge der ungleichmäßigen Luftspaltdicke bei Schenkelpolmaschinen auftritt und als Görges-Phänomen bekannt ist (**Kurve d**).

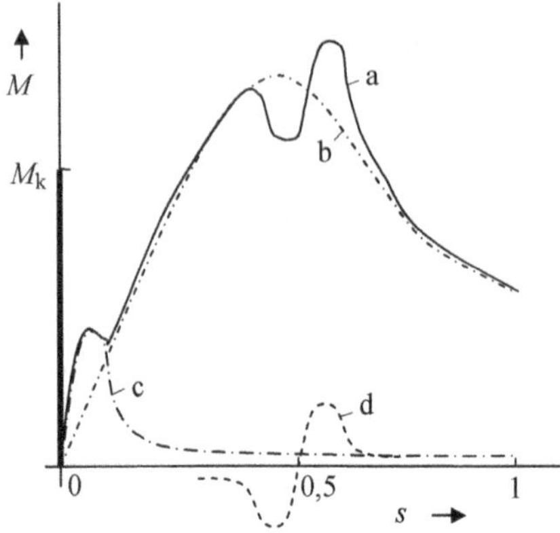

Bild 8.12 Drehmoment-Schlupf-Verhalten eines Synchronmotors mit Dämpferwicklung

8.1.5 Drehmoment bei der Schenkelpolsynchronmaschine

Wegen der ausgeprägten Pole sind die Quer- und Längsblindwiderstände (Reaktanzen) bei der Schenkelpolmaschine nicht gleich. Anstatt der Reaktanz X müssen die Quer- und Längsreaktanzen (X_d und X_q) berücksichtigt werden. Der Phasenwinkel der d-q-Achse beträgt: $\pi/(2\,p)$. Hieraus ergibt sich ein zusätzliches Reaktionsmoment für die Schenkelpolmaschine, das dem Drehmoment der Vollpolmaschine überlagert ist. Die Drehmoment-Lastwinkel-Kennlinie der Schenkelpolsynchronmaschine ($M_{Schenkelpol}$) ist in **Bild 8.13** dargestellt, zusammengesetzt aus Anteilen der Vollpolmaschine ($M_{Vollpol}$) und des Reaktionsmoments (M_R)

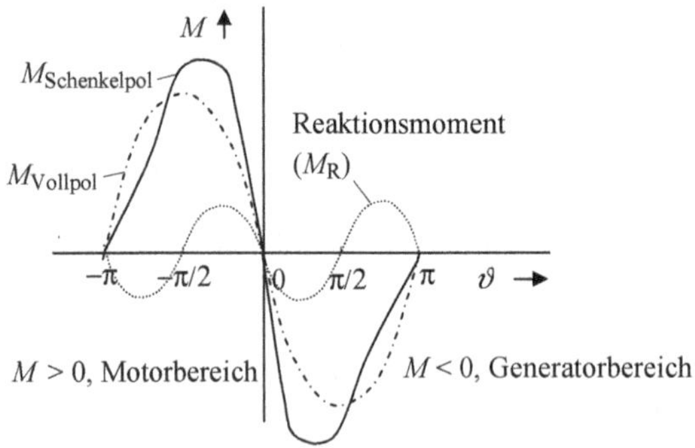

Bild 8.13 $M = f(\vartheta)$-Kennlinie der Schenkelpolmaschine

Der stabile Arbeitsbereich geht dann zu Ende, wenn mit zunehmendem Polradwinkel das Drehmoment nicht mehr zunimmt (Punkt $\mathrm{d}M/\mathrm{d}\vartheta = 0$). *Der stabile Arbeitsbereich ist also bei der Schenkelpolmaschine stets kleiner als 90°.* Das Kippmoment tritt wegen $X_\mathrm{d} > X_\mathrm{q}$ für einen kleineren Polradwinkel auf. Für das Drehmoment der Schenkelpolmaschine gilt (ohne Beweisführung):

$$M = \frac{\sqrt{3}\, U_\mathrm{p}\, U_1 \sin\vartheta}{\omega_\mathrm{d}\, X_\mathrm{d}} + \frac{\sqrt{3}\, U_1^2}{2\,\omega_\mathrm{d}} \left(\frac{1}{X_\mathrm{q}} - \frac{1}{X_\mathrm{d}} \right) \sin 2\vartheta \tag{8.13}$$

Hier sind U_p die Polradspannung und U_1 die Ständerspannung (s. Abschnitt 8.2.1). Im Falle $X_\mathrm{d} = X_\mathrm{q}$ (Vollpolmaschine) folgt:

$$M = \frac{\sqrt{3}\, U_\mathrm{p}\, U_1 \sin\vartheta}{\omega_\mathrm{d}\, X_\mathrm{d}} \tag{8.14}$$

Für $U_\mathrm{p} = 0$, d. h. ohne elektrische Erregung im Läufer (Reluktanzläufer), folgt:

$$M = \frac{\sqrt{3}\, U_1^2}{2\,\omega_\mathrm{d}} \left(\frac{1}{X_\mathrm{q}} - \frac{1}{X_\mathrm{d}} \right) \sin 2\vartheta \tag{8.15}$$

Beim Reluktanzmotor wird der Ständerstrom ruckartig verändert. Der wicklungslose Läufer stellt sich so ein, dass die magnetische Energie im Luftspalt minimal wird. Die Voraussetzung ist jedoch, dass die Blindwiderstände in d- und q-Richtung unterschiedlich sind. Dies wird durch besondere Läufergeometrien realisiert.

8.1.6 Anlauf und Synchronisierung des Synchrongenerators

Beim Generator bereitet der Anlauf keine Schwierigkeiten. Der Synchrongenerator wird von der Kraftmaschine auf synchrone Drehzahl gebracht, synchronisiert und aufs Netz geschaltet. Das Synchronisieren geschieht unter folgenden Bedingungen: Die Spannungen des Netzes und des Synchrongenerators müssen in allen Strängen die gleiche Größe, gleiche Frequenz und die gleiche Phase aufweisen. Außerdem müssen bei Drehstrommaschinen die Stränge in der richtigen Reihenfolge verbunden werden. Die gleiche Größe der Spannungen wird durch Änderung der Erregung unter Spannungsvergleich beiderseits erfüllt. Ein einfaches Kontrollsystem zeigt **Bild 8.14**. Die Sicherungen gewährleisten die Sicherheit der Anlage.

Im Falle der Übereinstimmung von Spannung, Frequenz und Strangzahl des Netzes und des Synchrongenerators brennen die Lampen nicht (Dunkelschaltung). Mithilfe des Voltmeters lässt sich die Spannung fein einstellen. Nach der Spannungsanpassung wird der Schalter angeschlossen. Weitere übliche Schaltungen sind Hell- und gemischte Schaltung. Bei der Hellschaltung liegen die Lampen zwischen den unterschiedlichen Strängen. Bei der gemischten Schaltung sind die Lampen zwischen denselben und unterschiedlichen Strängen geschaltet.

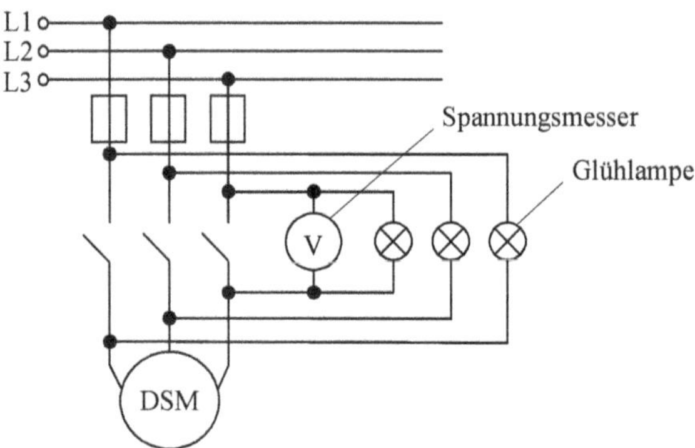

Bild 8.14 Dunkelschaltung

Zur Synchronisierung der Synchrongeneratoren wird auch das sogenannte Synchronoskop eingesetzt. Es besteht aus einem magnetischen Kreis mit einem kleinen Motor. Wenn die Spannungen von Netz und Generator übereinstimmen, steht der Motor still (Klemmenspannung des Motors ist null). Bei unterschiedlichen Spannungen besteht eine Potentialdifferenz zwischen den Motorklemmen. Der eingebaute Zeiger auf dem Läufer zeigt dann diese Spannung an. Die Prinzipschaltung ist in **Bild 8.15** dargestellt. Bei nicht erfüllten Synchronisationsbedingungen können schädliche Ausgleichströme entstehen.

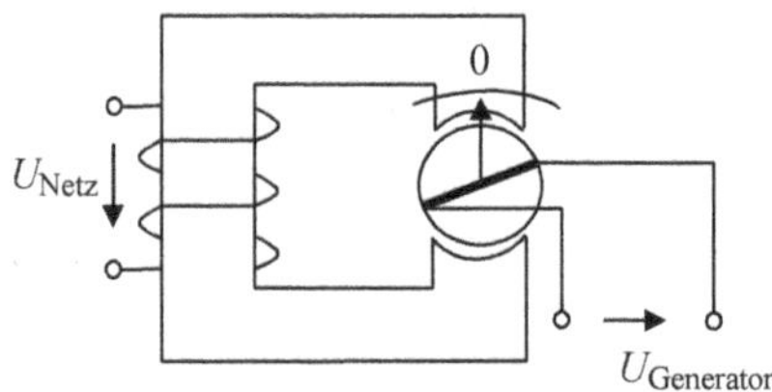

Bild 8.15 Synchronoskop

8.2 Quantitative Betrachtung der Vollpolsynchronmaschine

8.2.1 Spannungsgleichung, Ersatzschaltbild und Potier'sche Dreiecke

Im Folgenden werden die Spannungsgleichung und das Ersatzschaltbild eines Strangs einer Drehstromvollpolsynchronmaschine aufgestellt. Damit ist es möglich, das Zeigerdiagramm der Spannungen und Ströme (Potier'sches Dreieck) und das Kreisdiagramm abzuleiten. In **Bild 8.16** sind die Drehstromwicklungen des Ständers (gespeist vom Drehstromnetz) und die Gleichstromwicklung des Polrads (gespeist vom Gleichstrom) wiedergegeben.

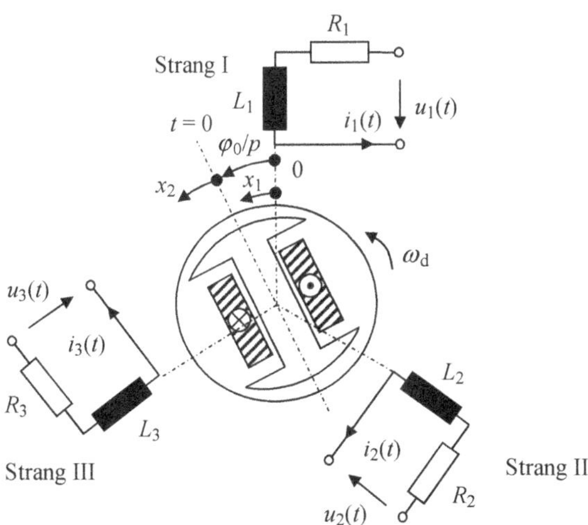

Bild 8.16 Prinzipschaltung der Drehstromsynchronmaschine

Dabei sind:

I, II, III	Ständerstränge
u_1, u_2, u_3	Strangspannungen des Ständers
i_1, i_2, i_3	Strangströme des Ständers
L_1, L_2, L_3	Selbstinduktivitäten der Ständerstränge
R_1, R_2, R_3	Ohm'sche Widerstände der Ständerstränge
l	Maschinenlänge
r	Bohrungsradius
ω	Kreisfrequenz
p	Polpaarzahl

x_1	Ständerkoordinaten, bezogen auf die Achse des Strangs I
x_2	Polradkoordinaten, bezogen auf die Achse des Polrads
φ_0/p	räumlicher Anfangswinkel (Polrad-Ständer)
$\omega/p = \omega_d$	Winkelgeschwindigkeit des Rotors relativ zum Ständer

Da hier das stationäre Betriebsverhalten einer symmetrischen Maschine, die auch symmetrisch gespeist wird, zu untersuchen ist, genügt die Betrachtung eines Strangs. In den anderen zwei Strängen, die räumlich um $120°/p$ phasenverschoben sind, sind auch die Ströme und Spannungen um 120° phasenverschoben. Wie bereits erwähnt, entsteht im Luftspalt bei Speisung der Erregerwicklung mit Gleichstrom I_E eine Luftspaltinduktion $B(x_2)$. Dieses Feld steht relativ zum Läufer still (**Bild 8.17**).

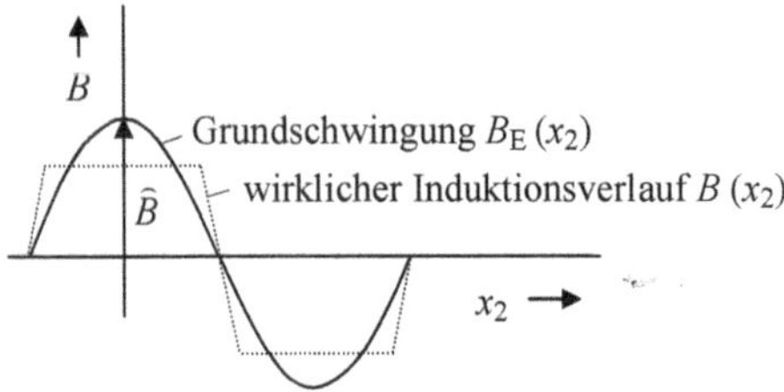

Bild 8.17 Polradfeld in Polradkoordinaten

Mithilfe der Fourieranalyse kann der Feldverlauf $B(x_2)$ in eine Grundschwingung $B_E(x_2)$ und eine Reihe von Oberschwingungen zerlegt werden (die Oberschwingungen sind im Bild 8.17 nicht dargestellt). Zur Betrachtung des stationären Betriebsverhaltens wird der Einfluss der Oberschwingungen vernachlässigt. Die Grundschwingung ist durch folgende Beziehung in Läuferkoordinaten gegeben:

$$B_E(x_2) = \hat{B}_E \cos(p\,x_2) \tag{8.16}$$

Zur Aufstellung der Ständerspannungsgleichung (Ankerspannungsgleichung) eines Strangs (z. B. Strang I) müssen folgende Teilspannungen berücksichtigt werden:

- Ohm'scher Spannungsfall $u_R = R_1\, i_1$
- Selbstinduktionsspannung $u_L = L_1\, di_1/dt$
- Polradspannung $u_p = -\,w'\, d\Phi_p/dt$; mit $w' = w_1\, \xi_1$
- Netzspannung (Klemmenspannung) $u_1(t) = \hat{U}_1 \cos(\omega t + \varphi_u)$

u_p entsteht durch Gegeninduktion des Polrads auf den Ständer (Anker) (Vergleich mit den Gleichstrommaschinen)! Nach der zweiten Kirchhoff'schen Regel folgt:

$$u_R + u_L + u_p = u_1(t) \tag{8.17}$$

Durch Einsetzen der Teilspannungen ergibt sich:

$$i_1 R_1 + L_1 \, di_1/dt + u_p = \hat{U}_1 \cos(\omega t + \varphi_u) \tag{8.18}$$

Wenn die zeitliche Abhängigkeit von $u_p(t)$ bekannt ist, kann die obige Differentialgleichung in eine lineare komplexe Gleichung umgeschrieben werden. $u_p(t)$ kann nach dem Induktionsgesetz mithilfe der ersten Ableitung des Polradflusses ermittelt werden. Zur Berechnung des Polradflusses Φ_p durch die Ständerwicklungen muss die Induktionsverteilung B_E (x_2) in Ständerkoordinaten x_1 umgeschrieben werden. Die Ständer- und Polradkoordinaten stehen in folgendem Zusammenhang (Bild 8.16):

$$x_1 = x_2 + \frac{\omega}{p} t + \frac{\varphi_0}{p} \tag{8.19}$$

Hierin sind:

$$\frac{\omega}{p} = \omega_d$$

die Winkelgeschwindigkeit des Drehfelds (bzw. die Winkelgeschwindigkeit des Polrads gegenüber Ständer) und φ_0/p der anfängliche Phasenwinkel des Polrads gegenüber x_1 (Bild 8.16). Somit ergibt sich mithilfe der Gln. (8.16) und (8.19) für die Grundschwingung der Luftspaltinduktion in Koordinate x_1:

$$B_E(x_1, t) = \hat{B}_E \cos(p x_1 - \omega t - \varphi_0) \tag{8.20}$$

Der Fluss Φ_p unter einem Pol in einem Strang ergibt sich zu:

$$\Phi_p(t) = \int_{-\pi/(2p)}^{\pi/(2p)} B_E(x_1, t) \, R \, l \, dx_1 = \int_{-\pi/(2p)}^{\pi/(2p)} \hat{B}_E \cos(p x_1 - \omega t - \varphi_0) \, R \, l \, dx_1 \tag{8.21}$$

Die Durchführung der Integration liefert:

$$\Phi_p(t) = \frac{2 \hat{B}_E R l}{p} \cos(\omega t + \varphi_0) \tag{8.22}$$

Damit kann die vom Polrad im Ständer induzierte Spannung berechnet werden:

$$u_{\text{p}}(t) = -\, w_1\, \xi_1 \frac{\text{d}\Phi_{\text{p}}}{\text{d}t} = \frac{2\,\omega\, \hat{B}_{\text{E}}\, R\, l\, w_1\, \xi_1}{p} \sin(\omega\, t + \varphi_0) \tag{8.23}$$

Hier ist

$$\hat{U}_{\text{p}} = \frac{2\,\omega\, \hat{B}_{\text{E}}\, R\, l\, w_1\, \xi_1}{p} \tag{8.24}$$

der Maximalwert der Polradspannung. Die Spannungsgleichung Gl. (8.18) kann mithilfe der Gln. (8.23) und (8.24) in folgende Form gebracht werden (Zeitbereich):

$$i_1\, R_1 + L_1 \frac{\text{d}i_1}{\text{d}t} - \hat{U}_{\text{p}} \sin(\omega\, t + \varphi_0) = \hat{U}_1 \cos(\omega\, t + \varphi_{\text{u}}) \tag{8.25}$$

Durch die Umformung

$$\sin(\omega t + \varphi_0) = -\cos(\omega t + \varphi_0 + \pi/2)$$

kann die Transformation der Differentialgleichung Gl. (8.25) in der komplexen Ebene (Frequenzbereich) einfacher vorgenommen werden. Zur weiteren Vereinfachung wird

$$\Theta = \varphi_0 + \pi/2 \tag{8.26}$$

gesetzt. Die Spannungsgleichung Gl. (8.25) nimmt damit folgende Form an:

$$i_1\, R_1 + L_1 \frac{\text{d}i_1}{\text{d}t} + \hat{U}_{\text{p}} \cos(\omega\, t + \Theta) = \hat{U}_1 \cos(\omega\, t + \varphi_{\text{u}}) \tag{8.27}$$

Diese Beziehung kann in der komplexen Schreibweise so angegeben werden:

$$\frac{R_1\, \hat{I}_1}{\sqrt{2}} \text{e}^{\text{j}\varphi_{\text{i}1}}\, \text{e}^{\text{j}\omega t} + \frac{\text{j}\omega\, L_1\, \hat{I}_1}{\sqrt{2}} \text{e}^{\text{j}\varphi_{\text{i}1}}\, \text{e}^{\text{j}\omega t} = \frac{\hat{U}_1}{\sqrt{2}} \text{e}^{\text{j}\varphi_{\text{u}}}\, \text{e}^{\text{j}\omega t} - \frac{\hat{U}_{\text{p}}}{\sqrt{2}} \text{e}^{\text{j}\Theta}\, \text{e}^{\text{j}\omega t} \tag{8.28}$$

Hierin wurden folgende Größen eingesetzt:

$$\underline{I}_1 = \frac{\hat{I}_1}{\sqrt{2}} \mathrm{e}^{\,\mathrm{j}\varphi_{\mathrm{i1}}} \qquad \underline{U}_1 = \frac{\hat{U}_1}{\sqrt{2}} \mathrm{e}^{\,\mathrm{j}\varphi_{\mathrm{u}}} \qquad \underline{U}_{\mathrm{p}} = \frac{\hat{U}_{\mathrm{p}}}{\sqrt{2}} \mathrm{e}^{\,\mathrm{j}\Theta} \tag{8.29}$$

(Strom und Spannungen sind jeweils durch ihre Beträge und Phasenlagen dargestellt). Die Division der Gl. (8.28) durch $\mathrm{e}^{\,\mathrm{j}\omega t}$ ergibt die komplexe Darstellung (im Frequenzbereich):

$$\underline{I}_1 R_1 + \mathrm{j}\,\omega L_1 \underline{I}_1 + \underline{U}_{\mathrm{p}} = \underline{U}_1 \tag{8.30}$$

Hier gilt

$$\varphi_1 = \varphi_{\mathrm{i1}} - \varphi_{\mathrm{u}}$$

als Phasenwinkel zwischen $\underline{I}_1$ und $\underline{U}_1$. Normalerweise wird der Phasenwinkel

$$\varphi_{\mathrm{Diff}} = \varphi_{\mathrm{u}} - \varphi_{\mathrm{i1}}$$

eingesetzt, sodass $\varphi_1 = -\varphi_{\mathrm{Diff}}$ wird. Der Winkel

$$\vartheta = \Theta - \varphi_{\mathrm{u}}$$

wird elektrischer Polradwinkel genannt. Die Beziehung zwischen elektrischem Polradwinkel ϑ und räumlichem Polradwinkel δ ist dann gegeben durch:

$$\vartheta = p\;\delta$$

Die Phasenlage der Netzspannung $\underline{U}_1$ ist durch den Winkel φ_{u} gegeben. Da im Zeigerdiagramm $\underline{U}_1$ als Bezugswert angenommen wird, legt man $\underline{U}_1$ zweckmäßigerweise auf die reelle Achse ($\varphi_{\mathrm{u}} = 0$). Damit ergibt sich:

$$\mathrm{Im}\,[\,\underline{U}_1\,] = 0$$

$$\varphi_1 = \varphi_{\mathrm{i1}} \qquad \vartheta = \Theta \tag{8.31}$$

Nun nimmt die Spannungsgleichung (8.30) folgende Form an:

$$\underline{I}_1 R_1 + \mathrm{j}\,\omega L_1 \underline{I}_1 + U_{\mathrm{p}}\, \mathrm{e}^{\,\mathrm{j}\vartheta} = \underline{U}_1 \tag{8.32}$$

U_1 hat dieselbe Richtung wie B_s, auch hat U_p dieselbe Richtung wie das Polrad (U_p steht relativ zum Läufer still), also ist der Winkel der Last bzw. des Polrads ϑ (s. Abschnitt 8.1.2.2). Die Gln. (8.30) bzw. (8.32) stellen die Spannungsgleichung der Vollpolsynchronmaschine im stationären Betrieb dar. Hierin ist $\omega L_1 = X_1$ der Gesamtblindwiderstand des Ständers (synchrone Reaktanz), die sich wie üblich aus Streu- und Hauptanteilen zusammensetzt:

$$X_1 = \omega (L_{1\sigma} + L_{1h}) \tag{8.33}$$

Mit Berücksichtigung der Gl. (8.33) kann für die Spannungsgleichung eines Ständerstrangs geschrieben werden:

$$\underline{U}_1 = R_1 \underline{I}_1 + \mathrm{j}\omega L_{1\sigma} \underline{I}_1 + \mathrm{j}\omega L_{1h} \underline{I}_1 + U_p\,\mathrm{e}^{\mathrm{j}\vartheta} \tag{8.34}$$

Ohm'scher Spannungsfall	Streuspannungsfall	Spannung durch Hauptfeld	Polradspannung

Für das Ersatzschaltbild eines Strangs ergibt sich **Bild 8.18**.

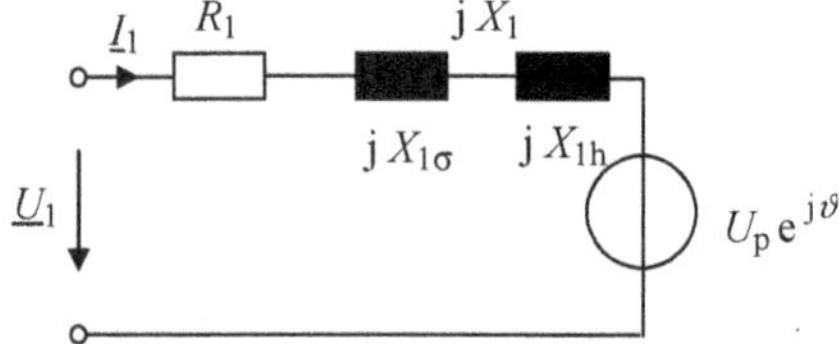

Bild 8.18 Ersatzschaltbild der Vollpolsynchronmaschine

Das Zeigerdiagramm für den Motorbetrieb mit und ohne Berücksichtigung des ohmschen Widerstands der Ständerwicklung ist in **Bild 8.19** angegeben. Entsprechende qualitative Zeigerdiagramme für den Generatorbetrieb sind im **Bild 8.20** dargestellt.

8.2.2 Kreisdiagramm der Vollpolsynchronmaschine

Durch die Vernachlässigung des ohmschen Widerstands der Ständerwicklung ($R_1 = 0$) folgt :

$$\underline{I}_1 = -\frac{\mathrm{j}U_1}{X_1} + \frac{\mathrm{j}U_p}{X_1}\mathrm{e}^{\mathrm{j}\vartheta} \tag{8.35}$$

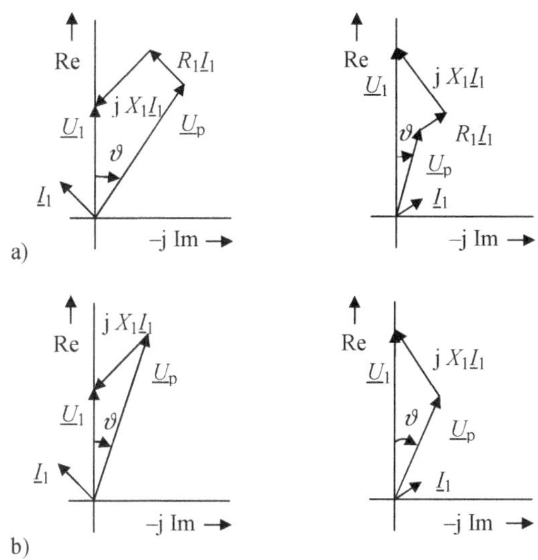

Bild 8.19 Spannungszeigerdiagramme des Vollpolsynchronmotors
a) mit R_1 (links übererregt, rechts untererregt)
b) ohne R_1 (links übererregt, rechts untererregt)

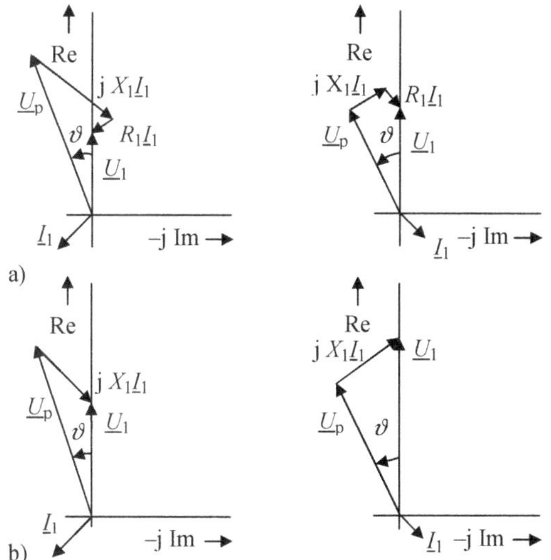

Bild 8.20 Spannungszeigerdiagramme des Vollpolsynchrongenerators
a) mit R_1 (links übererregt, rechts untererregt)
b) ohne R_1 (links übererregt, rechts untererregt)

Wenn die Klemmen vom Netz getrennt und kurzgeschlossen sind ($U_1 = 0$), wird der Ständerstrom bei konstanter Erregung folgenden Effektivwert haben:

$$I_{\mathrm{kIII}} = \frac{U_\mathrm{p}}{X_1} \quad \text{(dreipoliger Kurzschlussstrom)} \tag{8.36}$$

Dieser Strom ist der Polradspannung und damit dem Erregerstrom proportional. Wenn die Erregung abgestellt wird ($U_\mathrm{p} = 0$), so muss der Ständer die gesamte Erregung (Magnetisierungsstrom) zur Verfügung stellen. Für den Ständerstrom gilt dann ($I_{\mathrm{k0}} \approx I_\mu$):

$$I_{\mathrm{k0}} = \frac{U_1}{X_1} \quad \text{(Leerlauferregerstrom)} \tag{8.37}$$

Die Bezeichnung „Leerlauferregerstrom“ für I_{k0} ist damit begründet, dass bei $U_\mathrm{p} = 0$ auch $\vartheta = 0$ ist. Mithilfe von I_{kIII} und I_{k0} kann $\underline{I}_1$ in folgender Form geschrieben werden:

$$\underline{I}_1 = -\mathrm{j}\, I_{\mathrm{k0}} + \mathrm{j}\, I_{\mathrm{kIII}}\, \mathrm{e}^{\mathrm{j}\vartheta} \tag{8.38}$$

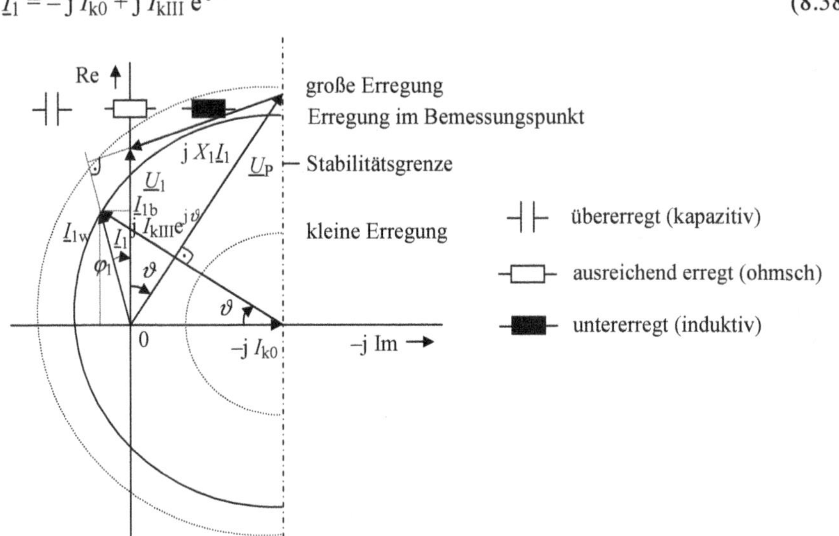

Bild 8.21 Kreisdiagramm der Vollpolsynchronmaschine

Bei konstantem I_{k0} und I_{kIII} (d. h. konstante Netzspannung und Erregung) beschreibt die Gl. (8.38) in der komplexen Ebene einen Kreis (**Bild 8.21**). Dabei sind:

- $-\mathrm{j}\, I_{k0}$ Kreismittelpunkt
- I_{kIII} Kreisradius

Der Lastwinkel (Polradwinkel) ist hier ein Parameter, mit dem z. B. der Einfluss der Belastungsänderung auf Motoren bzw. Generatoren einfacher analysiert und Parameteruntersuchungen durchgeführt werden können.

8.2.2.1 Leerlauf- und Kurzschlusskennlinie des Generators

Die Leerlaufspannung und der Kurzschlussstrom können in Abhängigkeit des Erregerstroms aufgenommen werden (**Bild 8.22**). Im Kurzschlussversuch werden die drei Stränge kurzgeschlossen ($U_1 = 0$):

$$I_k = \mathrm{j}\, I_{kIII}\, \mathrm{e}^{\mathrm{j}\vartheta} \quad \text{mit} \quad I_k \sim I_E \text{ (da } I_{kIII} \sim U_p)$$

Im Leerlaufversuch wird bei offenen Klemmen die Ausgangsspannung in Abhängigkeit des Erregerstroms aufgenommen.

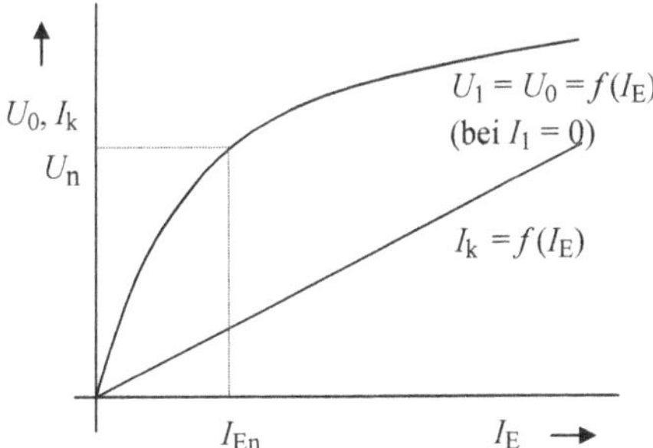

Bild 8.22 Leerlauf- und Kurzschlusskennlinie des Synchrongenerators

8.2.2.2 Drehmoment und Leistung

Die Leistung und das Drehmoment können bei $R_1 = 0$ ähnlich wie bei der Drehstromasynchronmaschine mithilfe des Kreisdiagramms bestimmt werden. Aus Bild 8.21 folgt:

$$I_1 \cos\varphi_1 = I_{kIII} \sin\vartheta = \frac{U_p}{X_1} \sin\vartheta \tag{8.39}$$

Für die Leistung kann geschrieben werden:

$$P_1 = 3\,U_{1S}\ I_{1S}\ \cos\varphi_1 = \sqrt{3}\,U_1\ I_1\ \cos\varphi_1 \tag{8.40}$$

Mithilfe der Beziehung (8.39) folgt dann:

$$P_1 = \sqrt{3}\,\frac{U_1\,U_p}{X_1}\sin\vartheta = M\,\omega_d \tag{8.41}$$

Für das Drehmoment gilt dann:

$$M = \sqrt{3}\,\frac{U_1\,U_p}{\omega_d\,X_1}\sin\vartheta \tag{8.42}$$

Der Maximalwert des Drehmoments (Kippmoment) ist:

$$M_k = \sqrt{3}\,\frac{U_1\,U_p}{\omega_d\,X_1} = \sqrt{3}\,\frac{U_1\,I_{kIII}}{\omega_d} \tag{8.43}$$

Aus den Gln. (8.42) und (8.43) folgt die bereits bekannte Beziehung (8.4):

$$M = M_k\sin\vartheta$$

Aus Gl. (8.43) geht hervor, dass das Kippmoment proportional zur Klemmenspannung U_1 und zur Polradspannung U_p ist. Da U_p proportional zum Erregerstrom I_E ist, ist M_k auch von I_E direkt abhängig. M_k ist außerdem dem Blindwiderstand X_1 umgekehrt proportional. Ferner ist X_1 umgekehrt proportional der Luftspaltdicke, somit ist M_k auch von der Luftspaltdicke δ direkt abhängig. Wegen $M_k \sim I_E$ würde aber mit zunehmendem M_k auch I_E größer, womit die Erregerverluste wachsen und die Maschine unwirtschaftlich wird (ein optimaler Betriebspunkt sollte angestrebt werden).

8.2.2.3 V-Kurven (Abhängigkeit des Ständerstroms vom Erregerstrom bei konstanter Wirkleistung)

Die V-Kurven geben die Abhängigkeit des Ständerstroms vom Erregerstrom bei konstanter Wirkleistung wieder (**Bild 8.23**).

Wie aus Bild 8.23 hervorgeht, nimmt mit abnehmendem Erregerstrom der Ständerstrom im kapazitiven Bereich ab (bis zum ohmschen Betriebspunkt), dann nimmt er im induktiven Bereich bis zur Stabilitätsgrenze wieder zu (**Bild 8.24**).

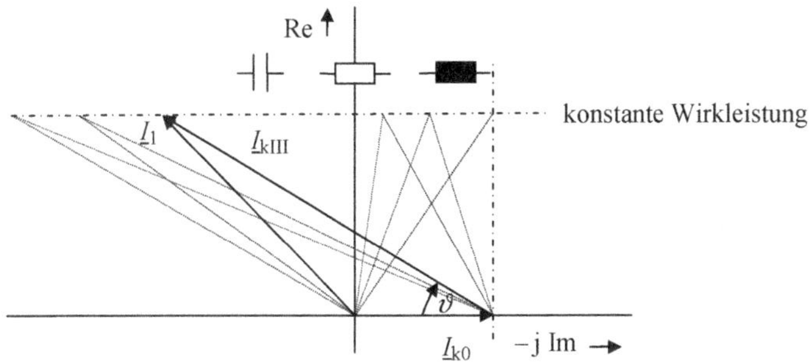

Bild 8.23 Abhängigkeit des Ständerstroms vom Erregerstrom bei konstanter Wirkleistung

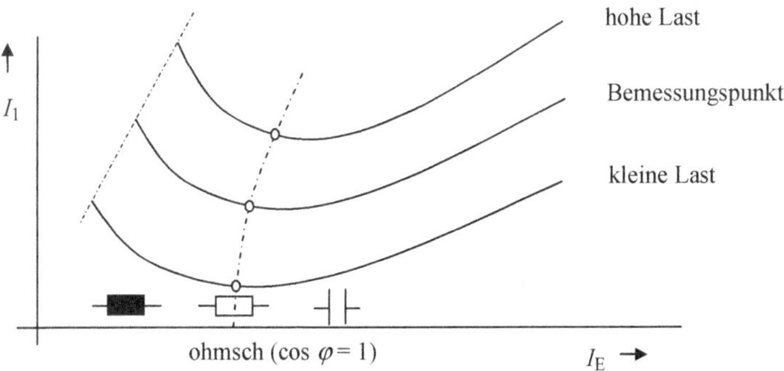

Bild 8.24 V-Kurven

8.3 Vergleich von Synchron- und Asynchronmaschinen

Während bei der Asynchronmaschine die magnetische Kopplung zwischen dem Rotorstrombelag und dem Ständerfeld automatisch durch den Ständerstrom erfolgt (Induktionsmaschine), kann bei der Synchronmaschine der Erregerstrom abhängig vom jeweiligen Betriebszustand von außen eingestellt werden.

Tabelle 8.1 stellt die Vor- und Nachteile eines Synchronmotors denen eines Asynchronmotors (Induktionsmotors) mit Kurzschlussläufer gegenüber.

Vorteil	Nachteil
Einstellung des Leistungsfaktors, kann Blindleistung abgeben	wesentlich höherer Anschaffungspreis
wegen größerem Luftspalt geringere Gefahr des Anstreifens	wegen kompliziertem Aufbau störanfälliger und erhöhter Wartungsaufwand bei Motoren mit Schleifringen
etwas besserer Wirkungsgrad wegen kleinerer Leerlaufverluste durch Oberfelder	Pendelmomente beim Hochlauf wegen unterschiedlicher Blindwiderstände in d- und q-Achse können Schwingungsprobleme auslösen
wegen größerem Luftspalt geringere Gefährdung durch magnetisch erregtem Lärm	wegen begrenztem Platz in den Polschuhen schwierige Auslegung der Anlaufwicklung
geringere Empfindlichkeit gegen Schwankung der Netzspannung (SM: $M_k \sim U$ ASM: $M_k \sim U^2$)	im Allgemeinen geringere Ausnutzung des Aktivteils wegen schlechterer Kühlung als Folge des Konstruktionsprinzips
Bemessung der Anlaufwicklung hat keinen Einfluss auf Betriebsverhalten bei Bemessungslast	
bei Massivpolen höhere Wärmekapazität im Läufer	

Tabelle 8.1 Vor- und Nachteile des Synchronmotors gegenüber einem Asynchronmotor

8.4 Permanentmagneterregte Synchronmotoren

Die permanentmagneterregten (PM) Synchronmotoren sind nicht nur als Servomotor für kleine Leistungen interessant, sie werden in den letzten Jahren häufiger auch als Großmaschinen ab 200 kW eingesetzt [106]. Als Permanentmagnet wird häufig NdFeB benutzt. Probleme sind Langzeitstabilität, Entmagnetisierungsgefahr (z. B. durch starke Gegenfelder), Temperatur- und Umwelteinflüsse. *Diese Innovation ist das beste Beispiel für die Minimierung von Temperaturen (Verluste) und Geräuschen bei elektrischen Antrieben. Nur durch solche neuen Konzepte lassen sich das Temperatur- und Geräuschverhalten der elektrischen Antriebe in beachtlichem Ausmaß verbessern.* Im Vergleich zu herkömmlichen Asynchronmotoren bzw. elektrisch erregten Synchronmotoren besitzen sie folgende Vorteile:

- höherer Wirkungsgrad
- Kompaktheit (10 % bis 50 % geringeres Bauvolumen und Gewicht)
- Zuverlässigkeit
- Erregereinrichtungen (Wicklung, Dioden bzw. Stromrichter) entfallen
- Bürsten und Schleifringe entfallen

- Bereitstellung des Magnetisierungsstroms im Ständer entfällt
- 20 % bis 45 % geringere Verluste (Läufer stromlos, also nahezu verlustlos; die Drehmomentbildung beim Asynchronmotor ist zwangsweise an die Entstehung von Rotor-Stromwärmeverlusten gekoppelt) (**Bild 8.25**)
- Kostenaufwand für Kühlung geringer (0,5 Euro pro Watt Verlustleistung)
- geräuscharm
- getriebelose Konzepte, Direktantrieb bei Vorschub- und Hauptantrieben; Wegfall mechanischer Komponenten wie bei Riementrieben und Getriebekästen
- wird der Synchronmotor an der Spannungsgrenze betrieben, entsteht ein Bereich konstanter Leistung bis zur Maximaldrehzahl (**Bild 8.26**); bei gleichen Leistungsteilen, also bei gleichem Umrichter und Bemessungsstrom, ist etwa 15 % bis 30 % mehr Leistung im Vergleich zum Drehstromasynchronmotor verfügbar; konstante Leistungsabgabe über einem weiten Drehzahlbereich ist möglich (Bild 8.26); Beschleunigungszeiten können bis zu 50 % reduziert und Nebenzeiten effektiv verkürzt werden, damit werden die Bearbeitungszeiten reduziert (Bild 8.25)
- mehr Drehmoment (bis 60 %) möglich (Torque-Motoren) (**Bild 8.27**)
- der Wegfall des Läuferkäfigs ermöglicht eine größere Läuferbohrung bei gleichem Außendurchmesser (**Bild 8.28**, Ausführung mit Oberflächenmagneten); Motor kann ohne Getriebe auf Fahrzeugwelle montiert werden und den Asynchron-Fahrmotor mit Getriebe ersetzen (**Bild 8.29**); für den Stangendurchlass von Drehautomaten ist dies auch von Vorteil (Bild 8.28, **Tabelle 8.2**)
- die Ausführungen mit den innen liegenden Magneten ermöglichen höhere Drehmomente sowie einen weiten Drehzahlstellbereich (Maschinenabmessungen werden jedoch größer)
- Flüssigkeitskühlung im Ständer, Ausführungen mit Hohlwelle
- da Läufer weitgehend verlustfrei, heizen sich Spindelwelle und Lagerung nicht auf; thermisches Spindelwachsen findet nicht statt, und die Genauigkeit an Werkstücken steigt (**Bild 8.25**)
- eine minimale Drehmomentwelligkeit des Antriebs führt zur besseren Laufleistung des Motors (niedrigeres Geräusch)

PM-Synchronmotoren werden grundsätzlich nicht am Netz, sondern drehzahlvariabel mit Umrichter betrieben. Vorteile der stufenlos variablen Drehzahl sind:

- Energieeinsparungen
- exakte Prozessführung (Spindel der Werkzeugmaschinen)
- Speisefrequenzen bis 2 kHz möglich; die Mechanik stellt die Begrenzung dar; Drehzahlen bis 10 000 min^{-1}
- mit variabler Geschwindigkeit (Positionierungsfähigkeit, verstellbar)

Thermische Überwachung wird durch Temperatursensoren an Wickelköpfen gewährleistet.

Die Leistung dieser Maschinen liegt im Bereich von 17 kW bis hin zu 2 500 kW bei 400/690 V. Es sind Spannungen bis zu 6 000 V und Speisefrequenzen bis 2 000 Hz möglich. Generatoren mit mehreren MVA Leistung sind realisierbar (Windparkanlagen).

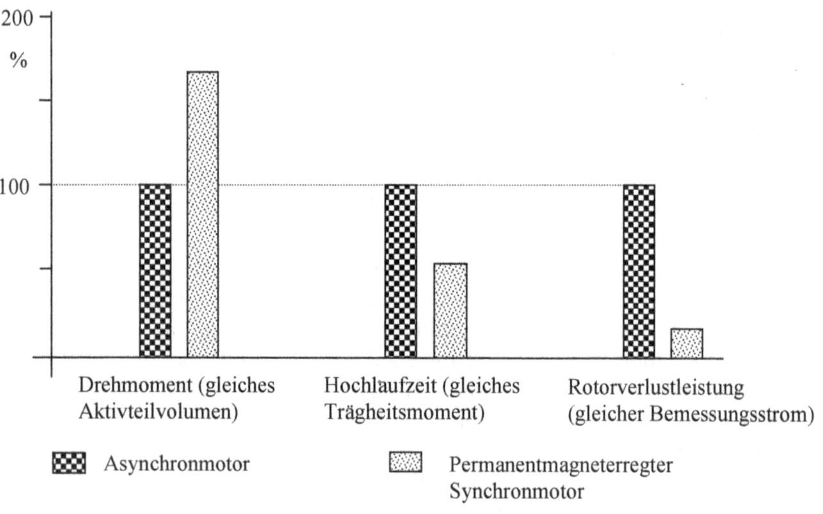

Bild 8.25 Vergleich von PM-Synchronmotor mit Asynchronmotor

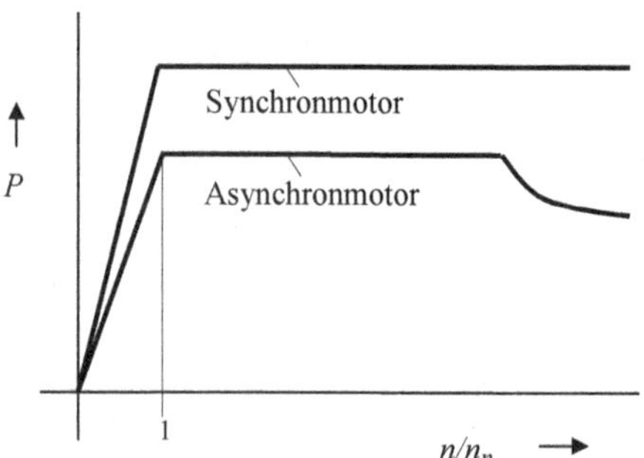

Bild 8.26 Leistungs-Drehzahl-Vergleich von PM-Synchron- mit Asynchronmotor

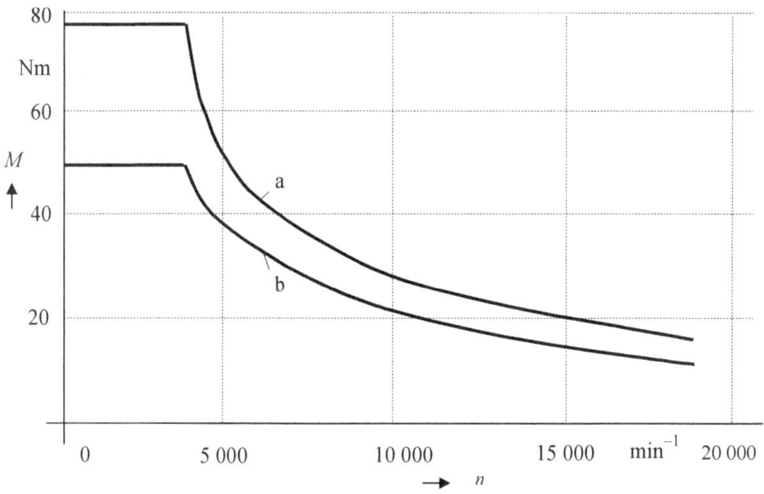

Bild 8.27 Drehmoment-Drehzahl-Vergleich von permanentmagneterregten Synchronmotoren mit Asynchronmotoren bei gleichem Bemessungsstrom (60 A) und Bauvolumen
a) permanentmagneterregter Synchronmotor
b) Asynchronmotor

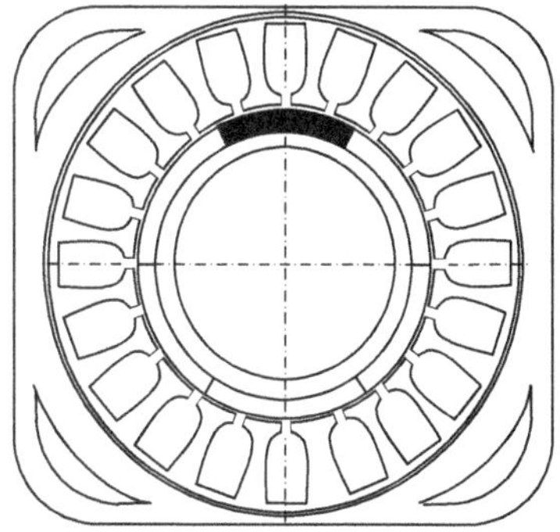

Bild 8.28 PM-Innenpol-Synchronmotor mit hohem Drehmoment und großem Drehzahlstellbereich (Ausführung mit Oberflächenmagneten)

Wichtigste Daten	Asynchron-Fahrmotor mit Getriebe	PM-Traktions-Synchronantriebe
Wirkungsgrad in %	93	96
Masse in %	100	– 30 (Motor – 10 %; Getriebe und Kupplung – 20 %)
Erwärmung Wickelkopf / Nut in K	68/84	36/42
P_{Cus}, P_{Cur} in W	537, 251	353, 0
cos φ	0,77	0,95
Geräusch in dB(A)	105	90 d. h. 80 % leiser
Stirngetriebe	ölgeschmiert, Verluste, Geräusch, Wartung	entfällt
Motorkosten in %	100	130 – 140
vollständig gekapselte Ausführung	nicht möglich (wegen große Läuferverluste)	möglich

Tabelle 8.2 PM-Traktionsantriebe im Vergleich mit Asynchronantrieb

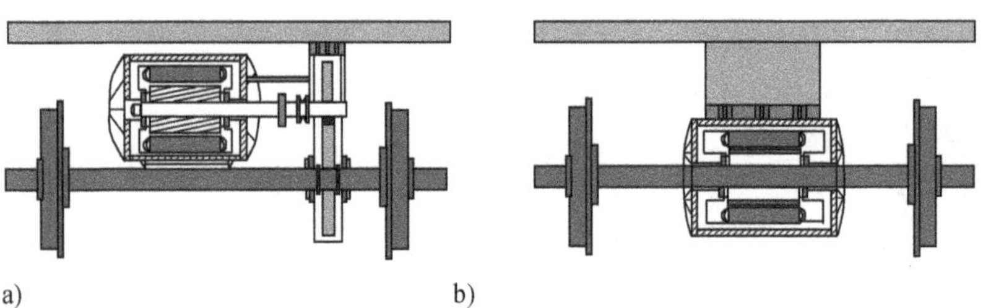

Bild 8.29 PM-Traktionsantriebe im Vergleich mit Asynchronantrieb und Getriebe
a) herkömmliche Technik
b) neue Technik

Anwendungsgebiete

Konkrete Anwendungsgebiete sind z. B.:

- Werkzeugmaschinen (Spindel)
- Schiffbau (Propellermotor, Schiffantrieb)
- Windenergieanlagen
- Tiefseepumpen
- Turbogeneratoren
- Hochgeschwindigkeitszüge (ICE 3) (Bild 8.29)
- Starter-Generator
- elektrische Servolenkung
- Linearmotor
- Elektroauto, Hybridfahrzeug

Energiedichte	**kJ/m³**
Ferrit	25
AlNiCo	36
Samarium-Kobalt	175
Neodym-Eisen-Bor	<300

Tabelle 8.3 Permanentmagnetwerkstoffe im Vergleich (s. auch Abschnitt 1.8.3)

Der Einfluss der Magnet- und Luftspaltdicke auf die Remanenzinduktion ist im **Bild 8.30** dargestellt.

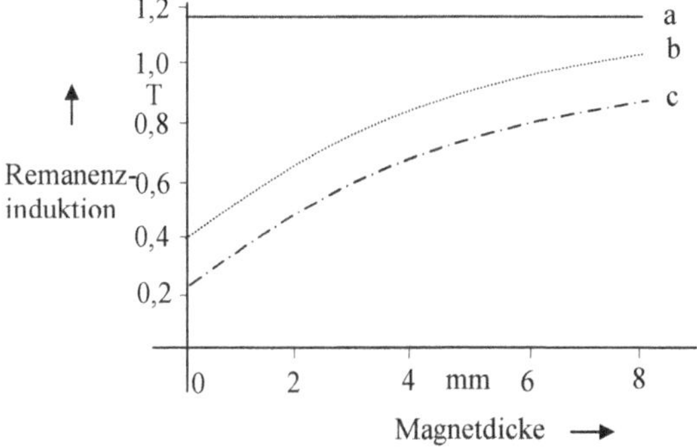

Bild 8.30 Zusammenhang zwischen Magnet- und Luftspaltdicke sowie Remanenz
a) δ= 1,0 mm b) δ= 1,5 mm c) δ= 2,0 mm

Beispiel
(Wirtschaftlichkeitsvergleich von PM-Synchronmotor mit Asynchronmotor)

	Asynchronmotor mit Getriebe	PM-Synchronmotor	Vergleich
η_{Mot} in %	94,8	92,8	
$\eta_{Getriebe}$ in %	95	-	
η_{ges} in %	90,1	92,8	2,7
P_{mech} in kW	110	110	
P_{elek} in kW	122,1	118,5	3,6

Kostendifferenz in zehn Jahren für den Wirkarbeitsanteil (bei 8 760 h/a, also bei 24 h am Tag und einem Tarif von 0,15 €/kWh):

10 · 8 760 h ·3,6 kW·0,15 €/kWh = **47 304 Euro!**

8.5 Aufgaben zu Synchronmaschinen

Aufgabe 1
Von einer zweipoligen Drehstromsynchronvollpolmaschine sind folgende Bemessungsdaten für den Generatorbetrieb bekannt:
$S_n = 500$ kVA $U_n = 400$ V (Y) $\cos\varphi_n = 0{,}8$ kapazitiv $\vartheta_n = p\,\delta_n = 25°$ $f_n = 50$ Hz

Die Verluste können vernachlässigt werden.

1) Zeichnen Sie das Kreisdiagramm, das Spannungs- und das Stromzeigerdiagramm der Maschine! Wie groß sind I_{k0} und I_{kIII}? Die empfohlenen Strom- und Spannungsmaßstäbe sind m_i = 200 A/cm bzw. m_u = 50 V/cm. Das Kreisdiagramm ist auf einem DIN-A4-Blatt im Hochformat so zu zeichnen, dass sich der Koordinatenursprung in der Mitte des Papiers befindet!
2) Es wird eine Spannungsquelle von 400 V und 25 Hz benötigt. Dazu soll dieser Synchrongenerator eingesetzt werden. Wie groß muss I_{k0} für diesen Betriebszustand sein?
3) Wie groß ist die Generatorspannung im Leerlauf bei 25 Hz (Erregerstrom bleibt konstant)?
4) Wie groß müssen die parallel geschalteten Kondensatoren an jedem Ständerstrang sein, damit die Leerlaufspannung von 400 V bei 25 Hz zur Verfügung steht (der Generator soll dabei seinen Bemessungsstrom abgeben, Erregerstrom bleibt konstant)?

Aufgabe 2

Von einer zweipoligen Drehstromsynchronvollpolmaschine sind folgende Bemessungsdaten für den Generatorbetrieb bekannt:

$S_n = 14$ MVA $\quad U_n = 10{,}5$ kV (Y) $\quad \cos\varphi_n = 0{,}8$ kapazitiv $\quad f_n = 50$ Hz

Der dreipolige Kurzschlussstrom I_{kIII} ist der zweifache Leerlauferregerstrom I_{k0}. Die Verluste können vernachlässigt werden.

1) Wie groß ist die Polradspannung im Bemessungspunkt?
2) Zeichnen Sie das Kreisdiagramm sowie das Spannungs- und das Stromzeigerdiagramm! Als Strom- und Spannungsmaßstab sind $m_i = 100$ A/cm bzw. $m_u = 1$ kV/cm zu wählen! Das Diagramm ist auf einem DIN-A4-Blatt im Hochformat so zu zeichnen, dass sich der Koordinatenursprung in der Mitte des Papiers befindet!
3) Wie groß ist das Kippmoment? Wie groß sind Ständerstrom und Leistungsfaktor im Kipppunkt?
4) Für welche Polradspannung stellt der Generator seinen Bemessungsstrom als reiner Wirkstrom zur Verfügung (Klemmenspannung bleibt konstant)?
5) Wie groß ist in diesem Falle die maximal mögliche Blindleistung zur Blindleistungskorrektur, wenn die Klemmenspannung um 10 % der Bemessungsspannung erhöht wird?

Aufgabe 3

Eine achtpolige Drehstromsynchronvollpolmaschine besitzt folgende Bemessungsdaten für den Motorbetrieb:

$U_n = 400$ V (Y) $\quad P_{elek\,n} = 30$ kW $\quad \cos\varphi_n = 0{,}866$ kapazitiv $\quad f_n = 50$ Hz

Bei einer Bemessungserregung von $I_{En} = 10$ A und bei einem Drehmoment vom 1,5-Fachen des Bemessungsmoments ist der gemessene Ständerstrom rein ohmsch. Die Verluste können vernachlässigt werden.

1) Zeichnen Sie das Kreisdiagramm und kennzeichnen Sie den Motor- und Generatorbereich! Die empfohlenen Strom- und Spannungsmaßstäbe sind $m_i = 10$ A/cm und $m_u = 20$ V/cm. Das Kreisdiagramm ist auf ein DIN-A4-Blatt im Hochformat so zu zeichnen, dass sich der Koordinatenursprung in der Mitte des Papiers und 12 cm vom linken Rand befindet!
2) Wie groß ist das Kippmoment? Wie groß ist der Lastwinkel im Bemessungspunkt?

Nun muss die Drehstromsynchronmaschine als Generator einen Drehstromasynchronmotor speisen. Die Ständerkupfer-, Eisen- sowie Reibungsverluste und Stromverdrängung der Drehstromasynchronmaschine sind zu vernachlässigen. Diese Maschine hat folgende Daten:

P_n = 18,5 kW U_n = 400 V (Y) I_n = 37,5 A f_n = 50 Hz M_k/M_n = 2,2
n_n = 725 min^{-1}

3) Zeichnen Sie das Kreisdiagramm der Asynchronmaschine auf einem neuen Arbeitsblatt! Der empfohlene Strommaßstab ist 10 A/cm. Das Kreisdiagramm ist auf einem DIN-A4-Blatt im Hochformat so zu zeichnen, dass sich der Koordinatenursprung in der Mitte des Papiers und 2 cm vom linken Rand befindet!
4) Wie groß sind Ständerstrom (I_k) und Leistungsfaktor ($\cos \varphi_k$) im Kipppunkt? Wie groß sind Leerlaufstrom und Leistungsfaktor im Leerlauf?
5) Welcher Erregerstrom muss beim Synchrongenerator eingestellt werden, damit:
   5.1) Leerlaufstrom 5.2) Bemessungsmoment 5.3) Kippmoment des Motors bei Bemessungsspannung zur Verfügung gestellt wird?
   Hinweis: Tragen Sie diese Fälle in das Kreisdiagramm der Drehstromsynchronmaschine ein!

Aufgabe 4
Von einem Drehstromvollpolsynchronmotor sind folgende Daten bekannt:

P_n = 750 kW U_n = 660 V (Y) I_n = 820 A kapazitiv f_n = 50 Hz n_n = 750 min^{-1}
M_k/M_n = 2 I_{En} = 200 A Θ_{Motor} = 9,8 Nms^2

Die Verluste, Eisensättigung und Stromverdrängung können außer Acht gelassen werden.

1) Berechnen Sie die Bemessungsscheinleistung, den Bemessungsleistungsfaktor und das Bemessungsmoment! Wie groß ist die synchrone Drehzahl? Wie viele Pole hat der Motor?
2) Zeichnen Sie das Spannungs-, das Stromzeigerdiagramm und das Kreisdiagramm!
   Achtung: DIN-A4-Hochformat, Koordinatenursprung 8 cm vom linken und 14 cm vom unteren Rand, m_i = 100 A/cm und m_u = 50 V/cm!
3) I_{k0} (Leerlauferregerstrom), I_{kIII} (dreipoliger Kurzschlussstrom im Bemessungspunkt), U_{pn} (Polradspannung im Bemessungspunkt), δ_n (räumlicher Polrad-

winkel im Bemessungspunkt) und X_1 (synchrone Reaktanz bzw. induktiver Blindwiderstand) sind zu ermitteln!

4) Wie groß ist der Ankerstrom im Leerlauf?
5) Wie groß muss der Erregerstrom eingestellt werden, damit der Ankerstrom im Leerlauf null wird? Welches Drehmoment kann in diesem Fall der Motor zur Verfügung stellen, wenn dabei der Lastwinkel 30° nicht überschritten werden soll?
6) Wie groß muss mindestens Θ_w (Massenträgheitsmoment der Arbeitsmaschine) sein, damit die Eigenfrequenz des Antriebssystems im Belastungsbereich $0 \leq M \leq M_n$ um 80 % unterhalb der halben Drehzahlfrequenz bleibt ($I_E = I_{En}$)?

9 Drehzahlverstellung von Drehstromasynchronmotoren

Der Drehstromasynchronmotor wird wegen seiner hervorragenden Merkmale in vielen Antrieben bevorzugt. Deshalb ist man bemüht, diesen Motor auch zum Zwecke der Drehzahlregelung bei drehzahlverstellbaren Antrieben einzusetzen.

Der klassische Asynchronmotor bietet eine maximale Drehzahl von 3 000 min^{-1} (mit $p = 1$ und $f = 50$ Hz). Die Positionierungs- und Automatisierungstechnik verlangen jedoch heute Drehzahlen von 1 min^{-1} bis 100 000 min^{-1} (hohe Drehzahlen z. B. bei der Zahnmedizin und mit Luft-Magnet-Lagerung). Manche andere Antriebe verlangen relativ kleine Drehzahlen (wie z. B. Kräne). Aus Kapitel 5 geht hervor, dass die Drehzahl des Asynchronmotors in einem starren Netz durch Netzfrequenz f, Polpaarzahl p des Motors und seinen Schlupf s bestimmt wird:

$$n = \frac{f}{p}(1 - s) \tag{9.1}$$

Somit kann durch die Veränderung dieser drei Größen die Drehzahl des Drehstromasynchronmotors verstellt werden. Hierzu bietet sich eine Fülle von Möglichkeiten an; jedoch ist man bestrebt, kostengünstige und einfache Schaltungen sowie solche mit minimalen Verlusten zu benutzen. Damit reduziert sich die Vielzahl der Möglichkeiten. Im Folgenden werden sowohl die klassischen als auch die modernen Verfahren zur Drehzahlverstellung des Asynchronmotors behandelt (u. a. [109]).

9.1 Schlupfänderung

In Abschnitt 5.1.9.1.1.1 wurde der Einfluss der Schlupfänderung im Zusammenhang mit den Anlassverfahren vom Schleifringläufer behandelt. Dabei wurde der Einfluss des Läufervorwiderstands und der Klemmenspannungsänderung auf die Drehzahl untersucht (Bilder 5.16 und 5.17). Als veränderbarer Widerstand können z. B. die klassischen, mit Schleifkontakt versehenen Schiebewiderstände (Potentiometer bzw. Spannungsteiler) eingesetzt werden. Heutzutage wird jedoch überwiegend die elektronische Lösung verwendet. Die Prinzipschaltung für die Läufervorwiderstands- und Klemmenspannungsänderung ist in **Bild 9.1** wiedergegeben.

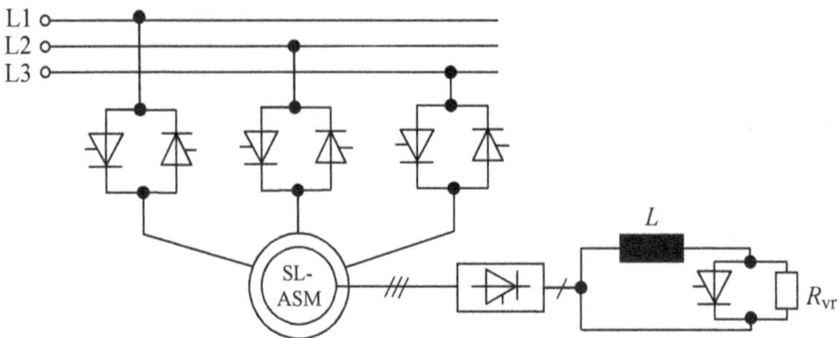

Bild 9.1 Prinzipschaltung zur Klemmenspannungs- und Läufervorwiderstandsänderung

Der Widerstand im Läuferkreis wird durch einen Thyristor periodisch kurzgeschlossen. Beim Sperren des Thyristors befindet sich der volle Vorwiderstand im Läuferkreis. Im Durchlassbereich ist der Vorwiderstand null. Durch die Einstellung des Zündwinkels kann der Strom durch den Thyristor und damit der Vorwiderstand variiert werden. Die Antiparallelschaltungen der Thyristoren in Ständersträngen schneiden je nach Zündwinkel Teile der Netzspannung heraus, womit die Klemmenspannung herabgesetzt werden kann. Wegen der bereits erwähnten Wirkungsgradverschlechterung sowie des begrenzten Einsatzes von Schleifringläufern findet diese Methode nur eine eingeschränkte Anwendung.

9.2 Polpaarzahländerung (polumschaltbare Motoren)

Dieses Verfahren ist für die Käfigläufer geeignet, da sich bei den Schleifringläufern, die für eine bestimmte Polpaarzahl gewickelt sind, zusätzliche Schwierigkeiten ergeben würden. Die angesprochenen Realisierungsmöglichkeiten in Abschnitt 5.1.9.2.4 werden hier näher untersucht.

9.2.1 Unterbringung von Wicklungen unterschiedlicher Polpaarzahl

In den Ständernuten werden mehrere Wicklungen (in der Regel zwei) mit unterschiedlichen Polpaarzahlen untergebracht.

9.2.2 Dahlander-Schaltung

Durch die Unterbringung von Schaltern kann man zweckentsprechend mit nur einer Wicklung auskommen. Diese Lösung ist wirtschaftlich, jedoch werden Teile der Wicklung thermisch höher beansprucht, da sie ständig unter Spannung stehen.

Eine geläufige Ausführung ist die sogenannte Dahlander-Schaltung, die normalerweise mit dem Polpaarzahlverhältnis 1 zu 2 arbeitet. Eine mögliche Ausführung ist in **Bild 9.2** für $p_2 = 2$ und $p_1 = 1$ mit Durchflutungsrichtungen und Induktionsverteilungen dargestellt.

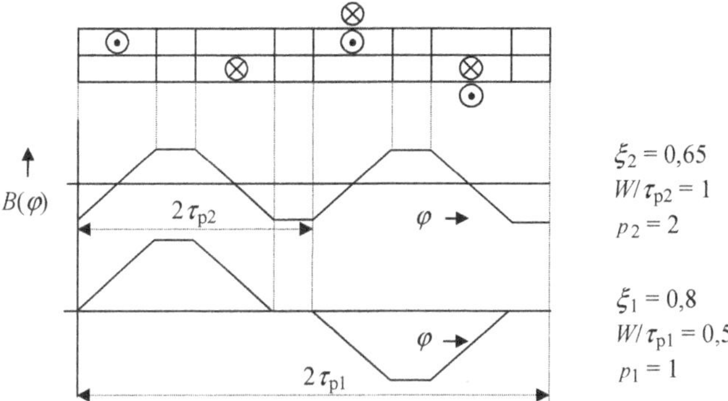

Bild 9.2 Dahlander-Schaltung mit zugehörigen Durchflutungs- und Induktionsverteilungen eines Strangs

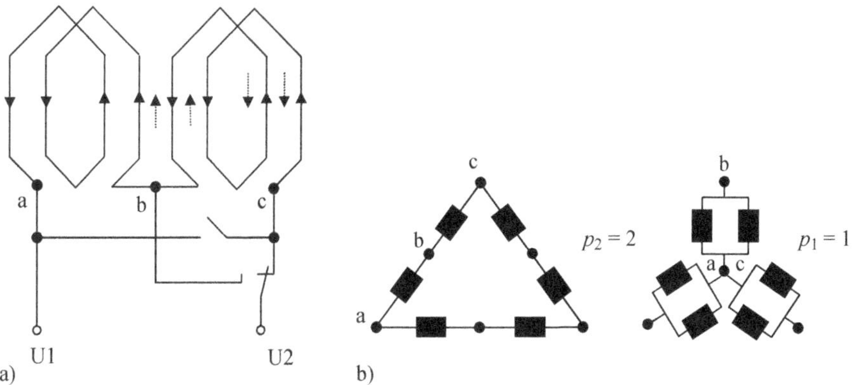

Bild 9.3 Realisierung der Dahlander-Schaltung mit vier und zwei Polen
a) einsträngig b) dreisträngig

Bild 9.3 zeigt die Realisierungsmöglichkeit mit nur zwei Schaltern je Strang. Wenn der untere Schalter wie im **Bild 9.3a** geschlossen und der obere Schalter offen ist, liegt die vierpolige Ausführung bzw. Reihenschaltung vor (normale Pfeilrichtung). Wenn aber die Stellung des unteren Schalters geändert und der obere Schalter eingeschaltet wird, hat man die zweipolige Ausführung bzw. Parallelschaltung vorliegen (punktierte Pfeilrichtung, Punkte a und c fallen zusammen). Eine mögliche Realisierung der dreisträngigen Ausführung ist in **Bild 9.3b** dargestellt.

Zur Beurteilung des Betriebsverhaltens wird das Verhältnis der Drehmomente in den beiden Schaltungen herangezogen. Für das Drehmoment der Asynchronmaschine gilt allgemein (s. Gl. (5.8), Abschnitt 5.1.4):

$$M = c\,\hat{B}\,\hat{A}_{\mathrm{r}}\cos\alpha \tag{9.2}$$

Der Läuferstrombelag $\hat{A}_{\mathrm{r}}$ ist bei der Induktionsmaschine der Induktion $\hat{B}$ proportional:

$$\hat{A}_{\mathrm{r}}\cos\alpha \sim \hat{B} \tag{9.3}$$

Daraus folgt, dass das Drehmoment quadratisch von der Induktion abhängig ist:

$$M \sim \hat{B}^2 \tag{9.4}$$

Für den Effektivwert der induzierten Spannung kann geschrieben werden:

$$U = \frac{1}{\sqrt{2}}\,w_{\mathrm{e}}'\,\xi\left(\frac{\mathrm{d}\Phi}{\mathrm{d}t}\right)_{\max}$$

$w_{\mathrm{e}}' = w_{\mathrm{e}}\cdot\xi$ ist die effektive Windungszahl (Wicklungsfaktor berücksichtigt). Für den Wert $(\mathrm{d}\Phi/\mathrm{d}t)_{\max}$ ergibt sich mithilfe des Gauß'schen Satzes:

$$\left(\frac{\mathrm{d}\Phi}{\mathrm{d}t}\right)_{\max} = \left(\omega\,l_{\mathrm{E}}\int\limits_{-\tau_{\mathrm{p}}/2}^{\tau_{\mathrm{p}}/2} B(x,t)\,\mathrm{d}x\right)_{\max} = \frac{2\,\omega\,l_{\mathrm{E}}\,\tau_{\mathrm{p}}\,\hat{B}}{\pi}$$

Hier ist l_{E} die aktive Eisenlänge und τ die Polteilung. Für die Induktion galt:

$$B(x,t) = \hat{B}\cos\left(\omega t - \frac{x\,\pi}{\tau_{\mathrm{p}}}\right) \qquad x = \frac{D}{2}\varphi$$

Daraus ergibt sich für den Effektivwert der induzierten Spannung:

$$U = \frac{1}{\sqrt{2}} w_e \, \xi \, \omega \, l_E \, \frac{2}{\pi} \hat{B} \, \tau_p$$

Damit gilt für die Induktionsamplitude:

$$\hat{B} = \frac{\sqrt{2} \, \pi \, U}{w_e \, \xi \, \omega \, 2 \, l_E \, \tau_p} \tag{9.5}$$

Somit gilt für das Verhältnis der Induktionswerte der beiden Schaltzustände nach Bild 9.2 bzw. Bild 9.3 die folgende Gleichung:

$$\frac{\hat{B}_1}{\hat{B}_2} = \frac{U_1}{U_2} \frac{w_2 \, \xi_2 \, \tau_{p2}}{w_1 \, \xi_1 \, \tau_{p1}} \tag{9.6}$$

Nach Bild 9.2 gilt weiterhin:

$$\tau_{p1} = 2 \, \tau_{p2} \qquad\qquad w_1 = w_2/2$$

Index 1 steht für die Parallel-, Index 2 für die Reihenschaltung. Für die Dreieck-Stern-Schaltung nach Bild 9.3b muss noch der Faktor $\sqrt{3}$, der Unterschied zwischen den induzierten Spannungen der zwei Schaltzustände, berücksichtigt werden. Damit folgt für Gl. (9.6) mithilfe der Wicklungsfaktoren:

$$\frac{\hat{B}_1}{\hat{B}_2} = \frac{U_1}{U_2} \frac{\xi_2}{\xi_1} = \frac{1}{\sqrt{3}} \frac{0{,}8}{0{,}65} \approx 0{,}71$$

Für das Verhältnis der Drehmomente der zwei Schaltzustände gilt dann:

$$M_1 = 0{,}5 \, M_2 \tag{9.7}$$

und wegen $p_2 = 2 \, p_1$ gilt:

$$\omega_{d1} / \omega_{d2} = 2 \tag{9.8}$$

Mit den Gln. (9.7) und (9.8) können die Besonderheiten des Betriebsverhaltens von polumschaltbaren Maschinen anhand der Drehmoment-Drehzahl-Kennlinie abgelesen werden (**Bild 9.4**). Der Schaltzustand mit p_2 hat ein höheres

Anlaufmoment, der mit p_1 eine höhere Betriebsdrehzahl (vorteilhaft bei Fahrzeugen). Bei einer Umschaltung von Schaltzustand p_1 auf p_2 würde sich die Maschine generatorisch bremsen. Kinetische Energie wird in Form von elektrischer Energie ans Netz zurückgegeben.

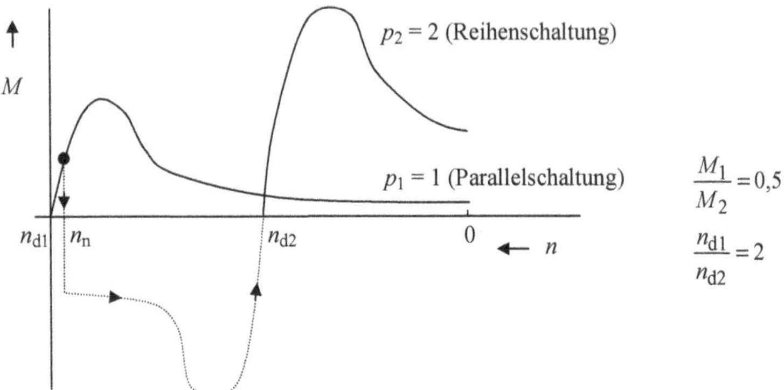

Bild 9.4 Drehmoment-Drehzahl-Kennlinien bei Dahlander-Schaltung

9.2.3 Kaskadenschaltung von Drehstromasynchronmaschinen

Eine Möglichkeit zur stufenweisen Drehzahlabsenkung bieten die Kaskadenschaltungen zweier oder mehrerer Drehstromasynchronmaschinen mit Schleifringläufer (**Bild 9.5**).

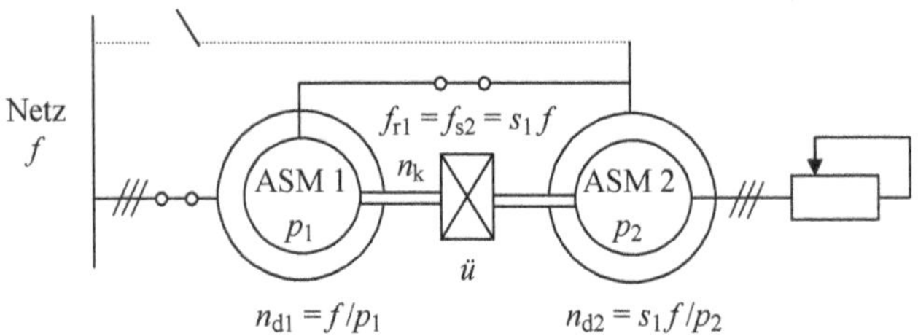

Bild 9.5 Kaskadenschaltung zweier Drehstromasynchronmaschinen

Die ASM 1 mit Polpaarzahl p_1 und der synchronen Winkelgeschwindigkeit ω_{d1} wird direkt vom Netz der Kreisfrequenz ω gespeist. Die ASM 2 mit Polpaarzahl p_2 und der synchronen Winkelgeschwindigkeit ω_{d2} wird vom Läufer der ASM 1 gespeist. Also ist die Läuferfrequenz von ASM 1 gleich der Ständerfrequenz von ASM 2. Die Maschinen sind miteinander mechanisch gekoppelt (direkt bzw. wie im Bild 9.5 durch ein Getriebe der Übersetzung *ü*). ω_k ist die mechanische Winkelgeschwindigkeit der Kaskade. Für synchrone Drehzahlen gilt dann:

$$n_{d1} = f/p_1 \qquad \text{und} \qquad n_{d2} = s_1\, f/p_2 \tag{9.9}$$

Der Leistungsfluss in der Kaskade ist in **Bild 9.6** dargestellt. Zur Beschreibung des Betriebsverhaltens der Kaskade betrachten wir den Leerlaufzustand. In diesem Fall ist die synchrone Drehzahl der ASM 2 gleich der mechanischen Drehzahl der Kaskade:

$$n_k = n_{d2} = \frac{s_1\, f}{p_2} \tag{9.10}$$

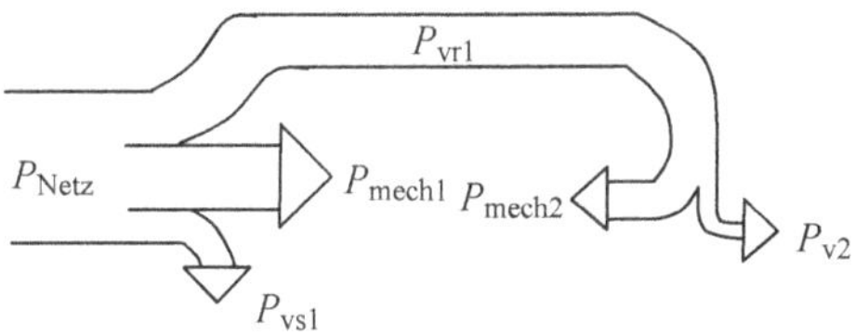

Bild 9.6 Leistungsfluss der Kaskade

Da aber die ASM 2 eine Last für ASM 1 ist, gilt für ASM 1:

$$n_k = n_{d1}\,(1 - s_1) \tag{9.11}$$

Durch Einsetzen der Gl. (9.10) in Gl. (9.11) ergibt sich:

$$n_k = \frac{f}{p_1 + p_2} \tag{9.12}$$

oder allgemeiner:

$$n_k = \frac{f}{p_1 \pm \ddot{u}\, p_2} \tag{9.13}$$

Das Minuszeichen in Gl. (9.13) gilt für den Fall, dass die Drehfelder der zwei Maschinen entgegengesetzt gerichtet sind (sogenannte Danielson-Kaskade).

Wirkungsgrad und Leistungsfaktor dieser Kaskade sind erwartungsgemäß nicht gut. In Gl. (9.13) ist außerdem die Getriebeübersetzung *ü* berücksichtigt. Durch zusätzliche Schalter, wie in Bild 9.5 angedeutet, können andere Drehzahlen eingestellt werden. Vorwiderstände im Läuferkreis der ASM 2 können zur Reproduzierung weiterer Drehzahlen benutzt werden. In **Bild 9.7** ist das Ersatzschaltbild der Kaskade dargestellt.

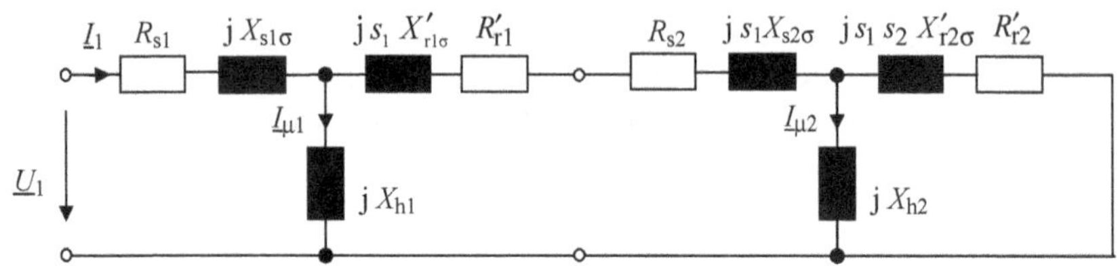

Bild 9.7 Ersatzschaltbild der Kaskade

9.3 Speisefrequenzänderung

9.3.1 Dynamischer Frequenzwandler

9.3.1.1 Asynchroner Frequenzwandler

Bild 9.8 zeigt den asynchronen Frequenzwandler (Schleifringläufer) mit dem Hilfsmotor (Käfigläufer), dem Antriebsmotor und der Arbeitsmaschine. Der asynchrone Frequenzwandler (FW) mit Polpaarzahl p_2 kann zur Erzeugung höherer Frequenzen und damit auch höherer Drehzahlen benutzt werden. Zu diesem Zweck sind nur Generator- oder Bremsbetrieb des Frequenzwandlers von Interesse. Deswegen ist ein Hilfsmotor mit der Polpaarzahl p_1 zum Treiben des Frequenzwandlers erforderlich. Der Frequenzwandler und der Hilfsmotor sind ans Netz angeschlossen (Ständerfrequenz f).

Zur Beurteilung des Betriebsverhaltens des asynchronen Frequenzwandlers kann sein Schlupf s_2 herangezogen werden. Dabei ist zu beachten, dass durch die mechanische Kupplung die mechanische Drehzahl des Frequenzwandlers gleich der des Hilfsmotors ist:

$$s_2 = 1 - \frac{\frac{f}{p_1}(1 - s_1)}{\frac{f}{p_2}} \tag{9.14}$$

Unter Vernachlässigung von s_1 (dem Schlupf des Hilfsmotors) gilt dann:

$$s_2 \approx 1 - \frac{\frac{\pm f}{p_1}}{\frac{f}{p_2}} = \frac{p_1 \mp p_2}{p_1}. \tag{9.15}$$

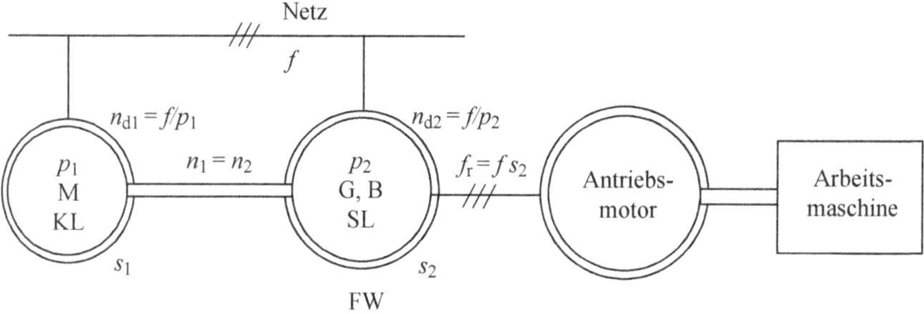

Bild 9.8 Asynchroner Frequenzwandler mit Hilfs- und Antriebsmotor

Das Plus-Zeichen gilt für den Fall, dass die Drehfeldrichtung im Frequenzwandler und die Antriebsdrehrichtung nicht übereinstimmen. Das Minuszeichen gilt für den Fall, dass diese Richtungen übereinstimmen (diese Aussage bezieht sich auf den letzten Term der Gl. (9.15)). Der asynchrone Frequenzwandler übersetzt die Ständerfrequenz f je nach Betriebszustand in eine Läuferfrequenz $f_r > f_s = f$, mit der der Antriebsmotor der Arbeitsmaschine gespeist wird. Demzufolge können der Antriebsmotor und damit die Arbeitsmaschine übersynchron laufen.

Für $p_1 = 1$ und $p_2 = 3$ ergibt sich:

(+) $s_{21} = 4$ ➔ $f_{r1} = 200$ Hz Bremsbetrieb

(–) $s_{22} = -2$ ➔ $f_{r2} = (-)100$ Hz Generatorbetrieb

Das Minuszeichen bei der Frequenz bedeutet hier, dass die Phasenfolge von Ständer und Läufer im Frequenzwandler umgekehrt ist. Die Leistungsaufteilung der verschiedenen Betriebszustände des asynchronen Frequenzwandlers ist in **Bild 9.9** dargestellt. In beiden Fällen wird dem Frequenzwandler die mechanische Leistung zugeführt. Im Bremsbetrieb muss auch elektrische Leistung aus dem Netz zugeführt werden. Im Generatorbetrieb wird elektrische Leistung vom Frequenzwandler ans Netz zurückgegeben.

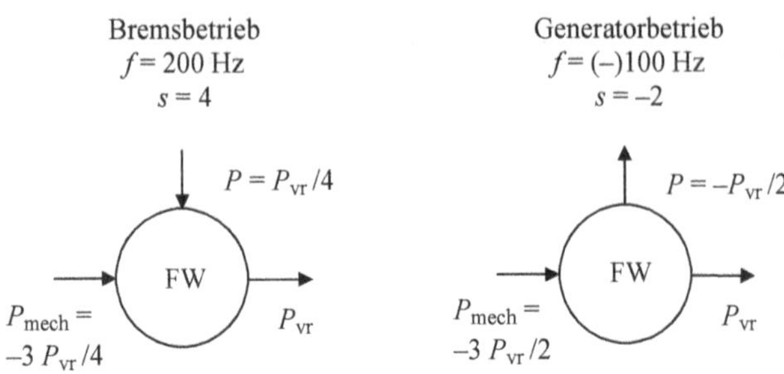

Bild 9.9 Leistungsaufteilung

9.3.1.2 Frequenzwandler in Leonard-Schaltung

In **Bild 9.10** ist der asynchrone Frequenzwandler in Leonard-Schaltung dargestellt. Der eigentliche Frequenzwandler befindet sich rechts im Bild (Schleifringläufer). Zwei Gleichstrommaschinen und eine Asynchronmaschine mit Käfigläufer sind weitere Bestandteile der Schaltung. Damit ist ein optimaler Energieausgleich zwischen Maschinen und Netz gewährleistet. Arbeitet z. B. der Käfigläufer als Generator, dann befindet sich die erste Gleichstrommaschine in Motorbetrieb, die zweite in Generatorbetrieb und demzufolge der Frequenzwandler in Motorbetrieb.

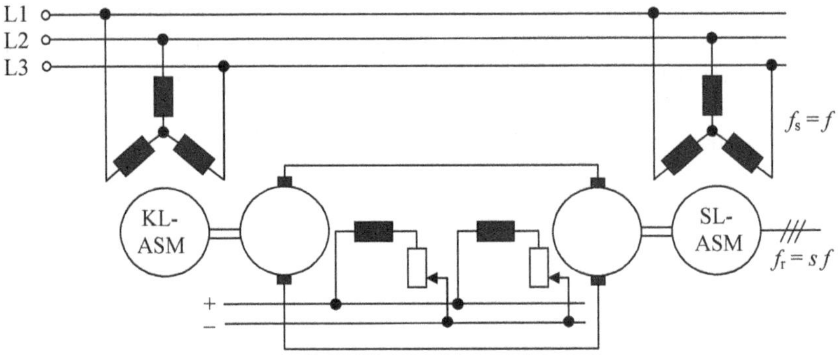

Bild 9.10 Asynchronmaschine als Frequenzwandler in Leonard-Schaltung

Zur Beschreibung des Betriebsverhaltens kann der Schlupf des Frequenzwandlers herangezogen werden:

$$s = \frac{n_d \pm n}{n_d} = \frac{f_r}{f} \quad (9.16)$$

Das Minuszeichen gilt, wenn Läuferdrehrichtung und Drehfeldrichtung gleich sind. f_r nimmt dann linear und stetig mit s ab. Das Plus-Zeichen gilt, wenn Läuferdrehrichtung und Drehfeldrichtung entgegengerichtet sind. f_r nimmt dann linear und stetig mit s zu. Es ist hier also eine breitbandige und stetige Drehzahlverstellung möglich.

9.3.1.3 Integrierter dynamischer Frequenzwandler (Schrage-Richter- bzw. Scherbius-Maschine)

Der Motor wurde im Jahre 1912 durch Schrage und Richter entwickelt und nach diesen benannt. Der Schrage-Richter-Motor gehört zur Klasse der Wechselstromkommutatormaschinen. Davon wurden die ständer- und läufergespeisten Ausführungen in Leistungsklassen von 150 kW bis 1 500 kW hergestellt und vor allem in der Zucker-, Textil- und Schwerindustrie eingesetzt. Dabei konnte sich die läufergespeiste Ausführung durchsetzen (**Bild 9.11**).

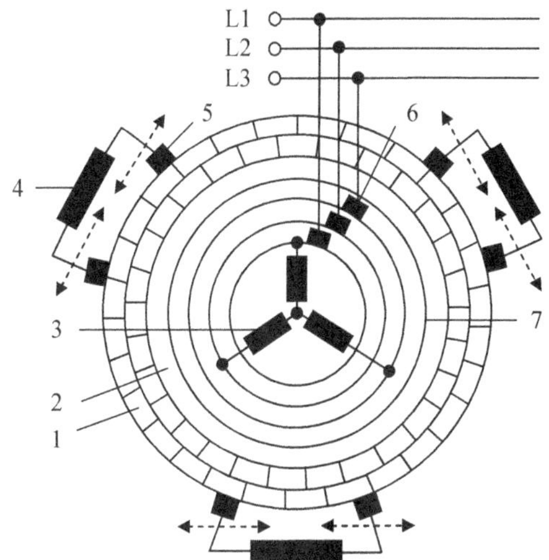

1 Kommutator 2 Steuerwicklung 3 Erregerwicklung 4 Ständerwicklung
5 bewegliche Kohlebürsten 6 feste Kohlebürsten 7 Schleifring

Bild 9.11 Aufbau des Schrage-Richter-Motors

Die Ständerwicklungen berühren über Kohlebürsten den Kommutator. Dabei können die Bürsten sich in beiden Richtungen bewegen (**Bild 9.11** und **Bild 9.12**) und damit eine Drehzahländerung in untersynchrone bzw. übersynchrone Bereiche ermöglichen (**Bild 9.13**). Hierzu wird auf Abschnitt 9.3.2.1.2 und Gl. (9.20) verwiesen.

Der Läufer besteht aus zwei Wicklungen: einer Steuerwicklung, die an den Kommutator angeschlossen ist, und einer Erregerwicklung, die mit dem Netz verbunden wird (Bild 9.11). Die Erregerwicklung induziert transformatorisch Ströme in der Steuerwicklung. Das entstehende Drehfeld durch den Läufer will den Ständer zum Rotieren bringen. Da dies aber nicht möglich ist, beginnt er selbst zu rotieren. Der Motor hat wegen seines aufwendigen Aufbaus und seiner aufwendigen Wartung allmählich an Bedeutung verloren und wird heute nur noch in bestimmten Stell- und Regelantrieben eingesetzt, weshalb hier auf weitere Einzelheiten verzichtet wird.

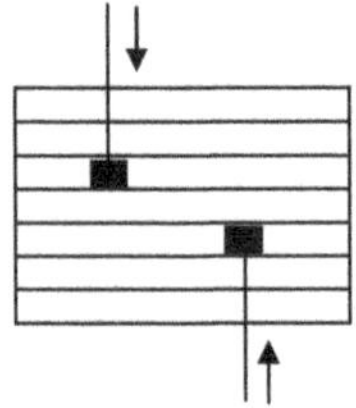

Bild 9.12 Kommutator mit beweglichen Kohlebürsten

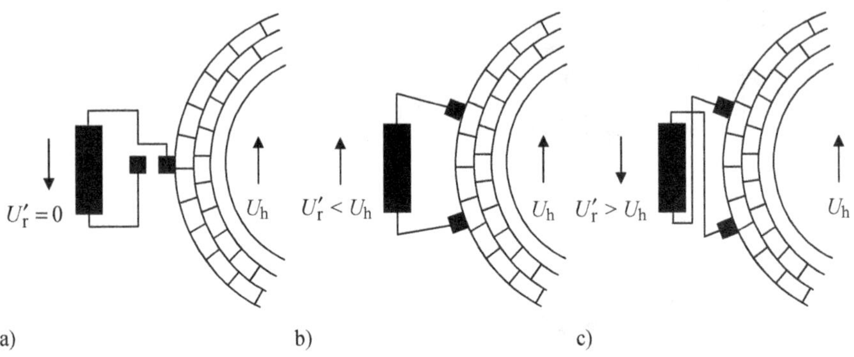

Bild 9.13 Synchroner, untersynchroner und übersynchroner Betrieb nach $s_0 = U_r'/U_h$

a) synchron
b) untersynchron
c) übersynchron

9.3.2 Statischer Frequenzwandler

9.3.2.1 Statischer Frequenzwandler im Läuferkreis

9.3.2.1.1 Drehstrom-Gleichstrom-Kaskade

Bild 9.14 zeigt die Kaskadenschaltung eines Asynchronmotors mit Schleifringläufer und eines fremderregten Gleichstrommotors. Während die Erregung, z. B. über das Netz, durch einen Gleichrichter zur Verfügung gestellt wird, muss die Ankerwicklung über den Rotor des Schleifringläufers gespeist werden. Zu diesem Zweck wird der Wechselstrom gleichgerichtet und über einen Widerstand an die Ankerwicklung geführt. Der Widerstand dient zur Kopplung der beiden Maschinen und wird im Betrieb kurzgeschlossen. Also wird die Läuferleistung des Schleifringläufers ausgenutzt. Die Gleichstrommaschine ist im Verhältnis zur Asynchronmaschine klein, da $U_{\mathrm{A}} = U_{\mathrm{r}}$ ist. Die Maschinen sind mechanisch gekoppelt. Zur Beschreibung des Betriebsverhaltens der Kaskade betrachten wir den Leerlaufzustand. Die induzierte Spannung und die Ankerspannung der Gleichstrommaschine können dann als gleich angenommen werden:

$$U_{\mathrm{A}} \approx U_{\mathrm{i}} = c\,\Phi\,\omega = k\,U_{\mathrm{r}} = k\,s\,U \qquad (9.17)$$

k ist die Gleichrichterkonstante, die die Beziehung zwischen der Läuferspannung $U_{\mathrm{r}} = s\,U$ und der gleichgerichteten Spannung U_{A} herstellt. Mit der Beziehung

$$n = (1 - s)\,n_{\mathrm{d}}$$

erhält man:

$$c'\,\Phi\,n_{\mathrm{d}}\,(1 - s) = k\,s\,U \qquad c' = 2\,\pi\,c$$

und damit:

$$\Phi \sim s/(1 - s) \qquad (9.18)$$

Diese Beziehung ist in **Bild 9.15** dargestellt. Es geht daraus hervor, dass die Drehzahl der Kaskade sinngemäß in einem Bereich, der 70 % bis 100 % der synchronen Drehzahl beträgt, verstellt werden kann. Der Vorteil dieser Kaskade ist, dass die einfache Drehzahleinstellung der Gleichstrommaschine zur Drehzahlverstellung des Asynchronmotors ausgenutzt wird. Außerdem wird die elektrische Läuferleistung des Asynchronmotors in Form von mechanischer Energie an die gemeinsame Welle zurückgeführt, sodass für die mechanische Leistung des Asynchronmotors im Idealfall gilt:

$$P_{\text{mech}} = (1 - s)\, P_\delta + s\, P_\delta = P_\delta$$

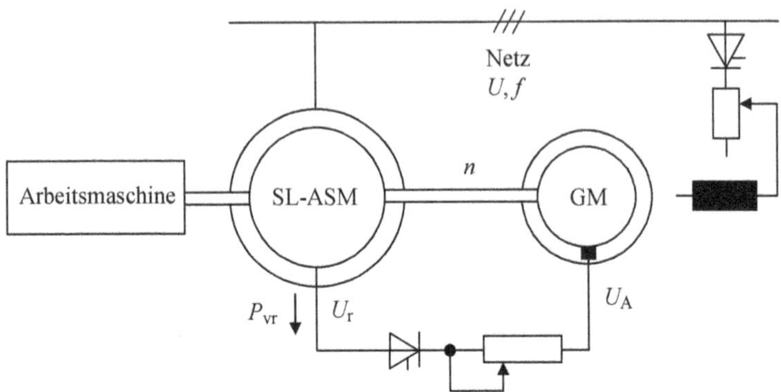

Bild 9.14 Kaskadenschaltung von Asynchronmaschine und Gleichstrommaschine

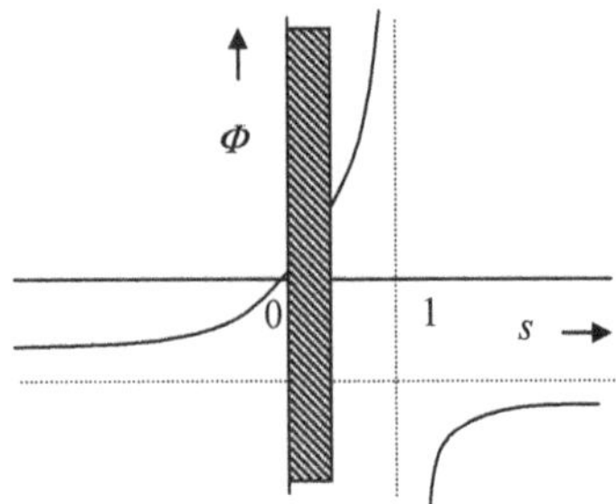

Bild 9.15 Drehzahlstellbereich der Kaskade

9.3.2.1.2 Drehzahlverstellung mit Frequenzwandler im Läuferkreis

Die Läuferfrequenz wird durch einen statischen Frequenzwandler an die Netzfrequenz angepasst. Zur Anpassung der Läuferspannung an die Netzspannung dient der Stelltransformator (**Bild 9.16**), und die Läuferleistung wird zum großen Teil ans Netz wieder zurückgegeben. Ein digitaler Drehzahlmesser erkennt dabei die Frequenz, die umgesetzt werden soll.

Der Leistungsfluss und das Ersatzschaltbild sind in **Bild 9.17** wiedergegeben. Da der Frequenzwandler die Leistung sP_δ überträgt, ist er gegenüber dem Frequenzwandler im Ständerkreis wesentlich kleiner und damit preisgünstiger. Hinzu kommen jedoch die Transformatorkosten. Das Ersatzschaltbild unterscheidet sich von der normalen Asynchronmaschine durch die Spannungsquelle im Läuferkreis (beidseitig bzw. doppelt gespeiste Drehstromasynchronmaschine).

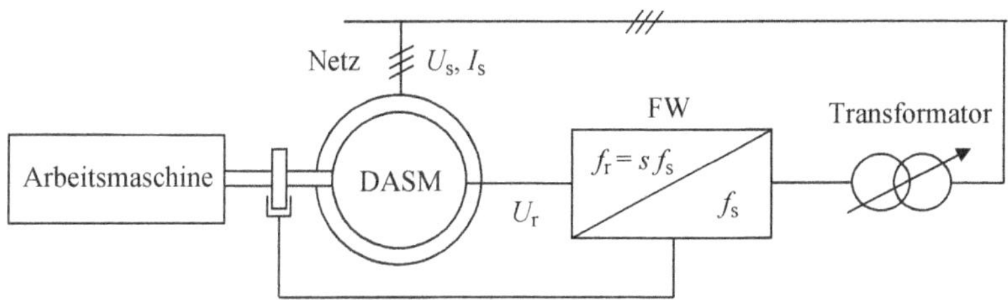

Bild 9.16 Statischer Frequenzwandler im Läuferkreis einer Drehstromasynchronmaschine

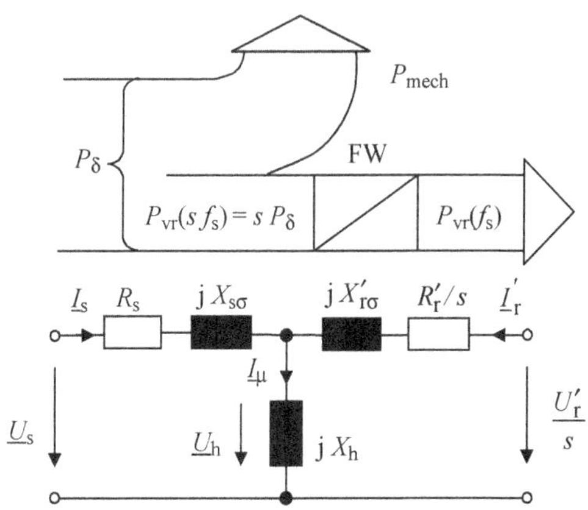

Bild 9.17 Leistungsfluss und Ersatzschaltbild

Für die Hauptfeldspannung ergibt sich über das Ersatzschaltbild:

$$\underline{U}_h = -\underline{I}'_r \,(R'_r / s + \mathrm{j}\, X'_{r\sigma}) + \underline{U}'_r / s$$

Daraus folgt für den Läuferstrom:

$$\underline{I}'_r = \frac{\dfrac{\underline{U}'_r}{s} - \underline{U}_h}{\dfrac{R'_r}{s} + \mathrm{j}\, X'_{r\sigma}} \tag{9.19}$$

Im Leerlauf ist $\underline{I}_{\mathrm{r}}' = 0$; dann ergibt sich aus der Gl. (9.19):

$$s_0 = U_{\mathrm{r}}' / U_{\mathrm{h}} \tag{9.20}$$

Über die Läuferspannung kann somit auch eine Leerlaufdrehzahl kleiner als die synchrone Drehzahl geregelt werden.

9.3.2.2 Statischer Frequenzwandler im Ständerkreis (stromrichtergespeiste Drehstromasynchronmaschinen)

9.3.2.2.1 Einleitung

Den Gleichstromnebenschlussmotor zeichnet eine hervorragende stufenlose Regelbarkeit von Drehzahl und Drehmoment aus. Er wird in der Regel mit Tachometermaschine in einem geschlossenen Drehzahlregelkreis eingesetzt. Immer häufiger werden jedoch für drehzahlverstellbare Antriebe die umrichtergespeisten Drehstromasynchronmotoren benutzt. Es wird also angestrebt, die drehzahlverstellbaren Gleichstromantriebe durch den kommutatorlosen Drehstromasynchronmotor zu ersetzen, da insbesondere der Käfigläufer kostengünstig, sehr kompakt, robust und wartungsfrei ist sowie eine höhere Lebensdauer aufweist. Im Vergleich zu Gleichstrommaschinen sind auch größere Leistungen bei höheren Drehzahlen und höheren Schutzarten möglich. Obwohl die Gleichstrommaschine vom Umsatz her auf dem Gebiet der drehzahlverstellbaren Antriebe heute gerade noch überwiegt, wächst die Bedeutung der kommutatorlosen Antriebe von Jahr zu Jahr. Insbesondere ist zum gegenwärtigen Zeitpunkt ein Übergang zu Drehstromantrieben vor allem bei großen Leistungen, zu beobachten.

Eine der Hauptmöglichkeiten der Drehzahlverstellung von Drehstromasynchronmaschinen ist die kontinuierliche Änderung der Speisefrequenz durch vorgeschaltete Umrichter. Die Prinzipschaltung ist in **Bild 9.18** dargestellt.

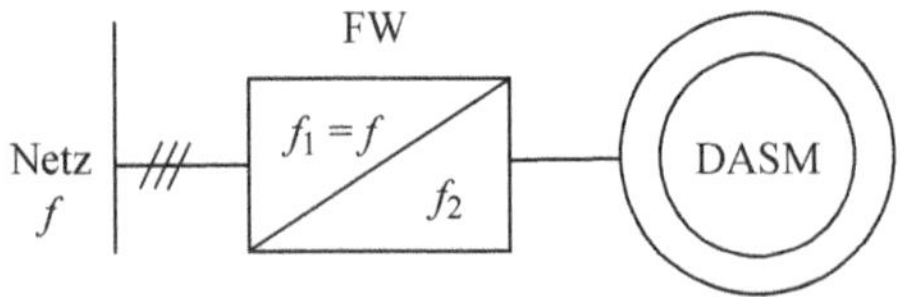

Bild 9.18 Prinzipschaltung der umrichtergespeisten Drehstromasynchronmaschine

Für eine weitgehend verlustarme Drehzahlverstellung benötigt also die Drehstromasynchronmaschine eine Umrichtereinheit, die aus einem Netz mit fester Spannung und Frequenz ein Netz mit variabler Spannung und Frequenz erzeugt. Die ersten Entwicklungen der umrichtergespeisten Drehstromasynchronmaschine wurden in den dreißiger Jahren des 20. Jahrhunderts durchgeführt, aber erst in den 1960er-Jahren wurden die Grundsteine für den industriellen Einsatz dieser Antriebsarten gelegt. Wegen schaltungstechnischer Vorteile hat sich die Speisung mit geglättetem Zwischenkreisstrom sehr stark durchgesetzt. Zu den Eigentümlichkeiten dieses Antriebs gehört, dass die Drehstromasynchronmaschine quasi mit ein-geprägten Strömen gefahren und dass die Kommutierung des Wechselrichters von Maschinenwicklungen direkt beeinflusst wird.

Bei der Umrichterspeisung der Drehstromasynchronmaschine sind die Speiseströme bzw. -spannungen zeitlich nicht mehr sinusförmig. Dies ist darauf zurückzuführen, dass Stromrichter grundsätzlich so etwas wie elektronische Schalter sind. Dadurch entstehen eine Reihe von Nebeneffekten, die bei der Projektierung und dem Einsatz eines solchen Antriebs beachtet werden müssen. Die raschen Änderungen des Stroms bzw. der Spannung während des Lastwechsels, sowohl in deren Höhe als auch in der Frequenz, führen dazu, dass Ausgleichsvorgänge bei den Drehstromasynchronmotoren auftreten. Die Stromoberschwingungen bilden mit den Feldoberschwingungen Pendelmomente, die auf das gesamte Antriebssystem übertragen werden. Wenn eine der Pendelfrequenzen mit einer Torsionseigenfrequenz des Rotors übereinstimmt, sind hohe Drehmoment- und Drehzahlpendelungen die Folge. Es stellt sich die Frage, inwieweit diese Pendelmomente die Maschine gefährden können, wenn z. B. kritische Drehzahlen beim Anlauf oder bei Bremsvorgängen kurzzeitig durchfahren werden. Die Drehmomentoberschwingungen führen zur Verstärkung der Geräuschbildung in der Maschine. Außerdem muss infolge zusätzlicher Verluste mit einer erhöhten Erwärmung der Bauteile gerechnet werden.

Einige Einsatzgebiete der umrichtergespeisten Asynchronmaschinen sind:
Pumpen (z. B. für Dosier-, Umwälz-, Druckvorgänge), Lüfter (z. B. für Be- und Entlüftung in der Klimatechnik), Dosierschnecken (z. B. für Kunststoff, Lebensmittel, Futtermittel, Bauwesen), Rührwerke, Knetmaschinen, Fördersysteme (z. B. für Transportanlagen, Hängebahnen), Beschickungsanlagen für Trocknung und Lackierung, Abfüllanlagen, Verpackungs- und Etikettiermaschinen, Kunstfaser-, Glasfaserherstellung, in der metallverarbeitenden und metallbearbeitenden Industrie für Standard-Bohrwerke (z. B. für Stanzen, Schleifmaschinen, Fräsmaschinen).

9.3.2.2.2 Grundlagen

9.3.2.2.2.1 Verfügbare Umrichtersysteme (*I*-, *U*- und Direktumrichter)

Die zahlreichen Umrichtervarianten lassen sich nach Abschnitt 5.1.9.1.2.3 auf die drei Grundvarianten *I*-Umrichter, *U*-Umrichter und Direktumrichter zurückführen [109].

Ein einfaches Konzept der Umwandlung von 50-Hz-Drehstrom in Drehstrom beliebiger Frequenz besteht darin, aus dem primären Netz über einen Pulsstromrichter (PSR) zunächst Gleichstrom herzustellen, diesen zu glätten und aus diesem Gleichstrom-Zwischennetz einen Wechselrichter (WSR) zu versorgen. Ausgangsfrequenzen bis etwa 650 Hz können heute mit dem Frequenzumrichter realisiert werden.

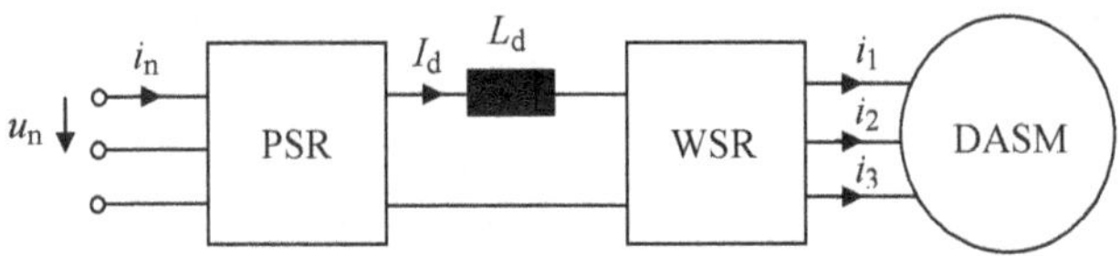

Bild 9.19 Prinzipschaltung des *I*-umrichtergespeisten Drehstromasynchronmotors

Die Prinzipschaltung und die Wirkungsweise sind zu ersehen aus Abschnitt 5.1.9.1.2.3, Bild 5.23 sowie Bild 5.24. In **Bild 9.19** ist hier noch einmal die Prinzipschaltung des *I*-umrichtergespeisten Drehstromasynchronmotors mit Strömen (Netz- und Motorseite) dargestellt. **Bild 9.20** zeigt diese Schaltung mit Umrichterventilen (Umrichterbrücken).

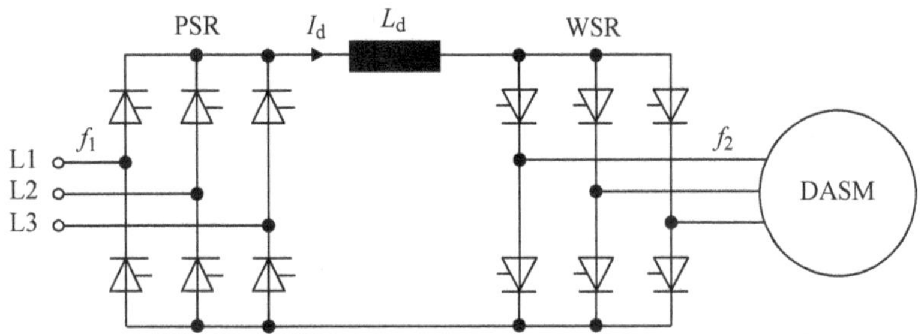

Bild 9.20 Drehstromasynchronmaschine mit Umrichterventilen

Wie schon erwähnt, wird der Maschine aufgrund einer systematischen Reihenfolge von Schaltoperationen ein sehr „zackiger" Drehstrom bzw. eine unstetige

Spannung zugeführt. Ein Umrichter mit Gleichstromzwischenkreis erzeugt im Ständer einer Drehstromasynchronmaschine Stromblöcke mit 120° Länge im Abstand von jeweils 60° (**Bild 9.21a**). Wenn die Kommutierungszeit nicht vernachlässigt wird (durch endliche Kommutierung), werden die Stromflanken abgeflacht (Trapezform, **Bild 9.21b**).

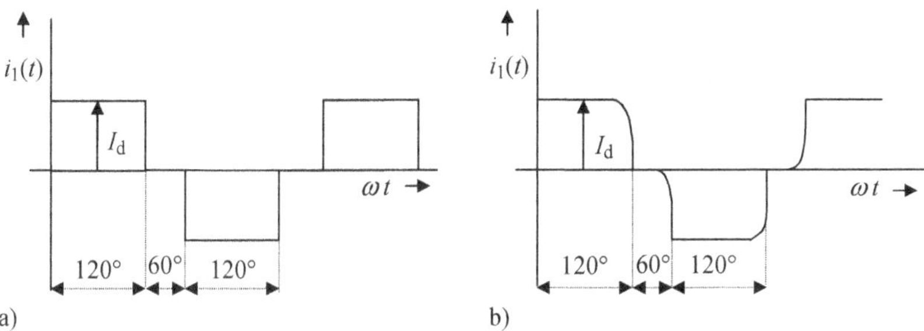

Bild 9.21 Blockförmige Stromverläufe der umrichtergespeisten Drehstromasynchronmaschine
a) ideale Stromform b) Stromform bei endlicher Kommutierungszeit

9.3.2.2.2.2 Entstehung der Drehmomentoberschwingungen

In **Bild 9.22** sind noch einmal der Leiterstrom $i_{1\text{Leiter}}$ und der entsprechende Strangstrom $i_{1\text{Strang}}$ dargestellt. Der Ständerstrom enthält, neben der Grundschwingung, Oberschwingungen der Ordnungszahlen (Harmonische):

$$\nu = 6\,g + 1 \qquad (9.21)$$

mit g = 0, ± 1, ± 2, . . . (+ für die mitlaufende und – für die gegenlaufende Schwingungen)

Zur Betrachtung der Oberschwingungen muss die mathematische Beschreibung des Drehfelds noch erweitert und verallgemeinert werden. Unter Berücksichtigung aller Oberschwingungen der magnetischen Induktion ergibt sich:

$$B(\varphi, t) = \sum_{\nu} \hat{B}_{\nu} \cos(\omega t - \nu\, p\, \varphi) \qquad (9.22)$$

Da auch hier der Ausdruck $\omega t - \nu p \varphi$ konstant sein muss (s. die Erklärung für die Grundschwingung, Abschnitt 4.2.1.2, Gl. (4.9)), ergeben sich für die synchronen Winkelgeschwindigkeiten der Oberschwingungen

$$\omega_{\mathrm{d}\nu} = \frac{\omega}{\nu\, p} \qquad \text{mit} \qquad \omega = 2\,\pi\, f_{\mathrm{s}} \qquad (9.23)$$

bzw. für die synchrone Drehzahl der Oberschwingungen

$$n_{\mathrm{d}\nu} = \frac{f_\mathrm{s}}{\nu\, p} \tag{9.24}$$

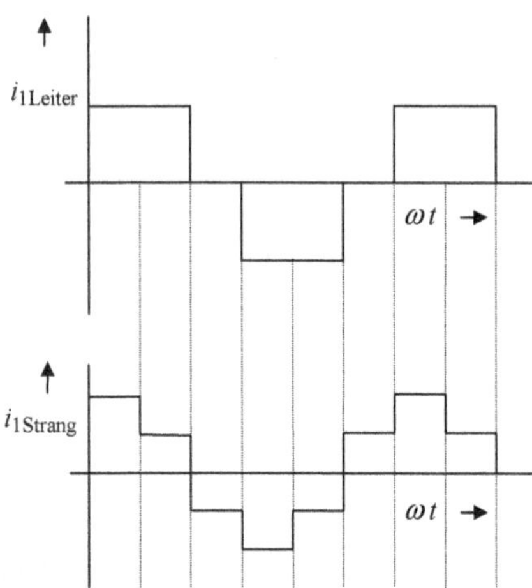

Bild 9.22 Leiter- und Strangstrom

Aus Gl. (9.23) geht hervor, dass die Geschwindigkeit der Oberschwingungen umgekehrt proportional zu deren Ordnungszahl ist. Der Ausdruck νp kann dann als Polpaarzahl der Oberschwingungen p_ν aufgefasst werden:

$$\nu p = p_\nu \tag{9.25}$$

Die allgemeine Formulierung der Gl. (5.5) aus Abschnitt 5.1.4 (unter Berücksichtigung der Oberschwingungen) lautet dann:

$$n_{\mathrm{d}\nu} = n + n_{\mathrm{r}\nu} \tag{9.26}$$

Die Läuferfrequenzen ergeben sich aus den Gln. (5.1) und (5.2) (ebenfalls aus Abschnitt 5.1.4) zu:

$$\frac{f_{\mathrm{r}\nu}}{\nu\, p} = \frac{f_\mathrm{s}}{\nu\, p} - \frac{f_\mathrm{s}}{p}(1-s)$$

bzw.

$$f_{r\nu} = f_s - \nu f_s\,(1 - s) = f_s\,[\,1 - \nu(1 - s)\,] \tag{9.27}$$

Hier wird

$$s_\nu = 1 - \nu(1 - s)$$

als Schlupf der ν-ten Oberschwingung bezeichnet. Für Gl. (9.27) gilt dann

$$f_{r\nu} = s_\nu f_s \tag{9.28}$$

Gl. (9.28) ist die allgemeine Formulierung der Gl. (5.2) (Abschnitt 5.1.4) unter Berücksichtigung der Oberschwingungen. Die Amplitude des Ständerstroms für die Grundschwingung lautet:

$$\hat{I}_{s1} = \frac{2\sqrt{3}\,I_d}{\pi} \approx 1{,}1\,I_d \tag{9.29}$$

und für die Oberschwingungen:

$$\hat{I}_{s\nu} = \frac{\hat{I}_{s1}}{\nu} \tag{9.30}$$

Bei $s \approx 0$ folgt nach Gl. (9.27) für die Läuferfrequenzen:

$$f_{r\nu} \approx (1 - \nu) f_s \tag{9.31}$$

Die Ständeroberfelder erzeugen Läuferoberschwingungen der Ordnungszahl $(1 - \nu)$. Also ergeben sich nach Gl. (9.21) Läuferoberschwingungen der Ordnungszahl 6 g.

Die Drehfeldoberschwingungen, hervorgerufen durch die Ständerstromoberschwingungen, erzeugen mit Läuferstromoberschwingungen die sogenannten Drehmomentoberschwingungen. Zur allgemeinen Erklärung der Entstehung von Drehmomentoberschwingungen greift man am besten auf das Biot-Savart'sche-Gesetz zurück. Nach Biot-Savart ist die Kraft d$\boldsymbol{F}$ auf ein vom Strom i durchflossenes Leiterelement der Länge d$\boldsymbol{l}$ am Ort der Induktion $\boldsymbol{b}$ gleich

$$\mathrm{d}\boldsymbol{F} = i\,(\,\mathrm{d}\boldsymbol{l} \times \boldsymbol{b}\,)$$

Leiterelement $\mathrm{d}\boldsymbol{l}$, Induktion $\boldsymbol{b}$ und Kraft $\mathrm{d}\boldsymbol{F}$ bilden ein Rechtssystem (Rechte-Hand-Regel). Wenn, wie bei rotierenden elektrischen Maschinen üblich, anstatt des Stroms i der Strombelag a zugrunde gelegt wird, steht das Kraftelement zu $\boldsymbol{b}$ und $\boldsymbol{a}$ orthogonal. Es werden zwei beliebige Induktions- und Läuferstrombelagsschwingungen betrachtet und das dadurch resultierende Drehmoment berechnet (**Bild 9.23**).

Mit:

$$b(\,\varphi,t\,) = \hat{B}_\mu \cos(\,\omega_\mu t - p_\mu\,\varphi - \alpha_\mu\,) \tag{9.32}$$

und

$$a(\,\varphi,t\,) = \hat{A}_\nu \cos(\,\omega_\nu t - p_\nu\,\varphi - \alpha_\nu\,) \tag{9.33}$$

Hier ist α jeweils der Phasenwinkel der Induktions- bzw. Strombelagsschwingung gegen einen gemeinsamen Punkt.

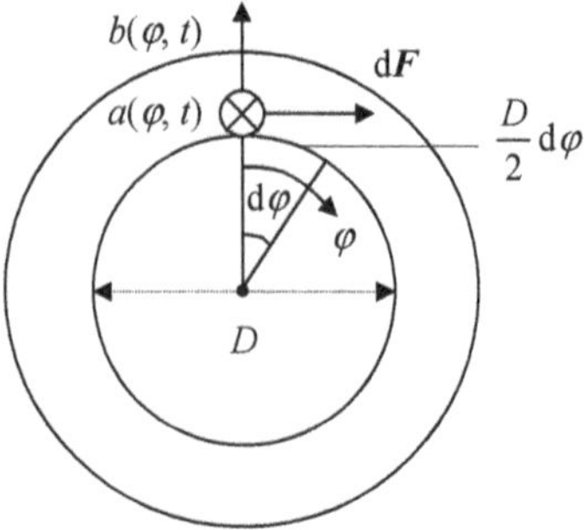

Bild 9.23 Kraft bzw. Drehmoment der Induktions- und Läuferstrombelagsoberschwingung

Der Betrag des Kraftelements auf das Bogenelement $D\,\mathrm{d}\varphi/\,2$ des Umfangs ist gleich:

$$\mathrm{d}F = a\,b\,l\,D\,\mathrm{d}\varphi/2$$

wobei bekanntlich zwischen Strombelag a und Strom i folgende Beziehung besteht:

$$a = \frac{i}{\frac{D}{2} \mathrm{d}\varphi}$$

Das Drehmoment für das Bogenelement $D\,\mathrm{d}\varphi/2$ ist dann:

$$\mathrm{d}M = \frac{D}{2} \mathrm{d}F$$

Das resultierende Moment ergibt sich durch die Integration über den gesamten Umfang:

$$M = \frac{l D^2}{4} \int_0^{2\pi} a\, b\, \mathrm{d}\varphi \qquad (9.34)$$

Nach Einsetzen von a und b (Gln. (9.32) und (9.33)) und Umwandlung nach trigonometrischen Summenformeln ergibt sich:

$$M = \frac{l D^2}{4} \frac{\hat{A}_\nu \hat{B}_\mu}{2} \int_0^{2\pi} \{ \cos[(\omega_\mu - \omega_\nu) t - (p_\mu - p_\nu) \varphi - (\alpha_\mu - \alpha_\nu)] + \\ + \cos[(\omega_\mu + \omega_\nu) t - (p_\mu + p_\nu) \varphi - (\alpha_\mu + \alpha_\nu)] \} \mathrm{d}\varphi \qquad (9.35)$$

Ein Drehmoment existiert nur dann, wenn folgende Beziehung gilt:

$$p_\mu = p_\nu \qquad (9.36)$$

Die Drehmomentgleichung (9.35) vereinfacht sich dann zu:

$$M = \frac{l \pi D^2 \hat{A}_\nu \hat{B}_\mu}{4} \cos[(\omega_\mu - \omega_\nu) t - (\alpha_\mu - \alpha_\nu)] \qquad (9.37)$$

Der Integrand ist nicht mehr von der Umfangskoordinate φ abhängig. Somit erhält man ein zeitlich periodisch schwankendes Moment, das „Pendelmoment". Die Frequenz der Drehmomentoberschwingungen entspricht der Differenz (bzw. der Summe) der Frequenzen der betreffenden Strombelags- und Feldoberschwingung. Nach Gl. (9.37) müssen Drehstrombelag und Drehfeld gleiche Polpaarzahl und gleiche Umlaufgeschwindigkeit besitzen, damit ein zeitlich konstantes Drehmoment auftreten kann:

$$\omega_\mu = \omega_\nu \qquad M = \frac{l\,\pi\,D^2\,\hat{A}_\nu\,\hat{B}_\mu}{4}\cos(\alpha_\mu - \alpha_\nu) \tag{9.38}$$

Wenn Gl. (9.38) nur für bestimmte Schlupfwerte erfüllt ist, spricht man von „synchronen Oberschwingungsmomenten" (induzierte Läuferströme sind mit der Ständerinduktion nicht verwandt). Wenn aber Gl. (9.38) für alle Schlupfwerte erfüllt ist, spricht man von „asynchronen Oberschwingungsmomenten" (induzierte Rotorströme stammen aus der Ständerinduktion).

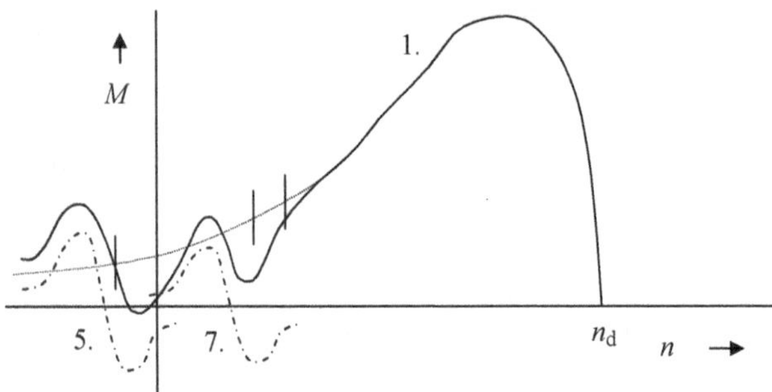

Bild 9.24 Asynchrone und synchrone Oberschwingungsmomente

Die synchronen bzw. asynchronen Drehmomentoberschwingungen sowie das resultierende Drehmoment des Asynchronmotors sind in **Bild 9.24** dargestellt. Dies kann insbesondere beim Käfigläufer z. B. zu Schwierigkeiten während des Anlaufs führen. Die synchronen Oberschwingungsmomente, die bei diskreten Schlupfwerten entstehen, versuchen, den Läufer bei diesen Drehzahlen zu halten und können damit zum „Kleben" des Motors führen. Beim Schleifringläufer lässt sich mithilfe von Läufervorwiderständen ein ausreichend großes Anlaufmoment zur Verfügung stellen und damit das Problem umgehen. Zur vollständigen Beschreibung des Betriebsverhaltens der rotierenden elektrischen Maschinen und insbesondere der Asynchronmaschinen kann davon ausgegangen werden, dass die Feldoberschwingungen und Läuferstromoberschwingungen höherer Ordnungszahlen (nach oben erwähntem Mechanismus) weitere Drehmomentanteile bilden und auch eine diesbezügliche Rückwirkung mehrerer Oberschwingungsgenerationen stattfinden kann.

9.3.2.2.2.3 Auswirkung der Oberschwingungen

Wie bereits erwähnt, enthält die Ausgangsspannung des Umrichters neben der gewünschten Grundschwingung $\nu = 1$ eine Reihe von Oberschwingungen mit den Ordnungszahlen $\nu = 5, 7, 11, 13, 17, 19$ usw. Diese Oberschwingungen bewirken abwechselnd mit- und gegensinnig zum Grundschwingungsfeld mit $1/\nu$-facher Geschwindigkeit umlaufende zusätzliche Drehfelder. Da die Spannungs- bzw. Stromform durch den Umrichter von außen der Maschine diktiert wird, ist es grundsätzlich schwierig, die Oberschwingungseffekte zu unterbinden. Insbesondere sind die Maßnahmen, die bei der Reduzierung von Oberschwingungen gewöhnlich eingesetzt werden (wie Schrägung, Sehnung usw.), hier nicht unbedingt greifend.

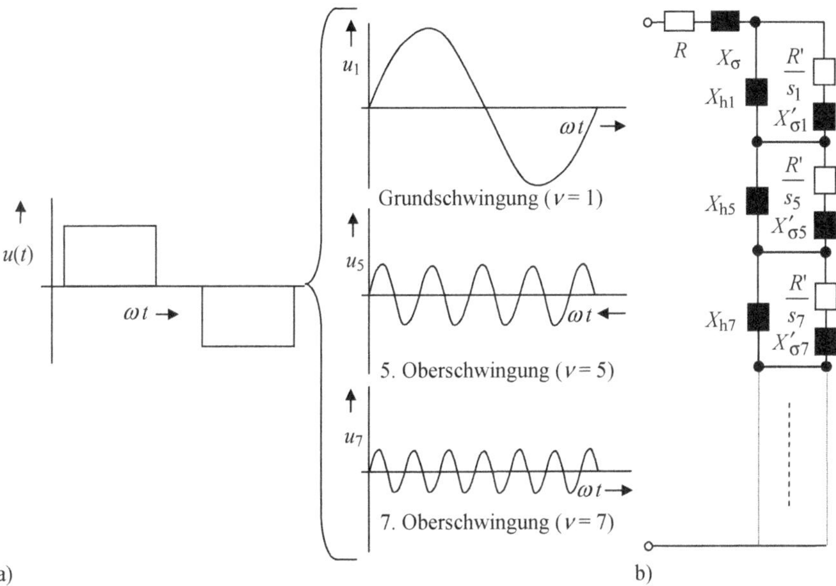

Bild 9.25 Betriebsverhalten eines Käfigläufermotors mit nicht sinusförmiger Speisung
a) Oberschwingungen am Umrichter-Ausgang (blockförmiger Strom) b) Ersatzschaltbild

Die Oberschwingungen mit den Ordnungszahlen $\nu = -5, -11, -17, \ldots$ gelten für Bremsbetrieb, diejenigen mit den Ordnungszahlen $\nu = 7, 13, 19, \ldots$ für Motorbetrieb. Für alle Spannungsoberschwingungen arbeitet die Maschine nach demselben Wirkungsmechanismus wie für die Grundschwingung (**Bild 9.25**).

9.3.2.2.3 Auswertung

In **Bild 9.26** sind die typischen Zeitverläufe von Spannung, Strom und Drehmoment für verschiedene Umrichtersysteme dargestellt. Daraus geht hervor, dass sowohl beim *I*- als auch beim *U*-Umrichterantrieb dem Drehmoment ein Wechselanteil mit sechsfacher Ausgangsfrequenz überlagert ist!

	Umrichter mit variabler Zwischenkreis-spannung U_d	**Umrichter mit konstanter Zwischenkreis-spannung U_d (Pulsumrichter)**	**Direktumrichter**	**Umrichter mit variablem Zwischenkreis-strom I_d**
Spannung	U_d U_d variabel	U_d U_d fest		
Strom				I_d I_d variabel
Drehmoment				

Bild 9.26 Spannungs-, Strom- und Drehmomentverlauf verschiedener Umrichtersysteme

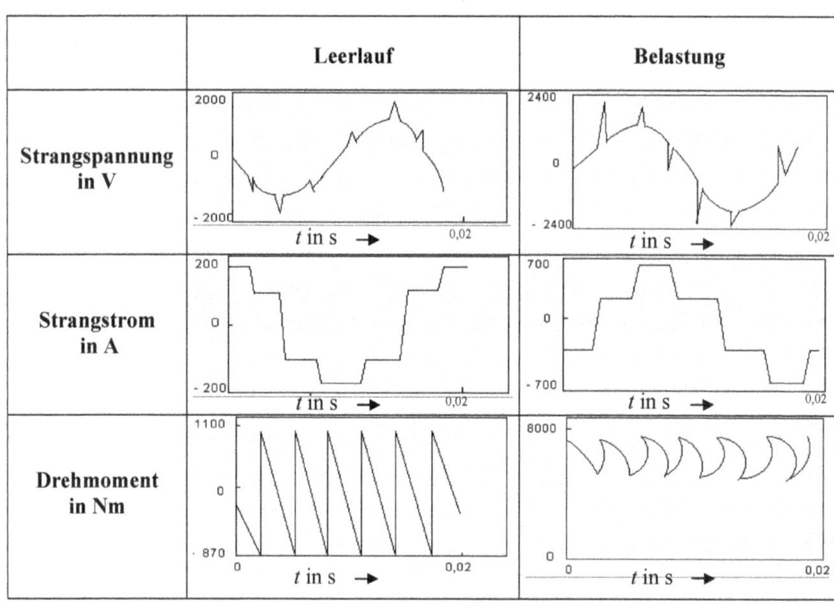

Bild 9.27 I-Umrichterantrieb beim Leerlauf und unter Belastung

Bild 9.27 stellt den Spannungs-, Strom- und Drehmomentverlauf im Leerlauf und unter Last bei einem Turboverdichterantrieb für die chemische Industrie dar. Wegen des synchron umlaufenden, zeitlich konstanten Maschinengrundfelds ist der Spannungsverlauf insbesondere im Leerlauf annähernd sinusförmig. Diesem überlagern sich die Kommutierungsspitzen wegen der erzwungenen Stromänderungen, wobei die Schaltzeitpunkte und damit auch die Phasenlage des Ständerstroms von der Ansteuereinheit des Umrichters bestimmt werden. Die Größe der Spannungsspitzen steht in einem proportionalen Zusammenhang zum Gleichstrom I_d im Zwischenkreis. Da der Laststrom etwa drei- bis vierfach größer als der Leerlaufstrom ist, sind die Spannungsspitzen unter Last entsprechend dominanter. Im Drehmomentverlauf sind die Kommutierungsaugenblicke durch die steilen Anstiegsflanken gekennzeichnet. Auch hier sind unter Last deutlich größere Werte als im Leerlauf zu verzeichnen. Die Größe der Verlustleistung hängt einerseits vom Umrichterprinzip und andererseits in starkem Maß von der Maschinengröße ab (**Bild 9.28**).

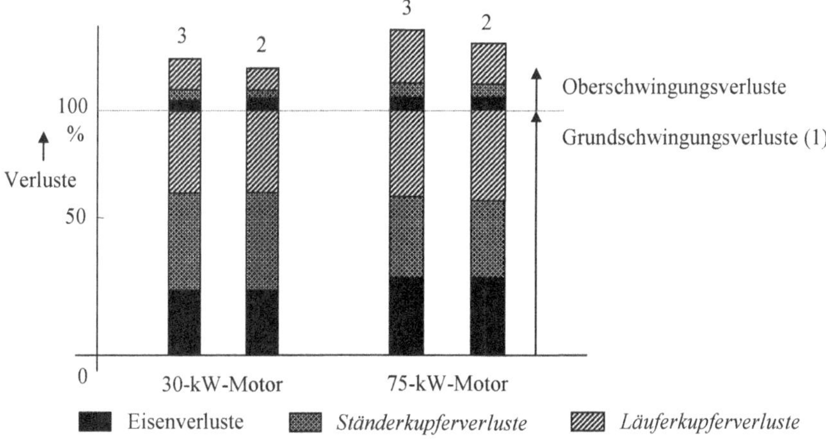

Bild 9.28 Zusatzverluste eines 30-kW- bzw. 75-kW-Umrichterantriebs
1) bei Speisung mit sinusförmiger Spannung
2) bei Speisung mit *I*-Umrichter
3) bei Speisung mit *U*-Umrichter

Selbst bei sinusförmiger Einspeisung ist unterhalb (wegen der schlechteren Kühlung) und oberhalb des 50-Hz-Betriebspunkts (wegen der vergrößerten Eisenverluste) eine Drehmomentreduktion gemäß **Bild 9.29** zu berücksichtigen (für Beispiele im Bild 9.29 im Frequenzbereich 10 Hz bis 95 Hz). Die etwaige Drehmomentreduktion ist für die oben erwähnten Motoren bei 50 Hz aus der **Tabelle 9.1** zu entnehmen.

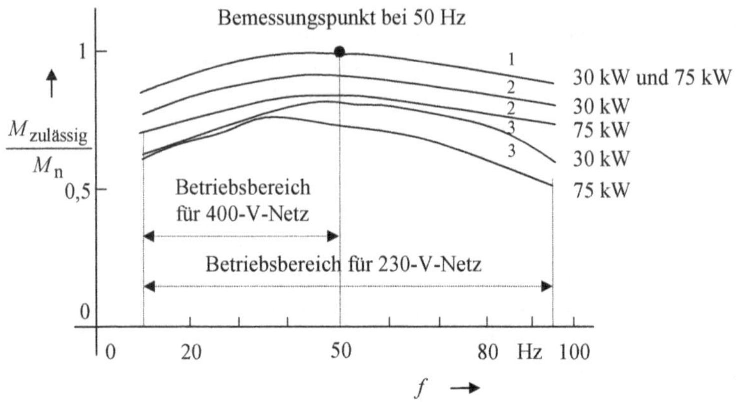

Bild 9.29 Drehmomentreduktion bei umrichtergespeisten Motoren

Umrichtertyp	30-kW-Motor	75-kW-Motor
U-Umrichter	87 % M_n	76 % M_n
I-Umrichter	92 % M_n	88 % M_n

Tabelle 9.1 Drehmomentreduktion

Die sinusförmige Speisung weist geringere Verluste bzw. einen höheren Wirkungsgrad auf (**Bild 9.30**). Auch die geringeren Verluste und der höhere Wirkungsgrad des I- gegenüber dem U-Umrichterantrieb sind aus Bild 9.30 für den 75-kW-Umrichterantrieb ersichtlich. Die schwarzen Punkte in den Kennlinien weisen auf die thermisch zulässigen Grenzen hin. Die zusätzlichen Oberschwingungsfelder der umrichtergespeisten Antriebe führen zur Verschärfung der Geräuschverhältnisse in der Maschine. Einerseits wird hier eine Reihe zusätzlicher magnetischer Kräfte angeregt, andererseits ist es bei einer drehzahlregelbaren Maschine unvermeidbar, dass verschiedene Resonanzstellen durchfahren werden (mit Frequenzen, die beim Vielfachen der sechsfachen Ausgangsfrequenz des Umrichters liegen). Bei einem vierpoligen 50-kW-Motor erhöht sich z. B. der Schalldruckpegel bei 50 Hz und Volllast von 70 dB(A) bei Netzbetrieb auf 75 dB(A) bei Speisung durch einen I-Umrichter. Es bilden sich auch deutliche Einzeltöne aus. Bei einer modifizierten Motorausführung mit Sonderläufer und vergrößertem Luftspalt beträgt der Unterschied nur 2 dB(A).

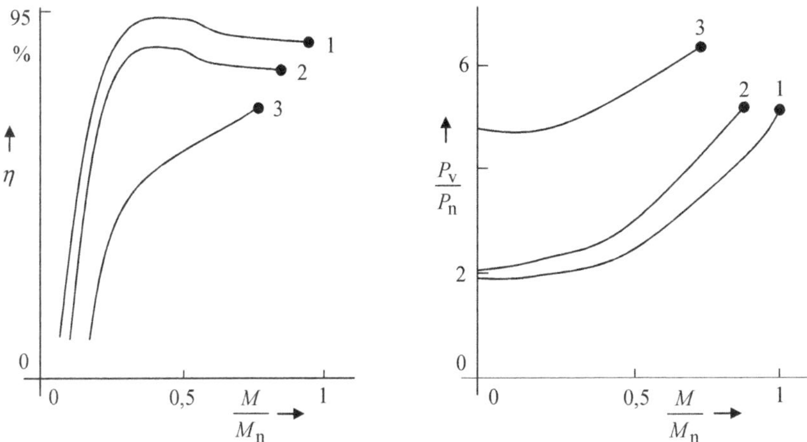

Bild 9.30 Wirkungsgrad und Verluste eines 75-kW-Umrichterantriebs

Jeder der vier Fahrmotoren der ICE-Lokomotive E 120 hat eine Bemessungsleistung von 1,4 MW. Sie werden von einem Umrichter (f = 0 Hz bis 200 Hz) gespeist, der seine Energie über einen Gleichrichter aus dem (15-kV-, 16 2/3-Hz)-Einleiter-Bahnnetz erhält. Je zwei Motoren sitzen auf einem Drehgestell. Die Leiterspannung beträgt 2,2 kV und die maximale Drehzahl 3 600 min^{-1}. Die Energiepulsation des Einleiter-Bahnnetzes wird durch einen Reihenschwingkreis ausgeglichen. Durch den Kondensator C im Zwischenkreis werden Oberschwingungen der Gleichspannung und durch die Induktivität L die Oberschwingungen des Drehstroms gedämpft. Bei großer Geschwindigkeit der Lokomotive wird die Induktivität mit einem dreipoligen Schütz überbrückt. Wenn keine Nutzbremsung erfolgen kann, wird auf die Bremswiderstände R umgeschaltet (**Bild 9.31**).

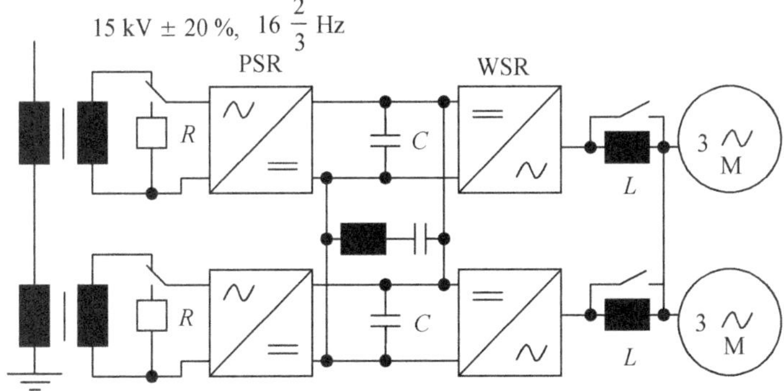

Bild 9.31 Prinzipielle Umrichterschaltung der ICE-Lokomotive

9.3.2.2.4 Reduzierung der umrichterbedingten parasitären Erscheinungen

Im Folgenden sind die geläufigsten Maßnahmen zur Reduzierung der umrichterbedingten parasitären Erscheinungen aufgelistet.

- Verringerung der erforderlichen Momentenreduktion durch Zusatzmaßnahmen, wie z. B. durch Einfügen eines Oberschwingungsfilters zwischen Umrichter und Motor bzw. Einsatz besser dämpfender Gummischeiben in der Kupplung
- Verbesserung des Wirkungsgrads durch Fremdkühlung, insbesondere im Frequenzbereich unter 50 Hz
- Verringerung der Läuferverluste durch Einsatz eines stromverdrängungsarmen Läufers (keine Nutschrägung, kein Hochstab-, möglichst kein Doppelnutläufer)
- Verringerung der Kommutierungseisenverluste durch Auswahl von Blechen höherer Qualität und kleinerer Dicke
- soweit möglich, Einsatz von Motoren mit vergrößertem Luftspalt
- Einsatz von Motoren mit verhältnismäßig kleinen Streublindwiderständen beim I-Umrichter. Durch die Reduzierung der Spannungsoberschwingungen verkleinern sich die Zusatzverluste. (Da beim U-Umrichterantrieb die Spannung eingeprägt ist, muss der Strom klein sein, was mit großem Streublindwiderstand realisierbar ist.)
- Reduzierung der Kommutierungszeit der Umrichter

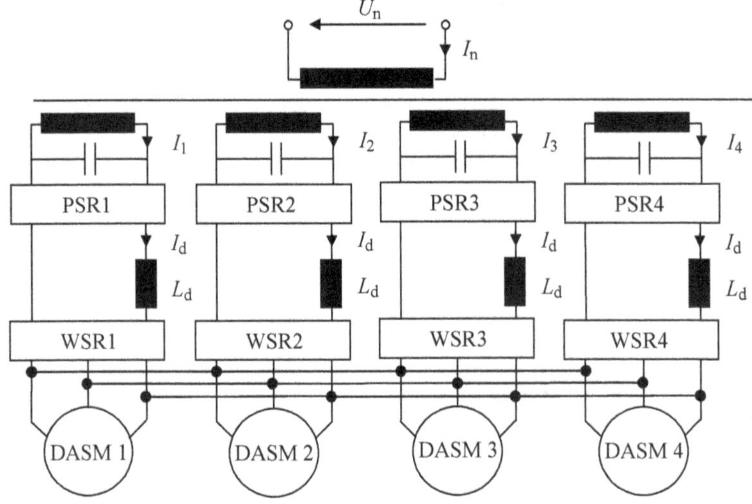

Bild 9.32 Mehrfach-Umrichter-Schaltung

- Ausgangsseitige Parallelschaltung mehrerer *I*-Umrichter (Beispiel Lokomotive, **Bild 9.32** und **Bild 9.33**). Die Wechselrichter WSR1 bis WSR4 werden so gesteuert, dass die Ausgangsstromblöcke der einzelnen Umrichter mit einer Viertelperiode gegeneinander versetzt sind. Die resultierenden Ausgangsströme, mit denen die Drehstromasynchronmaschinen gespeist werden, sind stufenförmiger und damit näherungsweise sinusförmig (Bilder 9.32 und 9.33).

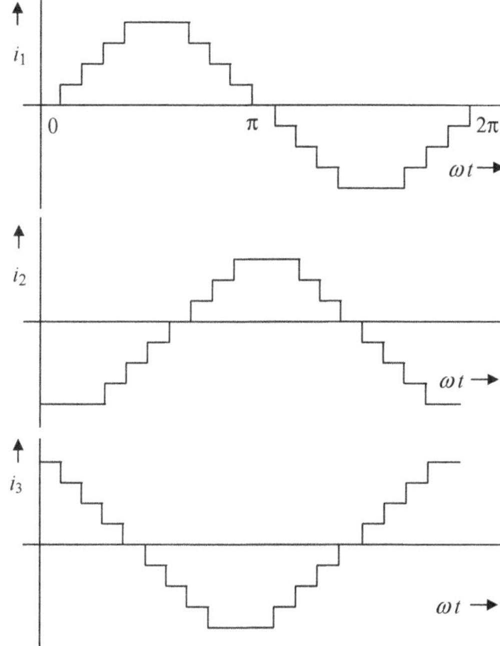

Bild 9.33 Strangströme bei Vierfach-Umrichter

9.3.2.2.5 Zusammenfassung

Die mehrmaligen Schalthandlungen bei umrichtergespeisten Antrieben führen zu subtransienten Ausgleichsvorgängen im Innern der Maschine. Eine umrichtergespeiste Drehstromasynchronmaschine arbeitet daher grundsätzlich nie im „stationären" Betrieb; konstante Belastung bedeutet nur, dass die subtransienten Vorgänge in gleichbleibender periodischer Folge ablaufen. Die Kommutierungsspitzen aufgrund der erzwungenen Stromänderungen des *I*-Umrichterantriebs führen dazu, dass die Wicklungen des Motors nicht sinusförmig gespeist werden.

Es entstehen zusätzliche Induktions- und Strombelagsoberschwingungen. Drehmomentoberschwingungen entstehen durch Zusammenwirken von Induktionsdrehschwingungen und Läuferstrombelagsschwingungen. Eine fiktive Unterteilung in Grund- und Oberschwingungsmotoren ist auf einer gemeinsamen Welle möglich. Das Betriebsverhalten kann nur durch die Überlagerung der Einflüsse von der „Grundmaschine“ (basierend auf Grundschwingung) und den „fiktiven Maschinen“ (basierend auf Oberschwingungen) vollständig erklärt werden.

Im Vergleich zum Betrieb mit sinusförmiger Speisung drückt sich die Wirkung der oberschwingungshaltigen Spannungen bzw. Ströme des Umrichters in einer Erhöhung der Verluste und der Temperatur aus, einer Verminderung des Wirkungsgrads und des Leistungsfaktors sowie zusätzlicher Geräuschbildung und Schwingungsanregung ist die Folge. Die höhere thermische und mechanische Beanspruchung der Maschine erfordert eine Reduzierung des Drehmoments. Wenn die vorhandene Leistungsreserve nicht ausreicht, muss dies durch die Wahl einer leistungsstärkeren Maschine kompensiert werden.

Die Nachteile können z. B. durch die Verbesserung der Stromform mittels einer Umformung in annähernde Sinusform oder durch besondere Maßnahmen bei der Auslegung des Motors gemildert werden; das aber erhöht den Preis des Umrichters und des Antriebs wesentlich. Bei Verwendung von stromverdrängungsarmen Sonderläufern und durch Vergrößerung des Luftspalts lassen sich die Verluste verringern und das Geräusch- bzw. Schwingungsverhalten verbessern. Mithilfe einer Drehzahlerfassung, wie z. B. mit einer Tachomaschine, kann die Regelgenauigkeit des drehzahlverstellbaren Antriebs erhöht werden (selbstgeführter Motor, s. Abschnitt 10.2.3.2). Die Regeleinrichtung des I-Umrichters ermöglicht trotz des Lastwechsels einen Betrieb mit hoher Drehzahlkonstanz.

10 Kleinmaschinen

10.1 Spezielle Asynchronmaschinen

10.1.1 Anwendung des Drehstromasynchronmotors im Wechselstromnetz (unsymmetrischer Betrieb des Drehstromasynchronmotors)

10.1.1.1 Betriebsverhalten

Wie mehrmals betont, wird der Einsatz der Asynchronmaschine wegen einfachem Aufbau, vergleichbar geringerem Bauvolumen, günstigen Herstellungskosten (damit günstigem Preis-Leistungs-Verhältnis), geringer Wartung, günstiger Geräuschwerte und hoher Schutzarten in vielen Antrieben bevorzugt (u. a. [106]).

Gelegentlich stellt sich die Frage: Kann ein Drehstromasynchronmotor dort, wo nur Wechselstrom zur Verfügung steht, eingesetzt werden? Wenn im Betrieb ein Strang eines Drehstromasynchronmotors vom Netz getrennt wird, so arbeitet die Maschine weiter.

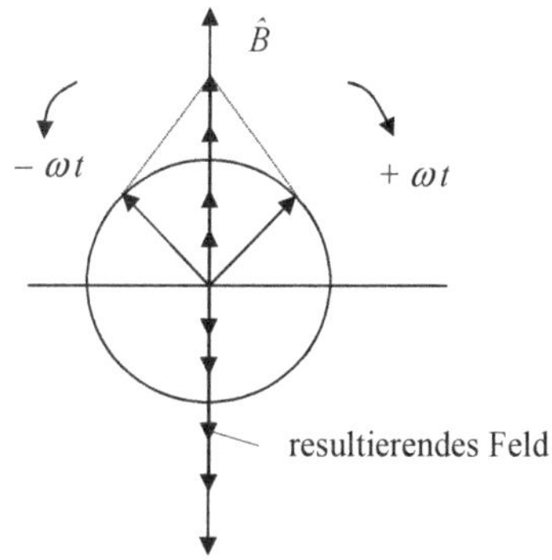

Bild 10.1 Pulsierendes bzw. stehendes Feld des einsträngigen Motors, dargestellt durch zwei gegenläufige Drehfelder

Es zeigt sich aber, dass ein solcher „Wechselstrommotor" nicht von selbst anlaufen kann: Er kann nämlich kein Anlaufmoment entwickeln! Bringt man ihn jedoch in der einen oder anderen Drehrichtung auf eine bestimmte Drehzahl, so läuft er in dieser Drehrichtung weiter und kann belastet werden. Sein Drehmoment wächst zunächst einmal mit sinkender Läuferdrehzahl. Überschreitet dieses Drehmoment einen bestimmten Höchstwert, so bleibt der Motor stehen. Dieses Verhalten lässt sich folgendermaßen erklären: Die notwendige Bedingung zur Entstehung eines Drehfelds war eine symmetrische dreisträngige Wicklung mit 120° örtlicher Phasenverschiebung zwischen den Strängen, die von einem Drehstrom mit 120° zeitlicher Phasenverschiebung gespeist wird. Durch die Abschaltung eines Strangs bildet sich nun ein stehendes Wechselfeld. Dieses lässt sich gedanklich in zwei gegenläufige Drehfelder zerlegen, deren Amplitude halb so groß ist wie die des Wechselfelds (**Bild 10.1**):

$$\hat{B}\cos\,\omega t = \frac{\hat{B}}{2}\mathrm{e}^{\mathrm{j}\omega t} + \frac{\hat{B}}{2}\mathrm{e}^{-\mathrm{j}\omega t} \tag{10.1}$$

Diese beiden Drehfelder ergeben zwei Drehmomente, die untereinander gleich sind, aber entgegengesetzte Richtungen haben. Die Drehmomente heben sich im Stillstand auf, und der Motor besitzt kein Anlaufmoment. Bezeichnen wir mit n_d die synchrone Drehzahl, mit der die beiden gegenläufigen Drehfelder umlaufen, und mit n die Läuferdrehzahl, so ist der Schlupf des Läufers gegenüber dem rechtsläufigen Drehfeld:

$$s = \frac{n_\mathrm{d} - n}{n_\mathrm{d}} \tag{10.2}$$

und gegenüber dem gegenläufigen Drehfeld:

$$s' = \frac{n_\mathrm{d} + n}{n_\mathrm{d}} = 2 - s \tag{10.3}$$

Somit induziert das rechtsläufige Drehfeld in der Läuferwicklung einen Strom der Frequenz $s\,f_\mathrm{s}$ und das gegenläufige Drehfeld einen zweiten Strom der Frequenz $s'\,f_\mathrm{s} = (\,2 - s\,)\,f_\mathrm{s}$. Die beiden Drehfelder bilden zusammen mit diesen Läuferströmen Drehmomente aus, deren Summe das resultierende Drehmoment der Maschine ist. Das rechtsläufige und das gegenläufige Drehfeld verursachen mit den Läuferströmen der Frequenz $s\,f_\mathrm{s}$ und $(\,2 - s\,)\,f_\mathrm{s}$ insgesamt vier Drehmomente. Dabei sind die Drehmomente, verursacht vom rechtsläufigen Drehfeld mit dem Läuferstrom der Frequenz $(\,2 - s\,)\,f_\mathrm{s}$ und dem gegenläufigen Drehfeld mit dem Läuferstrom der

Frequenz $s\,f_{\mathrm{s}}$, zeitlich veränderlich (weil sich die gegenseitige räumliche Lage dieser Drehfelder und der entsprechenden Strombeläge des Läufers zeitlich ändert). Ihr zeitlicher Mittelwert ist also null. Die beiden restlichen Drehmomente ergeben das resultierende Drehmoment (**Bild 10.2**).

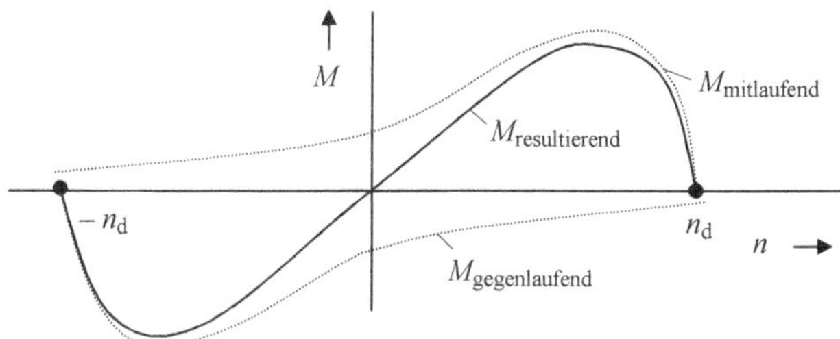

Bild 10.2 Drehmoment-Drehzahl-Kennlinie des einsträngigen Motors

Da jedes der beiden gegeneinander laufenden Drehfelder nur mit eigeninduziertem Strom ein Drehmoment bildet, kann diese einsträngige Induktionsmaschine als ein Maschinensatz aufgefasst werd, bestehend aus zwei dreisträngigen Maschinen.

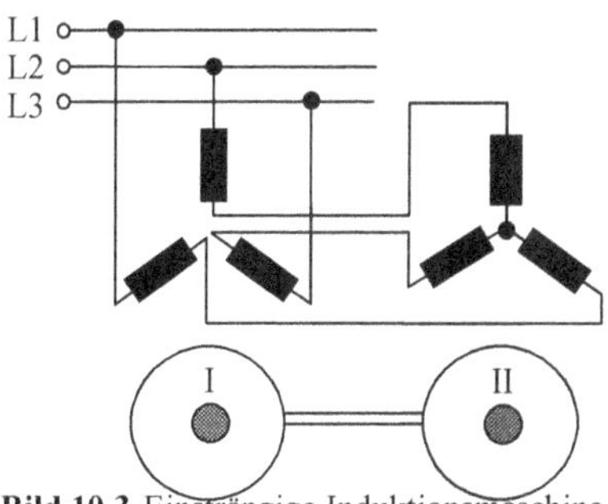

Bild 10.3 Einsträngige Induktionsmaschine als Maschinensatz, bestehend aus zwei Drehstromasynchronmaschinen mit in Reihe geschalteten Ständerwicklungen

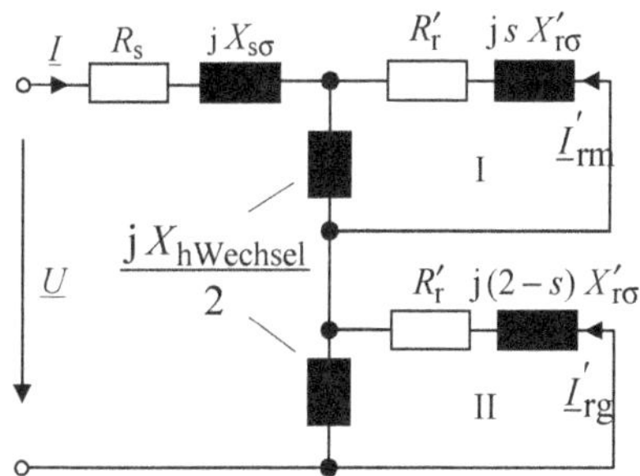

Bild 10.4 Ersatzschaltbild eines einsträngigen Induktionsmotors

Dabei sind sinngemäß die Ständerwicklungen in Reihe geschaltet. Die Läufer dieser beiden Maschinen sind miteinander mechanisch verkoppelt und laufen daher im selben Sinne um (**Bild 10.3**). Die Maschine I verursacht im Ständer das rechtsläufige Drehfeld. Der Schlupf ihres Läufers ist s.

Sie erzeugt z. B. Drehmomente des Motorbereichs, solange $0 < s < 1$ ist. Die Maschine II mit dem gegenläufigen Ständerdrehfeld und dem Läuferschlupf $s' = 2 - s$ erzeugt dann Bremsmomente, da $s' > 1$ ist. Diese beiden Drehmomente wirken einander entgegen, und deren Summe ergibt das resultierende Drehmoment des einsträngigen Induktionsmotors (Bild 10.2). In **Bild 10.4** ist das Ersatzschaltbild des Drehstromasynchronmotors in einsträngigem Betrieb dargestellt.

10.1.1.2 Pulsierendes (stehendes), elliptisches und kreisförmiges Wechselfeld

Die Ortskurve der Amplitude des Wechselfelds kann je nach Anschluss der Ständerwicklung drei grundsätzliche Formen annehmen. Man spricht von pulsierendem, elliptischem und kreisförmigem Wechselfeld. Bei einer Sternschaltung ohne Neutralleiter hat man es mit einem pulsierenden Wechselfeld zu tun, wenn ein Wicklungsstrang abgeschaltet ist (**Bild 10.5**). Die Maschine entwickelt kein Anlaufmoment!

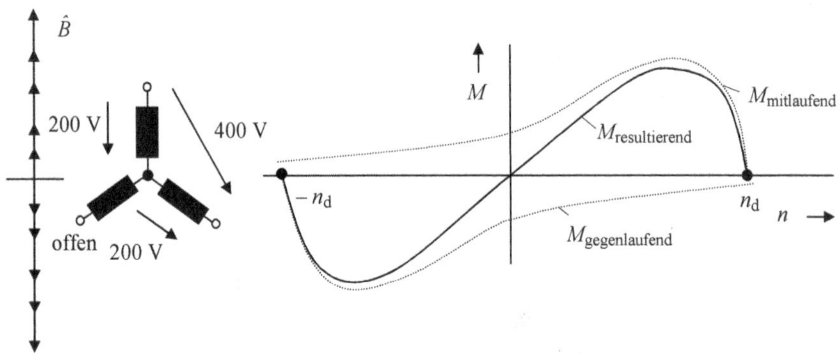

Bild 10.5 Pulsierendes Wechselfeld mit Schaltung und $M = f(n)$-Kennlinie; kein Anlaufmoment

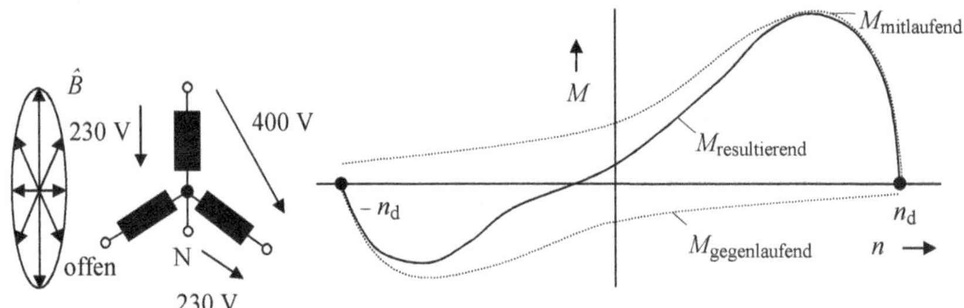

Bild 10.6 Elliptisches Wechselfeld mit Schaltung und $M = f(n)$-Kennlinie; kleines Anlaufmoment

Ein elliptisches Wechselfeld liegt dann vor, wenn ein Wicklungsstrang abgeschaltet wird, aber die Sternschaltung einen Neutralleiter hat (**Bild 10.6**). Die Maschine entwickelt ein kleines Anlaufmoment, das unter Last meistens nicht ausreicht. Es entsteht ein Drehfeld mit variabler Amplitude.
Bei einer Sternschaltung mit symmetrischer Speisung und Neutralleiter ergibt sich das gewöhnliche kreisförmige Wechselfeld (**Bild 10.7**). Das Drehfeld besitzt in diesem Fall eine gleich bleibende Amplitude (Normalbetrieb).

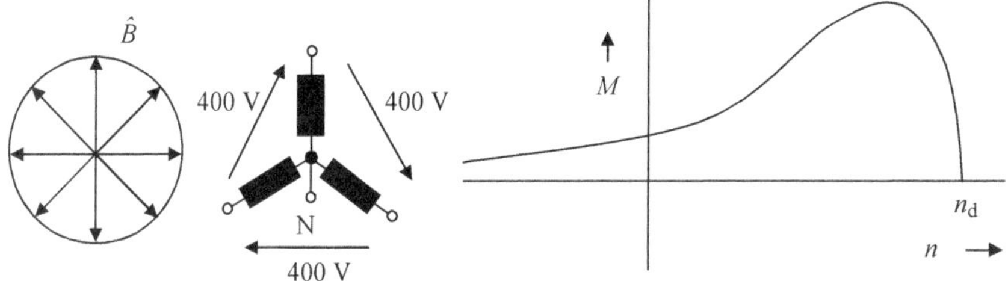

Bild 10.7 Kreisförmiges Wechselfeld mit Schaltung und $M = f(n)$-Kennlinie; beachtliches Anlaufmoment

Daraus geht hervor, dass die Unsymmetrie der Ortskurven von Feldamplituden ein Maß für das vorhandene Anlaufmoment ist (pulsierendes Feld: starke Unsymmetrie; elliptisches Feld: weniger starke Unsymmetrie; kreisförmiges Feld: keine Unsymmetrie).

10.1.1.3 Kusa-Schaltung

Der unsymmetrische Betrieb von Drehstromasynchronmaschinen findet z. B. in der Textilindustrie große Anwendung. Hier sind kleine, langsam wachsende Anlaufmomente erforderlich. Die Unsymmetrie während des Anlaufs wird durch Vorschalten eines Widerstands bzw. einer Drosselspule vor einen Strang verursacht. Durch einen Schalter wird der Vorwiderstand im Betrieb kurzgeschlossen, sodass in diesem Zustand die Unsymmetrie keinen Einfluss auf das Betriebsverhalten hat. Dadurch, dass die Anlaufzeit relativ groß ist, ist die Maschine hohen thermischen Belastungen ausgesetzt und muss insbesondere bezüglich ihren Wicklungen besonders dimensioniert sein (s. Abschnitt 5.1.9.1.2.2, Bilder 5.20 und 5.21).

10.1.1.4 Anlassen von Drehstromasynchronmotoren im Wechselstromnetz (Steinmetz-Schaltung)

Jeder normale Drehstrommotor kann auch als Wechselmotor (einsträngig) angelassen und betrieben werden, wenn bei der Dreieck-Schaltung parallel zu einem Wicklungsstrang oder bei der Sternschaltung parallel zu zwei Wicklungssträngen Kondensatoren geschaltet werden (**Bild 10.8**).

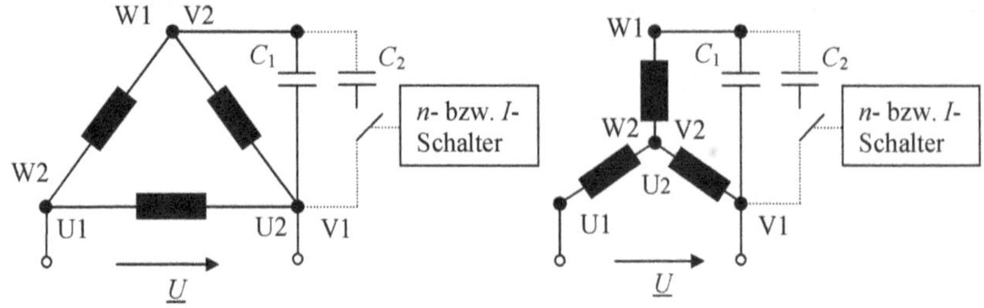

C_1 Betriebskondensator C_2 Anlaufkondensator n Fliehkraftschalter bzw. Stromrelais

Bild 10.8 Steinmetz-Schaltung

Der Kondensator verursacht eine deutliche Phasenverschiebung zwischen den Strömen. Die Folge ist die Entstehung eines elliptischen Wechselfelds. Es bildet sich ein Anlaufmoment, das nach Abschnitt 10.1.1.2 zu erklären ist. Läuft ein Motor mit dem ausgewählten Betriebskondensator allein nicht an, so ist nach der punktierten Linie des Schaltplans (Bild 10.8) zusätzlich ein Anlaufkondensator (mit etwa doppelter Kapazität des Betriebskondensators) beispielsweise über einen Fliehkraft- oder Druckknopfschalter bzw. ein Stromrelais parallel zum Betriebskondensator zu schalten.

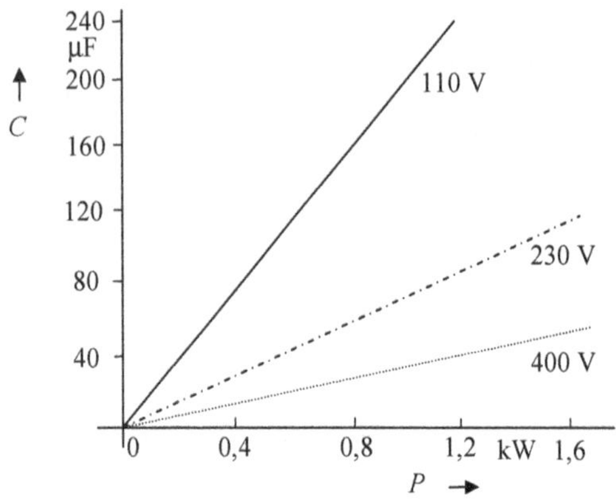

Bild 10.9 Kapazität des Kondensators für den Betrieb mit U = 110 V, 230 V und 400 V bei f = 50 Hz in Abhängigkeit von der Drehstromleistung

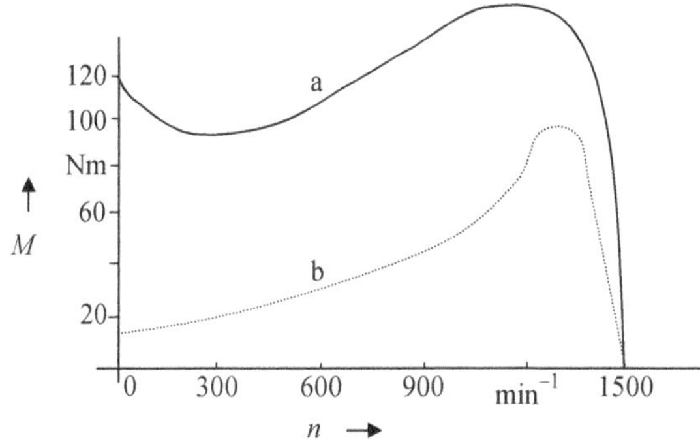

Bild 10.10 $M = f(n)$-Kennlinie eines Normmotors
a in Normalbetrieb (bei Drehstrom in Dreieckschaltung)
b in Steinmetz-Schaltung (bei $U = 230$ V Δ, einsträngig)

Bei hohen Anlaufmomenten (über 40 % des Bemessungsmoments), die z. B. bei Kälteverdichtern auftreten, benötigen die Motoren für den Anlauf einen sehr großen Kondensator. Bleibt dieser Kondensator dauernd eingeschaltet, so würde der Hilfsstrang einen im Betrieb wesentlich höheren Strom als den Bemessungsstrom aufnehmen, was unzulässig ist. In der Regel muss deshalb der Kondensator nach dem Anlauf des Motors abgeschaltet werden. Es ist daher zweckmäßig, den benötigten Kondensator so aufzuteilen, dass nach dem Anlauf des Motors für den Dauerbetrieb in dem Hilfsstrang nur noch ein Kondensator verbleibt, der keinen zu hohen Strom hervorruft. Es werden ein Anlauf- und ein Betriebskondensator benötigt.

Betriebsart	***P* in %**	**M_A in %**	**M_S in %**	**M_k in %**
Normalbetrieb	100	100	100	100
Steinmetz-Schaltung	80	11	-	62

Tabelle 10.1 Gegenüberstellung der Kennwerte eines Motors in Normalbetrieb und in Steinmetz-Schaltung (Index S steht für den Sattelpunkt)

Bei Lüfterantrieben dagegen, bei denen nur Anlaufmomente in der Größenordnung von 25 % bis 40 % gefordert werden, kann der Anlaufkondensator dauernd eingeschaltet bleiben. Die Leistung des Motors beträgt dabei etwa 70 % bis 80 % seiner Drehstrom-Bemessungsleistung. Diese Lösung hat den Vorteil, dass der Motor höher belastbar ist, ruhiger läuft als ein Motor ohne Betriebskondensator und mit einem guten Leistungsfaktor arbeitet. Die qualitative Größe des Kondensators ist aus dem **Bild 10.9** zu entnehmen (beim 230-V-Netz etwa 70 μF je kW der Drehstrom-Bemessungsleistung). In **Bild 10.10** sind die Drehzahl-Drehmoment-Kennlinien eines Normmotors der Baugröße 132 nach DIN 42673 für Normalbetrieb und für einsträngigen Betrieb mithilfe der Steinmetz-Schaltung dargestellt. Die **Tabelle 10.1** zeigt eine Gegenüberstellung der Kennwerte eines Motors in Normalbetrieb und in Steinmetz-Schaltung.

10.1.1.5 Nachteile der Anwendung von Drehstromasynchronmotoren im Wechselstromnetz

Die Nachteile der Anwendung von Drehstromasynchronmotoren im Wechselstromnetz sind:

- entweder haben sie keines oder nur ein kleines Anlaufmoment (pulsierendes bzw. elliptisches Wechselfeld)
- ihre Leistung beträgt nur etwa die Hälfte bis zu zwei Drittel des Werts vom Drehstrombetrieb
- Infolge der Unsymmetrie drängen die Oberschwingungen stärker in den Vordergrund. Vor allem wird die dritte Oberschwingung größer. Dies macht sich insbesondere in zusätzlicher Geräuschbildung und höheren Zusatzverlusten bzw. relativ geringem Wirkungsgrad bemerkbar. Die Drehmoment-Drehzahl-Kennlinie eines Drehstromasynchronmotors im Wechselstromnetz ist in **Bild 10.11** dargestellt. Der typische Drehmomentsattel resultiert aus der starken dritten Oberschwingung bei diesen Motoren im Wechselstromnetz.

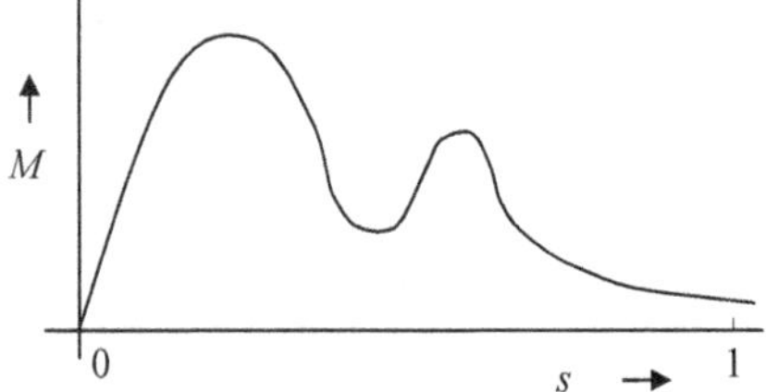

Bild 10.11 $M = f(s)$-Kennlinie eines Drehstromasynchronmotors im Wechselstromnetz

10.1.2 Einsträngige Induktionsmaschinen (Wechselstrommaschinen)

10.1.2.1 Betriebsverhalten und Funktionsweise

Die einsträngigen Motoren werden dort eingesetzt, wo nur Wechselstrom zur Verfügung steht. Die Anwendung erfolgt vor allem in Haushalt, Büro und der Leichtindustrie, also dort, wo kleine Leistungen erforderlich sind. Die Ortskurve der Feldamplitude ist hier pulsierend, sodass besondere Maßnahmen zum Anlassen dieser Motoren erforderlich sind. Der Motor kann von sich aus kein Drehfeld erzeugen. Deswegen ist hier erstens eine Hilfswicklung erforderlich, die *örtlich* gegenüber der Hauptwicklung phasenverschoben ist (normalerweise 90°) und zweitens ein Widerstand oder Kondensator bzw. Spule, der/die eine *zeitliche* Phasenverschiebung zwischen den Strömen in den beiden Wicklungen verursacht. Nur so kann ein elliptisches Wechselfeld entstehen und damit das Anlassen ermöglichen.

10.1.2.2 Modifikationen

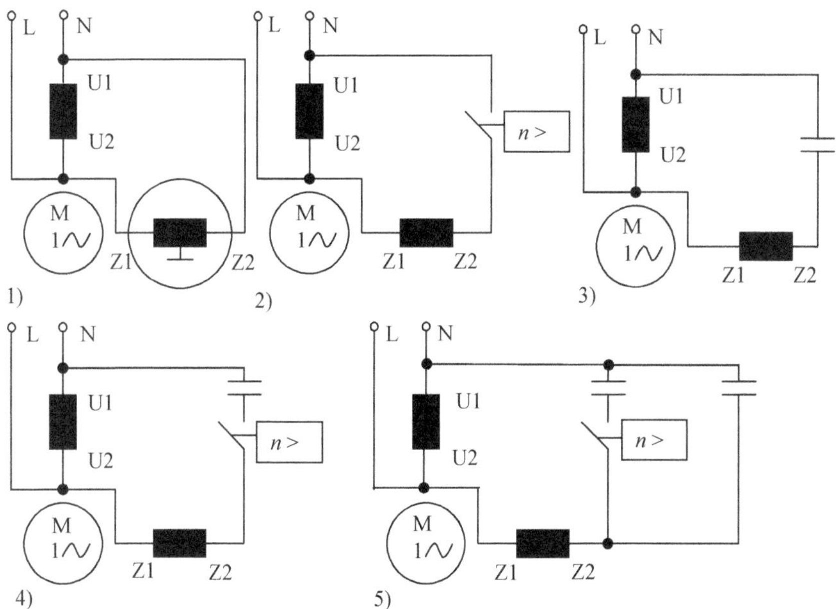

Bild 10.12 Vereinfachte Schaltungen wichtigster Wechselstrommotoren
1) Spaltpolmotor (mit kurzgeschlossener Hilfswicklung)
2) mit Hilfswicklung erhöhten Widerstands
3) mit Betriebskondensator
4) mit Anlasskondensator
5) mit Betriebs- und Anlasskondensator

Die geläufigsten Modifikationen nach zunehmender Bedeutung sind:
1) Spaltpolmotor
2) mit Hilfswicklung erhöhter Widerstand
3) mit Hilfswicklung und Betriebskondensator

4) mit Hilfswicklung und Anlasskondensator
5) mit Hilfswicklung, Betriebs- und Anlasskondensator

Die vereinfachten Schaltungen der wichtigsten Ausführungen sind in **Bild 10.12** wiedergegeben.
Einsträngigen Induktionsmotoren sind vom Aufbau her den dreisträngigen Ausführungen ähnlich. Oft haben sie einen Käfigläufer. Die wichtigsten Modifikationen werden in den folgenden Abschnitten näher erläutert. Einige typische Anwendungen sowie Eckwerte sind in **Tabelle 10.2** zusammengestellt.

Motortyp	Anlaufstrom	Anlaufmoment	Anwendung
Spaltpolmotor	$\approx 2\,I_n$	(20 ... 30) % M_n	Ventilator, kurzzeitiger Einsatz, kleines Anlaufmoment
mit Hilfswicklung erhöhten Widerstands	$\approx (3 \ldots 8)\,I_n$	(100 ... 150) % M_n	Waschmaschine, Pumpe, Brenner, Kleinmotoren
mit Hilfswicklung und Betriebskondensator	$\approx 2\,I_n$	(30 ... 50) % M_n	Pumpe, Staubsauger, Geräte mit kleinem Anlaufmoment
mit Hilfswicklung und Anlasskondensator	$\approx (3 \ldots 5)\,I_n$	(100 ... 300) % M_n	Kälteverdichter
mit Hilfswicklung, Betriebs- und Anlasskondensator	$\geq (3 \ldots 5)\,I_n$	$\geq$ (100 ... 300) % M_n	Kälteverdichter, Geräte mit großem Anlaufmoment

Tabelle 10.2 Anwendungsbereiche der einsträngigen (Wechselstrom-)Motoren mit einigen Eckwerten

10.1.2.2.1 Spaltpolmotor

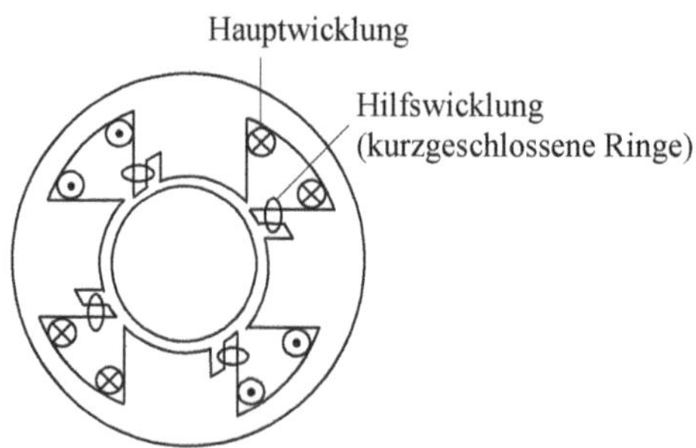

Bild 10.13 Vierpoliger Spaltpolmotor

Das durch die Hauptwicklung entstehende Hauptfeld induziert in den kurzgeschlossenen, versetzt eingebauten Ringwicklungen (Hilfswicklung) Ströme (**Bild 10.13** und **Bild 10.12-1)**). Diese Kurzschlussströme bilden ein schwaches Feld. Das Hauptfeld und das Feld der Hilfswicklung bilden ein elliptisches Drehfeld und stellen das notwendige Anlaufmoment zur Verfügung. Die kurzgeschlossenen Ringspulen sind in der gesamten Betriebszeit wirksam. Die daraus entstehenden Kupferverluste führen zur Verschlechterung des Wirkungsgrads und zur zusätzlichen Erwärmung. Der Einsatz von Spaltpolmotoren ist deshalb bei Haushaltgeräten mit längerer Betriebszeit nicht zweckmäßig. Vorteilhaft sind ihr einfacher Aufbau und die geringe Wartung.

10.1.2.2.2 Motor mit Hilfswicklung (Hilfswicklung mit erhöhtem Widerstand)

Die Hilfswicklung besteht hier aus einem Draht mit erhöhtem Widerstand. Nach dem Anlassen wird die Hilfswicklung abgeschaltet (**Bild 10.12-2)**).

10.1.2.2.3 Motor mit Hilfswicklung und Betriebskondensator

Vor der Hilfswicklung ist ein Kondensator angebracht, der ständig im Kreis bleibt (**Bild 10.12-3)**). Der Motor soll nicht ohne Last und über längere Zeit betrieben werden. Der Kondensator würde sich sonst erwärmen und dessen Spannung steigen. Dann wäre ein großer Kondensator erforderlich, der jedoch nicht ökonomisch ist. Dieser Motor wird in Haushaltgeräten mit einfachem Anlassen verwendet.

10.1.2.2.4 Motor mit Hilfswicklung und Anlasskondensator

Hier braucht auf den Kondensator keine Rücksicht genommen zu werden. Der Anlasskondensator wird nach Anlassen abgeschaltet (**Bild 10.12-4)**). Höhere Anlaufmomente sind realisierbar.

10.1.2.2.5 Motor mit Hilfswicklung, Betriebs- und Anlasskondensator

Hier werden die Vorteile des Betriebs- und Anlasskondensators zum Teil vereint. Noch höhere Anlaufmomente sind realisierbar. Die vereinfachte Schaltung zeigt **Bild 10.12-5**.

10.1.2.3 Vergleich von einsträngigen Induktionsmotoren

Wie bereits erwähnt, werden zum Anlassen der einsträngigen Motoren Hilfswicklungen mit zusätzlichem Widerstand oder Kondensatoren eingesetzt. Dadurch wird die notwendige, örtlich-zeitliche Phasenverschiebung erzeugt. Das Feld der Hilfswicklung und der Hauptwicklung bilden ein elliptisches Drehfeld, das das Anlaufmoment zur Verfügung stellt.

Der Vergleich der einsträngigen Induktionsmotoren wird im Folgenden einmal unter gleichem Bemessungsmoment und zum anderen bei gleicher Maschinengröße durchgeführt. Somit wird ein sinngemäßer Vergleich der Ausführungen untereinander ermöglicht. Die Kennlinien 1 bis 7 in den beiden folgenden Diagrammen (**Bild 10.14** und **Bild 10.15**) beziehen sich auf folgende Ausführungen:

1 Drehstromasynchronmotor
2 Wechselstrommotor mit Anlasskondensator
3 Wechselstrommotor mit Betriebskondensator
4 Wechselstrommotor mit Anlass- und Betriebskondensator
5 Wechselstrommotor mit erhöhtem Hilfswicklungswiderstand
6 Spaltpolmotor
7 Wechselstrommotor (einfache Ausführung ohne Hilfswicklung)

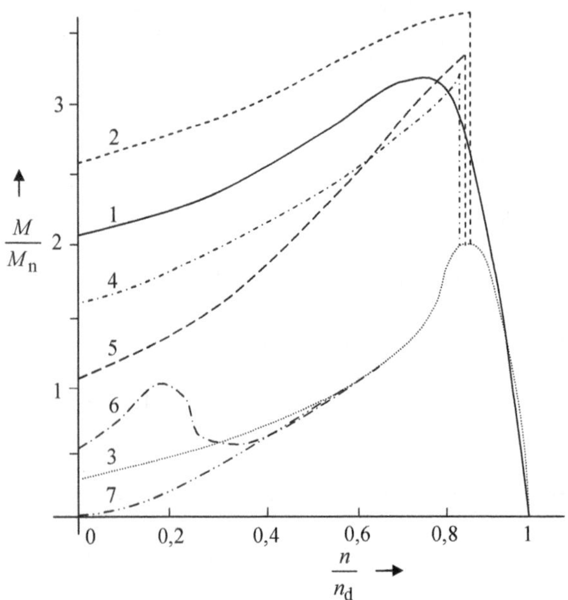

Bild 10.14 Vergleich von Motoren mit gleichem Bemessungsmoment

Die größte Leistung mit günstigstem Anlauf- und Betriebsdrehmoment besitzt der dreisträngige Motor (1). Der Wechselstrommotor mit Betriebskondensator (3) besitzt ungefähr die gleiche Bemessungsleistung, aber sein Anlauf- und Kippmoment sind deutlich kleiner. Das kleine Anlaufmoment ist der wesentliche Nachteil dieses Motors. Durch einen zusätzlichen Anlasskondensator kann das Anlaufmoment erheblich gesteigert werden (4). Der Anlasskondensator kann aber unzulässig hohe Ströme im Bemessungspunkt verursachen.

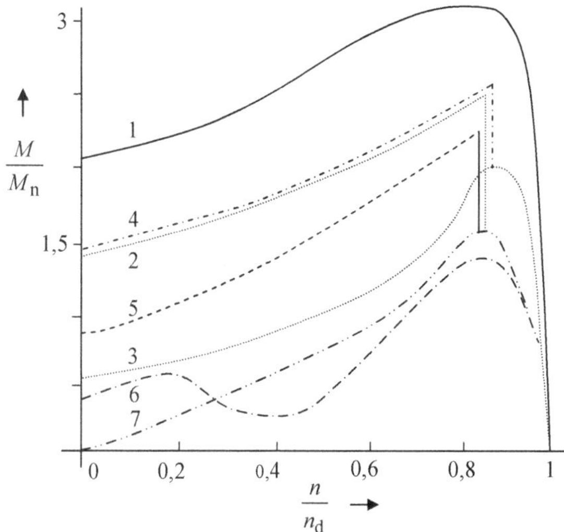

Bild 10.15 Vergleich von Motoren gleicher Baugröße

Deswegen muss der Kondensator nach dem Anlauf durch ein Relais (strom- bzw. zeitabhängiger Schalter) abgeschaltet werden. Mit der Abschaltung des Anlasskondensators bei der Drehzahl $n \approx 0{,}8\ n_d$ wird das Drehmoment nach den Bildern 10.14 und 10.15 plötzlich um den Wert des Betriebskondensators abnehmen. Durch den alleinigen Einsatz eines Anlasskondensators (2) verhält sich der Motor bei der Abschaltung des Kondensators wie ein gewöhnlicher Wechselstrommotor. Der Wechselstrommotor mit einem durch eine Hilfswicklung erhöhten Widerstand (5) hat eine einfachere Schaltung, ein großes Anlaufmoment und ist verhältnismäßig preisgünstig – erfordert aber hohe Anlaufströme. Deshalb muss die Hilfswicklung nach dem Anlauf abgeschaltet werden, womit die verfügbare Leistung kleiner ist. Der Spaltpolmotor (6) ist preisgünstig, hat ein durchschnittliches Anlaufmoment, einen schlechten Wirkungsgrad und muss speziell gekühlt werden.

Zusammenfassung

Bei den meisten Wechselstrommotoren ist ein strom-, drehzahl- bzw. zeitabhängiger Schalter erforderlich. Da die Motoren relativ hohe Ströme aus dem Netz beziehen, müssen die Hilfswicklungen mit erhöhtem Widerstand (sowie die Anlasskondensatoren) nur während des Anlaufs im Stromkreis bleiben – sonst Gefahr der Zerstörung. Da diese Elemente kurzzeitig im Stromkreis sind, können sie vom Wert her groß gewählt werden. Große Anlaufmomente sind somit realisierbar. Die Vergrößerung des Anlaufmoments erfolgt durch das Zusammenwirken des Haupt- und Nebenfelds (elliptisches Wechselfeld). Wie aus dem Bild 10.15 hervorgeht, kann die Ausführung mit erhöhtem Widerstand (5) ein höheres Anlaufmoment besitzen als die mit dem Betriebskondensator (3), da die Wicklung mit dem erhöhten Widerstand abgeschaltet wird. Die Ausführung 4 bietet im Anlaufbereich ein nur unwesentlich größeres Drehmoment als Ausführung 2, weil sich der relativ kleine Betriebskondensator im Bemessungsbereich auswirkt. Das Drehmoment der Variante 4 ist im Bemessungsbereich größer als Ausführung 2 (etwa 1,5-facher Wert). Daraus folgt dann aus dem Bild 10.14 (Varianten gleicher Bemessungsmomente), dass die Baugröße der Variante 4 kleiner als die der Variante 2 ist und damit ihr Drehmoment kleiner wird.

10.1.3 Wechselstrom-Kommutatormotoren

10.1.3.1 Universalmotor

Ist auch der Ständer eines Gleichstromreihenschlussmotors aus geblechtem Eisen hergestellt, so kann der Motor mit Gleich- oder Wechselstrom gespeist werden, weswegen er auch Universalmotor genannt wird. Bei Speisung mit sinusförmiger Wechselspannung ergibt sich jedoch ein Drehmoment, das mit der doppelten Netzfrequenz pulsiert. Die Erreger- und Ankerwicklungen sind hier in Reihe geschaltet. Dadurch ist die Drehrichtung des Rotors unabhängig von der Stromrichtung (die Stromrichtung kehrt sich im Ständer und Läufer gleichzeitig um, und die Drehmomentrichtung bleibt erhalten). Damit ist auch die Drehmoment-Drehzahl-Kennlinie des Universalmotors mit der des Reihenschlussmotors gleich. Der Motor hat ein großes Anlaufmoment, eine starke Drehzahl-Lastabhängigkeit und somit eine starke Anfälligkeit im Leerlauf. Deswegen werden normalerweise Kugellager höherer Qualität eingesetzt. Außerdem bestehen die Erreger- und die Ankerwicklung aus Drähten gleichen Durchmessers, da der Erregerstrom gleich dem Ankerstrom ist. Die Drehrichtung kann durch Umpolen der Erregung oder des Ankers realisiert werden. Der Universalmotor wird meist bei kleinen Antrieben und Haushaltgeräten eingesetzt. Ein besonderes Merkmal des Motors ist die kleine Baugröße trotz hoher Drehzahlen. Für weitere Einzelheiten wird auf Abschnitt 3.10.1.2 verwiesen.

10.1.3.2 Schrage-Richter-Motor (Scherbius-Maschine)

Siehe Abschnitt 9.3.1.3!

10.1.4 Motoren mit eisenlosem Läufer

10.1.4.1 Ferrarismotor

Dieser Motor wird für Frequenzen von etwa 50 Hz bis 500 Hz und Leistungen von etwa 0,5 W bis 250 W gebaut. Sein Ständer hat zwei Wicklungen, und vor eine Wicklung ist normalerweise ein Kondensator geschaltet. Der Läufer besteht aus einem dünnen Aluminiumzylinder und der Welle, die zwischen dem feststehenden Läuferkern und dem Ständer rotiert. (Das Läufereisen sorgt dafür, dass der magnetische Rückschluss gewährleistet ist; **Bild 10.16**.)

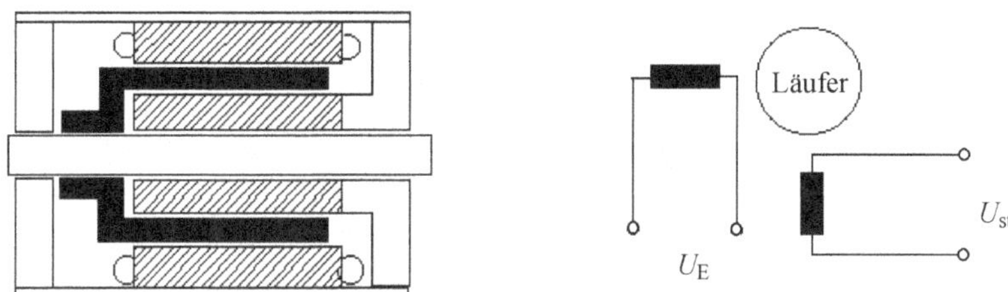

Bild 10.16 Ferrarismotor mit vereinfachter Schaltung

Wegen der großen ohmschen Widerstände (Aluminiumzylinder) und kleiner Streuung (nutenloser Läufer) liegt das Kippmoment im negativen Drehzahlbereich ($s_k = R'_r / X_\sigma$) (**Bild 10.17**).

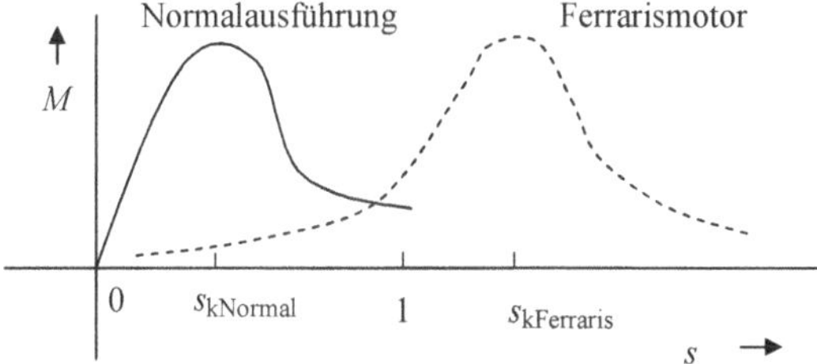

Bild 10.17 Drehmoment-Drehzahl-Kennlinie

Wegen des kleinen Läuferträgheitsmoments (nur Aluminiumzylinder) ist die Ausführung als Stellmotor sehr gut geeignet (kann schnell beschleunigt und abgebremst werden). Die häufigste Anwendung ist die bei den Schreib- und Telexmaschinen. Das Drehmoment ist proportional den Läuferströmen I_E bzw. I_{st}, hervorgerufen durch die Ständerspannungen U_E (Erregerspannung) bzw. U_{st} (Steuerspannung) (Bild 10.16):

$$M \sim I_E \, I_{st} \sin(\varphi_e - \varphi_{st}) \tag{10.4}$$

10.1.4.2 Scheibenläufer

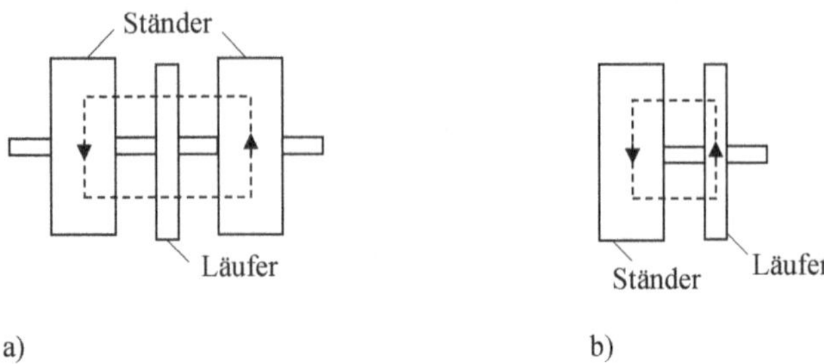

Bild 10.18 Flussaufbau im Scheibenläufer
a) nicht ferromagnetischer Läufer, zweiseitiger Ständer
b) ferromagnetischer Läufer, einseitiger Ständer

Der Luftspalt steht hier im Gegensatz zu gewöhnlichen Maschinen nicht in Längs-, sondern in Querrichtung. Solche Maschinen werden als Gleichstrom-, Universal-, aber auch als Synchronmaschinen hergestellt. Die Ständerwicklungen gibt es in einseitiger und zweiseitiger Ausführung, wobei die zweiseitige Ausführung symmetrischer ist. Beim ferromagnetischen Läufer genügt eine einseitige Ständerwicklung. Bei nicht ferromagnetischem Läufer ist dagegen die zweiseitige Ausführung zweckmäßig (**Bild 10.18a** und **Bild 10.18b**). Bei der Ausführung mit ferromagnetischem Läufer kann die zweite Ständerseite weggelassen werden. Der akzeptablen Laufruhe des Motors muss hier aber besondere Aufmerksamkeit gewidmet werden. Dabei ist die Auswahl der geeigneten Kugellager besonders wichtig. Bei der Ausführung des Scheibenmotors als Drehstrom- oder Wechselstrommotor wird die Ständerwicklung lamellenartig gewickelt und auf dem Ständerjoch befestigt. Die Läuferscheibe wird mit einer Käfigwicklung bedruckt. Bei der Ausführung als Gleichstrommotor besteht der Anker aus einer flachen Isolierscheibe. Die Ankerwicklung wird aus flachen, lamellenartigen, nicht isolierten Drähten gebildet, die auf beiden Seiten der Scheibe befestigt oder aufgedruckt sind. Der Ständer besteht aus einem oder mehreren Ringen anisotropen Ferrits mit wechselnder axialer Magnetisierung oder aus gegossenen Magneten wechselnder axialer Magnetisierung bzw. wechselnder Polarität. Die Bürsten schleifen unmittelbar auf dem Lamellenleiter, ein besonderer Kommutator ist nicht erforderlich. Die ausführbare Windungszahl ist durch die Platzverhältnisse auf der Scheibe vorgegeben und begrenzt die Ankerspannung. Infolge der durch die Bauart möglichen, erheblichen Gewichtseinsparung bei den umlaufenden Teilen hat der Läufer nur ein sehr geringes Trägheitsmoment. Das gestattet es, den Motor in Millisekunden auf eine gewünschte Drehzahl zu bringen, in der gleichen kurzen Zeit zu stoppen und in der Drehrichtung umzusteuern. Daher liegen die bevorzugten Anwendungsmöglichkeiten bei Antrieben mit hoher Dynamik, bei

Werkzeugmaschinensteuerungen, Tonbandgeräten, Textilmaschinen, Dosierpumpen und Ventilantrieben. Ausgeführt werden Motoren bis zu einer Bemessungsleistung von etwa $P = 5$ kW mit Drehzahlen bis zu $n = 3\,000$ min^{-1}. Bei Motoren mit größerem Durchmesser und größerer Leistung ist die Flatterneigung der Läuferscheibe nachteilig (Bild 10.18).
Zusammenfassend können folgende wichtigste Eigenschaften für den Scheibenläufermotor festgehalten werden: kompakte Bauweise, sehr flache Ausführung, kleine mechanische Zeitkonstante (daher schnelles Bremsen), kleines Trägheitsmoment (daher sehr rascher Anlauf), großer Drehzahl-Regelbereich (etwa 1 min^{-1} bis 3 000 min^{-1}), Leistung bis etwa 5 kW (Drehmoment bis etwa 16 Nm), ruhiger und glatter Lauf des Motors und Schutzart IP22.

10.1.5 Massivläufer

Der Massivläufer hat keine Wicklungen und demzufolge keine Bürsten und Schleifringe, weswegen er sehr robust und für hohe Drehzahlen gut geeignet ist. Der Ständer hat eine dreisträngige oder einsträngige Wicklung. Die einsträngige Ausführung besitzt normalerweise eine Hilfswicklung. So entsteht ein kreisförmiges bzw. elliptisches Drehfeld, das die magnetischen Dipole ordnet. Nach der Ausrichtung aller magnetischen Dipole läuft der Läufer synchron dem Drehfeld nach. Normalerweise ist der Läufer permanentmagneterregt. Die üblichen Ausführungen bestehen aus AlNiCo, Ferriten bzw. FeNi-Legierungen. Bei der Ausführung mit AlNiCo sind Aussparungen zur Trennung der Pole notwendig (**Bild 10.19**). Manche Motoren haben Kurzschlussringe, die zum Anlassen dienen (Anlaufwicklung). Bei den Ausführungen mit Ferriten ist eine Aussparung im Läufer normalerweise nicht erforderlich. Ferrite als Dauermagnet trennen die Pole. Massivläufer gibt es auch in Gleichstromausführung (permanentmagneterregte Gleichstrommaschinen). Als Permanentmagnet werden immer häufiger die Seltene-Erden-Magnete wie NdFeB und SmCo eingesetzt.

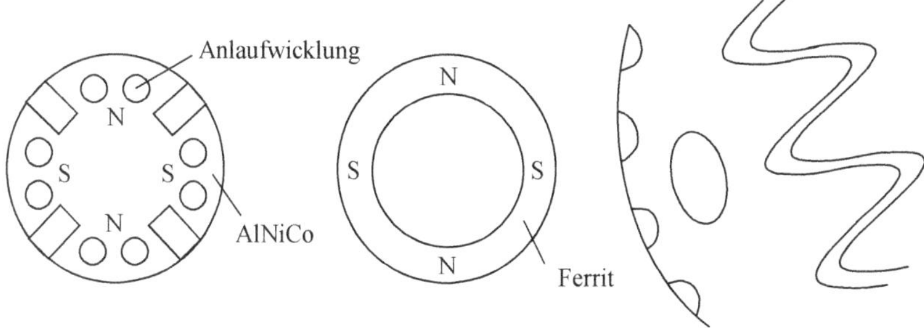

Bild 10.19 Einige Ausführungen des Massivläufers

10.1.6 Tachogenerator

Zur Drehzahlerfassung wird ein Tachogenerator eingesetzt, in dessen Wicklung eine Spannung induziert wird, die proportional zur Drehzahl ist. Ausführungen in synchroner Bauweise sind auch geläufig. Für weitere Einzelheiten wird auf Abschnitt 6.9 verwiesen.

10.2 Spezielle Synchronmaschinen

10.2.1 Hysteresemotor

Der Hysteresemotor ist eine Sonderausführung des Massivläufers. Der Läufer besteht aus einem Material mit breiter Hystereseschleife und damit großen Hystereseverlusten. Die Funktionsweise kann wie beim Massivläufer erklärt werden. Der Motor läuft asynchron hoch und arbeitet im Bemessungspunkt synchron weiter. Die Drehmoment-Drehzahl-Kennlinie verläuft sprungartig. Aus:

$$M = \frac{p}{\omega} P_\delta \qquad P_{\mathrm{vr}} = s\,P_\delta \qquad f_\mathrm{r} = s\,f_\mathrm{s}$$

folgt:

$$M = \frac{p}{\omega}\frac{P_{\mathrm{vr}}}{s}$$

Die Hystereseverluste sind proportional zur Läuferfrequenz und damit proportional zum Absolutwert des Schlupfs:

$$P_\mathrm{H} = P_{\mathrm{vr}} = k\,s \tag{10.5}$$

$$M_\mathrm{H} = \frac{p}{\omega}\frac{k\,s}{s} \tag{10.6}$$

Für $s > 0$ folgt:

$$M_\mathrm{H} = \frac{p\,k}{\omega} \tag{10.7}$$

und für $s < 0$ ergibt sich:

$$M_\mathrm{H} = -\frac{p\,k}{\omega} \tag{10.8}$$

Daraus folgt die dargestellte Drehmoment-Drehzahl-Kennlinie in **Bild 10.20**.

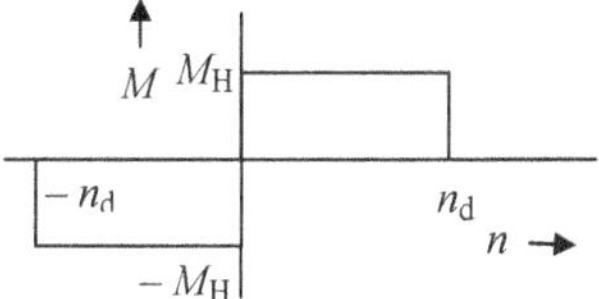

Bild 10.20 $M = f(n)$-Kennlinie eines Hysteresemotors

10.2.2 Klauenpolmaschine (Lichtmaschine)

Nach Vorarbeiten von Haselwander, Tesla, Bradler und Dolivo-Dobrowolsky wurden bereits Ende des 19. Jahrhunderts die ersten kommerziellen Klauenpolmaschinen gebaut. 1891 wurde für die erste Drehstromübertragung von Lauffen nach Frankfurt a. M. ein Klauenpolgenerator von 100 kVA in Betrieb genommen. Der Leistungsbereich der bisher gebauten Klauenpolmaschinen liegt zwischen 0,5 kW und 100 kW. In der ersten Hälfte des 20. Jahrhunderts lag die wichtigste Anwendung als Mittelfrequenzgenerator (500 Hz bis 10 000 Hz) im induktiven Schmelzen und gelegentlich als Speisegenerator für schnelllaufende Motoren. Seit den 1960er-Jahren wird sie als Bordnetzgenerator (Kfz-Generator) für Leistungen bis 5 kW eingesetzt und löst seitdem die bis dahin geläufige Gleichstromlichtmaschine ab.

Die Klauenpolmaschine, die in englischsprachigen Ländern als „Lundell-Alternator“ bekannt ist, ist eine Sonderbauform der Schenkelpolmaschine, also eine Synchronmaschine mit ausgeprägten Polen (**Bild 10.21** und **Bild 10.22,** mit freundlicher Genehmigung der Robert Bosch GmbH). Wegen ihrer besonderen Merkmale ist sie als Generator für kleine Leistungen besonders gut geeignet. So werden heute fast alle Ausführungen von Lichtmaschinen im Klauenpolprinzip gefertigt. Sie wird deshalb weltweit für die Kraftfahrzeugindustrie in großer Stückzahl hergestellt. Im Stillstand wird das Fahrzeug von der bordeigenen Batterie mit Strom versorgt, die während des Fahrbetriebs vom Generator aufgeladen wird und alle Verbraucher mit elektrischer Energie versorgt. Der steigende Leistungsbedarf, die geänderten Verkehrsverhältnisse, die Umweltaspekte und das immer häufigere Zusammentreffen ungünstiger Fahrbedingungen im Fahrzeug führen zu hohen Anforderungen an die Kfz-Generatoren. Als besonders attraktiv gilt die schleifringlose Ausführung mit feststehender Erregerwicklung.

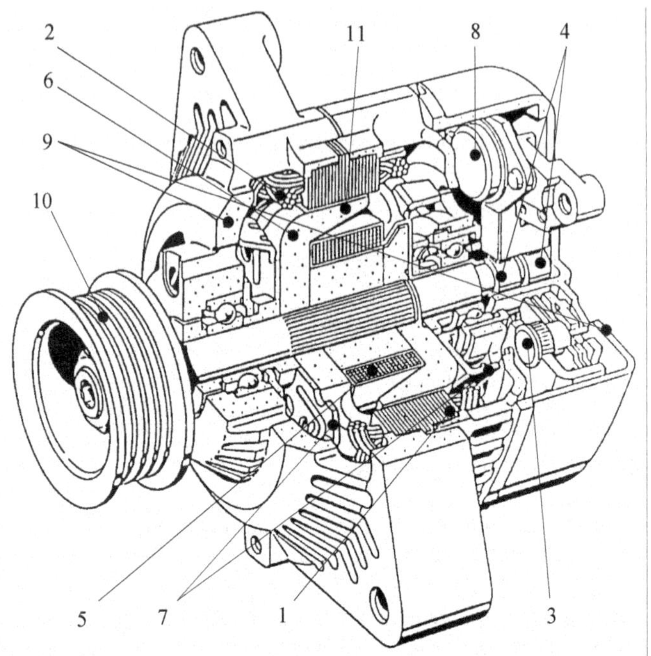

1 Ständerblechpaket 2 Drehstromwicklung (Ständer- bzw. Ankerwicklung) 3 Gleichrichter 4 Schleifringe 5 Erregerwicklung 6 Klauenpol (Wurzel) 7 Lüfter 8 Spannungsregler 9 Lagerschilde der A- und B-Seite 10 Keilrippenriemenscheibe 11 Klauenpol (Spitze)

Bild 10.21 Schnittbild eines Kfz-Generators

Zwei zusätzliche Luftspalte müssen jedoch in Kauf genommen werden. Bei der Realisierung mit zusätzlichen Luftspalten steigt der Erregerbedarf an, wobei das Leistungsgewicht sinkt. Diese Maschine wird auch als Leitstückläufer bezeichnet.

Neben den typischen Schwierigkeiten bei der Erfassung aller Kleinmaschinen gibt es eine Reihe von Nebeneffekten, die die Analyse und Betrachtung dieser Maschine erschweren. Insbesondere folgende Punkte können angeführt werden:

- Dreidimensionale Geometrie durch die Klauenform. Diese führt dazu, dass in allen drei Hauptrichtungen mit Feldausbreitung zu rechnen ist (3D-Feld, **Bild 10.23**). Somit ist hier im Gegensatz zu den meisten elektrischen Maschinen eine 3D-Feldberechnung zur Beschreibung des Betriebsverhaltens erforderlich.
- In der Maschine bildet sich ein beachtlicher Anteil an Streufeldern aus. Etwa ein Drittel des Flusses baut sich nur als Streufluss zwischen den Klauen auf (**Bild 10.24**). Darüber hinaus gibt es einen bedeutsamen Anteil des

Außenstreuflusses und von Streufeldern, die bei jeder rotierenden Maschine vorhanden sind (Bild 10.24 und **Bild 10.25**).

- Bei Kleinmaschinen kann nur mit etwa 60 % bis 70 % der Materialausnutzung im Vergleich zu normalen Drehstrommaschinen gerechnet werden (**Bild 10.26**), d. h. geringerer Luftspalt zu Lasten der Eisenanteile und relativ große Nutfläche, was bedeutsame Wicklungswiderstände zur Folge hat. Beides führt zu relativ hohen Verlustleistungen (**Bild 10.27,** mit freundlicher Genehmigung der Robert Bosch GmbH). Der Wirkungsgrad liegt meist unter 60 % – im Gegensatz zu dem von Kraftwerksgeneratoren, die einen Wirkungsgrad von über 80 % aufweisen. Somit ist auf die richtige Kühlung besonders zu beachten!
- Die Erfassung der Generatoren ist ohnehin schwieriger als die von Motoren.

Bild 10.22 Kraftfahrzeuggenerator in Kompaktbauweise

Neben den erwähnten Schwachstellen besitzt der Klauenpolgenerator eine Reihe von Vorteilen, die seinen Einsatz als Lichtmaschine bei kleinen Leistungen (bis etwa 5 kW) zurzeit unentbehrlich machen:

- höhere Drehzahlen sind möglich (20 000 min^{-1} bis 30 000 min^{-1})
- relativ kleiner Erregeraufwand (Kupferbedarf) wegen einfacher Erregerwicklung
- relativ kleines Bauvolumen (wesentlich leichter als die früher gebauten Gleichstromgeneratoren)
- geringe Material- und Fertigungskosten
- hohe Lebensdauer

- Unempfindlichkeit gegen äußere Einflüsse wie hohe Temperaturen, Feuchtigkeit, Schmutz und Vibration
- einfacher Betrieb in beiden Drehrichtungen möglich

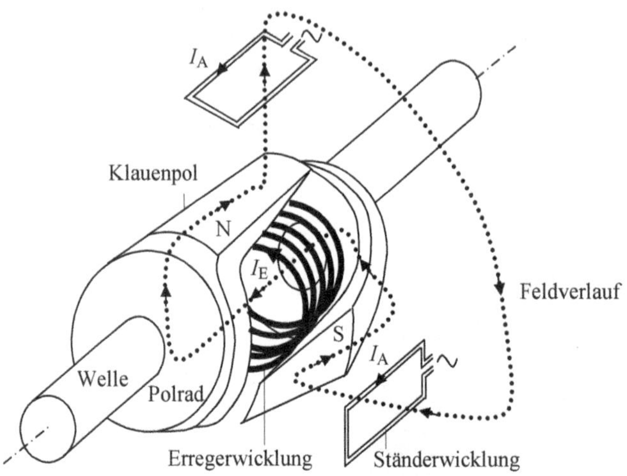

Bild 10.23 Prinzipieller Feldaufbau der Klauenpolmaschine

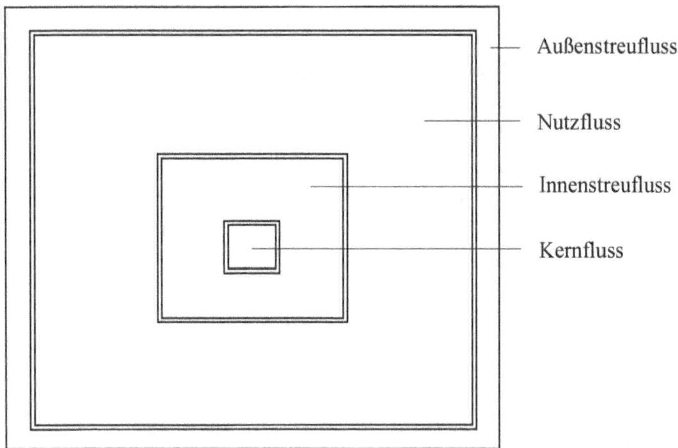

Bild 10.24 Qualitatives Nutz- und Streuflussverhältnis

Bild 10.25 Außenstreufluss in unbelastetem Zustand

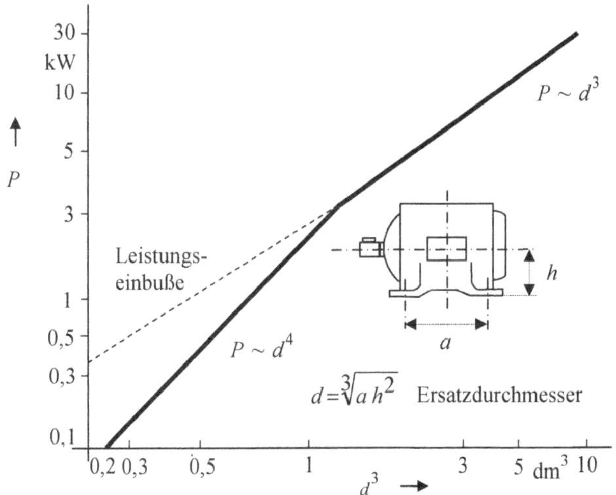

Bild 10.26 Leistungseinbuße bei Kleinmaschinen

Die Schaltung des Generators im Bordnetz mit Gleichrichter, Regler und Batterie ist in **Bild 10.28** abgebildet (mit freundlicher Genehmigung der Robert Bosch GmbH). Der Drehstrom wird durch einen Zweiweg- oder Vollweggleichrichter

(B6-Brückenschaltung) gleichgerichtet und der Batterie zugeführt. Es ist zwischen Erregerstromkreis und Hauptstromkreis (Generatorstromkreis) zu unterscheiden. Die Aufgabe des Erregerstromkreises ist es, über die gesamte Betriebszeit in der Erregerwicklung ein Magnetfeld zu erzeugen. Damit wird in der Drehstromwicklung eine Spannung induziert. Die Selbsterregung benötigt während des Generatorbetriebs keine fremde Stromquelle. Im Hauptstromkreis befindet sich der Generator im Belastungszustand. Der Generatorstrom teilt sich in den Verbraucherstrom und den Batteriestrom auf.

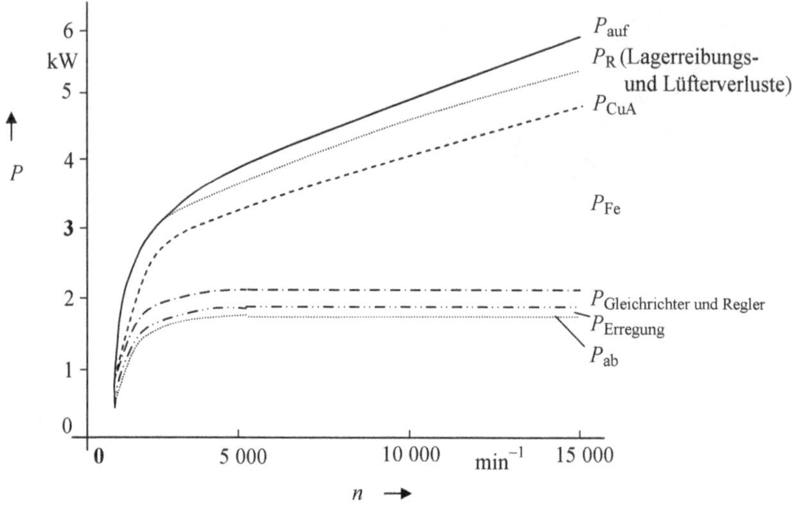

Bild 10.27 Verlustleistungen im Verhältnis zur aufgenommenen und abgegebenen Leistung

Der induzierte Drehstrom wird durch die B6-Brückenschaltung gleichgerichtet. Sie dient dazu, alle Halbschwingungen, auch die unterdrückten negativen Halbschwingungen, für die Gleichrichtung auszunutzen. Deswegen werden je Strang zwei Dioden angeordnet – eine Diode auf der Plusseite und eine auf der Minusseite. Die B6-Brückenschaltung bewirkt schließlich die Addition der positiven und negativen Hüllkurven dieser Halbschwingungen zu einer gleichgerichteten, leicht gewellten Generatorspannung (s. Bild 7.22b, Abschnitt 7.4.2.2). Die Gleichrichterdioden im Generator richten nicht nur den Erreger- und Generatorstrom gleich, sondern verhindern auch das Entladen der Batterie über die dreisträngige Wicklung im Ständer (Rückstromsperre)! Die Dioden sind in Bezug auf den Batteriestrom in Sperrrichtung gepolt, womit der Strom nur vom Generator zur Batterie fließen kann und nicht umgekehrt. Bei den Bordnetzgeneratoren kann von einer nahezu ohmschen Belastung ausgegangen werden.

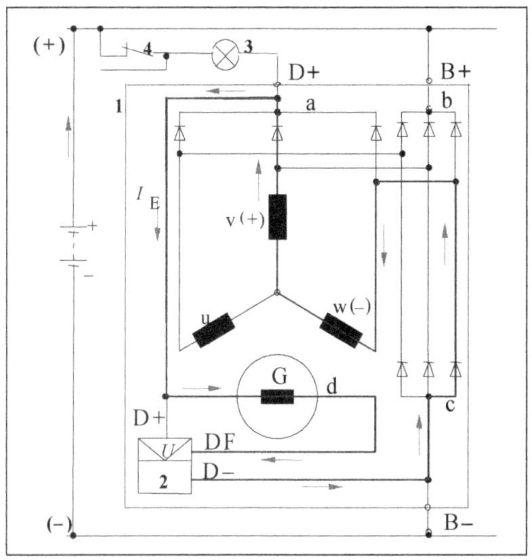

a)

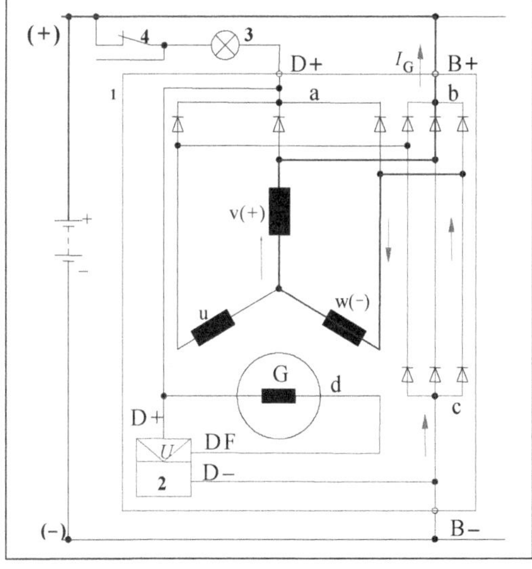

b)

1 Generator
a) Erregerdioden
b) Plusdioden
c) Minusdioden
d) Erregerwicklung (Feld)

2 Regler

3 Generator-kontrolllampe

4 Zündschalter

Bild 10.28 Kfz-Generator mit Gleichrichter, Regler und Batterie
a) Erregerstromkreis b) Hauptstromkreis

Der Regler hält durch Begrenzung des Erregerstroms die Generatorspannung auf Bordnetzwert von 13 V bis 14 V konstant. Bei höheren Drehzahlen mit U_{Batterie} = konst. befindet sich der Generator im Kurzschluss. Dann sind die Ständerkupferverluste entsprechend hoch, und der thermischen Auslegung sollte größte Aufmerksamkeit gewidmet werden (Bild 10.27).

Die Ankerrückwirkung ruft eine starke dritte Oberschwingung der Spannung hervor. Deren Ursache sind die ausgeprägte Klauengeometrie und zum Teil die offenen Ständernuten sowie die Anzahl der Nuten pro Pol und Strang (q), die normalerweise gleich 1 ist ($N = 36$, $p = 6$). Die Ständerwicklungen werden in Stern bzw. Dreieck geschaltet. Die Grundschwingungen von Strom und Spannung bei Y- und Δ-Schaltung haben nahezu gleiche Leistungsabgabe. Unterschiede zwischen den beiden Schaltungen werden deutlich, wenn die Oberschwingungen des Stroms untersucht werden. Bei der Y-Schaltung wird die dritte Spannungsoberschwingung in den drei Strängen gleichphasig induziert. Durch Zusatzdioden können die durch diese Spannungen hervorgerufenen Ströme genutzt werden. Ohne Zusatzdioden verursacht diese Spannung im Eisen zusätzliche Verluste. Bei der Δ-Schaltung treibt diese Spannung einen Strom dreifacher Frequenz durch die drei Stränge (Kreisstrom). Die Kupferverluste und damit die Kupfertemperaturen steigen. Ein weiterer Effekt ist die relativ ausgeprägte Wirbelstrombildung auf den Klauen. Durch die zeitliche Änderung der magnetischen Induktion entsteht eine elektrische Spannung, die zu Wirbelströmen im elektrisch leitfähigen Eisen führt. Die dabei entstehende Stromwärme ist durch Wirbelströme verursacht. Bei der Klauenpolmaschine entstehen diese durch die Rotation der massiven Klauen unter den Ständerzähnen (Zahnpulsationsfelder).

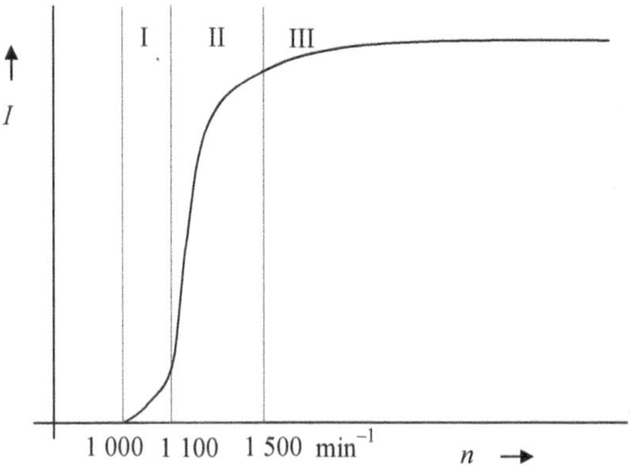

Bild 10.29 Lastkennlinie für Bemessungserregung

In **Bild 10.29** ist die Lastkennlinie $I = f(n)$ des Kfz-Generators für Bemessungserregung dargestellt. Man kann diese Kennlinie grob in die Bereiche I bis III unterteilen:

- $1\,000\ \text{min}^{-1} \leq n \leq 1\,100\ \text{min}^{-1}$: mit lückendem Batterie- und Strangstrom
- $1\,100\ \text{min}^{-1} \leq n \leq 1\,500\ \text{min}^{-1}$: kein lückender Batteriestrom, lückender Strangstrom
- $n > 1\,500\ \text{min}^{-1}$: kein lückender Batterie- und Strangstrom, kontinuierlicher Verlauf, der mit steigender Drehzahl sinusförmiger wird

Modifikationen von Klauenpolgeneratoren, die aus heutiger Sicht eine deutliche Leistungssteigerung ermöglichen, sich aber vor allem aus Kostengründen noch nicht in der Serienfertigung befinden, sind z. B.: Starter-Generator, Ausführung mit Streuflusskompensation (mit Permanentmagneten zwischen den Klauen), Doppelsystemläufer, flüssigkeits- bzw. fremdgekühlte Ausführung, Ausführung mit Stabwicklung (damit besserer Nutfüllfaktor), 42-V-Netz Generator und Kombinationsformen.

10.2.3 Schrittmotoren

10.2.3.1 Einleitung

Die Automatisierungs- und Positionierungstechnik stellt heute vielseitige und hohe Anforderungen an die Antriebsmotoren. Diese sind unter anderem: hohe Dynamik, guter Gleichlauf, leichte Steuer- und Regelbarkeit, lange Lebensdauer, geringe Wartung, hohe Zuverlässigkeit, guter Wirkungsgrad, exakte Positionierung, großes Leistungsgewicht, geringes Laufgeräusch, geringe Anschaffungskosten, hohe Maximaldrehzahl und gute Anpassungsmöglichkeit an die Last. Zur Erfüllung dieser Forderungen werden zunehmend Motoren verlangt, die die meisten Vorteile der Asynchron-, Synchron- und Gleichstrommaschinen in sich vereinen und nicht die typischen Nachteile dieser Maschinen aufweisen. In **Tabelle 10.3** sind nochmals diese Vor- und Nachteile einander gegenübergestellt. Aus dieser Überlegung heraus wurde auch das jüngste Kind des Elektromaschinenbaus geboren, der „Elektronikmotor“ bzw. „EC- oder Electronic Commutated Motor“ bzw. „bürstenloser Gleichstrommotor“. Die Schritt- und Elektronikmotoren erfüllen die meisten erwähnten Anforderungen. Im Folgenden werden diese Maschinen einander gegenübergestellt. Die ersten Schrittmotoren wurden gegen Ende des 19. Jahrhunderts gebaut (1887, Pfannkuche, Mordey, Duncan). Zur Anwendung kamen sie erst in den 1920er-Jahren bei der britischen und US-amerikanischen Marine. Aber erst in den 1950er-Jahren kam der Durchbruch mit der Entwicklung der neuen Steuerungs- und Regelbausteine sowie mit der Entdeckung neuer Werkstoffe im Bereich der Antriebstechnik. Danach wurden die ersten Hybrid-Schrittmotoren und EC-Motoren gebaut [100].

Vorteile der ASM	Vorteile der GM	Vorteile der SM
Robustheit, Kompaktheit, Wartungsfreiheit	einfache Drehzahlverstellung und -regelung	Blindleistungsabgabe
lange Lebensdauer	großer Drehzahleinstellbereich	Läuferverluste nicht so groß wie ASM
Geräuscharmut	Einsatzmöglichkeit auch dort, wo Netzanschluss nicht vorhanden	geringere Empfindlichkeit gegen Schwankung der Netzspannung
kostengünstig		höhere Belastbarkeit
Nachteile der ASM	**Nachteile der konventionellen GM**	**Nachteile der SM**
Blindleistungsbedarf	Kontaktunsicherheit besonders im Bereich kleiner Spannungen	Schwingungsfähigkeit bei Zustandsänderung
beachtliche Läuferverluste	Funkenbildung	Außer-Tritt-Fallen
größere Empfindlichkeit gegen Schwankung der Netzspannung	zusätzliche Geräusche	Anlaufprobleme
	geringere Lebensdauer	
	ungünstigere Ausnutzung	

Tabelle 10.3 Zusammenfassung der Vor- und Nachteile rotierender elektrischer Maschinen

10.2.3.2 Klassifizierung

Die Elektronik- und Schrittmotoren gehören zur Klasse der Kleinst- und Kleinmaschinen. Die Vorzugsreihen der Elektronikmotoren werden bis zum Bemessungsdrehmoment 88 Nm gebaut. Die Klassifizierung ist in **Tabelle 10.4** dargestellt. Gelegentlich werden EC-Motoren auch für den MW-Bereich gebaut (z. B. als Walzantriebe). Solche Motoren werden auch Stromrichtermotoren genannt. Schrittmotoren werden jedoch gewöhnlich bis zu Leistungen von 1 kW gebaut. Die Vorzugsreihen der Schrittmotoren haben ein maximales Drehmoment bis 15 Nm, eine Schrittzahl je Umdrehung bis 10 000 und einen Schrittwinkel bis 0,036°. Die Klassifizierung nach Tabelle 10.3 erfolgt nicht nur nach Stromart und Wirkungsweise, sondern auch nach spezieller Bauform, Dynamik und Steuerung dieser Motoren. Dabei unterscheidet man zwischen fremd- und selbstgeführten Motoren.

Fremdgeführte Motoren: Die Wicklungen werden in einer bestimmten Reihenfolge an Spannung gelegt (durch Phasenfolge des speisenden Netzes oder Umrichters).
Selbstgeführte Motoren: Die Wicklungen werden in Abhängigkeit von der Läuferstellung selbsttätig an Spannung gelegt (Motor sucht die notwendige Spannung selbst aus).

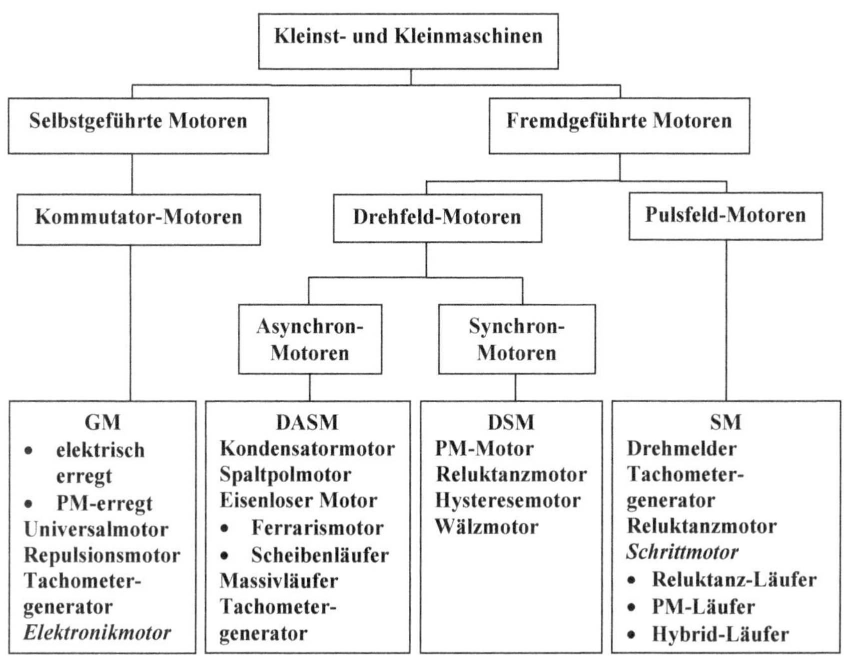

Tabelle 10.4 Klassifizierung

Daraus ergeben sich die Merkmale nach **Tabelle 10.5** für diese Motoren.

Fremdgeführte Motoren (z. B. Schrittmotoren)	**Selbstgeführte Motoren (z. B. EC-Motoren)**
Drehzahl hängt von der Speisefrequenz und der Polpaarzahl des Motors ab	die maximale Drehzahl hängt allein von der Antriebsauslegung ab
Drehzahlverstellung ist aufwendiger	Drehzahlverstellung ist einfach, kostengünstig und häufig verlustlos
dafür die Vorteile von Wechselstrommaschinen	dafür teurer; Motoren mit mechanischem Kommutator haben die Nachteile von konventionellen Gleichstrommaschinen
	großer Drehzahlstellbereich

Tabelle 10.5 Merkmale

10.2.3.3 Aufbau

In der **Tabelle 10.6** sind Elektronik- und Schrittmotor einander gegenübergestellt. Die drei geläufigen Ausführungen der Schrittmotoren sind Reluktanz-Läufer (s. Abschnitt 8.1.5), Permanentmagnet-Läufer und Hybrid-Läufer.

	Elektronikmotor	**Schrittmotor**
Motortyp	Gleichstrommaschine bürstenlos mit elektronischem Kommutator Anker im Ständer	Synchronmaschine
Erregungsart	PM-Läufer	Reluktanz-Läufer PM-Läufer (Heteropolarprinzip) Hybrid-Läufer (Homopolarprinzip)
Ausführung der Ankerwicklung	Ringspulen auf ausgeprägten Polen Nutenwicklung mehrsträngige Wicklung Luftspaltwicklung	Ringspulen auf ausgeprägten Polen Nutenwicklung mehrere Ständersysteme
Steuerung	mit Rückführung (Lagegeber)	ohne Rückführung

Tabelle 10.6 Ausführungen

Bild 10.30 stellt den prinzipiellen Aufbau eines Schritt- bzw. EC-Motors dar. Dabei ist die Schrittzahl je Umdrehung z von besonderem Interesse:

$$z = 2\,p\,m \tag{10.9}$$

Hier sind $2p$ die Polzahl und m die Anzahl der Ständersysteme. Die Schrittzahl je Umdrehung für die Ausführung nach **Bild 10.30b** ist beispielsweise mit $m = 3$ und $2p = 3 \cdot 4$: $z = 36$. Ein weiterer bedeutsamer Faktor ist hierbei der Schrittwinkel:

$$\alpha = 2\,\pi / z \tag{10.10}$$

Der Schrittwinkel des Motors im Bild 10.30b beträgt $\alpha = 10°$, und der im **Bild 10.30a** ist 60°.

Von besonderem Interesse sind die Möglichkeiten zur Schrittwinkelverkleinerung:

- Halbierung der Schrittweite: Die Schrittzahl je Umdrehung lautet dann $z =$

$2\,p\,m/k_B$, wobei k_B die Betriebsart bestimmt. $k_B = 1$ ist der Vollschrittbetrieb und $k_B = 0{,}5$ der Halbschrittbetrieb. Zur Realisierung werden ein bzw. zwei Systeme abwechselnd eingeschaltet. Nachteil des Halbschrittbetriebs ist die unterschiedliche Erregung, die abwechselnd „harte“ und „weiche“ Schritte verursacht (konstante Erregung und konstantes Drehmoment nur durch Mehraufwand an Elektronik möglich).

- Erhöhung der Läuferpolpaare und Ständersysteme: Ausführungen mit $2\,p \leq 8$ sind geläufig. Das Problem ist die Fertigungsgenauigkeit.
- Mikroschrittbetrieb: Die an der Drehmomentbildung beteiligten Stränge werden unterschiedlich erregt (Elektronikaufwand hoch).
- Einsatz von Getriebe: Von Vorteil sind größeres Drehmoment und Dämpfung durch Getriebereibung. Nachteil ist das Getriebespiel und der damit verbundene Schrittwinkelfehler.

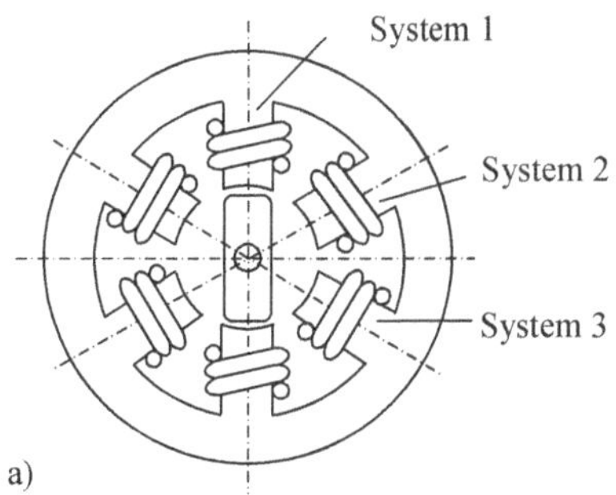

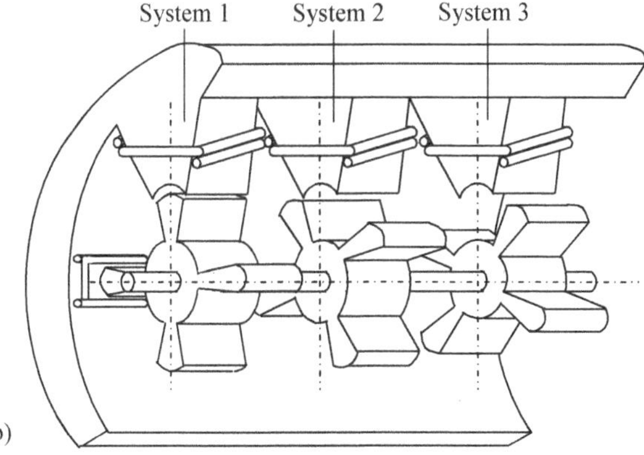

Bild 10.30 Aufbauprinzip
a) versetzte Ständersysteme oder -stränge (Schritt- oder EC-Motor)
b) versetzte Läufersysteme (Schrittmotor)

Zur Dämpfung der auftretenden Pendelungen bestehen folgende Möglichkeiten:

- Verwendung von zusätzlichen Massen: Nachteil ist, dass diese Massen auch beschleunigt werden müssen.
- Einsatz der elektromagnetischen Dämpfung: Realisierung durch Kurzschließen einzelner, nicht benutzter Wicklungen. Da aber die elektrischen und mechanischen Zeitkonstanten gleich sind, ist die Wirkung normalerweise nicht ausreichend.
- Elektronisches Dämpfungsverfahren: Gezielte Rückwärtssignale der Ansteuerelektronik, oder das letzte Signal wird genau dann gegeben, wenn der Läufer durch Überschwingen die Sollstellung erreicht.

Die Abweichungen des Läufers von seiner Sollstellung nennt man „Schrittwinkelfehler". Die Ursachen liegen in der nicht sorgfältigen Fertigung bzw. in durch den Betrieb entstehenden Fehlern wie Alterung, Wärmeeinflüsse, Umgebung usw. Der Schrittfehler der heutigen Schrittmotoren beträgt ± 3 % bis 5 %. **Bild 10.31a** zeigt den prinzipiellen Aufbau eines Schrittmotors in Klauenpolbauweise (Heteropolarprinzip). Dabei sind die zwei Ständersysteme versetzt angeordnet. Die Pole wechseln sich am Umfang ab. **Bild 10.31b** zeigt einen Schrittmotor in Normalausführung.

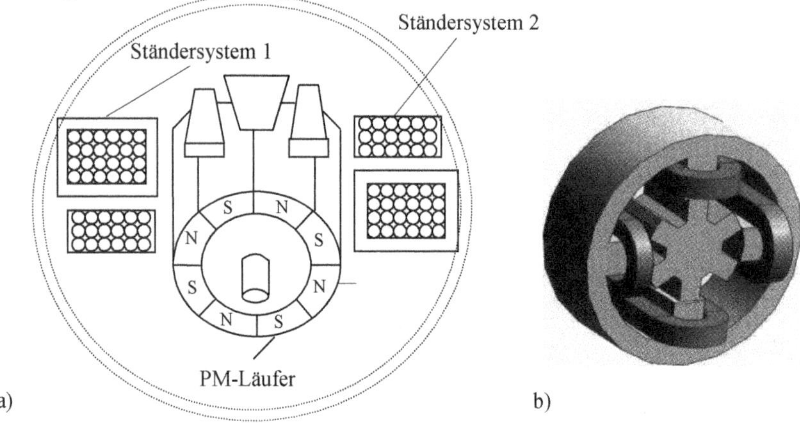

Bild 10.31 Aufbau des Schrittmotors
a) Klauenpolschrittmotor (Heteropolarprinzip)
b) Normalausführung

In **Bild 10.32** ist ein Hybridschrittmotor mit Homopolarprinzip dargestellt. Dabei sind die zwei Läufersysteme versetzt angeordnet. Die Polarität bleibt am Umfang unverändert, in Achsrichtung ändert sie sich jedoch. **Bild 10.33** zeigt die Prinzipschaltung eines viersträngigen EC-Motors.

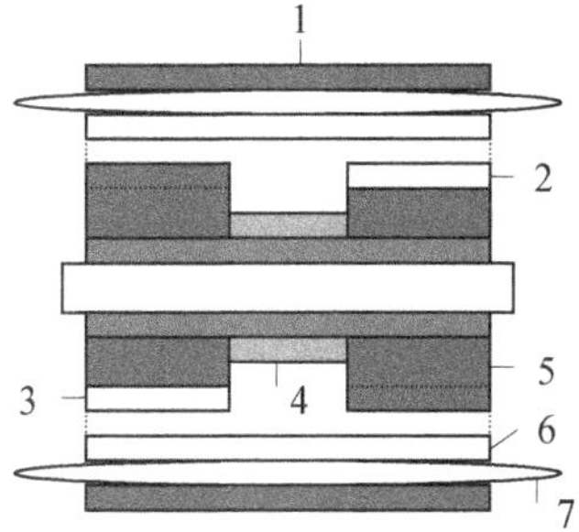

1 Ständerjoch 2 Südpol 3 Nordpol 4 PM-Magnet 5 Läufer 6 Ständer
7 Ständerwicklung

Bild 10.32 Hybridschrittmotor (Homopolarprinzip)

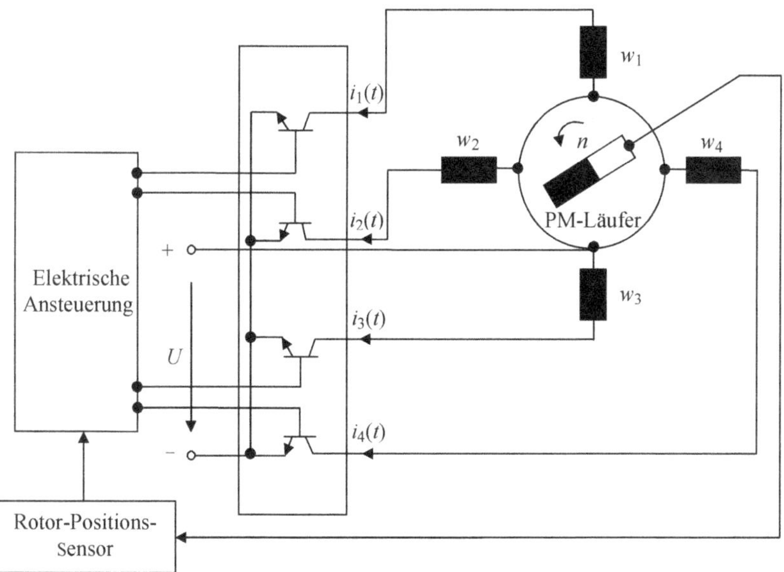

Bild 10.33 Prinzipschaltung eines viersträngigen EC-Motors

Durch einen Rotor-Positions-Sensor (Lagegeber) wird die Rotorposition erfasst. Eine elektronische Ansteuerschaltung schaltet daraufhin den richtigen Strang über je einen Transistor an die Betriebsspannung U. Dabei übernehmen die Transistoren die Rolle des Kommutators (deswegen wird er Elektronikmotor genannt). Durch die Permanentmagneterregung im Läufer entfallen auch die Bürsten.

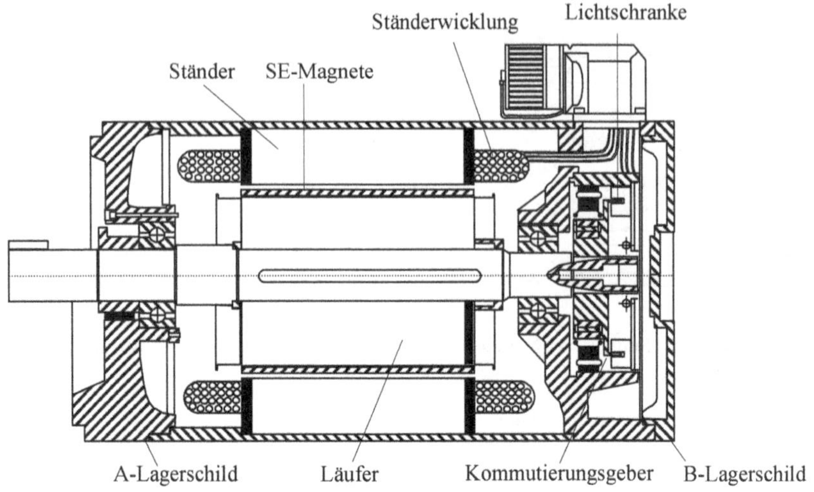

Bild 10.34 EC-Motor als Servodyn-Antrieb

Bild 10.34 zeigt eine Ausführung als Servodyn-Antrieb, z. B. in Werkzeugmaschinen und Industrierobotern. Dabei wird die Drehzahl über einen integrierten, bürstenlosen Tachogenerator erfasst und dem analogen Drehzahlregler zugeführt. Die wichtigsten Bestandteile sind in Bild 10.34 gekennzeichnet. Die Lichtschranke ist hier der Lagegeber, deren Funktionsweise im Abschnitt 10.2.3.4 erklärt wird.

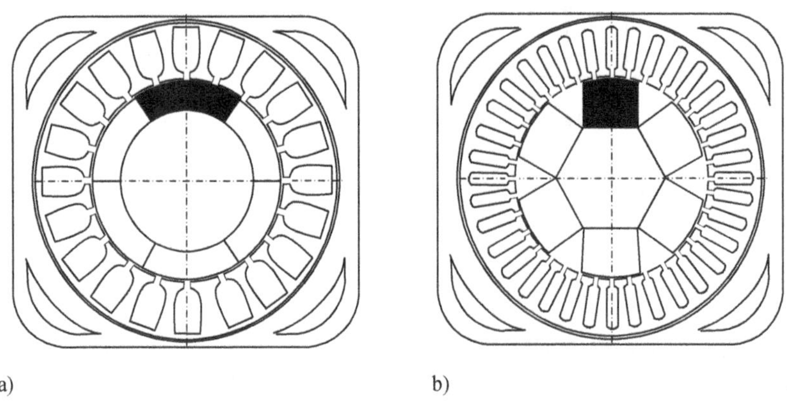

Bild 10.35 Prinzipielle Schnittbilder von Servodyn-Motoren mit Ferrit-Magneten
a) Schalenmagnete b) Segmentmagnete

Bild 10.35 und **Bild 10.36** zeigen prinzipielle Ausführungen des Servodyn-Motors, die im Leistungsbereich von etwa 100 W bis 20 kW gefertigt werden. Damit sind große Anlaufmomente mit kleinen Trägheitsmassen und geringeren Beschleunigungszeiten realisiert worden. Dies ist durch den Einsatz von Seltene-Erden-Magneten und durch genauere Auslegung möglich geworden. Während die Magnetdicken bei Ferrit-Ausführungen etwa 10 mm bis 24 mm betragen, sind es bei Seltene-Erden-Ausführungen nur etwa 2 mm bis 3 mm (die voll schwarz dargestellten Permanentmagnete in den Bildern 10.35 und 10.36 heben die diesbezüglichen Größenverhältnisse hervor).

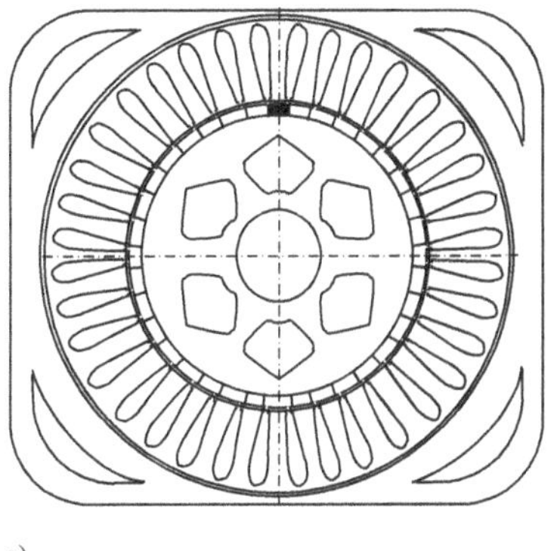

a)

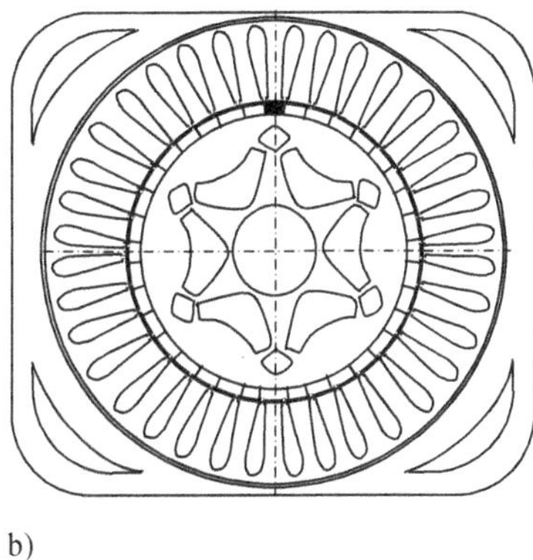

b)

Bild 10.36 Servodyn-Motor mit SE-Magneten
a) Standardblechschnitt
b) Blechschnitt mit erhöhter mechanischer Festigkeit

10.2.3.4 Wirkungsweise

Beim Schrittmotor springt die Ständerdurchflutung ruckartig weiter, wobei der Läufer sich so einzustellen versucht, dass die magnetische Energie im Luftspalt ein Minimum wird. Damit erfolgen schrittweise Bewegungen des Läufers (Synchronmaschinen-Prinzip). Der EC-Motor kann aus folgenden Gründen nicht zu den Synchronmaschinen gezählt werden, obwohl der Läufer dem laufenden Feld synchron folgt:

- Er kann nicht außer Tritt fallen, weil die Ständerstränge erst dann eingeschaltet werden, wenn der Rotorlagegeber meldet, dass der Rotor die entsprechende Position erreicht hat.
- Die Drehzahl ist daher keineswegs so unabhängig von der Belastung wie beim Synchronmotor.
- Die Schwingungen bei plötzlichen Laständerungen liegen nicht in den Größenordnungen wie bei der Synchronmaschine.

Für die Wirkungsweise des EC-Motors gilt das Gleichstrommaschinen-Prinzip (Nebenschlussverhalten). Der prinzipielle Vergleich der Wirkungsweisen der konventionellen Gleichstrommaschine zu denen des EC-Motors ist in **Tabelle 10.7** dargestellt.

Konventionelle Gleichstrommaschinen	**EC-Motoren**
stehendes Feld bildet mit Strömen in der rotierenden Ankerwicklung das Drehmoment (*Außenpolprinzip*)	drehendes Feld bildet mit Strömen in der stehenden Ankerwicklung das Drehmoment (*Innenpolprinzip*)
Durchflutungsachse des Ankers und Erregerfeld-Achse stets in optimalem Winkel	maximales Drehmoment durch elektronische Anpassung des Stroms an den Feldverlauf

Tabelle 10.7 Vergleich der prinzipiellen Wirkungsweisen von konventionellen Gleichstrommaschinen zu EC-Motoren

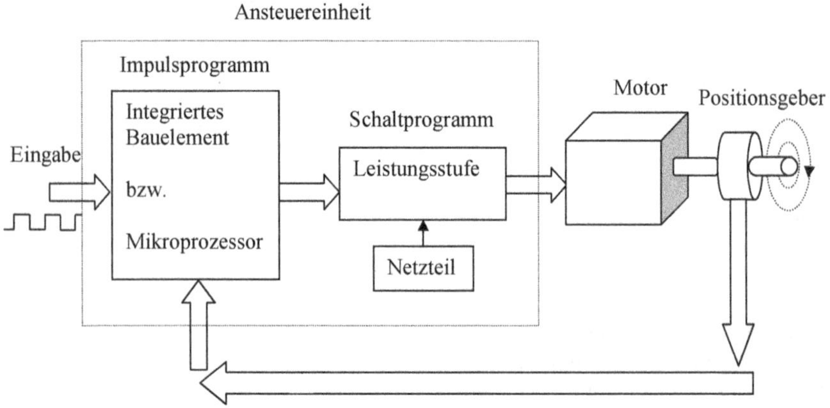

Bild 10.37 Systemkomponenten eines Positionier-Antriebs

Der Schrittantrieb funktioniert wie eine offene Steuerkette, also als reine Steuerung (fremdgeführt). Ein EC-Antrieb funktioniert dagegen wie eine geschlossene Steuerkette, also als Regelung (selbstgeführt). Aus **Bild 10.37** können die beiden Funktionsweisen entnommen werden. In beiden Systemen werden elektrische Signale in mechanische Impulse umgewandelt. Während beim Schrittmotor eine fest programmierte Impulsfolge (Eingabe) zur Informationselektronik (z. B. Mikroprozessor) geführt wird und daraufhin die Leistungselektronik (z. B. Transistoren) die Stränge ans Netz anschließt, wird beim EC-Motor die

Information durch die Läuferposition mithilfe eines Positionsgebers ermittelt. Wegen der zum großen Teil ähnlichen Wirkungsweise folgt, dass aus einem Schrittmotor ein EC-Motor gemacht werden kann, indem die Stränge durch einen Rotorlagegeber geschaltet werden. Eine weitverbreitete Ausführung ist der sogenannte „geschaltete Reluktanzmotor" bzw. „Switched Reluctance Motor".

Übliche Rotorpositionsgeber für EC-Motoren:

- die induzierte Spannung im jeweils unbestromten Strang (wird messtechnisch erfasst); damit ist eine sensorlose Regelung möglich
- arbeiten mithilfe von Hall-IC-Sensoren; also Erfassung und Anpassung des Felds an den Antriebszustand
- arbeiten mithilfe von optischen Sensoren; ein Lichtsender (z. B. Fototransistor) sendet die Informationssignale, ein Lichtempfänger (z. B. infrarote Emitterdiode) empfängt und verarbeitet die Informationen; die Signale werden durch eine bzw. zwei Scheiben mit lichtdurchlässigen und lichtblockierenden Bereichen geschickt (Durchlichtverfahren bzw. Reflexionsverfahren)

10.2.3.5 Eckdaten und Einsatzgebiet

Die wichtigsten Eckdaten (Anhaltswerte) sind in **Tabelle 10.8** zusammengestellt.

Eckdaten	Schrittmotor			EC-Motor
	Permanent-magnet-Läufer	Reluktanz-Läufer	Hybrid-Läufer	
Ausnutzung	ziemlich hoch	gering	mittel	hoch
Dämpfung	gut	schlecht	gut	sehr gut
Selbsthaltemoment	ja	nein	ja	ja
Ständersysteme	≥ 2	≥ 3	≥ 2	1
Schrittzahl je Umdrehung	8 bis 200	8 bis 200	8 bis 200	≤ 10 000
Lebensdauer	15 000 h	15 000 h	15 000 h	15 000 h bis 20 000 h
Kosten	i. A. niedrig	hoch	hoch	beträchtlich

Tabelle 10.8 Eckdaten von Schritt- und EC-Motoren

Als Schlussfolgerung der bisher behandelten Merkmale sowie der Eckdaten ergibt sich ein breitbandiges Einsatzgebiet für beide Motorarten. Hierbei gibt es jedoch einige Einschränkungen für Schrittmotoren:

- haben ein begrenztes Drehmoment
- erfüllen nicht so hohe dynamische Forderungen wie EC-Motoren
- sind anfälliger gegen Korrosions-, Schüttel- und Umwelteinflüsse (Schrittfehler)

Generell können beide Motortypen für dieselben Einsatzgebiete verwendet werden. Jedoch wird für höherwertige Geräte der EC-Motor bevorzugt.
Die wichtigsten Einsatzgebiete sind:
Unterhaltungselektronik: Tonbandgeräte, Plattenspieler, Videogeräte, CD-Player
Schreib- und Drucktechnik: Schreibmaschinen, Fernschreiber, Faxgeräte, Plotter, Drucker
Datenverarbeitung: Disc- und CD-Laufwerke, Bandgeräte, Lochstreifenleser
Foto- und Kinotechnik: Verstellantriebe für Projektoren
Medizin- und Labortechnik: Dosierpumpen
Industrielle Anwendung: Uhren, Werkzeugmaschinen, Kfz-Technik, Handhabungsgeräte, Kleinroboter

10.2.3.6 Zusammenfassung

Die **Vorteile** der EC-Motoren gegenüber Schrittmotoren sind:

- bis zu etwa 50-fach höhere Auflösung (kleinere Schrittwinkel) und damit höhere Positionierungsgenauigkeit
- bis zu etwa 5-fach höhere Dynamik bei gleicher Auflösung
- im Bereich der Kleinantriebe unbegrenztes Drehmoment (Schrittmotor bis etwa 100 Ncm); begrenzt nur durch die elektronischen Leistungsbauelemente und Kugellager
- Rückführung (Selbstkontrolle)
- längere Lebensdauer (blockierfest, korrosionsfest, robust gegenüber Verschmutzung)
- Vorzüge wie Gleichstrommaschinen
- nicht die typischen Nachteile von Synchronmaschinen

Die wesentlichen **Nachteile** der EC-Motoren gegenüber Schrittmotoren sind:

- Elektronikaufwand wesentlich höher
- Steuerung von Drehzahl und Position im offenen Regelkreis nicht möglich
- höhere Herstellkosten (zunehmend mit steigender Dynamik)

Der Anwender sollte sich von Fall zu Fall für das technisch-ökonomisch vorteilhafteste Antriebssystem entscheiden.

10.3 Spezielle Gleichstrommaschinen

10.3.1 Mit Permanentmagneterregung

Der permanentmagneterregte Gleichstrommotor wird heute für einen großen Leistungsbereich und vielfältig eingesetzt. Es gibt z. B. Ausführungen für Armbanduhren im Mikrowattbereich bis hin zu Werkzeugmaschinen im Kilowattbereich. Große Verwendung findet er auch in der Kraftfahrzeugindustrie. In Fahrzeugen der Spitzenklasse arbeiten bereits bis zu 150 Elektromotoren. Aber auch der Startermotor wird inzwischen in größeren Stückzahlen mit Permanentmagneterregung ausgeführt.

Die **Hauptvorteile** der permanentmagneterregten Gleichstrommotoren gegenüber konventionellen (elektrisch erregten) Ausführungen sind folgende:

- durch Wegfall der Erregerwicklung ergibt sich eine geringere Stromaufnahme und damit ein höherer Wirkungsgrad
- keine Kurzschlüsse oder Isolationsfehler in der Erregerwicklung
- geringere Ankerrückwirkung durch geringere Permeabilität des Permanentmagnetwerkstoffs

Bild 10.38 zeigt einige prinzipielle Ausführungen. Eine geläufige Variante ist der Kassettenrekordermotor, der in großen Stückzahlen hergestellt wird (**Bild 10.39**). Der Preis dieser Motoren ist so niedrig, dass es nicht leicht ist, die Spezifikationen einzuhalten. Das lamellierte Blechpaket ist deutlich kürzer als der Magnet. Daher ist das letzte Ankerblech in Achsrichtung umgebogen, um den magnetischen Fluss des Magneten besser durch den Anker zu führen. Der Motor ist mit einem Edelmetall-Plankollektor ausgestattet, was bei angepassten Bürsten zu einem kurzen Motor führt. Der Widerstand auf der Welle dient der Entstörung.

Eine weitere Ausführung ist der bereits behandelte eisenlose Motor. Die Permanentmagnete befinden sich meistens unter der Rotorwicklung. Sie werden dort am Gehäuse befestigt. Die Rotorwicklung ist das einzige rotierende Teil, wodurch der Motor hochdynamisch ist. Die Kräfte greifen direkt an der Wicklung an (nicht wie üblich an den Zähnen). Hierdurch gibt es besondere Eigenschaften hinsichtlich Bauform, Dynamik, thermischen Grenzwerten und Drehzahl, die gegeneinander abzuwägen sind.

Eisenlose Motoren gibt es auch in Scheibenläuferausführung. Bei diesem Leistungsbereich (etwa 50 W bis 1 kW) sind die Scheibenläuferausführungen mehr für die höheren und die Zylinder-Motoren mehr für die kleineren Drehzahlen geeignet (**Bild 10.40**).

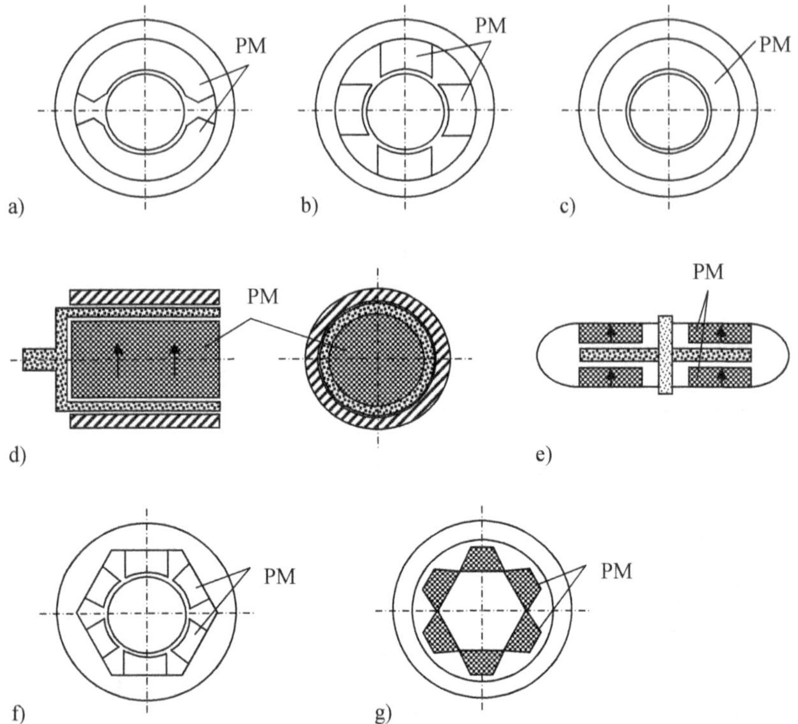

Bild 10.38 Prinzipielle Ausführungen permanentmagneterregter Gleichstrommaschinen
a) radial magnetisierte Segmente, $p = 1$
b) radial magnetisierte Segmente, $p = 2$
c) diametral magnetisierter Ring
d) Kernmagnetsystem
e) Magnetringe im Flachmotor
f) Samarium-Kobalt-Magnete am Ständer
g) Samarium-Kobalt-Magnete am Läufer

Weitere wichtige Ausführungen sind solche mit elektronischem Kommutator (s. Abschnitt 10.2.3). Durch die Simulation mithilfe der numerischen Feldberechnung werden die Maschinen optimiert. Die Simulation dient auch dazu, die Rastermomente zu reduzieren und damit das Schwingungs- bzw. Geräuschverhalten sowie die Zusatzverluste des Motors zu verringern.

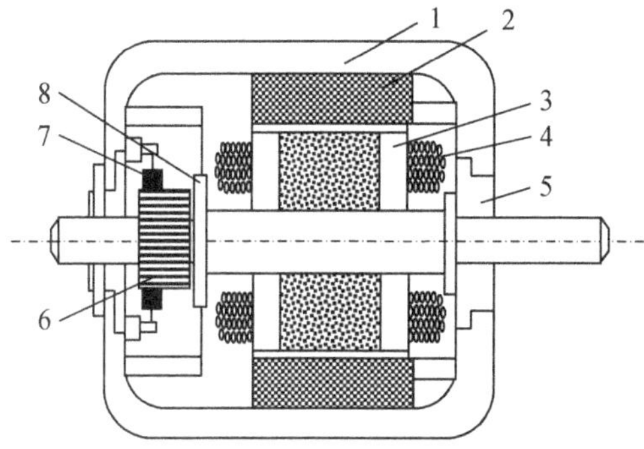

1 Gehäuse 2 Ständermagnet 3 Läufer 4 Läuferwicklung 5 Lager 6 Kollektor
7 Kohlebürste 8 Widerstand zur Entstörung

Bild 10.39 Kassettenrekordermotor

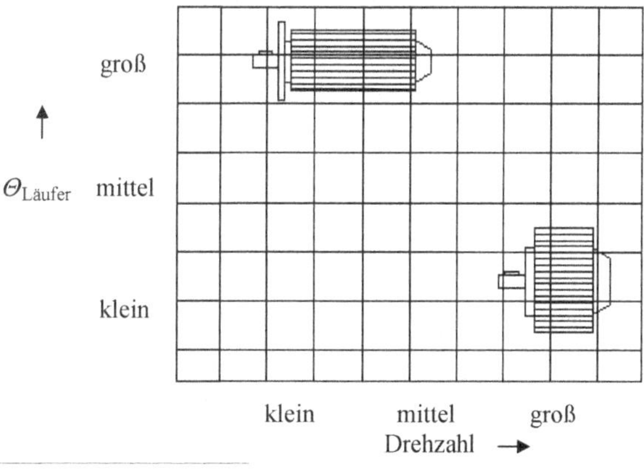

Bild 10.40 Drehzahlbereich bezüglich Bauform

10.3.2 Elektronikmotor (EC-Motor bzw. bürstenloser Gleichstrommotor) im Vergleich zum Schrittmotor

Der EC-Motor ist eine Sonderausführung des permanentmagneterregten Gleichstrommotors mit elektronischer Kommutierung (bürstenlos) und Innenpolen (Anker im Ständer). **Bild 10.41** zeigt das prinzipielle Schnittbild einer Variante mit Seltene-Erden-Magneten. Zu weiteren Einzelheiten siehe Abschnitt 10.2.3.

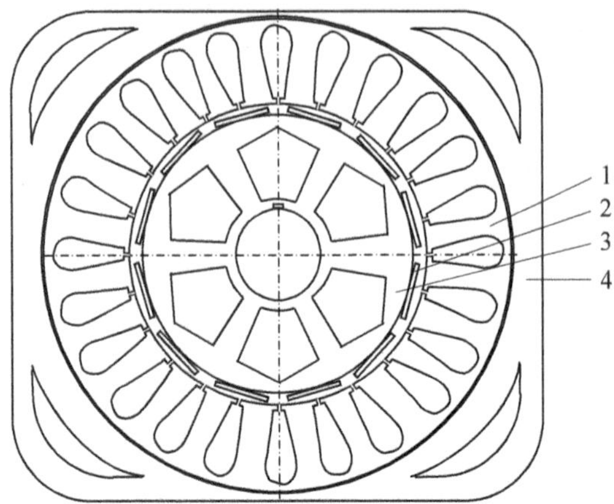

1 Ständerblech 2 Seltene Erden (Permanentmagnet) 3 Läuferblech 4 Gehäuse

Bild 10.41 Servodyn-Motor mit Seltene Erden (Permanentmagnet)

11 Sondermaschinen

11.1 Linearmotor

Die ersten Linearmotoren und magnetohydrodynamischen Wandler wurden gegen Ende des 19. Jahrhunderts gebaut (u. a. [107 und 108]). Aber erst in den 1950er-Jahren erkannte man die Bedeutung dieser Antriebe. Die Suche nach umweltverträglichen Antriebssystemen, vor allem bei Transportsystemen, stellte diese Antriebe als Alternative zu konventionellen Verbrennungsmotoren in den Vordergrund. Einer der herausragenden Vorteile der Linearmotoren und magnetohydrodynamischen Wandler im Vergleich zu konventionellen Antrieben ist: der stromführende Teil ist auch direkt energieführend. Als stromführender Teil kommen Flüssigkeiten mit guter elektrischer Leitfähigkeit (z. B. Hydrolyte, flüssige Metalle), leitende Gase und Metalle mit günstiger elektrischer Leitfähigkeit (z. B. Kupfer, Aluminium) infrage. Ein weiterer Vorteil ist die gute Steuerbarkeit bei gutem Wirkungsgrad. Die Vorteile gegenüber konventionellen Verbrennungsmotoren sind beachtlich: umweltfreundlicher, Höchstgeschwindigkeiten bis mehr als 400 km/h sind bereits realisiert, wartungsarm wegen des einfachen Aufbaus, generatorische Nutzbremsung. Einer der wesentlichen Unterschiede der Linearmotoren gegenüber den konventionellen Motoren ist ihr begrenzter Umfang (der konventionelle Elektromotor hat theoretisch einen unbegrenzten Umfang). Dies führt zur Herausbildung von Oberschwingungen, die neben Steuerung und Bremsung gesondert berücksichtigt werden müssen.

Der Linearmotor kann in allen Grundtypen als Gleichstrom-, Asynchron- bzw. Synchronmotor hergestellt werden. Die lineare Gleichstrommaschine hat jedoch wegen des über der Fahrstrecke ausgedehnten Kommutators keine praktische Bedeutung erlangt. Bei den linearen Drehstrommaschinen hat sich die synchrone Linearmaschine vor allem in Bahnsystemen wie den Hochgeschwindigkeits-Magnetbahnen durchgesetzt, wohingegen die asynchrone Linearmaschine sich vorwiegend in betriebsinternen Transport- und Positioniersystemen etabliert hat. Bekannte Anwendungsbeispiele sind Schiebetüren und Rolltorantriebe, Förder- und Beschickungsanlagen, automatisierte Fertigungsstraßen sowie Querschneidersysteme bei der Papier- und Folienzuschneidung. Weitere Einsatzgebiete sind die Qualitätskontrolle von Werften und der Autoindustrie, Automationslinien, Achterbahnen, Kräne, metallurgische Industrie und in Kernkraftwerken zum berührungslosen Transport von Stoffen und Teilen. Obwohl die meisten Bewegungsabläufe linear verlaufen, wird in der Praxis der umständliche Weg über die Umwandlung der Rotation durch Antriebsritzel und Räder bei der Lösung von Transportproblemen beschritten. Dadurch bleiben die vielen Vorteile der Linearantriebe wie Kompaktheit, Verschleißfreiheit durch berührungslose Kraftübertragung sowie Einsparung mechanischer Komponenten, wie Gelenkwellen, Kupplungen und Getriebe, ungenutzt.

Ein weiterer Vorteil der Elektrofahrzeuge ist deren relativ geringer Energieverbrauch. Dies liegt am optimalen Verhältnis von Nutz- zu Gesamtgewicht sowie an den verhältnismäßig geringen Beschleunigungen und Geschwindigkeiten.

Betrachtet man speziell die asynchrone Linearmaschine, so kommt als weitere Eigenschaft ein Höchstmaß an Robustheit hinzu, wie es von den rotierenden Asynchronmaschinen bereits bekannt ist. Außerdem zeigt sich, dass gerade dieser Maschinentyp in Fahrzeugen auf Rädern die meisten Vorteile besitzt und zu den mechanischen Minimalkonfigurationen führt, wie sie für zukünftige Stadtautos von Interesse sind. Die mechanische Kraftverbindung zwischen Fahrzeugaufbau und Rad besteht bei Linearantrieben nicht mehr, da die Schubkraft berührungslos mithilfe des magnetischen Feldes direkt in den Fahrzeugrädern erzeugt wird. Der prinzipielle Aufbau im Vergleich zur rotierenden Maschine ist in **Bild 11.1** dargestellt.

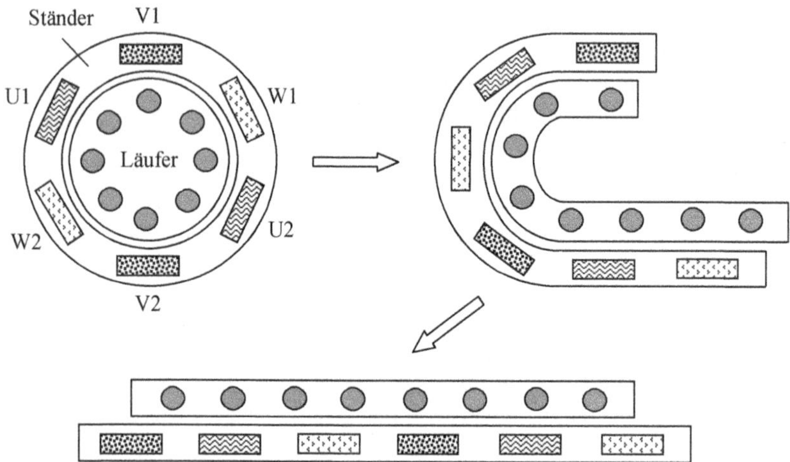

Bild 11.1 Prinzipieller Aufbau des Linearmotors

Der Ständer trägt die drei Stränge (U1–U2, V1–V2, W1–W2) der Drehstromwicklung, und im Eisenpaket des Läufers ist der Kurzschlusskäfig untergebracht. Trennt man die Maschine an einer beliebigen Stelle auf und wickelt den Ständer und den Läufer in der Ebene ab, wird aus dem ursprünglichen Drehfeld ein Wanderfeld, die magnetischen Pole laufen linear durch den Luftspalt. Das Wanderfeld induziert in den Läuferspulen Spannungen, die entsprechende Ströme treiben und mit dem Feld das Drehmoment bilden.

Bezüglich des Aufbaus gibt es grundsätzlich zwei Ausführungsmöglichkeiten:
a) Variante mit kurzer Wicklung und langer Schiene
b) Variante mit langer Wicklung und kurzer Schiene

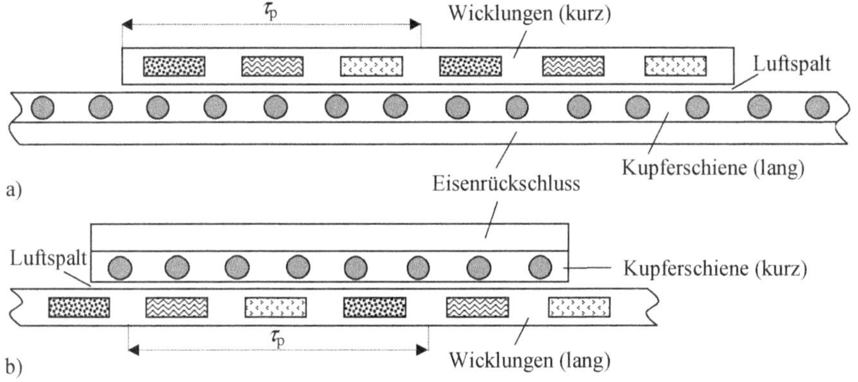

Bild 11.2 Grundausführungen von Linearmotoren
a) kurze Wicklung, lange Schiene
b) lange Wicklung, kurze Schiene

Dabei ist die Schiene der Anker der Linearantriebe. Bei der Variante a) liegt die lange Schiene (Ständer) längs der gesamten Strecke, die dreisträngige kurze Wicklung (Läufer) ist an den Waggons installiert (**Bild 11.2a**). Bei der Variante b) wird die dreisträngige lange Wicklung (Ständer) längs der Fahrstrecke verlegt; auf der kurzen Schiene (Läufer) werden die Waggons angebracht (**Bild 11.2b**). Bei den Linearmotoren gibt es auch die symmetrischen und asymmetrischen Ausführungen. Bei der symmetrischen Ausführung wird die Schiene beidseitig von der Wicklung umgeben (**Bild 11.3**). Bei der asymmetrischen Ausführung liegt die Wicklung nur auf einer Seite der Schiene, und der Fluss wird durch Eisenrückschluss geschlossen (**Bild 11.2**). Das Elektrofahrzeug selbst trägt in einem kammförmigen Blechpaket eine Drehstromwicklung, die entweder aus dem öffentlichen

Drehstromnetz über Schleifkontakte oder aus einer fahrzeugfesten Batterie über einen Wechselrichter gespeist wird.

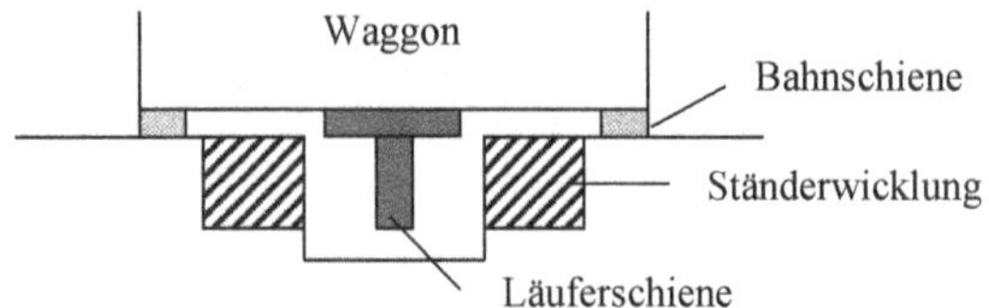

Bild 11.3 Symmetrische Ausführung des Linearmotors

Entsprechend **Bild 11.4** lassen sich durch geeignete Gestaltung der Schiene problemlos Steigungen und lang gestreckte Kurven realisieren. Auch ein geschlossener Fahrweg ist möglich, wenn der Kurvenradius groß gegen die Länge des Fahrzeugs ist. Hielte man die gesamte Anordnung des gekrümmten Linearmotors aufgerichtet und gedanklich das Linearfahrzeug fest, so würde die Schiene zwangsläufig rotieren. Betrachtet man die Schiene als einen sich drehenden Reifen und integriert diesen in die Felge eines Fahrzeugrads, so liegt eine gekrümmte Linearmaschine für den berührungslosen Antrieb von Fahrzeugen auf Rädern vor. Das ursprüngliche Schienenfahrzeug reduziert sich dann auf den gekrümmten Ständer plus Drehstromwicklung, der am Fahrzeugrahmen befestigt wird.

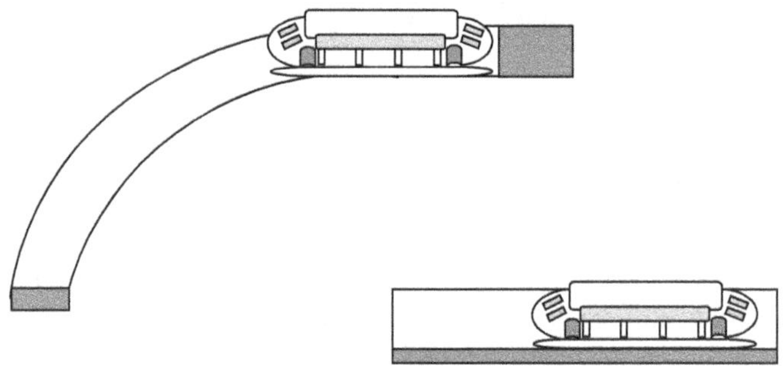

Bild 11.4 Linearmotor als Schienenfahrzeug

Am Beispiel eines Straßenfahrzeugrads ist in **Bild 11.5** der Aufbau und die Anordnung einer gekrümmten Kurzständer-Asynchronmaschine dargestellt. Die Befestigung des Ständers am Fahrzeugrahmen erfolgt so, dass ein möglichst kleiner Luftspalt einjustiert werden kann. Für einen konstanten Luftspalt über dem gesamten Umfang sorgt die natürliche Lagerung des Fahrzeugrads, wobei die Fahrzeugfelge eine ausreichende Steifigkeit aufweisen muss, um eine mechanische

Berührung zwischen Ständer und Läufer infolge der enormen Querkräfte zu verhindern. Die gekrümmte Kurzständer-Asynchronlinearmaschine kann das Rad und damit das Fahrzeug vorwärts und rückwärts sowohl motorisch antreiben als auch generatorisch bremsen (Nutzbremse).

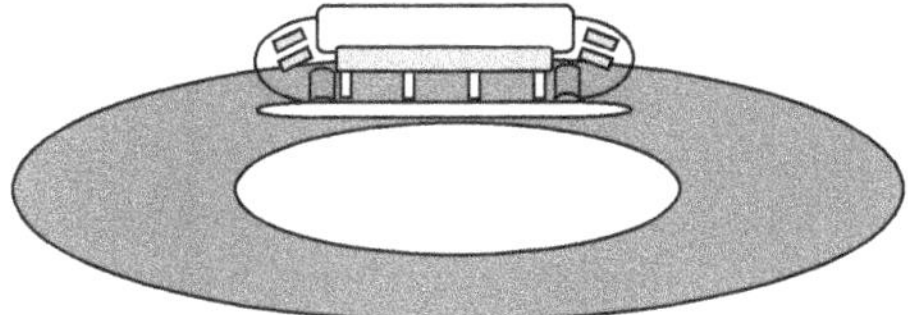

Bild 11.5 Gekrümmter Linearmotor

Eine erhebliche Verbesserung der elektrischen, magnetischen und mechanischen Eigenschaften erhält man, wenn der fahrzeugfeste Ständer so lange verlängert wird, bis sich die erste und letzte Polteilung überlappen. Dadurch stellt sich ein Wanderfeld im kreisförmigen Luftspalt ein, das keine Übergangszonen zu einem feldfreien Raum hin besitzt und damit dem Drehfeld in rotierenden Maschinen sehr nahe kommt. Da die Querkräfte bei diesem Maschinentyp über den gesamten Umfang zwischen Ständer und Läufer auftreten, ist eine einseitige Kraftbeanspruchung der Rotorfelge ausgeschlossen. Diese gleichmäßig über den Umfang verteilten Querkräfte liegen in ihrer Summe deutlich über der Schubkraft und müssen von der Lagerung des Rads in axialer Richtung aufgenommen werden. In Verbindung mit dem in die Radfelge integrierten Kurzschlusskäfigring plus magnetischem Rückschluss erhält die sogenannte„Vollständer-Linearmaschine“ die gleichen Eigenschaften wie die rotierende Asynchronmaschine [107; 108].

Für die Regelung und Steuerung der Vollständer-Asynchronlinearmaschine kommen dieselben Verfahren wie bei rotierenden Asynchronmaschinen zur Anwendung, sodass ein verschleißfreier und kompakter Fahrzeugantrieb zur Verfügung steht, der mit einem Minimum an mechanischem Aufwand gute dynamische Eigenschaften aufweist. Darüber hinaus macht die Einsparung mechanischer Komponenten wie Anlasser, Kupplungen, Getriebe, Gelenk- und Antriebswellen sowie Ölen und Fetten das Fahrzeug leichter und hilft somit, Energie- und Rohstoffvorräte zu schonen. Durch die geringe Anzahl von Verlustquellen lassen sich mit Vollständer-Asynchronmaschinen hohe Gesamtwirkungsgrade erzielen. Zum einfachen Test und zur Simulation kann eine rotierende elektrische Maschine herangezogen werden. Zu diesem Zweck wird ein Teil des Ständers samt Wicklungen abgesägt und entfernt. Der Rest wird so präpariert, dass die restlichen Wicklungen anschließbar bleiben. So ergibt sich eine Maschine mit kurzer Wicklung (Ständer) und langer Schiene (Läufer).

11.2 Elektrische Welle

In vielen Industriezweigen kommt es vor, dass zwei voneinander entfernte Stellen dieselbe Geschwindigkeit haben sollen, z. B. bewegliche Klappbrücken, die Öffnungen von Staudämmen, Hubbrücken, Hubtore, Kräne, Verladebrücken, Hebebühnen etc. Diese Aufgabe kann durch eine elektrische Welle gelöst werden. Die elektrische Welle besteht aus zwei gleichen Drehstromasynchronmaschinen (DASM) mit Schleifringläufer I und II. Die DASM I wird durch einen Motor, z. B. einen Gleichstrommotor oder Drehstromasynchronmotor mit Käfigläufer, angetrieben. Mithilfe eines Antriebsmotors kann die Drehzahl n (Schlupf s) erreicht werden. Die induzierte Spannung in der offenen Läuferwicklung ist dann $U_{\mathrm{rI}} = s\ U_{\mathrm{s}}$ (mit U_{s} als Ständerspannung). Ähnliches wird mit dem DASM II vorgenommen. Die Läuferspannung $U_{\mathrm{rII}} = s\ U_{\mathrm{s}}$ ist in Betrag und Frequenz der Läuferspannung des ersten Motors gleich, sie kann sich lediglich in der Phase unterscheiden (**Bild 11.6**) (u. a. [65]).

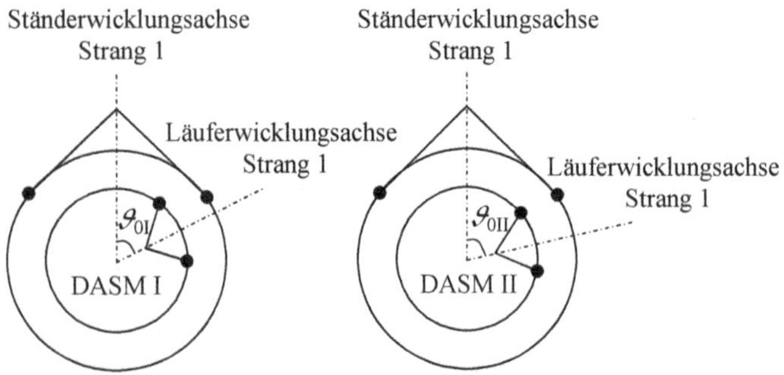

Bild 11.6 Mögliche Phasenwinkel der DASM I und der DASM II bei der elektrischen Welle

Mit ϑ des örtlichen Phasenwinkels des Rotorstrangs gegenüber dem entsprechenden Ständerstrang ergeben sich im ungünstigsten Fall zwei unterschiedliche Phasenwinkel ϑ:

$$\vartheta_{\mathrm{I}} = \omega t + \vartheta_{0\mathrm{I}} \tag{11.1}$$

$$\vartheta_{\mathrm{II}} = \omega t + \vartheta_{0\mathrm{II}} \tag{11.2}$$

Daraus folgt:

$$\vartheta_{I} - \vartheta_{II} = \vartheta_{0I} - \vartheta_{0II} = \delta \tag{11.3}$$

Bei $\delta = 0$ können die Stränge der zwei Rotorwicklungen, ohne dass dort Ströme fließen, miteinander verbunden werden. In jedem Läuferstrang induzieren sich Spannungen gleicher Beträge, die einander kompensieren. Falls die Läuferdrehzahl eines Motors von der des zweiten Motors abweicht, wird $\delta \neq 0$, und es ergibt sich eine Phasenverschiebung zwischen den induzierten Spannungen. Infolgedessen induziert sich ein Strom in der gemeinsamen Läuferwicklung. Das dadurch entstehende Drehmoment wirkt dieser Drehzahlerhöhung entgegen. Diese Anordnung verhält sich wie eine mechanische Welle, in ihr findet ein Drehmomentausgleich statt, und deshalb wird sie als elektrische Ausgleichswelle bezeichnet (**Bild 11.7**). Bei der elektrischen Ausgleichswelle werden also zwei Antriebssysteme miteinander durch zwei Schleifringläufermaschinen elektrisch verbunden. Ohne die Wellenmaschinen würde das Antriebssystem I mit der Drehzahl n_I und das System II mit der Drehzahl n_{II} laufen. Durch die Verbindung der zwei Systeme mit Wellenmaschinen werden beide mit der gemeinsamen Drehzahl n weiter laufen. Das Differenzmoment, das für den Ausgleich sorgt, wird durch die Wellenmaschinen zur Verfügung gestellt.

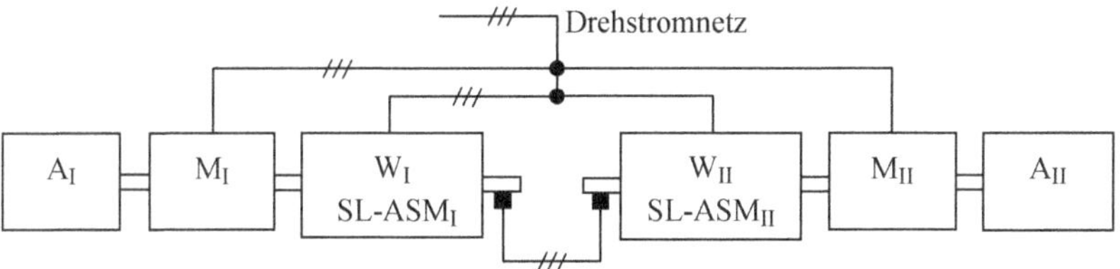

Bild 11.7 Elektrische Ausgleichswelle

W_I, W_{II}: Schleifringläufermaschinen (Wellenmaschinen)

M_I, M_{II}: Antriebsmotoren (Triebwerke)

A_I, A_{II}: Arbeitsmaschinen

Spezialfälle

Einer der Spezialfälle der elektrischen Ausgleichswelle ist die Ferndrehwelle. Dieser Fall tritt dann auf, wenn der Antriebsmotor II nicht existiert bzw. kein Drehmoment bildet. Hier muss dann auch die mechanische Leistung des Antriebssystems II durch die elektrische Welle zur Verfügung gestellt werden. In der Regel sind die Antriebsmotoren M_I und M_{II} Asynchronmaschinen. Es liegt deswegen nahe, diese Antriebsmaschinen gleichzeitig als Wellenmaschinen zu nutzen und damit zwei Motoren aus dem System zu eliminieren. Aber in Anbetracht dessen, was bisher untersucht wurde, wäre dies zunächst unmöglich.

Ohne M_I und M_{II} drehen sich die zwei Wellenmaschinen solange entgegengesetzt, bis die Phasenverschiebungen der Läufer gegenüber den Ständern jeweils gleich sind ($\delta = 0$). Dann sind die induzierten Spannungen im Läufer gleich, es fließt kein Strom, und es bildet sich kein Drehmoment.

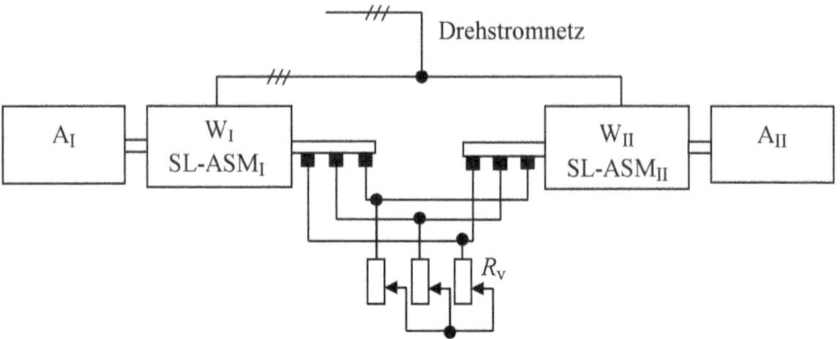

Bild 11.8 Elektrische Arbeitswelle

Zur Erzeugung des Drehmoments müssen an die Verbindungsleitungen der Schleifringe Schlupfwiderstände R_v eingeschaltet werden (**Bild 11.8**). Die Widerstände werden in Stern oder Dreieck geschaltet. Dieses System wird als elektrische Arbeitswelle bezeichnet. Hier muss noch die Verlustleistung der Widerstände bei der Dimensionierung berücksichtigt werden.

Berechnung des Drehmoments bei der elektrischen Ausgleichswelle

Zur Ermittlung des Drehmoments der elektrischen Ausgleichswelle wird die vereinfachte Schaltung der Asynchronmaschine herangezogen. Dabei werden die ohmschen Widerstände der Ständerwicklungen sowie die Ständerstreublindwiderstände vernachlässigt (s. Abschnitt 5.1.6, Bild 5.9). Das Ersatzschaltbild der zwei Wellenmaschinen ist in **Bild 11.9** dargestellt.

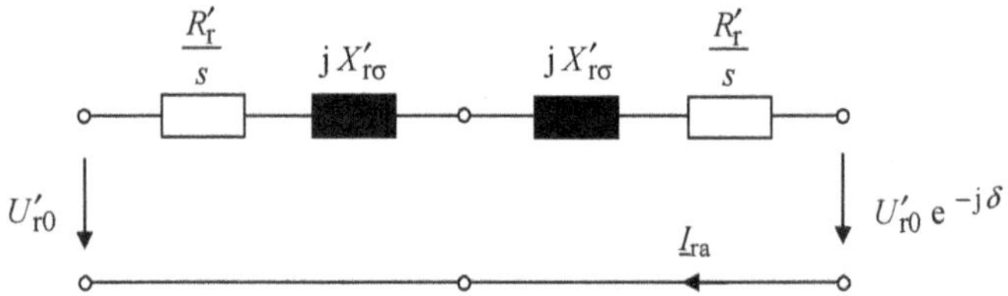

Bild 11.9 Ersatzschaltbild der Wellenmaschinen

Vergrößert sich die Belastung des Motors M_{II} gegenüber M_I, so bleibt der Läufer des Wellenmotors W_{II} hinter dem des Wellenmotors W_I um den Phasenwinkel δ

zurück. Aus diesem Grunde wird die Läuferspannung des Wellenmotors W_{II} gleich $U'_{r0}\,e^{-j\delta}$. Hieraus kann der Ausgleichsstrom I_{ra} (Bild 11.9) berechnet werden:

$$\underline{I}_{ra} = \frac{U'_{r0}(1-e^{-j\delta})}{2\,Z'_{kr}} = \frac{U'_{r0}(1-\cos\delta + j\sin\delta)}{2\,(R'_r/s + j\,X'_{r\sigma})}$$

Der Wirkanteil ist:

$$\mathrm{Re}\{\underline{I}_{ra}\} = \frac{U'_{r0}}{2\left(\dfrac{R'^2_r}{s^2} + X'^2_{r\sigma}\right)} \cdot \frac{R'_r}{s}\left(1-\cos\delta + X'_{r\sigma}\,\frac{\sin\delta}{\dfrac{R'_r}{s}}\right)$$

und damit ist die übertragene Wirkleistung gleich:

$$m\,U'_{r0}\,\mathrm{Re}\{\underline{I}_{ra}\} = \frac{m\,U'^2_{r0}}{2\left(\dfrac{R'^2_r}{s^2} + X'^2_{r\sigma}\right)} \cdot \frac{R'_r}{s}\left(1-\cos\delta + s\,X'_{r\sigma}\,\frac{\sin\delta}{R'_r}\right)$$

Daraus ergibt sich das übertragene Drehmoment zu:

$$M_w = \frac{1}{2\pi n} \cdot \frac{m\,U'^2_{r0}}{2\left(\dfrac{R'^2_r}{s^2} + X'^2_{r\sigma}\right)} \cdot \frac{R'_r}{s}\left(1-\cos\delta + \frac{s\sin\delta}{s_k}\right)$$

In dieser Gl. wurde $R'_r / X'_{r\sigma} = s_k$ eingesetzt. Für das Drehmoment der Asynchronmaschine gilt:

$$M = \frac{m}{2\pi n} \cdot \frac{U'^2_{r0}}{\dfrac{R'^2_r}{s^2} + X'^2_{r\sigma}} \cdot \frac{R'_r}{s}$$

Daraus folgt für M_w:

$$M_w = \frac{M}{2}\left(1-\cos\delta + \sin\delta\,\frac{s}{s_k}\right)$$

Mithilfe der Kloss'schen Formel ergibt sich:

$$M_{\mathrm{w}} = \frac{s\,M_{\mathrm{k}}}{s^2 + s_{\mathrm{k}}^2}[(1 - \cos\delta)\,s_{\mathrm{k}} + s\sin\delta] \tag{11.4}$$

Wenn δ für die eine Wellenmaschine positiv ist, muss für die andere Wellenmaschine der Wert $-\delta$ eingesetzt werden. Das Wellenmoment kann in zwei Teile zerlegt werden:

$$M_{\mathrm{w}} = M_{\mathrm{was}} + M_{\mathrm{ws}} \tag{11.5}$$

wobei:

$$M_{\mathrm{was}} = \frac{s\,M_{\mathrm{k}}}{s^2 + s_{\mathrm{k}}^2}(1 - \cos\delta)\,s_{\mathrm{k}} \tag{11.6}$$

als asynchroner Anteil und

$$M_{\mathrm{ws}} = \frac{s^2\,M_{\mathrm{k}}}{s^2 + s_{\mathrm{k}}^2}\sin\delta \tag{11.7}$$

als synchronisierender Anteil bezeichnet werden.

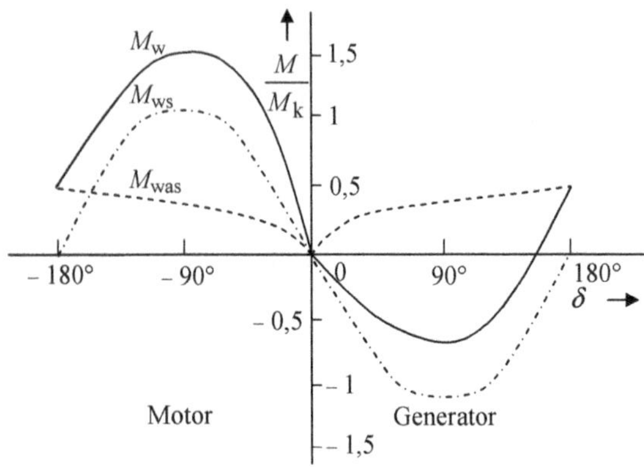

Bild 11.10 Wellendrehmomente in Abhängigkeit vom Verdrehungswinkel bei einer elektrischen Ausgleichswelle

Der asynchrone Anteil stellt für alle Werte von δ positive Drehmomente zur Verfügung, d. h., er wirkt auf beide Motoren beschleunigend. Der synchronisierende Anteil liefert für positive und negative Werte von δ entgegengesetzte Drehmomente und hält die Motoren im Gleichlauf (**Bild 11.10**).

In Bild 11.10 ist das Ausgleichsmoment in Abhängigkeit von δ dargestellt. Wenn eine Wellenmaschine sich im Motorbetrieb befindet, arbeitet die andere im Generatorbetrieb (Richtung des Ausgleichsstroms). Das maximale Drehmoment tritt bei $\delta = 95°$ auf. Das synchronisierende Moment wird für $\delta = 180°$ null. Aus Gl. (11.6) für den asynchronen Anteil des Drehmoments geht hervor, dass für $\delta = 180°$ dieses Drehmoment gleich dem gewöhnlichen Moment der Asynchronmaschine ist.

Drehmoment der Arbeitswelle

Bei der Arbeitswelle können das asynchrone und das synchrone Moment wie folgt berechnet werden:

$$M_{\text{was}} = \frac{M_{\text{k}}}{\dfrac{s}{s'_{\text{k}}} + \dfrac{s'_{\text{k}}}{s}} (1 - \cos\delta) + \frac{M_{\text{k}}}{\dfrac{s}{s_{\text{k}}} + \dfrac{s_{\text{k}}}{s}} (1 + \cos\delta) \qquad (11.8)$$

$$M_{\text{ws}} = M_{\text{k}} \sin\delta \left(\frac{\dfrac{s}{s_{\text{k}}}}{\dfrac{s}{s_{\text{k}}} + \dfrac{s_{\text{k}}}{s}} - \frac{\dfrac{s}{s'_{\text{k}}}}{\dfrac{s}{s'_{\text{k}}} + \dfrac{s'_{\text{k}}}{s}} \right) \qquad (11.9)$$

In diesen zwei Gln. sind $s'_{\text{k}} = s_{\text{k}} \, (R'_{\text{r}} + 2\, R'_{\text{v}}) \,/\, R'_{\text{r}}$, R'_{r} der ohmsche Widerstand der Läuferwicklung, bezogen auf die Ständerseite, und R'_{v} der bezogene Schlupfwiderstand. Solche elektrischen Wellen werden in Antrieben mit möglichst konstanter Last eingesetzt (z. B. Kräne, Verladebrücken, Werkzeugmaschinen etc.). Der Widerstand im Läuferkreis ändert das Betriebsverhalten, weswegen die Arbeitswelle auch Schlupfwelle genannt wird. Die Widerstände verursachen Ströme im Läuferkreis, die das erforderliche Drehmoment bilden. Durch die elektrische Verbindung der Läufer ist die Gleichheit der Läuferdrehzahlen gewährleistet.

12 Ausgewählte Kapitel der elektrischen Antriebstechnik (Zusammenwirken von Motor und Arbeitsmaschine)

Das Zusammenwirken der Elektromotoren und Arbeitsmaschinen stellt einen der Schwerpunkte der elektrischen Antriebstechnik dar. Hier wird unter anderem untersucht, unter welchen Voraussetzungen man einen Elektromotor mit einer Arbeitsmaschine koppeln kann und welche Motoren für welche Arbeitsmaschinen und Betriebsarten geeignet sind. Dabei wird einigen wichtigen Fragen der Antriebstechnik wie Erwärmung und Kühlung sowie Geräuschentwicklung besondere Aufmerksamkeit geschenkt, denn diese Gesichtspunkte haben direkten Einfluss auf das Betriebsverhalten der Arbeitsmaschine [90 bis 112].

12.1 Aufbau eines Antriebs

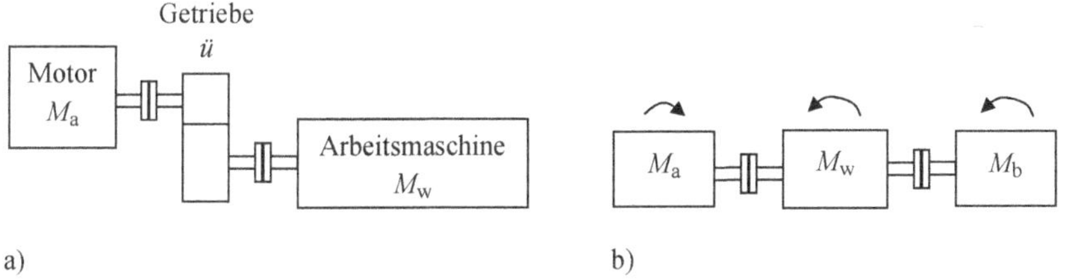

Bild 12.1 Aufbau eines elektrischen Antriebs

Ein Antriebssystem besteht aus einem Elektromotor mit dem Drehmoment M_a und einer Arbeitsmaschine mit dem Widerstandsmoment M_w. Die zwei Maschinen sind direkt oder durch einen mechanischen Übersetzer (Getriebe) miteinander gekoppelt (**Bild 12.1a**). Im stationären Zustand gilt:

$$M_a = M_w \tag{12.1}$$

Zur Untersuchung des Ausgleichsvorgangs muss die Masse (Trägheitsmoment) des Systems berücksichtigt werden. Wenn die Trägheitsmassen in einem bewegten Körper nach **Bild 12.1b** zusammengefasst werden, kann die Drehmomentgleichung in folgender Form geschrieben werden:

$$\sum_{\nu} M_{\nu} = M_{\mathrm{a}} - M_{\mathrm{w}} - M_{\mathrm{b}} = 0 \qquad (12.2)$$

Dies ist die Bewegungsgleichung des Antriebssystems in Abhängigkeit von der Zeit. Im stationären Zustand ist $M_{\mathrm{b}} = 0$ (es wird nicht mehr beschleunigt), und damit verwandelt sich die Gl. (12.2) in Gl. (12.1). Durch das Beschleunigungsmoment M_{b} ändert sich also die Drehzahl solange, bis Drehmomentgleichgewicht herrscht.

12.2 Drehmomentkennlinien

12.2.1 Betriebskennlinien von Motoren (M_{a})

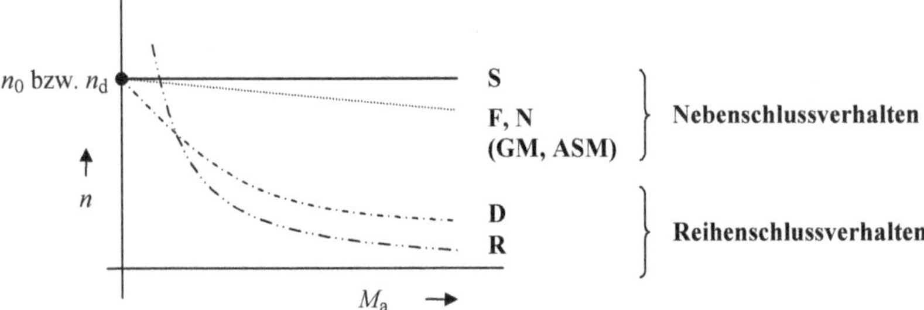

Bild 12.2 Betriebskennlinien der Elektromotoren

Die Drehmoment-Drehzahl-Kennlinien der Elektromotoren wurden bereits behandelt. Alle Betriebskennlinien sind in **Bild 12.2** nochmals zusammengefasst. Die Kurve **S** ist die Kennlinie eines Synchronmotors, der unabhängig von der Last eine konstante Drehzahl anbietet. Die Kurve **F** bzw. **N** ist die Kennlinie eines fremderregten Gleichstrommotors bzw. eines Nebenschlussmotors (Gleichstrom- bzw. Asynchronmotor, wenn dieser im Bemessungspunkt betrachtet wird). Der Drehzahlverlust unter Last ist bekanntlich bei fremderregtem Gleichstrommotor, Gleichstromnebenschlussmotor sowie Asynchronmotor sehr gering. Die Kurve **R** ist die Kennlinie eines Reihenschlussmotors. Dieser Motor weist starke Drehzahländerungen unter Last auf und besitzt keine Leerlaufdrehzahl. Die Kurve **D** ist die Kennlinie eines Doppelschlussmotors, der im Vergleich zur Kurve **R** geringere Drehzahländerungen aufweist und eine Leerlaufdrehzahl besitzt. Mithilfe der Leistungselektronik können die sogenannten natürlichen Kennlinien der Motoren verändert und an die Bedingungen der Arbeitsmaschinen angepasst werden.

12.2.2 Widerstandsmoment von Arbeitsmaschinen (M_W)

Die in der Praxis auftretenden Drehmomente der Arbeitsmaschinen stehen meistens in Abhängigkeit von der Drehzahl bzw. von der Zeit oder einer räumlichen Lage.

12.2.2.1 $M_W = f(n)$

Einige Beispiele für Widerstandsmomente, die drehzahlabhängig sind, gibt **Bild 12.3** wieder.

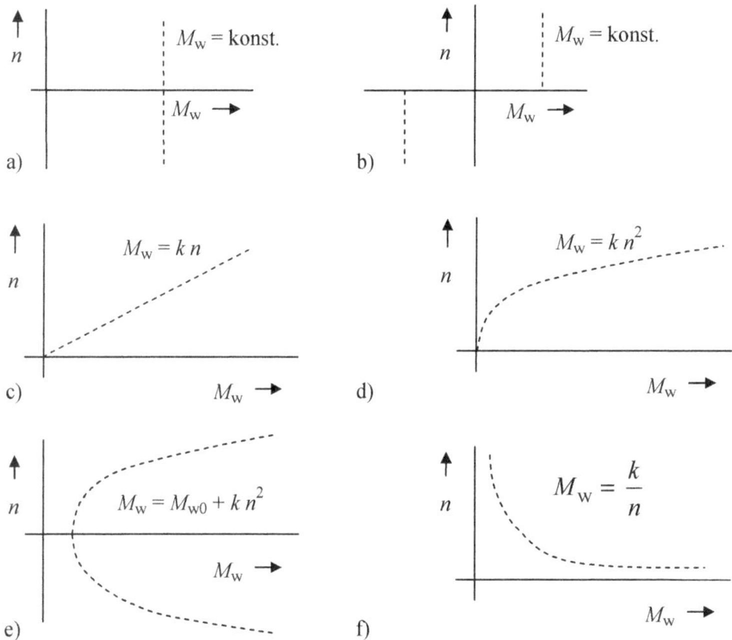

Bild 12.3 Einige Arbeitsmaschinen mit $M_W = f(n)$-Abhängigkeit

a) aktives Widerstandsmoment, z. B. Hubwerk, Aufzug, Reibung, Gravitation
b) passives Widerstandsmoment, z. B. Papiermaschinen und Maschinen der Schwerindustrie, Kräne
c) Reibungskräfte, die proportional zur Geschwindigkeit sind, z. B. elektrische Bremse
d) Luft- und Flüssigkeitsreibung, z. B. Lüfter, Zentrifugalpumpe, Antriebe von Schiffen
e) Überlagerung von Drehmoment zweiter Ordnung und konstantem Drehmoment, z. B. Fördereinrichtungen, Transportsysteme
f) Drehmoment für konstante Leistung, z. B. Textilmaschinen, Wickelmaschinen für Draht und Papier

12.2.2.2 $M_w = f(t)$

Beispiele für Widerstandsmomente, die zeitlich periodisch abhängig sind (T Periodendauer), sind in **Bild 12.4** angegeben.

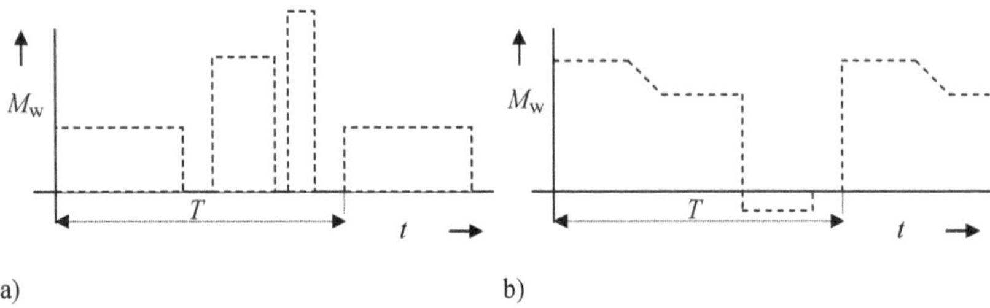

Bild 12.4 Einige Arbeitsmaschinen für $M_w = f(t)$-Abhängigkeit
a) Maschinen zur Formveränderung der Metalle (Walzstraßen)
b) Fördermaschinen

12.2.2.3 $M_w = f(\alpha)$

Beispiele für Widerstandsmomente, die periodisch vom Drehwinkel abhängig sind, enthält **Bild 12.5**.

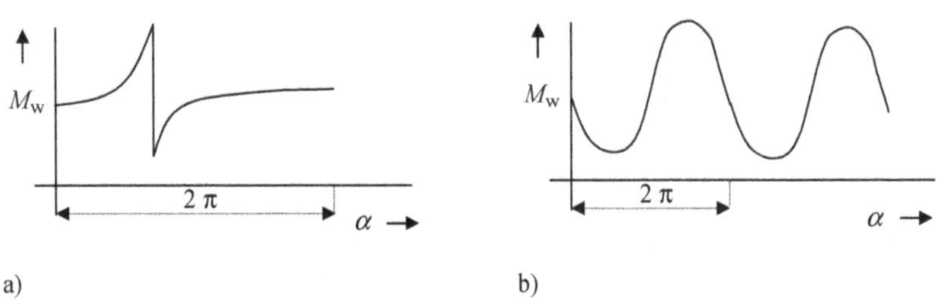

Bild 12.5 Einige Arbeitsmaschinen für $M_w = f(\alpha)$-Abhängigkeit
a) Druckmaschinen für kleine Papierformate, Roboterarm
b) Heber, Kompressoren, Kolbenmaschinen

12.3 Bewegungsgleichung

12.3.1 Impulssatz

Damit ein Körper nach den **Bildern 12.6a** und **b** linear bzw. rotatorisch beschleunigt werden kann, müssen folgende Gleichungen erfüllt sein:

$$F_a - F_W = \frac{d(m\,v)}{dt} \qquad (12.3) \qquad\qquad M_a - M_W = \frac{d(\Theta\,\omega)}{dt} \qquad (12.4)$$

Mit m bzw. Θ = konst. folgt (m: Masse, Θ: Massenträgheitsmoment des Körpers):

$$F_a - F_W = m\frac{d\,v}{dt} \qquad (12.3a) \qquad\qquad M_a - M_W = \Theta\frac{d\,\omega}{dt} \qquad (12.4a)$$

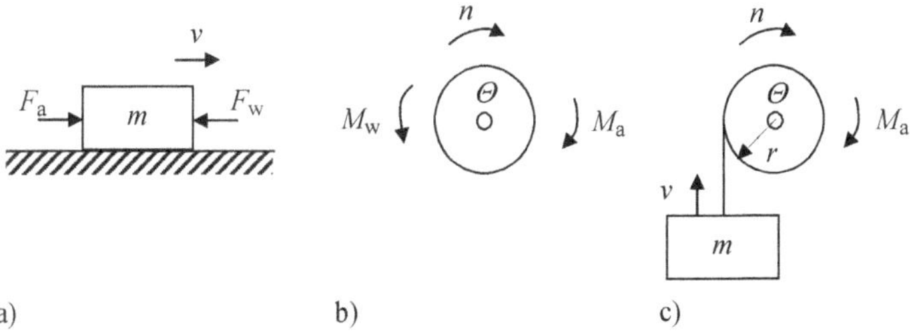

Bild 12.6 Lineare, rotierende und gemischte Bewegung

Die Bewegungsgleichung des gemischten Systems nach **Bild 12.6c** lautet:

$$M_a = r\,m\frac{d\,v}{dt} + \Theta\frac{d\,\omega}{dt} \qquad (12.5)$$

Zwischen der Geschwindigkeit v und der Winkelgeschwindigkeit ω besteht bekanntlich folgende Beziehung:

$$v = r\,\omega \qquad (12.6)$$

Damit kann für Gl. (12.5) geschrieben werden:

$$M_a = (m r^2 + \Theta) \frac{d\omega}{dt} \tag{12.7}$$

Hier wird

$$\Theta' = m r^2 + \Theta \tag{12.8}$$

das wirksame Trägheitsmoment genannt. Das Trägheitsmoment in der Achsrichtung wird durch folgende Beziehung definiert:

$$\Theta = \int r^2 \, dm \tag{12.9}$$

Nimmt man die Gesamtmasse, die durch das Gewicht F_G und die Erdbeschleunigung g bestimmt wird, in einem Punkt des Abstands r_T (Trägheitsradius) als konzentrisch an, so ergibt sich mit $D = 2\,r_T$:

$$\Theta = \frac{F_G D^2}{4\,g} \tag{12.10}$$

Der Trägheitsradius $r_T = D/2$ kann aus Gl. (12.9) ermittelt werden. Der Trägheitsdurchmesser bzw. effektive Durchmesser D (da der Rotor nicht homogen ist) kann aus dem geometrischen Durchmesser d bzw. d_1 und d_2 des Läufers ermittelt werden (**Bild 12.7**).

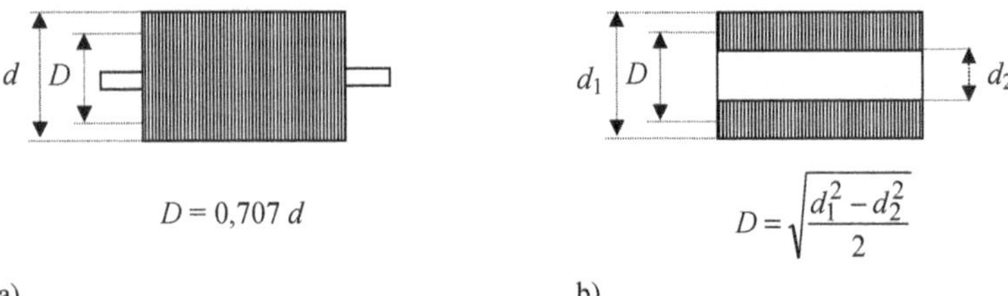

Bild 12.7 Effektiver Durchmesser
a) Innenläufer
b) Außenläufer

12.3.2 Getriebe

Häufig ist aus folgenden Gründen zwischen dem Motor und der Arbeitsmaschine ein Übertragungselement erforderlich:

- die Drehzahl des Motors stimmt mit der Drehzahl der Arbeitsmaschine nicht überein
- der Motor kann in Ruhelage vom System getrennt werden und damit dessen Trägheitsmoment nicht mehr beeinflussen (Positioniergenauigkeit der Werkzeugmaschinen)
- Schutz des Motors gegen eventuelle Belastungsstöße der Arbeitsmaschine
- Leeranlassen des Motors erforderlich (s. Abschnitt 5.1.9.1.2.4 Stern-Dreieck-Schaltung)

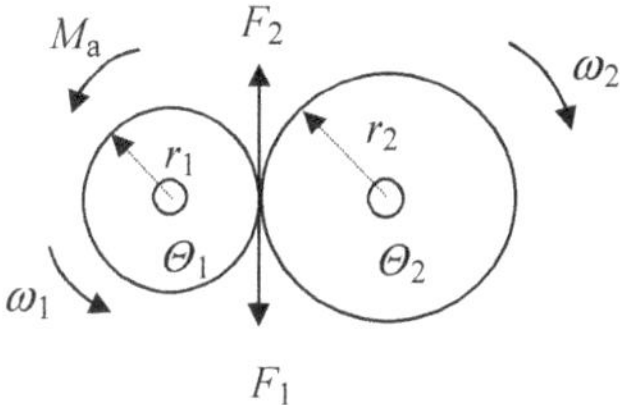

Bild 12.8 Prinzip des Getriebes

Das wichtigste Übertragungselement ist das Getriebe (**Bild 12.8**), dessen Grundzusammenhänge hier behandelt werden. Für die zwei Zahnräder eines Getriebes gelten nach Bild 12.8 folgende Beziehungen:

$$M_a - F_1 r_1 = \Theta_1 \frac{d\omega_1}{dt} \qquad (12.11)$$

$$F_2 r_2 = \Theta_2 \frac{d\omega_2}{dt} \qquad (12.12)$$

Im Berührungspunkt der Räder sind die Kräfte F_1 und F_2 sowie die Geschwindigkeiten gleich:

$$F_1 = F_2 \qquad (12.13)$$

$$r_1 \omega_1 = r_2 \omega_2 \qquad (12.14)$$

Für Gl. (12.11) folgt:

$$M_a = \Theta_1' \frac{d\,\omega_1}{dt} \tag{12.15}$$

Hier wird der Wert

$$\Theta_1' = \Theta_1 + \Theta_2 \left(\frac{r_1}{r_2} \right)^2 \tag{12.16}$$

als wirksames Trägheitsmoment bezeichnet (vergleiche mit elektrischen Maschinen). Weitere mechanische Übertragungsglieder, außer dem bereits hier erwähnten Getriebe (häufiger Zahnrad- und Schneckengetriebe), sind Riemen und Ketten sowie Kupplungen. Bei der Auswahl oder Auslegung soll der Wirkungsgrad dieser Übertragungsglieder berücksichtigt werden. Ausschlaggebend sind außerdem deren Übersetzung und die übertragene Leistung. Elektrische Kupplungen werden wegen ihrer Genauigkeit häufiger eingesetzt. Meistens sind diese Kupplungen im Motor integriert und bilden mit ihm eine Einheit.

12.3.3 Leistung und Arbeit

Zwischen Drehmoment und Leistung besteht die Beziehung:

$$P = \omega M$$

Da die Leistung die verrichtete Arbeit in einer Zeiteinheit ist, kann die zugeführte Energie nach der Beziehung

$$W = \int P\,dt \tag{12.17}$$

berechnet werden. Mit dem Beschleunigungsmoment nach Gl. (12.4a) und der Leistungsgleichung ergibt sich:

$$P_b = \Theta\,\omega \frac{d\,\omega}{dt} \tag{12.18}$$

Damit ergibt sich für die kinetische Energie:

$$W_b = \int_0^t \Theta\,\omega \frac{d\omega}{dt}\,dt$$

$$W_b = \int_0^{\omega} \Theta\, \omega\, d\omega$$

$$W_b = \frac{\Theta\, \omega^2}{2} \tag{12.19}$$

12.4 Der stationäre Betriebspunkt (Stabilität)

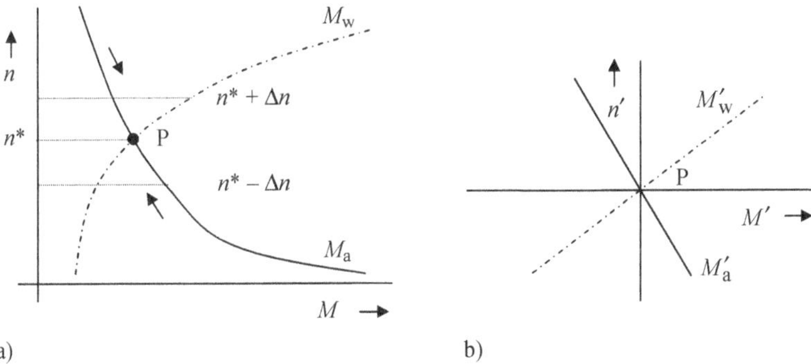

Bild 12.9 Stabiler Betriebspunkt

Der stationäre Betriebspunkt ergibt sich aus der Bewegungsgleichung (12.4a) für $d\omega/dt = 0$:

$$M_a = M_w$$

Dies ist der Schnittpunkt der Momentenkennlinie des Elektromotors mit der Kennlinie der Arbeitsmaschine. Der Betriebspunkt kann stabil bzw. instabil sein. Der Punkt P in **Bild 12.9a** ist ein stabiler Arbeitspunkt. Ändert sich die Drehzahl um den Wert $+\Delta n$, wird M_w also größer als M_a, so ist eine stationäre Drehzahlsteigerung nicht möglich. Ändert sich jedoch die Drehzahl um den Wert $-\Delta n$, wird also M_a größer als M_w, so ist der Motor hingegen in der Lage, das System zum stabilen Arbeitspunkt P zu bringen. Wenn also die Änderungen von Drehmoment und Drehzahl des Motors um den Betriebspunkt gleichsinnig sind, ist der Betriebspunkt instabil, sonst stabil. Unter der Voraussetzung, dass die Kennlinien im Punkt P linear sind, kann die Diskussion über die Stabilität wesentlich vereinfacht werden (**Bild 12.9b**). In n'-, M'-Koordinaten ergibt sich:

$$M'_{\mathrm{w}} = w\,n' \quad \text{mit} \quad w = \frac{\mathrm{d}M_{\mathrm{w}}}{\mathrm{d}n} \tag{12.20}$$

$$M'_{\mathrm{a}} = a\,n' \quad \text{mit} \quad a = \frac{\mathrm{d}M_{\mathrm{a}}}{\mathrm{d}n} \tag{12.21}$$

Mit der Bewegungsgleichung (12.4a) folgt dann:

$$2\pi\Theta\frac{\mathrm{d}n'}{\mathrm{d}t} = (a - w)\,n' \tag{12.22}$$

Die Lösung dieser Differentialgleichung lautet:

$$n' = c\,\mathrm{e}^{\left(\frac{a-w}{2\pi\Theta}\right)t} \tag{12.23}$$

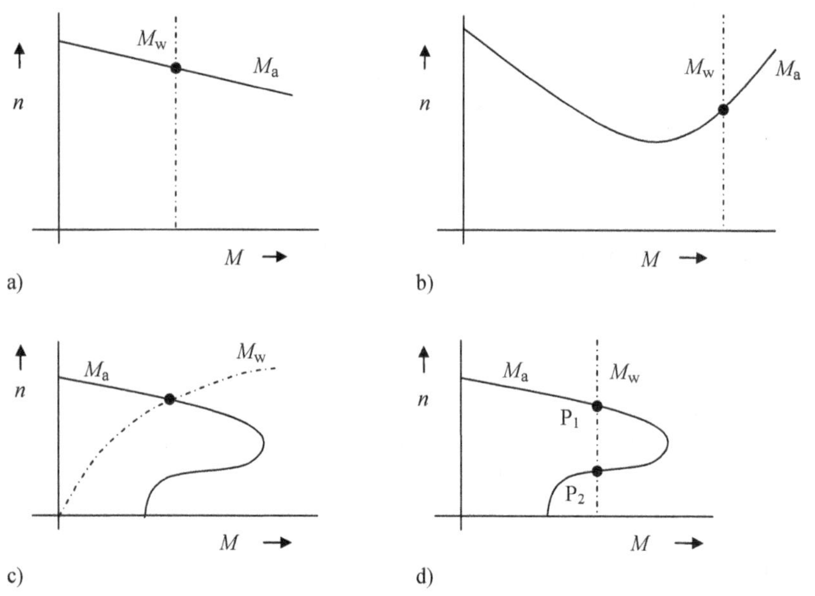

Bild 12.10 Beispiele zur Stabilität
a) Gleichstromnebenschlussmotor mit einer Arbeitsmaschine nach Bild 12.3a, stabil
b) wie a), jedoch mit Ankerrückwirkung, instabil
c) Asynchronmotor mit einer Arbeitsmaschine wie in Bild 12.3d, stabil
d) Asynchronmotor mit einer Arbeitsmaschine wie in Bild 12.3a, P_1 stabil, P_2 instabil

Der Betriebspunkt ist nur dann stabil, wenn folgende Grenzbedingung erfüllt ist:

$$\lim_{t \to \infty} n' = 0 \tag{12.24}$$

Diese Bedingung ist erfüllt für

$$a - w < 0 \tag{12.25}$$

bzw.

$$\frac{\mathrm{d}M_{\mathrm{a}}}{\mathrm{d}n} < \frac{\mathrm{d}M_{\mathrm{w}}}{\mathrm{d}n} \tag{12.26}$$

Die gleiche Erklärung gilt in analoger Weise für Generatoren (s. Abschnitt 1.7, Bild 1.26b). In den **Bildern 12.10a** bis **d** sind einige Beispiele für stabile und instabile Arbeitspunkte wiedergegeben.

12.5 Berechnung der Anlaufzeiten

12.5.1 Leerlauf

12.5.1.1 Leerlauf eines Gleichstromnebenschlussmotors

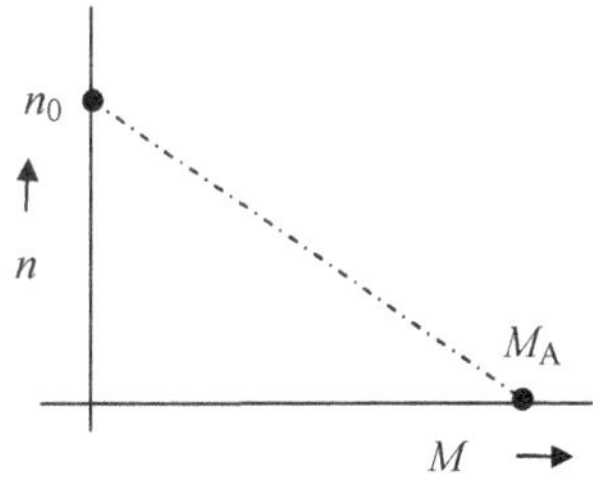

Bild 12.11 Betriebskennlinie

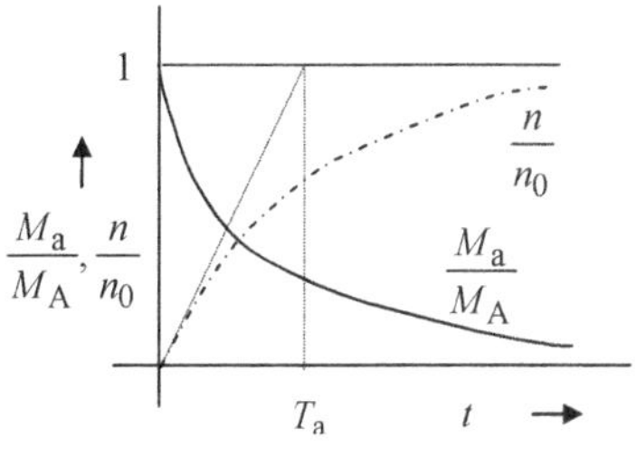

Bild 12.12 Anlassverhalten

Für diese Betrachtung wird die vereinfachte Drehmoment-Drehzahl-Abhängigkeit des Gleichstromnebenschlussmotors nach Gl. (3.62) zugrunde gelegt. Auch der Ausgleichsvorgang während des Einschaltens des Motors am Netz wird hier vernachlässigt. Es gilt also:

$$M_a = M_A \left(1 - \frac{n}{n_0}\right) \tag{12.27}$$

(**Bild 12.11**). Durch Einsetzen dieser Beziehung in Gl. (12.4a) ergibt sich folgende Differentialgleichung:

$$2\pi\Theta \frac{\mathrm{d}n}{\mathrm{d}t} + M_A \frac{n}{n_0} = M_A \tag{12.28}$$

Mit der Anfangsbedingung $\omega(t = 0) = 0$ ergibt sich folgende Lösung für die Differentialgleichung:

$$n = n_0 \left(1 - \mathrm{e}^{-\frac{t}{T_a}}\right) \tag{12.29}$$

Hier ist der Wert

$$T_a = \frac{2\pi n_0 \Theta}{M_A} \tag{12.30}$$

die Zeitkonstante des Bewegungsablaufs des Motors. In **Bild 12.12** sind das Drehmoment und die Drehzahl in Abhängigkeit der Zeit eingetragen. Für die Drehmoment-Zeit-Abhängigkeit ergibt sich aus den Beziehungen (12.27) und (12.29):

$$M_a = M_A \, \mathrm{e}^{-\frac{t}{T_a}} \tag{12.31}$$

Die zugeführte elektrische Energie (Eingangsenergie) des Motors im Betrieb kann wie folgt berechnet werden:

$$W = \int_0^\infty p(t)\,\mathrm{d}t \tag{12.32}$$

$p(t)$, die zugeführte elektrische Leistung des Ankers, ergibt sich aus:

$$p(t) = u_A(t)\, i_A(t) \tag{12.33}$$

Durch Einsetzen von $i_A(t)$ ergibt sich wegen der Proportionalität von Drehmoment und Ankerstrom beim Nebenschlussmotor und Gl. (12.31):

$$p(t) = \frac{U_A \, I_{AA} \, M_a(t)}{M_A} = U_A \, I_{AA} \, e^{-\frac{t}{T_a}}$$

Die Berechnung der Eingangsenergie nach Gl. (12.32) führt zu:

$$W = U_A \, I_{AA} \, T_a = \Theta \, \omega_0^2 \qquad (12.34)$$

Da die kinetische Energie des Läufers nach Gl. (12.19) gleich

$$W_{kin} = \frac{1}{2} \omega_0^2 \, \Theta$$

ist, kann mit Vergleich zur Gl. (12.34) folgende Schlussfolgerung gezogen werden: Im Leerlauf wird die Hälfte der aufgenommenen Energie zur Beschleunigung des Läufers verwendet, die andere Hälfte in Wärme umgewandelt.

12.5.1.2 Leerlauf eines Asynchronmotors

Durch die Vernachlässigung der Ständerkupferverluste und der Stromverdrängung in den Läufernuten kann die Drehmoment-Schlupf-Kennlinie des Asynchronmotors durch die einfache Kloss'sche Formel (Gl. (5.22), Abschnitt 5.16) angegeben werden:

$$M_a = \frac{2 \, M_k}{\frac{s}{s_k} + \frac{s_k}{s}}$$

mit M_k Kippdrehmoment und s_k Kippschlupf. Bei $M_w = 0$ kann dann für die Bewegungsgleichung geschrieben werden:

$$\Theta \frac{d\omega}{dt} = \frac{2 \, M_k}{\frac{s}{s_k} + \frac{s_k}{s}} \qquad (12.35)$$

Aus der Definitionsgleichung für den Schlupf s folgt:

$$\frac{d\omega}{dt} = -\,\omega_d \, \frac{ds}{dt} \qquad (12.36)$$

mit ω_d der Drehfeldwinkelgeschwindigkeit. Somit kann die Gl. (12.35) in folgender Form geschrieben werden:

$$T_a \frac{ds}{dt} + \frac{2}{\frac{s}{s_k} + \frac{s_k}{s}} = 0 \tag{12.37}$$

Hier ist

$$T_a = \frac{\omega_d \, \Theta}{M_k} \tag{12.38}$$

die Zeitkonstante des Bewegungsablaufs. Die Differentialgleichung (12.37) kann nach Trennung der Veränderlichen integriert werden. Die Betriebszeit zwischen Schlupf s_1 und s_2 ergibt sich dann zu:

$$t_{12} = \frac{T_a}{2} \left[\frac{s_1^2 - s_2^2}{2\, s_k} + s_k \ln \frac{s_1}{s_2} \right] \tag{12.39}$$

Vom Anlauf (Kurzschluss) mit $s_1 = 1$ bis zur synchronen Drehzahl mit $s_2 = 0$ würden theoretisch unendlich viele Sekunden vergehen. Aus diesem Grund wird zur Berechnung der Anlaufzeit der Schätzwert $s_2 = s_0 = 0{,}03$ eingesetzt. Nach Gl. (12.39) ist die Betriebszeit eine Funktion des Kippschlupfs s_k. Der Kippschlupf, bei dem die Betriebszeit minimal ist, kann aus der ersten Ableitung der Gl. (12.39) ermittelt werden. Für $s_1 = 1$ und $s_2 = s_0$ folgt:

$$s_k = \sqrt{\frac{1 - s_0^2}{2 \ln \frac{1}{s_0}}} \tag{12.40}$$

Für $s_0 = 0{,}03$ ergibt sich ein $s_k = 0{,}38$. Die Berechnung der Energie führt zum selben Ergebnis wie beim Gleichstromnebenschlussmotor.

12.5.2 Anfahren unter Last

Bei Belastung kann die Anlaufzeit nur mithilfe der kompletten Bewegungsgleichung ermittelt werden. Dazu müssen die Motormoment- und Widerstandsmoment-Kennlinien in Abhängigkeit der Drehzahl vorliegen.

12.5.2.1 Geschlossene Methode

Wenn die Betriebskennlinien von Motor und Arbeitsmaschine mathematisch bekannt sind, dann kann die Anlaufzeit wie folgt berechnet werden:

$$t = \int_{n_1}^{n_2} \frac{2\pi\Theta}{M_a(n) - M_w(n)} \mathrm{d}n \tag{12.41}$$

Bei drehzahlunabhängigen Drehmomenten ergibt sich die Anlaufzeit zu:

$$t = \frac{2\pi\Theta}{M_a - M_w} n^* \tag{12.42}$$

Dies ist näherungsweise bei den Motoren mit Nebenschlussverhalten erfüllt, da hier gegebenenfalls $n_2 \approx n_1 = n^*$ angenommen werden kann.

12.5.2.2 Numerische Methode

Wenn die Drehmoment-Drehzahl-Beziehungen durch grafisch gemessene Kennlinien gegeben sind und nicht durch mathematisch geschlossene Ausdrücke, dann wird die numerische Methode verwendet.

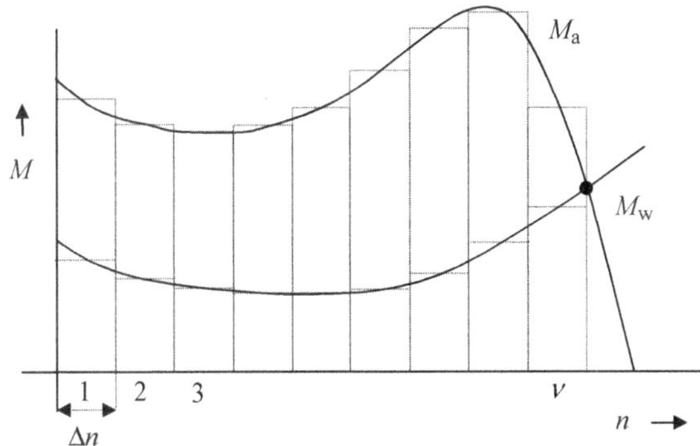

Bild 12.13 Numerische Methode

Wie im **Bild 12.13** dargestellt, wird der Integrationsbereich in ν gleiche Teilbereiche Δn bzw. $\Delta\omega$ zerlegt. Für jeden Teilbereich gilt die Teilanlaufzeit

$$\Delta t_\nu = \frac{2\pi\Theta}{M_{a\nu} - M_{w\nu}} \Delta n_\nu \tag{12.43}$$

wobei die Anlaufzeit sich durch Summation der Teilanlaufzeiten ergibt:

$$t = \sum_{v} \Delta t_v = \Delta t_1 + \Delta t_2 + \ldots + \Delta t_v \tag{12.44}$$

Die Genauigkeit dieser Methode nimmt mit steigender Anzahl der Teilbereiche zu.

12.6 Erwärmung und Kühlung

12.6.1 Wachstumsgesetze

Es wird untersucht, in welcher Weise sich eine Reihe wichtiger Größen einer elektrischen Maschine verändern, wenn alle Längenabmessungen sich um den Faktor x vergrößern. Hierbei setzen wir voraus, dass elektrische und magnetische Ausnutzung gleich bleiben, d. h. die Stromdichte S und die Induktion B seien konstant. Maßgebend für die Verluste und damit für die Belastbarkeit einer elektrischen Maschine sind der Strom I und die dem Fluss Φ proportionale Spannung U. Daher gilt für die Bemessungsleistung einer elektrischen Maschine:

$$P_n \sim U_n I_n \tag{12.45}$$

Bei einer Vergrößerung der Abmessungen wächst Φ und damit U_n mit x^2:

$$U_n \sim x^2 \tag{12.46}$$

und der Strom I mit dem Spulenquerschnitt und somit:

$$I_n \sim x^2 \tag{12.47}$$

Hieraus folgt, dass die Leistung mit der vierten Potenz der Längenabmessungen wächst:

$$P_n \sim x^4 \tag{12.48}$$

Die gesamten Verluste wachsen mit dem Volumen des Kupfers und Eisens:

$$P_{Cu} \sim x^3 \qquad P_{Fe} \sim x^3 \tag{12.49}$$

Ferner gilt für die zur Wärmeabfuhr wichtige Oberfläche

$$A \sim x^2 \tag{12.50}$$

und für das den Preis bestimmende Gewicht (~ Bauvolumen):

$$F_\mathrm{G} \sim x^3 \tag{12.51}$$

Mit wachsenden Abmessungen werden daher:

- der Wirkungsgrad besser
- das Gewicht je Leistungseinheit kleiner
- die Kühlung schwieriger

Der exponentiell anwachsende Bedarf an elektrischer Energie hat nicht nur zur Zunahme der Anzahl von Turbogeneratoren geführt, sondern auch zur Vergrößerung der Bemessungsleistungen. Wie die Wachstumsgesetze zeigen, ergibt die Vergrößerung der Bemessungsleistung eine Verbesserung des Wirkungsgrads und eine Abnahme des Gewichts je Leistungseinheit. Konnte man anfänglich noch die Leistung der Turbogeneratoren durch Vergrößerung der Abmessungen erhöhen, so wurde dies letztlich aus mechanischen Gründen fast unmöglich. Wegen der Fliehkräfte ist der Durchmesser begrenzt (etwa 1,25 m bei 1 400 MVA und 3 000 min^{-1} sowie 1,8 m bei 1 700 MVA und 1 500 min^{-1}); aufgrund der Fliehkraft wirkt auf die Läuferoberfläche eine mehr als 2000-fache Erdbeschleunigung. In Planung sind Läuferdurchmesser von 1,9 m (bei 2 200 MVA Leistung). Auch die Länge des Läufers lässt sich mit Rücksicht auf die Laufruhe und Exzentrizität nicht beliebig vergrößern (etwa 8 m bei 1 400 MVA). Außerdem wird die Fertigung der großen Maschinen komplizierter (bei einer Läufergesamtlänge von 15 m beträgt das Läufergewicht des erwähnten Generators bereits rund 200 t). Die Herstellungskosten und damit der Leistungspreis würden überproportional steigen.

Diese Einschränkungen der Abmessungen haben dazu geführt, dass man nach anderen Wegen zur Erhöhung der Bemessungsleistungen suchte. Dass dies gelungen ist, geht deutlich aus **Bild 12.14** hervor. Die Lösung zur Vergrößerung der Bemessungsleistung lautete: Erhöhte Ausnutzung der Maschine und bessere Abfuhr der hierbei auftretenden Verluste durch intensivere Kühlung, die sich durch zwei Maßnahmen verbessern ließen:

- Verwendung von Kühlmitteln mit höherem Wärmeabführvermögen als Luft (Wasserstoff, Wasser und Öl)
- Übergang von der indirekten Kühlung an den Oberflächen zur direkten Kühlung der Leiter

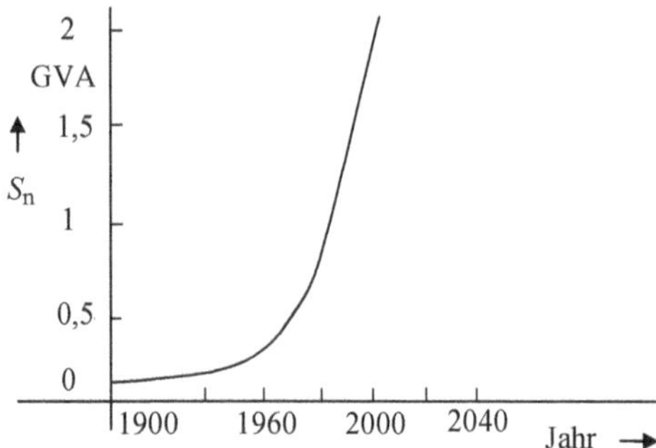

Bild 12.14 Tendenzielle Entwicklung der Bemessungsleistung (S_n) von Turbogeneratoren in den letzten 100 Jahren

Zunächst ersetzte man das Kühlmittel Luft durch Wasserstoff. Wegen des geringen spezifischen Gewichts verminderten sich die Reibungsverluste außerordentlich, und gleichzeitig nahm das Wärmeabführvermögen durch Erhöhung des Drucks zu. Da Wasserstoff mit dem Luftsauerstoff ein explosives Gasgemisch bildet, müssen wasserstoffgekühlte Maschinen ein explosionssicheres Ständergehäuse erhalten. Eine weitere wesentliche Verbesserung der Kühlung ließ sich durch Übergang zur direkten Kühlung mit Wasser erreichen, dessen Wärmeabführvermögen 50-mal größer als dasjenige der Luft ist. Bei der direkten Kühlung werden die Maschinen durch Kühlkanäle, in denen Wasser strömt, gekühlt. Solche Kühlkanäle werden im Eisen (meist Ständerjoch) oder in Nuten realisiert. Damit der Wasserkreislauf keinen Kurzschluss darstellt, muss das Wasser durch ständige Aufbereitung auf einer sehr niedrigen Leitfähigkeit gehalten werden. Die Kraftwerksgeneratoren haben bis 300 MVA Leistung eine luftgekühlte Ausführung. Ab 300 MVA sind sie wasserstoffgekühlt mit einem druckfesten Gehäuse. Ab 500 MVA sind sie mit einer zusätzlichen Wasserkühlung in der Ständerwicklung ausgeführt. Dazu werden zum Teil Hohlleiter als Wicklungen verwendet. In diesen Hohlleitern zirkuliert das Wasser und führt zur direkten Kühlung. Ab etwa 770 MVA gibt es nur Ausführungen mit Wasserkühlung. In der Ständer- und Läuferwicklung zirkuliert mithilfe einer Schaftpumpe Kühlwasser. Die Schaftpumpe erfüllt die Funktion einer Primärwasserumwälzpumpe und ist direkt auf der Welle angeordnet.

Eine weitere Leistungssteigerung durch Verlustverminderung lässt sich durch den Einsatz des Supraleiters erreichen. Das Phänomen der Supraleitung ist unter anderem dadurch gegeben, dass bei der sogenannten kritischen Temperatur der elektrische Widerstand eines solchen Materials (z. B. Keramiken) sprunghaft verschwindet. Der ohmsche Widerstand der Materie ist temperaturabhängig und nimmt mit der Temperaturabsenkung ab, kann aber den Wert null nicht erreichen

(Restwiderstand). Bei Supraleitern geht der Widerstand bei einer bestimmten Temperatur (kritische (Sprung-)Temperatur θ_C) sprungartig gegen null. Ein Restwiderstand existiert nicht mehr.

In **Bild 12.15** wird der Supraleiter mit dem Normalleiter verglichen.

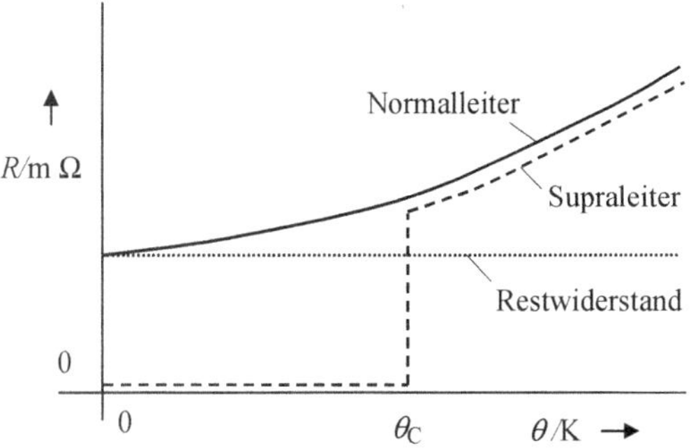

Bild 12.15 Widerstandsverhalten von Normal- und Supraleitern in Abhängigkeit von der absoluten Temperatur θ

Die Entwicklung von elektrischen Maschinen mit Supraleitern gewinnt immer mehr an Bedeutung.

12.6.2 Isolationsklassen

Klasse	Grenztemperatur Θ_0 in °C	Beispiel
Y	90	Baumwolle, Seide, Papier, Folie
A	105	wie oben, aber getränkt
E	120	Drahtlack, Folien, Schichtstoffe aus Baumwolle bzw. Papier
B	130	Lack zweifach, Folien und Schichtstoffe aus Glasfaser, Stoffe mit Lack bzw. Epoxidharz oder Silikonharzen
F	155	wie Klasse B, jedoch mit höherer Präzision
H	180	wie Klasse B, jedoch mit höherer Präzision
C	200 bis 220	Mikanit, Mikanat (Glimmer), Porzellan, Glas und Quarz

Tabelle 12.1 Isolationsklassen

Die Lebensdauer und Betriebszuverlässigkeit der elektrischen Maschinen wird in erster Linie durch deren Erwärmung begrenzt. Der empfindlichste Bauteil gegenüber Wärme sind die Wicklungsisolationen. Die Wärmebeständigkeit der Wicklungsisolation ist ein Maß für die maximal zulässige Temperatur. Deswegen gibt es genormte Kühlarten und Isolationsklassen nach DIN EN 60034-6 (IEC 60034-6 bzw. VDE 0530-6). Eine zusammenfassende Darstellung siehe **Tabelle 12.1**.

12.6.3 Lebensdauer

Bei Kurzschluss des Transformators bzw. bei Anlauf rotierender elektrischer Maschinen ist eine Überschreitung der Grenztemperaturen ohne sofortige Zerstörung der Isolationen möglich. Dies aber würde die Lebensdauer der Maschine beeinträchtigen. Montsinger hat im Jahre 1930 festgestellt, dass die Erhöhung der Temperatur um ein bestimmtes $\Delta\theta$ zur Halbierung und deren Absenkung zur Verdopplung der Lebensdauer führt. Für die Isolationen der Klasse A liegt der $\Delta\theta$-Wert zwischen 5 °C und 10 °C (meistens wird mit $\Delta\theta$ = 8 °C gerechnet). Durch empirisch-experimentelle Untersuchungen lässt sich folgende Formel zur Berechnung der Lebensdauer L aufstellen:

$$L = L_0\, 2^{-\frac{\theta - \theta_0}{\Delta\theta}} \tag{12.52}$$

Hier sind L_0 die Isolationslebensdauer bei der Temperatur θ_0 und L bei der Temperatur θ. Im Mittel wird für die Klasse A mit θ_0 = 105 °C eine Lebensdauer L_0 von sieben Jahren ermittelt. Da die Umgebungstemperatur meistens deutlich unter 40 °C liegt und die Maschine nicht immer in Volllast betrieben wird, ist die wirkliche Lebensdauer deutlich größer. Die Lebensdauer der Wicklungen wird im Mittel mit 60 000 h angegeben. Nach den Wicklungen sind die Lager bestimmend für die Lebensdauer, die im Mittel mit 50 000 h angegeben wird.

12.6.4 Temperaturerfassung

Bei der Entwicklung der elektrischen Maschinen muss die Temperatur der heißesten Stellen berücksichtigt werden. Auch im Betriebsfall ist eine Kontrolle der Temperaturwerte im Hinblick auf die Lebensdauer ratsam. Deswegen ist die Temperaturverteilung in der Maschine von besonderem Interesse. Bei der Temperaturerfassung ist neben den stationären Werten auch die zeitliche Änderung der Temperatur von Interesse.

12.6.4.1 Temperaturmessung

Siehe Abschnitt 6.6!

12.6.4.2 Temperaturberechnung

12.6.4.2.1 Elektrische Maschine als homogener Körper

Man hat sich zunächst mit der Untersuchung von elektrischen Maschinen als homogene Körper begnügt. Diese Betrachtungsweise wird vor allem für qualitative Lebensdaueruntersuchungen verwendet. Mit ihnen kann man beispielsweise die zulässige maximale Temperatur in der Maschine prüfen. Entsteht in einem Körper mit der Temperatur θ (Differenz zwischen der Temperatur des Körpers und der Umgebungstemperatur) eine Verlustleistung P, so wird ihm in der Zeit Δt die Wärmemenge $P \cdot \Delta t$ zugeführt. Die Temperatur steigt infolgedessen um $\Delta\theta$. Der Körper speichert die Wärmemenge $m\, c\, \Delta\theta$ und gibt die Wärmemenge $A\, \alpha\, \theta\, \Delta t$ an die Umgebung ab (A ist die Körperoberfläche). Im Gleichgewichtszustand gilt:

Verlust- Wärmemenge	=	gespeicherte Wärmemenge	+	abgeführte Wärmemenge

$$P\,\Delta t = m\,c\,\Delta\theta + A\,\alpha\,\theta\,\Delta t \qquad (12.53)$$

Oder die Erweiterung für alle Zeitpunkte (α Wärmeübergangszahl in $\mathrm{W/(m^2K)}$):

$$\frac{\mathrm{d}\theta}{\mathrm{d}t} + \frac{A\,\alpha}{m\,c}\,\theta = \frac{P}{m\,c} \qquad (12.54)$$

In den Gln. (12.53) und (12.54) ist der Wärmeübergang an die Umgebung als Folge von Konvektion angenommen. Für die Wärmeleitung gilt ein entsprechender Ansatz. Die Lösung der Differentialgleichung (12.54) ist die Exponentialfunktion:

$$\theta(t) = \theta_{\mathrm{E}}\,(1 - \mathrm{e}^{-\frac{t}{\tau}}) + \theta_0\,\mathrm{e}^{-\frac{t}{\tau}} \qquad (12.55)$$

hierbei sind

$\theta_0 = \theta(t=0)$ Anfangstemperatur

$\theta_{\mathrm{E}} = \dfrac{P}{A\,\alpha}$ Endtemperatur

$\tau = \dfrac{m\,c}{A\,\alpha}$ thermische Zeitkonstante

Für den Spezialfall der Erwärmung von $\theta_0 = 0$ auf $\theta = \theta_E$ ergibt sich

$$\theta(t) = \theta_E \, (1 - e^{-\frac{t}{\tau}})$$

und für die reine Abkühlung von θ_0 auf $\theta_E = 0$

$$\theta(t) = \theta_0 \, e^{-\frac{t}{\tau}}$$

Diese beiden Temperatur-Zeit-Verläufe sind in **Bild 12.16a** dargestellt. Der theoretische Sonderfall der adiabatischen Erwärmung ist in **Bild 12.16b** zu sehen. In diesem Grenzfall findet keine Wärmeabgabe statt.

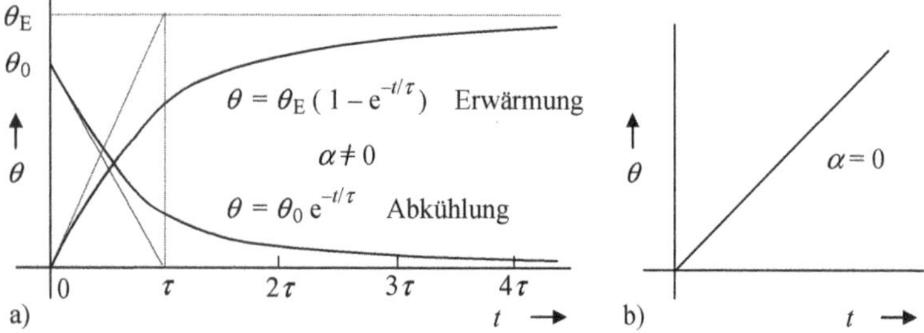

Bild 12.16 Temperaturverhalten des homogenen Körpers

Für elektrische Maschinen lässt sich daraus schließen: Solange die zur Bemessungslast gehörende Endtemperatur θ_E noch nicht erreicht ist, darf man die Maschine überlasten. Die Höhe der zulässigen Überlast hängt ab von der Anfangstemperatur θ_0, der Belastungsdauer und der Zeitkonstanten τ. Dies bedeutet z. B. für ölgekühlte Maschinen, dass für kurzzeitige und schnelle Änderungen der Belastung nur die thermische Zeitkonstante von Wicklungen, für langsame Änderungen der Belastung dagegen fast nur die thermische Zeitkonstante des Öls eine Rolle spielt. Wegen Festlegungen und Vorschriften zu Kühlarten sei auf DIN EN 60034-6 (IEC 60034-6) verwiesen. Da die thermische Zeitkonstante dem Verhältnis Gewicht zur Oberfläche proportional ist, könnte es so verstanden werden, dass größere Maschinen größere Zeitkonstanten besitzen. Die Erfahrung zeigt jedoch, dass die größeren Maschinen besser abgekühlt werden (größere α-Werte). Die größeren Maschinen besitzen also in der Regel kleinere thermische Zeitkonstanten.

12.6.4.2.2 Elektrische Maschine als inhomogener Körper

Für die Berechnung der Temperaturverteilung in elektrischen Maschinen hat man insgesamt folgende Einflüsse zu betrachten:

- Die Maschine besteht nicht aus einem homogenen Körper.
- Die Wärmeübergangszahlen sind von der Strömungsgeschwindigkeit abhängig.
- Die Isolation beeinflusst die Zeitkonstante der Wicklung.
- Innerhalb der Wicklungen, Eisenteile und Isolationen bestehen Temperaturdifferenzen.
- Das thermische Ersatzschaltbild darf nicht nach irgendwelchen Schemata und Modellen, sondern muss nach physikalischen Gegebenheiten (Aufbau der Maschine, thermisch aktive und passive Körper, Kühlungsart, Strömungsverhältnisse usw.) dargestellt werden.
- Die Art der Wärmeübertragung (Wärmeleitung, Wärmestrahlung und Konvektion) muss berücksichtigt werden.
- Es ist mit Wechselwirkungen der Temperaturen von Bauteilen zu rechnen.
- Die Verlustleistungen und deren Verteilung müssen als weitere Voraussetzung zur Berechnung der Temperaturverteilung genau ermittelt werden. **Tabelle 12.2** stellt die etwaigen Verlustleistungen von Kfz-Generatoren gängiger Pkw-Ausführungen dar.

Verluste in W	klein (30 A ... 70 A)	mittel (50 A ... 90 A)	groß (60 A ... 120 A)
Ständerwicklung	570	580	670
Erregerwicklung	40	40	40
Eisen- und Zusatzverluste	110	190	290
Leistungsdioden	80	100	140
Erregerdioden	3	3	3
Regler	5	5	5
Bürstenübergang	2	2	2
Bürstenreibung	1,5	1,5	1,5
Lüfter	12	15	18
A-Lager	8	8	9
B-Lager	7	7	8
Gesamtverluste	**850**	**950**	**1186**
Wirkungsgrad in %	**49**	**53**	**55**

Tabelle 12.2 Verlustverteilungen und Wirkungsgrad der Kfz-Generatoren einiger gängiger Pkw-Ausführungen bei $U_G = 13{,}5$ V und $n_G = 3\,500\ \text{min}^{-1}$

Zur numerischen Berechnung der Temperaturen in elektrischen Maschinen kann entweder die Finite-Elemente- (FE), die Finite-Differenzen- (FD) oder die Wärmequellennetzmethode (WQN) verwendet werden. Mit der Temperaturberechnung für elektrische Maschinen durch FE- oder FD-Programmpakete hat man bis heute wenig Erfahrung. J. Hak stellte 1956 in mehreren Arbeiten die Wärmequellennetzmethode vor und leitete allgemeine Ansätze daraus ab.
K. Reichert erweiterte sie 1969 für den Einsatz auf EDV-Anlagen und fügte einige mathematische Korrekturen hinzu. R. Richter befasste sich in den 1960er- bis 1970er Jahren ebenfalls mit der WQN. Diese Arbeiten sind jedoch sehr allgemein gehalten.

Für die Berechnung mit der WQN können einige Netzwerk-Analyseprogramme wie zum Beispiel SPICE, SABER, BONSAI oder AXEL herangezogen werden. Oft ist jedoch die Erstellung eines eigenen Rechenprogramms empfehlenswert (wenn z. B. die Strömungsverhältnisse berücksichtigt werden müssen). Das reale Objekt wird als ein Mehrkörpersystem betrachtet, das heißt als ein Netzwerk von diskreten Einzelkörpern (s. Bild 12.17).

Analog zur Betrachtungsweise von homogenen Körpern kann nach den Methoden der Vektoranalysis für einen Einzelkörper des Mehrkörpersystems geschrieben werden:

Verlust- Wärmenge	=	gespeicherte Wärmemenge	+	abgeführte Wärmemenge

$$\int_V \operatorname{div} \boldsymbol{q} \, \mathrm{d}t \, \mathrm{d}V = c \int_V \rho \, \mathrm{d}\theta \, \mathrm{d}V + \int_V \operatorname{div}(\lambda \operatorname{grad} \theta) \, \mathrm{d}t \, \mathrm{d}V \qquad (12.56)$$

Somit erfüllt der Erwärmungsvorgang die Fourier'sche Differentialgleichung:

$$c \rho \frac{\partial \theta}{\partial t} = \operatorname{div} \boldsymbol{q} - \operatorname{div}(\lambda \operatorname{grad} \theta) \qquad (12.57)$$

Hierin sind:
c spezifische Wärmekapazität (in J/(kg K))
ρ Dichte (in kg/m^3)
$\boldsymbol{q}$ Wärmestromdichte (in W/m^2)
λ Wärmeleitfähigkeit (in W/(m K))

Das bedeutet, dass die Summe aller Wärmestromdichten an einem Körper gleich null sein muss (sogenannte Knotenpunktgleichung der Wärmelehre). $\boldsymbol{q}$ ist hier die

Wärmestromdichte und ist ein Vektor. Für den homogenen isotropen Einzelkörper, also bei genügend feinem Netzwerk, verwandelt sich die partielle Differentialgleichung von Fourier in eine gewöhnliche Differentialgleichung erster Ordnung:

$$C \frac{\mathrm{d}\theta}{\mathrm{d}t} = P - \sum_{v} I_v \tag{12.58}$$

wobei C die Wärmekapazität eines Einzelkörpers, P die in ihm auftretende Verlustleistung und I der Wärmefluss ist. Für das Mehrkörpersystem heißt das in Matrizendarstellung:

$$\overline{C} \frac{\mathrm{d}\overline{\theta}}{\mathrm{d}t} = \overline{P} - \sum_{v} \overline{I}_v \tag{12.59}$$

Dies gilt allgemein für instationäre Erwärmung. Für $\mathrm{d}\theta/\mathrm{d}t = 0$, das heißt für den stationären Zustand, folgt:

$$\overline{P} = \sum_{v} \overline{I}_v = \sum_{v} \Delta\overline{\theta}_v \, \overline{G}_v \tag{12.60}$$

Die obige Gleichung kann als das ohmsche Gesetz der Wärmelehre angesehen werden (mit G als Wärmeleitwert). Die Wärmeflüsse I und I' infolge Konvektion und Wärmeleitung können in folgender vereinfachter Form geschrieben werden:

$$I \text{ bzw. } I' = \frac{\theta_e - \theta_a}{\sum_{v} R_v + \sum_{\mu} R'_{\mu}} \tag{12.61}$$

R und R' bezeichnet man als Konvektionswiderstand bzw. als Wärmeleitwiderstand, θ_a und θ_e sind die Temperaturen am Anfang und Ende einer Wärmeflussstrecke. Für den Wärmefluss I'' infolge von Wärmestrahlung zwischen zwei Körpern gilt:

$$I'' = [(T_A + \theta_1)^4 K_{s1} - (T_A + \theta_2)^4 K_{s2}] A_s K_{s0} \tag{12.62}$$

Die Indizes 1 und 2 beziehen sich auf die Körper 1 und 2. Außerdem sind:

T_A absolute Temperatur

K_s Emissionsgrad einer strahlenden Fläche

K_{s0} Strahlungskonstante des schwarzen Körpers ($5{,}67 \cdot 10^{-8}$ W/($\text{m}^2 \cdot \text{K}^4$))

Der Konvektionswiderstand R kann ausgedrückt werden durch:

$$R = \frac{1}{\alpha A} \tag{12.63}$$

Bei elektrischen Maschinen gibt es zwei Konvektionsarten:

- Konvektion durch natürliche Luftbewegung kommt außerhalb der Maschine vor. Die Wärmeübergangszahl α kann hier als konstant angenommen werden.
- Konvektion durch Zwangsbelüftung kommt innerhalb der Maschine vor. Aufgrund laminarer und turbulenter Strömungen und infolge von Drehzahländerungen ist hier mit variablen Werten von α zu rechnen. Auf die Bestimmung von α bei Zwangsbelüftung wird noch näher eingegangen.

Für den Wärmeleitwiderstand R' kann man schreiben:

$$R' = \frac{l}{\lambda A} \tag{12.64}$$

wobei l die mittlere Länge eines Körpers oder der Abstand zweier Körper, A die Oberfläche oder Querschnittsfläche und λ die Wärmeleitfähigkeit ist. Für die Wärmekapazität C jedes Körpers kann man schreiben:

$$C = c\, m \tag{12.65}$$

wobei c die spezifische Wärmekapazität des Stoffs ist. Für Luftstrecken gilt c_p, die spezifische Wärmekapazität bei konstantem Druck. Die Wärmeübergangszahl α ist vom Stoff und Strömungszustand, von der Geometrie und vor allem von der Strömungsgeschwindigkeit v abhängig. Es gilt:

$$\alpha = 6{,}4\, v^{0{,}75} \tag{12.66}$$

Jedem Einzelkörper wird eine Wärmekapazität C, jedem Wärmeübertragungsweg ein Wärmewiderstand R zugeordnet. Gleichzeitig werden die Verlustarten und ihre Entstehungsorte festgelegt. Dadurch entsteht ein Netzwerk aus gekoppelten Wärmekapazitäten und Wärmewiderständen. So erhält man z. B. aus dem Schnittbild eines Motors (**Bild 12.17a**) das Wärmequellennetz WQN mit den einzelnen Elementen (**Bild 12.17b**), das numerisch gelöst wird (**Bild 2.19**).

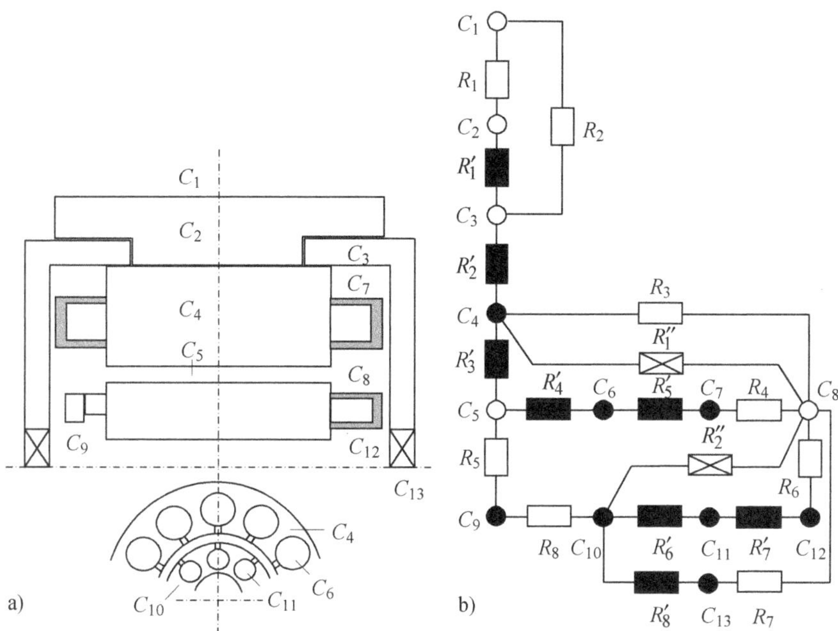

Bild 12.17 Elektromotor mit Wärmequellennetz
a) Schnittbild eines Motors
b) WQN mit Kurzbezeichnungen

Die im Bild 12.17a bzw. b festgelegten Elemente sind:
C_1 Umgebungsluft, C_2 Gehäuse, C_3 Lagerschild (A-Seite), C_4 Ständereisen, C_5 Luft im Luftspalt, C_6 Ständerwicklung (in der Nut), C_7 Ständerwicklung (Wickelkopf), C_8 Luft im Innern, C_9 Lüfter, C_{10} Läufereisen, C_{11} Läuferwicklung (in der Nut), C_{12} Läuferwicklung (Wickelkopf), C_{13} Kugellager (A-Seite); R_1 Konvektion vom Gehäuse, R_2 Konvektion vom Lagerschild (A-Seite), R_3 Konvektion vom Ständereisen (Joch), R_4 Konvektion vom Ständerwickelkopf, R_5 Konvektion vom Ständereisen (Zahn), R_6 Konvektion vom Läuferwickelkopf, R_7 Konvektion vom Kugellager (A-Seite), R_8 Konvektion vom Läufereisen; R_1' Wärmeleitung vom Gehäuse, R_2' Wärmeleitung vom Lagerschild (A-Seite), R_3' Wärmeleitung vom Ständereisen, R_4' Wärmeleitung von der Ständerwicklung (in der Nut), R_5' Wärmeleitung von der Ständerwicklung (im Wickelkopf), R_6' Wärmeleitung vom Läufereisen, R_7' Wärmeleitung von der Läuferwicklung, R_8' Wärmeleitung vom Kugellager (A-Seite); R_1'' Wärmestrahlungswiderstand vom Ständereisen, R_2'' Wärmestrahlungswiderstand vom Läufereisen.

Hier gilt folgende Vereinbarung: Kreise beziehen sich auf Teilkörper. Innen weiße Kreise stehen für Körper ohne eigene Wärmeverluste, schwarz ausgefüllte Kreise sind Teilkörper mit Wärmeverlusten (aktive Körper).

Die Wärmeübergangszahl der rotierenden elektrischen Maschinen ist stark von der Strömungsgeschwindigkeit und Oberflächenform abhängig. Bei luftgekühlten Maschinen ist in vielen Fällen die Luftdurchsatzmenge linear drehzahlabhängig:

$$\dot{V} = k\,n \tag{12.67}$$

Hier sind:

$\dot{V}$ Volumenstrom (in cm^3/s)
k Strömungskonstante
n Rotordrehzahl

Für beidseitig belüftete Maschinen sollen entsprechend die Luftdurchsatzmengen der A- und B-Seite eingesetzt werden. Entsprechend gilt für das Luftvolumen (ΔV) einer Teilstrecke, die in der Zeit Δt durchströmt wird:

$$\Delta V = \dot{V}\,\Delta t = k\,n\,\Delta t \tag{12.68}$$

Die Kühlungsverhältnisse der meisten Teile elektrischer Maschinen können mit dem Wärmeübergang in Kanälen verglichen werden, da hier der Luftstrom von allen Seiten von warmen Wänden umgeben ist.

Die Strömungsgeschwindigkeit in jedem Kanal bestimmt die Wärmeübergangszahl α und somit die vorhandenen Konvektionswiderstände. In Anlehnung an diese Überlegung ergibt sich die schematische Darstellung vom **Bild 2.18**. Hier ist eine zweiseitig belüftete Maschine (z. B. ein Kfz-Generator mit A- und B-Lüfter) zugrunde gelegt. Die hier gewählten Luftstrecken (C-Werte) beziehen sich nicht auf die im Bild 1.17 angegebenen Bezeichnungen.

Die Anzahl der Kanäle richtet sich zweckmäßig nach Form und Aufbau der Maschine. Zur Vereinfachung ist hier die Luftströmung durch die Ständerwickelköpfe im Unter- und Seitenteil der Wickelköpfe berücksichtigt worden. Das bedeutet entsprechend größeres Luftvolumen für Unter- bzw. Seitenteil der Wickelköpfe. Da beim Kfz-Generator die Strömung der A-Seite überwiegt, wird die Wärmeabfuhr von der Strecke 17 zur Strecke 13 (Bild 2.18) geführt. Außerdem sind die Strecken 17 und 20 in der A-Seite aufgenommen. Für die Strömungsgeschwindigkeit in einer Luftstrecke (Kanal) kann geschrieben werden:

$$v_A = \frac{\Delta V}{q\,\Delta t} \tag{12.69}$$

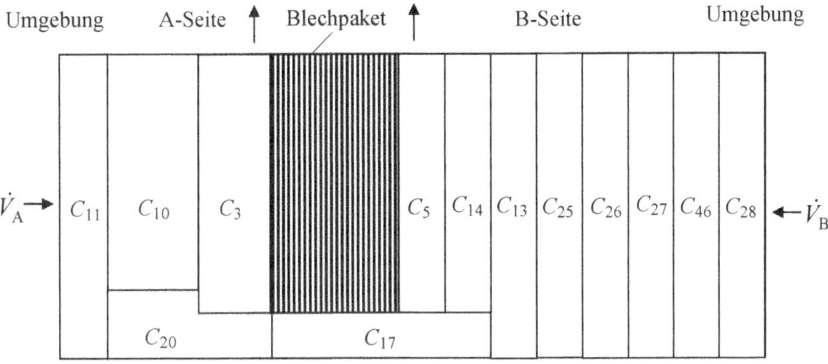

C_3 Oberteil des A-Wickelkopfs; C_5 Oberteil des B-Wickelkopfs; C_{10} Seitenteil des A-Wickelkopfs; C_{14} Seitenteil des B-Wickelkopfs; C_{11} Unterteil des A-Wickelkopfs; C_{13} Unterteil des B-Wickelkopfs; C_{17} Luftspalt; C_{20} Luftraum zwischen Erregerwicklung und Klauen; C_{25} Luftraum zwischen B-Lagerschild und Minuskühlkörper; C_{26} Luftraum zwischen Leiterplatte und Minuskühlkörper; C_{27} Luftraum zwischen Pluskühlkörper und Leiterplatte; C_{46} Luftraum um Schleifringumgebung ; C_{28} Luftraum unter Schutzdeckel

Bild 2.18 Schematischer Luftströmungsablauf im Kfz-Generator; C-Werte beziehen sich jeweils auf die Wärmekapazitäten der jeweiligen Luftstrecken

Hier ist q die Querschnittfläche des Kanals (für zweiseitig belüftete Maschinen nach Bild 2.18 wird entsprechend mit v_A und v_B gearbeitet). Gl. (12.68) in Gl. (12.69) eingesetzt, ergibt:

$$v_A = \frac{k\,n}{q} \tag{12.70}$$

Mit den Gln. (12.66) und (12.70) kann für die Wärmeübergangszahl angegeben werden:

$$\alpha = 6{,}4 \cdot \left(\frac{k\,n}{q} \right)^{0{,}75} \tag{12.71}$$

Die Strömungen verlaufen nicht überall axial. Insbesondere verursachen die Lüfterschaufeln einen tangentialen Anteil der Luftströmung, sodass in den entsprechenden Strecken die Strömungsgeschwindigkeit eigentlich eine tangentiale Komponente besitzt. Diese tangentiale Komponente v_T ist proportional dem Lüfterradius r_L und der Drehzahl:

$$v_T = \frac{2\,\pi\,n}{60} \cdot r_L \tag{12.72}$$

Die resultierende Strömungsgeschwindigkeit v_{res} lautet:

$$v_{res} = \sqrt{v_A^2 + v_T^2} \tag{12.73}$$

Damit verwandelt sich die Gl. (12.71) für entsprechende Strecken zu:

$$\alpha = 6{,}4 \cdot \left[\sqrt{\left(\frac{k\,n}{q}\right)^2 + \left(\frac{2\,\pi\,n}{60} \cdot r_L\right)^2} \right]^{0{,}75} \tag{12.74}$$

Die Kühlluft besitzt eine hohe Turbulenz. Die Oberflächenbeschaffenheit und die besondere Bauweise der elektrischen Maschinen führen noch zur Turbulenzerhöhung. Deshalb müssen die ermittelten Werte der Übergangszahlen noch durch einen „Turbulenzfaktor" erhöht werden. Die Ermittlung von Turbulenzfaktoren ist sowohl experimentell als auch rechnerisch schwierig. Deshalb werden diese Faktoren geschätzt. Zur Abschätzung des richtigen Turbulenzfaktors werden mit den vorhandenen, experimentell ermittelten Angaben Näherungswerte geschaffen.

Der Turbulenzfaktor ist von Stelle zu Stelle unterschiedlich. Seine Größe liegt beim Kfz-Generator zwischen 1,5 und 3,7.

Die Lüfter der luftgekühlten Maschinen führen ständig Kühlluft zu und Warmluft ab. Für eine beliebige Luftstrecke x kann man den Kühlvorgang wie folgt beschreiben: Aus der davor liegenden Luftstrecke $x - 1$, der Vorstrecke, strömt das Luftvolumen ΔV mit der niedrigeren Temperatur θ_{x-1} der Vorstrecke in die Luftstrecke x, sodass für die neue Temperatur θ_{xneu} der Luftstrecke gilt:

$$\theta_{xneu} = \frac{(V_x - \Delta V\,)\,\theta_x + \Delta V\,\theta_{x-1}}{V_x} \tag{12.75}$$

Hierbei bedeutet V_x das Luftvolumen der Luftstrecke x. Anhand des Schnittbilds bzw. der Zeichnungen der betrachteten Maschine wird diese in Einzelkörper aufgeteilt. Dann werden zweckmäßige Wärmeübertragungswege zwischen diesen Einzelkörpern gekennzeichnet.

Das Flussdiagramm zur Temperaturberechnung nach der Wärmequellennetzmethode ist für einen Kfz-Generator in Bild 12.19 dargestellt [72; 73; 85]. Der Berechnungsablauf kann mit geringfügiger Änderung für beliebige Maschinen angewendet werden. Die Wärmequellennetz-(WQN-)Berechnungen erfolgen nach Gln. (12.59) und (12.60).

Um den Temperaturverlauf über der Drehzahl („Endwerte") und über der Zeit („Transientwerte") von jedem Einzelkörper darstellen zu können, ist ein Unterprogramm für das Sortieren erforderlich. Mithilfe der Lagrange-Interpolation ist die Ermittlung für beliebige, nicht in der Eingabe vorkommende Drehzahlen möglich.

Die stationären Temperaturwerte in Abhängigkeit der Drehzahl für einige Bauteile eines Kfz-Generators sind in **Bild 12.20** dargestellt. **Bild 12.21** zeigt die transienten Temperaturwerte (Temperaturanstieg über der Zeit) dieser Bauteile.

Die Wärmequellennetzmethode dient zur Modellierung und Simulation des Temperaturverhaltens. Wie bei jedem numerisch-iterativen Verfahren ist ein größerer Aufwand zur Erstellung neuer Eingabedaten unvermeidbar. Die Genauigkeit der Berechnung ist nicht zuletzt von der Feinheit des Netzes abhängig. Von Vorteil ist hier die Möglichkeit einer lokalen Verbesserung und Anpassung an physikalische Gegebenheiten. Die Temperatur-Zeit-Abhängigkeit der meisten Bauteile einer elektrischen Maschine ist keine reine e-Funktion, sodass auch der Begriff einer thermischen Zeitkonstante nicht mehr zutrifft. Die Begründung hierfür liegt in der Wechselwirkung zwischen den verschiedenen Bauteilen. Man kann eine zur thermischen Zeitkonstanten τ proportionale Größe t_k definieren, deren Wert mithilfe der Tatsache zu bestimmen ist, dass die elektrischen Maschinen nach einer Zeit von etwa 4τ 98 % ihrer Endtemperatur erreichen (nach etwa 5τ wird die Endtemperatur erreicht). Wenn die Berechnung mithilfe der WQN für ein Bauteil eine nicht mehr zulässige Temperatur ergibt, so ist dies ein Hinweis darauf, dass die Konstruktion oder der verwendete Werkstoff geändert werden muss, damit der Wärmewiderstand sich verringert und die Wärme besser abgeführt werden kann.

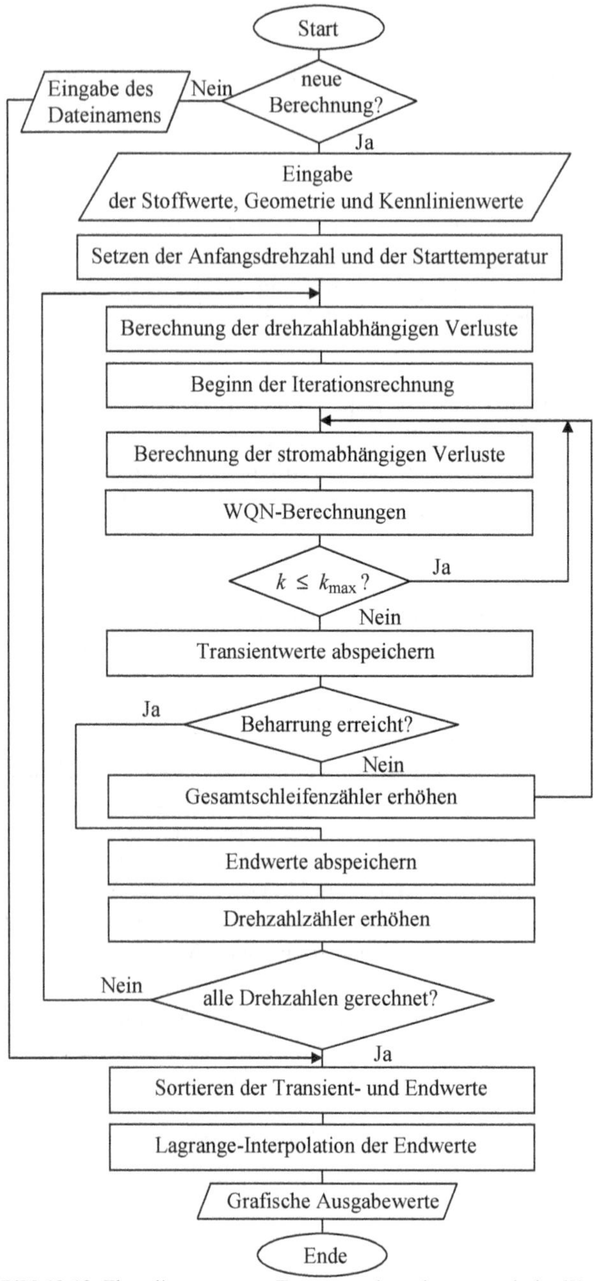

Bild 12.19 Flussdiagramm zur Temperaturberechnung nach der Wärmequellennetzmethode

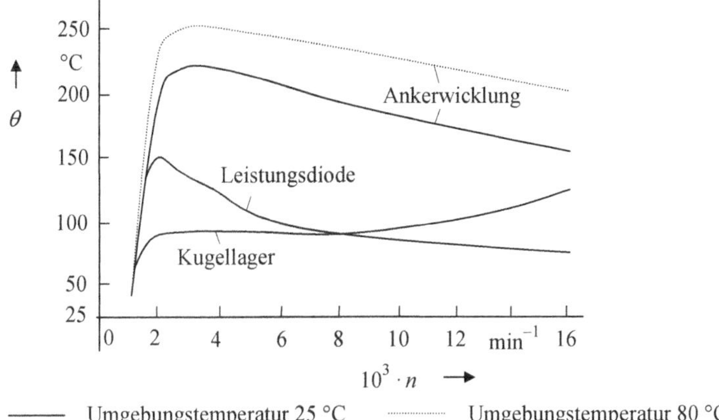

Bild 12.20 Temperatur-Drehzahl-Abhängigkeit einiger Bauteile

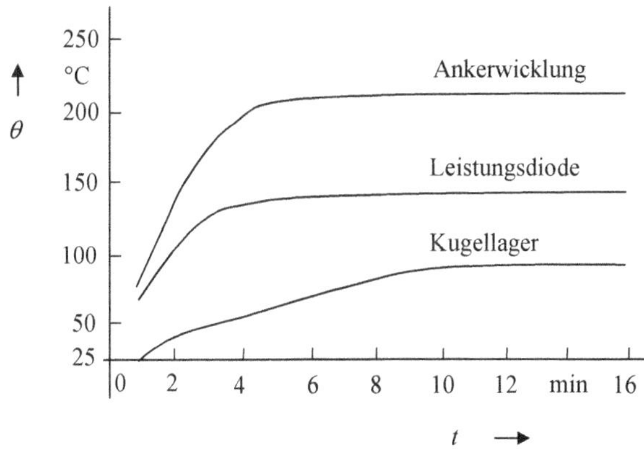

(Umgebungstemperatur 25 °C, Drehzahl 3 000 min^{-1})

Bild 12.21 Temperatur-Zeit-Abhängigkeit einiger Bauteile

12.6.4.3 Maßnahmen zur Abkühlung elektrischer Maschinen

Zusammenfassend können die Maßnahmen zur Abkühlung elektrischer Maschinen auf folgende Punkte konzentriert werden:

- Senkung der Verluste (s. Abschnitt 2.10)
- Einsatz von Simulationsmethoden wie WQN-Methode

  - Überprüfung der Abmessungen (Geometrieänderung)

  - Materialänderung
- Überprüfung des Abkühlungskonzepts (Luftkühlung/Flüssigkeitskühlung)
- Optimierung anhand der Bestimmung der Temperaturverteilung mithilfe dem Temperaturmessverfahren
- Anwendung neuer Konzepte (z. B. Einsatz von PM-Synchronmotoren ab 200 kW, s. Kapitel 8 (Abschnitt 8.4) bzw. geschalteter Reluktanzmaschine (SRM))
- Änderung der Wicklungsart und Vakuumtränkung
- Einsatz von Supraleitern

12.7 Auswahl des geeigneten Motors

Es wurden bereits einige Gesichtspunkte zur Auswahl des geeigneten Motors erwähnt (siehe u. a. die Abschnitte 0.3.2, 1.6, 1.7, 12.4 und 12.6). Die schon erwähnten Umweltaspekte „Abwärme und Geräusch“ sollen in diesem Abschnitt und in Abschnitt 12.9 näher untersucht werden. Die Antriebsdauer und die Antriebsart spielen insbesondere bei der Erwärmung und Abkühlung eine besondere Rolle. Wie ebenfalls schon erwähnt, ist die Erwärmung einer elektrischen Maschine keine reine e-Funktion. Es kann jedoch in erster Näherung mit der thermischen Zeitkonstanten des homogenen Körpers gearbeitet bzw. es können die τ-Werte nach Abschnitt 12.6 zugrunde gelegt werden. Diese Zeitkonstanten sind in erster Linie von der Bauform und der Kühlungsart abhängig. **Tabelle 12.3** zeigt einige diesbezügliche Eckwerte der Normmotoren.

Erwärmungszeitkonstante in min	Maschinentyp
7	Kleinmaschinen
30	kleine gekapselte Maschinen
50–70	luftgekühlte Maschinen mit offenem Kühlsystem
80–120	luftgekühlte Maschinen mit geschlossenem Kühlsystem

Tabelle 12.3 Erwärmungszeitkonstanten einiger Normmotoren

Bei der Auswahl des geeigneten Motors ist auch die Kenntnis des mittleren quadratischen Drehmoments und damit der Betriebsarten von großer Bedeutung.

12.7.1 Das mittlere quadratische Drehmoment

In den meisten Antriebssystemen arbeitet der Elektromotor nicht im Dauerbetrieb, sondern er wird im Laufe der Zeit unterschiedlichen Belastungen ausgesetzt. So kann der Motor optimal ausgenutzt werden. Ein wichtiges Maß für die zulässige mittlere Last in einer Arbeitsperiode ist die zulässige maximale Temperatur. Da aber Temperatur und Verluste einander proportional sind, dürfen die mittleren Verluste einer Lastperiode die Bemessungsverluste nicht übersteigen. Da weiterhin das Drehmoment dem Strom proportional ist, kann somit das mittlere quadratische Drehmoment, das ein Maß für die Motorgröße ist, ermittelt werden.

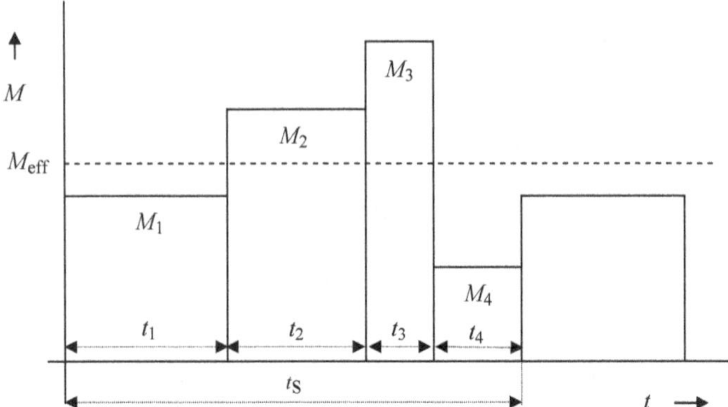

Bild 12.22 Das mittlere quadratische Drehmoment

In **Bild 12.22** ist ein bestimmter Lastmomentverlauf dargestellt. In den Zeitabschnitten t_ν müssen der Arbeitsmaschine die Drehmomente M_ν zur Verfügung gestellt werden. Die Summe der Zeiten t_ν ergibt die Periodendauer t_S. Das effektive Drehmoment kann wie folgt berechnet werden:

$$M_{\text{eff}} = \sqrt{\frac{\sum\limits_{\nu} M_{\nu}^{2} t_{\nu}}{t_{S}}} \tag{12.76}$$

Es muss gewährleistet sein, dass der Elektromotor in einer Arbeitsperiode auch im Betrieb mit maximaler Last seine Funktion einwandfrei erfüllt, d. h. insbesondere: keine Überschreitung der zulässigen maximalen Temperatur, kein Betrieb mit Kippmoment und störungsfreie Kommutation bei Gleichstrommotoren.

12.7.2 Betriebsarten

In EN 60034-1 (DIN VDE 0530-1) sind zehn Betriebsarten erklärt, und obwohl diese hauptsächlich für Motoren festgelegt worden sind, können manche von ihnen auch für Generatoren verwendet werden (z. B. die Betriebsarten S1, S2 und S10).

12.7.2.1 Dauerbetrieb (Betriebsart S1)

Ein Betrieb mit konstanter Belastung, dessen Dauer ausreicht, den thermischen Beharrungszustand zu erreichen (**Bild 12.23a**).

12.7.2.2 Kurzzeitbetrieb (Betriebsart S2)

Ein Betrieb mit konstanter Belastung, dessen Dauer nicht ausreicht, den thermischen Beharrungszustand zu erreichen, und einer nachfolgenden Pause von solcher Dauer, dass die wieder abgesunkenen Maschinentemperaturen nur noch weniger als 2 K von der Temperatur des Kühlmittels abweichen (**Bild 12.23b**). Folgende Betriebszeiten werden empfohlen:

t_B = 10 min, 30 min, 60 min bzw. 90 min

12.7.2.3 Aussetzbetrieb (Betriebsart S3)

Ein Betrieb, der sich aus einer Folge gleichartiger Spiele zusammensetzt, von denen jedes eine Zeit mit konstanter Belastung (t_B) und eine Pause bzw. Stillstandzeit (t_{St}) umfasst, wobei der Anlaufstrom die Erwärmung nicht merklich beeinflusst (**Bild 12.23c**). Diese Zeiten werden so ausgewählt, dass die kritische Erwärmung in einer Arbeitsperiode nicht erreicht wird. Die Periodendauer (Spieldauer) t_S beträgt in der Regel 10 min (falls nicht anders angegeben). Die relative Belastungszeit kann betragen:

15 %, 25 %, 40 % bzw. 60 %

12.7.2.4 Aussetzbetrieb mit Einfluss des Anlaufvorgangs (Betriebsart S4)

Ein Betrieb, der sich aus einer Folge gleichartiger Spiele zusammensetzt, von denen jedes eine merkliche Anlaufzeit (t_A), eine Zeit mit konstanter Belastung (t_B) und eine Pause (t_{St}) umfasst (**Bild 12.23d**). Diese Zeiten werden auch so gewählt, dass die kritische Erwärmung in einer Arbeitsperiode nicht entsteht. Die Pause wird durch Ausschalten bzw. durch eine mechanische Bremse erzeugt, hat also keine Wirkung auf die Erwärmung des Motors. Auf dem Schild wird meistens die relative Lasteinschaltung, deren Anzahl pro Stunde (*c*/h) und der Trägheitsmomentfaktor *FI* angegeben. *FI* ist das Verhältnis des gesamten Trägheitsmoments (einschließlich eventuelle Zusatzmassen, Rotor und Arbeitsmaschine) im Verhältnis zum Rotormassenträgheitsmoment. Es wird z. B. auf dem Schild angegeben:

S4 – 25 % – 120 *c*/h – *FI* 2

12.7.2.5 Aussetzbetrieb mit Einfluss des Anlaufvorgangs und elektrischer Bremsung (Betriebsart S5)

Ein Betrieb, der sich aus einer Folge gleichartiger Spiele zusammensetzt, von denen jedes eine Anlaufzeit, eine Zeit mit konstanter Belastung, eine Zeit mit elektrischer Bremsung (z. B. Gegenstrombremse) und eine Pause umfasst (**Bild**

12.23e). Diese Zeiten werden auch so gewählt, dass die kritische Erwärmung in einer Arbeitsperiode nicht erreicht wird.

12.7.2.6 Ununterbrochener periodischer Betrieb mit Aussetzbelastung (Betriebsart S6)

Ein Betrieb, der sich aus einer Folge gleichartiger Spiele zusammensetzt, von denen jedes eine Zeit mit konstanter Belastung (t_B) und eine Leerlaufzeit (t_L) umfasst. Es tritt keine Pause auf (**Bild 12.23f**). Auch diese Zeiten werden so gewählt, dass die kritische Erwärmung in einer Arbeitsperiode nicht erreicht wird.

12.7.2.7 Ununterbrochener periodischer Betrieb mit Einfluss des Anlaufvorgangs und elektrischer Bremsung (Betriebsart S7)

Ein Betrieb, der sich aus einer Folge gleichartiger Spiele zusammensetzt, von denen jedes eine Anlaufzeit, eine Zeit mit konstanter Belastung und eine Zeit mit elektrischer Bremsung umfasst. Es tritt keine Pause auf, die Maschine ist ständig an Spannung angeschlossen (**Bild 12.23g**).

12.7.2.8 Ununterbrochener periodischer Betrieb mit Drehzahländerung (Betriebsart S8)

Ein Betrieb, der sich aus einer Folge gleichartiger Spiele zusammensetzt; jedes dieser Spiele umfasst eine Zeit mit konstanter Belastung und bestimmter Drehzahl und anschließend eine oder mehrere Zeiten mit anderer Belastung entsprechend den unterschiedlichen Drehzahlen. Die Drehzahländerung wird beispielsweise durch Polumschaltung von Induktionsmotoren erreicht. Es tritt keine Pause auf (**Bild 12.23h**). Die Spieldauer ist im Allgemeinen so kurz, dass der thermische Beharrungszustand nicht erreicht wird. Die Spielzeiten beinhalten in der Regel Anlauf- und Bremszeiten.

12.7.2.9 Ununterbrochener Betrieb mit nicht periodischer Last- und Drehzahländerung (Betriebsart S9)

Ein Betrieb, bei dem sich im Allgemeinen Belastung und Drehzahl innerhalb des zulässigen Betriebsbereichs nicht periodisch ändern. Bei diesem Betrieb treten häufig Belastungsspitzen auf, die weit über der Bemessungsleistung liegen können (**Bild 12.23i**). Dieser Betriebsart muss eine passend gewählte Dauerbelastung als Bezugswert für das Lastspiel zugrunde gelegt werden.

12.7.2.10 Betrieb mit einzelnen konstanten Belastungen (Betriebsart S10)

Ein Betrieb, der nicht mehr als vier einzelne konstante Belastungswerte enthält (**Bild 12.23j**). Die Zeiten der Belastungen (hier t_1 bis t_4) werden so ausgewählt, dass die kritische Erwärmung in einer Arbeitsperiode nicht auftritt. Für diese

Betriebsart muss eine konstante Belastung entsprechend Betriebsart S1 als Referenzwert für die einzelnen Belastungen passend ausgewählt werden.

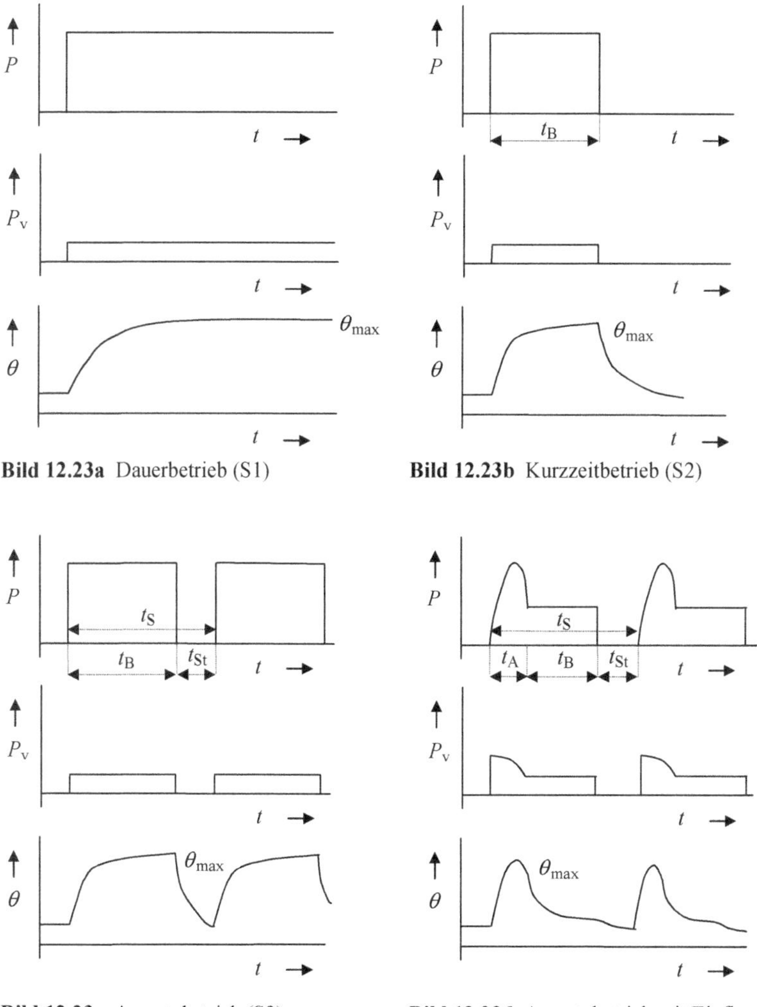

Bild 12.23a Dauerbetrieb (S1)

Bild 12.23b Kurzzeitbetrieb (S2)

Bild 12.23c Aussetzbetrieb (S3)

Bild 12.23d Aussetzbetrieb mit Einfluss des Anlaufvorgangs (S4)

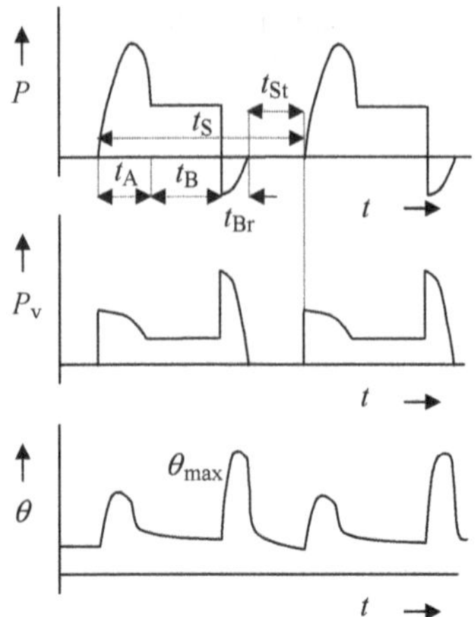

Bild 12.23e Aussetzbetrieb mit Einfluss des Anlaufvorgangs und elektrischer Bremsung (S5)

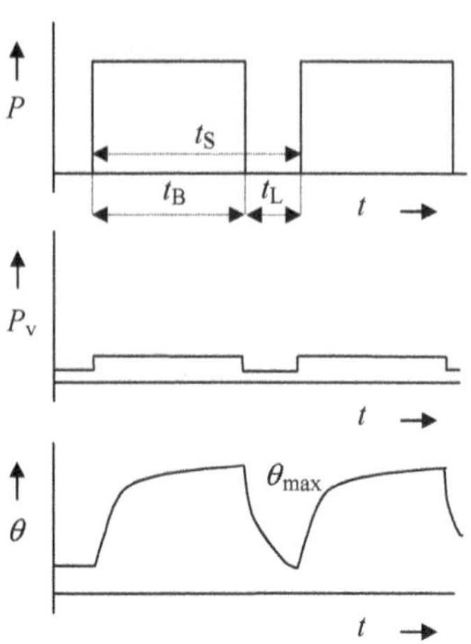

Bild 12.23f Ununterbrochener periodischer Betrieb mit Aussetzbelastung (S6)

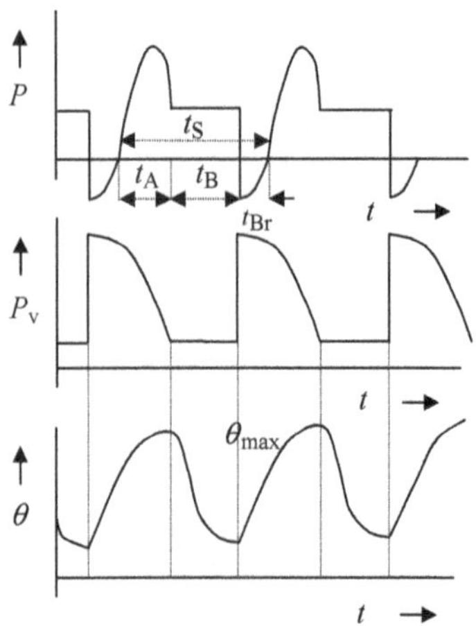

Bild 12.23g Ununterbrochener periodischer Betrieb mit Einfluss des Anlaufvorgangs und elektrischer Bremsung (S7)

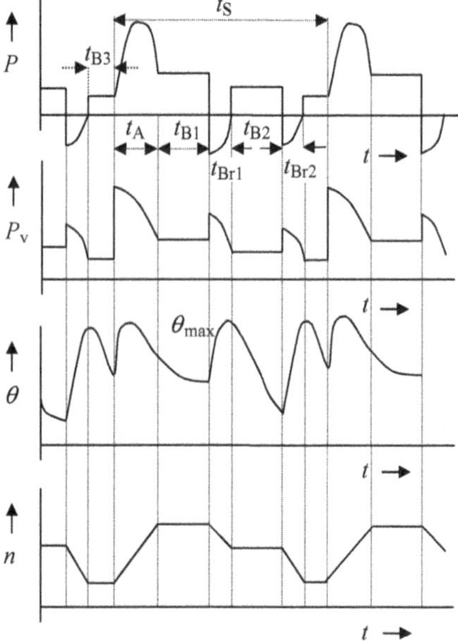

Bild 12.23h Ununterbrochener periodischer Betrieb mit Drehzahländerung (S8)

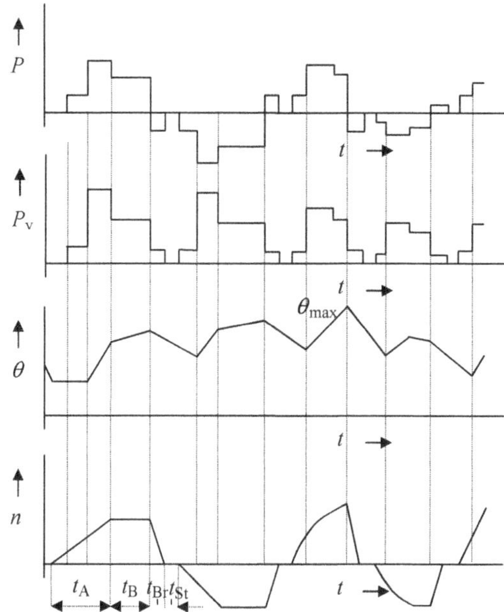

Bild 12.23i Ununterbrochener Betrieb mit nicht periodischer Last- und Drehzahländerung (S9)

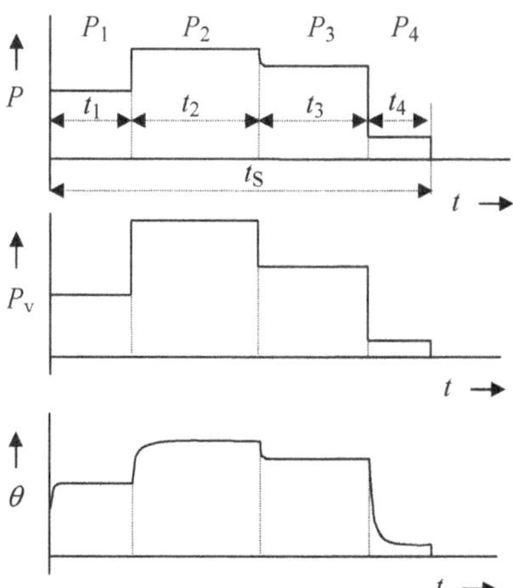

Bild 12.23j Betrieb mit einzelnen konstanten Belastungen (S10)

12.8 Mechanische Betrachtung des Antriebssystems als Punktmasse

Ein Antriebssystem besteht bekanntlich aus Elektromotor, Arbeitsmaschine und eventuellen Übertragungselementen wie Getriebe, die aus einem bzw. mehreren Zahnrädern zusammengesetzt sind (**Bild 12.24**, s. auch Abschnitt 12.3.2).

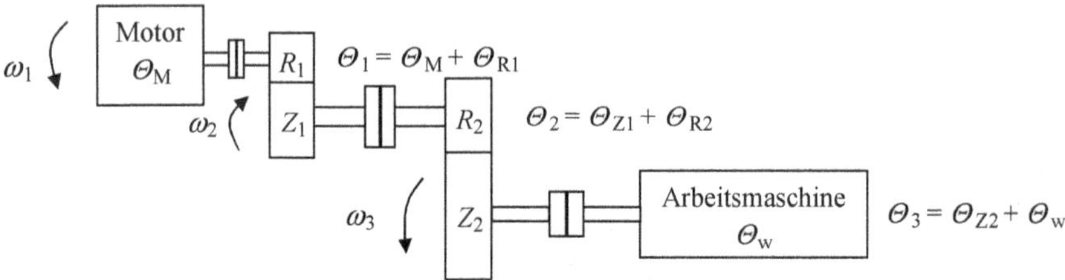

Bild 12.24 Mechanische Betrachtung des Antriebssystems

Die gesamte kinetische Energie berechnet sich aus der Teilenergie jeder Achse:

$$W_{\text{kin}} = \frac{1}{2}\Theta_1\,\omega_1^2 + \frac{1}{2}\Theta_2\,\omega_2^2 + \frac{1}{2}\Theta_3\,\omega_3^2 + \ldots \tag{12.77}$$

Mit dem effektiven Trägheitsmoment bezogen auf Achse 1

$$\Theta_{1\text{eff}} = \Theta_1 + \Theta_2\left(\frac{\omega_2}{\omega_1}\right)^2 + \Theta_3\left(\frac{\omega_3}{\omega_1}\right)^2 + \ldots \tag{12.78}$$

folgt für die gesamte kinetische Energie:

$$W_{\text{kin}} = \frac{1}{2}\Theta_{1\text{eff}}\,\omega_1^2 \tag{12.79}$$

Daraus folgt das mechanische Ersatzschaltbild des Antriebssystems **Bild 12.25**.

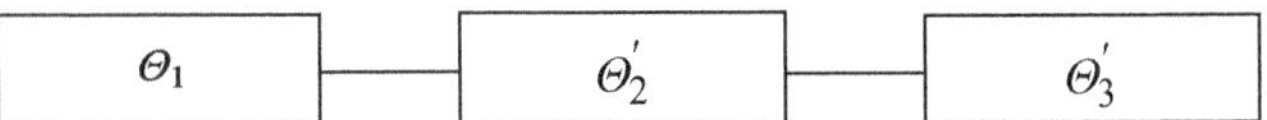

Bild 12.25 Ersatzschaltbild des Antriebssystems bestehend, aus drei Achsen

Die Massenträgheitsmomente von Achse 2 und Achse 3 müssen dann auf die Seite 1 bezogen werden:

$$\Theta_2' = \Theta_2 \left(\frac{\omega_2}{\omega_1} \right)^2 \qquad \Theta_3' = \Theta_3 \left(\frac{\omega_3}{\omega_1} \right)^2 \qquad \ldots \tag{12.80}$$

Die C'-Werte können analog zu den Θ'-Werten berechnet werden:

$$C_2' = C_2 \left(\frac{\omega_2}{\omega_1} \right)^2 \qquad C_3' = C_3 \left(\frac{\omega_3}{\omega_1} \right)^2 \qquad \ldots \tag{12.81}$$

Die resultierende Federkonstante ergibt sich zu:

$$C_{\text{res}} = \frac{C_1 C_2'}{C_1 + C_2'} \tag{12.82}$$

Ebenso gilt für die resultierende Massenträgheitsmoment:

$$\Theta_{\text{res}} = \Theta_1 + \Theta_2'$$

Das Getriebe mit mehreren Rädern (Übersetzungen) kann somit durch eine einzige Welle ersetzt werden (**Bild 12.26**).

Bild 12.26 Getriebe als durchgehende Welle mit Motor und Arbeitsmaschine

Bei dieser Betrachtung wird die mechanische Federkonstante der Stahlwelle wie folgt berechnet:

$$C = \frac{G\,\pi\,d^4}{l\;32} \tag{12.84}$$

Hierin ist l die Länge der Welle, G das Gleitmodul in N/mm^2 und d der Wellendurchmesser. Von besonderem Interesse ist die Kenntnis der mechanischen Eigenfrequenz des Antriebssystems (im Hinblick auf Resonanzen und Geräuschbildung). Durch Vereinfachung auf Punktmassen kann die Eigenfrequenz der Grundschwingung aus der einfachen Schwingungsgleichung:

$$\Theta\,\ddot{X} + D\,\dot{X} - C\,X = K \tag{12.85}$$

ermittelt werden (sonst ist eine FE-Berechnung nach Abschnitt 12.9.3 bzw. Abschnitt 14.2.2 erforderlich). Dabei ist X die Auslenkung. Bei vernachlässigbarer Dämpfung ergibt sich:

$$\Theta\,\ddot{X} - C\,X = K \tag{12.86}$$

Mit dem Ansatz:

$$X = A\,\mathrm{e}^{\lambda\,t} \tag{12.87}$$

folgt für die Eigenkreisfrequenz der Grundschwingung:

$$\omega_{\mathrm{mech}} = \lambda = \sqrt{\frac{C}{\Theta}} \tag{12.88}$$

Die mechanische Eigenfrequenz der Grundschwingung ist dann:

$$f_{\mathrm{mech}} = \frac{1}{2\,\pi}\sqrt{\frac{C}{\Theta}} \tag{12.89}$$

12.9 Geräuschentwicklung elektrischer Maschinen

12.9.1 Einleitung

Bei der Auslegung und Auswahl elektrischer Maschinen wird der Geräuscharmut zunehmende Aufmerksamkeit gewidmet. Die Geräuscharmut zählt neben den Betriebsdaten der Maschine wie abgegebene Leistung, Wirkungsgrad und Temperatur zu den wichtigsten Kriterien, nach denen das Erzeugnis beurteilt wird.

Die Geräuschentwicklung in elektrischen Maschinen ist ein altes und zugleich komplexes Thema. Auch in der neueren Literatur gibt es relativ wenig Stellen, die sich mit der Berechnung und Simulation des Geräusches in elektrischen Maschinen befassen. Gelegentlich findet man analytische Ansätze, die versuchen, das Problem zu vereinfachen. In letzter Zeit werden öfter die numerischen Verfahren eingesetzt, um indirekt etwas über das Geräuschverhalten auszusagen. Manche Literaturstellen setzen sich empirisch mit dem Problem auseinander. Immer häufiger kombiniert man jedoch die numerischen Verfahren und die experimentellen Untersuchungen, um die Betrachtungen unter realistischeren Bedingungen durchführen zu können. Das Hauptziel ist, das Maschinengeräusch zu reduzieren.

Die Grundbegriffe der Akustik sind in DIN 1320 genormt. Die zulässigen Geräuschstärken für elektrische Maschinen sind in DIN EN 60034-9 (IEC 60034-9 bzw. VDE 0530-9) festgelegt (s. auch [47]).

Lärm und Schwingungen entstehen durch bestimmte Vorgänge, bei denen dynamische Kräfte Strukturen anregen. Lärm und Schwingungen stehen in direkter Beziehung zueinander. Lärm ist ein Teil der Schwingungsenergie einer Struktur, die an die umgebende Luft abgegeben wird. Auswirkungen von Lärm und Schwingungen sind:

- bei **Menschen:** Unwohlsein, verminderte Sicherheit und Krankheit (u. a. Herz- und Kreislauferkrankungen)

- bei **Maschinen, Anlagen, Fahrzeugen und Bauwerken:** Abnutzung, mangelhafte Funktion, Betriebsstörung und irreversible Schäden jeden Grades

Nachts in Wohngebieten dürfen 35 dB und am Arbeitsplatz 70 dB nicht überschritten werden. Die wichtigsten Kenngrößen zur Darstellung des Schalls sind Schalldruck, Schallleistung, Schallintensität und Schallschnelle:

Schalldruckpegel L

$$L = 20 \lg \frac{p}{p_0} \quad \text{in dB} \tag{12.90}$$

mit $p_0 = 20\ \mu\text{N/m}^2$ als Bezugsschalldruck.

Schallleistungspegel L_p

$$L_\text{p} = 10 \lg \frac{P}{P_0} \quad \text{in dB} \tag{12.91}$$

mit $P_0 = 10^{-12}$ W als Bezugsschallleistung. Eine Schallquelle verursacht Schallleistung und erzeugt dadurch Schalldruck. Das heißt, Schallleistung ist die Ursache, Schalldruck die Wirkung.

Die Analogiebetrachtungen aus der Wärmelehre dienen der weiteren Erklärung. Die Leistung einer Elektroheizung bewirkt, dass sich eine bestimmte Temperatur im Raum einstellt. Die Höhe der Temperatur hängt u. a. ab von:

- Raumgröße
- Art der Isolierung
- Vorhandensein anderer Wärmequellen

Die Wärmeleistung der Heizung ist jedoch immer gleich und unabhängig von der Raumgröße.

Der Schall verhält sich ähnlich. Der wahrgenommene Schalldruck in einem Raum hängt ab von:

- Raumgröße (Abstand zur Schallquelle)
- Art der Isolierung (akustische Eigenschaften des Raums; in einem großen, mit schallabsorbierendem Material ausgekleideten Raum hört sich eine Maschine leiser an als in einem kleinen Raum mit nackten Betonwänden
- Vorhandensein anderer Schallquellen

Die Schallleistung der Maschine ist jedoch immer gleich und unabhängig von der Raumgröße. Jede Maschine, die vibriert, strahlt Schallenergie ab. Die Rate, mit der die Schallenergie abgestrahlt wird, ist die Schallleistung (Energie pro Zeiteinheit). Die Schallleistung wird mithilfe des gemessenen mittleren Schalldruckpegels auf einer Messfläche ermittelt und ist von den oben erwähnten Einflussgrößen unabhängig:

$$L_p = \overline{L} + 10\lg\frac{A}{A_0} - k_1 - k_2 \text{ in dB} \tag{12.92}$$

Hier sind:

$\overline{L}$ mittlerer Schalldruckpegel auf der Messfläche
A Messfläche in m^2
A_0 Bezugsfläche = 1 m^2
k_1 Fremdgeräuschkorrektur
k_2 Korrektur für die Raumrückwirkung

Die Bestimmung der Hintergrundgeräuschkorrektur k_1 kann z. B. nach Gl. (12.102) durchgeführt werden. Der Raumrückwirkungsfaktor k_2 wird durch die äquivalente Absorptionsfläche des Raums beschrieben und berücksichtigt die Pegelerhöhung durch die Reflexion. Die Wirkung der Absorptionsfläche ist nach Gln. (12.93) und (12.94) abhängig vom Raumvolumen und der Größe der Messfläche (gegeben durch die Größe der Schallquelle):

$$k_2 = 10\lg\left(1 + \frac{4\,A_H}{A}\right) \tag{12.93}$$

Hier sind:

A_H Messfläche in m^2
A äquivalente Absorptionsfläche in m^2, d. h. die Summe aller Einzelflächen multipliziert mit ihrem jeweiligen Absorptionsgrad

Die äquivalente Absorptionsfläche A kann z. B. wie folgt bestimmt werden:

$$A = 0{,}163\,\text{s}\cdot\text{m}^{-1}\cdot\frac{V}{T} \tag{12.94}$$

Hier sind:

V Volumen des Raums in m^3
T Nachhallzeit des Raums in s

Die Nachhallzeit wird durch die akustische Raumgestaltung bestimmt. Sie gibt die Zeitdauer an, die ein Schallereignis benötigt, um im Raum unhörbar zu werden. Generell werden für die sprachliche Nutzung eines Raums die kürzesten Nachhallwerte bei geringerer Schwankung über der Frequenz gefordert. Zu geringer Absorption und somit ein zu langer Nachhall vermindern die Sprachverständlichkeit, was zwangsläufig durch eine Erhöhung der Sprachlautstärke kompensiert wird.

Die empirisch abgeleitete Sabine'sche Nachhallformel zur rechnerischen Ermittlung der Nachhallzeit eines Raums (Gl. (12.94)):

$$T = 0{,}163\,\mathrm{s}\cdot\mathrm{m}^{-1}\cdot\frac{V}{A} \qquad (12.95)$$

ermöglicht die Bestimmung von k_2.

Nachhallzeiten einiger Gebäuden: Theater 1,2 s; Konzertsäle 2 s; Kirchen 3 s bis 7 s.

Beispiel 1
Ein Besprechungsraum verfügt an zwei Seiten über Wände aus Glas, und die beiden anderen Wände sind aus Gipskarton. Es ist ein dünner Teppichboden ausgelegt. Weitere Einrichtungsgegenstände sind ein normaler Stahlrohrtisch mit Glas und Stühlen aus Kunststoff.

Die Mitarbeiter fühlten sich durch starken Lärm belästigt. Die Nachhallzeitmessung ergab ein deutliches Maximum bei 400 Hz. Es sind DIN 52210 und DIN 52212 der Bauakustik bezüglich des Schallschutzes zu berücksichtigen.

Schallintensitätspegel L_I

$$L_\mathrm{I} = 10\lg\frac{I}{I_0}\ \text{in dB}, \qquad (12.96)$$

mit $I_0 = 10^{-12}$ W/m^2 als Bezugsintensität

Neben der Ermittlung der Schallabstrahlung einer einzelnen Maschine besteht der Wunsch, eine akustische Beurteilung bei gekoppelten Systemen (z. B. Motor/Getriebe/Pumpe) unter Betriebsbedingungen durchzuführen zu können.

Eine geeignete Größe, die diese Beurteilung ermöglicht, ist die Schallintensität I. Die Schallintensität beschreibt den Energiefluss im Raum, d. h. die Energie, die pro Zeiteinheit eine senkrecht zur Abstrahlrichtung stehende Einheitsfläche passiert. Schallintensität wird aus der Schallleistung abgeleitet. Hierzu wird die örtliche flächennormale Schallintensität mit dem zugehörigen Element der Hüllfläche multipliziert und das Produkt über die gesamte Hüllfläche integriert:

$$P = \int_A \vec{I} \, \mathrm{d}\vec{A} = \int_A I_\mathrm{n} \mathrm{d}A \qquad (12.97)$$

Die Einheit von I ist W/m². Damit kann z. B. die Schallintensität an einer kugelförmigen Hüllfläche wie folgt beschrieben werden:

$$I = \frac{P}{4 \pi r^2} \qquad (12.98)$$

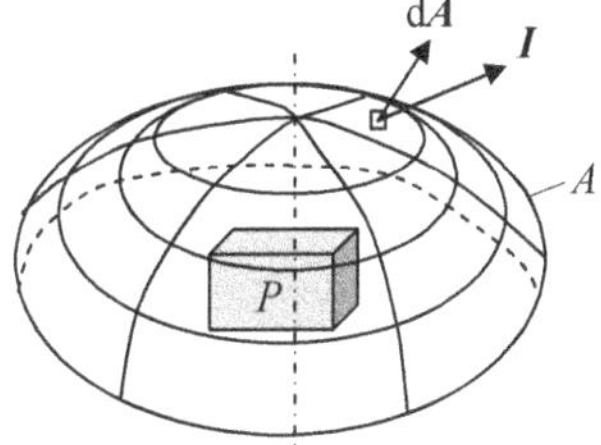

Bild 12.27 Schallintensität an einem Flächenelement dA, hervorgerufen durch Schallleistung P

Somit ist die Schallintensität I zum Abstand r umgekehrt und quadratisch proportional. Außerdem ist die Schallintensität im Gegensatz zum Schalldruck, der als skalare Größe nur einen Betrag hat, eine vektorielle Messgröße mit einem Betrag und einer Richtung. Das heißt, zusätzlich zum Betrag wird die Richtung des Schallenergieflusses angegeben (**Bild 12.27**).
Für die Schallintensität gilt dann:

$$\begin{aligned}\text{Schallintensität} &= \frac{\text{Schallleistung}}{\text{Fläche}} \\ &= \frac{\text{Energie}}{\text{Fläche} \cdot \text{Zeit}} = \frac{\text{Kraft}}{\text{Fläche}} \cdot \frac{\text{Weg}}{\text{Zeit}} = \text{Druck} \cdot \text{Schnelle}\end{aligned} \qquad (12.99)$$

Die Schallintensität (Gl. (12.98)) kann auch durch den Schalldruck ausgedrückt werden:

$$I = \frac{P}{4\,\pi\,r^2} = \frac{p^2}{\rho\,c} \tag{12.100}$$

Hier sind:

P Schallleistung
p Schalldruck
ρ Dichte
c Schallgeschwindigkeit
$\rho\,c$ spezifische Schallimpedanz (= 415 $\mathrm{Ns/m^3}$)

Durch die Schallschnelle können Richtungsinformationen gewonnen werden. Diese wird zur Ortung der Schallquelle herangezogen. „laute“ und „leise“ Bezirke der abstrahlenden Maschine sind damit identifizierbar.
Mit dieser akustischen Kenngröße ist die Bestimmung des Schalls möglich unabhängig von der Maschinengröße, von der akustischen Raumrückwirkung und von den Fremdgeräuschen anderer Schallquellen. Damit kann neben der Ermittlung der Schallabstrahlung von einer einzelnen Maschine eine akustische Kennzahl bei gekoppelten Systemen (z. B. Motor / Getriebe / Pumpe) für jede dieser Komponenten bestimmt werden.

Daraus ergeben sich folgende zusammenfassende Schlussfolgerungen:

Schalldruck: ist abhängig von äußeren akustischen Umgebungsbedingungen (nur in reflexionsarmen Räumen messbar)

Schallleistung: ist unabhängig von äußeren Bedingungen, geeignet zur Schallmessung an Ort und Stelle und an jeder Maschine

Einige Rechenregel

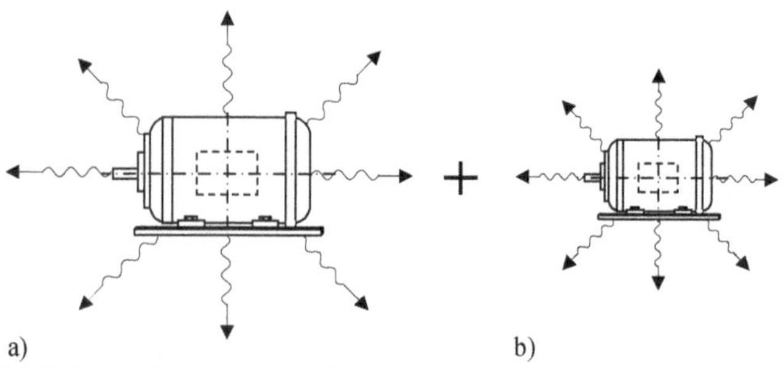

Bild 12.28 Addition der Schallleistungen
a) L_{p1} = 75 dB b) L_{p2} = 65 dB

Die *Addition der Schallleistungen* 75 dB und 65 dB zweier Schallquellen erfolgt nach Gl. (12.101) (**Bild 12.28**):

$$L_{\text{pges}} = 10\,\lg\left(10^{75/10} + 10^{65/10}\right) = 75{,}4\,\text{dB} \tag{12.101}$$

Die *Subtraktion der Schallleistungen* 75 dB und 65 dB von zwei Schallquellen erfolgt nach Gl. (12.102) (**Bild 12.29**):

$$L_{\text{pges}} = 10\,\lg\left(10^{75/10} - 10^{65/10}\right) = 74{,}5\,\text{dB} \tag{12.102}$$

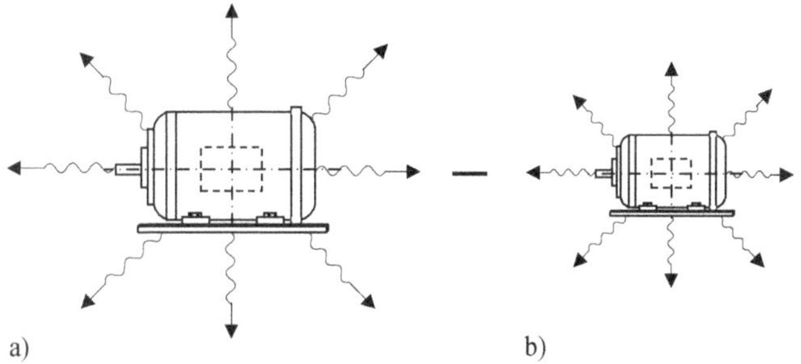

a) b)

Bild 12.29 Subtraktion der Schallleistungen
a) $L_{\text{p1}} = 75$ dB b) $L_{\text{p2}} = 65$ dB

Diese Betrachtung dient dazu, die Hintergrundgeräusche zu eliminieren, um das Eigengeräusch einer Maschine zu lokalisieren (Bestimmung von k_1, Gl. (12.92)).

Die Bestimmung des *Summenleistungspegels* mehrerer Maschinen erfolgt wie Gl. (12.101) (**Bild 12.30**):

$$L_{\text{pges}} = 10\,\lg\left(10^{L_{\text{p1}}/10} + 10^{L_{\text{p2}}/10} + \ldots + 10^{L_{\text{p}n}/10}\right) \tag{12.103}$$

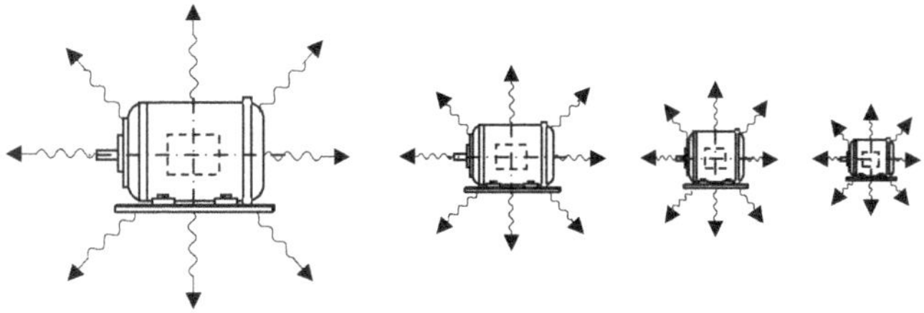

Bild 12.30 Summenpegel von Maschinen mit den Schallleistungen $L_{\text{p1}}, L_{\text{p2}}, \ldots, L_{\text{p}n}$

Die Bestimmung des *mittleren Summenleistungspegels* mehrerer Maschinen erfolgt wie Gl. (12.101):

$$\overline{L}_{\text{pges}} = 10\lg\left[\frac{1}{\text{n}}\left(10^{L_{\text{p}1}/10} + 10^{L_{\text{p}2}/10} + \ldots + 10^{L_{\text{p}n}/10}\right)\right] \qquad (12.104)$$

Das Schallfeld

Ein Schallfeld ist ein Gebiet, in dem Schall auftritt. Hierbei kann zwischen Freifeld und Diffusfeld unterschieden werden.

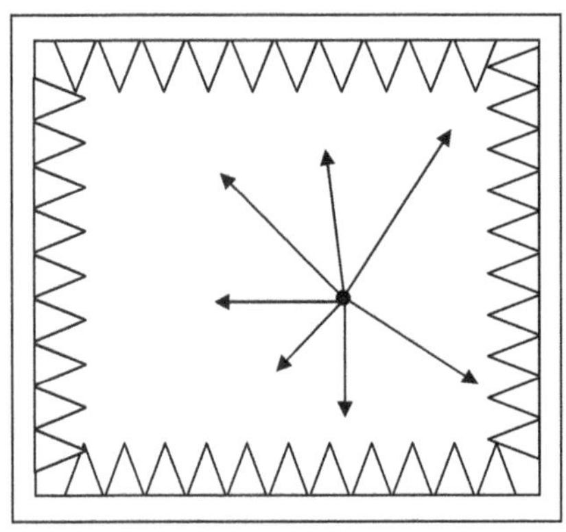

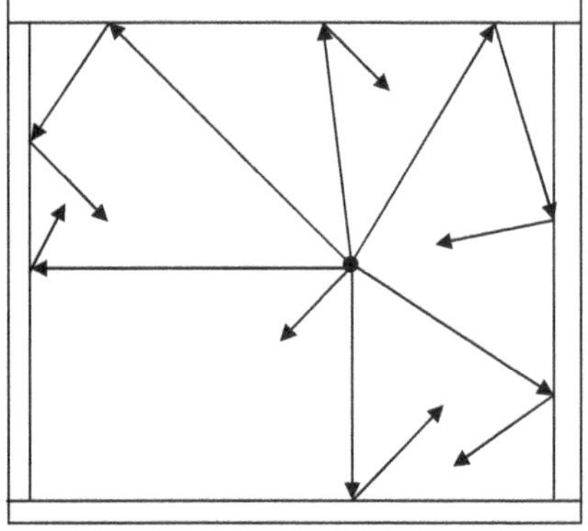

a) b)

Bild 12.31 Schallfeld eines Frei- und Diffusfelds
a) Freifeld b) Diffusfeld

Freifeld: Darunter versteht man die Schallausbreitung im idealisierten freien Raum, in dem die Schallwellen nirgendwo reflektiert werden. Dies ist der schalltote Raum (**Bild 12.31a)** bzw. im Freien (in genügender Entfernung vom Boden, der auch reflektierend wirkt)

Diffusfeld: Ein diffuses Schallfeld entsteht, wenn der Schall in einem Raum so oft reflektiert wird, dass der Schalldruckpegel praktisch an jeder Stelle des Raums gleich ist (**Bild 12.31b)**. Nur die einseitig gerichtete Schallintensitätsmessung liefert Informationen über den sich ausbreitenden Schall

Aktives und reaktives Schallfeld

Jede Schallwelle setzt sich aus zwei charakterisierten Größen zusammen: dem Schalldruck, d. h. die dem Luftdruck überlagerten, örtlichen Druckschwankungen, und der Schallschnelle, d. h. die Geschwindigkeit, mit der die Luftteilchen um ihre mittlere Position oszillieren. Wie schon erwähnt, ist die Schallintensität das Produkt aus Schalldruck und Schallschnelle.

Aktives Schallfeld

In einem aktiven Schallfeld sind Druck und Schnelle in Phase, d. h., die Druckmaxima fallen zeitlich mit den Schnellemaxima zusammen. Das Produkt aus Druck und Schnelle ergibt die momentane Intensität, die über die Zeit zu einem einzelnen Wert gemittelt wird **(Bild 12.32a)**.

Die Schallenergie breitet sich aus.

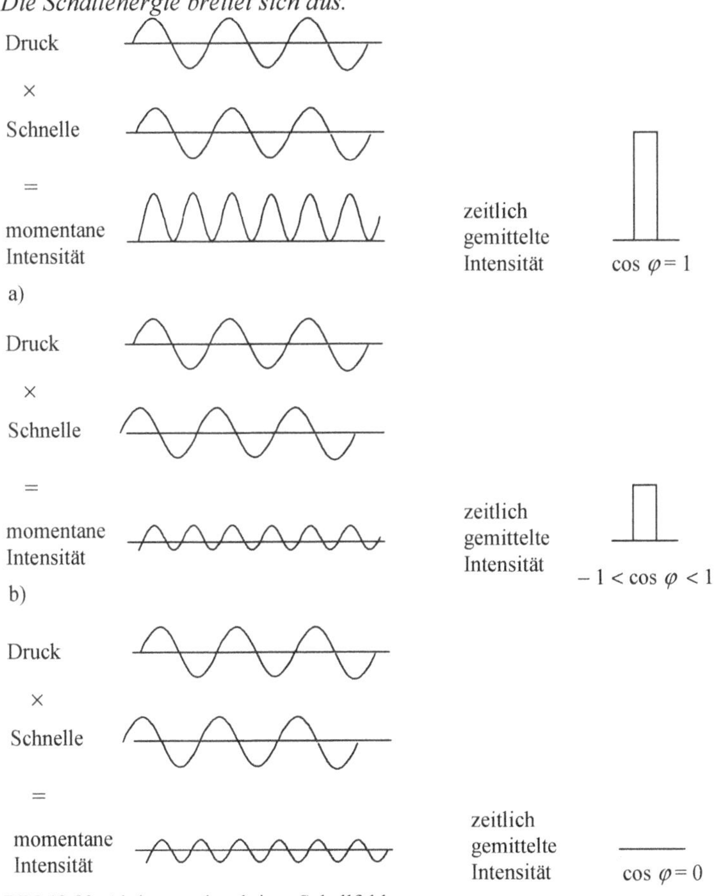

Bild 12.32 Aktives und reaktives Schallfeld
a) Phasenverschiebung 0° (aktives Schallfeld) b) Phasenverschiebung 60°
c) Phasenverschiebung 90° (reaktives Schallfeld)

Reaktives Schallfeld
In einem rein reaktiven Schallfeld sind Druck und Schnelle nicht in Phase, deren Maximalwerte sind um 90° phasenverschoben. Die sich ergebende Kurve für die momentane Schallintensität schwankt sinusförmig um den Nullpunkt, daher ist die über die Zeit gemittelte Intensität null (**Bild 12.32c**).

Die Schallenergie breitet sich nicht aus. Sie zirkuliert, ohne sich auszubreiten.

Also in Analogie zur Elektrotechnik besteht ein Schallfeld aus aktiven Schallanteilen (Wirkanteil) und reaktiven Schallanteilen (Blindanteil). Die reaktive Schallenergie wandert hin und her, sodass deren Mittelwert null ist (wie bei einem Feder-Masse-System). Hier kann Schalldruck als elektrische Spannung, Schallschnelle als elektrischer Strom, Schallintensität als elektrische Leistung und deren Phasenwinkel φ als Phasenwinkel zwischen u und i angesehen werden.

In einem diffusen Schallfeld schwankt die Phasenverschiebung beliebig, sodass die zeitlich gemittelte Intensität null ist.

12.9.2 Entstehung des Geräuschs in rotierenden elektrischen Maschinen

Der elektromagnetisch erzeugte Schall in elektrischen Maschinen entsteht durch Schwingungen der von elektromagnetischen Kräften beeinflussten Teile [43]. Diese Kräfte greifen im Wesentlichen an Zahnköpfen von Ständern und Läufern an.

Die Zähne übertragen die Kräfte auf die Joche und diese wiederum über ihre Einspannstellen auf das Maschinengehäuse und das Fundament. Die angreifenden Kräfte können normal (infolge des magnetischen Zugs) oder auch tangential (infolge der Drehmomentschwankungen, auch Ganzkörperschwingung genannt) auftreten.

Verläuft der Schall in festen Körpern, dann spricht man von Körperschall. Geräusch entsteht erst, wenn der Körperschall an schwingungsfähigen Flächen als Luftschall abgestrahlt wird (**Bild 12.33**).

Der vom menschlichen Ohr wahrnehmbare Frequenzbereich liegt zwischen 16 Hz und 16 kHz. Da der Schalldruckbereich, den das menschliche Gehör erfasst, vom Schwellenwert, der gerade noch wahrgenommen wird, bis zur Schmerzempfindung etwa sieben Zehnerpotenzen beträgt, wird zur Beurteilung eine logarithmische Verhältnisgröße (Pegel) verwendet (**Bild 12.34**).

Die **Tabelle 12.4** zeigt im Vergleich die Schallleistung und den Schallleistungspegel von einigen Schallquellen.

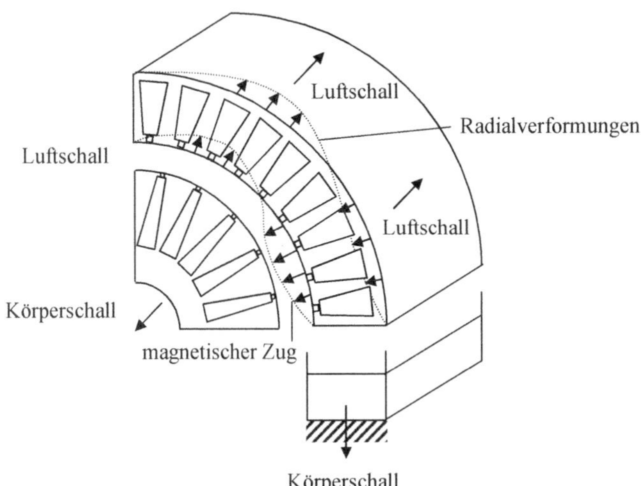

Bild 12.33 Grundsätzliche Darstellung der elektromagnetischen Schallerzeugung

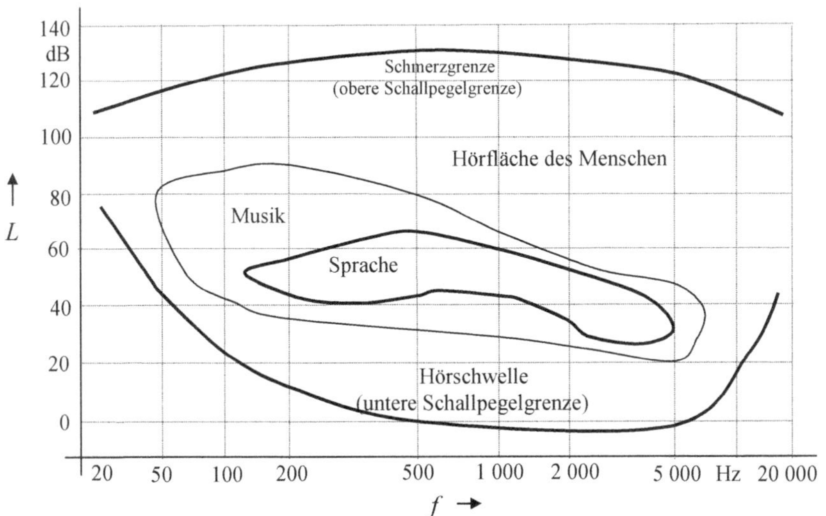

Bild 12.34 Hörvermögen einer normal hörenden Person, Domäne mit Sinuston

Was die Subjektivität betrifft, so ist darauf hinzuweisen, dass derselbe Mensch, der vor seinem Schlafzimmer ein Geräusch von 50 dB(A) als störend empfindet, ohne Weiteres eine Diskothek besucht, in der das Geräusch die 100-dB(A)-Grenze überschreitet.

Schallquelle	**Schallleistung in W**	**Schallleistungspegel in dB**
Flüstern	10^{-9}	30
Konversation; Sprache (Mittelwert)	$7 \cdot 10^{-6}$	68
menschliche Stimme (Höchstwert)	$2 \cdot 10^{-3}$	93
Geige	10^{-3}	90
Klarinette, Horn	$5 \cdot 10^{-2}$	107
Klavier	$2 \cdot 10^{-1}$	113
Trompete	$3 \cdot 10^{-1}$	115
Autohupe	5	127
Orgel, Pauke	10	130
75-Mann-Orchester	70	138
Großlautsprecher (Höchstwert)	100	140
Alarmsirene	1 000	150
4 Jet-Airliner	$5 \cdot 10^{4}$	167
Saturnrakete	$5 \cdot 10^{7}$	197

Tabelle 12.4 Schallleistung und Schallleistungspegel einiger Schallquellen

12.9.3 Geräuscharten und deren Entwicklung in elektrischen Maschinen

Die drei Geräuscharten in elektrischen Maschinen sind (in der Reihenfolge ihrer Bedeutung):

- magnetisches Geräusch, hervorgerufen durch das magnetische Feld
- aerodynamisches Geräusch, hervorgerufen durch Luftdruckschwankungen
- mechanisches Geräusch, hervorgerufen durch Schwingungen der mechanischen Teile wie Rotor, Kugellager und Bürsten

Entwicklung des magnetischen Geräuschs

Die Entwicklung des magnetischen Geräuschs kann wie folgt beschrieben werden:

- durch Luftspaltfelder entstehen magnetische Kräfte
- Bildung des Körperschalls durch diese Kräfte
- Entstehung der Bauteilresonanzen
- Körperschall regt Luftschall an (Abstrahlgrad)

Entwicklung des aerodynamischen Geräuschs

Zur Entwicklung des aerodynamischen Geräuschs kann Folgendes festgehalten werden:

- Wirbelgeräusch (abhängig von der Druckerhöhung durch Lüfter)
- Turbulenzgeräusch (bedingt durch schwankende Ausströmung aufgrund der Schaufeln)
- periodische Luftdruckschwankungen

Entwicklung des mechanischen Geräuschs

Das mechanische Geräusch entsteht durch:

- erzwungene Schwingungen
- selbsterregte Schwingungen der einzelnen Lagerteile beim Rollvorgang

Die Auslegung elektrischer Maschinen bezüglich Leistung, Erwärmung und Geräusch ist ein Kompromiss. Dies wird am Beispiel der Motoren der Baureihe 0,1 MW bis 10 MW der Siemens AG deutlich. 1950 wurde eine Geräuschmessung an einer bestimmten Anzahl von Motoren durchgeführt. Die Durchschnittswerte lagen bei etwa 45 % magnetischem, 45 % aerodynamischem und 10 % mechanischem Geräusch. 1975 wurde die Messung an derselben Anzahl von Motoren wiederholt. Inzwischen wurde intensiv an der Reduzierung des magnetischen Geräusches und an der Erhöhung der Maschinenausnutzung gearbeitet. Die Durchschnittswerte lagen nun bei etwa 20 % magnetischem, 75 % aerodynamischem und 5 % mechanischem Geräusch, d. h., die Reduzierung des magnetischen Geräuschs und die verbesserte Maschinenausnutzung hatten negative Auswirkungen auf das aerodynamische Geräusch (höhere Luftdurchsatzmengen waren für die Kühlung erforderlich, diese erhöhten das aerodynamische Geräusch).

Zur Entwicklung des magnetischen Geräuschs halten wir Folgendes fest:

- Der Mechanismus der elektromagnetischen Geräuscherzeugung kann folgendermaßen erklärt werden: Magnetische Wechselkräfte regen die Maschine zum Schwingen an. Diese Schwingungen verursachen Druckschwankungen der umgebenden Luft, was zu einem störenden Geräusch führen kann (Bild 12.33). Je größer die Wechselkräfte, desto höher das Geräusch. Je größer die Asymmetrie, desto höher die magnetischen Wechselkräfte.
- Eine radiale Verschiebung des Läufers im Luftspalt hat längs des Umfangs einen nahezu sinusförmig schwankenden Luftspalt zur Folge, der zur sogenannten „Exzentrizität“ führt. Der qualitative Verlauf des Geräuschpegels in Abhängigkeit der Exzentrizität ist in **Bild 12.35** dargestellt (unter relative Exzentrizität „e“ wird der Quotient aus dem Abstand des Läufermittelpunkts gegenüber dem Ständerbohrungsmittelpunkt verstanden, bezogen auf die

Luftspaltdicke δ). Hier spielen geometrische Unsymmetrien wie Unrundheit und Ovalität der Ständerbohrung und die Läuferexzentrizität ebenso eine Rolle wie magnetische Unsymmetrien durch Nutung und besondere Polgeometrien.

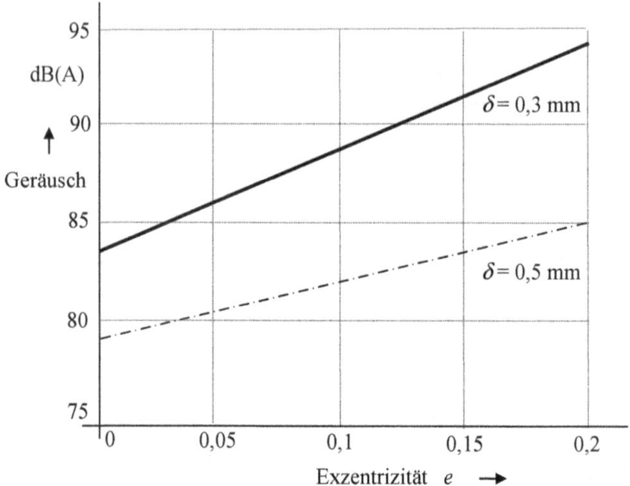

Bild 12.35 Einfluss der Exzentrizität und Luftspaltdicke auf das Geräusch

- Die geräuscherzeugenden Wechselkräfte werden insbesondere in ihren Amplituden von Feldoberschwingungen beeinflusst. Das magnetische Feld einer elektrischen Maschine neigt aus folgenden Gründen zur Oberschwingungsbildung:
  – diskrete Wicklungsverteilung
  – Leitfähigkeitsschwankungen
  – Eisensättigung
  – Unsymmetrie infolge besonderer Geometrien
  – Leistungselektronik im Kreis
  – einsträngige Maschinen
- Der magnetische Zug ist dem Quadrat der Luftspaltinduktion proportional:

$$f = \frac{B^2}{2\,\mu_0}$$

Die Kraftschwingungen der Ordnungszahl r verformen im Idealfall das Ständerpaket zu entsprechenden Eigenformen (**Bild 12.36**).

Bei der Kraftschwingung nullter Ordnung handelt es sich um reinen Zug. Die am häufigsten auftretenden Verformungsarten sind: die Kraftschwingungen erster (Rüttelkräfte bzw. Ganzkörperschwingung), zweiter (Biegung), dritter (Dreiecks- bzw. Sechsknotenschwingung) und vierter (Vierecks- bzw. Achtknotenschwingung) Ordnung.

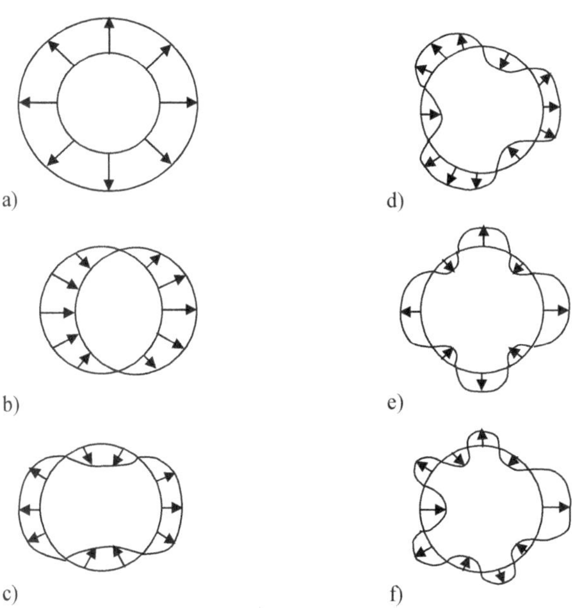

Bild 12.36 Verformungsarten der Grundeigenformen
a) $r = 0$ reiner Zug b) $r = 1$ Rüttelkräfte c) $r = 2$ Biegung
d) $r = 3$ Dreieckverformung e) $r = 4$ Viereckverformung f) $r = 5$

12.9.4 Simulation

In Bild 3.49 (Abschnitt 3.12) ist der Feldaufbau in Gleichstrom- und Synchronmaschinen dargestellt worden. Durch die Ankerrückwirkung wird das resultierende Feld stark verzerrt. Dies führt zu Feldspitzen unter den Zähnen, was zur Erhöhung des magnetischen Geräuschs beiträgt (die anregenden Kräfte sind der magnetischen Induktion quadratisch proportional). Die qualitative Darstellung im Bild 3.49 zeigt nicht den Einfluss der Nutung [58 bis 89].

Zur Simulation wird vor allem die numerische Feldberechnung herangezogen. Vorzugsweise wird die Finite-Elemente- (FE) bzw. Finite-Differenzen- (FD) Methode eingesetzt (s. Abschnitt 14.2.1.2.6). **Bild 12.37** zeigt das Schnittbild der hier berechneten Synchronschenkelpolmaschine mit dem Programmsystem ANSYS. **Bild 12.38** zeigt das Rechenmodell mit dem FE-Gitternetz für den Rechenbereich (es wird zweckmäßigerweise auch die umgebende Luft mitmodelliert) der zwölfpoligen Synchronschenkelpolmaschine [81].

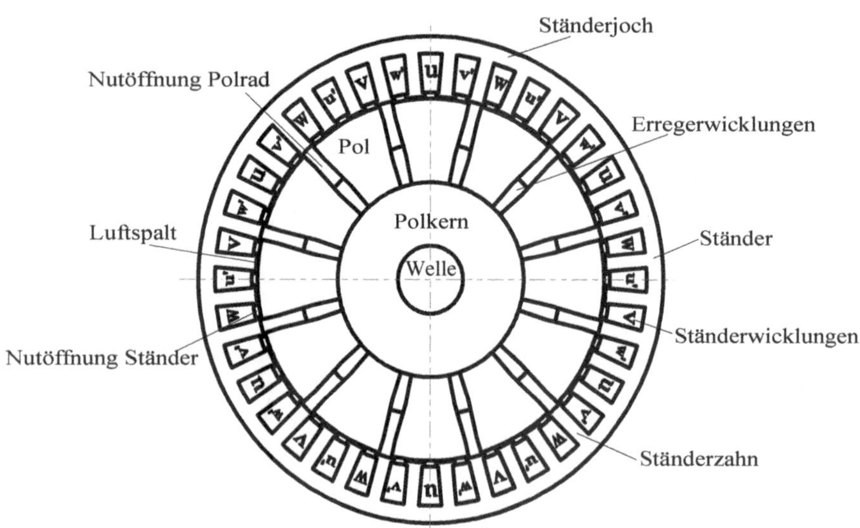

Bild 12.37 Rechenmodell

Das berechnete Feldbild für die Synchronschenkelpolmaschine ist in **Bild 12.39** dargestellt. Deutlich erkennbar ist die starke Sättigung mancher Zähne infolge der Ankerrückwirkung.

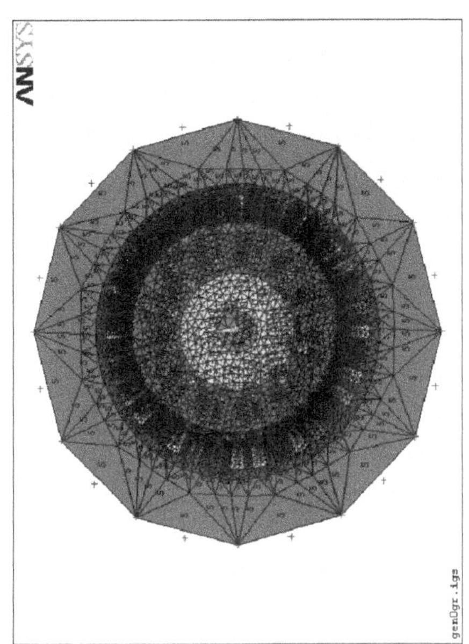

Bild 12.38 Rechenbereich mit Gitternetz für die FE-Methode

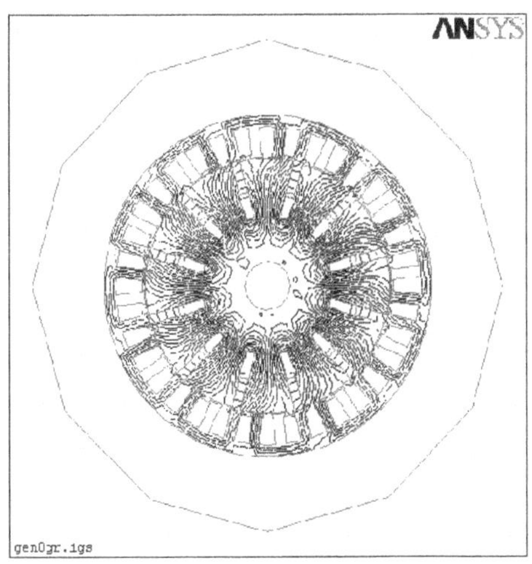

Bild 12.39 Rechenmodell mit berechnetem Feldbild

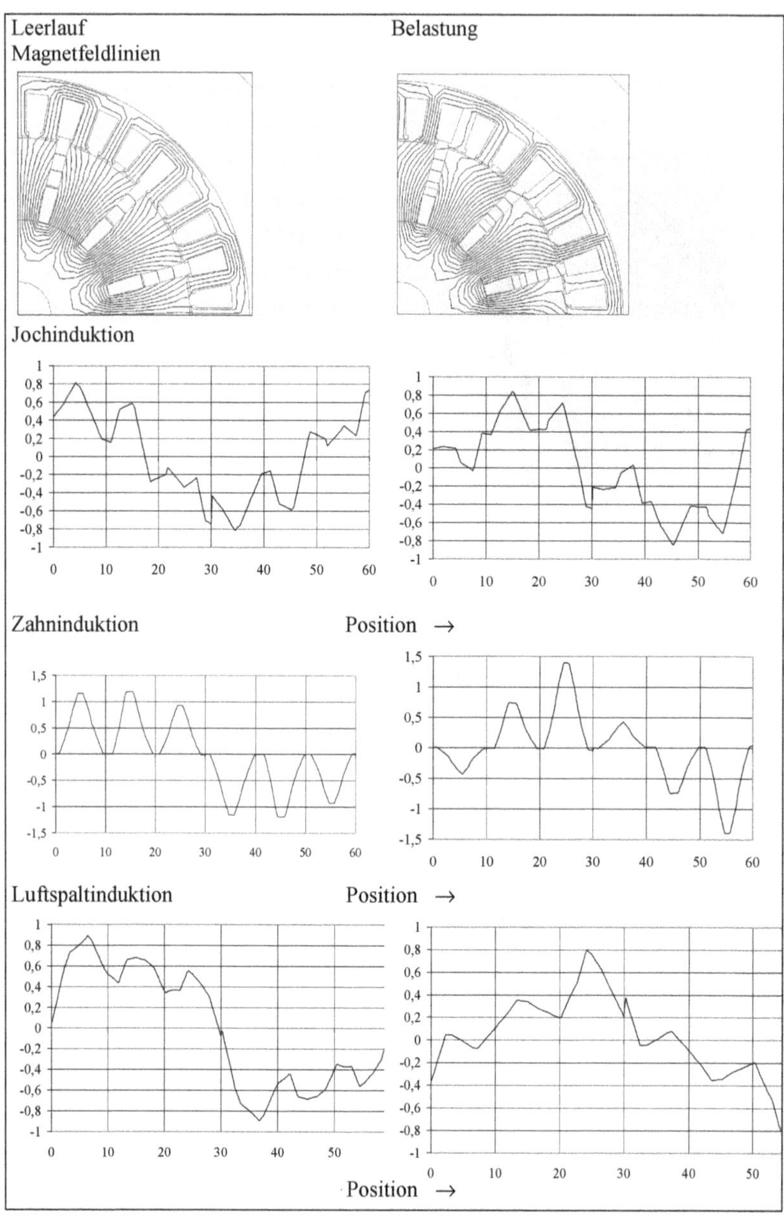

Bild 12.40 Feldbild mit Induktionswerten im Leerlauf und bei Belastung

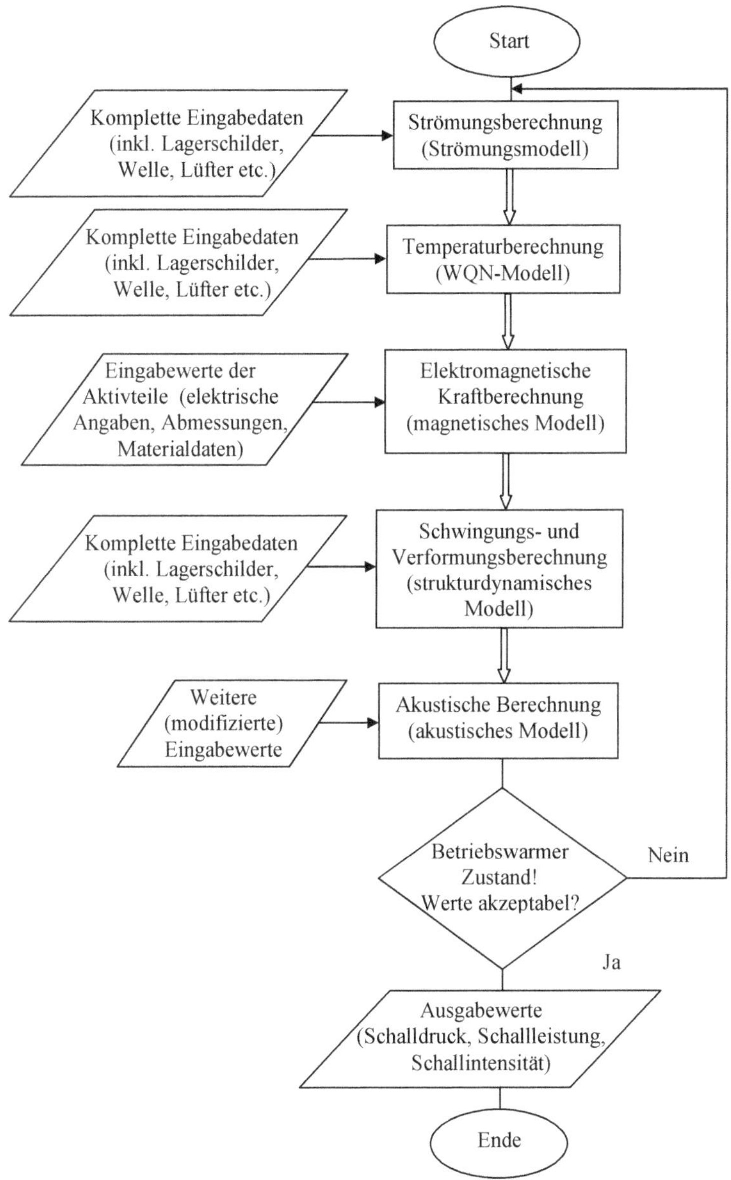

Bild 12.41 Prinzipielles Flussdiagramm zur Geräuschsimulation in elektrischen Maschinen

Bild 12.40 gibt den Rechenbereich mit dem berechneten Feldbild (hier für zwei Polteilungen) und der zugehörigen Luftspalt-, Zahn- und Jochinduktion im Leerlauf und bei Belastung an. Durch die Ankerrückwirkung wird das gleichmäßige Erregerfeld einseitig verzerrt. Eine ungleichmäßigere Belastung der Zähne und hohe Induktionsspitzen sind die Folge. In Abschnitt 12.9.4 wird erwähnt, wie durch besondere Maßnahmen diese Induktionsspitzen und damit das Geräusch zu reduzieren sind.

Zur Geräuschbeurteilung müssen noch eine mechanische Schwingungsberechnung sowie akustische Berechnungen herangezogen werden. Diese sind vorzugsweise auch numerische Berechnungen mit einem FE-Berechnungsprogramm und einem akustischen Boundary-Element-Modell (BE-Modell).

Zur Aussage über das Geräuschverhalten einer elektrischen Maschine sind nach Abschnitt 14.1 (Bild 14.1) mindestens fünf Rechenpakete und entsprechende Modellierungen erforderlich: Strömungsberechnung (Strömungsmodell), Temperaturberechnung (WQN-Modell), elektromagnetische Kraftberechnung (magnetisches Modell), Schwingungs- und Verformungsberechnung (strukturdynamisches Modell) sowie akustische Berechnung (akustisches Modell) (**Bild 12.41**). Eine Strömungs- und Temperaturberechnung ist erforderlich, um die Betrachtung der Maschine im betriebswarmen Zustand durchführen zu können. Die Temperaturberechnung wurde in Abschnitt 12.6.4.2 behandelt.

Zur Erzielung höherer Genauigkeit sollte auch das strukturdynamische Rechenmodell möglichst aus einem feinmaschigen Netz erstellt werden und selbstverständlich auch die sogenannten Nicht-Aktivteile (Lagerschilde, Welle, Lüfter etc.) umfassen. Mithilfe von Schwingungsberechnungen werden die Eigenwerte des Körpers bestimmt. Die Schwingungsberechnung wird unter Einflussnahme der berechneten anregenden Kräfte aus der Feld- und Kraftberechnung durchgeführt.

Bild 12.42 stellt das Finite-Elemente-Modell eines Kfz-Generators mit etwa 1100 p-Elementen und 200 000 Freiheitsgeraden dar (unter Freiheitsgeraden versteht man die Anzahl der Netzknoten multipliziert mit der Zahl der Bewegungsmöglichkeiten). p-Elemente werden durch Polynome höherer Ordnung (erste bis neunte Ordnung) beschrieben. Dadurch können geometrische Konturen exakter nachgebildet werden. Gleichzeitig entstehen zwischen den Knoten der Elemente weitere Zwischenpunkte, die einem verfeinerten Netz entsprechen. Bei der Rechnung wird die Polynomordnung der Elemente bzw. eines Teils davon, solange erhöht, bis eine vorgegebene Konvergenz erreicht ist. Dadurch sind die Ergebnisse sehr zuverlässig bzw. Fehler im Modell leichter erkennbar. Nachteil ist die längere Rechenzeit. Weitere Modelle, die direkt aus den 3D-CAD-Zeichnungen abgeleitet werden, besitzen eine deutlich genauere Kontur mit entsprechend feinem

Netz (30 000 p-Elemente bis 50 000 p-Elemente). Daraus entstehen Gleichungssysteme mit teilweise mehr als zwei Millionen Freiheitsgraden, auch wenn die maximale Ordnung auf etwa sechs beschränkt bleibt. Rechenzeiten bis zu mehreren Tagen sind keine Seltenheit. Rigid Modes sind die Starrkörperbewegungen, die jeder Teilkörper bei nicht vollständiger Einspannung aufweist. Eine 3D-Struktur (ohne Koppelstellen, Gelenke etc.) besitzt ohne äußere Zwangsbedingungen sechs dieser Rigid Modes: drei translatorische und drei rotatorische.

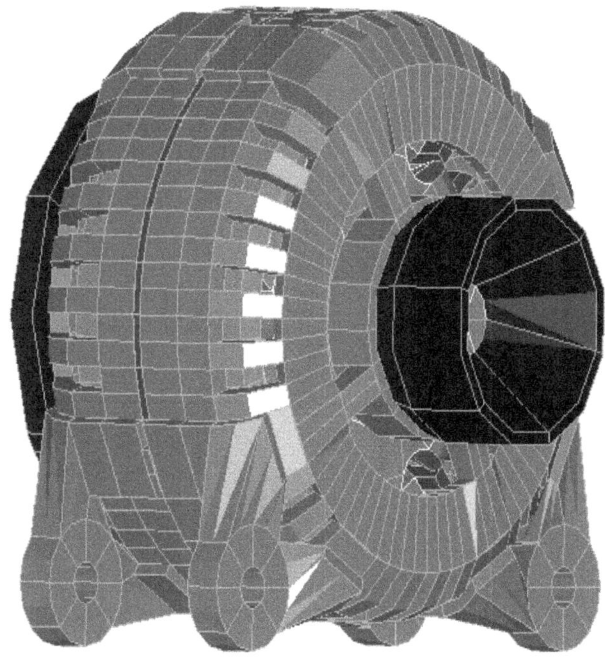

1 100 p-Elemente variabler Ordnung bis zu 200 000 Freiheitsgrade 24 Eigenformen im Bereich 0 Hz bis 2 kHz (ohne Rigid Modes) Rechenzeit etwa zwei Stunden auf SGI R 10 000; Memorybedarf 400 MByte, temporärer Plattenplatzbedarf 1,2 GByte

Bild 12.42 FE-Struktur eines Kfz-Generators
(mit freundlicher Genehmigung der Robert Bosch GmbH)

Damit können mit der FE-Berechnung die Verformungen, nämlich Biegung (elliptische bzw. Vierknotenschwingungen; **Bild 12.43a** und **Bild 12.43b**), Dreieckverformung (Sechsknotenschwingungen; **Bild 12.44a** und **Bild 12.44b**) und Viereckverformung (Achtknotenschwingungen; **Bild 12.45a** und **Bild 12.45b**), simuliert werden (Vergleich mit den Bildern 12.36c, d und e). Die Ausprägung dieser Schwingungsformen in den Bildern 12.43a, 12.44a und 12.45a ist nicht deutlich genug, deswegen ist in den Bildern 12.43b, 12.44b und 12.45b ein Lagerschild ausgeblendet und somit der Blick auf den *Ständer* frei. Bei diesen Eigenformen muss mit Extremwerten des Geräuschs gerechnet werden. Für den Kfz-Generator berechnet man etwa 24 Eigenformen bis zum relevanten Frequenzbereich von etwa 3 kHz.

Die Schwingungs- und Verformungswerte (Oberflächenschnelle) sind jetzt die Eingangswerte für das akustische Berechnungsprogramm. Das akustische Boundary-Element-Modell ergibt sich aus dem Schwingungsberechnungsmodell. Dieses kann meistens auf die Oberflächenbeschreibung des mechanischen Modells (Schwingungs-Verformungs-Modell) eingeschränkt werden. Die Ausgangswerte sind der Schalldruck, die Schallleistung und die Schallintensität (Bild 12.41, Abschnitt 6.11.3). Durch die parallelen Geräuschmessungen werden die ermittelten Werte nachkontrolliert und verifiziert. Damit können Verbesserungen im Verfahren vorgenommen werden. Die Geräuschmessverfahren wurden in Abschnitt 6.11 behandelt.

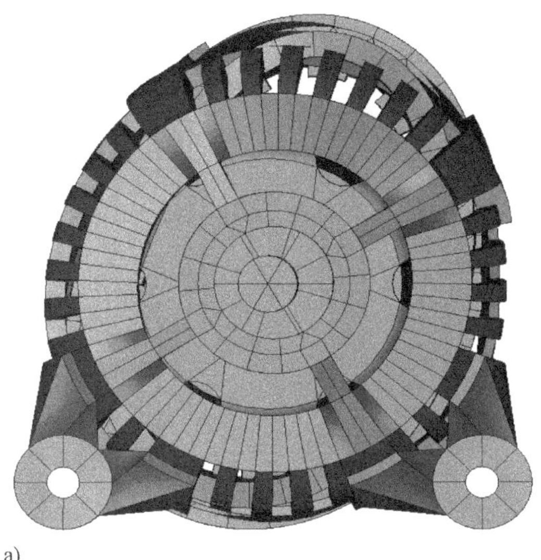

a)

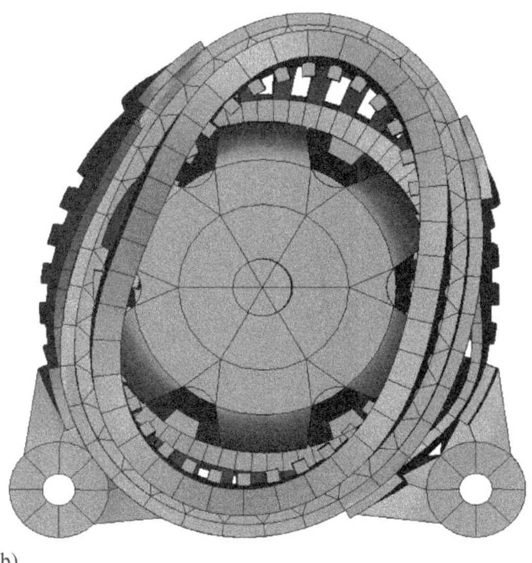

b)

Bild 12.43 Elliptische bzw. Vierknotenschwingungen des Ständers eines Kfz-Generators bei Eigenfrequenz f = 845 Hz (mit freundlicher Genehmigung der Robert Bosch GmbH)
a) kompletter Generator b) ein Lagerschild ausgeblendet

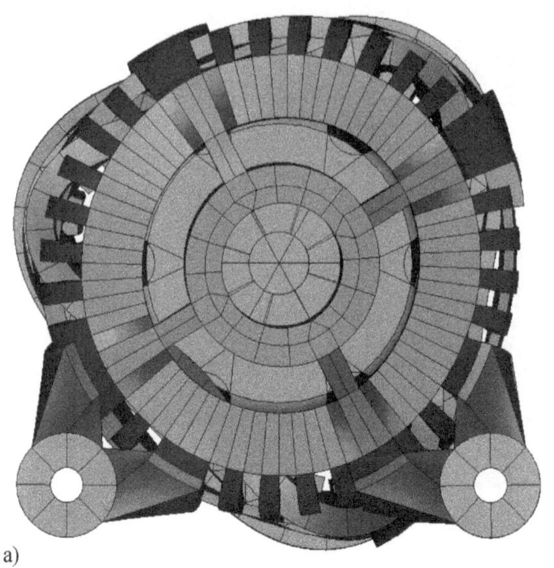

a)

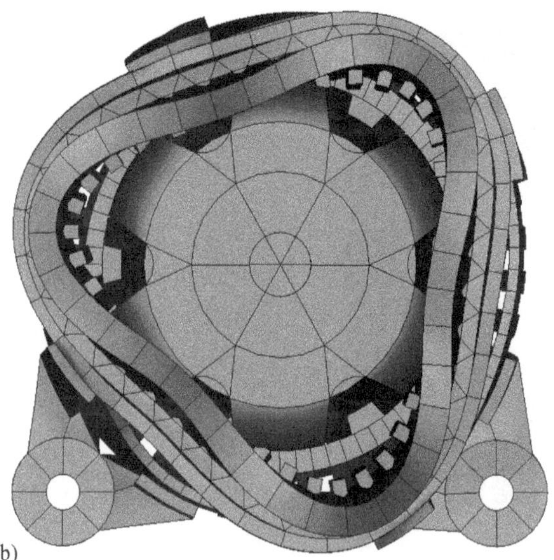

b)

Bild 12.44 Dreieckverformung (Sechsknotenschwingungen) des Ständers eines Kfz-Generators bei Eigenfrequenz f = 1 665 Hz (mit freundlicher Genehmigung der Robert Bosch GmbH)
a) kompletter Generator b) ein Lagerschild ausgeblendet

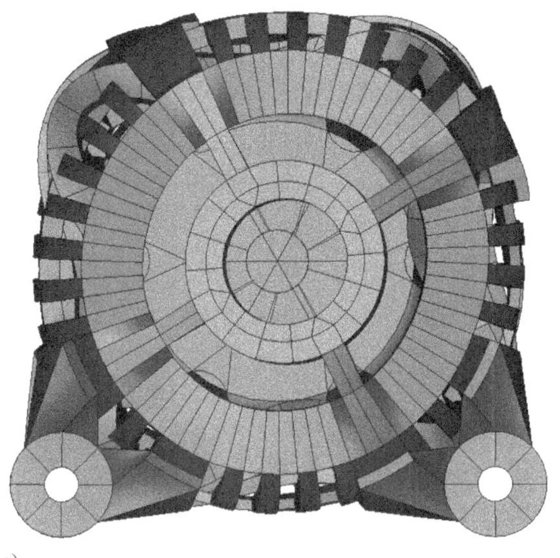

a)

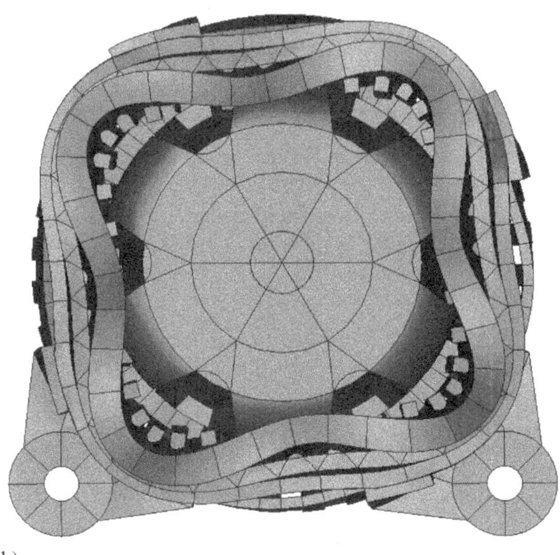

b)

Bild 12.45 Viereckverformung (Achtknotenschwingungen) des Ständers eines Kfz-Generators bei Eigenfrequenz f = 2 669 Hz (mit freundlicher Genehmigung der Robert Bosch GmbH)
a) kompletter Generator b) ein Lagerschild ausgeblendet

12.9.5 Maßnahmen zur Geräuschminderung

12.9.5.1 Möglichkeiten zur Reduzierung des magnetischen Geräuschs

12.9.5.1.1 Primärmaßnahmen

- Vermeidung der für die Geräuschentwicklung kritischen Wicklungs- und Leitwertoberschwingungen (Auswahl geeigneter Nutenzahl – Polpaarzahl)
- Einsatz von gesehnten Wicklungen oder Bruchlochwicklungen
- Vergrößerung des Luftspalts
- geschlossene oder halb geschlossene Nuten (Anwendung von magnetischen Nutverschlusskeilen)
- Reduzierung der Zahnsättigung
- Schrägung der Nuten
- Vermeidung von Exzentrizität und Unrundheit
- Optimierung der Polgeometrie bei Maschinen mit ausgeprägten Polen
- Verdrehung oder Versetzung der Pole bei Maschinen mit ausgeprägten Polen
- $|N_s - N_r|$ ungleich 0, 1, 2, 3 und $2p$, $2p \pm 1$, $2p \pm 2$, $2p \pm 3$
- Polabhebung der ablaufenden Polkante bei Maschinen mit ausgeprägten Polen
- In mechanischen Systemen ist es signifikant, das Zusammentreffen der Erregung und der Eigenfrequenzen der Elektromotoren zu vermeiden. Bei rotierenden elektrischen Maschinen wird das Geräusch von der Ständeroberfläche aus abgestrahlt. Daher müssen die Resonanzfrequenzen des Ständers vermieden werden. Die Modalanalyse ist die wichtige Basis für diese Strategie in der Entwicklungs- und Erprobungsphase. So kann z. B. durch die Änderung der Taktfrequenzen beim Pulsumrichter die Geräuschminderungsmaßnahme eingeleitet werden. Durch Änderung der Taktfrequenzen wird die Resonanz vermieden und somit auch die Geräuschemission herabgesetzt

12.9.5.1.2 Sekundärmaßnahmen

- Entkopplung (durch elastischen Einbau), Dämpfung (durch elastischen Einbau bzw. elastische Aufhängung).
- Ständer, Läufer und Gehäuse so ausführen, dass Resonanzlage vermieden wird (Optimierung der Geometrien, Massen und Steifigkeiten).
- Verringerung des Abstrahlgrads (z. B. durch Verkleinerung der Abstrahlfläche),
- Großmaschinen durch Spezialräume kapseln.
- in Maschinenhallen sollte wegen zahlreicher Schallquellen die Schallabsorption durch den Einsatz spezieller Baustoffe oder aber auch durch mehrschalige Bauteile gedämpft werden (Rücksicht auf Bauakustik).
- Bei den geschalteten Reluktanzmaschinen wird die Geräuschminderung durch Vermeidung der Resonanzfrequenz praktiziert, sind die Eigenfrequenzen des

Systems bekannt, werden die Steuerungsparameter so eingestellt, dass die Resonanzfrequenz umgangen wird, die Parameter sind z. B. Ein-, Ausschalt- sowie Freilaufwinkel.

- Die Taktfrequenzen stehen in direkter Beziehung zum Schalldruckpegel (**Tabelle 12.5**). Eine Drehstrommaschine (P = 0,75 kW, n = 1500 min^{-1}) hat z. B. bei 2 474 Hz eine starke Resonanz. Es ist ersichtlich, dass bei Erhöhung der Taktfrequenz um 500 Hz eine Herabsetzung des Schalldruckpegels um 16 dB erreicht werden kann. Bei einer Taktfrequenz von 2 000 Hz ist der Schalldruckpegel am höchsten, da die Druckfrequenz in Resonanznähe liegt. Kommt es aber nicht zum Zusammentreffen von Erregung und Eigenfrequenz, so entstehen keine starken Geräusche. Diese Geräusche können einfacher gedämpft werden.

Taktfrequenz in Hz	überwiegende Druckfrequenz in Hz	Schalldruckpegel in dB
1 500	2 047	48
2 000	2 465	59
2 500	2 030	43

Tabelle 12.5 Zusammenhang zwischen Schalldruckpegel und Taktfrequenzen

- Die Umrichter können ihrerseits auch Geräusche verursachen. Durch die Wahl geeigneter Steuerungsparameter kann das Geräusch minimiert werden. Diese Maßnahme kann aber nicht immer bei Hochleistungsantrieben angewendet werden und führt zu höheren Verlusten. Dadurch werden die Effizienz sowie die Lebensdauer der Komponenten beeinträchtigt.
- Bei den drehzahlgeregelten Antrieben kann die kritische Drehzahl mit der Antriebsdrehzahl zusammentreffen und starke Schwingungen verursachen. Hier kann auch die Vermeidung der kritischen Drehzahl durch die Flussoptimierung mithilfe der Umrichter erreicht werden (selbstgeführter Motor, **Bild 10.37**, Abschnitt 10.2.3).

12.9.5.2 Möglichkeiten zur Reduzierung des aerodynamischen Geräuschs

- Auswahl des geeigneten Lüftertyps (Durchmesser, Schaufelhöhe und -winkel, asymmetrische Schaufel, Oberflächenbeschaffenheit, Optimierung des Luftaustrittsbereichs durch zweckmäßige Teilung der Lüfterstege etc.)

- kleinstmöglicher Kühlluftstrom, dazu:
  – Senkung der Verluste
  – Übergang auf eine höhere Isolationsklasse
  – Verringerung der Wärmewiderstände (Abmessungs- und Materialänderung)
- Vermeidung starker Umlenkungen der Luftströmung und Verkleinerung des Maschinenströmungswiderstands
- flüssigkeitsgekühlte elektrische Maschinen

12.9.5.3 Möglichkeiten zur Reduzierung des Lagergeräuschs

- genaueres Fertigen von Lager und Lagersitz (Präzisionslager)
- Erreichung eines möglichst kleinen Lagerspiels beim Betrieb
- Einsatz von formstabilen Lagerschilden und Lüftern (geschweißte Stahl- und Leichtmetallguss-Konstruktionen sind aufgrund ihrer schlechten Dämpfungseigenschaften im Allgemeinen ungünstiger als Graugussausführungen)
- Rillenkugellager sind besser als Zylinderrollenlager
- Einsatz von Gleitlagern statt Wälzlagern (hierbei wird das Lagergeräusch deutlich abgesenkt)
- Verwendung verbesserter Kugellagerfette (die auch bei tiefen Temperaturen weich bleiben)
- sorgfältige Montage
- Verwendung von beidseitig abgedichteten Kugellagern

12.9.6 Beispiele (Simulation – Messung – Vergleich)

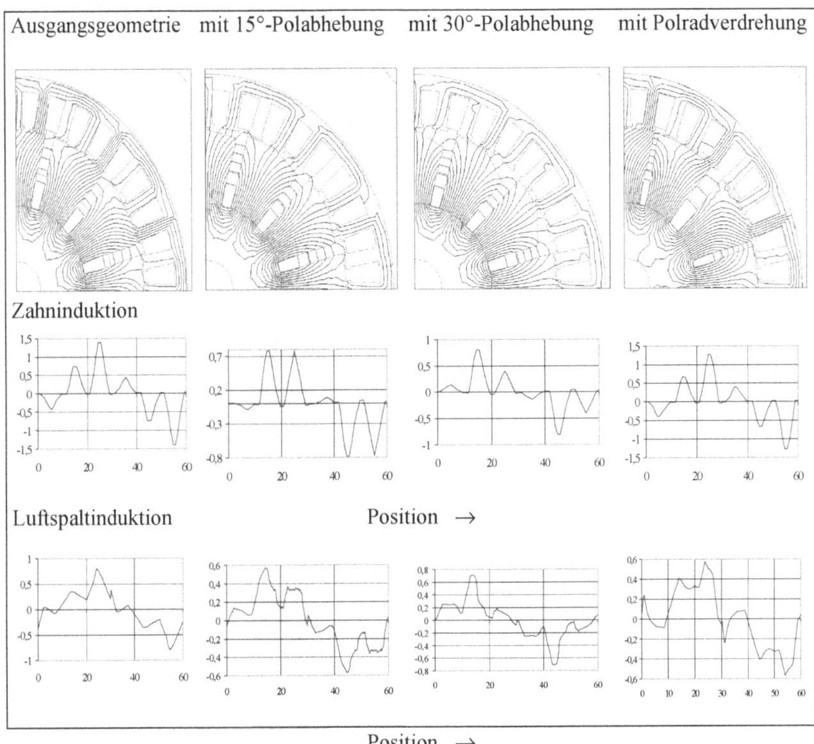

Bild 12.46 Einfluss der Polabhebung und Polverdrehung auf die Feldverteilung

Bild 6.29 (Abschnitt 6.11) ist die prinzipielle Messkurve des Geräuschs in Abhängigkeit der Drehzahl für einen Kfz-Generator. Erwartungsgemäß weist das Kaltgeräusch höhere Werte auf als das Warmgeräusch (die Zunahme der ohmschen Widerstände infolge der Temperatur führt zur Absenkung des Erregerstroms und damit der magnetischen Induktion und der anregenden Kräfte). Das mechanische Geräusch (mit zunehmender Drehzahl monoton wachsend) wird durch magnetische und aerodynamische Geräusche überlagert. Mit Beschleunigungsaufnehmern, der Lage der Mikrofone und durch Ingenieurgeschick können die Geräuschanteile identifiziert und Maßnahmen zu deren Reduzierung getroffen werden. Im **Bild 12.46** ist der Gesamtüberblick über das Feldbild und die Induktionsverteilungen im Luftspalt und in den Ständerzähnen der Synchronschenkelpolmaschine dargestellt.

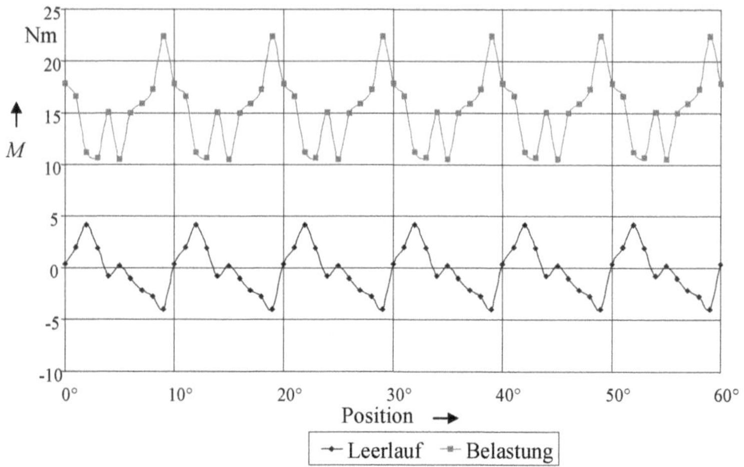

Bild 12.47 Drehmomentschwankungen bei der Schenkelpolsynchronmaschine, Gegenüberstellung der Werte im Leerlauf und bei Belastung

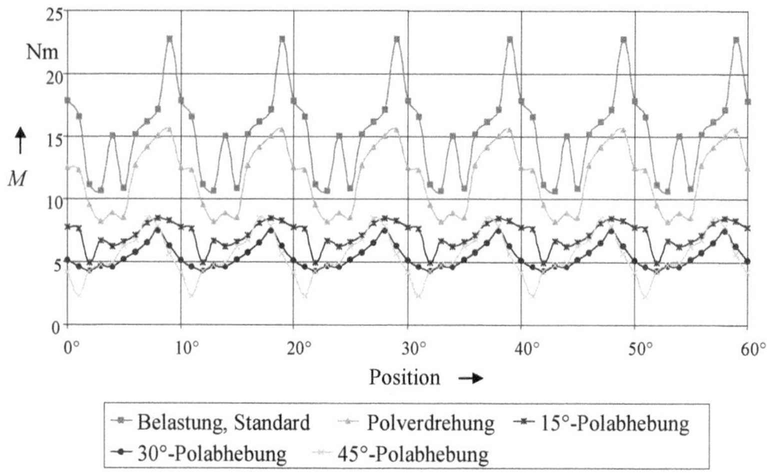

Bild 12.48 Drehmomentschwankungen bei der Schenkelpolsynchronmaschine, Gegenüberstellung der normalen Ausführung und der Ausführung von Polen mit Verdrehung und Abhebung

Aus Bild 12.46 gehen der deutliche Einfluss der Polradgeometrie und der Polbedeckungsänderung auf die Ankerrückwirkung und insbesondere auf die Spitzenwerte der Induktion hervor. Durch eine sukzessive Veränderung der

Maschinengeometrie und elektrischen Größen lässt sich schnell, effizient und mit guter Genauigkeit eine Optimierung simulieren. Damit können die Entwicklungszeiten verkürzt und die Entwicklungskosten reduziert werden.

Bild 12.47 gibt die Drehmomentschwankungen (Rastermomente) der hier untersuchten Maschine (Bild 12.37, die Grundausführung) im Leerlauf und bei Belastung an. Die Schwankungen sind selbst im Leerlauf ziemlich hoch. **Bild 12.48** stellt die Drehmomentschwankungen bei Belastung dar. Im Vergleich zur Grundausführung sind Modifikationen mit Polabhebung auf der ablaufenden Polkante sowie solche mit Polverdrehung einander gegenübergestellt. Man erkennt die deutliche Reduzierung der Schwankungen durch die Maßnahmen Polabhebung und Polverdrehung. Die hier gewählten Angaben sollen zunächst die Tendenzen aufzeigen und sind deswegen nur für eine qualitative Aussage geeignet. In der Praxis sind z. B. 30°- und 45°-Polabhebung und eine solch große Polradverdrehung (was übrigens auch zu einer deutlichen Geräuschreduzierung führte) in Hinblick auf Leistungs- und Drehmomenteinbußen nicht zweckmäßig. Eine diesbezügliche quantitative Aussage kann mit feinerer Quantifizierung der Maschinengeometrie erfolgen. Für Maschinen mit ausgeprägter dreidimensionaler Feldverteilung soll zweckmäßigerweise eine dreidimensionale Feldberechnung zugrunde gelegt werden [74 bis 76 und 86 bis 89]. Für diese Ausführungen der Kfz-Generatoren ist z. B. die Polverdrehung um 5° meist die optimale Konstellation. **Bild 12.49** gibt die Fourier-Analyse der Drehmomentschwankungen (Amplitudenspektrum) für die Grundvariante im Vergleich zu den Ausführungen mit optimaler Polabhebung und Polverdrehung an. Daraus geht hervor, dass die Oberschwingungsanteile der optimalen Ausführungen deutlich zurückgegangen sind. Zu beachten ist, dass der Anteil der dritten Oberschwingung hier wegen der ausgeprägten Polradgeometrie bei der Klauenpolmaschine relativ groß ist (s. Abschnitt 10.2.2). Ähnlich ist es z. B. auch bei den meisten Wechselstrommotoren (s. Abschnitt 10.1.1.5).

Bild 12.50 stellt den Einfluss der Polabhebung und Polverdrehung auf Geräuschwerte (Geräuschwerte hier qualitativ wiedergegeben) dar. Bis zu 10 dB(A) Geräuschreduzierung können erzielt werden. Der Einfluss der Ständernutenzahl und Polpaarzahl auf die Drehmomentschwankungen und damit auf das Geräusch wird im **Bild 12.51** verdeutlicht. Am Beispiel eines Ständers mit 36 bzw. 54 Nuten bei einer 12-poligen Maschine werden geringere Drehmomentschwankungen für 54-nutige Maschinen erkennbar. Während sich die Drehmomentschwankungen des 36-nutigen Ständers überlagern und ein erheblich größeres Rastermoment verursachen, heben sich die vom 54-nutigen Ständer zum großen Teil auf. Die Bestätigung dieser Aussage liefert **Bild 12.52**. Hier ist das Drehmoment als Funktion der Stellung vom Läufer zum Ständer dargestellt.

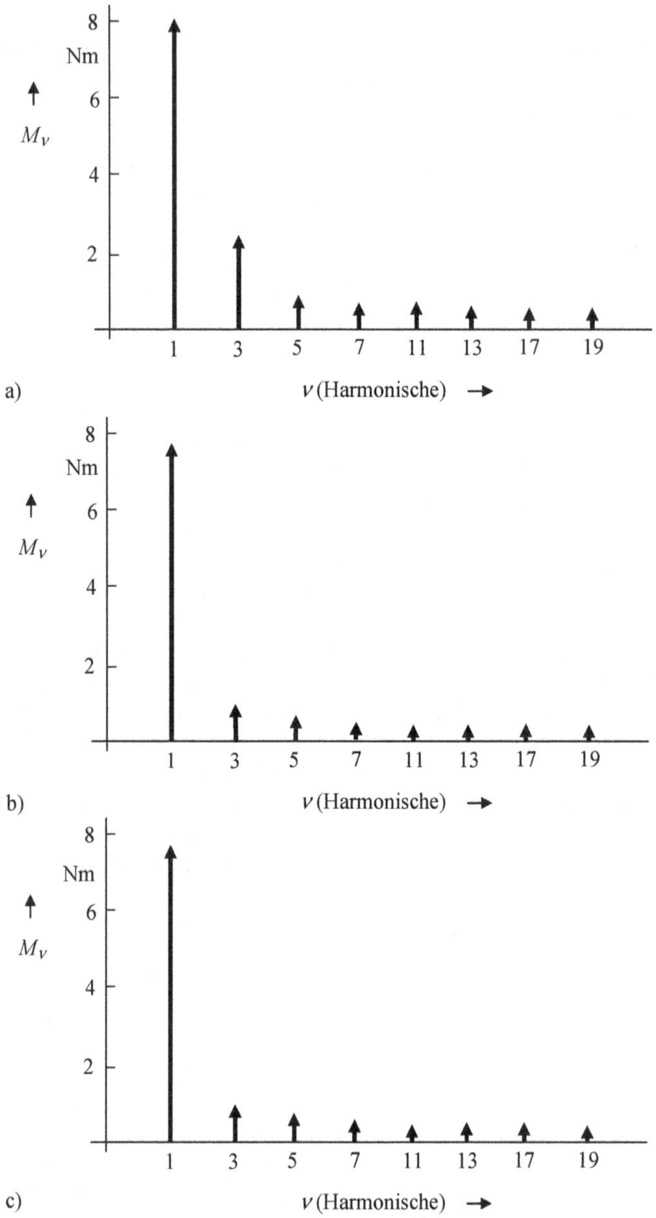

Bild 12.49 Fourier-Analyse der Drehmomentschwankungen (Amplitudenspektrum)
a) Grundausführung b) mit flacher Polabhebung c) mit Polverdrehung um 5°

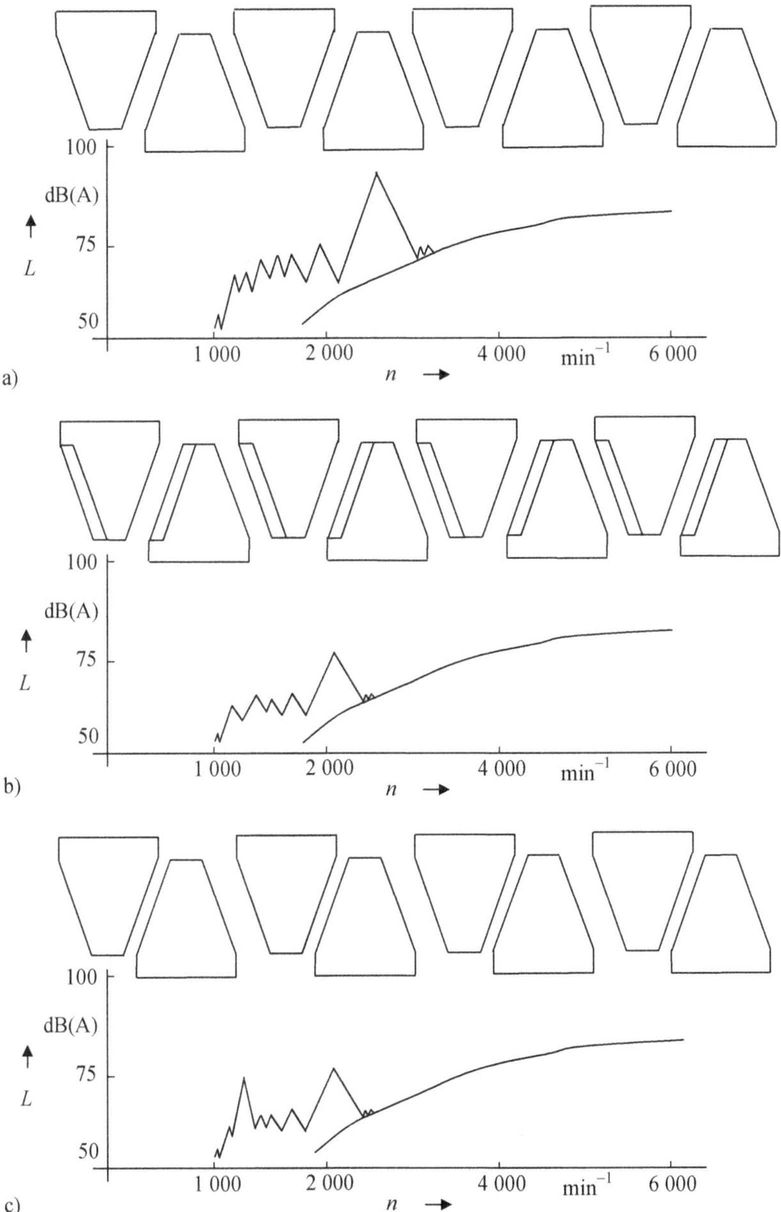

Bild 12.50 Qualitative Geräuschwerte in Abhängigkeit der Drehzahl beim Kfz-Generator
a) Grundausführung b) mit Polabhebung c) mit Polverdrehung um 5°

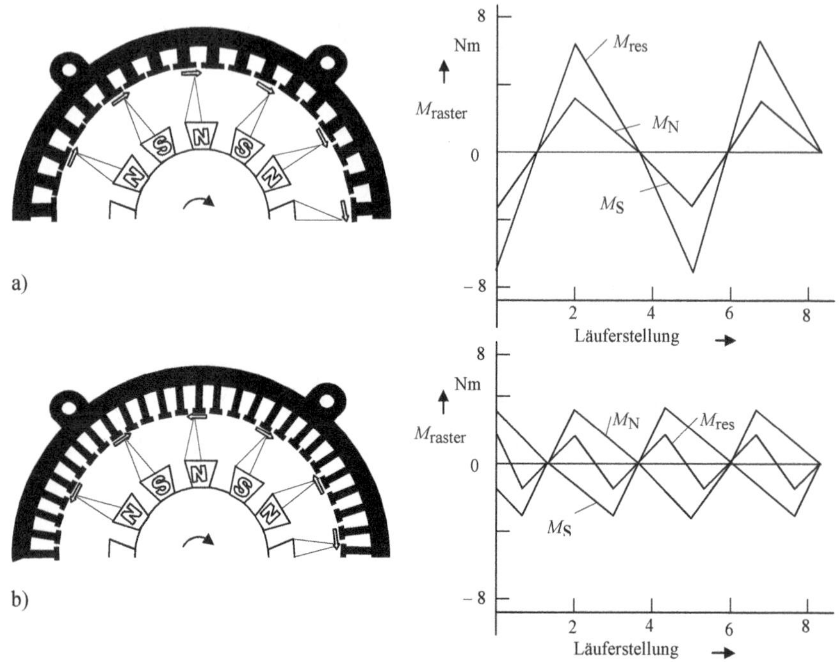

Bild 12.51 Einfluss von Ständernutenzahl und Polpaarzahl auf die Drehmomentschwankungen
a) $N = 36$ b) $N = 54$

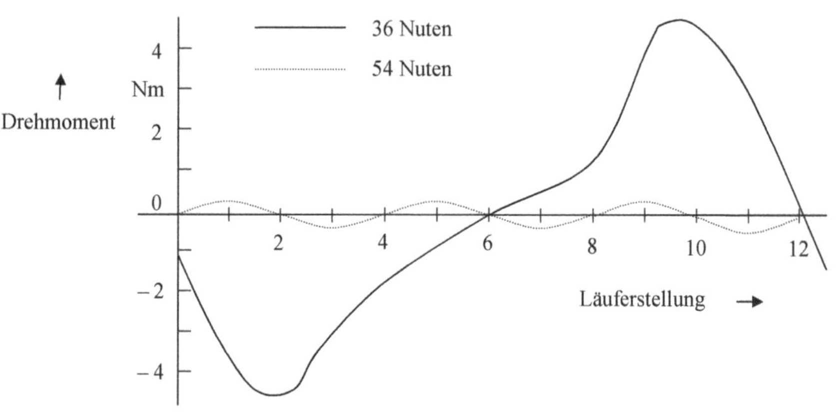

Bild 12.52 Ermittelte Drehmomentschwankungen bei $N = 36$ und $N = 54$

12.9.7 Zusammenfassung

Die Geräuschentwicklung, Erwärmung und Kühlung elektrischer Maschinen sind nicht nur als Umweltthema sehr wichtig, sondern verursachen Abnutzung, mangelhafte Funktion, Betriebsstörungen oder sogar irreversible Schäden jeden Grades bei Maschinen, Fahrzeugen, Anlagen und sogar Bauwerken. Die Analyse der Geräuschemission und deren Reduzierung sowie der Erwärmung und Kühlung ist eine Herausforderung, die die Ingenieure bei der Weiterentwicklung elektrischer Maschinen noch intensiver als bisher beschäftigen wird. Die Sensibilität gegenüber Geräuschbildung in den elektrischen Maschinen nimmt stark zu und wird immer mehr zu einer Umweltfrage. Beispielsweise werden in der Autoindustrie die diesbezüglichen Werte und Normen für den Kfz-Generator und die große Anzahl von Fahrzeug-Kleinmotoren immer strenger angesetzt. Die Energieeinsparmöglichkeiten sind wegen stark gestiegenen Energiepreisen aktueller den je. Diese ist direkt mit der Wirkungsgradverbesserung verbunden.

Die wichtigsten Punkte können wie folgt zusammengefasst werden:

- Mit wachsenden Abmessungen wird der Wirkungsgrad besser, das Gewicht je Leistungseinheit kleiner, aber die Kühlung schwieriger.
- Durch die geschickte Auswahl des Eisen-Kupfer-Verhältnisses, die Verwendung von Kühlmitteln mit höherem Wärmeabführvermögen als Luft (Wasserstoff, Wasser und Öl) und den Übergang von der indirekten Kühlung an den Oberflächen zur direkten Kühlung der Leiter konnten Maschinen mit höherer Ausnutzung entwickelt werden.
- Der Kaufpreis ist nur ein Bruchteil der Gesamt-Lebensdauerkosten. Weitere Faktoren sind: Zuverlässigkeit, Wartung und Energieverbrauch (Wirkungsgrad)!
- Die Isolation der Wicklungen und die richtige Wahl der Lager sind in erster Linie lebensdauerbestimmend für die Maschine. Dank neuer Imprägnierverfahren, verbesserter Lackqualität und Zweifachlackisolierung der Wicklungen sowie Nachschmierung der Lager konnte die Lebensdauer gesteigert werden.
- Durch die Erfassung der Verluste und deren Reduzierung lassen sich die Lebensdauer und der Wirkungsgrad steigern und Energiekosten einsparen.
- Die Methoden der Temperaturerfassung sind ein wichtiges Hilfsmittel zur Kontrolle und Optimierung des Temperaturverhaltens der elektrischen Maschinen.
- Neben den diversen Messverfahren zur Kontrolle und Optimierung kann auch die Wärmequellennetzmethode zur Erfassung der Temperaturwerte an beliebigen Stellen innerhalb der Maschine eingesetzt werden.
- Die Analogiebetrachtungen zur Elektrotechnik erlauben die Aufstellung eines Netzwerks und die Anwendung des ohmschen Gesetzes und der Knotenregel.

- Bei der Anwendung muss auf entsprechende Betriebs- und Schutzarten geachtet werden.
- Lärm und Schwingungen entstehen durch bestimmte Vorgänge, bei denen dynamische Kräfte Strukturen anregen. Sie stehen in direkter Beziehung zueinander. Lärm ist ein Teil der Schwingungsenergie einer Struktur, der an die umgebende Luft abgegeben wird.
- Die Einführung einiger schallbestimmender Größen wie Schallleistung, Schalldruck, Schallintensität und Schallschnelle ist zweckmäßig, um das akustische Verhalten der Maschinen an Ort und Stelle (unter Betriebsbedingungen) und im Labor zu untersuchen.
- Auch in der Akustik sind Analogiebetrachtungen zu Elektrotechnik, Wärmelehre und Mechanik zur weiteren Erklärung und Vertiefung sinnvoll. So besteht ein Schallfeld aus aktiven Schallanteilen (Wirkanteil) und reaktiven Schallanteilen (Blindanteil). Die reaktive Schallenergie wandert hin und her, sodass deren Mittelwert null ist (wie beim Feder-Masse-System). Hier kann der Schalldruck als elektrische Spannung, die Schallschnelle als elektrischer Strom, die Schallintensität als elektrische Leistung und deren Phasenwinkel φ als Phasenwinkel zwischen u und i angesehen werden.
- Die drei Geräuscharten in elektrischen Maschinen sind magnetisches, aerodynamisches und mechanisches Geräusch.
- Der elektromagnetisch erzeugte Schall in elektrischen Maschinen entsteht durch Schwingungen der von elektromagnetischen Kräften beeinflussten Teile. Diese Kräfte greifen im Wesentlichen an Zahnköpfen von Ständern und Läufern an. Die Zähne übertragen die Kräfte auf die Joche und diese wiederum über ihre Einspannstellen auf das Maschinengehäuse und das Fundament. Verläuft der Schall in festen Körpern, dann spricht man von Körperschall. Geräusch entsteht erst, wenn der Körperschall an schwingungsfähigen Flächen als Luftschall abgestrahlt wird.
- Der Anregungsmechanismus des magnetischen Geräuschs erfolgt über das magnetische Feld bzw. die magnetischen Wechselkräfte.
- Das aerodynamische Geräusch entsteht durch Wirbel-, Turbulenzgeräusch und periodische Luftdruckschwankungen aufgrund des Lüfters.
- Mechanisches Geräusch entsteht durch erzwungene und selbsterregte Schwingungen der einzelnen Lagerteile beim Rollvorgang.
- Zur Bestimmung der Kräfte und daraus abgeleiteten Schwingungen können verschiedene Methoden wie kapazitive Geber und magnetoelastische Kraftaufnehmer benutzt werden.
- Die Schalldruckmessung eignet sich für einen schalltoten Raum (Freifeld). Die Schallintensitätsmessung eignet sich für ein diffuses Schallfeld, also in normalen Räumen. Hier lässt sich die Schallmessung unter Betriebsbedingungen durchführen. Eine Schallquellenortung ist dann möglich.

- Die Schallintensitätsmessung basiert auf der Zwei-Mikrofon-Methode in einem Distanzstück oder noch präziser auf der Microflown-Sensor- bzw. USP-Methode.
- Die experimentelle Modalanalyse ermöglicht die Beschreibung und Erkennung der dynamischen Strukturverhältnisse, die Erstellung von Modellen (mithilfe der Modenform) und die Bestimmung von Modalfrequenzen.
- Neben der Fertigungs- und Montagegenauigkeit (Verringerung von Exzentrizität, Ovalität und Unrundheit) und den primären Einflussgrößen spielen die sogenannten sekundären Einflussgrößen eine bedeutende Rolle für die Entwicklung und Ausbreitung des magnetischen Geräuschs.
- Die Untersuchung der Eigenformen und Eigenfrequenzen des Systems (elektrische Maschine) geben wichtige Hinweise zur Geräuschbeurteilung und -reduzierung (Resonanzen).
- Die verschiedenen Geräuscharten können sich durch Resonanzbildung negativ beeinflussen.
- Neben den Primärmaßnahmen ist die Beachtung der Sekundärmaßnahmen zur Geräuschminimierung von großer Bedeutung. So muss u. a. auf Entkopplung und Bauakustik besonders geachtet werden.
- U. a. lässt sich durch geeignete Ständer- und Läufernutenzahl, passende Nutenzahl-Polpaarzahl-Verhältnis, Optimierung der Polbedeckung sowie Änderungen am magnetisch wirksamen Luftspalt Einfluss auf die magnetische Geräusche nehmen.
- Die Reduzierung des aerodynamischen Geräuschs hängt mit der Optimierung des Lüfters zusammen. Die flüssigkeitsgekühlten elektrischen Maschinen gewinnen auch deshalb immer mehr an Bedeutung.
- Durch den Einsatz der Lager höherer Qualität und die sorgfältige Montage lassen sich die mechanischen Geräuschanteile reduzieren.
- Die mehrmaligen Schalthandlungen bei umrichtergespeisten Antrieben führen zu subtransienten Ausgleichsvorgängen im Innern der Maschine.
- Eine umrichtergespeiste Drehstromasynchronmaschine arbeitet daher grundsätzlich nie im „stationären“ Betrieb; konstante Belastung bedeutet nur, dass die subtransienten Vorgänge in gleichbleibender periodischer Folge ablaufen.
- Die Kommutierungsspitzen aufgrund der erzwungenen Stromänderungen des I-Umrichterantriebs führen dazu, dass die Wicklungen des Motors nicht mit sinusförmigem Strom bzw. sinusförmiger Spannung gespeist werden.
- Es entstehen zusätzliche Induktions- und Strombelagsoberschwingungen. Drehmomentoberschwingungen entstehen durch das Zusammenwirken von Induktionsdrehschwingungen und Läuferstrombelagsschwingungen.

- Eine fiktive Unterteilung in Grund- und Oberschwingungsmotoren auf einer gemeinsamen Welle ist möglich. Das Betriebsverhalten kann nur durch Überlagerung der Einflüsse einer „Grundmaschine“ (basierend auf Grundschwingung) und „fiktiver Maschinen“ (basierend auf Oberschwingungen) vollständig erklärt werden.
- Im Vergleich zum Betrieb mit sinusförmiger Speisung drückt sich die Wirkung oberschwingungshaltiger Spannungen bzw. Ströme des Umrichters in einer Erhöhung der Verluste und der Temperatur aus, einer Verminderung des Wirkungsgrads und des Leistungsfaktors sowie in zusätzlicher Geräuschbildung und Schwingungsanregung.
- Die höhere thermische und mechanische Beanspruchung der Maschine erfordert eine Reduzierung des Drehmoments. Wenn die vorhandene Leistungsreserve nicht ausreicht, muss dies durch die Wahl einer leistungsstärkeren Maschine kompensiert werden.
- Die Nachteile können, z. B. durch die Verbesserung der Stromform, mittels einer Umformung in annähernde Sinusform oder durch besondere Maßnahmen bei der Auslegung des Motors gemildert werden; das aber erhöht den Preis des Umrichters und des Antriebs wesentlich.
- Die Umrichterspeisung der Drehstromsynchronmotoren ermöglicht eine stufenlos variable Drehzahländerung. Energieeinsparungen, exaktere Prozessführung und höherer Wirkungsgrad können so erreicht werden.
- Zur Analyse und Beurteilung des akustischen Verhaltens elektrischer Maschinen versucht man, verifizierte Simulationstechniken schon während der Konstruktionsphase einzusetzen, d. h.:
  Die numerische Feld- und Kraftberechnung nach der FD- bzw. FE-Methode (für den betriebswarmen Zustand) sowie die numerische Schwingungsberechnung nach der FE-Methode und die akustische Berechnung nach dem Boundary-Element-Modell werden kombiniert mit experimenteller Modalanalyse und konventionellen Messungen eingesetzt.
- Die vollständige Simulation elektrischer Maschinen beinhaltet magnetische, thermische, strömungstechnische, schwingungs- und verformungstechnische und akustische Einflussgrößen sowie deren Wechselwirkungen.
- Die elektromagnetische Simulation geht bis zur Lösung der Maxwell’schen Gleichungen unter Berücksichtigung der Materialgleichungen. Die Lösungsverfahren sind analytische und numerische Methoden.
- Durch den Einsatz von leistungsfähigen Rechnern und die Unterstützung der modernen iterativen Verfahren der Mathematik lassen sich die elektromagnetischen Felder inhomogener, anisotroper und nicht linearer Medien numerisch erfassen.

- Hier haben sich insbesondere die Finite-Elemente-, Finite-Differenzen- und Finite-Netzwerk-Verfahren durchgesetzt.
- Die Simulationstechniken sollen die Entwicklung beschleunigen und die Versuchskosten verringern.
- Wegen der Komplexität der Aufgabe wird der empirisch-experimentelle Aufwand kurzfristig nicht in dem Maße reduziert werden können, wie es wünschenswert wäre.
- Ziel muss es sein, das Geräusch und die Erwärmung von vornherein möglichst zu vermeiden, anstatt Verursachtes zu reduzieren.
- Die permanentmagneterregten Synchronmotoren bieten wegen des kleineren Bauvolumens, geringerer Verluste und schnellerer Beschleunigungen Vorteile bis hin zum mittleren und großen Leistungsbereich. Ein deutlich besseres Temperatur- und Geräuschverhalten ist erreichbar (s. Abschnitt 8.4)
- Deren Einsatz beschränkt sich jedoch derzeit wegen höherer Fertigungskosten (insbesondere die Kosten der Seltene-Erden-Permanentmagnetwerkstoffe) auf konkrete Anwendungsgebiete. Außerdem müssen die Umrichter auf den Permanentmagneten abgestimmt sein. Sie können nicht mit herkömmlichen Umrichtern betrieben werden.

12.10 Leistungsschildangaben

An elektrischen Maschinen ist am Gehäuse ein Leistungsschild angebracht, das bis zu 23 Felder enthält. Darin gibt der Hersteller die wichtigsten Betriebsgrößen und Merkmale der Maschine an. Normalerweise werden neben den Bemessungswerten für Spannung, Strom, Frequenz, Drehzahl, Leistung und Leistungsfaktor auch die vorhandene Schaltungsart und andere Merkmale wie z. B. Baugröße, Bauform, Isolationsklasse, Schutzart, Betriebsart und Gewicht angegeben (**Bild 12.53**). Die Bemessungswerte dürfen im Hinblick auf die zulässige Erwärmung nicht überschritten werden DIN EN 60034-6 (VDE 0530-6).

O	1	O
Typ 2		
3 4	Nr. 5	
6 7 V	8 A	
9 10 11	cos φ 12	
13 14 min^{-1}	15 Hz	
16 17 18	19 A	
Isol.-Kl. 20	IP 21	22 t
O	23	O

Bild 12.53 Leistungsschild einer elektrischen Maschine

Die Inhalte der einzelnen Felder sind:
1 Hersteller
2 Typ mit Angaben über Baugröße
3 Stromart (Gleich- bzw. Wechselstrom)
4 Arbeitsweise (z. B. Motor, Generator, Blindleistungsmaschine, Umformer)
5 Fertigungsnummer
6 Schaltungsart
7 Bemessungsspannung
8 Bemessungsstrom
9 Bemessungsleistung
10 Einheit der Leistung, z. B. kW bzw. kVA
11 Betriebsart (S1 . . . S10)
12 Bemessungsleistungsfaktor
13 Drehrichtung, Rechts- bzw. Linkslauf
14 Bemessungsdrehzahl
15 Bemessungsfrequenz
16, 17, 18 und 19 Läuferströme bzw. -spannungen
20 Isolationsklassen
21 Schutzart, z. B. Berührungs-, Fremdkörper-, Wasser- und Explosionsschutz
22 Gewicht
23 Zusätzliche Merkmale

Je nach Form und Anzahl der Lagerschilde, nach Gehäuseform (ohne oder mit Schutzdach), nach Flanschart sowie Lage des Motors sind unterschiedliche Bauformen festgelegt. Die verschiedenen Bauformen sind gekennzeichnet durch ein Kurzzeichen, bestehend aus IM und einem weiteren Buchstaben und einer bzw. zwei Ziffern (z. B.: IM B 3, IM B 5, IM B 6, IM B 7, IM V 1, IM V 3, IM V 18, IM V 19 etc., **Tabelle 12.5**). Zu beachten ist, dass die Bauformen IM B 3 bis IM V 5 ohne Flansch, die Bauformen IM B 5 bis IM B 35 mit Flansch, die Bauformen IM B 14 bis IM B 34 mit Normflansch und die Bauformen IM B 14 bis IM B 34 mit Sonderflansch ausgeführt sind.

Die Bauformen entsprechen der einschlägigen Norm von DIN EN 60034-7 (IEC 60034-7 bzw. VDE 0530-7).

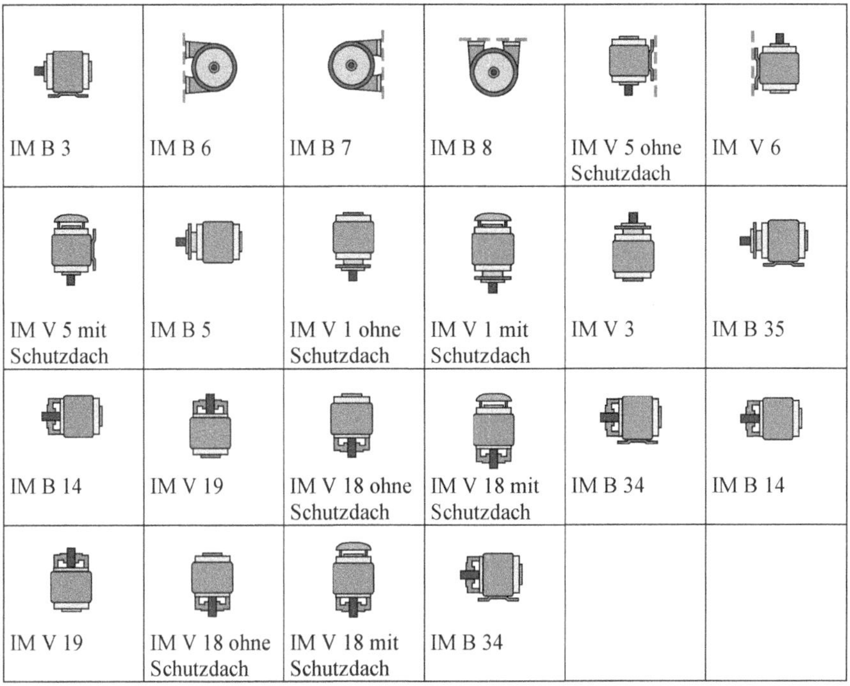

IM B 3	IM B 6	IM B 7	IM B 8	IM V 5 ohne Schutzdach	IM V 6
IM V 5 mit Schutzdach	IM B 5	IM V 1 ohne Schutzdach	IM V 1 mit Schutzdach	IM V 3	IM B 35
IM B 14	IM V 19	IM V 18 ohne Schutzdach	IM V 18 mit Schutzdach	IM B 34	IM B 14
IM V 19	IM V 18 ohne Schutzdach	IM V 18 mit Schutzdach	IM B 34		

Tabelle 12.5 Einige Bauformen von Elektromotoren nach DIN EN 60034-7 (IEC 60034-7) (mit freundlicher Genehmigung der Siemens AG)

Die Schutzart sagt aus, inwieweit eine elektrische Maschine gegen z. B. Berührung, Eindringen von Fremdkörpern, Eindringen von Wasser und Explosion geschützt ist. Die verschiedenen Schutzarten sind durch den Buchstaben P bzw. IP und zwei Ziffern gekennzeichnet (z. B.: IP23, IP44, IP68 etc.). IP steht für International Protection (internationale Schutzart). Die erste Ziffer sagt etwas über den Grad der Schutzart gegen Berührung (Personenschutz) und Fremdkörper (für Betriebsmittel) aus. Die zweite Ziffer gibt Informationen über den Grad der Schutzart gegen Wasser an. Explosionsgeschützte Motoren werden durch das Kürzel „Ex" gekennzeichnet. Weitere Spezifikationen bezüglich Schutzarten der elektrischen Maschinen sind „e" mit erhöhter Sicherheit, „d" mit druckfester Kapselung und „p" mit Überdruckkapselung. Die Schutzarten entsprechen den einschlägigen Norm DIN EN 60034-5 (IEC 60034-5 bzw. VDE 0530-5).

Die **Tabelle 12.6** gibt eine Übersicht über die Schutzarten der elektrischen Maschinen.

	Erste Kennziffer **Berührungs- und Fremdkörperschutz**		Zweite Kennziffer **Wasserschutz**
0	kein Schutz	**0**	kein Schutz
1	Schutz gegen Eindringen von Fremdkörpern > 50 mm Durchmesser	**1**	Schutz gegen senkrecht fallendes Tropfwasser
2	dgl. > 12 mm Durchmesser	**2**	dgl. im Winkel bis 15° zur Senkrechten
3	dgl. > 2,5 mm Durchmesser	**3**	dgl. im Winkel bis 60° zur Senkrechten
4	dgl. > 1 mm Durchmesser	**4**	Schutz gegen Spritzwasser aus allen Richtungen
5	Schutz gegen Staubablagerungen in größerem Ausmaß	**5**	Schutz gegen Strahlwasser aus allen Richtungen
6	Vollschutz gegen Staub	**6**	Schutz gegen vorübergehende Überflutung
		7	Schutz gegen kurzzeitiges Eintauchen in Wasser
		8	Vollschutz gegen Eintauchen in Wasser unter festgelegtem Druck

Tabelle 12.6 Schutzarten elektrischer Maschinen nach DIN VDE 0530-5

Der Drehsinn (die Drehrichtung) eines Motors wurde bereits in verschiedenen Abschnitten behandelt. Zusammenfassend lässt sich Folgendes festhalten:

- **Drehsinn ist vorgegeben**
  Der Drehsinn ist z. B. durch einen Pfeil auf dem Leistungsschild angegeben (Rechts- bzw. Linkslauf): Der Motor kann nur in angegebener Drehrichtung laufen.
- **Drehsinn ist nicht vorgegeben**
  Der Drehsinn kann dann anhand des mitgelieferten Schaltbilds oder anderer Zusammenhänge festgelegt werden.
  - *Gleichstrommotoren*
    durch Umklemmen der Anker- bzw. Erregerspannung (s. Gl. (3.35))

- *Drehstrommotoren*
  durch Umklemmen zweier Netzanschlüsse.
- *Wechselstrommotoren*
  durch die Änderung der Stromrichtung mittels Schalter. **Bild 12.54** zeigt, wie durch die Schalterstellung der Drehsinn des (einsträngigen) Wechselstrommotors mit Betriebskondensator festgelegt werden kann (Stellung 1: Rechtslauf, Stellung 2: Linkslauf).

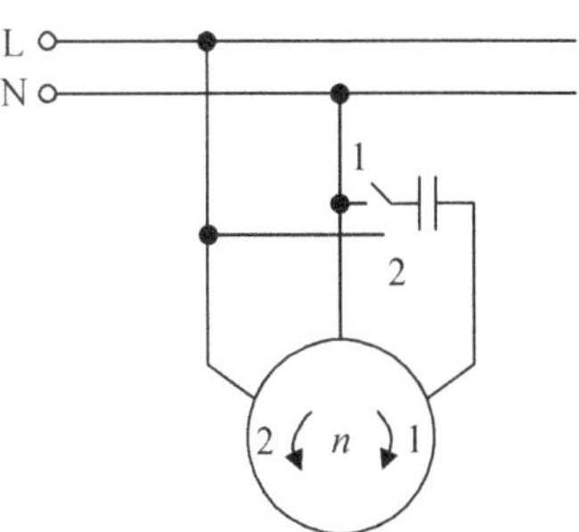

Bild 12.54 Festlegung des Drehsinns bei einem Wechselstrommotor

Der Drehsinn und die Anschlussbezeichnungen (s. Abschnitte 3.13, 5.3 und 8.1.1) für rotierende elektrische Maschinen entsprechen den einschlägigen Norm DIN EN 60034-8 ((IEC 60034-8 bzw. VDE 0530-8).

13 Einführung in das dynamische Verhalten rotierender elektrischer Maschinen (Ursachen, Wirkungen, Darstellung und Betrachtung)

13.1 Einleitung

Durch Schalthandlungen, wie z. B. Zu- und Abschalten, Stern-Dreieck-Umschaltung, Polumschaltung etc., aber auch durch Laststöße, treten Ausgleichsvorgänge in rotierenden elektrischen Maschinen auf. Diese plötzliche Änderung einer Betriebsgröße tritt als Übergang zwischen zwei stationären Betriebspunkten auf. Die verursachte Strom- und Magnetfeldänderung führt zu einem elektromagnetischen Ausgleichsvorgang, der wiederum selbst zu einem mechanischen Ausgleichsvorgang führt. Man spricht deshalb auch vom dynamischen Verhalten rotierender elektrischer Maschinen. Die entstehenden Ströme und Drehmomente können die Maximalwerte im stationären Zustand übertreffen. So können bei Drehstrommaschinen im Ausgleichsvorgang die Drehmomentspitzen unter Umständen mehr als den doppelten Wert des Kippmoments betragen. Auch das Anlaufmoment schwingt abklingend gegen dessen Mittelwert zu. Zur weiteren Vertiefung wird z. B. auf [90, 96 und 103] verwiesen.

13.2 Ausgleichsvorgänge bei Gleichstrommotoren (Zeitabhängigkeit von Ankerstrom, Drehmoment und Drehzahl sowie Drehmoment-Drehzahl-Abhängigkeit im dynamischen Zustand)

Bei geregelten Antrieben kann nach jeder Schalthandlung oder bei einer Belastungsänderung das Betriebsverhalten der Gleichstrommaschine wie erwähnt nicht mehr nach dem stationären Zustand bestimmt werden, da die an der Ankerinduktivität L_A und an der Erregerinduktivität L_E auftretenden Spannungen $L_A \, \mathrm{d}i_A/\mathrm{d}t$ und $L_E \, \mathrm{d}i_E/\mathrm{d}t$ nicht mehr vernachlässigt werden dürfen. Der neue stationäre Betriebszustand stellt sich nach einer bestimmten Übergangszeit ein. Zwischen dem alten und dem neuen Betriebszustand finden elektromagnetische und elektromechanische Ausgleichsvorgänge statt, die das dynamische Verhalten einer Maschine bestimmen. Zur Beschreibung der Ausgleichsvorgänge muss also das komplette Ersatzschaltbild zugrunde gelegt werden. Hier wird das dynamische

Verhalten einer fremderregten Gleichstrommaschine entsprechend Bild 3.22a (Abschnitt 3.7) untersucht. Für andere Ausführungen kann sinngemäß vorgegangen werden.

Die Grundgleichungen der Gleichstrommaschine sind:

- Bewegungsgleichung

$$M(t) - M_{\mathrm{w}}(t) = \Theta \frac{\mathrm{d}\,\omega}{\mathrm{d}t} \tag{13.1}$$

- Ankerspannungsgleichung

$$U_{\mathrm{A}} = U_{\mathrm{i}} + R_{\mathrm{A}}\; i_{\mathrm{A}} + L_{\mathrm{A}} \frac{\mathrm{d}\, i_{\mathrm{A}}}{\mathrm{d}t} \tag{13.2}$$

- Erregerspannungsgleichung

$$U_{\mathrm{E}} = R_{\mathrm{E}}\; i_{\mathrm{E}} + L_{\mathrm{E}} \frac{\mathrm{d}\, i_{\mathrm{E}}}{\mathrm{d}t} \tag{13.3}$$

- Induzierte Spannung im Anker

$$U_{\mathrm{i}} = c_{\mathrm{u}}\, \Phi(t)\, \omega = c_{\mathrm{u}}^{*}\, \Phi(t)\, n \tag{13.4}$$

- Motordrehmoment

$$M(t) = c_{\mathrm{m}}\, \Phi(t)\, i_{\mathrm{A}} \tag{13.5}$$

In der Bewegungsgleichung wird hier zweckmäßigerweise die Drehzahlabhängigkeit durch eine Zeitabhängigkeit ersetzt. Zu beachten ist, dass der magnetische Fluss von den zeitlichen Änderungen des Erregerstroms abhängt:

$$\Phi\,(t) = k\, i_{\mathrm{E}} \tag{13.6}$$

Die Drehzahl n und der Ankerstrom i_{A} müssen abhängig von der Zeit bestimmt werden. Aus $\omega = 2\,\pi\, n$ folgt:

$$n = \frac{\omega}{2\,\pi} = \frac{\dot{\varphi}}{2\,\pi} \quad (\text{wegen}\; \dot{\varphi} = \frac{\mathrm{d}\varphi}{\mathrm{d}t} = \omega) \tag{13.7}$$

Mithilfe dieser Gleichungen lässt sich ein Differentialgleichungssystem für die gesuchten Größen aufstellen:

$$
\text{I:}\quad\begin{cases}
\Theta\,\ddot{\varphi} - c_{\mathrm{m}}\,\Phi(t)\,i_{\mathrm{A}} = -\,M_{\mathrm{w}}(t) & (13.8)\\
\text{(aus den Gln. (13.1) und (13.5))} & \\
c_{\mathrm{u}}\,\Phi(t)\,\dot{\varphi} + R_{\mathrm{A}}\,i_{\mathrm{A}} + L_{\mathrm{A}}\,\dfrac{\mathrm{d}\,i_{\mathrm{A}}}{\mathrm{d}t} = U_{\mathrm{A}} & (13.9)\\
\text{(aus den Gln. (13.2), (13.4) und (13.7))} &
\end{cases}
$$

Dieses Differentialgleichungssystem I beschreibt die Zusammenhänge im Ankerkreis. Ein zweites Differentialgleichungssystem II beschreibt die Zusammenhänge im Erregerkreis:

$$
\text{II:}\quad\begin{cases}
L_{\mathrm{E}}\,\dfrac{\mathrm{d}\,i_{\mathrm{E}}}{\mathrm{d}t} + R_{\mathrm{E}}\,i_{\mathrm{E}} = U_{\mathrm{E}} & (13.10)\\
k\,i_{\mathrm{E}} = \Phi\,(t) & (13.11)\\
\text{(aus den Gln. (13.3) und (13.6))} &
\end{cases}
$$

Das Differentialgleichungssystem II kann bei rückwirkungsfreiem Anker unabhängig von I gelöst werden. Als Lösung ergibt sich der Fluss $\Phi(t)$, der in das Differentialgleichungssystem I einzusetzen ist. Bei der fremderregten Gleichstrommaschine kann $\Phi(t) = \Phi =$ konst. angenommen werden. Das Differentialgleichungssystem I enthält die gesuchten Größen φ und i_{A}. Durch Elimination kann daraus eine Differentialgleichung in φ oder eine in i_{A} gefunden werden. Wird Gl. (13.9) nach der Zeit differenziert und nach $\ddot{\varphi}$ aufgelöst, so erhält man in Verbindung mit Gl. (13.8):

$$
\frac{\Theta\,L_{\mathrm{A}}}{c_{\mathrm{u}}\,\Phi}\frac{\mathrm{d}^2\,i_{\mathrm{A}}}{\mathrm{d}t^2} + \frac{\Theta\,R_{\mathrm{A}}}{c_{\mathrm{u}}\,\Phi}\frac{\mathrm{d}\,i_{\mathrm{A}}}{\mathrm{d}t} + c_{\mathrm{m}}\,\Phi\,i_{\mathrm{A}} = \frac{\Theta}{c_{\mathrm{u}}\,\Phi}\dot{U}_{\mathrm{A}} + M_{\mathrm{w}}(t) \tag{13.12}
$$

Falls die Gleichspannung U_{A} schlagartig an die Maschine gelegt wird (Sprungfunktion), tritt als Störfunktion der Differentialquotient $\mathrm{d}U_{\mathrm{A}}/\mathrm{d}t = \dot{U}_{\mathrm{A}}$ auf. Im Schaltaugenblick entspricht das dem Dirac-Stoß. Es empfiehlt sich, die Gl. (13.12) mithilfe der Laplace-Transformation zu lösen. Eliminiert man in den Gln. (13.8) und (13.9) den Ankerstrom i_{A}, so erhält man eine Differentialgleichung in φ:

$$
\frac{\Theta\,L_{\mathrm{A}}}{c_{\mathrm{m}}\,\Phi}\dddot{\varphi} + \frac{\Theta\,R_{\mathrm{A}}}{c_{\mathrm{m}}\,\Phi}\ddot{\varphi} + c_{\mathrm{u}}\,\Phi\,\dot{\varphi} = U_{\mathrm{A}} - \frac{R_{\mathrm{A}}}{c_{\mathrm{m}}\,\Phi}M_{\mathrm{w}}(t) - \frac{L_{\mathrm{A}}}{c_{\mathrm{m}}\,\Phi}\dot{M}_{\mathrm{w}}(t) \tag{13.13}
$$

Gl. (13.13) wird zweckmäßigerweise durch die Substitution $\dot{\varphi} = \omega$ in eine Differentialgleichung zweiter Ordnung umgeformt:

$$\frac{\Theta\, L_{\mathrm{A}}}{c_{\mathrm{m}}\, \Phi}\, \ddot{\omega} + \frac{\Theta\, R_{\mathrm{A}}}{c_{\mathrm{m}}\, \Phi}\, \dot{\omega} + c_{\mathrm{u}}\, \Phi\, \omega = U_{\mathrm{A}} - \frac{R_{\mathrm{A}}}{c_{\mathrm{m}}\, \Phi}\, M_{\mathrm{w}}(t) - \frac{L_{\mathrm{A}}}{c_{\mathrm{m}}\, \Phi}\, \dot{M}_{\mathrm{w}}(t) \qquad (13.14)$$

Im Folgenden soll der Hochlauf ohne Belastung untersucht werden ($M_{\mathrm{w}}(t) = 0$). Die normierte Darstellung der Gl. (13.14) lautet dann:

$$\ddot{\omega} + \frac{R_{\mathrm{A}}}{L_{\mathrm{A}}}\, \dot{\omega} + \frac{c_{\mathrm{u}}\, c_{\mathrm{m}}\, \Phi^2}{L_{\mathrm{A}}\, \Theta}\, \omega = \frac{c_{\mathrm{m}}\, \Phi}{L_{\mathrm{A}}\, \Theta}\, U_{\mathrm{A}} \qquad (13.15)$$

Zur Vereinfachung werden die folgenden Abkürzungen eingeführt:

$$\tau = \frac{2\, L_{\mathrm{A}}}{R_{\mathrm{A}}} \qquad k_1 = \frac{c_{\mathrm{u}}\, c_{\mathrm{m}}\, \Phi^2}{L_{\mathrm{A}}\, \Theta} \qquad k_2 = \frac{c_{\mathrm{m}}\, \Phi}{L_{\mathrm{A}}\, \Theta}$$

k_1 wird in Anlehnung an das Feder-Masse-System auch als Ersatzfederzahl bezeichnet. Damit nimmt Gl. (13.15) folgende Form an:

$$\ddot{\omega} + \frac{2}{\tau}\, \dot{\omega} + k_1\, \omega = k_2\, U_{\mathrm{A}} \qquad (13.16)$$

Die homogene Lösung dieser Differentialgleichung zweiter Ordnung mit konstanten Koeffizienten und dem Ansatz $\omega = \mathrm{e}^{\lambda t}$ führt zu einer Gleichung zweiter Ordnung:

$$\lambda^2 + \frac{2}{\tau}\, \lambda + k_1 = 0 \qquad (13.17)$$

mit der Lösung:

$$\lambda_{1,2} = -\frac{1}{\tau} \pm \sqrt{\left(\frac{1}{\tau}\right)^2 - k_1} \qquad (13.18)$$

Es sind drei Fälle möglich:

a) Wurzelausdruck reell: aperiodischer Verlauf

b) Wurzelausdruck null: aperiodischer Grenzfall
c) Wurzelausdruck imaginär: Schwingung

Hier wird nur der Schwingungsfall betrachtet:

$$\lambda_{1,2} = \frac{1}{\tau} \pm \mathrm{j}\sqrt{k_1 - \left(\frac{1}{\tau}\right)^2} = \frac{1}{\tau} \pm \mathrm{j}\,\omega_\mathrm{e} \tag{13.19}$$

mit

$$\omega_\mathrm{e} = \sqrt{k_1 - \left(\frac{1}{\tau}\right)^2}$$

als Eigenfrequenz. Damit ergibt sich die homogene Lösung ω_h:

$$\omega_\mathrm{h} = C_1\,\mathrm{e}^{\lambda_1 t} + C_2\,\mathrm{e}^{\lambda_2 t} \tag{13.20}$$

Die spezielle Lösung ω_spez hängt von der Form der Störfunktion ab. Die Störfunktion (in Gl. (13.16)) ist eine Konstante ($k_2\,U_\mathrm{A}$). Folglich muss die spezielle Lösung auch eine Konstante sein und die Differentialgleichung erfüllen:

$$\omega_\mathrm{spez} = k \tag{13.21}$$

Durch Einsetzen in Gl. (13.16) und Koeffizientenvergleich folgt:

$$k = \frac{k_2}{k_1} U = \frac{U}{c_\mathrm{u}\,\Phi} = \omega_0 \tag{13.22}$$

Die spezielle Lösung ω_0 entspricht also der Leerlaufdrehzahl n_0. Die gesamte Lösung setzt sich aus der homogenen und der speziellen zusammen:

$$\omega = C_1\,\mathrm{e}^{\lambda_1 t} + C_2\,\mathrm{e}^{\lambda_2 t} + \omega_0 \tag{13.23}$$

Jetzt kann die Lösung an die Anfangswerte angepasst werden:
Anlauf: $\omega(t = 0) = 0$ und $i_\mathrm{A}\,(t = 0) = 0$. Aus Gl. (13.8) folgt außerdem mit $M_\mathrm{w}(t) = 0$ für $\ddot{\varphi} = \dot{\omega}$: $\dot{\omega}\,(t = 0) = 0$

Setzt man diese Anfangswerte in Gl. (13.23) ein, so ergibt sich:

$$\omega(t=0) = 0 = C_1 + C_2 + \omega_0 \quad \text{und}$$
$$\dot{\omega}(t=0) = 0 = \lambda_1 C_1 + \lambda_2 C_2 \qquad (13.24)$$

Aus dem Gleichungssystem (13.24) folgen die Konstanten C_1 und C_2 zu:

$$C_1 = \lambda_2\, \omega_0 / (\lambda_1 - \lambda_2) \qquad C_2 = -\lambda_1\, \omega_0 / (\lambda_1 - \lambda_2) \quad \text{mit} \quad \lambda_1 - \lambda_2 = 2\,\mathrm{j}\,\omega_e$$

Die endgültige Lösung für $\omega(t)$ lautet dann nach einer Umrechnung:

$$\omega(t) = \omega_0 \left[1 - \mathrm{e}^{-t/\tau} \left(\cos \omega_e t + \frac{1}{\tau\, \omega_e} \sin \omega_e t \right) \right] \qquad (13.25)$$

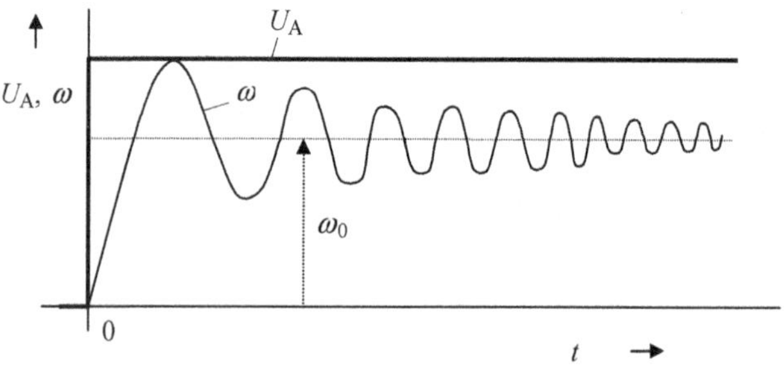

Bild 13.1 Klemmenspannungs- und Drehzahl-Zeit-Abhängigkeit ($n \sim \omega$)

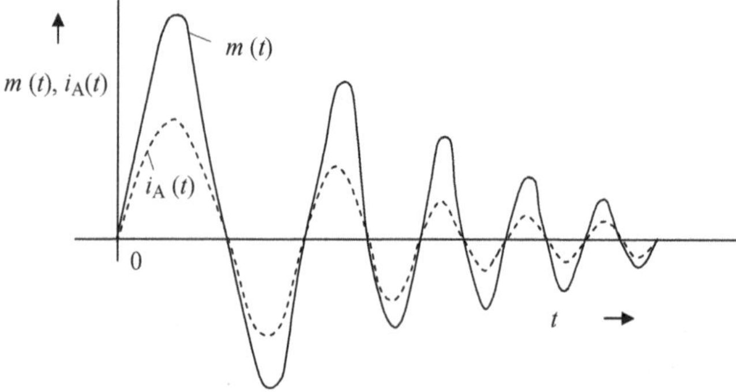

Bild 13.2 Drehmoment- und Ankerstrom-Zeit-Abhängigkeit

Die wichtigsten Größen im dynamischen Zustand lassen sich nun grafisch darstellen. **Bild 13.1** zeigt die Klemmenspannungs- und die sich ergebende Drehzahl-Zeit-Abhängigkeit nach Gl. (13.25). **Bild 13.2** stellt die sich ergebende Drehmoment- und Ankerstrom-Zeit-Abhängigkeit dar. Die daraus resultierende Drehmoment-Drehzahl-Abhängigkeit ist in **Bild 13.3** dargestellt.

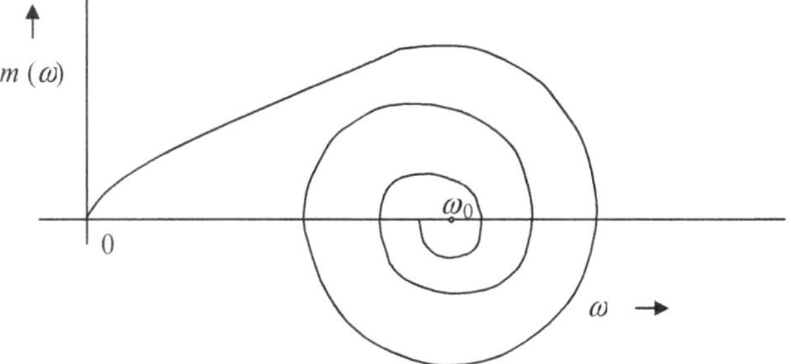

Bild 13.3 Drehmoment-Drehzahl-Abhängigkeit ($n \sim \omega$)

13.3 Ausgleichsvorgänge bei Asynchronmotoren und Synchronmotoren

13.3.1 Elektromagnetischer Ausgleichsvorgang (Zeitabhängigkeit der Ströme und des magnetischen Felds im dynamischen Zustand)

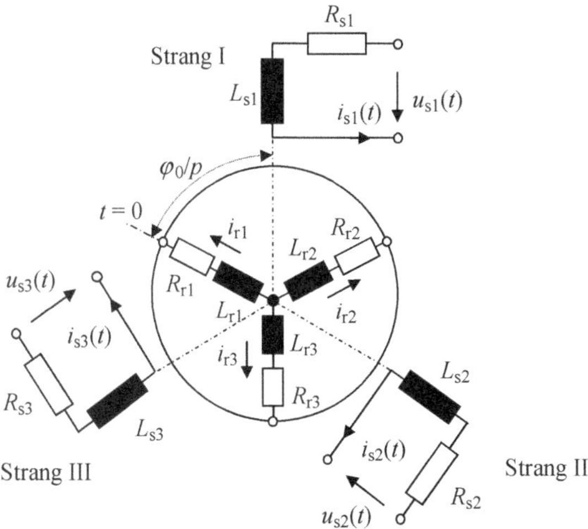

Bild 13.4 Prinzipschaltung der Drehstromasynchronmaschine

Zur Analyse und Betrachtung der elektromagnetischen Ausgleichsvorgänge bei den Asynchron- und Synchronmaschinen werden wie bei den Gleichstrommaschinen die Spannungsgleichungen aufgestellt. Dazu werden entsprechende Prinzipschaltungen wie in **Bild 13.4** und Bild 8.16 (Abschnitt 8.2) zugrunde gelegt.

Bei je drei Läufer- und Ständersträngen nach Bild 13.4 ergeben sich sechs Gleichungen (in d-q-Koordinaten 12 Gleichungen). Die Lösung erfolgt zweckmäßigerweise mithilfe von Laplace- oder Park'scher Transformation. Wegen der relativ hohen Anzahl der Differentialgleichungen (sechs) wird die Matrizendarstellung vorgezogen. Die Spannungsgleichung der Asynchronmaschine für den dynamischen Zustand in Matrizendarstellung lautet dann:

$$\bar{u} = (\bar{R} + \bar{V} + \bar{L}\,p)\,\bar{i} \tag{13.26}$$

Die Matrix $\bar{V}$ enthält die Wirkungen der rotatorischen induzierten Spannungen, $\bar{L}$ die der transformatorischen induzierten Spannungen, $\bar{R}$ die der ohmschen Spannungsfälle der Wicklungen. p ist hier der Laplace-Operator. Die Lösung dieses Differentialgleichungssystems für den Strom setzt sich aus einem homogenen und einem speziellen Anteil zusammen (siehe auch Abschnitt 13.2):

$$\bar{i} = \bar{i}_{\mathrm{h}} + \bar{i}_{\mathrm{spez}} \tag{13.27}$$

Die spezielle Lösung kann aus Gl. (13.26) für $p = 0$ ($t \to \infty$) durch Inversion der Matrix bestimmt werden. Die homogene Lösung ergibt sich aus der homogenen Differentialgleichung (nach Gl. (13.26)). Diese hat folgende Eigenwerte (für Ständer- und Läuferströme des Strangs I in d-q-System):

$$\begin{aligned} \lambda_{1,2} &= -\frac{1}{T_1} \pm \mathrm{j}\,\omega_1 \\ \lambda_{3,4} &= -\frac{1}{T_2} \pm \mathrm{j}\,\omega_2 \end{aligned} \tag{13.28}$$

Wegen der Schlupfabhängigkeit der $\bar{V}$-Matrix sind auch die Eigenfrequenzen (ω_1 und ω_2) und die Dämpfungszeitkonstanten (T_1 und T_2) schlupfabhängig (**Bild 13.5**). Hier sind die Näherungswerte durch die punktierten Geraden dargestellt. Dieser Vorgang lässt sich durch die Wirkungen zweier Ausgleichsflüsse erklären. Während ein Fluss relativ zum Ständer ruht, steht der andere relativ zum Läufer still (sie sind infolge der homogenen Lösung entstanden). Zusammen mit der speziellen Lösung beschreiben sie den Ausgleichsvorgang entsprechend:

$$\overline{\Phi}_{\text{ausgleich}} = \overline{\Phi}_{\text{h}} + \overline{\Phi}_{\text{spez}} \qquad \text{und} \qquad \overline{\Phi} \sim \frac{\overline{X}}{\overline{\omega}}\,\overline{i}$$

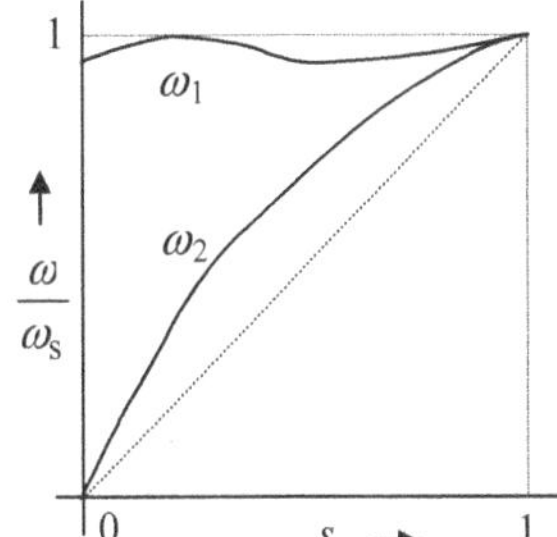

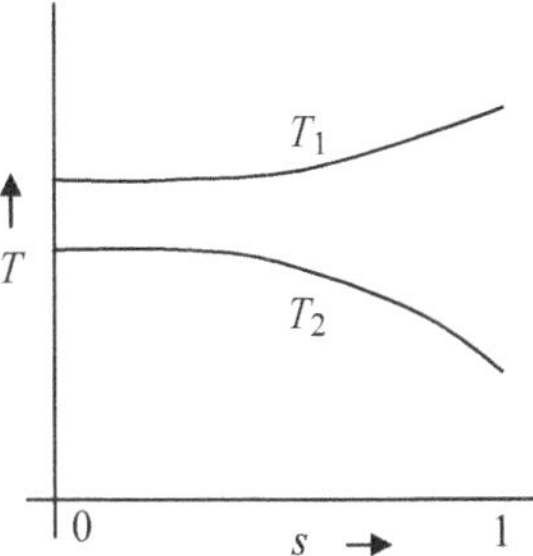

Bild 13.5 Eigenfrequenzen und Dämpfungszeitkonstanten bei elektromagnetischen Ausgleichsvorgängen

Bild 13.6a zeigt die Flussänderung zwischen den zwei stationären Schlupfwerten s_1 und s_2. **Bild 13.6b** stellt die Ausgleichsfluss-Zeit-Abhängigkeit zwischen diesen Schlupfwerten dar. In ähnlicher Weise können die elektromagnetischen Ausgleichsvorgänge bei den Synchronmaschinen untersucht werden. Entsprechende Prinzipschaltungen (s. z. B. Bild 8.16, Abschnitt 8.2) müssen zu Grunde gelegt werden. Für die Synchronvollpolmaschine ergeben sich dann vier Differentialgleichungen.

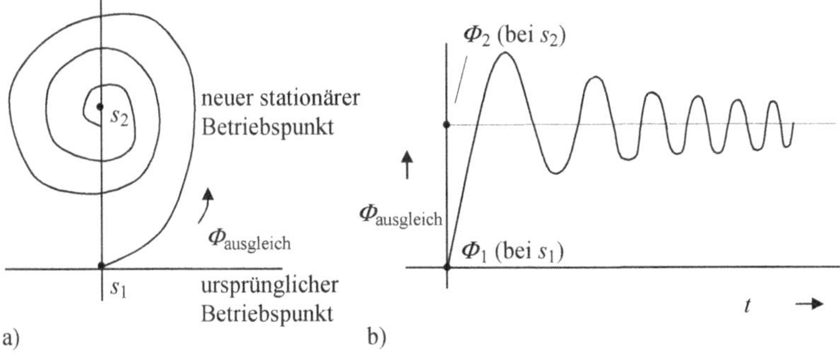

Bild 13.6 Elektromagnetischer Ausgleichsvorgang zwischen zwei stationären Punkten
a) Flussänderung b) Ausgleichsfluss-Zeit-Abhängigkeit

13.3.2 Elektromechanischer Ausgleichsvorgang (Drehmoment-Drehzahl- sowie Drehzahl-Zeit-Verhalten)

Wie bereits erwähnt, treten solche Ausgleichsvorgänge außer bei Schalthandlungen auch durch die Veränderung einer mechanischen Größe auf, wie z. B. Drehzahl und Drehmoment.

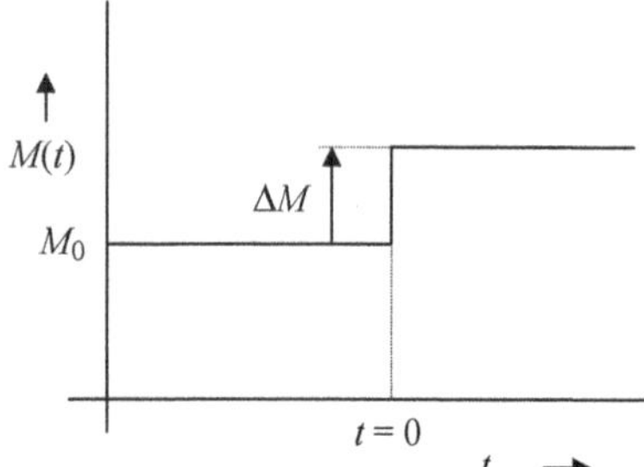

Bild 13.7 Drehmomentsprung bei einem Motor

Eigentümlicherweise sind die Synchronmaschinen besonders empfindlich gegenüber Drehzahländerungen (s. Abschnitt 8.1.3). **Bild 13.7** zeigt solch einen Drehmomentensprung. Zur Darstellung dieser Ausgleichsvorgänge dient die Bewegungsgleichung:

$$M(t) - M_{\mathrm{W}}(t) = \Theta \frac{\mathrm{d}\omega}{\mathrm{d}t}$$

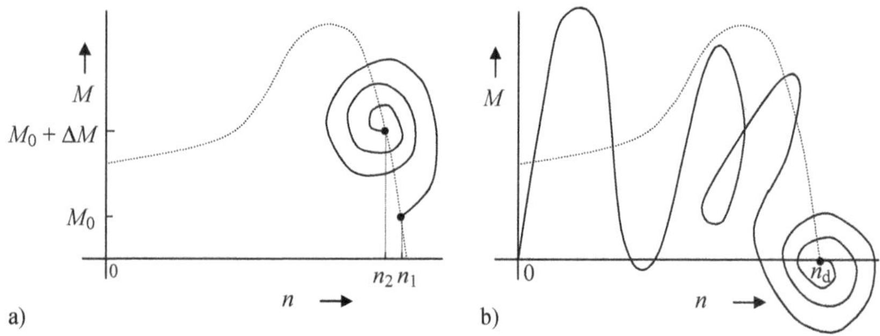

Bild 13.8 Drehmoment-Drehzahl-Verhalten des Asynchronmotors im dynamischen Zustand

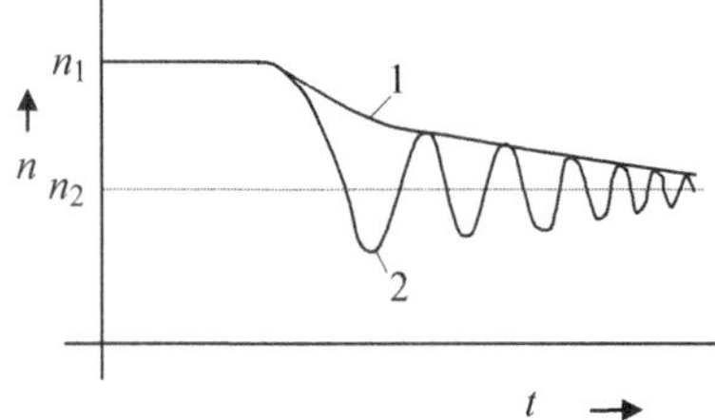

Bild 13.9 Drehzahl-Zeit-Verhalten im dynamischen Zustand

Der Übergang zwischen zwei stationären Betriebszuständen M_0 zu $M_0 + \Delta M$ verläuft nur für $\Theta \rightarrow \infty$ entlang der stationären Momentenkennlinie des Motors, sonst ist mit einem periodischen (oszillierenden) Verlauf zu rechnen (**Bild 13.8a**, für Asynchronmotor). **Bild 13.8b** zeigt den periodischen Hochlauf ohne Last eines Asynchronmotors. Der stationäre Drehmoment-Drehzahl-Verlauf ist punktiert dargestellt. Entsprechend Bild 13.8a läuft nach **Bild 13.9** die Drehzahl bei großen Trägheitsmomenten aperiodisch in den neuen stationären Wert ein (Kennlinie 1), bei kleinen Trägheitsmomenten wird der Verlauf periodisch (Kennlinie 2).

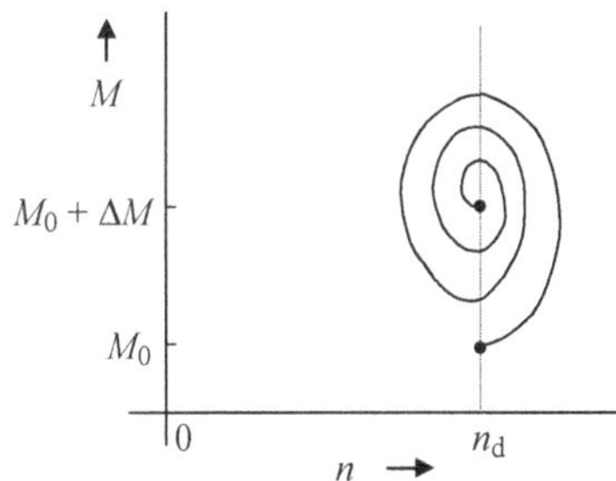

Bild 13.10 Drehmoment-Drehzahl-Verhalten des Synchronmotors im dynamischen Zustand

Bemerkenswert ist, dass die Maschine im dynamischen Betrieb Drehmomente entwickeln und Ströme führen kann, die weit außerhalb der stationären Kennlinie liegen. Es können unter Umständen Drehmomente bis zum zweifachen Kippmoment auftreten. Diese extremen Beanspruchungen, wenn auch sehr kurzzeitig, muss die Maschine aushalten können.

Die Synchronmaschinen verhalten sich im dynamischen Zustand ähnlich wie Asynchronmaschinen. **Bild 13.10** zeigt das entsprechende Verhalten eines Synchronmotors bei Laständerung nach Bild 13.7.

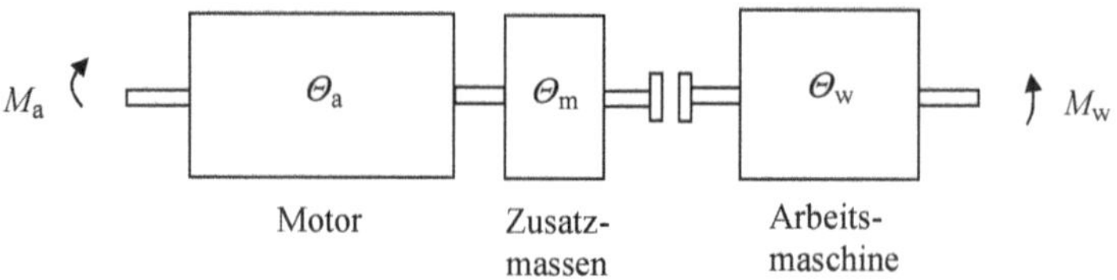

Bild 13.11 Untersuchung des Einflusses des Widerstandsmoments und der eventuell vorhandenen Zusatzmassen auf das dynamische Verhalten

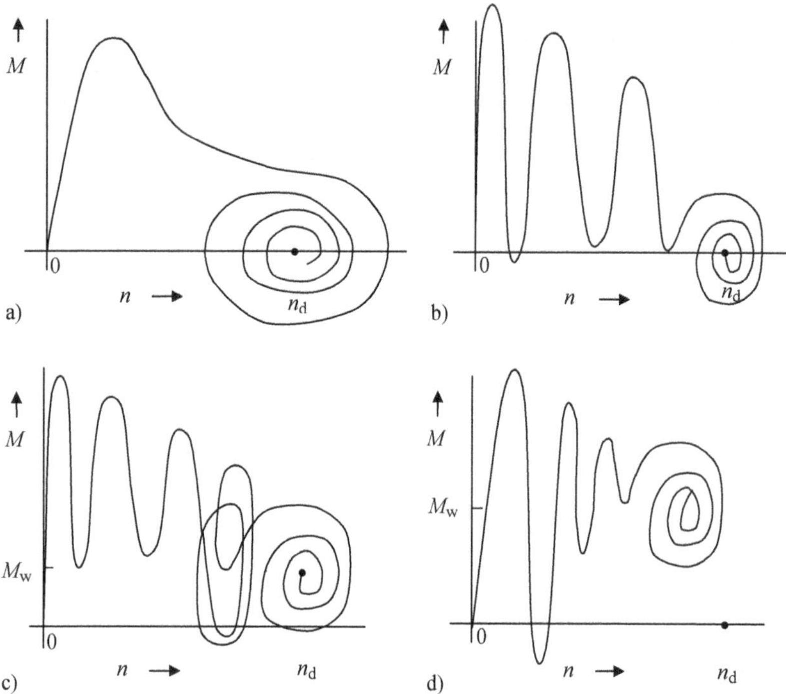

Bild 13.12 Einfluss des Widerstandsmoments und eventuell vorhandener Zusatzmassen auf das Drehmoment-Drehzahl-Verhalten eines Reluktanzläufers

a) $M_w = 0$, $\Theta = \Theta_a$

b) $M_w = 0$, $\Theta = 2\ \Theta_a$

c) $M_w = M_n/2$, $\Theta = 2\ \Theta_a$

d) $M_w = M_n$, $\Theta = 2\ \Theta_a$

Die Größe des Widerstandsmoments (M_W) und die evtl. vorhandenen Zusatzmassen haben direkten Einfluss auf das dynamische Verhalten (**Bild 13.11**). Die **Bilder 13.12a** bis **d** und **13.13a** bis **d** zeigen dieses Verhalten am Beispiel eines Reluktanzläufers. Bei kleinen Zusatzmassen braucht der leer hochlaufende Motor relativ lange Zeit, um die synchrone Drehzahl zu erreichen (Bilder 13.12a und 13.13a). Durch die Erhöhung der Zusatzmassen wird die synchrone Drehzahl schneller erreicht (Bilder 13.12b und 13.13b). Beim Einsatz der Zusatzmassen erreicht der Motor mit halber Last immer noch relativ rasch die synchrone Drehzahl (Bilder 13.12c und 13.13c). Der Einsatz der Zusatzmassen bei Volllast kann dazu führen, dass die synchrone Drehzahl nicht mehr erreicht wird (Bilder 13.12d und 13.13d). Entsprechende Drehzahl-Zeit-Verläufe zu den Drehmoment-Drehzahl-Abhängigkeiten gemäß der Bilder 13.12a bis d sind in den Bildern 13.13a bis d dargestellt.

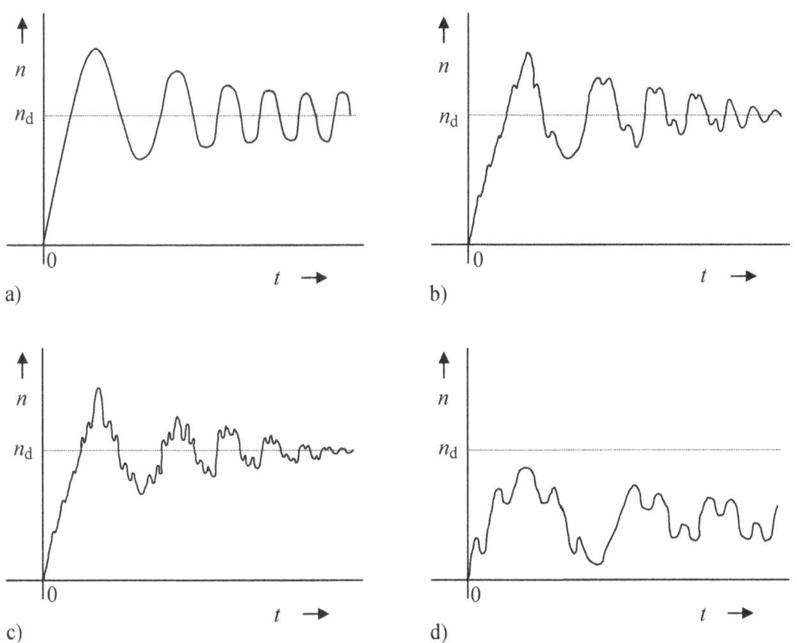

Bild 13.13 Einfluss des Widerstandsmoments und eventuell vorhandener Zusatzmassen auf das Drehzahl-Zeit-Verhalten eines Reluktanzläufers

a) $M_W = 0$, $\Theta = \Theta_a$

b) $M_W = 0$, $\Theta = 2\ \Theta_a$

c) $M_W = M_n/2$, $\Theta = 2\ \Theta_a$

d) $M_W = M_n$, $\Theta = 2\ \Theta_a$

13.4 Allgemeine Aufgaben

Aufgabe 1

Ein Elektromotor treibt durch ein Getriebe eine Arbeitsmaschine an (**Bild 13.14**). Die Trägheitsmomente der Achsen und Getriebezähne sind vernachlässigbar.

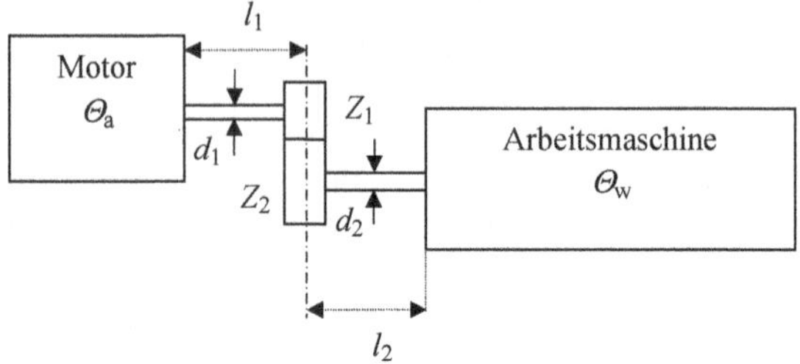

Bild 13.14 Beispiel eines Antriebssystems

Die Stahlwellen haben folgende Abmessungen:

$l_1 = 100$ mm $\quad d_1 = 14$ mm $\quad l_2 = 150$ mm $\quad d_2 = 50$ mm

Die Übersetzung des Getriebes ist:

$ü = Z_2/Z_1 = \omega_1/\omega_2 = 10$ (Z: Zähnezahl)

Die Massenträgheitsmomente des Motors und der Arbeitsmaschine betragen:

$\Theta_M = 0{,}077$ Nms^2 $\quad \Theta_w = 1{,}1$ Nms^2

Der Gleitmodul ist anzunehmen mit:

$G = 78\,400$ N/mm^2

Berechnen Sie die Eigenfrequenz des Antriebssystems! Dabei soll vereinfacht mit Punktmassen gerechnet werden! Die Dämpfung ist zu vernachlässigen!

Aufgabe 2

Ein Gleichstromnebenschlussmotor treibt einen Kompressor mit dem Widerstandsmoment $M_w(t)$ an. Das Widerstandsmoment besteht aus einem konstanten Anteil W_k und einem sinusförmigen Pendelmoment mit der Amplitude W_p (s. nachstehende Gleichung und **Bild 13.15**):

$$M_w(t) = W_k - W_p \cos(\omega^* t)$$

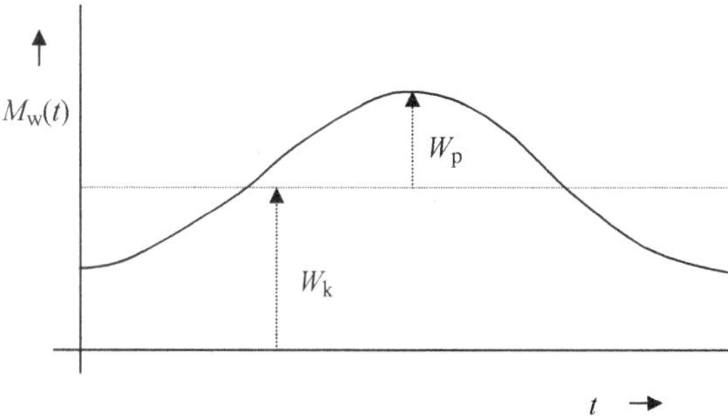

Bild 13.15 Das Pendelmoment eines Kompressors

Das gesamte Trägheitsmoment des Systems Θ, das Anlaufmoment M_A sowie die Leerlaufdrehzahl n_0 des Motors sind bekannt. Die Eisen- und Reibungsverluste des Motors können vernachlässigt werden.

1) Stellen Sie die Differentialgleichung auf, die die elektromagnetischen Schwingungen des Antriebssystems beschreibt!
2) Welche Drehzahl resultiert für den stationären Betriebspunkt, wenn das Pendelmoment vernachlässigbar klein ist?
3) Wie groß ist die Amplitude der Drehzahlschwankungen unter Berücksichtigung des Pendelmoments?
4) Welcher Phasenwinkel besteht zwischen dem Pendelmoment und den Drehzahlschwankungen? Diese zwei Komponenten sind in Abhängigkeit der Zeit in einem Diagramm grafisch darzustellen!

Aufgabe 3
Von einem fremderregten Gleichstrommotor sind folgende Angaben bekannt:

$P_n = 16{,}5$ kW $U_n = 420$ V $I_n = 47$ A $n_0 = 1\,650$ min^{-1} $\Theta_{Rotor} = 0{,}11$ Nms^2

Die Reibungs- und Eisenverluste betragen 1 000 W. Die Ankerrückwirkung kann vernachlässigt werden. Der maximal zulässige Ankerstrom beträgt $I_{max} = 2\,I_n$.

1) Welche Bemessungsdrehzahl hat der Motor, wenn der Ankerstrom im Leerlauf mit 0 A angenommen werden darf?
2) Welcher Vorwiderstand wird zum Anfahren benötigt?
3) Bestimmen Sie das Anlaufmoment ohne und mit Vorwiderstand! Wie groß ist das Bemessungsmoment?

Der Motor läuft mit diesem Vorwiderstand ohne Belastung hoch. Für die $M = f(n)$-Abhängigkeit kann jetzt $M = M_A\,(1 - n/n_0)$ angenommen werden!

4) Wie verläuft die Drehzahl als Funktion der Zeit (Funktion und Darstellung)? Wie lautet die Zeitkonstante des Bewegungsablaufs?
5) Wie verläuft das Drehmoment als Funktion der Zeit (Funktion und Darstellung)?
6) Wie verläuft der Ankerstrom als Funktion der Zeit (Funktion und Darstellung)?
7) Welche Wärmemenge entsteht infolge ohmscher Verluste im Anker?
8) Der Motor soll durch Reversieren gebremst werden! Welcher Vorwiderstand wird hierzu benötigt ($U_i = U_{in}$)?

14 Grundzüge der Simulation elektrischer Maschinen

14.1 Einleitung

Mithilfe der Simulationsmethoden sollen der kostenintensive Musterbau und die sukzessiven Messmethoden der Erprobung und damit die Entwicklungszeiten soweit wie möglich reduziert werden. Sie sind in der Entwicklung neben der Herstellung neuer und präziser Werkzeugmaschinen der Garant des Wirtschaftswachstums geworden. Ziel ist, nicht nur leistungsfähigere und wirtschaftlichere, sondern auch umweltverträglichere, sicherere und kompaktere Maschinen zu entwickeln. Die Tendenz hin zu umweltfreundlicheren Produkten wird immer mehr gefördert durch strenge gesetzliche Bestimmungen, z. B. bezüglich zugelassener Lärmpegel und Abwärme der Geräte und Maschinen [58 bis 89].

Die Entwicklung geeigneter mathematischer Verfahren einerseits und das Angebot neuer leistungsfähiger Computer andererseits haben die Berechnung und Optimierung von beliebigen dreidimensionalen, inhomogenen, anisotropen und nicht linearen Anordnungen ermöglicht. Basierend darauf werden immer leistungsfähigere und bedienungsfreundlichere Programmpakete für den Anwender angeboten.

Die heutigen Antriebsmotoren müssen vielfältige und hohe Anforderungen erfüllen. Wie bereits erwähnt, können diese in den sechs Stichwörtern Funktion, Kosten, Umwelt, Verfügbarkeit, Kompaktheit und Stabilität zusammengefasst werden. Diese Anforderungen können nur dann sinnvoll erfüllt werden, wenn das Objekt bei möglichst guter Materialausnutzung eine hohe Leistung und ein hohes Drehmoment zur Verfügung stellt (**magnetisch** optimiert), thermisch nicht überlastet wird (**thermisch** optimiert), strömungstechnisch optimal ausgelegt ist (**strömungstechnisch** optimiert) und dessen Geräuschwerte unterhalb der zulässigen Grenzwerte liegen (**schwingungs-** und **verformungstechnisch** und **akustisch** optimiert). Die Simulation und Optimierung von elektrischen Maschinen konzentriert sich allgemein auf diese fünf erwähnten Stichwörter (**Bild 14.1**). Wie bereits im Abschnitt 12.9 erwähnt, ist mit starken Wechselwirkungen dieser Aspekte zu rechnen (in Bild 14.1 angedeutet), und bei der geeigneten Auswahl müssen oft Kompromisslösungen eingegangen werden.

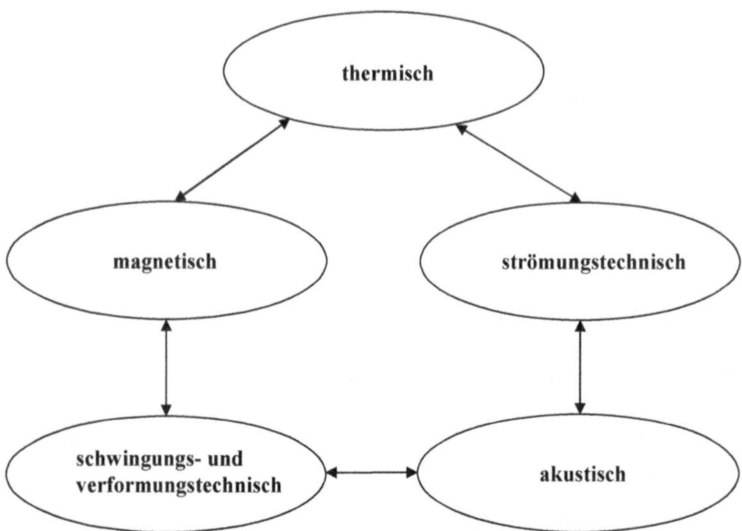

Bild 14.1 Einflussgrößen auf das Betriebsverhalten elektrischer Maschinen

Zum besseren Einstieg werden zunächst die Einzelaspekte zum Teil isoliert betrachtet. Das Ziel einer praxisnahen Simulations- und Optimierungstätigkeit ist jedoch, die Wechselwirkungen zu erfassen und das Betriebsverhalten unter Last und im betriebswarmen Zustand zu berücksichtigen. Die verschiedenen Simulationsprogramme müssen über ihre Schnittstellen miteinander gekoppelt werden bzw. Informationen des einen auch als Eingabewerte den anderen zugutekommen (s. Bild 12.13, Abschnitt 12.9.3). Nicht zuletzt muss auch hinsichtlich der Emission und der elektromagnetischen Verträglichkeit ein einwandfreier Betrieb gewährleistet sein [46 und 49].

Die Vorgehensweise bei einer praxisnahen Simulation kann in folgenden Aktivitäten zusammengefasst werden:

- Simulation und Optimierung von elektrischen Maschinen bezüglich magnetischer, thermischer, strömungstechnischer, schwingungs- und verformungstechnischer und akustischer Aspekte
- Einsatz von kommerziellen Programmpaketen
- Erstellung von anwendungsorientierten Programmpaketen
- Messungen am Prüfstand und Vergleich mit Berechnungen
- Betrachtung im betriebswarmen Zustand, Untersuchung der Wechselwirkungen der o. g. Aspekte

14.2 Simulation der Einflussgrößen

14.2.1 Magnetische Einflussgrößen (Feldverteilung, Leistung, Drehmoment, Kräfte etc.)

Tabelle 14.1 zeigt die starke Verknüpfung der elektromagnetischen Größen bei quasistationären und schnell veränderlichen Feldern (s. auch **Tabelle 14.2**).

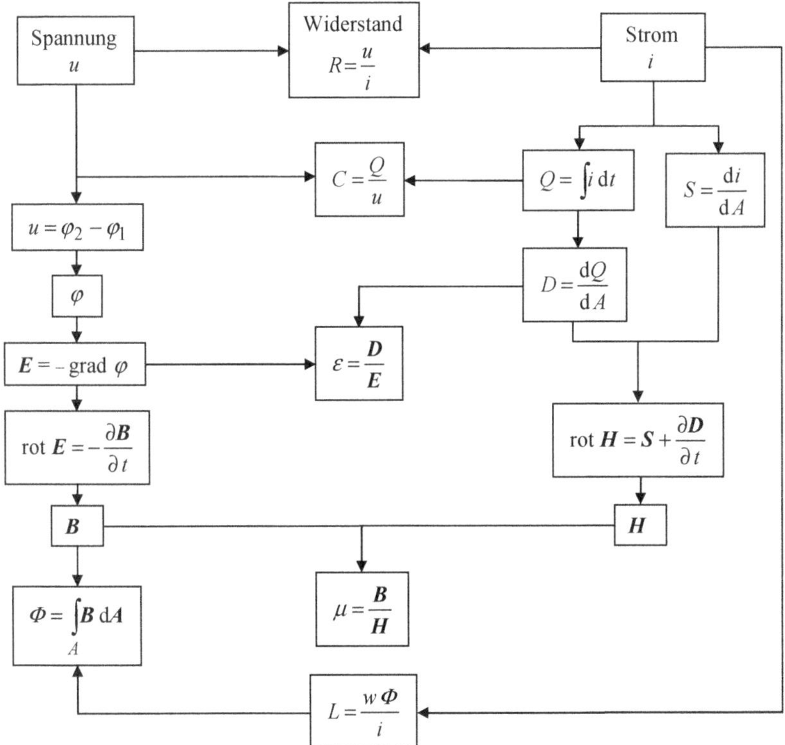

Tabelle 14.1 Verknüpfung der elektromagnetischen Größen

Gradient „grad" einer skalaren Größe, z. B. das Potential φ (in Volt), ist ein Begriff aus der Vektoranalysis und sagt aus, dass das Potential entgegen der Richtung der elektrischen Feldstärke steigt. Oder anders ausgedrückt, der Vektor der elek-

Fall / Beschreibung	Art	statische Felder	stationäre Felder	quasi-stationäre Felder	schnell veränderliche (transiente) Felder
Maxwell'sche Gleichungen	**elektrisch**	$\operatorname{rot}\boldsymbol{E}=0$ $\operatorname{div}\boldsymbol{D}=\rho$	$\operatorname{rot}\boldsymbol{E}=0$ (Maschenregel) $\operatorname{div}\boldsymbol{D}=\rho$	$\operatorname{rot}\boldsymbol{E}=-\frac{\partial\boldsymbol{B}}{\partial t}$ $\operatorname{div}\boldsymbol{D}=\rho$	$\operatorname{rot}\boldsymbol{E}=-\frac{\partial\boldsymbol{B}}{\partial t}$ $\operatorname{div}\boldsymbol{D}=\rho$
	magnetisch	$\operatorname{rot}\boldsymbol{H}=0$ $\operatorname{div}\boldsymbol{B}=0$	$\operatorname{rot}\boldsymbol{H}=\boldsymbol{S}$ $(\operatorname{div}\boldsymbol{S}=0)$ (Knotenregel) $\operatorname{div}\boldsymbol{B}=0$	$\operatorname{rot}\boldsymbol{H}=\boldsymbol{S}$ $\operatorname{div}\boldsymbol{B}=0$	$\operatorname{rot}\boldsymbol{H}=\boldsymbol{S}+\frac{\partial\boldsymbol{D}}{\partial t}$ $\operatorname{div}\boldsymbol{B}=0$
Material-gleichungen	**elektrisch**	$\boldsymbol{D}=\varepsilon\boldsymbol{E}$	$\boldsymbol{D}=\varepsilon\boldsymbol{E}$	$\boldsymbol{D}=\varepsilon\boldsymbol{E}$ $\boldsymbol{S}=\kappa\boldsymbol{E}$	$\boldsymbol{D}=\varepsilon\boldsymbol{E}$ $\boldsymbol{S}=\kappa\boldsymbol{E}$
	magnetisch	$\boldsymbol{B}=\mu\boldsymbol{H}$	$\boldsymbol{B}=\mu\boldsymbol{H}$	$\boldsymbol{B}=\mu\boldsymbol{H}$	$\boldsymbol{B}=\mu\boldsymbol{H}$
Verknüpfungsgrad		keine Beziehung zwischen elektromagnetischen Größen	geringere Verwandtschaft zwischen elektromagnetischen Größen	stärkere Verwandtschaft zwischen elektromagnetischen Größen	starke Verwandtschaft zwischen elektromagnetischen Größen
Erklärung		Feldgrößen sind zeitlich konstant, es fließen keine Ströme ($\partial/\partial t, I=0$)	Feldgrößen sind zeitlich konstant, es fließen zeitlich konstante Ströme ($\partial/\partial t=0$, $I\neq 0$)	Feldgrößen sind zeitlich veränderlich, elektrische Spannungen werden induziert, die magnetische Wirkung der Verschiebungsströme kann vernachlässigt werden ($\partial\boldsymbol{D}/\partial t=0$)	alle Anteile der Maxwell'schen Gleichungen sind zu berücksichtigen (elektromagnetische Wellen)

Tabelle 14.2 Einteilung der Elektrodynamik

trischen Feldstärke ist vom höheren zum niedrigeren Potential gerichtet. Hinsichtlich der *zeitlichen Abhängigkeit der Feldgrößen* und dem Vorhandensein von *elektrischen Strömen* lässt sich die Elektrodynamik aufgrund der Maxwell'schen Gleichungen nach Tabelle 14.2 einteilen. Dabei ist zwischen statischen, stationären, quasistationären und schnell veränderlichen (transienten) Feldern zu unterscheiden. Zu bemerken ist, dass in Abschnitt 1.8 die Maxwell'schen Gleichungen (Grundgesetze) in Integralform angegeben wurden; hier stehen sie in Differentialform. In Tabelle 14.2 ist außerdem jeweils auf die Materialgleichungen und den Verknüpfungsgrad der elektromagnetischen Größen eingegangen worden.

Die Berechnung von Leistung und Drehmoment einer elektrischen Maschine setzt die Berechnung der elektromagnetischen Felder voraus. Dies erfordert meist die Anwendung der Maxwell'schen Gleichungen, Kraftgesetze und Materialgleichungen im quasistationären Zustand, da Ströme in den Wicklungen fließen und zeitlich veränderliche magnetische Felder vorliegen (s. auch Abschnitt 1.8). Insbesondere bei den Kleinmaschinen ist mit beachtlichen Streufeldern außerhalb der Maschine zu rechnen, welche die Berechnung der elektromagnetischen Felder innerhalb und außerhalb notwendig machen.

14.2.1.1 Analytische Methoden

Bis in die 1960er-Jahre war die Berechnung auf die sogenannte analytische Methode beschränkt. Das elektromagnetische Feld konnte hauptsächlich eindimensional, selten zweidimensional, berechnet werden. Nur Näherungslösungen konnten erzielt werden, die Simulationen waren entsprechend ungenau. Einige diesbezügliche Methoden zur Berechnung der elektromagnetischen Felder sind:

- konventionelle Anwendung des Durchflutungs- und des Induktionsgesetzes und der Kraftgesetze
- Lösung der Differentialgleichung der entsprechenden Potentiale (Laplace- bzw. Poisson-Gleichung) durch Trennung der Veränderlichen usw.
- Anwendung des Superpositionsprinzips
- grafische Näherungsverfahren
- Verfahren des Spiegelbilds bei vorhandenen Symmetrielinien bzw. -flächen
- konforme Abbildung

Bei der analytischen Berechnung der elektromechanischen Größen von elektrischen Maschinen überwiegt die konventionelle Anwendung des Durchflutungs- und des Induktionsgesetzes sowie der Kraftgesetze.

Neben den elektromagnetischen Größen wie magnetische Feldstärke H, magnetische Induktion B, magnetischer Spannungsfall V, Widerstände R und X sowie den elektromechanischen Größen wie Drehmoment M und Drehzahl n können bei den Generatoren außerdem die Leerlauf-, die Lastkennlinie (s. Abschnitte 8.2.2.1 und 10.2.2) und die Nullwattdrehzahl (die Drehzahl, bei der gerade die Leistungsabgabe beginnt) berechnet werden. Entsprechende Flussdiagramme sind in **Bild 14.2** und **Bild 14.3** dargestellt. Diese Berechnungen enthalten zunächst nicht den Einfluss der Erwärmung.

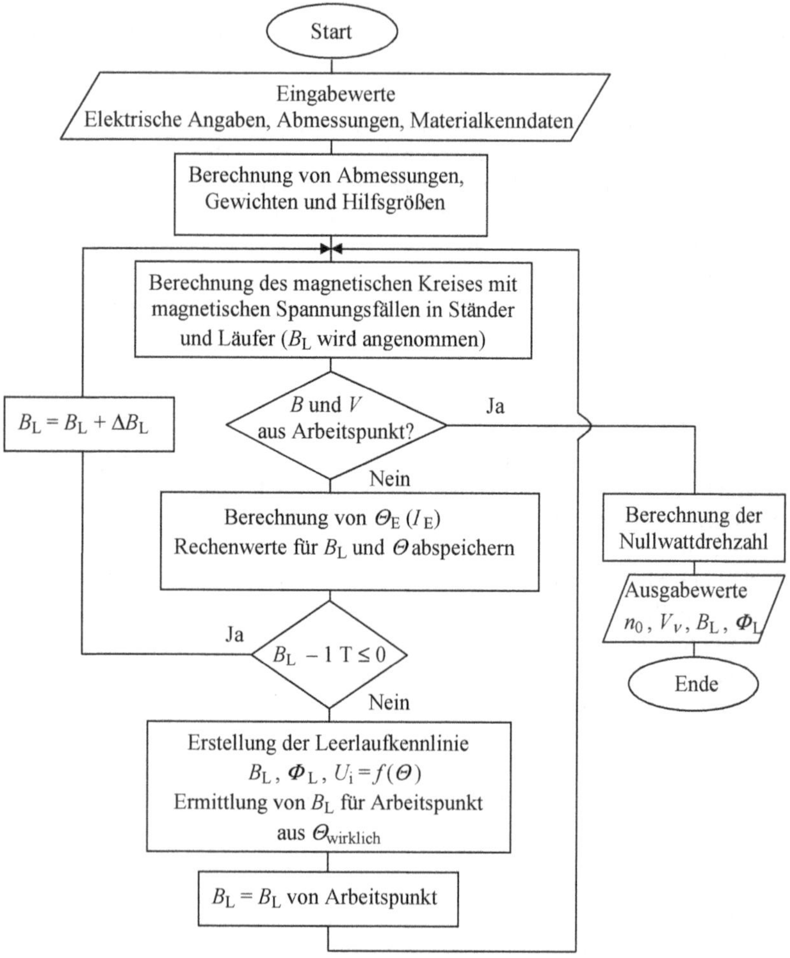

Bild 14.2 Flussdiagramm zur analytischen Berechnung der Leerlaufkennlinie

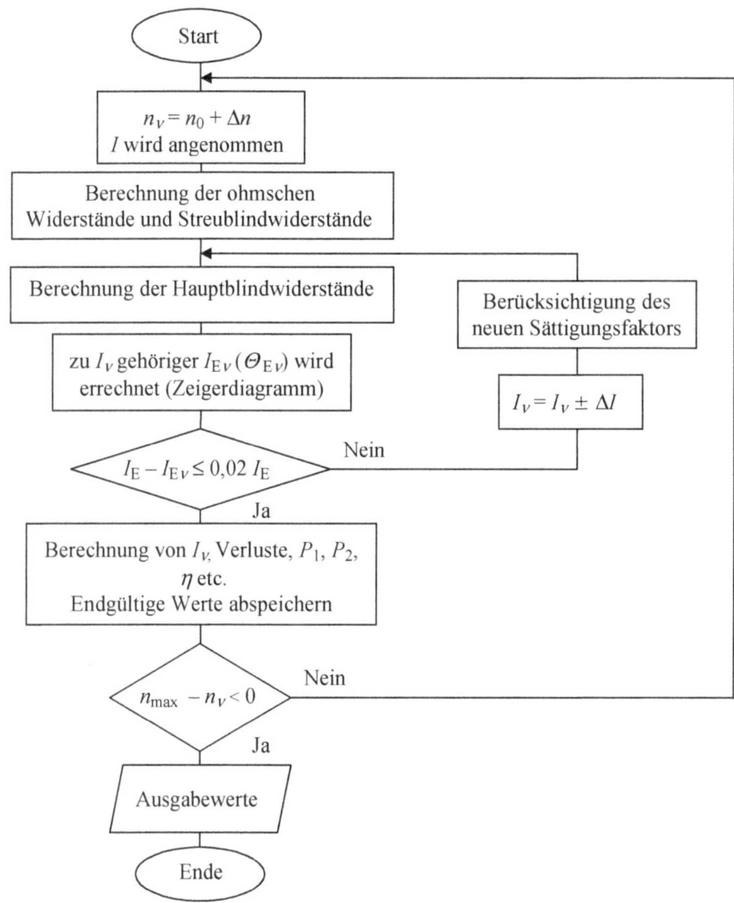

Bild 14.3 Flussdiagramm zur analytischen Berechnung der Lastkennlinie

Mit vorgegebenen Grundabmessungen und Materialkonstanten bzw. Magnetisierungskennlinien der Eisenteile werden weitere Abmessungen, Gewichte und Hilfsgrößen des Generators ermittelt, und es kann eine Magnetfeldberechnung durchgeführt werden. Es empfiehlt sich, als Magnetisierungskennlinie jeweils den Mittelwert aus dem oberen und dem unteren Ast der Hystereseschleife zugrunde zu legen. Mit vorgegebener Luftspaltinduktion B_L werden die magnetischen Feldstärken H im gesamten magnetischen Kreis bestimmt und daraus die magnetischen Spannungsfälle V ermittelt. Danach kann die erforderliche Erregerdurchflutung Θ_E

berechnet werden. Ist $B_L \leq 1$ T, so wird schrittweise B_L erhöht und die Berechnung der H- und V- sowie der Θ_E-Werte wiederholt. Die Kennlinie $B_L = f(\Theta_E)$ bzw. $U_i = f(I_E)$, „die Leerlaufkennlinie“, wird ausgegeben. Mit der wahren vorgegebenen Durchflutung $\Theta_{wirklich}$ kann B_L für den Arbeitspunkt bestimmt und daraus die Nullwattdrehzahl n_0 berechnet werden (Bild 14.2).

Mit einer vorgegebenen Drehzahl $n_\nu > n_0$ und dem Ankerstrom (Ständerstrom) I_ν werden die Wirk- und Blindwiderstände der Maschine berechnet. Mithilfe des Zeigerdiagramms wird dann der Erregerstrom $I_{E\nu}$ und damit die Erregerdurchflutung $\Theta_{E\nu}$ bestimmt. Ist der berechnete Erregerstrom im Vergleich zu dem bekannten vorgegebenen Wert annähernd gleich, so wird die Iteration abgebrochen. Anderenfalls wird der Ankerstrom in einer inneren Schleife solange verändert und die Iteration weitergeführt, bis eine vorgegebene Genauigkeit zwischen berechnetem und vorgegebenem I_E erreicht ist. Dabei können auch die abgegebene Leistung P_2, die aufgenommene Leistung P_1, die Verluste P_v, der Wirkungsgrad η etc. berechnet und die endgültigen Werte abgespeichert werden. Durch eine äußere Schleife wird für alle anderen vorgegebenen Drehzahlen der Ankerstrom berechnet und $I = f(n)$, „die Lastkennlinie“, ausgegeben (Bild 14.3) [79; 61 bis 65 und 68].

14.2.1.2 Numerische Methoden

Die intensive Berechnung der elektromagnetischen Felder in elektrischen Maschinen begann etwa Mitte der 1960er-Jahre, als allmählich die leistungsfähigeren Großrechner zur Verfügung standen und gleichzeitig die numerische Mathematik Fortschritte bei der Auflösung großer Gleichungssysteme erzielte. Erstmalig war es möglich, elektrische und magnetische Feldverteilungen für beliebig vorgegebene Materialverteilung und Anregung unter Berücksichtigung nicht linearer Materialkennlinien mit ausreichender Genauigkeit zu berechnen. Damit waren Probleme lösbar geworden, die den Verfahren der analytischen Feldtheorie nicht zugänglich waren. Die numerischen Verfahren, die sich im Bereich des Maschinenbaus schon bewährt hatten, erwiesen sich auch bei der Entwicklung und Optimierung der elektrischen Maschinen als besonders gut geeignet. Dies war insbesondere darauf zurückzuführen, dass die magnetischen Felder auf vergleichsweise kleine Raumgebiete beschränkt sind und Ausbreitungsvorgänge keine große Rolle spielen. Die numerischen Methoden sind heute zu einem unverzichtbaren Werkzeug für die Entwicklung und Optimierung elektrischer Maschinen geworden [38; 40; 41; 74 bis 76; 81; 82; 86 und 89].

Die Anwendung numerischer Verfahren führt jedoch im Allgemeinen auf einen sehr vielschichtigen Fragenkomplex, der die Lösung von elektrotechnischen, mathematischen und programmiertechnischen Teilproblemen erfordert.

Die weltweit einsetzende Entwicklung erstreckte sich auf folgende Punkte:

- Auffinden geeigneter Ansätze zur Lösung der zwei- und dreidimensionalen Feldgleichungen
- Entwicklung von Verfahren zur Lösung großer linearer und nicht linearer Gleichungssysteme
- Entwicklung von Programmsystemen, mit deren Hilfe praktische Probleme so aufbereitet werden, dass sie auch von Nichtspezialisten eingesetzt werden können

Die genauere Berechnung und Simulation der Kleinmaschinen stößt zusätzlich auf spezielle Probleme mathematisch-physikalischer bzw. technischer Art:

- **Generatorberechnung**
  Bei der geschlossenen Feldberechnung nach Maxwell, wie es bei den numerischen Methoden üblich ist, ist die Vorgabe aller beteiligten Ströme im magnetischen Kreis erforderlich. So wird auch bei der numerischen Feldberechnung des Generators unter Last die Vorgabe der Ankerströme benötigt. Zur numerischen Berechnung des Generators unter Last muss also eine Strategie entwickelt werden, welche die Berechnung der Ankerströme iterativ ermöglicht. Diese Strategie kann mithilfe des Zeigerdiagramms erstellt werden.
- **Zeigerdiagramm**
  Die Aufstellung des Zeigerdiagramms der Schenkelpolsynchronmaschinen ist insbesondere wegen ihrer ausgeprägten Pole und Pollücken vollständig nicht möglich. Bei den Klauenpolmaschinen als Sonderausführung der Synchronschenkelpolmaschinen ist mit ähnlichen Problemen zu rechnen. Zur Aufstellung des Zeigerdiagramms müssen gewisse Annahmen getroffen bzw. schrittweise Lösungen angestrebt werden. Vor Beginn der Iteration ist der Einsatz von passenden Schätzwerten sinnvoll.
- **Dreidimensionalität**
  Während die meisten Arten der Mittel- und Großmaschinen sich durch eine zweidimensionale Berechnung gut erfassen lassen, gehören die Kleinst- und Kleinmaschinen normalerweise zu Bauarten, die eine dreidimensionale Berechnung erfordern, wie z. B. die Klauenpolmaschine mit ihrer ausgeprägten dreidimensionalen Polradgeometrie. Bei solchen Maschinen muss zweckmäßigerweise die Feldverteilung in allen drei Richtungen, einschließlich beachtlicher Streuflussanteile, berücksichtigt werden (s. Abschnitt 10.2.2).
- **Kennlinie nach Erwärmung auf Betriebstemperatur**
  Berücksichtigung des Verlustverhaltens, insbesondere der Wirbelstrom- und Hystereseverluste. Eine Ankopplung der Strömungs- sowie Temperaturberechnung mit elektromagnetischer Betriebspunktermittlung muss gewährleistet sein.
- **Berücksichtigung des Geräuschverhaltens**
  Ermittlung der Kräfte aus der elektromagnetischen Feldberechnung im betriebs-

warmen Zustand als Eingabe für die mechanische Schwingungsberechnung und die akustischen Berechnungen, kombiniert mit den Methoden der experimentellen Modalanalyse.

- **Berücksichtigung der eventuell vorhandenen Rückwirkungen**
  Bei den Elektromotoren müssen die eventuell auftretenden Rückwirkungen auf die Arbeitsmaschine und das Netz untersucht und nach Möglichkeit vermieden bzw. gering gehalten werden (s. Abschnitt 9.3.2.2). Bei den Generatoren müssen die Synchronisationsbedingungen (s. Abschnitt 8.1.6) erfüllt sein, damit die gefährlichen Ausgleichsströme vermieden werden. Bei der Simulation des Kfz-Generators müssen in weiteren Untersuchungen sinnvollerweise Gleichrichter, Regler und Batterie (Bordnetz) mit berücksichtigt werden.

14.2.1.2.1 Feldberechnung (Aufstellung der Feldgleichungen)

Die Voraussetzung für einen sinnvollen Entwurf und die Entwicklung und Optimierung der elektromagnetischen Geräte und Anordnungen ist, wie erwähnt, die Kenntnis der elektrischen und magnetischen Feldverteilung und die richtige Anwendung der Grundgesetze. Die Feldberechnung basiert auf der Lösung der Maxwell'schen Gleichungen für nahezu alle in der Elektrotechnik auftretenden Problemstellungen (s. Tabelle 14.2).

Der Ursprung elektrostatischer Felder liegt in elektrischen Ladungen, beschrieben durch das Coulomb'sche Gesetz. Der gesamte elektrische Fluss durch eine geschlossene Fläche ist gleich der von dieser Hüllfläche eingeschlossenen elektrischen Ladung. Mit der elektrischen Flussdichte bzw. Verschiebung $\boldsymbol{D}$ und einer räumlichen Ladungsdichte ρ wird das Coulomb'sche Gesetz in Integral- bzw. Differentialform angeschrieben (s. Abschnitte 1.8 und 14.1 sowie z. B. [35 bis 42] und [59]):

$$\int_A \boldsymbol{D}\,\mathrm{d}\boldsymbol{A} = \int_V \rho\,\mathrm{d}V = Q \quad \text{bzw.} \quad \operatorname{div}\boldsymbol{D} = \rho \tag{14.1}$$

Das magnetische Feld hat im Gegensatz zum elektrischen Feld keine Quellen, und somit ist der gesamte magnetische Fluss durch eine geschlossene Hüllfläche gleich null:

$$\int_A \boldsymbol{B}\,\mathrm{d}\boldsymbol{A} = 0 \quad \text{bzw.} \quad \operatorname{div}\boldsymbol{B} = 0 \tag{14.2}$$

Die magnetischen Felder werden von elektrischen Stromverteilungen erzeugt. Das Durchflutungsgesetz besagt, dass ein geschlossenes Wegintegral der magnetischen Feldstärke $\boldsymbol{H}$ gleich der gesamten Durchflutung sowohl aus einer Leitungsstromdichte $\boldsymbol{S}$ als auch einer Verschiebungsstromdichte $\partial\boldsymbol{D}/\partial t$ ist:

$$\oint_L \boldsymbol{H}\,\mathrm{d}\boldsymbol{s} = \int_A \left(\boldsymbol{S} + \frac{\partial \boldsymbol{D}}{\partial t}\right) \mathrm{d}\boldsymbol{A} \quad \text{bzw.} \quad \operatorname{rot} \boldsymbol{H} = \boldsymbol{S} + \frac{\partial \boldsymbol{D}}{\partial t} \tag{14.3}$$

Das Faradaysche Gesetz der Induktion ist von grundlegender Bedeutung für die Berechnung der Wechselstrommaschinen und von Wirbelstromproblemen. Die zeitliche Änderung des magnetischen Flusses durch eine Fläche induziert eine elektrische Spannung in einer geschlossenen Schleife rund um diese Fläche:

$$\oint_L \boldsymbol{E}\,\mathrm{d}\boldsymbol{s} = -\int_A \frac{\partial \boldsymbol{B}}{\partial t}\,\mathrm{d}\boldsymbol{A} \quad \text{bzw.} \quad \operatorname{rot} \boldsymbol{E} = -\frac{\partial \boldsymbol{B}}{\partial t} \tag{14.4}$$

Diese fundamentalen Gesetze der Elektrodynamik ergeben zusammen mit den Materialgleichungen

$$\boldsymbol{S} = \kappa \boldsymbol{E} \tag{14.5}$$

$$\boldsymbol{B} = \mu \boldsymbol{H} \tag{14.6}$$

$$\boldsymbol{D} = \varepsilon \boldsymbol{E} \tag{14.7}$$

die geschlossene Beschreibung der elektromagnetischen Felder (mit ε als Permittivität).

Es gibt eine Reihe verschiedener Lösungsansätze und Lösungsverfahren für die Maxwell'schen Gleichungen (s. Abschnitt 14.2.1.1 und **Tabelle 14.3**). Am bekanntesten für die numerischen Methoden sind das Verfahren der finiten Differenzen (FD), das der finiten Elemente (FE) und das der finiten Netzwerkmethode (FN). Prinzipiell ist die Lösung aller elektromagnetischen Probleme bis hin zu transienten Einschwingvorgängen mit allen drei Verfahren möglich. Abhängig vom Anwendungsbeispiel ist der Aufwand jedoch unterschiedlich. Die partiellen Differentialgleichungen des Feldproblems werden in ein finites System algebraischer Gleichungen umgewandelt, die mithilfe von numerischen Verfahren gelöst werden. Alle drei Lösungsverfahren führen zur Lösung eines Differentialgleichungssystems erster Ordnung. Das Differentialgleichungssystem lässt sich in ein Gleichungssystem

$$\overline{a} \cdot \overline{x} = \overline{b}$$

umformen ($\overline{a}$, $\overline{x}$ und $\overline{b}$ sind also Matrizen).

Das Gleichungssystem wird entweder direkt (Gauß'sches Eliminationsverfahren) oder iterativ (z. B. Newton-Raphson-Verfahren) gelöst. Bei nicht linearen Kennlinien für die Materialwerte (Magnetisierungskennlinien der ferromagnetischen Werkstoffe) sind die Koeffizienten des Differentialgleichungssystems bzw. Gleichungssystems nicht konstant.

Beim FD-Verfahren wird das algebraisierte Gleichungssystem numerisch mithilfe der Taylor-Reihenentwicklung gelöst. Die Matrix $\overline{a}$ des sich ergebenden Gleichungssystems ist hier eine schwach besetzte Diagonalmatrix. Die Ordnung des Gleichungssystems schwankt je nach Art und Größe des zu lösenden Problems zwischen etwa 100 für kleinere 2D- und etwa 200 000 für größere 3D-Probleme.

Beim FN-Verfahren steht die physikalische Lösung des Problems im Vordergrund. Man spricht auch von Hybridmethode, da das Verfahren auf zum Teil analytischer Behandlung durch die direkte Lösung der partikulären Lösung der Feldgleichung aufgebaut ist. Die Diskretisierung erfolgt nur in leitfähigen Raumteilen. Für die Luftbereiche brauchen hier also keine Gitterpunkte festgelegt zu werden. Die Berechnung kann bei gleicher Genauigkeit mit erheblich weniger Gitterpunkten durchgeführt werden, das bedeutet geringerer Speicherbedarf und kürzere Rechenzeiten. Die Matrix $\overline{a}$ ist hier voll besetzt. Obwohl die Berechnung der Koeffizienten zeitaufwendiger ist, ergeben sich in der Regel – abhängig vom Anwendungsbeispiel – Rechenzeitvorteile wegen weniger Gitterpunkten zugunsten des FN-Verfahrens, mit dem sich beliebig zeitlich veränderliche Felder lösen lassen (s. z. B. [77; 78]). Die behandelte WQN-Methode (s. Abschnitt 12.6.4.2.2) zur Bestimmung der Temperaturverteilung zählt auch zur FN-Methode (s. z. B. [72; 73; 85]). Das FE-Verfahren geht jedoch von einem dem zu lösenden Feldproblem zugeordneten Variationsintegral aus, das zu einem Minimum gemacht wird. Die sich ergebende Matrix $\overline{a}$ beim FE-Verfahren ist eine schwach besetzte Matrix (Diagonal- bzw. Bandmatrix). Da die meisten kommerziellen Programmpakete auf dem FE-Verfahren basieren, steht im Verlauf dieser Abhandlung das FE-Verfahren im Vordergrund [41; 82 und 83]. Ein weiterer Vergleich von FE- mit FD-Verfahren ist in **Tabelle 14.4** aufgeführt.

Sowohl die elektrischen als auch die magnetischen Feldvariablen weisen an Materialgrenzflächen Unstetigkeiten auf, welche bei Potentialfunktionen nicht auftreten. Es ist deshalb vorteilhaft, als Parameter einer computerunterstützten Feldberechnung die elektromagnetischen Feldvariablen durch Potentialfunktionen zu ersetzen. Zusätzlich wird die Anzahl der Unbekannten reduziert, ohne die Allgemeingültigkeit der Formulierung aufzugeben. Die Potentialfunktionen sind das magnetische Vektorpotential $\boldsymbol{A}$ und das elektrische Skalarpotential φ (Gln. (14.8) und (14.9)).

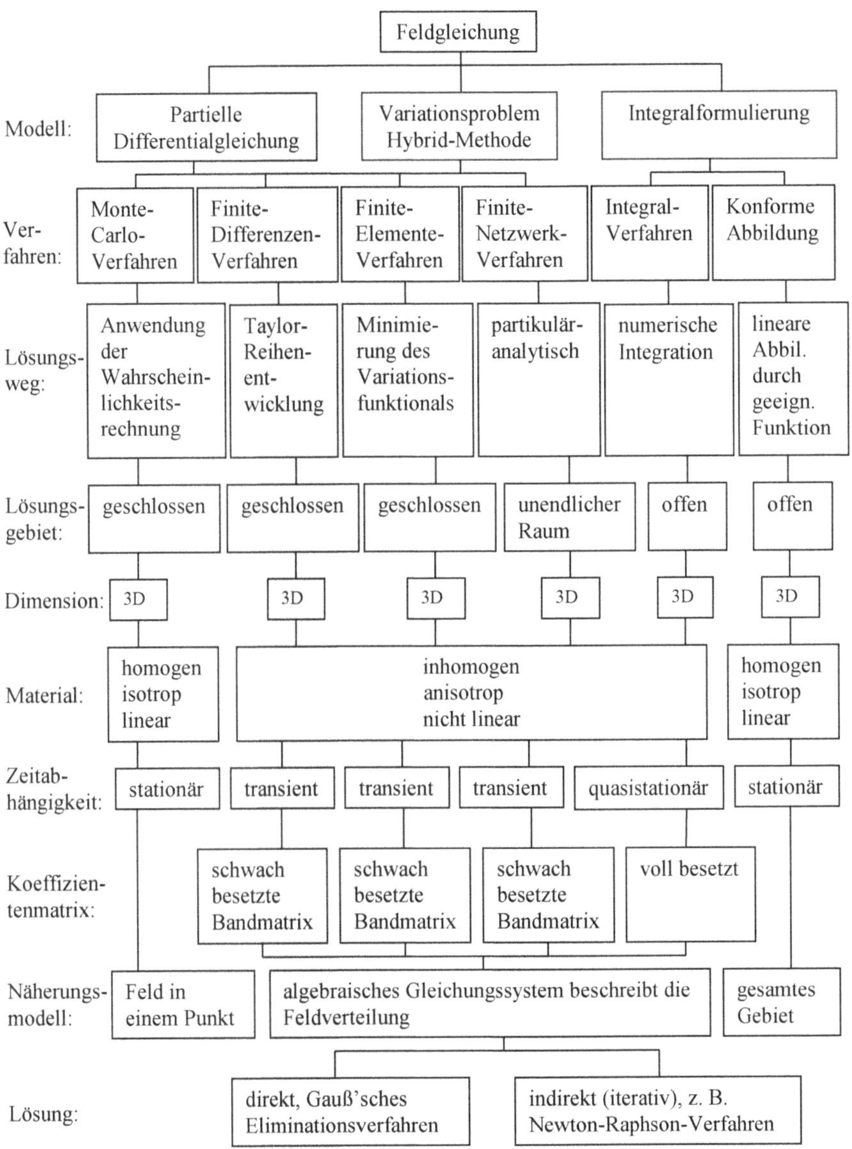

Tabelle 14.3 Übersicht über die numerischen Verfahren der Feldberechnung

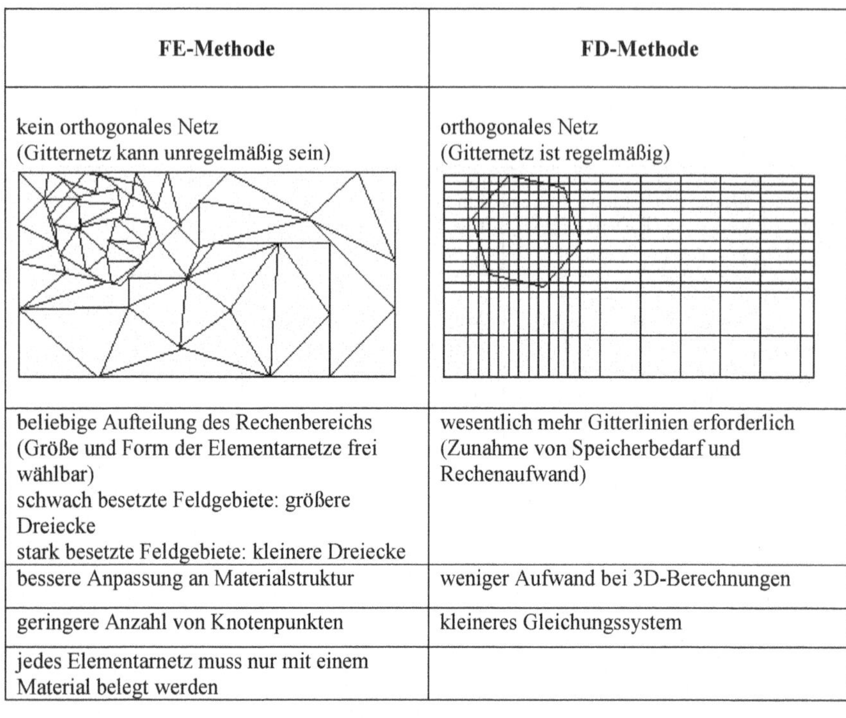

FE-Methode	FD-Methode
kein orthogonales Netz (Gitternetz kann unregelmäßig sein)	orthogonales Netz (Gitternetz ist regelmäßig)
beliebige Aufteilung des Rechenbereichs (Größe und Form der Elementarnetze frei wählbar) schwach besetzte Feldgebiete: größere Dreiecke stark besetzte Feldgebiete: kleinere Dreiecke	wesentlich mehr Gitterlinien erforderlich (Zunahme von Speicherbedarf und Rechenaufwand)
bessere Anpassung an Materialstruktur	weniger Aufwand bei 3D-Berechnungen
geringere Anzahl von Knotenpunkten	kleineres Gleichungssystem
jedes Elementarnetz muss nur mit einem Material belegt werden	

Tabelle 14.4 Vergleich von FE- mit FD-Methode

$$\boldsymbol{B} = \operatorname{rot} \boldsymbol{A} \tag{14.8}$$

$$\boldsymbol{E} = -\operatorname{grad} \varphi - \frac{\partial \boldsymbol{A}}{\partial t} \tag{14.9}$$

Hierbei sind die Maxwell'schen Gleichungen (14.2) und (14.4) automatisch erfüllt. Die beiden verbleibenden Maxwell'schen Gleichungen (14.1) und (14.3) werden mithilfe der Definitionsgleichungen der Potentialfunktionen (14.8) und (14.9) und der Materialgleichungen (14.5), (14.6) und (14.7) umgeschrieben. Daraus ergeben sich die Gln. (14.10) und (14.11):

$$\operatorname{div} \varepsilon \left(\operatorname{grad} \varphi + \dot{\boldsymbol{A}} \right) = -\rho, \tag{14.10}$$

$$\operatorname{rot}\left(\frac{1}{\mu} \operatorname{rot} \boldsymbol{A} \right) = -\kappa \left(\operatorname{grad} \varphi + \dot{\boldsymbol{A}} \right) - \varepsilon \left(\operatorname{grad} \dot{\varphi} + \ddot{\boldsymbol{A}} \right) \tag{14.11}$$

Bei der Finite-Elemente-Methode wird nun die Lösung der Gln. (14.10) und (14.11) nach dem Variationsprinzip durch die Minimierung eines geeigneten Funktionals erhalten (s. Tabelle 14.3). Es hat sich gezeigt, dass die totale, im elektromagnetischen Feld gespeicherte Energie

$$F = W_\mathrm{m} + W_\mathrm{e} + W_\mathrm{j} + W_\mathrm{q} + W_\mathrm{w} + W_\mathrm{k} \tag{14.12}$$

als Funktional verwendet werden kann und die Gln. (14.10) und (14.11) erfüllt sind. Mit:

$W_\mathrm{m} = \frac{1}{2} \int_V \boldsymbol{B}\,\boldsymbol{H}\,\mathrm{d}V$ magnetische Energie

$W_\mathrm{e} = \frac{1}{2} \int_V \boldsymbol{E}\,\boldsymbol{D}\,\mathrm{d}V$ elektrische Energie

$W_\mathrm{j} = \int_V \boldsymbol{E}\,\boldsymbol{S}\,\mathrm{d}V$ Joule'sche Wärme (über Leitungsströme zugeführte Energie)

$W_\mathrm{q} = \frac{1}{2} \int_V \rho \quad \mathrm{d}V$ über elektrische Ladungen zugeführte Energie

$W_\mathrm{w} = \int_V j\,\sigma\,\omega\,\boldsymbol{A}^2 \mathrm{d}V$ Verlustwärme durch Wirbelströme

W_k beruhend auf der Kopplung elektrischer und magnetischer Felder

Im Folgenden werden die Energiekomponenten mithilfe der Definitionsgleichungen (14.8) und (14.9) als Funktion des Vektorpotentials $\boldsymbol{A}$ und des Skalarpotentials φ angeschrieben, und die Minimierung der Gesamtenergie erfolgt durch die partielle Differentiation des Funktionals F nach den Unbekannten $\boldsymbol{A}$ und φ:

$$\frac{\partial F}{\partial (\varphi, \boldsymbol{A})} = 0 \tag{14.13}$$

Die Differentiation des Energiefunktionals erfolgt nun nach den Freiheitsgraden (Werte von $\boldsymbol{A}$ und φ an den Knotenpunkten) des Finite-Elemente-Modells. Dies führt auf ein Gleichungssystem in Matrizenform:

$$[K(\varepsilon)]\begin{pmatrix}\ddot{\boldsymbol{A}}\\ \dot{\varphi}\end{pmatrix} + [L(\kappa)]\begin{pmatrix}\dot{\boldsymbol{A}}\\ \varphi\end{pmatrix} + [M(\mu)]\begin{pmatrix}\boldsymbol{A}\\ 0\end{pmatrix} = \begin{pmatrix}\boldsymbol{S}\\ 0\end{pmatrix} \tag{14.14}$$

Die drei Koeffizienten K, L und M sind jeweils Funktionen der Materialkonstanten ε, κ und μ. Die Spaltenvektoren sind untergliedert in Freiheitsgrade des Vektorpotentials $\boldsymbol{A}$ und des Skalarpotentials φ sowie deren zeitlichen Ableitungen. Gleichungssystem (14.14) repräsentiert die Finite-Elemente-Formulierung der von den Maxwell'schen Gleichungen abgeleiteten Beziehungen (14.10) und (14.11). Durch die Allgemeingültigkeit der Gln. (14.10) und (14.11) stellt diese Finite-Elemente-Formulierung ein universell einsetzbares Verfahren zur Berechnung elektromagnetischer Felder mit einem breitbandigen Anwendungsspektrum zur Verfügung (s. Tabellen 14.2 und 14.3):

- **statische und stationäre Felder**

$\ddot{\boldsymbol{A}}, \dot{\boldsymbol{A}}, \dot{\varphi}, \varphi = 0$	Magnetostatik (linear und nicht linear)
$\ddot{\boldsymbol{A}}, \dot{\boldsymbol{A}}, \boldsymbol{A}, \dot{\varphi} = 0$	Elektrostatik
$\ddot{\boldsymbol{A}}, \dot{\boldsymbol{A}}, \boldsymbol{A}, \dot{\varphi} = 0$	stationäres elektrisches Strömungsfeld

- **sinusförmig eingeschwungene Zustände**

$\ddot{\boldsymbol{A}} = 0, \quad \dot{\boldsymbol{A}} = j\,\omega\,\boldsymbol{A}, \quad \dot{\varphi} = j\,\omega\,\varphi$	Ausbreitung elektromagnetischer Wellen, gekoppelte elektrische und magnetische Felder

- **transiente Felder**

$\ddot{\boldsymbol{A}} \neq 0$	alle Terme in Gl. (14.14) vorhanden

Innerhalb dieses Lösungsspektrums ist es nun möglich, alle elektromagnetischen Vorgänge zu lösen, zum Beispiel sowohl Wirbelstromprobleme im Frequenzbereich für sinusförmig eingeschwungene Zustände als auch im Zeitbereich für beliebige Zeitfunktionen, seien es nun transiente Einschwingvorgänge oder periodische, aber nicht sinusförmige Signale. Die Formulierung des Problems mithilfe des magnetischen Vektorpotentials $\boldsymbol{A}$ und des elektrischen Skalarpotentials φ führte auf eine Finite-Elemente-Darstellung (14.14), deren Vorzüge in ihrer Allgemeingültigkeit liegt. Spezialfälle der Maxwell'schen Gleichungen wie die Laplace-, Poisson-, Helmholtz- und Diffusionsgleichungen werden alle durch ein und dieselbe Formulierung ausgedrückt. Dies ist vor allem für die Anwendung auf 3D-Probleme von entscheidender Bedeutung: Ein einzelnes Finite-Elemente-Modell, dessen Erstellung einen Hauptanteil des Zeitaufwands einer Finite-Elemente-Analyse in Anspruch nimmt, kann für die Berechnung einer Vielzahl unterschiedlicher elektromagnetischer Probleme verwendet werden, ohne das Modell an problemspezifische Formulierungen anpassen oder gar neu aufbauen zu müssen.

14.2.1.2.2 Lösung der Feldgleichungen

Zur Lösung des Gleichungssystems (14.14) besteht grundsätzlich die Wahl zwischen direkten und indirekten Methoden (s. Tabelle 14.3). Als direkte Lösungsmethode wird das Gauß'sche Eliminationsverfahren (Dreieckzerlegung) angewendet. Die indirekte bzw. iterative Methode beruht auf dem Verfahren der konjugierten Gradienten (pre-conditioned conjugate gradients). Letzteres reduziert vor allem bei Problemen mit einer wachsenden Anzahl von Freiheitsgraden den benötigten Speicherbedarf und die CPU-Zeit.

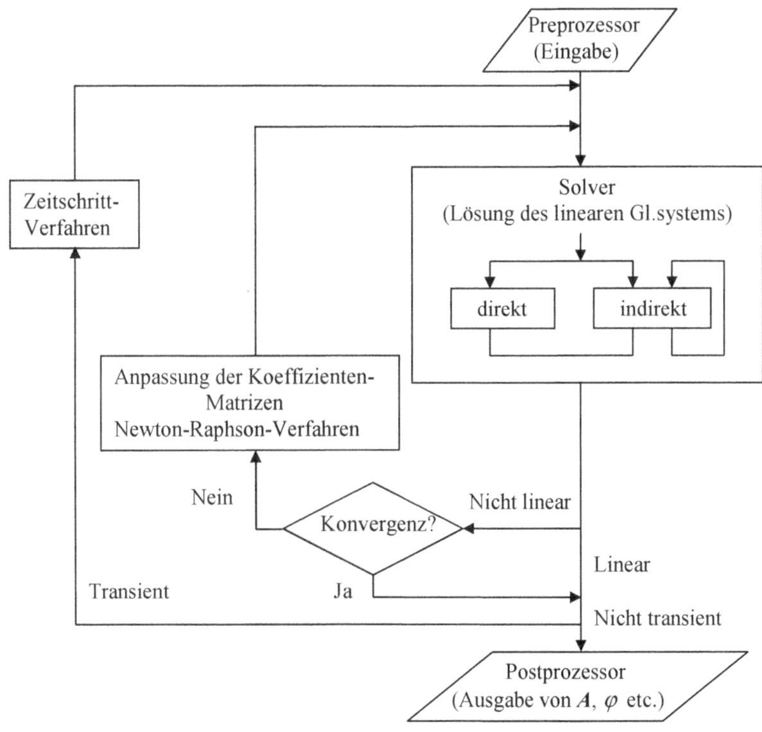

Bild 14.4 Flussdiagramm der Lösungsschleifen von A und φ

Der Hauptbestandteil der meisten elektromagnetischen Geräte, insbesondere die elektrischen Maschinen, besteht aus ferromagnetischen Materialien wie Eisen und Stahl mit nicht linearen Magnetisierungskennlinien. Bei deren Berechnung wird das iterative Newton-Raphson-Verfahren zur Lösung des nun nicht linearen Gleichungssystems (14.14) eingesetzt. Es konvergiert meistens in sechs bis zehn

Iterationsschritten, auch bei Feldverteilungen mit starken Sättigungserscheinungen und Magnetisierungskennlinien mit einem hohen Permeabilitätsgradienten.

Für Einschwingvorgänge und nicht sinusförmige Zeitabhängigkeiten muss die Matrizengleichung (14.14) im Zeitbereich gelöst werden, wofür ein Zeitschrittverfahren angewendet wird. Dies ist auch bei Wechselstromproblemen mit nicht linearen magnetischen Materialien erforderlich. Durch die Nichtlinearität werden nämlich neben der Grundfrequenz auch höhere Harmonische hervorgerufen, sodass eine Lösung im Frequenzbereich nicht mehr möglich ist. Der prinzipielle Lösungsprozess ist im Flussdiagramm von **Bild 14.4** dargestellt. Die Lösungsmethode führt letztendlich zur Lösung linearer Gleichungssysteme. Die überlagerten Lösungsschleifen werden je nach Problemstellung durchlaufen. Als Grundelement des Lösungsprozesses dient der Abschnitt zur Lösung eines linearen Gleichungssystems, wobei zwischen direkter und indirekter Methode gewählt werden kann. Im Falle nicht linearer Magnetisierungskennlinien wird diesem Grundelement eine Schleife zur iterativen Berechnung der Koeffizientenmatrizen nach dem Newton-Raphson-Verfahren überlagert. Für die Berechnung transienter Ausgleichsvorgänge schließt sich eine weitere Schleife für jeden Schritt des Zeitschrittverfahrens an.

Die Vorteile der iterativen gegenüber den direkten Verfahren sind:

- Rechenzeit und Kernspeicherbedarf kleiner

  bei direkten Verfahren: $\sim N^2$
  bei indirekten Verfahren: $2D \sim N^{3/2}$
  $3D \sim N^{4/3}$
  (mit N: Anzahl der Unbekannten)
- deutlich geringere Rechenzeit, insbesondere wenn eine gute Anfangsnäherung zur Verfügung steht
- Lösung jederzeit verfügbar (Bei direktem Verfahren steht die Lösung erst nach dem vollständigen Ablauf des Lösungsalgorithmus zur Verfügung. Damit kann auch bei iterativen Verfahren die Iteration jederzeit abgebrochen werden, wenn die bis dahin erreichte Genauigkeit ausreichend erscheint.)

Durch problemspezifischen Einsatz des bestgeeigneten Verfahrens erhält man die Knotenwerte des Vektorpotentials $\boldsymbol{A}$ und des Skalarpotentials φ als Lösung der Matrizengleichung (14.14) und kann die elektromagnetischen Feldvariablen mittels der Definitionsgleichungen der Potentialfunktionen (14.8) und (14.9) und der Materialgleichungen (14.5) bis (14.7) berechnen. An die Ermittlung der Feldgrößen schließt sich eine Anzahl weiterer Berechnungsgänge an, um die für die Bestimmung der Betriebseigenschaften von elektromagnetischen Geräten benötigten elektrischen Netzwerkparameter wie Widerstand, Induktivität, Kapazität und Eingangsscheinwiderstand sowie die in elektrischen beziehungsweise magnetischen Feldern gespeicherten Energien zu erhalten. Die Berechnung von verketteten magnetischen Flüssen erfolgt nach Gl. (14.2), die Bestimmung der magnetischen Spannungsfälle erfolgt nach dem Durchflutungsgesetz Gl. (14.3).

Die Ermittlung magnetischer Kräfte ist die Hauptaufgabe des Postprozessors. Ein übliches Verfahren zur Bestimmung der resultierenden Tangentialkraft und der Drehmomentwerte rotierender elektrischer Maschinen ist die Methode der virtuellen Verschiebung. Die Kräfte ergeben sich durch Berechnung der Differenz der komplementären magnetischen Energie zweier Finite-Elemente-Berechnungen, die sich durch geringfügige Auslenkung des Läufers unterscheiden.

Die Verteilung der Normalkräfte und die magnetischen Zugspannungen σ an den Grenzflächen Eisen–Luft erfolgt über die Berechnung des Maxwell'schen Spannungs-Tensors unter Berücksichtigung der nicht linearen Magnetisierungskennlinie zu:

$$\sigma = \frac{1}{2}\left(\frac{B_{\mathrm{Luft}}^2}{\mu_0} - \frac{B_{\mathrm{Fe}}^2}{\mu_{\mathrm{Fe}}}\right) \tag{14.15}$$

Bild 12.47 und Bild 12.48 zeigen die so berechneten Werte der Drehmomentschwankungen einer Synchronschenkelpolmaschine (Bild 12.37) nach der Finite-Element-Methode.

Zur elektromagnetischen Simulation, Berechnung und Optimierung der elektrischen Maschinen sind unter anderem folgende kommerziellen Programmpakete geeignet: PROFI (FD-Programmpaket aus Darmstadt für 3D), FEMAG (FE-Programmpaket aus Zürich für 2D), MagNet 3D und Speed (FE-Programmpaket aus Montreal, Kanada, für 3D; Infolytica Ltd) und ANSYS (FE-Programmpaket aus Houston, USA, für 3D). In Abschnitt 12.9.3 (s. auch Abschnitt 14.2.1.2.6) wird über die Erfahrungen mit dem Programmpaket ANSYS anhand einiger Beispiele berichtet.

14.2.1.2.3 Modellierung

Ein Rechenmodell mit Rechenbereich wurde in den Bildern 12.37 und 12.38 für die FE-Methode dargestellt (Abschnitt 12.9.3). Neben den programmspezifischen Gesichtspunkten, die vom Software-Anbieter vorgegeben werden, ist zur schnelleren und effektiveren Modellierung bei FD- bzw. FE-Programmpaketen auf folgende Punkte zu achten:

- Ausnutzung der Symmetrie; oft ist die Berechnung einer Polteilung bei Elektromotoren ausreichend
- vollständige und sorgfältige Erstellung des 3D-Modells auf zweidimensionaler Ebene
- mehrmaliges Kopieren der Ebene zur Erzeugung des 3D-Modells
- separate Modellierung des Läufers und Ständers
- feinere Vernetzung im Bereich großer Permeabilitätsänderungen (z. B. Luftspaltraum, Zahnköpfe etc.)
- Vernetzung der Umgebungsluft um etwa ein Drittel der Knotenanzahl (damit der magnetische Fluss sich außerhalb des Modells schließen kann)
- Gebiete sind zusammenhängend zu erstellen (sonst vom Solver nicht lösbar)
- auf die Seitenverhältnisse der Elemente achten (etwa 1 : 20 nicht überschreiten, keine spitzen Elemente)
- in der Regel werden in 3D-Modellen die Dreiecke in Prismen verwandelt, die vom Solver weiter in Tetraeder unterteilt werden
- in der Regel werden die Schrägungen durch Treppenstufen modelliert
- Modellierung mancher Passivteile von Fall zu Fall zweckmäßig (z. B. Kugellager, Lüfter etc.)

14.2.1.2.4 Feldverteilung

Der Induktionsbetrag für Leerlauf und Belastungsfall kann an beliebigen Stellen des Objekts bestimmt und dargestellt werden. Von besonderem Interesse sind Luftspalt-, Zahn- und Jochinduktionen (s. z. B. die Bilder 12.39, 12.40 und 12.46).

14.2.1.2.5 Strategien zur Berechnung von Leerlauf- und Lastkennlinie

Zur Ermittlung der Betriebskennlinien von Elektromotoren und Generatoren müssen zusätzlich je nach Maschinentyp geeignete Strategien entwickelt werden. Daraus lassen sich mithilfe der magnetischen Feldverteilung z. B. die wichtigen Leerlauf- und Belastungskennlinien der Generatoren ermitteln. Zur Berechnung der Leerlaufkennlinie, d. h. die Abhängigkeit der Ständerklemmenspannung vom Erregerstrom ($u_i = f(I_E)$), wird die erste zeitliche Ableitung des ermittelten verketteten Flusses in Ankernuten im Leerlauf gebildet (Anwendung des Induktionsgesetzes)

$$u_i = -w\,\xi\,\frac{\mathrm{d}\Phi}{\mathrm{d}t} = -w\,\xi\,\frac{\mathrm{d}}{\mathrm{d}t}\sum_k \Phi_k \sin(k\,\omega t) \tag{14.16}$$

mit dem Effektivwert:

$$U_i = -w\,\xi\,\omega \sum_k k\,\Phi_k \tag{14.17}$$

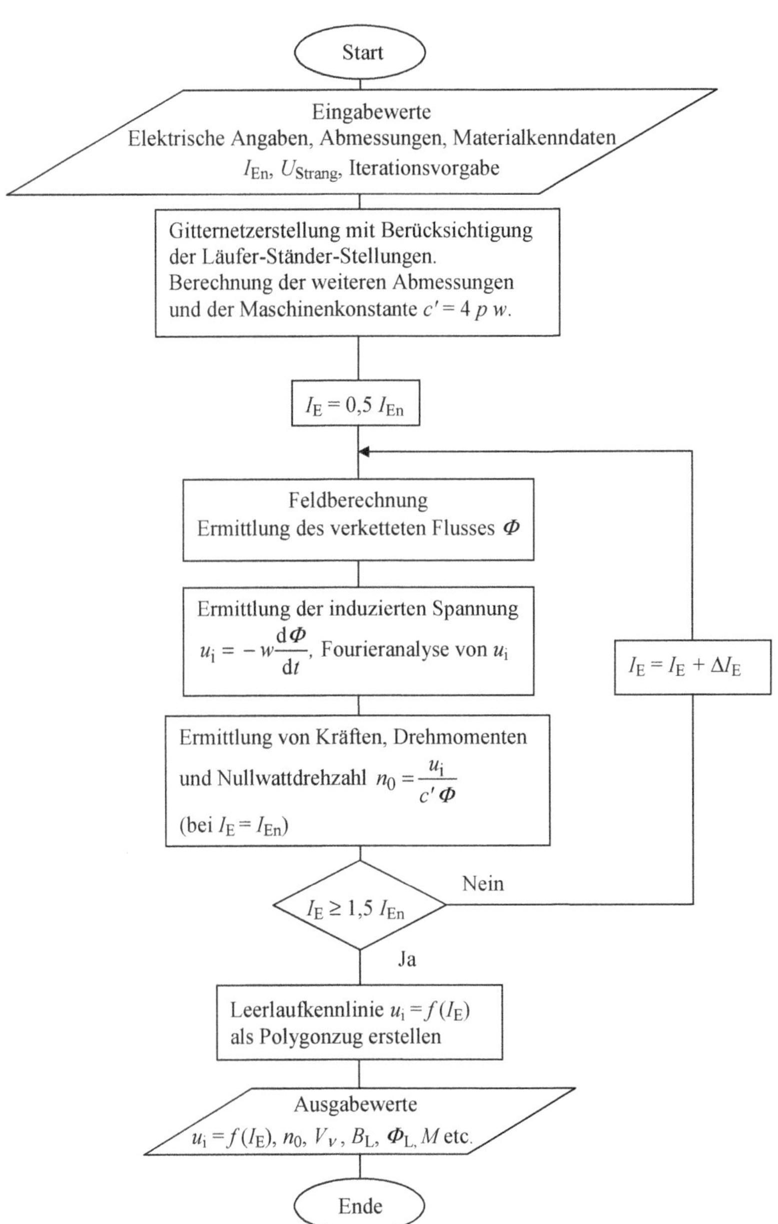

Bild 14.5 Flussdiagramm zur numerischen Berechnung der Leerlaufkennlinie

Der Verlauf der Spulenflüsse wird aus der Feldberechnung über verschiedene Läufer-Ständer-Stellungen ermittelt und daraus die Grund- und Oberschwingungen der induzierten Spannung berechnet (k ist Index der Oberschwingungen). Ein prinzipielles Flussdiagramm ist in **Bild 14.5** dargestellt.

Zur Berechnung der Lastkennlinie, d. h. der Abhängigkeit des Ankerstroms von der Generatordrehzahl ($I_A = f(n)$), wird zweckmäßigerweise das Zeigerdiagramm herangezogen. Die Betriebspunktberechnung wird bei vorgegebener Generatordrehzahl und vorgegebenem Erreger- sowie Ankerstrom durchgeführt. Die vorläufige Angabe der Ankerströme ist erforderlich, da die Feldberechnung alle Ströme, die zum Aufbau des Feldes führen, benötigt (Durchflutungsgesetz). Die Betriebspunktberechnung muss dann sinnvollerweise in mehr als einem Schritt vorgenommen werden. Mit einem abgeschätzten Ankerstrom (Laststrom) wird die Feldberechnung durchgeführt. Mithilfe des Zeigerdiagramms und der Feldgrößen können die Streu- und Hauptblindwiderstände ermittelt werden. Als Kontroll- bzw. Ausgangsgröße des ersten Schritts kann die Klemmenspannung nach Betrag und Phase benutzt werden. Da die Genauigkeit der Berechnung auf Anhieb selten erreicht werden kann, ist ein zweiter Schritt erforderlich. In diesem wird mit den ermittelten Blind- und Wirkwiderständen ein genaueres Zeigerdiagramm aufgestellt und der Ankerstrom solange variiert, bis der berechnete Erregerstrom mit dem wirklichen Wert übereinstimmt [75; 75]. Ein prinzipielles Flussdiagramm ist in **Bild 14.6** dargestellt.

14.2.1.2.6 Erfahrungen mit dem Programmsystem ANSYS

ANSYS ist ein FE-Programmpaket aus Houston/USA (Vertretung in Deutschland ist die CAD-FEM GmbH in Grafing bei München), geeignet für 3D, inhomogene, anisotrope und nicht lineare Medien und transiente Fälle. Das Programmpaket bietet die Berechnung aller fünf Aspekte: magnetisch, thermisch, strömungstechnisch, schwingungs- und verformungstechnisch und akustisch (s. Abschnitt 14.1). In [81] werden Feld- und Drehmomentberechnungen an einer Synchronschenkelpolmaschine durchgeführt.

14.2.2 Thermische Einflussgrößen (Temperaturverteilung stationär und instationär)

Die Temperaturberechnung bei elektrischen Maschinen erfolgt zweckmäßigerweise durch die Erstellung eines Simulationsprogramms nach der Wärmequellennetzmethode. Die Temperaturmessung erfolgt durch Messung der Wicklungswiderstände bzw. mithilfe eingebauter Thermoelemente. Zu weiteren Einzel-heiten wird auf Abschnitt 12.6.4 sowie z. B. [72; 73; 85] verwiesen.

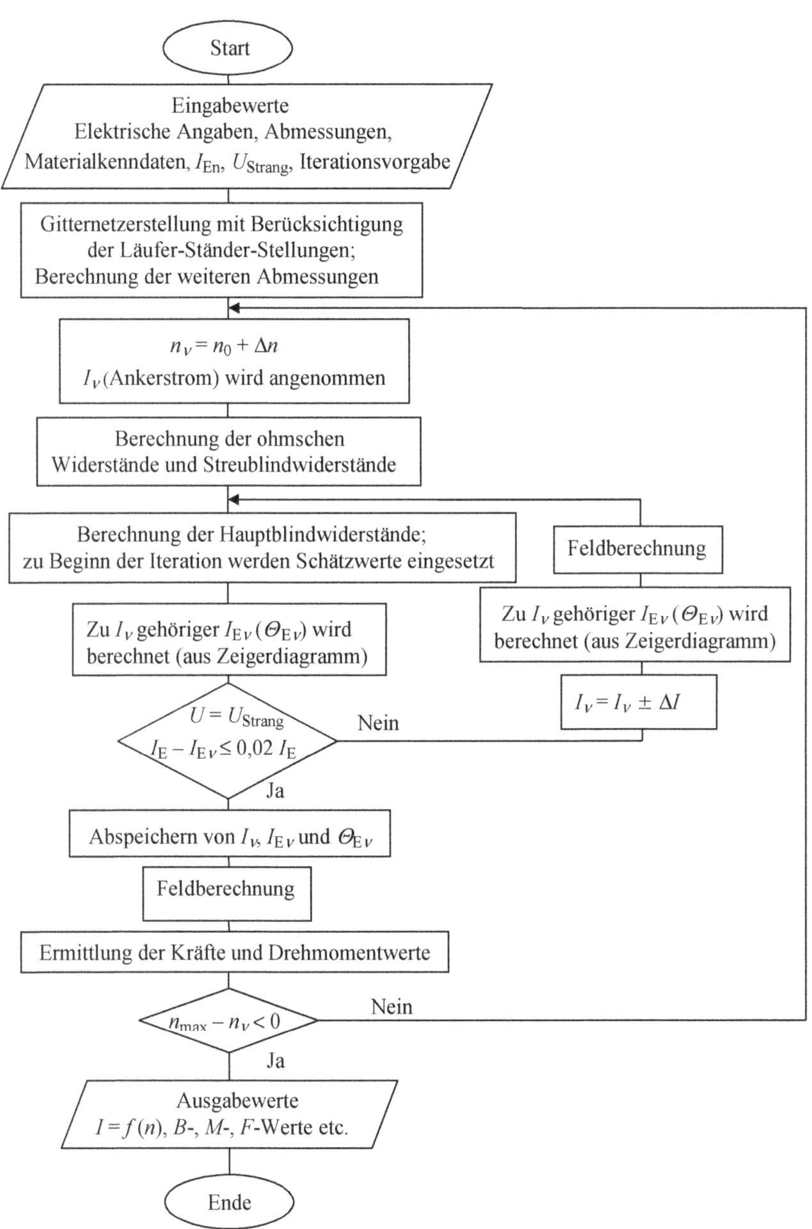

Bild 14.6 Flussdiagramm zur numerischen Berechnung der Lastkennlinie

14.2.3 Strömungstechnische Einflussgrößen (Strömungsverhalten)

Durch den Einsatz eines geeigneten kommerziellen Simulationsprogramms können das Strömungsverhalten elektrischer Maschinen und generell die Probleme der Fluiddynamik untersucht werden. Gute Erfahrungen wurden bisher mit ANSYS-FLOTRAN bzw. CFX (FE-Programmpaket aus Houston/USA) erzielt. Das Pre- und Postprocessing wird mit ANSYS durchgeführt. Als Pre- und Postprozessoren sind auch die Programme I-DEAS (CA-EDS) und PATRAN einsetzbar. FLOTRAN ist unter anderem zur 3D-Lösung der laminaren oder turbulenten Strömung mit Wärmeübertragung und freier oder erzwungener Konvektion geeignet.

14.2.4 Schwingungs- und verformungstechnische und akustische Einflussgrößen

Zur Untersuchung des schwingungs- und verformungstechnischen Verhaltens und zur Geräuschbeurteilung werden ebenfalls geeignete kommerzielle Simulationsprogramme verwendet (wie ANSYS). Ein weiteres geeignetes FE-Programmpaket zur Bestimmung des schwingungs- und verformungstechnischen Verhaltens ist PERMAS (TU Stuttgart). Es sind also Verformungsberechnungen mithilfe eines strukturdynamischen Modells und akustische Berechnungen mit einem akustischen Modell erforderlich (s. Abschnitt 12.9.3, Bilder 12.41 und 12.42). Zu weiteren Einzelheiten wird auf Abschnitt 12.9 verwiesen [47; 48; 76; 86; 88; 89].

14.3 Praktische Prüfungen

Entsprechende praktische Prüfungen in Prüfständen ergänzen die Simulation. Die Messwerte dienen außerdem als Vergleich zu den Rechenwerten und zur Kontrolle der Simulation. Vor allem ist die Messung von magnetischen Feldern, Spannungen, Strömen, Leistungen, Drehmoment- und Drehzahlwerten, Temperatur der Bauteile und Geräuschwerte von Interesse. Die Messwerte müssen zeitgemäß und brauchbar durch Auswerteeinheiten dargestellt werden. Für den Generatorprüfstand ist außerdem eine Belastungseinheit erforderlich. Die Prüfstände sollen so aufgebaut sein, dass die Simulation des betriebswarmen Zustands unter Last möglich ist.

14.3.1 Prüfstand

Zur mechanischen Simulation und für die Untersuchung des Schwingungs- bzw. Geräuschverhaltens sind ein ähnlicher Prüfstand wie in Abschnitt 6.11, z. B. Bilder

6.30 und 6.31, sowie Schallintensitätsmessung und Modalanalyse erforderlich. Einige weitere Einzelheiten über die Geräuschmessung, die Messeinrichtung und die Auswertung der Geräuschwerte sind für einen Kfz-Generator auch dort behandelt. Die Entwicklung und Optimierung des Geräuschs bei elektrischen Maschinen wurde in Abschnitt 12.9 untersucht (s. unter anderem die Bilder 12.37 bis 12.49).

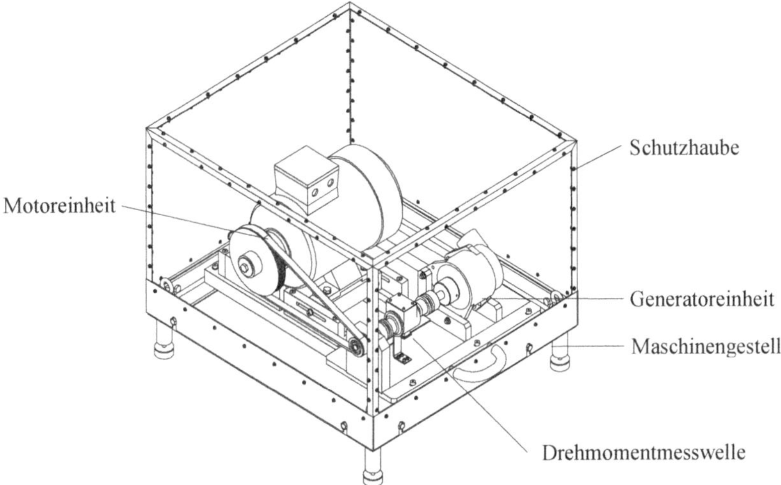

Bild 14.7 Prüfstand zur Simulation eines Kfz-Generators

Bild 14.7 zeigt den kompletten Prüfstand eines Kfz-Generators, der an der Hochschule für Angewandte Wissenschaften Hamburg aufgebaut wurde. Dieser sogenannte Leistungsprüfstand ermöglicht die magnetische, die thermische und die strömungstechnische Simulation eines Kfz-Generators. Dieser Prüfstand besteht im Wesentlichen aus fünf Hauptbestandteilen: Motoreinheit, Generatoreinheit, Maschinengestell, Schutzhaube und Messgeräte. Die Messgeräte werden, mit Ausnahme der Drehmomentmesswelle, extern angebracht und sind im Bild 14.7 weggelassen. Als Motoreinheit dient ein Drehstromasynchronmotor. Er stellt die mechanisch aufgenommene Leistung des Kfz-Generators über den Keilriemen zur Verfügung. Da die maximale Drehzahl des Motors beschränkt ist (etwa 6 000 min^{-1}), der Prüfstand aber alle möglichen Fahrbedingungen simulieren soll (Generatordrehzahl bis etwa 20 000 min^{-1}), wurde dies durch entsprechende Auslegung des Keilriemenscheibendurchmessers auf der Motorseite ermöglicht. Um den hier zweipoligen Drehstromasynchronmotor über seine Bemessungsdrehzahl (etwa 2 900 min^{-1}) hinaus zu betreiben, war ein Frequenzumrichter erforderlich. Für den einwandfreien Betrieb im Labor sorgt der vorgesehene Funk-Entstörfilter.

Auf der Generatoreinheit befinden sich die Messwelle und der Generator samt Wechsel-Halterung. Das Maschinengestell nimmt alle mechanischen Komponenten auf und positioniert diese zueinander. Die Grundbestandteile bestehen aus robusten Normteilen (Stahlprofile, Rundstahl usw.). Für die Stabilität und das Abfangen der Schwingungen ist mithilfe von Gummi-Puffern und elastischem Aufbau zu sorgen. Zum Schutz des Benutzers und um die Messwelle und andere empfindliche Teile vor Beschädigungen zu schützen, werden diese und der Keilriemen durch Schutzhauben gesichert (in Bild 14.7 der Übersichtlichkeit halber weggelassen). Außerdem sind die VDE-Bestimmungen bezüglich der elektromagnetischen Verträglichkeit sowie der generellen elektrischen Schutzmaßnahmen einzuhalten. Die Messgeräte müssen nach Bedarf und messzielorientiert ausgewählt werden.

14.3.2 Messeinrichtung

Die Messeinrichtung muss die Messung elektrischer, magnetischer, thermischer und mechanischer Größen ermöglichen. Die Hersteller bieten eine Fülle von Angeboten bezüglich Messeinrichtungen und dazu passenden Auswerteeinheiten. Die verschiedenen Messmethoden und geeigneten Instrumente sind in Kapitel 6 behandelt. Zur Messung der elektrischen Größen wie Strom, Spannung und Leistung lassen sich oft die bereits existierenden Messgeräte im Prüffeld benutzen. Anspruchsvoller ist die Erfassung anderer Größen. Die Messung des magnetischen Felds erfolgt mithilfe der Hall-Sonden oder mit eingebauten Messspulen. Die Erfassung der Temperatur der Bauteile wird meist mit den eingebauten Thermoelementen vorgenommen bzw. mithilfe der Telemetrie über Infrarot-Sensoren ermöglicht. Zur Messung der mechanischen Größen wie Drehzahl, Drehmoment und Geräusch wird auf Kapitel 6 verwiesen.

14.3.3 Auswerteeinheit und Auswertung

Im Allgemeinen stehen drei Varianten zur Auswahl: Die erste ist die Auswertung mit Papier, Bleistift und Kurvenlineal, die zweite ist die Verwendung eines Tabellenkalkulationsprogramms wie beispielsweise Excel, und die dritte ist die äußerst komfortable, zeitsparende Messtechnik-Software, wie sie die meisten Hersteller zu ihren Messsystemen anbieten. Letztere Möglichkeit ist die kostenintensivste, aber auch gleichzeitig die zeitgemäßere und genauere. Die gemessenen Größen werden grafisch aufwendig und anschaulich aufbereitet. Zusätzlich besteht die Möglichkeit, sich die Ergebnisse ausdrucken zu lassen.

14.3.4 Belastungseinheit für Generatorprüfstand

Durch einen elektrischen Verbraucher kann eine Last simuliert werden. Der Kfz-Generator liefert Gleichstrom. Um die Leistung von etwa 1 kW bis 3 kW (je nach Kfz-Generatorgröße) zu verbrauchen, muss im Labor eine entsprechende Last angeschlossen werden. Diese soll für unterschiedliche Belastungen einstellbar und kostengünstig herzustellen sein. Es bieten sich stufenlos regelbare Widerstände an. Als billige und einfache Alternative können parallel geschaltete Halogen-Niedervolt-Spotlampen eingesetzt werden. Sie werden über Kurzschlussstecker in Stufen geschaltet, um auf diese Weise unterschiedliche Lastzustände zu simulieren.

15 Lösungen der Aufgaben

15.1 Lösungen zu „Wechsel- und Drehstrom"

Aufgabe 1

$\underline{I}_R$ muss also berechnet werden. In der Schaltung existieren zwei Knoten und drei Zweige. Daraus ergeben sich eine Knoten- und zwei Maschengleichungen:

$$\underline{I} = \underline{I}_R + \underline{I}_C \qquad (15.1)$$

$$\underline{U} = \mathrm{j}\omega L\,\underline{I} + R\,\underline{I}_R \qquad (15.2)$$

$$R\,\underline{I}_R = \frac{1}{\mathrm{j}\omega C}\underline{I}_C \qquad (15.3)$$

Für den Strom $\underline{I}_R$ ergibt sich durch die Elimination von $\underline{I}$ und $\underline{I}_C$ in den Gln. (15.1), (15.2) und (15.3):

$$\underline{I}_R = \frac{\underline{U}}{\mathrm{j}\omega L + R(1-\omega^2 LC)}$$

Daraus folgt, dass $\underline{I}_R$ für $1 - \omega^2 L\,C = 0$ unabhängig von R ist! Damit gilt:

$$I_R = \frac{U}{\omega L}$$

Aus diesen Beziehungen ergeben sich:

$L = 366$ mH und $C = 27{,}8$ µF

Aufgabe 2

1) Die Wirkleistung kann nur im Wirkwiderstand R aufgebracht werden. Demzufolge kann der Strom I_2 durch diesen Widerstand bestimmt werden:

$$I_2 = \sqrt{\frac{P}{R}} = 5\ \text{A} \mathrel{\hat{=}} 5\ \text{cm}$$

Für die weiteren Spannungen und Ströme ergibt sich:

$$U_\text{R} = R\, I_2 = 10\ \text{V} \mathrel{\hat{=}} 5\ \text{cm}$$

$$U_\text{C2} = \frac{1}{\omega C_2} I_2 = 12{,}5\ \text{V} \mathrel{\hat{=}} 6{,}25\ \text{cm}$$

$$U_\text{L2} = \sqrt{U_\text{R}^2 + U_\text{C2}^2} = 16\ \text{V} \mathrel{\hat{=}} 8\ \text{cm}$$ (oder aus Zeigerdiagramm, **Bild 15.1**)

$$I_1 = \frac{U_\text{L2}}{\omega\, L_2} = 8\ \text{A} \mathrel{\hat{=}} 8\ \text{cm}$$

Daraus ergibt sich $I \mathrel{\hat{=}} 5{,}2$ cm $\mathrel{\hat{=}} 5{,}2$ A und

$$U_\text{C1} = \frac{1}{\omega C_1} I = 10{,}4\ \text{V} \mathrel{\hat{=}} 5{,}2\ \text{cm}$$

$$U_\text{L1} = \omega L_1\, I = 13\ \text{V} \mathrel{\hat{=}} 6{,}5\ \text{cm}$$

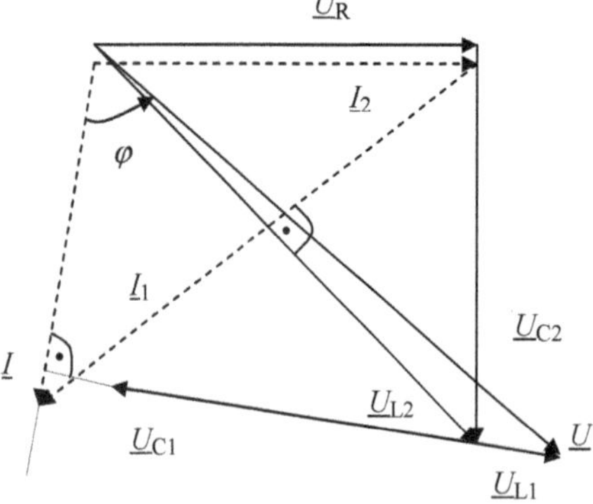

Bild 15.1 Zeigerdiagramm

2) Aus dem Zeigerdiagramm (Bild 15.1) folgt:

$U \triangleq 9\text{ cm} \triangleq 18\text{ V} \qquad \varphi = 58° \qquad \cos\varphi = 0{,}57$

$Z = \dfrac{U}{I} = 3{,}46\,\Omega \qquad S = U\,I = 93{,}6\text{ VA} \qquad Q = U\,I\sin\varphi = 76{,}67\text{ var}$

3)

$$\underline{Z} = \frac{\underline{U}}{\underline{I}} = \frac{U}{I}\,e^{j(\varphi_u - \varphi_i)} = Z\,e^{j\varphi} = 3{,}46\,\Omega\,e^{j58°}$$

4)

$$\underline{Z}_2 = R - \frac{j}{\omega C_2} = (2 - j\,2{,}5)\,\Omega$$

$$\underline{Z}_2 = 3{,}2\,\Omega\;e^{-j\,51{,}3°}$$

$$\underline{Y}_2 = \frac{1}{\underline{Z}_2} = 0{,}3125\,\text{S}\;e^{j\,51{,}3°}$$

$$\underline{Y}_2 = (0{,}195 + j\,0{,}244)\,\text{S}$$

$$\underline{Y}_{12} = -\frac{j}{\omega L_2} + \underline{Y}_2 = (0{,}195 - j\,0{,}256)\,\text{S}$$

$$\underline{Y}_{12} = 0{,}32\,\text{S}\;e^{-j\,52{,}7°}$$

$$\underline{Z}_{12} = \frac{1}{\underline{Y}_{12}} = 3{,}125\;\Omega\;e^{j\,52{,}7°}$$

$$\underline{Z}_{12} = (1{,}89 + j\,2{,}49)\,\Omega;$$

$$\underline{Z} = j\omega L_1 - \frac{j}{\omega C_1} + \underline{Z}_{12} = (1{,}89 + j\,2{,}99)\,\Omega = 3{,}53\,\Omega\;e^{j\,57{,}7°}$$

5) $\varphi > 0$ heißt: $\underline{U}$ eilt $\underline{I}$ voraus. Die Schaltung zeigt induktives Verhalten!

Aufgabe 3
Der Imaginärteil des komplexen Widerstands muss gleich null gesetzt werden. Der komplexe Widerstand ergibt sich zu:

$$\underline{Z} = R_1 + \mathrm{j}\omega L_1 + \frac{1}{G_2 + \frac{1}{\mathrm{j}\omega L_2} + \mathrm{j}\omega C} =$$

$$= R_1 + \frac{G_2}{G_2^2 + \left(\omega C - \frac{1}{\omega L_2}\right)^2} + \mathrm{j}\left(\omega L_1 - \frac{\omega C - \frac{1}{\omega L_2}}{G_2^2 + \left(\omega C - \frac{1}{\omega L_2}\right)^2}\right)$$

Es muss gelten:

$$\omega_\mathrm{r} L_1 - \frac{\omega_\mathrm{r} C - \frac{1}{\omega_\mathrm{r} L_2}}{G_2^2 + \left(\omega_\mathrm{r} C - \frac{1}{\omega_\mathrm{r} L_2}\right)^2} = 0$$

Diese Gleichung führt nach Umformung zu einem Polynom vierter Ordnung:

$$\omega_\mathrm{r}^4 L_1 C_2 + \omega_\mathrm{r}^2 \left(L_1 G_2^2 - \frac{2 L_1 C}{L_2} - C\right) + \left(\frac{L_1}{L_2^2} + \frac{1}{L_2}\right) = 0$$

Die Lösung dieser Gleichung liefert:

$$\omega_{\mathrm{r}1} = 0{,}49995 \cdot 10^5 \, \frac{1}{\mathrm{s}} \quad \text{und} \quad \omega_{\mathrm{r}2} = 0{,}71070 \cdot 10^3 \, \frac{1}{\mathrm{s}} \quad \text{bzw.}$$

$f_{\mathrm{r}1} = 7{,}957$ kHz und $f_{\mathrm{r}2} = 0{,}113$ kHz

Aufgabe 4
1) Die Schaltung mit Spannungs- und Stromzählpfeilen ist in **Bild 15.2** dargestellt.

Knotenregel: $\underline{I} = \underline{I}_1 + \underline{I}_2 + \underline{I}_3$
Maschenregel: $\underline{U} = \underline{U}_1 + \underline{U}_2 + \underline{U}_3$

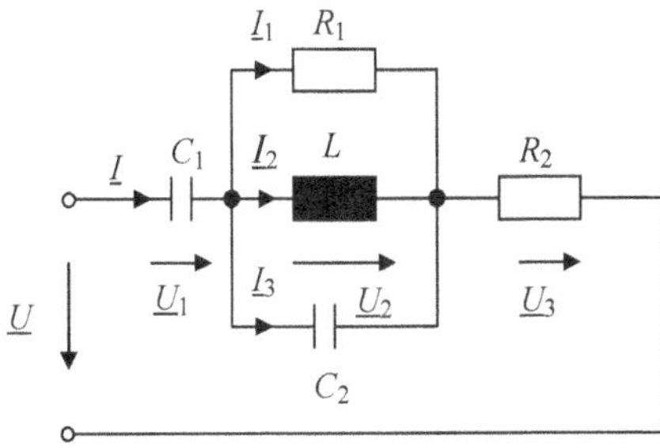

Bild 15.2 Schaltung mit Zählpfeilen

Das Zeigerdiagramm (**Bild 15.3**) wird mit einer angenommenen Spannung $U_2' = 100\,\mathrm{V}$ gezeichnet. Damit ergeben sich die Teilströme und die Teilspannungen. Wegen dieser Annahme werden alle berechneten Werte auch mit gestrichelten Buchstaben gekennzeichnet (deren wirkliche Werte noch ermittelt werden müssen).

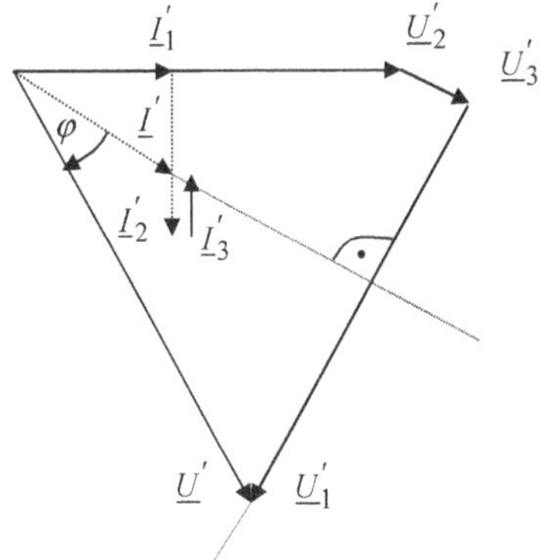

Bild 15.3 Zeigerdiagramm

$I_1' = \dfrac{U_2'}{R_1} = 4\,\mathrm{A} \mathrel{\hat{=}} 2\,\mathrm{cm}$: $\quad \underline{I}_1'$ in Phase mit $\underline{U}_2'$

$I_2' = \dfrac{U_2'}{\omega L} = 5\,\mathrm{A} \mathrel{\hat{=}} 2{,}5\,\mathrm{cm}$: $\quad \underline{I}_2'$ eilt $\underline{U}_2'$ um 90° nach

$I_3' = U_2'\,\omega\,C_2 = 2\,\mathrm{A} \mathrel{\hat{=}} 1\,\mathrm{cm}$: $\quad \underline{I}_3'$ eilt $\underline{U}_2'$ um 90° vor

$$I' = \sqrt{I_1'^2 + (I_2' - I_3')^2} = 5\,\text{A}$$ bzw. aus Zeigerdiagramm (Bild 15.3)

$$U_3' = I' R_2 = 20\,\text{V} \mathrel{\hat{=}} 1\,\text{cm}:$$ $\underline{U}_3'$ in Phase mit $\underline{I}'$

$$U_1' = \frac{I'}{\omega C_1} = 100\,\text{V} \mathrel{\hat{=}} 5\,\text{cm}:$$ $\underline{U}_1'$ eilt $\underline{I}'$ um 90° nach

Aus dem Zeigerdiagramm (Bild 15.3) folgt: φ = 21° kapazitiv, $U' \mathrel{\hat{=}}$ 5,4 cm $\mathrel{\hat{=}}$ 108 V! Die tatsächliche Netzspannung beträgt 230 V, also müssen sämtliche Ströme und Spannungen mit dem Faktor: U/U' = 2,13 multipliziert werden! Daraus ergeben sich die realen Werte zu:

U_2 = 213 V U_1 = 213 V U_3 = 42,6 V I_1 = 8,5 A I_2 = 10,7 A I_3 = 4,3 A und I = 10,65 A

2) $S = U\,I$ = 2,45 kVA, $P = S \cos\varphi$ = 2,287 kW und $Q = S \sin\varphi$ = – 0,878 kvar, also Blindleistungsabgabe!

3) Der komplexe Widerstand ergibt sich zu:

$$\underline{Z} = -\mathrm{j}\,X_{C1} + \frac{1}{G_1 - \mathrm{j}\,B_L + \mathrm{j}\,B_{C2}} + R_2 =$$

$$= R_2 + \frac{G_1}{G_1^2 + (-B_L + B_{C2})^2} - \mathrm{j}\left(X_{C1} + \frac{-B_L + B_{C2}}{G_1^2 + (-B_L + B_{C2})^2} \right)$$

$\underline{Z}$ = (20 – j 8) Ω; d. h.:

$$\varphi = \arctan\frac{-8}{20} = 21{,}8° \qquad Z = 21{,}54\,\Omega \quad \text{und} \quad I = \frac{U}{Z} = 10{,}68\,\text{A}$$

Gute Übereinstimmung mit dem Teil 1 der Aufgabenstellung!
Das Netzwerk ist überwiegend kapazitiv, da der Strom $\underline{I}$ der Spannung $\underline{U}$ voreilt!

Aufgabe 5

1) Der Leiterstrom ergibt sich zu:

$$I = \frac{P}{\sqrt{3}\,U \cos\varphi} = 22{,}79\,\text{A}$$

2) Zur Bestimmung des Scheinwiderstands Z muss der Strangstrom der Dreieckschaltung ermittelt werden:

$$I_S = \frac{I}{\sqrt{3}} = 13{,}16\,\text{A} \quad \text{und damit} \quad Z = \frac{U_S}{I_S} = 30{,}4\,\Omega$$

3) Der ohmsche Widerstand errechnet sich aus der Wirkleistung P zu:

$$R = \frac{P}{3\,I_S^{\,2}} = 28{,}88\,\Omega$$

Daraus kann L mit Z und R bestimmt werden:

$$X = \sqrt{Z^2 - R^2} = 9{,}49\,\Omega \quad \text{und} \quad L = \frac{X}{\omega} = 30{,}2\,\text{mH}$$

4) Nach Tabelle 1.5 und Abschnitt 1.4.2 ergibt sich:

$$P_Y = \frac{1}{3} P_\Delta = 5\,\text{kW}$$

Aufgabe 6

1) Bei Ausfall eines Strangs ergibt sich eine Reihenschaltung der anderen Stränge mit dem Gesamtwiderstand 2 Z. Für die Ströme folgt:

$$I_2 = I_3 = \frac{U}{2\,Z} = \frac{\sqrt{3}\,U_Y}{2\,Z} = \frac{\sqrt{3}}{2} I_Y$$

2) Bei der Dreieckschaltung ergeben sich die Leiter- und Strangströme zu:

$$I = \sqrt{3}\,I_S = 3\,I_Y \qquad \text{Leiterstrom}$$

$$I_S = \frac{U}{Z} = \frac{\sqrt{3}}{Z} U_Y = \sqrt{3} I_Y \qquad \text{Strangstrom}$$

Aufgabe 7

Der Strangwiderstand R kann aus Leistung P und Spannung U ermittelt werden:

$$R = \frac{3\left(\frac{U}{\sqrt{3}}\right)^2}{P} = \frac{U^2}{P} = 53{,}\overline{3}\,\Omega$$

1) Ohne Neutralleiter ergibt sich eine Reihenschaltung zweier Widerstände. Die Leistung ist gleich:

$$P = \frac{U^2}{2\,R} = \frac{400^2\ \mathrm{V}^2}{2 \cdot 53{,}\overline{3}\,\Omega} = 1{,}5\ \mathrm{kW}$$

2) Mit Neutralleiter ergibt sich eine Parallelschaltung zweier Widerstände. Die Leistung ist gleich:

$$P = \frac{2\,U_\mathrm{S}^2}{R} = \frac{2 \cdot 230^2\ \mathrm{V}^2}{53{,}\overline{3}\,\Omega} = 1{,}984\ \mathrm{kW}$$

Aufgabe 8

1) Der komplexe Widerstand des Motorstrangs $\underline{Z}$ setzt sich aus dem ohmschen Widerstand und der Induktivität jedes Wicklungsstrangs zusammen:

$$\underline{Z} = R + \mathrm{j}\,\omega L = (1{,}5 + \mathrm{j}\,4{,}71)\,\Omega = 4{,}95\,\mathrm{e}^{\mathrm{j}\,72{,}3°} \qquad Z = 4{,}95\,\Omega$$

2) Die Effektivwerte des Strangstroms I_S, des ohmschen Spannungsfalls U_R und des induktiven Spannungsfalls U_L können wie folgt berechnet werden:

$$I_\mathrm{S} = \frac{U_\mathrm{S}}{Z} = 46{,}46\ \mathrm{A} \qquad U_\mathrm{R} = R\,I_\mathrm{S} = 69{,}7\ \mathrm{V} \qquad U_\mathrm{L} = \omega\,L\,I_\mathrm{S} = 218{,}8\ \mathrm{V}$$

3) Das qualitative Zeigerdiagramm eines Motorstrangs ist in **Bild 15.4** dargestellt.

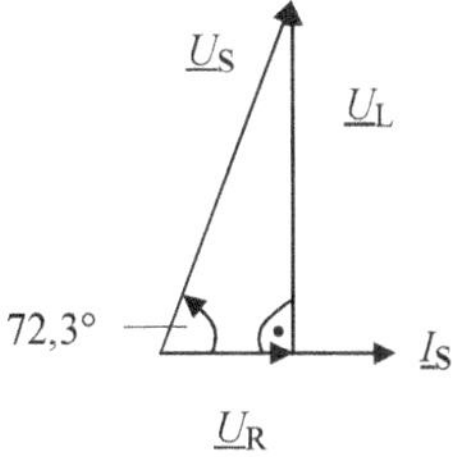

Bild 15.4 Qualitatives Zeigerdiagramm des Motorstrangs

4) Die aufgenommene Schein-, Wirk- und Blindleistung des Motors sind:

$S = 3\ U_S\ I_S = 32{,}057$ kVA $\quad P = S \cos\varphi = 9{,}747$ kW $\quad Q = S \sin\varphi = 30{,}54$ kvar

Aufgabe 9

1) Die Leiterströme berechnen sich wie folgt:

$$I_W = \frac{P}{U \cos\varphi} = 44{,}37\ \text{A} \qquad \text{Wechselstrombetrieb}$$

$$I_D = \frac{P}{\sqrt{3}\, U \cos\varphi} = 14{,}73\ \text{A} \quad \text{Drehstrombetrieb}$$

Daraus ergibt sich:

$$I_D = \frac{I_W}{3}.$$

2) Die Leitungsverluste für Hin- und Rückleiter bei Wechselstrombetrieb sind $2R_v I_W^2$ und bei Drehstrombetrieb $3R_v I_D^2$. Dabei ist R_v der einfache Leitungswiderstand. Bei gleichen Leitungsverlusten muss gelten:

$$2 \frac{l}{\kappa\, A_W} I_W^2 = 3 \frac{l}{\kappa\, A_D} I_D^2$$

Es sind nämlich jeweils gleiche Leitungslängen erforderlich! Mit dem oben ermitteltes Stromverhältnis folgt:

$$2 \frac{(3\, I_D)^2}{A_W} = 3 \frac{I_D^2}{A_D}$$

Daraus folgt:

$$A_D = \frac{A_W}{6}$$

Die Masse ist bei gleicher Leitungslänge dem Gesamtquerschnitt proportional:

$$m_W \sim 2A_W = 12\,A_D \qquad m_D \sim 3A_D$$

Es gilt also:

$$m_D = \frac{1}{4}\,m_W$$

Für einen Drehstromanschluss wird nur ein Viertel des Materials des Wechselstromanschlusses benötigt!

3) Mehraufwand sind dreipolige Schalter. Die Drehstromauslegung ist in der Regel hinsichtlich des Aufwands an Leitungsmaterial günstiger. Insbesondere bei Zuleitungsströmen größer als 30 A ist der höhere Materialaufwand wirtschaftlich. Deswegen wird der dreisträngige Betrieb an Drehstrom meist bevorzugt. Dies gilt insbesondere für die Elektromaschinen (siehe u. a. Abschnitte 10.1.1.5 und 10.2.2, Bild 10.26)!

Aufgabe 10

1) Zur Berechnung des Bemessungsstrangstroms muss die elektrisch aufgenommene Leistung des Motors bestimmt werden, d. h.:

$$P_{\text{elek}} = \frac{P_n}{\eta} = 6{,}358\ \text{kW} \quad \text{und} \quad I_{nS} = \frac{P_{\text{elek}}}{3\,U_{nS}\cos\varphi} = 6{,}1\ \text{A}$$

2) Der Bemessungsleiterstrom beträgt:

$$I_n = \sqrt{3}\,I_{nS} = 10{,}6\ \text{A}$$

3) 10,6 A < 25 A: Nein, die Sicherheit der Anlage im Bemessungspunkt mit 25-A-Sicherungen in den Zuleitungen ist nicht gewährleistet! Die Sicherungen sind zu groß, der Unfallschutz ist nicht gegeben.

4)

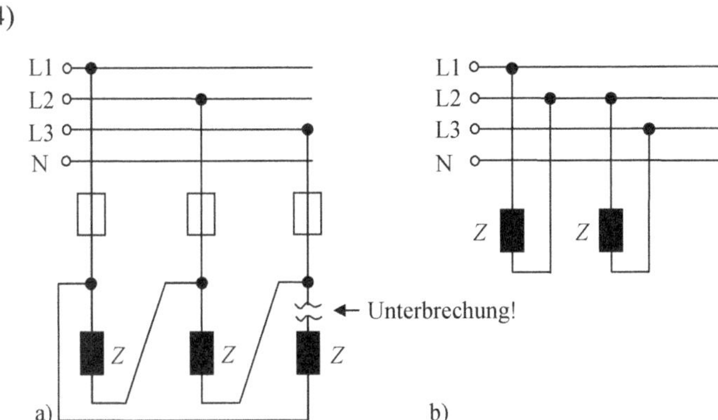

Bild 15.5 Ständerschaltung mit Unterbrechung eines Strangs

Die Ständerschaltung (**Bild 15.5a**) geht in **Bild 15.5b** über! Für die zwei übrig gebliebenen Stränge gilt:

$P_{\text{elek n}} = 2\ U_{\text{ns}}\ I_{\text{ns}} \cos\varphi = 4{,}25\ \text{kW}$

5)

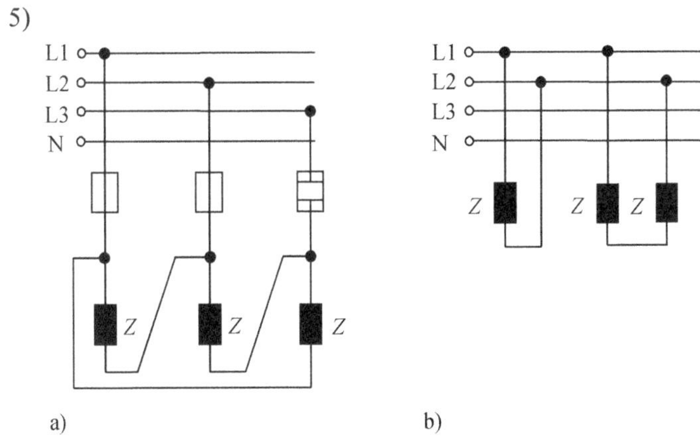

Bild 15.6 Ständerschaltung mit durchgeschmolzener Sicherung in einer Zuleitung

Die Ständerschaltung (**Bild 15.6a**) geht in **Bild 15.6b** über! Für die zwei übrig gebliebenen Stränge ergibt sich die Leistung:

$P_{\text{elek n}} = (U_{\text{nS}}\ I_{\text{nS}} + U_{\text{nS}}\ I_{\text{nS}}/2) \cos\varphi = 3{,}18\ \text{kW}$

6.1) Der Körperstrom, der infolge eines Isolationsfehlers einer Leitung durch Berührung entsteht, kann mithilfe des Körperwiderstands ermittelt werden:

Aus $R_{\text{Körper}} = 1\ \text{k}\Omega$ (ohne Schuhe) ergibt sich:

$$I_{\text{Körper}} = \frac{U_\text{n}}{R_{\text{Körper}}} = 0{,}4\ \text{A} \quad \text{lebensbedrohlich!}$$

Aus $R_{\text{Körper}} = 4\ \text{k}\Omega$ (mit Schuhen) ergibt sich:

$$I_{\text{Körper}} = \frac{U_\text{n}}{R_{\text{Körper}}} = 0{,}1\ \text{A} \quad \text{weniger lebensbedrohlich!}$$

In jedem Falle entsteht eine lebensbedrohliche Gefährdung!

6.2) Die isolierende Kunststofffolie zwischen Metallplatte und den Füßen wirkt wie ein Kondensator, der mit dem Körperwiderstand in Reihe geschaltet ist. Die Kapazität des Kondensators und der komplexe Widerstand betragen:

$$C = \frac{\varepsilon_0\, \varepsilon_\text{r}\, A}{d} = 0{,}24\ \text{nF}$$

$$\underline{Z} = R - \text{j}\frac{1}{\omega C} = R - \text{j}\frac{1}{2\,\pi\, f\, C} = (1 - \text{j}13\,262{,}9)\ \text{k}\Omega = 13\,262{,}9\ \text{k}\Omega\ \ \text{e}^{-\text{j}\,90°}$$

Mit Z = 13 262,9 kΩ! Der Körperstrom beträgt jetzt:

$$I_{\text{Körper}} = \frac{U_\text{n}}{Z} = 0{,}03\ \text{mA}$$

Ein ungefährlicher Körperstrom. Bei der Berührung eines geerdeten Körpers (wie z. B. Wasserleitung, Heizung etc.) können jedoch lebensgefährliche Ströme fließen!

Aufgabe 11

1) Die Verbraucherstrangströme berechnen sich wie folgt:

$$I_1 = \frac{P_1}{230\ \text{V}} = 87\ \text{A},$$ ohmscher Verbraucher, keine Phasenverschiebung zur Spannung!

$$I_2 = \frac{S}{230\text{ V}} = 78{,}3\text{ A} \quad \text{und} \quad \varphi_2 = \arccos\ 0{,}8 = 36{,}9°$$

Daraus ergibt sich:

$$\underline{I}_2 = I_2\ \mathrm{e}^{-\mathrm{j}\varphi_2} = 78{,}3\text{ A}\ \mathrm{e}^{-\mathrm{j}36{,}9°}$$

Der Strangstrom $\underline{I}_3$ setzt sich aus dem kapazitiven Strom $\underline{I}_C$ und dem ohmschen Anteil $\underline{I}_{R2}$ zusammen:

$$\underline{I}_3 = \underline{I}_C + \underline{I}_{R2} = 230\text{ V}\ \mathrm{j}\omega C + \frac{P_4}{230\text{ V}} = (65{,}22 + \mathrm{j}\,21{,}7)\text{ A} = 68{,}73\text{ A}\ \mathrm{e}^{\mathrm{j}18{,}4°}$$

Zur Berechnung des Neutralleiterstroms $\underline{I}_N$ müssen die Phasenverschiebungen der Strangspannungen berücksichtigt werden:

$$\underline{I}_N = \underline{I}_1 + \underline{I}_2 + \underline{I}_3 = 87\text{ A}\ \mathrm{e}^{\mathrm{j}90°} + 78{,}3\text{ A}\ \mathrm{e}^{\mathrm{j}(90° - 120° - 36{,}9°)} + $$
$$+ 68{,}73\text{ A}\ \mathrm{e}^{\mathrm{j}(90° - 240° + 18{,}4°)}$$

bzw.

$$\underline{I}_N = 87\text{ A}\ \mathrm{e}^{\mathrm{j}90°} + 78{,}3\text{ A}\ \mathrm{e}^{-\mathrm{j}66{,}9°} + 68{,}73\text{ A}\ \mathrm{e}^{-\mathrm{j}131{,}6°}$$

$$\underline{I}_N = \mathrm{j}\,87\text{ A} + 30{,}72\text{ A} - \mathrm{j}\,72{,}02\text{ A} - 45{,}63\text{ A} - \mathrm{j}\,51{,}4\text{ A}$$

$$\underline{I}_N = (-14{,}91 - \mathrm{j}\,36{,}42)\text{ A} = 39{,}35\text{ A}\ \mathrm{e}^{\mathrm{j}67{,}74°}.$$

2) Das quantitative Zeigerdiagramm (**Bild 15.7**) der Ströme und der Spannungen für die Stranggrößen wird wie folgt erstellt:
   - Das symmetrische Spannungssystem $\underline{U}_1$, $\underline{U}_2$ und $\underline{U}_3$ wird dargestellt (gleiche Effektivwerte $U_1 = U_2 = U_3 = 230\text{ V} \mathrel{\hat=} 2{,}3\text{ cm}$, jedoch 120° phasenverschoben)!
   - $\underline{I}_1 = 87\text{ A} \mathrel{\hat=} 4{,}35\text{ cm}$ ist mit $\underline{U}_1$ in Phase!
   - $\underline{I}_2 = 78{,}3\text{ A} \mathrel{\hat=} 3{,}9\text{ cm}$ eilt $\underline{U}_2$ um $\varphi_2 = 36{,}9°$ nach!
   - $\underline{I}_3 = 68{,}73\text{ A} \mathrel{\hat=} 3{,}4\text{ cm}$ eilt $\underline{U}_3$ um $\varphi_3 = 18{,}4°$ vor!

Aus dem Zeigerdiagramm (Bild 15.7) wird abgelesen: $I_N \mathrel{\hat=} 2\text{ cm} \mathrel{\hat=} 40\text{ A}$ und $\varphi_N \mathrel{\hat=} 68°$. Gute Übereinstimmung mit dem Teil 1 der Aufgabenstellung!

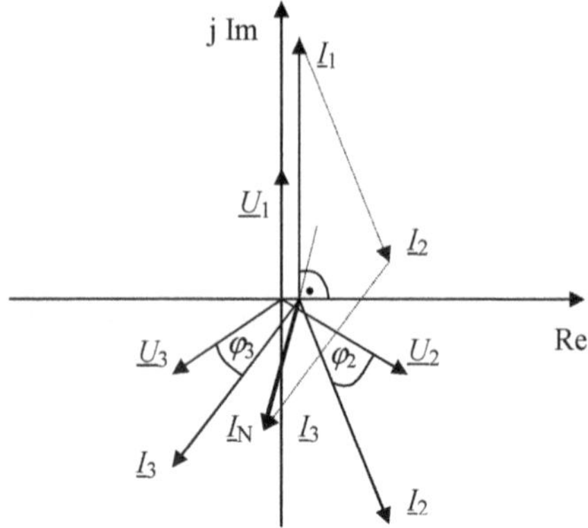

Bild 15.7 Zeigerdiagramm

Aufgabe 12

1) Zur Berechnung des Bemessungsstrangstroms des Motors wird die elektrisch aufgenommene Leistung ermittelt:

$$P_{\text{elek n}} = \frac{P_{\text{n}}}{\eta} = 4{,}762\,\text{kW}$$

Der Bemessungsleiterstrom I_{n}, der Bemessungsstrangstrom I_{ns} und die Bemessungsstrangspannung U_{ns} ergeben sich zu:

$$I_{\text{n}} = \frac{P_{\text{elek n}}}{\sqrt{3}\,U_{\text{n}}\cos\varphi_{\text{n}}} = 8{,}1\,\text{A} \qquad I_{\text{ns}} = \frac{I_{\text{n}}}{\sqrt{3}} = 4{,}7\,\text{A} \qquad U_{\text{ns}} = U = 400\,\text{V}$$

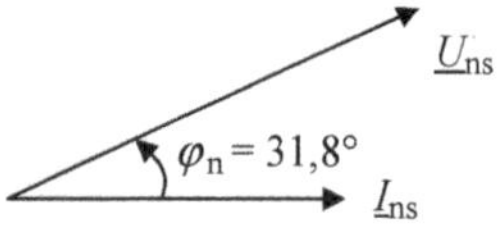

Bild 15.8 Zeigerdiagramm des Motorstrangs

Das Zeigerdiagramm des Motorstrangs ist in **Bild 15.8** dargestellt. Es ergibt sich induktives Verhalten, $\underline{I}_{\text{ns}}$ eilt $\underline{U}_{\text{ns}}$ um φ_{n} nach!

2) Die Schein- und Blindleistung sowie die gesamte Verlustleistung und das Drehmoment im Bemessungspunkt können wie folgt berechnet werden:

$$S_n = \sqrt{3}\,U_n\,I_n = 5{,}612\,\text{kVA} \qquad Q_n = S_n \sin\varphi \;= 2{,}956\,\text{kvar}$$

$$P_v = P_{\text{elek n}} - P_n = 0{,}762\,\text{kW} \qquad M_n = 9\,550 \cdot \frac{P_n}{n_n} = 27\,\text{Nm}$$

3) Die monatlichen Stromkosten des Motors im Bemessungspunkt setzen sich zusammen aus den Wirk- und Blindarbeitskosten.

$W_n = P_{\text{elek n}}\,t = 3\,428{,}64$ kWh $\qquad W_{qn} = Q_n\,t = 2\,128{,}32$ kvarh

Die Kosten betragen:

$K = 3\,428{,}64$ kWh · 0,1 Euro/kWh + 2 128,32 kvarh · 0,025 Euro/kvarh
$= 396{,}07$ Euro

4) Der Leistungsfaktor soll von cos $\varphi_n = 0{,}85$ auf cos $\varphi_k = 0{,}97$ ($\varphi_k = 14{,}07°$) verbessert werden. Daraus kann mithilfe des Leistungsdreiecks (**Bild 15.9**) die erforderliche Kondensatorleistung Q_k bestimmt werden:

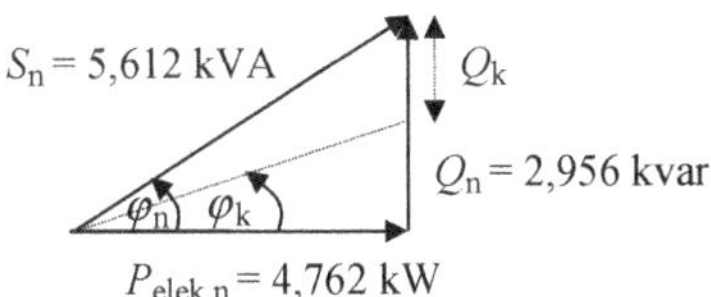

Bild 15.9 Leistungsdreieck

Aus dem Leistungsdreieck (Bild 15.9) ergibt sich Q_k zu:

$Q_k = -\,Q_n + P_{\text{elek n}} \tan\varphi_k \;= -\,1{,}763$ kvar (Blindleistungsabgabe)

Für die Blindleistung der in Dreieck geschalteten Kondensatoren gilt:

$$Q_k = -\,3\,U_n^2\,\omega\,C_\Delta$$

Damit kann die Kapazität der Kondensatoren ermittelt werden:

$$C_\Delta = \frac{Q_k}{3\,U_n^2\,2\,\pi\,f} = 11{,}691\,\mu\text{F}$$

Aufgabe 13

1) Die Werte ergeben sich zu:

$$\eta = \frac{P_n}{P} \qquad P_n = P_{mech} = \frac{M_n\, n_n}{9\,550} = 2{,}208\ \text{kW}$$

$$P = \frac{P_n}{\eta} = 2{,}76\ \text{kW} \qquad Q = P \tan\varphi_n = 1{,}711\ \text{kvar}$$

$$S = \frac{P}{\cos\varphi_n} = \sqrt{P^2 + Q^2} = 3{,}247\ \text{kVA} \qquad I = \frac{S}{U} = 14{,}1\ \text{A}$$

2) Die Kapazität beträgt:

$$C = \frac{Q}{\omega U^2} = \frac{Q}{2\pi f U^2} = 103\ \mu\text{F}$$

3) Nur bei dem parallel geschalteten Kondensator liegt der Verbraucher direkt an der Netzspannung, und der Verbraucherstrom und die Verbraucherleistung können folglich unverändert bleiben. Allein der Strom in der Gesamtzuleitung wird gesenkt und damit günstig beeinflusst. Eine Reihenschaltung des Kondensators würde eine Spannungs-, Strom- und Wirkleistungsänderung des Verbrauchers bedeuten.

4) Der Wirkungsgrad η ist ein Maß für die Verlustleistung, die in einem Gerät (hier Motor) in Wärme umgesetzt wird und deshalb nicht mehr zur Verfügung steht. Der Leistungsfaktor cos φ gibt jedoch an, welcher Anteil der zum Verbraucher transportierten Scheinleistung in Wirkleistung umgesetzt wird. Der Rest geht auch nicht verloren, sondern wird als Blindleistung dem Netz wieder zugeführt.

15.2 Lösungen zu „Magnetischer Kreis“

Aufgabe 1

1) Der magnetische Fluss, der im Schenkel I entsteht, teilt sich auf die Schenkel II und III auf. Der Fluss im Schenkel I kann über die Klemmenspannung bestimmt werden (wegen $R = 0$ ist der ohmsche Spannungsfall vernachlässigbar). Nach Integration und Umformung folgt für den Maximalwert des Flusses im Schenkel I:

$$\hat{\Phi}_{\mathrm{I}} = \frac{U\sqrt{2}}{w_{\mathrm{I}}\,\omega} \approx 1{,}04 \cdot 10^{-4}\ \mathrm{Vs}$$

2) Die maximale Induktion ergibt sich aus dem magnetischen Fluss zu ($\hat{B}_{\mathrm{I0}}$ Luftspaltwert):

$$\hat{B}_{\mathrm{I}} = \frac{\hat{\Phi}_{\mathrm{I}}}{A} = \hat{B}_{\mathrm{I0}} \approx 1{,}04\ \mathrm{T}$$

3) Wegen $\mu_{\mathrm{Fe}} \rightarrow \infty$ sind nur die magnetischen Widerstände in den Luftspalten zu berücksichtigen. Da die Abmessungen in allen drei Schenkeln gleich sind, sind auch die magnetischen Widerstände gleich. Hier teilt sich der Fluss zu gleichen Teilen zwischen den Schenkeln II und III auf:

$$\hat{\Phi}_{\mathrm{II}} = \hat{\Phi}_{\mathrm{III}} = \frac{\hat{\Phi}_{\mathrm{I}}}{2} \approx 0{,}52 \cdot 10^{-4}\ \mathrm{Vs}$$

4) Die magnetische Feldstärke berechnet sich über die magnetische Induktion:

$$\hat{H}_{\mathrm{I}} = \frac{\hat{B}_{\mathrm{I}}}{\mu_0} = 8{,}2 \cdot 10^5\ \mathrm{A/m} \qquad \hat{H}_{\mathrm{II}} = \hat{H}_{\mathrm{III}} = \frac{\hat{H}_{\mathrm{I}}}{2} \approx 4{,}1 \cdot 10^5\ \mathrm{A/m}$$

5) Der Strom kann über das Durchflutungsgesetz berechnet werden. Dessen Anwendung über dem linken Fenster liefert für den Stromscheitelwert:

$$\hat{I} = \frac{(\hat{H}_{\mathrm{I}} + \hat{H}_{\mathrm{II}})\,\delta}{w_{\mathrm{I}}} \approx 0{,}124\ \mathrm{A}$$

6) Die Induktivität L_{I} kann zum Beispiel mit dem ohmschen Gesetz des Magnetismus ermittelt werden:

$$L_{\mathrm{I}} = \frac{w_{\mathrm{I}}\,\hat{\Phi}_{\mathrm{I}}}{\hat{I}} \approx 8{,}38\ \mathrm{H}$$

7) Zur Berechnung der Gegeninduktivität $M_{\mathrm{I,III}}$ ist der Fluss Φ_{III} maßgeblich. $M_{\mathrm{I,III}}$ berechnet sich wie folgt:

$$M_{\mathrm{I,III}} = \frac{w_{\mathrm{III}}\,\hat{\Phi}_{\mathrm{III}}}{\hat{I}} \approx 4{,}2\ \mathrm{H}$$

Aufgabe 2

Die Magnetisierungskurve ist zu erstellen und bei der Berechnung zu verwenden (da die magnetischen Spannungsfälle im Eisen nicht vernachlässigbar sind)! Mit den Maschengleichungen (hier zwei) und der Knotengleichung (hier eine) der magnetischen Kreise folgt:

Maschengleichungen:

$$H_{\text{Luft}}\,\delta + H_{\text{Mitte}}\,(l_{\text{S}} - \delta) + H_{\text{Rechts}}\,(2l_{\text{JR}} + l_{\text{S}}) = \Theta = I\,w \tag{15.4}$$

$$H_{\text{Luft}}\,\delta + H_{\text{Mitte}}\,(l_{\text{S}} - \delta) + H_{\text{Links}}\,(2l_{\text{JL}} + l_{\text{S}}) = \Theta = I\,w \tag{15.5}$$

Daraus folgt: $H_{\text{Links}} = H_{\text{Rechts}} \dfrac{2l_{\text{JR}} + l_{\text{S}}}{2l_{\text{JL}} + l_{\text{S}}} = \dfrac{H_{\text{Rechts}}}{2}$

Mit $B_{\text{Rechts}} = 1\,\text{T}$ folgt aus $B = f(H): H_{\text{Rechts}} = 3{,}2\ \text{A/cm}$ und damit

$H_{\text{Links}} = 1{,}6\ \text{A/cm}$ aus $B = f(H): B_{\text{Links}} = 0{,}65\,\text{T}$

Knotengleichung:

$$\Phi_{\text{Mitte}} = \Phi_{\text{Links}} + \Phi_{\text{Rechts}} \quad \text{bzw.} \quad B_{\text{Mitte}}\,A_{\text{SM}} = B_{\text{Links}}\,A_{\text{J}} + B_{\text{Rechts}}\,A_{\text{J}} \tag{15.6}$$

Daraus folgt: $B_{\text{Mitte}} = 1{,}24\ \text{T}$ und aus $B = f(H): H_{\text{Mitte}} = 6{,}7\ \text{A/cm}$

$$H_{\text{Luft}} = \frac{B_{\text{Mitte}}}{\mu_0} = 9\,900\ \text{A/cm}$$

Mit Gl. (15.4) oder Gl. (15.5) folgt: $I = 6{,}26\ \text{A}$

Aufgabe 3

Der elektrische Widerstand R kann hier über die Summation (Integration) der Teilwiderstände ermittelt werden, da sich die Querschnittflächen bzw. Längen der Teilwiderstände (Elementarwiderstände) je nach Stromfluss ändern!

a) Der gesamte Strom fließt durch das Flächenelement, also Reihenschaltung der Teilwiderstände:

$$\mathrm{d}R = \frac{\mathrm{d}r}{\kappa\, l\, 2\pi\, r} \Rightarrow R = \int_{r_1}^{r_2} \frac{\mathrm{d}r}{\kappa\, l\, 2\pi\, r} = \frac{1}{\kappa\, l\, 2\pi} \ln\frac{r_2}{r_1} \approx 0{,}18\ \mu\Omega$$

b) Ein Teil des Stroms fließt durch das Flächenelement, also Parallelschaltung der Teilwiderstände:

$$\mathrm{d}G = \frac{\kappa\, H\, \mathrm{d}r}{\frac{2\pi\, r}{4}} \Rightarrow G = \int_{r_1}^{r_2} \frac{2\,\kappa\, H}{\pi\, r}\,\mathrm{d}r = \frac{2\,\kappa\, H}{\pi} \ln\frac{r_2}{r_1} \Rightarrow R = \frac{1}{G} = \frac{\pi}{2\,\kappa\, H}\,\frac{1}{\ln\frac{r_2}{r_1}} \approx 4{,}2\ \mu\Omega$$

c)

$$R=\frac{U}{I} \quad \text{mit}\, U=\int_l E\,\mathrm{d}r \quad I=\int_A S\,\mathrm{d}A \quad \kappa\, E=S \;\text{ und der Kugeloberfläche }\, A=4\,\pi\,r^2:$$

$$\int_l E\,\mathrm{d}r=\frac{1}{\kappa}\frac{I}{2\,\pi\,r_0} \;\text{ und }\; R=\frac{1}{\kappa\,2\,\pi\,r_0}=\approx 0{,}8\,\mathrm{k\Omega}$$

Aufgabe 4

1)

Aus $2\,H_{\text{Luft}}\,\delta+H_{\text{Fe}}\,l_{\text{Fe}}=w\,I \quad B_{\text{Luft}}=B_{\text{Fe}}=B \quad F=\frac{1}{2}\frac{B^2}{\mu_0}A$ und $F=\frac{1}{2}F_{\text{G}}$

folgt:

$$w=\frac{B\left(\dfrac{l_{\text{Fe}}}{\mu_0\,\mu_{\text{r}}}+\dfrac{2\delta}{\mu_0}\right)}{I}\approx 1614$$

2) Für die Induktivität der Spule ergibt sich:

$$L=\frac{w^2}{R_{\text{m}}}=\frac{w^2}{\left(\dfrac{l_{\text{Fe}}}{\mu_0\,\mu_{\text{r}}\,A}+\dfrac{2\,\delta}{\mu_0\,A}\right)}$$

für $\mu_{\text{rFe}}\rightarrow\infty$:

$$L=w^2\frac{\mu_0\,A}{2\,\delta}\approx 0{,}327\,\text{H}$$

3) Der Scheinwiderstand der Spule ist:

$$Z=\sqrt{R^2+(\omega\,L)^2} \quad \text{mit}\; R=\rho\,w\frac{l_{\text{D}}}{q_{\text{D}}}\approx 11{,}5\,\Omega \;\text{ und }\; \omega\,L\approx 102{,}7\,\Omega \;\text{ergibt sich:}$$

$$Z\approx 103{,}34\,\Omega$$

Aufgabe 5

1) Aus dem Induktionsgesetz folgt mit bekannter Klemmenspannung und $R = 0$:

$$w = \frac{U\sqrt{2}}{\omega\, B\, A} \approx 104$$

2) Die Induktivität ergibt sich über w_2 und R_m (hier sind nur die magnetischen Widerstände der drei Luftspalte zu berücksichtigen, da $\mu_{Fe} \rightarrow \infty$)

$$L = \frac{2\, w^2\, \mu_0\, A}{3\,\delta} \approx 0{,}09\,\mathrm{H}$$

3) Der Effektivwert des Stroms ergibt sich zu:

$$I = \frac{w\,\Phi}{L} = \frac{U}{\omega\, L} \approx 8{,}13\,\mathrm{A}$$

Aufgabe 6

1) Der magnetische Fluss $\Phi(t)$ durch die Spule kann über den Gauß'schen Satz berechnet werden. Es ist über die Spulenlänge (l) und Spulenbreite (τ) zu integrieren:

$$\Phi(t) = \int_A B\,\mathrm{d}A = \iint B(x,y,t)\,\mathrm{d}x\,\mathrm{d}y = \frac{\tau\; l\; B_0}{2}\cos\omega t$$

2) Der Maximalwert des Flusses ist:

$$\hat{\Phi} = \frac{\tau\; l\, B_0}{2} = 0{,}005\,\mathrm{Vs}$$

3) Die induzierte Spannung ergibt sich aus dem Induktionsgesetz:

$$u(t) = -\,w\frac{\mathrm{d}\Phi}{\mathrm{d}t} = \frac{w\,\tau\; l\, B_0\,\omega\sin\omega t}{2} = \hat{U}\,\sin\omega t$$

4) Der Scheitelwert der induzierten Spannung ist:

$$\hat{U} = \frac{w\,\tau\; l\, B_0\,\omega}{2} \approx 3\;141{,}6\,\mathrm{V}$$

Aufgabe 7

1) Der Spulenstrom kann über das Durchflutungsgesetz berechnet werden:

$$l_1 H_{Fe} + l_2 H_{Fe} + 2\,\delta H_L = 2\,w\,I$$

mit $l_1 = 50$ mm und $l_2 = 110$ mm. Da die Feldstreuung vernachlässigbar ist, sind die Flussdichten in Eisen und in Luft gleich. Damit nimmt das Durchflutungsgesetz folgende Form an:

$$\frac{B}{\mu_0\,\mu_r}(l_1 + l_2) + \frac{B}{\mu_0}\,2\,\delta = 2\,w\,I$$

Nach Einsetzen der Werte ergibt sich der Strom zu: $I = 0{,}308$ A

2) Die magnetische Energie im Eisen ist hier:

$$W_{Fe} = \frac{1}{2}B_{Fe}\,H_{Fe}\,V_{Fe} = \frac{1}{2}\frac{B^2}{\mu_0\,\mu_r}V_{Fe} = 2{,}6\,\text{mJ, dabei ist } V_{Fe} = 1{,}6\cdot 10^{-5}\,\text{m}^3$$

Die magnetische Energie im Luftspalt ist:

$$W_L = \frac{1}{2}B_L\,H_L\,V_L = \frac{1}{2}\frac{B^2}{\mu_0}V_L = 13{,}45\,\text{mJ, dabei ist } V_L = 2\cdot 10^{-8}\,\text{m}^3$$

3) Die ausgeübte Kraft auf den Anker ist eine Normalkraft:

$$F = \frac{1}{2}\frac{B^2\,A^*}{\mu_0} = \frac{1}{2}\frac{B^2\,2\,A}{\mu_0} = \frac{B^2\,A}{\mu_0} = 134{,}5\,\text{N}$$

Aufgabe 8

Wegen der Symmetrie ergibt sich die Gesamtkraft zu (Index a: für beide Außenschenkel, Index i: für Innenschenkel):

$$F = F_a + F_i = \frac{B^2\,A_a}{2\,\mu_0} + \frac{B^2\,A_i}{2\,\mu_0} = \frac{B^2}{2\,\mu_0}(A_a + A_i)$$

mit:

$$A_a = \pi\left(\frac{d_3^2}{4} - \frac{d_2^2}{4}\right), \quad A_i = \pi\frac{d_1^2}{4} \quad \text{und} \quad A_a = A_i$$

Die Gleichheit der Querschnittflächen beruht auf der Gleichheit der Flussdichten. Der magnetische Fluss teilt sich zu gleichen Teilen in den Außenschenkeln auf. Es gilt somit:

$$\pi\left(\frac{d_3^2}{4} - \frac{d_2^2}{4}\right) = \pi\frac{d_1^2}{4} \tag{15.7}$$

$$F = \frac{B^2}{2\mu_0}\left[\pi\left(\frac{d_3^2}{4} - \frac{d_2^2}{4}\right) + \pi\frac{d_1^2}{4}\right] \tag{15.8}$$

Mit Gln. (15.7) und (15.8) können die zwei Unbekannten d_1 und d_2 berechnet werden:

$d_1 = 9{,}8$ cm; $d_2 = 38{,}8$ cm

Aufgabe 9

1) Zur Aufstellung der Abhängigkeit $I_E = f\,(B_{Fe}, H_{Fe})$ wird das Durchflutungsgesetz verwendet:

   $$l_{Fe}\,H_{Fe} + 2\,\delta H_L = 2\,w\,I_E$$

   Da $B_L = B_{Fe}$ ist, gilt:

   $$H_L = \frac{B_L}{\mu_0} = \frac{B_{Fe}}{\mu_0}$$

   Damit folgt nach der Umformung des Durchflutungsgesetzes:

   $$I_E = \frac{1}{2\,w}\left(H_{Fe}\,l_{Fe} + \frac{B_{Fe}}{\mu_0}2\,\delta\right)$$

2) Die Erregerströme ergeben sich jeweils zu:

$$I_E(\text{bei } \delta = 0{,}5\,\text{cm}) = \frac{1}{2\,000}\left(H_{Fe} \cdot 60 + \frac{10^4 \cdot B_{Fe}}{1{,}256}\right)\text{A} \quad \text{und}$$

$$I_E(\text{bei } \delta = 0{,}01\,\text{cm}) = \frac{1}{2\,000}\left(H_{Fe} \cdot 60 + \frac{200 \cdot B_{Fe}}{1{,}256}\right)\text{A}$$

Damit können die Tabellen ausgefüllt werden:

2.1) $\delta = 0{,}5$ cm:

H_{Fe} in A/cm	B_{Fe} in T	I_E in A
0,5	0,35	1,41
1	0,55	2,22
5	1,18	4,85
10	1,36	5,71

2.2) $\delta = 0{,}01$ cm:

H_{Fe} in A/cm	B_{Fe} in T	I_E in A
0,5	0,35	0,043
1	0,55	0,074
5	1,18	0,244
10	1,36	0,408

3) Die notwendige magnetische Induktion kann über die Gewichtskraft bestimmt werden. Aus:

$$F_G = \frac{B^2\, A^*}{2\,\mu_0} \quad \text{folgt mit } A^* = 2\,A\text{:} \quad B = \sqrt{\frac{2\,\mu_0\, F_G}{2\,A}} = 0{,}35\,\text{T}$$

($A^* = 2\,A$ ist die Querschnittfläche des linken und rechten Schenkels)! Aus dem Teil 1) der Aufgabenstellung folgt dann:

$I_E = 1{,}41$ A bei $\delta = 0{,}5$ cm und $I_E = 0{,}043$ A bei $\delta = 0{,}01$ cm

Aufgabe 10

1) Die Knotengleichung lautet:

$$\Phi_{Mitte} = \Phi_{Links} + \Phi_{Rechts} \quad \text{oder} \quad B_L\, A_L = 2\, B_M\, A_M \tag{15.9}$$

Die Maschengleichung lautet (für $\mu_{Fe} \rightarrow \infty$):

$$2\,H_L\, \frac{l_L}{2} + H_M\, l_M = 0 \quad \text{oder} \quad H_M = -\frac{l_L}{l_M}\, H_L \tag{15.10}$$

Die Magnetisierungskennlinie des Permanentmagneten ist die Gerade: $B_M = a^*\, H_M + b^*$. Mit:

$$H_M(B_M = B_r) = 0 \Rightarrow b^* = B_r, \quad H_M(B_M = 0) = -H_c \Rightarrow a^* = \frac{B_r}{H_c}$$

ergibt sich:

$$B_M = \frac{B_r}{H_c} H_M + B_r \tag{15.11}$$

Aus Gln. (15.9), (15.10) und (15.11) ergibt sich mit $B_L = \mu_0 H_L$:

$$\frac{B_L}{B_r} = \frac{2}{\frac{A_L}{A_M} + \frac{2 l_L}{l_M} \frac{B_r}{\mu_0 H_c}}$$

2) Mit:

$$V_M = A_M l_M \quad \Rightarrow \quad A_M = \frac{V_M}{l_M}$$

$$V_L = A_L l_L \quad \Rightarrow \quad A_L = \frac{V_L}{l_L}$$

folgt:

$$\frac{B_L}{B_r} = \frac{2}{\frac{V_L l_M}{V_M l_L} + \frac{2 l_L}{l_M} \frac{B_r}{\mu_0 H_c}}$$

Zur Vereinfachung wird die folgende Substitution eingeführt:

$$y = \frac{2}{a x + \frac{2b}{x}} = \frac{2x}{a x^2 + 2b} \tag{15.12}$$

Diese Funktion ist dann ein Maximum, wenn deren erste Ableitung null ist:

$$\frac{dy}{dx} = 0! \quad \Rightarrow \quad \frac{dy}{dx} = \frac{2(ax^2 + 2b) - 4ax^2}{(ax^2 + 2b)^2} = 0!$$

Für $2\,a\,x^2 = 4\,b$ ist die Lösung: $x = \frac{l_M}{l_L} = \pm\sqrt{\frac{2\,b}{a}}$

Nach Einsetzen in Gl. (15.12) ergibt sich:

$$y = \frac{B_L}{B_r} = \frac{2\sqrt{\frac{2\,b}{a}}}{2\,b + 2\,b} = \sqrt{\frac{1}{2\,a\,b}} = \sqrt{\frac{V_M\,\mu_0\,H_c}{2V_L\,B_r}}$$

3) Für B_{Lmax} müssen a und b klein sein! Wegen $a = V_L/V_M$ = konst. (V_L und V_M = konst.) kann nur $b = B_r/(\mu_0\,H_c)$ klein sein.

B_r muss also klein und H_c groß sein. Diese Bedingung ist bei Kurve 2 (Bild 1.63) erfüllt!

15.3 Lösungen zu „Transformatoren"

Aufgabe 1

1) Die Bemessungsströme berechnen sich aus der Bemessungsscheinleistung und den Bemessungsspannungen:

$$I_{1n} = \frac{S_n}{U_{1n}} = 140\ \text{A}$$

$$I_{2n} = \frac{S_n}{U_{2n}} = 3{,}5\ \text{kA}$$

2) Zur Berechnung des primären Leerlaufstroms und der aufgenommenen Leistung (**Bild 15.10**) gilt:

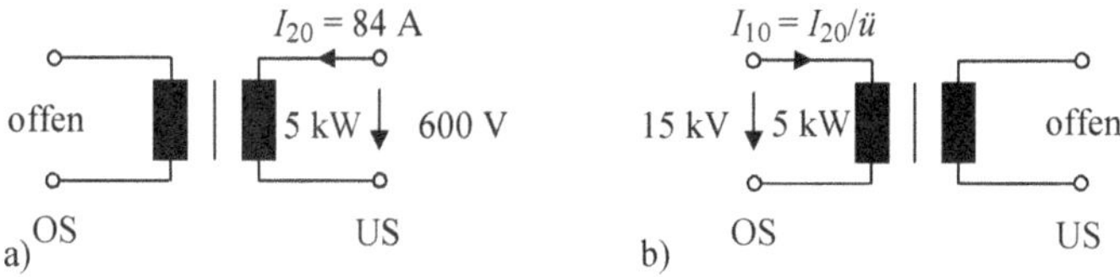

Bild 15.10 Leerlaufversuch
a) Leerlaufversuch nach Vorgabe b) Anforderung der Aufgabe

$P_{auf} = P_{Fe} = P_0 = 5\,\text{kW}$, gleich für beide Seiten!

$$\ddot{u} = \frac{w_1}{w_2} = \frac{U_{1n}}{U_{2n}} = 25$$

$$I_{10} = \frac{I_{20}}{\ddot{u}} = 3{,}36\,\text{A}$$

3) Bei der Belastung (**Bild 15.11**) können mit den Verlusten und der abgegebenen Leistung die aufgenommene Leistung und der Wirkungsgrad bestimmt werden.

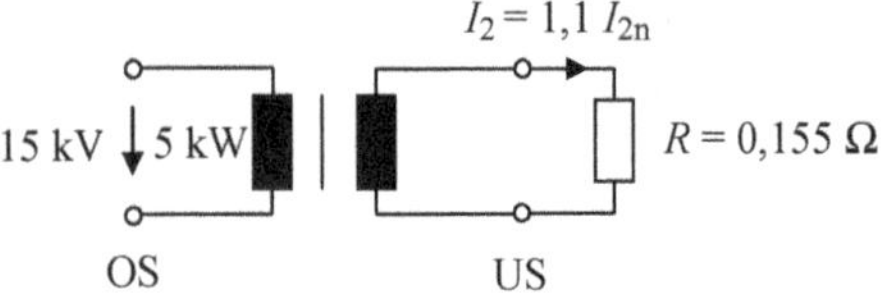

Bild 15.11 Belasteter Transformator

Es gilt:

$$P_{Fe} = P_0 \neq f(\text{Last}) = 5\,\text{kW}$$

$$P_{Cu} = P_{Cun}\left(\frac{1{,}1\,I_{2n}}{I_{2n}}\right)^2 = 30{,}25\,\text{kW} \qquad P_{ab} = R\,(1{,}1\,I_{2n})^2 = 2\,298{,}3\,\text{kW}$$

$$P_{auf} = P_{ab} + P_{Fe} + P_{Cu} = 2\,333{,}5\,\text{kW} \qquad \eta = \frac{P_{ab}}{P_{auf}} = 98{,}5\,\%$$

Aufgabe 2

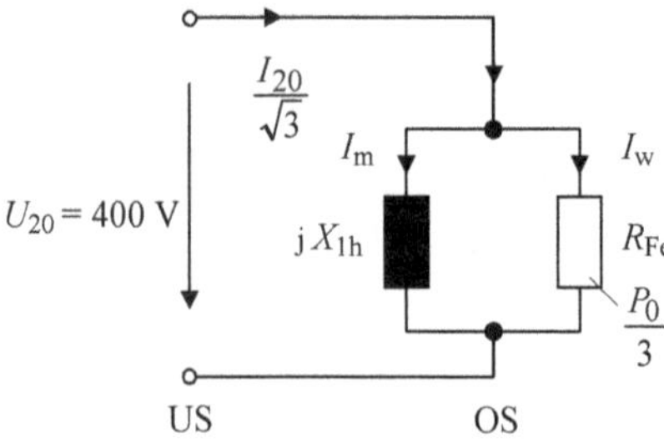

Bild 15.12 Ersatzschaltbild für Leerlauf

Das Übersetzungsverhältnis ist gleich:

$$ü = \frac{U_{1n\,\text{Strang}}}{U_{2n\,\text{Strang}}} = \frac{10\,000\ \text{V} / \sqrt{3}}{400\ \text{V}} = 14{,}4$$

Mithilfe des Ersatzschaltbilds im Leerlauf (**Bild 15.12**) können die diesbezüglichen Elemente bestimmt und das Zeigerdiagramm (**Bild 15.13**) erstellt werden:

$$R_{\text{Fe}} = \frac{U_{20}^2}{\frac{P_0}{3}} = 120\ \Omega$$

$$I_{\text{w}} = \frac{U_{20}}{R_{\text{Fe}}} = 3{,}33\ \text{A}$$

$$I_{\text{m}} = \sqrt{\left(\frac{I_{20}}{\sqrt{3}}\right)^2 - I_{\text{w}}^2} = 9{,}94\ \text{A}$$

$$X_{1\text{h}} = \frac{U_{20}}{I_{\text{m}}} = 40{,}4\ \Omega$$

$$\cos\varphi_0 = \frac{P_0}{3\,U_{20}\,I_{20} / \sqrt{3}} = 0{,}318 \qquad \varphi_0 = 71{,}5\,°.$$

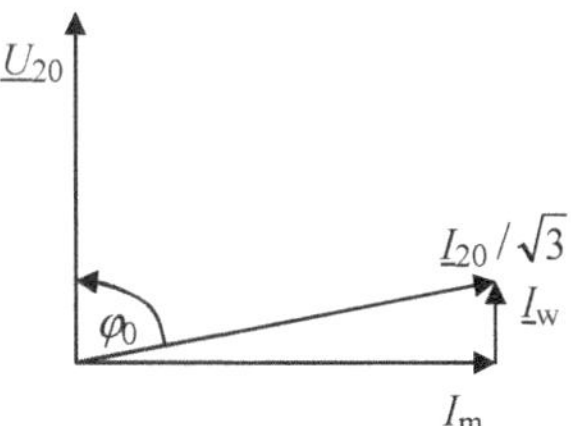

Bild 15.13 Zeigerdiagramm für Leerlauf

Mithilfe des Ersatzschaltbilds für Kurzschluss (**Bild 15.14**) können die diesbezüglichen Elemente bestimmt und das Zeigerdiagramm erstellt werden (Kapp'sches Dreieck, **Bild 15.15**). Im Einzelnen sind:

$$R_{\text{k}} = R_1 + R_2' \qquad X_{\text{k}} = X_{1\sigma} + X_{2\sigma}' \qquad I_{1\text{k}} = I_{1\text{n}} = \frac{S_{\text{n}}}{3\frac{U_{1\text{n}}}{\sqrt{3}}} = 46{,}2\ \text{A}$$

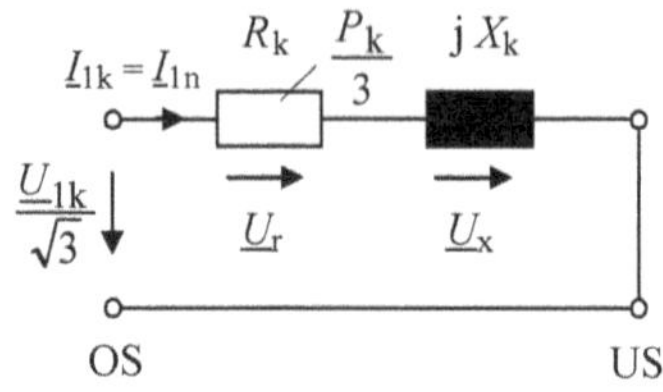

Bild 15.14 Ersatzschaltbild für Kurzschluss

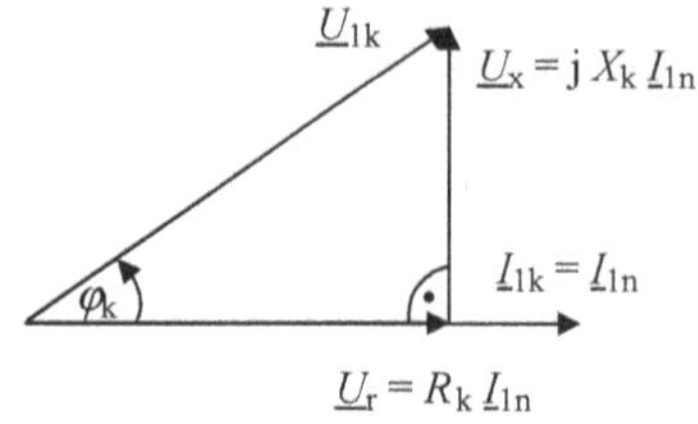

Bild 15.15 Zeigerdiagramm für Kurzschluss (Kapp'sches Dreieck)

$$Z_k = \frac{\frac{U_{1k}}{\sqrt{3}}}{I_{1k}} = 7{,}5\,\Omega \qquad R_k = \frac{P_k}{3\,I_{1k}^{\;2}} = 1{,}87\,\Omega \qquad X_k = \sqrt{Z_k^{\;2} - R_k^{\;2}} = 7{,}25\,\Omega$$

Da $R_1 \approx R_2'$ und $X_{1\sigma} \approx X_{2\sigma}'$ ist, folgt:

$$R_1 = \frac{R_k}{2} = 0{,}935\,\Omega \qquad R_2 = \frac{R_2'}{ü^2} = 4{,}52\,\text{m}\Omega$$

$$X_{1\sigma} = \frac{X_k}{2} = 3{,}625\,\Omega \qquad X_{2\sigma} = \frac{X_{2\sigma}'}{ü^2} = 17{,}5\,\text{m}\Omega$$

$$\cos\varphi_k = \frac{P_k}{3\,\frac{U_{1k}}{\sqrt{3}}\,I_{1k}} = 0{,}25 \qquad \varphi_k = 75{,}5°$$

Aufgabe 3

1) Der Leerlaufstrom I_{20} wird mithilfe von I_{2n} und i_0 ermittelt:

$$I_{2n} = \frac{S_n}{3\,\frac{U_{2n}}{\sqrt{3}}} = 440\,\text{A} \qquad I_{20} = i_0\,I_{2n} = 7{,}92\,\text{A}$$

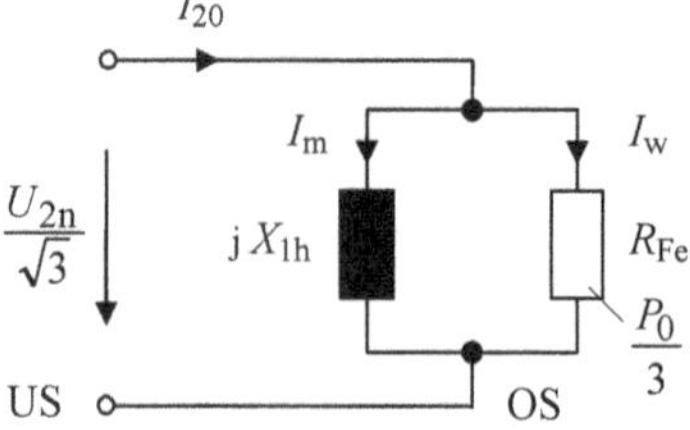

Bild 15.16 Ersatzschaltbild für Leerlauf

Mit dem Ersatzschaltbild (**Bild 15.16**) und den Eisenverlusten folgt:

$$I_\mathrm{w} = \frac{P_0}{3\frac{U_\mathrm{2n}}{\sqrt{3}}} = 1{,}1\,\mathrm{A} \qquad I_\mathrm{m} = \sqrt{I_{20}^2 - I_\mathrm{w}^2} = 7{,}827\,\mathrm{A}$$

2) Die Kurzschlussspannung wird mithilfe von U_1n und u_k ermittelt:

$$U_\mathrm{1k} = u_\mathrm{k}\,U_\mathrm{1n} = 1{,}2\,\mathrm{kV}$$

Mit dem Ersatzschaltbild (**Bild 15.17**), den Kupferverlusten und $I_\mathrm{1k} = I_\mathrm{1n}$ folgt:

$$I_\mathrm{1k} = I_\mathrm{1n} = \frac{S_\mathrm{n}}{3\frac{U_\mathrm{1n}}{\sqrt{3}}} = 11{,}55\,\mathrm{A}$$

$$U_\mathrm{r} = \frac{P_\mathrm{k}}{3\,I_\mathrm{1k}} = 0{,}2\,\mathrm{kV} \qquad \frac{U_\mathrm{1k}}{\sqrt{3}} = 0{,}69\,\mathrm{kV} \qquad U_\mathrm{x} = \sqrt{\left(\frac{U_\mathrm{1k}}{\sqrt{3}}\right)^2 - U_\mathrm{r}^2} = 0{,}66\,\mathrm{kV}$$

$$u_\mathrm{r} = \frac{U_\mathrm{r}}{\frac{U_\mathrm{1n}}{\sqrt{3}}} = 0{,}017 \qquad u_\mathrm{x} = \frac{U_\mathrm{x}}{\frac{U_\mathrm{1n}}{\sqrt{3}}} = 0{,}057$$

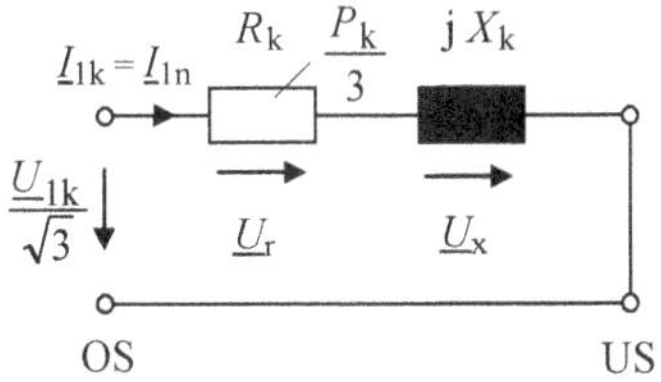

Bild 15.17 Ersatzschaltbild für Kurzschluss

3) Der Dauerkurzschlussstrom ergibt sich zu:

$$I_\mathrm{kd} = \frac{I_\mathrm{1n}}{u_\mathrm{k}} = 192{,}45\,\mathrm{A}$$

4) Der Bemessungswirkungsgrad bei $\cos\varphi = 0{,}8$ kann wie folgt berechnet werden:

$$P_{ab} = S_n \cos\varphi_2 = 320\,\text{kW} \qquad P_v = P_0 + P_k = 7{,}8\,\text{kW} \qquad P_{auf} = P_{ab} + P_v = 327{,}8\,\text{kW}$$

$$\eta = \frac{P_{ab}}{P_{auf}} = 98\,\%$$

Aufgabe 4

1) Die Bemessungsströme berechnen sich mit der Bemessungsscheinleistung und den Bemessungsspannungen:

$$I_{1n} = \frac{S_n}{3\dfrac{U_{1n}}{\sqrt{3}}} = 100\,\text{A} \qquad I_{2n} = \frac{S_n}{3\dfrac{U_{2n}}{\sqrt{3}}} = 1\,000\,\text{A}$$

2) Die relative Kurzschlussspannung beträgt:

$$u_k = \frac{U_{1k}}{U_{1n}} = 0{,}12 = 12\,\%$$

3) Die Kurzschlussspannung und die Kupferverluste sind:

$$U_{2k} = u_k\, U_{2n} = 0{,}12\,\text{kV} \qquad P_{Cu} = P_k = 30\,\text{kW}$$

4) Die Leerlaufverluste und der Leerlaufstrom bei halber Bemessungsspannung sind:

$$P_0 \text{ bei } \frac{U_n}{2} = P_0 \left(\frac{U_n/2}{U_n}\right)^2 = 1{,}5\,\text{kW} \qquad I_{20} \text{ bei } \frac{U_n}{2} = I_{20} \left(\frac{U_n/2}{U_n}\right)^2 = 2{,}5\,\text{A}$$

5) Der Wirkungsgrad bei 1,1-facher Bemessungslast und $\cos\varphi = 0{,}9$ beträgt:

$$P_{Fe} = \text{konst.} = 6\,\text{kW} \qquad P_{Cu}\,(\text{bei } 1{,}1\,I_n) = P_{Cun} \left(\frac{1{,}1\,I_n}{I_n}\right)^2 = 36{,}3\,\text{kW}$$

$$P_v = P_{Fe} + P_{Cu} = 42{,}3\,\text{kW}$$

$$S\,(\text{bei } 1{,}1\,I_n) = S_n \left(\frac{1{,}1\,I_n}{I_n}\right) = 1{,}903\,\text{MW} \qquad P_{auf} = S \cos\varphi_1 = 1{,}7127\,\text{MW}$$

$$\eta = 1 - \frac{P_v}{P_{auf}} = 97{,}5\,\%$$

Aufgabe 5

1) Die Bemessungsströme sind:

$$I_{1n} = \frac{S_n}{\sqrt{3}\,U_{1n}} = 57{,}7\ \text{A} \qquad I_{2n} = \frac{S_n}{\sqrt{3}\,U_{2n}} = 721{,}9\ \text{A}$$

2) Die Bemessungsstrangströme und die Bemessungsstrangspannungen sind:

$$I_{1\text{nStrang}} = \frac{I_{1n}}{\sqrt{3}} = 33{,}\overline{3}\ \text{A} \qquad U_{1\text{nStrang}} = U_{1n} = 5\ \text{kV} \qquad I_{2\text{nStrang}} = I_{2n} = 721{,}9\ \text{A}$$

$$U_{2\text{nStrang}} = \frac{U_{2n}}{\sqrt{3}} = 0{,}231\ \text{kV}$$

3) Das Übersetzungsverhältnis und die relative Kurzschlussspannung sind:

$$\ddot{u} = \frac{U_{1\text{nStrang}}}{U_{2\text{nStrang}}} = 21{,}65 \qquad u_k = \frac{U_{1k}}{U_{1n}} = 6\ \%$$

4) Die gesamten Bemessungsverluste und der Bemessungswirkungsgrad berechnen sich wie folgt:

$$P_{\text{Cu}0{,}9I1n} = P_k = \sqrt{3}\,U_{1k}\,I_{1k}\cos\varphi_{1k} = 13{,}492\ \text{kW} \quad P_{\text{Fen}} = 1{,}5\,P_{\text{Cu}0{,}9I1n} = 20{,}238\ \text{kW}$$

$$P_{\text{Cun}} = P_{\text{Cu}0{,}9I1n}\left(\frac{I_n}{0{,}9\,I_n}\right)^2 = 16{,}657\ \text{kW} \qquad P_{\text{vn}} = P_{\text{Fen}} + P_{\text{Cun}} = 36{,}895\ \text{kW}$$

$$\eta = 1 - \frac{P_{\text{vn}}}{S_n\cos\varphi_1} = 91{,}8\ \%$$

5) Ein einwandfreier Parallelbetrieb der beiden Transformatoren ist gewährleistet, da alle drei Bedingungen erfüllt sind:

5.1) $\ddot{u}_{\text{II}} = \dfrac{U_{1\text{nStrang}}}{U_{2\text{nStrang}}} = 21{,}7;\ \dfrac{\ddot{u}_{\text{I}}}{\ddot{u}_{\text{II}}} = 0{,}998$, d. h. 0,2 % Abweichung < 0,5 %, zulässig!

5.2) $\dfrac{u_{\text{kII}}}{u_{\text{kI}}} = 0{,}92$; d. h. 8 % Abweichung < 10 %, zulässig!

5.3) gleiche Kennzahl, also zulässig!

Aufgabe 6

1) Das Übersetzungsverhältnis *ü* beträgt:

$$\ddot{u} = \frac{U_{1n}}{U_{2n}} = 20 \text{ (da beide Seiten ähnlich geschaltet)!}$$

2) Die Bemessungsströme betragen:

$$I_{1n} = \frac{S_n}{\sqrt{3}\,U_{1n}} = 34{,}6\,\text{A} \qquad I_{2n} = \frac{S_n}{\sqrt{3}\,U_{2n}} = 692{,}8\,\text{A}$$

3) Die Eisen- und die Kupferverluste im Bemessungspunkt betragen:

$$P_{\text{Fen}} = P_0 \left(\frac{U_{2n}}{U_{20}} \right)^2 = 1{,}039\,\text{kW} \qquad P_{\text{Cun}} = P_k \left(\frac{I_{1n}}{I_{1k}} \right)^2 = 13{,}3\,\text{kW}$$

4) Die Leistungsfaktoren im Leerlauf und im Kurzschluss betragen:

$$\cos \varphi_0 = \frac{P_0}{\sqrt{3}\,U_{20}\,I_{20}} = 0{,}09 \qquad \cos \varphi_k = \frac{P_k}{\sqrt{3}\,U_{1k}\,I_{1k}} = 0{,}6$$

5) Die relativen Werte u_k und i_0 sind:

$$u_k = \frac{U_{1k}}{U_{1n}} = 0{,}032 = 3{,}2\,\% \qquad i_0 = \frac{I_{20}}{I_{2n}} = 0{,}014 = 1{,}4\,\%$$

6) Die Absenkung der Sekundärspannung um 3 % ist bedingt durch innere Spannungsfälle des Transformators bei der Belastung! Die Leistungsfaktoren der beiden Seiten und der Wirkungsgrad betragen:

$$\cos \varphi_2 = \frac{P_2}{\sqrt{3}\,U_2\,I_{2n}} = 0{,}91 \qquad P_1 = P_2 + P_{\text{Fe}} + P_{\text{Cu}} = 544{,}339\,\text{kW}$$

$$\cos \varphi_1 = \frac{P_1}{\sqrt{3}\,U_{1n}\,I_{1n}} = 0{,}908 \qquad \eta = \frac{P_2}{P_1} = 97{,}4\,\%$$

7) R_k und X_k können wie folgt bestimmt werden:

$$R_k = \frac{P_k}{3\,I_{1k}^2} = 3{,}7\,\Omega \qquad Z_k = \frac{\frac{U_{1k}}{\sqrt{3}}}{I_{1k}} = 6{,}16\,\Omega \qquad X_k = \sqrt{Z_k^2 - R_k^2} = 4{,}92\,\Omega$$

Aufgabe 7

1) Die Bestimmung des Flussverlaufs $\Phi(t)$ im Eisenkern erfolgt über das ohmsche Gesetz des Magnetismus. Der Primärspannungsverlauf $u_1(t)$ und der Sekundärspannungsverlauf $u_2(t)$ können über das Induktionsgesetz bestimmt werden. Es gilt also:

$$\Phi(t) = \frac{w_1\, i_1(t)}{R_\mathrm{m}}$$

Damit ist der Fluss $\Phi(t)$ proportional dem Strom $i_1(t)$, und die Flusswerte über der Zeit sind:

$$\Phi(\,t = 0\text{ ms}\,) = 0\text{ Vs} \qquad \Phi(\,t = 2\text{ ms}\,) = 0{,}016\text{ Vs} \qquad \Phi(\,t = 6\text{ ms}\,) = 0\text{ Vs}$$

Die Wicklungswiderstände sind vernachlässigbar, womit die Klemmenspannung gleich der induzierten Spannung ist. Anstelle des Differentialquotienten wird im betrachteten Zeitabschnitt der Differenzenquotient des zugehörigen Geradenstücks der Fluss-Zeit-Funktion ausgewertet:

$$u_1(t) = w_1 \frac{\mathrm{d}\Phi(t)}{\mathrm{d}t} = w_1 \frac{\Delta\Phi}{\Delta t} \qquad u_2(t) = w_2 \frac{\Delta\Phi}{\Delta t}$$

$$\text{für}\quad 0 \le t \le 2\text{ ms:}\ u_1 = 50\,\frac{0{,}016\text{ Vs}}{2\cdot 10^{-3}\text{ s}} = 400\text{ V und } u_2 = 30\,\frac{0{,}016\text{ Vs}}{2\cdot 10^{-3}\text{ s}} = 240\text{ V}$$

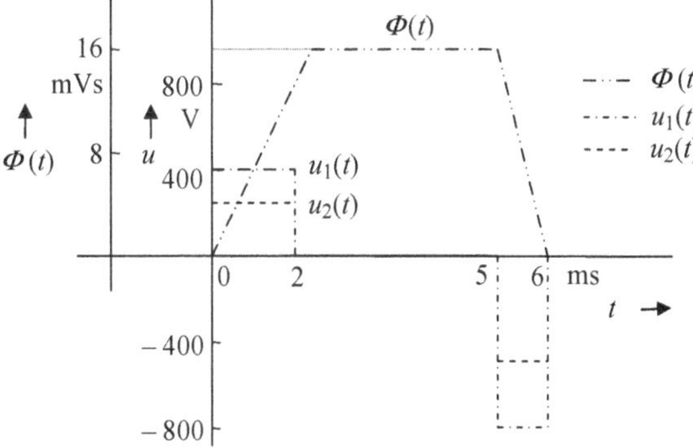

Bild 15.18 Der Fluss- und Spannungszeitverlauf

für $2\,\text{ms} \leq t \leq 5\,\text{ms}$: $u_1 = 0\,\text{V}$ und $u_2 = 0\,\text{V}$

für $5\,\text{ms} \leq t \leq 6\,\text{ms}$: $u_1 = 50 \cdot \dfrac{-0{,}016\,\text{Vs}}{1 \cdot 10^{-3}\,\text{s}} = -800\,\text{V}$, $u_2 = 30 \cdot \dfrac{-0{,}016\,\text{Vs}}{1 \cdot 10^{-3}\,\text{s}} = -480\,\text{V}$

2) Die zeitliche Abhängigkeit des magnetischen Flusses und die Spannungszeitverläufe sind in **Bild 15.18** dargestellt.

3) Die Gegeninduktivität ergibt sich zu:

$$M = w_1\, w_2\, G_\text{m} = w_1\, w_2\, \frac{1}{R_\text{m}} = 25\,\text{mH}$$

Aufgabe 8

1) Die Bemessungsströme betragen:

$$I_{1\text{n}} = \frac{S_\text{n}}{3\,\dfrac{U_{1\text{n}}}{\sqrt{3}}} = 577{,}4\,\text{A} \qquad I_{2\text{n}} = \frac{S_\text{n}}{3\,\dfrac{U_{2\text{n}}}{\sqrt{3}}} = 1\,732\,\text{A}$$

2) Die Werte werden wie folgt ermittelt:

$$u_\text{k} = \frac{U_{1\text{k}}}{U_{1\text{n}}} = 0{,}09 = 9\,\%$$

$$\cos \varphi_{1\text{k}} = \frac{P_\text{k}}{\sqrt{3}\, U_{1\text{k}}\, I_{1\text{n}}} = 0{,}06$$

Aus dem Kapp'schen Dreieck folgt:

$$U_\text{r} = U_{1\text{k}} \cos \varphi_{1\text{k}} = 0{,}162\,\text{kV} \qquad U_\text{x} = U_{1\text{k}} \sin \varphi_{1\text{k}} = 2{,}695\,\text{kV}$$

3) i_0 ergibt sich zu:

$$i_0 = \frac{I_{20}}{I_{2\text{n}}} = 0{,}6\,\%$$

4) Die Werte können hier wie folgt bestimmt werden:

$$\eta = \frac{P_{ab}}{P_{auf}} \qquad P_{Fe} = \text{konst.} = P_0 = 50{,}6\,\text{kW} \qquad P_{auf} = P_{ab} + P_{Fe} + P_{Cu}$$

Im Einzelnen gilt:

4.1) bei $I_2 = I_{2n}$

$$P_{Cu} = P_{Cun} \left(\frac{I_{2n}}{I_{2n}} \right)^2 = 152\,\text{kW}$$

$P_{ab} = P_n = S_n \cos \varphi_2 = 30$ MW $\qquad P_{auf} = 30\,202{,}6$ kW $\qquad \eta_{In} = 99{,}329$ %

4.2) bei $I_2 = 3\, I_{2n}/4$

$$P_{Cu} = P_{Cun} \left(\frac{\frac{3}{4} I_{2n}}{I_{2n}} \right)^2 = 85{,}5\,\text{kW}$$

$P_{ab} = 3\, P_n/4 = 22{,}5$ MW $\qquad P_{auf} = 22\,636{,}1$ kW $\qquad \eta_{3In/4} = 99{,}399$ %

4.3) bei $I_2 = I_{2n}/2$

$$P_{Cu} = P_{Cun} \left(\frac{\frac{1}{2} I_{2n}}{I_{2n}} \right)^2 = 38\,\text{kW}$$

$P_{ab} = P_n/2 = 15$ MW $\qquad P_{auf} = 15{,}0886$ kW $\qquad \eta_{In/2} = 99{,}413$ %

5) Maximaler Wirkungsgrad wird bei folgender Belastung erreicht (s. Abschnitt 2.11):

$$I = I_{2n} \sqrt{\frac{P_{Fe}}{P_{Cu}}} = 999{,}31\,\text{A} \;\text{ bei }\; P_{Cu} = 152\,\text{kW},\; P_{Fe} = 50{,}6\,\text{kW}$$

η_{max} kann wie folgt berechnet werden:

$$P_{ab} = \frac{I}{I_{2n}} P_n = 17{,}31\,\text{MW} \quad P_{auf} = 17\,310\,\text{kW} + 50{,}6\,\text{kW} + 50{,}6\,\text{kW} = 17\,410{,}265\,\text{kW}$$

und damit:

$$\eta_{\max} = \frac{P_{\mathrm{ab}}}{P_{\mathrm{auf}}} = 99{,}424\ \%$$

6) Die maximale Kerninduktion bei Belastung im Bemessungspunkt kann nach Abschnitt 2.4, Gl. (2.1) berechnet werden:

$$\frac{U_{1\mathrm{n}}}{\sqrt{3}} = 4{,}44\ f\ w_1\ \hat{\Phi} = 4{,}44\ f\ w_1\ \hat{B}\ A$$

Daraus folgt:

$$\hat{B} = \frac{\frac{U_{1\mathrm{n}}}{\sqrt{3}}}{4{,}44\ f\ w_1\ A} = 1{,}194\,\mathrm{T}$$

15.4 Lösungen zu „Gleichstrommaschinen"

Aufgabe 1

1) Die Differenz der aufgenommenen und abgegebenen Leistungen sind hier die Kupferverluste, da alle anderen Verluste vernachlässigbar sind! Damit ergibt sich:

$$P_{\mathrm{auf}} = U_{\mathrm{n}}\ I_{\mathrm{n}} = 42\,\mathrm{kW} \qquad P_{\mathrm{Cu}} = P_{\mathrm{auf}} - P_{\mathrm{ab}} = 4\,\mathrm{kW}$$

$$R_{\mathrm{A}}^{*} = R_{\mathrm{A}} + R_{\mathrm{E}} = \frac{P_{\mathrm{Cu}}}{I_{\mathrm{n}}^{2}} = 0{,}4\,\Omega$$

2) Der Ankervorwiderstand und die umgesetzte Leistung sind:

$$R_{\mathrm{vA}} = \frac{U_{\mathrm{n}}}{3\,I_{\mathrm{n}}} - R_{\mathrm{A}}^{*} = 1{,}0\,\Omega \qquad P_{\mathrm{v}} = R_{\mathrm{vA}}\ I_{\mathrm{AA}}^{2} = 90\,\mathrm{kW}\ (\text{mit } I_{\mathrm{AA}} \le 3\,I_{\mathrm{n}})$$

3) Die induzierte Spannung des Reihenschlussmotors ergibt sich zu:

$$U_{\mathrm{i}} = c'\ I_{\mathrm{A}}\ \omega = c_1\ I_{\mathrm{A}}\ n\ (\text{mit } c_1 = 2\pi\,c') \Leftrightarrow U_{\mathrm{i}} = \frac{I_{\mathrm{A}}\ n}{I_{\mathrm{n}}\ n_{\mathrm{n}}} U_{\mathrm{in}}$$

mit $U_{\mathrm{in}} = \frac{P_{\mathrm{n}}}{I_{\mathrm{n}}}$, da P_{Fe} und $P_{\mathrm{R}} \approx 0$

Mit der Ankerspannungsgleichung und der induzierten Spannung kann I_A ermittelt werden:

$$\text{Aus } U_A = U_i + R_A^* \, I_A \text{ und } U_i \text{ folgt } I_A = \frac{U_n}{n \dfrac{P_n}{I_n} \dfrac{1}{I_n n_n} + R_A^*} = 82\,\text{A}$$

Das Drehmoment ergibt sich mithilfe des Bemessungsmoments zu:

$$M_n = 9\,550 \cdot \frac{P_n}{n_n} \approx 112{,}7\,\text{Nm} \qquad M = M_n \left(\frac{I_A}{I_n}\right)^2 = 75{,}8\,\text{Nm}$$

4) Für die weitere Berechnung soll folgende Vereinbarung gelten: Index m: mit Steigung; Index o: ohne Steigung! Auf dem steilen Weg muss zusätzlich die Kraft $F_G \sin \alpha$ aufgebracht werden (**Bild 15.19**); es gilt also:

$$I_m \leq 2\,I_n \qquad F_m - F_o = F_G \sin \alpha$$

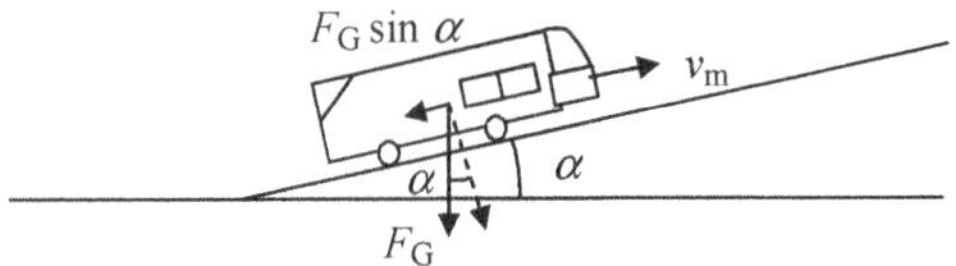

Bild 15.19 Zur Bestimmung des Steigungswinkels der Strecke

M_m kann über M_n berechnet werden, die Kraft ist dem Drehmoment proportional, P_o kann aus M_o und n_o berechnet werden, F_o ergibt sich über P_o und v_o. Damit ergibt sich der Winkel α:

$$M_m = M_n \left(\frac{2\,I_n}{I_n}\right)^2 = 450{,}8\,\text{Nm} \qquad M_o = 75{,}8\,\text{Nm} \qquad \frac{M_o}{M_m} = \frac{F_o}{F_m} = 0{,}17$$

$$P_o = \frac{M_o\, n_o}{9\,550} = 31{,}75\,\text{kW} \qquad F_o = \frac{P_o}{v_o} = 2\;267{,}8\,\text{N} \qquad F_m = \frac{F_o}{0{,}17} = 13\,340\,\text{N}$$

$$\alpha = \arcsin \frac{F_m - F_o}{F_G} = 16{,}1°$$

Die Geschwindigkeit ergibt sich über die induzierte Spannung und die Ankerspannungsgleichung:

$$v_m = \frac{n_m}{n_o} v_o = \frac{U_{im}}{U_{io}} \frac{I_o}{I_m} v_o$$

mit $U_{im} = U_n - R_A^* \, I_m = 340\ \text{V}$ und $U_{io} = U_n - R_A^* \, I_o = 387{,}2\ \text{V} \Rightarrow v_m = 5\ \text{m/s}$

Aufgabe 2

1) Da P_{Fe} und P_R vernachlässigbar sind, gilt $P_{mech} = P_n = U_{in} \, I_n$, und R_A kann aus der Ankerspannungsgleichung berechnet werden:

$$R_A = \frac{U_n - \frac{P_n}{I_n}}{I_n} = 4{,}2\ \Omega$$

2) Für die Bemessungsdrehzahl gilt hier:

$$n_n = n_0 \frac{U_{in}}{U_n} = n_0 \frac{\frac{P_n}{I_n}}{U_n} \approx 2\,400\ \text{min}^{-1}$$

3) Der Erregerstrom kann wie folgt bestimmt werden:

$$U_i = c\, \Phi_2\, \omega_{n2} = c^* \Phi_2\, n_{n2} \qquad P_{n2} = P_{n1} \frac{n_{n2}}{n_{n1}} = 7{,}266\ \text{kW}$$

$$U_n = c^* \Phi_2\, n_{n2} + R_A\, I_{A2} \tag{15.13}$$

$$P_{n2} = c^* \Phi_2\, n_{n2}\, I_{A2} \tag{15.14}$$

$$\text{Gl.}\,(15.14) \text{ in Gl.}\,(15.13) \Rightarrow \text{mit } c^* \Phi_2 = x:\ n_{n2}^2\, x^2 - n_{n2}\, U_n\, x + P_{n2}\, R_A = 0$$

Die Lösung dieser quadratischen Gleichung ergibt:

$x_1 = 0{,}112\ \text{V/min}^{-1}$ und $x_2 = 0{,}0322\ \text{V/min}^{-1}$

Mit der Annahme: $I_E = f(\Phi)$ näherungsweise linear gilt dann:

$$\frac{I_{E2}}{I_{E1}} = \frac{\Phi_2}{\Phi_1} = \frac{c^* \Phi_2}{c^* \Phi_1}, \text{ und mit } c^* \Phi_1 = \frac{U_{in}}{n_{n1}} \approx 0{,}145\ \text{V/min}^{-1} \text{ ergibt sich:}$$

$I_{E21} = 1{,}55$ A $I_{E22} = 0{,}45$ A, zu klein!

4) $P_{n2} = 7{,}266$ kW, aus 3)!

$U_{i21} = c^* \Phi_{21}\, n_{n2} = 325{,}5$ V $U_{i22} = c^* \Phi_{22}\, n_{n2} = 93{,}6$ V, zu klein, nicht richtig!

Mit $I_{A2} = \dfrac{P_{n2}}{U_{i2}}$ folgt: $I_{A21} = 22{,}3$ A $I_{A22} = 77{,}6$ A, zu groß, nicht akzeptabel!

$$n_0 = \frac{U_n}{U_{in}} n_n \qquad n_{021} = 3\,750\ \text{min}^{-1} \qquad n_{022} = 13\,043\ \text{min}^{-1}, \text{ nicht akzeptabel!}$$

Aufgabe 3

1) Da P_{Fe} und P_R vernachlässigbar sind, gilt $P_{mech} = P_n = U_{in} I_n$, und R_A kann aus der Ankerspannungsgleichung berechnet werden:

$$R_A = \frac{U_n - \dfrac{P_n}{I_n}}{I_n} = 1{,}8\ \Omega$$

2) Für die Leerlaufdrehzahl gilt hier:

$$n_0 = \frac{U_n}{\dfrac{P_n}{I_n}} n_n = 3\,846{,}2\ \text{min}^{-1}$$

3) Es gilt:

$$n = \frac{n_n}{2} \text{ und } M_n = \text{konst. und damit } P = \frac{P_n}{2} = 6\ \text{kW} \qquad I_A = \frac{I_n}{2}$$

$$U_i = \text{konst. und demzufolge: } R_{vA} = \frac{U_n - \dfrac{P_n}{I_n}}{I_A} - R_A = 1{,}8\ \Omega$$

4) Das Anlaufmoment berechnet sich wie folgt:

$$I_{Am} = \frac{U_n}{R_A + R_{vA}} = 117{,}3\ \text{A} \quad I_{Ao} = \frac{U_n}{R_A} = 234{,}6\ \text{A} \quad c\Phi = \frac{\dfrac{P_n}{I_n}}{2\pi n_n} \cdot 60 \approx 1{,}043\ \text{Vs}:$$

$$M_{\mathrm{Am}} = c\,\Phi\, I_{\mathrm{Am}} = 122{,}3\ \mathrm{Nm} \qquad M_{\mathrm{Ao}} = c\,\Phi\, I_{\mathrm{Ao}} = 244{,}6\ \mathrm{Nm}$$

5) Die Anlaufzeit berechnet sich über die Bewegungsgleichung mithilfe der $M(n) = f(n)$-Abhängigkeit:

$$M(n) - M_{\mathrm{w}}(n) = \Theta_{\mathrm{ges}} \frac{\mathrm{d}\omega}{\mathrm{d}t} \quad \text{hier } M_{\mathrm{w}} = 0 \text{ und } M(n) = M_{\mathrm{A}}\left(1 - \frac{n}{n_0}\right)$$

$$t = \frac{2\,\pi\,\Theta_{\mathrm{Rotor}}}{M_{\mathrm{Am}}} \int_0^{n_{\mathrm{n}}} \frac{\mathrm{d}n}{1 - \frac{n}{n_0}} \qquad \text{bzw.}$$

$$t = -\frac{2\,\pi\,\Theta_{\mathrm{Rotor}}\, n_0}{M_{\mathrm{Am}}} \ln\left(\frac{-n_{\mathrm{n}}}{n_0} + 1\right) \approx 0{,}21\,\mathrm{s}$$

6) Generatorangaben:

$$U_{\mathrm{n}} = 420\ \mathrm{V} \qquad n_{\mathrm{n}} = 3\,300\ \mathrm{min}^{-1} \qquad P_{\mathrm{v}} = R_{\mathrm{A}}\, I_{\mathrm{n}}^2, \text{ da } P_{\mathrm{Fe}}, P_{\mathrm{R}} \approx 0$$

$$P_{\mathrm{auf}} = P_{\mathrm{mech}} = P_{\mathrm{elek}} + P_{\mathrm{v}} = U_{\mathrm{n}}\, I_{\mathrm{n}} + P_{\mathrm{v}} = 15{,}971\ \mathrm{kW}$$

Aufgabe 4

1) Der Ankerwiderstand ergibt sich zu:

$$I_{\mathrm{n}}^* = I_{\mathrm{n}} - I_{\mathrm{En}} = 88\ \mathrm{A} \qquad R_{\mathrm{A}} = \frac{U_{\mathrm{n}} - \frac{P_{\mathrm{n}}}{I_{\mathrm{n}}^*}}{I_{\mathrm{n}}^*} = 0{,}3\ \Omega$$

2) Der Bemessungswirkungsgrad ist:

$$\eta_{\mathrm{n}} = \frac{P_{\mathrm{n}}}{U_{\mathrm{n}}\, I_{\mathrm{n}}} = 91{,}2\ \%$$

3) Die Leerlaufdrehzahl ergibt sich aus:

$$n_0 = \frac{U_{\mathrm{n}}}{\frac{P_{\mathrm{n}}}{I_{\mathrm{n}}^*}}\, n_{\mathrm{n}} = 3\,446{,}5\ \mathrm{min}^{-1}$$

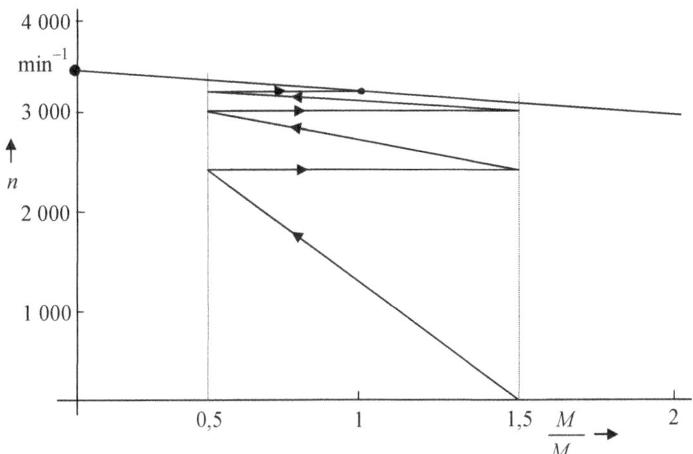

Bild 15.20 Anlassverhalten des Motors

4) Der Ankervorwiderstand ergibt sich aus:

$$R_{\mathrm{vA}} = \frac{U_{\mathrm{n}}}{1{,}5\, I_{\mathrm{n}}} - R_{\mathrm{A}}^{*} \quad \text{mit } U_{\mathrm{E}} = U_{\mathrm{n}} \text{ ergibt sich } R_{\mathrm{E}} = \frac{U_{\mathrm{E}}}{I_{\mathrm{E}}} = 156{,}\bar{6}\,\Omega$$

$$R_{\mathrm{A}}^{*} = \frac{R_{\mathrm{A}}\, R_{\mathrm{E}}}{R_{\mathrm{A}} + R_{\mathrm{E}}} \approx 0{,}3\,\Omega, \quad \text{daraus folgt: } R_{\mathrm{vA}} = 3{,}14\,\Omega$$

Die Betriebskennlinie (natürliche Kennlinie) kann mithilfe des Bemessungs- und Leerlaufpunkts:

$$M_{\mathrm{n}} = 9\,550 \cdot \frac{P_{\mathrm{n}}}{n_{\mathrm{n}}} = 114{,}6\,\mathrm{Nm} \quad \text{mit } n_{\mathrm{n}} = 3\,250\,\mathrm{min}^{-1} \text{ und } n_0 = 3\,446{,}5\,\mathrm{min}^{-1}$$

dargestellt werden (**Bild 15.20**). Die Grenzwerte $I_{\mathrm{max}} \sim M_{\mathrm{max}}$ und $I_{\mathrm{min}} \sim M_{\mathrm{min}}$ können eingezeichnet werden! Daraus ergibt sich, dass drei Widerstandsstufen erforderlich sind.

5) Für Anlaufstrom und Anlaufmoment gilt:

$I_{\mathrm{AA}} = 1{,}5\, I_{\mathrm{n}} = 136{,}5$ A $\quad U_{\mathrm{RvA}} = R_{\mathrm{vA}}\, I_{\mathrm{AA}} = 428{,}6$ V $\quad U_{\mathrm{Mot}} = U_{\mathrm{n}} - U_{\mathrm{RvA}} = 41{,}4$ V

$I_{\mathrm{E\ mit\ RvA}} = U_{\mathrm{Mot}}/R_{\mathrm{E}} = 0{,}26$ A $\qquad I_{\mathrm{AA}}^{*} = I_{\mathrm{AA}} - I_{\mathrm{E\ mit\ RvA}} = 136{,}24$ A

$$c\,\Phi = \frac{\frac{P_{\mathrm{n}}}{I_{\mathrm{n}}}}{2\pi\, n_{\mathrm{n}}} = 1{,}3\,\mathrm{Vs} \qquad M_{\mathrm{A}} = c\,\Phi\, I_{\mathrm{AA}}^{*} = 177{,}1\,\mathrm{Nm}$$

6) Ansatz wie Aufgabe 3 Teil 5): $t = 0{,}82$ s

Aufgabe 5

1) Die gewünschten Werte können wie folgt berechnet werden:

$$P_{\mathrm{n}} = \frac{M_{\mathrm{n}}\, n_{\mathrm{n}}}{9\,550} = 180{,}628\,\mathrm{kW}; \quad U_{\mathrm{in}} = U_{\mathrm{n}} \frac{n_{\mathrm{n}}}{n_0} = 437{,}1\,\mathrm{V}$$

$$I_{\mathrm{n}} = \frac{P_{\mathrm{n}}}{U_{\mathrm{in}}} = 413{,}2\ \mathrm{A}\ \ (\text{da } P_{\mathrm{Fe}} \text{ und } P_{\mathrm{R}} \approx 0)$$

$$\eta_{\mathrm{n}} = \frac{n_{\mathrm{n}}}{n_0} = 93\,\%\ \ (\text{da } P_{\mathrm{Fe}} \text{ und } P_{\mathrm{R}} \approx 0, \text{ um etwa } 2\,\% \text{ höher})$$

$$R_{\mathrm{A}} = \frac{U_{\mathrm{n}} - U_{\mathrm{in}}}{I_{\mathrm{n}}} = 0{,}08\,\Omega$$

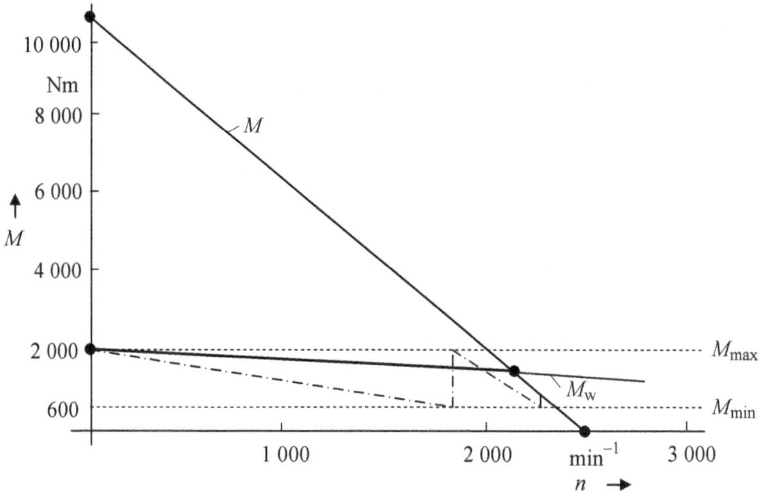

Bild 15.21 Zur Bestimmung der Angaben des Arbeitspunkts und der Anlassstufen

2) Das Anlaufmoment ist gleich:

$$M_{\mathrm{A}} = \frac{M_{\mathrm{n}}}{1 - \dfrac{n_{\mathrm{n}}}{n_0}} = 10\,721\,\mathrm{Nm}$$

Die Betriebskennlinie des Motors ist eine Gerade:

$$M(n) = 10\,721\,\text{Nm}\,(1 - \frac{n}{n_0})$$

Auch die Drehmoment-Drehzahl-Kennlinie der Arbeitsmaschine $M_w(n)$ ist hier eine Gerade. Diese Kennlinien sind in **Bild 15.21** dargestellt.

3) Abgelesen:

$$n = 2\,200\,\text{min}^{-1} \qquad M = 1\,200\,\text{Nm}$$

Hieraus folgt:

$$P = \frac{M\ n}{9\,550} = 276{,}43\,\text{kW} \qquad U_i = U_n \frac{n}{n_0} = 418{,}1\,\text{V} \qquad I_A = \frac{P}{U_i} = 661{,}1\,\text{A}$$

4) Der Wirkungsgrad ergibt sich zu:

$$\eta = \frac{n}{n_0} = 89\ \%$$

5) Diese Werte in die Kennlinie eingetragen: $M_{max} = 8\ M_n/3 = 2\ 000$ Nm; $M_{min} = 600$ Nm; nach Bild 15.21 ergeben sich zwei Stufen!

Aufgabe 6

1) Bemessungsmoment ist:

$$M_n = 9\,550 \cdot \frac{P_n}{n_n} = 511{,}6\,\text{Nm}$$

2) Siehe Aufgabe 4 Teil 4):

$$U_i \uparrow = c\,\Phi\,\omega \uparrow \qquad U_n = U_i \uparrow + R_A\ I_A \downarrow \qquad M \downarrow = c\,\Phi\ I_A \downarrow$$

$$R_A + R_v \downarrow \Rightarrow I_A \uparrow \Rightarrow M \uparrow$$

Die Drehzahl ändert sich während der Ankervorwiderstandsänderung nicht, da $T_{elek} << T_{mech}$ ist!

3) Mithilfe der Beziehungen:

$$R_\text{v} = \frac{U_\text{n}}{I_\text{n}} - R_\text{A} \quad \text{und} \quad R_\text{A} = \frac{U_\text{n} - \frac{P_\text{n}}{I_\text{n}}}{I_\text{n}}$$

folgt:

$$I_\text{n} = 256{,}4\,\text{A} \qquad R_\text{A} = 0{,}2\,\Omega$$

$$n_0 = \frac{U_\text{n}}{\frac{P_\text{n}}{I_\text{n}}} n_\text{n} = 2\,489\,\text{min}^{-1}\ (P_\text{Fe}\ \text{und}\ P_\text{R} \approx 0)$$

4) Das Anlaufmoment ist:

$$M_\text{A} = \frac{M_\text{n}}{1 - \frac{n_\text{n}}{n_0}} = 5{,}114\,\text{kNm}$$

5) Die Anlaufzeit wird wie folgt berechnet:

$$M - M_\text{w} = \Theta_\text{ges} \frac{\text{d}\omega}{\text{d}t}; \quad M(n) = M_\text{A}\left(1 - \frac{n}{n_0}\right); \quad M_\text{w} = 0{,}98 \cdot M_\text{n} = \text{konst.}:$$

$$t = 2\pi\,\Theta_\text{ges} \int_0^{n_\text{n}} \frac{\text{d}n}{M_\text{A} - 0{,}98 \cdot M_\text{n} - M_\text{A} \frac{n}{n_0}} \quad \text{bzw.}$$

$$t = -2\pi\,\Theta_\text{ges} \frac{n_0}{M_\text{A}} \left[\ln\left(-\frac{M_\text{A}}{n_0} n_\text{n} + M_\text{A} - 0{,}98 \cdot M_\text{n} \right) - \ln\left(M_\text{A} - 0{,}98 \cdot M_\text{n} \right) \right] \approx 1{,}9\,\text{s}$$

Aufgabe 7

1) Hierzu müssen die aufgenommene Leistung des Ankers (P_A) und die gesamte aufgenommene Leistung (P_auf) ermittelt werden:

$$P_\text{auf} = U_\text{n} I_\text{n} = 10{,}125\,\text{kW} \qquad I_\text{En} = \frac{P_\text{E}}{U_\text{n}} = 0{,}48\,\text{A}$$

$I_n^* = I_n - I_{En} = 40\text{ A} \qquad P_A = U_A\, I_n^* = 10\text{ kW}$

$$\eta_{Anker} = \frac{P_n}{P_A} = 80\,\% \qquad \eta_{ges} = \frac{P_n}{P_{auf}} = 79\,\%$$

2) $I_n^* = 40$ A, s. Teil 1)!

$P_{Cun} = R_A\, I_n^{*2} = 640\text{ W};$

$P_i = P_{auf} - P_{Cun} - P_B - P_E = 9{,}315\text{ kW}; \qquad P_{Fe} + P_R = P_i - P_n = 1{,}315\text{ kW}.$

3)

$$U_{in} = \frac{P_i}{I_n^*} = 232{,}9\text{ V}$$

4)

$$M_i = \frac{P_i}{n_n} \cdot 9\,550 = 59{,}3\text{ Nm} \quad \text{und} \quad M_n = \frac{P_n}{n_n} \cdot 9\,550 = 50{,}9\text{ Nm}$$

5)

$$n_0 \approx \frac{U_n}{U_{in}}\, n_n = 1\,610\text{ min}^{-1} \qquad M_A \approx M_n \frac{I_A}{I_n} = 509\text{ Nm!}$$

6) Siehe Aufgabe 6! Die Anlaufzeit ergibt sich zu: $t = 0{,}09$ s.

Aufgabe 8

1)

$$M_n = 9\,550 \cdot \frac{P_n}{n_n} = 302{,}3\text{ Nm}$$

2) Aufstellung der Maschinengleichungen für den Bemessungspunkt:

$$U_{in} = c' I_n 2\pi n_n \tag{15.15}$$

$$M_n = c' I_n^2 \tag{15.16}$$

$$U_n = U_{in} + (R_A + R_E) I_n \tag{15.17}$$

Mit $R_A + R_E = R_A^*$ und nach Einsetzen von Gl. (15.15) in Gl. (15.17) folgt:

$$U_n = c' I_n 2\pi n_n + R_A^* I_n$$

Mit Gl. (15.16) folgt nach einer Umformung:

$$R_A^* I_n^2 - U_n I_n + 2\pi M_n n_n = 0$$

Die Lösung dieser quadratischen Gleichung für I_n ergibt:

$I_{n1} = 434{,}4$ A, zu groß, nicht zulässig! $I_{n2} = 90{,}6$ A, zulässig!

Aus Gl. (15.17) folgt:

$$U_{in} = U_n - R_A^* I_n$$

Diese Gleichung liefert: $U_{i1} = 72{,}5$ V, zu klein, nicht zulässig! $U_{i2} = 347{,}5$ V, zulässig!

Der Wirkungsgrad ergibt sich zu:

$$\eta_{n1} = \frac{P_n}{U_n I_{n1}} = 17{,}3\,\%, \text{ zu klein} \qquad \eta_{n2} = \frac{P_n}{U_n I_{n2}} = 82{,}8\,\%, \text{ akzeptabel!}$$

Die Maschinenkonstante ergibt sich aus:

$$c_1' = \frac{M_n}{I_{n1}^2} = 1{,}6 \cdot 10^{-3}\,\frac{\text{Vs}}{\text{A}} \qquad c_2' = \frac{M_n}{I_{n2}^2} = 0{,}037\,\frac{\text{Vs}}{\text{A}}, \text{ richtig!}$$

3) Die Prinzipschaltpläne sind im **Bild 15.22** dargestellt.

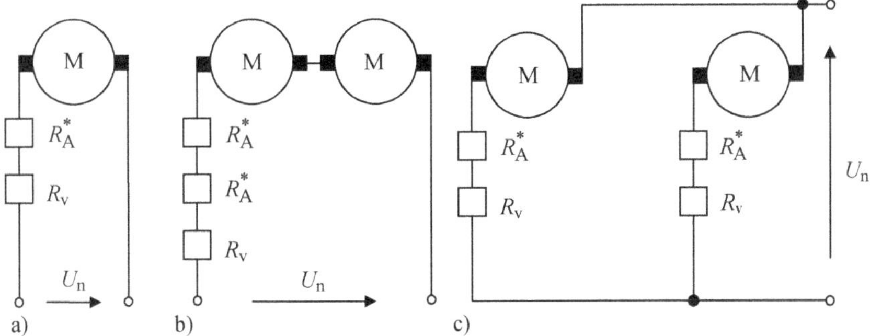

Bild 15.22 Prinzipschaltpläne
a) ein Motor b) Serienschaltung c) Parallelschaltung

4)

$$U_n = 2\,U_i + 2\,R_A^*\,I_A \quad \text{Serienschaltung}$$

$$U_n = U_i + \frac{R_A^*\,I_A}{2} \quad \text{Parallelschaltung}$$

5) Bei der Parallelschaltung, da die Anlaufmomente wie folgt dargestellt werden können:

$$M_{\text{A ein Motor}} = c'\left(\frac{U_n}{R_A^*}\right)^2; \quad M_{\text{A Serie}} = c'\left(\frac{U_n}{2\,R_A^*}\right)^2 \text{ und } \quad M_{\text{A parallel}} = c'\left(\frac{2\,U_n}{R_A^*}\right)^2$$

c', U_n und R_A^* sind bei allen Schaltungen gleich, also ist $M_{\text{Aparallel}}$ am größten!

6)

$$M_{\text{A ein Motor}} = c'\left(\frac{U_n}{R_A^*}\right)^2 = 10\,150{,}7\text{ Nm}$$

$$M_{\text{A Serie}} = c'\left(\frac{U_n}{2\,R_A^*}\right)^2 = 2\,537{,}7\text{ Nm}$$

$$M_{\text{A parallel}} = c'\left(\frac{2\,U_n}{R_A^*}\right)^2 = 40\,602{,}9\text{ Nm}$$

7) Die Betriebskennlinien sind im **Bild 15.23** dargestellt.

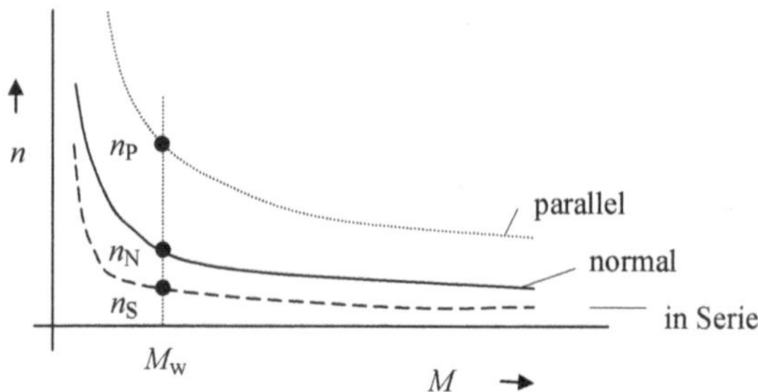

Bild 15.23 Betriebskennlinien

8) Aus Bild 15.23 ergibt sich: n_P: groß; n_N: mittel; n_S: klein!

Aufgabe 9

1) $P_{auf} = U_n I_n + U_{En} I_{En} = 16{,}796$ kW

2) $P_{vnAnker} = U_n I_n - P_n = 2{,}546$ kW

$$\eta_{nAnker} = \frac{P_n}{U_n I_n} = 83{,}3\,\%$$

3) $P_{En} = U_{En} I_{En} = 1{,}55$ kW $\quad P_{vn} = P_{vnAnker} + P_{En} = 4{,}096$ kW

$$\eta_n = \frac{P_n}{U_n I_n + U_{En} I_{En}} = 75{,}6\,\%$$

4)

$$M_n = 9\,550 \cdot \frac{P_n}{n_n} = 82{,}5 \text{ Nm}$$

5) Die Gerade $I_A = f(M)$ ist durch die zwei Betriebspunkte bestimmt. Es gilt: I_A (M = 0 Nm) = 2 A und I_A (M = 82,5 Nm) = 36,3 A (**Bild 15.24**)! Die Gerade $n = f(M)$ ist durch die zwei Punkte gegeben: n (M = 0 Nm) = 1 760 min^{-1} und n (M = 82,5 Nm) = 1 470 min^{-1} (Bild 15.24)!

Die Kennlinie $\eta = f\ (M)$ ergibt sich aus der Ankerleistung $U_n\ I_A$ und der mechanischen Leistung $P_{mech} = 2\ \pi\ n\ M$ zu (Bild 15.24):

$$\eta = \frac{P_{mech}}{U_n\ I_A}$$

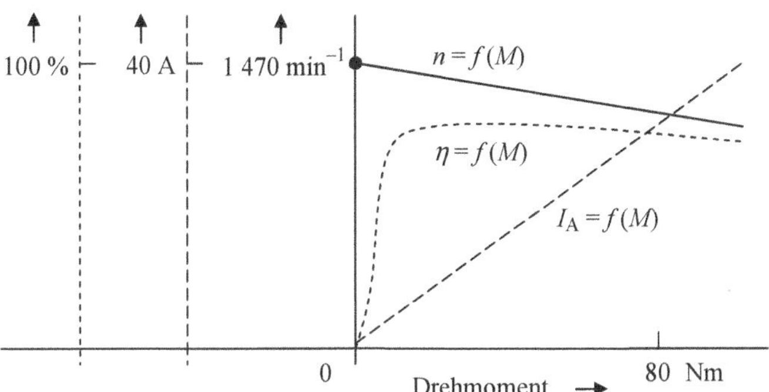

Bild 15.24 Wirkungsgrad-, Ankerstrom- und Drehzahl-Drehmoment-Abhängigkeit

Aufgabe 10

1) Nach Abschnitt 3.10.1.1, Gl. (3.38)

$$\frac{n}{n_{0n}} = \frac{\omega}{\omega_{0n}} = \frac{U_A}{U_{An}}\ \frac{\Phi_n}{\Phi} - \frac{R_A\ I_{An}}{U_{An}} \left(\frac{\Phi_n}{\Phi}\right)^2 \frac{M}{M_n}$$

ergibt sich für:

$$I_n^* = I_n - I_{En} = 170\ \text{A}$$

$$R_A = \frac{U_n - \dfrac{P_n}{I_n^*}}{I_n^*} = 0{,}2\ \Omega$$

der Wert

$$\frac{n}{n_0} = 1{,}055$$

und damit ist $n = 1\ 793\ \text{min}^{-1}$.

2) Entsprechend 1) folgt jetzt:

$$\frac{n}{n_0} = 0{,}454$$

Damit ist $n = 772\ \text{min}^{-1}$.

3)

$$R_{\text{vA}} = \frac{U_\text{n}}{1{,}5\, I_\text{n}} - R_\text{A} = 1{,}77\ \Omega$$

4) Entsprechend 1) folgt jetzt:

$$\frac{n}{n_0} = 0{,}533$$

Damit ist $n = 906\ \text{min}^{-1}$.

5) Hier gilt der vereinfachte Ansatz:

$$\eta = \frac{n}{n_0}$$

Daraus folgt:

$$\eta_1 = \frac{1\,793}{1\,700} \approx 100\,\% \qquad \eta_2 = \frac{772}{1\,700} \approx 45{,}4\,\% \qquad \eta_3 = \frac{906}{1\,700} \approx 53{,}3\,\%$$

Aufgabe 11

1) $I_\text{En} = 0{,}025\, I_\text{n} = 4{,}5\ \text{A} \qquad R_\text{E} = U_\text{n}/I_\text{En} = 92{,}8\ \Omega \qquad I_\text{n}^* = I_\text{n} - I_\text{En} = 176{,}5\ \text{A}$

$$U_\text{in} = U_\text{n} \frac{n_\text{n}}{n_0} = 375{,}5\ \text{V} \qquad R_\text{A} = \frac{U_\text{n} - U_\text{in}}{I_\text{n}^*} = 0{,}25\ \Omega$$

$$P_\text{Cusn} = R_\text{E}\, I_\text{En}^2 = 1{,}9\ \text{kW} \qquad P_\text{Curn} = R_\text{A}\, I_\text{n}^{*2} = 7{,}856\ \text{kW}$$

$$P_\text{vn} = P_\text{Cusn} + P_\text{Curn} = 9{,}756\ \text{kW} \qquad P_\text{n} = P_\text{mech} = U_\text{n}\, I_\text{n} - P_\text{vn} = 66{,}263\ \text{kW}$$

$$M_\text{n} = 9\,550 \frac{P_\text{n}}{n_\text{n}} = 652{,}4\ \text{Nm} \qquad \eta_\text{n} = \frac{P_\text{mech}}{U_\text{n}\, I_\text{n}} = 87{,}2\,\%$$

2) $P_H = F\,v = 60$ kW $\qquad P_{Motab} = \frac{P_H}{\eta} = 67{,}416\,\text{kW}$

$$P_{mechneu} = U_n I - P_{vneu} = U_n\, I - R_A\, I^{*2} - R_E\, I_{En}^2 = U_n\, I - R_A\,(\,I - I_{En}\,)^2 - R_E\, I_{En}^2$$

Diese Gleichung nach I geordnet, ergibt die quadratische Gleichung:

$$R_A I^2 - (\,U_n + 2\,R_A\, I_{En}\,)\,I + I_{En}^2(\,R_A + R_E\,) + P_{mechneu} = 0$$

Die Lösung dieser Gleichung ergibt: I_1 = 1 505,8 A, zu groß! I_2 = 185,3 A, akzeptabel! Da P_{Fe} und P_R vernachlässigbar sind, kann die Drehzahl wie folgt berechnet werden:

$$n = \frac{P_n}{I^*\, 2\,\pi\, c\,\Phi}, \text{ dabei gilt } c\,\Phi = \frac{U_{in}}{2\,\pi\, n_n} = 0{,}0616\,\frac{\text{V}}{\text{min}^{-1}}$$

Es ergeben sich folgende Drehzahlen: n_1 = 116 min^{-1}, zu klein! n_2 = 963 min^{-1}, akzeptabel! Der Wirkungsgrad ergibt sich aus:

$$\eta = \frac{P_{mech}}{U_n\, I}$$

zu: η_1 = 10,7 %, zu klein! $\quad \eta_2$ = 86,6 %, akzeptabel!

3) Siehe Aufgabe 6! Mit $M_A = \dfrac{M_n}{1 - \dfrac{n_n}{n_0}} = 6155{,}3\,\text{Nm}$ ergibt sich die Anlaufzeit zu:

t = 1,8 s

15.5 Lösungen zu „Asynchronmaschinen"

Aufgabe 1

1) Mit der Festlegung des Leistungs- und Drehmoment-Maßstabs können Kreisdiagramm (KD) und Schlupfgerade wie folgt konstruiert werden:

$$n_d = \frac{f}{p} \cdot 60 = 1\,000\,\text{min}^{-1}$$

$$m_i = 10\,\text{A/cm} \qquad m_p = \sqrt{3}\,U_n\, m_i = 6{,}928\,\text{kW/cm} \qquad m_m = 9\,550 \cdot \frac{m_p}{n_d} = 66{,}2\,\text{Nm/cm}$$

$$I_n = 31{,}5\,\text{A} \mathrel{\hat=} 3{,}2\,\text{cm} \qquad I_A = 5{,}2\,I_n = 163{,}8\,\text{A} \mathrel{\hat=} 16{,}4\,\text{cm} \qquad \cos\varphi_n = \frac{P_{1n}}{\sqrt{3}\,U_n\, I_n} = 0{,}77$$

$\varphi_n = 39{,}7°$. Der Kreismittelpunkt befindet sich auf der imaginären Achse (P_{Cus} und $P_{Fe} \approx 0$). Mithilfe des Bemessungspunkts und Anlaufpunkts geben sich das Kreisdiagramm und die Schlupfgerade (P_A mit P_∞ verbinden, auf dieser Gerade in 10 cm Abstand zur imaginären Achse suchen, vgl. **Bild 15.25**).

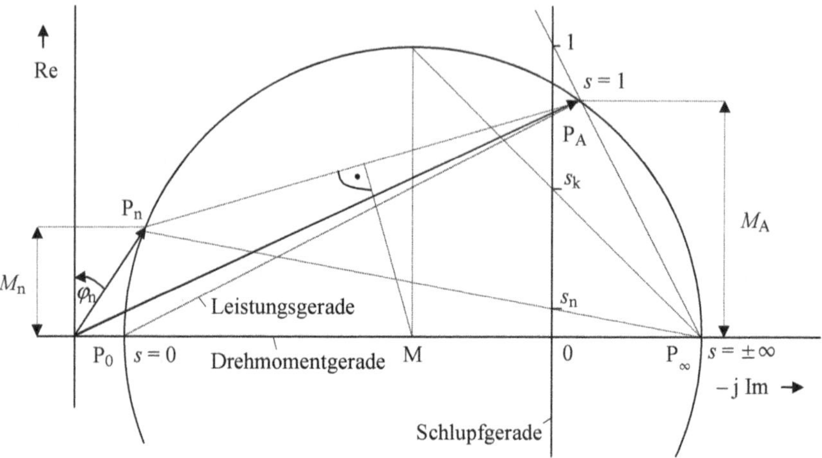

Bild 15.25 Kreisdiagramm und Schlupfgerade der Aufgabe 1

2) $\cos\varphi_n = 0{,}77$; $s_n = 0{,}053$; $n_n = (1 - s_n)\, n_d = 947\ \text{min}^{-1}$; $P_{mech} \mathrel{\hat{=}} 2{,}2\ \text{cm}$

$\mathrel{\hat{=}} 15{,}241\ \text{kW}$; $P_{vr} \mathrel{\hat{=}} 0{,}2\ \text{cm} \mathrel{\hat{=}} 1{,}386\ \text{kW}$; $M_k \mathrel{\hat{=}} 7{,}9\ \text{cm} \mathrel{\hat{=}} 523\ \text{Nm}$; $\dfrac{M_k}{M_n} = 3{,}3$; $s_k = 0{,}35$

3.1) $P_{vr} = s\, P_\delta = 3\, R_r\, I_r^2 \Rightarrow \dfrac{s_{Al}}{s_{Cu}} = \dfrac{R_{rAL}}{R_{rCu}} = \dfrac{\kappa_{Cu}}{\kappa_{Al}}$ und $s_{nAl} = \dfrac{\kappa_{Cu}}{\kappa_{Al}}\, s_{nCu} = 0{,}085$

$$s_{kAl} = \frac{\kappa_{Cu}}{\kappa_{Al}}\, s_{kCu} = 0{,}56$$

3.2) $\theta_e = \dfrac{P_{vr}}{A\,\alpha} \Rightarrow \dfrac{\theta_{eCu}}{\theta_{eAl}} = \dfrac{P_{rCu}}{P_{rAl}} = \dfrac{\kappa_{Al}}{\kappa_{Cu}} = 0{,}625$; $\theta_{eAl} = 1{,}6\, \theta_{eCu}$

3.3) Spannung größer, da Aluminium mit schlechterer Leitfähigkeit!

Aufgabe 2

1) $\varphi_n = 33°$ $n_n = 1\,460\ \text{min}^{-1}$ $s_n \approx 0{,}01$ bis $0{,}05$ und $f = 50\ \text{Hz}$, damit $n_d = 1\,500\ \text{min}^{-1}$

$m_\mathrm{i} = 7{,}4\ \mathrm{A/cm} \qquad m_\mathrm{p} = \sqrt{3}\, U_\mathrm{n}\, m_\mathrm{i} = 5{,}13\ \mathrm{kW/cm} \qquad m_\mathrm{m} = 9\,550 \cdot \frac{m_\mathrm{p}}{n_\mathrm{d}} = 32{,}64\ \mathrm{Nm/cm}$

$M_\mathrm{n} = 9\,550 \cdot \frac{P_\mathrm{n}}{n_\mathrm{n}} = 98{,}1\ \mathrm{Nm} \qquad M_\mathrm{k} = 3\, M_\mathrm{n} = 294{,}3\ \mathrm{Nm} \mathrel{\hat{=}} 9\ \mathrm{cm}$

$s_\mathrm{n} = 1 - \frac{n_\mathrm{n}}{n_\mathrm{d}} = 0{,}03$

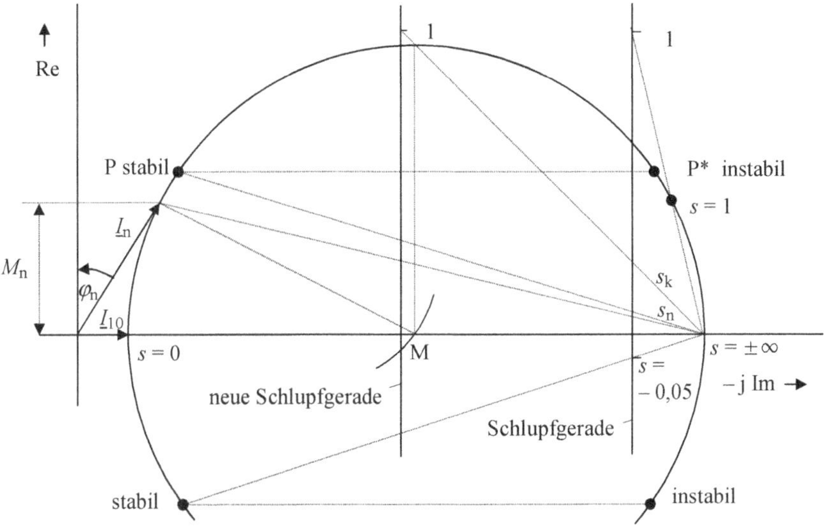

Bild 15.26 Kreisdiagramm und Schlupfgerade der Aufgabe 2

Wie bei Aufgabe 1 liegt der Kreismittelpunkt M auf der imaginären Achse! Mit φ_n und M_n ergibt sich der Bemessungspunkt. M_k ist der Kreisradius. Damit kann das Kreisdiagramm konstruiert werden (**Bild 15.26**). Die Schlupfgerade wird mithilfe der Punkte $s = 0$, $s = \pm\infty$ und $s_\mathrm{n} = 0{,}03$ konstruiert (Bild 15.26).

2) $I_\mathrm{n} \mathrel{\hat{=}} 3{,}6\ \mathrm{cm} \mathrel{\hat{=}} 26{,}7\ \mathrm{A};\ s_\mathrm{k} = 0{,}19;\ I_{10} \mathrel{\hat{=}} 1{,}5\ \mathrm{cm} \mathrel{\hat{=}} 11{,}1\ \mathrm{A};\ M_\mathrm{A} \mathrel{\hat{=}} 3{,}1\ \mathrm{cm} \mathrel{\hat{=}} 101{,}2\ \mathrm{Nm}$

3.1) $M_\mathrm{w} = F_\mathrm{G}\, r = 13\,056\ \mathrm{Nm}$

3.2) $M_\mathrm{Mot}\, \omega_\mathrm{Mot} = M_\mathrm{w}\, \omega_\mathrm{w} \Rightarrow \frac{M_\mathrm{Mot}}{M_\mathrm{w}} = \frac{n_\mathrm{w}}{n_\mathrm{Mot}} \Rightarrow M_\mathrm{Mot} = \frac{M_\mathrm{w}}{100} = 130{,}56\ \mathrm{Nm}$

4) $M_\mathrm{A} = 101{,}2\ \mathrm{Nm} < M_\mathrm{Mot} = 130{,}56\ \mathrm{Nm}$, Motor kann die Last nicht hochziehen!

5) $\frac{R_\mathrm{r} + R_\mathrm{vr}}{s^*} = \frac{R_\mathrm{r}}{s}$, hier muss $s_\mathrm{k} = 1$ werden: $\frac{R_\mathrm{r} + R_\mathrm{vr}}{1} = \frac{R_\mathrm{r}}{s_\mathrm{k}} \Rightarrow \frac{R_\mathrm{vr}}{R_\mathrm{r}} = 4{,}26$

$M = M_w = 130{,}56$ Nm $\triangleq$ 4 cm im Kreisdiagramm eingetragen. Es ergeben sich die Punkte P und P*. Aus dem Kreisdiagramm kann die $M = f(n)$-Kennlinie konstruiert werden (**Bild 15.27**).

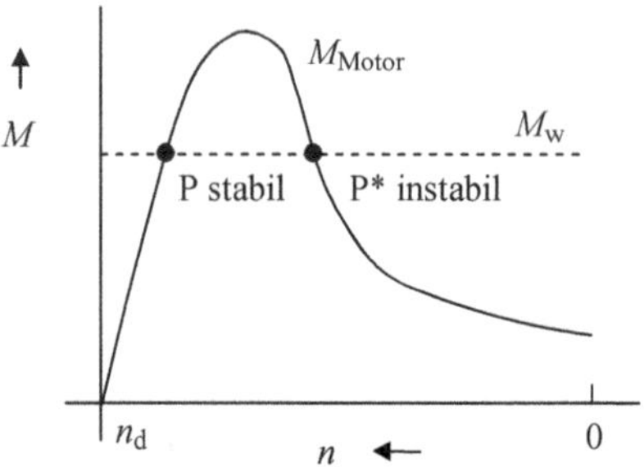

Bild 15.27 M_{Motor} und M_w für Stabilitätsuntersuchung

Daraus ergibt sich für die beiden Betriebspunkte P und P*:

Punkt P: $M \uparrow$ wenn $n \downarrow$; bzw. $M \downarrow$ wenn $n \uparrow$, also stabil!

Punkt P*: $M \uparrow$ wenn $n \uparrow$; bzw. $M \downarrow$ wenn $n \downarrow$, also instabil!

Mit Rücksicht auf $s_k = 1$ ändert sich die Schlupfgerade. Es gilt nun die neue Schlupfgerade (s. Bild 15.26)! Der zugehörige Schlupf des Punkts P ist: $s = 0{,}24$!

6) Aus dem Kreisdiagramm (Bild 15.26) folgt für den stabilen Punkt mit der alten Schlupfgeraden: $s = -0{,}05$ und $n = (1 - s)\, n_d = 1\,575\ \text{min}^{-1}$ (Generatorbetrieb)!

Aufgabe 3

1) $n_n = 1\,470\ \text{min}^{-1}$ $\quad f_n = 50$ Hz $\quad s_n \approx 0{,}01$ bis $0{,}05$: $n_d = 1\,500\ \text{min}^{-1}$

$$s_n = 1 - \frac{n_n}{n_d} = 0{,}02 \qquad P_\delta = \frac{P_n}{1 - s_n} = 1\,734{,}7\ \text{kW}$$

2) $$s_k = 1 - \frac{n_k}{n_d} = 0{,}075 \qquad M_n = 9\,550\,\frac{P_n}{n_n} = 11\,044{,}2\ \text{Nm}$$

mithilfe der Kloss'schen Formel: $$M_k = \frac{M_n}{2}\left(\frac{s_n}{s_k} + \frac{s_k}{s_n}\right) = 22\,180{,}4\ \text{Nm}$$

3) $$M_A = \frac{2\,M_k}{\frac{1}{s_k} + \frac{s_k}{1}} = 3\,308{,}5\ \text{Nm} \qquad M(s = 2) = \frac{2\,M_k}{\frac{2}{s_k} + \frac{s_k}{2}} = 1\,661{,}2\ \text{Nm}$$

4) $I_{\mathrm{k}\infty} = \dfrac{I_0}{\sigma} \Rightarrow \sigma = \dfrac{I_0}{I_{\mathrm{k}\infty}} = 0{,}09$

5) $X_{\mathrm{Mot}} = \dfrac{\frac{U_{\mathrm{n}}}{\sqrt{3}}}{I_{\mathrm{k}\infty}} = 5{,}11\,\Omega \qquad I_{\mathrm{k}\infty\mathrm{neu}} = 2{,}5\,I_{\mathrm{n}} = 500\,\mathrm{A} \qquad X_{\mathrm{ges}} = \dfrac{\frac{U_{\mathrm{n}}}{\sqrt{3}}}{I_{\mathrm{k}\infty\mathrm{neu}}} = 6{,}93\,\Omega$

$X_{\mathrm{Spule}} = X_{\mathrm{ges}} - X_{\mathrm{Mot}} = 1{,}82\,\Omega \qquad L_{\mathrm{Spule}} = \dfrac{X_{\mathrm{Spule}}}{2\,\pi\,f_{\mathrm{n}}} = 6\,\mathrm{mH}$

Aufgabe 4

1) $\eta_{\mathrm{n}} = \dfrac{P_{\mathrm{n}}}{\sqrt{3}\,U_{\mathrm{n}}\,I_{\mathrm{n}}\cos\varphi_{\mathrm{n}}} = 87{,}9\,\% \qquad P_{\mathrm{vrn}} = s_{\mathrm{n}}\,P_{\delta\mathrm{n}} = s_{\mathrm{n}}\dfrac{P_{\mathrm{n}}}{1-s_{\mathrm{n}}} = 0{,}301\,\mathrm{kW}$

2) Aus dem Bild 5.40 abgelesen: $n^* = 1\,440\,\mathrm{min}^{-1} \qquad M^* = 62\,\mathrm{Nm} \qquad I_{\mathrm{s}}^* \approx 23\,\mathrm{A}$

$P_{\mathrm{vr}}^* = s^*\,P_{\delta}^* = s^*\dfrac{P^*}{1-s^*} = 0{,}39\,\mathrm{kW}$ (mit $P^* = \dfrac{n^*\,M^*}{9\,550} = 9{,}35\,\mathrm{kW} \qquad s^* = 1 - \dfrac{n^*}{n_{\mathrm{d}}} = 0{,}04$)!

3) $I_{\mathrm{s}}^* \approx I_{\mathrm{n}}$ und $P_{\mathrm{vr}}^* \approx P_{\mathrm{vrn}}$, ja zulässig!

4) 12 gleiche Teile im Bereich: $0 \le n \le 1\,440\,\mathrm{min}^{-1}$ (Bild 5.40), mit $\Delta n = 120\,\mathrm{min}^{-1}$.
Aus der Bewegungsgleichung folgt:

$$\Delta t_{\nu} = \Theta_{\mathrm{ges}}\,\frac{2\,\pi\,\Delta n}{M_{\nu} - M_{\mathrm{w}\nu}}, \quad \text{mit } t = \sum_{\nu=0\ldots12} \Delta t_{\nu}$$

Die Drehmomentwerte M_{ν} und $M_{\mathrm{w}\nu}$ werden für verschiedene Δt_{ν}-Werte aus dem Bild 5.40 entnommen. Nach Summation ergibt sich die Anlaufzeit zu: t = 3,1 s.

5) $I_{\mathrm{AY}} = \dfrac{I_{\mathrm{A}\Delta}}{3} = 37{,}3\,\mathrm{A} \qquad M_{\mathrm{AY}} = \dfrac{M_{\mathrm{A}\Delta}}{3} = 55{,}6\,\mathrm{Nm}$

6) $M_{\mathrm{Y}} = \dfrac{M_{\Delta}}{3}$! M_{Y} und M_{w} schneiden sich bei: $n_{\mathrm{Y}} = 1\,140\,\mathrm{min}^{-1}$ und

$M_{\mathrm{Y}} = 57\,\mathrm{Nm} \qquad P_{\mathrm{vrY}} = s_{\mathrm{Y}}\dfrac{P_{\mathrm{Y}}}{1-s_{\mathrm{Y}}} = 2{,}15\,\mathrm{kW}$ (mit $P_{\mathrm{Y}} = \dfrac{M_{\mathrm{Y}}\,n_{\mathrm{Y}}}{9\,550} = 6{,}804\,\mathrm{kW}$ und

$s_{\mathrm{Y}} = 1 - \dfrac{n_{\mathrm{Y}}}{n_{\mathrm{d}}} = 0{,}24$)

7) Nein, da die Läuferverluste um mehr als das Siebenfache höher liegen als am Bemessungspunkt!

Aufgabe 5

1) Wegen $s_n \approx 0{,}01$ bis $0{,}05$, $f = 50$ Hz und $n_n = 1\,470\ \text{min}^{-1}$ folgt:

$$n_d = 1\,500\ \text{min}^{-1} \quad \Rightarrow \quad 2\,p = 4 \qquad s_n = 1 - \frac{n_n}{n_d} = 0{,}02 \qquad P_{\delta n} = \frac{P_n}{1 - s_n} = 1\,734{,}7\ \text{kW}$$

$$P_{vrn} = s_n\, P_{\delta n} = 34{,}7\ \text{kW} \qquad M_n = 9\,550\,\frac{P_n}{n_n} = 11\,044{,}2\ \text{Nm}$$

2) $m_i = 25$ A/cm; $m_p = \sqrt{3}\,U_n\, m_i = 259{,}8$ kW/cm; $m_m = 9\,550\,\dfrac{m_P}{n_d} = 1\,654{,}1$ Nm/cm

$I_n = 200\ \text{A} \mathrel{\hat{=}} 8$ cm; $M_n = 11\,044{,}2\ \text{Nm} \mathrel{\hat{=}} 6{,}7$ cm; damit ist der Bemessungspunkt bekannt! $I_0 = 0{,}3\,I_n = 60\ \text{A} \mathrel{\hat{=}} 2{,}4$ cm.

Damit ist der Leerlaufpunkt bekannt (Kreismittelpunkt liegt auf der imaginären Achse, **Bild 15.28**)!

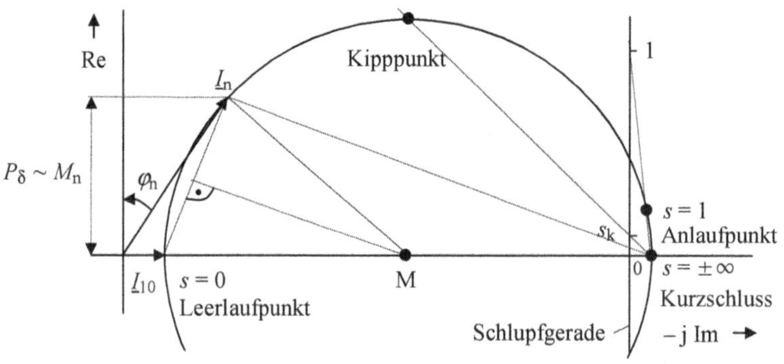

Bild 15.28 Kreisdiagramm und Schlupfgerade der Aufgabe 5

3) $s_k = 0{,}07 \ \Rightarrow\ n_k = (1 - s_k)\,n_d = 1\,395\ \text{min}^{-1} \qquad M_k \mathrel{\hat{=}} 12\ \text{cm} \mathrel{\hat{=}} 19{,}849$ kNm

$M_A \mathrel{\hat{=}} 1{,}75\ \text{cm} \mathrel{\hat{=}} 2{,}895$ kNm; $n_A = 0\ \text{min}^{-1}$ $\quad P_{elek} = P_\delta \mathrel{\hat{=}} 6{,}7\ \text{cm} \mathrel{\hat{=}} 1{,}741$ MW

$P_{vr} = 0{,}14\ \text{cm} \mathrel{\hat{=}} 36{,}4$ kW $\quad$ bei $n = 1\,350\ \text{min}^{-1}$:

4) $s = 0{,}1$ und $M \mathrel{\hat{=}} 10{,}85\ \text{cm} \mathrel{\hat{=}} 17{,}947$ kNm

s	– 0,4	– 0,1	– 0,07	0	0,07	0,1	1	1,3
M in cm	– 4	– 10,85	– 12	0	12	10,85	1,75	1
M in kNm	– 6,61	– 17,95	– 19,85	0	19,85	17,95	2,9	1,65
I_s in cm	26,1	22,4	18,8	2,4	18,8	22,4	26,4	26,45
I_s in A	652,5	560	470	60	470	560	660	661,25

Die Kennlinien sind im **Bild 15.29** dargestellt.

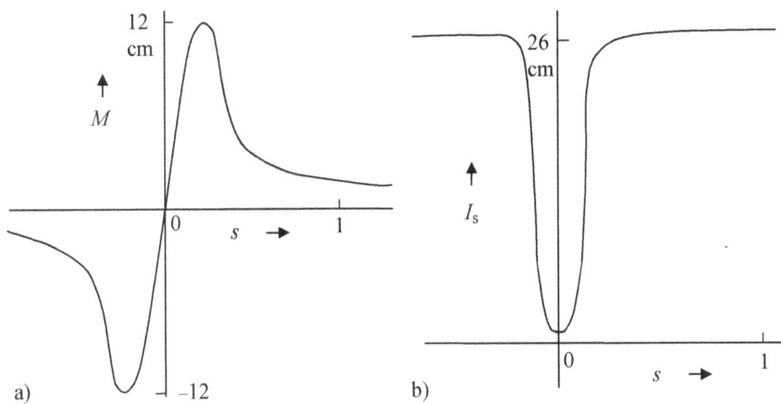

Bild 15.29 Betriebs- und Ständerstrom-Schlupfkennlinie
a) $M=f(s)$-Kennlinie b) $I_s=f(s)$-Kennlinie

5) $I_\infty \mathrel{\hat{=}} 26{,}5\,\text{cm} \mathrel{\hat{=}} 662{,}5\,\text{A} \qquad I_{\infty\text{neu}} = 2\,I_n = 400\,\text{A}$

$$X_{\text{Mot}} = \frac{\frac{U_n}{\sqrt{3}}}{I_\infty} = 5{,}23\,\Omega \qquad X_{\text{Mot}} + X_{\text{Spule}} = \frac{\frac{U_n}{\sqrt{3}}}{I_{\infty\text{neu}}} = 8{,}66\,\Omega \Rightarrow$$

$$X_{\text{Spule}} = 3{,}43\,\Omega \Rightarrow L_{\text{Spule}} = \frac{X_{\text{Spule}}}{2\pi f} = 0{,}011\,\text{H}$$

6) $M(n) - M_w(n) = 2\pi\,\Theta\,\frac{\mathrm{d}n}{\mathrm{d}t}$ hier ist $M_w = 0$, mit $\mathrm{d}n = -n_d\,\mathrm{d}s$ und

$$M(s) = \frac{2\,M_k}{\frac{s}{s_k} + \frac{s_k}{s}} \text{ folgt: } t = \frac{-n_d\,\Theta_{\text{Rotor}}\,\pi}{M_k} \int\limits_{s_1=1}^{s_2=0{,}02} \left(\frac{s}{s_k} + \frac{s_k}{s}\right) \mathrm{d}s \approx 1{,}2\,\text{s}$$

Aufgabe 6

1)

$$m_i = 4{,}7\,\text{A/cm} \qquad m_P = \sqrt{3}\,U_n\,m_i \approx 3{,}3\,\text{kW/cm}$$

$$m_m = 9\,550 \cdot \frac{m_P}{n_d} \approx 21\,\text{Nm/cm, mit } n_d = 1\,500\,\text{min}^{-1}$$

Betriebspunkt 1 (P_1), Leistung > 0, Motorbetrieb:

$$I = 38\,\text{A} \mathrel{\hat=} 8\,\text{cm} \qquad \cos\varphi = \frac{P}{\sqrt{3}\,U_\text{n}\,I} = 0{,}75 \Rightarrow \quad = 41{,}2°$$

Betriebspunkt 2 (P_2), Leistung < 0, Generatorbetrieb:

$$I = 19\,\text{A} \mathrel{\hat=} 4\,\text{cm} \qquad \cos\varphi = \frac{P}{\sqrt{3}\,U_\text{n}\,I} = 0{,}7 \Rightarrow \quad = 45{,}7°$$

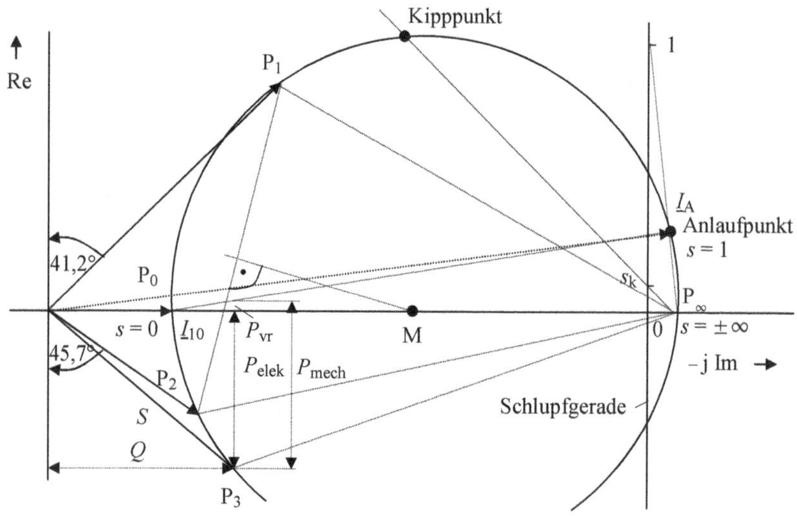

Bild 15.30 Kreisdiagramm und Schlupfgerade der Aufgabe 6

Mittelsenkrechte von $\overline{P_1P_2}$ ergibt den Kreismittelpunkt M, der wegen vernachlässigbarer Ständerkupfer- und Eisenverluste auf der imaginären Achse liegt (**Bild 15.30**). Für den Betriebspunkt 1 gilt:

$$s = 1 - \frac{n}{n_\text{d}} = 0{,}02$$

Damit ergibt sich die Schlupfgerade (P_1 mit P_∞ verbinden, bei 2 mm senkrecht auf der imaginären Achse)!

2) $s = -0{,}01 \Rightarrow n = (1 - s)\,n_\text{d} = 1515\,\text{min}^{-1}$ $\quad \cos\varphi = 0{,}7$ (s. Teil 1)

3) $M_\text{A} \mathrel{\hat=} 1\,\text{cm} \mathrel{\hat=} 20{,}95\,\text{Nm} \qquad I_\text{A} \mathrel{\hat=} 17{,}55\,\text{cm} \mathrel{\hat=} 82{,}5\,\text{A} \qquad \varphi_\text{A} \mathrel{\hat=} 86{,}5° \Rightarrow$
$\cos\varphi_\text{A} = 0{,}06$

4) $P_{mech} = 18{,}5$ kW gilt auch für KL-Maschine, da mechanische Kupplung:

$P_{mech} \mathrel{\hat{=}} 5{,}6\,\text{cm} \Rightarrow s = -0{,}02 \Rightarrow n = (1-s)\,n_d = 1\,530\,\text{min}^{-1}$

5) $P_{vr} \mathrel{\hat{=}} 0{,}15\,\text{cm} \mathrel{\hat{=}} 0{,}5\,\text{kW} \quad P_\delta = P_{mech} - P_{vr} = 18\,\text{kW}$

$P_{auf} = P_{mech} = 18{,}5\,\text{kW} \quad Q \mathrel{\hat{=}} 4{,}7\,\text{cm} \mathrel{\hat{=}} 15{,}51\,\text{kvar} \quad S \mathrel{\hat{=}} 7{,}2\,\text{cm} \mathrel{\hat{=}} 23{,}76\,\text{kVA}$

6) $n_{dSL} = 3\,000\,\text{min}^{-1}$, da $p = 1$ und $f = 50$ Hz, und wegen der mechanischen Kupplung ist auch $n_{KL} = n_{SL} = 1\,530\,\text{min}^{-1} \Rightarrow s = 1 - \dfrac{n_{SL}}{n_{dSL}} = 0{,}49$

$$P_{vrSL} = s_{SL}\,\frac{P_{mech}}{1-s_{SL}} = 17{,}775\,\text{kW} \quad P_\delta = P_{auf} = \frac{P_{mech}}{1-s_{SL}} = 36{,}275\,\text{kW}$$

7) Ansatz wie Aufgabe 5! Mit $s_1 = 1$, $s_2 = s_n = 0{,}02 \quad M_k \mathrel{\hat{=}} 7{,}6\,\text{cm} \mathrel{\hat{=}} 159{,}6\,\text{Nm}$ und $s_k = 0{,}04$ folgt: $t \approx 1{,}62\,\text{s}$

Aufgabe 7

1)

Aus $n_n = 2\,920\,\text{min}^{-1} \quad s_n \approx 0{,}01$ bis $0{,}05$ und $f = 50$ Hz folgt: $n_d = 3\,000\,\text{min}^{-1}$

Die Maßstäbe ergeben sich zu:

$$m_i = 4\,\text{A/cm} \quad m_p = 3\,U_n\,m_i = 4{,}8\,\text{kW/cm} \quad m_m = 9\,550 \cdot \frac{m_P}{n_d} = 15{,}28\,\text{Nm/cm}$$

Mithilfe des Bemessungs-, Leerlauf- und Anlaufpunkts lassen sich das Kreisdiagramm und die Schlupfgerade konstruieren (**Bild 15.31**).

$I_n = 21\,\text{A} \Rightarrow I_{nS} = \dfrac{I_n}{\sqrt{3}} = 12{,}12\,\text{A} \mathrel{\hat{=}} 3\,\text{cm};\ \varphi_n = \arccos 0{,}87 = 29{,}5°$ Bemessungspunkt

$I_0 = 9\,\text{A} \Rightarrow I_{0S} = \dfrac{I_0}{\sqrt{3}} = 5{,}2\,\text{A} \mathrel{\hat{=}} 1{,}3\,\text{cm};\ \varphi_0 = \arccos 0{,}3 = 72{,}5°$ Leerlaufpunkt

$I_A = 130{,}2\,\text{A} \Rightarrow I_{AS} = \dfrac{I_A}{\sqrt{3}} = 75{,}17\,\text{A} \mathrel{\hat{=}} 18{,}8\,\text{cm};\ \varphi_A = \arccos 0{,}4 = 66{,}4°$ Anlaufpunkt

2) Aus dem Kreisdiagramm (Bild 15.31) ergibt sich:

$P_{CuAges} = P_{CuAr} + P_{CuAs} \mathrel{\hat{=}} 7{,}1\,\text{cm} \mathrel{\hat{=}} 34{,}08\,\text{kW}$

$P_{CuAs} = 3\,R_s\,I_A^2 = 10{,}171\,\text{kW} \mathrel{\hat{=}} 2{,}22\,\text{cm}$

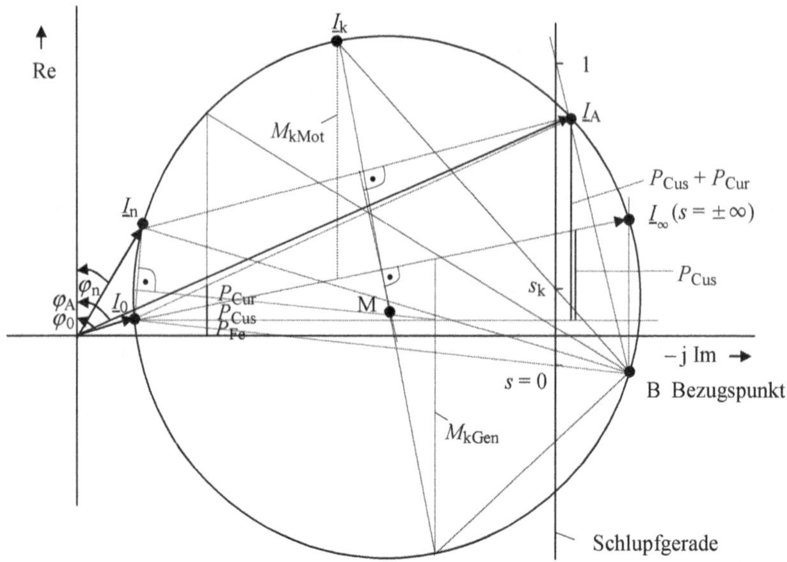

Bild 15.31 Kreisdiagramm und Schlupfgerade der Aufgabe 7

Damit ergibt sich der Betriebspunkt P_∞! Die Schlupfgerade kann mit

$$s_n = 1 - \frac{n_n}{n_d} = 0{,}027$$

und beliebig ausgewähltem Bezugspunkt B skizziert werden (Bild 15.31)!

3) $M_{kMot} \mathrel{\hat{=}} 8{,}5\,\text{cm} \mathrel{\hat{=}} 129{,}9\,\text{Nm} \qquad M_{kGen} \mathrel{\hat{=}} 10{,}8\,\text{cm} \mathrel{\hat{=}} 165\,\text{Nm}$

$$s_{kMot} = 0{,}3 \Rightarrow n_{kMot} = (1 - s_k)\, n_d = 2\,100\,\text{min}^{-1}$$

$$s_{kGen} = -0{,}3 \Rightarrow n_{kMot} = (1 - s_k)\, n_d = 3\,900\,\text{min}^{-1}$$

$P_n \mathrel{\hat{=}} 2\,\text{cm} \mathrel{\hat{=}} 9{,}6\,\text{kW} \qquad M_n \mathrel{\hat{=}} 2{,}2\,\text{cm} \mathrel{\hat{=}} 33{,}6\,\text{Nm} \qquad M_A \mathrel{\hat{=}} 4{,}9\,\text{cm} \mathrel{\hat{=}} 74{,}9\,\text{Nm}$

$n_A = 0\,\text{min}^{-1}$

Bei $n = 2\,700\,\text{min}^{-1}$, d.h. $s = 1 - \dfrac{n}{n_d} = 0{,}1$ abgelesen:

$P_{Cur} \mathrel{\hat{=}} 0{,}6\,\text{cm} \mathrel{\hat{=}} 2{,}88\,\text{kW} \qquad P_{Cus} \mathrel{\hat{=}} 0{,}25\,\text{cm} \mathrel{\hat{=}} 1{,}2\,\text{kW}$

$P_{Fe} \mathrel{\hat{=}} 0{,}4\,\text{cm} \mathrel{\hat{=}} 1{,}92\,\text{kW} \quad P_{elek} \mathrel{\hat{=}} 6\,\text{cm} \mathrel{\hat{=}} 28{,}8\,\text{kW} \quad M \mathrel{\hat{=}} 5{,}35\,\text{cm} \mathrel{\hat{=}} 81{,}75\,\text{Nm}$

4) $f_{rk} = s_k \, f_{sk} = 15\,\text{Hz}$

5) $n_d = n_0 = \dfrac{f}{p} \Rightarrow \dfrac{f_s^*}{f_s} = \dfrac{n_0^*}{n_d} = 2{,}5 \qquad f_s^* = 125\,\text{Hz}$

$$\Phi \sim \frac{U_s}{f_s} = \frac{U_s^*}{f_s^*} \Rightarrow U_s^* = \frac{f_s^*}{f_s} U_s = 1000\,\text{V}$$

6) $M \sim \Phi\, I_r; \quad I_r \sim U_r; \quad U_r \sim f_r \Phi \;\Rightarrow\; f_r = f_s^* = s_n\, f_s = 1{,}35\,\text{Hz}$

$$s^* = \frac{f_r^*}{f_s^*} = 0{,}011 \qquad n^* = (1 - s^*)\, n_0^* = 7\,419\,\text{min}^{-1} \qquad P^* = \frac{M_n\, n^*}{9\,550} = 26{,}124\,\text{kW}$$

7) $M_{ASM} \sim U^2 \qquad M = M_n \left(\dfrac{U_s}{U_s^*} \right)^2 = 5{,}376\,\text{Nm}$

8) $P = \sqrt{3}\, U_n\, I_n \cos \varphi_n$, bei gleicher Leistung muss einsträngig gelten:

$$I_{s\,\text{einsträngig}} = \sqrt{3}\, I_n = 36{,}4\,\text{A}$$

Aufgabe 8

1) $n_0 = 1\,497\,\text{min}^{-1} \;\Rightarrow\; n_d = 1\,500\,\text{min}^{-1}$
(drei Umdrehungen weniger wegen Reibungs- und Eisenverlusten)

$f = 50\,\text{Hz} \Rightarrow p = 2$ aus dem Bild 5.42 $\Rightarrow U_0 = U_n = 400\,\text{V (Y)}$
abgelesen: $I_0 = 8\,\text{A}$

2) $m_i = 5\,\text{A/cm} \quad m_p = \sqrt{3}\, U_n m_i \approx 3{,}464\,\text{kW/cm} \quad m_m = 9550 \dfrac{m_p}{n_d} \approx 22\,\text{Nm/cm}$

$I_0 = 8\,\text{A} \mathrel{\hat{=}} 1{,}6\,\text{cm} \qquad \cos \varphi_0 = 0{,}1 \Rightarrow \varphi_0 = 84{,}3^\circ$

$I_0 = 90\,\text{A} \mathrel{\hat{=}} 18\,\text{cm} \qquad \cos \varphi_A = 0{,}38 \Rightarrow \varphi_0 = 67{,}7^\circ$

Der Kreismittelpunkt ergibt sich mithilfe der Mittelsenkrechten von $\overline{P_0 P_A}$ und $\overline{P_0 P^*}$ (P_0 Leerlaufpunkt, P_A Anlaufpunkt und $\overline{P_0 P^*}$ parallel zur reellen Achse, **Bild 15.32**)!

3) Aus Bild 15.32 folgt: $P_{CuAges} \mathrel{\hat{=}} 6{,}4\,\text{cm} \mathrel{\hat{=}} 22{,}17\,\text{kW}$

$P_{CuAs} = 3\, R_s\, I_A^2 = 9{,}72\,\text{kW} \mathrel{\hat{=}} 2{,}8\,\text{cm}$

Damit ergibt sich der Betriebspunkt P_∞! Die Schlupfgerade wird mit einem beliebig ausgewählten Bezugspunkt B und der Hilfslinien bestimmt (Achtung: Die Schlupfgerade verläuft parallel zur Strecke $\overline{BP_\infty}$, und die Stecke von $s = 0$ bis $s = 1$ beträgt 10 cm!)

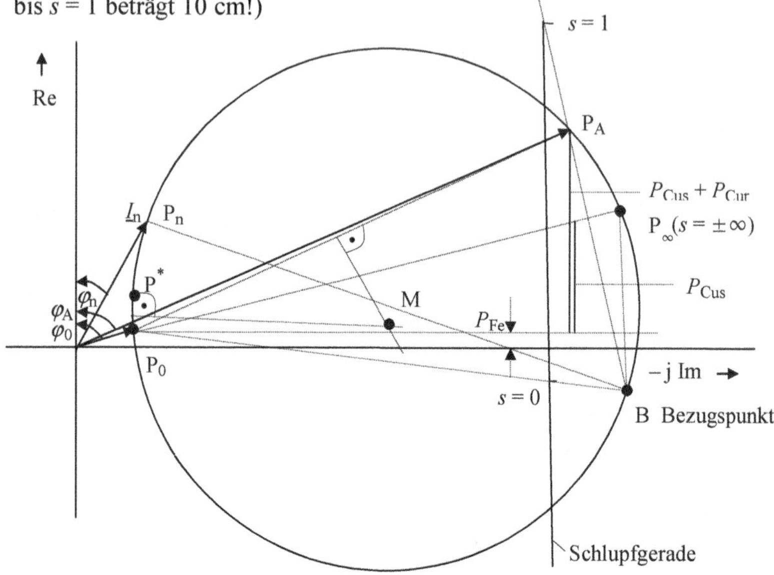

Bild 15.32 Kreisdiagramm und Schlupfgerade der Aufgabe 8

4) Bei $s = 0{,}04$ ergibt sich der Bemessungspunkt mit:

$$I_n \mathrel{\hat{=}} 3{,}5\,\text{cm} \mathrel{\hat{=}} 17{,}5\,\text{A} \quad \varphi_n \mathrel{\hat{=}} 34° \Rightarrow \cos\varphi_n = 0{,}83; \; P_{mech} \mathrel{\hat{=}} 2{,}6\,\text{cm} \quad P_{elek} \mathrel{\hat{=}} 2{,}9\,\text{cm}$$

$$\eta_n = \frac{P_{mech}}{P_{elek}} = 89{,}7\,\%$$

5) $P_{mech} \mathrel{\hat{=}} 2{,}6\,\text{cm} \mathrel{\hat{=}} 9{,}006\,\text{kW} \quad M_n \mathrel{\hat{=}} 2{,}65\,\text{cm} \mathrel{\hat{=}} 58{,}3\,\text{Nm}$

6) $P_{Cus} \mathrel{\hat{=}} 0{,}08\,\text{cm} \mathrel{\hat{=}} 0{,}277\,\text{kW} \quad P_{Cur} \mathrel{\hat{=}} 0{,}12\,\text{cm} \mathrel{\hat{=}} 0{,}416\,\text{kW}$

$P_{Fe} \mathrel{\hat{=}} 0{,}2\,\text{cm} \mathrel{\hat{=}} 0{,}693\,\text{kW}$

7) $P = \sqrt{3}\,U_n\,I_n \cos\varphi_n$, bei gleicher Leistung muss einsträngig gelten:

$I_{s\,\text{einsträngig}} = \sqrt{3}\,I_n = 30{,}3\,\text{A}$

Aufgabe 9

1) Der Kippschlupf und das Kippmoment ergeben sich mit den Gln. (5.23) und (5.24) bei vernachlässigtem Ständerwiderstand (Index o) zu (mit n_d = 1 500 min^{-1}, da f = 50 Hz, p = 2):

$$s_\mathrm{ko} = \frac{R_\mathrm{r}'}{X_{\mathrm{r}\sigma}'} = 0{,}4 \qquad M_\mathrm{ko} = \frac{P_{\delta\mathrm{k}}}{\omega_\mathrm{d}} = \frac{3\,U_\mathrm{rst}'^2}{2\,X_{\mathrm{r}\sigma}'}\,\frac{1}{2\,\pi\,n_\mathrm{d}} = 1\,262{,}9\ \mathrm{Nm}$$

2) Der Kippschlupf und das Kippmoment ergeben sich bei unvernachlässigtem Ständerwiderstand (Index m) zu:

$$s_\mathrm{km} = \frac{R_\mathrm{r}'}{X_{\mathrm{r}\sigma}' + X_{\mathrm{s}\sigma}} = 0{,}19 \qquad M_\mathrm{km} = \frac{3\,U_\mathrm{rst}'^2}{2\left(X_{\mathrm{r}\sigma}' + X_{\mathrm{s}\sigma}\right)}\,\frac{1}{2\,\pi\,n_\mathrm{d}} = 594{,}3\ \mathrm{Nm}$$

3) Das Anlaufmoment (bei s = 1) ergibt sich mithilfe der Kloss'schen Formel zu:

$$M_\mathrm{Ao} = \frac{2\,M_\mathrm{k}}{\dfrac{1}{s_\mathrm{ko}} + \dfrac{s_\mathrm{ko}}{1}} = 871\ \mathrm{Nm} \qquad M_\mathrm{Am} = \frac{2\,M_\mathrm{k}\,(1 + \dfrac{R_\mathrm{s}}{R_\mathrm{r}'}\,s_\mathrm{km})}{\dfrac{1}{s_\mathrm{km}} + \dfrac{s_\mathrm{km}}{1} + 2\,\dfrac{R_\mathrm{s}}{R_\mathrm{r}'}\,s_\mathrm{km}} = 239{,}6\ \mathrm{Nm}$$

4) Mit:

$$P_\mathrm{vr} = s\,P_\delta\,, \quad P_\mathrm{mech} = (\,1 - s\,)\,P_\delta \quad \text{und} \quad P_\mathrm{mech} = P_\mathrm{n} + P_\mathrm{R} + P_\mathrm{Fe}$$

folgt:

$$0{,}9\ \mathrm{kW} = s_\mathrm{n}\,P_{\delta\mathrm{n}} \tag{15.18}$$

$$22\ \mathrm{kW} + 0{,}2\ \mathrm{kW} = (\,1 - s_\mathrm{n}\,)\,P_{\delta\mathrm{n}} \tag{15.19}$$

Gl. (15.18) in Gl. (15.19) eingesetzt, ergibt $P_{\delta\mathrm{n}}$ = 23,1 kW.

$$s_\mathrm{n} = \frac{0{,}9\ \mathrm{kW}}{P_{\delta\mathrm{n}}} = 0{,}04 \qquad n_\mathrm{n} = n_\mathrm{d}\,(\,1 - s_\mathrm{n}\,) = 1\,440\ \mathrm{min}^{-1}$$

5) Gleicher Ansatz wie Teil 3) bei $s = s_\mathrm{n}$:

$$M_\mathrm{ino} = \frac{2\,M_\mathrm{k}}{\dfrac{s_\mathrm{n}}{s_\mathrm{ko}} + \dfrac{s_\mathrm{ko}}{s_\mathrm{n}}} = 250{,}1\ \mathrm{Nm} \qquad M_\mathrm{inm} = \frac{2\,M_\mathrm{k}\,(1 + \dfrac{R_\mathrm{s}}{R_\mathrm{r}'}\,s_\mathrm{km})}{\dfrac{s_\mathrm{n}}{s_\mathrm{km}} + \dfrac{s_\mathrm{km}}{s_\mathrm{n}} + 2\,\dfrac{R_\mathrm{s}}{R_\mathrm{r}'}\,s_\mathrm{km}} = 261{,}6\ \mathrm{Nm}$$

Es ergeben sich folgende Verhältnisse:

$\frac{M_{ko}}{M_{ino}} = 5 \quad \frac{M_{km}}{M_{inm}} = 2{,}3 \quad \frac{M_{Ao}}{M_{ino}} = 3{,}5$ und $\frac{M_{Am}}{M_{inm}} = 0{,}9$

Das Bemessungsmoment ist:

$$M_n = 9\,550 \cdot \frac{P_n}{n_n} = 145{,}9 \text{ Nm}$$

6) Gleicher Ansatz wie z. B. Aufgabe 5, Teil 6): $t = 0{,}22$ s.

Aufgabe 10

1) Schaltplan und Schaltung für die Y- und Δ-Schaltung sind im **Bild 15.33** dargestellt.

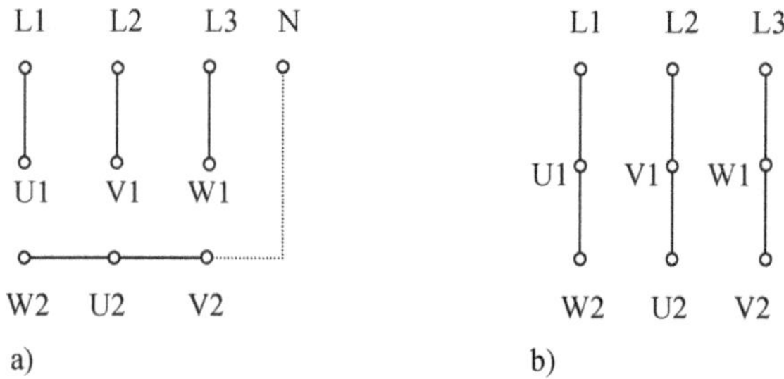

Bild 15.33 Schaltplan und Schaltung für die Y- und Δ-Schaltung
a) Sternschaltung (Y) b) Dreieckschaltung (Δ)

2) $n_d = 1\,500 \text{ min}^{-1}$, da $s_n \approx 0{,}01$ bis $0{,}05$; $f_n = 50$ Hz und $n_n = 1\,460 \text{ min}^{-1}$

Daraus ergibt sich: $p = 2$, vierpolig;

$$s_n = 1 - \frac{n_n}{n_d} = 0{,}027 \qquad M_n = 9\,550 \cdot \frac{P_n}{n_n} = 72 \text{ Nm}$$

$\eta_n = 1 - s_n = 97{,}3$ %, da nur ohmsche Läuferverluste vorhanden!

3)

$$P_{\text{elek n}} = \frac{P_n}{\eta_n} = 11{,}305 \text{ kW} \qquad Q_n = P_{\text{elek n}} \tan \varphi_n = 6{,}708 \text{ kvar}$$

$$S_n = \sqrt{P_{\text{elek n}}^{\;2} + Q_n^{\;2}} = 13{,}145 \text{ kVA}; \qquad P_{vr} = P_{Cu} = P_{\text{elek n}} - P_n = 0{,}305 \text{ kW};$$

da andere Verluste ≈ 0!

4) $M_k = 2\,M_n = 172{,}8$ Nm, mit der Kloss'schen Formel kann bei bekanntem M_n und s_n der Kippschlupf berechnet werden:

$$M_n = \frac{2\,M_k}{\dfrac{s_n}{s_k} + \dfrac{s_k}{s_n}} \qquad \Rightarrow \qquad s_k^2 - 2\frac{M_k}{M_n}\,s_n\,s_k + s_n^2 = 0$$

Die Lösung dieser Gleichung liefert: $s_k = 0{,}12$ und $s_k^* = 0{,}006$! Die zweite Lösung ist nicht akzeptabel, da kleiner als s_n! Aus s_k folgt n_k zu:

$$n_k = n_d\,(\,1 - s_k\,) = 1\,320\ \text{min}^{-1}$$

Das Anlaufmoment ergibt sich mit der Kloss'schen Formel zu:

$$M_A = \frac{2\,M_k}{\dfrac{1}{s_k} + \dfrac{s_k}{1}} = 41\ \text{Nm}$$

$$n_A = 0!$$

5) Der Leiterstrom im Bemessungspunkt beträgt:

$$I_n = \frac{P_{\text{elek n}}}{\sqrt{3}\,U_n\,\cos\varphi_n} = 19\ \text{A}$$

Für die Y-Schaltung ergibt sich:

$$I_S = I_n = 19\ \text{A} \qquad U_n = 400\ \text{V}$$

$$U_S = \frac{U_n}{\sqrt{3}} = 230\ \text{V}$$

Für die Δ-Schaltung ergibt sich:

$$I_S = \frac{I_n}{\sqrt{3}} = 11\ \text{A}$$

$$U_S = U_n = 400\ \text{V}$$

6) Stromkosten = $P_{\text{elekn}}\, t\, k_P + Q_n\, t\, k_Q$, mit t = 6 h · 365 = 2 190 h; mit k_P = 0,1 Euro/kWh und k_Q = 0,025 Euro/kvarh errechnet sich die Stromkosten zu 2 843,06 Euro.

7) Gleicher Ansatz wie z. B. Aufgabe 5, Teil 6: $t = 0{,}14$ s

Aufgabe 11

1)

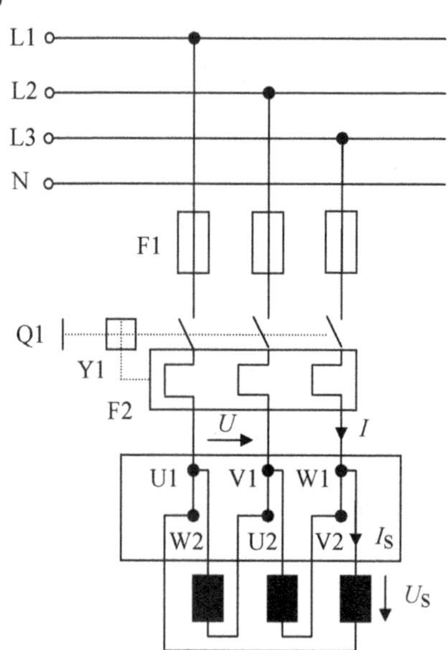

Bild 15.34 Schaltplan und Schaltung für die Δ-Schaltung mit Sicherungen, Schalter und Ständersträngen

Üblich ist die Dreieckschaltung nach **Bild 15.34**!

$$U_n = U_S = 400\text{ V} \quad I_n = 184\text{ A} \quad I_{nS} = \frac{I_n}{\sqrt{3}} = 106{,}23\text{ A}$$

2)

$$P_{\text{elek n}} = \sqrt{3}\, U_n\, I_n \cos\varphi_n = 101{,}983\text{ kW}$$

$$Q_n = \sqrt{3}\, U_n\, I_n \sin\varphi_n = 76{,}487\text{ kvar}$$

$$S_n = \sqrt{3}\, U_n\, I_n = 127{,}479\text{ kVA}$$

3) $n_\mathrm{d} = 600\ \mathrm{min}^{-1}$, da $s_\mathrm{n} \approx 0{,}01$ bis $0{,}05$; $f_\mathrm{n} = 50$ Hz und $n_\mathrm{n} = 580\ \mathrm{min}^{-1}$.
Daraus ergibt sich: $p = 5$, also eine zehnpolige Maschine

$$s_\mathrm{n} = 1 - \frac{n_\mathrm{n}}{n_\mathrm{d}} = 0{,}03 \qquad M_\mathrm{n} = 9\,550 \cdot \frac{P_\mathrm{n}}{n_\mathrm{n}} = 1\,481{,}9\ \mathrm{Nm}$$

$$P_\mathrm{vn} = P_\mathrm{elek\,n} - P_\mathrm{n} = 11{,}983\ \mathrm{kW}$$

$$\eta_\mathrm{n} = \frac{P_\mathrm{n}}{P_\mathrm{elek\,n}} = 88{,}3\,\%$$

4) Stromkosten = $P_\mathrm{elekn}\, t\, k_\mathrm{P} + Q_\mathrm{n}\, t\, k_\mathrm{Q}$, mit $t = 2000$ h; $k_\mathrm{P} = 0{,}1$ Euro/kWh und $k_\mathrm{Q} = 0{,}025$ Euro/kvarh ergeben sich die Stromkosten zu 24 220,95 Euro.

5) Der Leistungsfaktor soll von $\cos\varphi_\mathrm{n} = 0{,}8$ ($\varphi = 36{,}9°$) auf $\cos\varphi_\mathrm{k} = 0{,}9$ ($\varphi_\mathrm{k} = 25{,}84°$) verbessert werden. Daraus kann dem Leistungsdreieck (**Bild 15.35**) die erforderliche Kondensatorleistung Q_k bestimmt werden:

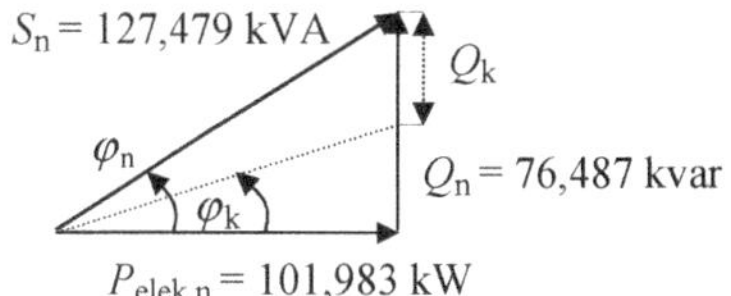

Bild 15.35 Leistungsdreieck

Aus dem Leistungsdreieck (Bild 15.35) ergibt sich Q_k zu:

$Q_\mathrm{k} = -Q_\mathrm{n} + P_\mathrm{elekn} \tan\varphi_\mathrm{k} = -27{,}094$ kvar (Blindleistungsabgabe)!

Für die Blindleistung der Kondensatoren gilt :

$$Q_\mathrm{k} = -3\, U_\mathrm{n}^2\, \omega\, C_\Delta$$

Damit kann die Kapazität der Kondensatoren ermittelt werden. Für die Sternschaltung der Kondensatoren gilt:

$$Q_\mathrm{k} = 3\left(\frac{U_\mathrm{n}}{\sqrt{3}}\right)^2 \omega\, C_\mathrm{Y} = U_\mathrm{n}^2\, \omega\, C_\mathrm{Y}$$

Daraus folgt:

$$C_{\mathrm{Y}} = \frac{Q_{\mathrm{k}}}{U_{\mathrm{n}}^2\, 2\,\pi\, f} = 539\,\mu\mathrm{F} \quad \text{und} \quad C_{\Delta} = \frac{1}{3} C_{\mathrm{Y}} = 180\,\mu\mathrm{F}$$

6.1) Die Gleichstrommaschine hat wegen der Gleichstromerregung keine Ständereisenverluste! Bei der Asynchronmaschine ist wegen der Wechsel- bzw. Drehstromversorgung mit beachtlichen Ständereisenverlusten zu rechnen!

6.2) Beide Maschinentypen haben Läufereisenverluste. Bei der Asynchronmaschine ist mit größeren Verlusten zu rechnen, da Läuferströme zusätzlich frequenzabhängig sind (höhere Verluste bei geringeren Drehzahlen), der Läufer kurzgeschlossen ist und normalerweise aus Aluminium mit schlechterem leitfähigen Material (im Vergleich zur Kupferwicklung) hergestellt ist!

Aufgabe 12

1)

$$n_{\mathrm{d}} = \frac{f}{p} 60\,\mathrm{min}^{-1} = 1\,000\,\mathrm{min}^{-1}$$

$$U_{\mathrm{nS}} = U_{\mathrm{n}} = 400\ \mathrm{V}$$

$$I_{\mathrm{nS}} = \frac{I_{\mathrm{n}}}{\sqrt{3}} = 28{,}87\ \mathrm{A}$$

und da die Ständerverluste vernachlässigbar sind, gilt:

$$P_{\delta\mathrm{n}} = P_{\mathrm{elek\,n}} = \sqrt{3}\, U_{\mathrm{n}}\, I_{\mathrm{n}} \cos\varphi_{\mathrm{n}} = 30\ \mathrm{kW}$$

Außerdem können zur Berechnung der Unbekannten folgende Gleichungen aufgestellt werden:

$$M_{\mathrm{A}} = \frac{2\,M_{\mathrm{k}}}{\frac{1}{s_{\mathrm{k}}} + \frac{s_{\mathrm{k}}}{1}} \tag{15.20}$$

$$M_{\mathrm{n}} = \frac{2\,M_{\mathrm{k}}}{\frac{s_{\mathrm{n}}}{s_{\mathrm{k}}} + \frac{s_{\mathrm{k}}}{s_{\mathrm{n}}}} \tag{15.21}$$

$$M_A = 1{,}2\ M_n \tag{15.22}$$

$$M_k = 3{,}6\ M_n \tag{15.23}$$

$$M_n = 9\,550 \frac{P_n}{n_n} = 9\,550 \frac{P_n}{n_d\,(1 - s_n)} \tag{15.24}$$

Gln. (15.22) und (15.23) in Gl. (15.20) eingesetzt, ergibt:

$$s_k^2 - 6\,s_k + 1 = 0$$

Die Lösung dieser Gleichung liefert:
$s_{k1} = 5{,}83$ ist zu groß, unrealistisch! $s_{k2} = 0{,}17$, akzeptabel!
Daraus ergibt sich:

$$n_k = n_d\,(\,1 - s_k\,) = 830\ \text{min}^{-1}$$

Gl. (15.23) in Gl. (15.21) eingesetzt, ergibt:

$$s_n^2 - 7{,}2\,s_k\ s_n + s_k^2 = 0$$

Die Lösung dieser Gleichung liefert:
$s_{n1} = 1{,}2$, ist zu groß, unrealistisch! $s_{n2} = 0{,}024$, akzeptabel!
Daraus ergibt sich:

$$n_n = n_d\,(\,1 - s_n\,) = 976\ \text{min}^{-1} \qquad P_n = (\,1 - s_n\,)\,P_\delta = 29{,}28\ \text{kW}$$

$$M_n = 9\,550 \cdot \frac{P_n}{n_n} = 286{,}5\ \text{Nm} \qquad M_k = 3{,}6\ M_n = 1\,031{,}4\ \text{Nm}$$

$$\eta_n = \frac{P_n}{P_{\text{elek n}}} = 97{,}6\,\% \quad \text{und} \quad M_A = 1{,}2\ M_n = 343{,}8\ \text{Nm}$$

2)

$$P_{\text{elekA}} = \sqrt{3}\,U_n\ I_A \cos\varphi_A = 36{,}113\,\text{kW} \qquad Q_A = \sqrt{3}\,U_n\ I_A \sin\varphi_A = 227{,}164\,\text{kvar}$$

$$S_A = \sqrt{P_{\text{elek A}}^{\ 2} + Q_A^{\ 2}} = 230{,}016\ \text{kVA}$$

Da $M \sim U_s^2$ ist, folgt:

$$U_{sx} = \sqrt{\frac{85{,}95\ \text{Nm}}{343{,}8\ \text{Nm}}}\,400\ \text{V} = 200\ \text{V}$$

3) Gleicher Ansatz wie z. B. Aufgabe 5, Teil 6: $t = 0{,}11$ s

15.6 Lösungen zu „Synchronmaschinen"

Aufgabe 1

1) $m_u = 50$ V/cm $\quad m_i = 200$ A/cm $\quad m_p = \sqrt{3}\,U_n\,m_i = 138{,}6$ kW/cm

$$m_m = 9\,550\,\frac{m_p}{n_d} = 441\ \text{Nm/cm, mit } n_d = \frac{f}{p}\cdot 60 = 3\,000\ \text{min}^{-1}$$

$$U_S = U_1 = \frac{U_n}{\sqrt{3}} = 231\ \text{V} \mathrel{\hat{=}} 4{,}6\ \text{cm (Punkt A)};\ I_S = I_1 = \frac{S_n}{\sqrt{3}\,U_n} = 722\ \text{A} \mathrel{\hat{=}} 3{,}6\ \text{cm}$$

$$\varphi_n = \arccos\ 0{,}8 = 37°$$

Das Kreisdiagramm und das Strom- sowie Spannungsdreieck sind in **Bild 15.36** dargestellt. Mit dem Bemessungsstrom und φ_n ist der Bemessungspunkt gegeben (Generatorbetrieb und kapazitiv heißt: dritter Quadrant, Punkt B!). Die Polradspannung eilt der Ständerspannung um $\vartheta = 25°$ vor, da Generatorbetrieb. Die Spannung j $X_1\underline{I}_1$ steht senkrecht auf $\underline{I}_1$, damit ergibt sich das Spannungsdreieck (Punkt C)! Die Senkrechte von $\underline{I}_1$ auf $\underline{U}_p$ ergibt das Stromdreieck, Kreismittelpunkt M, I_{k0} und I_{kIII} als Kreisradius ($\underline{I}_{kIII}$ steht senkrecht auf $\underline{U}_p$)! Daraus folgt $I_{k0} \mathrel{\hat{=}} 3{,}8$ cm $\mathrel{\hat{=}} 760$ A; $\underline{I}_{kIII} \mathrel{\hat{=}} 6{,}7$ cm $\mathrel{\hat{=}} 1\,340$ A.

2) $I_{k0} = \dfrac{U_1}{X_1}$; $X_1 = \omega L$; $\omega = 2\pi f$: Halbe Frequenz führt somit bei konstanter U_1

zum doppelten I_{k0} : $I_{k025} = 2\,I_{k050} = 1\,520$ A.

3) Im Leerlauf ($I_1 = 0$) folgt aus dem Ersatzschaltbild : $U_0 = U_1 = U_p$

Wegen $I_{kIII50} = I_{kIII25}$, folgt $\dfrac{U_{p25}}{X_{125}} = \dfrac{U_{p50}}{X_{150}}$. Da aber $X_{125} = \dfrac{X_{150}}{2}$ ist,

gilt auch $U_{p25} = \dfrac{U_{p50}}{2}$. Damit ist $U_{p25} = \dfrac{U_{p50}}{2} \mathrel{\hat{=}} 3{,}85$ cm $\mathrel{\hat{=}} 192{,}5$ V

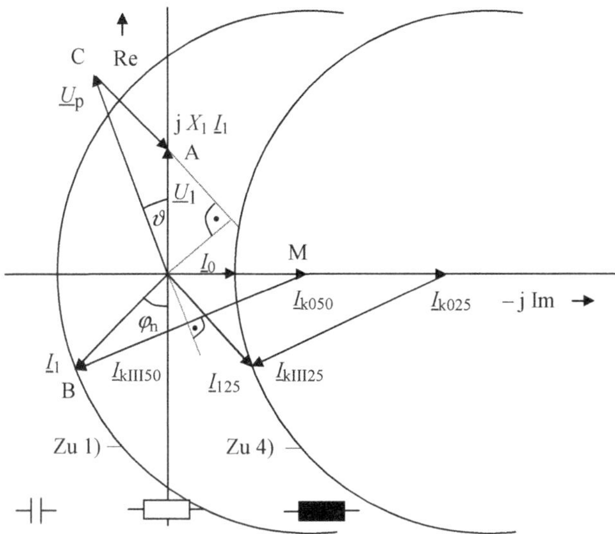

Bild 15.36 Kreisdiagramm mit Strom- und Spannungsdreieck der Aufgabe 1

4) $I_{kIII50} = I_{kIII25} \qquad I_1 = I_n \qquad I_{k025} = I_{k050}$

Damit ergibt sich das neue Kreisdiagramm in untererregtem Zustand! Der Leerlaufstrom I_0 muss von den Kondensatoren bereitgestellt werden:

$$I_0 = I_C \mathrel{\hat{=}} 1{,}1\,\text{cm} \mathrel{\hat{=}} 220\,\text{A},\; C = \frac{I_0}{2\pi\, f\, U_n/\sqrt{3}} = 6{,}1\,\text{mF}$$

Aufgabe 2

1) $I_{kIII} = \dfrac{U_p}{X_1},\; I_{k0} = \dfrac{U_1}{X_1} \Rightarrow \dfrac{I_{kIII}}{I_{k0}} = \dfrac{U_p}{U_1} \Rightarrow U_{pLeiter} = 2\,U_n = 21\,\text{kV}.$

2) $m_u = 1\,\text{kV/cm} \qquad m_i = 100\,\text{A/cm} \qquad m_p = \sqrt{3}\,U_n\,m_i = 1{,}82\,\text{MW/cm}$

$$m_m = 9\,550\frac{m_p}{n_d} = 5{,}789\,\text{kNm/cm, mit } n_d = \frac{f}{p}60 = 3\,000\,\text{min}^{-1}$$

$$U_1 = \frac{U_n}{\sqrt{3}} = 6{,}06\,\text{kV} \mathrel{\hat{=}} 6{,}06\,\text{cm (Punkt A)} \qquad I_1 = \frac{S_n}{\sqrt{3}\,U_n} = 770\,\text{A} \mathrel{\hat{=}} 7{,}7\text{cm}$$

$$\varphi_n = \arccos\ 0{,}8 = 37°$$

Mit dem Bemessungsstrom und φ_n ist der Bemessungspunkt bekannt (Generatorbetrieb und kapazitiv, das heißt dritter Quadrant, Punkt B, mit Kreismittelpunkt M, **Bild 15.37**)! Die Polradspannung:

$$U_p = \frac{U_{pLeiter}}{\sqrt{3}} = 12{,}12\,\text{kV} \mathrel{\hat{=}} 12{,}12\,\text{cm}$$

eilt der Ständerspannung vor (Generatorbetrieb). Die Senkrechte von $\underline{U}_1$ auf $\underline{I}_1$ ergibt den Punkt C (Bild 15.37).

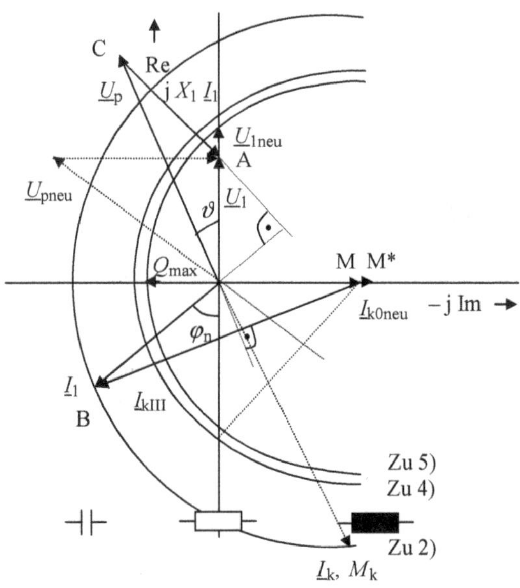

Bild 15.37 Kreisdiagramm mit Strom- und Spannungsdreieck der Aufgabe 2

Damit ist das Spannungsdreieck gegeben, da j $X_1\underline{I}_1$ senkrecht auf $\underline{I}_1$ steht (Punkt C, Bild 15.37). Die Senkrechte von $\underline{I}_1$ auf $\underline{U}_p$ ($\underline{I}_{kIII}$ steht senkrecht auf $\underline{U}_p$) ergibt das Stromdreieck, Kreismittelpunkt M, $\underline{I}_{k0}$ und $\underline{I}_{kIII}$.

3) $M_k \mathrel{\hat{=}} 12{,}3\,\text{cm} \mathrel{\hat{=}} 71{,}21\,\text{kNm}$ $\quad I_k \mathrel{\hat{=}} 13{,}7\,\text{cm} \mathrel{\hat{=}} 1370\,\text{A}$ $\quad \varphi_k = 26° \Rightarrow$
$\cos\varphi_k = 0{,}9\,(\text{induktiv})$

4) I_1 befindet sich jetzt auf der reellen Achse, I_{k0} bleibt konstant (da U_1 konstant ist). Damit ergeben sich die neuen Strom- und Spannungsdreiecke (Bild 15.37). Daraus folgt:

$U_{\text{pStrangneu}} \mathrel{\hat{=}} 9{,}7\text{ cm} \mathrel{\hat{=}} 9{,}7\text{ kV} \qquad U_{\text{pLeiterneu}} = \sqrt{3}\, U_{\text{pStrangneu}} = 16{,}8\text{ kV}$

5) $U_{\text{1neu}} = \dfrac{U_{\text{n}} + 10\,\%\; U_{\text{n}}}{\sqrt{3}} = 6{,}67\text{ kV} \mathrel{\hat{=}} 6{,}67\text{ cm}$

$I_{\text{k0}}\left(= \dfrac{U_{\text{1neu}}}{X_1}\right)$ steigt ebenfalls um 10 %

I_{kIII} bleibt aber konstant! Daraus ergibt sich $I_{\text{k0neu}} \triangleq 6{,}71$ cm und das neue Kreisdiagramm mit dem Mittelpunkt M* (Bild 15.37). Die maximal mögliche Blindleistung beträgt $Q_{\text{max}} \triangleq 3$ cm $\triangleq 5{,}46$ MVA.

Aufgabe 3
Drehstromsynchronmotor

1) $m_{\text{u}} = 20\text{ V/cm} \qquad m_{\text{i}} = 10\text{ A/cm} \qquad m_{\text{p}} = \sqrt{3}\, U_{\text{n}}\, m_{\text{i}} = 6{,}928\text{ kW/cm}$

$m_{\text{m}} = 9\,550 \dfrac{m_{\text{p}}}{n_{\text{d}}} = 88{,}2\text{ Nm/cm, mit } n_{\text{d}} = \dfrac{f}{p}\, 60 = 750\text{ min}^{-1}$

$U_1 = \dfrac{U_{\text{n}}}{\sqrt{3}} = 230\text{ V} \mathrel{\hat{=}} 11{,}5\text{ cm (Punkt A)} \qquad I_1 = \dfrac{P_{\text{elek n}}}{\sqrt{3}\, U_{\text{n}} \cos\varphi_{\text{n}}} = 50\text{ A} \mathrel{\hat{=}} 5\text{ cm}$

$\varphi_{\text{n}} = \arccos\; 0{,}866 = 30\,°$

Mit dem Bemessungsstrom und φ_{n} ist der Bemessungspunkt bekannt (Motorbetrieb und kapazitiv bedeutet, der Betriebspunkt B befindet sich im zweiten Quadranten). Damit ergibt sich das Bemessungsmoment zu: $M_{\text{n}} \triangleq 4{,}35$ cm. Bei 1,5 $M_{\text{n}} \triangleq 6{,}5$ cm ist der Ständerstrom rein ohmsch. Daraus ergibt sich ein zweiter Punkt des Kreises (Punkt C). Die Mittelsenkrechte von $\overline{\text{BC}}$ ergibt mit der imaginären Achse den Kreismittelpunkt M und damit das Kreisdiagramm sowie das Stromdreieck. Mit dem Ähnlichkeitssatz und wie bei den Aufgaben 1 und 2 ergibt sich dann das Spannungsdreieck (**Bild 15.38**).

2) $M_{\text{k}} \mathrel{\hat{=}} 7{,}4\text{ cm} \mathrel{\hat{=}} 652{,}7\text{ Nm} \qquad \vartheta = -37°$

Drehstromasynchronmotor

3) Die Drehfelddrehzahl beträgt $n_{\text{d}} = 750\text{ min}^{-1}$. Die Maßstäbe sind wie bei der Synchronmaschine.

$I_{\text{n}} = 37{,}5\text{ A} \mathrel{\hat{=}} 3{,}8\text{ cm} \qquad M_{\text{n}} = 9\,550 \dfrac{P_{\text{n}}}{n_{\text{n}}} = 243{,}7\text{ Nm} \mathrel{\hat{=}} 2{,}8\text{ cm}$

Damit ist der Bemessungspunkt gegeben. Mit $M_k = 2{,}2\ M_n = 536{,}1$ Nm ≙ 6,2 cm ergeben sich der Kreisradius, der Kreismittelpunkt und das Kreisdiagramm (**Bild 15.39**).

4) $I_k \mathrel{\hat{=}} 10{,}2\,\text{cm} \mathrel{\hat{=}} 102\,\text{A} \qquad \varphi_k = 52{,}5° \Rightarrow \cos\varphi_k = 0{,}61 \qquad I_{10} \mathrel{\hat{=}} 1{,}9\,\text{cm} \mathrel{\hat{=}} 19\,\text{A}$
   $\cos\varphi_0 = \cos 90° = 0$

5) Der Synchrongenerator muss kapazitiv (übererregt) betrieben werden, damit er den Strombedarf des Asynchronmotors decken kann. Die drei gewünschten Betriebspunkte des Asynchronmotors werden im Kreisdiagramm des Synchrongenerators eingetragen (Punkte D_1, D_2 und D_3 im Bild 15.38). Der Erregerstrom I_E ist dem dreipoligen Kurzschlussstrom I_{kIII} proportional:

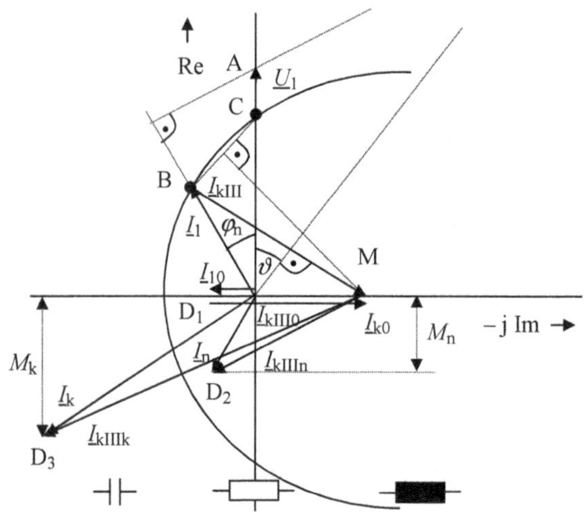

Bild 15.38 Kreisdiagramm mit Strom- und Spannungsdreieck der Aufgabe 3

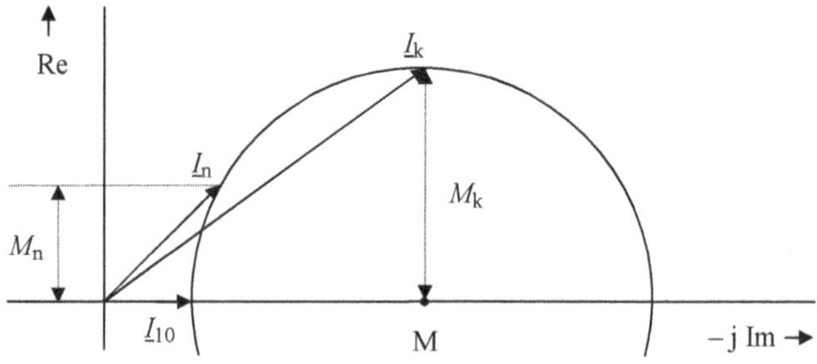

Bild 15.39 Kreisdiagramm der Asynchronmaschine von Aufgabe 3

$$\frac{I_{Ex}}{I_{En}} = \frac{I_{kIIIx}}{I_{kIIIn}} \Rightarrow I_{Ex} = \frac{I_{En}}{I_{kIIIn}} I_{kIIIx}, \text{ mit } I_{kIIIx} = 7{,}4 \text{ cm und } I_{En} = 10 \text{ A} \mathrel{\hat{=}} 1 \text{ cm}$$

Es ergeben sich aus dem Kreisdiagramm (Bild 15.38, Punkte D_1, D_2 und D_3):

5.1) Leerlauf: $I_{kIIIx} \mathrel{\hat{=}} 5{,}3 \text{ cm} \mathrel{\hat{=}} 53 \text{ A} \Rightarrow I_{E0} = 7{,}2 \text{ A}$

5.2) Bemessungsmoment: $I_{kIIIx} \mathrel{\hat{=}} 6{,}7 \text{ cm} \mathrel{\hat{=}} 67 \text{ A} \Rightarrow I_{En} = 9{,}1 \text{ A}$

5.3) Kippmoment: $I_{kIIIx} \mathrel{\hat{=}} 13{,}2 \text{ cm} \mathrel{\hat{=}} 132 \text{ A} \Rightarrow I_{Ek} = 17{,}8 \text{ A}$

Aufgabe 4

1)

$$S_n = \sqrt{3}\, U_n\, I_n = 937{,}386 \text{ kW}$$

Der idealisierte Fall ohne Verluste heißt: $P_{mech} = P_n = P_{elek\ n}$! Der Leistungsfaktor kann mit P_n ermittelt werden:

$n_d = n_n = 750 \text{ min}^{-1}$ (bei $f = 50$ Hz), daraus folgt $p = 4$, achtpolig!

$$\cos \varphi_n = \frac{P_n}{S_n} = 0{,}8; \text{ kapazitiv}; \qquad M_n = 9\,550 \frac{P_n}{n_n} = 9\,550 \text{ Nm.}$$

2) Maßstäbe: $m_u = 50$ V/cm $\quad m_i = 100$ A/cm

$$m_p = \sqrt{3}\, U_n\, m_i = 114{,}315 \frac{\text{kW}}{\text{cm}} \text{ und } m_m = 9\,550 \frac{m_p}{n_d} = 1\,455{,}6 \frac{\text{Nm}}{\text{cm}}$$

$M_k = 2\, M_n = 19\,100 \text{ Nm} \mathrel{\hat{=}} 13{,}1$ cm Kreisradius!

$I_n = 820 \text{ A} \mathrel{\hat{=}} 8{,}2$ cm; aus $\cos \varphi_n = 0{,}8$ folgt $\varphi_n = 37°$!

$$U_1 = \frac{U_n}{\sqrt{3}} = 381{,}05 \text{ V} \mathrel{\hat{=}} 7{,}6 \text{ cm!}$$

3) Aus dem **Bild 15.40** ergibt sich:

$I_{k0} \mathrel{\hat{=}} 6{,}3 \text{ cm} \mathrel{\hat{=}} 630 \text{ A} \qquad I_{kIII} \mathrel{\hat{=}} M_k \mathrel{\hat{=}} 13{,}1 \text{ cm} \mathrel{\hat{=}} 1\,310 \text{ A} \qquad \vartheta_n = p\, \delta_n = -30°$

$\delta_n = -30°/4 = -7{,}5° \qquad U_1 \mathrel{\hat{=}} 15{,}5 \text{ cm} \mathrel{\hat{=}} 775 \text{ V}$

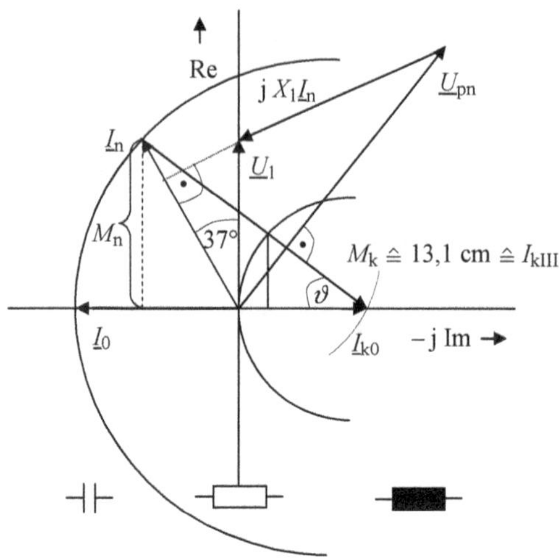

Bild 15.40 Kreisdiagramm mit Strom- und Spannungsdreieck der Aufgabe 4

$$I_{kIII} = \frac{U_P}{X_s} \quad \Rightarrow \quad X_s = \frac{U_P}{I_{kIII}} = 0{,}59\,\Omega$$

4) Aus dem Bild 15.40 ergibt sich: $I_0 \hat{=} 6{,}75$ cm $\hat{=} 675$ A

5) $I_{kIIIneu} = I_{k0} \hat{=} 6{,}3$ cm $\hat{=} 630$ A

$$\frac{I_{Eneu}}{I_{En}} = \frac{I_{kIIIneu}}{I_{kIIIn}} \quad \Rightarrow \quad I_{Eneu} = I_{En}\,\frac{I_{kIIIneu}}{I_{kIIIn}} = 96{,}2\text{ A}$$

Bei $\vartheta_n = 30°$ auf dem neuen Kreis abgelesen: $M \hat{=} 3{,}2$ cm $\hat{=} 4\,657{,}92$ Nm

6) Aus

$$f_{mech} = \frac{1}{2\,\pi}\sqrt{\frac{M_R}{\Theta_{res}}} \quad \text{und} \quad M_R = M_k \cos\vartheta_n$$

ergibt sich:

$$\Theta_{res} = \frac{M_k \cos\vartheta_n}{(2\,\pi\, f_{mech})^2} = \Theta_{Mot} + \Theta_w$$

Bei der mechanischen Frequenz $f_{mech} = 20\,\%$ von $f_n/2 = 20\,\%$ von 25 Hz = 5 Hz beträgt das minimale Massenträgheitsmoment der Arbeitsmaschine nach obiger Gleichung: $\Theta_w = 7\ \mathrm{Nms}^2$.

15.7 Lösungen zu „Allgemeine Aufgaben"

Aufgabe 1

Die Bestimmung der Eigenfrequenz des Antriebssystems erfolgt nach Abschnitt 12.8 mit der Federkonstanten und dem Massenträgheiten der Antriebskomponenten:

$$C_1 = \frac{G}{l_1}\frac{\pi\, d_1^4}{32} = 2\,956{,}84\ \mathrm{Nm} \qquad C_2 = \frac{G}{l_2}\frac{\pi\, d_2^4}{32} = 320\,704{,}25\ \mathrm{Nm}$$

$$C_2' = C_2\left(\frac{\omega_2}{\omega_1}\right)^2 = C_2\left(\frac{z_1}{z_2}\right)^2 = 3\,207{,}04\ \mathrm{Nm} \qquad C_{res} = \frac{C_1\, C_2'}{C_1 + C_2'} = 1\,538{,}43\ \mathrm{Nm}$$

$$\Theta_w' = \Theta_w\left(\frac{\omega_2}{\omega_1}\right)^2 = 0{,}011\ \mathrm{Nms}^2 \qquad \Theta_{res} = \Theta_M + \Theta_w' = 0{,}088\ \mathrm{Nms}^2$$

$$f_e = \frac{1}{2\pi}\sqrt{\frac{C_{res}}{\Theta_{res}}} = 21\ \mathrm{Hz}$$

Aufgabe 2

1) $M(n) - M_w(n) = \Theta\,\dot{\omega}$ homogeneLösung: $\frac{\omega_0\,\Theta}{M_A}\dot{\omega} + \omega = 0 \qquad \omega_{hom} = k\,\mathrm{e}^{\frac{M_A}{\omega_0\,\Theta}t}$

$$\frac{\omega_0\,\Theta}{M_A}\dot{\omega} + \omega = \frac{\omega_0}{M_A}\left[M_A - W_k + W_p\cos(\omega^* t)\right] \tag{15.25}$$

2) $W_p\cos(\omega^* t) = 0$

$$\frac{\omega_0\,\Theta}{M_A}\dot{\omega} + \omega = \frac{\omega_0}{M_A}(M_A - W_k) \text{ mit der Lösung:}$$

$$\omega = \omega_0\left(1 - \frac{W_k}{M_A}\right)\left(1 - \mathrm{e}^{-\frac{M_A\, t}{\omega_0\,\Theta}}\right)$$

stationärer Betrieb: $t \to \infty$: $\omega = \omega_0\left(1 - \frac{W_k}{M_A}\right)$ bzw. $n = n_0\left(1 - \frac{W_k}{M_A}\right)$

3) Lösung der inhomogene Dgl. (15.25) ist: $\omega_{\text{inh}} = \omega_{\text{hom}} + \omega_{\text{spez}}$

homogenėLösung $\frac{\omega_0 \Theta}{M_\text{A}} \dot{\omega} + \omega = 0 \qquad \omega_{\text{hom}} = k\,\text{e}^{-\frac{M_\text{A}}{\omega_0 \Theta} t}$

spezielle Lösung $\omega_{\text{spez}} = A_0 + B_0 \cos(\omega^* t) + C_0 \sin \omega^* t$; nach Einsetzen in Dgl. (15.25) und Koeffizientenvergleich ergeben sich:

$$A_0 = \omega_0 \left(1 - \frac{W_\text{k}}{M_\text{A}} \right) = k_1$$

$$B_0 = \frac{W_\text{p} M_\text{A} \omega_0}{\Theta^2 \omega^{*2} \omega_0^2 + M_\text{A}^2} = k_2 \qquad C_0 = \frac{W_\text{p} \omega_0^2 \Theta \omega^*}{\Theta^2 \omega^{*2} \omega_0^2 + M_\text{A}^2} = k_3$$

Damit ergibt sich die inhomogene Lösung:

$$\omega_{\text{inh}} = k\,\text{e}^{-\frac{M_\text{A}}{\omega_0 \Theta} t} + k_1 + k_2 \cos(\omega^* t) + k_3 \sin(\omega^* t)$$

$$= k\,\text{e}^{-\frac{M_\text{A}}{\omega_0 \Theta} t} + k_1 + k_2 \left(\cos(\omega^* t) + \frac{k_3}{k_2} \sin(\omega^* t) \right)$$

Mit $\frac{k_3}{k_2} = \frac{\sin\varphi}{\cos\varphi} = \tan\varphi$ ergibt sich: $\omega_{\text{inh}} = k\,\text{e}^{-\frac{M_\text{A}}{\omega_0 \Theta} t} + k_1 + \frac{k_2}{\cos\varphi} [\cos(\omega^* t - \varphi)]$.

Das Pendelmoment und ω_{inh} sind im **Bild 15.41** dargestellt. Daraus ergibt sich für die Amplitude der Drehzahlschwankungen: $\frac{k_2}{\cos\varphi}$.

4) Der Phasenwinkel zwischen dem Pendelmoment und den Drehzahlschwankungen ergibt sich zu (**Bild 15.41**):

$$\varphi = \arctan \frac{k_3}{k_2}$$

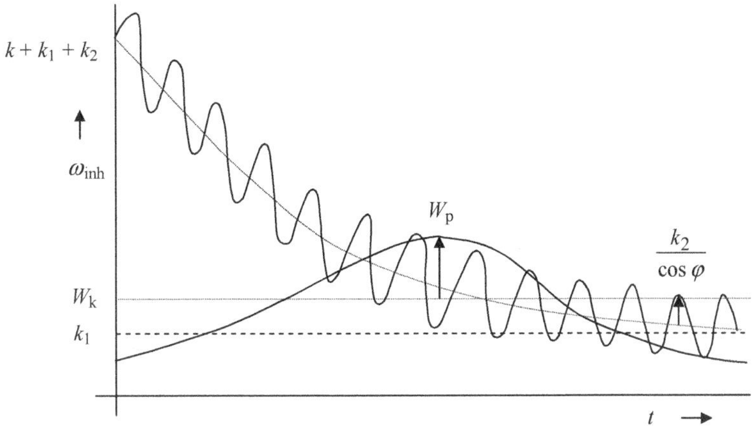

Bild 15.41 Pendelmoment und Drehzahlschwankungen (Winkelgeschwindigkeitsschwankungen)

Aufgabe 3

1) Aus $P_{in} = P_n + P_{Fe} + P_R = U_{in} I_n$ folgt:

$$U_{in} = \frac{P_n + P_{Fe} + P_R}{I_n} = 372{,}3\,\text{V}$$

Die Bemessungsdrehzahl ergibt sich zu:

$$n_n = \frac{U_{in}}{U_n} n_0 = 1\,463\,\text{min}^{-1}$$

2) Mit dem Ankerwiderstand R_A ergibt sich der Ankervorwiderstand R_{vA}:

$$R_A = \frac{U_n - U_{in}}{I_n} = 1{,}0\,\Omega \text{ und } R_{vA} = \frac{U_n}{2\,I_n} - R_A = 3{,}5\,\Omega$$

3) Zur Berechnung des Anlaufmoments $M_A = c\,\Phi\,I_{AA}$ werden $c\,\Phi$ und I_{AA} ermittelt:

$$I_{AAo} = \frac{U_n}{R_A} = 420\,\text{A} \qquad I_{AAm} = \frac{U_n}{R_A + R_{vA}} = 93{,}\bar{3}\,\text{A} \qquad c\,\Phi = \frac{U_{in}}{2\,\pi\,n_n} = 2{,}43\,\text{Vs}$$

Daraus ergibt sich: $M_{Ao} = 1\,021$ Nm und $M_{Am} = 227$ Nm.

Das Bemessungsmoment beträgt:

$$M_n = 9\,550 \frac{P_n}{n_n} = 107{,}7\,\text{Nm}$$

4) Bei $M_w = 0$ folgt aus der Bewegungsgleichung (siehe Abschnitte 12.5.1.1 und 13.2):

$$M(n) = \Theta \frac{d\omega}{dt} = 2\pi\Theta \frac{dn}{dt} = M_A \left(1 - \frac{n}{n_0}\right)$$

Daraus ergibt sich eine Differentialgleichung erster Ordnung mit folgender normierten Darstellung:

$$\frac{2\pi\Theta n_0}{M_A} \frac{dn}{dt} + n = n_0$$

Die Lösung dieser Gleichung ist:

$n(t) = n_0 (1 - e^{-\frac{t}{T}})$ mit $T = \dfrac{2\pi\Theta n_0}{M_A}$ als Zeitkonstante des Bewegungsablaufs.

Die Drehzahl-Zeit-Abhängigkeit ist in **Bild 15.42** dargestellt.

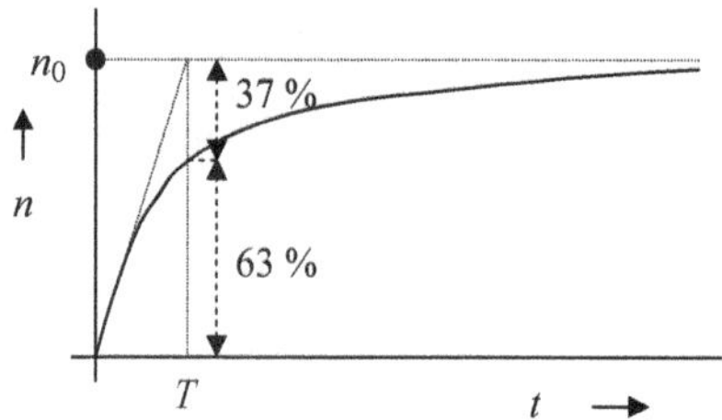

Bild 15.42 Drehzahl-Zeit-Abhängigkeit

5) Die Drehzahl-Zeit-Abhängigkeit in die Drehmomentgleichung eingesetzt, ergibt:

$$M(t) = M_A \left(1 - \frac{n}{n_0}\right) = M_A\, e^{-\frac{t}{T}}$$

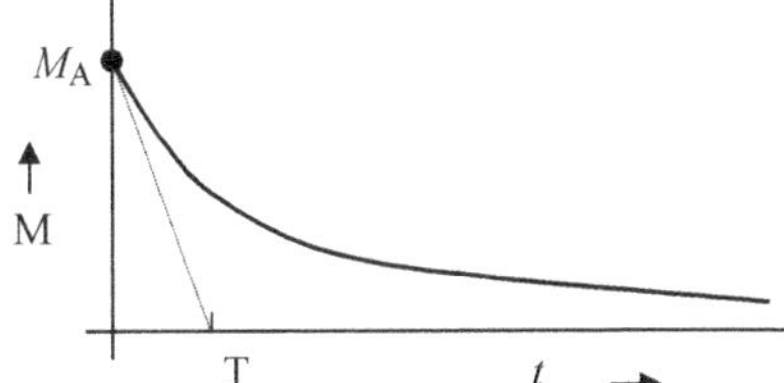

Bild 15.43 Drehmoment-Zeit-Abhängigkeit

Die Drehmoment-Zeit-Abhängigkeit besitzt sinngemäß die gleiche Zeitkonstante (**Bild 15.43**).

6) Die Ankerstrom-Zeit-Abhängigkeit ergibt sich aus der Drehmoment-Zeit-Abhängigkeit ($c\,\Phi$ = konst. = 2,43 Vs):

$$i_A(t) = \frac{1}{c\,\Phi} M(t) = \frac{1}{c\,\Phi} M_A\, e^{-\frac{t}{T}}, \text{ mit } \frac{1}{c\,\Phi} M_A = I_{AA}$$

Mit I_{AA} als Ankeranlaufstrom und derselben Zeitkonstante ergibt sich ein Verlauf wie im **Bild 15.44**.

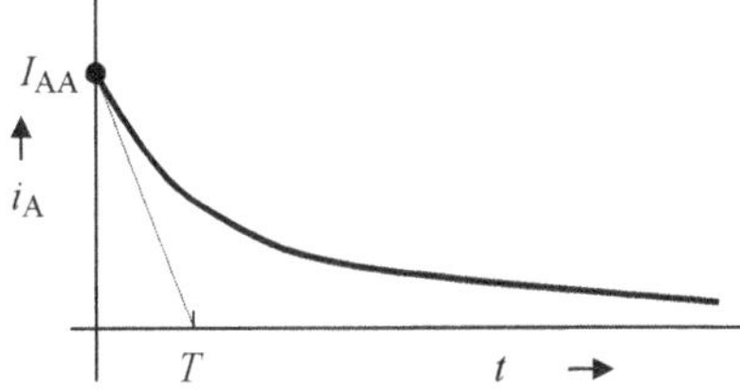

Bild 15.44 Ankerstrom-Zeit-Abhängigkeit

7) Die Wärmemenge infolge der ohmschen Verluste kann mithilfe der Ankerstrom-Zeit-Abhängigkeit und der Gesamtwiderstand ($R_A + R_{vA}$) durch Integration bestimmt werden:

$$Q = \int_0^\infty R_{ges}\, i_A^2 \,dt = \int_0^\infty R_{ges} \frac{1}{(c\,\Phi)^2} M_A^2\, e^{-\frac{2t}{T}} dt$$

Die Lösung dieses bestimmten Integrals liefert: Q = 1,644 kJ.

8) Reversieren heißt: Vertauschen der Klemmen. Es gelten also:

$U_A = U_n = -420\ \text{V} \qquad U_i = U_{in} = 372{,}3\ \text{V}$ und $I_A = 2\, I_n$

Der Vorwiderstand ergibt sich aus der Ankerspannungsgleichung zu:

$$R_{vA} = \frac{U_n - U_{in}}{2\, I_n} - R_A = (-)\,9{,}4\ \Omega$$

Fragen zur Selbstkontrolle

Elektrische Messtechnik

- Welche Möglichkeiten bestehen, um den Messbereich eines Strom-, Spannungs- und Leistungsmessers zu erweitern?
- Erläutern Sie die indirekten Methoden zur Widerstandsmessung (mithilfe der Spannungs- und Strommessung)! Unter welchen Bedingungen können die Messungen erfolgen?
- Erläutern Sie die Widerstandsmessung mit der Wheatstone-Messbrücke!
- Erläutern Sie die Widerstandsmessung mit der Thomson-Messbrücke!
- Erläutern Sie die Schaltungen bei Drehstrom (Stern-Dreieck-Schaltung)! Wie unterscheiden sich die Leiter- und Stranggrößen (mit Skizze)?
- Geben Sie die Schein-, Wirk- und Blindleistung des Drehstroms durch die Leitergrößen an (mit Einheiten)! Welche dieser Leistungen sind mit dem Wattmeter messbar? Was versteht man unter Wirkfaktor (Leistungsfaktor) und Blindfaktor?
- Erläutern Sie die Aron-Schaltung zur Messung der Drehstromleistung! Welchen Vorteil bietet diese Leistungsmessung?
- Erläutern Sie die indirekten Methoden zur Induktivitäts- bzw. Kapazitätsmessung (mit der Spannungs- und Strommessung; mit Skizze)!
- Erläutern Sie die direkte Methode zur Induktivitäts- bzw. Kapazitätsmessung (mit der Wheatstone-Brücke; mit Skizze)! Unter welchen Bedingungen kann die Messung erfolgen?
- Erläutern Sie die Möglichkeiten der Temperaturmessung in elektrischen Maschinen (direkte und indirekte Methoden)!
- Erläutern Sie die Frequenzmessung mit dem Oszilloskop bzw. Zungenfrequenzmesser!
- Erläutern Sie die Magnetfeldmessung mit Hall-Generator und Messspulen!
- Erläutern Sie die Drehzahlmessung mithilfe von Tachogenerator, Impulsverfahren, Stroboskop und induktiven Verfahren (Funktionsweise und Aufbau der Messeinrichtung)!
- Erläutern Sie die Drehmomentmessung mit Pendelmaschine und Drehmomentaufnehmer!
- Welche Methoden gibt es zur Bestimmung von Kraft und Schwingungen?
- Erläutern Sie das Prinzip der Geräuschmessung und -auswertung in elektrischen Maschinen! Vergleichen Sie die Schalldruck- und Schallintensitätsmessung! Wie funktioniert die Schallintensitätsmessung mit Microflown-Schallschnelle-Sensor? Welche Vorteile bietet die experimentelle Modalanalyse?

Leistungselektronik

- Welche Anforderungen werden hinsichtlich Qualität und Zuverlässigkeit an elektronische Bauelemente gestellt?

- Erläutern Sie die Besonderheiten und Einsatzgebiete von verschiedenen Widerstandsarten!
- Erläutern Sie die Besonderheiten und Anwendungen von Thermistoren, Varistoren, Fotowiderständen und Feldplatten!
- Erläutern Sie die Grundvorteile der Feldeffekttransistoren gegenüber denen bipolarer Transistoren! Wie unterscheiden sich die prinzipiellen Wirkungsweisen?
- Erläutern Sie die Besonderheiten und die Anwendung von Zenerdioden und Fotodioden!
- Skizzieren und beschreiben Sie die Transistor-Grundschaltungen!
- Erläutern Sie den Ein- und Ausschaltvorgang des Transistors anhand des Kollektorstrom-Zeit-Verlaufs (mit Skizze)!
- Skizzieren Sie die Strom-Spannung-Kennlinie einer Diode, und erläutern Sie hierbei den Durchlass- und Sperrbereich und das vereinfachte Schaltbild mit der Klemmenbezeichnung!
- Erläutern Sie das Sperr-, Blockier- und Durchlassverhalten des Thyristors anhand des PN-Übergangs!
- Skizzieren Sie die Strom-Spannung-Kennlinie eines Thyristors, und erläutern Sie hierbei den Sperr-, Blockier- und Durchlassbereich und das vereinfachte Schaltbild mit den Klemmenbezeichnungen!
- Warum sind die Halbleiterbauelemente keine idealen Schalter? Wie kann ein Thyristor gelöscht werden?
- Erläutern und skizzieren Sie die Einpuls-Mittelpunktschaltung (M1) und die Zweipuls-Brückenschaltung (B2)!
- Erläutern und skizzieren Sie die Dreipuls-Mittelpunktschaltung (M3) und die Sechspuls-Brückenschaltung (B6)!
- Wie kann durch den Einsatz eines Thyristors bzw. mehrerer Thyristoren in Brückenschaltung die Ankerspannung und damit die Drehzahl eines Gleichstrommotors geregelt werden? Wie kann aus einer pulsierenden eine nahezu konstante Gleichspannung erzeugt werden (Skizze mit Erklärung)? Was versteht man unter Spannungs- und Stromglättung?
- Erläutern Sie die Drehzahleinstellung (Steuerung und Regelung) eines Gleichstrommotors mithilfe eines Stromrichters (Gleichrichter) in Prinzipschaltung!
- Erwähnen Sie anhand einer Schaltung und einer Skizze den Einsatz eines Transistors als Gleichstrom-Schalter!
- Erwähnen Sie anhand einer Schaltung und einer Skizze den Einsatz eines Thyristors als Wechselstrom-Schalter!
- Erläutern Sie die Prinzipschaltung des Gleichstromstellers!

Transformatoren

- Erläutern und vergleichen Sie die Bauarten der Drehstromtransformatoren bezüglich der Form des Eisenkerns!
- Erläutern und vergleichen Sie die Bauarten der Wechselstromtransformatoren bezüglich der Form des Eisenkerns!
- Erläutern und vergleichen Sie die Bauarten der Transformatoren bezüglich der Form der Wicklungen!
- Warum werden die Joche und Schenkel der Transformatoren getrennt hergestellt?
- Welche Konfiguration müssen die Joche und Schenkel des Transformators haben, damit die magnetischen Widerstände gering ausfallen (Skizze mit Erklärung)?
- Erläutern Sie die Wirkungen des Öls bei Öltransformatoren!

- Welche Funktion hat das Ölausdehnungsgefäß? Gibt es Transformatoren ohne Ölausdehnungsgefäß? Wenn ja, wie?
- In manchen Hochspannungstransformatoren wird anstatt Öl ein Gas eingesetzt! Um welchen Stoff handelt es sich dabei? Erwähnen Sie dessen Vor- und Nachteile gegenüber Öl!
- Hängt der Magnetisierungsstrom des Transformators von der Last ab (Begründen Sie Ihre Antwort)? In welcher Größenordnung liegt dieser Strom und warum? Warum sind die elektrischen Maschinen oberschwingungsbehaftet?
- Was versteht man unter Eingangswiderstand des Transformators?
- Zeichnen Sie das allgemeine Ersatzschaltbild des Transformators und kennzeichnen Sie alle Wirk- und Blindwiderstände! Leiten Sie mithilfe des Ersatzschaltbilds das allgemeine Zeigerdiagramm der Spannungen und Ströme her! Dabei sollen bei bekanntem Transformator (Wirk- und Blindwiderstände vorgegeben) und Eingangswerten ($\underline{U}_1$, $\underline{I}_1$ und φ_1) die Ausgangswerte ($\underline{U}_2$, $\underline{I}_2$ und φ_2) bestimmt werden (Erklärung mit Nummerierung der Schritte).
- Wie verhält sich der Transformator im Leerlauf? Wie groß darf die Leerlaufspannung maximal werden? Welche Verlustleistung kann in diesem Fall gemessen werden (Begründung)? Welche Komponenten hat der Leerlaufstrom? Zeichnen Sie das Zeigerdiagramm der Spannung und der Ströme! Welche Abhängigkeit weisen Leerlaufstrom und Leerlaufleistung als Funktion der Primärspannung auf und warum?
- Wie verhält sich der Transformator im Kurzschluss (Ersatzschaltbild)? Wie groß darf der Kurzschlussstrom maximal werden? Welche Verlustleistung kann in diesem Fall gemessen werden (Begründung)? Welche Komponenten hat die Kurzschlussspannung? Zeichnen Sie das Zeigerdiagramm des Stroms und der Spannungen (Kapp'sches Dreieck)! Welche Abhängigkeit weisen Kurzschlussstrom und -leistung als Funktion der Primärspannung auf und warum?
- Sind die Eisenverluste strom- oder spannungsabhängig? In welcher Weise sind sie strom- bzw. spannungsabhängig?
- Sind die Kupferverluste strom- oder spannungsabhängig? In welcher Weise sind sie strom- bzw. spannungsabhängig?
- Die Änderungen der Sekundärspannung in Abhängigkeit vom Laststrom sind für rein kapazitive, rein ohmsche und rein induktive Last im Zeigerdiagramm zu erklären (Kapp'sches Dreieck)! Was bedeutet dies letztendlich für die Ausgangsspannung des Transformators?
- Unter welchen Bedingungen können Drehstromtransformatoren parallel geschaltet werden? Welche Toleranzen sind zulässig? Was passiert, wenn diese Bedingungen nicht eingehalten werden?
- Was versteht man unter einer Zickzackschaltung?
- Welche Klemmenbezeichnungen weist ein Drehstromtransformator auf? Wie sieht die einfache Klemmenbezeichnung aus?
- Für elektrische Maschinen sind die Abhängigkeiten der Wirbelstrom-, Hysterese- und Kupferverluste von der magnetischen Induktion, Stromdichte, Netzfrequenz, elektrischen Leitfähigkeit des Eisens, Blechdicke und Eisen- bzw. Kupfervolumen anzugeben!
- Welche Maschinen besitzen geringere Wirbelstrom- und Hystereseverluste?
- Erläutern Sie den Verdrängungseffekt (Hauteffekt) beim elektrischen und magnetischen Leiter (mit Skizze)! Warum sind Wechselstromwiderstände größer als Gleichstromwiderstände? Was versteht man unter Eindringtiefe?
- Bei welcher Belastung ist der maximale Wirkungsgrad des Transformators zu erwarten?

- Erläutern Sie die Einsatzgebiete des Stromtransformators (Stromwandler)! Welche Gesichtspunkte müssen bei der Anwendung dieses Transformators beachtet werden? Geben Sie das vereinfachte Schaltbild des Stromwandlers an!
- Was ist ein Spartransformator? Erläutern Sie seine Anwendung, positiven Merkmale und die Schwachstellen!

Gleichstrommaschinen

- Die Entstehung des magnetischen Felds und die Pole sind mit einer Skizze im Lastfall für eine vierpolige Maschine ($p = 2$) zu erläutern!
- Weshalb ist eine Stromkommutierung bei Gleichstrommaschinen erforderlich? Erläutern Sie den Kommutierungsvorgang!
- Erläutern Sie die Wirkungsweise eines Gleichstrommotors; wie kommt es zur Rotation des Läufers (Skizze mit Erklärung)? Vergleichen Sie diese mit der des Asynchronmotors!
- Erläutern Sie die Energiebilanz eines Gleichstromnebenschlussmotors mit einer Skizze (Sankey-Diagramm)!
- Skizzieren Sie das Ersatzschaltbild und die $n = f(M)$-Kennlinie eines Nebenschlussmotors, und erläutern Sie seine Anwendungsgebiete und Besonderheiten (Vor- bzw. Nachteile)!
- Skizzieren Sie das Ersatzschaltbild und die $n = f(M)$-Kennlinie eines Reihenschlussmotors, und erklären Sie seine Anwendungsgebiete und Besonderheiten (Vor- bzw. Nachteile)!
- Skizzieren Sie das Ersatzschaltbild und die $n = f(M)$-Kennlinie eines Doppelschlussmotors, und erläutern Sie seine Vorteile!
- Die Möglichkeiten der Drehzahlverstellung eines fremderregten Gleichstrommotors sind zu diskutieren (Skizze mit Erklärung)!
- Was versteht man unter Vierquadrantenbetrieb einer fremderregten Gleichstrommaschine? Welche Vorteile bietet die Anwendung solch einer Betriebsart (Skizze mit Erklärung)?
- Warum werden zum Anlassen von Gleichstrommotoren Vorwiderstände in den Läuferkreis eingesetzt? Erläutern Sie das Verhalten eines Reihenschlussmotors während der Vorwiderstandsänderung (Skizze mit Begründung)!
- Was versteht man bei Gleichstrommaschinen unter Ankerrückwirkung? Welche Auswirkungen hat dies auf das Verhalten der Maschine (Skizze mit Erklärung)?
- Erläutern Sie die Maßnahmen zur Reduzierung der Ankerrückwirkung (Skizze mit Erklärung)!
  Skizzieren Sie das Ersatzschaltbild eines vollkommenen Reihenschlussmotors (mit Wendepol- und Kompensationswicklung)!
- Welche Klemmenbezeichnungen weisen die verschiedenen Ausführungen der Gleichstrommaschinen auf?
- Ist der Betriebspunkt des fremderregten Gleichstrommotors (M_a) mit der Arbeitsmaschine (M_w) stabil oder instabil (s. Skizze)? Begründen Sie Ihre Aussage mithilfe der beiden möglichen Erklärungen!

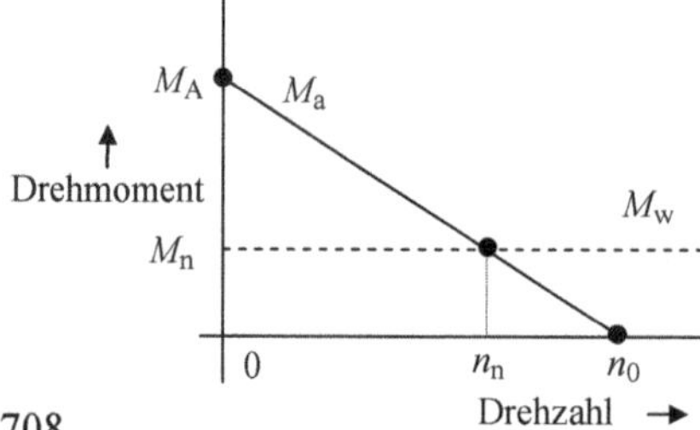

Grundlagen der Wechsel- bzw. Drehfeldmaschinen

- Erklären Sie die Vor- und Nachteile der Wechsel- und Drehstrommaschinen gegenüber denen von Gleichstrommaschinen. Ist im Regelfall der Anker in Synchronmaschinen Läufer oder Ständer und warum (Vergleich mit der Gleichstrommaschine)? Was sind die wesentlichen Vor- und Nachteile von Drehstrommaschinen gegenüber Wechselstrommaschinen? Worin unterscheiden sich Innenpol- von Außenpolmaschinen?
- Erläutern Sie die Entstehung des Drehfelds durch das rotierende Polrad (Skizze mit Erklärung)! Stellen Sie die örtliche und zeitliche Feldabhängigkeit dar!
- Erläutern Sie die Entstehung des Drehfelds durch eine stehende dreisträngige symmetrische Wicklung (Skizze mit Erklärung)!
- Welchen Größen ist die Drehfelddrehzahl n_d proportional und warum? Zeichnen Sie die zeitliche Abhängigkeit des Drehstrombelags und des daraus resultierenden Drehfelds in ein Diagramm! Wie stehen Strombelag- und Feldzeiger in der komplexen Ebene zueinander (Skizze mit Erklärung)?
- Was versteht man unter Zonen-, Sehnungs- und Wicklungsfaktor? Welchen Vorteil bietet eine Wicklung mit Sehnung? Was versteht man unter einer Bruchlochwicklung? Welchen Vorteil bietet diese Wicklungsform?

Drehstromasynchronmaschinen

- Erläutern Sie die Wirkungsweise des Drehstromasynchronmotors! Wie kommt es zur Rotation des Läufers? Vergleichen Sie diese mit dem des Gleichstrommotors!
- Was versteht man unter Schlupf? Wie groß sind die Läuferfrequenzen, und warum sind sie so groß? Wie ist die Läuferstromdrehzahl n_r zu erklären? In welcher Relation stehen n_d, n_r sowie Läuferdrehzahl n zueinander und warum?
- Erläutern Sie die Energiebilanz (Sankey-Diagramm) eines Asynchrongenerators · (mit Skizze)!
- Erläutern Sie jeweils den Motor-, Generator- und Bremsbetrieb der Drehstromasynchronmaschine anhand von Drehfeldleistung, mechanischer Leistung und ohmschen Läuferverlusten in Abhängigkeit der Drehzahl (Skizze)! In welchem Zusammenhang stehen jeweils die Drehzahlen n_d, n_r und n?
- Ab welcher Drehzahl arbeitet die Asynchronmaschine in Generatorbetrieb? Welche Möglichkeiten gibt es, um die Asynchronmaschine als Generator zu benutzen? Welche Vorteile bietet der doppelt gespeiste Asynchrongenerator gegenüber dem konventionellen Synchrongenerator?
- Zeichnen Sie das Schaltbild des Schleifringläufermotors, und erläutern Sie sein Anlaufverhalten anhand der $M = f(n)$-Kennlinie!
- Was versteht man unter Neben- und was unter Reihenschlussverhalten?
- Erläutern Sie das Anlaufverhalten des Asynchronmotors mit Käfigläufer (mit Skizze)!
- Erklären Sie die elektrischen Bremsschaltungen des Drehstromasynchronmotors! Welche Möglichkeiten bestehen, die Ständerwicklungen mit Gleichstrom zu versorgen (Vor- und Nachteile)?
- Erläutern Sie das Anlassen des Drehstromasynchronmotors mithilfe von Umrichtern!

- Welche Klemmenbezeichnungen haben Drehstrom- und Wechselstromasynchronmaschinen?
- Was sind die Vorteile des Einsatzes jemand Stern-Dreieck-Schaltung beim Anlassen der Drehstromasynchronmotoren? Was versteht man unter verstärktem Stern-Dreieck-Anlauf? Unter welchen Bedingungen ist Anlassen unter Last und wann im Leerlauf möglich?
- Skizzieren Sie die Ständerstromortskurve (Kreisdiagramm) ohne Vernachlässigung der Ständerkupfer- und Eisenverluste! Bestimmen Sie für einen beliebigen Punkt die Kenndaten der Maschine (z. B. Drehzahl, Drehmoment, Verluste und Leistungen) im Motor- und Generatorbetrieb! Unter welchen Bedingungen ist die Ständerstromortskurve kein Kreis?
- Welche der zwei Betriebspunkte des Motors (M_a) und der Arbeitsmaschine (M_w) sind stabil, welche instabil (s. Skizze)?
  Begründen Sie Ihre Aussage den beiden möglichen Erklärungen!

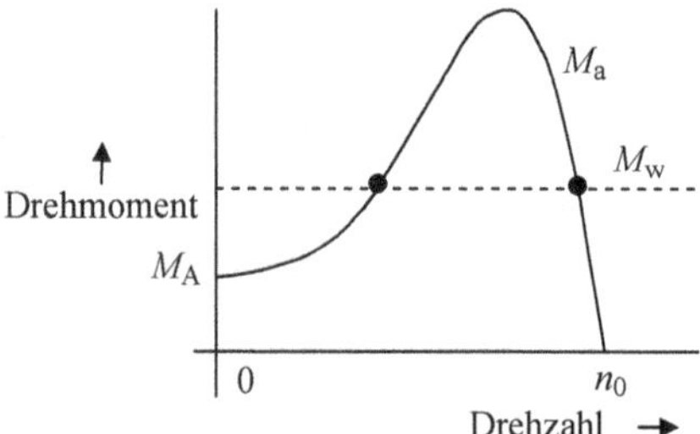

Drehstromsynchronmaschinen

- Warum ist die Luftspaltdicke der Synchronmaschinen in der Regel größer als die der Asynchronmaschinen? Aus welchem Grund wird in erster Linie die Luftspaltdicke der Asynchronmaschinen begrenzt?
- Welche Klemmenbezeichnungen haben die Drehstromsynchronmaschinen?
- Was versteht man unter Lastwinkel? Beschreiben Sie den Stabilitätsbereich der Vollpolsynchronmaschine (Skizze mit Erklärung)!
- Vergleichen Sie die Vollpolsynchron-, die Schenkelpolmaschine und den Reluktanzläufer bezüglich Aufbau und Drehmoment-Lastwinkel-Kennlinie!
- Erläutern Sie das Betriebsverhalten des Synchronmotors im Leerlauf beim starren Netz (Skizze mit Erklärung; Verhalten der Maschine bezüglich der Änderungen des Ständer- bzw. Erregerstroms)!
- Erläutern Sie das Betriebsverhalten des Synchronmotors unter Last beim starren Netz (Skizze mit Erklärung; Verhalten der Maschine bezüglich der Änderungen des Ständer- bzw. Erregerstroms)!
- Vergleichen Sie das Betriebsverhalten der Synchronmaschinen mit dem von Asynchron- und Gleichstrommaschinen!
- Was versteht man unter Ankerrückwirkung bei Synchronmaschinen? Vergleichen Sie diesbezüglich die gewöhnliche Gleichstrommaschine mit der Synchronmaschine (Wo befinden sich jeweils Anker und Pole?)!
- Warum können die Synchronmaschinen nur bei der synchronen Drehzahl ein Drehmoment entwickeln?

- Was versteht man unter Pendelungen der Synchronmaschinen? Welche Möglichkeiten bestehen, um diese Pendelungen und evtl. Resonanzen zu dämpfen?
- Welche Besonderheit zeichnet den Synchronmotor mit Dämpferwicklung aufbaumäßig von der normalen Ausführung aus? Erläutern Sie seine Eigenschaften (Skizze und $M = f(s)$-Kennlinie mit Erklärung)!
- Beschreiben Sie den asynchronen Anlauf des Synchronmotors mit Dämpferwicklung (Skizze mit Erklärung)!
- Unter welchen Bedingungen können Synchrongeneratoren mit dem Netz parallel geschaltet werden? Erläutern Sie die Dunkelschaltung!
- Beschreiben Sie die Spannungs- und Stromzeigerdiagramme der Vollpolsynchronmaschinen für den Fall Untererregung (ein beliebiger Arbeitspunkt ist anzunehmen)! Das Kreisdiagramm ist anzugeben! Was versteht man unter V-Kurven (Skizze mit Erklärung)?
- Vergleichen Sie die Synchron- mit den Asynchronmaschinen!
- Welche Vorteile bieten die permanentmagneterregten Synchronmotoren im Vergleich zu konventionellen Synchronmotoren und Asynchronmotoren?

Drehzahlverstellung von Drehstromasynchronmaschinen, Kleinmaschinen, Sondermaschinen, ausgewählte Kapitel der Antriebstechnik, dynamisches Verhalten und Simulation elektrischer Maschinen

- Welche Gesichtspunkte sind bei der Auswahl eines geeigneten Motors maßgebend (mit Erklärung und evtl. Beispiele)?
- Erläutern Sie die prinzipiellen Möglichkeiten der Drehzahlregelung für die Drehstromasynchronmotoren (mit Erwähnung ausgesuchter Beispiele)! Wie sieht eine Dahlander-Schaltung aus (Skizze mit kurzer Erklärung)? Welche Vorteile bietet sie bei der Anwendung? Welche Umrichterarten existieren für Drehstromasynchronmotoren (Blockschaltbild mit Erklärung)? Was verursachen die Umrichter? Was sind asynchrone und synchrone Oberschwingungsmomente? Erwähnen Sie drei Maßnahmen zur Reduzierung der parasitären Erscheinungen!
- Warum kann ein Drehstromasynchronmotor beim Anschluss ans Wechselstromnetz (einsträngiger Betrieb) nicht von selbst anlaufen? Was versteht man unter einem pulsierenden, einem elliptischen und einem kreisförmigen Wechselfeld (mit Skizze und Beispiel)? Welche Möglichkeit besteht, um einen Drehstromasynchronmotor im Wechselstromnetz anzulassen (Skizze und kurze Erklärung)? Welche Nachteile ergeben sich beim Einsatz des Drehstromasynchronmotors in Wechselstrombetrieb? Erläutern Sie die wichtigsten Wechselstrommotoren (Schaltbild und kurzer Vergleich)!
- Vergleichen Sie alle Ausführungen der Elektromotoren bezüglich ihres Drehzahl-Drehmoment-Verhaltens (Skizze mit Erklärung)! Welche Anwendungsgebiete ergeben sich für verschiedene Motoren (mit Beispielen)? Fassen Sie die Vor- und Nachteile verschiedener Elektromotoren zusammen!
- Erwähnen Sie die Grundtypen der Scheibenläufer (Skizze und Erklärung) mit Besonderheiten und Einsatzgebieten!
- Beschreiben Sie die Klauenpolmaschine bezüglich Klassifizierung, Aufbau, Wirkungsweise und Anwendungsgebieten! Welche Besonderheiten weisen die Klauenpolmaschinen auf? Warum werden Kfz-Generatoren ausschließlich in der Klauenformbauweise hergestellt?

- Vergleichen Sie Elektronik- und Schrittmotoren bezüglich Klassifizierung, Aufbau, Wirkungsweise und Anwendungsgebiete! Warum gehören die Elektronikmotoren nicht zu den Synchronmaschinen? Was versteht man unter selbstgeführtem und was unter fremdgeführtem Motor? Erwähnen Sie einige Möglichkeiten der Schrittwinkelverkleinerung! Wie kann die Rotorposition bei Elektronikmotoren erfasst werden?
- Erwähnen Sie einige Grundtypen der permanentmagneterregten Gleichstrommotoren (Skizze und Erklärung) mit Einsatzgebieten!
- Welche Vorteile bieten Linearmotoren gegenüber konventionellen Antrieben, welche gegenüber Verbrennungsmotoren? Aus welchem Material kann der sogenannte stromführende Teil bestehen? Erwähnen Sie die Eigenarten bzw. besonderen Merkmale der Linearantriebe! Vergleichen Sie die Grundtypen der Linearantriebe bezüglich deren Aufbau (Skizze und Erklärung)! Welche Versorgungsmöglichkeit besteht für den Transrapid?
- Was ist eine elektrische Welle? Beschreiben Sie ihre Funktion und das Anwendungsgebiet!
- Wie können die Anlaufzeiten der Elektromotoren bestimmt werden?
- Was versteht man unter den Wachstumsgesetzen der elektrischen Maschinen? Welche Konsequenzen können daraus gezogen werden? Wie wurde die Erzeugung höherer Leistungen realisiert? Wie verlaufen die Erwärmungs- und die Abkühlungskurven des homogenen Körpers (Skizze und kurze Erklärung)? Nach welcher Zeit wird ungefähr die Beharrung bzw. Abkühlung eines Elektromotors erreicht? Was versteht man unter den Betriebsarten elektrischer Maschinen?
- Was verstehen wir unter Schalldruck, Schallleistung, Schallintensität und Schallschnelle. Erläutern Sie die Analogiebetrachtungen zwischen Wärmelehre, Mechanik und Elektrotechnik mit Akustik. Wie kommt es zur Entwicklung verschiedener Geräusche in elektrischen Maschinen? Welche Möglichkeiten gibt es, um das Geräusch zu simulieren? Erwähnen Sie jeweils drei Maßnahmen, um die verschiedenen Geräuscharten zu reduzieren!
- Was versteht man unter Isolationsklassen, Bauformen und Schutzarten elektrischer Maschinen?
- Wie kann die Drehrichtung eines Elektromotors festgelegt werden?
- Wann können die Ausgleichsvorgänge in rotierenden elektrischen Maschinen auftreten? Was versteht man unter den elektromagnetischen und mechanischen Ausgleichsvorgängen? Das dynamische Verhalten eines Reluktanzläufers ist hinsichtlich seiner Drehmoment-Drehzahl- sowie Drehzahl-Zeit-Abhängigkeit zu beschreiben (Einfluss des Widerstandsmoments und der Zusatzmassen)!
- Worauf konzentrieren sich die Simulation und Optimierung von elektrischen Maschinen, und welche Vorteile bieten die Simulationsmethoden? Warum ist die Simulation von Kleinmaschinen aufwendiger?

Literaturverzeichnis

Mathematik

[1] Bronstein, I. N. / Semendjajew, K. A. / Musiol, G. / Mühlig, H.: Taschenbuch der Mathematik
Haan-Gruiten: Europa-Lehrmittel, 2013

[2] Stöcker, H.: Taschenbuch mathematischer Formeln und moderner Verfahren
Verlag Harri Deutsch, 1999

Physik

[3] Stöcker, H.: Taschenbuch der Physik
Verlag Harri Deutsch, 1999

[4] Gerthsen, Ch. / Meschede, D.: Gerthsen Physik
Springer-Verlag, Berlin / Heidelberg, 2015

Grundlagen der Elektrotechnik und der elektrischen Messtechnik

[5] Müller-Schwarz, W.: Grundlagen der Elektrotechnik
Siemens AG, 1969

[6] Mattes, H.: Übungskurs Elektrotechnik 1 und 2
1: Felder und Gleichstromnetze
2: Wechselstromrechnung
Springer-Verlag, Berlin / Heidelberg / New York, 1992 und 1994

[7] Paul, R.: Elektrotechnik 1 und 2
1: Felder und einfache Stromkreise
2: Netzwerke
Springer-Verlag, Berlin / Heidelberg / New York, 1993 und 1994

[8] Ameling, W.: Grundlagen der Elektrotechnik I
Friedr. Vieweg & Sohn, Braunschweig / Wiesbaden, 1988

[9] Becker, W.-J. (Hrsg.): Handbuch elektrische Messtechnik
Hüthig-Verlag, 2000

[10] Bergmann, K.: Elektrische Messtechnik
Elektrische und elektronische Verfahren, Anlagen und Systeme
Viewegs Fachbücher der Technik, 1997

[11] Grütz, A.: Jahrbuch Elektrotechnik
Daten, Fakten, Trends
VDE VERLAG GmbH, Berlin / Offenbach, 1999–2006

[12] Moeller, F. / Frohne, H. / Löcherer, K.-H. / Müller, H.: Grundlagen der Elektrotechnik
B. G. Teubner, Stuttgart, 2002

[13] Vömel, M. / Zastrow, D.: Aufgabensammlung Elektrotechnik 1
Viewegs Fachbücher der Technik, 2001

[14] Vömel, M. / Zastrow, D.: Aufgabensammlung Elektrotechnik 2
Viewegs Fachbücher der Technik, 2006

[15] Busch, R.: Elektrotechnik und Elektronik
B. G. Teubner, Stuttgart, 2003

[16] Diethelm, H. / Heiniger, J.: Elektronik und Mikroelektronik - Grundlagen
Aarau / Schweiz [u. a.]: Bildung Sauerländer, 1999

[17] Albach, M.: Grundlagen der Elektrotechnik 1
Pearson Studium, München / Boston / San Francisco / Harlow England, 2005

[18] Albach, M.: Grundlagen der Elektrotechnik 2
Pearson Studium, München / Boston / San Francisco / Harlow England, 2005

[19] Nelles, D.: Grundlagen der Elektrotechnik zum Selbststudium – Band 1: Gleichstromkreise.
Berlin / Offenbach: VDE VERLAG, 2002

[20] Nelles, D.: Grundlagen der Elektrotechnik zum Selbststudium – Band 2: Elektrische Felder.
Berlin / Offenbach: VDE VERLAG, 2003

[21] Nelles, D.: Grundlagen der Elektrotechnik zum Selbststudium – Band 3: Magnetische Felder.
Berlin / Offenbach: VDE VERLAG, 2003

[22] Nelles, D.: Grundlagen der Elektrotechnik zum Selbststudium – Band 4: Wechselstromkreise.
Berlin / Offenbach: VDE VERLAG, 2003

Leistungselektronik

[23] Heumann, K.: Grundlagen der Leistungselektronik
Teubner Studienbücher Elektrotechnik
B. G. Teubner, Stuttgart

[24] Müller, R.: Grundlagen der Halbleiter-Elektronik
Springer-Verlag, Berlin / Heidelberg / New York, 1995
[25] Häberle, G.: Fachkunde Informations- und Leistungselektronik
Verlag Europa-Lehrmittel, Haan-Gruiten / Berlin, 1989
[26] Hering, E. / Bressler, K. / Gutekunst, J.: Elektronik für Ingenieure
VDI-Verlag GmbH, Düsseldorf, 1994
[27] Lindner, H. / Brauer, H. / Lehmann, C.: Taschenbuch der Elektrotechnik
Fachbuchverlag Leipzig, 1998
[28] Tietze, U. / Schenk, Ch.: Halbleiter-Schaltungstechnik
Springer Verlag, Berlin / Heidelberg / New York, 1990
[29] Böhmer, E.: Rechenübungen zur angewandten Elektronik
Friedr. Vieweg & Sohn, Braunschweig / Wiesbaden, 1997
[30] Diethelm, H. / Heiniger, J. / Kurt, J.: Elektronik und Mikroelektronik
Fortis FH mit Bohmann Buchverlag Manz, Aarau/Bern–Wien–Köln, 1999
[31] Bernstein, H.: Elektrotechnisches CAD-Zeichnen
VDE VERLAG, Berlin / Offenbach, 2000
[32] Jäger, R. / Stein, E.: Leistungselektronik
Grundlagen und Anwendungen
VDE VERLAG, Berlin / Offenbach, 2011
[33] Jäger, R. / Stein, E.: Übungen zur Leistungselektronik
VDE VERLAG, Berlin / Offenbach, 2012
[34] Michel, M.: Leistungselektronik
Einführung in Schaltungen und deren Verhalten
Springer Verlag, Berlin / Heidelberg, 2011

Elektromagnetische Felder

[35] Lautz, G.: Elektromagnetische Felder
B. G. Teubner, Stuttgart, 1969
[36] Ollendorff, F.: Berechnung magnetischer Felder
Springer-Verlag, Berlin / Heidelberg / New York, 1952
[37] Küpfmüller, K. / Mathis, W. / Reibiger, A.: Theoretische Elektrotechnik
Springer-Verlag, Berlin / Heidelberg, 2013
[38] Simonyi, K.: Theoretische Elektrotechnik
VEB Deutscher Verlag der Wissenschaften, Berlin, 1977
[39] Marinescu, M.: Elektrische und magnetische Felder
Eine praxisorientierte Einführung
Springer-Verlag, Berlin / Heidelberg / New York, 1996

[40] Blume, S.: Theorie elektromagnetischer Felder, ELTEX-Studientexte Elektrotechnik
Hüthig Verlag, Heidelberg, 1994

[41] Schwab, A. J.: Begriffswelt der Feldtheorie
Elektromagnetische Felder, Maxwell-Gleichungen, Gradient, Rotation, Divergenz.
Berlin / Heidelberg: Springer Vieweg, 2013

[42] Frohne, H.: Elektrische und magnetische Felder
B. G. Teubner, Stuttgart, 1994

Elektrische Energietechnik (regenerative Energien, elektromagnetische Verträglichkeit, Sondergebiete)

[43] Flosdorff, R. / Hilgarth, G.: Elektrische Energieverteilung
B. G. Teubner, Stuttgart, 1973

[44] Kugeler, K. / Phlippen, P.-W.: Energietechnik
Technische, ökonomische und ökologische Grundlagen
Springer-Verlag, Berlin / Heidelberg / New York, 1993

[45] Strauß, K.: Kraftwerkstechnik
Zur Nutzung fossiler, regenerativer und nuklearer Energiequellen
Springer-Verlag, Berlin / Heidelberg / New York, 1997

[46] Schwab, A. J.: Elektromagnetische Verträglichkeit
Springer-Verlag, Berlin / Heidelberg / New York, 1996

[47] Veit, I.: Technische Akustik
Grundlagen der Physikalischen, Physiologischen und Elektro-Akustik
Vogel-Verlag, Würzburg, 1978

[48] Jordan, H.: Der geräuscharme Elektromotor
Lärmbildung und Lärmbeseitigung bei Elektromotoren
Verlag W. Girardet, Essen, 1950

[49] Nelles, D. / Tuttas, Ch.: Elektrische Energietechnik
B. G. Teubner, Stuttgart, 1998

[50] Rindelhardt, U.: Photovoltaische Stromversorgung
B. G. Teubner Verlag, Stuttgart, 2001

[51] Roddeck, W.: Einführung in die Mechatronik
B. G. Teubner Verlag, Stuttgart, 2003

[52] Ivers-Tiffee, E. / von Münch, W.: Werkstoffe der Elektrotechnik
B. G. Teubner Verlag, Stuttgart, 2004

[53] Zahoransky, R. A.: Energietechnik
Friedr. Vieweg & Sohn, Braunschweig / Wiesbaden, 2002

[54] Kaltschmitt, M. / Streicher, W. / Wiese, A.: Erneuerbare Energien
Springer-Verlag, Berlin / Heidelberg / New York, 2006
[55] Courtin, W.: Elektrische Energietechnik
Friedr. Vieweg & Sohn, Braunschweig / Wiesbaden, 1999
[56] Bagert, M.; Emmerich, J.; Marquard, J.; Schulz, U.; Weber, H.; Wittner, St. (alle Hrsg.): Elektrischer Eigenbedarf.
Berlin / Offenbach: VDE VERLAG, 2012
[57] Kohling, A.; Ermel, M.: EMV – Umsetzung der technischen und gesetzlichen Anforderungen an Anlagen und Gebäude sowie CE-Kennzeichnung von Geräten.
Berlin / Offenbach: VDE VERLAG, 2012

Simulation und Berechnung der elektrischen Maschinen und Antriebe

[58] Böning, W.: Hütte Taschenbücher der Technik. Elektrische Energietechnik
Band 1 Maschinen
Springer-Verlag, Berlin / Heidelberg / New York, 1978
[59] Philippow, E.: Taschenbuch Elektrotechnik
Band 1: Allgemeine Grundlagen
Carl Hanser Verlag, München / Wien, 1986
Band 5: Elemente und Baugruppen der Elektroenergietechnik
VEB Verlag Technik, Berlin, 1980
[60] Reiser, J.: Elektrische Maschinen. Bände 1 bis 4
Carl Hanser Verlag, München / Wien, 1968–1970
[61] Richter, R.: Elektrische Maschinen. Bände 1 bis 5
Springer-Verlag, Berlin / Heidelberg / New York bzw.
Birkhäuser-Verlag, Basel / Stuttgart, 1950-1967
[62] Stier, F.: Entwurf und Berechnung von Drehstrom-Induktionsmaschinen
TU Karlsruhe, 1960
[63] Nürnberg, W.: Die Asynchronmaschine
Springer-Verlag, Berlin / Heidelberg / New York, 1976
[64] Nürnberg, W.: Die Prüfung elektrischer Maschinen
Springer-Verlag, Berlin / Heidelberg / New York, 1959
[65] Bödefeld, Th. / Sequenz, H.: Elektrische Maschinen
Springer-Verlag, Berlin / Heidelberg / New York, 1971
[66] Sequenz, H.: Wicklungen elektrischer Maschinen
Springer-Verlag, Berlin / Heidelberg / New York, 1973
[67] Jordan, H. / Weis, M.: Asynchronmaschinen
Friedr. Vieweg & Sohn, Braunschweig / Wiesbaden, 1969

[68] Vogt, K.: Elektrische Maschinen
Berechnung rotierender elektrischer Maschinen
VEB Verlag Technik, Berlin, 1988

[69] Müller, G.: Elektrische Maschinen
Grundlagen, Aufbau und Wirkungsweise
VDE VERLAG GmbH, Berlin / Offenbach, 1985

[70] Müller, G.: Theorie rotierender elektrischer Maschinen
VDE VERLAG GmbH, Berlin / Offenbach, 1990

[71] Leonhard, A.: Elektrische Antriebe
Ferdinand Enke Verlag, Stuttgart, 1949

[72] Farschtschi, A.: Temperature Calculation in Electrical Machines
European Transactions on Electrical Power Engineering.
VDE VERLAG GmbH, Berlin / Offenbach, 1992

[73] Farschtschi, A.: Berechnung der Temperaturen in elektrischen Maschinen
Bosch Technische Berichte, 1992

[74] Block, R.: 3-dimensionale numerische Feldberechnung und Simulation eines Klauenpolgenerators
Dissertation an der RWTH Aachen, Verlag Shaker, 1993

[75] Küppers, S.: Numerische Verfahren zur Berechnung und Auslegung von Drehstrom-Klauenpolgeneratoren
Dissertation an der RWTH Aachen, Verlag Shaker, 1996

[76] Ramesohl, I.: Numerische Geräuschberechnung von Drehstrom-Klauenpolgeneratoren
Dissertation an der RWTH Aachen, 1999

[77] Farschtschi, A. A.: Feldberechnung mithilfe der Finite-Netzwerk-Methode (FNM); eine Hybrid-Methode für unterschiedliche Anwendungsgebiete
Vortrag an der Universität Augsburg, 1998

[78] Farschtschi, A. A.: Berücksichtigung von ferromagnetischem Material in der FNM durch Einführung von Magnetisierungsstromdichten
Electrical Engineering
Springer-Verlag, Berlin / Heidelberg / New York, 1998

[79] Luis, M. / v. d. Werth, J.: Erstellung eines Rechenprogramms zur konventionellen Berechnung der Leerlauf- und Lastkennlinie einer Lichtmaschine
Studienarbeit an der Hochschule für Angewandte Wissenschaften Hamburg, 1995

[80] Krüger, G.: Konstruktion und Entwurf eines Prüfstandes zur Simulation des Betriebsverhaltens eines Kfz-Generators
Studienarbeit an der Hochschule für Angewandte Wissenschaften Hamburg, 1998

[81] Scholz, D. / Wott, A.: Konstruktion und Aufbau eines Kfz-Generator-Prüfstands zur Simulation der Betriebskennlinien und Durchführung von

vergleichenden Untersuchungen mit dem FEM-Programm ANSYS 5.4
Diplomarbeit an der Hochschule für Angewandte Wissenschaften Hamburg, 1999

[82] Kost, A.: Numerische Methoden in der Berechnung elektromagnetischer Felder
Springer-Verlag, Berlin / Heidelberg / New York, 1994

[83] Müller, G. / Groth, C.: FEM für Praktiker
Die Methode der Finiten Elemente mit dem FE-Programm ANSYS
Expert-Verlag, Renningen, 1999

[84] Kortstock, M. / Wermuth, G.: Aufgaben zur Elektrotechnik für Maschinenbauer
B. G. Teubner, Stuttgart, 1997

[85] Frenzke, G.: Simulation der thermischen Einflussgrößen elektrischer Maschinen und Durchführung von vergleichenden Untersuchungen am Prüfstand
Diplomarbeit an der Hochschule für Angewandte Wissenschaften Hamburg, 2001

[86] Löwenstein, L.: Kurbelwellen-Starter-Generatoren auf der Basis von Reluktanzmaschinen
Dissertation an der RWTH Aachen, Verlag Shaker, 2003

[87] Kaehler, Ch. Numerische Berechnung der Wirbelstromverluste von Drehstrom-Klauenpolgeneratoren
Dissertation an der RWTH Aachen, Verlag Shaker, 2002

[88] Arians, G.: Numerische Berechnung der elektromagnetischen Feldverteilung, der strukturdynamischen Eigenschaften und der Geräusche von Asynchronmaschinen
Dissertation an der RWTH Aachen, Verlag Shaker, 2001

[89] Risse, S.: Entwicklung einer geschalteten Reluktanzmaschine als Elektrofahrzeug
Dissertation an der RWTH Aachen, Verlag Shaker, 2002

Lehrbücher Elektrische Maschinen und Antriebe

[90] Taegen, F.: Einführung in die Theorie der elektrischen Maschinen I und II
I: Transformator und Gleichstrommaschine
II: Synchron- und Asynchronmaschine
Friedr. Vieweg & Sohn, Braunschweig, 1970 und 1971

[91] Moeller, F. / Vaske, P. und Vaske, P. / Riggert, J. H.: Elektrische Maschinen und Umformer
Teil 1: Aufbau, Wirkungsweise und Betriebsverhalten

Teil 2: Berechnung elektrischer Maschinen
B. G. Teubner, Stuttgart, 1976 und 1974
[92] Rentzsch, H.: BBC-Handbuch für Elektromotoren
Brown, Boveri Aktiengesellschaft Mannheim
im Verlag W. Girardet, Essen, 1972
[93] Vogel, J.: Elektrische Antriebstechnik
Hüthig-Verlag, Heidelberg, 1998
[94] Eckhardt, H.: Grundzüge der elektrischen Maschinen
Teubner Studienbücher Elektrotechnik / Maschinenbau
Teubner-Verlag, Stuttgart, 1982
[95] Linse, H. / Fischer, R.: Elektrotechnik für Maschinenbauer
Grundlagen und Anwendungen
B. G. Teubner Verlag, Stuttgart, 2002
[96] Fischer, R.: Elektrische Maschinen
Carl Hanser Verlag, München / Wien, 1992
[97] Flegel, G. / Birnstiel, K. / Nerreter, W.:
Elektrotechnik für den Maschinenbauer
Carl Hanser Verlag, München / Wien, 1993
[98] Lämmerhirdt, E.-H.: Elektrische Maschinen und Antriebe
Carl Hanser Verlag, München / Wien, 1989
[99] Fuest, K.: Elektrische Maschinen und Antriebe
Friedr. Vieweg & Sohn, Braunschweig / Wiesbaden, 1999
[100] Schröder, D.: Elektrische Antriebe 1
Grundlagen
Springer-Verlag, Berlin / Heidelberg / New York, 2000
[101] Spring, E.: Elektrische Maschinen
Eine Einführung
Springer-Verlag, Berlin / Heidelberg / New York, 1998
[102] Seinsch, H. O.: Grundlagen elektrischer Maschinen und Antriebe
B. G. Teubner, Stuttgart, 1993
[103] Seinsch, H. O.: Ausgleichsvorgänge bei elektrischen Antrieben
B. G. Teubner, Stuttgart, 1991
[104] Kremser, A.: Grundzüge elektrischer Maschinen und Antriebe
B. G. Teubner, Stuttgart, 1997
[105] Kümmel, F.: Elektrische Antriebstechnik
Teil 1: Maschinen
Teil 2: Leistungsstellglieder
Teil 3: Antriebsregelung – feldorientiert geregelte Drehstromantriebe – Busvernetzungen, VDE VERLAG GmbH, Berlin / Offenbach, 1986
[106] Stölting, H.-D. / Beisse, A.: Elektrische Kleinmaschinen
B. G. Teubner Verlag, Stuttgart, 1987

[107] Hofer, K.: Drehstrom-Linearantriebe für Fahrzeuge
VDE VERLAG GmbH, Berlin / Offenbach, 1993

[108] Budig, P.-K.: Drehstromlinearmotoren
VEB Verlag Technik, Berlin, 1978

[109] Wolters, K.: Drehzahlveränderbare Antriebe mit Asynchronmotoren
VDE VERLAG GmbH, Berlin / Offenbach, 1994

[110] Reifenstahl, U.: Elektrische Antriebstechnik
B. G. Teubner Verlag, Stuttgart, 2000

[111] Hering, E. / Vogt, A. / Bressler, K.: Handbuch der Elektrischen Anlagen und Maschinen
Springer-Verlag, Berlin / Heidelberg / New York, 1999

[112] Merz, H.; Lipphardt, G.: Elektrische Maschinen und Antriebe – Grundlagen und Berechnungsbeispiele.
Berlin / Offenbach: VDE VERLAG, 2014

[113] Kapoor, W.: Permanentmagneterregte Synchronmotoren für mittlere und große Leistungen, Geräuschoptimierung elektrischer Antriebe
Studienarbeit an der Hochschule für Angewandte Wissenschaften Hamburg, 2004

Sachwortverzeichnis

Im Sachwortverzeichnis verwendete Abkürzungen:

ASM	Asynchronmaschine	DASM	Drehstromasynchronmaschine
GM	Gleichstrommaschine	DSM	Drehstromsynchronmaschine
SM	Synchronmaschine	Tr	Transformator

E

F

G

M

N

O

P

T

U